第四届中国海油开发开采青年技术交流会论文集

景凤江　编

中国石化出版社

图书在版编目（CIP）数据

第四届中国海油开发开采青年技术交流会论文集/景风江编.
—北京：中国石化出版社，2019.3
ISBN 978-7-5114-5238-2

Ⅰ.①第…　Ⅱ.①景…　Ⅲ.①海上石油开采-中国-文集
Ⅳ.①TE53-53

中国版本图书馆 CIP 数据核字（2019）第 040820 号

中国石化出版社出版发行

地址:北京市朝阳区吉市口路 9 号
邮编:100020　电话:(010)59964500
发行部电话:(010)59964526
http://www.sinopec-press.com
E-mail:press@sinopec.com
北京艾普海德印刷有限公司印刷
全国各地新华书店经销

*

787×1092 毫米 16 开本 33.5 印张 845 千字
2019 年 4 月第 1 版　2019 年 4 月第 1 次印刷
定价:238.00 元

《第四届中国海油开发开采青年技术交流会论文集》
编委会

前　言

随着我国经济的发展，我国原油对外进口依存逐年攀升。2018年年底，我国原油对外依存度升至69.8%，国家能源安全保障问题引起党中央的高度重视，国家领导批示今后若干年要大力提升勘探开发力度，保障我国能源安全。为此，“为祖国加油、为民族争气”成为石油员工在新时代的新使命。

本书以中国海油近年来在注水开发及挖潜增效技术等领域的研究成果及典型应用案例为主题，汇集了中国海油35岁以下青年技术人员撰写的论文86篇，内容涉及储层精细描述和剩余油（气）分布预测、开发机理和水驱效果评价、测试/监测和稳油控水、调剖调驱和增产增注及修井作业安全控制等方面。希望本书能对各级技术人员、生产管理人员有一定的参考价值。

本书在编写过程中得到了有关单位的大力支持和帮助，在此表示衷心的感谢！

限于编者水平，难免存在不足之处，敬请广大读者批评指正！

目　录

开　发

开　采

开发

基于动态响应的储层裂缝预测新方法
——以伊拉克米桑 BU 油田为例

高振南　叶小明　王鹏飞　杨建民　缪飞飞

[中海石油（中国）有限公司天津分公司渤海石油研究院]

摘要　目标 BU 油田属于微裂缝发育的碳酸盐岩油藏，部分生产井受到微裂缝影响含水急速上升、产能急剧下降，掌握微裂缝发育情况对于油田生产意义重大，然而目前尚无有效方法对微裂缝进行准确的定量化描述。本文提出一种微裂缝预测新方法，从初始地质研究出发，合理应用岩心描述资料及地震研究成果，以井点处裂缝参数为目标值、表征层状岩石弯曲程度的地震曲率属性体为约束条件对目标区采用随机建模技术进行微裂缝离散网络建模，以地质研究为导向、解决实际问题为目标、数模动态响应为依据，结合生产动态进行储层三维驱替敏感性分析，并将合理的动态响应作为条件对离散裂缝网络建模过程进行约束，经过多次建模、数模迭代实现储层裂缝发育的准确预测：北部裂缝不发育，采出程度高；南部Ⅲ、Ⅵ、Ⅷ小层发育中高角度缝，导致底水锥进，采出程度低。在此基础上采用反九点井网开展注水方案优化，确定北部注采比 1.2、南部注采比 1.0 为最优方案，为 BU 油田底注顶采注水方案的实施提供了有效借鉴，也为碳酸盐岩储层裂缝分布预测提供新的解决方案。

关键词　碳酸盐岩　微裂缝　动态响应　双孔双渗模型　双模迭代技术　沥青析出

1　油田概况

目标 BU 油田属海相碳酸盐岩沉积[1~4]，为边水层状构造油藏，主力层厚度 74.3m，储层平面、纵向连通性良好，物性以中孔、低渗为主，地层原油黏度 0.65～1.03mPa·s。

油田采用不规则井网、顶部射孔原则进行开发，初期单井产能近 650m^3/d，经过 40 年天然能量高速开采，地层压力由 43.4MPa 降至目前的 31.0MPa，能量亏空造成沥青析出，严重影响开发井产能，注水补充地层能量迫在眉睫[5~8]。

目前油田南北部生产特征受微裂缝影响差异明显，北部高产不见水，南部低产高含水，由于裂缝对于流体的渗流具有重要影响，且裂缝赋存方式复杂导致剩余油富集区以及高水淹层分布规律较难把握[9~12]，准确把握裂缝发育规律并做定量描述对于注水开发工作意义重大。

第一作者简介：高振南，男，（1985 年 12—），硕士学位，油藏工程师，主要从事油藏工程方面工作；地址：天津市滨海新区海川路 2121 号渤海石油管理局大厦 B 座，邮编 300459，电话：022－66500998，15922221583，E－mail：gaozhn@cnooc.com.cn。

2 储层裂缝特征

由于目标油田裂缝尺度微小，成像测井资料无法识别有效裂缝，需要结合地质资料、地震资料进行综合研究，以实现研究区裂缝的识别及预测。

2.1 岩心资料分析

受外界因素干扰，BU 油田大部分原始资料流失，现存岩心实物只能观察到低角度水平缝、压溶缝及缝合线等少量裂缝，不能反映裂缝的真实发育情况。岩心描述资料保存相对完整，由表 1 统计结果显示该区存在不同程度裂缝，其中以中高角度微裂缝为主，缝长多在 50cm 以内。从平面发育情况上看，南部裂缝（以 BU－3 和 BU－11 井为代表）比北部发育，主要表现为裂缝线密度相对较大；从垂向发育情况上看，微裂缝主要发育在Ⅲ、Ⅵ、Ⅷ小层相对致密的泥晶灰岩、含粒屑泥晶灰岩和粒屑泥晶灰岩中。

表 1 BU 油田岩心描述资料统计

井 名	BU－4	BU－5	BU－10	BU－6	BU－7	BU－3	BU－11
岩心裂缝密度/（条/m）	0.65	0.13	0.19	0.38	0.84	1.88	1.55
中高角度缝占比/%	77.4	100	100	28	38.2	78.1	37.1
裂缝长度/cm	6～49	20	6～51	20～60	15～40	15～73	10～20
取心收获率/%	99	35	43	80	57	100	61

2.2 地震综合分析

区域构造发育史和应力场分析认为，新近系之后发生重要构造运动，由于 BU 油田位于构造低角度褶皱带，且目的层白垩系 Mishrif 组为岩性较脆的块状灰岩，具有受挤压产生裂缝的先天条件。基于裂缝在地震资料上的不连续性表现，开发地震应用 chaos、振幅对比、consistent curvature、曲率等多种属性检测裂缝发育程度。图 1 结果显示，BU 油田南部产生裂缝的概率高于北部，与目前油田实际的见水情况吻合。

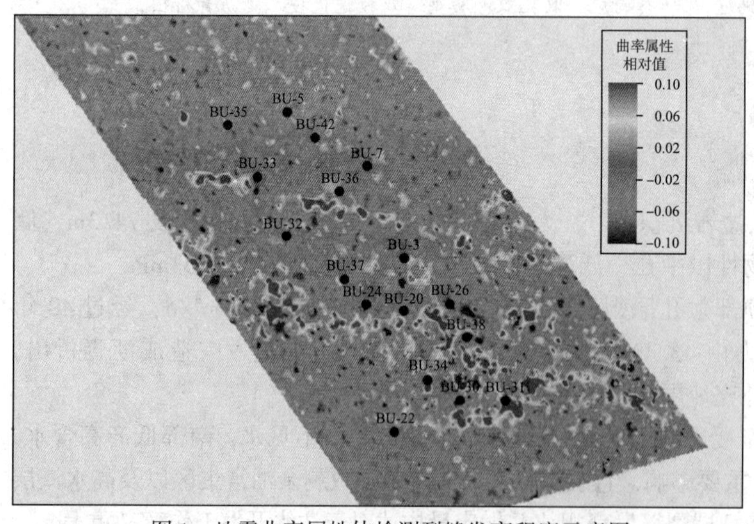

图 1 地震曲率属性体检测裂缝发育程度示意图

2.3 裂缝综合认识

通过地质和地震综合分析，确定目标油田为中高角度微裂缝发育的碳酸盐岩油藏，其发育规律为：平面上南部裂缝较多，纵向上Ⅲ、Ⅵ、Ⅷ小层更为发育。该定性认识与实际油田生产动态一致，然而受到构造运动、沉积、成岩多重作用影响，裂缝在空间的发育情况复杂，依靠目前资料和技术手段很难实现裂缝在空间的定量预测，因此急需一种有效办法实现微裂缝的定量描述，用以掌握高水淹层分布规律，指导油田后续生产。

3 裂缝预测新方法

针对研究区微裂缝难以表征的难题，本文基于前期地质研究及裂缝综合认识建立双孔模型，结合生产动态进行油藏数值模拟研究，以合理动态响约束地质模型更新，实现储层裂缝分布的定量预测。

3.1 离散裂缝网络建模

基质模型采用前期研究成果，而裂缝系统渗流机理不同，需要单独建模。基于前期储层裂缝综合认识，以井点处实际统计的微裂缝线密度为目标值、表征层状岩石弯曲程度的地震曲率属性体为区域约束条件，根据岩心描述资料统计得出的微裂缝密度、长度、倾角等主要参数，在Petrel平台采用随机建模技术进行离散裂缝网络建模[13~16]，生成裂缝系统的孔隙度场、渗透率场及表征基质与裂缝沟通程度的Sigma因子（图2）。

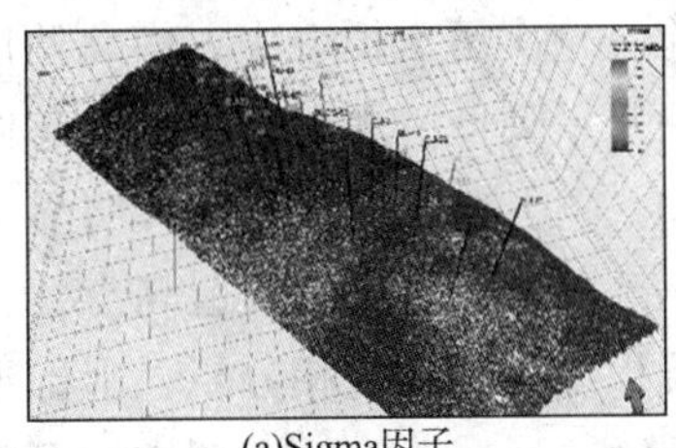
(a)Sigma因子

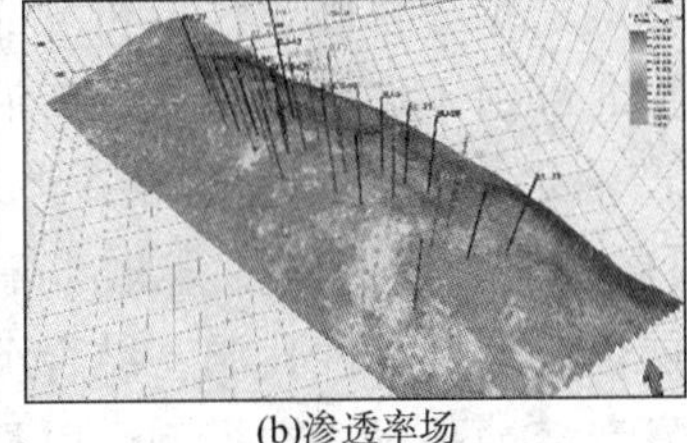
(b)渗透率场

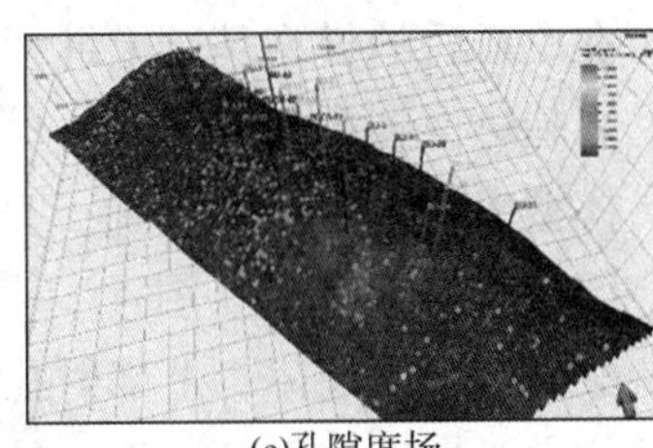
(c)孔隙度场

图2 裂缝系统Sigma因子、渗透率场、孔隙度场分布示意图

3.2 双孔双渗油藏数值模拟

应用Petrel软件RE模块将基质模型与裂缝模型进行耦合，平面网格精度为150m×150m，纵向尺度每单元层3m，网格总数为67×184×111×2=2736816个，有效网格总数1167598个，基质系统和裂缝系统由Sigma因子实现耦合并生成总网格模型（图3），两者共用相同的PVT分区、相渗分区、油水系统。考虑到网格数量巨大、裂缝渗流机理描述复杂、模型运算收敛性等问题，选用全球先进的INTERSECT模拟器开展并行计算，提高精度与效率。

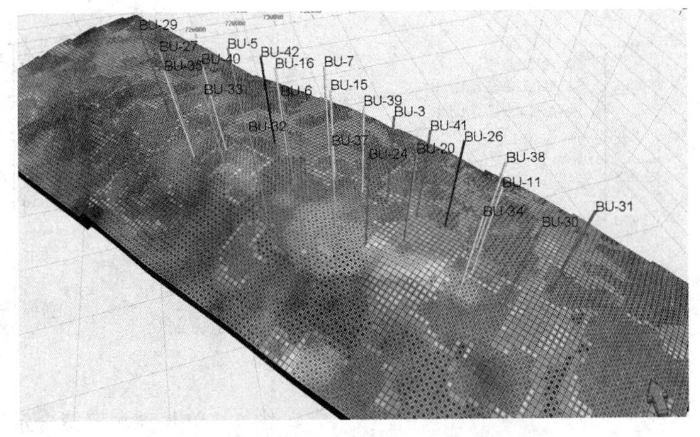

图3 基质系统与裂缝系统耦合模型

3.3 裂缝平面发育规律研究

由于目标油田南北部生产特征差异明显，结合实际生产动态进行分区对比，并开展三维驱替敏感性分析。根据裂缝综合认识，目标油田整体均发育裂缝，南部较北部更为发育。模型初始运算后，日产油与实际生产一致。北部生产井单井产能较大，模型中边底水迅速突破，与实际生产中高产不见水现象矛盾；南部生产井由于单井产能较小，模型中见水趋势吻合，但见水幅度不够。根据动态响应对裂缝参数进行调整，减少北部裂缝，成功抑制边底水锥进；增强南部裂缝，加强边底水突破程度。该数模认识与南密北疏的裂缝综合规律一致，并进一步将裂缝在平面上的分布趋势定量化、条件化，用以约束地质模型更新。

3.4 地质模型更新

基于储层三维驱替敏感性分析得到裂缝平面分布定量化条件，对离散裂缝网络建模过程进行约束，修正裂缝密度、长度、倾角等参数，使通过油藏数值模拟历史拟合得到的裂缝发育规律在地质模型的更新过程中得以继承，并以此生成新的基质系统和裂缝系统的孔隙度场、渗透率场、Sigma 因子，进而更新双孔双渗油藏模型，并开展下一轮次历史拟合工作。

3.5 裂缝空间发育规律研究

在更新后的模型基础上继续开展三维驱替敏感性分析。前一轮次历史拟合中，南北两区的见水趋势得到较好的拟合。模型北部由于裂缝减少，日产油水平降低，无法与实际动态匹配；模型南部由于裂缝增加，日产油水平与实际生产情况吻合，但是见水幅度没有明显上升，低于实际含水率（图4）。根据古地貌构造恢复，北部高产井位于古地貌构造高点，根据碳酸盐岩沉积规律，上部射孔层位较发育溶蚀孔洞，结合沉积演化模拟岩相分析，上部射孔层位主要为生屑颗粒灰岩，较发育溶蚀孔洞，在模型中以裂缝的形式对溶蚀孔洞进行等效表征；南部低产井位于古地貌构造低部位，生产井上部射孔层位溶蚀孔洞不发育，岩相分析中，Ⅲ、Ⅵ、Ⅷ小层较为发育泥晶灰岩，脆性较大，易产生裂缝，与岩心描述资料特征匹配。根据研究成果在模型中对北部生产井射孔层裂缝密度适当增大，增加产能；对南部生产井射孔层裂缝密度降低，限制产能，放大压差，实现边底水的迅速锥进。

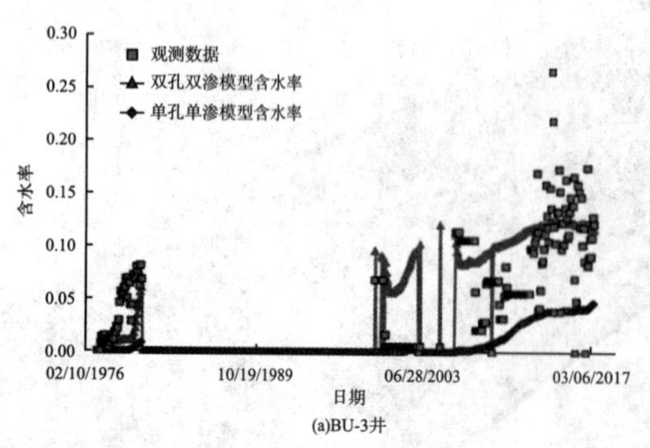

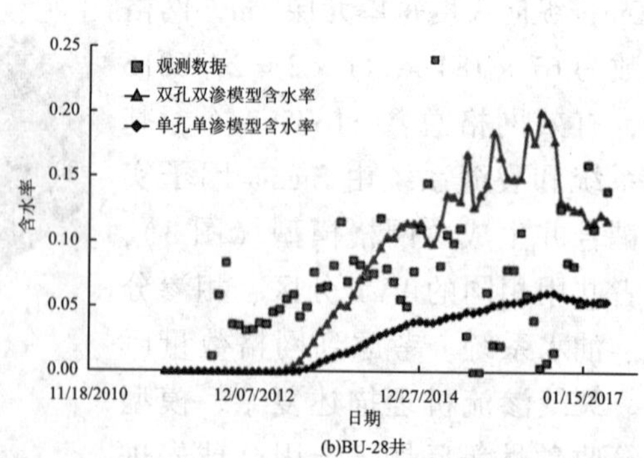

图4 单井含水率拟合示意图

3.6 三维地质模型

根据动态响应，将合理的裂缝纵向分布定量化条件作为约束，对离散裂缝模型进行更新，并生成耦合模型的孔隙度场、渗透率场以及Sigma因子（图5）。由于新模型的建立基于上一轮次合理动态认识，因此阶段性历史拟合成果在新模型中得到完整保留，通过地质建模与油藏数模的往复迭代，BU油田溶蚀孔洞及微裂缝在空间的组合关系逐渐被准确的定量刻画，北区：Ⅰ+Ⅱ小层溶蚀孔洞较发育，Ⅲ-Ⅷ小层裂缝不发育，孔洞影响储层平面连通性，该区域生产井以平面驱替为主；南区：Ⅰ+Ⅱ小层溶蚀孔洞不发育，Ⅲ-Ⅷ小层裂缝较发育，裂缝影响储层纵向连通性，该区域生产井以纵向驱替为主。基于该认识建立精确的双孔地质模型。

(a)Sigma因子

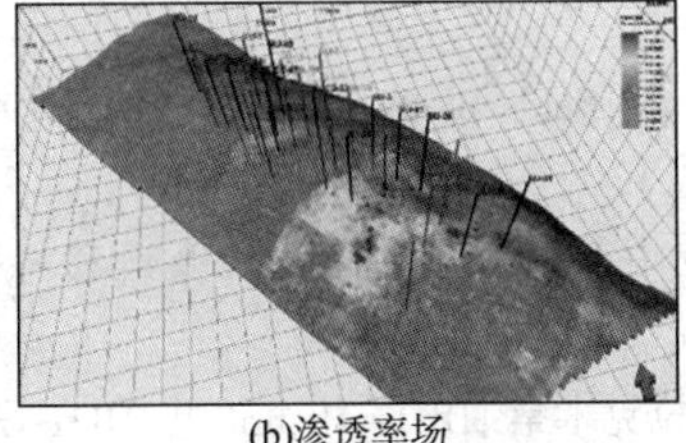
(b)渗透率场

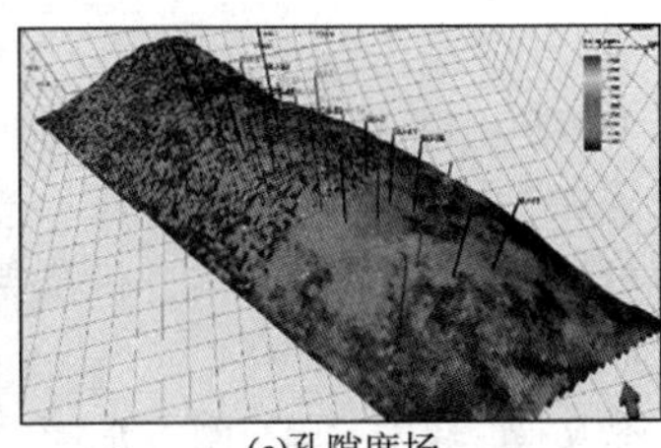
(c)孔隙度场

图5 迭代裂缝模型Sigma因子、渗透率场、孔隙度场分布示意图

4 油田注水方案优选

基于精细地质模型，预测剩余油及注水重点区域，结合动态资料确定地层压力保持水平(沥青析出临界压力为35MPa)，采用反九点井网开展注水方案研究。考虑裂缝发育规律，对研究区域进行分区配注：中北部高产区裂缝不发育，能量亏空较大，是注水重点区域；南部高含水区域裂缝发育，储层采出程度较低，地层能量相对稳定，无需注水或少量注水。结合工艺及经济因素，以降本增效为原则，确定方案三为最优方案（表2）。截至预测时间结束，地层压力保持在35.2MPa左右，采收率为45.0%。

表2 方案对比表

方 案	中北部注采比	南部注采比	地层压力/MPa	采收率/%
方案一	1.0	1.0	31.7	41.2
方案二	1.1	1.0	33.9	43.9
方案三	1.2	1.0	35.2	45.0
方案四	1.3	1.0	35.6	45.1

5 结论与认识

（1）目标油田高产40年，部分生产井含水骤升，产能急剧下降，经过储层裂缝特征研究及生产动态分析，确定该油田属于微裂缝起作用的双重介质油藏；裂缝平面分布南密北疏，纵向上主要发育在 III、VI、VIII 小层相对致密的泥晶灰岩中；

（2）建立了一种储层微裂缝预测新方法，基于裂缝综合研究建立裂缝模型，结合生产动态开展三维驱替敏感性分析，并以合理动态响应约束裂缝模型的定量化更新，保留数值模拟对于储层的认识，经过地质建模和油藏数模的多次迭代，实现 BU 油田微裂缝的定量刻画；

（3）储层裂缝预测新方法从实际资料出发，充分结合多专业成果，结果准确可靠；改变传统的地质油藏一体化研究流程，以动态条件为约束变量实现地质油藏有效耦合，然而该方法基于大量生产数据，专业之间存在矛盾时需要根据油田实际进行深入研究。

参考文献

[1] HALBOUTY M T. Giant oil and gas fields of the decade 1990 ~ 1999 [M]. AAPG Memoir 78. Tulsa: AAPG, 2003: 1 ~ 3.

[2] 杜洋，崔燚，郑丹，等. 伊拉克中部白垩系油藏油源及运移特征 [J]. 石油实验地质，2016，38 (1)：76 ~ 82.

[3] 张义楷，康安，闵小刚，等. 伊拉克米桑油田群 Mishrif 组 MB21 段碳酸盐岩储层特征及成因 [J]. 石油实验地质，2016，38 (3)：360 ~ 365.

[4] 单俊峰，周艳，康武江，等. 雷家地区碳酸盐岩储层特征及主控因素研究 [J]. 特种油气藏，2016，23 (3)：7 ~ 10.

[5] 马艳丽，梅海燕，张茂林，等. 沥青沉积机理及预防 [J]. 特种油气藏，2006，13 (3)：94 ~ 96.

[6] 李闽，李士伦，杜志敏. 沥青沉积与地层伤害. 新疆石油地质 [J]，2003，24 (5)：479 ~ 481.

[7] 蒲万芬. 油田开发过程中的沥青质沉积 [J]. 西南石油学院学报，1999，21 (44)：38 ~ 41.

[8] 张义楷，王志松，史长林，等. 伊拉克米桑油田碳酸盐岩储层成岩作用 [J]. 科学技术与工程，2016，16 (5)：45 ~ 53.

[9] 程超，杨洪伟，周大勇，等. 蚂蚁追踪技术在任丘潜山油藏的应用 [J]. 西南石油大学学报：自然科学版，2010，32 (2)：48 ~ 54.

[10] 薛江龙，刘应飞，周志军. 缝洞型油藏连通单元地质建模研究——以哈拉哈塘油田为例 [J]. 地质与勘探，2016，52 (6)：1176 ~ 1182.

[11] 郑松青，张宏方，刘中春，等. 裂缝性油藏离散裂缝网络模型 [J]. 大庆石油学院学报，2011，35 (6)：49 ~ 54.

[12] 陈波，赵海涛. 利用随机建模技术预测裂缝分布方向——以王徐庄油田为例. 江汉石油学院学报 [J]，2004，26 (4)：42 ~ 44.

[13] 王时林，秦启荣，苏培东. 储层裂缝识别与预测 [J]. 断块油气田，2009，16 (5)：31 ~ 33.

[14] 高霞，谢庆宾. 储层裂缝识别与评价方法新进展 [J]. 地球物理学进展，2007，22 (5)：1460 ~ 1465.

[15] 唐永，梅廉夫，唐文军. 裂缝性储层属性分析与随机模拟 [J]. 西南石油大学学报：自然科学版，2010，32 (4)：56 ~ 68.

[16] 王珂，戴俊生，商琳，等. 曲率法在库车坳陷克深气田储层裂缝预测中的应用 [J]. 西安石油大学学报（自然科学版），2014，29 (1)：34 ~ 39.

XJ－Y 油田浅层难动用油藏重开采技术研究及应用

杨勇　闫正和　李锋　曹琴　冯沙沙

［中海石油（中国）有限公司深圳分公司］

摘要　XJ－Y 油田采出程度已达到60%，但各油藏开发效果不均衡，浅层 Y1 油组采出程度仅4.2%，主要因为薄油层强底水疏松砂岩油藏开采难度大，底水上升快，增油效果及经济性差，该油田因早期试采效果差之后一直搁浅。近几年，针对 Y1 油组油藏特性，在总结经验的同时，敢于创新、大胆实践，在精细油藏研究的基础上，提出水平井非常规轨迹控制技术、非典型油藏 ICD 科学完井技术、油井生产制度优化控制等一系列新的开发策略和非常规措施技术。应用后大大改善了开采效果，提高了措施的经济性，提高 Y1 油组采收率到35%，盘活 $350\times10^4m^3$ 的地质储量，开辟了油田挖潜新领域，也为类似薄层强底水油藏提供了开采经验和信心。

关键词　大底水薄油层　疏松砂岩油藏　水平井　轨迹控制　ICD 控水

1　前　言

XJ－Y 油田为海上砂岩油田，纵向上有45个油藏，油藏埋深1580～2850m，可分为5个油组，边底水、薄厚层油藏交互存在。Y1 油组是油田最上部的浅层油藏，共有6个油藏，地质储量 $350\times10^4m^3$，储层物性好，平均孔隙度为13.5%～28.3%、渗透率为4～2112mD，属于中～高孔隙度、中～高渗透率储集层，储层厚度约25m，最大油层厚度约5m，属于薄油层强底水疏松砂岩油藏。该油田为开采20多年的老油田，XJ－Y 油田采出程度已达到54.6%，但各油藏开发效果不均衡，浅层采出程度仅4.2%，主要因为薄油层大底水疏松砂岩油藏开采难度大，底水上升快，增油效果及经济性差，早期实施2口水平井，因试采后效果差、经济性低，之后一直被搁浅，油田以动用油田下部较厚油藏为主。目前油田已处于开发后期，综合含水高、采出程度高，油田面临开发后期剩余油分布零散且逐渐边际化的风险，很难找到增油效果及经济性好的潜力井位。近几年，针对 Y1 油组油藏特性，在总结经验教训基础上，大胆实践，提出一系列新的开发策略和非常规技术，将挖潜重点调整到浅层 Y1 油组，包括精细地质油藏研究、水平井非常规轨迹控制技术、非典型油藏 ICD 科学完井技术、油井生产制度优化控制等。通过实际应用，大大改善了开采效果，提高了措施的经济性，在此基础上提出12口措施潜力井位，目前已实施6口水平井措施，且获得很好的增油效果，使 Y1 油组的采收率提高到35%，全面盘活了 $350\times10^4m^3$ 的地质储量，为该油田后期挖潜创造了新思路。

第一作者简介：杨勇（1983年—），男，硕士，油气田开发地质专业，主要从事油气田开发开采工作。Email：yangyong7@cnooc.com.cn。

2　开发新策略及非常规技术研究

在油田到了开发后期面临开采瓶颈时，提出了一系列新的开发策略和非常规技术。开发策略上，将挖潜对象从下部主力油藏调整到浅层 Y1 油组，其主要依托是提出一些列精细化、非常规措施技术，主要包括精细地质油藏研究、水平井非常规轨迹控制技术、非典型油藏 ICD 科学完井技术、油井生产制度优化控制等。

2.1　精细地质油藏研究

2.1.1　精细构造研究

井震结合速度建模，为时深转换提供可靠速度体，更准确解释构造形态，同时充分利用过路井点资料，局部校正构造，从而实现更精细构造解释。

2.1.2　精细储层描述

Y1 油组位于油田上部，下部油藏许多井过路 Y1 油组，充分利用井点资料，刻画夹层横纵向分布，从而更精细更准确地描述储层的横纵向非均质性，为潜力井位优化、增产指标确定及轨迹控制提供了更多依据。

2.1.3　含油饱和度评估

在岩心实验分析基础上，充分结合井点测井、录井资料，从而更准确地量化油层的含油饱和度，精确油层过渡带的厚度，通过综合分析，可确定 Y1 油层油藏油水过渡带在 1m 以内，过渡带之上为纯油层，含油饱和度在 80% 左右，含油性非常好。

2.1.4　动用可行性研究

Y1 油组油藏虽然为薄油层强底水，措施井投产后底水上升很快，但油藏油水过渡带仅 1m，且纯油层含油饱和度高，可通过水平井开采，增大泄油面积，同时控制水平段井轨迹尽量蹭顶钻进，以保证最大避水高度，同时考虑 ICD 科学完井，虽然低含水期相对较短，但中高含水期相对稳定，而且油藏物性好、产能高，后期可以通过大液量以水带油方式生产，从而提高水平井的增产效果。早期实施的 2 口水平井试采累计产油分别为有 $4.8\times10^4m^3$ 和 $2.5\times10^4m^3$，2 口井水平井段距油藏顶部约 3 ~ 4m，在此基础上，采用数值模拟方法进行敏感性分析，将水平井段上调至贴顶，其他条件不变，可提高累计产油（2 ~ 3）$\times10^4m^3$，在此基础上，增加 ICD 控水完井，可提高累计产油（1 ~ 2）$\times10^4m^3$，如此，预测该井合计可增加（3 ~ 5）$\times10^4m^3$ 累计产油，同时也具备了经济性。因此，评估认为 Y1 油层存在尝试采用水平井重新开采的可行性。

2.2　水平井非常规轨迹控制策略及实施技术

2.2.1　轨迹控制策略

Y1 油组各油层内部多发于钙质，油层顶部钙质相对致密，常规情况下将水平井段控制在底钙下面较纯净的砂体中，以具有代表性的 R0 油藏为例，通过临井对比，储层可细分为 3 个小层 S1 \ S2 \ S3（图 1），S1 小层为顶部的钙质砂岩，S2 小层为中间含油饱和度较好的砂岩，S3 小层为中下部的砂岩。

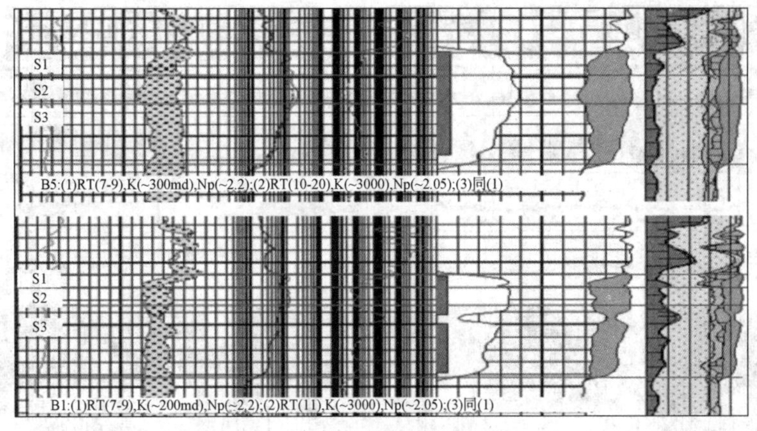

图 1　R0 油藏小层细分示意图

常规情况下将水平井段控制在 S2 小层，着陆在第 1 至 2 小层即可。通过物性对比，虽然 S1 小层物性相对较差、含油性相对较低，但仍然具有渗透性及含油性，因此，更改策略将水平井段轨迹控制在 S1 小层钙质砂岩中，更有利于减缓底水快速锥进。同时，为了使水平段轨迹尽可能保持在 S1 小层钙质砂岩中，需要改变着陆策略，大角度着陆于 S1 小层之上，钻头揭开 S1 小层层顶即可完钻。

2.2.2　轨迹控制技术

Y1 油组水平井非常规轨迹控制策略，对随钻地质导向及轨迹控制技术要求更高，同时要求能够结合地质、油藏、测井、录井、钻完井等各方面专业知识进行综合判断和快速决策。

2.2.2.1　着陆技术

大角度精准着陆，需要提前增斜保持较大角度接近储层，若增斜偏小，着陆后完钻井斜偏小，可能导致开始钻进水平段时，因增斜无效不能进入相对硬质的 S1 小层，或是可能导致水平井根端“鹅脖”现象，面临井头过快上水风险；若增斜偏大，着陆时钻头遇到 S1 小层及层顶发育钙质钙质面临反弹风险较大，导致无法入层，面临回填重新侧钻风险高。因此，着陆时增斜幅度及快慢尤为重要，需要随钻时根据地层倾角、储层特征、随钻测井及定向井工具特征优化控制，根据 Y1 油组特征，一般要求控制井斜与地层倾角的夹角度数在 2.5°～3°左右，要求选用造斜能力较强且稳定性较高的定向井工具，若有近钻头和探边等识别地层的测井工具更好，实施中需要同时结合录井及钻井参数等数据实时优化调整，钻头揭开 S1 小层层顶，确定油层即可完钻。

2.2.2.2　水平段轨迹控制技术

S1 小层仅有 2m 左右厚，将几百米的水平段控制在如此薄的小层中难度很大。S1 小层内部发育钙质且非均质性较强，且水平井段离上部泥岩很近，钻进中钻头碰到较硬的钙质很容易反弹至储层之上的较软泥岩中，导致损失有效水平段，但平衡对生产效果及钻完井的影响，任然要求将水平段轨迹控制在 S1 小层中，即使损失水平段，也不能出现轨迹下掉现象，导致局部井点底水过快锥进，若钻至泥岩中，可择机降斜将钻速再次穿进储层（图 2），但需要较高的地质导向及轨迹控制水平。

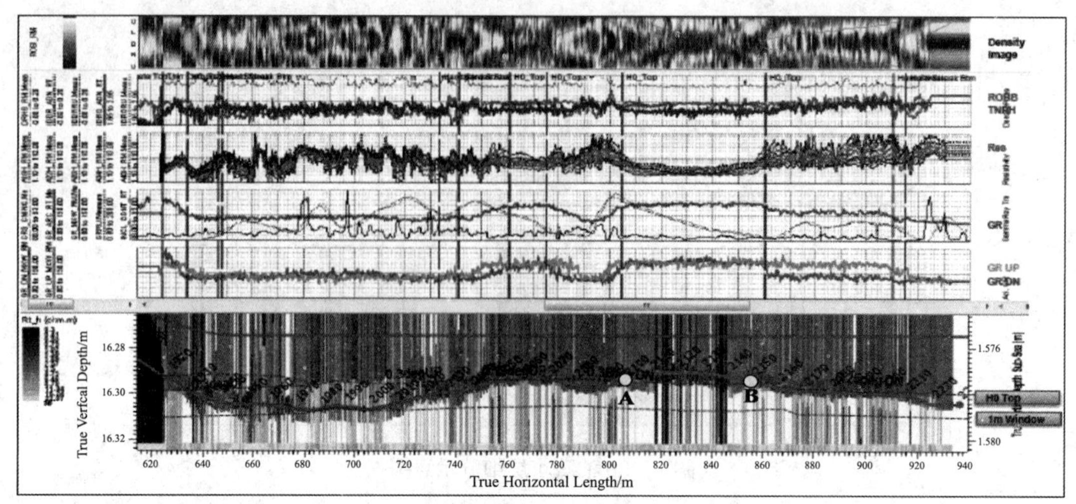

图 2　R0 油藏 W2 井水平段轨迹控制效果图

根据 Y1 油组特征，一般要求水平段钻进过程中，井斜保持与地层倾角相等趋势钻进，确轨迹在 S1 小层中持续钻进，要求选用造斜能力较强且稳定性较高的定向井工具，同时要求使用探边测井工具，实施中需要同时结合录井及钻井参数等数据实时优化调整。

2.3　非典型油藏 ICD 科学完井技术

ICD 全称为 INFLOW CONTROL DEVICE，即油藏供液剖面控制设备，一般包括喷嘴式、螺旋式及混合式等，主要是通过多个封隔器将生产井段分成多个相对独立的流动段，每个流动段又包括若干流动单元，通过人为设置每个单元的流道大小调整额外附加压力，从而控制流量，达到均衡供液剖面及抑制局部井段快速水进的作用。水平井 ICD 应用所针对的典型油藏是储层非均质性强的底水油藏，水平井段所在区域，储层平面非均质性越强，ICD 均衡水平井段水供液剖面及抑制底水快速锥进的作用就越大，但从 Y1 油组的储层发育情况来看，明显不具备这种典型油藏的特征，这也是该油田开采近 20 年不推行 ICD 的主要原因。

本文建议 Y1 油组非典型油藏使用 ICD 的原因有以下三点：

（1）ICD 可抑制水平井井头快速上水。Y1 油组的水平井较长，井头压差大、供液比率大，往往是底水快速上升的突破点，导致油井见水早增油少，同时导致其他井段位置动用程度低，影响油藏的采收率，ICD 可以降低这种问题的影响程度；

（2）ICD 可弥补调整水平井轨迹控制时局部井段钻出带来的生产影响。轨迹控制中针对水平井非常规轨迹控制策略及实施技术，水平井段控制在 S1 小层，该层薄且发育较硬钙质，而上下为较软的泥岩和砂岩，水平段轨迹容易钻进上下地层中，若钻至上部泥岩需要关闭该井段的流通性、甚至是换成盲管，若钻至下部纯砂岩地层，需要限制该井段流量，防止局部底水快速锥进，ICD 具备这些局部井段优化调整作用；

（3）ICD 可消弱底部供液比率、减缓底水锥进，增大横向供液比率、增加横向动用程度，既改善油井生产效果，又增加油藏动用程度。在工作制度相同的前提下，ICD 完井相对普通筛管完井，增加了附加压降、整体上抑制了流体从地层到井筒的流入量，因为底水油藏油井生产时，底部的能量及流量一般远大于横向能量及流量，使底部流量受限制的比率更大

（图 3），因此，ICD 自动调整了供液比率，降低了底部的供液量、增加了横向供液量，从而减缓底水锥进，同时增大横向动用程度，提高采收率。

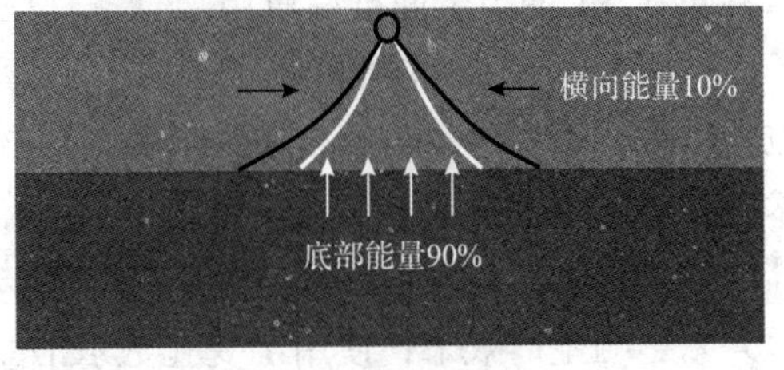

图 3　ICD 增大横向供液比率及动用程度示意图

Y1 油藏 ICD 应用中，应以减缓油井含水快速上升、提高增油效果为目的，综合储层特征、油藏流动特征、钻后测井、录井、钻井及轨迹控制情况进行 ICD 科学设计（图 4），需要抑制物性好、含油性好、无夹层遮挡、轨迹相对较低、岩屑疏松、钻至纯砂岩、钻速快及井头等井段，对于钻至上部泥岩的井段考虑封堵。该油田使用的是变孔数 ICD，需要在不影响油藏的生产能力的前提下，优化设置各流动单元的孔数。

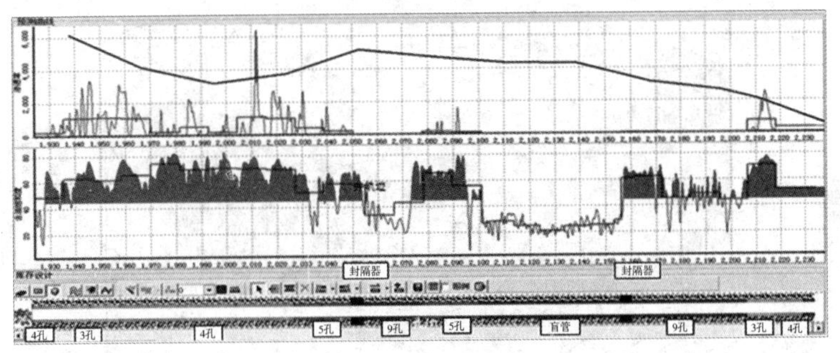

图 4　Y1 油组 W2 井 ICD 设计示意图

2.4　油井生产制度优化控制技术

该油田油井主要依靠工频生产，30 口采油树，仅有口采用变频柜生产，其他主要采用工频柜生产，早期油井投产后，主要采用高频率高液量生产策略，有的井甚至直接工频启井生产，中低含水期液量约控制在 1000 m^3/d，油井低含水期很短，尤其中后开采阶段油井几乎没有无水期，一般在投产后在 1～2 个月以内达到中高含水期。

近几年，对油井的合适生产制度进行了分析和优化，认为：在油井中低含水期，控制低频及相对低液量生产，在中高及特高含水期，采用大液量以水带油方式生产。根据油井产能公式 $Q=J\ (P_R-P_{wf})$[1]，采液指数 J 及生产压差 ΔP 是影响产量 Q 大小的两个重要因素。根据 Y1 油组的油藏特征，底层能量充足，地层压力 P_R 基本恒定，油井在 J 值一定的情况下，井底流压 P_{wf} 越小，Q 越大。在中低含水期，对于底水油藏，通常生产压差 ΔP 越大，底水上升也越快，尤其是在低含水期更加明显，此时保持液量生产，有助于减缓底水上升速度；在高及特高含水期，含水率相对稳定，Y1 油组储层物性好、产能高，具备大液量生产能力，此时采用大液量生产，可通过以水带油方式产出更多油量，尤其对于海上油田成本高、井槽少的情况，采用大液量提高采油速度更为重要。

3　应用效果

浅层 Y1 油组在一系列新的开发策略和非常规措施技术的提出后，采用先尝试性实施 1

口井再在 Y1 油组全面推广应用。

首先尝试在 R0 油藏实施了 1 口水平井 W2，该井布置在早期试采失败的水平井 W1 相邻位置，平行 W1 井相距约 200m（图 5）。该井全面应用了上文新的开发策略和非常规措施技术：通过精细油藏研究，落实和量化了该油藏的构造、储层特征及含有性；采用大角度着陆，借用探边工具将水平段轨迹控制在 S1 小层中，虽然局部井段钻出至上部泥岩中(图 2)，但并未影响生产效果；使用了变孔数 ICD 完井，综合各专业知识及资料进行了科学 ICD 完井，对局部钻出井段进行了盲管封堵；开井时控制液量约 350 m^3/d，在中低含水期控制液量约 600 m^3/d，计划在高含水期控制液量约 3500 m^3/d。该井投产后，无水生产半个月，维持中低含水近半年，从投产至今已生产 4 年，已累计产油 $13.5\times10^4m^3$，预测可累计增油 $16.8\times10^4m^3$。W2 与 W1 井相比，位于同一油藏同一井位区域，几乎具有同样的开采背景，但对比效果，W2 井含水上升相对缓慢，累计增油远大于 W1 井，开发效果远好于 W1 井（图 6）。

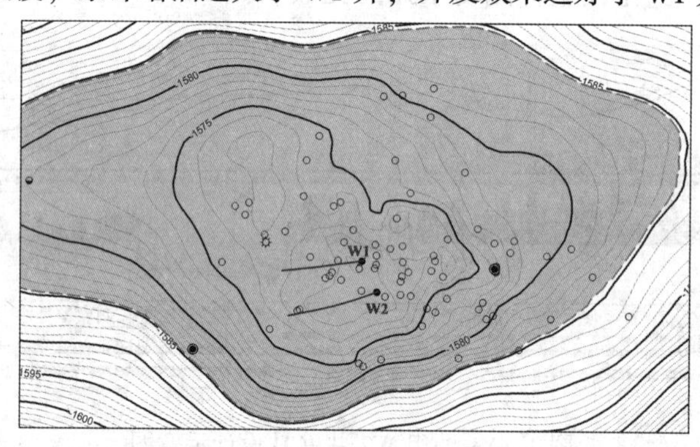

图 5　R0 油藏井位构造图

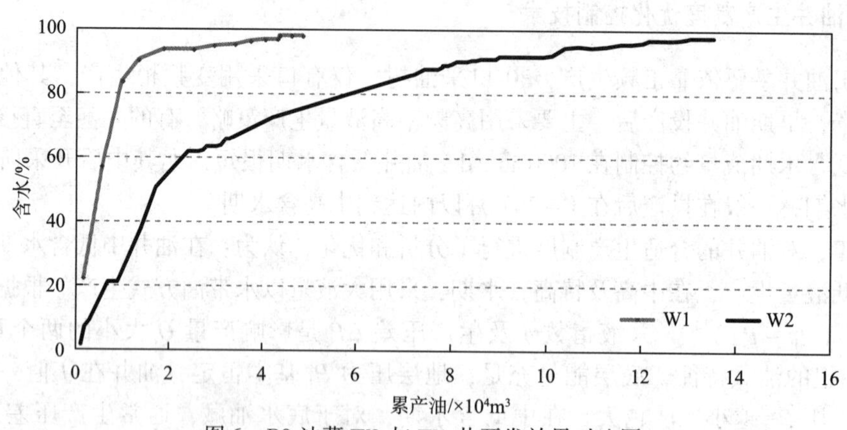

图 6　R0 油藏 W2 与 W1 井开发效果对比图

在 W2 井取得显著效果的基础上，进行了进一步精细油藏研究，提出了 12 口措施潜力井位，目前已实施 6 口水平井措施，且获得很好的增油效果，至今已累计产油 $45.5\times10^4m^3$，预测可累计增油 $75.5\times10^4m^3$，考虑剩余 6 口潜力井位预测可累计增油 $122.5\times10^4m^3$。使 Y1 油组的采收率提高到 35%，全面盘活了 $350\times10^4m^3$ 的地质储量，为该油田后期挖潜创造了新思路，同时为，也为类似薄层强底水油藏提供了开采经验和信心。

4　结论与建议

XJ－Y 油田已处于特高含水开发阶段，面临后期挖潜困难的瓶颈，重新拾起早期试采效果差一直搁浅的 Y1 油组，通过针对性研究提出一系列新的开发策略和非常规措施技术，并通过尝试找突破点，然后全面推广应用取得了显著效果，从而盘活 $350\times10^4m^3$ 的地质储量，打破了油田挖瓶颈。基于本文方法研究及应用，得出以下结论与认识：

（1）首次打破常规，尝试在海上强底水薄油层砂岩油藏中将水平井段轨迹控制在储层顶部相对低渗的钙质砂岩中，同理储层顶部泥质砂岩可参照该方法。

（2）Y1 油组并非 ICD 适用的典型油藏，并不是非均质性强的底水油藏，但本文首次从 3 个方面阐述了该类油田使用 ICD 的必要性，并提出相应的科学完井技术，为非均质性不强的非典型强底水砂岩油藏使用 ICD 开辟了理论及实践先河。

（3）本文改变了井 20 年的生产制度控制策略，认为高产能强底水砂岩油藏油井开采中，结合理论与实践，在油井中低含水期，控制低频及相对低液量生产，在中高及特高含水期，采用大液量以水带油方式生产。该方法延缓了底水锥进速度，改善了增油效果。

（4）本文方法适用于此类油田的整个开发阶段，尤其老油田的后期挖潜更为重要，对于成本高、井槽少的海上油田开采更为重要。

参考文献

[1] 陈元千．无因次 IPR 曲线通式的推导及线性求解方法［J］．石油学报，1986（2）．
[2] 童宪章．油井产状和油藏动态分析［M］．北京：石油工业出版社，1981．
[3] 周英杰．埕岛油田提高水驱采收率对策研究［J］．石油勘探与开发：2007．834（4）．
[4] 陈月明．油藏数值模拟基础［M］．山东：中国石油大学出版社，1989．
[5] 周守为．海上稠油高效开发新模式研究及应用［J］．西南石油大学学报．200729（5）．
[6] 杜景玲．砂岩油藏水平井控液增油实践［J］．内蒙古石油化工，2012（1）：33～35．

渤中 28 -2 南油田剩余油分布规律研究与挖潜

孙广义　吴穹螈　常会江　张言辉　刘美佳

[中海石油（中国）有限公司天津分公司渤海石油研究院]

摘要　渤中 28 -2 南油田是渤海首个大规模采用水平井井网开发的河流相油田，储层具有横向变化快、纵向上多期河道砂体相互交错叠置的特征。油田在开发早期形成了依托单砂体水平井不规则井网布井技术，创新了河流相油田高效开发模式，取得较好开发效果。目前渤中 28 -2南油田进入中高含水期，局部注采不完善、平面水驱不均衡，剩余油分布规律复杂，调整挖潜难度大。为提高油田开发效果，实现进一步稳产，油田亟需开展剩余油分布规律研究。以储层精细刻画为基础，结合油藏数值模拟方法以及流场理论提出渤中 28 -2 南油田剩余油主控因素与分布模式。根据剩余油研究成果，对渤中 28 -2 南油田提出注采调整方案以及剩余油挖潜方案。通过优化注水实施，渤中 28 -2 南油田自然递减率降到 15% 以下，水驱效果变好；指导 16 口调整井方案部署，油田采收率提高 3.1%，助力油田进一步稳产。

关键词　剩余油　河流相油田　水平井　主控因素　分布模式　注采调整

1　引　言

渤海渤中 28 -2 南油田为中型复杂河流相油田，储层横向变化快，纵向河道叠置关系复杂，隔夹层发育[1,2]。油田含油层位主要为明化镇组，储层具有高孔高渗特征，平均渗透率 $1680\times10^{-3}\mu m^2$，平均孔隙度 31.2%；油田具有常规原油性质，密度中等，地下原油黏度范围 8.21 ~34.43mPa · s。油田采用不规则井网单砂体开发，以水平井井网开发为主。渤中 28 -2南油田自 2009 年投产以来，先后经历产能建设阶段、稳产阶段以及一次井网加密调整阶段，实现了连续 7 年稳产石油 $100\times10^4 m^3$ 以上。目前油田整体进入高含水期，局部注采不完善、平面水驱不均衡，剩余油分布规律复杂。为进一步挖潜剩余油，指导油田二次调整，开展了剩余油分布规律研究。

2　储层精细刻画

储层精细刻画是认识剩余油分布规律的前提[3~6]，渤中 28 -2 南油田新近系明下段浅水三角洲储层形成条件、成因机理及分布特征与赣江三角洲和 Atchafalaya 三角洲相似，为典型的分流砂坝型浅水三角洲。该类型浅水三角洲主要发育分流砂坝和分流河道两类类构型单元，其中分流砂坝为主要的沉积骨架，砂体储层厚度大、连通性好；分流河道由于是过水环境，底部发育滞留沉积，且由于浅水湖盆频繁的长距离岸线迁移以及低坡度河口区摩擦力占主导，使得沉积主体部位在空间上快速迁移，早期分流河道发生迅速废弃与改道，分流河道后期泥质充填，砂体沉积厚度相对较薄。

浅水三角洲湖平面频繁变化，水动力强弱交替，纵向上储层结构具有明显的期次性；单期次砂体沉积间歇期泥质隔夹层较发育，泥质隔夹层代表一期砂体沉积结束到下期砂体沉积开始之间短暂的细粒物质沉积，识别两期砂体的重要标志，同时结合砂体内部发育的多个次级自旋回，在纵向上实现单一期次砂体的划分。在单砂体研究基础上，以密井网区测井相和地震相为主，结合水平井和示踪剂等动态资料开展侧向构型边界精细刻画，识别标志包括高程差异、侧向叠置以及静水沉积，相应的地震同相轴表现出局部的错断及振幅、频率变化，通过以上方法，实现了对渤中 28－2 南油田浅水三角洲储层内部结构的定量表征（图 1、图 2）。

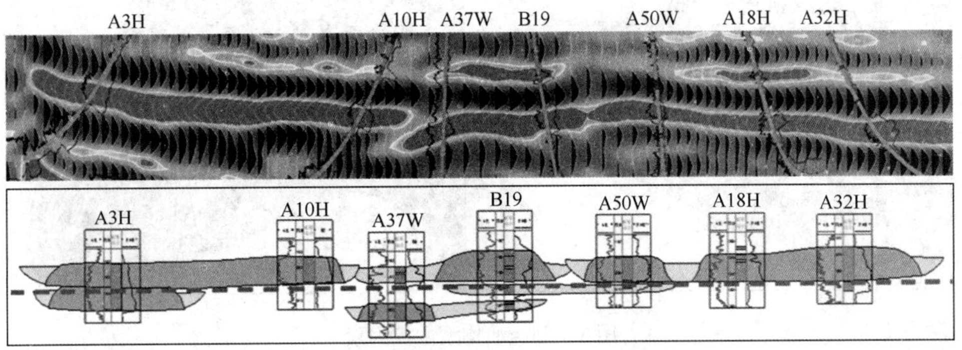

图 1　四级构型单元剖面分布图

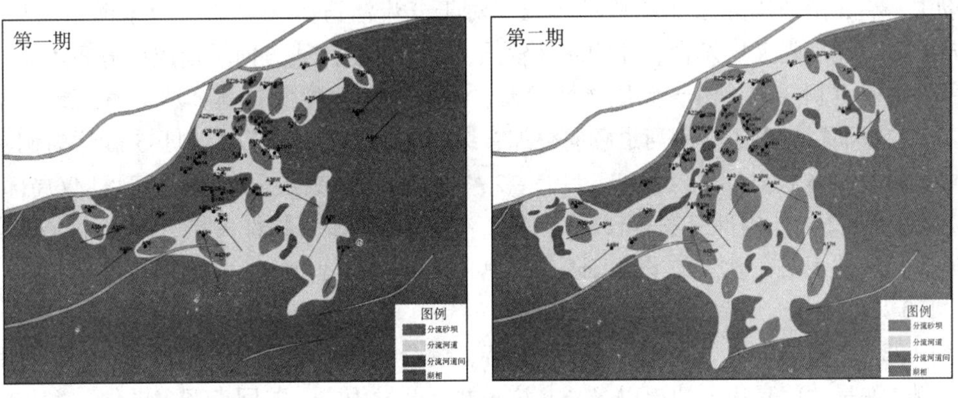

图 2　主力油层 1－1167 砂体构型解剖沉积微相平面分布图

3　剩余油分布规律

3.1　剩余油主控因素

剩余油分布主控因素有多种：构造、储层、韵律、井网、重力作用、开发方式、边底水、断层等[7~13]。在这里主要介绍具有渤中 28－2 南油田特点的三种主要控制因素，分别为构型、井网和隔夹层。

3.1.1 构型

根据实验分析及井震资料，提出基于水槽沉积模拟及地震正演分析的沉积模式获取方法，建立了浅水三角洲砂体沉积模式，为储层构型提供了沉积模式及砂体叠置样式。基于砂体沉积模式，开展沉积过程分析，识别构型边界，指导了单一构型单元的精细刻画。在此基础上，提出构型主控剩余油方式：构型边界遮挡和构型单元内部注采不对应（图3）。构型边界遮挡和构型单元内部注采不对应都会造成注采不完善，井周剩余油富集。

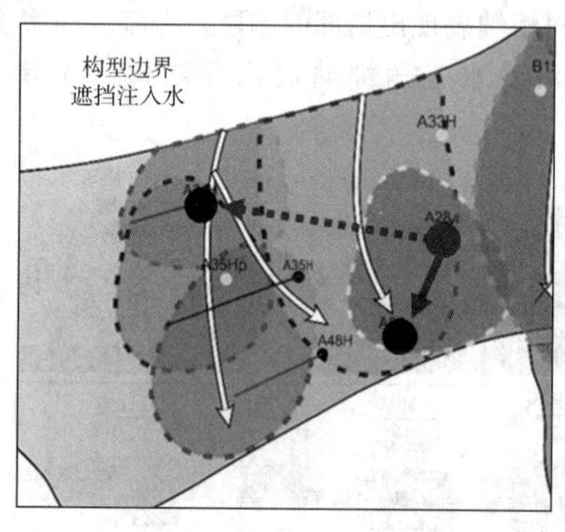

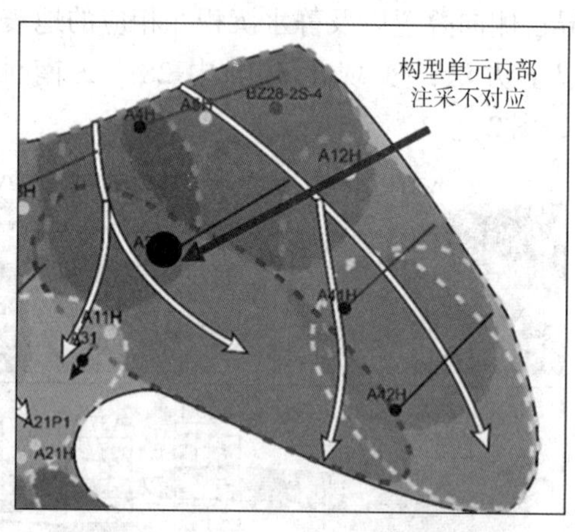

图3 剩余油构型主控因素

3.1.2 隔夹层

渤中28－2南油田储层非均质性较强，对于分流河道沉积[14,15]，由于河道频繁切割、叠置及分叉，储层隔夹层发育、非均质性较强，沿河道主流线方向易形成优势通道，而在河道边部及溢岸沉积区域，由于储层物性较差，水驱动用程度低、剩余油富集；针对厚度在20m以上的厚油层，由于多期河道垂向叠加，纵向隔夹层发育，以1－1195砂体为例，纵向上可划分两套砂体1－1195－1与1－1195－2，两砂体间隔夹层分布稳定，砂体仅局部连通；其中1－1195－2砂体内部又发育较稳定夹层，这些夹层多为物性夹层，厚度小，砂体间为半连通。实钻井表明在砂体中下部有隔夹层遮挡区域水淹程度低，剩余油较富集。

3.1.3 井网

渤中28－2南油田主力砂体井网较为完善，剩余油分布比较零散，非主力砂体动用程度较低，剩余油呈片状富集。油田以水平井注采井网开发为主，井网类型多样化，主要形成水平井平行井网、水平井交错井网、水平井与定向井联合井网三种类型，且井网形态不规则。受不规则注采井网影响，剩余油分布规律复杂，以水平注采井网为例，剩余油多分布在井两侧非主流线区域或者井间非主流线区域。

3.2 剩余油分布模式

平面来看，渤中28－2南油田剩余油分布模式为条带状分布，局部片状水淹；层间来看，剩余油分布模式为主力油层水淹多样化，非主力油层剩余油富集；从层内看，剩余油分布模式为隔夹层下部，储层上部剩余油富集。

3.2.1 构型控制剩余油分布模式

构型边界遮挡表现为油水井位于不同构型单元，构型边界对于注入水有一定阻挡作用，生产井往往注水见效慢，生产井周剩余油富集，可通过新增注水井完善井网，提高剩余油动用程度。构型遮挡型剩余油与注采滞留区剩余油是油田主要挖潜对象。构型单元内部注采不对应表现为同一构型单元有注无采或者有采无注，单元内部剩余油富集，水淹程度低，可以通过新增调整井形成完善注采关系来对这部分剩余油进行挖潜。

3.2.2 隔夹层控制剩余油分布模式

隔夹层分布位置对剩余油分布有重要影响，研究表明隔夹层位于注水井周和生产井周围时，对生产井含水上升没有明显抑制作用；隔夹层位于注采井间时，可以有效抑制含水上升，此时剩余油主要分布于隔夹层上部储层中上部；当水平井下部有隔夹层存在时，底部剩余油富集，此时隔夹层对水平井含水有明显抑制作用。对于渤中28－2南油田，水平井无水采油期往往大于100d，当水平井处于两个夹层之间时，由于夹层阻挡，夹层内剩余油相对富集，此时开发效果较差，可通过新增定向井对剩余油进行动用；当水平段穿过夹层，夹层上部剩余油富集，可钻分支水平井，或顶部水平井加密，提高采收率。

隔夹层分布范围大小同样对含水率及剩余油有重要影响，对渤中28－2南油田来说，水平井附近隔夹层长度为0.8～1.5倍注采井距时，隔夹层对含水有抑制作用，当大于1.5倍注采井距时，由于隔夹层分布范围扩大，造成井网动用程度降低，反而影响了开发效果。

3.2.3 井网控制剩余油分布模式

研究表明，对于水平井平行井网剩余油主要分布在注采井间滞留区以及注采非主流线上；对于水平井交错井网，剩余油主要分布在生产井侧翼非主流线以及注水井侧翼非主流线。从剩余油饱和度分布来看，水平井交错井网波及范围要大于平行井网。建立水平井平行井网和交错井网流场强度与剩余油饱和度关系，二者成较好线性关系，即剩余油饱和度随流场强度增大而减小，并且曲线斜率的绝对值反应出流场强度变化对剩余油分布的影响，斜率越大，单位流场强度变化的情况下剩余油饱和度降低程度越大，水驱效果越好。从驱油效果来看，水平井交错井网最好、水平井平行井网次之，最后是水平井与定向井联合井网。

4 剩余油挖潜

4.1 现井网剩余油挖潜

渤中28－2南油田现井网整体注采完善，流场已稳定分布，对现井网剩余油进行挖潜，需要重构流场，扩大水驱波及体积，进行平面水驱调整。根据上文研究，不同水平井网剩余油分布规律不同，因此水驱调整策略也应各异。以水平井交错井网为例，通过油藏数值模拟手段研究高含水阶段最优水驱方式。建立机理模型设计5种不同的注水方案：稳定注水、先弱后强周期注水、先强后弱周期注水、边井增注角井限注和边井限注角井增注。对每种注水方案波及系数、采收率指标进行评价。结果表明，对于水平井交错井网来说，高含水开发阶段采取边井限注、角井增注的注水方式采收率最高，为35.3%，水驱效果最好。其次是采用稳定注水方式，其他注水方式效果略差（图4）。

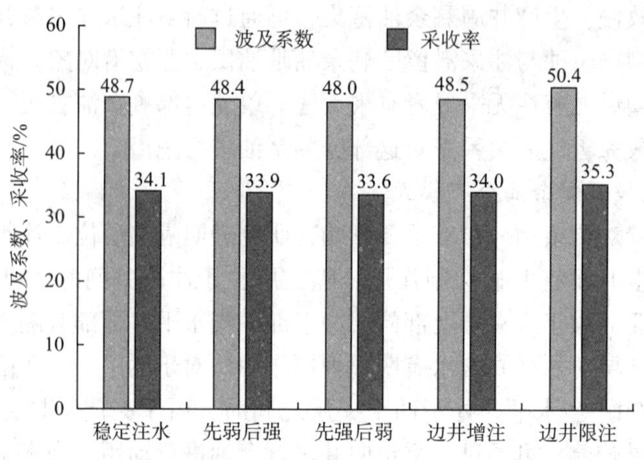

图4　水平井交错井网不同注水方式指标对比

根据研究成果，对水平井交错井网进行平面水驱调整，进一步挖潜井网附近剩余油。以B10－B4H井组为例（图5），局部形成两注两采交错井网，利用前面研究成果对大斜度角井B10井增注，对边井B4H井限注，这样扩大了井组波及系数，改善了水驱效果，受益生产井B3H和B12H井平均初期实现日增油12m^3/d（图5）。

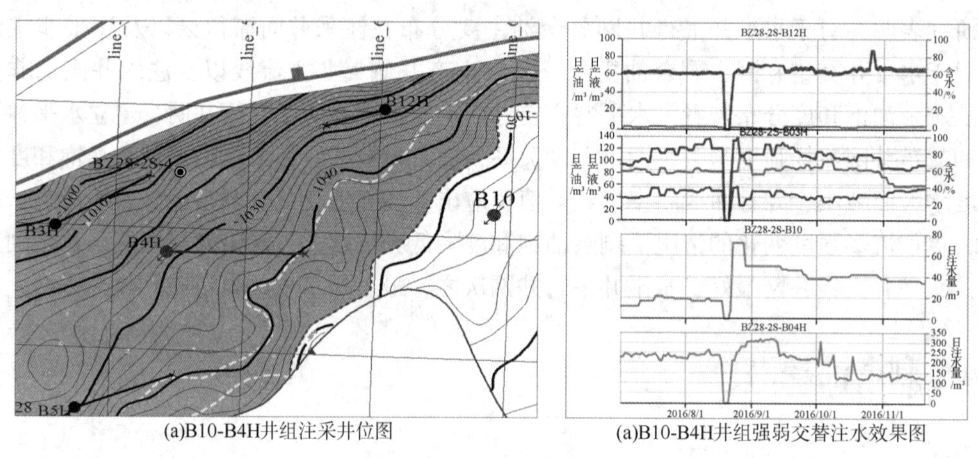

(a)B10-B4H井组注采井位图　　(a)B10-B4H井组强弱交替注水效果图

图5　水平井交错井网强弱交替注水实施效果

2016~2017年，渤中28－2南油田进行平面水驱调整超过10井次，油田水驱效果明显改善，自然递减率低于15%，主力砂体1－1167和1－1357综合递减基本实现“零”递减。

4.2　变井网剩余油挖潜

通过对砂体进行构型解剖，并更新地质模型，在此基础上对油田剩余油分布有更精细认识。图6（a）为1－1167砂体过路井B27附近构型解剖示意图，认为B27井位于构型边界处，西侧位于多期构型单元叠置处，为构型边界遮挡型剩余油。图6（b）和图6（c）分别为构型前后该区域剩余油饱和度分布图，可以看出构型后剩余油预测精度大幅提高，B27井西侧剩余油相对富集。根据剩余油再认识，2016年年底在B27井西侧实施1口调整井B26来挖潜该区域剩余油。B26井在该砂体实钻未水淹油层厚度7.6m，目前日产油143m^3/d，累计产油2.12×10^{4}m^3，收获了一口高产井。

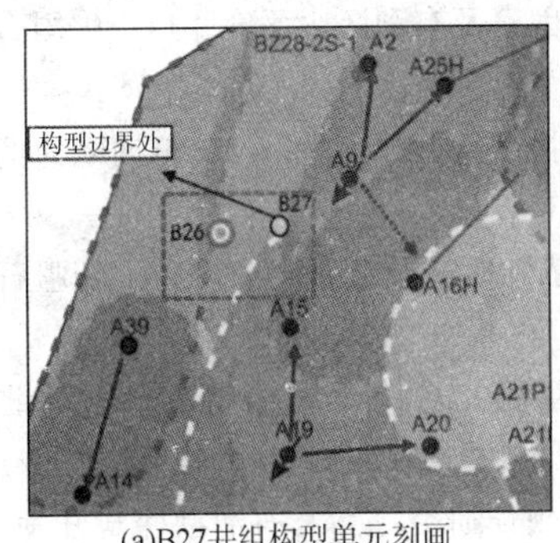

(a)B27井组构型单元刻画

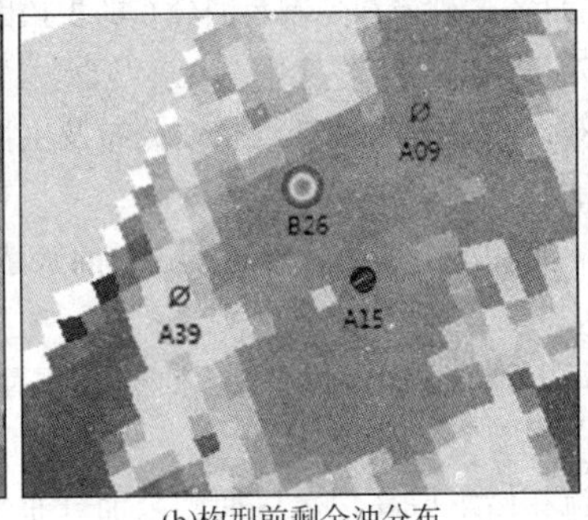

(b)构型前剩余油分布

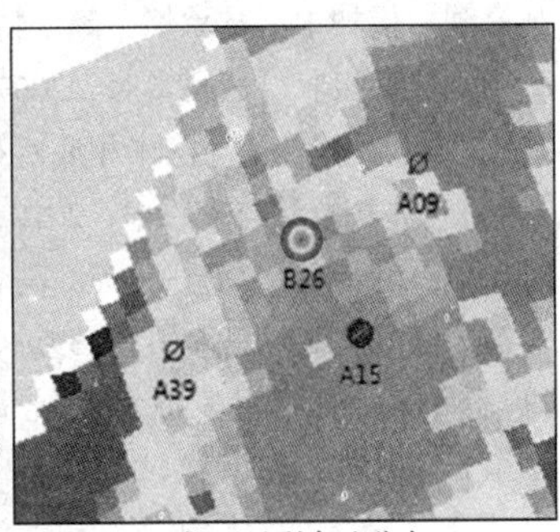

(c)构型后剩余油分布

图6　基于储层构型的剩余油分布规律研究与挖潜

B26井喜获高产增加了对油田内部剩余油挖潜的信心，2017年针对油渤中28－2南田注采井网不完善区域共部署3注3采共6口调整井，设计日产油180m³/d，通过井位优化调整，实际日产油290m³/d，超出钻前设计。同时，为进一步深挖油田潜力，提高油田储量动用程度，2018年开展了10口调整井地质油藏方案研究，并通过专家审查，预计10口井累计增油近100×10^4m³，提高油田采收率2.0%，为公司上产3000万吨产量做出贡献。

5　结论与认识

（1）在储层精细刻画基础上，提出渤中28－2南油田构型、隔夹层以及井网为主的剩余油主控因素即对应剩余油分布模式。

（2）根据剩余油分布规律，提出渤中28－2南油田现井网改善水驱以及变井网增加调整井两种思路，指导剩余油挖潜。

（3）以剩余油分布规律为指导，通过平面水驱调整以及调整井实施，渤中28－2南油田水驱开发效果进一步变好，为油田连续稳产提供保证。

参考文献

[1] 徐玉霞，柴世超，廖新武，等．海上复杂河流相油田高效开发技术与实践［J］．石油地质与工程，2015，29（3）：69～72.

[2] 顾伟民，侯亚伟．海上复杂河流相油田安全优化注水技术［J］．石油天然气学报，2014，36（7）：150～153.

[3] 陈文雄，胡治华，李超，等．复杂河流相储层内夹层识别方法及其应用［J］．中国海上油气，2015，27（5）：37～42.

[4] 冯伟光．河流相储层中夹层类型的定量识别［J］．油气地质与采收率，2009，16（5）：40～43.

[5] 王延忠．河流相储层夹层精细表征及控油作用研究［J］．石油天然气学报，2011，33（10）：43～47.

[6] 束青林．孤岛油田馆陶组河流相储层隔夹层成因研究［J］．石油学报，2006，27（3）：100～103.

[7] 刘建民，徐守余．河流相储层沉积模式及对剩余油分布的控制［J］．石油学报，2003，24（1）：58～62.

[8] 杨松，刘培亮，何昶，等．塔河油田底水砂岩油藏水平井剩余油主控因素分析［J］．石油实验地质，2015，37（S1）：23～28.

[9] 高建，侯加根，林承焰，等. 特低渗透砂岩油藏剩余油分布的主控因素及有利区块评价［J］. 中国石油大学学报：自然科学版，2007，31（1）：13～18.

[10] 薛永超，程林松. 滨岸相底水砂岩油藏开发后期剩余油分布及主控因素分析——以 NH25 油藏为例［J］. 油气地质与采收率，2010，17（6）：78～81.

[11] 石立华，康恺，王乔，等. 高含水期海上稠油砂岩油藏剩余油敏感性研究及分布表征［J］. 新疆石油天然气，2013，9（3）：39～42.

[12] 于海丽. 河流相多油水系统海上油田高含水期剩余油分布规律研究［D］. 中国石油大学（北京），2011.

[13] 周琦，高宏印. 萨尔图油田河流相储集层高含水后期剩余油分布规律研究［J］. 石油勘探与开发，1997（4）：51～53.

[14] 张昌民，尹太举，朱永进，等. 浅水三角洲沉积模式［J］. 沉积学报，2010，28（5）：933～943.

[15] 姚光庆，马正，赵彦超，等. 浅水三角洲分流河道砂体储层特征［J］. 石油学报，1995，16（1）：24～32.

产水气井积液诊断方法研究及应用

张小龙　简洁　陈龙

［中海石油（中国）有限公司上海分公司研究院］

摘要　目前东海水驱气藏开发储量占比高，出水井生产动态日益严峻，开发效果不甚理想，同时海上生产作业成本高，资料录取相对较少，动态研究中存在诸多难题。为了解决产水气井动态研究中存在的难题，获得更为准确的分析成果，开展产水气井积液诊断方法研究。通过统计研究区域生产动态规律及理论方法研究，形成了区域气井临界携液模型修正方法，该技术适用性更强，准确性更高。同时通过将气井生产动态与产能相结合来判断积液液面的动态变化，形成了气井井筒积液诊断方法。通过实例应用验证了本文方法的有效性，可更好地利用各类动态监测资料，获得更为准确的分析成果，为产水气井合理有效开发提供技术指导。

关键词　产水气井　积液诊断　临界携液模型　产能

1　前　言

目前东海油气田开发中水驱气藏储量占比高，产水井日益增多，开发动态研究中存在诸多难题。(1) 井筒积液严重影响气井正常生产，常用的临界携液模型区域适应性差、预测准确率不高。(2) 目前主要依据现场钢丝作业进行积液诊断，但海上作业成本高，监测频率低。为了解决产水气井动态研究中存在的难题，更好地利用各类动态监测资料，获得更为准确的分析成果，开展产水气井积液诊断方法研究。

2　区域临界携液模型修正法

气井临界携液流量是确定气井合理配产的关键参数之一。目前常见的临界携液模型主要有 Turner 模型、Coleman 模型、李闽模型和王毅忠模型等，各模型均是建立在 Turner 模型基础上，通过对液滴呈现的不同形态或者在不同范围条件下雷诺数推导出的临界流速公式，仅携液系数不同，模型的计算公式见表 1。

通过筛选东海不同油气田 21 井次测试资料进行各种模型携液流量测算，计算结果见图 1，计算结果表明不同携液模型计算结果差异较大，区域适应性不强，准确率不高，其中 Turner 法积液诊断准确率最高，达到 52%，李闽法最低，只有 19%。

第一作者简介：张小龙（1985 年—），男，工程师，2012 年毕业于西南石油大学油气田开发工程专业，主要从事油气田开发方面的研究工作，通讯地址：上海市长宁区通协路 388 号中海油大厦，邮箱：zhangxl30@ cnooc. com. cn，联系电话：15601769062。

表1　不同临界携液流量模型计算方法

模型	Turner	Coleman	李闽	王毅忠
临界流速	$u_c=5.5\left[\frac{\sigma(\rho_L-\rho_g)}{\rho_g^2}\right]^{0.25}$	$u_c=4.45\left[\frac{\sigma(\rho_L-\rho_g)}{\rho_g^2}\right]^{0.25}$	$u_c=2.5\left[\frac{\sigma(\rho_L-\rho_g)}{\rho_g^2}\right]^{0.25}$	$u_c=1.8\left[\frac{\sigma(\rho_L-\rho_g)}{\rho_g^2}\right]^{0.25}$
临界流量	$q_c=2.5\times10^4Au_c\frac{p}{ZT}$	$q_c=2.5\times10^4Au_c\frac{p}{ZT}$	$q_c=2.5\times10^4Au_c\frac{p}{ZT}$	$q_c=2.5\times10^4Au_c\frac{p}{ZT}$

针对目前模型修正的方法不全、不系统，很多模型准确率不高却没有良好的方法去修正的问题，本文结合区域生产动态，采用气井临界状态反算理论模型，对经典 Turner 携液模型进行修正。

选取 3 口典型产水气井进行积液观测，选取各气井产水和产气量急剧下降的时间点，根据临界携液理论，可以近似认为该时刻点的产量为观测临界产量。同时采用 Turner 模型法计算各井的临界携液量，并将两种方法的临界携液量值进行校正，得到各井的临界携液量修正系数，最终获得本区域 Turner 模型平均修正系数为 1.5（表 2）。实际应用表明 Turner 修正模型积液诊断预测准确率明显提高，达 76%，较为准确得出符合现场实际的临界携液模型，提高了积液诊断预测效果（图 2）。

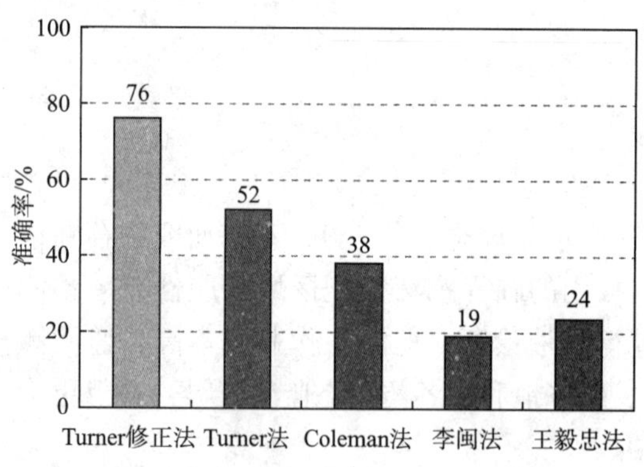

图 1　不同临界携液流量模型计算准确率对比图

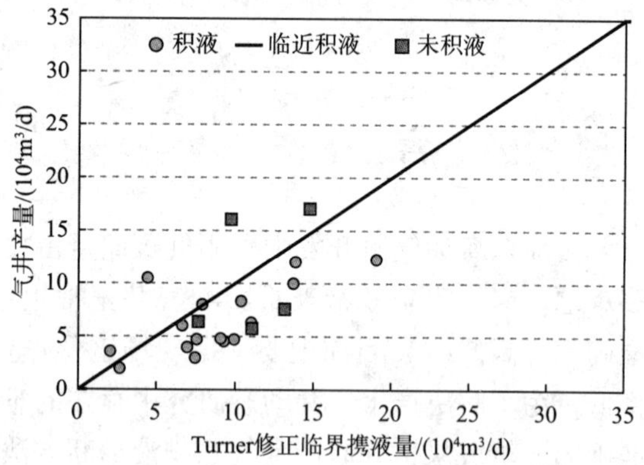

图 2　Turner 修正携液模型预测结果图

表2　典型井临界携液量模型修正统计表

井　号	日　期	Turner 法临界携液量/($10^4m^3/d$)	观测临界携液量/($10^4m^3/d$)	修正系数，a	平均修正系数，a
XX - A1	2016.08	4.4	6	1.4	1.5
XX - A2	2016.03	5.3	8	1.5	
XX - A3	2016.06	9.6	15	1.6	

3　气井井筒积液诊断方法

当气井存在井筒积液时，假设积液液柱与单相气体流动存在明显的分界面，此时液柱以下的压力主要由积液静液柱产生，而在积液面以上的压力分布主要受气液多相流流动的影响。从井口按气液多相流动模型计算井筒压力分布，从井底按积液后静液柱计算压力分布，两者的交点，即为积液液面，根据这一原理可建立井筒积液高度诊断模型，模型示意图如图3所示。气井积液诊断分析模型包括物性模型、流入动态模型及井筒多相流模型。

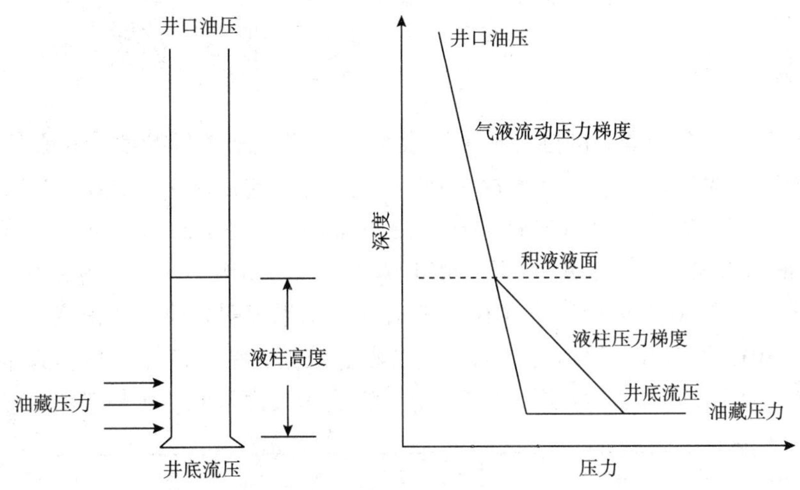

图3 积液诊断模型示意图

3.1 物性模型

天然气物性参数主要包括气体密度、体积系数黏度、偏差系数等，其中气体黏度和压缩系数为物性模型中的两个关键参数，可通过实验测试方法和经验公式计算得到。

3.2 流入动态模型

目前气井流入动态模型常用的产能计算方法包括二项式、指数式及一点法。指数式产能方程是 Rawlins 和 Schelhardt 根据气井生产数据总结出气井产能经验公式，其准确程度相对较差。二项式是根据理想气体达西渗流力学理论方程推导而来，理论依据充分，矿产应用广泛，本文主要采用二项式产能方程对气井流入动态进行求解，二项式产能方程为：

$$P_r^2 - P_{wf}^2 = A\,q_{sc} + Bq_{sc}^2$$

式中，q_{sc}为标准状况下产气量，$10^4 m^3/d$；P_r为平均地层静压，MPa；P_{wf}为井底流压，MPa；A、B 分别为层流系数和紊流系数。

3.3 井筒多相流模型

目前常用的气井井筒多相流动计算方法主要包括 Orkiszewski、Hagedorn&Brown、Beggs&Brill、Gray 等方法，其中 Gray 方法建立于 1974 年，适用于垂直井中的高气液比气液两相流，计算中考虑了气体携液、温度梯度、非烃组分、滑脱效应等多因素，可根据井筒压力和气液比等资料计算全井筒段的压力分布，计算准确度较高，因此本文井筒多相流动模型计算采用 Gray 方法。

3.4 模型求解

根据气井流体物性模型、流入动态模型及井筒多相流管流模型，结合实际气井流体资料及产能测试资料，采用双向计算井筒压力分布的方法确定积液面，具体为从井口按气液多相流动模型计算井筒压力分布，从井底按积液后静液柱计算压力分布，两者的交点，即为积液面，这样只需通过气井产能、流体物性、井筒管柱、产量及油压等数据，即可对积液高度进行预测。

3.5 实例应用

以海上某气井 XX－A4 为例进行积液高度分析，该井流体基本参数为天然气相对密度 0.69，原油相对密度 0.78，地层水密度 1.007 g/cm^3，地层温度 120.2℃，二项式（压力平方）产能方程截距 2.2，斜率 0.026；油管外径 73.02mm，内径 62.00 mm，套管外径 118.62 mm，储层中部垂深 3030m。该井分别于 2014 年 7 月、2015 年 9 月和 2016 年 3 月进行了三次静流压测试，其中 2015 年 9 月和 2016 年 3 月测试结果表明井筒存在积液。

采用该井 2013 年 5 月 ~2016 年 5 月内生产动态数据，结合该井管柱、流体及产能测试资料，采用本文提出的方法进行积液高度预测，得到积液面深度变化趋势图（图 4）。

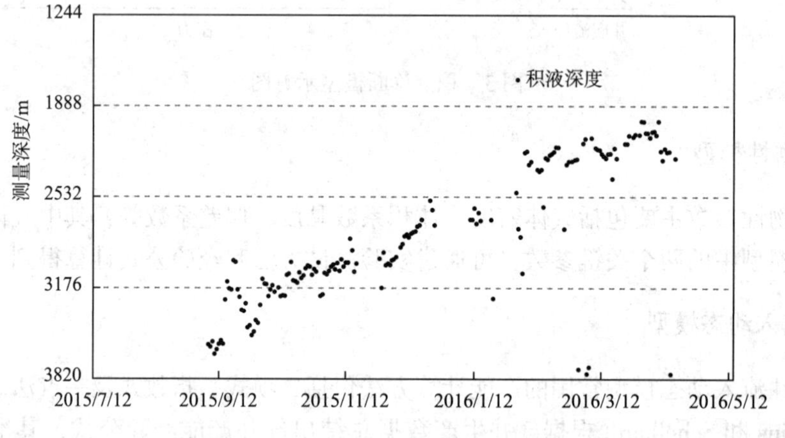

图 4　XX－A4 井积液深度预测结果

通过对比压力测试积液情况与本文方法积液诊断结果表明（表 3），本文提出的方法与实测液面深度结果诊断误差为 3% ~4%，该井积液液面有逐渐升高的趋势，与实际生产动态情况吻合，表明井筒积液量逐渐增大，气井携液能力不断降低，需考虑采取必要的排水采气措施，以提高气井的开发效果，避免由于积液导致气井停喷。

表 3　XX－A4 井实测液面和新方法预测液面对比结果表

压力测试时间	压力测试积液情况	本文积液诊断情况	诊断误差/%
2014/7/23	无	无	/
2015/9/20	积液，动液面 3223m	积液，动液面 3125m	3.0
2016/3/22	积液，动液面 2204m	积液，动液面 2120m	3.8

4　结论与认识

（1）通过统计研究区域生产动态规律及理论方法研究，形成了区域气井临界携液模型修正方法，该方法适用性更强，准确性更高，加深了气井产水后携液能力的认识。

（2）通过将气井生产动态与产能相结合来判断积液面的动态变化，实现了井筒、储层等静态资料及动态监测数据的系统性应用，资料获取简单易行，积液诊断结果与实际比较吻合。

参考文献

[1] 李晓平．浅谈判别气井井底积液的几种方法［J］．钻采工艺，1992，15（2）：41～46.

[2] 汪政明，王晓磊，张赟新，等．预测盆5凝析气藏临界携液量方法及应用［J］．新疆石油天然气，2014，10（3）：77～85.

[3] 周瑞立，周舰，罗懿，等．低渗产水气藏携液模型研究与应用［J］．岩性油气藏，2013，25（4）：123～128.

[4] Ruili Zhou，Jian Zhou，Yi Luo，etc. Research and application of liquid－carrying model for low permeability and water production gas reservoir［J］. Lithologic Reservoirs，2013，25（4）：123～128.

[5] Liu Gang. A new calculation method for critical liquid carrying flow rate of gas well［J］. Fault－Block Oil & Gas Field，2014，21（3）：339～340，343.

[6] 赵界，李颖川，刘通，等．大牛地地区致密气田气井积液判别方法［J］．岩性油气藏，2013，25（1）：122～125.

[7] Jie Zhao，Yinchuan Li，Tong Liu，etc. A new method to judge liquid loading of gas wells in tight gas field of Daniudi area［J］. 2013，25（1）：122～125.

[8] 宋玉龙，杨雅惠，曾川，等．临界携液流量与流速沿井筒分布规律研究［J］．断块油气田，2015，22（1）：90～93，97.

[9] 刘刚．气井携液临界流量计算新方法［J］．断块油气田，2014，21（3）：339～340，343.

埕北油田“双高”阶段剩余油分布规律研究与挖潜

常涛　曲炳昌　刘斌　张雷　黄建廷

[中海石油（中国）有限公司天津分公司]

摘要　埕北油田开发超过三十年，已进入“双高”阶段，剩余油分布呈高度分散状态，对其分布规律的精细描述、挖潜是稳定产量、提高采收率的关键。常规的剩余油认识主要依赖区域储层结构的准确刻画，规律性不明显，推广性较差。为了准确认识油田剩余油分布形态，结合埕北油田不同区域水淹特点，将剩余油研究区域宏观划分为油藏边部和井间区域。通过不同区域的剩余油研究方法与技术创新，包括单因素控制多因素耦合、时变性数值模拟技术等，获得了“双高”阶段两个区域水淹规律的突破性认识，建立了油藏边部调整潜力定量判断图版、井间剩余油不同形态特征。通过以上技术集成，实现了“双高”阶段剩余油描述的小尺度定量化。据此，2014 年至今，“双高”阶段的两个研究区域实施 8 口调整井，初期产油量 73 ~ 300m^3，含水率低于 3%，新增调整井潜力 15 口，预计全部实施增加可采储量 155 × 10^{4}m^3，提高采收率 6.9%，剩余油分布规律研究为“双高”阶段提高采收率指明了方向并确定了目标，研究区域剩余油规律具有普遍应用性。

关键词　剩余油　油藏边部　井间　数值模拟　调整井

引　言

埕北油田已开发 34 年，采出程度高达 44%，含水率超过 90%，已进入“双高”阶段。全油田近 5 年 15 口井生产测试资料显示，井点的平均含油饱和度从由原始状态 72% 大幅降至 41%，弱水淹厚度仅为 2 ~ 3m，仅占原始油层厚度的 10% 左右，油田整体表现“强水淹、弱潜力”特征，剩余油分布呈高度分散状态。常规的剩余油认识主要依靠区域储层结构的准确刻画，规律性不明显，推广性较差[1 ~5]。为进一步寻找油田潜力，精细描述剩余油分布规律，结合不同区域水淹特点，将研究区域宏观划分为油藏边部及井间区域。针对边部水淹规律研究，利用单因素控制多因素耦合数值模拟方法，详细描述边部水驱过程，并建立埕北油田调整井挖潜潜力图版；针对井间剩余油分布规律研究，通过井间水驱特征、考虑储层及流体的时变性的精细数值模拟方法，得到井间剩余油不同形态的突破性认识。通过以上技术集成，实现了“双高”阶段剩余油描述的小尺度定量化，结合埕北油田调整井实施效果说明研究区域剩余油规律具有普遍应用性。

第一作者简介：常涛（1986—），男，工程师，硕士，研究方向：油藏工程。通讯地址：（300459）天津滨海新区海川路渤海石油研究院。E – mail：changtao@ cnooc. com. cn。电话：022 – 66500882。

1 “双高”阶段油藏边部剩余油模式研究

埕北油田属于构造层状油藏，相对纯油区，油藏边部即内含油边界至外含油边界区域，储量规模和开发价值较小，初期采用定向井开发。油藏外部拥有天然充足边水资源，边水流经边部不断向内部补充能量，在“双高”阶段普遍认为边部水淹严重，即油水界面不同位置水淹程度无明显区别，无有效挖潜潜力[6~15]。

1.1 单因素控制多因素耦合的数值模拟分析方法

为了验证油藏边部水淹模式的准确性及发挥数值模拟定量评价的优势，采用“单因素主控多因素耦合”的数值模拟研究思路，建立并深入考虑了地层倾角、流体黏度、采液速度、整体采出阶段等因素的数值模拟模型。

1.1.1 剩余油分布主控因素

从渗流力学理论为基础，分析了边部全时间段动用过程及驱替机理，进而划分了明显的剩余油分布主控因素。首先，地层倾角影响了油藏边部的分布范围，地层倾角越小，边部分布越广，边部区域储集层上下顶底区域由于饱和水程度的不同，渗流阻力差异明显，如图1所示，区域1与区域2渗流阻力不同，当原油黏度越大，上下阻力差异范围越大。假定一种极端情况，储集层垂直分布（图2），储层顶底上下区域渗流阻力相同。水驱油过程中，边水至生产井压力相同情况下，水驱油速度及水淹状况依靠渗流阻力决定，下部阻力越小，底部越易水淹，顶部剩余油富集，而地质模式2必然是油水界面同步上移。因此，影响边部剩余油的主控因素为储层倾角及流体性质。

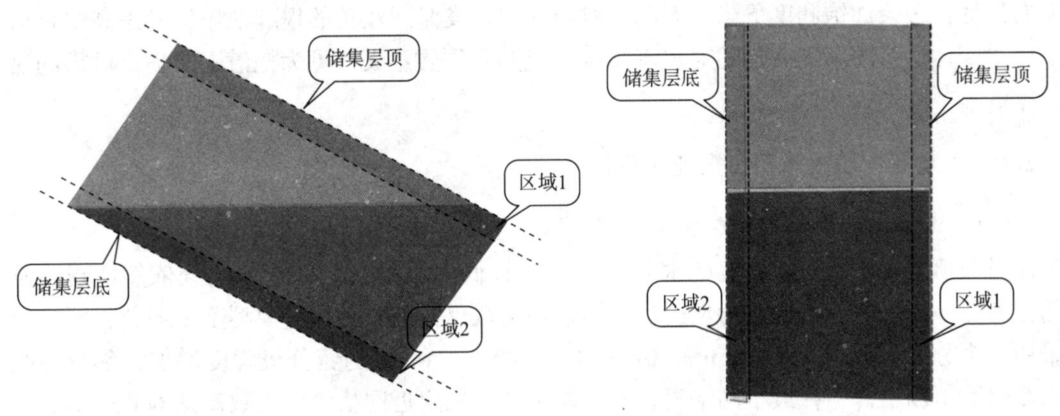

图1 第一种边部区域分布　　图2 第二种边部区域分布

1.1.2 “单因素主控多因素耦合”油藏边部水淹规律

在明确主控因素下，多因素耦合数值模型中考虑了其余因素，主要包括采油速度、整体采出阶段。通过数值模拟研究，发现除主控因素外，其余因素影响较小，对剩余油分布规律并无影响。以采出程度影响为例，当其由10%增至40%时，边部水淹模式均为底部水淹，外含油边界至内含油边界一定范围内含水饱和度近乎相同。

1.1.3　边部剩余油挖潜潜力定量判断图版

以埕北油田流体性质为例，建立了边部调整潜力定量判断图版，如图3所示。通过图中可以看到，在低倾角下，上下层阻力差异大，水基本沿底部进入油藏，造成内含油边界附近发生明显水淹，剩余油厚度对比附近下降，同时在倾角高于4°时，整个边部剩余油厚度就非常小，无布井潜力。

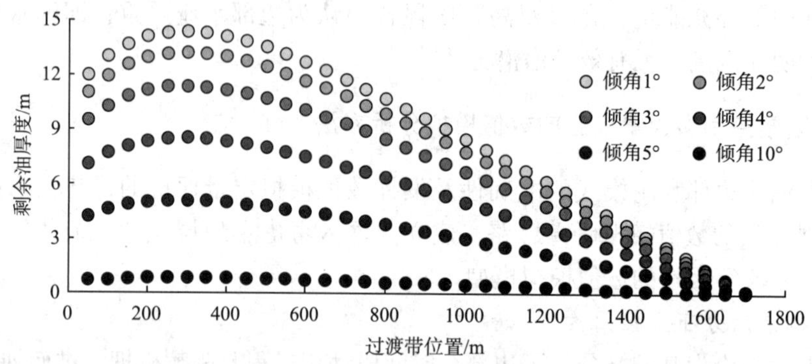

图3　埕北油田油藏边部潜力定量判断图版

2　“双高”阶段下井间剩余油模式研究

强边水水驱作用下的埕北油田，水淹程度不断增加，但油田整体水驱倍数仅为1.5左右，水平较低，经过数值模拟发现，整体低水驱倍数情况下，邻近井眼处普遍存在高水驱倍数情况。同时高驱替倍数下渗透率、相渗发生变化，对比初期，高渗层渗透率增加，相渗不断向右偏移，残余油饱和度下降。因此，对于水驱开发时间较长的埕北油田，考虑高驱替倍数下的时变性进行精细剩余描述对水淹规律认识具有重要意义，可为挖潜上产提供可靠的决策依据。

2.1　“双高”阶段不同参数变化特征

2.1.1　井点与井间水驱倍数特征

通过数值模型研究，在一定的水驱倍数下（较低水驱倍数）邻近井眼处依然体现高驱替倍数特征。以一注一采模型为例，当整体水驱倍数仅为1.1时，将模型不断细分，网格模型采用三个分级，分别为5m×5m、10m×10m、20m×20m，随着分级程度增加，邻近井眼处水驱倍数不断上升，在最小网格模型时，注水井井眼附近网格水驱倍数高达600PV，而生产井井眼附近网格水驱倍数也达到了300PV。埕北油田整体水驱倍数为1.5，邻近井眼水驱倍数大于1000PV。

2.1.2　高倍水驱渗透率变化规律

影响水驱油效率和渗流规律的重要因素是岩石的孔隙结构。因强边水的长期冲刷，孔隙结构会发生一定的改变，如黏土矿物被边水冲走，亦或在流动过程中进一步堵塞流动通道，而使迂曲度发生改变，高渗透率层会变得更高[16]。

2.1.3　高倍水驱油水相渗曲线变化规律

渗透率及孔隙结构的改变势必引起油水相渗曲线的不断变化，通过高水驱倍数实验结果，认识到相渗曲线变化主要集中于两点特征，其一：渗透率的增加、黏土矿物的减少，使得同一含水饱和度情况下，油相渗透率变大，水相渗透率减小；其二：残余油饱和度不断下降，目前陆上油田密闭取心实验分析，残余油饱和度可降低 50% 左右，整体导致可动油规模增加，原油流动性增强。相渗宏观变化特征为油水相渗渗透率曲线普遍右移[17,18]。

2.2 考虑时变性的井间剩余油认识

将以上研究特征用于数值模拟研究过程中，井间水淹规律由普遍认为的由注水井到生产井水淹不断降低[19~20]，次生油水界面呈对数曲线特征（图 4），改变为两井点饱和度低，井间饱和度高的抛物线模式，次生油水界面呈弯曲状，并且随着水驱倍数增加，井间剩余油富集程度有所下降，但次生油水界面特征、剩余油富集模式并未改变，如图 5 所示。

图 4 常规认识下井间剩余油模式

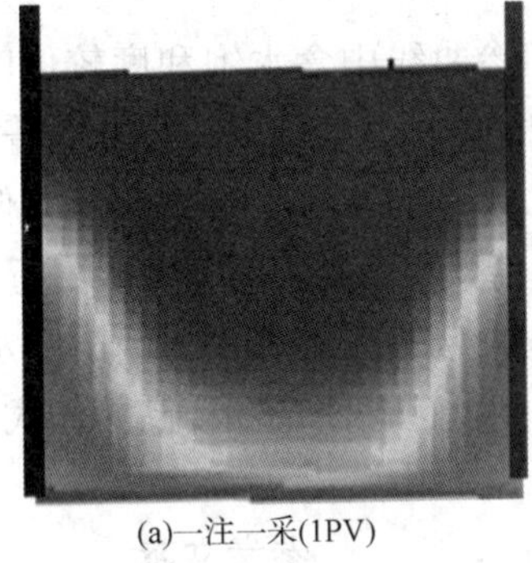

(a)一注一采(1PV)

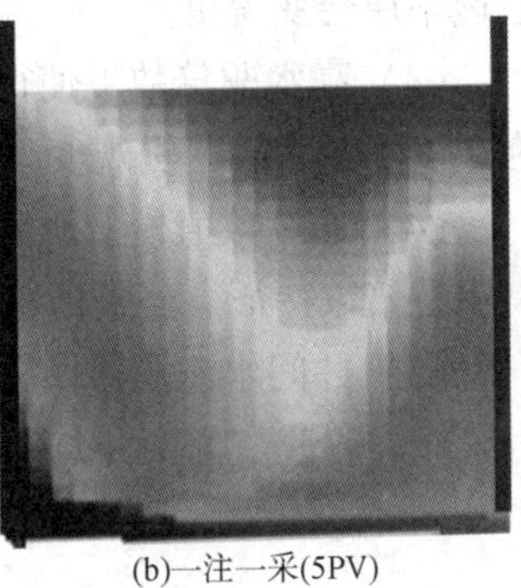

(b)一注一采(5PV)

图 5 考虑参数时变性情况下井间剩余油模式

3 剩余油研究应用成果

通过精细的剩余油规律研究，认识到在整体分散情况下，局部较为富集，井网控制受限。因此，提出利用调整井高效挖潜局部剩余油的策略。2014 年至今共实施油藏边部调整井、井间调整井 8 口，调整井初期产油量 73 ~ 300m^3，含水率低于 3%，对比目前生产井产量增加 4 ~ 10 倍，如表 1 所示。以典型井 A14H1 为例，该井初期高达 300m^3（图 6），截止目前生产 10 个月累产达 $2.3\times10^4m^3$，整体调整井体现了“高产油、低含水”特征，有效起

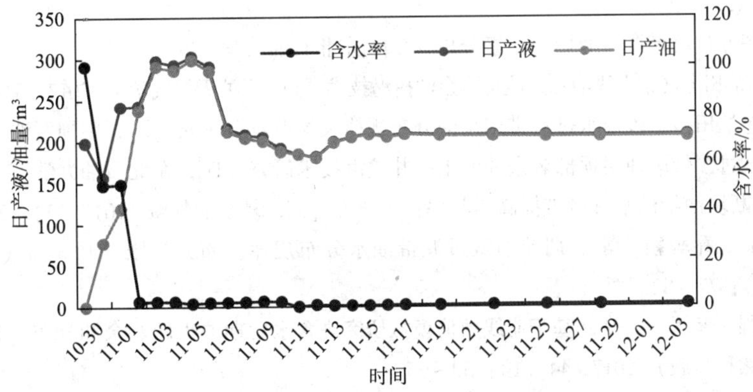

图 6 边部调整井 A14H1 生产动态曲线图

到释放油田潜力，完善井网作用。依据研究成果，埕北油田新增调整井潜力15口，整体方案全部实施预计增加可采储量$155\times10^4m^3$，提高采收率6.9%，剩余油分布规律研究为“双高”阶段提高采收率指明了方向并确定了目标，研究区域剩余油规律具有普遍应用性。

4 结 论

（1）地层倾角越小，油藏边部区域储集层上下顶底区域渗流阻力差异明显。上下差异越大，底部越易水淹，顶部剩余油富集。影响边部剩余油的主控因素为储层倾角及流体性质。

（2）因强边水的长期冲刷，孔隙结构会发生一定的改变，如黏土矿物被边水冲走，高渗透率层会变得更高。

（3）高水驱倍数下使得相渗曲线中含水饱和度较低时，油相渗透率变大，同时残余油饱和度不断下降，宏观变化特征为油水相渗渗透率曲线普遍右移。

（4）通过数值模型研究，在一定的水驱倍数下（较低水驱倍数）邻近井眼处依然体现高驱替倍数特征。当整体水驱倍数仅为1.1时，井眼附近水驱倍数高达300~600PV。

（5）井间水淹规律由普遍认为的由注水井到生产井水淹不断降低，次生油水界面近乎直线倾斜，改变为两井点饱和度低，井间饱和度高的模式，次生油水界面呈弯曲状。

参考文献

[1] 武楗棠，余谦．井间剩余油富集区确定方法研究［J］．沉积与特提斯地质，2003，23（4）：108~110.

[2] 杜庆龙，朱丽红．喇萨杏油田特高含水期剩余油分布及描述技术［J］．大庆石油地质与开发，2009，28（5）：99~105.

[3] 冯明生，袁士义，许安著，等．高含水期剩余油分布数值模拟的平面网格划分［J］．油气地质与采收率，2008，15（4）：81~83.

[4] 林承焰，孙廷彬，董春梅，等．基于单砂体的特高含水期剩余油精细表征［J］．石油学报，2013，34（6）：1131~1136.

[5] 赵红兵，徐玲．特高含水期油藏剩余油分布影响因素研究［J］．石油天然气学报，2006，28（2）：110~113.

[6] 刘洋．大庆萨北过渡带剩余油影响因素分析［D］．东北石油大学，2016.

[7] 李林祥．孤东油田七区馆上段油水过渡带剩余油挖潜技术［J］．石油天然气学报，2012（9）：254~257.

[8] 邓新颖．胜坨油田沙二段油水过渡带剩余油分布规律及挖潜对策研究［D］．中国石油大学，2010.

[9] 袁志宏．萨区过渡带厚油层顶部剩余油的水平井挖潜技术研究［D］．东北石油大学，2011.

[10] 唐湘明．小断块油藏油水过渡带提高采收率技术研究［J］．复杂油气藏，2017（3）：28~28.

[11] 吴丽，陈民锋，乔聪颖，等．稠油油藏过渡带油水分布规律及布井界限［J］．油气地质与采收率，2016，23（3）：77~82.

[12] 谭河清，傅强，李林祥，等．基于流线数值模拟研究高含水后期油田的剩余油分布［J］．成都理工大学学报（自然科学版），2017，44（1）：30~35.

[13] 柏明星，张志超，李岩，等．砂岩油田高含水后期变流线精细调整研究［J］．特种油气藏，2017，24（2）：86~88.

[14] 王道串. 注采流线分布与剩余油的配置关系研究 [D]. 成都理工大学, 2009.
[15] 王传禹, 杨普华, 马永海, 等. 大庆油田注水开发过程中油层岩石的润湿性和孔隙结构的变化 [J]. 石油勘探与开发, 1981 (1): 57 ~ 70.
[16] 姜瑞忠, 乔欣, 滕文超, 等. 基于面通量的储层时变数值模拟研究 [J]. 特种油气藏, 2016, 23 (2): 69 ~ 72.
[17] 姜汉桥, 谷建伟, 陈民锋, 等. 时变油藏地质模型下剩余油分布的数值模拟研究 [J]. 石油勘探与开发, 2005, 32 (2): 91 ~ 93.
[18] 朱先文. 井间剩余油分布规律预测方法研究 [D]. 石油大学, 中国石油大学 (北京), 2000.
[19] 关悦, 蔡燕杰, 周文胜, 等. 孤岛油田油水井井间剩余油分布规律 [J]. 油气地质与采收率, 2003, 10 (s1): 25 ~ 27.
[20] 中国石油学会石油工程学会. 井间剩余油饱和度监测技术文集 [M]. 石油工业出版社, 2005.

低渗透油藏超前注水开发流入动态研究

张茇强　洪楚侨　张风波　李树松　鲁瑞彬

[中海石油（中国）有限公司湛江分公司]

摘要　超前注水是一种利用注水井在生产井投产前对地层投注的注采方式，它可以有效地开发低渗透油藏。随着生产的进行，注入水会形成突破，造成油井见水，使整个地层形成油水两相渗流。为了保证油井产量，逐渐放大的生产压差会导致近井地带原油脱气，此时近井地带会形成油气水三相渗流，针对以上情况，将流体在整个地层中的渗流分为三个区：①区为纯水流动区；②区为油水两相渗流区；③为油气水三相渗流区。基于稳定渗流基本原理，引入了三相拟压力，建立了考虑启动压力梯度、应力敏感、油气互溶等影响的超前注水低渗透油藏具有拐点的三相流流入动态方程，并运用实际数据进行了拟合与验证。

关键词　三相流　超前注水　启动压力梯度　应力敏感

1　引　言

南海西部油田目前探明储量中低渗及特低渗储量占比30%左右，其中未开发的探明储量占比50%以上，如何开发好这部分低渗储量将是未来上产的关键。低渗透油藏的自然产能较低，为实现稳产，常采用超前注水的开发方式，但随着生产的进行，地层、井底附近将出现多相流，使油井原来的流入动态关系发生变化。近年来，Sarfraz 等[1~5]等过分析多相流的影响，运用实验、数值模拟等方法建立了油井流入动态关系。王俊魁[6,7]等考虑原油脱气后建立了一种新型的油井 *IPR* 曲线并分析出现拐点的问题。胥元刚等[8~16]建立了考虑启动压力梯度、应力敏感的油气水三相流流入动态方程，并用现场数据进行了验证。通过调研发现，大部分学者将气油比定义为随井底流压的变化而变化，而实际上气油比应该是与地层压力相关的函数，同时也很少有学者对超前注水开发低渗透油藏的油井流入动态关系进行研究。

根据现场的实际生产资料显示，随着井底流压的降低，油井产量增幅减慢，当井底流压降低到一定界限后，油井产量随着井底流压的降低反而呈现下降趋势，此时 *IPR* 曲线出现拐点，拐点所对应的压力即是合理井底流压界限。本文在分析非达西渗流机理的基础上，建立了超前注水低渗透油藏具有拐点的三相流流入动态方程，并运用实际数据进行了拟合与验证，可为海上类似油田注水合理井底流压界限的确定提供实际的指导意义。

第一作者简介：张茇强（1990 年—），男，工程师，西南石油大学油气田开发工程专业硕士（2015），从事油藏工程及油田开发研究，通讯地址：（524057）广东省湛江市坡头区南油二区北部湾楼 401 房，联系电话：18666742110，E－mail：zhangjq45@ cnooc. com. cn。

2 油气水三相渗流模型

2.1 非达西渗流机理

研究表明，对于低渗透油藏，流体渗流会受到启动压力梯度、应力敏感等因素的影响，造成流体渗流出现非达西渗流特征。为进一步研究，筛选涠洲 11－4N 油田部分低渗岩心进行了启动压力梯度（图 1）和应力敏感实验（图 2）。图 1 表明渗透率越小，启动压力梯度越大，当渗透率小于某个值后，启动压力梯度将会迅速增大。图 2 表明渗透率越低，随着有效应力的增加，渗透率降低越明显，对渗透率伤害越大。总的来说，启动压力梯度和应力敏感的存在都不利于油田的开发，特别是对于低渗油藏，这种影响更加明显。

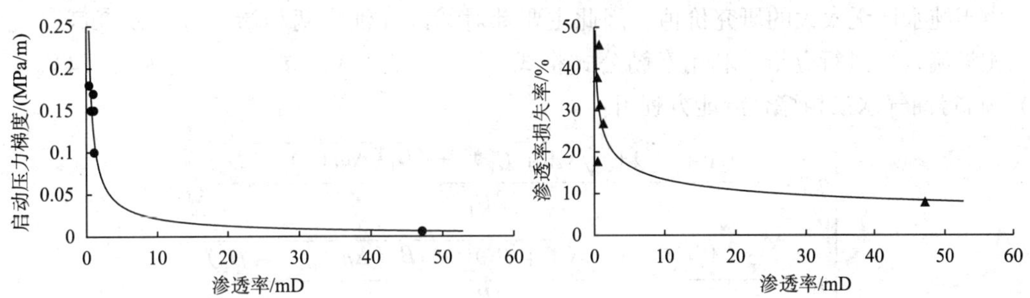

图 1 启动压力梯度与渗透率关系曲线

图 2 渗透率损失率与渗透率关系曲线

2.2 模型建立及求解

根据地层中油气水三相流动，作出如下假设：（1）水平、均质、等厚、各向同性地层；（2）流体在地层中流动分为三个区（图 3）：①区为纯水流动区；②区为油水两相流动区；③区为油气水三相流动区；（3）油气两相同时流动，彼此相溶，气水、油水不互溶，相互间都没有化学作用；（4）忽略重力和毛细管力的影响；（5）流体等温渗流。

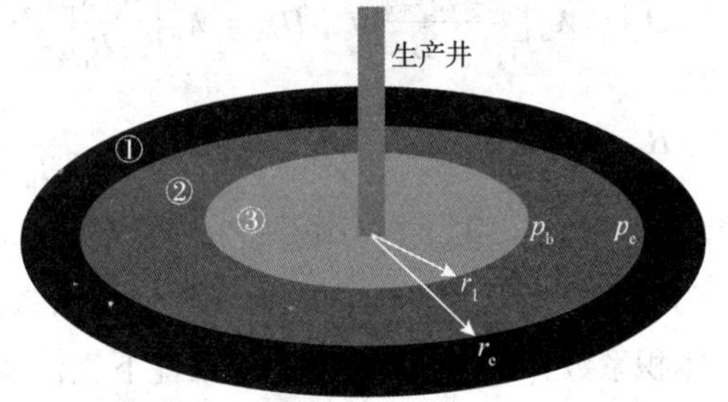

图 3 地层三区复合流动

对于低渗透油藏，考虑启动压力梯度、应力敏感以及近井地带气相高速非达西的油气水三相渗流运动方程[17]：

$$\frac{\mathrm{d}p}{\mathrm{d}r}-\lambda_o=\frac{\mu_o}{K_{ro}}\frac{v_o}{K_i\mathrm{e}^{-a_k(p_i-p)}} \tag{1}$$

$$\frac{\mathrm{d}p}{\mathrm{d}r}=\frac{\mu_g}{K_{rg}}\frac{v_g}{K_i\mathrm{e}^{-a_k(p_i-p)}}+\beta_g\rho_g v_g^2 \tag{2}$$

$$\frac{\mathrm{d}p}{\mathrm{d}r}-\lambda_w=\frac{\mu_w}{K_{rw}}\frac{v_w}{K_i\mathrm{e}^{-a_k(p_i-p)}} \tag{3}$$

式（1）~式（3）中，λ_o为油相启动压力梯度，Pa/m；μ_o为油相黏度，Pa·s；K_{ro}为

油相相对渗透率；v_o为油相渗流速度，m/s；K_i为储层原始渗透率，μm^2；a_k为应力敏感系数，Pa^{-1}；p_i为原始地层压力，Pa；μ_g为气相黏度，Pa·s；K_{rg}为气相相对渗透率；v_g为气相渗流速度，m/s；β_g为气体紊流系数，m^{-1}；ρ_g为气体密度，kg/m^3；λ_w为水相启动压力梯度，Pa/m；μ_w为水相黏度，Pa·s；K_{rw}为水相相对渗透率；v_w为水相渗流速度，m/s。

对于油气互溶情形，Sarfraz[1]提出了油气水三相拟压力的表达形式：

$$\Delta m(p)_o = \int_{p_{wf}}^{p_b}\left(\frac{e^{-\alpha_k(p_i-p)}K_{ro}}{B_o\mu_o} + \frac{e^{-\alpha_k(p_i-p)}K_{rg}}{B_g\mu_g}R_{sog}\right)dp + \int_{p_b}^{p_e}\frac{e^{-\alpha_k(p_i-p)}K_{ro}}{B_o\mu_o}dp \tag{4}$$

$$\Delta m(p)_g = \int_{p_{wf}}^{p_b}\left(\frac{e^{-\alpha_k(p_i-p)}K_{ro}}{B_o\mu_o}R_{sgo} + \frac{e^{-\alpha_k(p_i-p)}K_{rg}}{B_g\mu_g}\right)dp \tag{5}$$

$$\Delta m(p)_w = \int_{p_{wf}}^{p_e}\frac{e^{-\alpha_k(p_i-p)}K_{rw}}{B_w\mu_w}dp \tag{6}$$

由于纯水区无太大的研究价值，因此主要针对②区（油水两相渗流区）及③区（油气水三相渗流区）进行分析，利用泰勒公式将式（1）～式（3）展开，并代入式（4）～式（6），可得油气水三相综合产能方程组：

$$\begin{cases} q_o = \dfrac{-(A+C_g)+\sqrt{(A+C_g)^2+4B_1(\Delta m(p)_o - D_o)}}{2B_1} \\ q_g = \dfrac{-(A+C_o)+\sqrt{(A+C_o)^2+4B_2(\Delta m(p)_g - D_g)}}{2B_2} \\ q_w = \dfrac{\Delta m(p)_w - D_w}{A} \end{cases} \tag{7}$$

其中$A = \int_{r_w}^{r_e}\frac{1}{2\pi hK_i r}dr$，$C_g = \int_{r_w}^{r_1}\frac{R_{pgo}R_{sog}}{2\pi hK_i r}dr$，$B_1 = \frac{1}{4\pi^2h^2}\int_{r_w}^{r_1}\frac{\beta_g\rho_g K_{rg}B_g R_{sog}R_{pgo}^2}{\mu_g r^2}dr$，

$D_g = \lambda_o\int_{r_w}^{r_1}\frac{K_{ro}R_{sgo}}{\mu_o B_o}dr$，$D_o = \lambda_o\int_{r_w}^{r_e}\frac{K_{ro}}{B_o\mu_o}dr$，$D_w = \lambda_w\int_{r_w}^{r_e}\frac{K_{rw}}{B_w\mu_w}dr$，$C_o = \int_{r_w}^{r_1}\frac{R_{sgo}}{2\pi hK_i rR_{pgo}}dr$

$B_2 = \frac{1}{4\pi^2h^2}\int_{r_w}^{r_1}\frac{\beta_g\rho_g K_{rg}B_g}{\mu_g r^2}dr$，$R_{sgo} = \frac{\alpha p}{[B_b - \beta(p_b - p)]}$，$R_{pgo} = \frac{\alpha(p_b - p)B_g}{[B_b - \beta(p_b - p)]}$。

式（4）～式（7）中，r_e为供给半径，m；r_1为内区半径，m；p_b为原油饱和压力，Pa；p_{wf}为井底流动压力，Pa；B_g为气相体积系数，m^3/m^3；B_o为油相体积系数，m^3/m^3；B_w为水相体积系数，m^3/m^3；q_g为地面条件下气体体积流量，m^3/s；q_o为地面条件下原油体积流量，m^3/s；q_w为地面条件下地层水体积流量，m^3/s；R_{sgo}为溶解气油比；R_{sog}为溶解油气比，$R_{sog}=1/R_{sgo}$；R_{pgo}为生产气油比；B_b为饱和压力下原油的体积系数，m^3/m^3；α为原油溶解系数，$m^3/(m^3\cdot Pa)$；β为原油体积系数变化率，Pa^{-1}。

式（7）为非线性方程组，运用复化辛普森数值积分法及牛顿下山迭代法[18]可完成求解，得到油气水产量。

3 实例分析

3.1 实例计算

运用本文推导的三相流模型进行实例计算，相关计算参数为：p_e = 13MPa，T = 336.89K，h = 10.5m，r_e = 102m，K = 0.385mD，r_w = 0.1m，p_b = 8.6MPa，μ_o = 1.1mPa · s，B_b = 1.32，α = 4m³/（m³ · MPa），β = 0.01MPa⁻¹，f_w = 0.1。其余参数 λ_o、λ_w以及 a_k需要通过岩心实验测得，为了避免实验过程的复杂性，本文采用数据自动拟合的方法。先取出 55 组测试数据，对其中 40 组数据进行拟合来确定 λ_o、λ_w以及 a_k的值，最后用剩余的 15 组实测数据进行验证。基本思路如图 4 所示。

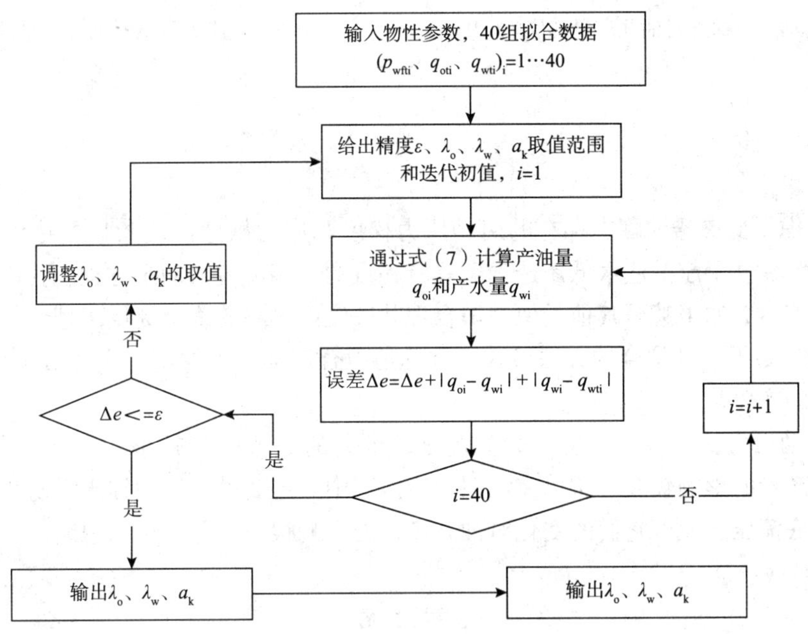

图 4　数据拟合流程图

通过图 4 的计算程序，作出考虑井底脱气的油气水三相流模型的 *IPR* 曲线、不考虑井底脱气的油水两相流 *IPR* 曲线以及 15 组实测数据点，如图 5 所示。

从图 5 可知，实测数据和三相流模型 *IPR* 曲线能较好的拟合上，说明本文推导的三相流模型以及拟合出的 λ_o、λ_w、a_k的值具有一定的可靠性。

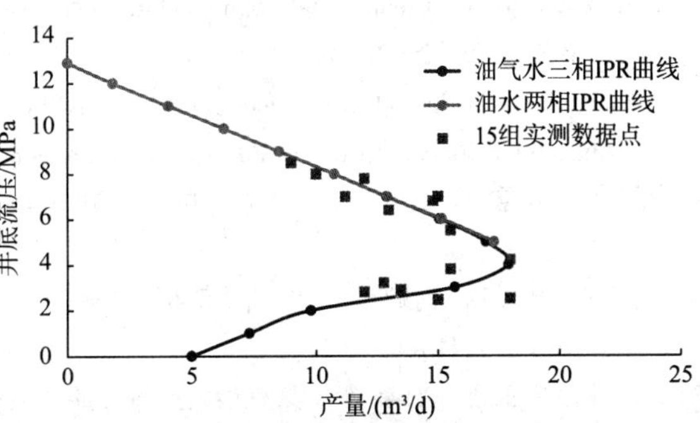

图 5　*IPR* 曲线与实测点数据

3.2 影响因素分析

根据 3.1 节的基本参数，作出启动压力梯度、应力敏感对油井产能影响的关系曲线，如图 6、图 7 所示。从图 6、图 7 可知，启动压力梯度越大、应力敏感越强，拐点越靠近压力轴，即油井的最大产量越小；随着井底流压的降低，启动压力梯度、应力敏感的变化对产量的影响越来越小。说明以上三个因素都与产量呈负相关，特别是在高井底流压阶段，它们的值越大，对原油流动产生的阻碍就越强，油井的产量就减小。

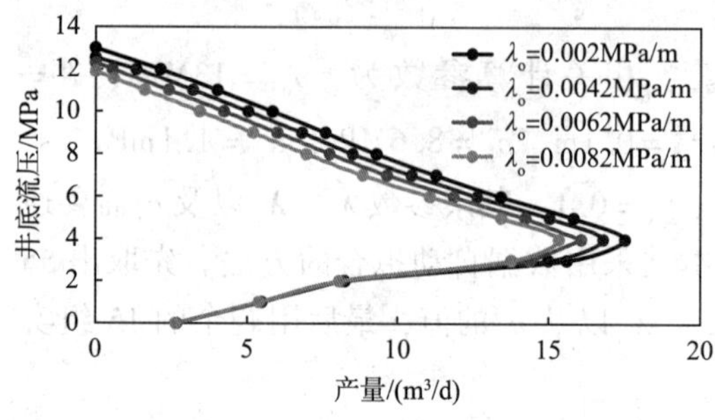

图6　启动压力梯度对油井产量的影响

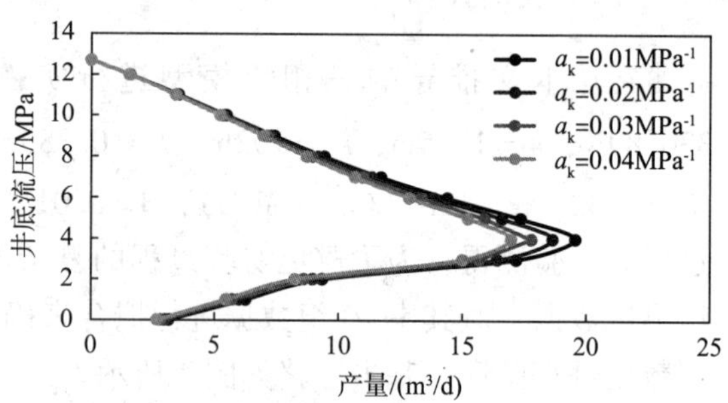

图7　应力敏感对油井产量的影响

4　结　论

（1）考虑了低渗透油藏中存在的启动压力梯度和应力敏感的现象以及原油脱气后油气互溶的情况，建立了超前注水低渗透油藏具有拐点的三相流流入动态方程，为南海西部即将开发的乌石 17－2 油田甚至其他类似油田合理井底流压界限的确定提供了理论方法。

（2）利用数据自动拟合的方法可较为准确地拟合启动压力梯度、应力敏感系数等参数，避免了复杂的实验。

（3）启动压力梯度越大、应力敏感越强，油井的最大产量越小；在高井底流压阶段，它们对油井产量的影响较大，所以在油井生产过程中一定要做好稳油控水，防止油井过早见水；在低井底流压阶段，它们的变化对油井产量的影响很小，基本可以忽略。

参考文献

[1] Sarfraz A, Jokhio, Djebbar Tiab. Establishing inflow performance relationship（*IPR*）for gas condensate wells [A]. SPE 75503, 2002.

[2] Jahanbani A, Shadizadeh S R. Determination of inflow performance relationship（*IPR*）by well testing [C], Canadian International Petroleum Conference. Petroleum Society of Canada, 2009.

[3] 邓英尔，刘慈群．具有启动压力梯度的油水两相渗流理论与开发指标计算方法［J］．石油勘探与开发，1998，25（6）：36～39.

[4] 史云清，郑祥克，何顺利．*IPR* 曲线解析方法在产能评价中的应用［J］．石油大学学报（自然科学版），2002，26（2）：41～43.

[5] 谢兴礼，朱玉新，夏靖，等．具有最大产量点的新型流入动态方程及应用［J］．石油勘探与开发，2005，32（3）：113～116.

[6] 王俊魁，李艳华，赵贵仁．油井流入动态曲线与合理井底压力的确定［J］．新疆石油地质，1999，20（5）：414～417.

[7] 杨满平，高超，杜少恩．具有拐点的油井 *IPR* 方程建立及应用［J］．特种油气藏，2012，19（4）：69～72.

[8] 胥元刚，刘顺．低渗透油藏油井流入动态研究［J］．石油学报，2005，26（4）：77～80.

[9] 何岩峰，吴晓东，韩增军，等．低渗透油藏油井产能预测新方法［J］．中国石油大学学报（自然科学版），2007，31（5）：69～73.

[10] 李晓良，王厉强，李彦，等．启动压力梯度动态变化对 *IPR* 方程影响分析［J］．石油钻探技术，2007，35（2）：70～72.

[11] 刘顺，姚军，胥元刚．低渗透油藏垂直井未来流入动态的预测［J］．西南石油大学学报（自然科学版），2008，30（5）：100～103.

[12] 罗天雨，曹文江，曾平．脱气变形介质油藏产能模型研究［J］．特种油气藏，2004，11（6）：54～56.

[13] 寇根，王厉强，李彦，等．储层应力敏感性动态变化对低渗透油藏产能的影响［J］．油气地质与采收率，2007，14（3）：101～104.

[14] 牛彩云，黎晓茸，郭方元，等．低渗透油藏油井合理流压确定方法探讨［J］．石油天然气学报（江汉石油学院学报），2009，31（1）：289～291.

[15] 文华．低渗透应力敏感性油藏产能及影响因素［J］．新疆石油地质，2009，30（3）：351～354.

[16] 王海勇，王厉强，于晓杰，等．低渗透变形介质油藏流入动态关系［J］．中国石油大学学报（自然科学版），2011，35（2）：96～100.

[17] 陈明强，张明禄，蒲春生，等．变形介质低渗透油藏水平井产能特征［J］．石油学报，2007，28（1）：107～110.

[18] 龚纯，王正林．MATLAB 语言常用算法程序集［M］．北京：电子工业出版社，2011：187～188.

低阻油层成因分析与识别技术及应用

汪跃　别旭伟　张雷　刘洪洲　吴浩君　谢岳　黄磊

[中海石油（中国）有限公司 天津分公司]

摘要　渤海老油田挖潜中发现存在两类低阻油层潜力，一类是和标准油层比，储层物性相对差；另一类是和标准油层比，储层物性相当甚至更好，但电阻率和标准油层低很多。针对老油田非主力层位录取资料少，常规方法无法识别低阻油层，本文通过储层与流体的双重作用正演电阻率技术，建立了电阻率曲线形态识别低阻油层的图版；创新利用毛管压力公式计算原始油藏中油水同层厚度技术，定量判断出低阻油层的潜力。综合以上技术，挖潜出低阻油层探明储量近 $1000\times10^4m^3$，相当于新发现一个中型油田，这为老油田低产低效井治理找到了新的出路。增加的调整井中利用低产低效井侧钻 12 口，增加可采储量近 $140\times10^4m^3$，这不仅实现了低产低效井的治理，同时实现了老油田高效开发。

关键词　低阻油层　识别方法　低效井治理　电阻率正演　定量判断

低阻油层由于电阻率与水层相近甚至低于水层电阻率，且成因比较复杂，常规测井手段和解释方法有限，往往可能将低阻油层误解为水层而被遗漏。至今海上油田开发中对低阻油层研究主要集中在低阻油层形成控制因素，但对成因机理方面缺乏明确认识。在低阻油层识别方法方面，第一，识别测井图版法较多，但存在需要高成本的特殊测井及图版较复杂的缺点；第二，根据取样分析化验资料来识别，但老油田非主力层或解释遗漏的油层，这些层位录取资料较少。老油田挖潜工作中，低阻油层作为一类重要而特殊的油层已经成为老油田开发中后期增储上产的重要对象。因此，深入分析低阻油层成因机理，并采用有效的方法识别低阻油层具有重要意义。

1　低阻油层的形成机理

在渤海油田渤西油田群挖潜中证实存在两类低阻油层：一类是和标准油层比，储层物性相对差；另一类是和标准油层比，储层物性一样且好，但电阻率和标准油层低很多。这两类层常规测井解释往往具有不确定性，电阻率值没有大于标准水层 2 倍以上，或者低于 cutoff 值，测井常常解释成油水同层或者含油水层。

1.1　第一类低阻油层形成机理

岩石与流体对电性的影响，岩石中骨架、胶结物、烃类不导电，流体中可动水、束缚

第一作者简介：汪跃（1984 年—），男，工程师，中国石油大学（华东）矿产普查与勘探专业硕士（2011），从事油气田开发精细油藏描述工作，通讯地址：300459 天津市滨海新区海川路 2121 号 B 座渤海石油研究院，联系电话：022－66500862，E－mail：wangyue10@cnooc.com.cn。

水、黏土薄膜水导电。通过研究，目前国内外研究第一类低阻油层形成的主要原因是束缚水饱和度高。

1.2 第二类低阻油层形成机理

第二类储层物性较好的油层，可知束缚水饱和度为零，可动水为零，若导致电阻低，只有黏土薄膜水造成电阻率曲线下降。储层中黏土矿物有不同类型，其中蒙脱石为阳离子交换量最高的黏土矿物，阳离子交换量越高，黏土扩散层水膜越厚，导致电阻率越低。通过实验储层物性孔隙度为30%时黏土水饱和度与阳离子交换容量的关系图（图1），可以得出渤海新近系地层水矿化度多在12000ppm以下，若阳离子交换量较高为0.3～0.4，相对应的黏土水饱和度可达40%～60%，从而导致电阻率降低。而渤海新近系成岩作用早期蒙脱石较多，所以该时期高孔高渗的储层从机理研究上得知也易形成低阻油层（图1）。

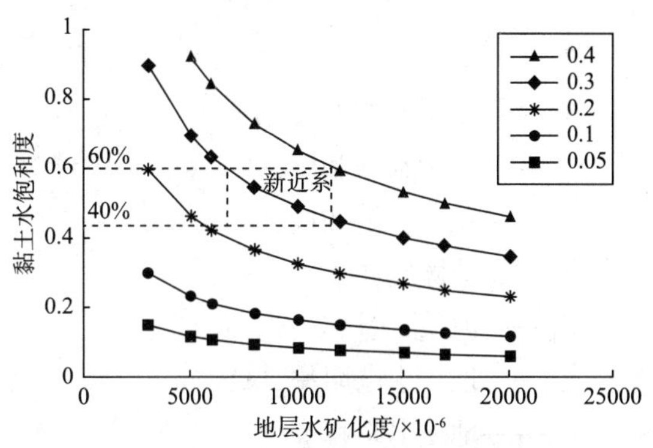

图1 孔隙度为30%时黏土水饱和度与阳离子交换容量的关系图

2 低阻油层综合识别及挖潜技术

在排除泥浆浸入、地层水矿化度差异等外因的影响下，从岩石与流体对电性的影响来看，岩石中骨架、胶结物、烃类不导电，流体中可动水、黏土束缚水导电。当地层中是油层时，可动水近似没有的情况下，若造成电阻率大幅下降，只有束缚水导电，从而造成电阻率下降[1]。国内外油气田勘探开发实践中，在低阻油层识别方面，目前主要通过高成本的特殊测井及相关分析化验资料分析，利用测井图版法识别[2～4]。由于海上油气田勘探开发成本高，非目的层资料录取基本没有，所以无法采用以上方法识别低阻油层，本文利用以下两种新方法来识别与判断低阻油层的潜力。

2.1 于正演电阻率定性识别低阻油层技术

2.1.1 正演电阻率实现思路与计算方法

储层物性变差会导致束缚水增加，从而造成电阻率下降，但并不清楚储层的物性和流体性质如何综合影响电阻率形态及大小，所以可利用基于储层物性和流体性质两个因素正演电阻率来探讨。正演实现的主要思路是储层物性的变化用泥质含量变化来表示，物性越好泥质含量越低，否则相反，其中孔隙度与泥质含量可根据实际油田换算关系式得到；储层流体性质的变化可以用可动水饱和度来表示。当储层流体为油层，可动水饱和度近似为0。当储层流体为水层或油水同层时，可动水饱和度赋值根据储层离油水界面的距离，相对应赋予一定规律的值。

以渤海A油田为例，根据式（1）可计算储层某点的泥质含量，把孔隙度和泥质含量代入式（2）可计算该点的束缚水饱和度，另外根据流体性质赋值可动水饱和度值，把束缚水饱和度与可动水饱和度值代入式（3）计算出储层总含水饱和度，最后利用双水模型的阿尔奇公式（4）正演计算储层的电阻率。

$$V_{sh} = -0.3066\phi + 24.6 \tag{1}$$

$$S_{wi} = \frac{100}{3.28}\left[1.145 - \lg\left(\frac{\phi}{V_{sh}} - 0.25\right)\right] \tag{2}$$

$$S_w = S_{wi} + S_{wm} \tag{3}$$

$$R_t = \frac{abR_w}{S_w^n \phi^m} \tag{4}$$

式中 S_{wi}——束缚水饱和度,%;

S_{wm}——可动水饱和度;

S_w——总含水饱和度,%;

Φ——孔隙度,%;

V_{sh}——泥质含量,%;

R_w——地层水电阻率，Ω·m;

R_t——地层电阻率。

2.1.2 正演电阻率实现结果后的新认识

通过设定不同储层模式下物性变化及流体性质的不同来正演电阻率曲线形态。由正演结果图2可知若储层物性向下变差，流体全部为油层的时候，电阻率曲线呈缓慢下降型。该新认识也就是表明若储层物性变差，即使电阻率绝对值小于测井解释的电阻率下限值，可以解释仍然有油层的存在。

若储层充满流体为上油下水时，具有油水界面时，无论储层物性向下变差或变好，电阻率曲线在油水界面附近均呈现台阶性。该结论表明即使电阻率绝对值大于等于测井解释的电阻率下限值，若电阻率曲线呈现明显的台阶性特征，在油田开发中，就要考虑到原解释的油层底部可能具有水层的风险。

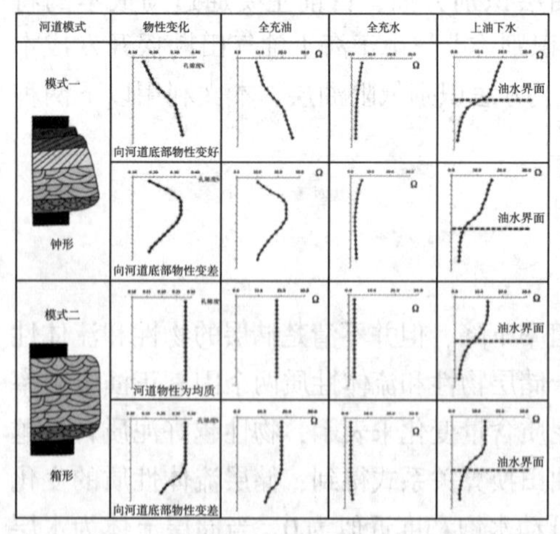

图2 正演电阻率曲线形态图

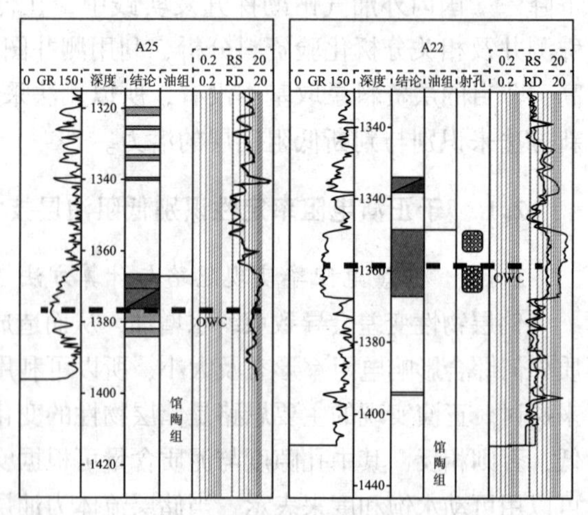

图3 南堡35-2油田馆陶组典型电阻率曲线图

2.1.3 新认识的应用

根据这个规律，对已钻井进行复查，发现南堡35-2油田馆陶组顶部储层均具有物性向下逐渐变差，但电阻率曲线有的为缓慢下降型，如馆陶组4井区A25井（图3），电阻率为6～10Ω·m。有的电阻率曲线为台阶性，如1井区A22井（图3），并且该井低部位电阻率为10Ω·m，早期认识为油层，经过2015年射孔后证实出水，这进一步实践验证了电阻率曲线为台阶性，底部有水层的风险。

经过对馆陶组所有井电阻率曲线重新认识后，该油田1、7井区构造圈闭是具有统一的油水界面，结合生产动态等资料，综合认为老区并非原先认识的岩性油藏，而是构造油藏。另外4井区虽然A25井测井解释3m油层与6m油水同层电阻率均≤10Ω·m，但电阻率曲线是呈缓慢下降型，根据上述分析，可定性地判断出4井区具有低阻油层的潜力。

2.2 基于油水同层真实高度恢复法识别低阻油层方法

2.2.1 利用毛管压力计算油水过渡带（油水同层）高度的理论基础

对于油藏过渡带高度的计算，常规方法利用毛管压力PCL曲线进行处理，得到油藏条件下毛管压力PCR曲线直接计算比较方便。但在海上油气田开发中，一般条件下，实验资料较少，很难用上述方法直接计算，因此有必要采用其他方法来计算油水过渡带高度。

油气藏形成过程是油气运移的驱动力（主要是浮力）不断克服毛管压力而排驱水达到平衡的过程，故而油气水分布的现状是驱动力和毛管压力相对平衡的结果[5~7]，所以可利用油藏工程中毛管压力对水的吸吮作用可计算油水过渡带的真实高度，沿油水接触面有：

$$p_c = p_{ob} - p_{wb} = (p_w - p_o)gh = \Delta\rho gh \tag{5}$$

其中，p_c为油水接触面毛管压力，可由式（6）计算：

$$p_c = \frac{2\sigma\cos\theta}{r} \tag{6}$$

由式（5）、式（6）联立可得式（7），进而可计算油水过渡带高度h：

$$h = \frac{2\sigma\cos\theta}{r\Delta\rho g} \tag{7}$$

式中 h——油水过渡带高度，m；

σ——油水界面张力，mN/m；

θ——润湿角；

r——孔喉半径，m；

$\Delta\rho$——油水密度差，kg/m^3。

理论上亲水岩石润湿角<90°，亲油岩石润湿角>90°，但在实际研究中难以获得油藏条件下准确的润湿角，根据经验润湿角常取42°[8]；对于砂岩储层，平均孔喉半径在0.2～500μm之间[9]，在没有岩石取心孔喉分析条件下，统计发现孔喉半径与渗透率之间存在幂指数关系[10,11]，可利用测井解释渗透率计算孔喉半径；对于界面张力，一般水驱油过程中油水界面张力为35mN/m[12]。

2.2.2 毛管压力计算公式的敏感性分析

由式（7）可以发现，油水过渡带高度主要由油水界面张力、润湿角、储层孔喉半径及油水密度差决定。通常油水密度差及储层孔喉半径可以准确获得，但难以获得油藏条件下的润湿角及油水界面张力，因此有必要对这两个参数及储层孔喉半径进行敏感性分析，通过计算结果可以发现：①相同界面张力，不同润湿角下计算出的油水同层高度相差约1～2m，而在相同润湿角，不同界面张力下计算出的油水同层高度相差 5 ~ 7m，因此综合分析认为界面张力对油水过渡带高度的计算影响比润湿角大；②当孔喉半径 < 10μm，相同孔喉半径，不同界面张力下计算出的油水过渡高度相差 4 ~ 6.5m。而当孔喉半径 > 10μm，相同孔喉半径，不同界面张力下计算出的油水过渡高度相差仅 1 ~ 1.5m，此时界面张力的取值大小对过渡带高度计算结果影响较小。

从以上分析可知当储层为孔喉半径 > 10μm（中高渗储层）时，界面张力与润湿角的取值大小均会对过渡带高度计算结果影响较小。当孔喉半径 < 10μm（低渗储层），利用该方法计算过渡带高度误差较大。所以该方法仅能用于对中高孔中高渗的储层中低阻油层的判断，而渤海新近系明化镇组、馆陶组基本均是高孔高渗储层，所以应用此方法来判断低阻油层是适用的。

利用以上方法对南堡 35 - 2 油田馆陶组各井计算油水过渡带高度。实际计算的过渡带高度均小于测井解释的油水同层厚度，这从定量上证明具有低阻油藏的潜力。

3 应用效果

新技术与方法在渤海渤西油田群中如南堡 35 - 2 油田得到了成功应用，在 4 井区高部位滚动部署两口井 A34、A37P1，各钻遇油层 20.5m、18.9m，增加了探明储量 $556 \times 10^4 m^3$，增加调整井近 10 口，有效地扭转了老油田稳产难度大的局面。另外该技术在歧口 17 - 2 等油田也得到应用，新增低阻油层近 $300 \times 10^4 m^3$。通过老油田低阻油层的挖潜，增加的调整井中利用低产低效井侧钻 12 口，这不仅实现了低产低效井的治理，同时实现了老油田的高效开发。

4 结　论

（1）通过对南堡 35 - 2 油田馆陶组低阻油层识别的新技术与新方法的应用，解决了海上老油田非主力层位，在分析化验资料较少的条件下，能够判别出是否具有低阻油层潜力。一方面基于储层物性与流体的双重因素正演电阻率的曲线形态，若电阻率曲线呈缓慢下降型，定性判断具有低阻油层；另一方面利用毛管压力公式计算油水同层真实高度法，可定量判断低阻油层潜力。

（2）应用该技术方法丰富完善了海上老油田开发后期“增储上产”挖潜技术体系，通过近两年在渤西老油田群广泛的应用，不仅实现了低产低效井的治理，同时实现了老油田高效开发。

参考文献

[1] 于红岩，李洪奇，郭兵，等．基于成因机理的低阻油层精细评价方法［J］．吉林大学学报（地球科学版），2012，42（2）：335 ~343.

[2] 白薷，李继红．碎屑岩低阻油层成因及识别方法［J］．断块油气田，2009（5）：37 ~39.

[3] 吴金龙，孙建孟，朱家俊，等．济阳坳陷低阻油层微观成因机理的宏观地质控制因素研究［J］．中国石

油大学学报（自然科学版），2006，30（3）：22～25.

[4] 赵军龙，李甘，朱广社，等．低阻油层成因机理及测井评价方法综述［J］．地球物理学进展，2011，26（4）：1334～1343.

[5] 徐守余，李红南．储集层孔喉网络场演化规律和剩余油分布［J］．石油学报，2003，24（4）：48～53.

[6] 谢丛姣，刘明生，等．基于砂岩微观孔隙模型的水驱油效果研究——以张天渠油田长2油层为例［J］．地质科技情报，2008，27（6）：58～62.

[7] 赵靖舟，武富礼，闫世可，等．陕北斜坡东部三叠系油气富集规律研究［J］．石油学报，2006，27（5）：24～27.

[8] 何更生．油层物理［M］．北京：石油工业出版社．2007，249～250.

[9] 何更生．油层物理［M］．北京：石油工业出版社．2007，19～20.

[10] 马淼，孙卫，刘登科，等．华庆地区长6储层微观孔喉特征及对物性的影响研究［J］．石油化工应用，2016，35（10）：106～110.

[11] 李卫成，张艳梅，王芳，等．应用恒速压汞技术研究致密油储层微观孔喉特征——以鄂尔多斯盆地上三叠统延长组为例［J］．岩性油气藏，2012，24（6）：60～65.

[12] 叶仲斌．提高采收率原理［M］．北京：石油工业出版社．2007，93～94.

地质建模面临的最新挑战与解决办法

代百祥　许月明　方小宇　袁丙龙　肖大志

[中海石油（中国）有限公司湛江分公司]

摘要　最近几年，随着地震资料的丰富及地震处理技术的发展，地震分辨率越来越高，南海西部油田地震构造解释也越来越精细，解释得到断层与层面之间的接触关系也越来越复杂，同时地质研究人员对储积层的非均质性的认识也越来越清楚，从而使储层地质建模遇到越来越多的挑战，怎样表征储层的复杂构造及储层内部的非均质性成为了两大难题。本文应用 Petrel 与 RMS 软件融合建模建立了规则的复杂构造，在构型研究的基础上，利用基于目标相建模的方法建立了储层构型模型，精细刻画了砂体之间的接触关系，有效地表征了储层的非均质性。另外，本文还探讨了三维岩石力学地质建模直接指导生产的可能性，今后有望为南海西部石油的开发创造更多的效益。

关键词　精细　复杂构造　基于目标　构型　地质建模

南海西部海域许多油气田较为复杂，地质建模主要有两个难题：一是储层构造的复杂性，包括多重削截、断层产状变化大、继承性差的复杂断块油气藏和许多地层结构复杂如超覆、剥蚀型的油气藏；二是储层沉积的复杂性，如以陆相扇三角洲和辫状河三角洲前缘沉积为主的油田群，储层非均质性强，横向相变快，如何表征扇三角洲或辫状河三角洲储层非均质性的精细建模也是一大难题。

前人的地质建模研究中，对储层隔夹层和精细相模型做过一定的研究[1]，但砂体之间的接触关系和连通性认识却不清楚。所以，针对南海西部油气田构造的复杂性采取多软件融合的方法，解决复杂构造带来的难题，建立规则地质模型；同时针对南海西部油气田储层复杂、非均质性强的特征，利用基于目标建模方法结合基于地质知识库砂体参数的控制建立储层构型模型，精细刻画了砂体间的接触关系，有效地表征储层的非均质性。另外，此次利用地质建模建立岩石三维模型进而建立三维压力模型，指导优化井轨迹，从而创造可观的经济价值，为海油的成本控制添砖加瓦。

1　基于 Petrel 与 RMS 软件融合的复杂构造建模技术

Petrel 软件的优势在于友好性强，易操作，可以快速、实时更新模型、批量化处理数据，但是在对于复杂切割关系断层计算慢，构造模型网格也不规则；RMS 正好相反，不易操作，却对复杂切割关系断层处理迅速而准确。故利用 Petrel 软件进行数据处理，利用 RMS

第一作者简介：代百祥（1983 年—），男，工程师，长江大学矿产普查与勘探专业硕士（2013），从事油气田开发地质工作，通讯地址：524057 广东省湛江市坡头区南调路南海西部石油研究院 115 室，联系电话：13822528735，E－mail：daibx2@ cnooc. com. cn。

软件建立复杂构造模型，有效地提高了复杂构造地质建模效率。

1.1 复杂断层建模技术

涠洲 A 油田，地震解释为多个断层多重削截如图 1（a），针对多重削截及“λ”式接触关系的断层，在 Petrel 软件中快速建立断层，在 RMS 软件中采用 Tipline 精细控制断层削截位置，并采用断面阶梯化网格技术改善网格质量，得到合理的构造框架如图 1（b），进而建立规则构造模型如图 1（c）。

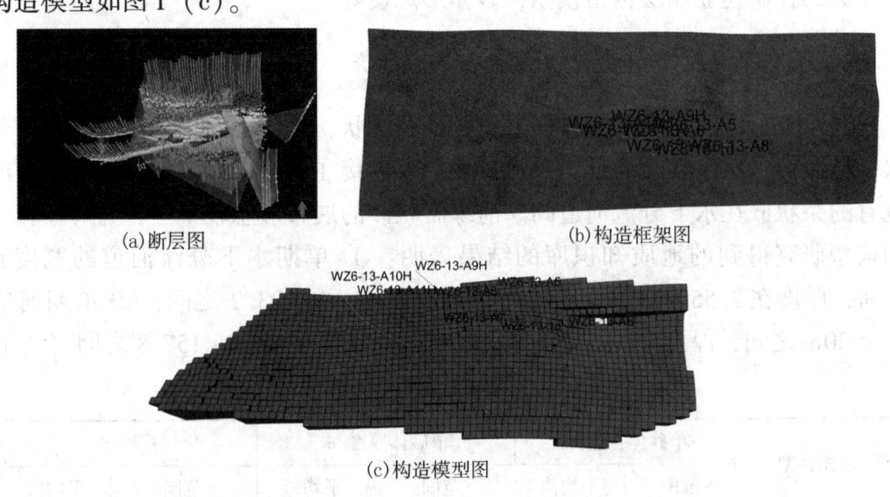

(a) 断层图　(b) 构造框架图

(c) 构造模型图

图 1　涠洲 A 油田断层图、构造框架图和构造模型图

1.2 复杂层面建模技术

涠洲 B 油田存在多套地层的超覆、剥蚀。地层超覆剥蚀的构造模型每个层的边界因超覆剥蚀线的不同而各不相同，在地质建模过程中，合理设置不整合面与剥蚀关系，搭建起地层超覆、剥蚀的地质模型，准确表征地层顶超的接触关系，建立合理层面模型如图 2（a），进而建立规则构造模型如图 2（b）。

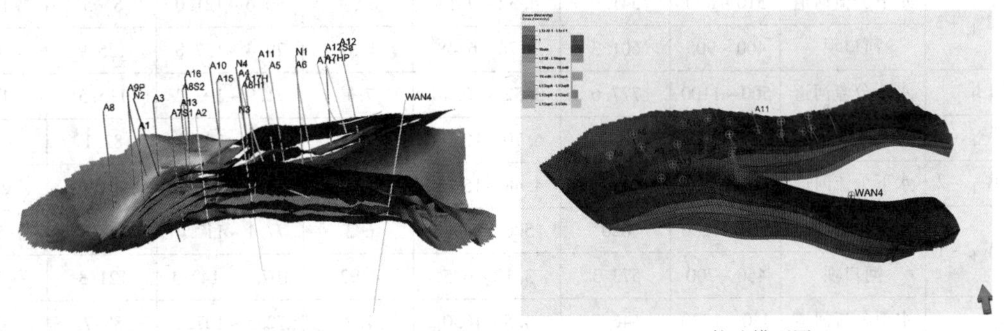

（a）层面构造图　（b）构造模型图

图 2　涠洲 B 油田层面构造图和构造模型图

2 基于目标构型地质相建模方法

涠洲 C 油田为扇三角前缘沉积，有效储层主要分布在水下分流河道复合砂体中，往往

是由多期单一成因的单砂体垂向加积或侧向叠置而成[2,3]。而储层内部构型地质建模能够表征不同级次储层在三维空间的分布规律，包括各相储层的形态、规模、方向、叠置关系，进而表征储层非均质性[4,5]。

基于目标的随机建模方法是以如沉积相或流动单元等为目标物体，设置目标几何形状。然后进行反复调整、模拟，并将模拟结果与地质的沉积微相图进行对比，最终确定合适的几何形状[6~8]。主要方法为标点过程，亦称示性点过程。利用基于目标建模方法，基于地质知识库砂体参数的控制建立储层构型模型，砂体形态良好。

2.1 构型基本单元及模拟参数的确定

扇三角洲水下分流河道的形态平面上呈长条朵叶状，纵向截面呈现厚度均匀变化的尖灭凸透镜状，横截面是顶平底凸的形态。河口坝主要连接在河道末端，形状以马蹄形或新月形为主，也有的朵状嵌在水下分流河道间。前缘席状砂的展布形态较单一，为薄片状。

前期构型研究得到的地质知识库的结果表明：① 单期水下分流河道的宽度在300～1200m之间，厚度在2.55～21.4m之间，宽厚比在42.9～193.2之间；② 单期河口坝的宽度在270～930m之间，厚度在2.5～14.0m之间，宽厚比在52.5～157.8之间（表1）。

表1 涠洲C油田流一段单砂体定量统计表

小　层	相类型	单砂体宽度/m		单砂体厚度/m		宽厚比		统计数量
		范围	平均值	范围	平均值	范围	平均值	
L1Ⅰ-1	水下分流河道	300～820	508.8	2.95～9.99	5.47	51.1～132.2	99.3	8
	河口坝	420～560	490	4.64～5.36	5	78.4～120.7	99.5	2
L1Ⅰ-2	水下分流河道	410～870	580	2.55～10.96	7.01	42.9～160.8	96.2	5
	河口坝	270～560	430	5.14～8.73	6.67	52.5～91.1	65.4	3
L1Ⅱ$_{上}$-1	水下分流河道	360～950	580	3.50～8.72	6	80.0～142.9	97.7	9
	河口坝	350	—	2.5	—	140	—	1
L1Ⅱ$_{上}$-2	水下分流河道	310～890	541.9	4.32～9.13	6.39	60.6～121.0	85.5	16
	河口坝	400～905	601.3	3.78～6.48	4.81	79.4～157.8	125.9	4
L1Ⅱ$_{下}$	水下分流河道	500～1100	777.6	3.52～10.40	7.1	71.9～193.2	115.5	17
L1Ⅳ$_{上}$-1	水下分流河道	490～790	640	6.70～10.00	7.9	63.0～105.7	82.1	9
L1Ⅳ$_{上}$-2	水下分流河道	420～920	649.1	4.48～15.00	8.5	53.5～126.2	80.9	23
L1Ⅳ$_{下}$-1	水下分流河道	420～1100	620	5.0～9.40	6.3	77.1～117.0	97	5
	河口坝	460～700	573.3	3.12～6.5	4.92	107.7～147.4	121.3	3
L1Ⅳ$_{下}$-2	水下分流河道	440～1020	646.7	4.5～10.0	7.2	72.5～107.4	88.7	6
	河口坝	450～490	470	3.4～4.2	3.8	116.7～132.4	124.5	2
L1Ⅳ$_{下}$-3	水下分流河道	490～1200	854.4	6.8～21.4	12.1	56.1～92.0	73.6	9
	河口坝	900～930	915	11.1～14.0	12.6	66.4～81.1	73.8	2

2.2 基于目标构型模型

利用基于目标方法结合前期地质认识的参数设置，随机模拟得到最终模型。构型模型整体来看能够较好地反映前期的地质认识（图3），扇三角洲沉积的特点以及水下分流河道、河口坝和前缘席状砂的分布形态和规模等要素模拟清楚。储层主要为水下分流河道沉积，外缘发育河口坝与前缘席状砂。

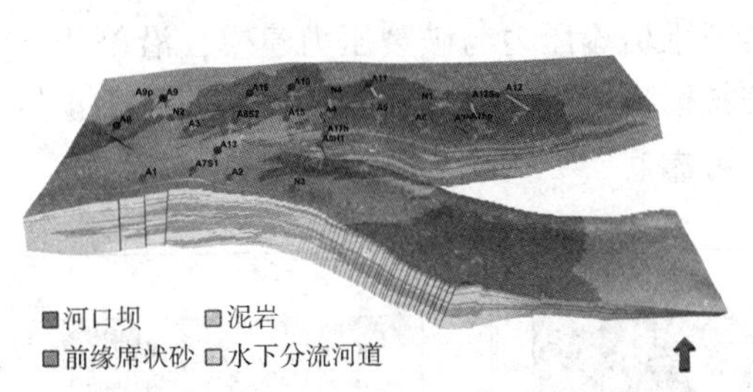

图3 涠洲C油田储层三维构型相模型图

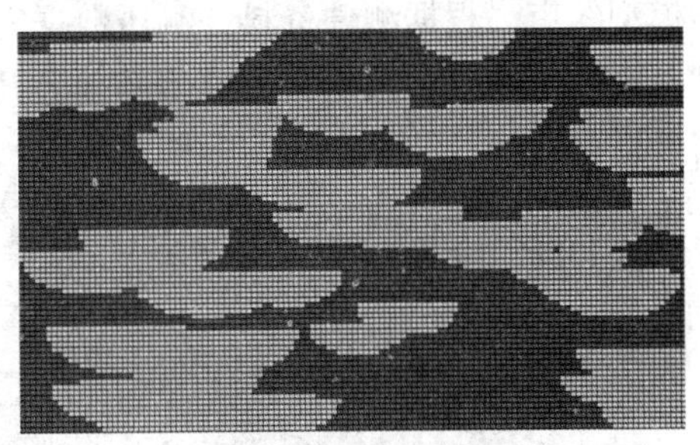

图4 砂体切叠模式图

2.3 基于目标构型相模型河道砂体叠加样式

目标区水下分流河道砂体主要以孤立－侧叠式和切叠式（图4）为主，侧叠式是指不同沉积时间构型单元垂向或侧向孤立或切割叠置分布，切叠式是指不同沉积时间构型单元之间垂向切割、叠置。统计数据表明，本区各构型单元中水下分流河道相占比大于25%河道之间的接触关系多为切叠。

10小层以切叠式沉积模式为主（图5、图6），整体发育三条水下分流河道，单河道间经过多期切叠形成复合河道。发育各种切叠样式，有顶部切叠、侧翼切叠和多重切叠，水下分流河道的剖面显示呈现鱼鳞状或叠瓦状。模型精细刻画涠洲C油田砂体之间的接触关系，有效地表征了储层的非均质性。

图5 水下分流河道展布模型图

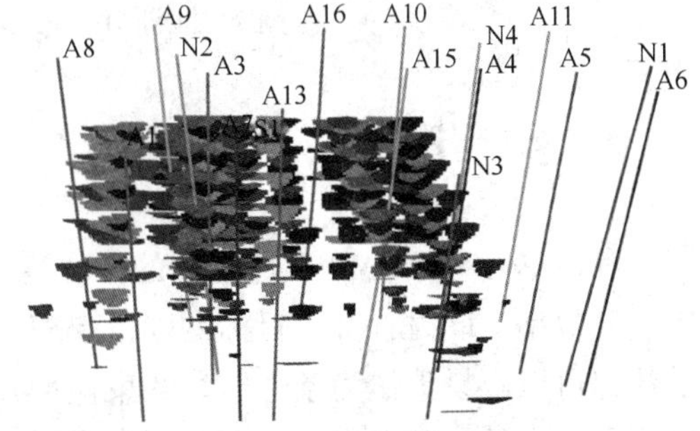

图6 水下分流河道展布模型剖面图

3 三维岩石力学地质建模

传统上地质建模经常只是服务于油藏数字模拟，没有实际的经济效益，但是在实际应用中地质建模也可以建立三维岩石力学模型，预测地层孔隙压力，进而预测三维破裂压力结果[9~11]，从而优化井轨迹，创造直接经济成果。

采用理论研究与实验研究相结合的方法建立涠洲D油田已钻井开展井壁稳定性研究，基于一维研究成果建立三维地质力学模型及压力模型，开展三维井壁稳定性研究。首先在高温高压气田异常高压成因机制综合研究分析的基础上，建立地层孔隙压力计算模型；其次从单井上分析涠洲6－13油田已钻井岩石力学参数之间的相互关系，利用井震联合建模技术[12,13]，在层速度模型的约束下建立了涠洲6－13油田三维岩石力学模型；再次基于岩石力学模型约束，根据测井资料、测压数据等建立三维孔隙压力模型；最后，在三维岩石力学模型、孔隙压力模型及地应力模型基础上开展三维坍塌压力与破裂压力建模，沿单井计算安全密度窗口曲线，结合现场实际作业情况，校核模型精度（图7）。从WZ6－13－1d井三维与一维安全密度窗口曲线对比来看，模型较为可靠。

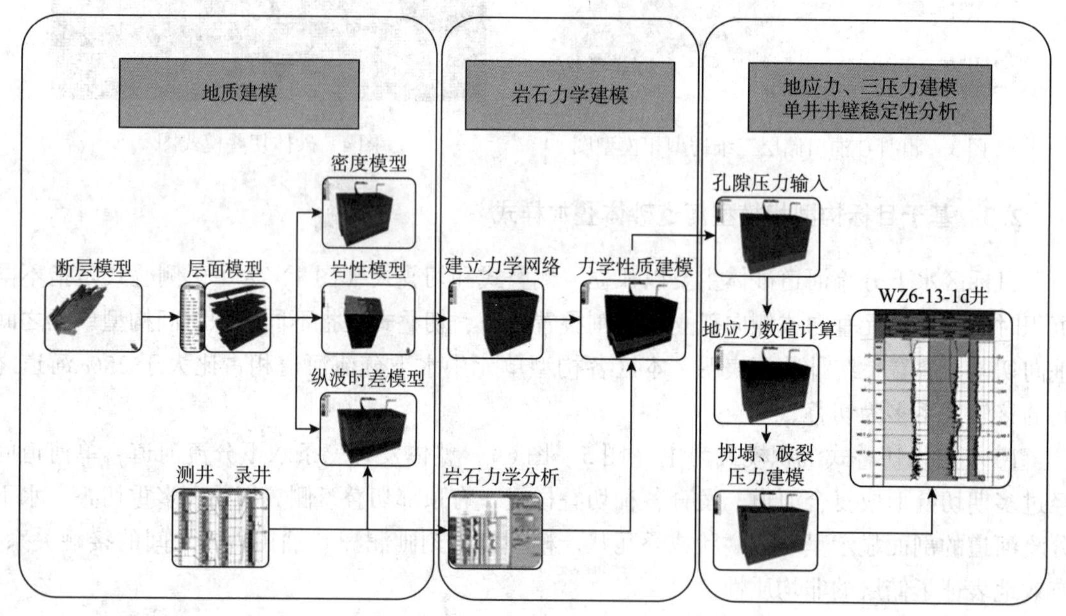

图7　涠洲D油田多维度井壁稳定技术研究流程

4　结　论

利用Petrel与RMS软件融合的方法建立复杂的构造模型，可以有效地提高复杂构造地质建模效率。同时，基于目标的随机建模方法使用灵活，可以综合地质认识，将一些新的地质数据可以容易地作为条件信息约束模型建立，构型模型整体能够较好地反映地质构型认识的成果。另外，基于岩石力学分析的成果，计算出油田三维坍塌压力及破裂压力模型，进而预测生产井安全密度窗口曲线，为钻完井设计提供了理论依据。

参考文献

[1] 吕坐彬，赵春明，霍春亮，等. 精细相控储层地质建模技术在老油田调整挖潜中的应用－以绥中36－1油田为例［J］. 岩性油气藏，2010.

[2] 林煜，吴胜和，岳大力，等．扇三角洲前缘储层构型精细解剖——以辽河油田曙 26－6 区块杜家台油层为例［J］．天然气地球科学，2013，24（2）：335～344.

[3] 叶小明，王鹏飞，徐静，等．渤海海域 L 油田砂质辫状河储层构型特征．油气地质与采收率杂志，2017，24（6）48～53.

[4] 吴胜和．储层表征与建模［M］．北京：石油工业出版社，2010：379～380.

[5] 李少华，张昌民，尹艳树．储层建模算法剖析［M］．北京：石油工业出版社，2012：12～150.

[6] 王家华，刘卫丽，白军卫，等．基于目标的随机建模方法［J］．重庆科技学院（自然科学版），2012，14（1）：162～167.

[7] Chessa A G. On the object-based Method for Simulation Sandstone Deposits［C］// The European Conference in In the Mathematics of Oil Recovery，1992：20～21.

[8] Deutsch C V，Tran T T. FLUVSIM：a program for object－based stochastic modeling of fluvial depositional systems［J］. Computers & Geosciences. 2002，28（4）：525～535.

[9] 贾新峰，杨贤友，周福建，等．孔隙压力预测方法在油气田开发中的应用［J］．天然气技术，2009，3（2）：31～33.

[10] 张辉，李进福，袁仕俊，等．塔里木盆地井壁稳定性测井评价初探［J］．西南石油大学学报（自然科学版），2008，30（5）：32～36.

[11] 黄静，张超，罗鸣，等．莺琼盆地某高温高压气田井壁稳定性技术研究［J］．重庆科技学院学报（自然科学版），2017，19（05）：7～11.

[12] 方小宇，姜平，等．融合地质建模与地震反演技术提高储层预测精度的新方法及其应用［J］．中国海上油气，24（2）.

[13] 刘文岭．地震约束储层地质建模技术［J］．石油学报，2008，29（1）：64～68.

东海低渗气藏产能测试评价新技术研究与实践

陈自立　杨志兴　李宁陈晨　马恋

[中海石油（中国）有限公司上海分公司]

摘要　海上测试成本高、时间短，用陆上常规测试方法进行海上低渗气藏产能测试，压力及产量都难以达到稳定，以致于无法准确地进行资料的解释。本文通过研究，提出了2种适合海上低渗气藏测试方法，即简化的修正等时试井、不关井等时试井，可以实现缩短海上低渗气藏测试时间。同时基于井点测试提出了基于气藏地质模型及DST井点测试的约束条件下的气藏空间产能展布方法，这些成果将为海上低渗气藏的测试及气藏空间产能展布的认识提供了一种新的手段，对海上类似气藏的测试提供技术借鉴。

关键词　海上低渗　产能测试　短时测试　空间产能

由于海上低渗气藏测试的特殊要求（时间长、成本高），多选择不稳定的修正等时试井测试方法[1~4]，但是即使采用修正等时试井，目前绝大多数低渗气藏的延续生产稳定点测试也很难获取[5,6]。在采用常规测试方法往往并不能获取有效分析数据的背景下，加之海上勘探测试井次有限、低渗气藏的强非均质性等因素，造成海上气藏未测试区域产能无法预测，储层产能空间展布情况不明，最终导致气田开发方案优化、井位部署中出现低产低效井风险增高。

本文针对上述几个问题，在对现有测试方法和测试制度分析的基础上，研究改进延时开井测试时间与产能计算方程 A、B 关系，建立了一套海上短时产能测试方法与工作制度，提出了2种适合海上低渗气藏测试方法，包括简化的修正等时试井、不关井等时试井，实现海上低渗气藏缩短测试时间的特殊要求；同时基于井点测试提出了在气藏地质模型及DST井点测试约束条件下的气藏空间产能展布方法，可以实现井间未测试区域的产能分布情况预测。

1　海上短时产能测试方法与工作制度

1.1　简化的修正等时试井

修正等时试井较其他产能试井所需的时间短，但要求延续期产量生产持续到稳定条件，这对于低渗气藏仍需较长的时间。为进一步缩短时间，基于G. S. Brar提出的修正等时试井的改进方法[7]，通过对修正等时试井进行简化，仅进行等时阶段的不稳定测试，而不进行延续期的测试，从而达到缩短测试时间的目标。

第一作者简介：陈自立（1987年—），男，工程师，2013年长江大学油气田开发开采专业硕士，主要从事海上油气田开发工程方面生产科研工作。Email：chenzl9@ cnooc. com. cn 地址：上海市长宁区通协路388号中海油大厦，邮政编码：200335。

对于无限大均质气藏，其压力降落形式如式（1）：

$$\psi_R - \psi_{wf} = Aq_g + Bq_g^2 \tag{1}$$

$$A = \frac{42.42Tp_{sc}(\lg\frac{8.085kt}{\phi\mu C_t r_w^e} + \frac{S}{2.302})}{kh}, B = \frac{42.42Tp_{sc}}{kh} \times 0.87D$$

式中，D 为受天然气的地下黏度 μ_g 、相对密度 γ_g 、储层物性参数渗透率 K 、孔隙度 ϕ ，以及测试层段的有效厚度 h 和气井半径 r_w 影响的参数，计算该值经验公式为：

$$D = \frac{1.35 \times 10^{-7}\gamma_g}{K^{0.47}\phi^{0.53}hr_w\mu_g} \tag{2}$$

从式（1）可以看出，在已知地层物性参数与储层流体性质的前提下，二项式产能系数 A 仅与时间 t 的对数值相关，因此建立 $A(t)$ 函数，在假定 t 值的条件下绘制 A 与 $\lg t$ 的曲线图（图1），线性关系良好。所以在修正等时试井测试时，可以在给定供气半径 r_e 的条件下，计算到达边界所需的测试时间 t_s ，利用 $A(t)$ 与 $\lg t$ 关系，确定达到边界时的稳定产能方程系数 A。

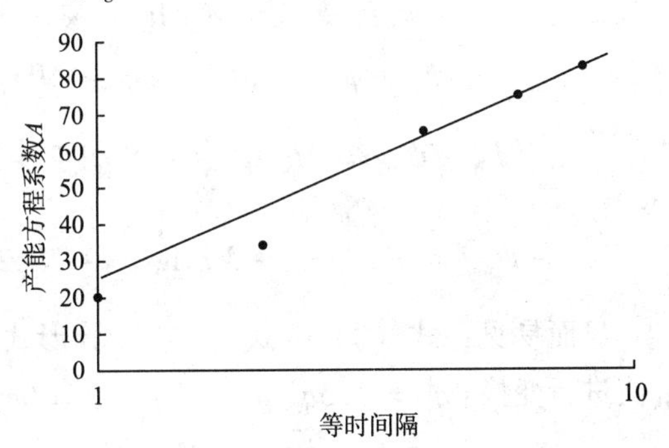

图1　产能方程系数 A 随等时间隔关系曲线

在测试井外边界未知的情况下，供气半径 r_e 通常经验取值 500 ~ 1000m。

利用修正等时试井中的四开三关不稳定测试资料，进行线性拟合，可以求取产能方程系数 B。在求取 A、B 值的基础上，建立气井的产能方程，确定气井的绝对无阻流量。

以东海某低渗气藏 J5 地层及流体性质资料进行测试工作制度设计（表1）。通过设计显示，当测试时间为 86h，即出现径向流，即可建立产能评价方程，进行压力分析，测试时间总计 7 ~ 8d。J5 层简化的修正等时试井分析曲线如图 2 所示。

表1　J5 层简化的修正等时试井工作制度表

时间/h	14	14	14	14	14	14	14	86
产量/($10^4m^3/d$)	1	0	2	0	3	0	4	0

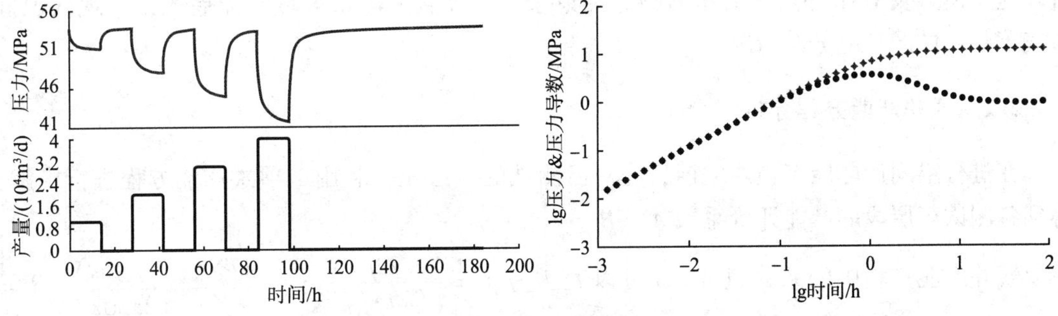

图2　J5 层简化的修正等时试井分析曲线

1.2 不关井等时试井

简化的修正等时试井，需要多次关井，操作程序还是比较繁琐，且测试时间仍然不够短。因此通过研究结合等时试井测试的优势，剔除简化的修正等时试井的关井阶段，建立不关井等时试井方法，实现测试时间的进一步缩短。

首先定义参数：$M = \dfrac{42.42 \times 10^3 p_{sc}\bar{T}}{khT_{sc}}$ $N = \dfrac{8.091 \times 10 - 3k}{\phi\mu_g C_t r_w^2}$

基于多产量试井方法，产能测试过程中各产量下的拟压力降变化公式为：

$$\psi_R - \psi_{wf1} = M \cdot \lg(N \times t_p) \cdot q_1 + M \cdot 0.8686 \times D \times (q_1)^2 \tag{3}$$

$$\psi_R - \psi_{wf2} = M\lg 2 \times q_1 + M\lg(N \times t_p) \times q_2 + 0.8686DM(q_2)^2 \tag{4}$$

$$\psi_R - \psi_{wf3} = Mq_1\lg\frac{3}{2} + Mq_2\lg 2 + M\lg(N \times t_p) \times q_3 + 0.8686DM(q_3)^2 \tag{5}$$

$$\psi_R - \psi_{wf4} = Mq_1\lg\frac{4}{3} + Mq_2\lg\frac{3}{2} + M\lg 2 \times q_3 + M\lg(N \times t_p)q_4 + 0.8686DM(q_4)^2 \tag{6}$$

显而易见，式（3）~式（6）计算形式未统一，根据测试经验，可以将多油嘴测试产量值进行变换：$q_2 = 1.5q_1, q_3 = 3q_1, q_4 = 6q_1$，因此将上述公式进一步优化得到：

$$\psi_R - \psi_{wf2} = Mq_2(\lg(N \times t_p) + 0.2) + 0.8686DM(q_2)^2 \tag{7}$$

$$\psi_R - \psi_{wf3} = Mq_3(\lg(N \times t_p) + 0.2) + 0.8686DM(q_3)^2 \tag{8}$$

$$\psi_R - \psi_{wf4} = Mq_4(\lg(N \times t_p) + 0.2) + 0.8686DM(q_4)^2 \tag{9}$$

从式（7）~式（9）可以看出$(q_2, \psi_R - \psi_{wf2})$ $(q_3, \psi_R - \psi_{wf3})$ $(q_4, \psi_R - \psi_{wf4})$之间满足线性关系，即推导产能方程系数计算公式：$A = (M + 1.2)\lg(N \times t_p)$、$B = 0.8686DM$。最后可以采取与简化的修正等时试井求取$A$、$B$值类似方法，先估算边界距离，建立系数$A \sim \lg t$关系，求得$A$值；同样利用四开不稳定测试资料，进行线性拟合，求取产能方程系数B；以此为基础进行试井设计，测试时间总计为5~6d。

2 基于地质模型的低渗气藏产能空间展布预测技术

该技术主要是通过建立解析方程表征测井资料与已有测试资料储层的产能对应关系，然后以地质模型及DST井点测试作为静态约束条件，预测未测试区域产能展布，直观认识低渗气藏整个储层产能分布情况。

2.1 气井产能方程分析

在进行空间产能展布预测之前，先对已测试的产层段，利用二项式产能方程进行求解，得到各测试产层段的产能评价系数A_i、B_i。

气井产能方程中的系数值A、B可以表达为$A = \dfrac{29.22\mu ZT}{(kh)_{试井}}\left(\lg\dfrac{0.472\, r_e}{r_w} + \dfrac{S}{2.302}\right)$、$B = \dfrac{12.69\mu ZT}{(kh)_{试井}}$。通过公式表达可以发现，二项式计算产能的$A$、$B$值可以认为是地层系数（$kh$）

相关的函数，因此可以近似的认为：

$$A'_{\mathrm{i}} = A_{\mathrm{i}} \times (kh)_{试井\mathrm{i}} \quad B'_{\mathrm{i}} = B_{\mathrm{i}} \times (kh)_{试井\mathrm{i}} \tag{10}$$

其中，$i=1$，…，n（n 为测试层段数）。

对整个气田所有测试层段产能评价系数进行平均，得到A'_{j}、B'_{j}的平均值$\bar{A}'$、$\bar{B}'$。

2.2 未测试区域产能预测

利用本文前述试井测试技术或常规测试方法进行产能测试取得有效资料后，经过试井解释可以得到测试层段的试井解释地层系数［$(kh)_{试井\mathrm{i}}$］，同时利用测井解释资料，加权平均计算得到对应测试层段的测井解释地层系数［$(kh)_{试井\mathrm{i}}$］，建立两类地层系数之间的关系式如下：

$$m_{\mathrm{i}} = \frac{(kh)_{测井\mathrm{i}}}{(kh)_{试井\mathrm{i}}} \tag{11}$$

其中，$i=1$，…，n（n 为测试层段数）。

将各个已有测试井点网格处的校正系数 m_{i}（$i=1$，2，…，n）在全地质模型区域网格进行插值，得到模型中所有网格地层系数［$(kh)_{网格}$］$_{\mathrm{j}}$的校正系数 m_{j}（$j=1$，…，n，n 为总网格数）。

在地质不确定建模中，原始网格地层系数直接用于计算产能评价系数 A、B 会具较大误差，因此需要利用 m_{j} 修正缩小误差。

$$(kh)_{网格修正\mathrm{j}} = \frac{(kh)_{网格\mathrm{j}}}{m_{\mathrm{j}}} \tag{12}$$

利用式（12）得到的 $(kh)_{网格修正j}$ 与公式（10）得到的平均值 $\bar{A}'$、$\bar{B}'$，利用产能评价公式计算各个网格的无阻流量，然后再与测试井段的无阻流量值进行对比拟合，控制计算结果与测试实际产能误差在 10%以内，若不满足误差要求则重复迭代插分计算，直到符合要求为止，计算流程图如图 3 所示。

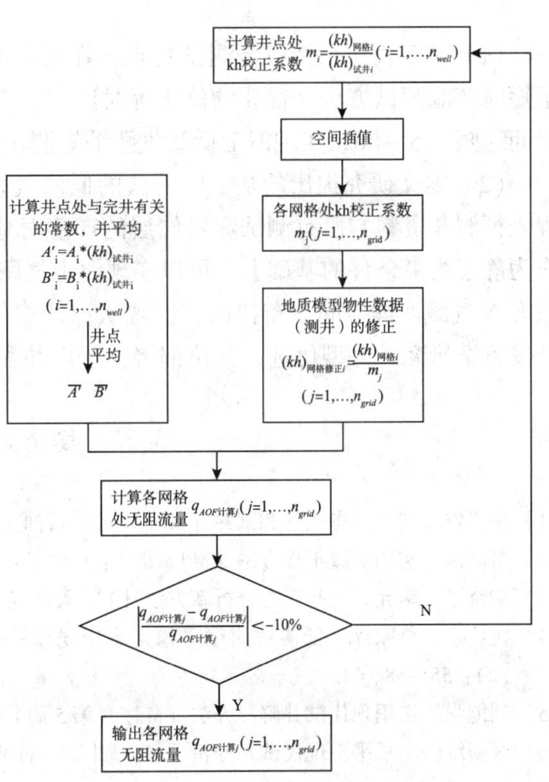

图 3　经间未测试区域产能预测流程图

2.3 实例应用

以东海 N 气田为例，在该气田地质模型与勘探测试井（直井）测试资料的基础上，采用本文建立的产能空间展布预测技术进行储层未测试区域产能预测，预测计算效果良好，直观的表征该气田采用直井进行开发时所能获得的最大产能（图 4），可以为后续开发方案研究、井型优选、井位部署、生产井配产等提供技术支持。

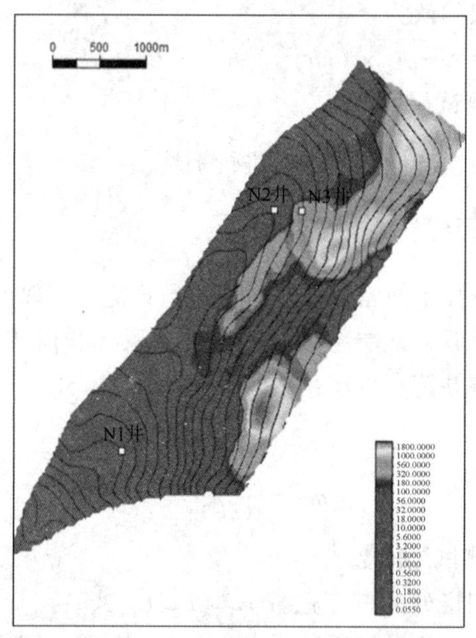

图4　东海N气田气藏产能空间展布预测图

3　结　论

（1）针对海上低渗气藏测试特点，在对现有测试方法和测试制度分析的基础上，提出了短时产能测试方法（简化的修正等时试井、不关井等时试井），可以将低渗气藏产能测试时间缩短至5~8d，实现海上低渗气藏缩短测试时间的特殊要求。

（2）本文研究提出的基于解析法的低渗气藏产能空间展布预测技术，通过建立解析方程表征测井资料与已有测试资料储层的产能对应关系，然后在以地质模型及DST井点测试作为静态约束条件的基础上，可以实现海上气藏未测试区域产能展布预测，并成功的应用于东海N气藏产能空间展布特征，直观认识低渗气藏整个储层产能分布情况，为该气田后续开发方案研究、井型优选、井位部署、生产井配产气井初期配产工作提供技术支持与保障。

参考文献

[1] 庄惠农．气藏动态描述和试井［M］．北京：石油工业出版社，2004.

[2] 秦同洛．实用油藏工程方法［M］．北京：石油工业出版社，1989.

[3] 李晓平，李允．气井产能分析新方法［J］．天然气工业，2004，24（2）：76~78.

[4] 姚约东，葛家理．低渗透油藏不稳定渗流规律的研究［J］．石油大学学报：自然科学版，2003，27（2）：55~58，62.

[5] 刘能强．实用现代试井解释方法［M］．（第5版）．北京：石油工业出版社，2008.

[6] 廖新维，沈平平．现代试井分析［M］．北京：石油工业出版社，2002.

[7] Brar, G. S., & Aziz, K.（1978, February 1）. Analysis of Modified Isochronal Tests To Predict The Stabilized Deliverability Potential of Gas Wells Without Using Stabilized Flow Data (includes associated papers 12933, 16320 and 16391). Society of Petroleum Engineers.

动静耦合的油砂动用储量界限识别与调整挖潜

郭晓　王晖　刘振坤　王盘根　董建华　张雨晴　于斌

（中海油研究总院有限责任公司）

摘要　中海油拥有的加拿大阿萨巴斯卡地区的油砂资产储量规模巨大，主要采用蒸汽辅助重力泄油（SAGD）技术进行开发，但工业界对于油砂SAGD技术可动用的地质储量界限认识差异较大。结合在生产油田的岩心、温度测井及剩余油饱和度测井等动静态数据，定量分析了泥质隔夹层对蒸汽腔的影响程度，明确了沉积作用是动用储量界限的主控因素，建立了动静耦合的油砂SAGD动用储量井点划分界限，提高了动用储量划分的可靠性，有助于认识油藏的开发现状、精确刻画动用储量及潜力储量规模，为调整井部署提出了重要依据。

关键词　SAGD　油砂　动用储量　曲流河　隔夹层

目前，加拿大1/5的油砂储量通过露天矿采方式开采，剩余的4/5则需采用原地开采技术[1]。蒸汽辅助重力泄油（SAGD）是目前采用较多的原地开采技术。SAGD技术的核心是沿着油砂储层底界面布设两口水平井。上水平井用于注入高温蒸汽，固体沥青经加热后黏度降低，在重力和蒸汽压力的驱动下流入下水平井。沥青质热溶流走后，其原来所占有的孔隙被蒸汽充填，在上水平井的两侧及上方形成蒸汽腔[2]。泥质隔夹层、高含水饱和度层和气层等诸多地质因素会影响其开发效果，其中泥质隔夹层影响程度最大。蒸汽腔可扩散范围直接决定了油砂SAGD技术可动用的地质储量。对于在生产油砂矿区，工业界一致认为生产井深度是动用储量的底部界限，但对动用储量的顶部界限认识差异较大。本次研究以L油田为例，综合应用岩心、温度测井、剩余油饱和度测井及时移地震等动静态数据统计蒸汽腔发育现象，定量分析了泥质隔夹层对蒸汽腔的影响程度，结合沉积模式总结规律，形成了动静耦合的油砂动用储量划分界限，提高动用储量划分的可靠程度，为油田后期调整挖潜提供了地质依据。

1　油田概况

L油田位于加拿大阿尔伯塔盆地阿萨巴斯卡地区，面积约30km^2。油田2003年开展SAGD试验，2007年规模生产，截止目前油田采出程度42%，已进入开发中后调整期。油田主要目的层为下白垩统McMurray组，自下而上分为三段，依次为Continental、Assemblage2和Assemblage3[3]，发育河口湾内受潮汐影响的曲流河点坝沉积，储层具有横向变化快，非均质性强的特点，隔夹层分布复杂。其中的Assemblage3储层厚度较大，为主力开发层系，包括砂岩、砂质侧积层、泥质侧积层、泥砾岩和泥岩5种岩相（图1）。其中储层包

第一作者简介：郭晓（1987年—），硕士，开发地质专业，从事沉积学、油藏描述工作，邮箱：guoxiao@cnooc.com.cn，电话：010-84520496。

括砂岩、砂质侧积层及泥砾岩，泥质含量多数小于30%；隔夹层包括泥岩、泥质侧积层，泥质含量多数大于30%。

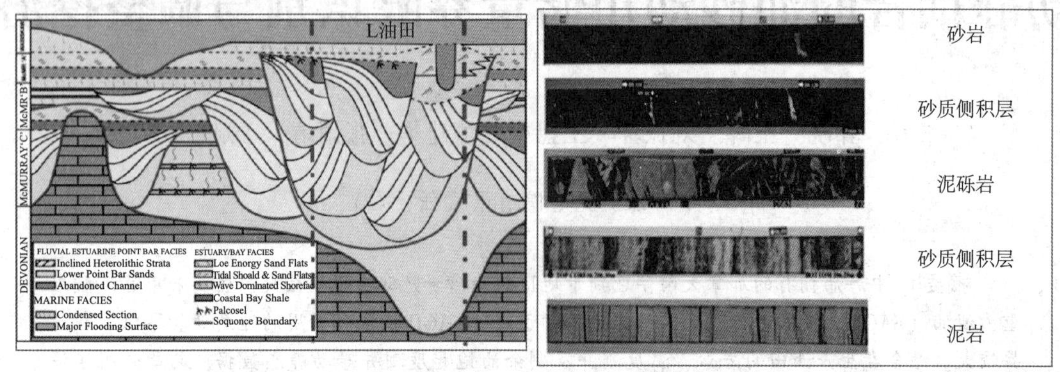

图1 研究区沉积背景及岩相类型示意图

油田勘探阶段部署265口探井，其中205口井取心，三维地震资料全区覆盖。油田生产后，在井场内部部署21口监测井实时测量油藏温度，并于2014年、2015年两次进行时移地震数据采集及剩余饱和度测井，生产动态数据丰富，为本次研究提供了坚实的资料基础。

2 蒸汽腔发育情况统计

2.1 资料评估

研究数据的准确性直接影响成果的可靠程度，因此本次研究针对多种动静态资料的优劣点进行评价分析。L油田动静态资料类型主要有岩心、温度测井、操作压力、时移地震解释成果及剩余油饱和度测井解释成果。

岩心资料是极为宝贵的“第一手”资料，是地下情况最直观、最可靠、最珍贵的实物[4,5]，资料品质最好。温度测井数据优点在于数据量大且连续监测，可以观察蒸汽腔向上扩散的过程及时间；劣势在于部分井点个别时间段仪器损坏，存在异常点，排除异常数据即可保证资料的可靠程度。操作压力属于油田开发过程中生产井对的动态数据，数据优点在于数据量大且连续监测，可以近似代表油藏内部压力及注汽过程；数据劣势在于个别时间段操作过分频繁，增加蒸汽腔分析过程中的影响因素，选取操作压力稳定阶段的数据即可在研究过程中排除操作因素对于蒸汽腔发育的影响。时移地震是开发过程中国油藏流体变化三维成像[6,7]，可以表征蒸汽腔的空间扩散情况；但L油田时移地震解释难度大，剖面上显示生产井下部蒸汽未影响区域具有加大变化，具有较大的不确定性，并且数据采集点较早，无法反映地下蒸汽腔的目前情况，资料品质中等。剩余油饱和度测井是指在油田开发过程中，通过测井仪器测量油藏目前的饱和度，可以直观获得到测量时间点的剩余油位置，进而判断蒸汽腔扩散位置；但由于采集时环境变化，对比原有解释成果时会有一定的不确定性及非连续性，无法反映地下蒸汽腔的目前情况，资料品质中等。

2.2 蒸汽腔扩散现象统计方法

基于资料评估结果，本次研究确定以岩心、操作压力及温度测井曲线作为硬数据，统计不同类型隔夹层对蒸汽腔的影响，总结规律并确定动用储量顶部界限。饱和度测井数据及时移地震数据作为第二数据，分别在井点和平面上辅助验证动用储量的划分结果。具体过程如下：

2.2.1　利用操作压力估算油藏内蒸汽腔的饱和温度

认为油藏内压力约等于蒸汽井的操作压力[8]，利用公式（1）推导公式（2）进行计算：

$$\lg P = 9.8809 - \left[2.42223 + \frac{326.57}{T + 273.15}\right]^2, 100℃ < T < 275℃ \tag{1}$$

$$T_s = \frac{326.57}{(\sqrt{9.8809 - \lg P} - 2.42223)} - 273.15, 0.1 < P < 6\text{MPa} \tag{2}$$

式中，温度误差为±0.24℃；P 为操作压力，MPa；T_s为蒸汽腔饱和温度，℃。

2.2.2　隔夹层影响情况统计

对于一口监测井，选择相邻井对最低的蒸汽腔饱和温度作为蒸汽发生器的温度界限。逐月核对监测井温度测井资料，记录蒸汽腔遇到不同类型隔夹层时的情况，记录相应的岩性、厚度、时间间隔等数据（表1）。

表1　A井蒸汽腔扩散情况统计表

井号	顶深/m	底深/m	厚度/m	隔夹层类型	到达时间	通过时间	时间间隔
A	211.9	215.1	3.2	泥岩	2014年10月	N/A	大于36个月
A	215.4	216.0	0.6	泥砾岩	2014年2月	2014年9月	7个月
A	218.1	220.4	2.3	泥砾岩	2014年2月	2014年9月	7个月
A	228.0	228.6	0.6	泥岩	2010年11月	2011年12月	13个月
A	231.8	232.6	0.8	泥砾岩	2010年11月	2011年12月	13个月

3　油砂动用储量界限识别

充分应用油田投产后采集的动态监测数据分析蒸汽腔的扩展情况，总结其扩散规律，建立动静耦合的油砂动用储量划分界限，进一步提高了划分的可靠程度，有利于确定油田潜力储量分布情况及相应的调整挖潜工作。

3.1　蒸汽腔扩散规律分析

基于上述蒸汽腔扩散现象统计表，统计分析发现不同厚度的不同类型隔夹层对于蒸汽腔的阻挡作用差异明显，具体规律如下：在稳定连续的生产条件下，蒸汽腔可在4～13个月内通过动用储层段内部厚度小于2m的隔夹层；蒸汽腔无法通过单个厚度大于2m的泥岩或者泥岩集中的厚度大于3m的侧积互层段（图2）。

不同厚度不同类型的隔夹层对于蒸汽腔的阻挡作用差异明显的根本原因在于泥岩发育的沉积环境不同。本区发育的是受潮汐影响的曲流河点坝沉积[9,10]，平面上分为坝头、坝尾、废弃河道及泛滥平原等构型单元（图3）。当泥岩厚度大于2m时，往往为废弃河道或废弃河道构型单元，其泥质含量高且分布范围较广，可阻挡蒸汽腔的垂向扩展。另一方面坝头单

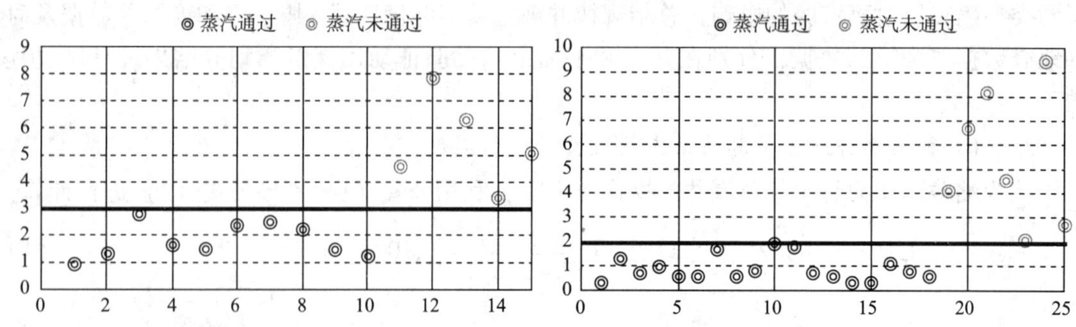

图 2 L 油田不同隔夹层影响蒸汽腔扩散统计图（左：泥岩或泥质侧积层；右：侧积互层段）

元位于来水方向、泥质侧积层的纵向集中度低；坝尾单元位于去水方向、泥质侧积层的纵向集中度高。当多个泥质侧积层集中分布时，说明其位于坝尾单元，阻挡蒸汽腔扩展的不仅是由测井截断值判断得到的单个泥岩，而是泥质侧积互层的整体作用；当泥质侧积互层段厚度大于 3m 时，虽然泥质含量比废弃河道泥岩略高但其平面分布范围更广，亦可阻挡蒸汽腔的垂向发育。

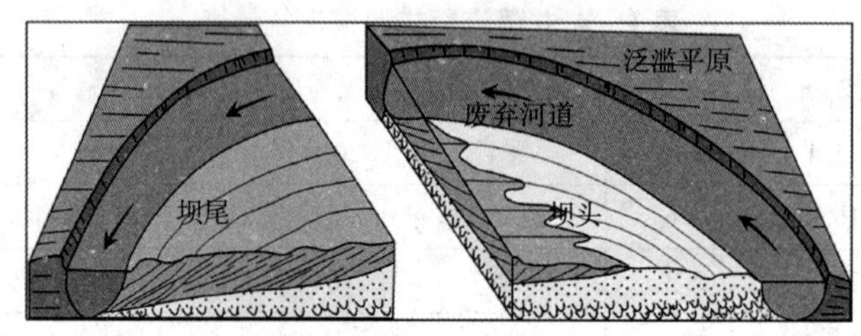

图 3 L 油田沉积模式图

3.2 油砂 SAGD 动用储量界限

泥质隔夹层影响下的蒸汽腔扩散范围直接决定油砂 SAGD 技术可动用的地质储量。对于在生产油砂矿区，工业界一致认为生产井深度是动用储量的底部界限；但各公司对于动用储量的顶部界限认识差异较大。结合在生产油田的动静态数据，通过分析蒸汽腔的扩展规律，总结了动静耦合的油砂动用储量顶部界限如下（图 4）：（1）单个厚度大于 2m 的泥岩（泥质含量大于 30%）作为隔层，其底部深度即为动用储量单元的顶部；（2）对于坝头构型单元，小于 2m 的泥岩均为夹层，蒸汽腔可以通过；（3）对于坝尾构型单元，将泥岩集中的侧积互层段厚度大于 3m 作为隔层，其底部深度即为动用储量单元的顶部。

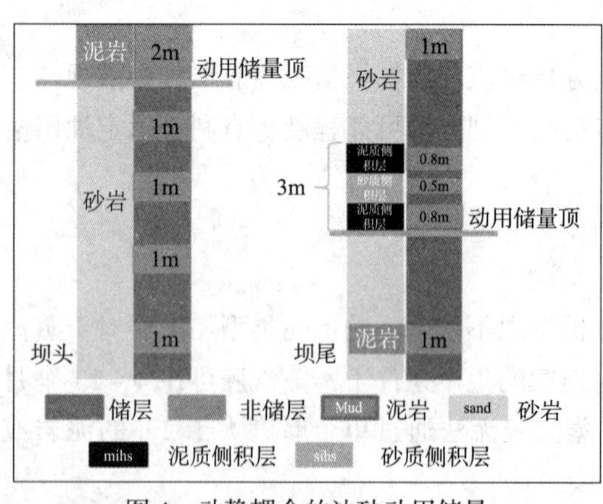

图 4 动静耦合的油砂动用储量顶部界限划分示意图

4 应用效果

利用动静耦合的油砂动用储量顶部界限有助于认识油藏的开发现状，有效确定动用储量规模及潜力储量规模。以L油田为例，通过重新划分动用储量顶部界限，在原有井场上部发现大量未动用储量单元。此类储量往往位于隔层上部（图5），现有蒸汽腔无法直接通过，但经过长时间的传导加热，沥青的温度已达到可以流动的状态，通过部署单个水平生产井即可快速有效的将该部分储量采出，节省蒸汽量的同时可以实现油田的快速增产。

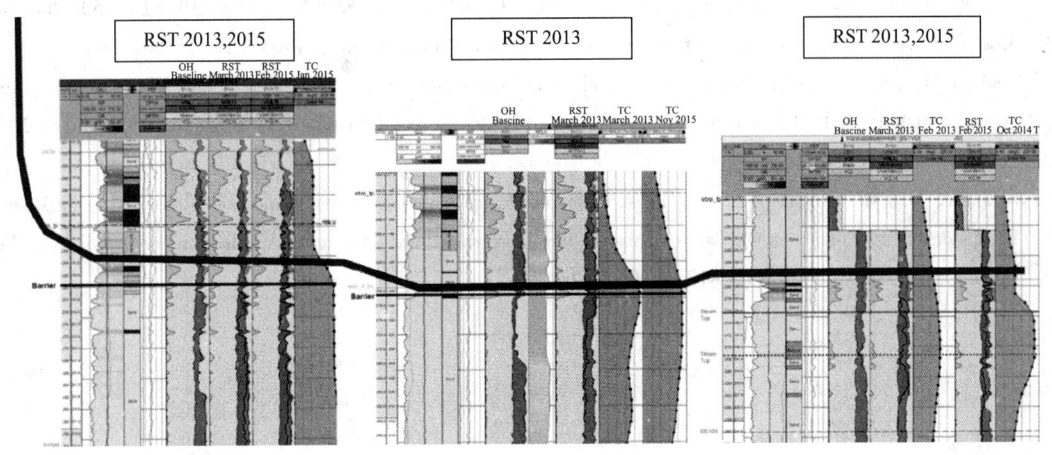

图5 L油田典型潜力储量单元开发示意图

5 结 论

（1）在油砂SAGD动用储量界限研究中首次明确了沉积作用为其主控因素，并按照构型单元建立不同的井点划分界限，理清“SAGD动用储量—蒸汽腔扩散—隔夹层分布—沉积相控”的成因关系链，为后续研究指明的方向。

（2）结合油田开发实践，建立了油砂SAGD动用储量井点划分界限：单个厚度>2m的泥岩作为隔层；坝头构型单元内部小于2m的泥岩作为夹层；坝尾构型单元内部泥岩集中的大于3m的侧积互层段厚度作为隔层。

（3）形成的动静耦合的油砂动用储量界限识别关键技术适用于油砂SAGD动用储量井点界限研究，具有广泛的使用范围。对于油砂SAGD动用储量，井间划分界限是后续研究方向，其中隔夹层的空间识别刻画将是未来研究的重点攻关内容。

参考文献

[1] 卢竞蔓，张艳梅，刘银东，等．加拿大油砂开发及利用技术现状［J］．石化技术与应用，2014，32(5)：452~456.

[2] Adams J，Riediger C，Fowler M，et al. Thermal controls on biodegradation around the Peace River tar sands:

Paleo – pasteurization to the west [J]. Journal of Geochemical Exploration, 2006, 89 (1/3): 1 ~ 4.

[3] 赵鹏飞, 王勇, 李志明, 等. 加拿大阿尔伯达盆地油砂开发状况和评价实践 [J]. 地质科技情报, 2013, 32 (1): 156 ~ 162.

[4] 李浩, 刘双莲, 柴公权, 等. 基于岩心刻度的测井地质分析方法 [J] 地球物理进展, 2016, 31 (1): 225 ~ 231.

[5] 孙靖, 薛晶晶, 宋明星, 等. 现场岩心精细描述技术及其在准噶尔盆地油田勘探中的应用 [J] 成都理工大学学报 (自然科学版), 2015, 42 (4): 410 ~ 418.

[6] 李绪宣, 胡光义, 范廷恩, 等. 海上油田时移地震技术适用条件及应用前景 [J] 中国海上油气, 2015, 27 (6): 48 ~ 52.

[7] 王延光. 胜利油区时移地震技术应用研究与实践 [J] 油气地质与采收率, 2012, 19 (1): 50 ~ 54.

[8] Moss SA. General Law for Vapor Pressures [J] Physical Review (Series), 1903 (16): 356 ~ 363.

[9] Geoffray M, Jean – Yves R, Murray KG, et al. Subsurface and outcrop characterization of large tidally influenced point bars of the Cretaceous McMurray Formation (Alberta, Canada) [J] Sedimentary Geology, 2012 (279): 156 ~ 172.

[10] Ranger, M. J., Pemberton, S. G. The sedimentology and ichnology of estuarine point bars in the McMurray Formation of the Athabasca Oil Sands deposits, northeastern Alberta, Canada. Applications of Ichnology to Petroleum Exploration [J], 1992 (17): 401 ~ 421.

多趋势融合技术在河道储层表征中的应用

丁芳　段冬平　宋刚祥　陈晨　黄鑫

[中海石油（中国）有限公司上海分公司研究院]

摘要　对于主要发育强非均质河流相储层的海上油田来说，砂体横向变化快、叠置样式复杂、非均质性强等问题一直困扰着开发生产。为了准确反映砂体和储层参数在空间的分布，提出了基于目标和多源趋势融合技术的建模方法。以东海盆地D为例，采用分级建模和基于目标的方法建立沉积相模型；整合基于平面位置分布趋势和垂向沉积韵律趋势建立了物性模型，很好地实现了河道物性中心比边部好，底部比顶部好的地质现象，具有很好的应用前景。

关键词　少井条件　多源趋势融合　平面位置分布趋势　垂向沉积韵律趋势

引　言

东海盆地西湖凹陷花港组以发育河流相和河流－三角洲相为主，河流相储层是油气聚集最多的储层，开展河流相储层精细研究，准确预测河流形态及其在三维空间的分布，建立精细的河流相储层地质模型，具有重要的现实意义[1,2]。

由于海上油田井数少，获取的资料数据有限，河流相储层建模一般是采用基于象元的序贯指示建模方法，忽略了河道的复杂目标形态，而基于目标建模方法可以较好地再现目标体几何形态，加上该方法使用灵活，一些先验的地质认识可加入到模型中[3~7]，因此应用基于目标建模方法建立河道相越来越受欢迎。

由于河道物性的特殊分布以及地下地质情况的异常复杂，仅靠单一算法具有很大的局限性，井点处与已知数据吻合很好，但是在井间由于缺乏数据控制，模拟结果可能与真实情况相差很大[8,9]，本文整合基于平面位置分布趋势和垂向沉积韵律趋势对物性进行模拟，实现了河道相特殊的地质效果。

1　应用工区概况

D油田位于东海陆架盆地浙东坳陷西湖凹陷中央背斜带南部，经历过多次大的构造运动，为断陷－断坳结构基础上的反转背斜构造，该油田现有钻井11口，都集中在构造的高部位，目的层H3以辫状河道沉积为主，砂体的连续性和物性总体较好，孔隙度介于15%～20%，渗透率介于50～500mD，属中孔中渗储层。2014年9月该油田已进入投产阶段，随

第一作者简介：丁芳（1986年11月—），女，博士研究生，现就职于中海石油（中国）有限公司上海分公司研究院，主要研究方向为开发地质。E－mail：dingfang2@cnooc.com.cn。

着开发的不断深入，生产矛盾越来越突出，对于油气藏边底水性质、来水的方向和水体倍数认识不清，存在着对砂体边界落实不明确的问题，储层内部由于局部非均质性差异对开发的影响也日益明显。提高三维地质建模准确性、精确刻画砂体和储层参数在空间的分布是 D 油田进一步开发的关键。

2 储层表征技术

2.1 井点河道砂体期次划分方法

由于河流的频繁摆动使砂体的宽度逐步增加，形成了所谓的复合砂体。复合河道砂体是多个成因砂体的复合体，不同的单河道之间由于其连通方式的复杂性使得储层具有很强的非均质性[10,11]。因此，必须从识别单河道砂体入手，逐步解剖复合河道砂体内部的非均质性特征，这对于改善油田开发效果具有重要的现实意义。许多学者已对复合河道内部单河道的划分进行了研究[12~18]。

根据对前人文献的调研，考虑到 D 油田 E3h3 小层顺物源的情况，在对 D 油田剖面砂体特征描述过程中，总结出 4 种单一期次河道识别标志：①稳定隔层；②泥质夹层；③测井曲线形态；④生产动态资料验证。通过上述 4 种方法，把 D 油田 E3h3b 和 E3h3c 的河道砂体划分出 7 期河道（图 1），其中 E3h3c 划分出 1、2、3 期河道。

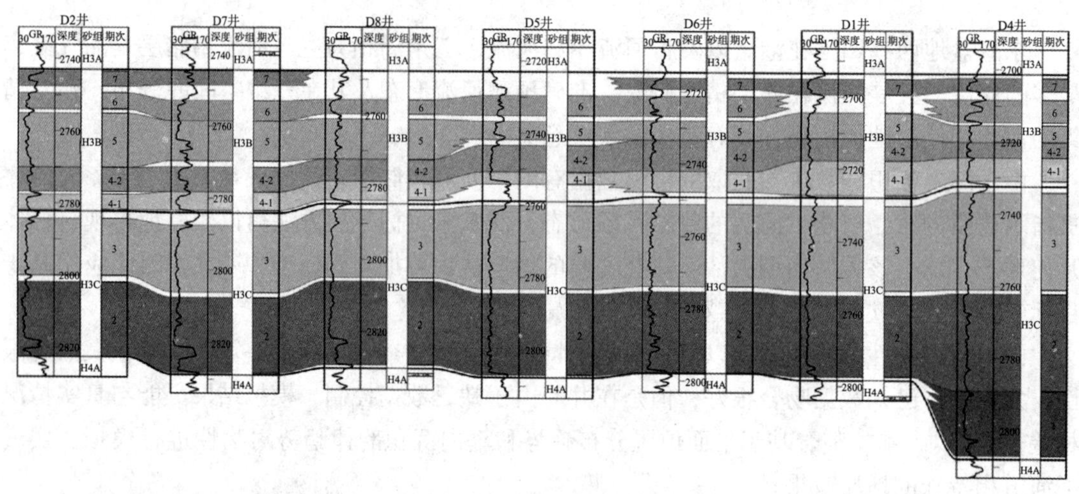

图 1　河道期次划分结果

2.2 河道砂体表征方法

2.2.1 河道参数的确定

由于研究区钻井少，且顺河道方向，河道边界刻画存在很大的不确定性，加上地震资料分辨率低，单砂体无法在地震上很好地表现，因此本研究中河道参数参考了相似条件下的露头资料。气候干旱、植被不发育地区，地层出露地表，是观察砂体空间叠置及内部结构的理想区域。山西柳林地区二叠系辫状河沉积出露地表，且跟与研究区沉积环境类型，见表 1。表 2 为山西柳林地区辫状河道沉积的测量数据。根据露头区的测量数据，建立了柳林地区单河道砂体厚度与宽度关系式，本地区砂体的厚度范围 5 ~ 20m，综合运用露头解剖、岩心刻画和地震资料解释砂体等多种方法，确定河道宽度范围 200～1000m。振幅和波长根据现代沉积和经验值给定，振幅范围 500～800m，波长 1000～2500m。

表 1　研究区与露头对比内容表

对比内容	D 油田	露头观察区
岩性	细砂岩	砾岩，中粗砂岩，细砂岩
砂地比	47%～63%	40%～60%
接触面	底面为冲刷面，顶面为突变面	底面为冲刷面，顶面为突变面
砂体分布	条带状	条带状
叠置样式	叠拼型	叠拼式，侧拼式和孤立式
实物		

表 2　山西柳林二叠系露头主要辫状河河道沉积测量数据

河道类型	剖面位置	厚度/m	宽度/m	宽/厚比
复合河道	林家坪	36	1500	42
单河道	成家庄	3	150	50
单河道	成家庄	2.8	120	43
单河道	官庄塬	1.8	100	56
单河道	官庄塬	2.5	160	64
单河道	下山峁	3.8	260	68
单河道	林家坪	1.5	60	40
单河道	林家坪	1.3	48	37

2.2.2　河道砂体在模型中表征

根据前面分析，本次沉积相模型选择分级和基于目标建模方法，首先根据地震解释的砂泥分布，建立岩相模型，再在砂岩中根据单期河道的划分结果，在模型中建立 H3b 砂体的连通关系和垂向上河道的概率曲线，设置河道砂体的参数，通过反复调整河道参数，最终得到与研究区相符的沉积相模型，如图 2 所示。从模拟结果来看，基于目标建模方法能完全忠实于沉积来源，并且保证了模拟的单河道沿河道带的延伸方向展布。

2.3　河道砂体物性的表征方法

对于连续性变量，模型建立过程中经常会使用拟合变差函数方法来模拟，但是对于海上油田，井数较少且井距大，这个方法不太适用。趋势技术方法可以解决上述问题，用趋势融合技术来整合地质人员对于工区的地质规律认识，提高模型的客观合理性[19,20]。本文应用平面趋势变换、垂向趋势变换和地震反演解释趋势融合达到地质效果。

平面趋势是覆盖建模工区范围的趋势面。根据河道特殊的地质现象，河道中心比两侧物性好，趋势面产生的方式主要是根据河道中心轴线向两侧，随距离变大，趋势面值变小

（图 3a）。考虑到河流特殊的地质现象，物性受沉积作用影响大，物性的变化是沿垂向等时地层单位，而非垂直深度[21]。因此，在趋势分析过程中以地层顶面起始网格开始，往下分析深度与物性的关系（图 3b）。

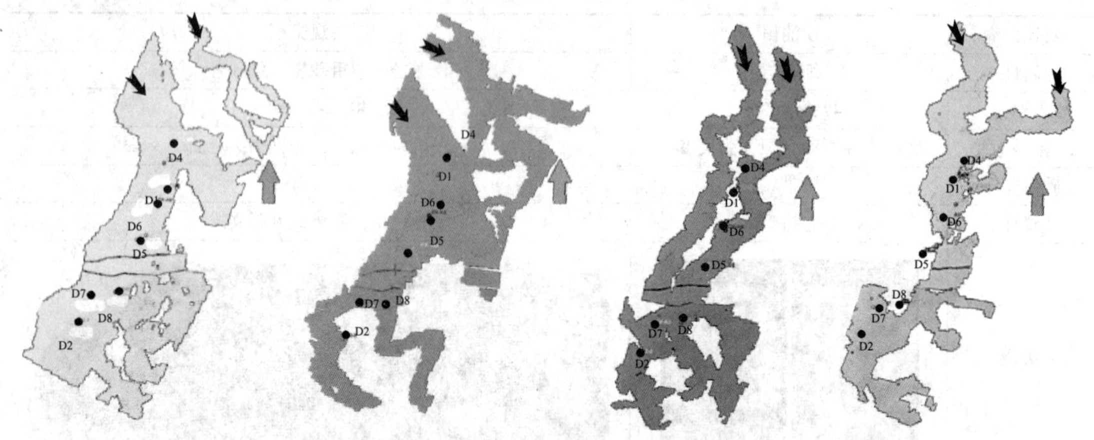

图 2　模型中河道模拟结果

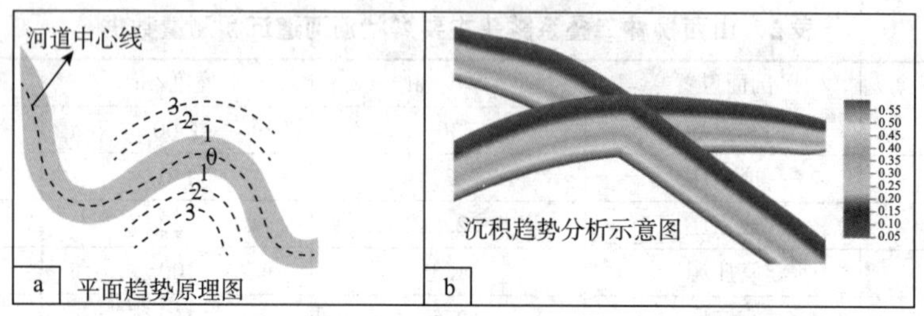

图 3　平面趋势和垂向趋势变换过程

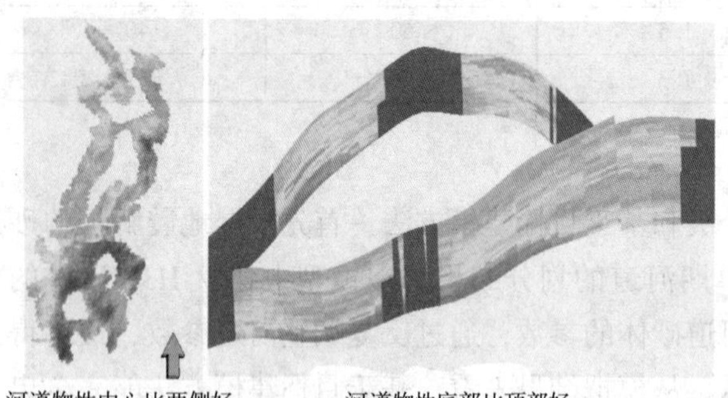

图 4　第 6 期河道孔隙度模拟过程图

在相控物性建模过程中同时融合多种趋势的控制作用，在没有井点约束的位置也能很好地体现地质学家对于工区的经验认识，如整合基于平面位置分布趋势和垂向沉积韵律趋势获取河道物性的特殊地质意义。图 4 为整合平面和垂向趋势的河道平面以及剖面图，从图中可以看出，该方法基本可以实现河道物性中心比两侧好，底部比顶部好的地质现象。

3　结　论

（1）基于目标建模方法对复合河道进行相模拟，既能达到很好地再现河道几何形态，又能完全忠实于沉积来源，并且保证了模拟的单河道沿河道带的延伸方向展布。

（2）基于平面位置分布趋势和垂向沉积韵律趋势建立了物性模型，实现了河道相特殊的地质效果。

参考文献

[1] 徐安娜，穆龙新，裘怿楠，等．我国不同沉积类型储集层中的储量和可动剩余油分布规律［J］．石油勘探与开发，1998，25（5）：41~44．

[2] 安桂荣，许家峰，周文胜，等．海上复杂河流相水驱稠油油田井网优化：以 B-2 油田为例［J］．中国海上油气，2013，25（3）：28~31．

[3] 王家华，刘卫丽，白军卫，等．基于目标的随机建模方法［J］．重庆科技学院院报自然科学版，2012，14（1）：162~163．

[4] 吴胜和，金振奎，黄沧钿，等．储层建模［M］．北京，石油工业出版社，1999．

[5] 李少华，张昌民，何幼斌，等．河道砂体内部物性分布趋势的模拟［J］．石油天然气学报（江汉石油学院学报），2009，31（1）：23~25．

[6] 高博禹，孙立春，胡光义，等．基于单砂体的河流相储层地质建模方法探讨［J］．中国海上油气．2008，20（1）：34~37．

[7] Strebelle S. Simulation of petrophysical property trends within facies geobodies［J］. Petroleum Geostatistics，2007，(9)：10~14．

[8] 林承焰，陈仕臻，张宪国，等．多趋势融合的概率体约束方法及其在储层建模中的应用［J］．石油学报，2015，36（6）：730~739．

[9] Xiangdong Yin，Shuangfang Lu，Pengfei Wang，etc. A three-dimensional high-resolution reservoir model of the Eocene Shahejie Formation in Bohai Bay Basin，integrating stratigraphic forward modeling and geostatistics，Marine and Petroleum Geology［J］．2017，82（2017）：362~370．

[10] 葛云龙，逯径铁，廖保方，等．辫状河相储集层地质模型："泛连通体"［J］．石油勘探与开发，1998，25（5）：77~79．

[11] 李顺明，宋新民，蒋有伟，等．高尚堡油田砂质辫状河储集层构型与剩余油分布［J］．石油勘探与开发，2011，38（4）：474~482．

[12] 金振奎，时晓章，何苗．单河道砂体的识别方法［J］．新疆石油地质，2010，31（6）：572~575．

[13] 胡光义，王加瑞，武士尧．利用地震分频处理技术预测河流相储层-基于精细储层预测调整海上高含水油田开发方案实例［J］．中国海上油气，2005，17（4）：237~241．

[14] 曹卿荣，李 佩．应用地震属性分析技术刻画河道砂体［J］．岩性油气藏，2007，19（2）：94~95．

[15] 周银邦，吴胜和，岳大力，等．复合分流河道砂体内部单河道划分［J］．油气地质与采收率，2010，17（2）：4~8．

[16] 陈清华，曾明，章凤奇，等．河流相储层单一河道的识别及其对油田开发的意义［J］．油气地质与采收率，2004，11（3）：13~15．

[17] 何宇航，于开春．分流平原相复合砂体单一河道识别及效果分析［J］．大庆石油地质与开发，2005，24（2）：17~19．

[18] Leeder M R. Fluviatile fining upwards cycles and the magnitude of paleochannels［J］. Geological Magazine，1973，110（3）：265~276．

[19] Calvert C，Foreman L，Yao Tingting，et al. Spectral component geologic modeling：a novel approach for integrating seismic data into geologic models［J］. The Leading Edge，2004，23（5）：466~470．

[20] 霍春亮，古莉，赵春明，等．基于地震、测井和地质综合一体化的储层精细建模［J］．石油学报，2007，28（6）：66~71．

[21] 吴胜和．储层表征与建模［M］．北京，石油工业出版社，2010，408~413．

多学科动静结合综合分析薄层岩性油藏砂体发育及连通性

李黎　徐超　谢世文　王伟峰　刘南　董政

[中海石油（中国）有限公司]

摘要　在南海东部A油田开发中，对河道砂体连通性的可靠描述关乎岩性边界的落实、岩性圈闭大小和储量规模的确定及注采井网的合理部署。为此，针对L储层主要为河口坝、水下分流河道、砂体横向变化快、厚度小的特点，提出了多学科动静态资料相结合的技术系列，从定性到定量判断井间砂体的连通程度，首先，在井震精细标定的基础上，以地震沉积学为指导，开展了油藏尺度的沉积微相演化分析，理清储层内部的期次及各期次岩性边界，定性评价平面上砂体间的连通性；其次，以高分辨率空间相约束储层反演结果为基础定性描述不同砂体之间的连通性；最后在测压和生产动态资料基础上，定量判断砂体间的连通程度。通过上述技术组合完善了早期仅以测压资料及油藏开采动态确定砂体连通性的成果。实践表明，通过动静态数据融合，能够较好的描述储层横向变化快的岩性油藏砂体连通程度，落实岩性油藏的储量规模，完善注采井网，提高采收率。

关键词　砂体连通性　地震沉积学　空间相约束反演　动静态资料融合

0　引　言

南海A油田是发育在基底古隆起之上的低幅度披覆背斜，构造完整，含油范围内无断层切割。主力油藏L受到构造和岩性共同控制，砂体向构造上倾方向尖灭，储层厚度介于2.1～12.3m；该油藏属于三角洲前缘沉积，受河流、波浪、潮流三种水动力作用，其展布特征变得复杂化。L油藏投产后表现出天然能量明显不足的特点，不到两年的时间地层压力较原始地层压力下降10.5MPa，压力系数仅为0.58。为提高采收率需要采用注水方式补充地层能量，因此亟待解决L油藏各砂体之间的连通关系及连通程度。但L油藏厚度薄、垂向非均质性强，因此常规的、单一的砂体连通分析手段难以客观落实L油藏砂体间的连通程度。

通过大量的文献调研，国内外技术人员主要采用的以下方法落实砂体间连通性：①结合钻井小层和测井曲线特征对比，定性判断砂体连通性，该方法适用于钻井数量多、横向变化小的储层；②利用测压分析资料，以及前人研究成果的基础上，定性判断砂体连通性，但该方法既难以定量落实砂体之间的连通程度，又难以落实平面上分布的多个砂体之间的连通性；③利用序贯指示模拟法（SIS）对砂体岩性及展布进行随机模拟，确定砂体空间展布特

第一作者简介：李黎（1981年—），女，汉族，山东济宁人，获硕士学位，现主要从事开发地震研究工作。通讯地址：广东省深圳市南山区后海滨路（深圳湾段）3168号中海油大厦A座1309室（邮编：518000）。E－mail：lili12@cnooc.com.cn。联系电话：0755－26026998。

征；该方法对厚度较薄，远离井控范围砂体的刻画存在较大不确定性；④利用井间示踪剂这一重要的油藏工程手段，定量描述井网的连通程度及储层的非均质性，但该方法仅适用注采井之间砂体连通性的判断[3~6]。

为降低单一的砂体连通分析手段带来的多解性，笔者以L油藏为重点解剖对象，尝试建立了多学科动静结合综合分析薄层岩性油藏砂体发育及连通性的技术流程，在实际应用中取得了较好效果，该项研究可作为海上井控较低的油田开展砂体连通性研究提供参考和借鉴。

1　砂体连通性研究的关键技术系列

为客观分析L油藏砂体连通性，建立了动静态资料相结合的多学科综合技术系列，从定性到定量判断井间砂体的连通程度，首先在井震精细标定的基础上，以地震沉积学为指导，开展了油藏尺度的沉积微相演化分析，理清储层内部的期次及各期次岩性边界，确定岩性油藏的发育范围和空间展布规律，并定性评价平面上砂体间的连通性；其次，以高分辨率空间相约束储反演的结果为基础定性描述不同砂体之间的空间连通性；最后在测压和开发动态资料基础上，定量判断砂体间的连通程度，通过结合开发井间的生产动态，为砂体之间是否连通提供解释依据。

1.1　以地震沉积学为指导的油藏尺度沉积微相演化分析

地震沉积学对研究复杂沉积层序中沉积砂体，尤其是薄层砂体和地层岩性油气藏的价值[7,8]，正在被越来越多的人所认识。地震沉积学中的地层切片技术考虑了薄层或小尺度地质体的空间分辨率问题，对沉积体的识别能力并不严格受地震垂向分辨率的限制，能够识别小于调谐厚度的地质体[9~11]，因此目前地震沉积学主要用于薄层解释和沉积演化分析[12,13]。

针对L油藏河道砂体储层河道边界及储层内部其次界限模糊、储层厚度薄、空间非均质性强及成藏受相带控制等问题，实践中逐步形成了以地震沉积学为指导、地层切片技术为核心的解决开发阶段储层精细表征技术。首先追踪的两个等时沉积面为顶底界面，在顶界和底界之间等比例内插一系列的层位作为地层切片，结合单井相纵向砂体分期的特征，刻画每一期次砂体的展布特征和岩性边界，从而行沉积演化及微相分析工作，定性的判断砂体间的连通性[14]。

通过W2井岩心资料分析，L层中体现出2期明显的旋回变化，如图1所示，根据W2井的岩性、物性特征，将L自下而上分为Ⅰ期、Ⅱ期旋回分别对应1个粒度向上变细的上升半旋回、1个粒度向下变细的下降半旋回。

通过测井连井相分析落实了L砂体为两期砂体纵向叠置而成，从L油藏第一期砂体的振幅切片［图2（a）］中可以看出，主区西北部为强振幅特征，从第二期砂体的切片［图2（b）］可以看出，强振幅范围继续扩大，河道主体由主区西侧迁移到了主区内，并向主区东侧（即W5井附近）和主区南侧延展。地层振幅切片在平面上清晰地揭示了L砂体沉积的范围、主河道迁移变化特征，清晰地刻画了每期砂体的岩性边界。通过大量的对比横切物源和垂直物源方向的连井与地震剖面，在地层切片的基础上编制的沉积微相图（图3），L砂体内部两期砂体纵向叠置而成，是古珠江三角洲从西北向东南方向进积的结果，如图3（a）所示，第一期在水下河道前缘开始发育河口坝，伴随第二期［图3（b）］河道物源的不断供给，河口坝扩大，甚至连片。

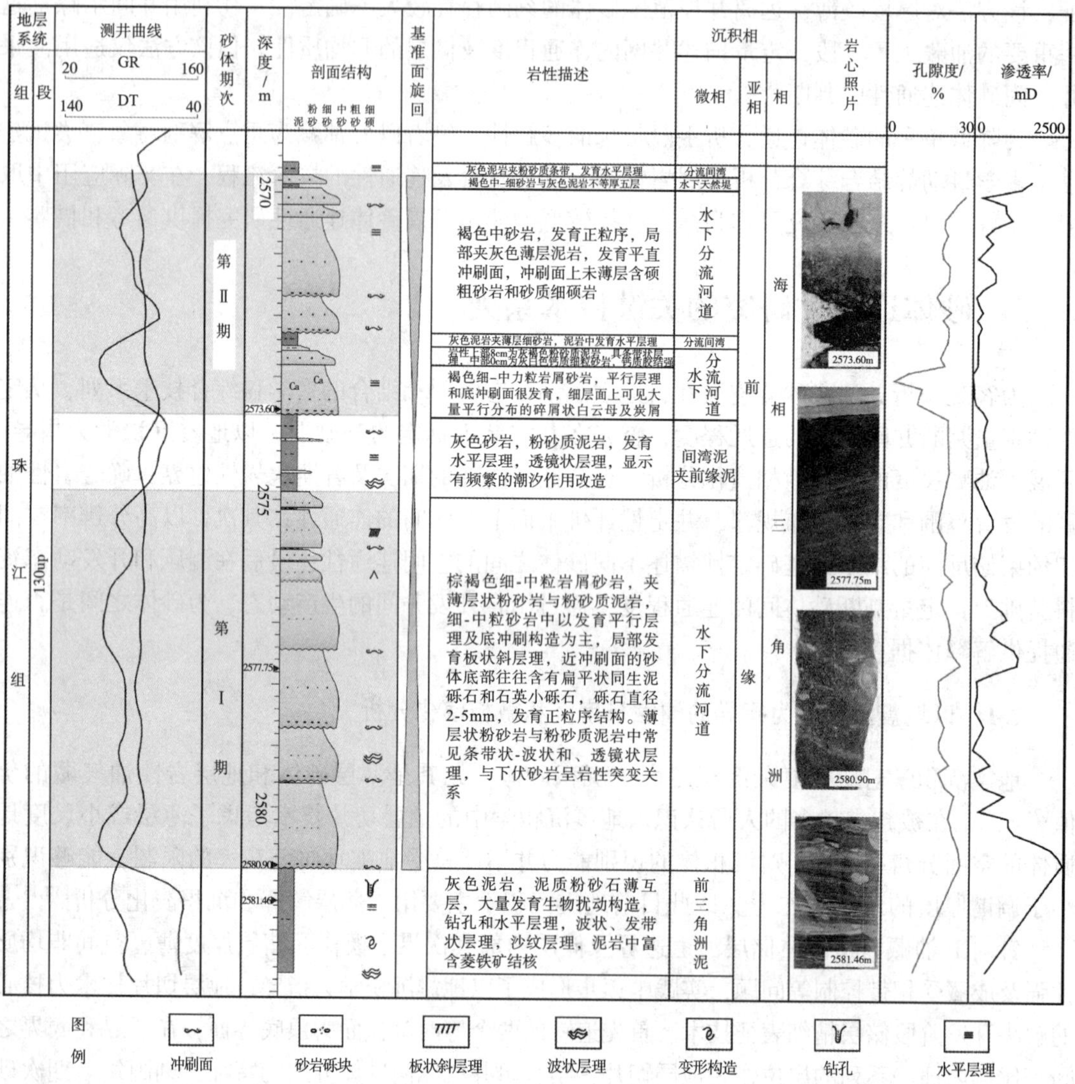

岩性描述	沉积相 微相	亚相	相
灰色泥岩夹粉砂质条带，发育水平层理	分流间湾	前缘	海相三角洲
褐色中-细砂岩与灰色泥岩不等厚五层	水下天然堤		
褐色中砂岩，发育正粒序，局部夹灰色薄层泥岩，发育平直冲刷面，冲刷面上未薄层含硕粗砂岩和砂质细硕岩	水下分流河道		
灰色泥岩夹薄层细砂岩，泥岩中发育水平层理	分流间湾		
岩性上部8cm为灰褐色粉砂质泥岩，具条带状层理，中部0cm为灰白色钙质细粒砂岩，钙质胶结强	水下分流河道		
褐色细-中力粒岩屑砂岩，平行层理和底冲刷面很发育，细层面上可见大量平行分布的碎屑状白云母及炭屑			
灰色砂岩，粉砂质泥岩，发育水平层理，透镜状层理，显示有频繁的潮汐作用改造	间湾泥夹前缘泥		
棕褐色细-中粒岩屑砂岩，夹薄层状粉砂岩与粉砂质泥岩，细-中粒砂岩中以发育平行层理及底冲刷构造为主，局部发育板状斜层理，近冲刷面的砂体底部往往含有扁平状同生泥砾石和石英小砾石，砾石直径2-5mm，发育正粒序结构。薄层状粉砂岩与粉砂质泥岩中常见条带状-波状和、透镜状层理，与下伏砂岩呈岩性突变关系	水下分流河道		
灰色泥岩，泥质粉砂石薄互层，大量发育生物扰动构造，钻孔和水平层理，波状、发带状层理，沙纹层理，泥岩中富含菱铁矿结核	前三角洲泥		

图例：冲刷面　砂岩砾块　板状斜层理　波状层理　变形构造　钻孔　水平层理

图 1　W2 沉积相柱状图

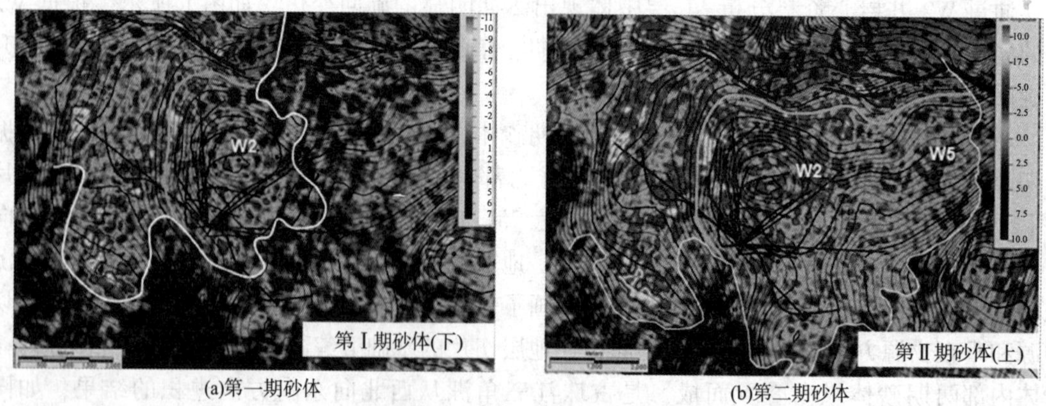

(a)第一期砂体　　(b)第二期砂体

图 2　L 砂体的地层切片

1.2 基于高分辨率空间相约束储层反演的砂体连通性定性描述

相约束地震反演方法是测井约束随机优化反演技术的进一步发展，通过增加地质模式的约束来减少井控程度低带来的反演误差，有效提高井间砂体识别精度[15]。以空间沉积相为数据基础，求取不同沉积模式下的空变约束，保证一个区域内相同沉积相类型的数据具有更好的相关性，使反演结果既符合地震特征也符合沉积规律，最终的反演结果更具有实际地质意义[16,17]。

在沉积微相（图3）的基础上进行相模型体的相约束反演，通过结合开发井的动态信息，进一步分析沉积规律，不断修正沉积相图；使沉积相图更接近实际地质情况，把地质认识和反演结果融合为一体，为基于地质模式指导的相约束反演提供合理的相模型。然后，根据各沉积单元相类型分别求取不同相类型的概率密度函数和空间变化约束条件进行相约束反演，从而将地质认识直接应用到反演过程中，实际应用过程中以多次循环后的相图和反演结果变化不大作为反演迭代结束条件，说明反演结果和沉积相已经收敛。

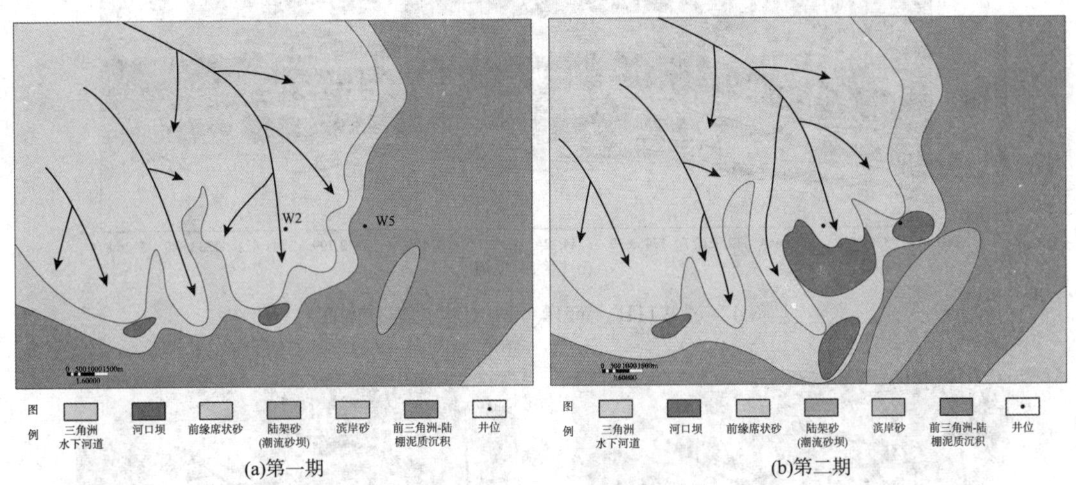

图3 第一期、第二期砂体沉积微相图

图4（b）为过W11、W4H和W10H连井相约束反演结果，如图中圈内所示，其分辨率明显高于常规地震数据［图4（a）］，不同砂体之间的搭接关系也更加清晰。图4（a）常规地震剖面上波谷同相轴附近出现弱波峰反射，有弱连通或者不连通的反射特征，图4（b）中清晰地反映了空间上不同砂体的位置关系，可以基本判断为弱连通。在空间相约束反演数据体上，砂体的空间展布以及砂体之间的连通关系更加清晰，可以描述不同砂体之间的静态连通性。

1.3 基于动静数据结合的砂体连通性分析判断砂体的连通程度

利用空间相约束反演结果基本确定了L油藏砂体展布及有利储层的位置，然而储层中影响砂体连通性的各类不确定因素较多因此不同开发井之间的连通关系仍需要结合生产动态的信息进一步分析。目前通过结合油藏数值模拟结果及各井含水率在生产开发时间段的变化，可确定各井之间的连通关系，相约束反演结果则在井以外为流动屏障与流动通道提供解释依据。图5（a）和图5（b）分别为W16H井注水前后L油藏相约束反演波阻抗属性叠合月产油、水的平面图，图中可以看到注水后 W4H 井和 W10H 井很快见水，W11H 井虽未见水但该井产液量上升，这说明 W11H 井处能量得到增强，从而落实了 W11H 井所在砂体与 W4H 井所在砂体是弱连通的，通过油藏数值模拟法计算了 W11H 与 W4H 之间砂体的平均渗透率为 15md，定量评价了两口井之间“连而不畅”的连通程度。

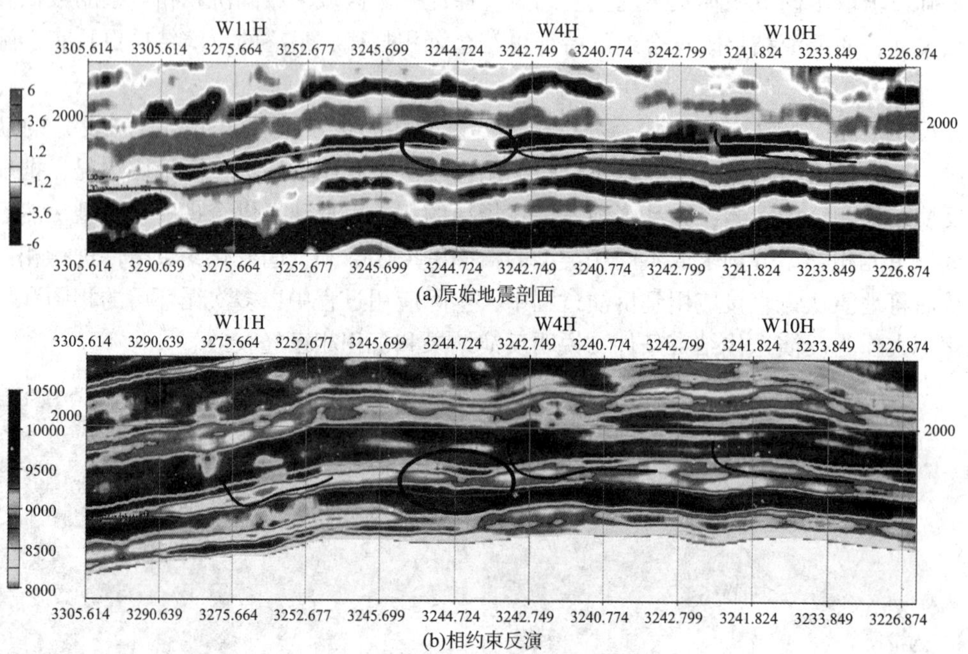

(a)原始地震剖面

(b)相约束反演

图 4　过 W11H、W5H、W10H 井的连井剖面

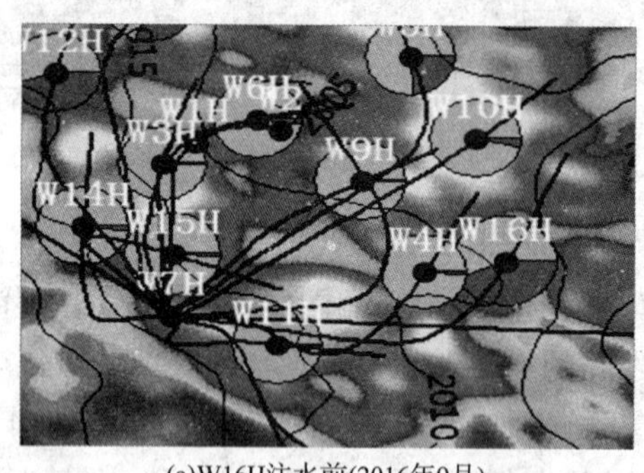

(a)W16H注水前(2016年9月)

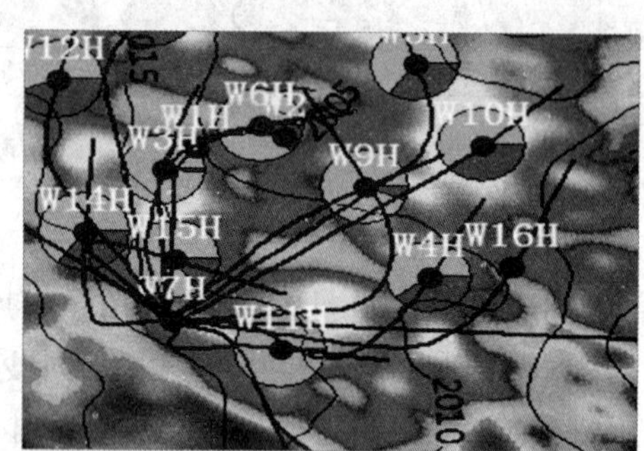

(b)W16H注水后(2017年2月)

图 5　L 油藏月产油、水与纵波阻抗平面分布图

2　A 油田砂体连通性分析结果

基于上述动静数据结合的砂体连通性分析，得到整个工区连通关系，如图 6 所示，白色虚线代表弱连通，实线为连通性较好。

按照上述砂体连通性分析的成果，针对 L 油藏采取以边部注水为主、中间点状注水为辅的注水策略，完成了 A 油田自/助流注水与人工注水相结合的整体注水方案研究，为南海东部地区探索注水油田开发方案积累了宝贵经验，目前实施的助流注水井 W17H 效果显著。通过自（助）流注水后，地层压力逐渐回升，至 2018 年 8 月底，井点平均地层压力 19.3MPa，压力上升了 4.7MPa，压力系数恢复到 0.76。

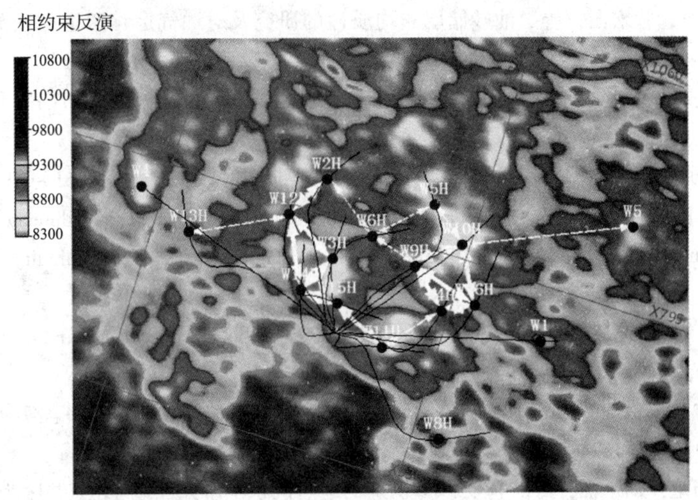

图6　L 油藏各井连通关系

3　结　论

（1）在井震精细标定的基础上，利用地震空间分辨率较高的特点，以地震沉积学为指导，开展了油藏尺度的沉积微相演化分析，能够理清储层内部的期次及各期次岩性边界，定性评价平面上砂体间的连通性；

（2）空间相约束储层预测成果分辨率较高，空间上砂体展布以及砂体之间的连通关系更加清晰，可以描述不同砂体之间的静态连通性；

（3）综合地质、地震、油藏动态信息，实现多学科、多维度的动静数据融合，进一步完善了早期仅以测压资料及油藏开采动态确定砂体连通性的成果，提高了储层连通性分析的精准度，辅助落实岩性油藏的圈闭规模和储量规模，研究成果用于指导 L 油藏的注水开发方案的设计与实施，目前 L 油藏地层压力保持稳定，生产井液量呈现稳步提升的趋势，注水效果较为显著。

参考文献

[1] 张云峰，刘宗堡，赵容生，等．三角洲平原亚相储层砂体静态连通性定量表征_ 以松辽盆地肇州油田扶余油层为例［J］．中国矿业大学学报，2017，46（6）：1314 ~ 1322.

[2] 孙雨，董毅明，王继平，等．松辽盆地红岗北地区扶余油层储层单砂体分布模式［J］．岩性油气藏，2016，28（4）：9 ~ 15.

[3] 周宗良，曹建林，肖建，等．油气藏开发过程中砂体对比与连通关系类型探讨［J］．新疆地质，2012，30（4）：451 ~ 455.

[4] 卜范青，张宇焜，杨宝泉等. 深水复合浊积水道砂体连通性精细表征技术及应用［J]. 断块油气田，2015，22（3）：309～312.

[5] 刘传奇，吕丁友，侯冬梅，等. 渤海 A 油田砂体连通性研究［J]. 石油物探，2008，47（3）：251～253.

[6] 罗洪浩，单玄龙，管宏图，等. 油砂储层非均质性的研究及对油气运移通道的预测［J]，世界地质，2012，31（4）：761～769.

[7] 郭华军，陈能贵，徐洋，等. 地震沉积学在阜东地区沉积体系分析中的应用［J]，岩性油气藏，2014，26（3）：84～88.

[8] 曾洪流. 地震沉积学在中国：回顾和展望［J]. 沉积学报，2011，29（3）：61～70.

[9] Zeng Hongliu，Hentz T F. High－frequency sequence stratigraphy from seismic sedimentology：applied to Miocene，Vermilion Block 50，Tiger Shoal area，offshore Louisiana. AAPG Bulletin，2004，88（2）：153～174.

[10] Zeng Hongliu，Backus MM. Interpretive advantages of 90°－phase wavelets：Part 1 — modeling［J]. Geophysics，2005，70（3）：7～15.

[11] 朱筱敏，李洋，董艳蕾，等. 地震沉积学研究方法和歧口凹陷沙河街组沙一段实例分析［J]. 中国地质，2013，40（1）：152～160.

[12] 常少英，张先龙，刘永福，等. 薄层砂体识别的地震沉积学研究－以 TZ12 井区为例［J]. 岩性油气藏，2015，27（6）：72～77.

[13] 张巧凤，王余庆，王天琦. 松辽盆地薄互层河道砂岩地震预测技术［J]，岩性油气藏，2007，19（1）：92～95.

[14] 曾洪流，朱筱敏，朱如凯，等. 陆相坳陷型盆地地震沉积学研究规范［J]. 石油勘探与开发，2012，39（3）：275～284.

[15] 张义，尹艳树，秦志勇. 地质统计学反演在薄砂体储层预测中的应用［J]，断块油气田，2010，22（5）：565～569.

[16] 胡明卿，刘少锋. 高柳地区东营组岩性地层油藏层序约束储层预测［J]，岩性油气藏，2010，22（1）：104～108.

[17] 尹成，王治国，雷小兰，等. 地震相约束的多属性储层预测方法研究［J]，西南石油大学学报（自然科学版），2010，32（5）：173～180.

多种建模方法综合建立三角洲储层精细地质模型

叶小明　霍春亮　王鹏飞　徐静　李俊飞

[中海石油（中国）有限公司天津分公司]

摘要　常规序贯指示模拟方法建立的三角洲微相模型砂体边界模糊，难以再现储层真实三维形态，且无法准确表征储层内部不同微相砂体单元间小尺度界面对于流体渗流的影响。针对以上问题，提出多种建模方法综合来建立三角洲储层精细地质模型的方法。首先在多趋势约束下开展基于象元的砂泥岩建模，然后在砂岩内部采用基于目标的模拟方法开展水下分流河道和河口坝砂体的建模，最后采用等效表征方法实现不同微相单元间界面的定量表征。渤海J油田应用结果表明，基于本文方法建立的新模型较为准确的表征了各微相砂体几何形态及微相间小尺度界面，提高了油藏历史拟合和剩余油分布预测精度。

关键词　地质建模　基于象元　基于目标　等效表征　三角洲

油藏描述的最终成果是建立定量的油藏地质模型，目前主要采用相控建模方法来建立孔隙度、渗透率等物性模型，而在沉积微相模拟时多采用基于象元的序贯指示模拟方法[1~3]。序贯指示方法是将单个网格作为基本模拟单元，首先建立待模拟网格的条件累积概率分布函数，然后对其进行随机模拟[4]，其最大的问题是在建模过程中地质成因机制没有充分体现，使得模型的精度和准确性受到较大程度的影响[5]，最终建立的微相模型砂体边界往往较为模糊，与实际地质认识不符。此外，伴随着较多油田进入高含水开发阶段，为了开展更为精细的剩余油分布预测，需要在地质模型中对一些小尺度的构型单元界面（泥质隔夹层）进行定量刻画，将其对流体渗流的影响表征到模型中，这也对建模工作带来挑战。

针对以上问题，提出采用多种建模方法综合建立三角洲储层精细地质模型的方法。该方法首先在多趋势约束下开展基于象元的砂泥岩建模，然后在砂岩内部采用基于目标的模拟方法开展水下分流河道和河口坝建模，最后采用等效表征方法[6]实现不同微相单元间界面的定量表征。该方法较好的刻画了各微相砂体边界，同时也有效表征不同微相砂体单元间小尺度界面对于流体渗流的影响，并在渤海J油田实际应用中取得了较好效果。

1　基于象元的砂泥岩建模

J油田位于渤海辽东湾北部海域，主要含油目的层为古近系三角洲前缘沉积，主要微相砂体包含水下分流河道、河口坝及席状砂沉积。油田已进入高含水开发阶段，需要建立精细

第一作者简介：叶小明（1987年—），男，硕士，工程师，从事油气田开发地质研究工作，通讯地址：300459　天津市滨海新区海川路2121号渤海石油管理局B座，联系电话：022－66501005，E－mail：yexm@cnooc.com.cn。

储层地质模型，指导后期剩余油挖潜。

油田经过井震静动结合精细地质研究，已完成了各小层平面微相分布图编制，基本把控了砂泥岩平面展布范围，因此，可采用分级模拟思路，先建立反映储层展布范围的砂泥岩模型，然后在砂岩内开展水下分流河道及河口坝等主力砂体模拟。图1（a）为将该油田 X3 小层平面微相图以确定性建模方法赋值到模型中的结果，开展基于象元的砂泥岩建模时，首先需将平面微相分布图转化成砂泥岩概率分布图，概率值分布范围为 0 到 1，数值从小到大代表该处砂岩（或者泥岩）产生的概率越大。在平面概率分布趋势约束下，以井点砂泥岩解释数据为硬数据，采用序贯指示方法建立了表征砂泥岩分布的岩相模型［图1（b）］。

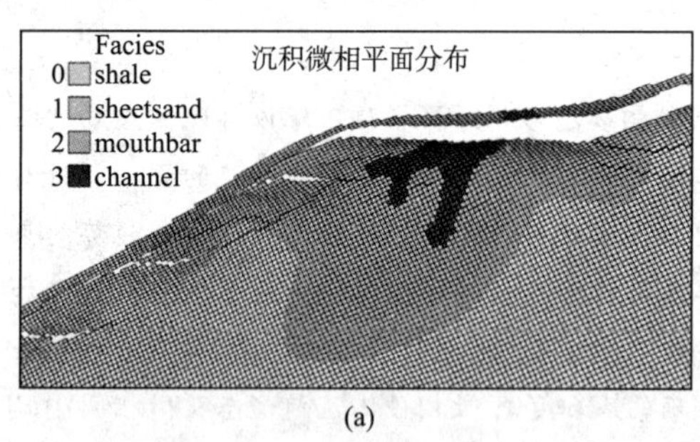

(a)

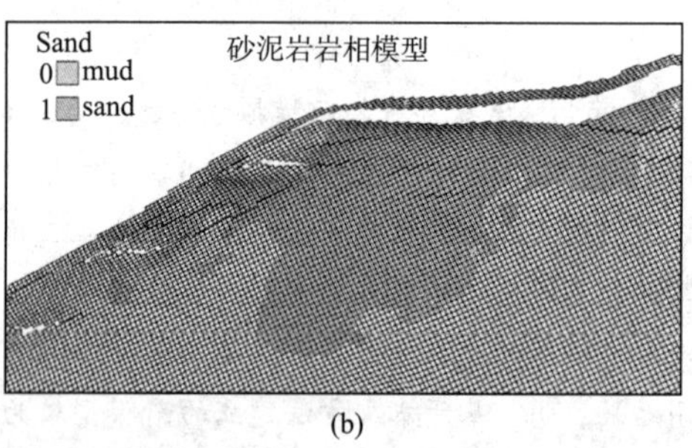

(b)

图1　X3 小层沉积微相平面分布及砂泥岩岩相模型

2　基于目标的水下分流河道和河口坝建模

上一步已经完成了三维空间中砂泥岩分布的表征，而砂岩沉积主要包含水下分流河道、河口坝及席状砂沉积三种类型，其中以水下分流河道及河口坝为主要砂体类型，因此需要对这两类砂体进行重点建模。

基于目标的方法是以目标物体为基本模拟单元，通过对目标体几何形态的研究，在建模过程中直接产生目标体，该方法更适合对储层砂体的几何形态的表征，能够更加合理的体现不同砂体间的叠置关系[7]。因此，本次采用基于目标的示性点过程模拟方法对水下分流河道及河口坝砂体进行模拟。

开展基于目标的沉积微相模拟时，需要在模拟窗口输入模拟目标体形状、规模、方向以及各种约束条件。在精细地质研究的基础上，对水下分流河道和河口坝等模拟目标体进行分析，获得模拟目标体的各类模拟数据。

针对目标体形状，主要是通过精细沉积微相研究，并结合三角洲沉积模式来确定，水下分流河道砂体平面上一般为条带状，剖面形态为“顶平底凸”的透镜状，而河口坝砂体为长轴平行于分支河道方向的椭圆形，一般分布于分支河道末端。针对目标体规模，以实际油田统计分析（平面微相图上长度及宽度测量、测井曲线上厚度统计分析）为主，并通过文献调研结合野外露头和沉积模拟实验结果来综合确定。J 油田 X3 小层通过综合分析得出单期河道宽度平均为190m，偏差 50m；厚度平均为4.5m，偏差 1m；长度平均为1400m，偏差20m，这些参数均可在软件模拟窗口直接输入。目标体方向即为模拟目标体的主流线方向，研究中主要在沉积相平面图的基础上对其进行定义。

完成各层段模拟参数的确定后，便可开展水下分流河道及河口坝砂体的模拟。由于上一步已经完成了砂泥岩岩相的模拟，砂岩相中去除模拟完成的水下分流河道及河口坝砂体后即为席状砂，因此通过模型过滤计算即可得到最终的沉积微相模型。如图 2 所示为 X3 小层最终沉积微相模拟结果，与图 1 中沉积微相平面分布图对比可以看出采用基于目标的模拟方法建立的水下分流河道及河口坝模型砂体形态及微相发育规律都与地质认识更加相符。

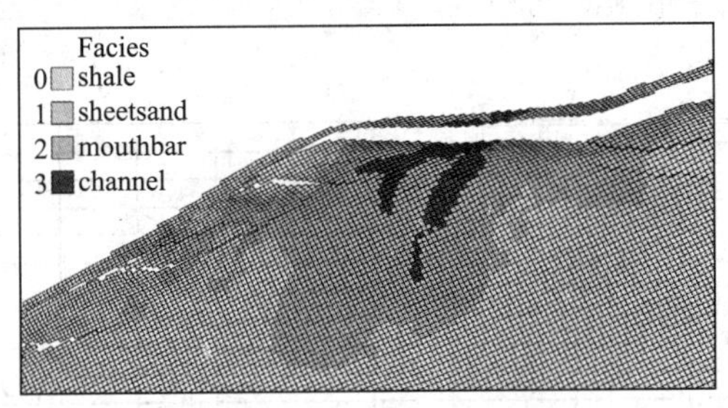

图 2　X3 小层沉积微相模型

3　基于等效表征方法的不同微相单元界面表征及应用

完成沉积微相模拟以后，便可通过相控的方法来开展孔隙度、渗透率等物性参数的模拟，到此便完成了整个地质建模的工作流程。但由于 J 油田已经进入高含水开发阶段，油田生产动态及地质研究皆表明不同微相单元间可能存在一些小尺度渗流屏障，在数值模拟中无法表征。比如水下分流河道及河口坝相接触，虽然都是砂体，但由于形成的期次、砂体成因等不同，其间可能受到构型界面的遮挡。在对鄂尔多斯盆地三角洲露头考察时也发现，水下分流河道和河口坝砂体之间并不总是直接切叠在一起，二者之间界面亦有泥质夹层存在（图 3），其厚度约 15 ~ 18cm，这种尺度的夹层在地质模型中难以反映。

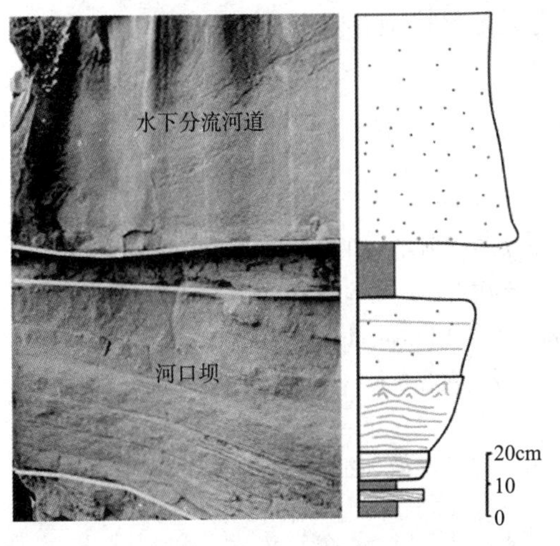

图 3　鄂尔多斯盆地延 6 段三角洲前缘露头

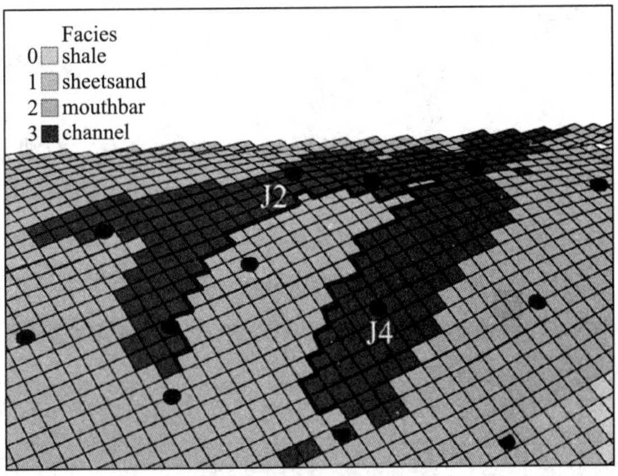

图 4　X3 小层微相界面等效表征

针对这一问题，采用一种等效表征方法来实现水下分流河道及河口坝砂体间小尺度构型界面的表征。该方法将小尺度界面对流体渗流的影响通过网格界面传导率表征到油藏模型中去，而不是将其几何参数反映到油藏模型中[6]。如图 4 所示为 X3 小层等效表征示意图，J4

为注水井，J2 为采油井，从 J2 井新老模型拟合含水率数据（图 5）来看，老模型（未加入构型界面数据）J2 含水率比实际含水高出许多，这说明 J4 与 J2 间存在低渗构型界面，通过等效表征方法加入构型界面信息，并对构型界面参数多次调整后，可以看出新模型中油井生产数据与实际生产数据相吻合。J 油田应用实践表明，基于该方法有效提高了油藏历史拟合精度，进而提高了剩余油分布预测的精度。

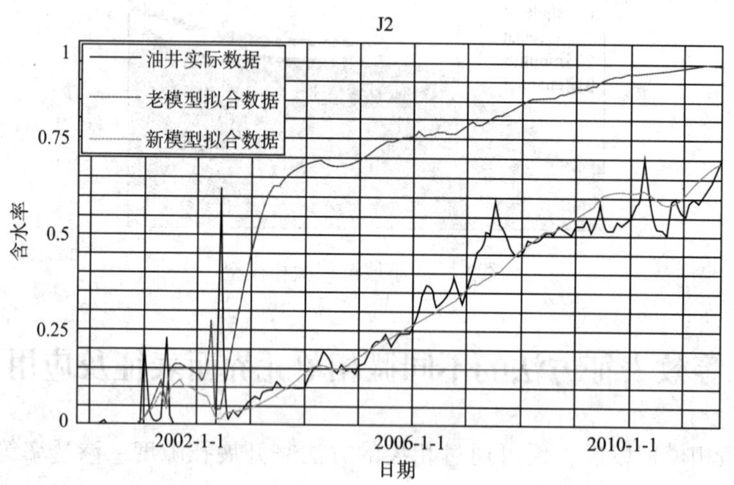

图 5　J2 井历史拟合结果对比

4　结　论

综合应用基于象元、基于目标和等效表征的建模方法可以较为准确的表征三角洲储层各微相砂体几何形态及微相间小尺度界面，基于该方法建立了 J 油田地质模型，在实际应用中取得了良好效果，对于开发中后期储层精细表征具有较好推广前景。

参考文献

[1] 裘怿楠，陈子琪. 油藏描述［M］. 北京：石油工业出版社，1996.

[2] 王国臣 . 井震结合相控储层建模在肇源南的应用［J］. 大庆石油地质与开发，2014，(6)：145.

[3] 董平川，吴则鑫 . 储层属性模型建立方法对比分析［J］. 大庆石油地质与开发，2011，(5)：56.

[4] Clayton V D. Geostatistical reservoir modeling［M］. London：Oxford University Press，2002.

[5] 陈欢庆，张虎俊，隋宇豪. 油田开发中后期精细油藏描述研究内容特征［J］. 中国石油勘探，2018，23 (3)：115 ~ 128.

[6] 霍春亮，叶小明，高振南，等. 储层内部小尺度构型单元界面等效表征方法［J］. 中国海上油气，2016，28 (1)：54 ~ 59.

[7] Jones T A. Using flow path and Vector Fields in Object - based modeling［J］. Computer& Geosciences，2001，27 (1)：133 ~ 138.

复合曲流带内部单河道构型刻画

何康　张鹏志　胡勇　苏进昌　舒晓

[中海石油（中国）有限公司天津分公司渤海石油研究院]

摘要　受大井距、稀井网条件影响，海上河流相油田储层构型研究方法及精度一直有所限制。Q油田作为渤海大型高含水期河流相稠油油田，以复合曲流带沉积为主，内部多条单河道砂互相切叠导致储层结构复杂，平面非均质性强，砂体平面注水受效不均，目前油田面临存水率低、无效水循环日益严重，急需一种更有效、更适合海上油田的储层构型方法，开展复合曲流带砂体内部构型解剖，为高含水期油田优化注采结构提供更有力的地质依据。本文以油田北区NmⅢ2含油砂体为例，首先开展井间单河道砂体对比、单井微相识别及井间剖面相分析，其次，根据曲流河点坝、废弃河道间切叠类型及切叠程度，总结九种单河道间切叠类型，通过正演方法模拟其地震响应特征，认识到不同切叠关系具有不同的响应特征，而且切叠程度的强弱直接影响地震响应特征的强弱，为了完全识别这些强弱界面，本次同时采用单一振幅属性和双属性融合技术，达到了对不同强度的切叠界面均能够准确识别的目的。最后，再结合剖面相分析定微相、古地貌特征定走向、单砂体厚度分布及构型定量方法定规模等，完成对复合曲流带内部不同单河道构型边界类型的识别与刻画，这些构型边界平面上将复合砂体分割为多个不同的连通体，结合动态资料，分析不同类型构型界面的渗流能力，从而指导注采井网进行调驱、增注等措施，实现最优化注采结构调整的目的。

关键词　正演模拟　属性融合技术　古地貌分析　构型边界

0　引　言

陆上油田多年的开发实践使得密井网条件下曲流河储层构型技术日益完善且广泛推广[1~4]，但海上油田大井距的限制条件制约了该类储层构型技术的应用与发展。近几年，海上油田主要通过对地震资料处理技术、属性提取技术、相干体切片等技术的探索创新弥补了地质构型方法在海上油田应用的局限性[5~7]，能够较好地识别曲流河泥质构型界面（废弃河道），但对于多条河流互相切叠形成的复合曲流带来说，复杂的切叠结构使得其内部的构型界面具有一定的隐秘性，现有方法难以准确识别这些界面，为复合曲流带内部单一曲流河点坝砂体的分布刻画带来较大困难[8~10]。针对以上问题，本文以渤海Q油田北区NmⅢ2复合曲流带含油砂体为例，在曲流河沉积模式、多河道切叠模式指导下，利用地震正演、波形分析、地震属性分析、双属性融合与地质相分析、古地貌分析、构型定量刻画技术相结合，对目标砂体进行构型解剖，准确刻画内部不同曲流河间切叠界面，识别出该界面控制下的点坝

第一作者简介：何康（1985年—），男，硕士，工程师，主要从事油田开发地质相关工作。地址（300459）：天津滨海新区海川路2121号渤海石油管理局B座，渤海石油研究院。E-mail：hekang@cnooc.com.cn。电话：022-66500986。

砂体，并以此为依据，优化该砂体现有注采井网，实现油田综合调整后开展精细注水调整提供依据。

1 油田概况

Q油田位于渤海湾盆地渤中坳陷石臼坨凸起的中部（图1），是一个大型低幅度披覆背斜稠油油田，面积41.27km^2，是渤海发现的第二个亿吨级储量规模大油田。主力含油层为新近系明化镇组下段和馆陶组上段，埋深在－950～－1430m，为一套河流相沉积的砂岩储层，其中明下段为曲流河沉积，常发育复合曲流带砂体，自上而下可分为Nm0、NmⅠ、NmⅡ、NmⅢ、NmⅣ、NmⅤ共6个油组，可进一步分29个小层，其中NmⅢ油组内部自上而下细分为NmⅢ1、NmⅢ2、NmⅢ3、NmⅢ4共4个小层，馆陶组为辫状河沉积。岩性均以细砂岩为主，物性表现为高孔高渗。根据开发管理及构造发育特征，将油田划分为北块、北区、南区和西区共四个开发区块。

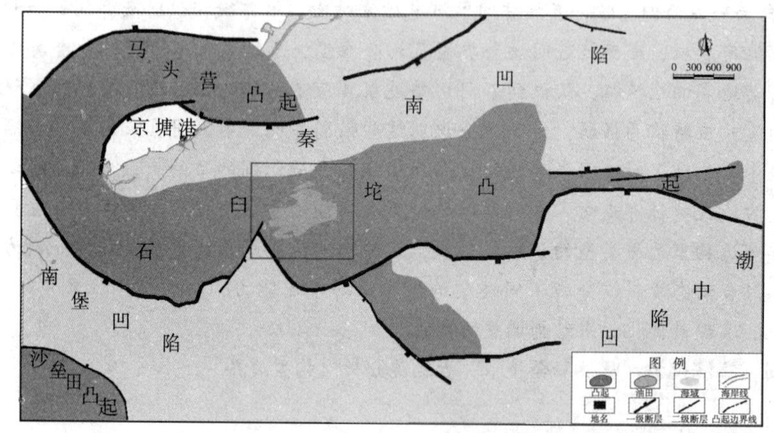

图1 渤海Q油田区域位置图

油田自2001年投产，经过17年的开发，油田现有开发井数340口，平均开发井距约为350～500m之间，已进入高含水阶段。随着近两年油田进一步开发调整，主力含油砂体通过调驱、调剖等措施取得了较好的开发效果，但各别井组仍然存在注采见效差的现象，亟需开展针对主力含油砂体的内部构型解剖工作，寻找制约注采效率的地质因素，为油田进一步高效优化注采结构提供地质依据。

2 复合曲流带内部单河道砂体精细对比

北区NmⅢ2为油田主力含油砂体，为复合曲流带沉积，具有分布范围广，切叠程度高的特点，井间河道砂体精细对比是其构型解剖的基础。在单井微相识别基础上，通过区域等时界面拉平，根据超短期基准面旋回特征、河流下切模式等开展井间单河道砂体横向对比，并通过井震标定，落实这些同期沉积的不同河道砂均在同一或相近的地震同向轴上，最终将复合曲流带划分为多个不同的单一曲流河，砂体沉积主要以点坝为主。

3 复合曲流带砂体构型解剖

3.1 曲流河砂体规模定量识别

在井间单河道砂体精细对比基础上，以井上实钻单河道砂体厚度数据为主要依据，结合砂体地震解释成果、曲流河沉积模式，利用 Leeder 经验公式进行定量规模约束，确定复合曲流带砂体分布范围。

3.2 古地貌特征分析

恢复研究区古地貌特征，对判断河流主要流向具有一定的指导意义。结合前人研究资料，该区域物源方向为北西向，而 NmⅡ油组顶面沉积的稳定泥岩层为研究区的主要标志层，可作为古地貌恢复的等时界面。在地震构造解释基础上，通过在时间域对 NmⅡ顶面进行层位拉平，从而恢复 NmⅢ地层沉积时期的古地貌。结果显示，在 NmⅢ2 复合曲流带砂体沉积期，该工区地貌表现为北高南低、中部平缓、东西构造继续变低的趋势，因此，初步判断水体流向应该是由北向南流入工区，再向西、南、东南方向流出，向西与向东南为主要流向，该认识与 NmⅢ2 复合曲流带砂体的分布形态基本一致。

3.3 复合曲流带内部构型界面识别

3.3.1 正演模拟结果

通过对九种地质模型进行模拟，发现不同的切割关系在地震上具有不同的地震响应关系，可以概括为两种主要的响应特征：第一类响应，当切割程度弱或废弃河道互相切叠，切叠处以泥质废弃河道或薄的点坝边界砂沉积为主，切叠处与点坝主体间岩性差异较大，切叠处地震响应表现为振幅明显变弱，频率降低，并随着泥质成分增加，变弱的程度增大；第二类响应，当切割程度较强，切叠处沉积一定厚度的点坝砂，与主体点坝间岩性差异相对较小，切叠处地震响应表现为振幅变弱，但变弱幅度相对不明显（图 2）。

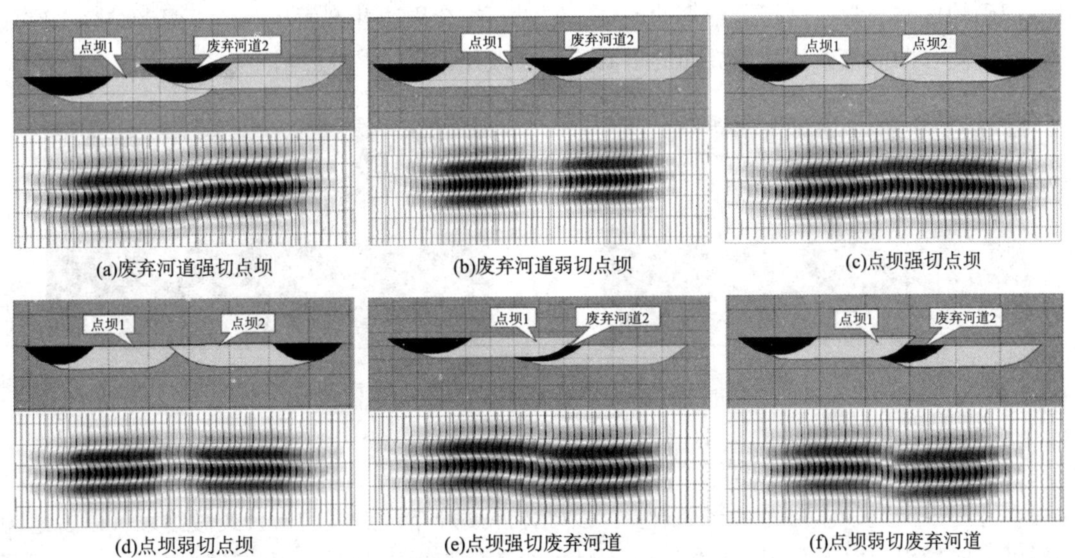

图 2 不同切割关系地震正演模拟结果

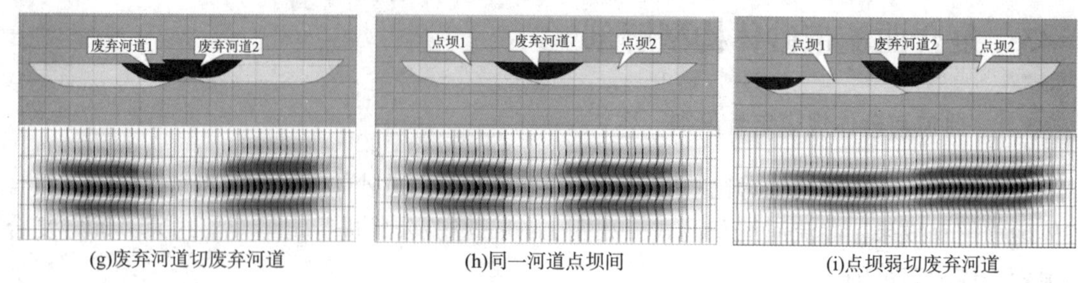

(g)废弃河道切废弃河道　　(h)同一河道点坝间　　(i)点坝弱切废弃河道

图2　不同切割关系地震正演模拟结果（续）

3.3.2　构型界面平面追踪及其微相识别

对于第一类响应的界面识别，本次研究提取多种地震振幅类属性，发现 RMS 属性、Maximum Trough 属性、Mean Amplitude 等常用的地震属性均不能全面的反映第一类切叠界面，主要是因为上述属性对点坝砂体的突出显示会削弱切叠界面处的弱响应，但是，通过平剖结合，多属性对比，发现 Skew in Amplitude 属性在识别振幅异常值时取得比较好的效果，对弱振幅响应具有一定的放大识别效果，能够针对性的突出显示弱振幅响应。所以，本次采用该属性来识别第一类构型界面，在 NmⅢ2 砂体的中部、东部共识别出 11 条砂体切叠界面，同时，结合周边井剖面相分析及曲流河沉积模式，完成对切叠界面微相的识别。

关于第二类响应的界面识别，通过提取多种属性，发现采油单一的振幅属性或频率属性，都无法在平面上很好的刻画该类界面，因此，本次研究考虑利用双属性融合技术来解决这一问题。通过文献调研，发现孙鲁平等通过正演模型的研究对该技术的基本理论进行了介绍，张鹏志等人又对这一方法进行了应用论证，这里以本次研究砂体为例，进行该方法的应用说明。对于第二类响应的界面，虽然切叠处沉积点坝砂，但相对点坝砂主体来说，在砂岩厚度、物性方面均差于后者，这种差异在地震记录上就必然表现为前者振幅值小于后者，前者频率值大于后者，尽管这种差异相对不明显。在这一理论基础，可以考虑通过频率与振幅之比来对这种差异实现增益，来实现对这种弱响应的放大识别。

通过频率振幅比属性，对目标砂体西侧的切叠界面加以识别，对 Skew in Amplitude 无法准确识别的振幅异常区进行了精细的刻画，同时，结合周边井剖面相分析，两者结合，完成了对整个复合曲流带砂体构型界面的平面追踪与微相识别（图3、图4）。

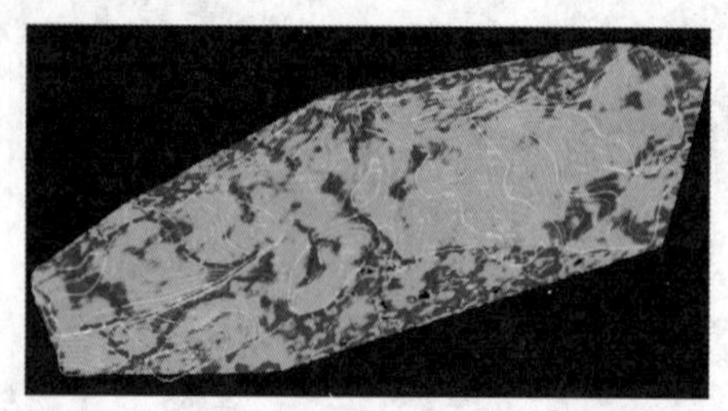

图3　Skew in Amplitude 识别一类界面

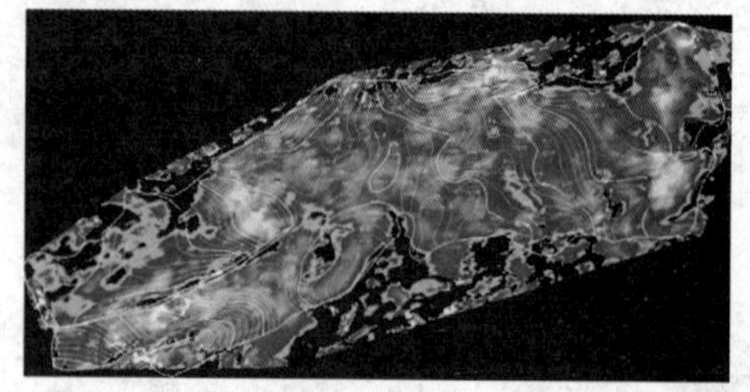

图4　频率振幅比属性识别二类界面

3.4　复合曲流带内单河道平面展布特征

在井间单河道砂体精细对比基础上，以砂体厚度分布、点坝定量公式做约束，以古地貌分析做流向指引，以剖面相分析结合多属性融合追踪与识别构型界面及其微相，最终实现了对整个复合曲流带内部多河道砂体平面分布的精细刻画（图5）。

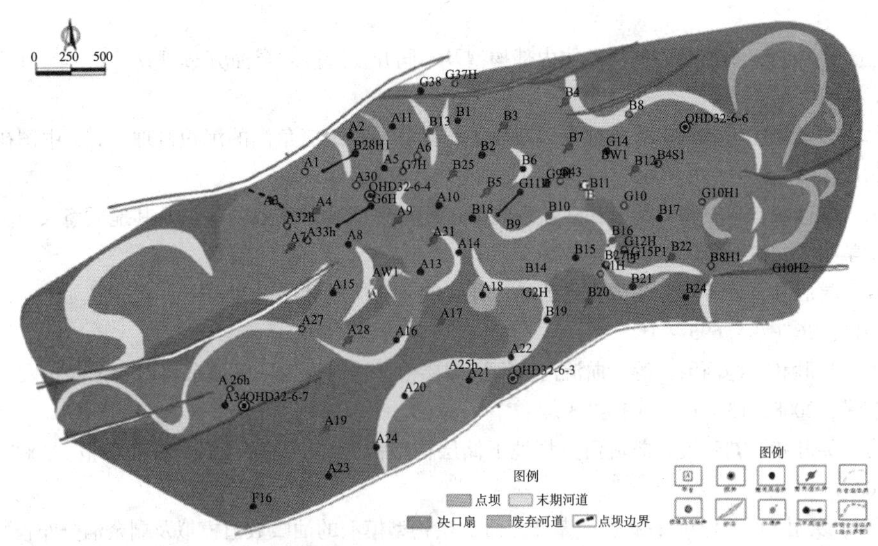

图5 NmⅢ2 复合曲流带砂体构型解剖成果图

河流自工区北西向流入工区，受当时古地貌控制，形成多股分流，其中主支河道向西、向东南方向流经工区，其中又分成多股次支河道，随着多股河道的侧向摆动、废弃，沉积砂体侧向切叠，在中部及东南区域仍存在大面积点坝砂沉积，内部分布多个因切叠形成的复杂沉积结构，结合油田现有的动静态资料证实这些切叠沉积结构对注采流向具有一定的侧向遮挡作用。

4 复合曲流带砂体构型解剖成果应用

依据构型成果与动态资料验证，发现复合曲流带内部的切叠界面对流体具有侧向遮挡作用，切叠界面处保留下的泥质成分越多，遮挡效果越明显，因此，切叠关系中，切叠处以废弃河道沉积为主，则渗透性差，注水不见效；以点坝沉积为主，则渗透性中等，注水见效慢；不发育切叠界面区域，渗透性最好，注水见效快。基于这一认识，结合现有井网，建议在A34、A24所在点坝增加水平采油井，现有定向井转注；A7井西侧可部署水平采油井，利用西侧边水及东侧注水井A7，形成注采井网；A27开层转注，与A15形成完善注采井网；B10井转注，与B9、B15形成注水井网；A10井大泵提液，周边注水井增注。部分措施已初见成效，B10井已于今年2月底转注，A10井4月换大泵提液采油，B9、B15分别于8月、9月开层采油，油井单井日产油由20～23m^3增加到43～46m^3，效果显著。

参考文献

[1] 徐安娜，穆龙新，裘怿楠．我国不同沉积类型储集层中的储量和可动剩余油分布规律［J］．石油勘探与开发，1998.25（5）：41～44.

[2] 汪巍，侯东梅，马佳国等．海上油田高弯度曲流河储层构型表征——以渤海曹妃甸11－1油田主力砂

体 Lm943 为例［J］. 中国海上油气, 2016, 28（4）: 55～62.

［3］刘建民, 徐守余. 河流相储层沉积模式及对剩余油分布的控制［J］. 石油学报, 2003, 24（1）: 58～62.

［4］王凤兰, 白振强, 朱伟. 曲流河砂体内部构型及不同开发阶段剩余油分布研究［J］. 沉积学报, 2003, 24（1）: 58～62.

［5］沈玉林, 郭英海, 李壮福, 等. 鄂尔多斯地区石炭－二叠纪三角洲的沉积机理［J］. 中国矿业大学学报, 2012, 41（6）: 936～942.

［6］马中振, 戴国威, 盛晓峰, 等. 松辽盆地北部连续型致密砂岩油藏的认识及其地质意义［J］. 中国矿业大学学报, 2013, 42（2）: 221～229.

［7］周银邦, 吴胜和, 计秉玉, 岳大力, 范峥, 钟欣欣. 曲流河储层构型表征研究进展［J］. 地球科学进展, 2011, 26（7）: 695～702.

［8］岳大力, 吴胜和, 谭河清, 等. 曲流河古河道储层构型精细解剖: 以孤东油田七区西馆陶组为例［J］. 地学前缘, 2008, 15（1）: 101～109.

［9］岳大力, 吴胜和, 刘建民. 曲流河点坝地下储层构型精细解剖方法［J］. 石油学报, 2007, 28（4）: 99～103.

［10］岳大力, 吴胜和, 程会明, 杨渔. 基于三维储层构型模型的油藏数值模拟及剩余油分布模式［J］. 中国石油大学学报: 自然科学版, 2008, 32（2）: 21～27.

复合型中深层特色油田储层精细预测技术创新与应用

程奇　李广龙　房娜　王双龙　杨志成

［中海石油（中国）有限公司天津分公司渤海石油研究院］

摘要　锦州 25－1 南油田属于渤海典型复合型中深层油田，包括沙河街组和太古宇两套特色含油层系，在渤海油田均具有一定代表性。其中沙河街组发育辫状河三角洲，储层横向变化较快，难以定量预测；太古宇潜山岩性为变质岩，内部裂缝发育不均匀，储层非均质性较强。利用地震、岩心、测井及录井资料，针对沙河街组提出以成因沉积控制下的沉积体系构建，形成相控模式约束下的“小级次”等时沉积体为识别目标的研究思路，通过层次分析法的思想建立不同级次沉积体的井震耦合关系，实现了储层精细刻画及预测目标；针对太古宇潜山采用上覆地层厚度剥离法恢复潜山古地貌，划分出 5 类地貌单元，并建立不同地貌单元与裂缝储层发育的关系，并结合野外露头研究，分析不同古地貌单元风化、成岩机理，总结潜山风化成岩改造模式。创新完成两类储层预测创新关键技术，进一步完善了锦州 25－1 南油田复合型油藏储层精细预测技术体系。

关键词　中深层　辫状河三角洲　太古宇潜山　储层预测

1　引　言

锦州 25－1 南油田位于渤海辽东湾海域，属渤海典型的中深层储层油田，含太古宇和沙河街组两套开发层系。油田储层研究中面临诸多难点和挑战：①沙河街组地震资料分辨率低，储层预测难度大；②潜山顶面构造复杂化，各井区储层纵向结构差异大，缺乏模式指导。针对挑战，立足地震、测井、地质、油藏等多专业联合攻关，以专题研究和实践规律总结为手段，形成中深层“小级次”沉积体储层预测技术和潜山内幕储层模式细化研究技术，从储层预测方面提升了油田开发效果，为油田的高效开发奠定了基础。

2　油田地质概况

辽东湾地区古近纪呈北东走向的凸－凹相间构造格局[1]，自西向东分别包括辽西凹陷、辽西凸起、辽中凹陷、辽东凸起、辽东凹陷。各构造单元均呈北东－南西向相互平行展布（图 1）。锦州 25－1 南油田位于辽西低凸起中北段，西侧以辽西大断层为界紧邻辽西凹陷中洼，东南呈缓坡向凹陷过渡，毗邻辽中凹陷中、北洼，处于油气富集有利位置[2,3]。该地区主要发育太古宇潜山、古近系沙河街组、东营组和新近系馆陶组、明化镇组等地层，油藏埋深较深，测试产能高，油藏丰度高。含油层系为沙河街组的沙二段和太古宇潜山，具有中等密度、低黏度、含硫量低、胶质沥青质中等、含蜡量低到高及含硫量低的特点。

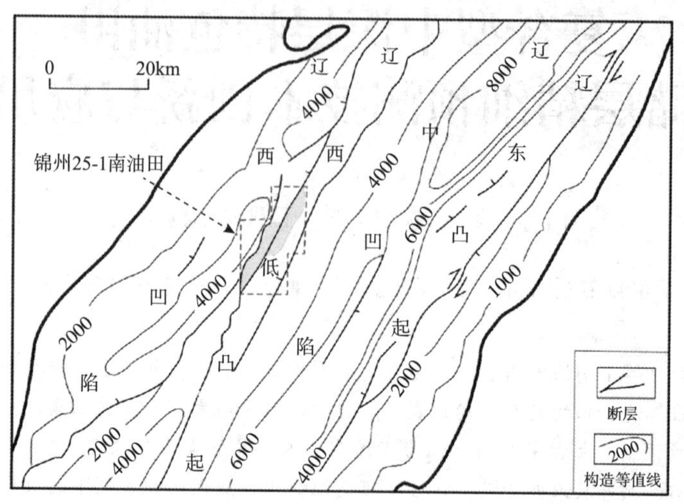

图1　研究区构造位置图

3　沙河街组辫状河三角洲储层精细预测

以锦州 25－1 南油田复杂沉积断块 4D 井区 A9 块为靶区，开展复杂沉积单元沉积期次精细刻画技术研究。

3.1　古物源、古地貌分析

通过统计油田周边区域重矿物数据，计算探井沙二段 ZTR 指数（锆石＋电气石＋金红石在重矿物中的百分含量），分析 A9 块物源来自于西北方向的古东沙河水系。然而宏观物源方向确定并不能够满足油田储层精细研究的需求，本文采用提频和分频的处理方法提高分辨率（图 2、图 3）。

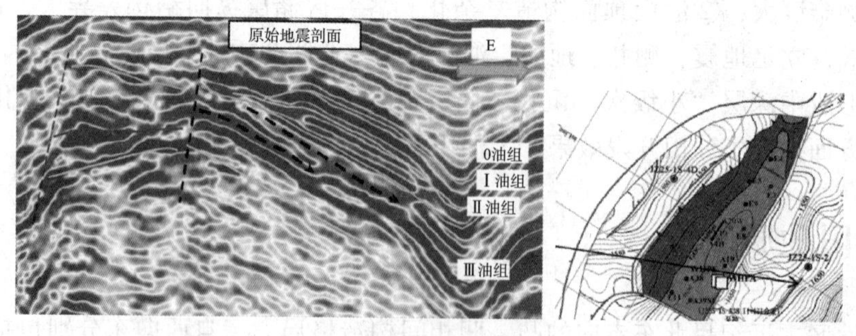

图2　A9 块原始地震剖面

处理后频率提高幅度 5～10Hz，进一步有效识别出西北和西南两个方向的次一级小物源通道。同时利用地震层拉平技术恢复古地貌，选取沙二段顶为标志层拉平。辽西 1 号断层右侧发育沟谷带，顺西北物源方向存在多个出水口，构成锦州 25－1 南油田 A9 块多个分支朵体的有利区。

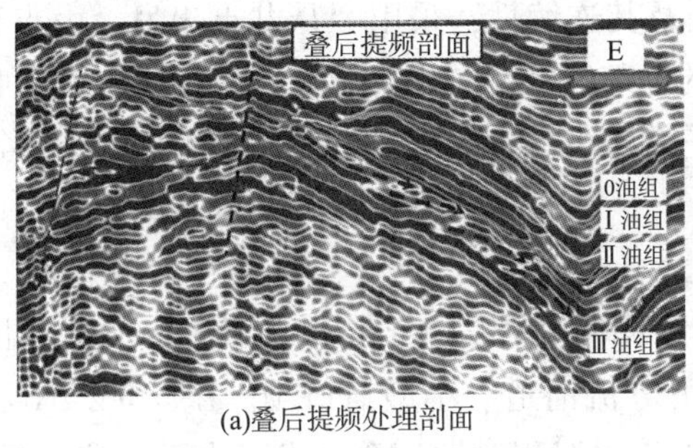

(a)叠后提频处理剖面

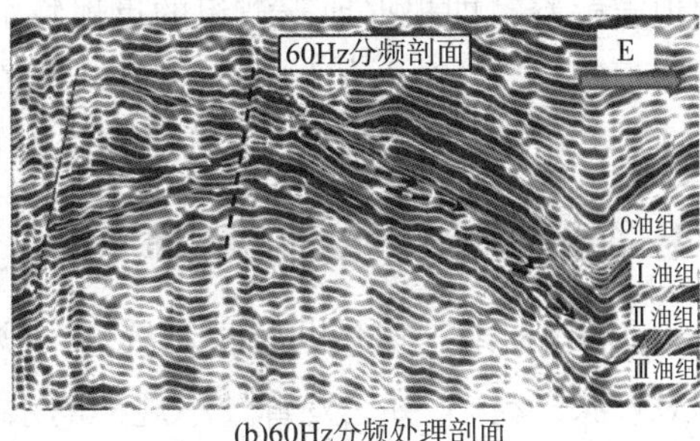

(b)60Hz分频处理剖面

图3　A9 块处理后地震剖面

3.2　建立小层等时格架

以层序地层学理论为指导，主要采用井震结合，并紧密结合生产动态信息，进行地层划分对比与复查，建立等时地层格架；在等时地层格架约束下，开展储层逐级细分对比，识别储层连通关系，完成整体统一划分与闭合[4~6]。在垂直物源方向的地震剖面中可以将 A9 块划分为南北两个沉积体（图 4），内部可识别多个相控模式约束下的“小级次”等时沉积体。

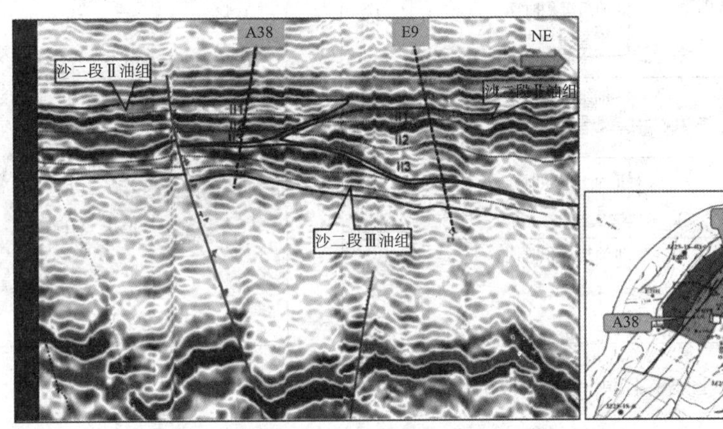

图4　4D 井区等时沉积体地震识别

3.3　综合多属性沉积微相研究方法

对“小级次”等时沉积体进行沿层地震属性提取分析（图 5），首先通过井震标定，进

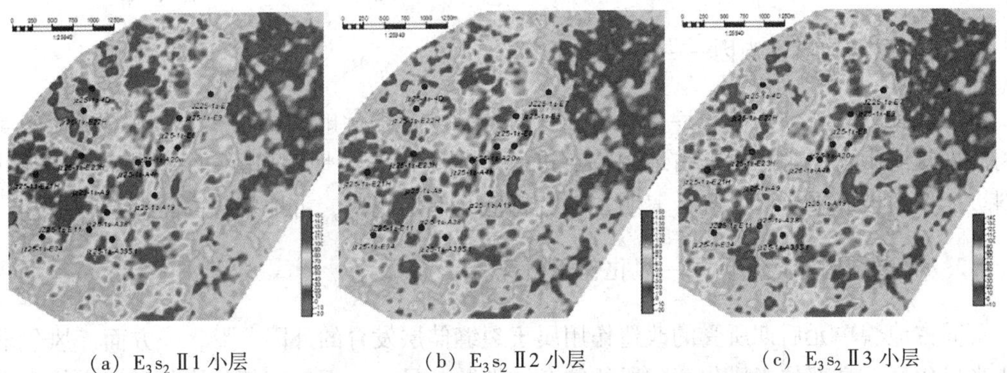

（a）E_3s_2 Ⅱ1 小层　（b）E_3s_2 Ⅱ2 小层　（c）E_3s_2 Ⅱ3 小层

图5　E_3s_2 Ⅱ油组各小层 RMS 属性图

行小层地震解释，即根据地震波组的反射特征及其连续性，采用“从井点出发，由点到线，由线到面”的方法，对主力小层进行构造层面的追踪解释；在此基础上，沿小层提取多种地震属性。综合考虑各敏感地震属性，为沉积微相平面展布图的绘制提供沉积趋势及边界参考。

3.4 沉积演化分析及沉积模式建立

E_3s_2Ⅱ油组时期，物源供应相对较弱，砂体侧向连续性较差。E_3s_2Ⅱ3 小层沉积时期，水体相对较深，在4D 井区发育较小规模的水下分流河道、小型河口坝。E_3s_2Ⅱ2 小层沉积时期，4D 井区均发育河口坝、远砂坝。E_3s_2Ⅱ1 小层沉积时期，全区发育水下分流河道、河口坝，砂体规模相对 E_3s_2Ⅱ3、E_3s_2Ⅱ2 时期变大。通过点、线、面的沉积特征研究，建立了4D 井区沙二段复杂单元的多个次级物源交汇沉积、沉积中心逐步迁移的沉积模式（图6、图7）。

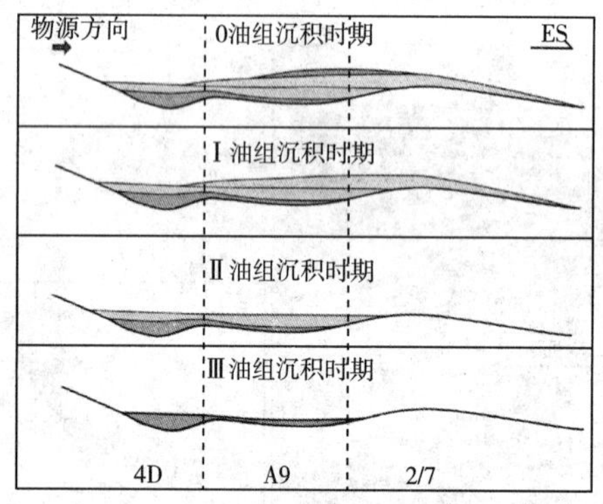

图6　4D 井区沙二段沉积演化

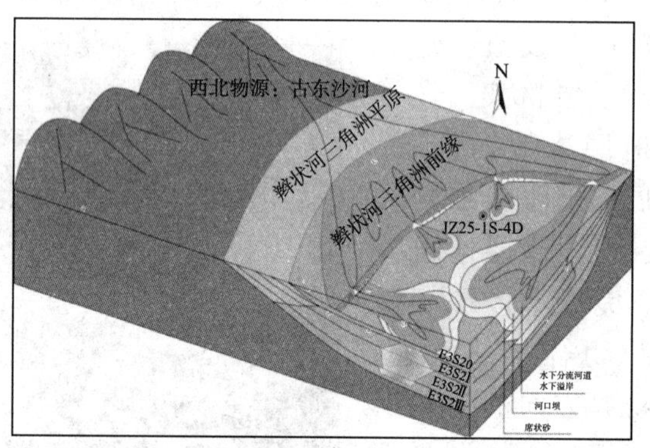

图7　4D 井区沙二段沉积模式

4　太古宇变质岩储层纵向结构模式精细刻画

在岩性和裂缝产状认识基础上，采用上覆地层厚度剥离法恢复潜山古地貌[7,8]，明确潜山储层段纵向结构的主控因素是古地貌，根据古地貌特点进一步划分出5类地貌单元——凸起带、凹陷带、高斜坡、低斜坡、平台区。最终结合已钻井和叠前波阻抗反演成果，对各地貌单元储层纵向结构开展定量分析，建立了锦州25-1南油田潜山纵向结构模式。

4.1　储层结构形成内因——古地貌研究

古应力场导致古地貌的差异，属于主导的裂缝发育差异的内因[7,8]。采用上覆地层厚度剥离法恢复潜山古地貌，根据古地貌特点进一步划分出5类地貌单元——凸起带、凹陷带、高斜坡、低斜坡、平台区。统计表明古地貌越低，储层越薄，古地貌越高，储层越厚。

4.2　储层结构形成外因——风化作用研究

不同古地貌单元后期所受的改造作用属于裂缝储层发育的外因[9,10]。一方面，风化淋滤形成半风化壳，高部位半风化壳上段往往会被剥蚀；另一方面，高部位风化淋滤产物会在低部位发生充填（图8）。

4.3 储层结构模式总结

结合钻井对各地貌单元开展储层纵向结构分析。1/8 井区属于凸起带，风化作用强，储层厚度变化快（80 ~ 170m），高部位缺失半风化壳上段；2/7 井区属于平台区，储层段厚度变化小（100 ~ 120m），斜坡处充填风化产物；5 井东区属于高斜坡，储层较厚（130m）；4D 井区属于低斜坡，储层变薄，在斜坡处发育风化产物充填。新模式认识解决了油田Ⅱ期开发井实施的储层预测难题，Ⅱ期新井区潜山顶面较Ⅰ期更为不确定，且波阻抗反演储层吻合度变差，可以利用纵向模式确定优质储层发育范围，针对可疑的潜山顶面，寻找优质储层重叠区间，在重叠区间内控制井轨迹的实施。

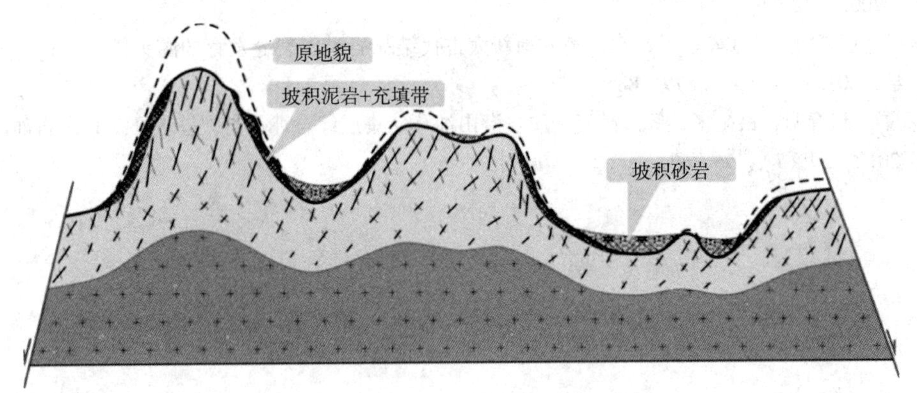

图 8　不同地貌单元风化改造作用的差异模式

5 结 论

（1）针对沙河街组地震资料分辨率低，无法满足砂体精细描述需求的问题，提出以成因沉积控制下的沉积体系构建，形成相控模式约束下的“小级次”等时沉积体为识别目标的研究思路，通过层次分析法的思想建立不同级次沉积体的井震耦合关系，实现了储层精细刻画及预测目标。

（2）针对太古宇潜山平面储层纵向结构差异大、资料分辨率低的难题，首先采用上覆地层厚度剥离法恢复潜山古地貌，划分出 5 类地貌单元——凸起带、凹陷带、高斜坡、低斜坡、平台区，并建立不同地貌单元与裂缝储层发育的关系，创新建立了潜山内幕储层结构纵向发育新模式。

参考文献

[1] 漆家福，陈发景. 辽东湾—下辽河裂陷盆地的构造样式［J］. 石油与天然气地质，1992，13（3）：272 ~ 28.

[2] 邓津辉，黄晓波，李慧勇，等. 辽东湾海域 JZ25 地区流体包裹体与油气运移［J］. 石油天然气与地质，2009，30（4）：421.

[3] 吕丁友，辽东湾坳陷辽西低凸起潜山构造特征与油气聚集［J］. 石油天然气地质，2009，30（4）：491～495.

[4] 朱筱敏，董艳蕾，杨俊生，等. 辽东湾地区古近系层序地层格架与沉积体系分布［J］. 地球科学，2008：1～8.

[5] 徐长贵，许效松，丘东洲，等. 辽东湾地区辽西凹陷中南部古近系构造格架与层序地层格架及古地理分析［J］. 古地理学报，2005，7（4）：449～459.

[6] 王海潮，董雄英，师玉雷，等. 河西务构造带 Axx 断块 Es4 上段沉积微相分布及其对开发的影响［J］. 石油地质与工程，2010，24（1）：63～67.

[7] 邓运华. 渤海大中型潜山油气田形成机理与勘探实践［J］. 石油学报，，2015，36（3）：253～260.

[8] 周心怀，项华，于水，等. 渤海锦州南变质岩潜山油藏储集层特征与发育控制因素［J］. 石油勘探与开发，2005，32（6）：17～20.

[9] 邹华耀，赵春明，尹志军，等. 渤海湾盆地新太古代结晶岩潜山裂缝发育的露头模型［J］. 天然气地球科学，2013，24（5）：879～885.

[10] 童凯军，赵春明，吕坐彬，等. 渤海变质岩潜山油藏储集层综合评价与裂缝表征［J］. 石油勘探与开发，2012，39（1）：56～63.

复杂断块中低渗油藏剩余油精细表征技术

汤明光　雷霄　王雯娟　刘双琪　韩鑫

[中海石油（中国）有限公司湛江分公司研究院]

摘要　南海西部北部湾盆地陆相复杂断块中低渗油藏受储层非均质性、开采方式和长期水驱冲刷下储层物性变化等因素影响，油水运动规律复杂，水驱不均匀，剩余油分布难预测，有效挖潜难度越来越大。针对以上问题，本文基于水驱油藏驱油机理研究，加深长期水驱后驱油效率认识，揭示油水渗流规律；根据生产动态辅助地质模式精准分析，运用数值模拟手段创新实现水驱过程中相渗时变表征，并首次在注水开发油田中采用井点矿化度拟合方法，提高模拟精度；最后结合流场强度、含水率场、剩余油饱和度、剩余油储量丰度场形成“四位一体”水驱动态场综合表征技术，分级定量评价剩余油富集区，精细划分潜力区并提出相应开发策略。该技术系列成功指导了南海西部复杂断块油田剩余储量挖潜工作，预测累增油 $124\times10^4 m^3$ 左右，增储上产效果显著。

关键词　复杂断块　剩余油预测　渗流参数时变　矿化度拟合　动态场表征

南海西部北部湾盆地陆相复杂断块油藏多为被断层复杂化的断鼻构造，具有储层厚度薄、砂体相变快、储层非均质性强、断层发育等特征[1]。随着开发进程的深入，大多数主力油组已进入中高含水阶段，受储层非均质性、断层发育等影响，滞留于地下的剩余油成为实现老油田稳油控水，提高采收率的重要物质基础。但经过长期水驱，开发中后期油水分布复杂、油藏渗流参数变化规律不清、剩余油表征难，有效挖潜调整难度越来越大，生产面临严峻的挑战。主要表现在：（1）长期水驱导致油藏驱油效率和储层渗流参数变化认识不清，目前常规岩心驱替实验无法定量评价和表征；（2）传统的数值模拟历史拟合没有充分考虑生产资料的应用，且模拟的条件是基于水驱过程中储层物性和相渗不发生变化，数值模拟历史拟合精细程度不够；（3）传统剩余油分布预测主要依赖含油饱和度分布，而对于开发中后期的水驱油藏，剩余油饱和度整体差异性较小，剩余油表征及潜力评价方法单一。针对上述存在的问题，通过研究，形成了一套复杂断块中低渗透油藏剩余油精细表征技术，并在涠洲油田区进行了现场应用，取得了较好的剩余油挖潜效果。

1　水驱油藏驱油机理研究

通过水淹前后岩石薄片实验、润湿性实验、岩心经高倍驱替后物性、润湿性、相渗曲线变化及驱油效率等研究（图 1）发现，受长期水洗冲刷的作用影响，水淹储层的孔隙度、渗透率和孔喉结构等都发生变化，导致水淹储层物性参数发生变化的主控因素是黏土矿物的水

第一作者简介：汤明光（1986 年—），男，2013 年毕业于中国石油大学（华东）油气田开发工程专业，现主要从事油藏工程方法方面的研究工作。地址：广东省湛江市坡头区南油二区（邮编：524057）。E－mail：tangmg@ cnooc. com. cn。

化、膨胀、分散、迁移及地层垢的生成、运移；岩心老化后相渗曲线等渗点左移，润湿性测试也表明岩心老化后向亲油方向转化，这种变化是黏土矿物种类、黏土颗粒大小、孔隙的大小共同影响的结果。

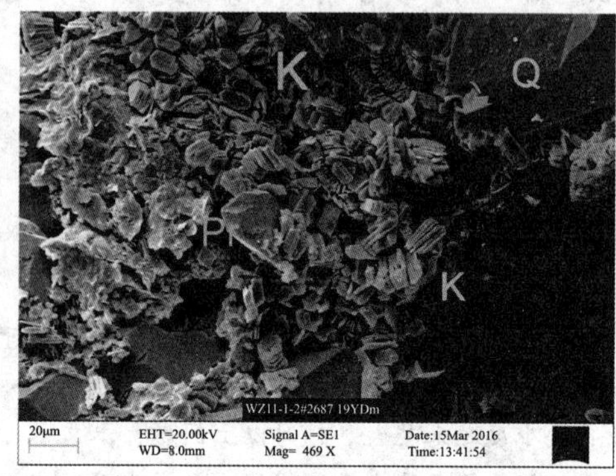

图1　电镜扫描图（放大470倍，左图：水驱前；右图：500PV水驱）

高倍水驱油时油相除了以不连续的单独油相驱出外，还以水溶油的形式随水相一同驱出，采用常规计量方法很难计量这一驱替过程中的出油量，导致驱油效率计算结果偏小。为解决这一难题，在南海西部首次引入X射线CT扫描技术进行水驱油机理实验研究，通过X射线强度与含油量关系研究，计算不同驱替倍数下沿岩心分布的饱和度，从而计算出不同驱替倍数下采出程度。实验发现与常规水驱程度相比，长期水驱替驱油效率可提高8%，说明受注入水长期冲刷的影响，岩心驱油效率发生了变化。

2　水驱油藏剩余油分布精细研究

北部湾复杂断块油藏地质情况复杂，低序级断层、微构造、储层非均质性难以精细刻画，致使注水开发时注水前缘方向难掌握，历史拟合难度大。需要充分结合已有的地质、生产动态、水驱油实验和动态监测等不同方面的成果资料集中综合分析，以提高历史拟合精度，精准剩余油研究。

2.1　油藏断层封堵性综合分析技术

A油田2井区流三段由于河流相砂体叠加及微断层影响，有些断距较小的断层无法识别。A10井（注水井）和A2井间砂体连续性差（图2），分析可能存在沉积相变化或存在断层。基于油藏地质上存在的不确定性，在油藏数值模拟研究中对这些问题进行敏感性分析：利用刻画砂体连通性方法对相变区周围渗透率进行修正，利用断层转化技术进行断层封堵性研究，通过观察A2井含水拟合情况得到了反映砂体连通性的渗透率场及最佳断层连通系数因子（图3）。此过程充分结合地质认识和生产动态研究，减少了历史拟合过程中主观判断造成的偏差。

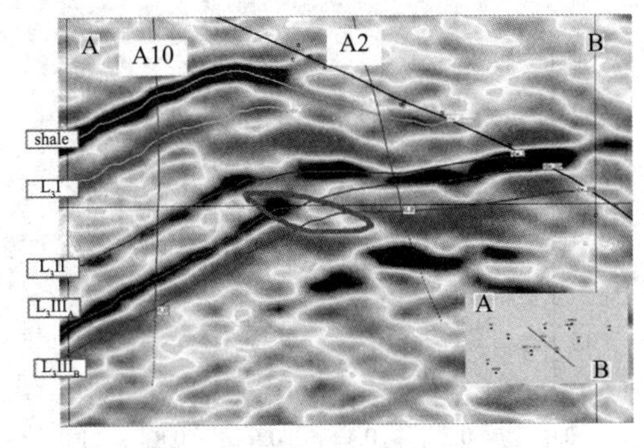

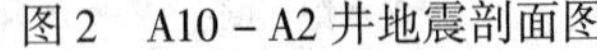
图2　A10－A2井地震剖面图

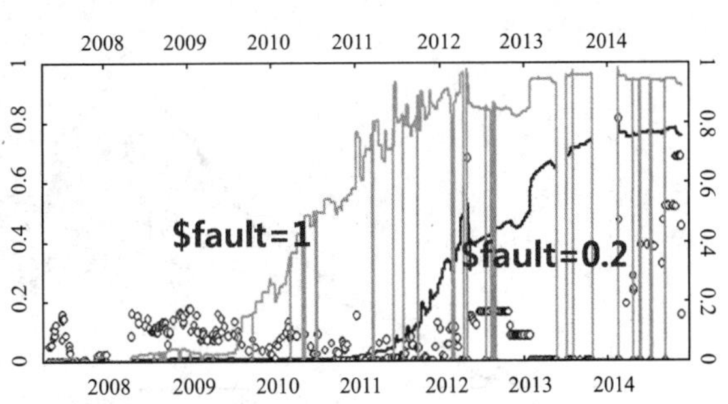

图3　A油田不同封堵性下含水率拟合情况

2.2　相渗时变数值模拟技术

水驱油机理研究得出油藏储层受长期冲刷的影响，储层润湿性及孔隙结构发生了变化，使得残余油饱和度减小，驱油效率增大。而常规数值模拟不能考虑其变化，剩余油分布预测精度不够。针对传统张金庆水驱曲线[2]计算相渗方法存在的不足，进行了四项改进，创新地建立了分不同生产阶段求取多组动态相渗曲线的方法流程。B油田整个生产阶段先后出现了3个直线段（图4），反映了油田不同生产时期的水驱特征，通过划分阶段，结合分阶段递减分析，得到各生产阶段的可采储量b，以此计算对应的驱油效率和残余油饱和度[3]：

$$E_D = \frac{R}{E_s} = \frac{b}{N} \tag{1}$$

$$S_{or} = (1 - E_D)(1 - S_{wc}) = \left(1 - \frac{b}{N}\right)(1 - S_{wc}) \tag{2}$$

$$K_{ro} = K_{ro}(S_{wc})\left(\frac{1 - S_{or} - S_{wa}}{1 - S_{or} - S_{wc}}\right)^{m} \tag{3}$$

$$K_{rw} = K_{rw}(S_{or})\left(\frac{S_{wa} - S_{wc}}{1 - S_{or} - S_{wc}}\right)^{n} \tag{4}$$

将油水两相相对渗透率经验公式（3）、公式（4）进行变量代换，得式（5）：

$$y = mx_1 - nx_2 + t \tag{5}$$

当已知不同含水饱和度下油水相对渗透率的比值后，由式（5）经二元线性回归，可以得到t、m和n值。以束缚水饱和度下油相的有效渗透率为基准渗透率，残余油饱和度下的水相相对渗透率可表示为：

$$K_{rw}(S_{or}) = \frac{K_{ro}(S_{wc})}{10^{t}} \tag{6}$$

在每个生产阶段对a赋一初始值，通过调整a值大小，拟合各阶段采出程度－含水率关系曲线，计算得到平均含水饱和度S_{wa}下各阶段动态相渗曲线（图5）。

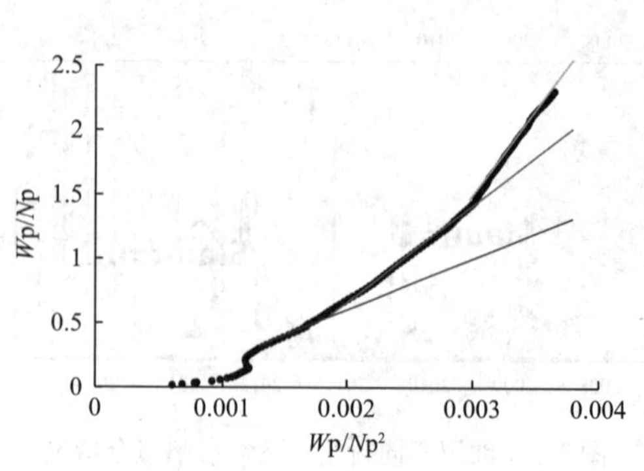

图4　B油田张金庆水驱曲线

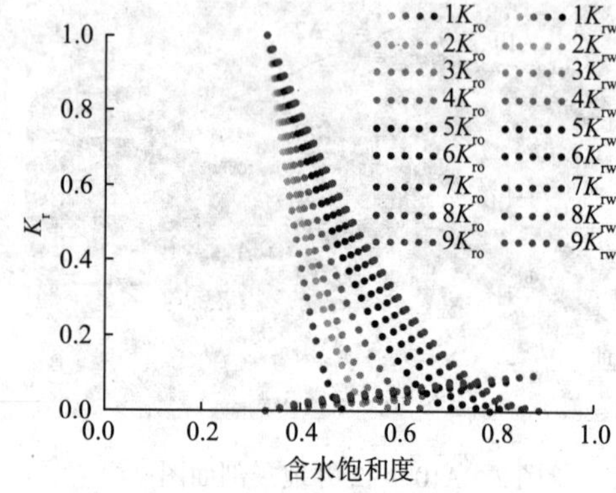

图5　各阶段动态相渗曲线

在南海西部首次提出用面通量表征水驱冲刷程度[4]，通过统计B油田各生产阶段相渗特征值与面通量的关系，存在较好的对数关系（图6），将回归的相渗曲线特征值与面通量关系输入到自研时变数值模拟软件，实现了实时定量表征水驱过程中相渗曲线动态变化，更加真实地反映水驱油藏渗流规律，较常规数值模拟，渗流时变数值模拟结果连续性好，动态指标稳定性好，尤其对中高含水期的整体含水上升趋势把控性好，这对于精准分析剩余油分布规律至关重要（图7）。

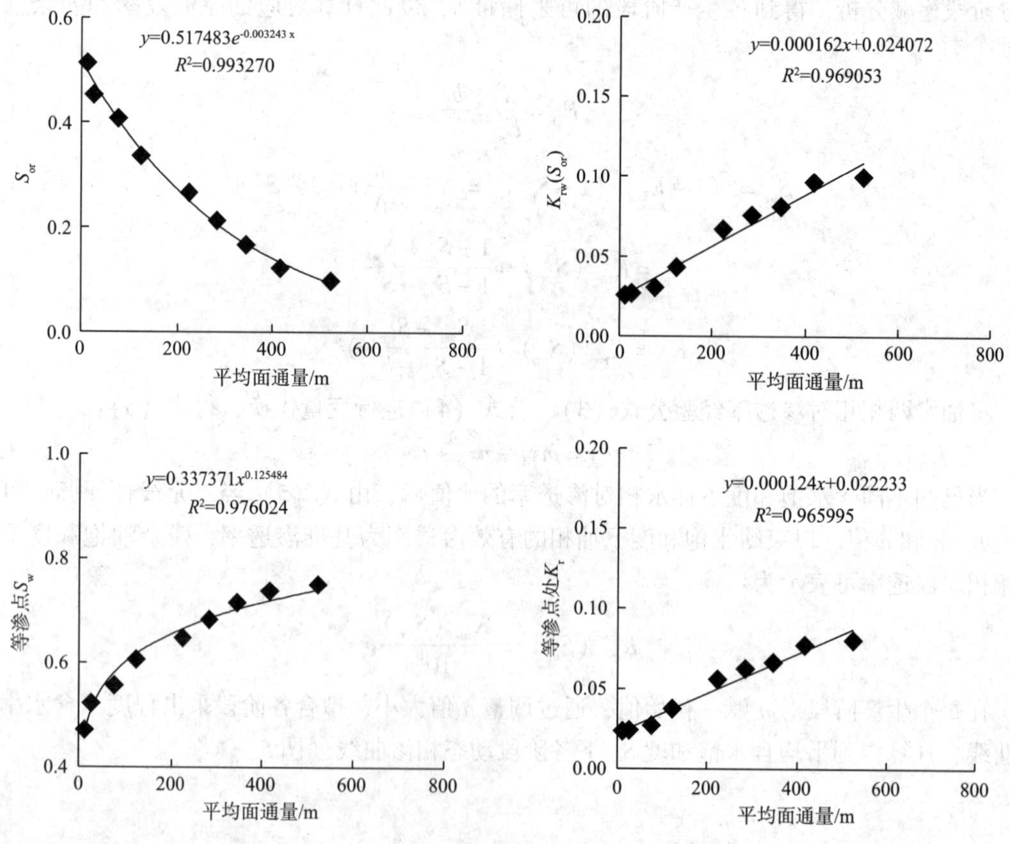

图6　各阶段相渗特征值与平均面通量关系

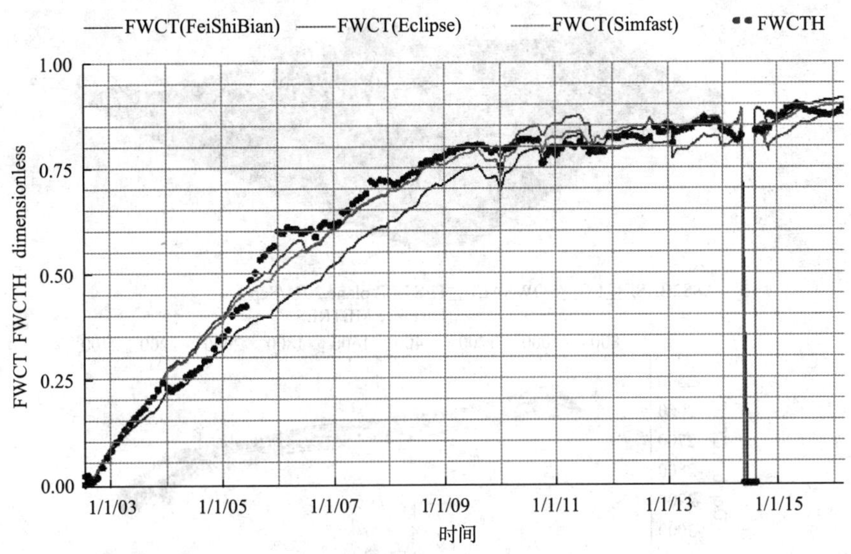

图7　B油田拟合效果对比

2.3　矿化度定量表征模拟技术

针对复杂断块油藏注水开发时注水前缘、注水方向难以掌握，首次提出了基于井点产出水矿化度作为历史拟合约束条件的矿化度定量表征模拟技术。产水出矿化度是矿场较易获取的资料，基于油藏实测水分析数据，通过拟合油井产出水矿化度，可判别产出水类型和水驱方向，提高历史拟合精度。在数值模拟研究中通过LOWSALT或BRINE模型来表征混合水矿化度的变化。基于实测矿化度建立A油田矿化度模型，将原始地层水体和注入水矿化度初始化，运算后根据矿化度拟合质量对模型进行调试，对矿化度进行拟合（图8），根据矿化度分布图9可以揭示注水开发油田水驱油运动规律，提高历史拟合精度，为剩余油精细表征奠定了基础。

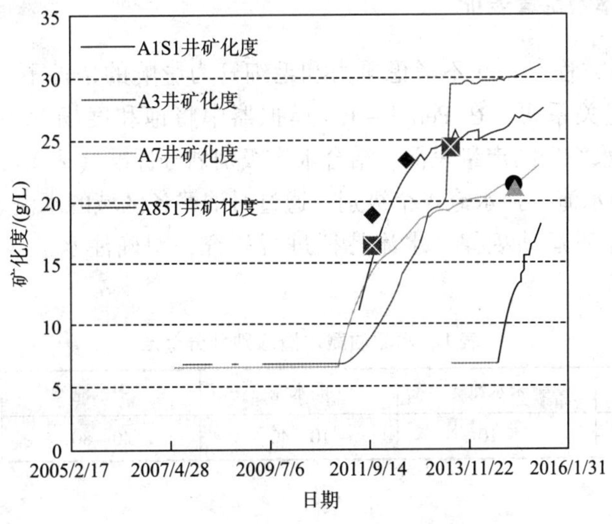

图8　A油田矿化度拟合图

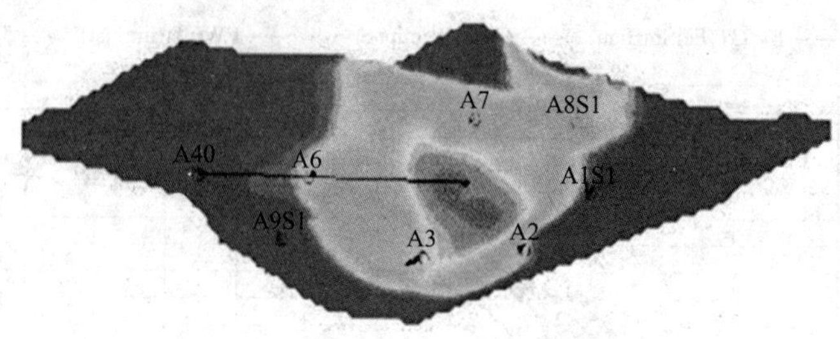

图9　A 油田矿化度平面和纵向分布图

3　剩余油动态表征及定量评价

对于进入开发中后期的水驱油藏，含油饱和度整体差异性小，仅依靠含油饱和度不能准确反映剩余油的潜力及风险。在精细数值模拟历史拟合的基础上，首次形成了综合含油饱和度场、含水场、流场和剩余油储量丰度场四位一体的水驱动态场综合表征及定量评价技术。

3.1　三维含水率场定量表征

基于水相分流量方程[5]，在不考虑重力和毛细管力影响的条件下，将含水饱和度转化为含水率，利用上述关系式，在 Petrel - RE 模拟器中将饱和度场图转化为含水场图（图10），实现了三维含水率场的定量表征。结合水淹级别划分标准（表1），将水驱油藏划分为未水淹、弱水淹、中水淹、强水淹 4 个级别，通过对油藏各区域的水淹级别情况对油藏在纵向和平面上的驱替介质运动规律、水淹特征进行研究，明确注水波及部位及剩余油分布规律。

表1　水驱油藏水淹级别划分标准

水淹级别	未水淹	弱水淹	中水淹	强水淹
产水率范围/%	<10	10 ~ 40	40 ~ 80	>80

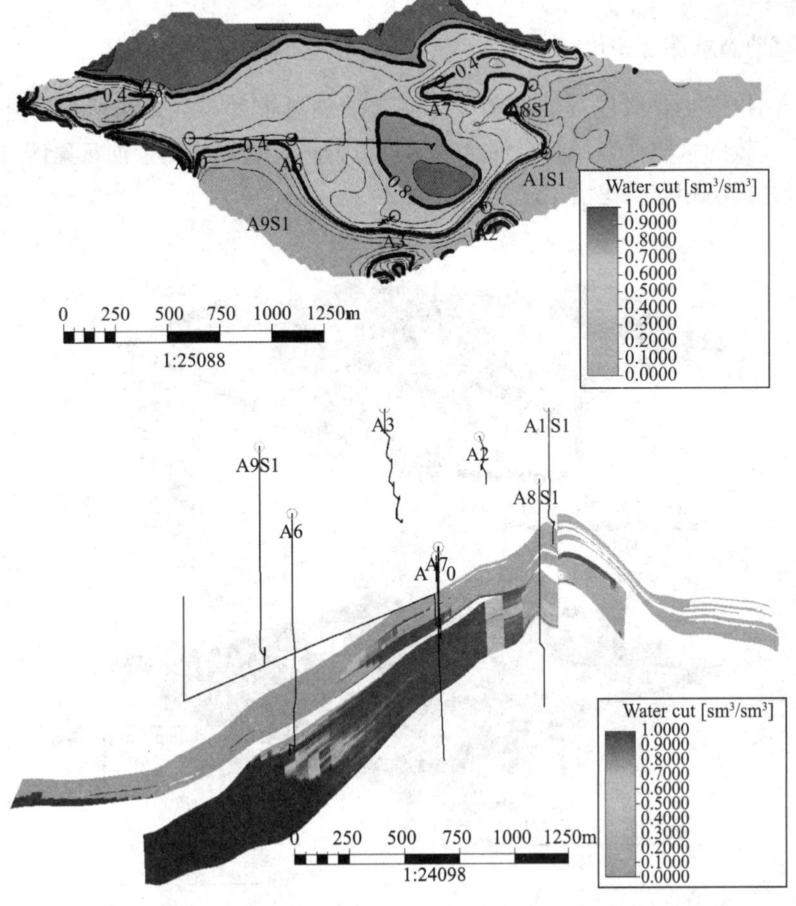

图 10　A 油田平面、纵向含水率场分布图

3.2　三维流场定量表征

流场是驱替相累积冲刷强度的分布场，储层的非均质性及水驱开发方式导致了油藏流场强弱分布的不均匀性，应用流场可表征水驱程度差异[6]。油藏流场的分布受到众多因素影响，可分为静态因素和动态因素两大类[7]。

通过逻辑分析法最终筛选出面通量[4]作为流场评价的唯一指标，流场强度越大的区域，水驱冲刷强度越大。根据水驱流场强度、水相面通量之间的定量对应关系，对油藏水驱流场进行分级，划分为强优势流场、优势流场[8]、弱优势流场及非优势流场等 4 个级别（表 2），据此可确定目前油藏的驱替相驱动状况，分析生产井的受效情况及注采井间的对应关系，同时可以清晰地认识到地层条件下驱替相的流动规律。

表 2　A 油田油藏流场分级

水驱流场强度	水相面通量	流场级别
0	<1	4 级：非优势流场
0～3	1～20	3 级：弱优势流场
3～3.9	20～50	2 级：优势流场
>3.9	>50	1 级：强优势流场

3.3 水驱动态场综合评价

传统剩余油挖潜主要依据含油饱和度和剩余油储量丰度[9]，无法精细划分剩余油富集区，应用四位一体的水驱动态场综合评价技术可以分级定量评价剩余油富集区（图11），精细划分潜力区并提出相应的挖潜措施建议（表3）。

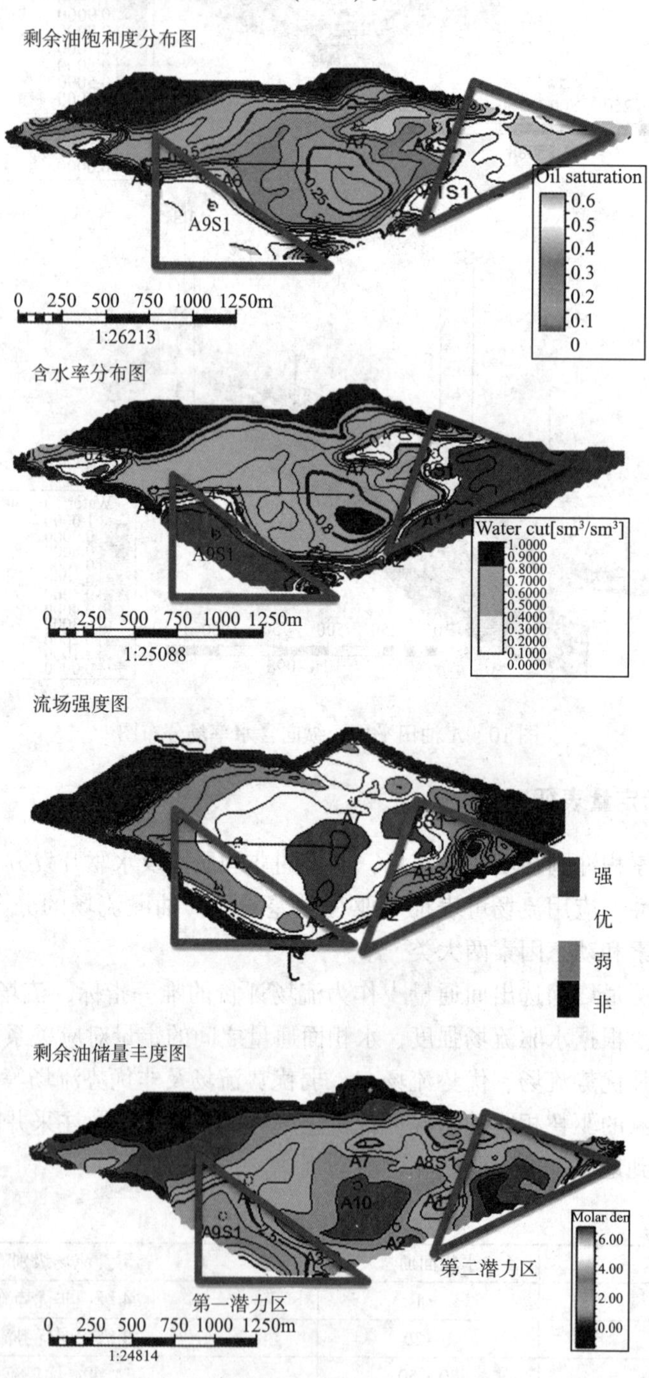

图11 水驱动态场综合评价剩余油潜力区

表 3　潜力区分类及挖潜建议

分　类	含油饱和度	水淹级别	流场强度	储量丰度	挖潜建议
一类潜力区	高	未水淹	非优势流场	高	调整井
二类潜力区	较高	弱水淹	弱优势流场	较高	提液、调整井
三类潜力区	较低	中水淹	优势流场	较低	提液、堵水、换层、流场重整
四类潜力区	低	强水淹	强优势流场	低	强注强采、堵水、换层、转注

结合水驱动态场，对于含油饱和度高、水淹级别评价为未水淹、处于非优势流场且剩余油储量丰度高的区域，评价为一类潜力区，挖潜措施建议以打调整井为主；对于含油饱和度较高、水淹级别评价为弱水淹、处于弱优势流场且剩余油储量丰度较高的区域，评价为二类潜力区，挖潜措施建议以打调整井和提液为主；对于含油饱和度较低、水淹级别评价为中水淹、处于优势流场且剩余油储量丰度较低的区域，评价为三类潜力区，挖潜措施建议以堵水、换层和流场重整为主；对于含油饱和度低、水淹级别评价为强水淹、处于强优势流场且剩余油储量丰度低的区域，评价为四类潜力区，挖潜措施建议以强注强采、堵水、换层和转注为主。

4　实例应用

应用剩余油精细表征技术评价 A 油田剩余油主要分布在注水井未能波及到、井控范围外以及东部断层遮挡区域（图 11）。第一潜力区为 A3 – A6 – A9S1 井区域：低含水阶段，未水淹级别，弱优势流场，剩余油丰度高；第二潜力区为 A2 – A1S1 – A8S1 井区域：低含水阶段，未水淹级别，但由于构造不落实，连通性不确定，暂不考虑挖潜措施实施。针对第一潜力区井控不足，部署 1 口调整井进行挖潜研究，投产初期日产油 $101m^3/d$，含水 5%，预测可累增油 $9.11\times10^4m^3$，实施效果较好。

南海西部海域涠洲区复杂断块油藏成功应用剩余油精细表征技术，提出了调整井、注水优化等措施 13 井次，已实施 4 井次，截至 2016 年 12 月增油 $25\times10^4m^3$，预计累增油 $124.55\times10^4m^3$，取得了较好的增储上产效果。

5　结　论

（1）基于水驱油藏驱油机理认识，在精准地质模型基础上运用数值模拟手段创新实现水驱过程中相渗时变表征，并充分结合井点矿化度资料，提高剩余油分布预测精度。

（2）综合流场强度、含水率场、剩余油饱和度场、剩余油储量丰度场形成“四位一体”水驱动态场综合表征技术，分级定量评价剩余油富集区，精细划分潜力区并提出相应开发策略。

（3）水驱油藏剩余油精细表征技术成功推广应用于南海西部复杂断块中高含水油田，预测累增油 $124.55\times10^4m^3$ 左右，增产效果显著。

参考文献

[1] 张智武，刘志峰，张功成，等．北部湾盆地裂陷期构造及演化特征［J］．石油天然气学报，2013，35（1）：6~10.

[2] 张金庆．一种简单实用的水驱特征曲线［J］．石油勘探与开发，1998（3）：56~57.

[3] 胡罡．预测水驱油田体积波及系数方法的改进与应用［J］．新疆石油地质，2012（4）：467~469.

[4] 雷霄，张乔良，罗吉会，等．涠西南油田群复杂断块油藏水驱剩余油精细表征技术及其现场应用[J]．中国海上油气，2015，27（4）：80~85，92.

[5] 刘西雷．基于分形理论计算相渗分流量曲线［J］．大庆石油地质与开发，2015，34（1）：59~62.

[6] 姚征．油藏流场评价体系的建立及提高采收率研究［D］．中国石油大学（华东），2014.

[7] 王胜东．考虑重力作用的优势流场与剩余油分布研究［D］．中国石油大学，2007.

[8] 张乔良，姜瑞忠，姜平，等．油藏流场评价体系的建立及应用［J］．大庆石油地质与开发，2014，33（3）：86~89.

[9] 谢世文，张伟，李庆明，等．海上油田开发后期多学科集成化剩余油深挖潜——以珠江口盆地 X3 油田 H4C 薄油藏为例［J］．中国海上油气，2015，27（5）：68~75.

复杂气顶油藏工程新方法研究与应用

宋刚祥　鹿克峰　伍锐东　丁芳　肖晗

[中海石油（中国）有限公司上海分公司]

摘要　CX 油田为东海首次投入开发的气顶油藏，该类油藏具有复杂的驱动能量，其渗流机理、开发技术政策与常规油藏存在本质区别。针对该类油气藏因气窜、油侵及水侵三元一体交互作用矛盾凸现，导致难以有效开发的难题，进行了增产措施技术研究，同时形成了以下创新方法：基于饱和原油与凝析气同采井的变气油比分相产量劈分方法；原油侵入气顶大小实时诊断与合理调控方法；这些技术成果可为带气顶的油藏或带油环的凝析气藏等同类复杂油气藏的开发提供重要的借鉴及技术支撑。

关键词　变气油比劈分　实时诊断　合理调控

0　引　言

带气顶油藏由于存在地层水、原油、溶解气、气层气、凝析油等多相流体，生产过程中油气水关系异常复杂，开发面临诸多难题与挑战。国内外带气顶油藏有效开发难度高，能借鉴的开发经验较少。由于存在气驱油、油驱气、水驱油、水驱油和气等多相驱动机理，油层的开发易同时引起气窜和水锥，导致开发效果变差，在气窜引起气顶压力低于油层压力时，也会导致原油侵入气顶造成原油损失。

CX 气顶油藏为东海的主力油田，气顶指数接近 1，存在边水、局部底水等多个水侵通道，采用油气同采模式生产 4 年，气窜、水侵现象严重，亟待实施有效的增产技术，提高开发效果。

1　变气油比分相产量劈分方法

带气顶油藏与一般油藏或气藏相比，驱动能量更为复杂多样。CX 气顶油藏存在 4 项驱动能量：溶解气驱、气顶驱、水驱、弹性驱。不同油藏由于驱油机理不同，驱油效率是不同的，即使是同一油藏在不同开发阶段油层压力变化不同也会出现不同的驱油能量，其采油量也不相同。

此外，不同于单项油藏或气藏，带气顶油藏还存在 4 相产量：原油、溶解气、气层气、

第一作者简介：宋刚祥，男，工程师，2013 年毕业于长江大学油气田开发工程专业，获硕士学位，研究方向：油气藏工程及油藏数值模拟，现从事油气田开发工程研究。地址：上海市长宁区通协路 388 号中海油大厦，邮政编码：200335。联系电话：021－22830790，邮箱：songgx5@ cnooc. com. cn。

凝析油。现场计量的是混合的油、气量，对于计量的油、气生产数据如何进行分相产量劈分？传统做法主要是采用定气油比进行劈分，这一方法的不足之处是忽略溶解气油比与凝析气油比是压力的函数。通过方法改进，提出了变气油比的分相产量劈分思路。首先根据气顶及底油的高压物性资料，结合生产数据和测压资料进行分相亏空计算，还原压力史，得到溶解气油比与凝析气油比随压力变化关系式（图1），通过推导得出公式（1）、公式（2），计算各相产量。

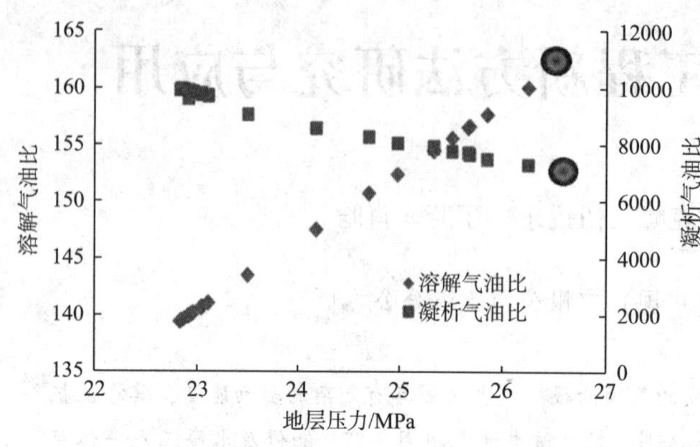

图1　溶解气油比与凝析气油比随压力变化关系式

研究表明，前期高速开采阶段，气相亏空远大于油相。后期有所减缓，但气亏空增长仍大于液亏空，前期压力下降快实际是气窜导致。

$$P = P_i - (P_i - P_{i+1})\frac{G_p - G_{pt}}{G_{pi+1} - G_{pi}} \tag{1}$$

$$q_y = (q_o R_n - q_g)/(R_n - R_s) \tag{2}$$

式中，P_i为i时刻的压力；q_y为原油产量；q_o为总油产量；q_g为总气产量；R_n为凝析气油比；R_s为溶解气油比。

2　原油侵入气顶大小实时诊断与合理调控方法

在利用天然能量开发的气顶油藏，在油气同采的情况下，气顶、油区开采达到均衡时（气顶体积与原始气顶体积相同等），需满足（均按地下体积计）：

采出气总体积 = 原始气顶气的膨胀体积 + 逸出至气顶的溶解气体积 + 产出的溶解气体积。注意到：已产出的溶解气与逸出至气顶的溶解气体积之和即为原始溶解气体积与剩余油中溶解气体积之差，油气开采达到均衡的关系式可表示为：

$$N_p\bar{R}_pB_g = mNB_{oi}\left(\frac{B_g}{B_{gi}} - 1\right) + NR_{si}B_g - (N - N_p)R_sB_g \tag{3}$$

忽略岩石与束缚水的压缩性，在天然能量开发条件下，气顶油藏物质平衡方程可整理成如下形式：

$$N_pR_pB_g = mNB_{oi}\left(\frac{B_g}{B_{gi}} - 1\right) + NR_{si}B_g - (N - N_p)R_sB_g + (W_e - W_pB_w) + (N - N_p)B_o - NB_{oi} \tag{4}$$

由式（4）减去式（3）可得：

$$(N_pR_p - N_p\bar{R}_p)B_g = (W_e - W_pB_w) + (N - N_p)B_0 - NB_{bi} \tag{5}$$

令：$V_{go} = (W_e - W_pB_w) + (N - N_p)B_o - NB_{oi}$；$\Delta D = N_pR_p - N_pR_p$；并将式（5）等号

两边同时除以原始原油地下体积 nNB_{oi}进行无因次化，则式（5）简化为：

$$\frac{V_{go}}{NB_{oi}}=\frac{\Delta D\times B_g}{NB_{oi}} \tag{6}$$

由 V_{go}表达式看出，它等于剩余油地下体积与净水侵量之和，扣除原始原油地下体积后的剩余体积，实际上是原油越过原始油气界面侵入到气顶中体积，以下简称为原油侵入体积（若计算为负值时，绝对值为气顶气越过原始油气界面侵入到原油中体积）。式（6）说明，通过实际累产气与理论均衡累产气之差 ΔD，即可实现原油侵入体积百分数的计算。在已知气顶油藏储量、流体 PVT 性质、产量史及压力史时，通过式（6）可计算不同开发时间下的理论均衡累产气，进而在二维直角坐标系统中作出 $100\Delta D\times B_g/(NB_{oi})$ 与生产时间关系曲线，进而建立原油侵入诊断曲线。

原油侵入气顶体积大小实时跟踪图表明采油速度 4.1% 时，原油已快速侵入气顶。采气速度敏感性分析表明，采气速度越大（图 2），原油侵入气顶时间越短。CX 气顶油藏前期开采采气速度达到 10% 以上，所以导致原油过早侵入气顶。建议保持下顶点峰值尽量低的情况下（避免生产井气窜），尽量降低采气速度使原油不过早侵入气顶。

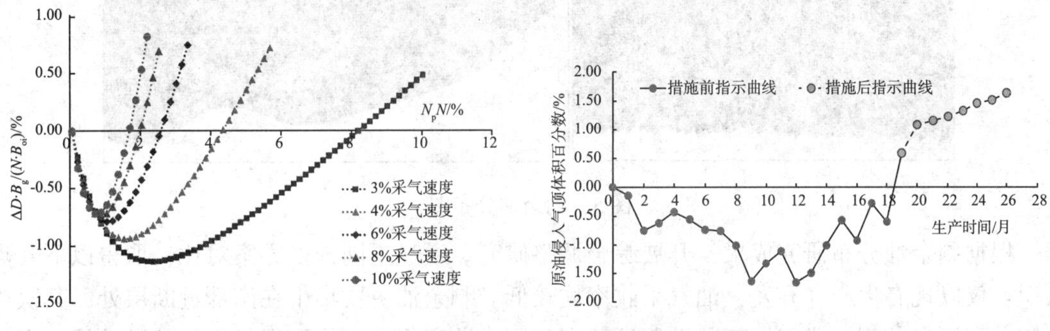

图 2　不同采气速度原油侵入指示曲线

图 3　原油侵入气顶实时诊断曲线

基于上述研究，提出产量调整措施。2016 年 3 月以来，不断优化工作制度，气油比、含水均表现平稳，对后续近 2 年的稳产起到了关键作用。措施后，原油快速侵入气顶得到有效遏制（图 3、图 4），气顶油藏气窜得到缓解，生产逐渐趋于稳定。

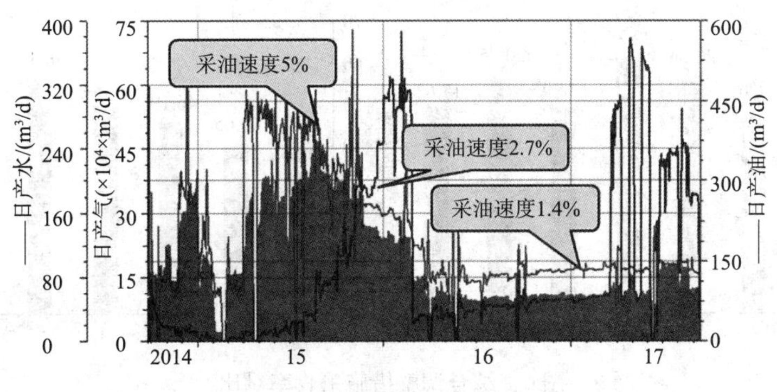

图 4　带气顶油藏生产曲线

3 增产措施综合调整

CX 气顶油藏作为主力产层，非均质性强，厚层砂体叠置样式复杂。首先展开精细地质研究，基于储层内部隔夹层刻画完成精细地质模型表征，建立多相油藏数值模型，在精细历史拟合的基础上，开展挖潜方案研究。剩余油总体分布规律表明，主力相带 H3b4 层存在剩余油富集，其剩余油分布规律为地层水由西北向东侵入油气藏，最终形成 3 个剩余油分布区（图 5）：南局部高点的水驱死角剩余油，主水侵通道和东北部泥质阻隔共同形成构造东侧的差异水驱剩余油，构造西南端的断层阻隔剩余油。

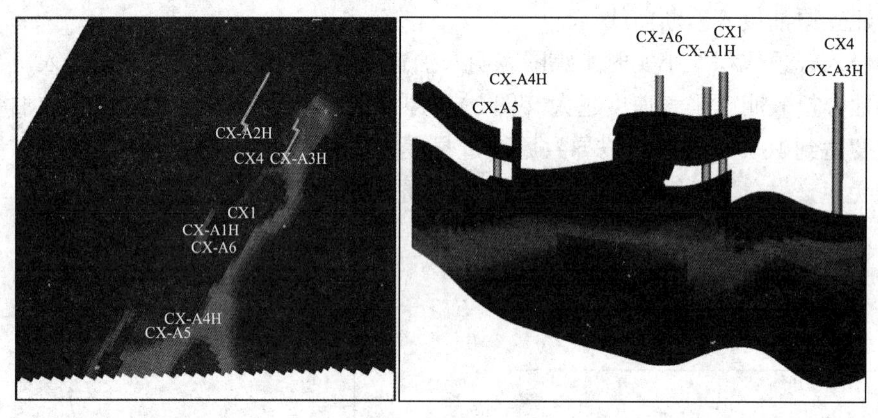

图 5　剩余油分布图

根据剩余油分布研究成果，开展综合调整研究。通过不同开发方案对比，取得以下几点认识：仅以现有生产井开发，油气采收率均较低，剩余油主要集中在南部近断层处，其次为东侧；利用老井侧钻或部署新井动用油藏南部剩余油富集区，能取得较好的挖潜效果，大幅提高油气最终采收率（图 6）；综合调整首先在 2018～2019 年中对 A3H/A4H 井泵抽生产，2019～2020 年实施钻井。考虑到钻完井费用及老井利用率，推荐老井 A1H 井侧钻到南部，A2H 井及 A6 井（后期）上返采气顶，可累增油 $15\times10^4m^3$，累增气 $2.2\times10^8m^3$。

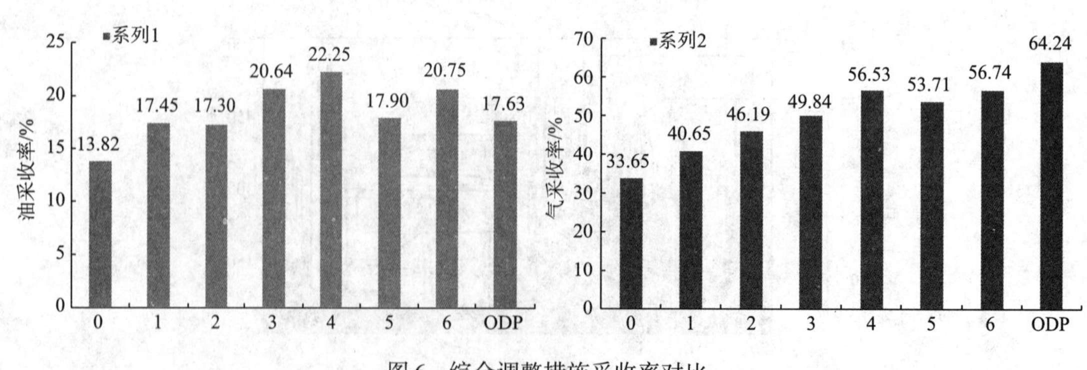

图 6　综合调整措施采收率对比

4 结 论

(1) 通过本文的研究，形成了气顶油藏以下创新技术：基于饱和原油与凝析气同采井的变气油比分相产量劈分方法；原油侵入气顶大小实时诊断与合理调控方法。

(2) 应用本文技术成果，CX 油田自 2016 年以来措施增产效果显著。主力井的无水采油期延长了 10 个月，目前已累增气 $1374\times10^4m^3$，累增油 $1.8\times10^4m^3$。

(3) 本文的系列创新技术为类似气顶油藏和带底油的凝析气藏缓解油侵，控制气窜，均衡开采提供重要的借鉴及技术支撑。

参考文献

[1] VanEverdingen A F and Hurst W. The Application of Laplace Transformation to Flow Problems in Reservoir [J]. Published in Petroleum Transactions. AIME. 1949, 186: 305 ~ 324 (SPE 949305).

[2] Fetkovich M J. A Simplified Approach to Water Influx Calculations Finite Aquifer Systems [J]. Journal of Petroleum Technology. 1971. 23 (7): 814 ~ 828 (SPE 2603).

[3] Wang S W. Stevenson V M. Ohaeri C U. et al. Analysis of Overpressured Reservoirs with A New Material Equation Balance Method [J]. SPE Annual Technical Conference and Exhibition. 3 ~ 6 October 1999. Houston. Texas (SPE 56690).

[4] 张伦友，李江. 水驱气藏动态储量计算的曲线拟合法 [J]. 天然气工业，1998，18 (2): 26 ~ 29.

[5] 陈元千. 推导气藏物质平衡方程式的一种方法 [J]. 天然气工业，1983，3 (3): 51 ~ 53.

[6] 胡俊坤，李晓平，张健涛，等. 计算水驱气藏动态储量和水侵量的简易新方法 [J]. 天然气地球科学，2012，23 (6): 1175 ~ 1177.

[7] 唐圣来，罗东红，闫正和，等. 中国南海东部强边底水驱气藏储量计算新方法 [J]. 天然气工业，2013，33 (6): 44 ~ 47.

[8] 余忠，赵会杰，等. 正确选择气顶油藏高效开发模式 [J]. 石油勘探与开发. 2003，30 (2): 70 ~ 73.

[9] 王星，黄全华，尹琅，等. 考虑水侵和补给的气藏物质平衡方程的建立及应用 [J]. 天然气工业，2010，30 (9): 32 ~ 34.

[10] 刘建仪，韩杰鹏，张广东，等. 单井生产动态拟合法求取强水驱凝析气藏动态储量 [J]. 中国海上油气，2016，28 (2): 83 ~ 87.

海上复杂河流相储层构型精细解剖方法

王西杰　李超　崔名喆　吴穹螈　袁勋

［中海石油（中国）有限公司天津分公司］

摘要　渤中S油田构造上位于黄河口凹陷中央构造脊，属于浅层新近系油藏，以曲河流沉积为主，受河道频繁迁移、改道及叠置的影响，储层隔夹层发育、非均质性强，导致局部剩余油富集，砂体动用程度差。针对点坝内侧积夹层的定量预测难题，本文结合测井相、地震相，总结出单期点坝的地震响应图版，同时综合岩心资料、点坝沉积经验公及水平井的水平段实钻资料，开展了点坝内部沉积结构精细解剖，实现了曲流河点坝沉积范围及侧积夹层几何参数的定量刻画，包括侧积夹层分布厚度、倾向、倾角及空间延伸范围，海上油田曲流河储层侧积夹层的精细识别与定量表征，实现了油田的精细挖潜研究。

关键词　曲流河　点坝　水平井　侧积夹层

0　引　言

开发的中后期，油田到了中高含水期。对于曲流河储层的油田而言，侧积夹层对注采井网的生产效果有遮挡作用[1,2]，因此点坝砂体的下部主要体现是强水淹，而砂体的中上部处于弱水淹或未水淹，导致砂体动用程度差，局部剩余油富集[3,4]。所以精细刻画点坝砂体内部的侧积体、侧积夹层，对研究曲流河储层的剩余油分布至关重要，由此曲流河侧积体与侧积夹层的精细研究一直是油田开发的重点研究方向[5]。

笔者在沉积模式的约束下，以地震属性为主，井点信息为辅，确定单一河道内末期河道、废弃河道，并追踪河道迁移演化，通过分析河流演化来界定点坝的边界；同时在点坝内部充分利用水平井资料，结合岩心资料、对子井分析、电阻率成像测井，结合经验公式计算确定了侧积体的倾向、倾角、垂向厚度，指导点坝内部构型分析。

1　地质概况

渤中S油田构造上位于黄河口凹陷中央构造脊，为浅层新近系明化镇组油藏，属于被复杂断层分割的断块圈闭，它的形成受南北两组掉向相反的北东向正断层控制，构造由主体断块、3井北断块和4井北断块组成。本文研究的目的油藏，埋深－930～－1719m，储集岩性为曲流河沉积背景下的中～细粒砂岩，具有高孔高渗的储层特征。地面原油具有密度中等、

第一作者简介：王西杰（1985年—），男，工程师，2012年毕业于中国地质大学（武汉）能源地质工程专业，硕士，他从事油田开发研究工作。通讯地址：（300459）天津市滨海新区海路2121号。联系电话：022－66500923。

黏度中等、凝固点高、含蜡量高、胶质沥青质中等、含硫量低的特点。

2　单一河道识别及点坝精细刻画

本文以渤中 S 油田 1－1040 砂体为例进行精细解剖，1－1040 砂体形成于新近系明化镇组下段水退旋回的初期，在沉积构造上属于断坳作用的末期，盆地沉降速度缓慢，湖面缩小，可容纳空间小，河流切割能力增强，砂体以侧向加积作用为主，由于多期次砂体的侧向迁移与叠加，使得河道砂体连片分布。本文通过层次分析法，对河道砂体进行逐级次的解剖，将高弯度曲流河道储层划分为河道带，单一河道，单河道内部点坝以及点坝体内部侧积体来进行储层描述。

首先在单井分析的基础上，依据测井曲线响应、地震属性特征，以井震结合的方式进行复合河道的研究，在平面上对小层内复合河道砂体进行识别与划分，确定复合河道的展布特征，然后依据单一河道边界识别标志：①不连续河间砂；②废弃河道；③河道砂体厚度差异；④邻河道砂体的顶面高程差，采用“井震结合、平剖互动”的方式，对目的层段进行单一河道的划分（图 1、图 2）。不同的单一河道砂体的岩电性以及其在平、剖面上显示的几何形态等均有所差异，因此可利用研究区井资料以及品质高的地震属性资料，在高弯曲流河沉积模式的约束下，结合地震属性平面图、地震反演资料、各井点的测井曲线形态、连井剖面以及空间组合样式，综合识别与划分出单一河道。

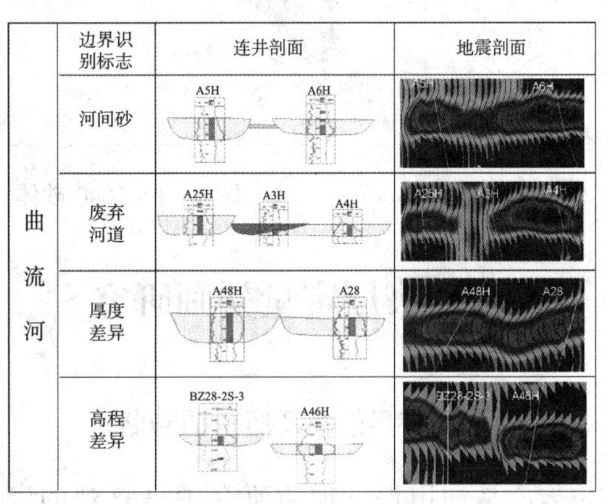

图 1　单河道识别标志

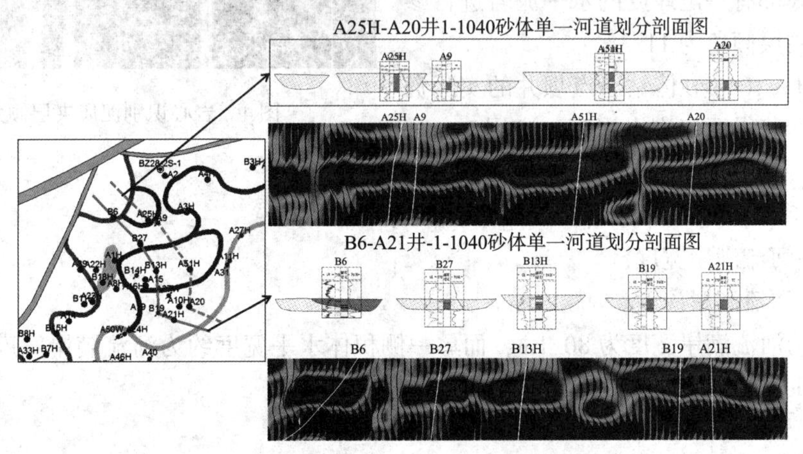

图 2　1－1040 砂体单一河道划分剖面图

1－1040 砂体最终确定了四条北东至南西方向末期河道，如图 3 所示，河道 1 宽度在 200～500m 之间，河道 2 宽度在 200～600m 之间，河道 3 宽度在 200～1000m 之间，河道 4

宽度在 300～1000m 之间。根据点坝的识别标志，综合判断点坝位置，然后在现代沉积模式的指导下，依据河道各个时期的流向来划定点坝边界（图 3）。

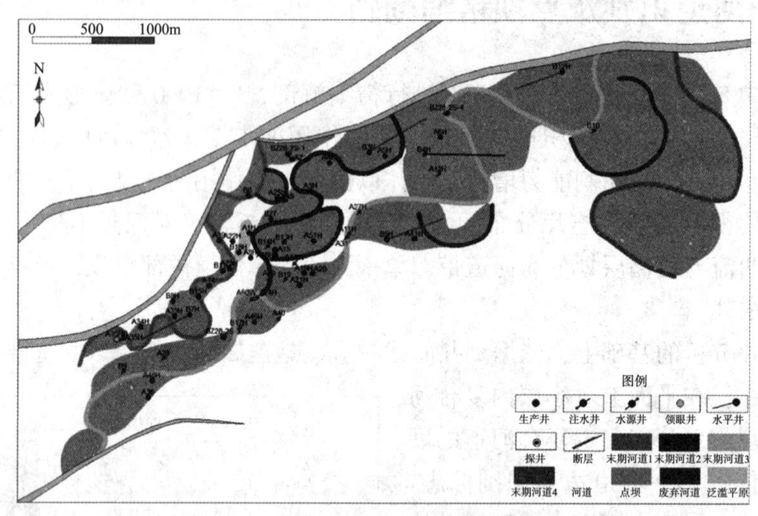

图 3　1－1040 砂体沉积微相平面分布图

3　侧积夹层定量刻画研究

3.1　侧积夹层规模及倾角的判断

岩心是油田地下地质研究中最直观的资料，在点坝侧积层倾角判断时，可以借助岩心资料来判断。图 4 为取心井渤中 S－3 井岩心，在通过砂体底部有一定厚度的水平泥岩进行参考，计算泥质层倾角为 11.3°。

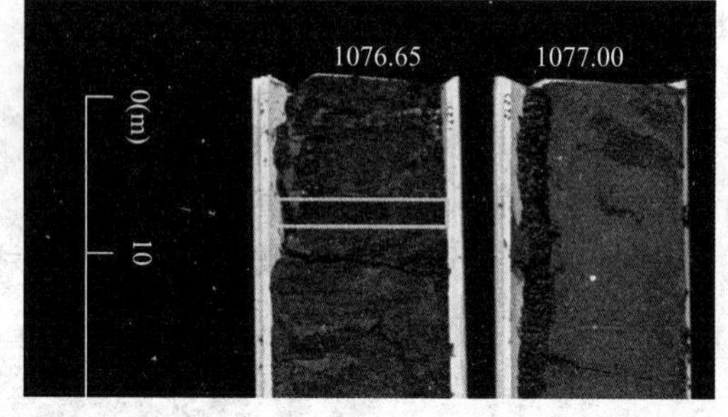

图 4　岩心识别泥质夹层倾角

通过对 1－1040 砂体钻遇点坝井的实际资料分析，统计获得河流满岸深度，应用 Leeder 的经验公式（1）

$$\lg w = 1.54\lg h + 0.83 \tag{1}$$

式中　w——河流满岸宽度；

　　　h——河流满岸深度。

推算平均河流满岸宽度为 80.1m，而单一侧积体水平宽度约为河流满岸宽度的 2/3，为 53.4m。Leeder 的经验公式（2）为

$$w = 1.5h/\tan\beta \tag{2}$$

式中　β——侧积层倾角。

由式②计算得到 1－1040 砂体砂坝侧积层倾角分布范围在 3.43°～9.77°之间，砂坝侧积层的倾角平均为 6.06°，与岩心实测角度比明显偏小。

石油大学吴胜和老师也在河道宽深比与侧积层倾角关系方面做了深入研究，获得经验公式（3）为：

$$w/h = 38.194\exp(-0.1063\phi) \tag{3}$$

式中，w 为河流满岸宽度，m；h 为河流满岸深度，m；ϕ 为侧积层陡层区倾角，（°）。

应用该公式计算得到 1－1040 砂体砂坝侧积层陡层区倾角分布范围在 3.97°～13.9°之间，砂坝侧积层陡层区的倾角平均为 9.04°，与岩心实测倾角、拒马河曲流河现代沉积侧积层倾角较为一致[6,7]。现代沉积和露头的研究表明侧积泥岩层的倾角一般为 5°～30°，综合岩心资料、经验公式以及对子井分析[8]，认为 1－1040 砂体点坝侧积体的倾角主要在 4°～14°之间。

3.2 侧积夹层的空间分布分析

本文依据水平井资料对侧积夹层进行识别，首先要考虑水平井轨迹，确保水平井的轨迹平面上、剖面上均在点坝内部。然后根据测井资料相关性原理综合甄别排除测井噪音等因素的影响[9～11]，之后应用测井曲线进行侧积泥岩层识别。以 B3H 为例，实际钻井资料表明，1－1040砂体水平井上钻遇侧积夹层水平宽度为 2.3～54m，大部分宽度在 2.3～13.1m 之间，经验公式换算后，对应的侧积夹层厚度在 0.1～0.8m。根据理论地质模型，在对侧积层单井识别和井间预测的基础上，为了描述点坝砂体侧积夹层的平面形态、侧积方向、密度等分布特征，对 1－1040 砂体水平井 B3H 的侧积体进行划分，结合过井地震剖面，B3H 水平段轨迹穿过两个点坝，分别发育 4 个、3 个侧积体（图 5）；利用该砂体 5 口水平井资料，对侧积体与侧积层水平宽度进行了统计（表 1），实际钻井资料表明，1－1040 砂体平井上钻遇侧积体水平宽度为 15～100m，大部分宽度在 40～70m 之间；侧积夹层水平宽度为 1.8～14.3m 之间。

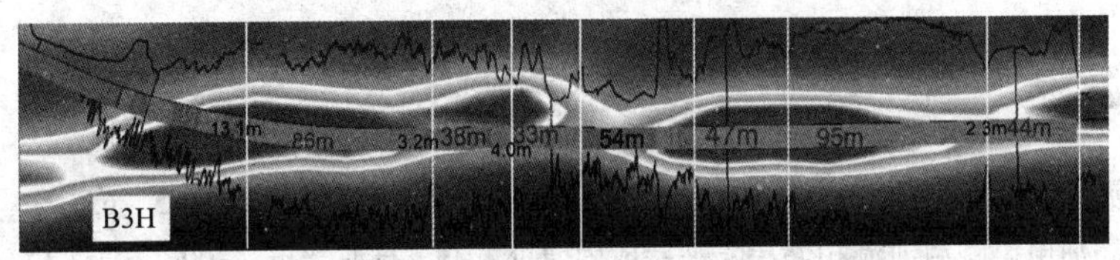

图 5　B3H 井 1－1040 砂体侧积体划分图

表 1　水平井实钻侧积体与侧积夹层水平宽度统计表

水平井	实钻侧积层最大间距/m	实钻侧积层最小间距/m	侧积层平均间距/m	侧积夹层最大水平宽度/m	侧积夹层最小水平宽度/m	侧积夹层平均水平宽度/m
B3H	95	33	57	13.1	2.3	6.2
B4H	100	48	74	—	—	—
B5H	15	84	48	14.3	1.8	9.1
B7H	35	90	66	6.3	—	—
B12H	30	88	49	—	2	—

综合水平井资料及经验公式，得出适合 1－1040 砂体的侧积层定量模式：侧积层倾向废弃河道方向；侧积层倾角在 4°～14°之间；侧积体水平间距范围 40～70m 侧积体水平宽度范围 50～110m；侧积夹层水平宽度范围 2～14m ；侧积夹层厚度 0.1～0.9m 。在确定侧积夹层水平距离的基础上，结合全区的河道演化特征，描绘出水平井 B3H 井的侧积体剖面和平面特征，

平均水平间距约51m。根据模式指导，完成1－1040砂体的内部结构要素的划分（图6）。

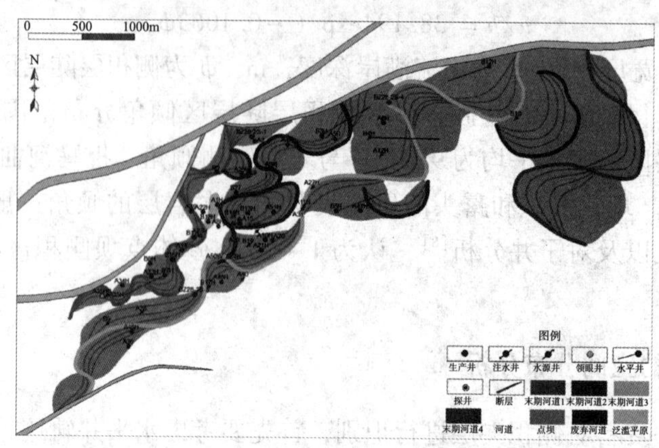

图6　1－1040砂体点坝侧积体平面分布图

4　结　论

（1）通过测井相和地震相特征综合分析，总结出了点坝和废弃河道的接触关系，定量识别点坝边界，实现了研究区点坝期次及空间展布的定量刻画。

（2）在点坝内部充分利用水平井资料，结合实钻的岩心资料、对子井分析、电阻率成像测井，结合经验公式计算确定了侧积体的倾向、倾角、垂向厚度，指导点坝内部泥质侧积层的定量刻画。

参考文献

[1] 薛培华．河流点坝相储层模式概论［M］．北京：石油工业出版社，1991：55～63.

[2] 束青林．孤岛油田馆陶组河流相储层隔夹层成因研究［J］．石油学报，2006，27（3）：100～103.

[3] 赵春明，胡景双，霍春亮．曲流河与辫状河沉积砂体连通模式及开发特征［J］．油气地质与采收率，2009，16（6）：88～91.

[4] 邹志文，斯春松，杨梦云．隔夹层成因、分布及其对油水分布的影响［J］．岩性油气藏，2010，22（3）：66～70.

[5] 姜建伟，李庆明．夹层对厚油层开发效果的影响［J］．西南石油学院学报，1996，18（1）：35～38.

[6] 刘建民，徐守余．河流相储层沉积模式及对剩余油分布的控制［J］．石油学报，2003，24（1）：58～62.

[7] 束青林．孤岛油田馆陶组河流相储层隔夹层成因研究［J］．石油学报，2006，27（3）：100～103.

[8] 徐寅，徐怀民，郭春涛．隔夹层成因、特征及其对油田开发的影响［J］．科技导报，2012，30（15）：17～21.

[9] 王健，徐守余，仲维苹．河流相储层隔夹层成因及其分布特征［J］．地质科技情报，2010，29（4）：84～88.

[10] 岳大力，吴胜和，刘建民．曲流河点坝地下储层构型精细解剖方法［J］．石油学报，2007，28（4）：99～103.

[11] 丁世梅，季民，史洁．泥岩隔夹层类型及剩余油控制研究［J］．江汉石油学院学报，2004，26（4）：130～134.

渤海复杂河流相油田布井模式研究——以渤海Q油田为例

龙明　陈晓祺　何新容　王美楠　缪飞飞

［中海石油（中国）有限公司天津分公司渤海石油研究院］

摘要　针对复杂河流相油田储层构型模式对井网井型部署的影响，以渤海Q油田曲流河储层为例，通过单砂体构型解剖确定了曲流河砂体构型模式，并建立了不同储层构型模式的概念模型，利用油藏工程及数值模拟进行分析研究，探讨了曲流河储层构型对水平井布井模式的影响。研究结果表明，对于曲流河储层构型模式采用水平井注水水平井采油，注采方向顺侧积层走向的井网部署方式效果最好，采收率最高。依据该模式布井效果显著，为后续优化注水及储层构型控制下的剩余油精细挖潜奠定了基础。

关键词　渤海　河流相　底水油藏　储层构型模式　布井模式　油藏数值模拟

0　引　言

目前渤海Q油田已经步入了高含水期阶段，传统的沉积微相研究已经不能满足开发的需要，对曲流河储层而言，点坝内部侧积层控制的剩余油逐渐成为挖潜的主要目标。因此，开展基于储层构型控制下的优化布井模式研究，则是有效挖潜剩余油的关键。

在现今储层构型及水平井布井模式研究中，国内外学者都进行了相关研究，但主要集中在储层构型模式及剩余油分布上，而对于水平井布井方式及布井部位的研究相对较少，特别是在研究侧积层的基础上，利用水平井如何进行有效挖潜的研究较为缺乏。为此，本文以渤海Q油田曲流河储层为例，在储层构型精细表征的基础上，建立了曲流河不同储层构型模式的概念模型，利用油藏工程及数值模拟进行研究分析，探讨了曲流河储层构型模对水平井布井模式的影响。

1　研究区概况

研究区渤海Q油田位于渤中凹陷北部石臼坨凸起中部，其构造是在前第三系古隆起背景上发育的大型低幅度披覆背斜构造，构造幅度低、储层展布复杂。主要目的层段为明化镇组下段，该段为曲流河沉积，经过15年的生产开发，油田已进入高含水开发阶段，采油速度低，自然递减大。

传统以复合砂体为研究单元，已不能满足油田目前生产开发的需求，而单砂体内部储层构

基金项目：国家科技重大专项“海上油田丛式井网整体加密及综合调整油藏工程技术应用研究”（2011ZX05024－002－007）。

型解剖成为了油田开发后期的突破重点，因此，急需对不同储层构型模式下的井网井型部署技术进行研究，从而精细挖潜储层构型内部的剩余油，为制定高效可行的调整方案提供理论依据。

2 曲流河砂体构型模式

储层构型模式是反映储层及其内部构型单元的几何形态、规模、方向及其相互关系的抽象表述。研究储层构型模式是储层构型表征的基础，只有通过建立不同的构型模式才能够预测地下储层的构型分布，从而研究不同井网井型部署的开发效果，了解剩余油分布状况。

通过对渤海 Q 油田南区明化镇组下段 I 油组单砂体进行构型解剖，确定了南区曲流河砂体构型模式（图 1），认为该区点坝中的侧积层主要为水平斜列式分布。参考现代沉积和露头成果，认为该模式枯水期的水位一般距河道顶约 2/3，故泥质侧积层保存在河道上部 2/3，所以大多侧积体底部是连通的，即形成“半连通体”模式（图 2）。

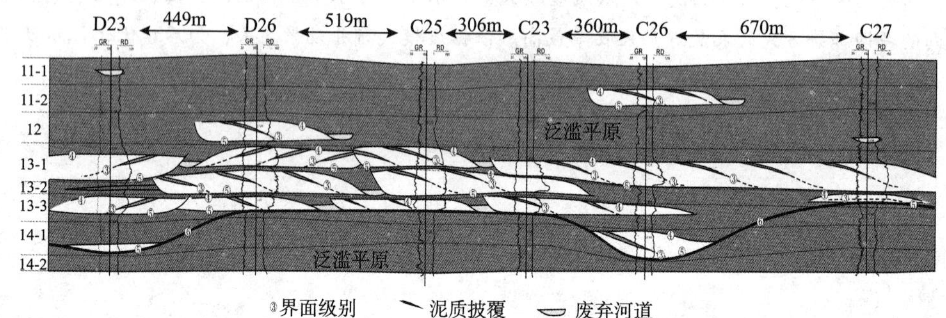

图 1 南区明下段 I 油组河流相地层的层次性和构型特征

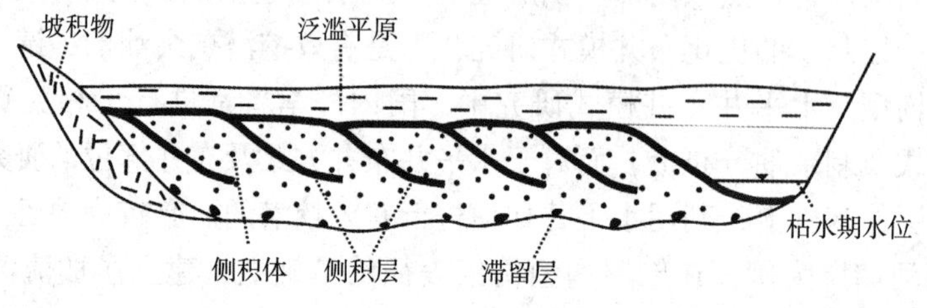

图 2 南区明下段 I 油组砂体构型模式

在夹层为水平斜列式分布的点坝中，泥质侧积层为一种以相似角度向凹岸缓缓倾斜的一系列夹层（相当于 Miall 构型要素分析中的 3 级界面），这种夹层一般分布于小型河流，或者是潮湿气候区水位变化不大、地形平缓的河流点坝中。泥质侧积层向下的“延深”及保存情况取决于两个因素，其一是枯水期水位，其二是下次洪水的水动力。在洪水衰退过程中，所携带的沙质便沉积下来，并按颗粒粗细发生一定的机械分异作用，形成以沙质为主体的侧积体，在平水期，泥质悬浮物沉积在点坝侧积体表面，枯水期水位以下的侧积层由于长期受河水的冲刷及浸泡，很难保存。

3 基于储层构型模式的优化布井技术

以渤海 Q 曲流河储层构型模式为基础，建立不同构型模式的概念模型，以此研究不同储层构型模式对布井策略的影响，从而确定合理有效的井网井型方案，为调整井部署提供理论依据。

根据Q油田侧积层分布模式，通过对侧积层倾角、分布频率、厚度、纵向延伸高度等侧积层产状的精细解剖，建立了Q油田南区河流相单一点坝砂体的构型模型（图3）。

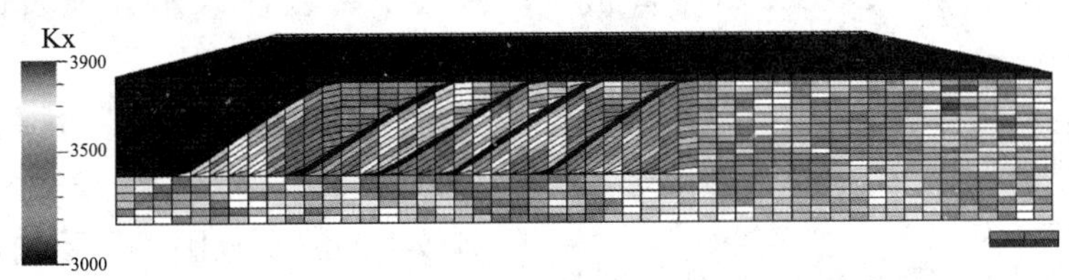

图3　典型纵向砂坝内落淤层分布模式

设计模型为油水两相模型，无气顶构造油藏，构造顶深为1130m，X、Y、Z方向网格数50×50×100，网格步长为20×20×0.2，模型物性参数、油水相对渗透率曲线及高压物性参数均取渤海Q油田实际参数。共设计了四种布井方案进行研究（图4）。

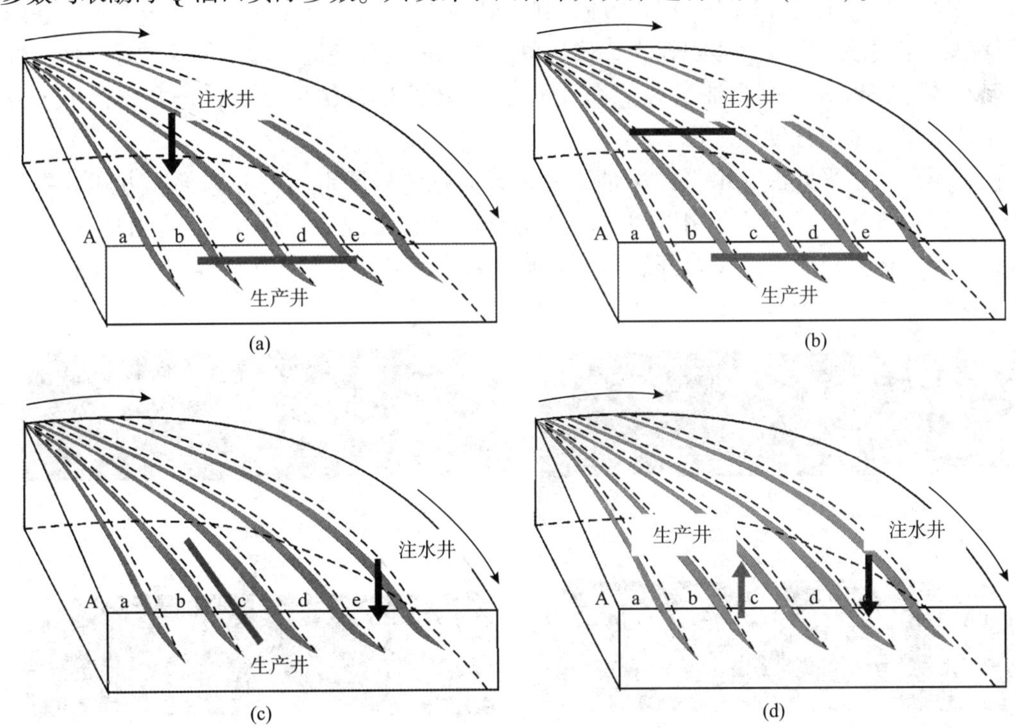

图4　基于侧积体的注采井网部署示意图

通过数值模拟，定液生产25年后，分析研究了侧积夹层对不同注采井网部署的控制作用：

①定向井注水水平井采油，注采方向顺侧积层走向［图4（a）］。该组合方式数值模拟结果表明，水平井穿多个侧积体横向泄油范围大，采收率较高且含水率上升较慢（图5），但受侧积夹层遮挡作用剩余油主要分布在侧积层的下部及注入水未波及的地方［图6（a）］。

②水平井注水水平井采油，注采方向顺侧积层走向［图4（b）］。水平井穿多个侧积体可增大泄油面积，水平井注水的波及范围比定向井更大，使各个侧积体内的原油得到有效动

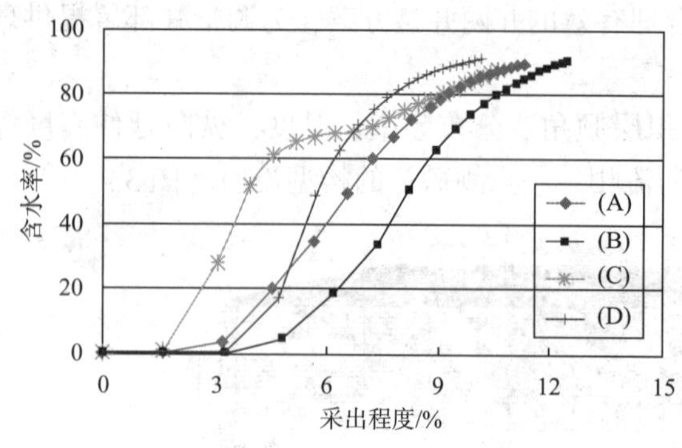

图5　各井网部署方案生产曲线图

用，具有较大的开发优势。数值模拟结果显示"水平井注水＋水平井采油"开发方式采出程度最高，且生产井见水较晚，但含水上升速度较快（图5）。剩余油主要分布在侧积层下部及注入水未波及的地方［图6（b）］。

③定向井注水水平井采油，注采方向顺侧积层倾向［图4（c）］。水平井采油具有较大的波及范围，但受侧积层影响仅能在单一侧积体内形成有效波及。顺侧积层倾向注水，受侧积层的遮挡作用注入水供给不足且沿砂体底部突进到生产井，形成次生底水，导致生产井最含水上升较快且产液能力下降，开发效果较差（图5），而剩余油则主要富集在生产井未波及到的侧积体内部［图6（c）］。

④定向井注水定向井采油，注采方向顺侧积层倾向［图4（d）］，顺侧积层倾向注水受侧积层遮挡作用注入水波及体积较小，仅从单一侧积体内部突进，形成低效循环，使点坝内其他侧积体存在着大量剩余油富集［图6（d）］。数值模拟结果显示，该方式含水上升效快，生产效果差采出程度低（图5）。

由此可见，水平井注水水平井采油，注采方向顺侧积层走向的井网部署方式效果最好［图4（b）］，定向井注水水平井采油，注采方向顺侧积层倾向［图4（c）］的注采井网虽然效果稍差，但是对于已经投入开发多年的海上老油田来讲更具有适应性［图4（a）］。

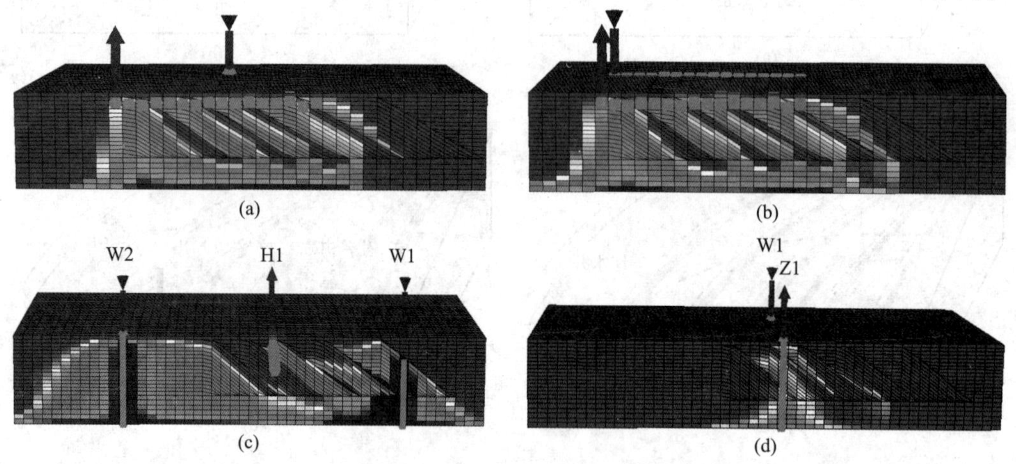

图6　基于侧积体的注采井网部署及剩余油分布示意图

4　应用实例

通过对Q油田南区NmI3砂体进行精细解剖，绘制了沉积相图，从图7中可以看出H08H井为顺侧积层布井，注采方向顺侧积层倾向；I09H穿侧积层布井，注采方向顺侧积层走向。

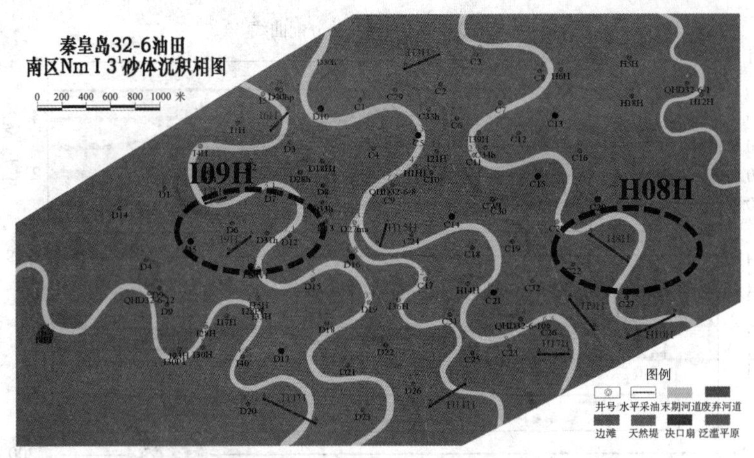

图 7　南区明 I3 砂体沉积相图

H08H 油柱高度 9.5m，投产 16 个月，日产油 10.5m^3/d，累产油 $1.2\times10^4 m^3$ ［图 8（a）］。I09H 油柱高度 11.4m，投产 9 个月，日产油 59.7m^3/d，累产油 $1.6\times10^4 m^3$ ［图 8（b）］。从开采曲线可以看出穿侧积层布井，且注采方向顺侧积层走向的 I09H 生产效果要明显好于顺侧积层布井，注采方向顺侧积层倾向的 H08H 井。H08H 井受侧积层的影响产液下降含水上升，注入水不能有效的供给到生产井，与之前研究成果相符，因此渤海 Q 油田在考虑侧积层影响的基础上，应采用定向井注水水平井采油，注采方向顺侧积层倾向的井网部署［图 4（c）］。

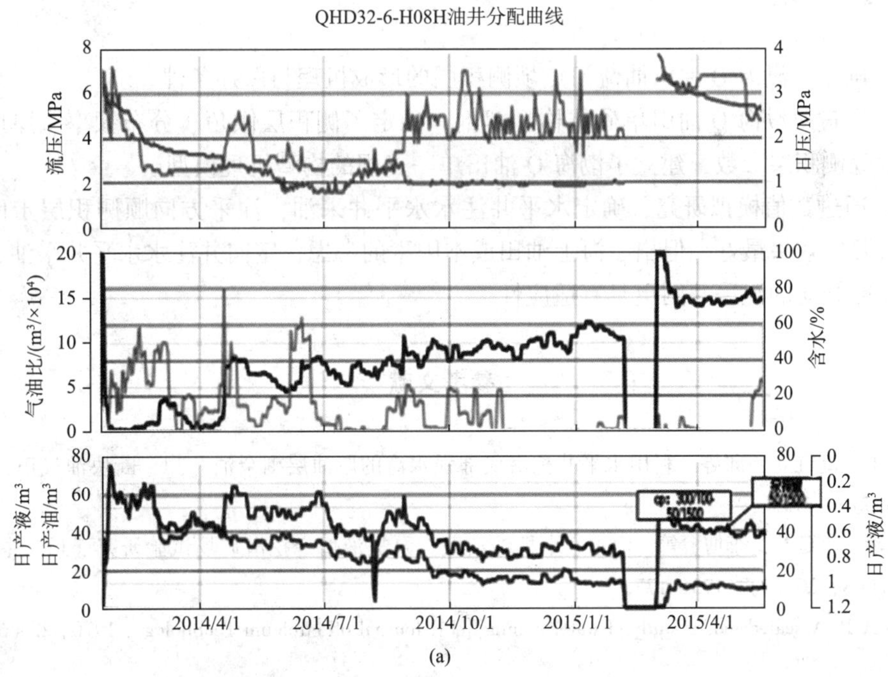

图 8　H08H 及 I09H 开采曲线图

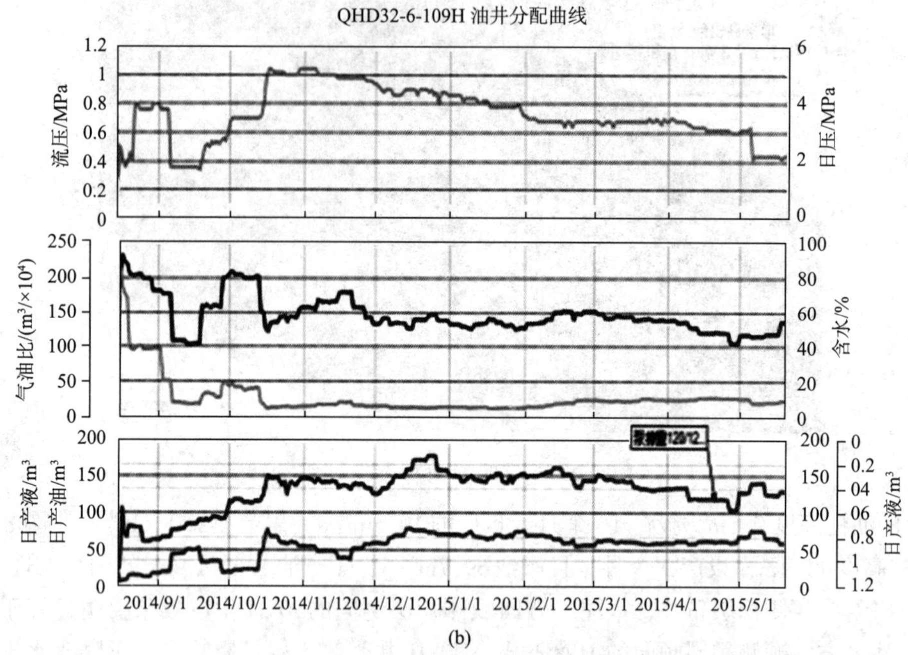

(b)

图 8　H08H 及 I09H 开采曲线图（续）

5　结　论

（1）确定了渤海 Q 油田曲流河点坝侧积层的形成机理与保存条件。

（2）通过对渤海 Q 油田单砂体构型解剖，确定了侧积层倾角、分布频率、厚度、纵向延伸高度等侧积层参数，建立了渤海 Q 油田单一点坝的构型机理模型。

（3）通过数值模拟研究，确定水平井注水水平井采油，注采方向顺侧积层走向的井网部署方式开发效果最好，但出于海上油田成本因素的考虑，定向井注水水平井采油，注采方向顺侧积层倾向的注采井网更具有适应性。

参考文献

[1] 赵靖康，高红立，邱婷．利用水平井挖潜底部强水淹的厚油层剩余油［J］．断块油气田，2011，18（6）：776～779.

[2] 葛丽珍，李廷礼，李博，等．海水底水稠油油藏大泵提液增产挖潜矿场试验研究［J］．中国海上油气，2008，20（3）：173～177.

[3] Khan A R. A scaled model study of water coning［J］. Journal ofPetroleum Technology，1970，22（6）：771～776.

[4] Perimadi P，Wibowo W，Erichson J. Optimum stinger length for a horizontal well in a bottom water drive reservoir：the 49th annual Technical Meeting of The Petroleum Society，Calgary，Alberta，Jun 8～10，1998［C］.

[5] 葛丽珍，房立文，柴世超，等．秦皇岛 32－6 稠油油田见水特征及控水对策［J］．中国海上油田，2007，19（3）：179～183.

[6] 柴世超，杨庆红，葛丽珍，等．秦皇岛32－6稠油油田注水效果分析［J］．中国海上油田，2006，18（4）：251～254.

[7] 龙明，刘德华，徐怀民，等．胶囊型泄油区的水平井产能［J］．大庆石油地质与开发，2012，31（1）：90～95.

[8] Jiang Q，Buller R M. Exerimental and numercal modelling of bottom water coming to a horizontal well［J］. The Journal of Canadian Petroleum Technology，1998，37（10）：82～91.

[9] 刘欣颖，胡平，程林松，等．水平井开发底水油藏的物理模拟试验研究［J］．石油钻探技术，2011，39（2）：96～99.

[10] 时宇，杨正明，张训华，等．底水油藏水平井势分布及水锥研究［J］．大庆石油地质与开发，2008，27（6）：72～75.

[11] Geertsma J，Schwarz N. Theory of dimensionally scaled models of petroleum reservoirs［J］. PetroleumTransactions，AIME，1955，207：118～127.

[12] Permadi P，Lee R L，Kartoatmodjo R S T. Behavior of water cresting under horizontal wells：SPE Annual Technical Conference and Exhibition，Dallas，Texas，October 22～25，1995［C］.

[13] 龙明，徐怀民，江同文，等．滨岸相碎屑岩储集层构型动态评价［J］．石油勘探与开发，2012，39（6）：754～763.

[14] Wibowo W. Behavior of water cresting and production performance of horizontal well in bottom water drive reservoir：a scaled model study［R］. SPE 87046，2004.

[15] Dikken B J. Pressure drop in horizontal wells and its effect on their production performance［R］. SPE 19824，1989.

[16] 姜汉桥，李俊键，李杰。底水油藏水平井水淹规律数值模拟研究［J］．西南石油大学学报：自然科学版，2009，31（6）：172～176.

[17] 程秋菊，冯文光，彭小东，等．底水油藏注水开发水淹模式探讨［J］．石油钻采工艺，2012，34（3）：91～93.

海上河流相复合砂体原型建模及精细表征

肖大坤　胡光义　范廷恩　陈飞　董建华　高玉飞　梁旭

（中海油研究总院有限责任公司）

摘要　海上河流相储层非均质性强，构型表征是油藏精细描述的核心，本文基于前人研究，采用“将近论古”思路，针对海拉尔、潮白河现代曲流河开展地质雷达探测，通过原型建模并结合海上开发实例，总结了河流相复合砂体精细表征的关键技术，取得以下认识：（1）由于沉积动力和主控因素的转变，河流相储层结构的建造过程以6级界面为过渡点，自低到高整体体现出由横向转为纵向的沉积趋势，也是表征方法发生转变的内在原因；（2）受古阶地地貌影响，由多个具有成因联系的残存单点坝组成的复合点坝体，纵向多期叠置，可发育相对连续稳定的层序界面，是曲流河砂体构型解剖中的重要构型单元；（3）海上油田河流相复合砂体构型表征应以复合点坝为主要对象，在地震资料分辨率范围内，通过纵向等高程细分对比、横向不连续阻渗条带检测等关键技术来实现精细表征。

关键词　探地雷达　曲流河　原型模型　复合点坝

河流相储层作为我国已发现油气田最重要的含油气储层类型之一，在已探明和已开发的石油地质储量中，原地储量占比42.6%，剩余可动用储量占比48.6%[1]。针对河流相储层的非均质性特征，国内外学者专家经过了多年研究[2~12]，探索出了以点坝表征为核心、以废弃河道和侧积层表征为主要对象的河流相砂体精细表征方法，对于剩余油挖潜、提高油田采收率起到了重要作用。

然而，笔者所在的研究团队结合海上油田开发特点及实践经验认为，海上油田开发井井点稀疏，开发单元尺度较大，地震资料在油藏表征中起到关键作用，河流相储层可实现精细表征的最小构型级次，很大程度上取决于三维地震资料品质和以地震属性分析为主的储层描述方法。在这样的研究基础和条件下，亟需解决两方面的问题，一方面，河流相砂体内部不同期次的点坝体以何种形式及规模组合在一起，这决定了沉积体内砂、泥岩相的分布，也在一定程度上影响了以地震为主的海上油田资料基础能否支持精细到点坝、甚至侧积体级别的表征，另一方面，从方法的经济性和可实施性角度，海上油田河流相储层精细表征应以哪一级次的构型单元为重点以及相对应的表征方法。

为此，本次研究基于前人研究成果，从海上油田储层表征面临的问题出发，选择了内蒙古海拉尔河及河北燕郊潮白河作为现代河流沉积研究对象，运用探地雷达、地质探槽、浅层钻孔等探测手段，采用“将近论古”研究思路，通过重建河流相砂体原型模型，进一步总结了曲流河砂体内部关键构型单元的原型样式，并以此为基础探讨了海上油田河流相储层精细表征的技术方法。

第一作者简介：肖大坤（1988年—），男，硕士，主要从事沉积学、开发地质学、储层地质及油藏描述方面研究，地址：北京市朝阳区太阳宫南街6号院（邮编100028）。E-mail：xiaodk3@cnooc.com.cn，联系电话：010-84520431。

基金项目：“十二五”国家科技重大专项课题“海上开发地震关键技术及应用研究”（2011ZX05024-001）

1　河流相储层关键层次构型界面分析

储层构型分级体系是研究河流相沉积砂体层次结构的基础，国内外学者都曾提出各自的分级方案。尽管各个方案的侧重点存在差异，但划分依据和原则基本相近。然而，对于地下储层表征来说，高层次与低层次构型界面的表征方法、精度必然不同，尤其是海上油田，由于地下资料基础的有限性，客观存在极限表征的最小单元问题。因此，有必要从油田实际开发的角度出发，厘定影响油田开发的关键层序构型界面及其响应特征。

以 A D Miall 为代表的国外学者[2~6]，在 Allen（1983）的 3 级构型界面划分方案的基础上，进一步提出了一个 9 级界面的划分方案（从反映纹层间界面的 0 级界面到反映盆地构型界面的 8 级界面），其中将河流相河道砂体作为 5 级构型，内部进一步定义了 4 个级别，分别为 4 级（如点坝）、3 级（如侧积体）、2 级（层系组）、1 级（层系）、0 级（纹层）。该划分方案以三级层序为宏观框架，将层序划分与岩性体构型划分衔接在一起，有利地体现了沉积环境中岩性体的层次性，但是在层序与构型连接级次方面，国内学者提出了不同的意见。

以吴胜和教授为代表的国内学者[7~11]，结合油气田勘探开发一体化实践经验，以最小异旋回向最大自旋回转变的界面作为衔接点，在沉积盆地内划分了 12 级构型单元（表 1）。该方案将多期叠置的河流沉积体作为 5 级界面，进一步划分出 7 个级次：6 级（河流沉积体）、7 级（曲流带/辫流带）、8 级（点坝）、9 级（增生体）、10 级（层系组）、11 级（层系）、12 级（纹层）[13]。该方案从沉积动力学的角度，清晰地厘定出层序范畴、相范畴及层理范畴的构型级次，分解了油田勘探开发不同阶段的构型研究对象及层次，具有更好的实用性。

表 1　河流相碎屑沉积地质体构型界面分级简表[13]

<table>
<tr><th>构型界面级别</th><th>时间规模/a</th><th>构型单元</th><th>米兰柯维奇旋回</th><th>Miall 界面分级</th><th>经典层序地层分级</th><th>基准面旋回分级</th><th>油层对比单元分级</th></tr>
<tr><td>1 级</td><td>10^8</td><td>叠合盆地充填复合体</td><td></td><td></td><td>巨层序</td><td></td><td></td></tr>
<tr><td>2 级</td><td>$10^7 \sim 10^8$</td><td>盆地充填复合体</td><td></td><td></td><td>超层序</td><td></td><td></td></tr>
<tr><td>3 级</td><td>$10^6 \sim 10^7$</td><td>盆地充填体</td><td></td><td>8</td><td>层序</td><td>长期</td><td>含油层系</td></tr>
<tr><td>4 级</td><td>$10^5 \sim 10^6$</td><td>体系域</td><td>偏心率周期</td><td>7</td><td>准层序组</td><td>中期</td><td>油层组</td></tr>
<tr><td>5 级</td><td>$10^4 \sim 10^5$</td><td>叠置河流沉积体</td><td>黄赤交角周期</td><td rowspan="2">6</td><td>准层序</td><td>短期</td><td>砂组/小层</td></tr>
<tr><td>6 级</td><td>$10^3 \sim 10^4$</td><td>河流沉积体</td><td>岁差周期</td><td>层组</td><td>超短期</td><td>单层</td></tr>
<tr><td>7 级</td><td>$10^3 \sim 10^4$</td><td>曲流带/辫流带</td><td></td><td>5</td><td rowspan="3">层</td><td></td><td></td></tr>
<tr><td>8 级</td><td>$10^2 \sim 10^3$</td><td>点坝/心滩坝</td><td></td><td>4</td><td></td><td></td></tr>
<tr><td>9 级</td><td>$10^0 \sim 10^1$</td><td>增生体</td><td></td><td>3</td><td></td><td></td></tr>
<tr><td>10 级</td><td>$10^{-2} \sim 10^{-1}$</td><td>层系组</td><td></td><td>2</td><td rowspan="2">纹层组</td><td></td><td></td></tr>
<tr><td>11 级</td><td>$10^{-3} \sim 10^{-5}$</td><td>层系</td><td></td><td>1</td><td></td><td></td></tr>
<tr><td>12 级</td><td>10^{-6}</td><td>纹层</td><td></td><td>0</td><td>纹层</td><td></td><td></td></tr>
</table>

根据各级次构型单元的空间组合关系及其沉积动力学特征，6 级以上的高级次构型单元主要受控于异旋回沉积影响因素（构造升降、和平面升降等），体现出不同层次之间的纵向匹配关系，而 6 级以下的低级次构型单元则主要受控于自旋回影响因素，表现为横向上不同单元的匹配组合。

这表明，河流相碎屑岩储层多层次构型的逐级表征，随着级次的不断深入和细化，将逐渐由纵向维度的分层表征转为横向维度的分区、分块表征。测井资料与三维地震资料是研究油气田地下储层的主要资料，这种表征过程的转变也就意味着，研究的资料基础和技术方法也将以纵向的单井砂体细分对比为主，逐渐转为以横向的沉积边界地震检测为主。如果这一转折点过渡不畅，将直接影响极限表征精度。因此，6 级、7 级构型界面分别作为纵向细分的最小级次界面和横向划分的最大构型界面，是河流相储层构型体系中的关键构型界面。

2 河流相原型砂体的层次结构特征

2.1 6 级构型界面与河谷阶地

6 级构型界面作为异旋回沉积因素控制下的、可进行纵向细分的最小级次界面，也是单期河流沉积的分界面，其形成过程与河谷内碎屑沉积充填演化密切相关。本次以海拉尔曲流河为例，重点阐述该构型界面的标识特征。

研究目标位于内蒙古呼伦湖北岸 9.5km（图 1），海拔高度约为 545m，与呼伦湖面海拔高度（540m）差为 4 ~ 5m。根据前人对晚第四纪呼伦湖湖平面升降历史的研究成果[14]，研究区现今区域构造活动较弱，湖平面升降及气候变化是导致该地区各条河谷形成演化的主要因素，所形成的河谷阶地多为堆积阶地。目前整体处于呼伦湖湖面的下降期，该地区沉积相类型由三角洲前缘相演变为河流相，而后逐渐废弃并被表层浮土覆盖。因此根据现今的地表地形特征，已难以辨识早期河谷形态。

探测目标为受断陷湖盆控制的曲流河沉积体，弯曲度 2 ~ 3.5，属于典型的高弯度曲流河。地表废弃河道展布形态、规模显示（图 1），所形成的点坝以条带状或鳞片状为主。针对目标区曲流河点坝的分布形态布置了探地雷达采集测线，为开展构型界面精细解释与原型建模奠定基础。

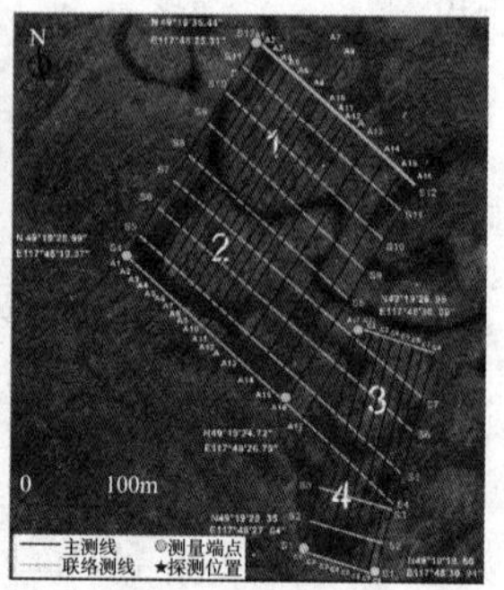

图 1 海拉尔地区探测目标位置及探地雷达测线

处理后探地雷达资料主频 70MHz，频带宽度 60～85MHz，纵向探测深度约 6m，主频 70MHz 条件下分辨率约 5cm 左右，利用该资料对储层的描述精度可达到层系组级别，可完成砂体结构的精细表征。

通过地质探槽及垂直钻孔资料进行构型界面标定，在雷达剖面上开展各级次构型界面精细解释。以 A13 测线探地雷达响应剖面为例（图 2），解释结果显示，探测目标区范围内，纵向上发育两个相对稳定、探测区内可连续追踪的 6 级界面。以该界面作为垂向细分标志，将探测目标划分为早、中、晚 3 期复合曲流带沉积，每期沉积厚度 2～3m。受探测深度的限制，早期曲流带沉积探地雷达响应较弱，中期、晚期响应较强。

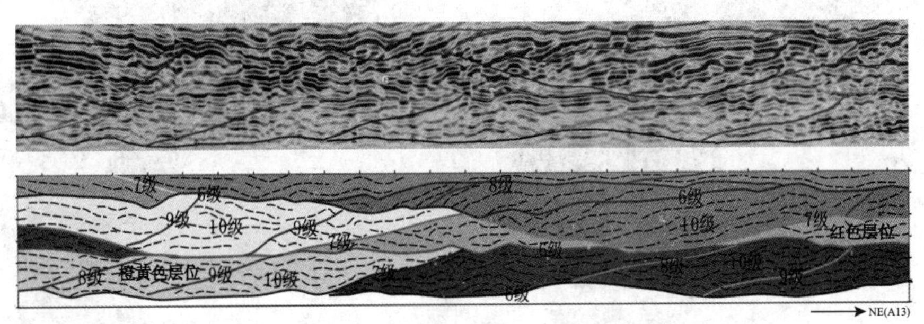

图 2　A13 探地雷达响应及构型界面解释剖面

底部的早期曲流带沉积顶部 6 级构型界面（图 2 中橙黄色层位），表现为平行－亚平行状结构，整体保持相对连续稳定的反射特征，局部由于中期曲流带河道的下切侵蚀，界面呈现下凹状断续的反射特征。沉积体内部探地雷达响应特征以波状、透镜状不连续弱反射为主，雷达同相轴扭曲、错断或相位转换的部位可指示更低级次的构型界面。中期曲流带沉积顶部的 6 级构型界面（图 2 中红色层位）在晚期河道沉积强烈的下切侵蚀作用下，主要表现为凹凸不平的几何形态，界面处少见连续稳定的雷达反射同相轴，但界面上下反射同相轴的接触关系以下超和削截接触为主，可指示界面位置。中期和晚期曲流带内，低级次构型界面可通过雷达反射同相轴产状的变化予以识别。在侧向加积作用下，点坝体内部各期侧积体沉积界面多呈现同向连续斜列的产状特征，而不同点坝体的同相轴一般具有不同倾向或倾角。

地质雷达现代沉积探测结果显示，尽管容易受到河道下切侵蚀作用影响，但是划分单期河流沉积的 6 级构型界面可以形成横向相对连续、稳定分布的雷达反射界面（图 3）。通过观察海拉尔地区现今活动的高弯度曲流河河谷阶地地貌特征发现，河谷宽度 3～4km，河道宽度 70～200m，单级阶地高度 1～3m，与雷达探测的单期厚度基本相当，阶地地表多以泛滥平原沉积为主。地表、地下观测结果的吻合性表明，河谷发育早期，A/S 较低，在阶地地貌条件下，受异旋回沉积主控因素的阶段性影响，以堆叠样式为主的河流相碎屑沉积[15]会表现出纵向界面稳定的多期结构特征。

综合上述认识，构建了以下切河谷演化为核心的 6 级构型界面形成模式（表 2）。以发育三级阶地的河谷为例，受基准面变化的影响，沉积演化过程可划分为河流下切和沉积回填两个阶段。在早期基准面阶段性降低的影响下，河流水动力以下切侵蚀作用为主、沉积作用为辅，快速拓宽河谷并依次发育新的下切河道，从而形成各级阶地。后期基准面逐渐抬升，

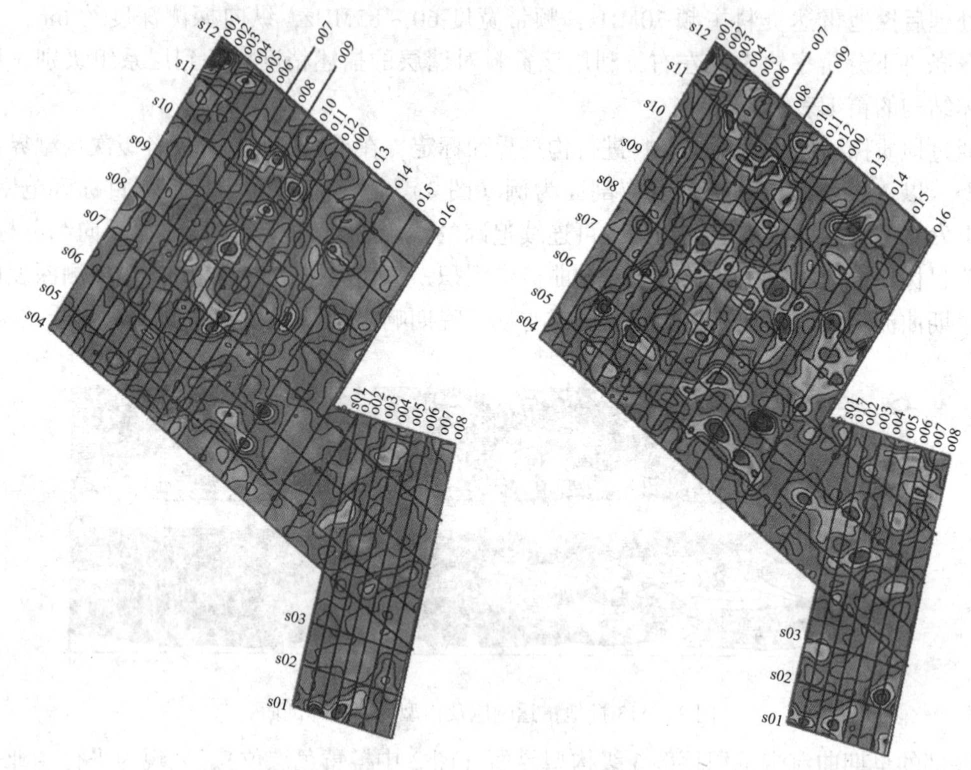

图3　6级构型界面深度等值线图（左图：早期沉积顶面；右图：中期沉积顶面）

表2　下切河谷三级阶地形成与沉积充填模式

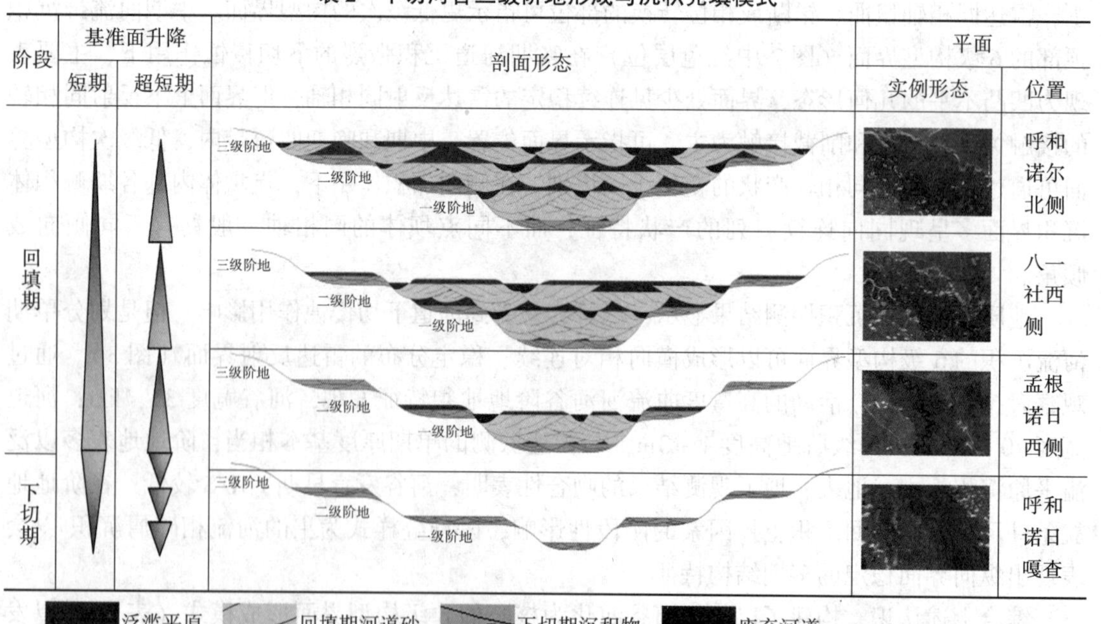

阶段	基准面升降		剖面形态	平面	
	短期	超短期		实例形态	位置
回填期			三级阶地 二级阶地 一级阶地		呼和诺尔北侧
			三级阶地 二级阶地 一级阶地		八一社西侧
			三级阶地 二级阶地 一级阶地		孟根诺日西侧
下切期			三级阶地 二级阶地 一级阶地		呼和诺日嘎查

泛滥平原　回填期河道砂　下切期沉积物　废弃河道

河流水动力以沉积作用为主、侵蚀作用为辅，河谷内沉积可容空间以多级阶地底形为标志，会进一步影响河流沉积物的再分配，具体表现为河谷中的汇水低部位由于水动力强，成为粗碎屑物质沉积的优势部位，一般发育河道砂，而各级阶地作为河谷中水动力相对较弱的底形部位，代表河谷内短暂的稳定期，可成为细粒碎屑物质沉积的优势部位，一般发育泛滥平原、河漫滩等相带，构成了6级构型界面的物质基础。随着基准面不断抬升，各级阶地不断被回填埋藏，河道沉积的侧向接触关系，逐渐由紧密堆积型过渡为离散接触型[15~17]，并逐渐形成单一曲流带。

2.2 7级构型界面与复合点坝

7级构型界面作为横向划分的最大构型界面，主要指纵向上单期河流沉积内部的单一曲流带、单一辫流带或单一河道的侧向界面，等时划分单成因河道砂体构型单元是进一步划分单一点坝（8级）的基础。本次以河北燕郊潮白河为例，探讨了上述构型界面的标识特征。

潮白河探测目标区位于燕郊白庙村附近（图4），界于北京市通州区与河北省三河市交界处，海拔高度约20m。根据前人的研究成果[18]，潮白河白庙村段为多期河道组成的曲流河复合沉积体，主要发育河床、堤岸和河漫亚相以及河床滞留、边滩、天然堤、决口扇和河漫滩微相5种微相。沉积物类型包括砾质沉积、砂质沉积及泥质沉积。由于探测目标人为改造严重，根据现今的地表地形特征，废弃河道形态基本完整，但是点坝已难以辨识。结合废弃河道自北向南展布特征，布置了110m主测线共18条、80m联络测线共12条的探地雷达采集系统，并在探测目标可能发育构型界面的位置挖掘了4个地质探槽（图4）。探地雷达资料解释方法流程与海拉尔目标一致，潮白河探测目标的解释结果更好地展示了单一河道与单一点坝构型单元的特征。

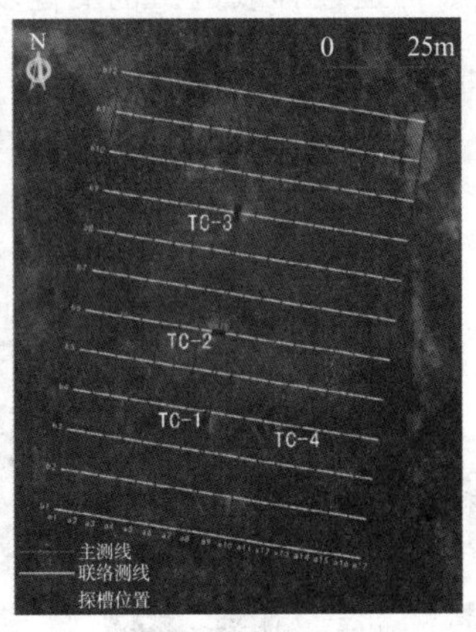

图4 潮白河探测目标位置及探地雷达测线

4个地质探槽均在距地表1.8~2.2m的深度挖掘到灰黑色的湖沼相泥岩（图5）。探槽-雷达标定解释结果显示，该界面在雷达剖面上表现为连续稳定的强反射同相轴（图5中红色层位），可作为纵向划分单期河道沉积的6级构型界面，而且末期沉积河道厚度整体为2m左右，这与海拉尔探测目标纵向划分的单期河流沉积体规模基本一致。

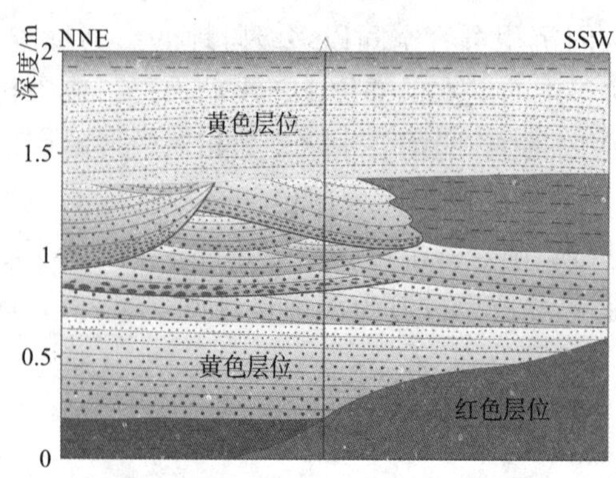

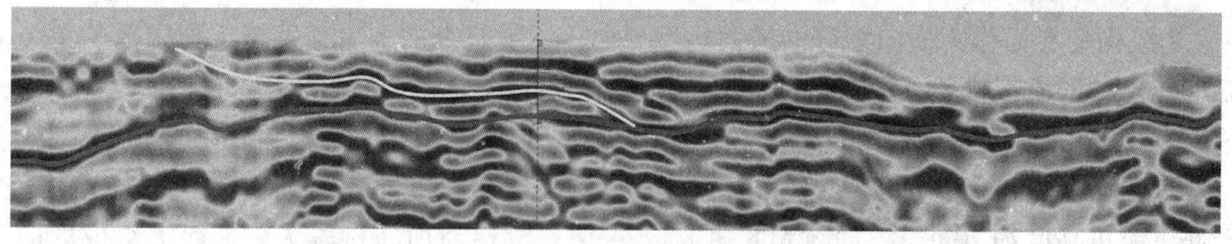

图5　3号地质探槽剖面及探地雷达剖面响应特征

地表植被生长和分布情况可以一定程度上反映沉积物情况，进而反映河流沉积微相分布特征。根据探测目标的地表植被描述情况（图6左），结合现今地表地形特征（图6中）发现，废弃河道相带内由于以粉砂质、泥质沉积为主且地势较低，植被生长茂盛，而点坝主体相带内以砂质沉积为主且地势较高，生长的植被基本枯萎甚至裸露沙地。河道底6级构型界面深度分布（图6右）显示，废弃河道发育部位河道下切深度最深。综合上述特征，潮白河探测目标东西侧分别发育一条规模较大的废弃河道，河道边界作为7级构型界面，目标内部由于河道迁移改道，也发育多条小型废弃河道，表明探测目标主体沉积可能是由多个单一点坝复合而成的点坝复合体。

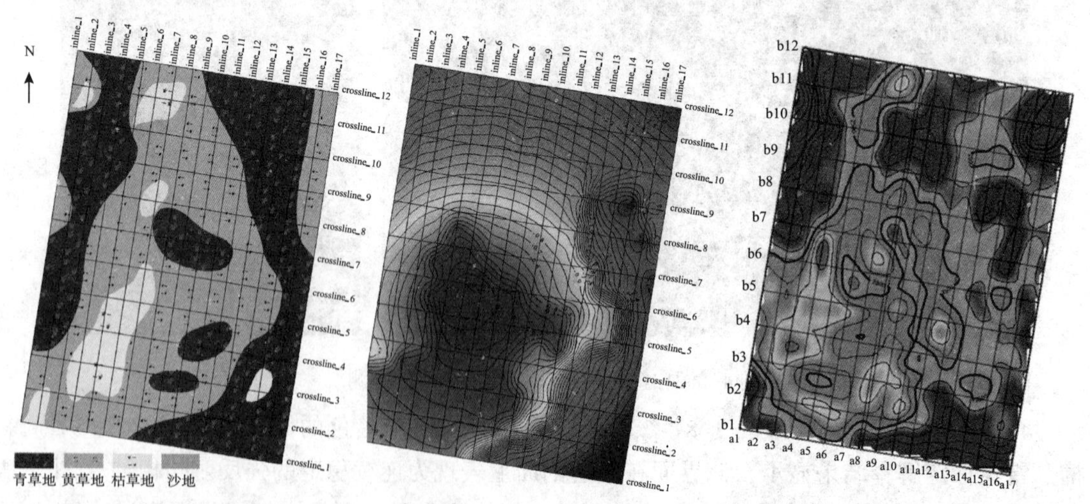

图6　潮白河探测目标地表植被分布图（左）、地表地形图（中）、河道底界面深度图（右）

地质探槽精细描述结果显示，单点坝之间多以冲刷面及底部滞留沉积的泥砾层作为河流沉积体内的8级构型界面，这是由于河流下切侵蚀作用，早期点坝遭受了一定程度的侵蚀破坏而保留的界面。通过探槽－雷达标定，单点坝之间发育的 8 级构型界面表现出侧向斜列的产状特征（图 5 黄色层位），向下倾方向与河流沉积体底界面相交，向上倾方向可延伸至地表或与更晚期的点坝体界面相交。对 8 级构型界面开展三维闭合解释认为，潮白河探测目标为复合点坝沉积体，内部至少发育 3 个单一点坝，整体上自西南向东北方向逐渐迁移演化（图 7），分别形成若干小型不规则的废弃河道，晚期点坝的形成对于早期点坝造成一定程度的侵蚀破坏，所形成的复合点坝体以东西两侧蛇曲分布的、细粒沉积为主的废弃河道为边界，构成了一个相对孤立的砂质沉积体。

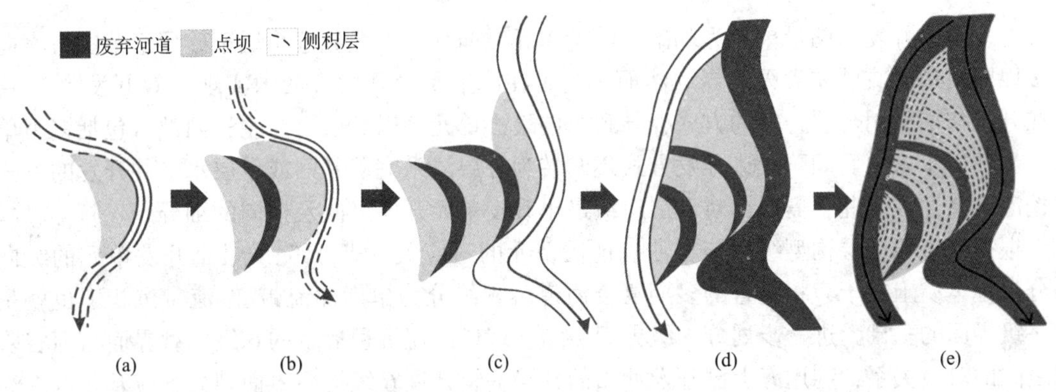

图 7　潮白河探测目标内点坝沉积演化模式

综合现代河流沉积特征及海上已开发油田储层表征实践认为，一方面，当基准面处于高位时期或 A/S 较大的时候，曲流河多呈现出侧向叠置或孤立状样式[16]，代表单一河道的 7 级界面多具有清晰的岩性突变界面，所以更易于识别和刻画，但是在下切河谷形成初期，河流侧向迁移频繁，各单河道侧向紧密叠置在一起构成堆叠型样式，叠置界线处特征也并不突出（如岩性突变面），因此，在这样的情况下，单一河道的划分尽管具有等时意义，但在油田开发应用过程中常常并不具备可实施性。另一方面，点坝作为河流相储层构型研究的主要单元，形态完整、特征齐备的单点坝一般只出现在末期的单一河道沉积体中，在此之前形成的单点坝受到河流迁移摆动侵蚀，多数都会遭受不同程度的破坏而以残存体的形式保存下来，残存体形态复杂、内部岩性分布规律性更差、边界界面特征更模糊，因此，单一点坝的识别同样难以具备可操作性。

相对于单一河道和单一点坝，复合点坝由于纵向上以河谷阶地地貌条件下形成的泛滥平原或湖沼相细粒沉积为界，横向上以单期河流发育的废弃河道细粒沉积为边界，空间上具有形成相对独立沉积储集体的条件，因此，对于海上河流相储层来说，尽管复合点坝的识别可能会跨多个单一河道，但更具有实际意义，而且在表征方法上也更容易实现。

3　海上河流相复合砂体构型表征方法

相比探地雷达资料，海上地震资料分辨率低。以海上油田新近系河流相地层为例，三维地震资料纵向分辨率约 10 ~ 12m，基本对应短期基准面旋回作用下，河谷内发育的多期纵向叠置河流沉积体，相当于油层组至砂层组的开发单元级别。这种对应关系意味着，尽管相比陆上油田，海上地震资料由于更有利的采集条件，品质普遍较好，但是地震反射同相轴作为河流相多期叠置砂体复合外包络岩性界面的综合响应，其内部蕴含着丰富、具有多期成因联系且不可定量分辨的低级次构型信息，是构成海上河流相砂体非均质性的关键。

因此，作为具有海上油田特色的储层研究方法，河流相储层构型表征应是基于复合砂体构型理论，以地震资料为主、在可定性识别域内、针对复合砂体构型单元开展的精细表征方法。该方法的核心是在地震可分辨尺度内，井震结合开展等高程对比，最大程度地以横向识别优势弥补纵向分辨的劣势[19]，以解决海上油田最小开发单元的细分问题。

3.1 最小开发单元细分原则

海上油田开发以储量单元为基础，储量单元纵向划分一般界于小层至砂层组范围，横向上多以断块边界或砂体尖灭为界。然而，为了在海上平台开发寿命内实现高效开发[20]，往往在开发初期采用合层开发的方式，导致纵向最小单元多以砂层组为主，内部可包括多个单层。当油田步入中后期阶段，开发方式逐渐转为分层注采完善井网或单层水平井开发的方式来挖潜剩余油，因此，需要针对砂层组级最小开发单元开展纵向及横向的细分。

根据河流相储层构型级次与含油气地层单元的对应关系[13]，完成最小开发单元的纵向细分目标本质上在于，将叠置的多期复合河道沉积细分为单期曲流带/辫流带沉积，也就是在5级界面的基础上进一步划分6级界面。结合现代河流沉积揭示的6级构型界面与河谷阶地之间的对应关系，利用海上已开发油田的井点资料开展6级构型界面划分，应基于以古河流阶地恢复为核心的复合砂体等高程对比研究，并通过地震属性切片进行辅助验证。

海上油田开发中后期挖潜剩余油、提高采收率主要通过完善开发井网来提高井控程度，进而提高储量动用程度。最小开发单元的横向细分旨在提供动静态一致的、用以划分独立注采井组的地质单元，因此，有效检测井间的侧向渗流屏障是横向划分的核心。结合潮白河现代沉积揭示的复合点坝构型特征认为，废弃河道沉积是分割复合曲流带、影响开发单元侧向渗流的主要屏障类型。以废弃河道作为主要边界的复合点坝体，以其可形成空间独立储集体的特征，可作为划分并完善注采井组的基本地质单元，对其开展边界检测是横向细分的核心。

3.2 基于阶地恢复的复合砂体等高程对比

单期河道沉积体6级界面需基于古河谷阶地地形识别、以等高程时间单元对比为主要手段开展对比划分。

根据前人成果[21]进一步细化具体步骤如下，首先，确定并解释标准层，通过井震联合，选择短期基准面旋回末期或含油砂层组顶部的稳定岩性界面作为标志层，开展标志层连井对比、井震标定及精细解释；其次，以标志层为等时界面，拉平构建时间单元剖面、恢复河谷沉积底形及古阶地地貌，统计各井钻遇各级阶地以上目标砂体顶面距标志层的高程差，以此划分主要时间段，并根据阶地级次、距标志层不同距离将砂岩划分为若干沉积时间单元；然后，依据不同砂体构型特征（孤立、侧叠、堆叠）对比原则解剖砂体剖面构型（图8），通过测井相分析，辨识复合砂体内泥质夹层的对比关系并按照先后顺序进行时间单元编号；最后，在复合砂体构型理论指导下开展砂体空间构型解剖，通过地震属性切片演绎为引导对同一时间编号的砂体分级勾边圈界。该方法关键在于等高程对比标志层选择、古阶地底形识别与时间单元划分。

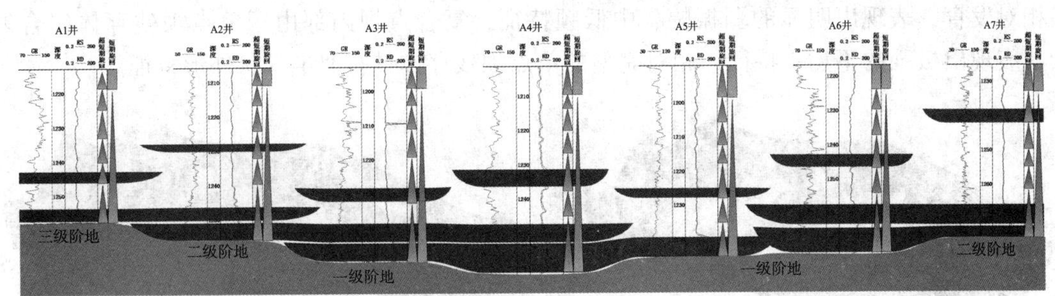

图8　基于阶地恢复的复合砂体等高程对比

河流相沉积标志层的选择需注意以下事项。不同岩性标志层反映等时性的质量是不同的，一般来说，短时期气候干旱条件下形成盐碱滩相沉积稳定性最强，等时性最好且测井响应特征突出，是河流相沉积地层中最理想的等时对比标志层。除此之外，泛滥平原或湖沼相沉积形成的泥炭层或煤层也具有较好的横向稳定性。洪泛期形成的泥岩层是最常用的等时对比岩性层，但是在河流相尤其是以“泥包砂”为典型特征的曲流河沉积地层中，由于上覆河道砂的强烈侵蚀或泥岩层内的短时小规模河道沉积，泥岩厚度往往发生一定变化，这也就导致尽管泥岩沉积整体是稳定的，但是泥岩层的顶、底岩性界面一般都是穿时界面，而内部又常常缺乏显著的标志界面。因此，针对这样的情况，如果选择泥岩层作为等时对比标志，应尽可能选择多个对比标志层，根据同时期的等时对比标志界面近似平行的原理，彼此相互验证来确定最优的等时界面。

河谷内早期河流沉积充填多形成紧密堆叠的河道沉积体[16]，纵向上时间单元划分的难度也最大。这是因为，在等时界面选择对比的基础上，识别同一沉积时间单元主要是根据“单元顶面距离等时标志层的高程差基本一致”的原则，但是由于上覆晚期的河流的下切侵蚀，同一时间单元的顶面往往并不具备等高程的特点，针对这种情况，识别多期阶地底形对划分不同的纵向时间单元作用明显。阶地的形成往往意味着短时间的沉积稳定时期，可发育较为广泛的泛滥细粒沉积，而沉积在同一级阶地地貌上的河流沉积单元则基本是等时的。因此，在古河谷阶地地形恢复的基础上，通过判断沉积砂体是否为属于同级阶地，结合顶面的高程特征，便可判断是否为同一时间单元。

3.3　基于复合点坝的不连续阻渗条带检测

针对以废弃河道为主要侧向阻渗界线的复合点坝，由于界线规模尺度存在差异，可利用不同类型敏感地震属性开展界线检测，厘定复合点坝包络形态及内部结构。

通过地震正演定量模拟分析认为，振幅属性和频率属性组合应用有助于识别复合点坝边界以及内部夹层发育情况。复合点坝内多期点坝切叠的砂体部位（厚度大于8m，夹层小于3m）表现为强振幅、中低频特征，复合点坝内切叠不严重的砂体部位（厚度5~8m，夹层小于3m）表现为中强振幅、中高频特征，复合点坝砂体边部（中厚，5~8m，夹层大于3m）表现为中强振幅、中低频特征，复合点坝间废弃河道沉积部位（厚度小于3m，夹层大于3m）表现为弱振幅、中低频特征。

以渤海秦皇岛32-6油田典型开发单元为例（图9），均方根振幅属性显示，由于古河流迁移改道形成的复合点坝包络外形呈大型斑块状特征。复合边界废弃河道沉积厚度小、夹层相对发育，表现出明显的弱振幅、中低频特征，复合点坝内部由于单点坝残存体组合复杂，表现出极强的不均一特征，相对完整的单点坝残存体具有似半月状外形特征。

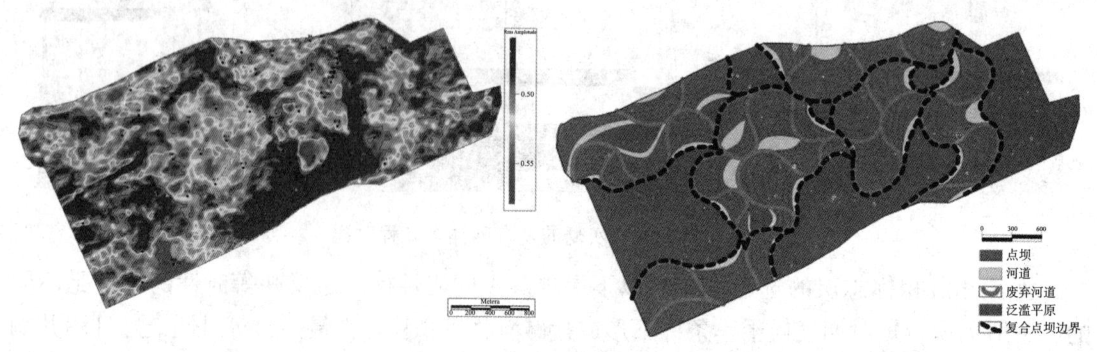

图9　秦皇岛32－6油田典型单元复合点坝表征

利用曲率体及相干体属性组合，并结合振幅变化率或梯度属性可进一步提高不连续阻渗条带的识别精度，用于检测复合点坝内部规模更小的不连续废弃河道沉积。

曲率属性是利用地层的弯曲程度进行构造解释和储层分析的新方法，由于对各种复杂断层、裂缝、河道及构造弯曲的刻画能力比相干更优越，近年来得到了广泛的关注[22~24]。曲率属性具有明确的地质含义，当地层为水平层和斜平层时，曲率为零，相应的矢量互相平行，当地层为背斜或隆起时，这些矢量是发散的，定义曲率为正，当地层为向斜时，矢量是收敛的，定义曲率为负。以渤海渤中34－1油田典型开发单元为例，在河流相大型复合点坝边界检测基础上，利用曲率体属性进一步开展复合点坝内部砂体结构剖析。如图10所示，目标砂体整体沉积形态呈南北向长轴展布特征，整体为复合河道沉积体，内部发育2~3个大型复合点坝，复合点坝体内小型废弃河道表现出弱振幅响应以及不连续条带状曲率属性响应特征。基于不连续阻渗条带建立地质模型，采用流线场精确描述井间连通情况和注水井注水方向，流线密度代表井间连通性及水驱效果。可以看出，不连续阻渗条带控制了流线的分布，条带相对不发育的区域，流线密集，水驱效果较好，反之，条带发育区域，流线稀疏或者无流线，会成为剩余油富集的有利区。

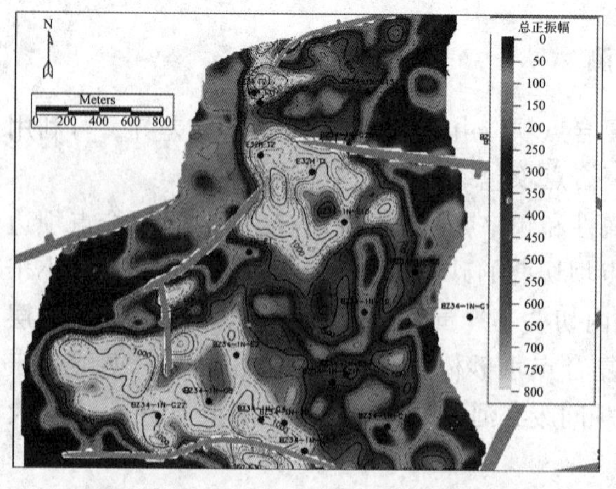

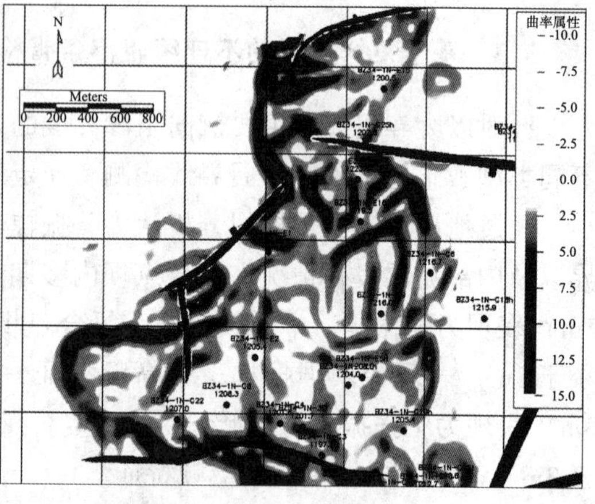

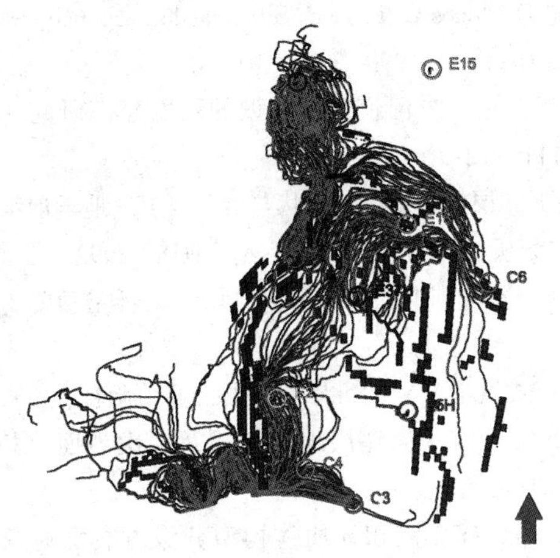

图10　渤中34－1油田典型单元复合点坝表征

4　结　论

（1）结合油田开发实践，河流相碎屑岩储层构型体系中，6级构型界面作为纵向细分最小级次，7级构型界面作为横向划分的最大级次，是关键表征构型界面，由高层次向低层次的逐级表征是一个由纵向砂体细分表征逐渐转为横向界线检测表征的过程。

（2）纵向划分单期河流沉积体的6级构型界面的形成与古下切河谷多期阶地的形成演化密不可分，对应河谷短暂稳定期内细粒碎屑物质沉积。相比于单一河道及单点坝，复合点坝体在空间上具有形成相对独立沉积储集体的条件，表征更具有实际意义。

（3）海上油田河流相储层构型表征应在复合砂体构型理论指导下，以地震资料为主，在地震可分辨尺度内，开展砂层组最小开发单元细分。纵向细分方法以等高程时间单元对比为基础、结合古河谷阶地地形识别开展表征，横向细分方法以复合点坝为核心、利用不同类型的敏感地震属性开展不连续阻渗条带检测。

参考文献

[1] 徐安娜，穆龙新，裘怿楠. 我国不同沉积类型储集层中的储量和可动剩余油分布规律［J］. 石油勘探与开发，1998，25（5）：41～44.

[2] Miall A D. Architectural elements analysis：A new method of facies analysis applied to fluvial deposits［J］. Earth Science Reviews，1985，22（4）：261～308.

[3] Miall A D. Architectural Elements and Bounding Surfaces in Fluvial Deposits：Anatomy of the Kayenta Formation（LowerJurassic），Southwest Colorado［J］. Sedimentary Geology，1988，55（3－4）：233～262.

[4] Allen J R L. Studies influviatile sedimentation：bars，bar complexes and sandstone sheets（lower－sinuosity braided streams）in the Brownstones（L. Devonian），Welsh Borders［J］. Sedimentary Geology，1983，33（4）：237～293.

[5] Galloway W E. Depositional architecture ofcenozoic gulf coastal plain fluvial systems［J］. SEPM. V，1981，31：127～155.

[6] Van Wagoner J C, Nummedal D, Jones C R, et al. Siliciclastic sequence stratigraphy in well logs, cores, and outcrops [J]. AAPG Methods Explorer, 1990, (7): 10 ~ 45.
[7] 吴胜和, 岳大力, 刘建民, 等. 地下古河道储层构型的层次建模研究 [J]. 中国科学 (D 辑: 地球科学), 38 (增刊1), 2008: 111 ~ 121.
[8] 吴胜和, 翟瑞, 李宇鹏. 地下储层构型表征: 现状与展望 [J]. 地学前缘, 2012, 19 (2): 15 ~ 23.
[9] 张昌民. 储层研究中的层次分析法 [J]. 石油与天然气地质, 1992, 13 (3): 344 ~ 350.
[10] 郑荣才, 彭军, 吴朝容. 陆相盆地基准面旋回的级次划分及研究意义 [J]. 沉积学报, 2001, 19 (2): 249 ~ 255.
[11] 薛培华. 河流点坝相储层模式概论 [M]. 北京: 石油工业出版社, 1991.
[12] 于兴河, 马兴祥, 穆龙新, 等. 辫状河储层地质模式及层次界面分析 [M]. 北京: 石油工业出版社, 2004.
[13] 吴胜和, 纪友亮, 岳大力, 等. 碎屑沉积地质体构型分级方案探讨 [J]. 高效地质学报, 2013, 19 (1): 12 ~ 22.
[14] 王苏民, 吉磊. 呼伦湖晚第四纪湖相地层沉积学及湖面波动历史 [J]. 湖泊科学, 1995, 7 (4): 301 ~ 303.
[15] 陈飞, 胡光义, 范廷恩, 等. 渤海海域 W 油田新近系明化镇组河流相砂体结构特征 [J]. 地学前缘, 2015, 22 (2): 207 ~ 213.
[16] 胡光义, 陈飞, 范廷恩, 等. 渤海海域 S 油田新近系明化镇组河流相复合砂体叠置样式分析 [J]. 沉积学报, 2014, 32 (3): 586 ~ 592.
[17] Wright V P, Marriott S B. The sequence stratigraphy of fluvial depositional systems: the role of floodplain sediment storage [C] // Cloetingh S, et al, eds. Basin Analysis and Dynamics of Sedimentary Basin Evolution. Sedimentary Geology, 1993, 86: 203 ~ 210.
[18] 郭峰, 郭岭, 姜在兴, 等. 潮白河现代沉积特征与沉积模式 [J]. 大庆石油学院学报, 2010, 34 (2): 7 ~ 10.
[19] 张涛, 林承焰, 张宪国, 等. 开发尺度的曲流河储层内部结构地震沉积学解释方法 [J]. 地学前缘, 2012, 19 (2): 75 ~ 78.
[20] 陈伟, 孙福街, 朱国金, 等. 海上油气田开发前期研究地质油藏方案设计策略和技术 [J]. 中国海上油气, 2013, 6: 48 ~ 55.
[21] 裘亦楠, 张志松, 唐美芳, 等. 河流砂体储层的小层对比问题 [J]. 石油勘探与开发, 1987, 14 (2): 46 ~ 52.
[22] 刘金连, 张建宁. 济阳探区单一河道砂体边界地质建模及其地震正演响应特征分析 [J]. 石油物探, 2010, 49 (4): 344 ~ 350.
[23] Satinder Chopra, Kurt Marfurt. Curvature attribute applications to 3D surface seismic data [J]. The Leading Edge, 2007, 26 (4): 404 ~ 414.
[24] 孔选林, 李军, 徐天吉, 等. 三维曲率体地震属性提取技术研究及应用 [J]. 石油天然气学报, 2011, 33 (5): 71 ~ 75.

海上水驱油藏开发效果评价新方法

鲁瑞彬　王雯娟　刘双琪　李标　张芨强

［中海石油（中国）有限公司湛江分公司］

摘要　南海西部水驱砂岩油藏大多已进入中高含水期，在漫长的开发历程中措施调整不断实施，油藏“个性”越发突出。为更好地评价油藏开发效果，指导措施实施，提出利用目标采收率评价系数评价水驱油藏开发效果新方法，研究中推导建立了南海西部目标采收率及当前井网采收率经验公式，从而计算目标采收率评价系数，进行分级，建立评价标准，评价水驱油藏开发效果。并创新提出利用单储相对压降系数来表征油藏开发过程中能量的变化，使不同类型油藏间对比分析更加科学合理。目标采收率评价系数在南海西部水驱油藏开发效果评价中应用效果较好，很好的指导了油藏开发中后期措施的调整实施。

关键词　海上油田　目标采收率评价系数　单储相对压降系数　经验公式

为了提高油田开发的可预见性和科学性，在油田开发整个过程中，需要经常评价油田的开发效果[1]。目前常用于油田水驱开发效果的评价方法与参数主要有水驱控制程度、水驱动用程度、压力保持水平[2~5]等，评价参数计算方法复杂，在取值过程中受基础资料限制难以取准，实用过程中存在一定困难。随着油田开发进入中后期，常规措施及调整井不断实施，油藏开发“个性”越发突出，各评价参数计算结果存在不一致现象，油藏开发水平难以真实评价。

本次研究从评价开发效果最直观的采收率入手，提出目标采收率评价系数概念，评价水驱油藏开发效果，通过对南海西部大量水驱油藏评价结果分析，划定分级标准，建立水驱油藏评价体系。

1　常用采收率计算方法分析

油田采收率即指油田采出的油量占地质储量的百分数。在应用过程中常将其分为目前采收率（采出程度），无水采收率、阶段采收率和极限采收率（驱油效率）等。本次研究重点涉及当前井网采收率和目标采收率。其中当前井网采收率特指在现有井网条件下油田的采收率，反映油田现有井网开发效果；将目标采收率定义为在当前井网采收率的基础上，在油田开发规划研究中，通过井网加密、细分层系、局部剩余油挖潜等一系列提高采收率技术手段，油田开发未来可以达到的采收率，是油田开发逐步迈向的奋斗目标。

第一作者简介：鲁瑞彬（1989 年—），男，工程师，中国地质大学（武汉）油气田开发专业硕士（2012），主要从事油气田开发及规划方面的研究。通讯地址：广东省湛江市坡头区南油二区地宫楼 101，邮编：524057，联系电话：15702097256，E－mail：lurb4@ cnooc. com. cn。

基金项目：中海石油（中国）有限公司科技项目“海上油气资源高效利用优化决策研究”（ZYKY－2018－ZJ－02）。

经验公式确定采收率具有快捷、易用的特点，为了达到快速评价、简单易用的效果，选用经验公式计算油藏采收率，常用的经验公式法有陈元千经验公式[6]、俞启泰经验公式[6]和中石油勘探开发研究院经验公式[7]等。以上公式虽然较为常用但在海上油田由于其适用性，应用效果较差。且常用经验公式大都是基于陆地油田统计得到，陆上油田与海上油田在地质特征、储层物性、流体性质和开发方式等方面均存在明显差异[8,9]，海上油田具有少井高产的开发特征，多使用水平井、直井共同开发，水驱效果较好，使用陆上油田经验公式计算采收率结果偏低，因此有必要推导适合南海西部海上油田目标采收率及当前井网采收率计算的经验公式。

2 南海西部目标采收率计算方法

2.1 目标采收率公式推导

中石油勘探开发研究院根据中国144个水驱砂岩油田，按流度（K/μ）分级，回归出5个区间的采收率与井控面积关系式[7,10]［式（1）］，以此公式为基础进行改进，得到南海西部油藏目标采收率计算公式。

$$E_{\mathrm{r}} = a \times e^{-bS} \tag{1}$$

式中 E_{r}——采收率，%；

S——井控面积，ha/口；

a、b——相关系数，按流度区间赋值（参考文献7和10）。

公式中参数a为采收率的极限值，参数b决定了整条曲线的变化趋势。其中参数b表征采收率随井控面积变化规律，由于其统计样本量较大、代表性强，此参数在南海西部仍然适用；但公式中不同流度区间极限采收率（a值）相同缺乏理论依据，通过对中石油公式的进一步分析，当井控面积S无限小时（油田井无限密），即加井对采收率的贡献已经不再增加，整个油田开发相当于水驱油岩心室验，此时$E_{\mathrm{r}}=a$，因此可将a近似的视为油田的驱油效率。通过分析[11,12]和实际数据回归，应将经验公式中的系数a改为油田实际岩心实验驱油效率，南海西部油藏大量实践认为改进后的公式计算结果与实际油藏认识较为一致，改进后得到南海西部目标采收率计算经验公式。

$$E_{\mathrm{r}} = E_{\mathrm{d}} \times e^{-bS} \tag{2}$$

式中 E_{d}——实际油田岩心实验驱油效率，%；

b——根据原中石油经验公式不同流度区间选取不同井网系数值[7,10]；

其他符号同前。

2.2 油藏目标采收率确定

通过南海西部目标采收率经验公式计算油藏目标采收率，明确后期开发奋斗方向。其基本思路为建立经济评价模型，确定油田调整井单井增油量下限值，利用式（2）（公式中对于水平井、直井共同开发油藏，井控面积的计算方法参考文献10）计算油田每增加一口调整井所增加的采收率，结合油田地质储量，进而计算此时单井增油量。随着井数的增加，当增油量逐渐减小到调整井增油量下限值时停止增加调整井，此时的采收率即为目标采收率、井数为目标井数，目标采收率确定流程图如图 1 所示。

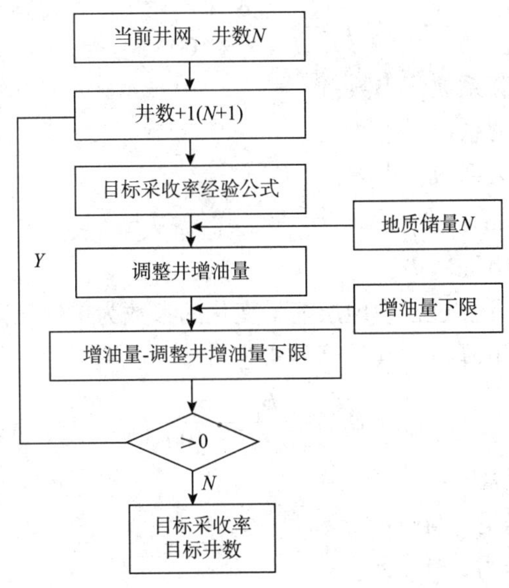

图 1　目标采收率确定流程图

3　南海西部当前井网采收率计算

3.1　采收率影响因素分析

研究油田采收率的影响因素是进行采收率公式推导的基本前提[13~15]，从机理分析［式(3)］，研究采收率就是研究驱油效率和波及系数，驱油效率影响因素主要有孔隙结构、油水黏度比等。波及系数影响因素可以分为开发因素和地质因素，开发因素主要指开发方式、井控面积、井型等；地质因素主要有储层类型、储层物性、非均质性等。综合考虑各影响因素强弱程度、定量表征可行性以及普适性三个方面进行指标筛选。

$$E_r = E_d \times (E_A \times E_z) \tag{3}$$

式中　E_A——平面波及系数，小数；

E_z——纵向波及系数，小数；

其他符号同前。

3.2　采收率回归关键参数筛选及表征

以采收率的众多影响因素为基础，通过调研，采用逻辑分析方法，结合南海西部油田开发特征进行初选，利用灰色关联法进行精选。通过适用性分析，认为储层物性、流体性质、能量、井网等是影响南海西部油田采收率的重要因素，因此最终优选流度、驱油效率、井控面积、单储相对压降系数四个变量（五个参数）进行南海西部油田当前井网采收率经验公式推导。

其中利用单储相对压降系数来表征油藏开发过程中能量的变化是本文创新提出，其定义

为每采出百分之一的地质储量地层压力系数下降相对值，其计算公式为

$$I = \frac{\frac{\alpha_{pi} - \alpha_p}{\alpha_{pi}}}{L_o/N \times 100} \tag{4}$$

式中　I——单储相对压降系数，小数；

α_{pi}——原始地层压力系数，小数；

α_p——目前地层压力系数，小数；

L_o——累产油，$10^4 m^3$；

N——地质储量，$10^4 m^3$。

目前常用的表征油藏开发过程中地层能量变化的参数为单储压降，其定义为每采出百分之一的地质储量地层压力下降值，其计算公式为

$$\beta_1 = \frac{\beta_{pi} - \beta_p}{L_o/N \times 100} \tag{5}$$

式中　β_1——单储压降，MPa；

β_{pi}——原始地层压力，MPa；

β_p——目前地层压力，MPa；

其他符号同前。

用单储压降来表征油藏开发过程中地层能量的变化对于不同埋深、异常压力系统油藏对比性差，而单储相对压降系数很好的解决了这个问题，将任意油藏放到同一水平进行对比分析，适用性强，在当前井网采收率经验公式回归时用单储相对压降系数作为变量进行公式回归。

3.3　当前井网采收率经验公式

3.3.1　天然能量充足油藏采收率公式

天然能量充足的油藏，开发过程中地层压力几乎不降，从数学角度可以认为对计算采收率影响较弱，对于这类油藏选取流度、驱油效率、井控面积三个变量进行采收率公式推导。优选南海西部开发阶段较为完整，开发措施较为完善，天然能量充足的25个开发单元进行采收率经验公式回归，其中22个油藏用于拟合回归，3个油藏用于公式验证。样本中采收率为28.3%～67%、驱油效率为45.6%～83.6%、流度为（27.9～2153.8）$\times 10^{-3} \mu m^2/mPa \cdot s$、井控面积为（8～43）ha/口。利用多元非线性回归，拟合天然能量充足油藏采收率计算公式（6）。

$$E_r = 0.47 \times E_d \times M^{0.05} - 0.8 \times \ln(S/M) \tag{6}$$

式中　M——流度，$10^{-3} \mu m^2/mPa \cdot s$；

其他符号同前。

从拟合效果图中（图2）可以看出天然能量充足，油藏采收率预测公式拟合效果较好，预测相对误差在10%以内（平均相对误差7%），精度满足油藏开发实践要求。

3.3.2　天然能量不足的油藏采收率公式

天然能量不足的油藏，其开发方式多为注水开发、衰竭开发、前期衰竭开发后期注水等，在实际生产过程中压力系数会出现不同程度的下降，这类油藏能量补充水平是影响其采

收率的重要因素之一，对于这类油藏选取流度、驱油效率、井控面积、单储相对压降系数四个变量进行采收率回归。优选南海西部开发阶段较为完整，开发措施较为完善，天然能量不足的28个开发单元进行采收率预测公式回归，其中26个油藏用于拟合回归，2个油藏用于公式验证（表3）。样本中采收率为13.3%～51.5%、驱油效率为45.3%～68.2%、流度为（15.2～976.4）$\times 10^{-3}\mu m^2/mPa\cdot s$、单储相对压降系数为0.0022～0.152、井控面积为（7～59）ha/口。利用多元非线性回归，拟合天然能量不足油藏采收率计算公式为：

$$E_r = 0.187 \times E_d \times M^{0.2} - 1.7 \times \ln(I \times S) \tag{7}$$

公式中符号同前。

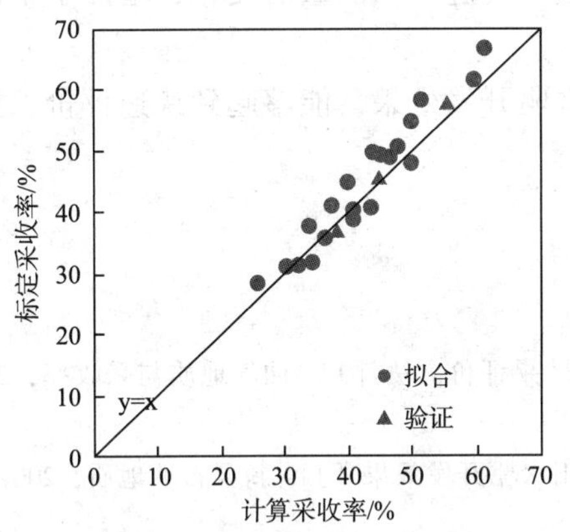

图2　天然能量充足油藏采收率经验公式拟合效果

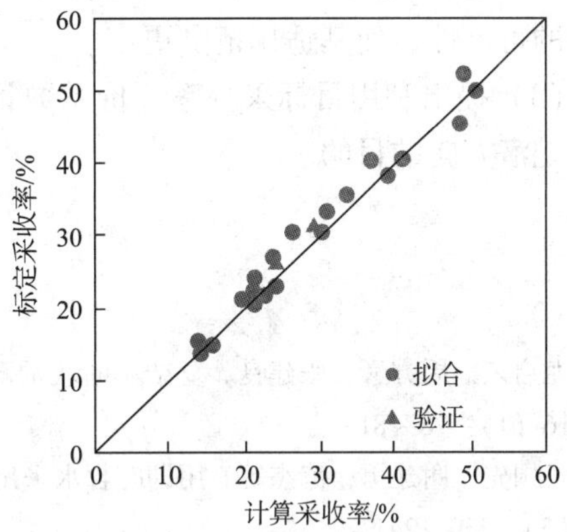

图3　天然能量不足油藏采收率经验公式拟合效果

从效果图中（图3）可以看出天然能量不足油藏采收率预测公式拟合效果较好，预测相对误差在12%以内（平均相对误差6.3%），精度满足油藏开发实践要求。

4　目标采收率评价系数评价水驱油藏开发效果

目标采收率评价系数定义为当前井网下采收率与目标采收率的比值（式8），其物理意义为油藏当前井网开发效果距离该类油藏开发目标的差距，可以直观反映水驱油藏开发水平。

$$\varepsilon = \frac{E_{r1}}{E_{r2}} \tag{8}$$

式中　ε——目标采收率评价系数，小数；

E_{r1}——当前井网下采收率［式（6）、式（7）计算］,%。

E_{r2}——目标采收率［式（2）计算］,%。

利用目标采收率评价系数，直观评价油藏开发效果，经过对南海西部53个开发单元目标采收率评价系数的计算统计，建立评价标准：当目标采收率评价系数大于0.9时，表示当前油藏开发井网较为完善，水驱效果较好，为Ⅰ类油藏；当目标采收率评价系数在0.75到0.9之间时，该类油藏有一定加密调整潜力，但其是否实施调整受工程、现有井网分布等多方面影响，开发水平为Ⅱ类油藏；当目标采收率评价系数小于0.75时，表明该类油藏当前阶段开发井网不完善，措施潜力较大，此时定义为Ⅲ类油藏。

该评价方法在南海西部水驱油藏中正逐步推广应用，目前已成功应用于多个油藏，在快速评价油藏开发效果的基础上，指出后续措施挖潜工作量，预计可提高采收率2%，该方法在南海西部油藏应用效果较好。

5 结 论

（1）建立了南海西部区域目标采收率及当前井网采收率计算经验公式，解决了海上油田缺乏采收率经验公式问题。

（2）首次提出利用单储相对压降系数表征油藏开发过程中能量的变化，增加了不同油藏间的可比性，使其适用范围更广。

（3）提出利用目标采收率评价系数评价油藏水驱开发效果，能够起到快速评价，指明调整挖潜方向的目的。

参考文献

[1] 尤启东，周方喜，张建良．复杂小断块油藏水驱开发效果评价方法［J］．油气地质与采收率，2009，16（1）：78～81.

[2] 王国先，谢建勇，范杰等．用即时含水采出比评价油田水驱开发效果［J］．新疆石油地质，2002，23（3）：239～241.

[3] 徐春明，李忠梅．断块油藏开发水平保持方法研究［J］．断块油气田，2007，14（1）：34～35.

[4] 宫宝，李松源，田晓东，等．评价水驱油田开发效果的系统工程方法［J］．大庆石油地质与开发，2015，34（5）：58～63.

[5] 唐海，李兴迅，黄炳光，等．综合评价油田水驱开发效果改善程度的新方法［J］，西南石油大学学报（自然科学版），2001，23（6）：38～40.

[6] 陈元千．油气藏工程实用方法［M］．北京：石油工业出版社．1999. 06.

[7] 邵运堂，李留仁，赵艳艳，等．低渗油藏合理井网密度的确定［J］．西安石油学报（自然科学版），2005；20（5）：41～45.

[8] 陈元千，刘雨芬，毕海滨．确定水驱砂岩油藏采收率的方法［J］．石油勘探与开发，1996，23（4）：58～61.

[9] 冯沙沙，王亚会，李伟，等．南海东部砂岩油藏采收率经验公式的确定［J］．石油化工应用，2015，34（1）：74～77.

[10] 罗吉会，鲁瑞彬，姜丽丽，等．一种改进的合理井控储量与采收率确定方法［J］．科学技术与工程，2015，15（17）：49～52.

[11] 陈元千，邹存友．对谢尔卡切夫公式的推导及拓展［J］．断块油气田，2010，17（6）：729～732.

[12] 邹存友，韩大匡，盛海波，等．建立采收率与井网密度关系的方法探讨［J］．油气地质与采收率，2010，17（4）：43～48.

[13] 王树华，许静华．新增探明储量采收率预测方法评价与研究［J］．石油实验地质，2012，34（5）：490～494.

[14] 陈元千．油田可采储量计算方法［J］．新疆石油地质，2000，21（2）：130～137.

[15] 王永诗，魏兴华，尚明忠．新增探明储量技术采收率主控因素［J］．油气地质与采收率，2007，14（1）：66～70.

海上油田全生命周期自流注水开发应用与实践

李宁　陈自立　宋刚祥

[中海石油（中国）有限公司上海分公司]

摘要　陆上油田常通过注水开发方式补充油藏开发能量、提高开发效果，海上油田由于受到平台条件、水处理能力等条件的限制，无法复制陆地油田常规注水方式，因此依靠弹性驱动开发的海上零星状薄油层，开发后期易出现能量供给不足、采收率较低的难题。笔者通过研究总结了一套海上油田全生命周期自流注水开发技术，分析认为海上油田自流注水开发方式实施最晚时期应不迟于弹性驱动开发稳产期结束，确定了自流注水水层优选门槛压力计算方法，建立了自流注水开发效果数值模拟方法预测技术。该套技术已应用于中国海域P油田H1油藏开发中，生产动态显示自流注水开发效果明显好于自然能量生产，与常规不注水定向井开发效果相比，单井产量提高了6~10倍、采收率提高了至少10%；并将继续推广应用于C油田H3油藏注水开发提高采收率应用中。全生命周期自流注水开发技术不仅提高了海上零星状薄油层采收率，还将继续为海上油藏经济有效开发的技术支撑。

关键词　海上油田　薄油层　自流注水

0　前　言

对于依靠弹性能量驱动开发的陆上油田，由于天然能力衰竭快，常采用人工注水补充能量的开发方式提高开发效果。若海上油田采用相同的注水开发方式，则要求海上平台安装相应规模的注入设施，进而引发平台空间、电力、井槽和水源等相关问题，这对海上零星状薄油层等储量规模小、丰度低的油田而言，很难保证较好的开发经济效益。

笔者通过调研发现，国外针对上述这类无法采用规划化人工注水开发方式的海上油田，常利用“自流注水”开发方式。1995年，科威特在Oolitic实施了“自流注水”措施，利用上部Zubair层地层水进行自流注水，自流注水量占总注水量的57%，已成为该油田主要的注水保压方式[1,2]。

1　自流注水早期实施条件与时机优选

1.1　地层自流注水原理

自流注水技术是利用钻井，将水体较大、能量较充足的地层水与需要补充能量的油藏钻井打通，利用水源层和油层（油层压力后期生产降低）之间的压差使得地层水自动流入到压力

第一作者简介：李宁（1985年—），男，工程师，现从事油气田开发、生产动态和数值模拟方面的工作，电子信箱：lining10@cnooc.com.cn。联系电话：021-22830639，邮政编码：200335，通讯地址：上海市长宁区通协路388号中海油大厦A643。

较低的开采层中，达到补充压力的目的，自流注水的水源可以来自需要注水油层的上部，也可是下部，只要水源层的天然能力充足即可（图1）。这种方法简化了人工注水中需在海上平台进行水质处理然后用高压注水泵注入地层等一系列复杂的工艺，更是省去了专用注水井[3]。

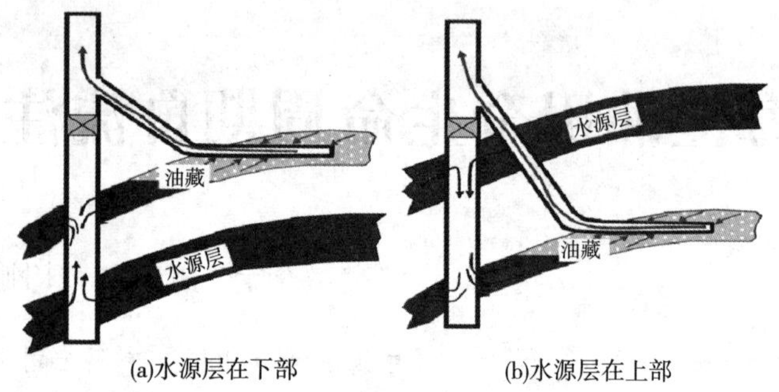

图1　自流注水模式示意图

1.2　地层自流注水条件

通过类比世界范围内实施过自流注水开发的油田，总结出实施自流注水通常满足两方面的基本条件。

1.2.1　地质条件

① 油层附近钻遇水层，且油层和水层之间能够形成足够大的压差；② 水层能量充足，可以使油层压力保持在较高值，延长稳产期；③ 水层压力不小于门槛压力。

自流注水门槛压力是指通过自流注水使油井达到设计产量所需的最小水层压力。利用节点分析方法分析发现，水源层流入压力需要克服注水过程中水层与井筒之间的压差、井筒内壁摩擦主力、井筒水柱压差、井筒与油层之间的压差，因此可以简单推导出门槛压力的计算关系式，如下：

$$P_{ew} = P_o + \Delta P_{w1} + P_f + \Delta P_{w2} - P \tag{1}$$

式中，P_{ew}为水层门槛压力；P_o为油藏压力；ΔP_{w1}为产水压差；P_f为水在井筒中的摩阻损失；ΔP_{w2}为注水压差；P 为水柱压差。

1.2.2　流体条件

① 油层和水层间能形成较好的连通；② 油层和水层的地层水配伍性好；③ 原油黏度相对较低。

基于自流注水的地质条件分析可以发现，自流注水要求水源层、油层物性好，具有中－高孔隙度、中－高渗透率特征，并且油层需连通性好、非均质性弱、吸水能力强，油层和地层水配伍性好，原油黏度较低。因此自流注水措施对低渗透、稠油油藏不适用。

2　P油田自流注水措施研究

2.1　油藏工程方法研究

2.1.1　油藏特征

H1油藏储层以中砂岩为主，储层厚度为0.9～2.8m不等，储层以中孔－中渗型为主，部分为高孔－高渗型，孔隙度分布范围为14.5%～28.6%，平均20.5%；渗透率分布范围为8.0～414.0mD，平均52.0mD。原始油藏压力*Poi*约25MPa，原油地质储量（8～21）$\times 10^4 m^3$。

2.1.2　水源层特征

在H1油藏上部发育有水源层S，水体储量巨大，约为H1油藏原油储量的15倍，适合做自流注水水源。原始水层压力 Pwi 约为 25MPa，属正常压力系数。水层孔隙度约 20.6%，渗透率 208.7mD，属高孔高渗储层。从 H1 油藏及上部水层的储层特征和流体特征可知，油层渗透率高，原油黏度低；而水层能量充足，可使油层压力保持在较高值，因而 H1 油藏具备自流注水的地质条件。

2.1.3　自流注水门槛压力计算

H1 油藏单井设计产能为 120m^3/d。由式（1）计算可知，H1 油藏自流注水门槛为 18.25MPa，远小于对应 S 水源层压力 25MPa。

综上所述，H1 油藏与 S 水层具备自流注水的储层条件，且 S 水层的压力远高于自流注水门槛压力，H1 油藏适合进行自流注水开发。

2.2　数值模拟研究

若在数值模拟中完全模拟水源层向目标油藏注水，需要对地质模型进行修改，涉及过程较为复杂、不可操作因素较多，因此本次研究中通过在模型中采用新钻等效注水井的方式，在拟合好注水井井底流压与水源层压力的基础上，进行自流注水开发效果预测评价。

数值模拟研究结果表明，弹性驱动可稳产 2 年，此时，油藏压力从 25MPa 下降到 10MPa。采用自流注水后，井底流压升高、稳产期延长，油井累产由 3.3×10^4m^3 提高到 7.9×10^4m^3（图 2、图 3）。

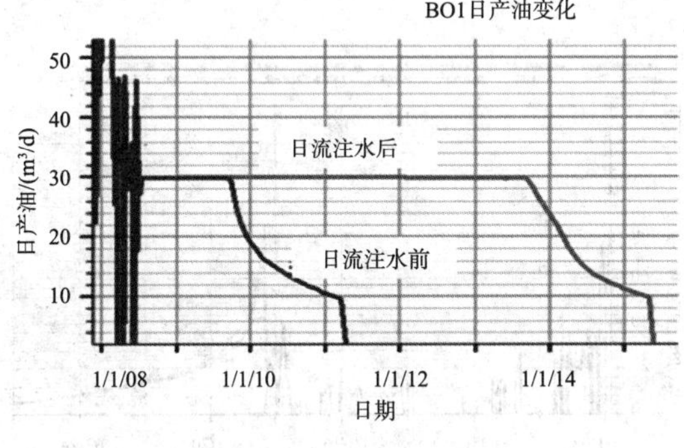

图 2　日产油预测曲线图

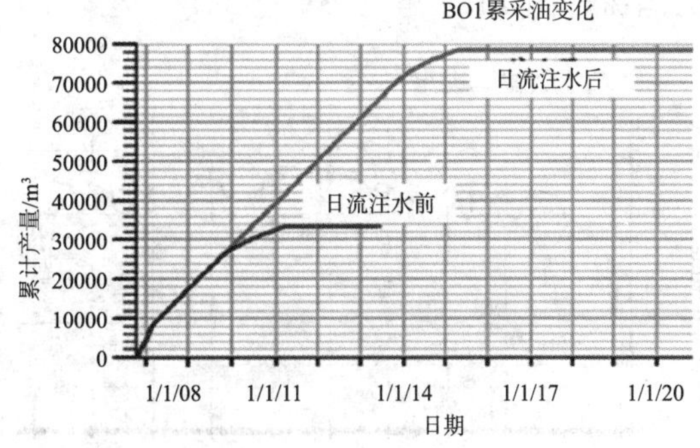

图 3　累产油预测曲线图

3　自流注水开发实践

2007 年针对 H1 油藏钻了一口分支水平井 BO1，初期自喷生产，日产油达到 190m^3/d，生产一段时间后产量急剧下降，因无法自喷改为气举生产，日产油降至 20m^3/d 左右，同时地层压力从初期的 25.5MPa 下降到 16.1MPa。

为缓解油田产量压力，2008 年设计并完钻采油、注水功能于一井的 BO2 井（图 4），该井为一多底多分支水平井，不仅可以开采 H1 油藏、H2 油藏，同时兼钻一个水平分支段达到地层自流注水的目的。自流注水于 2009 年 1 月成功见效，BO1 井产量和压力均有大幅度提高。注水后日产油量提高到 20m^{3}左右，油压相对稳定。注水分支投产 4 个月后，已监测到地层能量恢复，地层静压由 15.78MPa 恢复到 17.82MPa。长期关井后基本能恢复到原始地层压力，2009 年至 2013 年由于 BO1 井大部分时间关井限产，地层压力恢复至 24.85MPa

(图5)。由此可以推断自流注水后地层能量得到明显补充，油藏开发效果显著改善。

图4　采油、自流注水井示意图

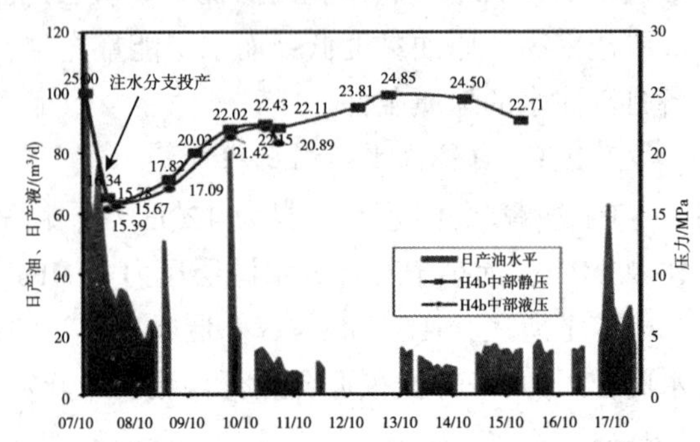

图5　BO1井产量压力变化叠合图

4　自流注水后期配套措施优化

为进一步研究评价预测H1油藏自流注水后期如何优化配套措施延长开发效果，根据地质、地震研究建立H1油藏模型。通过调试注水量及储层物性较好的拟合好BO1井的压力测试数据（图6），并对50m³/d，75m³/d，100m³/d三个日产液量进行预测。根据数模结果推荐方案为：日配液75m³，日注气1×10^4m³，H1层累产油8.5×10^4m³，最终采收率可达41.4%（图7）。

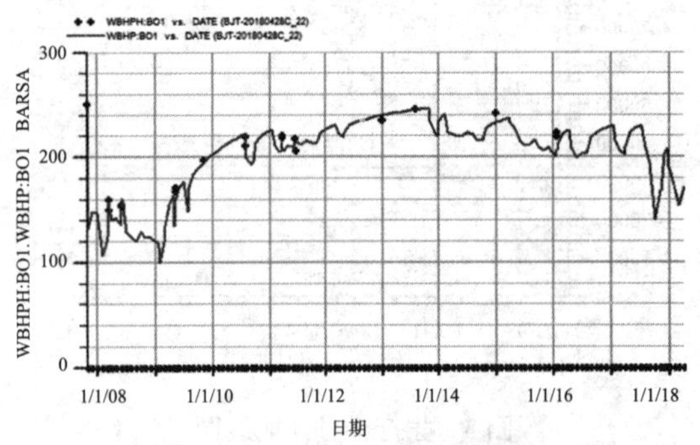

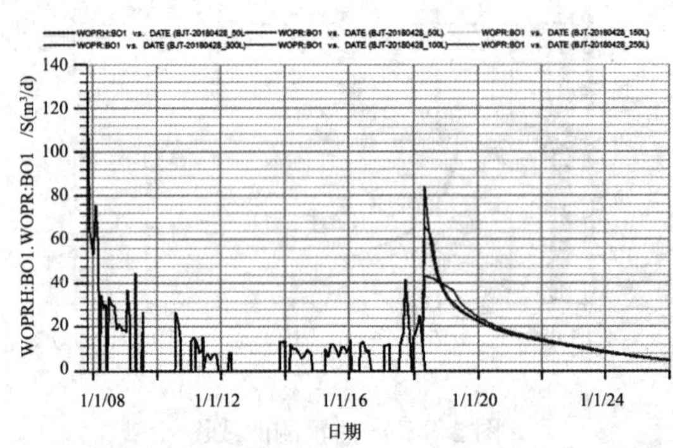

图6　BO1井压力拟合曲线图

图7　BO1井不同液量产油量预测曲线

但数模研究表明，自流注水开发后期，井筒压力损失达到18MPa左右，靠水源层自身能量自喷生产已很难维持正常生产，需要人工举升才能最大程度释放产能。

利用pipesim井筒管流软件进行气举优化分析，建立节点分析模型，按照目前的生产情况，油压1.6MPa，日产油量23m³，地层压力调整至21.2MPa时，协调点产量为25m³，与实际生产情况较稳合。运用拟合好的节点分析模型，分别对三级气举阀进行注气量敏感性分析，注气量设置为0×10^4m³、1×10^4m³、3×10^4m³、5×10^4m³、7×10^4m³。优化出气举阀深度1170m（二级气举阀），注气量3×10^4m³/d为最佳气举方案。

5　C油田自流注水推广应用方案

C油田H3油层为带气顶的油藏，目前已经进入开发瓶颈期，油藏开发已无法继续稳产，同时面临着气窜、油侵及水侵多方面难题，并且各问题间交互作用影响，导致油藏提高采收率难。目前测压资料反映 H3 地层压力衰减快，需采取保压措施。研究分析认为海上油田全生命周期自流注水开发技术可以突破该油田提高采收率的技术瓶颈，实现油藏的经济有效开发。

根据前文所述自流注水源层优选条件，该油田对浅层和花港组储层物性进行统计，符合条件层位是 L4 层，同属高孔高渗储层，非均质性中等，且水体能量充足，故选择其为自流水层，H3 是产油气主力层，作为本次研究的受水油气层。

根据模拟方案结果对比图可知，自流注水方案相比衰竭式开采提高采收率 5%。综合比较，优先推荐 A1 井于2020 年1 月打开 H4 层自流注水，最大注水量230m^3/d（图8、图9）。

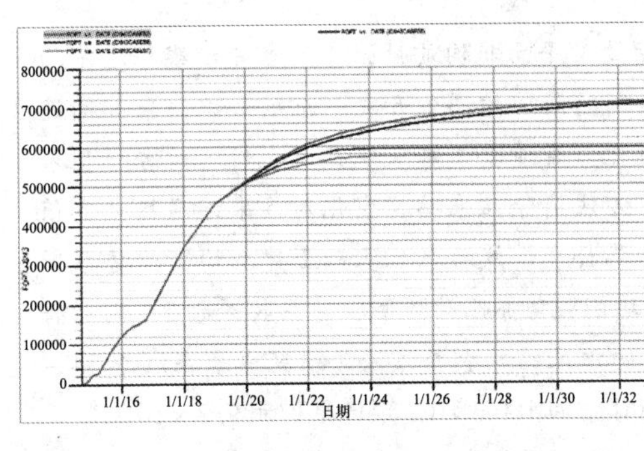

图 8　累产油对比

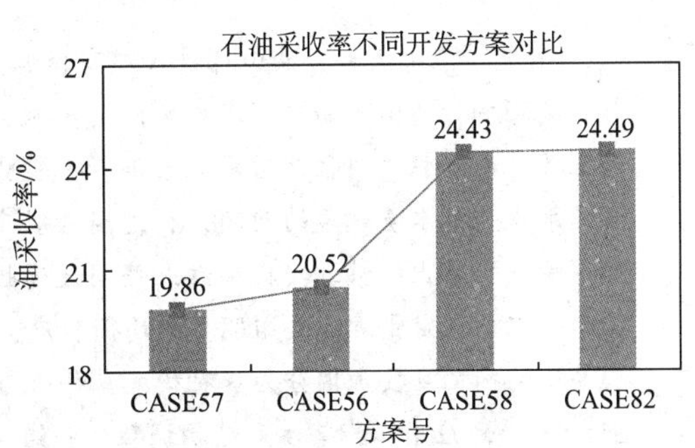

图 9　累产油对比

6　结　论

（1）本文研究总结了一套海上油田全生命周期自流注水开发技术，分析认为海上油田自流注水开发方式实施最晚时期应不迟于弹性驱动开发稳产期结束，确定了自流注水水层优选门槛压力计算方法，建立了自流注水开发效果数值模拟方法预测技术。

（2）实践表明，P 油田 H1 油藏自流注水开发效果明显好于自然能量生产，与常规不注水定向井开发效果相比，目前单井产量提高了 6 ~ 10 倍、采收率提高了至少 10%；同时通过研究表明，本技术应用 C 油田 H3 油藏开发，开发效果比衰竭式开采提高采收率5%，技术措施经济投入低、产出回报大。

（3）海上油田全生命周期自流注水开发技术对于海上油田的开发，都能够基于不新钻井眼的条件下，将油藏工程方法与数模技术相结合，实现早期水源层位优选、中期实时评价油藏注水开发效果、后期配套措施辅助开发，有效贴合经济有效开发好海上油田的宗旨，为提高海上油田采收率提供技术支撑。

参考文献

[1] Davies C A. The theory and practice of monitoring and controlling – dumpfloods. SPE3733，1972.

[2] Abdulwafi A，Abdulazeem A，Saeed H. The application of stand – alone injection systems in remote and / or highly populated areas reduces construction costs. SPE63168，2000.

[3] 苏海洋，徐立坤．韩海英等．高渗透砂岩油藏自流注水机理及开发效果研究［J］. 科学技术与工程，2015，15（2）：74 ~ 78.

海上中高含水油田注采结构调整研究及应用

吴晓慧　刘英宪　陈晓明　雷源　杨明

［中海石油（中国）有限公司天津分公司］

摘要　渤海大部分油田已进入中高含水期，受储层平面非均质性强，注水井水线推进不均等因素影响，油田平面水驱不均衡问题严重，直接制约油田的高效开发。正确认识注采井间连通性及井组水驱均衡程度对水驱后期开发策略的优化非常重要。本次研究首先针对阻容模型求解结果仅为注水贡献率的问题，利用因素敏感分析方法消除注采结构变化对注采连通性计算值的影响，推导出能够真实反映注采井间连通性的计算公式。然后在此基础上建立均衡驱替系数概念，以此来定量表征井组驱替的均衡程度，确定均衡驱替界限为均衡驱替系数等于2，同时将驱替不均衡的主要原因分为3种模式，并给出相应的注采结构调整方法。研究成果在渤中34－24油田得到应用，指导注采结构调整9井组，合计日增油160m^3/d，预计累增油9.2×10^4m^3。

关键词　中高含水期　注采连通性　阻容模型　均衡驱替系数　注采结构调整

引　言

目前，渤海大部分油田已进入中高含水阶段，受储层非均质性、井网分布、注采结构等因素的影响，油田在注水开发后期平面水驱不均衡的问题日益严重。为改善油田的开发效果，需要对油田驱替的均衡程度有定量的认识，然后在此基础上才能有的放矢的进行注采结构的优化。而注采井间连通性则直接决定了注采结构调整的范围和幅度，对水驱后期开发策略的优化非常重要。目前注采连通性研究方法中阻容模型应用最为广泛[1,2]，而阻容模型所求取的注采连通系数反映的仅仅是注采井间的注水贡献率，并不能真实反应注采井间的连通性。

针对上述问题，本文针对阻容模型存在问题，进一步研究产液结构和注采比对注水贡献率的影响，以此为依据推导出井间连通系数的计算公式。然后在此基础上建立均衡驱替系数概念，以此来定量表征井组驱替的均衡程度，同时针对驱替不均衡井组提出相应的注采结构调整方法来改善平面水驱不均的问题。

第一作者简介：吴晓慧（1987年—），女，工程师，2013年毕业于东北石油大学开发专业，硕士，现从事油气田开发方面的研究工作。通讯地址：（300459）天津市滨海新区海川路2121号渤海石油管理局B座。联系电话：022－66500899。.

1 注采连通系数计算公式推导

1.1 阻容模型及存在问题

阻容模型早在2006年就已经提出，该模型是基于物质平衡方程，同时考虑信号[3~5]的衰减和滞后影响，推导求得的一个关于生产井产液量的计算公式。然后通过对其建立最优化方程，反演求解出注水贡献率。

$$q_j(t) = q_j(t_0)e^{\frac{-(t_k-t_0)}{\tau_j(t)}} + \sum_{t=1}^{k}$$
$$\left\{e^{\frac{-(t_k-t)}{\tau_j(t)}}(1-e^{\frac{-\Delta t}{\tau_j(t)}})\left[\sum_{i=1}^{N}(\lambda)_{ij}(t)I_i(t) - J_j(t)\tau_j(t)\frac{\Delta P_{wfj}(t)}{\Delta t}\right]\right\} \quad (1)$$

式中，C_{tj}为综合压缩系数，MPa^{-1}；V_{pj}为第i口水井和第j口油井间的孔隙体积，m^3；P为控制体积内的平均压力，MPa；t为生产时间，月；q_j为第j口生产井的产液速度，m^3/d；I_i为第j口油井周边水井的注水速度，m^3/d；N_i为生产井j周围注水井的个数。λ_{ij}为第i口注水井向第j口油井的注水贡献率，且满足$\sum_{j=1}^{Ni}\lambda_{ij}=1$。

由阻容模型公式的推导过程可知，阻容模型中的系数λ_{ij}为第i口注水井向第j口采油井的注水贡献率，注水贡献率是指注水井流向某口受效采油井的水量与总注水量的比值，反映的是某时刻注水井向各方向注水分配量的相对大小，而并不能准确的反映注采井间的连通性。

1.2 注采连通系数计算公式推导

将公式（1）反推，得到注水贡献率的函数表达式：

$$\lambda_{ij} = f(\tau_j J_j, q_j, I_i) \quad (2)$$

在公式（2）中，$\tau_j J_j$反映了注采井间的连通性，即注采连通系数；q_j反映了井组中每口生产井的产液情况，即井组产液比例；I_i反映了井组注水量，即井组注采比。这就说明，注水贡献率除了与连通系数有关外，还与产液结构和注采比有关。

为了获得注水贡献率与产液结构和注采比的关系，建立一个均质模型，五点法井网。模型物性条件：渗透率为1000mD，有效厚度为10m，原油黏度为6mPa·s。采用单因素敏感分析法，通过分别改变注采比和产液比例设计了12个方案，然后利用阻容模型计算各方案注水贡献率。

1.2.1 注水贡献率与注采比的关系

根据计算结果可知：当井组注采比小于等于1时，目前注水贡献率等于均衡驱替条件下的注水贡献率；而当注采比大于1时，目前注水贡献率与注采比为倒数关系，见式（3）。

$$\left.\begin{aligned} IPR \leqslant 1\text{时}, (\lambda_{ij})_t &= (\lambda_{ij})_{\text{均衡}} \\ IPR > 1\text{时}, (\lambda_{ij})_t &= \frac{(\lambda_{ij})_{\text{均衡}}}{IPR_t} \end{aligned}\right\} \quad (3)$$

1.2.2 注水贡献率与产液比例的关系

根据计算结果可知注水贡献率与产液比例呈线性关系，见式（4）。

$$(\lambda_{ij})_t = \frac{(\lambda_{ij})_{均衡}}{[Q_{ij}/\sum_{j=1}^{N} Q_{ij}]_{均衡}} \cdot [Q_{ij}/\sum_{j=1}^{N} Q_{ij}]_t \tag{4}$$

在阻容模型计算出注水贡献率的基础上，将公式（3）和公式（4）代入公式（2），进一步推导求出注采连通系数计算公式。

$$(IC_{ij})_t = (\lambda_{ij})_t \times (IPR_{ij})_t \times \frac{[Q_{ij}/\sum_{j=1}^{N} Q_{ij}]_{均衡}}{[Q_{ij}/\sum_{j=1}^{N} Q_{ij}]_t} \tag{5}$$

2 驱替均衡程度判定及治理

2.1 驱替均衡程度定量判定

井组内水驱不均是制约油田高效开发的一个重要因素[6,7]，准确定量判定平面水驱均衡程度是后期调整挖潜的前提。为了量化井组内水驱均衡程度，本次研究提出均衡驱替系数概念，定义其等于井组中最大注水贡献率与相应水驱控制储量的比值除以最小注水贡献率与相应水驱控制储量的比值。

$$F\lambda_i = \frac{(\lambda_{ij})_{MAX}/N_{ijMAX}}{(\lambda_{ij})_{MIN}/N_{ijMIN}} \tag{6}$$

式中，$F\lambda_i$为以第 i 口注水井（或采油井）为中心井组内的均衡驱替系数。

由公式不难理解，均衡驱替系数越大，驱替越不均衡。利用机理模型来研究剩余油饱和度与均衡驱替系数的关系（图1）。并统计井组内平均剩余油饱和度与均衡驱替系数的关系曲线，如图2所示。

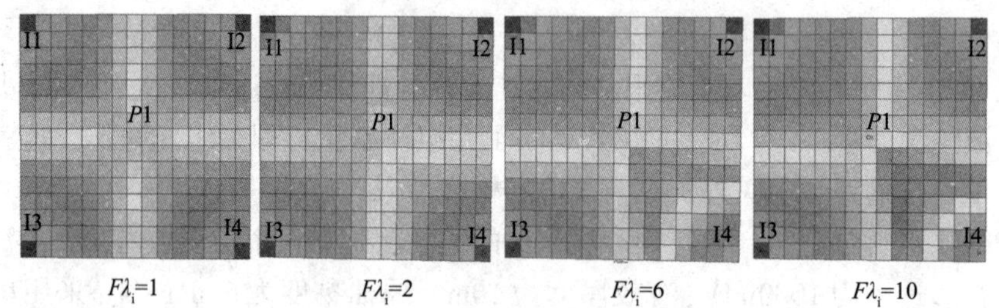

图1 不同均衡驱替系数下的剩余油饱和度分布图

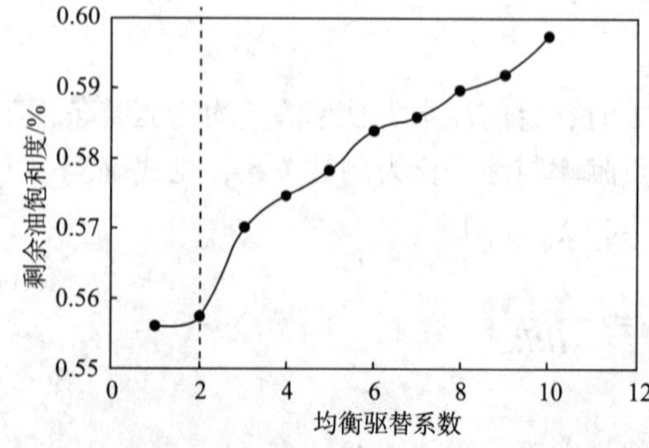

图2 均衡驱替系数与平均剩余油饱和度关系曲线

由图1和图2可知，当均衡驱替系数小于等于2时，平均剩余油饱和度没有明显变化，而当其大于2时，平均剩余油饱和度大幅增大，且在弱驱注采井间形成不同程度富集的剩余油。因此以均衡驱替系数2为界，当其小于等于2时，认为井组内驱替较均衡；当其大于2时，认为井组内驱替不均衡，需要进行注采结构调整。

2.2 注采结构调整方法

针对驱替不均衡井组开展相应的注采结构调整主要包括两方面[8]，一方面需要降低强水驱方向的注水贡献，减少低效或无效水循环，另一方面需要增加弱水驱方向的注水贡献，进一步动用弱水驱方向剩余油，从而达到井组内均衡驱替的目的。但上述“抑强扶弱”注采结构调整的前提是明确造成驱替不均衡的主要原因是注采连通性的差异还是注采结构不合理的问题。为此，定义井组中最大注水贡献率对应的注采连通系数与最小注水贡献率对应的注采连通系数的比值为连通差异系数 FCI_i，根据 $F\lambda_i$与 FCI_i数值大小将驱替不均衡分为 3 种模式进行分类治理：

（1）当 $F\lambda_i>2>FCI_i$时，驱替不均衡主要原因是注采结构不合理。调整关键词是“限提结合”，针对以油井为中心的井组对强水驱方向注水井实施减注或停注，弱水驱方向注水井实施增注，针对以水井为中心的井组对强水驱方向采油井实施限液，弱水驱方向采油井实施提液；

（2）当 $FCI_i\geqslant F\lambda_i>2$ 时，驱替不均衡主要原因是注采连通性差异。调整关键词是“调堵结合”，针对以油井为中心的井组实施油井堵水措施，针对以水井为中心的井组实施调剖措施；

（3）当 $F\lambda_i>FCI_i>2$ 时，驱替不均衡主要原因是注采连通性差异和注采结构不合理共同造成。调整关键词是“先调堵后限提”，首先改善注采连通性差异，然后调整不合理的注采结构。

3 矿场实践

BZ34-24 油田的 1708 砂体位于渤海南部海域，目的层是明下段，为浅水三角洲沉积。油田属高孔高渗中高粘油田，一直采用注水开发，受平面非均质性等因素影响，存在一定的水驱不均衡现象。计算 1708 砂体各注采井间的井组均衡驱替系数及连通差异系数，见表 1。根据计算结果可知，以注水井 A14H、A10H 为中心的井组和以采油井 A9、A16H 为中心的井组均存在不同程度的驱替不均衡现象，造成各井组驱替不均衡的主要原因是注采结构不合理。

表 1 1708 砂体驱替均衡程度判定表

分 类	井组	均衡驱替系数	连通差异系数	均衡程度	不均衡原因
注水井	A10H	3.2	1.9	不均衡	注采结构不合理
	A11H	1.0	1.0	均衡	—
	A13H	1.0	1.0	均衡	—
	A14H	6.2	1.6	不均衡	注采结构不合理
油井	A9	3.7	1.7	不均衡	注采结构不合理
	A12	1.0	1.0	均衡	—
	A15H	1.0	1.0	均衡	—
	A16H	3.5	1.5	不均衡	注采结构不合理

将1708砂体各注采井间的注水贡献率绘制在井位图上，蓝色线条代表注水贡献率，线条越粗，注水贡献越大。同时将每口采油井的产液结构以饼状图的形式绘制在井位图上，黑色代表日产水，灰色代表日产油，饼图的大小代表液量的大小，如图3所示。

由以上分析可知，造成1708砂体驱替不均衡的主要原因就是A14H井在各方向注水贡献的差异。针对这一问题进行注采结构调整，利用A9井提液来增加A14H井对该弱水驱方向的注水贡献，利用A10H、A11H周期注水来减少A11H井对高含水井A16H井的注水贡献，增加A10H井和A14H井对A16H井的注水贡献，以实现动用弱水驱井间剩余油，增油降水的目的。因此对1708砂体制定了差异提液与局部周期注水相结合的注采结构调整方案[9,10]，见表2。

调整后，砂体产液结构不均得到明显改善，不均衡驱替井组间剩余油得到有效动用，砂体含水率下降9%，日产油提高49m^3，效果明显，如图4所示。目前该项研究已在油田的9个井组得到应用，有效指导了注采结构调整，合计日增油160m^3/d，预计累增油9.2×10^{4}m^3。

表2　1708砂体注采结构调整方案表

井别	井号	调整方案
油井	A9	提液
	A12	维持生产
	A15H	维持生产
	A16H	维持生产
水井	A13	减注
	A14H	增注
	A10H	周期注水
	A11H	周期注水

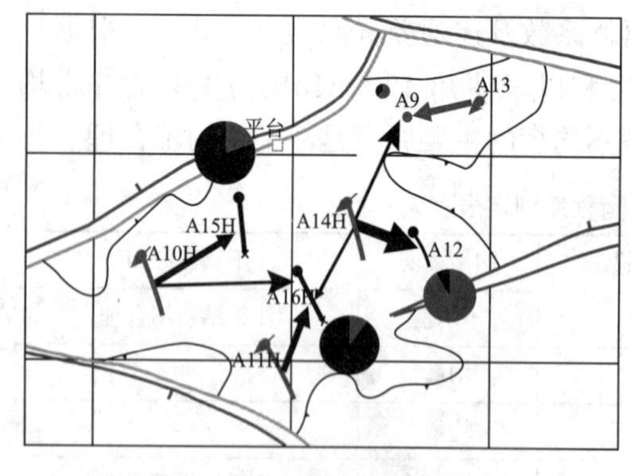

图3　1708砂体注水贡献率与产液结构分布图

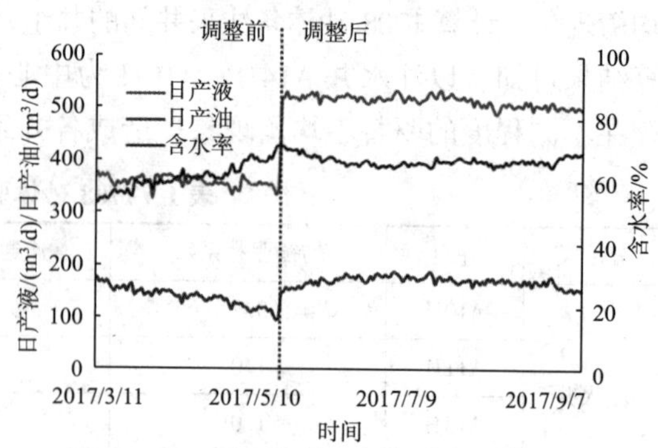

图4　1708砂体开采效果图

4　结　论

（1）创新性推导出平面注采连通性定量计算新方法，该方法在阻容模型的基础上，消除了注采结构的影响，解决了前人研究中只能计算到注水贡献率的局限，计算结果更符合油田生产实际。

（2）提出均衡驱替系数来定量评价井组内水驱均衡程度，当均衡驱替系数大于2时驱替不均衡，并将驱替不均衡的主要原因分为3种模式，并给出相应的注采结构调整方法。

（3）研究成果应用在BZ34－24油田，在正确反演出井间连通性的基础上，针对油田存在的驱替不均衡问题，实施相应的注采结构调整方案，取得较好的降水增油效果。

参考文献

[1] Albertoni A, Lake L W. Inferring interwell connectivity only from well－rate fluctuations in waterfloods [J]. SPE Reservoir Evaluation & Engineering, 2003, 6 (1): 6～16.

[2] Yousef A A, Gentil P H, Jensen J L, et al. A capacitance model to infer interwell connectivity from production and injection rate fluctuations [J]. SPE Reservoir Evaluation & Engineering, 2006, 9 (6): 630～646.

[3] 赵辉，李阳，高达，等．基于系统分析方法的油藏井间动态连通性研究 [J]．石油学报，2010，31 (4)：633～636.

[4] Sayarpour M, Zuluagae, Kabir C S, et al. The use of capacitance－resistance models for rapid estimation of waterflood performance and optimization [J]. Journal of Petroleum Science and Engineering, 2009, 69 (3): 227～238.

[5] 王秀坤，崔传智，王鹏，等．砂砾岩油藏井间动态连通性判定方法 [J]．特种油气藏，2015，22 (3)：118～120.

[6] 冯其红，王相，王端平，等．水驱油藏均衡驱替开发效果论证 [J]．油气地质与采收率，2016，23 (3)：83～88.

[7] 严科，张俊，王本哲，等．平面非均质油藏均衡水驱调整方法研究 [J]．特种油气藏，2015，22 (5)：86～89.

[8] 崔传智，万茂雯，李凯凯，等．复杂断块油藏典型井组注采调整方法研究 [J]．特种油气藏，2015，22 (4)：72～74.

[9] 张继春，柏松章，张亚娟，等．周期注水实验及增油机理研究 [J]．石油学报，2003，24 (2)，76～80.

[10] 刘云彬，李永伏．高含水后期周期注水应用的一个实例 [J]．大庆石油地质与开发，2005，24 (5)：44～45.

海相均质砂岩底水油藏水驱规律新认识

刘鑫　李文红　周伟　彭小东　罗佼

[中海石油（中国）有限公司湛江分公司南海西部石油研究院]

摘要　国内外大量底水油藏生产实践表明，其水驱规律为见水早，见水后含水上升快，中高含水期采出程度高。而ZJ1－2L油组见水时间长达680d，见水后含水上升缓慢，常规认识无法解释这一现象。本文根据油藏生产动态数据，结合数值模拟及油藏工程方法，对影响底水油藏水驱规律的地质因素和油藏因素进行了分析。通过地质因素分析表明，ZJ1－2L油组储层均质，无隔夹层，原油粘度低，底水驱替均匀。运用"数值模拟＋正交试验设计"定量综合评价技术分析表明，影响因素的主次顺序为：原油黏度、采油速度、驱油效率、油层厚度、避水高度、K_v/K_h、水平段长度。并提出一种利用水脊体积计算驱油效率新方法，计算证实该油组驱油效率高。综合分析表明，该油藏无水采出程度高，含水上升慢的主要原因是原油粘度低、采油速度适当、驱油效率高。研究成果对同类底水油藏的合理开发具有指导意义。

关键词　底水油藏　水驱规律　非均质性　均质油藏　正交试验　原油黏度　驱油效率　珠江口盆地

0　引　言

通过研究国内外底水油藏开发规律发现，底水油藏在开发过程中存在四个显著特点[1,6,11]：①底水锥进，在直井周围形成水锥，水平井周围则形成水脊；②见水早，无水采油期短；③见水之后，含水率快速上升，日产油量则快速下降；④可采储量一半以上都是在中、高含水阶段采出的。然而在实际生产中发现，珠江口盆地W油田ZJ1－2L油组水驱规律表现为无水采油期长，见水后含水上升慢，早中期采出程度高（图1），与常规底水油藏开发规律差异性大。为研究这一反常现象，本文根据实际油田的生产动态数据，运用数值模拟、动态监测技术以及正交试验多因素综合分析技术对地质因素和油

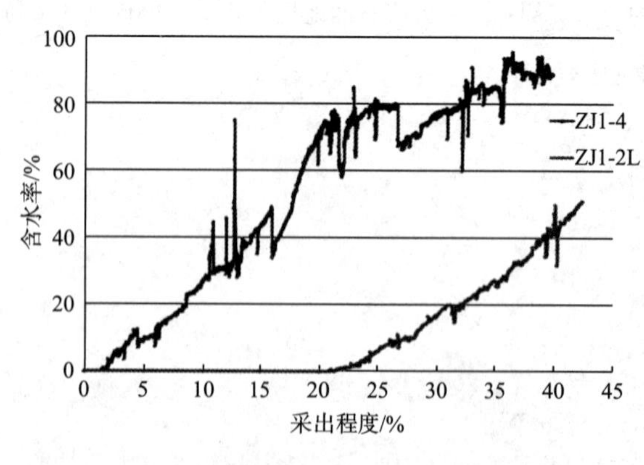

图1　采出程度与含水率关系曲线

第一作者简介：刘鑫，男，油藏工程师。2012年毕业于成都理工大学油田开发工程专业，获工学硕士学位。现从事油气田开发综合研究工作。地址：广东省湛江市坡头区22信箱（邮编：524057）。联系电话：13726916799。E－mail：liuxin13@ cnooc. com. cn。

藏因素分别进行评价，分析主控因素，提出了均质砂岩底水油藏水驱规律新认识，并在此基础上，提出了计算驱油效率的新方法。

1 油田概况

W 油田位于珠江口盆地，该油田 ZJ1 -4 油组和 ZJ1 -2L 油组均为底水油藏，两个油组的沉积特征、储层物性、地质储量、开发方式都极为相似（表1），唯一不同点是 ZJ1 -4 油组有泥岩夹层，非均质性强，ZJ1 -2L 油组为均质储层。两个油组开发特征如图 1 所示，本文通过对两个油组对比分析，来揭示底水油藏水驱规律。

表1 ZJ1 -4 油组和 ZJ1 -2L 油组储层特征

油　组	储层厚度/m	孔隙度/%	渗透率/mD	原油密度/(g/cm^3)	原油黏度/mPa·s	开发井数/口	压力系数	渗透率极差	渗透率变异系数	渗透率突进系数
ZJ1 -4	15	22.5	260.8	0.8	0.92	4	1.00	225.6	1.3	4.9
ZJ1 -2L	9.1	26.3	141.4	0.78	0.78	4	0.97	1.7	0.3	1.3

2 地质因素分析

2.1 隔夹层对含水上升规律影响

隔夹层一方面对底水锥进有一定阻挡作用，减缓水淹，进而提高油藏开发效果。另一方面稳定的隔层，其下部储层不易被驱替，易形成剩余油富集区，影响开发效果。

ZJ1 -4 油组发育多套较稳定的泥质夹层。以 A1 井为例，从剖面图上来看，该井水平段被隔夹层分为三段，其中根端、中端隔夹层发育较差，储层物性好，呈现一定的连续性，末端隔夹层发育，储层物性差。通过数模反演，如图 2 所示，认为 A1 井水驱模式为：底水在水平段根端形成绕流、在中端通过连通区域快速脊进至井底，形成局部快速通道，造成底水快速突破；水平段末端隔夹层发育稳定，水驱效果差，剩余油难以动用。因此 A1 井含水上升规律表现为：无水采油期短，见水后含水上升快，高含水期生产期间长。

ZJ1-4油组A1井水驱剖面图

ZJ1-4油组A2井水驱剖面图

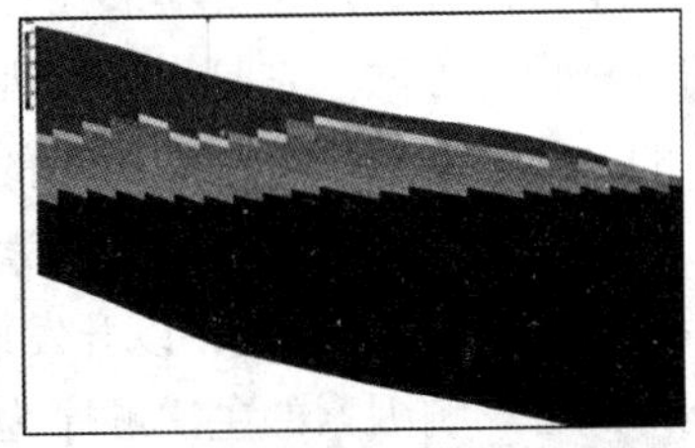
ZJ1-2L油组B2井水驱剖面图

图2 各油组油组水驱模式示意图

2.2 非均质性及构造对含水上升规律影响

以 A2 井为例，该井水平段分为两段，受构造影响，水平段根端和末端距油水界面相差 7.5m，受非均质性影响，水平段根端产能 $410m^3/$（MPa·d），末端产能 $1965m^3/$（MPa·d）。通过数模反演（图 2），认为 A2 井水驱模式为：末端物性好，产能高，距油水界面近，底水在末端快速锥进至井底；根端物性差，距油水界面远，底水锥进缓慢。

为证实该井水驱模式，实施生产测井，获取了高质量的测试数据（表 2），得到了更为精确的产出剖面，结论与油藏认识一致，进而证实了 A2 井水驱模式。

表 2　A2 井生产测试产出剖面解释成果表

Zones/m	Qw res/(m^3d)	Qo res/(m^3d)	Qg res/(m^3d)	W O G
infow1（1967.1～2006.6）	5.44	9.19	0.00	
infow2（2000.6～2045.0）	0.00	22.09	0.00	
infow3（2374.1～2488.6）	28.89	70.75	0.00	
infow4（2537.2～2647.6）	103.67	17.56	0.00	

2.3 对比分析

综上分析，认为影响 ZJ1－4 油组含水上升规律的地质原因为：①非均质性强，隔夹层发育，局部形成底水脊进快速通道；②构造变化大，水平段产出不均。

反观 ZJ1－2L 油组：①均质储层，无隔夹层；②构造平缓。生产井水平段产出均匀，不会形成局部快速通道，底水以均匀驱替为主。

3 油藏因素分析

通过调研国内外底水油藏，并结合研究区域底水油藏特征，认为影响底水油藏含水上升规律的油藏因素包括：原油黏度、驱油效率、K_v/K_h、油层厚度、水平段长度、避水高度、采油速度等。本次开展主控影响因素分析，旨在研究各因素影响程度的主次关系，明确主控因素。

本次研究采用正交实验设计方法。正交实验设计是利用正交表来安排与分析多因素实验的一种设计方法。它是由实验因素的全部水平组合中，挑选部分有代表性的水平组合进行实验的，通过对这部分试验结果的分析了解全面实验的情况，找出影响因素主次顺序。

对于这 7 个因素，每个因素选取 3 个有代表性的水平值，应用正交实验表 L_{18}（3^7），设计 18 个数值模拟方案，以开发期末采出程度作为评价指标，采用直观分析法，根据极差大小得到各影响因素的主次顺序为：原油黏度、采油速度、驱油效率、油层厚度、避水高度、K_v/K_h、水平段长度。

表 3　正交实验结果直观分析表

	原油黏度	驱油效率	K_V/K_h	油层厚度	水平段长度	避水高度	采油速度
K_1	3.19	2.16	2.45	2.11	2.35	1.86	2.01
K_2	1.85	2.78	2.31	2.35	2.42	2.02	2.49
K_3	1.06	3.20	2.16	2.65	2.46	2.35	3.12
k_1	0.53	0.36	0.41	0.35	0.39	0.31	0.34
k_2	0.31	0.46	0.39	0.39	0.40	0.34	0.42
k_3	0.18	0.53	0.36	0.44	0.41	0.39	0.52
极差	0.36	0.17	0.05	0.09	0.02	0.08	0.19
因素主次	原油黏度 > 采油速度 > 驱油效率 > 油层厚度 > 避水高度 > K_v/K_h > 水平段长度						

结果显示，影响底水油藏水驱效果的主要因素为原油黏度。

根据前人研究可知，底水锥进的动力为生产压差，阻力为水油重力差，当生产压差小于等于水油重力差时，底水不会突破，公式表达为：

$$\Delta\phi \leqslant \frac{K}{\mu_o}(\gamma_w - \gamma_o)\Delta z \times 10^{-6} \tag{1}$$

由式（1）可知，黏度越小，油井允许的最大井底压降（势差）越大，底水锥进越慢。通过油藏数值模拟不同黏度下的底水驱替模式可发现（图 3）：黏度越低，底水驱替越均匀，呈活塞式驱替模式；黏度越高，底水快速脊进至井底，两翼波及范围小，驱替效果差。

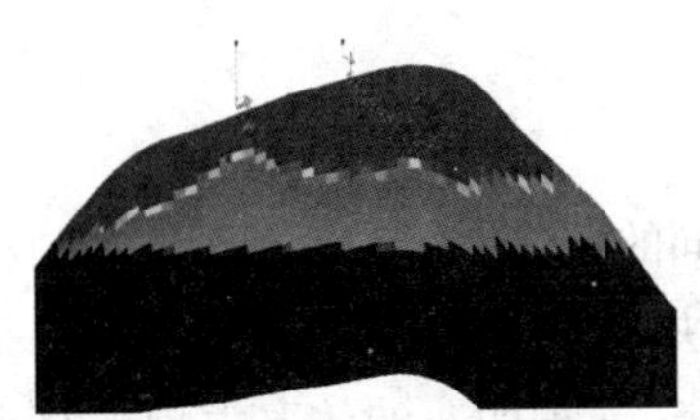

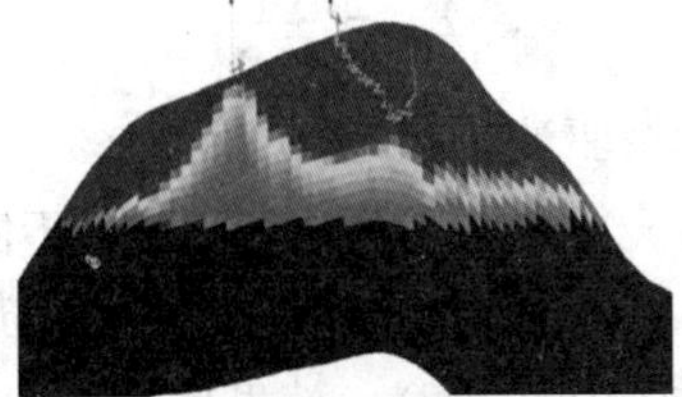

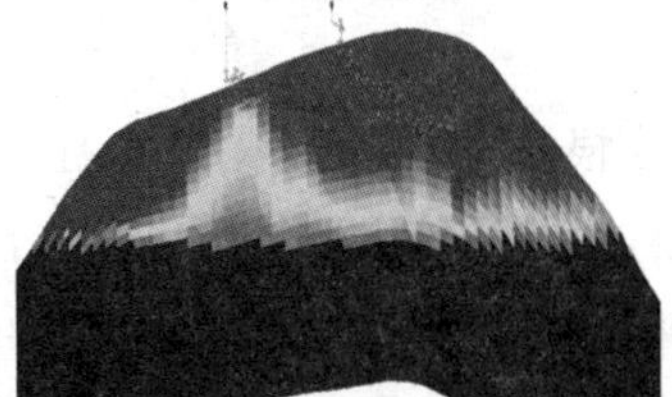

图 3　不同原油黏度下底水水驱剖面

ZJ1－2L 油组原油黏度为 0.78mPa·s，对比研究海域其他底水油藏原油黏度为 0.92～48.40mPa·s，综合以上分析，认为原油黏度低是导致该油组含水上升缓慢的主要原因之一。

4　驱油效率研究

由于 ZJ1－2L 油组无岩心实验，且目前含水率低，不适合用水驱方法计算，因此一直借用 ZJ1－4 油组驱油效率值 65%。但两个油组的开发效果差别较大，由正交实验结果可知，驱油效率也是影响底水油藏开发效果的重要因素之一，因此借用 ZJ1－4 油组驱油效率不合理。本次研究基于 ZJ1－2L 油组的水驱模式，提出一种利用水脊体积计算驱油效率的方法。

根据前文分析研究，ZJ1－2L 油组原油黏度低、储层均质、无隔夹层，底水在井底锥进缓慢，同时，压力快速波及至边界，两翼也缓慢抬升，当达到平衡时，形成活塞式均匀驱替模式，如图 4 所示。

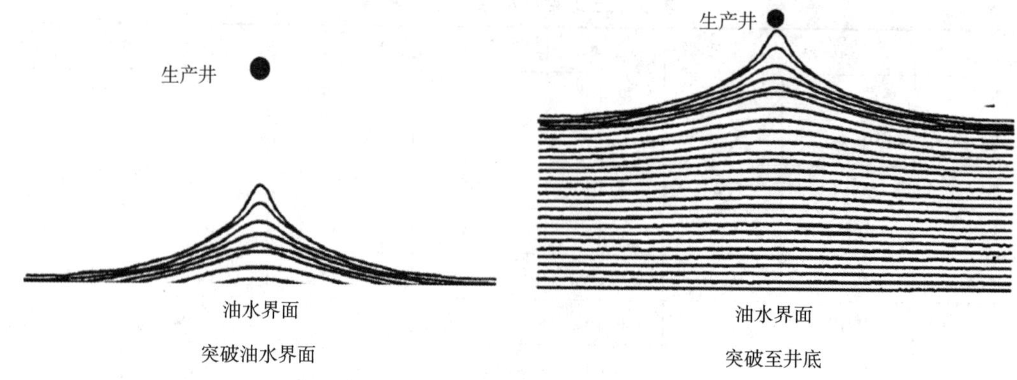

图4 ZJ1－2L油组底水脊进剖面示意图

此时，水脊体积近似为水平井两端的两个半锥形、一个棱柱体、一个长方体组成。根据前人研究成果[4]，直井的水锥体积（V_v）和水平井的水脊体积分别为：

$$V_v = \frac{1}{3}\pi\left(\frac{a}{2}\right)^2 H_o = \frac{\pi}{12}a^2 H_o \tag{2}$$

$$V_h = V_v + \frac{1}{2}La H_o \tag{3}$$

根据物质平衡原理，生产井刚见水时的累产油量＝底水水脊体积×孔隙度×驱油效率，因此求得驱油效率：

$$E_D = \frac{N_P}{V_h Ø} \tag{4}$$

根据该方法计算ZJ1－2L油组驱油效率为80%～85%。

为验证该方法的准确性，首先根据不同驱油效率预测不同的相渗曲线，再利用不同的相渗曲线进行历史拟合。应用Petrel－RE软件不确定性分析模块，经过多次迭代分析发现，采用驱油效率为81%的相渗曲线进行历史拟合，效果最好（图5），说明驱油效率为81%接近地层真实情况，验证了计算驱油效率新方法的可靠性，同时也说明驱油效率影响底水驱替速度和见水时间。

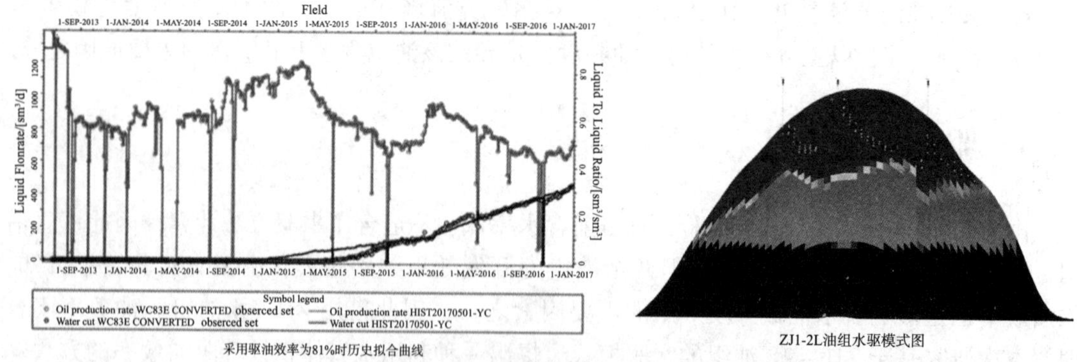

图5 ZJ1－2L油组数模历史拟合和水驱模式图

在历史拟合好的基础上，通过数模反演验证ZJ1－2L油组水脊模式，从水驱剖面可以看出，未出现局部底水快速脊进现象，整体上以活塞式驱替为主，与实际生产情况相符合。

5 结 论

（1）ZJ1－2L 油组开发效果好原因：①原油黏度低，底水脊进速度慢；②储层均质，底水水驱均匀；③驱油效率高。

（2）影响底水油藏水驱规律的油藏因素的主次顺序为：原油黏度、采油速度、驱油效率、油层厚度、避水高度、K_v/K_h、水平段长度。

（3）提出利用水脊体积计算驱油效率新方法，计算 ZJ1－2L 油组驱油效率为 81%，并利用数模反演验证了该方法的可靠性。

（4）低黏均质底水油藏水驱规律新认识：含水上升曲线呈“S”型，无水采油期长，早期含水率上升速度慢，采出程度高，而中后期含水上升快，采出程度低。

符号注释

K——渗透率，mD；μ_o——原油黏度，mPa · s；γ_ω——水的重度，$K_g/(m^2 \cdot s^2)$；γ_o——油的重度，$K_g/(m^2 \cdot s^2)$；a——水平井间距，m；L——水平井长度，m；H_o——原始含油高度，m；V_v——直井水锥体积，m^3；V_h——直井水锥体积，m^3；E_D——驱油效率，%；N_p——累产油，m^3；ϕ——孔隙度，%。

参考文献

［1］李传亮．油藏工程原理［M］．北京：石油工业出版社，2005.

［2］李传亮，宋洪才，秦宏伟．带隔板底水油藏油井临界产量计算公式［J］．大庆石油地质与开发，1993（4）：43～46.

［3］程林松，郎兆新，张丽华．底水驱油藏水平井锥进的油藏工程研究［J］．中国石油大学学报：自然科学版，1994（4）：43～47.

［4］范子菲，林志芳．底水驱动油藏水平井临界产量公式及其变化规律研究［J］．石油勘探与开发，1994，21（1）：65～70.

［5］李传亮．半渗透隔板底水油藏油井见水时间预报公式［J］．大庆石油地质与开发，2001，20（4）：32～33.

［6］徐义卫．夹层对底水油气藏开采影响的数值模拟研究［J］．石油天然气学报，2004，26（1）：78～79.

［7］梁尚斌，赵海洋，宋宏伟，等．利用生产数据计算油藏相对渗透率曲线方法［J］．大庆石油地质与开发，2005，24（2）：24～25.

［8］何巍，黄全华，任鹏，等．对李氏带隔板底水油藏油井临界产量公式的改进［J］．新疆石油地质，2007，28（1）：125～126.

［9］饶良玉，吴向红，李香玲，等．夹层对不同韵律底水油藏开发效果的影响机理——以苏丹 H 油田为例［J］．油气地质与采收率，2013，20（1）：96～99.

［10］刘新光，程林松，黄世军，等．底水油藏水平井水脊形态及上升规律研究［J］，2014，36（9）：124～128.

［11］赵伦，陈希，陈礼，等．采油速度对不同黏度均质油藏水驱特征的影响［J］．石油勘探开发，2015，42（3）：352～357.

［12］刘振平，刘启国，王宏玉，等．底水油藏水平井水脊脊进规律［J］．新疆石油地质，2015，36（1）：86～89.

河道型砂体的地震沉积学研究及其应用——以渤中25－1南油田为例

王理荣　胡勇[2]　廖新武[2]　周军良[2]　李超[2]　闫涛[2]

[1. 中海石油（中国）有限公司开发生产部，2. 中海石油（中国）有限公司天津分公司]

摘要　局部井点少、井网不规则往往是制约储层精细研究的瓶颈，尤其对于河道型砂体而言，储层精细研究的程度严重制约着油田的中后期开发调整。研究区储层以浅水三角洲分流河道沉积为主，河道多呈长条状、带状等分布，河道摆动频繁，平面多期河道叠加交汇，单河道以及平面组合形态的识别已成为油田开发调整急需开展的工作。本文以区域沉积背景为指导，结合已钻井资料，利用研究区高分辨率三维地震资料，综合运用地层切片等方法，对研究区开展地震沉积学研究，对河道型砂体进行了精细描述，识别出了各期河道，并对各期河道形态及展布方向进行了描述。研究方法解决了局部井点少、井网不规则给储层研究带来的难题，成果的应用较好地解决了油田开发生产中出现的问题，为下一步河道储层精细解剖做了良好铺垫。

关键词　河道　地层切片　地震沉积学　沉积相　应用效果

0　引　言

在我国东部的渤海湾南部新近系发育着大量的浅水三角洲砂岩油田，它们在渤海油田的油气储量和产量中占据着十分重要的地位，但由于该类型储层分流河道横向变化快、砂体单层厚度薄，并且目前这些油田局部钻井资料还相对较少、井网分布不规则，使得油田开发过程中储层精细研究的程度受到了严重制约。由于这些油田油气富集带及优质储层分布受河道砂体的控制，那么如何精确描述其空间展布是油气田开发能否取得高效的关键。目前，在钻井资料少且井网不规则的地区，地震资料越来越多地被用于储层精细描述及预测，如地震相、地震属性、地震切片等手段[1~10]。正是由于地震资料中蕴含着丰富的地质信息，也往往给地震资料的分析结果带来多解性，而地震沉积学的出现解决了这一难题。地震沉积学作为沉积学、地层学以及地球物理学的交叉学科，已经越来越多的被用于储层精细描述，并且在国内外油气勘探和开发中取得了良好效果[3~10]。笔者拟以渤中25－1南油田为例，开展复杂河道型砂体的地震沉积学研究，对该油田分流河道进行识别，弄清各期次河道形态及展布方向，以期指导油田下步开发调整，并为渤海类似油田提供经验。

1　油田概况

研究区渤中25－1南油田区域上位于渤海湾盆地渤南低凸起西端，渤中凹陷与黄河口凹

第一作者简介：王理荣，男，工程师，现于中海石油（中国）有限公司从事开发生产相关工作。

陷的分界处，构造上为发育一边界断层下降盘的断裂背斜构造（图1）。

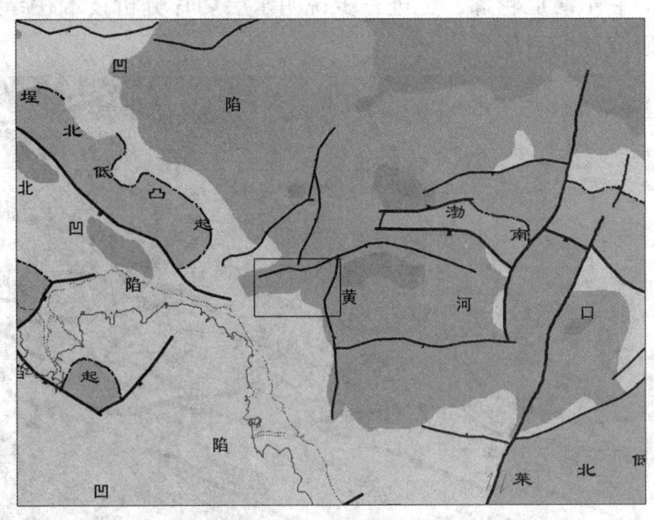

图1　研究区区域构造位置图

新近纪，渤海湾盆地整体处于裂后热沉降阶段，渤中凹陷东南部与黄河口凹陷为新近纪的沉积沉降中心，远离盆地周缘隆起区，且位于盆地斜坡带，斜坡坡度极为平缓，斜坡带与洼陷中心分解不明显，湖波对沉积物的改造作用较弱，广泛发育受西南方向物源影响的浅水三角洲砂体[11~15]。研究区在古构造沉积背景下，目的层明下段主要发育以分流河道为主的浅水三角洲沉积，分流河道多呈长条状、带状等分布，平面上河道摆动频繁，多期河道交互叠置，河道平面及剖面叠置关系复杂。虽然油田局部井点较少，且井网不规则，但随着油田的开发，已有150余口钻井资料，且地震资料重处理后，对储层描述的能力得到了提高，这为研究区复杂河道砂体的地震沉积学研究打下了良好基础。

2　地震沉积学研究

为了较好反映研究区储层沉积特征，本次地震沉积学研究以重处理后的地震资料为基础展开，针对研究区地质特点，以井点储层厚度为约束、井点电性对比为辅助手段，通过应用高分辨率三维资料，以地层切片手段获取等时地层单元的沉积特征信息，井震结合，以实现研究区分流河道的识别，并弄清各期次河道的形态及展布方向。

2.1　地层切片的振幅特征

地层切片是地震属性在地质（沉积）时间平面上的显示，常用的方法主要有时间切片、沿层切片和地层切片[16~18]。国内外相关学者对三种切片方法进行了讨论研究，相关成果表明，由于地层切片是以解释的两个等时沉积界面为顶底，在地层的顶底界面间按照厚度等比例内插出一系列的层面，进而沿这些内插出的层面逐一生成切片，相对水平切片、沿层切片而言其更接近地质的等时沉积面，从而也避免了切片的“穿时”现象，尤其对河道型砂体而言，地层切片的刻画精度和地质含义要精细、可靠[17~19]。研究区地震资料信噪比高、同相轴比较连续，各层系波组特征清楚，可以较好的反映地质信息。以研究区具有地质等时界面意义的同相轴作控制，采用 GeoFrame 软件对目的层段制作了地层切片。从图 2 可以看出地层切片能够清楚的显示河道轮廓，也进一步说明了层切片分析技术在寻找河道砂体方面的优势以及该技术在研究区的适用性。

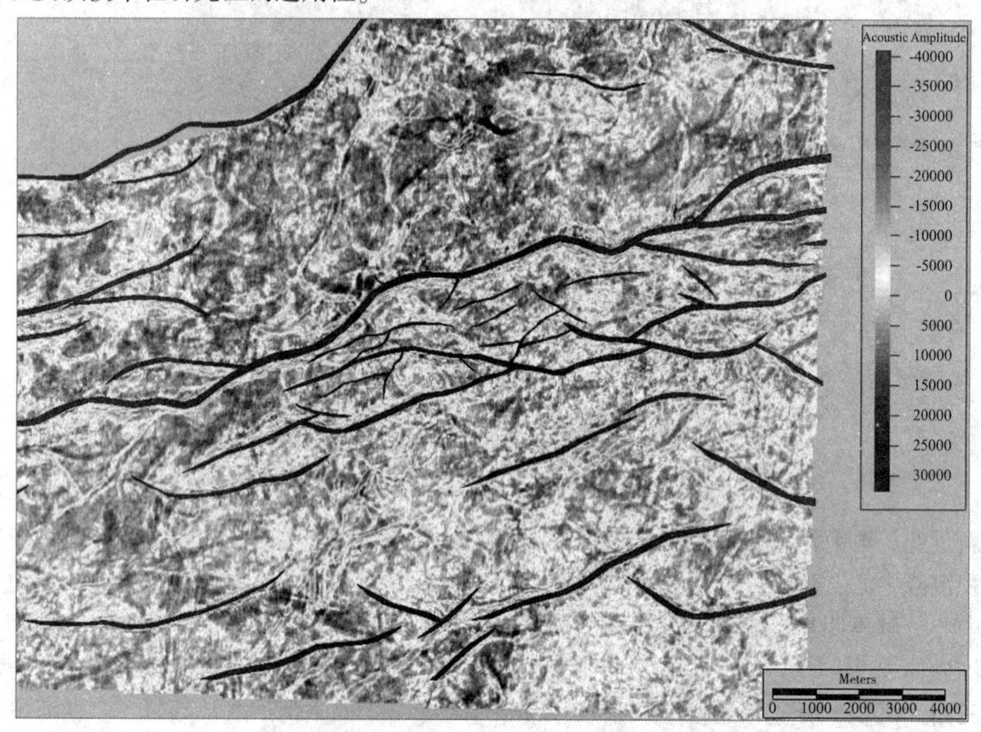

图 2　渤中 25 - 1 油田 NmⅣ2 + 3 小层地层切片

2.2　地层切片的地震沉积学解释

相关研究表明，对于厚度小于 1/4 波长的砂岩层，反射振幅能够定量反映砂体的时间厚度[1,20]。研究区明下段地震资料主频可达 53Hz，若砂岩层速度取 2500m/s，以 $\lambda/4$ 为时间可分辨的极限，则地震资料可分辨的砂岩厚度为 9m，说明研究区地震资料分辨率相对较高。根据地层切片（图 2）可以看出，工区内切片主要表现为红色（正振幅）、蓝色（负振幅）。由于研究主要为受西南方向物源影响的浅水三角洲沉积，可以认为红色代表砂质沉积，主要为成条带状分布的河道沉积，蓝色代表河道间的泥质沉积，向东北方向，河道宽度变宽，逐渐呈发散状，随着向洼陷方向推进，受湖浪作用改造，河道特征不明，切片上主要表现为连片红色特征，说明砂体主要呈片状分布。

2.3　井震结合河道分析

井资料是对地震资料分析结果的最好验证，在地震切片平面分析的基础上，通过与井资料的结合，不仅能验证地震资料分析结果的合理性，也能实现河道砂体平面形态的精细描述。通过钻井资料对地震切片分析成果的验证，对研究区河道进行了识别与分析。

2.3.1　单一河道识别

单一河道在研究区较发育，但在局部常伴有河道的交叉切割现象。地层切片上主要表现为弯曲条带状，且延伸长度较远（图3）。从已钻井资料来看，沿河道方向砂体分布相对稳定，测井曲线以箱型和钟形为主要特征，河道不同部位厚度有所变化［图4（a）］，垂直河道方向，向河道边部砂体厚度变薄，切片属性颜色变浅，且砂体厚度变化较快，测井曲线以漏斗形以及部分低幅漏斗形和钟形复合形态为特征［图4（b）］。

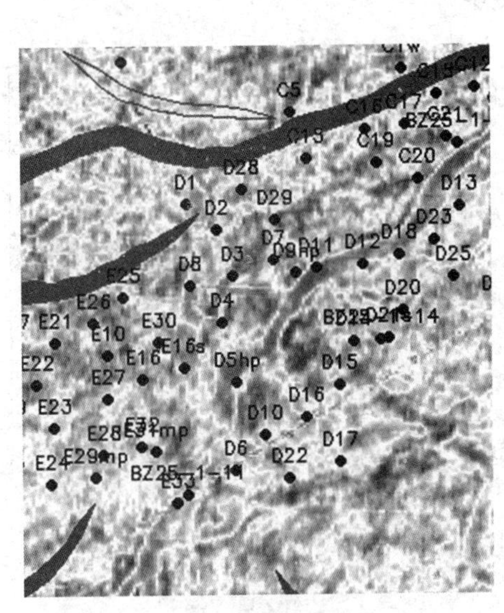

图3 单一河道砂体平面切片图（NmⅣ3小层）

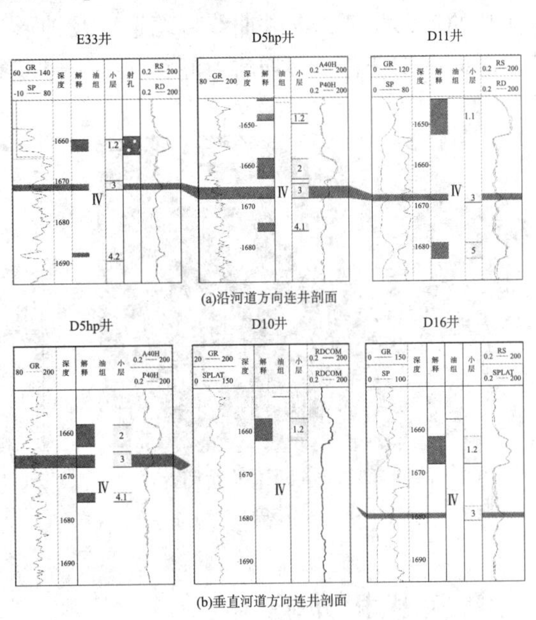

图4 单一河道砂体连井剖面图（NmⅣ3小层）

2.3.2 交叉切割河道的识别

交叉切割河道是研究区较发育的另一河道沉积类型，同一河道可在不同部位出现多次交叉切割（图5）。其主要表现为两种类型，一种是河道向湖泊推进过程中，一条河道变为多条河道形成，在分叉部位形成交叉切割，主要是河道分流作用形成；一种是多条河道向湖泊推进过程中，受流向影响，形成交叉切割，属典型切割特征。图5可以看出，多条河道交叉切割，且一条河道可在不同部位切割多条河道。该类型河道测井曲线以箱形以及其复合形态为主要特征，局部存在箱形、钟形复合型，钻井资料揭示河道交叉切割处可见明显多期河道沉积特征（图6）。

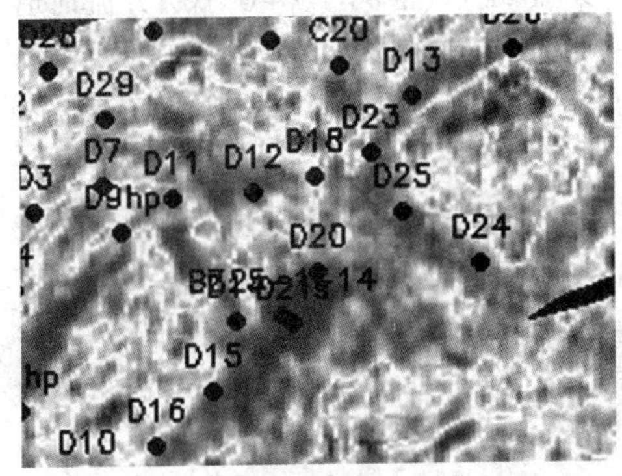

图5 交叉切割河道砂体平面切片图（NmⅣ7＋8小层）

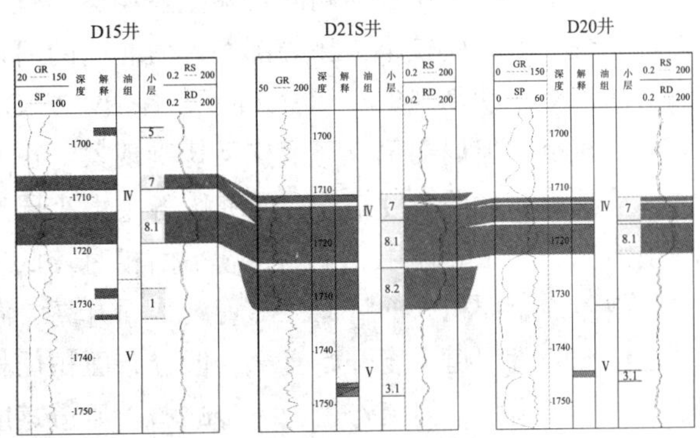

图6 交叉切割河道砂体连井剖面图（NmⅣ7＋8小层）

2.3.3 侧向迁移河道的识别

平面上多期河道的侧向迁移是研究区河道沉积的又一特征，地层切片上主要表现为明显的一片强振幅特征，但其间存在明显弱振幅带，可明显看出河道的侧向迁移摆动特征（图7）。该类型河道类似曲流河点坝的侧向迁移，钻井资料揭示垂向存在多期河道的特征，且有明显的迁移特征，测井曲线以箱形以及钟形为特征。由图7、图8可以看出，局部河道后期不断向东南迁移，多期河道间存在一定厚度的隔夹层。

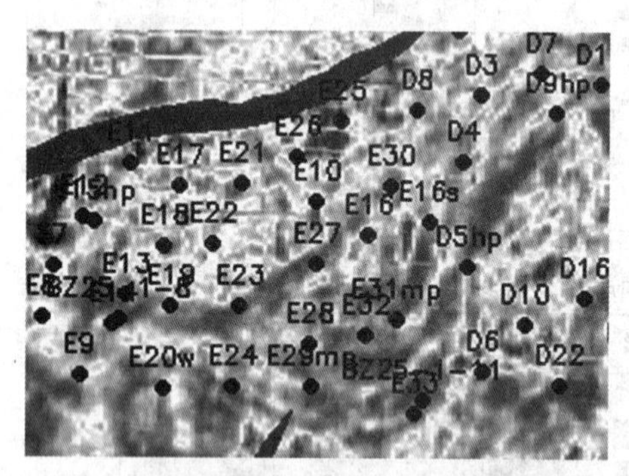

图7　侧向迁移河道砂体平面切片图（NmⅣ7+8小层）

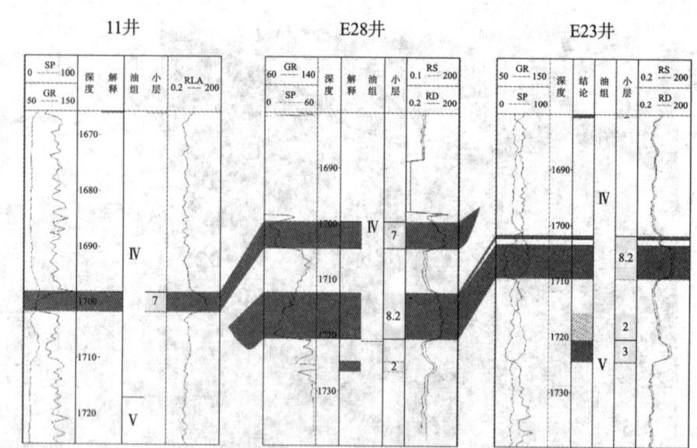

图8　侧向迁移河道砂体连井剖面图（NmⅣ7+8小层）

3　沉积相分析

在应用地层切片的基础上，井震结合，对研究区各主力砂层分流河道进行了研究，研究效果较好，但由于工区东北部浅层存在天然气，受天然气屏蔽的影响，地震地层切片和剖面对比效果在工区东北部不太理想，但其他区块能够较好的识别分流河道。

从主力油组各小层的地层切片可以看出（图9），研究区主要受区域西南方向物源的影响，广泛发育分流河道沉积，主要呈弯曲条带状分布，走向以北东向为主，局部发育南北向河道。其中NmⅤ2+3小层分流河道砂体相对较发育，河道宽度及河道规模相对较大，均以北东向展布为主，局部出现平面及侧向迁移叠置现象，局部发育小规模河道［图9（a）］；NmⅣ7+8小层分流河道砂体也较发育，分布面积大，多呈南北向展布，但河道切割叠置现象严重，平面交叉切割与侧向迁移叠置均有出现［图9（b）］；NmⅣ4+5+6小层分流河道相对发育，但规模较小，除局部发育南北向的河道外，其他河道砂体走向均为北东向，仅局部有河道交叉切割现象［图9（c）］；NmⅣ2+3小层分流河道规模进一步变小，且河道宽度相对较窄，但局部仍有河道交叉切割现象［图9（d）］。

从沉积演化的角度来看，研究区各主力小层经历一次湖退向湖进的演化过程，但整个过程中河流仍占主导作用。早期，湖平面相对较低，河流的沉积作用较强，分流河道呈现宽度大、砂体分布面积大的特征；随着湖平面升高，湖泊作用有所增强，但河流沉积作用仍占主导地位，分流河道宽度开始变窄，但分布面积仍相对较大；随着湖平面的进一步升高，湖泊作用进一步增强，河流作用进一步减弱，河道宽度不仅变窄，且砂体分布面积变小。

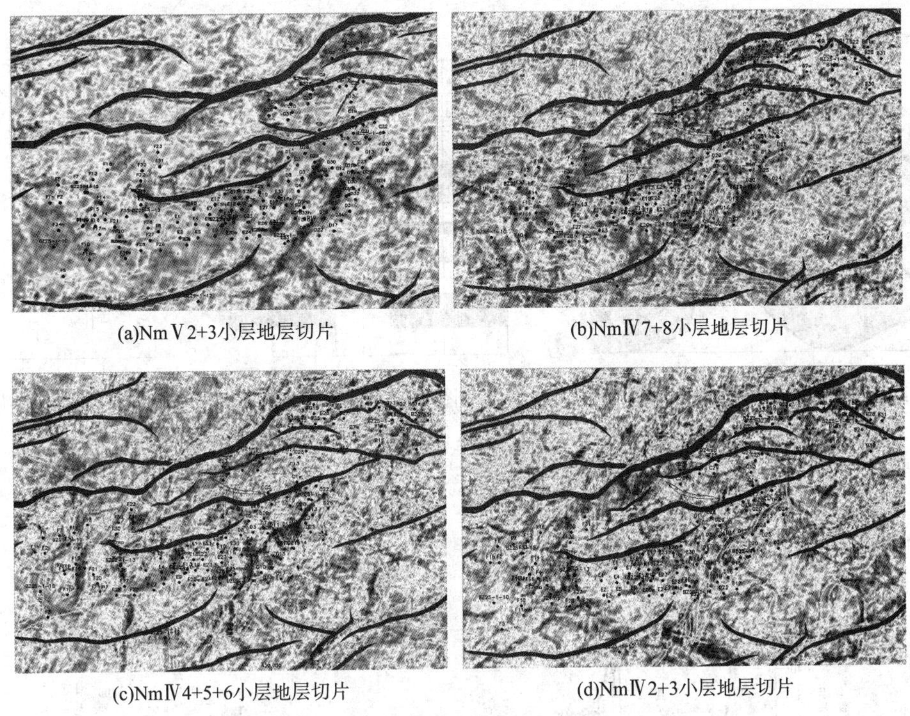

(a)NmⅤ2+3小层地层切片　(b)NmⅣ7+8小层地层切片

(c)NmⅣ4+5+6小层地层切片　(d)NmⅣ2+3小层地层切片

图 9　渤中 25－1 南油田主力油组各小层地层切片图

4　应用实例

生产动态资料往往是对地质沉积认识成果的最好验证，现有井区的注采特征不仅验证了本次地震沉积学研究结果的合理性，也为下步调整井部署提供了指导。以研究区 E32 井组为例，目前注水井 E32 井周边有 E28、D5h、E33 三口生产井，其中 E28 因泵况问题处于关井状态，其余两口生产井均正常生产。结合开发井位图以及连井地质对比分析认为，E32 井和 E33 井 NmⅣ7＋8 小层存在连通的可能（图 10、图 11）。但在 E32 井转注后，E33 井的注水见效曲线显示，E32 井产油量没有明显增大，且气油比略有上升，而 D5h 井受效明显，且含水已突破 80%，因此可以判断 E32 井注水 E33 井不受效（图 12），说明 E32 和 D5h 井处于同一河道方向，连通性好，而 E32 和 E33 井之间受河道迁移影响，中间存在一定隔夹层，连通性较差（图 9）。如果存在泄压区，注入水会沿着压降的方向推进，为压降区补充压力，而 E33 随着 E22 井注水量的增高，产液量没有发生明显变化。井震结合验证了该区平面为多期迁移的河道砂体，中间存在一定厚度的隔夹层。研究成果的成功应用为其他井区注采动态分析提供了理论支持，同时后期调整井的部署也将考虑河道的分布方向与切割叠置关系。

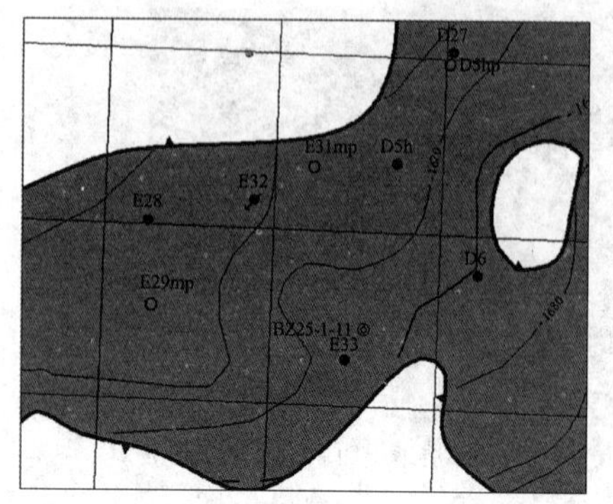

图 10　E33 - E32 井组开发井位示意图

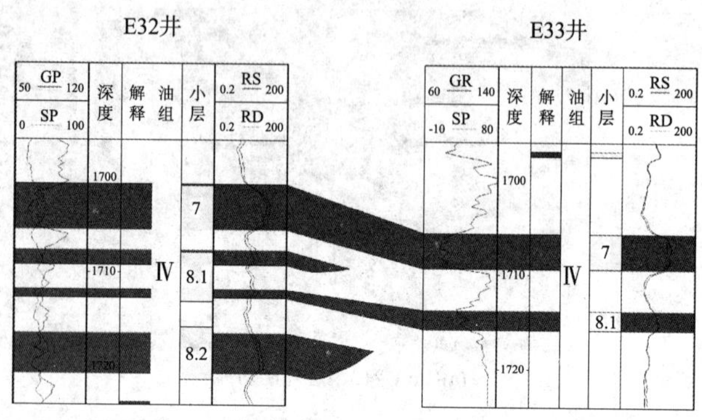

图 11　E33 - E32 连井剖面图（NmⅣ7 + 8 小层）

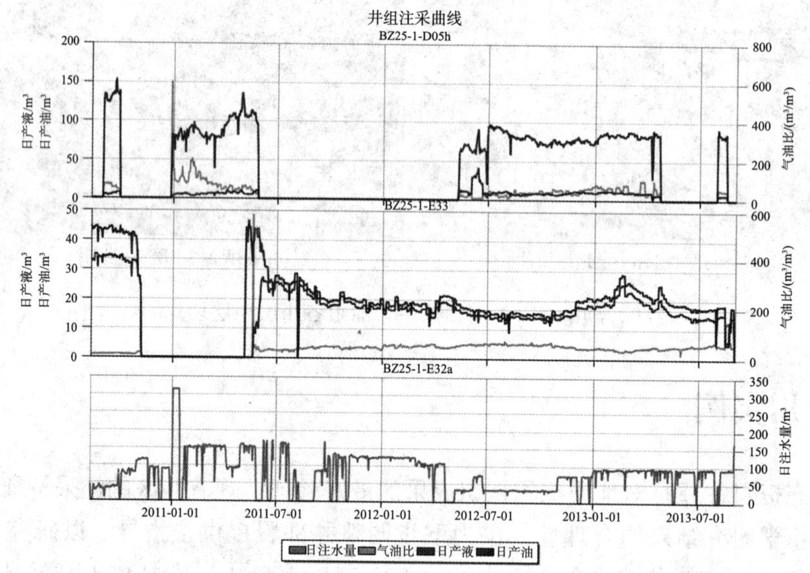

图 12　E32 井组注水见效曲线图

5　结　论

本文充分利用了研究区的三维地震资料以及现有钻井资料，井震结合，对研究区分流河道型砂体开展了地震沉积学研究。通过研究识别出了研究区存在的三种河道沉积样式，在此基础上弄清了研究主力油组各小层的河道砂体形态、展布方向及演化规律。此外，研究成果在油田实际开发生产中也得到了较好应用，解决了油田实际生产中出现的部分问题，该成果也将为油田下步调整井部署提供指导，其方法也将在渤海其他类似油田开展。相信随着下步油田水平调整井的进一步部署实施，对研究区河道型砂体的认识将取得更大进展。

参考文献

[1] 张宪国，林承焰，张涛，等．大港滩海地区地震沉积学研究［J］．石油勘探与开发，2011，38（1）：40 ~ 46.

[2] 李斌，宋岩．何玉萍，等．地震沉积学探讨及应用［J］．地质学报，2009，83（6）：820～826.
[3] 董艳蕾，朱筱敏，曾洪流，等．歧南凹陷地震沉积学研究［J］，中国石油大学学报（自然科学版），2008，32（4）：7～12.
[4] 张义娜，朱筱敏，刘长利．地震沉积学及其在中亚南部地区的应用［J］．石油勘探与开发，2009，36（1）：74～79.
[5] 董艳蕾，朱筱敏，胡廷惠，等．泌阳凹陷地震沉积学研究［J］．地学前缘（中国地质大学（北京）：北京大学），2011，18（2）：281～293.
[6] Zeng H L, William A A. Seismic sedimentology and regional depositional systems in Mioceno Norte, Lake Maracaibo, Venezuela [J]. The Leading Edge, 2001, 20 (11): 1260～1269.
[7] Zeng H L, Loucks R G, Brown L F. Mapping sediment dispersal patterns and associated systems tracts in fourth and fifth order sequences using seismic sedimentology: Example from Corpus Chris ti Bay, Texas [J]. AAPG Bulletin, 2007, 91 (7): 981～1003.
[8] 朱筱敏，刘长利，张义娜，等．地震沉积学在陆相湖盆三角洲砂体预测中的应用［J］．沉积学报，2009，27（5）：915～921.
[9] 李秀鹏，曾洪流，查明．地震沉积学在识别三角洲沉积体系中的应用［J］．成都理工大学学报：自然科学版，2008，35（6）：625～628.
[10] 查明，李秀鹏，曾洪流，等．准噶尔盆地乌夏地区中下三叠统地震沉积学研究［J］．中国石油大学学报（自然科学版），2010，34（6）：6～8.
[11] 朱伟林，李建平，周心怀，等，渤海新近系浅水三角洲沉积体系与大型油气田勘探［J］．沉积学报，2008，26（4）：575～582.
[12] 徐长贵，姜培海，武法东，等．渤中坳陷上第三系三角洲的发现、沉积特征及其油气勘探意义［J］．沉积学报，2002，20（4）：588～594.
[13] 代黎明，李建平，周心怀，等．渤海海域新近系浅水三角洲沉积体系分析［J］．岩性油气藏，2007，19（4）：75～81.
[14] 加东辉，吴小红，赵利昌，等．渤中25－1南油田浅水三角洲各微相粒度特征分析［J］．沉积与特提斯地质，2005，25（4）：87～94.
[15] 吴小红，吕修祥，周心怀，等．黄河口凹陷浅水三角洲沉积特征及其油气勘探意义［J］．石油与天然气地质，2010，31（2）165～172.
[16] 张军华，周振晓，谭明友，等．地震切片解释中的几个理论问题［J］．石油地球物理勘探，2007，42（3）：348～352，361.
[17] 钱荣钧．对地震切片解释中一些问题的分析．石油地球物理勘探，2007，42（4）：482～487.
[18] 刘洪林，杨微，王江，等．地层切片技术应用的局限性——以海拉尔盆地贝尔凹陷砂体识别为例［J］．石油地球物理勘探，2009，44（S1）：125～129.
[19] 陈兆明，袁立忠，周江江．地层切片技术在水下分流河道砂体解释中的应用石油天然气学报，2012，34（10）：55～58.
[20] Widess M B. How thin is a thin bed? [J]. Geophysics, 1973, 38: 1176～1180.

基于多因素耦合确立断层封闭性的探索——以 JX 油田为例

杨志成　吕坐彬　李红英　朱志强　张占女

[中海石油（中国）有限公司天津分公司渤海石油研究院]

摘要　针对开发阶段断层封闭性定量表征的难题，结合岩心、测井、地球物理资料，以渤海 JX 油田为例，采用多因素耦合的思路，依托 petrel 三维地质建模平台，采用蚂蚁追踪算法对于难以预测的断层进行刻画，并确立了 8 种断层发育模式，结合 SGR 的定量计算对断层封闭性开展探索。通过构建精细的断层模型和泥质含量模型，结合断层泥比率计算公式对断层封闭性进行定量表征，其结果以传导率的形式进行数据输出，研究结果对于不同类型断层控制的剩余油挖潜以及完善注采井网起到较好效果。预测累增油达 $79.7\times10^4m^3$，有效提高区域采收率 3.5%，该研究结果对于类似受控于断层的剩余油研究与挖潜具有一定指导意义。

关键词　渤海 JX 油田　断层模式　断层封闭性定量表征　剩余油

1　引　言

目前对于断层封闭性的研究重点主要侧重勘探阶段，研究对象主要为较大规模的断层，其研究方法经历了从最初的定性、半定量到现在的定量化研究。开发阶段的断层封闭性定量研究对于方案的实施以及剩余油挖潜意义重大，受制于资料和技术手段的限制，一直是研究的难点和重点，亟待突破。

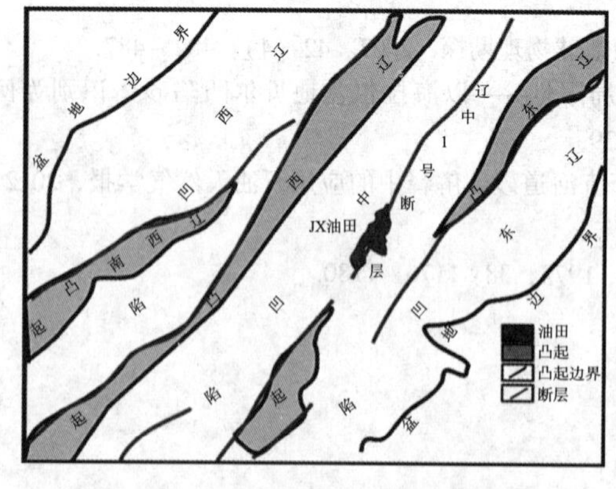

图 1　渤海 JX 油田区域位置图

2　地质概况

渤海 JX 油田位于渤海辽东湾海域，其构造位于辽中凹陷中段的洼中反转带上，油田位于郯庐断裂走滑带上，断裂活动非常强烈，构造的形成受走滑断裂控制，油田构造整体表现为复杂断块的构造特征（图 1）。被郯庐断裂的辽中 1 号大断层分割，划分为东、西两个构造单元，西块单元为依附走滑断层的长条形半背斜构造，东块构造单元为受到走滑断裂控

第一作者简介：杨志成（1986 年—），男，硕士，工程师，主要从事油气田开发地质研究工作，联系电话：022－66500853，E－mail：yangzhch7@cnooc.com.cn。

制，形成一系列复杂断块构造，并被内部次生断层划分为多个井区或断块，油田内部发育多条断层。其沉积相类型为三角洲前缘亚相，岩性主要为中－细粒和不等粒岩屑长石砂岩，岩石成分成熟度较低。石英含量平均 37.2%；长石平均 39.0%；岩屑平均 23.8%。其主力油组为古近系东营组的东二段、东三段，物性较好表现为高孔高渗的储层发育特征。

3 断层封闭性

3.1 断层发育特征

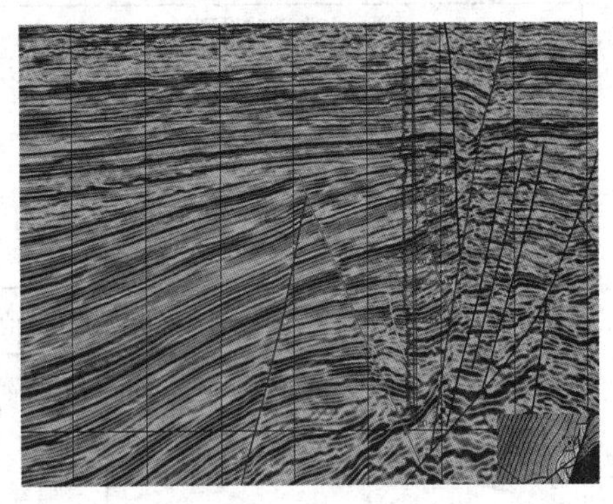

图 2 JX 油田西块 5 井区过 5 井地震剖面图

JX 油田在区域上被郯庐断裂的辽中 1 号大断层分为东、西两块，断裂活动非常强烈，构造的形成受走滑断裂控制，油田构造整体表现为复杂断块的构造特征，在近南北向走滑断层强烈的走滑作用下，油田区域中部形成一条北北东向展布的断块“凹陷”带，主要含油区域发育于该带的东、西两侧，走滑断层主支 F1 贯穿整个油田。JX 油田西块东营组发育多条断层、次生断层（图 2）。

3.2 低序级断层识别

针对低序级的断层识别的难题，采用“数据提取、属性追踪、断层识别、约束校验”的低序级断层刻画思路，分为五步开展研究。利用 petrel 一体化平台采用蚂蚁追踪算法对断层进行追踪，第一步是地震资料的处理，具体采用中值滤波算法，通过构造平滑处理以增强地震反射的连贯性。第二步采用地震数据边缘增强处理，对构造平滑后的地震体进行进一步优化处理并生成方差体，增强边界特征，突出特殊的地层不连续性并生成方差体。第三步提取蚂蚁追踪属性体，通过对蚂蚁分布边界、搜索步长、终止标准等参数进行设置，对方差体进行追踪刻画并提取蚂蚁属性体。

(a)构造平滑处理

(b)边缘增强处理

(c)蚂蚁属性体

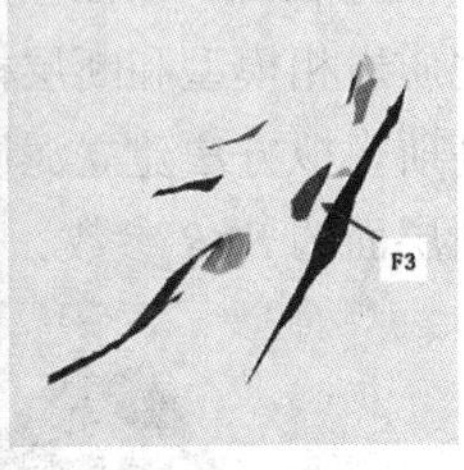

(d)断层识别结果

图 3 地震数据体处理及利用蚂蚁追踪算法确定断层

3.3 低序级断层发育模式研究

结合三维地质资料和解释结果以及蚂蚁追踪的断层在平面上的发育特征，在平面范围内对 JX 油田构造的详细分析，开展低序级断层模式的划分，根据其与构造活动的强烈程度以及低序级断层与高序级断层的接触关系，将 JX 油田划分为 4 类共 8 种断层发育模式（图 4）。

结合不同类型断层发育模式图版对 JX 油田所有断层进行了归类和研究，通过对构造活动强、构造活动较强和构造活动较弱 3 类统计结果进行分析，3 类断层具有比较明显的区分特征，JX 油田低序级断层主要集中在长度 1000～4000m、断距 10～40m，其中构造活动强类断层最多，构造活动较强类断层次之，构造活动弱类断层最少（图 5）。

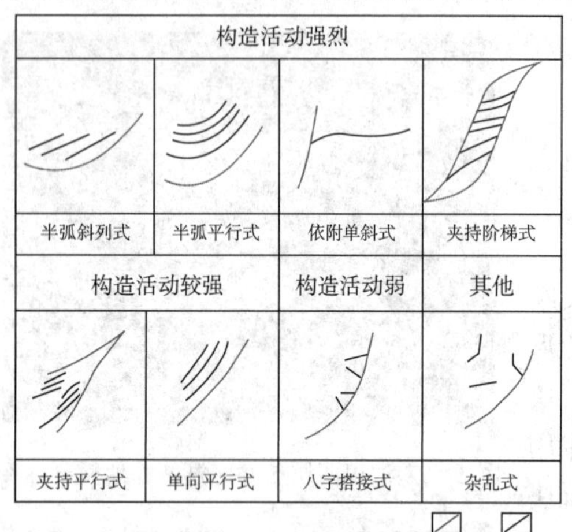

图 4　不同类型断层发育模式图

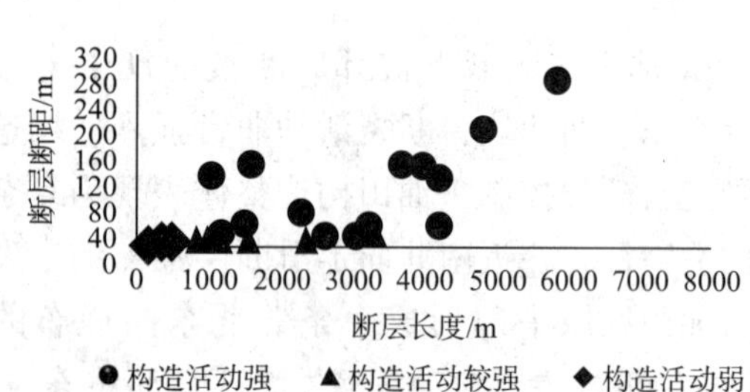

图 5　不同类型断层特征散点图

3.4　断层封闭性定量评价

准确的构造模型和精细的泥质含量模型是对断层封闭性开展定量研究的基础。本次 *SGR* 的计算利用其计算公式进行定量研究，*SGR* 为泥岩层厚度与垂直断距的比值，该参数考虑了地层的非均质性，计算方法相对更科学。

$$SGR = \frac{\sum (Vsh\Delta Z)}{D} \times 100\%$$

式中，*SGR* 为断层泥比率；*Vsh* 为泥质含量；*Z* 为岩层厚度；*D* 为垂直断距。

依托 petrel 三维地质建模－数模一体化平台，首先，分井区构建符合地质规律的精细三维地质岩相模型和断层模型，其次以井点实测泥质含量数据为硬数据，以岩相模型为约束采用高斯模拟方法建立泥质含量模型，将研究结果进行计算并赋值与断层层面上，从而得到各个断层面的 *SGR* 参数，从而实现对各个断层封闭性的定量表征（图 6）。

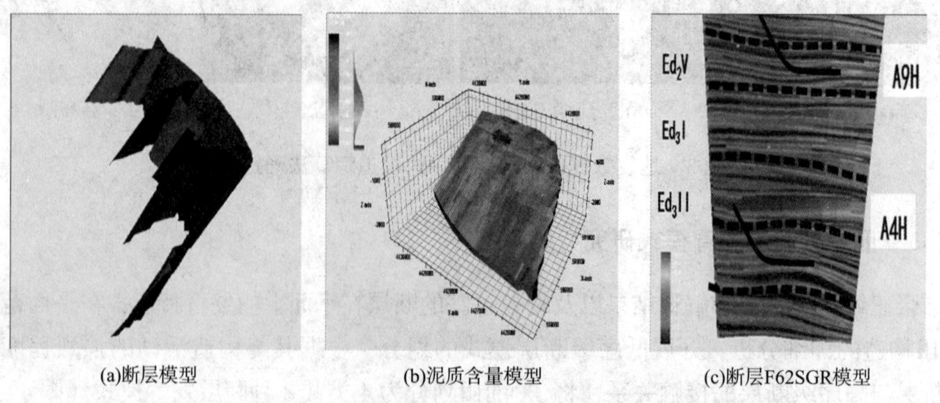

图 6　JX 油田 6 井区 *SGR* 计算流程

4 应 用

采用多因素耦合分析，结合对研究区断层分类以及断层封闭性定量评价结果，完善了地质油藏模型，通过开展对断层控制下的剩余油分布研究，明确了不同封闭条件下的调整挖潜策略。更新的地质模型更准确地反映了断层的封闭特征，对于不同封闭条件下的剩余油预测更为准确（图 7），断层封闭性定量表征的结果为断层不完全封闭，对于断层附近的剩余油后期可以通过完善井网的策略进行挖潜。

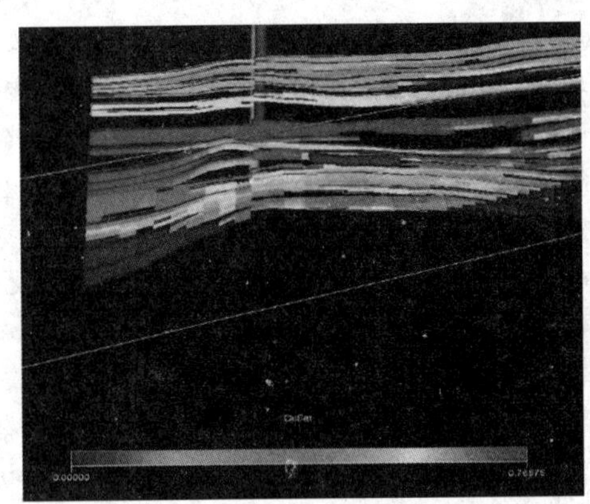

(a)老模型断层完全封闭剩余油分布图

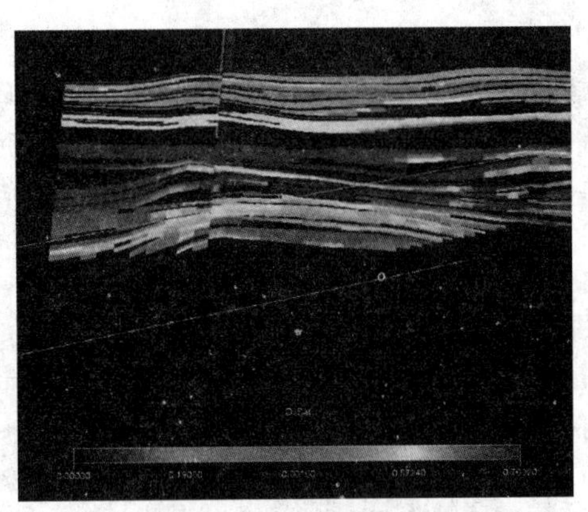

(b)新模型断层不完全封闭剩余油分布图

图 7　不同封闭性断层模型剩余油分布图

以研究结果为指导，结合更新的地质模型进行研究，通过增加注水井及加密采油井，完善注采井网并降低单井井控储量以改善开发效果。对断层封闭性弱、天然边水能量充足的断层控制剩余油富集区，加密采油井充分挖掘剩余油并提高采收率，对于断层封闭性中等、天然边水能量不足的断层控制剩余油富集区，在断层封闭性较弱的位置补充注水井，提高剩余油动用能力增强注水效果，以达到提高油田采油速度、深度挖掘井间剩余油的目的。采用油藏数值模拟软件 Eclipse 软件开展指标预测，结果显示通过部署 7 口调整井可以有效改善开发效果，累增油高达 $79.7\times10^4 m^3$，增加区域采收率 3.5%。

参考文献

[1] 张文彪，陈志海，许华明，等．断层封闭性定量评价：以安哥拉 Sangos 油田为例［J］．油气地质与采收率，2015，22（6），21～25.

[2] 杨志成，宋洪亮，郑华，等．渤海 Q 油田沙河街组精细地质研究实践［J］．重庆科技学院学报（自然科学版），2016，18（4）62～65.

[3] 陈善斌，李红英，刘宗宾，等．扇三角洲前缘储层构型解剖与实践：以渤海湾 JX 油田东块为例［J］．断块油气田，2018（2）：172～176.

[4] 杨志成，朱志强，张文彪，等．基于 wheeler 域层序研究的中深层储层预测技术研究：以渤海 Q 油田东块沙河街为例［J］．新疆石油天然气，2018，14（1）：32～37.

基于解析势流场对剩余油预测及挖潜的新方法

李根　石鹏　欧银华　常涛　黄磊

[中海石油（中国）有限公司天津分公司]

摘要　在结合B－L方程的基础上，以研究油藏内势流场做为预测剩余油分布的主要手段，通过改变势流场使更多的流线穿越剩余油分布区域作为挖潜的主要思路。对求解流函数的两种解析方法——复势函数法和边界元法进行扩展和优化，得到了适用性更广的势函数和流函数的求解方法。通过引入保角变换使传统复势函数法可应用于任意夹角边界并通过左边变换能够应用于边水波及范围预测；通过将固定公共边界法线方向、使各子域内节点流速不变而边界积分因子变的方法，实线了对多连通域、多能量源油田解析势流场的边界元法求解。将算法程序化，求解了对多个油田的势流场并与商业软件对比，结论显示解析法定量描述的特点在剩余油分布的预测中能够精确计算动用范围的边缘位置而不再受制于网格大小，能够精确的给出各位置之间的流量比例，且其收敛性好、计算速度快，修改方案简单。基于解析法求解流线来预测剩余油分布的方法可从机理角度给出油藏的参与渗流区域及各源汇、能量源之间的对应关系，对油藏开发具有重要意义。

关键词　剩余油　势流场　复势函数　边界元　保角变换　连通域

目前对于剩余油分布的预测很多情况下都采用商业软件来实现，通过较为直观地对饱和度场进行分析，即可了解剩余油所在位置。对于油藏中的每个源汇或能量源来讲，他们作为流体的入口或出口段，彼此之间在渗流场内是相互关联的。如果从饱和度场出发分析剩余油的位置，就把油藏作为了一个黑箱去处理，没能够从机理的角度内部去分析问题，尽管所使用的模拟器是采用机理去求解的，此时分析者的角度和所采用的工具不匹配；如果从研究源汇、能量源对应关系的角度去研究流动，则能够对油田的进行把握。流线技术做为一种能够直观描述流体运动规律的方法，能够描述流体运移的路径、流体的速度分布并且能够精确给出压力场的波及范围。

流线的求解方式有数值法和解析法两种。数值法都是采用网格离散手段先求解压力场，再利用飞行时间跟踪对流线进行跟踪[1]，或先用速度积分计算流函数再利用等值线，但后一种方法在保证精度的要求下网格密度相当大，因此并不常用。但数值法通常会出现不收敛的情况，由于其计算每个网格要关联于周边网格。

在网格几何形状不规则或内部特征（渗透率、饱和度）差异较大时，不收敛性会加剧。对于差分法，其对导数算法的等效是直接导致信息量丢失的天生缺陷；对于有限元法，其线性插值及权函数的选择也是从会从本质上产生误差。在误差允许的情况下，方法的选择并不会对分析者最终的决策产生影响，但如果误差是致命的呢？考虑的条件再多也是徒劳的。由

第一作者简介：李根（1985 年—），男，工程师，油气田开发专业硕士，主要从事油藏工程方面研究工作。E－mail：tslg@163. com。

于数值法对于流线求解方法的缺陷，使得其无法对流场进行定精确描述，无法对流量分布、滞留区（界定的死油区）进行定量计算，也无法对剩余油分布、挖潜效果进行定量评估及分析。

相对于解析法，虽然其考虑因素相对较少，但其具有收敛性好、能够精确定量描述的特点，能够按精确的比例绘制流线分布，因而能够在剩余油的预测中起到重要的作用。本文主要从解析法的角度去研究势流场的计算与流线的分布在剩余油预测及挖潜中的应用。

1　流场法在油藏分析中的作用

流体受力从原本的位置流向压力低的位置最终进入汇点，流动的过程受制于源汇位置、压差的大小和传导率的分布的控制。势流场的分布可看做是整个渗流过程的结果响应，压力梯度是形成流动的动力可看做是激励，源汇位置、传导率分布、流体属性及其他地质条件可看做是系统。这样就能够从信号与系统的角度分析整个油藏的过程。

流线为流场的一种体现，数值上体现为流场等值线，宏观可认为流体的运移轨迹不会穿过流线，因此流线间的区域可看做流体运移的运移通道。它展示了源汇及渗流介质之间的关系，下面从几个常见的例子如说，说明以流场作为分析油藏动态的可行性。

1.1　大泵提液含水变化

大泵提液是高含水阶段油田增产的重要手段，尤其在无法进行新增井的情况下，在单层位生产的情况下，普遍认为提液增油伴随含水快速上升，但大泵提液也存在含水初期下降、不变、上升的情况。图 1 为提液前后的流线分布图。初期两汇为等产量，A 图中两汇之间存在一个滞留线，此位置附近压力梯度最小，流线密度低，流速慢，根据 B－L 理论该位置含油饱和度也较高。在 B 图中可见，提液后两汇之间的滞留点发生了明显的便宜，流线波及到了含油饱和度较高的区域，提液井的低含水供给通道比例上升，因此会含水下降。

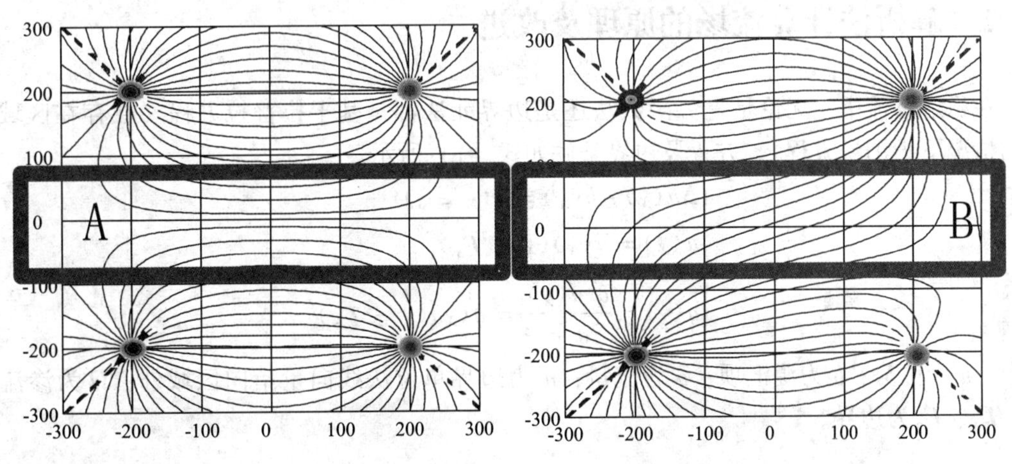

图 1　大泵提液滞留位置偏移示意图

1.2 注采关系的改变

如图2所示，汇汇之间通常存在滞留点，在对某些井进行转注或增注后，更多先前的滞留点参与了运动，起到了对油藏整体驱油效率的提高作用，从而提高了采收率。

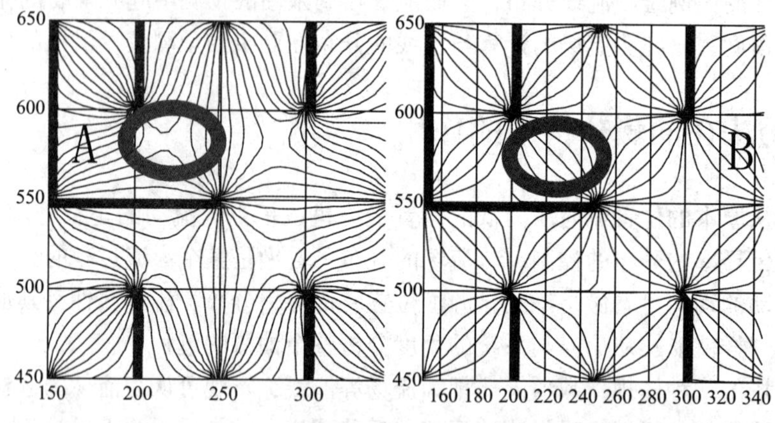

图2 转注后滞留位置偏移示意图

1.3 调整井的设计

调整井的设计也应以提高滞留区采出程度为核心思想，若将调整井的位置部于主流线附近，主流线流速高、驱替倍数大、含油饱和度低，且本来最终都可以驱替至汇，该位置的调整井不但无法提高采收率，也会影响原本流线对应的汇的生产；而将调整井部署于外围流线区域，外围流线由于路径较长，因此阻力大、流速慢，剩余油较多，该位置的调整井能够增加外围区域的采出程度。

从上述三种情况可以看出，流线在分析剩余油位置及对调整措施效果评估上具有较好的优势。

2 解析法计算流场的原理及改进

在稳定渗流中，无论是复势函数法还是边界元法都是基于拉普拉方程（在存在区域源汇的情况下为泊松方程），方程及边界条件如式（1）所示。

$$\begin{cases} \Delta u(x) + b(x) = 0 (x \in \Omega) \\ u(x) = \bar{u}(x) (x \in \Gamma_1) \\ q(x) = \dfrac{\partial u(x)}{\partial \vec{n}} = \bar{q}(x) (x \in \Gamma_2) \end{cases} \tag{1}$$

其中，u 为位势；b 为源汇项；q 为流量；n 为边界单位法线向量指向区域外；Ω 为渗流区域；Γ_1、Γ_2为边界。

2.1 采用复势函数法求解势流场

复势函数的实部表示势场的分布，虚部表示流场分布[2,3]，虚部的导数表示流体速度分布，复势函数如式（2）所示，势场如式（3）所示，流场如式（4）所示，速度场如式

(5)、式(6)所示。复势函数法实际是面向无限大地层的一种势流场的求解方法，对于较为规整的边界需采用镜像反映法进行处理后再进行计算。

$$W(z) = -\frac{1}{2\pi}\sum_{i=1}^{n} q_i \ln(z - z_i) = -\frac{1}{2\pi}\sum_{i=1}^{n} q_i(\ln r_i + i\theta_i) \tag{2}$$

$$\varphi = -\frac{1}{2\pi}\sum_{i=1}^{n} q_i \ln r_i + c_1 \tag{3}$$

$$\psi = -\frac{1}{2\pi}\sum_{i=1}^{n} q_i \theta_i + c_2 \tag{4}$$

$$V_x = \frac{1}{2\pi}\sum_{i=1}^{n} q_i \frac{\cos\theta_i}{r_i} \tag{5}$$

$$V_y = -\frac{1}{2\pi}\sum_{i=1}^{n} q_i \frac{\sin\theta_i}{r_i} \tag{6}$$

目前复势函数在处理较为复杂的边界时通常采用保角变换法进行处理，对夹角边界内势流场的求解若采用镜像反映法处理，要求夹角 θ 为 $2\pi/n$（n 为自然数），因而具有很大的局限性。经过研究后引入幂级数型变换系数，将任意夹角变换到可以进行镜像反映法的角度，就可计算了。幂级数变换式如式(7)所示，将 z 平面场点就变换为 ζ 平面场点，图(3)中 ABCD 揭示了保角变换的过程。

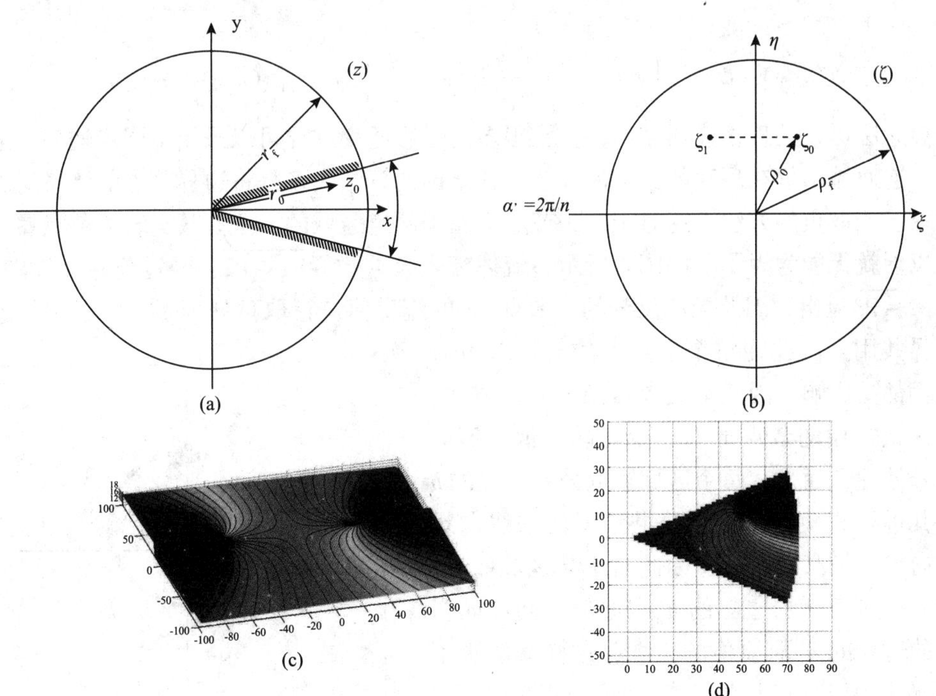

图3　保角变换扩展夹角边界适用范围流程

$$\zeta = z^{\frac{n_1}{n_0}} \tag{7}$$

式中，n_0 为 z 平面边界夹角对应的 n 值；n_1 为 ζ 平面边界夹角对应的 n 值。

2.2 采用边界元法求解势流场

边界元法以格林第二公式为基础，以拉普拉斯方程的基本解作为权函数，将微分方程转化为积分方程，其仅将边界作微分离散处理[4~7]，因此仅在距离边界相当近的地方有些许误差，而在区域内部仍未连续状态，因此边界元法认为是一种半解析法。其可直接求解位势场分布和速度场，位势场如式（8）所示，速度场如式（9）所示。

$$
\begin{aligned}
&c(P)u(P)+\int_{\Gamma}q^{*}(Q,P)u(Q)\mathrm{d}\Gamma(Q)\\
&=\int_{\Gamma}u^{*}(Q,P)q(Q)\mathrm{d}\Gamma(Q)+\int_{\Omega}u^{*}(q,P)b(q)\mathrm{d}\Omega(q)
\end{aligned}
\tag{8}
$$

$$
q_i=-\frac{\partial u(p)}{\partial x_i^p}=\int_{\Gamma}\frac{\partial u^{*}(Q,p)}{\partial x_i^p}q(Q)\mathrm{d}\Gamma(Q)-\int_{\Gamma}\frac{\partial q^{*}(Q,p)}{\partial x_i^p}u(Q)\mathrm{d}\Gamma(Q)
\tag{9}
$$

边界元法无法直接得到流场，对流场的求解要采用柯西—黎曼定理[1,3]，作者建议采用式（10），式（11）计算流场。

$$
\begin{cases}
u_x=\dfrac{\partial \varphi}{\partial x}\\
u_y=\dfrac{\partial \varphi}{\partial y}
\end{cases}
\tag{10}
$$

$$
\psi(x,y)-\psi_0=\int_0 \mathrm{d}\psi=\int_0\frac{\partial \psi}{\partial x}\mathrm{d}x+\int_0\frac{\partial \psi}{\partial y}\mathrm{d}y=\int_0(u_x\mathrm{d}_y-u_y\mathrm{d}_x)
\tag{11}
$$

边界元法可以处理多连通域问题，在很多时候渗透率差异可以采用不同渗透率连通域问题解决，连通域求解在现存的文献涉及较少，给出的算法大多是将边界节点的流量对相邻区域采用取一侧取负的方法，这对于某一节点只属于两连通域的方法有效，若某节点属于三个连通域以上就无能为力了。如图4所示，流体流入公共边界$\overline{\mathrm{P1-P2}}$，经过公共边界$\overline{\mathrm{P2-P6}}$，由边界$\overline{\mathrm{P2-P8}}$流出，因此无法反复的对节点P2的流量值进行取负处理了。由于边界节点为多条边界共用，因此在整个节点上的流量取负时所有边界都受影响，因此本文提出如下处理方法：被多个区域共用的节点上的流量为同一值，不进行正负号处理，而是在每个区域求取公共边界的h值时对其进行正负判定，使公共边界的法线向量永远指向编号较高的区域，因此对于某区域而言，法线方向指向内部的边界的h_{ij}取原值，而法向指向外部的边界的h_{ij}取原值的负数，这样就解决了多连通域共用节点时的计算问题，示例如图5所示。

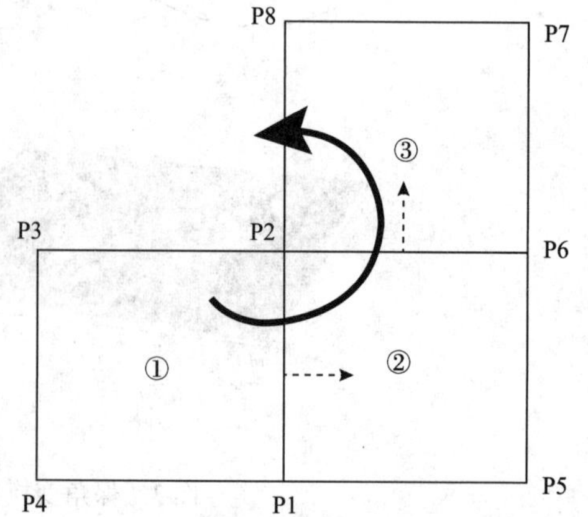

图4　节点被多连通域共用示意图

本文通过研究对复势函数及边界元法的应用范围进行了扩展和算法优化，使得解析法能够更好的与油藏流场分析相结合，对剩余油预测和挖潜工作的开展提供帮助。

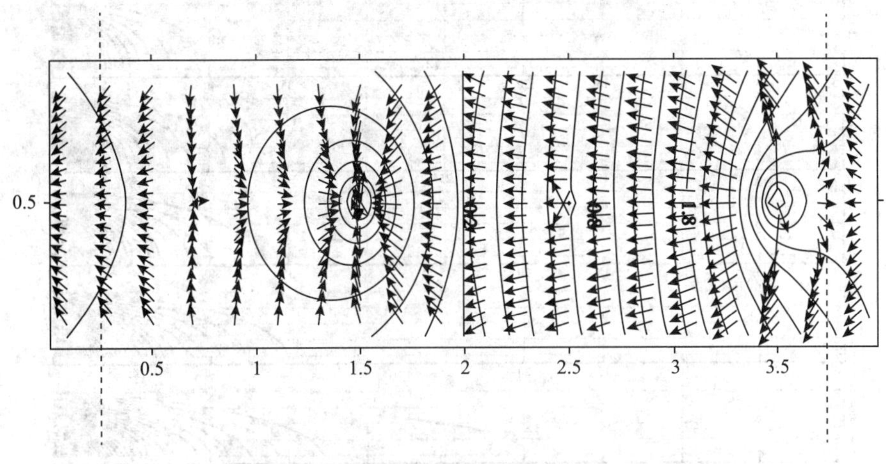

图 5　节点被多连通域共用求解例程

3　实例应用

3.1　复势函数法在边水油藏剩余油预测中的应用

对边水油藏过渡带区域（图 6）动用的研究重视程度不是太高，该位置由于离能量源太近，甚至能够部分位置呈现底水油藏的特征，边水位置流线数模收敛性也较差，由于网格的尺度问题，也无法对波及范围进行定量描述。图 7、图 8 显示了对边水油藏的剖面等效后采用保角变化法进行流场计算的过程，可以看到过渡带的动用程度是相当低的。根据此研究成果对埕北油田 E_3d_{2u} Ⅱ油组北块过渡带进行调整井措施，实施水平井 A8H1，目前累积产油 $4.3\times10^4m^3$，另有 3 口调整井将于 2018 年实施，如图 9 所示。

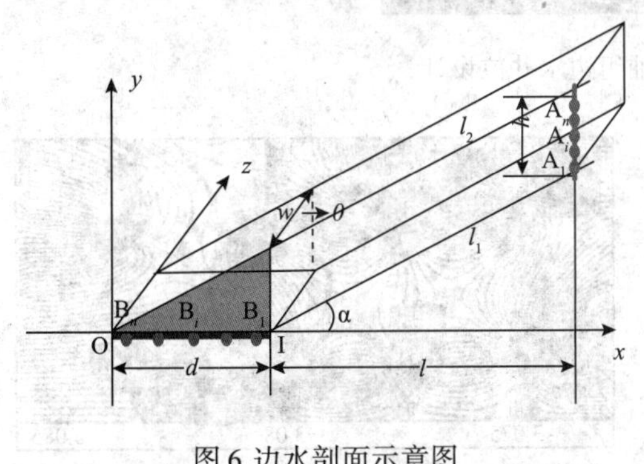

图 6 边水剖面示意图

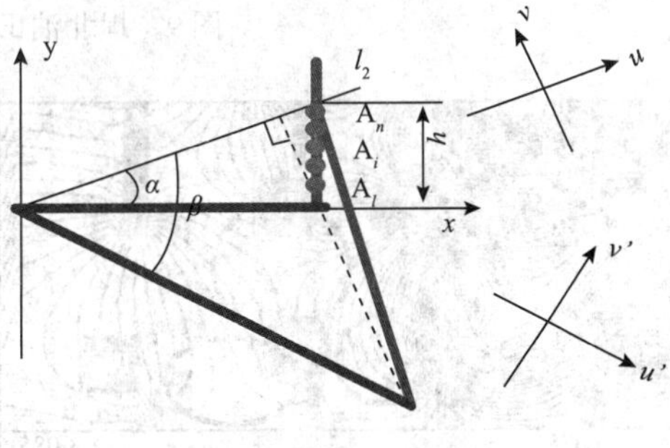

图 7　边水剖面坐标变换缩放示意图

3.2　流线在对转注前后波及范围认识的应用

对歧口 17－2 油田西高点的流场计算并绘制流线，如图 10 所示可以看到起 P23—P17、P23—P24 、P23—P24 之间存在滞留点，该位置附近为剩余油富集区，因此确定对 P23 井做转注措施，转注后这些区域得到了很好的动用，如图 11 所示，生产井的状况也得到了很大的改善。

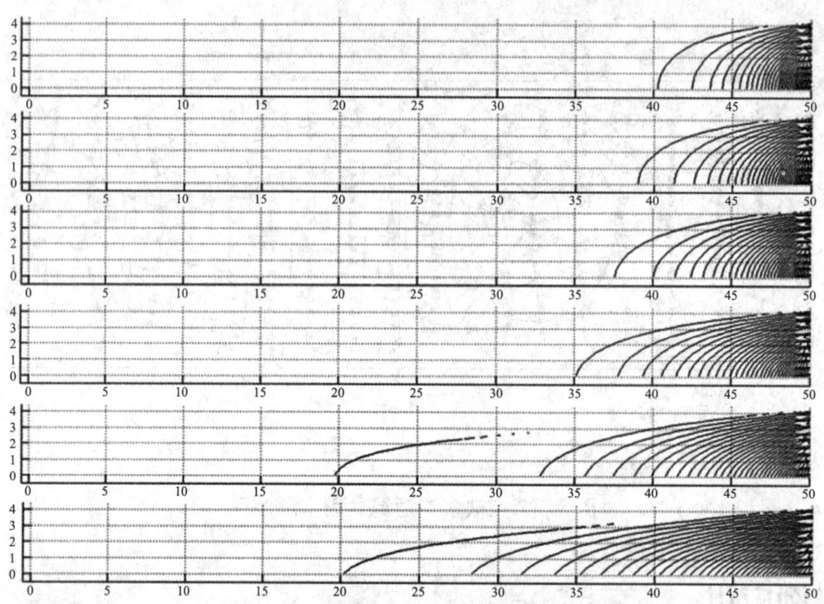

图8 不同平面垂向渗透率比下的波及范围图

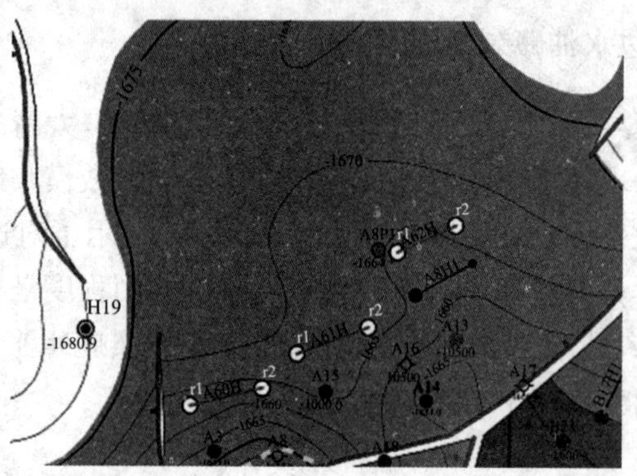

图9 埕北油田 $E_3d_2^u$ Ⅱ油组边水井位设计

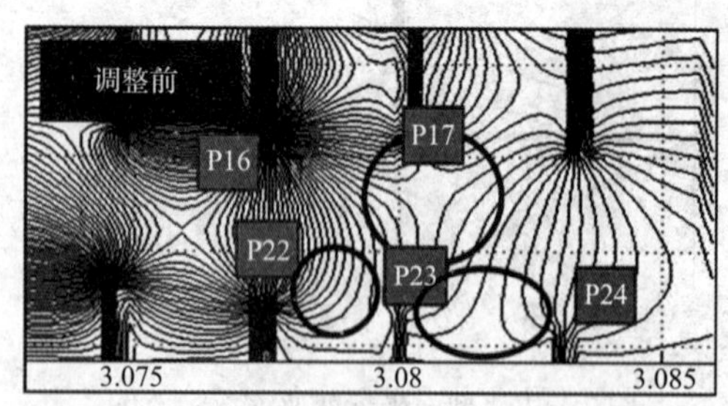

图10 歧口17－2油田P23井作为汇流线图

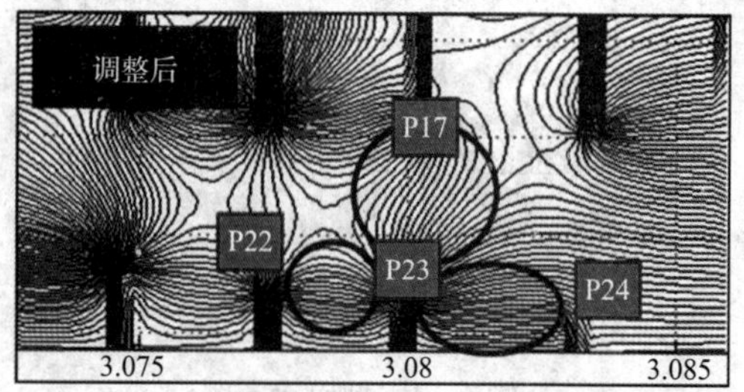

图11 歧口17－2油田P23井作为源流线图

3.3 边界元法对断层封堵性的分析与挖潜

以埕北油田 $E_3d_2^u$ Ⅱ油组的西块为例如图12所示，该区域与北块具有断层相隔，若该断层封闭，则角域内必为剩余油富集区；若断层非封闭则该角域内：（1）单纯从平面角度看为北块能量源与内部汇之间流线的中部，则应为驱替较为完善的位置；（2）从剖面叫度，断层是存在断距的，是否断距对剩余油有影响是值得研究的。通过与见水时刻等值线图（图 13）可知，北侧断层是连通的。断层上盘与下盘为两个区域，利用边界元法求解该连通域的剩余油分布图如图 14、图 15 所示。

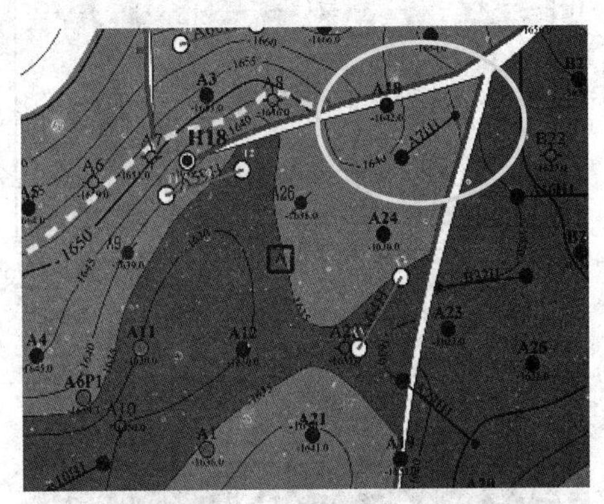

图 12　埕北油田 $E_3d_2^u$ Ⅱ油组部分含油面积图

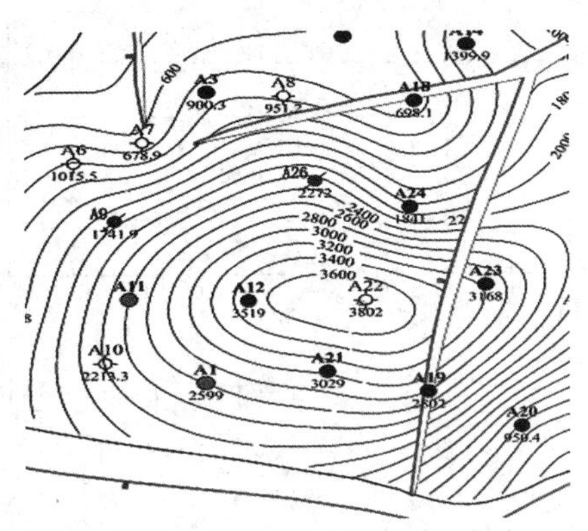

图 13　埕北油田见水时刻等值线图

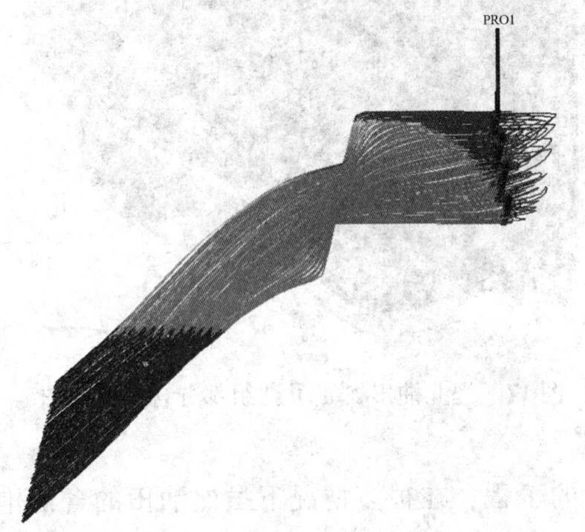

图 14　断层下盘稀油模式的剩余油示意图

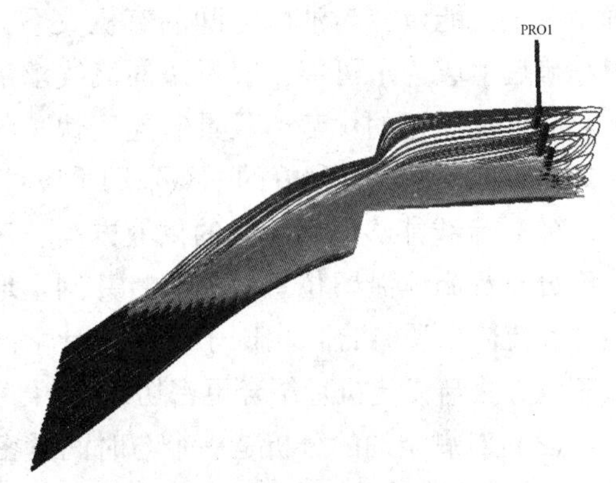

图 15　断层下盘稠油模式剩余油示意图

可以通过看到下盘的靠近断层的角落区域的流线相对其他区域的流线路径要长，对于稠油来说驱替过程中流度的随含水饱和度的增大而增大，因此短路径的流线会出现加剧超越长路程流线的过程，因此该区域形成了剩余油富集区；对于稀油来说驱替过程中流度的随含水饱和度的增大而减小，因此短路径的流线在初期会驱替快，但随后阻力变大，这时短路径流线会驱替快，如此反复下则使得稀油的驱替较为均匀，最后剩余油会集中在井附近的上段位置[8]。稀油与稠油的分流量方程与流度变化示意图如图 16 所示。

如此分析下来，证明埕北 $E_3d_2^u$ Ⅱ油组西块角域在垂向位置上部会由于断层的结构及稠油的品性特征影响存在大量的剩余油，因此部署水平井将会存在一段无水采油期，A7H1 井的动态证实了这一理论，在累产 $0.9\times10^4\mathrm{m}^3$ 后该井含水阶跃至 40%（即埕北该层位相渗的前缘含水率），根据该策略在东块断层位置部署水平调整井 A72H，将于 2018 年实施，如图 17 所示。

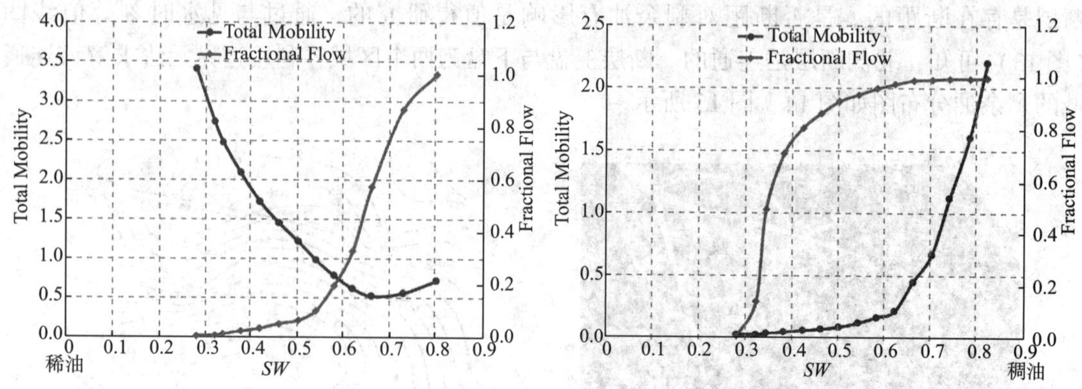

图 16　稀油与稠油流度及分流量曲线差异模式图

4　结　论

（1）以流线理论分析油田的开发可清晰地确定源汇、能量源与油藏之间的有机关系，使得精确调整成为了可能；解析法的流线求解方式具有定量描述的优势，且具有速度快、收敛性好的特征，是一种很好的油藏辅助手段；

（2）流线能够得到区域的供液方向、流动速度分布及流体滞留位置，能够将井网、地质条件和流体性质结合，相比于传统统计学的油藏工程方法与渗流机理结合更密切；

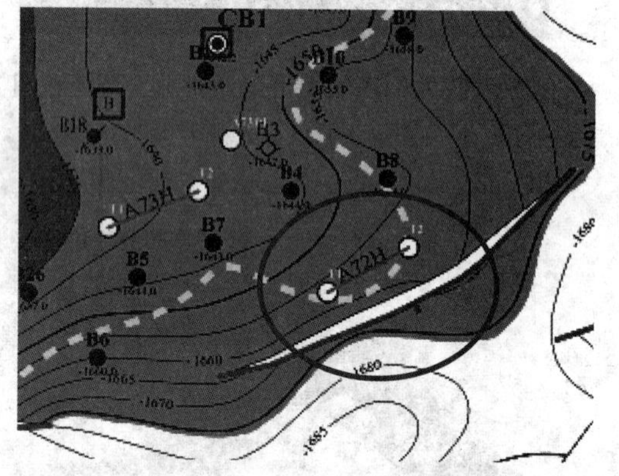

图 17　埕北油田 $E_3d_2^u$ Ⅱ油组部分含油面积图

（3）对剩余油的分析是一个与时间紧密结合的工程，在很多情况下虽然油田的含油饱和度在变化而流体流动轨迹变化不大，压力梯度高的区域饱和度的变化相对于压力梯度低的区域较快。

参考文献

[1] 阿吉尔·达塔·古普塔，迈克尔·J·金．油藏流线模拟——理论与实践［M］．北京，石油工业出版社，2015：60～85.

[2] 孔祥言．高等渗流力学［M］．安徽：中国科学技术大学出版社，2010：86～109.

[3] 西安交通大学高等数学教研室，复变函数［M］．北京：高等教育出版社，2006：53～62.

[4] 高效伟，彭海峰，杨恺，等．高等边界元法［M］．第一版，北京，科学出版社，2015：47～109.

[5] 路金甫，关治．偏微分方程数值解法［M］．第2版，北京，清华大学出版社，2004：294～303.

[6] 姚振汉，王海涛．边界元法［M］．北京，清华大学出版社，2010：99～104.

[7] D. T. NUMBERE，D. TIAB. An Improved Streamline Generating Technique Using the Boundary（Integral）Element Method［J］. SPE15135，1986.

[8] 翟云芳．渗流力学［M］．第三版，北京，石油工业出版社，2009：29～38.

基于模型正演的断裂阴影带低幅构造恢复技术研究

李黎　董政　刘南　刘振

[中海石油（中国）有限公司深圳分公司]

摘要　断层阴影问题在南海东部珠江口盆地比较常见，特别是在断层下盘紧邻断层三角区，地震资料畸变明显，地震同相轴往往表现为“上拉”、“下拉”和“错断”的假象，给低幅构造的地震地质精细研究带来很大困扰，制约油田开发实施效果。因此，针对断裂阴影带能够正确识别和预判畸变假象，消除断层阴影影响，对于低幅构造形态恢复至关重要。本文以南海东部地区A油田在ODP实施过程中面临的构造不确定问题，基于油田实际资料，综合运用钻测井及地震资料建立精细速度模型，开展波动方程正演模拟研究工作，对比模拟结果与现有地震资料，明确了断层阴影带畸变范围，有效识别断裂假象，提出了一套较为可行的断层阴影带构造定量校正方法，最大程度恢复了低幅构造的真实形态，对油田开发井位部署及储量评价具有现实指导意义，为南海东部类似油田断裂阴影带构造恢复提供了一套可借鉴的技术方法和思路。

关键词　低幅构造　断裂阴影带　构造校正　波动方程正演　叠前时间偏移

1　引　言

断裂阴影带一般指的是断层下盘靠近断层处的三角区域，该区域内地震资料往往出现信噪比低、同相轴扭曲或杂乱，地震成像出现畸变现象。叠前时间偏移地震剖面上通常表现为地震同相轴的“上拉”、“下拉”和“错断”假象，特别是针对断层控制的低幅断块油藏，在断层附近的开发井实施过程中往往出现实钻结果与预测深度出现较大偏差。针对断裂阴影带许多学者也做了大量的研究工作，通过正演模拟与实验数据分析表明，成像畸变假象主要有两种类型，一类是时间异常，即上拉和下拉现象，此类畸变对构造形态会产生直接影响，进而影响开发水平井部署；另一类是下盘地震反射同相轴错断现象，虚假断裂的存在增加了地震解释的多解性，给地球物理精细研究带来不必要的困扰，严重制约构造预测精度[1~3]。

断裂阴影带成像畸变的主要原因是地震波在穿过断面时，地震射线路径发生非对称性弯曲，从而使下盘地层成像产生畸变，本质上是因为产生地球物理异常速度单元的变薄或缺失以及地层的沉积差异，即速度横向突变问题。因此，断层倾角通常控制了断层阴影三角区的范围，断层断距及断层性质控制了断层阴影畸变的大小[3~5]。当地层速度横向变化时，即便建立准确的地震速度模型，断裂阴影带范围内时间域地震偏移算法、常规的时深转换方法等均解决不了断层阴影带构造成像问题，因此时间域构造特征并不代表真实的地质构造形态。

第一作者简介：李黎（1981年—），女，工程师，硕士，现主要从事开发地震研究工作。通讯地址：广东省深圳市南山区后海滨路（深圳湾段）3168号中海油大厦A座1309室，E-mail：lili12@cnooc.com.cn。

目前在实际地震资料处理过程中，叠前深度偏移技术是解决复杂构造及速度存在横向变化地区地震成像问题的较好方法[6]，但该方法对资料质量及偏移速度模型精度要求高，受限于地质结构与认识，实际工作中建立高精度速度模型存在很大困难，叠前速度偏移成像并不一定能达到真实精确的成像效果[7~9]。

目前地震正演模拟技术是研究地震波传播规律、特殊地质体、构造畸变等问题行之有效的技术手段[9,10]，但对于畸变构造的定量校正研究较少，断层阴影带构造认识及畸变恢复仍是油田开发过程中面临的难题。针对南海东部地区A油田断裂阴影带构造畸变问题，笔者以波动方程正演模拟为基础，通过对比统计正演结果与实际PSTM地震剖面时间差异，并求取换算每次迭代的深度校正量，反复更新和修正速度模型，最终达到利用真实地层速度场开展Kirchhoff叠前时间偏移成像的目的，并在此基础上提出了一套较为可行的低幅构造畸变定量校正方法和思路，在油田的开发生产应用中取得了良好效果，为油田开发井部署、实施和风险规避提供了有力指导，为南海东部地区类似低幅构造油田断裂阴影带畸变恢复提供了经验和借鉴。

2 油田概况

南海东部地区A油田具有构造幅度低、油层多、储量分散的特征，其构造主要受两条主干断层控制，下盘靠近断层部位地震资料信噪比低，无论PSTM和PSDM地震资料同相轴均存在一定程度的“下拉”和“扭曲”畸变特征（图1）。该油田ODP开发井A－1H等井实钻结果也证实，断裂阴影带范围内构造均有不同程度抬升。因此，结合油田生产动态，从构造认识的角度而言，油田仍存在比较大的潜力，有待进一步挖掘。

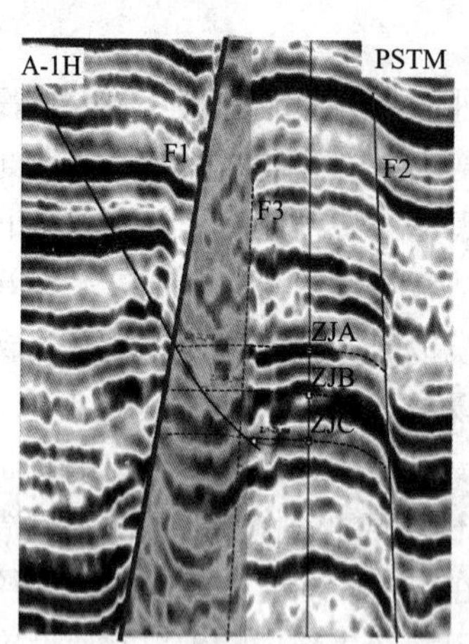

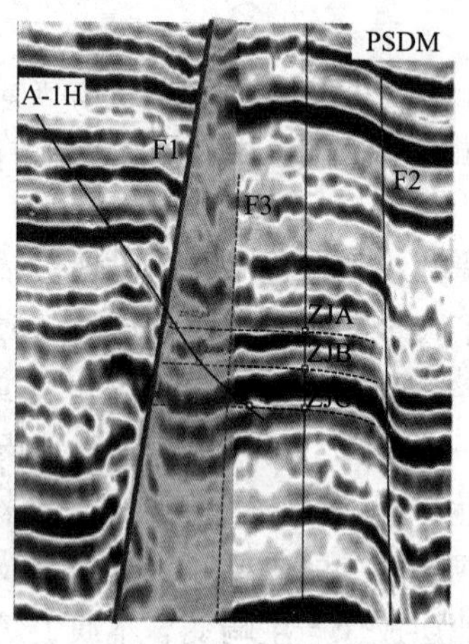

图1 南海东部地区A油田断层阴影带畸变剖面图

基于ODP实钻井钻后分析认为构造误差主要为断层两盘速度差异所致，断层附近地层厚度的变化及差异沉降使地层横向速度发生改变，鉴于地震资料处理过程中符合地质情况的真实精细速度建模难度大，叠前时间偏移与叠前深度偏移剖面上均存在不同程度的构造畸变现象，速度场的横向变化使得地震剖面中所反映的下凹构造可能在真实地层中并不存在，但低幅构造特征却没有得到真实呈现。考虑经济性与可行性，单纯依靠钻井方式来落实构造形态无疑会加大开发成本，因此有必要改变思路探寻新方法来指导构造和断层研究，去除畸变假象，恢复地层真实形态，指导储量评估，助推开发生产。

3 技术方法和思路

目前研究构造畸变规律比较好的技术手段是波动方程正演模拟技术。地震正演模拟就是利用已有资料建立地下地质模型，根据地震波在地下介质中的传播原理，通过射线追踪或波动方程偏移等方法，正演模拟计算出对应于建立模型的地震记录，其主要目的是通过模拟记录与实际地震记录的对比分析，校正初始模型，使之更接近地下真实的地质情况[3,11]。

针对断裂阴影带构造畸变所带来的地震构造研究与断层解释多解性问题，笔者提出地震正演模拟指导的定量校正技术思路（图2），以叠前时间偏移地震资料、测井资料、地震解释数据及实钻分层为基础，首先针对断层阴影带构造畸变特征进行机理分析，在畸变成因认识的基础上结合构造统计数据总结规律，依此建立较为准确的地质模型，通过二维地震Kirchhoff叠前时间偏移正演得到模型对应的叠前时间偏移（PSTM）剖面，将其与实际PSTM剖面对比分析，并统计出两者之间的时间差异，进行时深转换，将得到的深度校正量更新和修正地质模型，利用地震正演模拟技术进行迭代验证，直至正演时间偏移（PSTM）剖面形态与实际PSTM剖面趋于一致且时间误差很小，并将每次求取的深度校正量与原始深度构造相加，最终得到畸变恢复的校正后构造图。

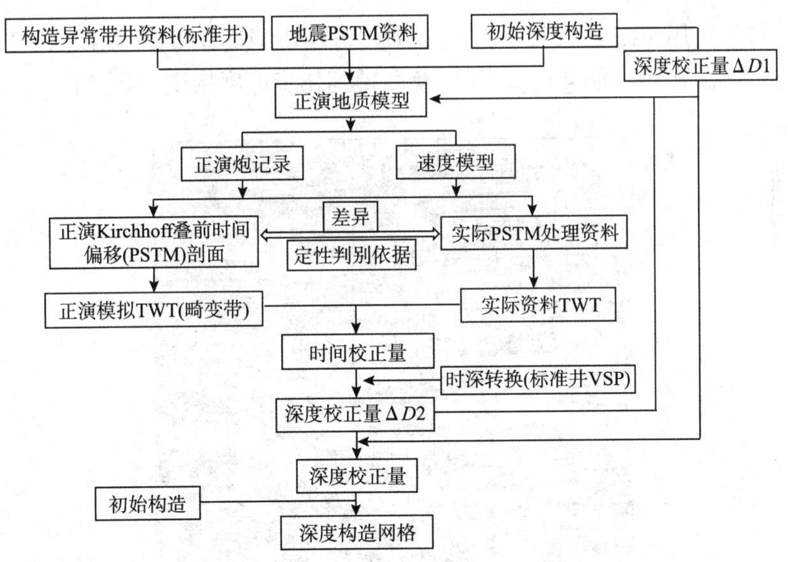

图2 地震正演模拟指导的定量校正技术思路

4 模型建立与正演模拟

为了使正演模拟更接近实际，综合利用测井资料与构造研究成果，确定了过A－1井、A－2井地质模型的基本结构和物理参数（表1），并根据野外采集参数模拟放炮，对模拟采集数据进行偏移处理。分析开发井实钻误差及理论模型正演结果，认为南海A油田断层阴影带构造畸变影响因素横向稳定（油田构造简单、断层横向断距及倾角变化不大）。

表1　浅层围岩物理参数统计表

层　名	上升盘速度/(m/s)	下升盘速度/(m/s)
1	2500	2510
2	2758	2818
3	2878	2947
4	3030	3008
5	3163	3222
6	3318	3432
7	3536	3451
8	3413	3489
9	3527	3378
10	3624	3405
11	3526	3449
12	3616	3882
13	3740	3780
Base	3950	4039

本次研究首先利用南海A油田过井典型剖面搭建模型（图3），采用A－1井、A－2井的时深关系进行时深转换（图4），时深转换后得到初步深度构造（图5）。

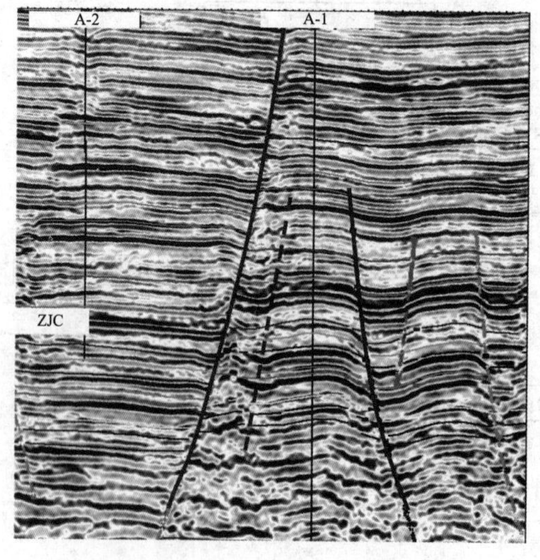

图3　南海A油田典型过井地震剖面

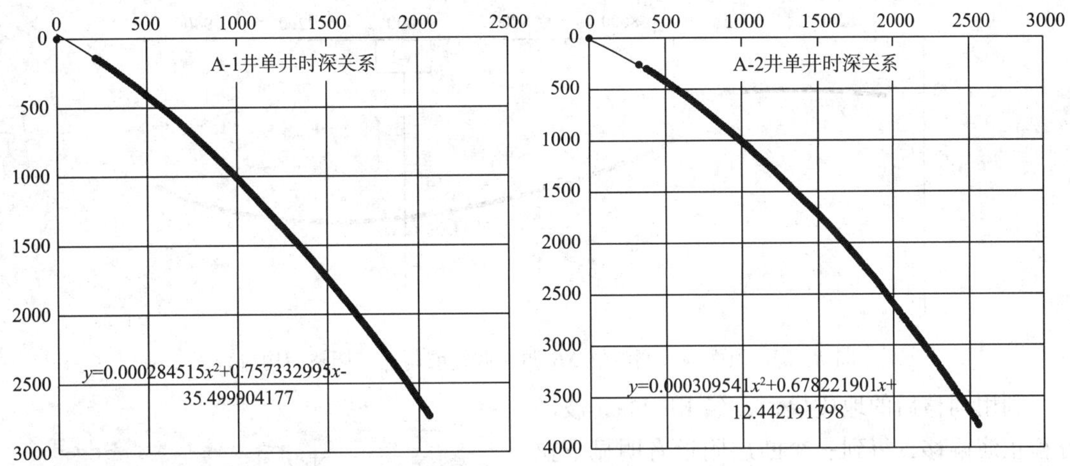

图4　南海A油田时深关系曲线

初步构造剖面与实钻井A－1H存在较大误差，也说明了直接利用单井时深转换的方法，无法解决断层阴影带构造畸变的问题，因此在此初步构造的基础上，结合构造畸变认识及区域统计规律，对该套构造进行了调整（图5中虚线），并建立相应的正演地质模型（图6）。以主力油层ZJC层为例，调整前后构造相减得到深度相对调整量ΔD调（图7）。另外，根据油田特点及开发实践经验，构造中F3断层认为是断层阴影带造成的断裂假象，在初始模型的建立过程中对F3小断层进行剔除。

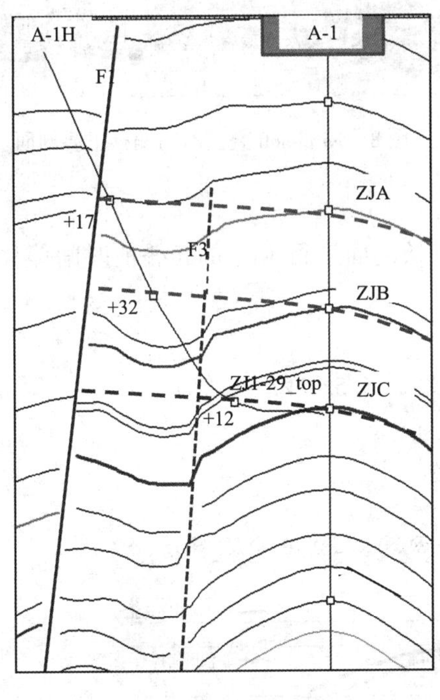

图5　初步构造剖面

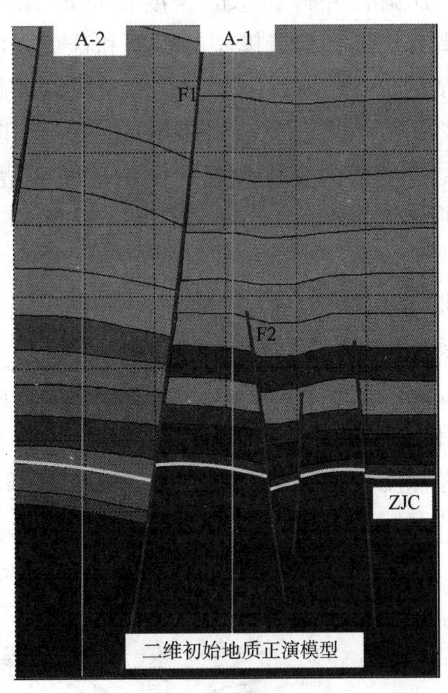

图6　调整后构造剖面

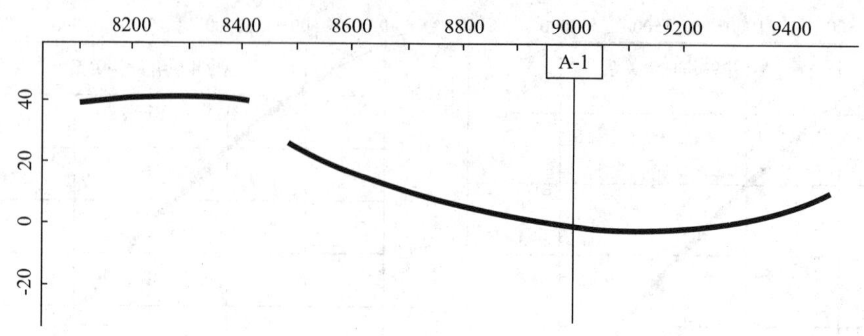

图 7　ZJC 顶面构造调整量 ΔD 调（调整前构造 - 调整后构造）

利用调整后的地质模型，经 Kirchhoff 波动方程正演偏移，得到一个断层附近有明显下拉的时间构造（图 8），正演 PSTM 剖面与实际 PSTM 剖面（图 3）存在较好的相似性(图 9)，说明图 8 的构造形态是较为准确的。对比 ZJC 层正演时间构造与实际 PSTM 构造，仍存在一定的时间残差 ΔT 校（图 10），由于该差异量是正演与实际的时间差异量，因此利用 A - 1 井时深关系进行时深转换后的深度残差 ΔD 校，并与 ΔD 调合并得到总的深度校正量 ΔD 总，依据此方法进行构造模型的更新和迭代，使最终正演的 PSTM 地震剖面与实际地震剖面趋于一致。正演结果表明油田范围内的 F3 小断层为地层速度横向变化引起的同相轴畸变假象，油藏阴影带内不存在小断层。

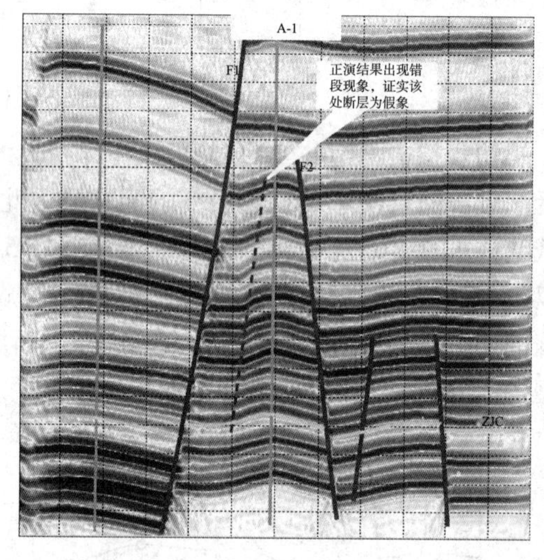

图 8　Kirchhoff 叠前时间偏移正演剖面

考虑油藏范围构造形态展布，在潜力区选取多条剖面进行 Kirchhoff 叠前时间偏移正演模拟研究，并有效地对 ZJC 层深度构造进行恢复。

深度校正量具体公式表述为：

$$\Delta D\text{校} = (T2 - T1) \times (284.515 \times TWT \times 10^{-6} + 35.5/TWT + 0.757)$$

其中，$T2$、$T1$ 分别为正演、实际 ZJC 层时间层位。

总深度校正量表述为：ΔD 总 = ΔD 调 + ΔD 校。

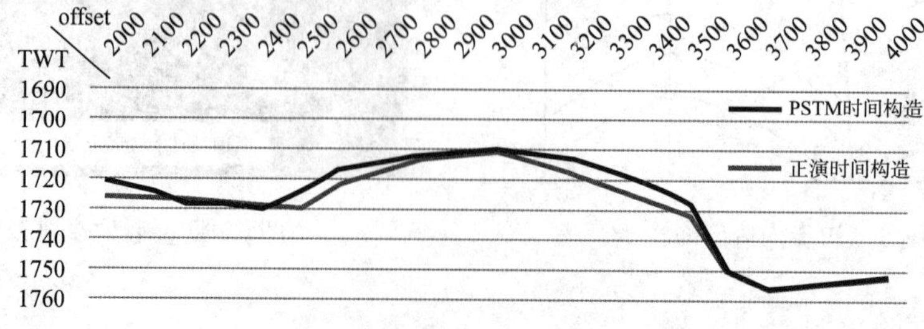

图 9　ZJC 层正演时间构造与 PSTM 对比

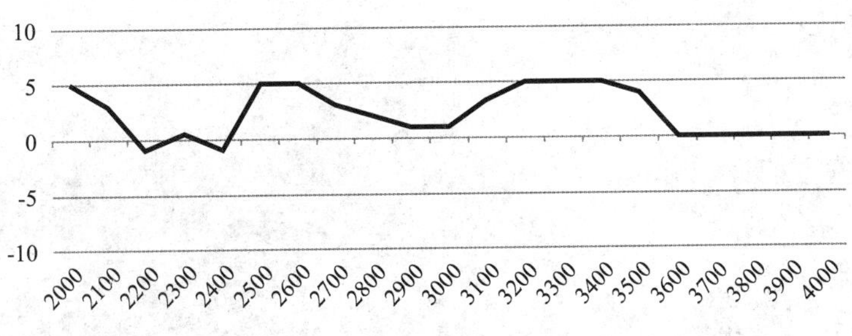

图 10　ZJC 层时间校正量 ΔT 校

5　构造图校正及应用效果

在构造畸变正演模拟研究过程中，正演概念模型与实际地质模型相结合，由简单到复杂，充分利用已知信息，不断完善模型，逐步逼近地质真实情况，充分展现了正演模拟技术的优势。

本次研究针对南海 A 油田阴影带区域选取多条垂直断层方向的剖面进行正演研究，确保控制构造形态，从而获得多条剖面方向的深度校正量，油藏范围内共建立了 5 个正演模型（图 11 中黑色实线条表示模型平面位置），利用前述构造校正方法，对 5 条剖面进行了校正，并结合断距、倾角变化对模型影响，综合所有二维剖面深度校正量进行构造误差样点统计，根据校正量样点统计结果，编辑 ZJC 深度校正量 ΔD 总平面误差网格（图 11），并与校正前 ZJC 层深度网格（利用单井时深转换得到）相加，得到校正后的 ZJC 层深度网格，最终达到有效恢复 ZJC 层深度构造。

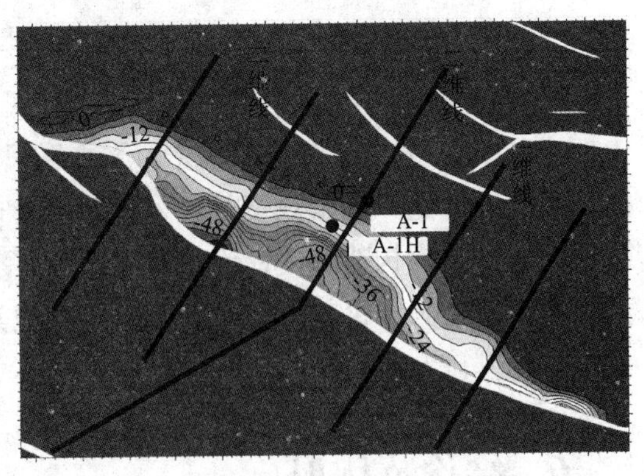

图 11　ZJC 层顶界深度构造误差趋势图 $\Delta D_{总}$

将校前、校后两套深度网格与 A1 – H 井实钻对比，发现校正后构造误差只有 3m（校前约 12m），构造准确度得到提升。对比校正前后构造，主控断层附近构造抬升明显，校正前南海 A 油田构造为一断背斜构造，校正后则为断鼻构造（图 12、图 13）。同样，根据上述流程得到其他解释层的真实构造。

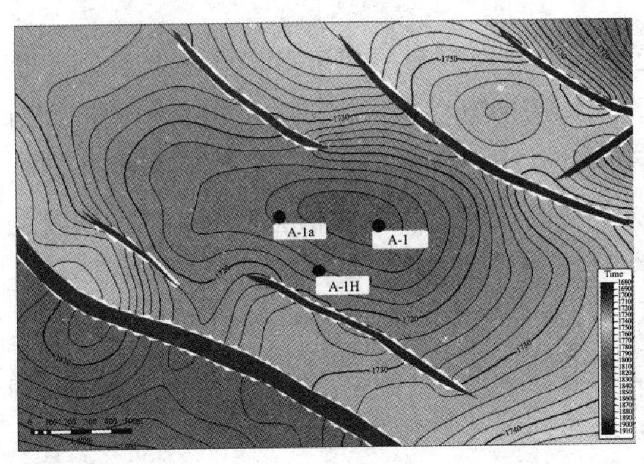

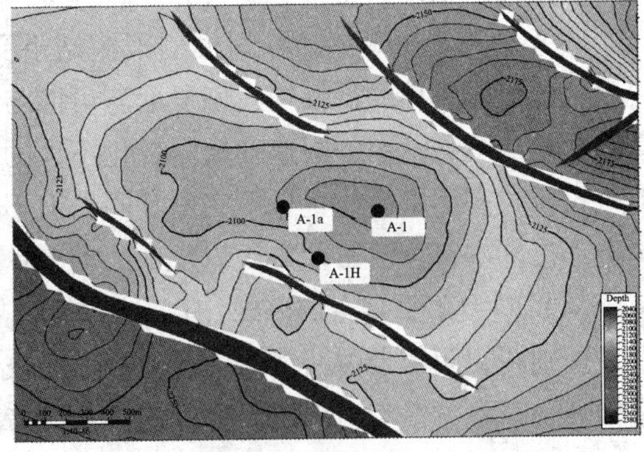

图 12　ZJC 层顶界等 T0 图（左）、校前深度构造图（右）

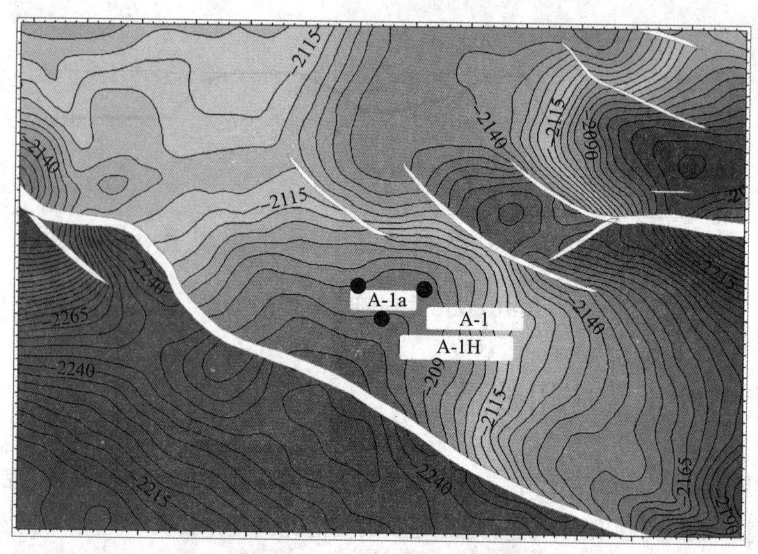

图 13　ZJC 层校后深度构造图

通过模型正演的断裂阴影带低幅构造恢复技术研究，南海 A 油田主要含油层段构造均由原来的断背斜转变为断鼻构造，含油面积大幅增加，预计储量规模较 ODP 实施前有大幅度提高，按照这一储量规模，最多可新增 6 口开发井，此外，深层也存在可观的资源量有待钻探。通过本次构造畸变评价，有效落实了南海 A 油田构造形态，为油田储量规模评估以及整体开发潜力评价打下坚实基础，为其他具有类似阴影带背景及构造特征的油田提供了宝贵的理论基础和实践经验。

6　结论及认识

（1）基于波动方程的正演模拟技术是一项非常重要的地球物理技术，可针对不同问题或不同需求，设计相应的模型进行分析，并识别地震剖面中的虚假信息。本次断层上下盘速度模型的建立均来自油田实钻井点数据，速度模型最大限度的贴近真实地层情况；

（2）本次研究充分利用钻测井信息，补充已有地震资料的不足，结合实际油田模型正演应用，通过校正样点统计，最终做到半定量恢复阴影带内构造，对研究断块油田构造变化、落实构造圈闭具备借鉴意义；

（3）理论上由于波动方程模型正演结果受采集、处理、地层速度等因素影响，基于正演模拟校正量统计的低幅构造恢复形态可能与真实构造形态存在一定偏差，但对于构造相对简单、地层沉积稳定、层速度横向变化不大的地区，从生产实践应用效果上看，即使正演模拟校正量与实际真实校正量不完全等同，但不影响对断裂阴影带虚假信息识别，畸变恢复的构造形态基本符合油田构造认识及生产动态；

（4）断裂阴影带在南海珠江口盆地较为普遍，基于模型正演的断裂带低幅构造恢复技术是识别断裂阴影带内断裂假象及构造形态恢复的有效手段，其研究成果可为圈闭识别、储量估算及开发方案实施、调整提供支持和保障，具备简便、快捷和经济的特点。

参考文献

[1] Stuart Fagin，赵改善. 断层阴影问题：机理与消除方法 [J]. 石油物探译从，1997，2：51 ~ 55.

[2] 龚幸林，吴育林，杨晓，等. 地震反射同相轴畸变的正演分析方法_ 在阿姆河右岸区块的应用 [J]. 天然气工业，2010，30 (5)：34 ~ 36.

[3] 宋亚民，赵红娟，董政，等. 基于地震正演的断层阴影校正技术及其在南海 A 油田的应用研究 [J]. 工程地球物理学报，2016，13 (4)：521 ~ 527.

[4] 赵刚，刘勇，聂其海，等. 正演模拟识别断层阴影及效果分析 [J]. 当代化工研究，2016，09：13 ~ 15.

[5] 刘南，李熙盛，侯月明，等. 模型正演在断层阴影带内构造研究中的应用 [J]. 西南石油大学学报，2016，38 (5)：65 ~ 73.

[6] 罗勇，张龙，马俊彦，等. 复杂构造地震叠前深度偏移速度模型构建及效果 [J]. 新疆石油地质，2013，34 (5)：576 ~ 579.

[7] 叶月明，庄锡进，胡冰，等. 典型叠前深度偏移方法的速度敏感性分析 [J]. 石油地球物理勘探，2012，47 (4)：552 ~ 558.

[8] 郝守玲，赵群. 横向速度变化对构造成像影响的物理模拟研究 [J]. 石油物探，2008，47 (1)：49 ~ 54.

[9] 鲁红英，李显贵，肖思和. 基于模型正演的叠前深度偏移 [J]. 天然气工业，2006，26 (6)：552 ~ 558.

[10] 李素华，王云专，范兴才，等. 模型正演技术在兴城地区叠前深度偏移中的应用 [J]. 地球物理学进展，2008，23 (4)：1216 ~ 1222.

[11] 李志祥. 地震模型正演在盐下构造中的应用 [J]. 海洋地质前沿，2014，30 (8)：55 ~ 59.

基于张型广适水驱特征曲线计算油藏极限驱油效率

孙常伟　谢日彬　杨勇　刘远志　李小东

[中海石油（中国）有限公司深圳分公司]

摘要　对于疏松砂岩油藏，取心难度大，一维长期水驱油相渗实验得到累计产油量和累计产水量随水驱倍数规律更是困难，常用非稳态相渗计算方法得到的驱油效率较难反映特高含水期驱油效率的变化。本文基于张型广适水驱特征曲线计算推导油田动态数据与驱油效率间的内在联系，从张金庆已推出的含水率与采出程度关系出发，通过代入经典 Welge 方程和物质平衡方程推导油田含水饱和度与含水率的关系，求解复杂系数的非齐次常微分方程，可以得到为油田开发中后期的高含水条件下的驱油效率。由于张型广适水驱特征曲线对特高含水期边水油藏的可采储量预测的准确性，推导出的极限驱油效率可以一定程度反映出高驱替倍数水驱条件下特高含水期驱油效率的定量表征问题，从而为油田开发中后期剩余油分布研究及极限采收率的表征提供了依据。

关键词　疏松砂岩　特高含水期　动态数据　极限驱油效率　张型广适水驱特征曲线

常规驱油效率一般通过非稳态相渗的办法计算[1]，行业标准中的相渗实验条件并不适合特高含水期条件下，多倍水驱后特高含水期的驱油效率难以确定。纪淑红认为高含水期的驱油效率并不是一直不变的，含水率到达 99.9% ~99.999% 或注水一定孔隙倍数下作为水驱油效率[2]。张金庆提出了张型及广适水驱曲线[3,4]，可以解决了高含水期水驱规律表征的问题[5,6]。本文基于张型广适水驱特征曲线推导出油田驱油效率，可以计算含水率为 99.9% ~99.999% 下的极限驱油效率。

1　公式推导

张金庆提出一种适用于油田各种开发方式的水驱特征曲线，即张型广适水驱特征曲线[7]，其表达式为：

$$N_p = N_R - a\frac{N_p^2}{W_p^q} \tag{1}$$

其中含水率与可动油储量采出程度的关系为：

$$f_w = \frac{a^{\frac{1}{q}} N_R^{\frac{1}{q}-1} R_f^{\frac{2}{q}-1}(2 - R_f)}{a^{\frac{1}{q}} N_R^{\frac{1}{q}-1} R_f^{\frac{2}{q}-1}(2 - R_f) + q(1 - R_f)^{\frac{1}{q}+1}} \tag{2}$$

第一作者简介：孙常伟（1991 年—），男，工程师，中国石油大学（北京）油气田开发专业硕士，从事油田开采及提高采收率工作，通讯地址：518000，广东省深圳市南山区后海滨路 3168 号中海油大厦 A 座 2811 室，联系电话：0755 - 26022399，Email：sunchw4@ cnooc. com. cn。

根据式（1）含水率和可动油储量采出程度关系很难得到可动油储量采出程度与含水率关系，必须通过简化后才可以得到近似关系。由张金庆书中[7]，可以查到累积产油量与含水率关系为：

$$N_p = N_R\left(1 - \frac{1}{\left[1 + 0.006738\exp(4.5 + q)\left(\frac{q}{2a^{\frac{1}{q}}N_R^{\frac{1}{q}-1}}\frac{f_w}{1 - f_w}\right)^{\frac{q(1.1-0.2q)}{2-q}}\right]^{\frac{2-q}{1+q}}}\right) \tag{3}$$

油田的累计产油量为：

$$N_p = N \cdot R \tag{4}$$

油田的地质储量为：

$$N = \frac{V_p(1 - S_{wi})}{B_{oi}} \tag{5}$$

由物质平衡方程可知地层某时刻的平均含水饱和度为：

$$\overline{S_w} = S_{wi} + \frac{B_o(1 - S_{wi})}{B_{oi}}R \tag{6}$$

著名的 Welge 方程中油水两相区平均含水饱和度与出口端含水饱和度的理论关系可以表示为[9]：

$$\overline{S_w} = S_{wi} + \frac{1 - f_w}{\frac{df_w}{dS_w}} \tag{7}$$

联立式（4）、式（7）可以得到常微分方程[10]：

$$\frac{dS_w}{d(1 - f_w)} + \frac{\frac{B_o(1 - S_{wi} - S_{or})}{B_{oi}}\left[1 - \frac{1}{\left[1 + 0.006738\exp(4.5 + q)\left(\frac{q}{2a^{\frac{1}{q}}N_R^{\frac{1}{q}-1}}\frac{f_w}{1 - f_w}\right)^{\frac{q(1.1-0.2q)}{2-q}}\right]^{\frac{2-q}{1+q}}}\right] + S_{wi}}{1 - f_w} - \frac{S_w}{1 - f_w} = 0 \tag{8}$$

式（8）属于非齐次常微分方程[11]：

$$y_1 + f_1(x)y_1^{a_1} + g_1(x)y_1^{b_1} = 0 \tag{9}$$

根据常微分方程手册[12]，式（9）解为：

$$u + (a_1 - 1)f_1u^2 + (a_1 - 1)g_1u^{\frac{a_1+b_1-2}{a_1-1}} = 0 \tag{10}$$

整理式（8）~式（10）可得到：

$$u - \frac{\frac{B_o(1 - S_{wi} - S_{or})}{B_{oi}}\left[1 - \frac{1}{\left[1 + 0.006738\exp(4.5 + q)\left(\frac{q}{2a^{\frac{1}{q}}N_R^{\frac{1}{q}-1}}\frac{f_w}{1 - f_w}\right)^{\frac{q(1.1-0.2q)}{2-q}}\right]^{\frac{2-q}{1+q}}}\right] + S_{wi}}{1 - f_w}u^2 + \frac{1}{1 - f_w}u = 0 \tag{11}$$

式（11）中形式为伯努利方程：

$$y_2 + f_2(x)y_2^2 + g_2(x)y_2 = 0 \tag{12}$$

根据常微分方程手册，式（12）可以得到：

$$f_2(x) = \frac{\frac{B_o(1 - S_{wi} - S_{or})}{B_{oi}}\left[1 - \frac{1}{\left[1 + 0.006738\exp(4.5 + q)\left(\frac{q}{2a^{\frac{1}{q}}N_R^{\frac{1}{q}-1}}\frac{f_w}{1 - f_w}\right)^{\frac{q(1.1-0.2q)}{2-q}}\right]^{\frac{2-q}{1+q}}}\right] + S_{wi}}{1 - f_w} \tag{13}$$

$$g_2(x) = \frac{1}{1 - f_w} \tag{14}$$

根据式（9）~式（14）式可知：

$$y_2^{-1} = u^{-1} = y_1^{1-a} = S_w \tag{15}$$

将式（12）~式（15）整理得到[11]：

$$S_w = S_{wi} + \frac{B_o(1 - S_{wi} - S_{or})}{B_{oi}} \times$$

$$\left[1 - \frac{1+q}{2-q} \frac{1}{\left[1 + 0.006738\exp(4.5+q)\left(\frac{q}{2a^{\frac{1}{q}} N_R^{\frac{1}{q}-1}} \frac{f_w}{1-f_w}\right)^{\frac{q(1.1-0.2q)}{2-q}}\right]^{\frac{2-q}{1+q}}}\right] - (1 - f_w) \times S_c \tag{16}$$

由于 $f_w = 0$ 时，$S_w = S_{wi}$，代入式（16）可以得到：

$$S_c = \frac{B_o(1 - S_{wi} - S_{or})}{B_{oi}} - 2\frac{B_o(1 - S_{wi} - S_{or})}{B_{oi}}a \tag{17}$$

式（17）代入（16）并整理得到：

$$S_w = S_{wi} + \frac{B_o(1 - S_{wi} - S_{or})}{B_{oi}} \times$$

$$\left[1 - \frac{1+q}{2-q} \frac{1}{\left[1 + 0.006738\exp(4.5+q)\left(\frac{q}{2a^{\frac{1}{q}} N_R^{\frac{1}{q}-1}} \frac{f_w}{1-f_w}\right)^{\frac{q(1.1-0.2q)}{2-q}}\right]^{\frac{2-q}{1+q}}}\right] -$$

$$(1 - f_w)\left[\frac{B_o(1 - S_{wi} - S_{or})}{B_{oi}} - 2\frac{B_o(1 - S_{wi} - S_{or})}{B_{oi}}a\right] \tag{18}$$

水驱油田驱油效率为[13]：

$$E_D = \frac{S_w - S_{wi}}{1 - S_{wi}} \tag{19}$$

式（19）即为张型广适水驱曲线推导出的对应的油水渗流特征 S_w 与 f_w 关系式。将上式（18）代入式（19），可以得到含水率与驱油效率理论关系式：

$$E_D = -\frac{B_o(1 - S_{wi} - S_{or})}{B_{oi}(1 - S_{wi})}\left[(2a-1)f_w - f_w - \right.$$

$$\left.\frac{1+q}{2-q} \frac{1}{\left[1 + 0.006738\exp(4.5+q)\left(\frac{q}{2a^{\frac{1}{q}} N_R^{\frac{1}{q}-1}} \frac{f_w}{1-f_w}\right)^{\frac{q(1.1-0.2q)}{2-q}}\right]^{\frac{2-q}{1+q}}}\right] \tag{20}$$

2 实例应用

以我国南海东部珠江口盆地北部坳陷带 HZ 某油田为例说明式（20）的适用性。HZ 某油田是南海东部中较典型的以边水油藏为主导的油田，其边水油藏储量占油田总地质储量 98.23%，占据绝对优势地位，油田动态特征主要体现边水油藏动态特征。由于该油田是以边水油藏为主的油田，其产能建设阶段含水率波动严重，因此无水采油期无法认定；低含水采油期相对较长，采出油量也相对较多，低含水期结束时，采出程度达到 34.31%，主要采油时期仍为此后的生产阶段。该油田目前可采储量为 $3574 \times 10^4 m^3$（表 1）。

表 1　HZ 某油田生产动态

时　间	累计产油量/ $\times 10^4 m^3$	累计产水量/ $\times 10^4 m^3$	含水率/%	采出程度/%
2004	1904	1859	82.2	53.3
2005	1994	2330	84.3	55.8
2006	2060	2756	88.2	57.6
2007	2116	3255	89.7	59.2
2008	2162	3719	91.9	60.5
2009	2190	4089	92.6	61.3
2010	2222	4461	93.1	62.2
2011	2257	4841	93.9	63.1
2012	2285	5254	94.6	63.9
2013	2307	5670	95.2	64.6

张型广适水驱特征曲线较适合于边水油田生产动态的拟合。本文利用张型广适水驱特征曲线对 HZ 某油田的生产动态进行拟合，拟合结果如图 1 所示。单从拟合结果可以看出，张型广适水驱特征曲线的拟合相关系数并不是最高的，为 0.9872。但从含水率与累产油关系中可以看出实际与理论计算的基本吻合（图 2）。

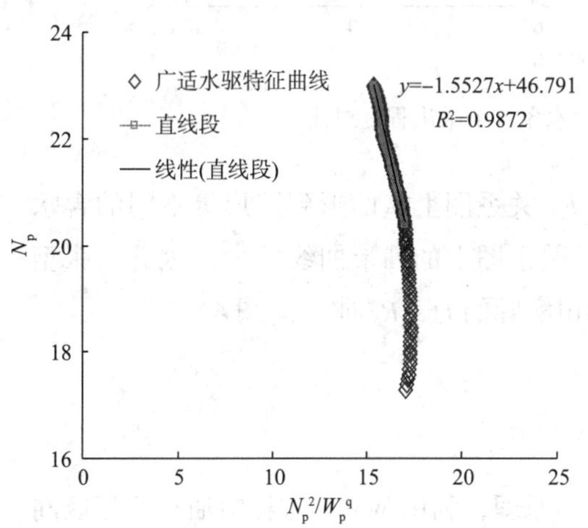

图 1　HZ 某油田张型广适曲线拟合结果

图 2　广适水驱曲线 W_p 和 f_w 与 N_p 关系

下面利用张型广适水驱特征曲线计算含水率与驱油效率理论关系，并预测该油田的驱油效率。公式中参数 $a=0.53816$，$q=1.2433$。将油田数据代入公式（20）中，并取不同含水率值可得不同含水期该油田的驱油效率。含水率在 60% ~90% 左右的时候，计算值与实际采出程度相差较小，说明到了含水 60% ~80% 以上，该区块水淹体积不再增大。根据大庆室内实验根据大庆室内岩心（北 2 - 6 - 检 512）油水相对渗透率曲线，导出采出程度变化曲线（图 3），可见，含水率大于 80% 后采出程度呈增加趋势，特别是含水率达到 98% 以后采出程度增加更快。这意味着油田进入高含水期后，可能存在使水驱油效率发生变化的条件[2]。以此可以继续计算该水淹体积下含水 99.9% ~99.999% 下的极限驱油效率。

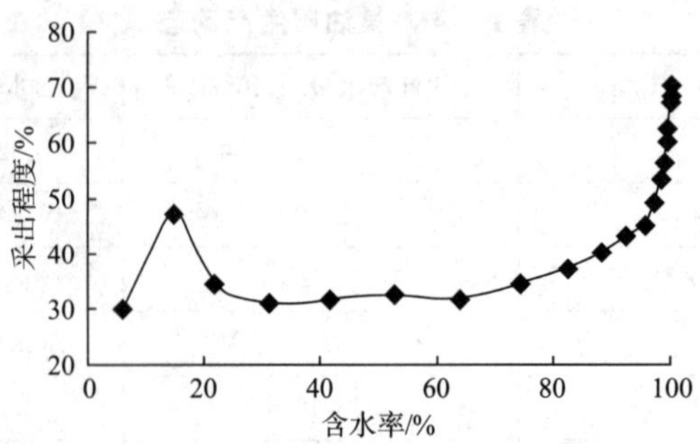

图3　大庆室内实验利用油水相对渗透率曲线计算的采出程度变化曲线

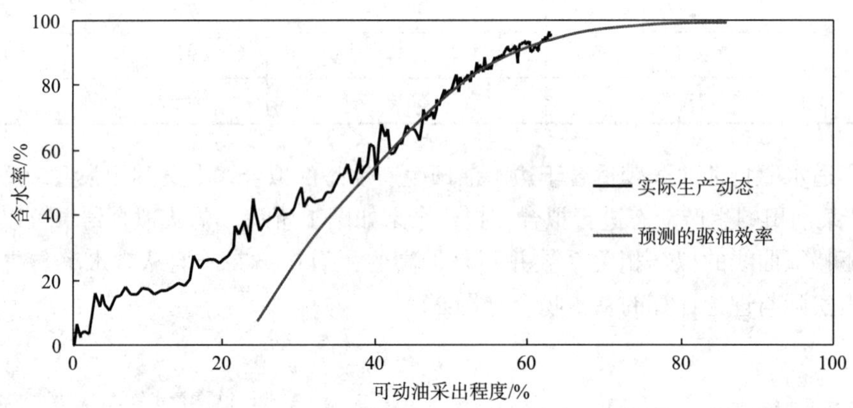

图4　理论计算的驱油效率与实际含水条件下采出程度对比

实际上，张型广适水驱特征曲线可以反映 f_w-R^* 关系图上从凸形到凹形等不同的含水上升规律，而甲型等水驱特征曲线仅能反映 f_w-R^* 关系图上的凸形曲线[10,11]。因此，张型广适水驱特征曲线能更容易更精确地接近或拟合油田实际的 f_w-R^* 曲线（图4）[10,11]。

3　结　论

本文基于张型广适水驱特征曲线和物质平衡基本原理，利用 Welge 方程中油水两相区间平均含水饱和度与出口端含水饱和度的理论关系，推导出计算水驱油藏驱油效率的新方法：

（1）由张型广适水驱特征曲线推导出的水驱油效率与含水率之间的理论关系式是可以适应不同水驱油田的不同的含水规律。

（2）依据纪淑红提出的高含水期重新对驱油效率的认识，含水达到 99.9% ~99.999% 时的驱油效率作为计算条件，可以得到该条件下的极限驱油效率。

（3）提出的新方法拓展了张型广适水驱特征曲线的应用，该方法有助于解决疏松砂岩油田取心困难及多倍水驱后不同阶段驱油效率确定的难题。

符号注释：

N_p——累计产油量，m^3；N_R——可动油储量，m^3；N——原始地质储量，m^3；W_P——累积产水量，

m^3；f_w——含水率,%；R_f——可动油储量采出程度,%；R——水驱采出程度,%；K_{ro}——油相相对渗透率，无量纲；K_{rw}——水相相对渗透率，无量纲；S_{or}——残余油饱和度,%；S_w——含水饱和度,%；S_{wi}——束缚水饱和度,%；S_{wd}——归一化含水饱和度；M——水油流度比与油水体积系数比的乘积；n_o——油相指数；n_w——水相指数；μ_o——地层油粘度，mPa·s；μ_w——地层水粘度，mPa·s；B_o——原油体积系数，m^3/m^3；B_w——地层水体积系数，m^3/m^3；B_{oi}——地层原始体积系数，m^3/m^3；E_D——水驱驱油效率,%；E_V——水驱体积波及系数,%；$\overline{S_w}$——地层平均含水饱和度,%；V_p——地层孔隙体积；E，y_1，y_2，f_1，f_2，g_1，g_2，u——函数符号；x，y——函数变量；a，a_1，b，b_1，c，q，b，p——回归系数；A——含油面积，km^2；h——有效厚度，m；ϕ——孔隙度,%。

参考文献

[1] 陈民锋，吕迎红，杨清荣．利用相对渗透率资料研究油藏水驱状况［J］．断块油气田，1998，5（5）：26～29．

[2] 纪淑红，田昌炳，石成方，等．高含水阶段重新认识水驱油效率［J］．石油勘探与开发，2012，39（3）：338～345．

[3] 张金庆．一种简单实用的水驱特征曲线［J］．石油勘探与开发，1998，25（3）：56～57．

[4] 张金庆，孙福街，安桂荣．水驱油田含水上升规律和递减规律研究［J］．油气地质与采收率，2011，16（6）．

[5] 俞启泰．张金庆水驱特征曲线的应用及其油水渗流特征［J］．新疆石油地质，1998，19（12）．

[6] 张金庆，安桂荣，许家峰，刘晨．广适水驱曲线适应性分析及推广应用［J］．中国海上油气，2013，25（6）．

[7] 张金庆．水驱油田产量预测模型［M］．北京：石油工业出版社，2013：72～73．

[8] 俞启泰．关于《石油可采储量计算方法》标准中的水驱特征曲线法：兼答陈元千先生质疑［J］．石油科技论坛，2002（6）：30～35．

[9] Welge H J. A simplified method for computing oil recovery by gas or water drive［J］. JPT, 1952, 4（4）: 91～98.

[10] 宋兆杰，李治平，等．高含水期油田水驱特征曲线关系式的理论推导［J］．石油勘探与开发，2013，40（2）．

[11] 胡罡．计算水驱油藏体积波及系数的新方法［J］．石油勘探与开发，2013，40（1）．

[12] 卡姆克 E. 常微分方程手册［M］．北京：科学出版社，1980：4～44．

[13] 秦积舜，李爱芬．油层物理学［M］．东营：石油大学出版社，2001：77～78．

裂缝性油藏周期注水机理研究及注采参数优化

房娜　刘宗宾　祝晓林　吕坐彬　朱志强

[中海石油（中国）有限公司天津分公司]

摘要　为了认识周期注水增油机理，实现注采参数定量优化，以锦州 25－1 南潜山裂缝油藏为例，开展双重介质油藏大尺度三维物理模拟实验研究，在此基础上，建立实验室尺度下数值模型，利用曲面响应法，反演三维物理模拟水驱油实验，明确周期注水增油机理，实现周期注水注采参数定量优化。研究结果表明：周期注水与常规注水相比，可有效降低含水上升率，提高裂缝性油藏最终采收率；注水时机表现为单调性，注水间歇和注水强度表现为非单调性，合理的间注时间在65～105d之间，合理的注水强度在1.64～1.96之间。通过该项技术成果的应用，锦州 25－1 南油田通过开展周期注水矿场试验，三年来实现累增油 $18.99\times10^4 m^3/a$，含水率较预计降低10.2%，预计全油田提高采收率2.4%。

关键词　裂缝性油藏　周期注水　三维物模实验　注采参数　数值模拟

0　引言

裂缝性油藏具有裂缝发育、非均质性强、储集空间与渗流规律复杂等特征，使得该类油藏开发难度较大[1,2]。周期注水作为常用的水动力学方法之一，在部分裂缝性油藏矿场应用中取得了较好的实践效果[3~5]。考虑到目前对于周期注水物理模拟实验的研究主要采用一维岩心或者二维剖面模型，不能表征双重介质渗流特性的难点问题，同时无法反应实际地层温压系统[6,7]。本文采用典型露头岩样，以典型的 Warren－Root 模型为原型，根据裂缝性油藏三维物理模拟相似准则，设计加工了新型表征基质孔隙－裂缝组合的大尺度三维比例物理模拟实验模型。在实验研究的基础上，结合微尺度数值模拟技术，反演周期注水实验，优化周期注水各项工作参数，指导矿场实际生产。

1　三维物理模拟实验

1.1　渗流数学模型建立

设油藏形状为长方体，长 Lx，宽 Ly，高 Lz。注水井位置（x_i，y_i，z_i），生产井位置（x_{p1}，y_{p1}，z_{p1}）、（x_{p2}，y_{p2}，z_{p2}），将井作为源汇项处理。

根据模型假设，基岩系统可作为“源”，渗流过程主要发生在裂缝系统，因此，以裂缝

第一作者简介：房娜（1988—），女，工程师，学士学位，2013 年毕业于中国石油大学（北京）油气田开发专业，获硕士学位，现从事油气田开发工程方向。

系统为目标，建立渗流数学方程。

连续性方程如下：

油相： $$\nabla\cdot\left[\frac{K_f K_{ro}}{\mu_o}\nabla(p-\gamma_o z)\right]-Q_o+F_o=\frac{\partial}{\partial t}(\phi_f S_{of}) \tag{1}$$

水相： $$\nabla\cdot\left[\frac{K_f K_{rw}}{\mu_w}\nabla(p-\gamma_w z)\right]+Q_w+F_w=\frac{\partial}{\partial t}(\phi_f S_{wf}) \tag{2}$$

Q_o、Q_w为井点源汇项，为表示方便，引入 Diracδ 函数：

$$\delta(x-c)=\begin{cases}1 & x=c\\0 & x\neq c\end{cases}$$

记注入井注入为 Q_{iw}，生产井产水量分别为 Q_{pw1}、Q_{pw2}，产油量 Q_{po1}、Q_{po2}，则源汇项可表示为：

$$Q_o=\sum_{j=1}^{2}Q_{poj}\delta(x-x_{pj})\delta(y-y_{pj})\delta(z-z_{pj}) \tag{3}$$

$$Q_w=Q_{iw}\delta(x-x_i)\delta(y-y_i)\delta(z-z_i)-\sum_{j=1}^{2}Q_{pwj}\delta(x-x_{pj})\delta(y-y_{pj})\delta(z-z_{pj}) \tag{4}$$

F_o表示基质依靠渗吸作用向裂缝中的供油量，F_w表示裂缝向基质中替换入的水量。则有

$$F_o+F_w=0 \tag{5}$$

与渗吸量 F_o有关的参数包括渗吸时间 t_i，渗吸半衰期 T、渗吸系数 D 以及单位岩块体积最终可渗出的油量。F_o可写成

$$F_o=F_o(t_i,D,T,R) \tag{6}$$

状态方程： $$\phi_f=\phi_{f0}[1+C_{\phi_f}(p-p_i)] \tag{7}$$

辅助方程： $$S_{of}+S_{wf}=1 \tag{8}$$

初始条件： $$p|_{t=0}=p_i \tag{9}$$

$$S_o|_{t=0}=S_{oi} \tag{10}$$

外边界条件（封闭边界）： $$\frac{\partial p}{\partial n}=0 \tag{11}$$

1.2 相似准则的建立

通过建立水平井驱替条件下考虑渗吸作用的双孔单渗渗流数学模型，以几何相似、动力相似和运动相似为基本原则，利用量纲分析法和方程分析法，得出裂缝性油藏三维物理模拟相似准则群，并经过组合处理后，简化成 12 个相似准数。据此，以锦州 A 裂缝性油藏为原型，建立了对应的三维物理模拟模型。

在设计实验模型时，选择边长为 5cm 的立方体岩块，并与矿场实际进行结合，构建尺寸为 25cm×25cm×25cm 的三维物理模型。实验材料选择微裂缝大量发育的浅啡网纹花岗岩，岩石平均孔隙度 4.0%~7.0%，渗透率（0.3~1.0）$\times10^{-3}\mu m^2$，与矿场实际情况相接近。根据矿场井网部署，注采井型选择水平井，采用底部一口水平井注水，顶部两角两口水平井采油的注采单元进行物理模拟实验。

1.3 实验结果与分析

根据实验研究目的，共设计连续注水与不同含水率下转变为周期注水等五组实验，其中

周期注水实验中注水周期取60min，注入量为1.1mL/min，每组周期注水实验共进行四个注水周期，然后水驱至含水率98%时，分析开发指标的变化（表1）。

与连续注水相比，周期注水能显著降低含水上升率，改善水驱油田开发效果。实施周期注水后，各模型含水上升速度均有明显减缓，采出程度显著提高。以模型3为例，实施周期注水后第一周期含水率由连续注水结束时的53.8%降低至30.1%，产油量由35.8mL增加至62.6mL，经过四个周期后，采收率较连续注水提高2.8%（图1）。注水时机对采收率表现为单调递减性，周期注水开展的越早，采收率越高，同时当含水率大于60%时，采用周期注水效果急剧变差，因此开展周期注水的时机含水率不大于60%。

表1　物理模拟实验数据

模型序号	实验目的	注水方式	实验内容	岩块饱和油量/mL	裂缝饱和油量/mL	总饱和油量/mL	裂缝与基质储量比	累计产油量/mL	最终采收率/%
1	注水时机	连续注水		518.7	531.2	1049.9	1.02	266.7	25.4
2		周期注水	含水率=20%	510.2	535.2	1045.4	1.05	286.4	28.4
3			含水率=60%	516.8	530.2	1047.0	1.03	284.8	28.2
4			含水率=80%	512.9	538.7	1051.6	1.05	280.8	27.7
5			含水率=90%	505.2	533.0	1038.2	1.06	267.9	26.8

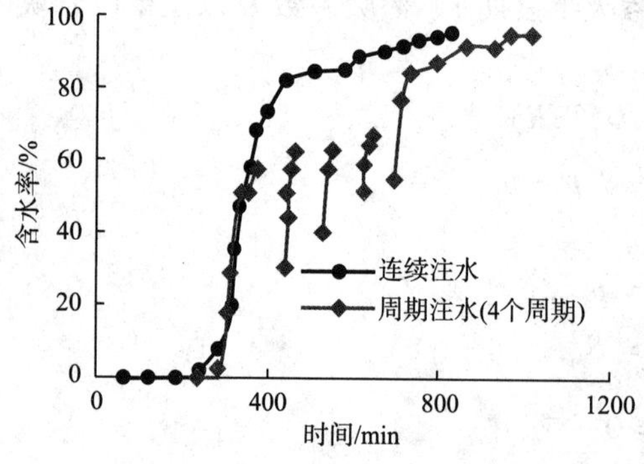

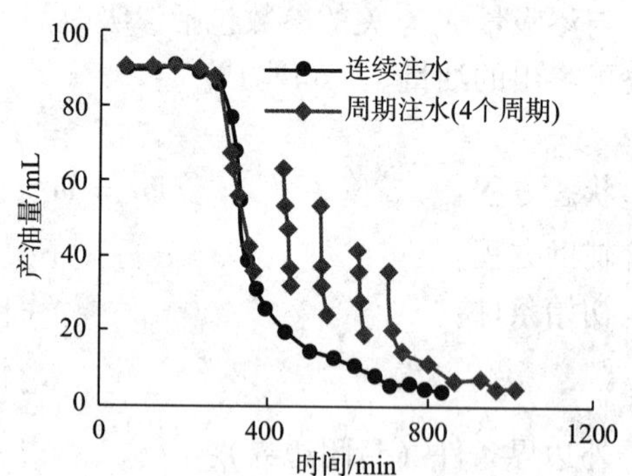

图1　不同注水方式含水率和产油量对比曲线

2　数值模拟研究

2.1　实验室尺度下数值模型的建立

按照三维物理模型的实际尺寸和储层物性参数，采用ECLIPSE软件建立等比例的数值模型。模型采用双孔单渗结构，模型网格数为25×25×50，其中z方向1~25层表示基质系统部分，26~50层表示裂缝部分，网格步长为1cm×1cm×1cm。模型底部设置1口注水井、顶部设置2口采油井，井型均为水平井（图2）。通过调整渗透率、相对渗透率曲线参数，微调孔隙度、PVT参数，完成驱替实验含水率和产油量的拟合，拟合精度达到90%以上。

2.2　注采参数优化

考虑注水强度和间注时间相互关联与干扰，同时为优化不同裂缝发育程度下注水强度和

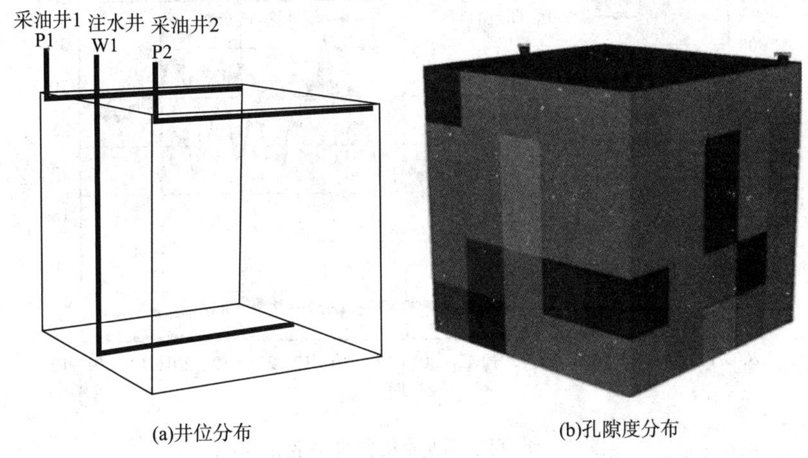

图2　数值模拟模型

间注时间，采用 Design - Expert 软件进行响应曲面设计，其中注水强度和间注时间为自变量，采收率为响应值。

结果表明，裂缝发育均匀程度较差时（$\sigma=0.1$），合理的注水强度为1.64，间注时间为105d。裂缝发育均匀程度中等时（$\sigma=0.5$），合理的注水强度为1.85，间注时间为80d。裂缝发育均匀程度较好时（$\sigma=2.5$），合理的注水强度为1.96，间注时间为65d。

即裂缝分布越不均匀，储层非均质性越强，间注时间应越长，注水强度应减小。这是由于储层非均质性越强，常规注水越容易沿大裂缝突进，造成油井过早水淹，注入水无效循环。采用较小的注水强度，较长的间注时间，既防止注入水沿高渗层突进，又充分发挥毛管力滞水排油作用，充分提高油藏最终采收率。

3　应用效果

锦州25-1南油田变质岩潜山裂缝油藏位于辽东湾海域辽西低凸起中北段，是目前渤海油田投入开发规模最大的变质岩裂缝油藏[8,9]。主力产层为太古宇变质岩潜山，油藏类型为块状弱底水双重介质油藏，岩性以浅灰色片麻岩及其形成的碎裂岩为主。测井资料和取心资料表明，该油藏内部裂缝发育程度横向及纵向差异较大，储层表现出很强的非均质性。

该油田于2009年12月投入生产，先期投产的区块（2/7井区和5井区）早期采用常规注水开发，油井表现出初期产量高、含水上升快、产量递减大的开发特征。2014年12月，首次在2/7井区开展周期注水试验，根据注采单元裂缝发育程度的不同，注水强度采用1.6~1.9之间，间注时间采用2~3个月。截止至2017年，通过周期注水的开展2/7井区实现累增油$8.9\times10^4m^3/a$，含水率降低7.2%。

新投产区块（1/8井区）于2015年9月投产，投产即采用周期注水开发。考虑新区块裂缝分布不均，部分注采单元存在大裂缝沟通。应用上述研究成果，优化不同注采单元注采参数。目前新区块共投产采油井11口，平均单井初期日产油$281m^3/d$，目前仍处于无水采油期，较老区平均单井初期日产油提高$123m^3/d$，无水采油期延长0.6a+，预计采收率可以提高2.4%（图3）。

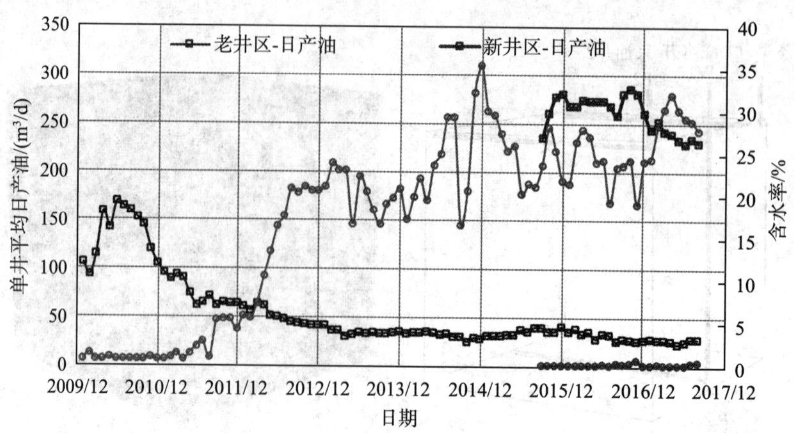

图3 研究区产油量及含水率变化曲线

4 结论

（1）根据裂缝性油藏相似准则，设计加工新型表征基质孔隙－裂缝组合的大尺度三维物理模拟实验，并通过数值模拟技术，反演三维物理模拟水驱油实验，模拟结果更具有代表性和说服力。

（2）与连续注水相比，周期注水能显著降低含水上升率，充分利用油层弹性力排油作用和毛管力渗吸作用，达到降水增油的效果。

（3）注水时机表现为单调性，周期注水开展的越早，采收率越高，开展注水时机含水率不大于60%。

（4）注水间歇和注水强度表现为非单调性，在一定区间内存在最优值，合理的间注时间在65～105d之间，合理的注水强度在1.64～1.96之间。

参考文献

[1] 柏松章，唐飞．裂缝性潜山基岩油藏开发模式［M］北京：石油工业出版社，1997，18～78.

[2] 童凯军，赵春明，吕坐彬，等．渤海变质岩潜山油藏储集层综合评价与裂缝表征［J］．石油勘探与开发，2012，39（1）：56～63.

[3] 王群超，夏欣，张欣．阿北安山岩裂缝性油藏的周期注水开发［J］．断块油气藏，2000，7（3）36～39.

[4] 俞启泰，张素芳．周期注水的油藏数值模拟研究．石油勘探与开发，1993，20（6）：46～53.

[5] 闫凤林，刘慧卿，杨海军，等．裂缝性油藏岩心渗吸实验及其应用［J］．断块油气藏，2014，21（2）：228～231.

[6] 童凯军，刘慧卿，张迎春，等．变质岩裂缝性油藏水驱油特征三维物理模拟实验［J］．石油勘探与开发，2015，42（4）：538～544.

[7] 周心怀，项华，于水，等．渤海锦州南变质岩潜山油藏储集层特征与发育控制因素［J］．石油勘探与开发，2015，32（6）：17～20.

[8] 项华，周心怀，魏刚，等．渤海海域锦州25—1南基岩古潜山油气成藏特征分析［J］．石油天然气学报，2007，29（5）：32～35.

[9] 房娜，姜光宏，李云鹏，等．潜山裂缝油藏开发特征及挖潜方向［J］．特种油气藏，2017，24（3）：90～94.

煤层气——致密气合采可行性分析及优选方法

徐兵祥　白玉湖　陈岭　陈桂华　冯汝勇　李彦尊

（中海油研究总院有限责任公司）

摘要　煤层气-致密气赋存机理不一、开发方式存在较大差异，合采具有一定风险。从层间干扰机制出发，分析了倒灌现象、物性差异对层间压力干扰的影响，研究表明致密层水锁效应强弱是影响合采的关键，而渗透率等物性差异对合采影响较小。基于此，提出合采优化选层建议：不产水的致密层不适合合采，产水的致密层在满足经济性条件下可合采。最后，建立了“六图版四象限”快速选层法，适用于两气合采层系优选。

关键词　煤层气-致密气　合采　层间干扰　倒灌　优选

近些年非常规气勘探开发迅速发展，深层煤层气及煤系非常规天然气勘探开发受到国内高度关注[1~8]。鄂尔多斯东缘临兴地区具有煤层资源潜力大、煤系致密砂岩产层数较多、单层薄的特点，两气合采是该地区提高单井产能的手段之一[9~12]。但由于煤层气、致密气赋存方式不一，前者是吸附气赋存为主，后者以游离气为主；二者开发方式也存在差异，煤层气采用排水-降压-产气的方式进行开发，而致密气则是直接降压-产气；另外储层物性、压力等层间差异引起的气水倒灌现象等等，这些势必给煤层气-致密气合采带来挑战。本文从两气层间干扰机制出发，分析倒灌现象、物性差异对层间压力干扰的影响，提出两气合采优化选层原则，并建立临兴两气合采储层参数界限图版。

1　两气合采干扰因素分析

由于两气赋存与开发方式差异，两气合采一方面可能存在干扰问题，造成气水倒灌，导致致密层水锁或水淹，或是高渗层抑制低渗层开发；另一方面会出现开发的不协调，导致经济效益低。煤层气排水降压须遵循缓慢稳定的原则，合采后势必造成前期降压慢、产量低、投资回收期延长等；煤层气产出需地层压力降到临界解吸压力，若解吸压力低，则煤层产气贡献滞后。对于开发不协调问题，需要优选经济可采的合采层系；而对于干扰问题，则需要判断干扰程度，筛选不干扰或干扰小的层系进行合采，两气合采干扰主要受倒灌现象和储层物性差异的影响。

1.1　倒灌现象

两气合采倒灌主要考虑煤层中的水通过井筒倒灌进入致密层的现象，受压力差和毛细管

第一作者简介：徐兵祥（1985年—），男，高级工程师，博士，主要从事非常规油气开发方面工作，通讯地址：北京市朝阳区太阳宫南街6号院中海油大厦B座304室（邮编100028），联系电话：010-84520442，邮箱：xubx2@cnooc.com.cn。

力作用下，水倒灌进入致密层中引起水锁效应或水淹，进而限制致密层产能发挥。分析得到，倒灌现象发生有以下特点：

（1）毛细管力引起致密层吸水，吸水能力与致密层原始含水有关。两气合采时，经射孔压裂、通过井筒连通后，煤层中的水会在井筒内上返到一定高度形成液面，而致密层大多亲水，若致密层原始含水低于束缚水饱和度，则井筒中的水在毛细管力作用下进入致密层，造成水锁效应甚至水淹。若致密层含水饱和度高于束缚水饱和度，致密层吸水能力减弱，甚至不吸水。临兴区块致密层普遍产水，说明含有一定可动水，因此，由于吸水作用造成的倒灌现象不明显。

（2）压差引起的水倒灌现象在一定条件下发生。临兴区块煤层气－致密气按照纵向叠置分类可分为上煤下气、下煤上气、煤气互层三种模式。合采初期，两气压力差异是决定倒灌现象发生与否的关键因素。若两气纵向分布为“下煤上气”，共井筒合采开始时，假定两气压力差（$P_{cbm}>P_{tg}$）大于两层间水柱高度压力（即 $\Delta P>\rho_{gh}$，h 为层间距），则发生倒灌，否则不发生。临兴区块两气分布大多属于“下煤上气”型，且煤层、致密气均为欠压储层，无异常压力层，因此，初期合采不发生倒灌。合采过程中，工作制度影响倒灌现象发生与否。如合采时，若控制产气速度高、排水速度慢，引起致密气衰竭快，而井筒液面快速上升，造成井底压力大于致密层压力的情况，会出现倒灌现象，但随着水的进入，致密层压力回升，抑制了倒灌持续发生，因此这种倒灌现象持续时间不长。在实际合采过程中，常会出现抽油机故障、停电等，造成这种短时倒灌现象在合采过程中频繁出现。

（3）致密层水锁特征是影响合采效果的关键因素。尽管倒灌现象在频繁的工作制度调整变化下时有发生，但只要致密层水锁特征不明显，对总产量及采收率影响不大。一般认为当原始含水饱和度小于束缚水饱和度时，致密层遇水后吸水，发生水锁效应。当原始含水饱和度大于束缚水饱和度时，致密层遇水后水锁效应不明显。

1.2 物性差异

物性差异造成的干扰主要体现在渗透率差异上，引入合采效率的概念，表征合采产量与单采各层产量和的比值，定义为：

$$\eta = \frac{G_{pt}}{\sum_{1}^{i} G_{pi}} \times 100\%$$

其中，η 为合采效率，%；G_{pt}为合采累产量；G_{pi}为单采时第 i 层累产量。合采效率越接近 1，说明层间干扰带来的影响就越小。

设定致密层渗透率为 0.04mD（$1mD=10^{-3}\mu m^2$），煤层渗透率分别为 0.01mD、0.04mD、0.1mD、0.4mD、0.8mD、1.2mD，则煤层/致密层渗透率比值分别为 0.25、1、2.5、10、20、30，对比了不同渗透率比情况下两气合采效率。图 1（a）为煤层/致密层渗透率比为 10 时气井合采效率随时间变化情况，可见，合采效率随时间推移有增加趋势，且第 9 年以后合采效率保持在 99% 以上，说明合采与单采最终采出量差异不大。图 1（b）为不同渗透率比情况下合采效率，渗透率比值不同时，合采效率没有明显规律，说明渗透率比值差异与合采效果无关。

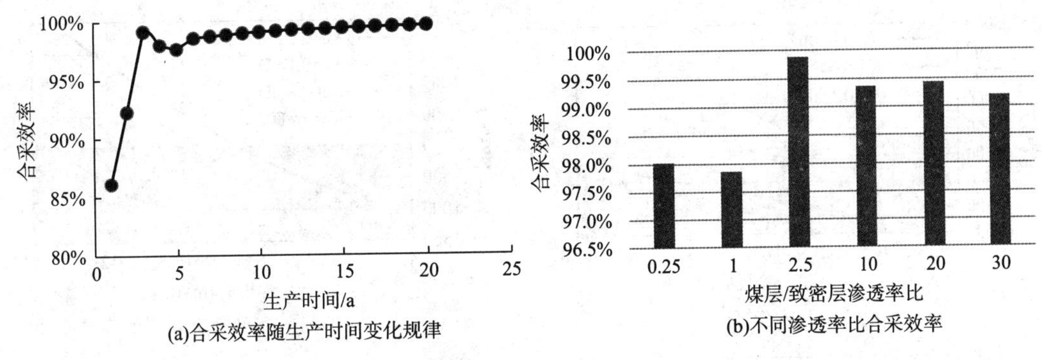

(a)合采效率随生产时间变化规律　(b)不同渗透率比合采效率

图1　两气联采合采效率

2　两气合采优选原则和方法

基于干扰因素的分析，两气合采优选层系时重点考虑两个方面：（1）致密层含水性及水锁特征是合采判定的关键因素。若致密层水锁现象明显，则不适合合采。因此，对于不产水的致密层，不建议与煤层合采；（2）合采需要优选层系以满足经济性。合采时，单层开发收益应至少大于该层压裂费用，合层开发收益应满足在指定折现率时净现值（NPV）大于等于零（即盈利），同时应对比合采开发是否优于分层开发、接替开发等。

两气合采有下面4种情况均能保证盈利：（1）单采致密气（TG）或煤层（CBM）均盈利；（2）单采TG保本，CBM收益≥该层射孔压裂费用；（3）单采CBM保本，TG收益≥该层射孔压裂费用；（4）单采TG或CBM均亏损，保证TG或CBM≥该层射孔压裂费用，合采后保本或盈利。

根据这4种情况可确定两气合采储层参数界限，运用数值模拟工具开展不同参数两气合采产量预测，并进行NPV计算，以NPV=0为依据确定参数界限，形成图版。考虑到区块参数分布、可获取难度、对产量影响等因素，确定了影响该地区煤层气产量的关键参数有煤层厚度、渗透率、含气量，影响致密气产量的主要因素有渗透率，孔隙度，厚度，含气饱和度，并将后三者乘积作为一个综合参数 R 进行考虑。

基于此，建立了两气合采“六图版四象限”快速选层法（图2）。“六图版”分别是单采TG（CBM）经济开采储层参数界限图版、TG（CBM）合采下限储层参数界限图版、两气合采敏感参数图版Ⅰ（Ⅱ）。从图版（1）可看出，若该区致密层渗透率为0.04mD，则综合参数 R 大于0.42才具有经济开采价值，假定孔隙度为9%，含气饱和度为0.58，则致密层有效厚度须大于8m；图版（5）表明煤层含气量8.7m^3/t时，致密层综合参数须大于0.35才能保证合采具有经济性。

“四象限法”就是运用直角坐标系中的四象限法则结合六图版进行两气合采快速选层的方法。如图3所示，四象限分别对应4种盈利情况，若要判断一套煤系储层是否适合合采，首先判断各层单采是否盈利，对照图版（1）（2），若两层均盈利，则属于第一象限；若其中仅一层盈利，对照图版（3）或（4），判断是否属于第二或第三象限；若两层均不盈利，则属于第三象限，对照图版（5）（6）判断合采适应性。若煤层-致密层为多套层系，则各类储层参数采用几何加权平均方法给出，同样可运用该方法实现快速选层。

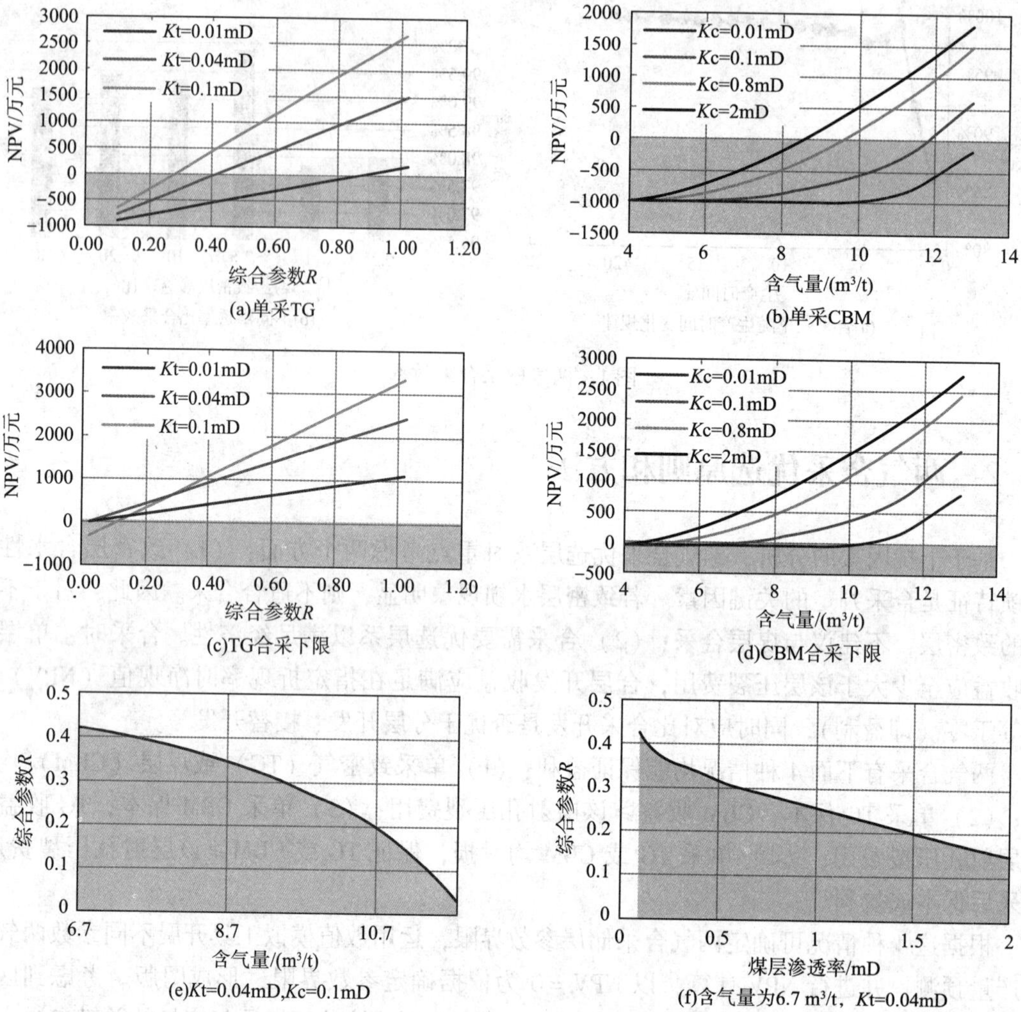

NPV/万元
Kt=0.01mD
Kt=0.04mD
Kt=0.1mD
综合参数R
(a)单采TG
Kc=0.01mD
Kc=0.1mD
Kc=0.8mD
Kc=2mD
含气量/(m³/t)
(b)单采CBM
(c)TG合采下限
(d)CBM合采下限
综合参数R
含气量/(m³/t)
(e)Kt=0.04mD,Kc=0.1mD
煤层渗透率/mD
(f)含气量为6.7 m³/t，Kt=0.04mD

图 2　两气合采选层“六图版”(煤层厚度为 6m)

CBM
TG
第二象限
CBM盈利、TG亏本
(2) + (3)
第一象限
单采均盈利
(1) / (2)
(5) + (6)
(1) + (4)
第三象限
均亏本
第四象限
TG盈利、CBM亏本

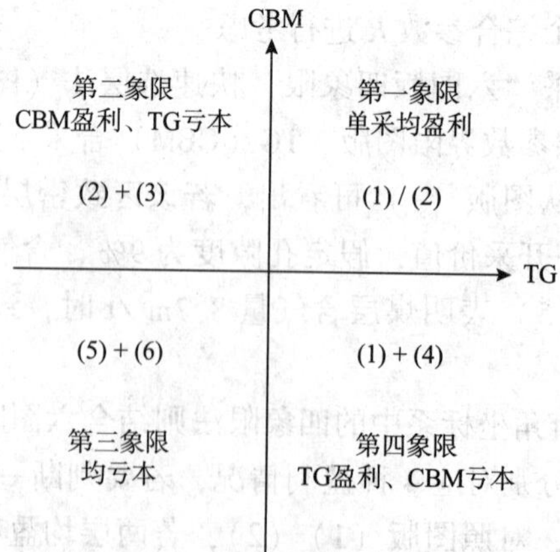

图 3　两气合采“四象限”快速选层法

3 现场实践分析

A 井为区块一口两气合采试验井，该井致密层厚度为10.8m，综合参数0.53，对照图版(1)，当致密层渗透率大于0.03mD时，单采可盈利，但该井未进行渗透率测试，根据周边井9块岩心测试平均渗透率为0.047mD，推断该层单采盈利的可能性较大；该井射开煤层厚度为5.4m，含气量10.6m^3/t，对照图版（2），当煤层渗透率大于0.6mD时，单采可盈利，对照图版（4），当渗透率大于0.01mD时，达到煤层合采渗透率下限。该煤层无岩心渗透率测试数据，但根据经验，煤层渗透率较相邻致密层渗透率要高，而该区致密层渗透率整体上大于0.01mD，推断煤层大于合采下限。因此，从理论上讲，该井两气合采可行。但该井自2016年12月份投产到2018年2月份停产，累计生产432 d，平均日产气560m^3/d，最高产气1700 m^3/d，累产气$23\times10^4m^3$，经济性差。分析可能有两方面原因导致：①该井频繁调整工作制度、多次停机停抽、修井作业等，导致储层应力敏感，煤粉堵塞，产量下降后很难恢复；②致密层和煤层产能高估，所射开层位并没有进行标准的产能测试，物性参数未知，含气量、等温吸附曲线也是根据周边井给定，不确定性大。建议试验井开展分层生产测试，确定各层产量贡献。

4 结论与建议

（1）两气合采倒灌现象对合采产量的影响取决于致密层的水锁效应强弱。可动水可作为水锁效应强弱的一个重要参数，若致密层不含可动水，水锁效应明显，不建议合采。临兴区块致密层普遍产水，说明含有一定可动水，倒灌现象影响不大，可合采。

（2）煤层-致密层渗透率差异不影响合采效率。两气合采选层时，重点考虑各层合采效率以及合采后是否具有经济效益，同时要满足合采开发优于分层开发、接替开发等。

（3）提出了两气合采优化选层原则，并建立了“六图版四象限”快速选层法，适用于研究区两气合采层系优选。

（4）两气合采前应先落实好单采产能，试验井建议开展生产测试以确定分层产量贡献，优化排采管理，减小停机、作业对储层造成伤害。

参考文献

[1] 秦勇，宋全友，傅雪海．煤层气与常规油气共采可行性探讨——深部煤储层平衡水条件下的吸附效应[J]．天然气地球科学，2005，16（4）：492～498.

[2] 秦勇，申建，沈玉林．叠置含气系统共采兼容性——煤系“三气”及深部煤层气开采中的共性地质问题[J]．煤炭学报，2016，41（1）：14～23.

[3] 刘鹏，王伟锋，孟蕾，等．鄂尔多斯盆地上古生界煤层气与致密气联合优选区评价[J]．吉林大学学报（地），2016，46（3）：692～701.

[4] 傅雪海，德勒恰提·加娜塔依，朱炎铭，等．煤系非常规天然气资源特征及分隔合采技术[J]．地学前缘，2016，23（3）：36～40.

[5] 冯其红，张先敏，张纪远，等．煤层气与相邻砂岩气藏合采数值模拟研究［J］．煤炭学报，2014，39（a01）：169～173.

[6] 胡进奎，杜文凤．浅析煤系地层“三气合采”可行性［J］．地质论评，2017（b04）：83～84.

[7] Olson T M. White River Dome Field：Gas Production from Deep Coals andSandstonesof the Cretaceous Williams Fork Formation［J］. Clinical & Vaccine Immunology Cvi，2003，19（9）：1487～91.

[8] 张建民．煤层气和相邻煤成气合采探索与研究［C］// 煤层气学术研讨会．2008.

[9] 郭本广，许浩，孟尚志，等．临兴地区非常规天然气合探共采地质条件分析［J］．洁净煤技术，2012（5）：3～6.

[10] 谢英刚，孟尚志，高丽军，等．临兴地区深部煤层气及致密砂岩气资源潜力评价［J］．煤炭科学技术，2015，43（2）：21～24.

[11] 王蕊，石军太，王天驹，等．不同叠置关系下煤层气与致密气合采方案优化研究［J］．中国煤炭地质，2016，28（6）：42～46.

[12] 孟尚志，李勇，吴翔，等．煤层气和致密气合采产能方程及影响因素［J］．煤炭学报，2018，43（6）：1709～1715.

[13] 孟尚志，李勇，王建中，等．煤系“三气”单井筒合采可行性分析—基于现场试验井的讨论［J］．煤炭学报，2018，43（1）：168～174.

气测录井在曹妃甸油田低阻油层开发中的应用

杨威　朱猛　孟鹏　赵秀娟　周卿

［中海石油（中国）有限公司天津分公司］

摘要　在渤海湾盆地曹妃甸油田群低阻油层开发中后期挖潜工作中，针对海上低阻油层水淹识别难度大的问题，油田挖潜工作以气测录井资料为主要依据，分别从增储与稳产两方面开展研究：一方面通过复查老井气测录井资料识别潜在的低阻油层并预测油田周边潜力；另一方面借用邻近的普通油层电阻率与气测全量的关系公式推算低阻油层的伪电阻率与含油饱和度，完善对低阻油层剩余油分布的认识以指导油田挖潜。自应用该方法以来，曹妃甸油田群开发中后期增储与稳产效果显著，在当前低油价大背景下取得了较好的经济效益，同时也为周边类似含油气构造的勘探与低阻油田开发提供了新思路。

关键词　渤海油田　低阻油层　气测录井　水淹层　剩余油

渤海湾盆地的新近系地层中分布着大量的低阻油层。以位于沙垒田凸起上的曹妃甸油田群为例，其所包含的低阻油层地质储量超过亿吨，占整个油田群地质储量的三分之一，具有巨大的开发价值。现阶段本地区群低阻油层主要依据探井所取得的核磁测井、DST 测试等资料对原始地层流体性质进行解释，但是由于海上油田的特殊环境和近年来持续的“油价寒冬”等因素，低阻油层开发中后期水淹的识别与评价缺少经济有效的手段，对其剩余油分布的认知程度无法满足当前高含水阶段精细挖潜的需求。这种情况下，深化对已有常规资料的研究与应用势在必行，而气测录井凭借其资料丰富、价格低廉等优势成为了研究海上低阻油田的首选资料[1~4]。

1　研究背景

1.1　油田地质特征

曹妃甸油田群位于渤海湾盆地埕宁隆起沙垒田凸起东部。以具有代表性的曹妃甸 11－2 油田为例，其主要油藏类型为底水油藏，主要含油层系为新近系馆陶组，储层沉积类型为辫状河，其中馆Ⅱ段为低阻油层，馆Ⅰ段与馆Ⅲ段为普通油层。

1.2　存在问题

低阻油层通常指同一含油层系内，与标准水层电阻率对比值 <2 的油层[5~7]。曹妃甸油

第一作者简介：杨威，男，高级工程师，硕士学位，主要从事油田开发地质和地质建模方面的研究。地址：天津市滨海新区海川路 2121 号渤海石油管理局大厦 B 座（邮政编码：300459）。E－mail：yangwei2@ cnooc. com. cn。

田群馆Ⅱ段低阻油层的电阻率与水层相当甚至低于水层，使得电阻率测井无法准确识别油水层以及判断油层水淹情况（图1）。对于海上油田的此类油层，在勘探阶段通常依据核磁测井、DST测试、MDT取样和岩心等资料识别油层并确定油水界面；在开发阶段，由于缺少经济有效的识别手段，继续沿用勘探阶段对流体系统的认识，但是往往会遗漏掉实施过程中新钻遇的低阻油层；在生产阶段，经过十几年的大液量生产，油水关系日益复杂，由于电阻率测井无法识别水淹层，导致无法通过过路井验证对水淹和剩余油的预测，油田调整缺少认识依据。随着开发中后期油田综合含水和采出程度不断升高，急需找到一种经济有效的低阻油层解释方法，在服务老油层内部开展精细挖潜的同时，在其周边和内部寻找替代资源。

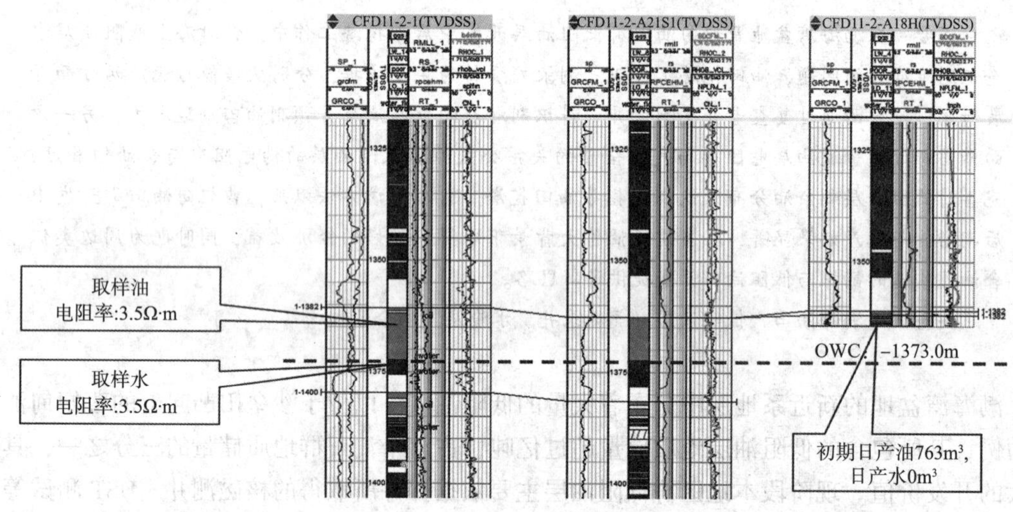

图1　曹妃甸11－2油田馆陶组低阻油层对比图

2　气测录井资料的预处理

目前海上油田开发井实施过程中，用来判别流体的常规资料主要包括电阻率测井和气测录井两种，鉴于低阻油层中电阻率测井反应地层流体的准确性大大降低，为使气测录井能够代替电阻率测井起到定性识别油层以及定量计算剩余油饱和度的作用，必须对气测录井所受的影响因素进行分析，并对其进行有效的校正。

2.1　烃气丰度曲线的计算

气测录井曲线的影响因素主要包括地层因素、钻井因素、作业因素和录井因素[8~10]等四个方面。由于这些影响因素的存在，严格意义上，气测录井资料所代表的是井底的钻井液循环到井口时被仪器检测出来的烃类气体浓度，不能代表地层中真实的烃类气体浓度。为使气测录井资料具备判别流体性质的统一标准并定量计算剩余油饱和度，需消除上述因素的影响，将气测录井曲线校正成为可指示地下天然气含量的烃气丰度曲线。

在计算烃气丰度曲线的过程中，需首先对上述因素进行分析，针对不同的因素的产生机理及影响范围，采取不同的校正方法。有些因素对单井内部不同深度井段造成影响，如钻井速度、压差等，需在单井内部对其进行校正；有些因素造成井间差异，比如泥浆密度、钻头直径，需在井间对其进行归一化校正；而有些因素受特定的作业影响，只会在某些特定的深度造成气测异常的假象，且难以校正，需结合地质模式对这些假象进行排查。

综合考虑以上因素，本文分两步对气测资料进行校正，从而得到烃气丰度曲线。首先，依据前文对各种影响因素的分析，对单井气测全量录井曲线进行预处理，对气油比、压差与钻速在单井内不同深度范围内进行校正。第二，在此基础之上，对钻井过程中部分钻井因素和录井因素在井间造成系统误差进行归一化校正，统一各井大段泥岩或水层的气测基质，使各井在统一标准下进行流体识别。

2.2 烃气丰度曲线对流体的响应

在曹妃甸油田群普通油层中，流体的识别主要通过准确程度较高的电阻率测井，故本次研究首先应用电阻率测井验证烃气丰度曲线 Ao 对普通油层的反应的准确程度。校正后的烃气丰度曲线与电阻率测井曲线在对流体的异常反应上具有良好的同步性和相关性，在将所有井的烃气丰度基值校正为 1000ppm 的情况下，油层的阈值为 >10000ppm。依据烃气丰度曲线可较准确地判别普通油层的原始地层流体，这为应用气测录井资料识别低阻油层及其水淹情况奠定了良好的基础。

3 低阻油层识别

在烃气丰度曲线对普通油层具有良好识别效果的前提下，应用其对低阻油层进行识别。以曹妃甸 11－2 油田馆Ⅱ段主力油层 1、2 为例，如图 2 所示，在已知的油水界面以上的深度范围内，各井均存在烃气丰度异常，而在油水界面以下的深度则无烃气丰度异常。如图 3 所示，烃气丰度曲线可有效区别低阻油层与相邻的水层，且效果明显优于电阻率测井，其识别该油田馆陶组低阻油层的阈值为 10000ppm。依据该阈值，结合该地区的油藏模式，在该油田进行老井复查。以 A10 井为例，气测录井资料显示，在紧邻主力油层 1、2 下方砂岩储层中存在明显高于阈值的气测异常，异常段的顶面深度与储层顶面相同，周边井 A3 也存在相同情况，而且界面的深度相同，初步认定其为疑似低阻油层。

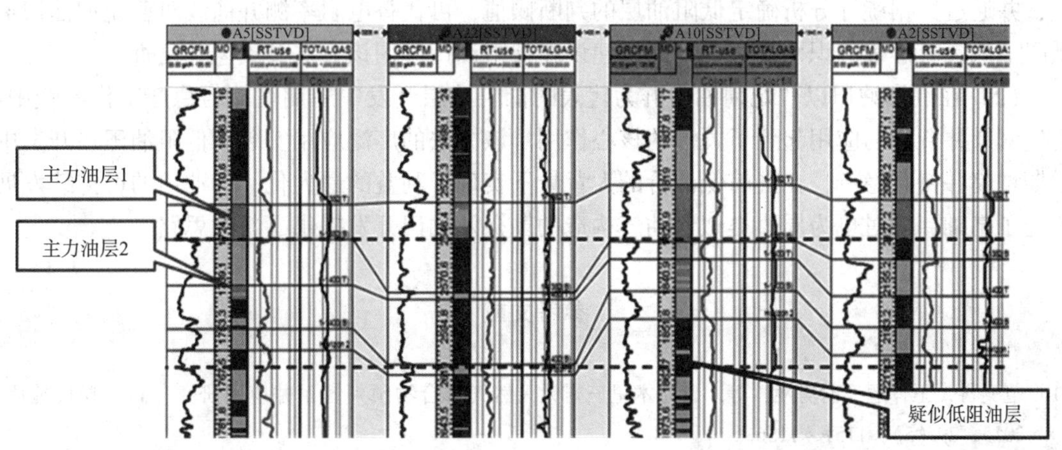

图 2　曹妃甸 11－2 油田馆Ⅱ段连井剖面

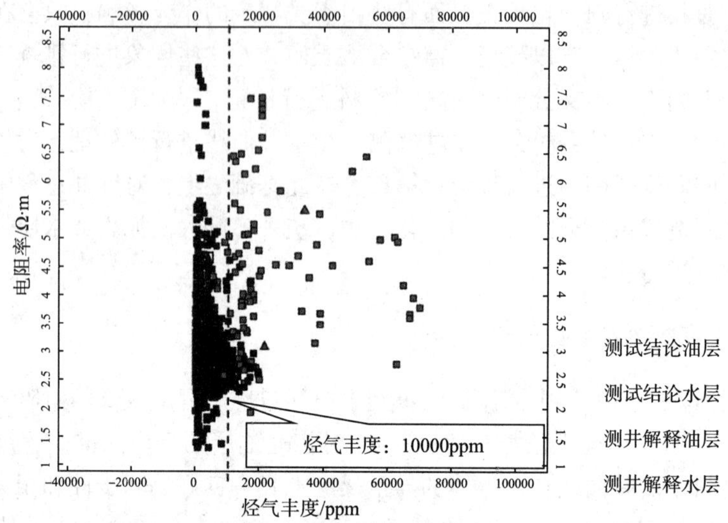

图3　曹妃甸11－2油田低阻油层电阻率与烃气丰度交会图

为进一步验证气测录井资料指示低阻油层的可靠性，应用在渤海油田广泛使用的地震属性烃检技术，沿该层顶面提取烃检属性。该层构造高部位烃检属性指示为含烃量高，与构造低部位有明显的区分，符合油层的标准。后经过路井射孔生产证实，该层为油层，且具有较大的储量规模和较高的产能。

近年来，曹妃甸油田群在特低阻油层的识别工作中，采用先复查老井气测录井资料寻找疑似低阻油层，再提取烃检属性验证低阻油层，最后通过老井上返补孔生产的方式在油田范围内和周边增加低阻油层地质储量近千万吨，有效缓解了油田开发中后期无接替储量的问题。

4　结　论

（1）通过对气测录井资料的单井校正和井间校正等一系列校正方法得到的烃气丰度曲线，并通过数据统计分析确定低阻油层的判断阈值，可代替电阻率测井曲线对曹妃甸油田群低阻油层具有准确的识别作用。因此，建议在低阻油田应用该方法开展老井复查。

（2）在渤海油田以曹妃甸油田群为代表的低阻油层开发中后期增储与稳产工作实践中，对气测录井资料的应用起到了关键的核心作用。该方法的广泛应用实现了低阻油田在开发中后期增储并持续稳产，在当前低油价的大背景下实现了利益的最大化，为油田的可持续发展奠定了基础，同时也为周边类似含油气构造的勘探及油田开发提供了新的思路。

参考文献

[1] 范文科，王伟超，俞勇刚，等. 青海木里三露天天然气水合物预判气录井应用研究［J］. 现代地质，2015，29（5）：1151～1156.

[2] 李国瑞. 影响气测录井准确发现和评价油气层的因素［J］. 中国石油和化工标准与质量，2016，5（2）：113～114.

[3] 郭琼，邓建华，姬月凤，等. 气测录井环形网状解释图版及评价方法［J］. 录井工程，2007，18（4）：54～58.
[4] 黄保纲，宋洪亮，申春生，等. 利用气测资料判断调整井油层水淹程度的尝试［J］. 中国海上油气，2011，23（3）：170～174.
[5] 赵军龙，李甘，朱广社，等. 低阻油层成因机理及测井评价方法综述［J］. 地球物理学进展，2011，26（4）：1334～1343.
[6] 单祥，季汉成，刘计国，等. 尼日尔 Agadem 区块古近系 Sokor1 组低阻油层成因［J］. 东北石油大学学报，2014，38（2）：27～34.
[7] 居字龙，唐辉，刘伟新，等. 珠江口盆地高束缚水饱和度成因低阻油层地质控制因素及分布规律差异［J］. 中国海上油气，2016，28（1）：60～68.
[8] 曹凤俊. 气测录井资料的影响分析及校正方法［J］. 录井工程，2008，19（1）：22～24.
[9] 王灏，张建山. 气测录井的影响因素研究［J］. 中国石油和化工标准与质量，2016，4：45～48.
[10] 高志，王建伟，李山昌，等. 循环钻井液气测录井资料校正方法及应用［J］. 录井工程，2014，25（3）：51～55.

潜山裂缝油藏高效开采增油机理及现场试验

朱志强　程大勇　杨志成　孟智强　王双龙

［中海石油（中国）有限公司天津分公司渤海石油研究院］

摘要　锦州 25－1 南潜山油藏具有双重介质特性，基质储量大，但渗透率低（小于 1mD），基本不具有渗流能力，裂缝由于其非均质性极强，注水开发易沿大裂缝形成窜流通道，造成小裂缝注水无法波及，这些储量常规注水很难动用。基于裂缝油藏降压开采机理及注水保压开采机理，得到裂缝油藏初期降压开采能有效动用基质和裂缝中的储量。根据不同倾角裂缝介质的应力敏感实验，确定锦州 25－1 南潜山油藏降压开采的压力保持水平为原始压力的 70%。利用自助研发的旋转渗吸仪开展基质渗吸实验，并通过加入表明活性剂来进一步改善渗吸的效果，结果表明表明活性剂能够有效提高渗吸的采油量，是潜山裂缝油藏后期挖潜难动用储量的方向之一。建立了考虑裂缝变形和基质渗吸的精细油藏耦合模型，利用示踪剂追踪技术定量刻画基质、裂缝不同阶段的供油特征，进而划分开发阶段采取不同的优化注水策略。结合现场开展了“分区块、分阶段”不稳定注水现场试验，取得了较好的稳油控水效果，单井含水率下降 10%～60%，日增油量达 20～40m^3/d，对类似裂缝油藏的前期开发和后期挖潜具有重要的意义。

关键词　潜山裂缝油藏　降压开采　裂缝变形　基质渗吸　不稳定注水

0　前　言

锦州 25－1 南潜山油藏为渤海油田首个投入开发且储量规模最大的裂缝性油藏，储集空间主要有基质和裂缝，存在少量溶孔，为典型的双重介质油藏。潜山裂缝油藏中基质的孔渗往往很低（孔隙度小于 10%，渗透率小于 1mD），基质中的储量较难动用；裂缝由于成因复杂、随机性强，注水保持压力开发容易沿大裂缝窜流，造成油井过早水淹，且大裂缝水流通道形成后，微小裂缝的原油很难动用。如何扩大裂缝的波及程度及增大基质出油的比例是裂缝油藏长期挖潜的方向，而不稳定注水对强非均质性油藏往往有好的效果。不稳定注水是区别于常规连续注水而提出的，最早起源于前苏联苹果谷油田，其不稳定注水取得了非常好的效果[1,2]，但后续全球范围内开展的不稳定注水矿场试验则喜忧参半[3～10]。锦州 25－1 南潜山油藏经过长期的探索与实践，逐渐形成了一套裂缝油藏有效开发的机理认识及技术体系，主要包括裂缝油藏降压开采机理，合理压力保持水平，基质渗吸出油机理，以及根据裂缝、基质不同阶段出油特点而采取不稳定注水策略。

第一作者简介：朱志强（1985—），男，工程师，2009 年毕业于中国石油大学（华东）石油工程专业，2012 年毕业于中国科学院研究生院流体力学专业，获硕士学位，现主要从事油藏工程、油气田开发等研究工作。

1 裂缝油藏降压开采机理

由于裂缝的存在导致裂缝油藏的非均质较强，注水保压开采时注入水容易沿大裂缝形成窜流，开采效果往往不理想，所以裂缝油藏一般都会选择初期降压开采[1]，降压开采相对注水保压开采具有明显的优势，如图1所示，为裂缝油藏降压开采和注水保压开采的供油机理示意图。油藏降压开采时，压力的传递能够波及到油藏整个区域，也就是说基质和裂缝都可以通过弹性能量的释放而出油，降压开采的储量动用程度能够达到100%；而注水保压开采时，注入水容易沿大裂缝形成窜流通道，由于压力稳定，未被水驱波及的区域基本不供油，导致整个油藏水驱波及体积很低。故裂缝油藏初期一般都选择先降压开发一段时间，尽可能通过降压动用裂缝和基质的原油。

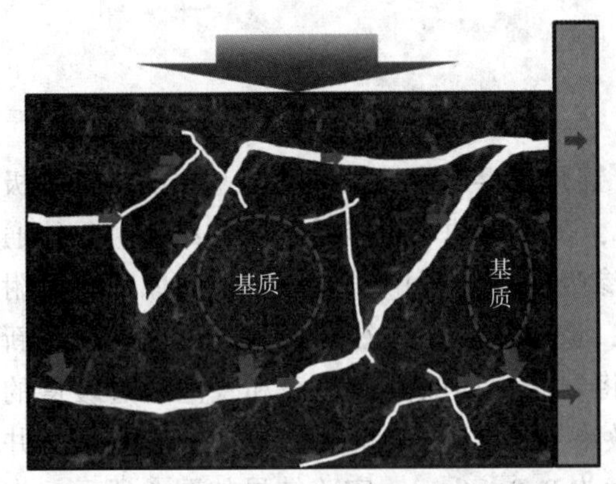

(a)裂缝油藏降压开采机理示意图

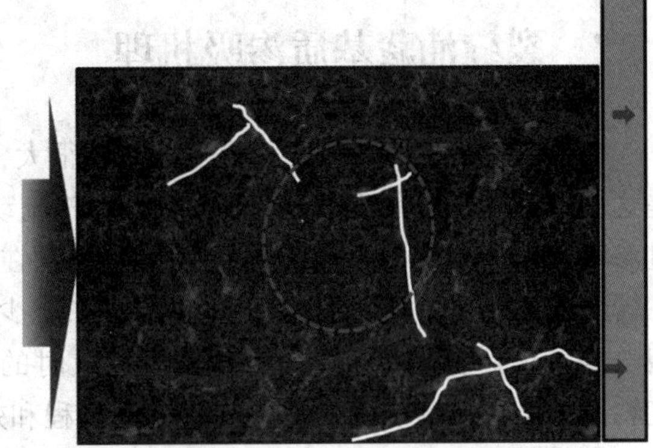
(b)裂缝油藏注水保压开采机理示意图

图1 裂缝油藏不同开发方式机理示意图

2 裂缝油藏合理压力保持水平的确定

裂缝油藏降压开采时地层压力下降很快，压力的下降一般会导致裂缝闭合，一直衰竭开发必然影响油藏的开发效果，应力敏感实验[11~13]表明裂缝介质岩心的压敏性极强，但是统计发现实验中的裂缝一般都是水平缝，与岩心夹持器的围压垂直，也就是说最大主应力方向和裂缝开度方向垂直，导致应力敏感性强。以锦州25－1南油田的实际岩心进行应力敏感实验，并设计水平缝和倾斜缝进行对比，由于锦州25－1南油田原油地饱压差较大，实验中并未考虑原油脱气的影响，结果如图2所示，可以看出水平缝的应力敏感性要比倾斜缝强很多，而锦州25－1南潜山裂缝多为倾斜缝，应以倾斜缝的压力敏感实验为参考，作出渗透率变化率与有效应力的关系曲线，如图3所示，可以看出当有效应力达到6MPa时，渗透率变化率最大，故降压开采应避免压降达到6MPa，以锦州25－1南油田为例，原始地层压力为18MPa，降压开采应小于6MPa，故锦州25－1南油田的压力保持水平70%以上。

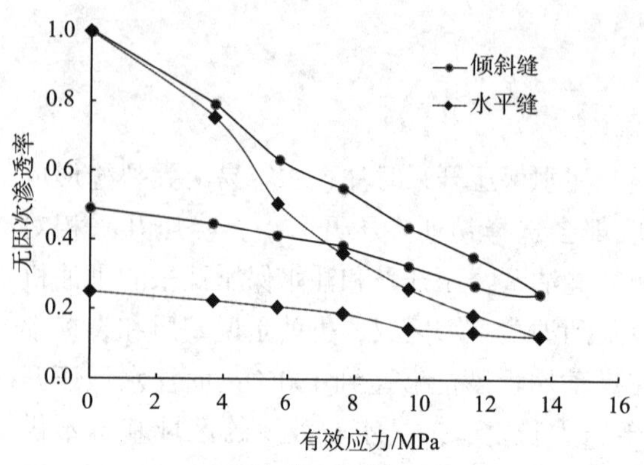

图 2　水平缝和倾斜缝的应力敏感实验结果

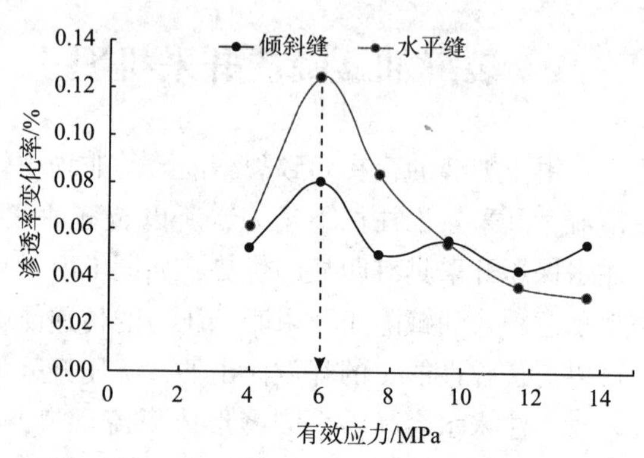

图 3　渗透率变化率随应力变化曲线

3　裂缝油藏基质渗吸机理

由于裂缝油藏基质和裂缝渗透性差别很大，锦州 25－1 南油田裂缝与基质的渗透率极差达到 10^3，注水驱替时，注入水易沿裂缝流动，基质出油不可能是水驱的结果，只能通过渗吸作用体现。由于传统的渗吸实验装置在渗吸实验过程中从岩心排出的原油会吸附在岩心表面形成油滴，且渗吸排油量本来就少，造成实验误差往往很大。因此设计了新型的渗吸实验装置－旋转渗吸仪，可以及时的将岩心表面吸附的油滴和气泡通过缓慢的旋转而排除，更为准确的评价渗吸排油过程和效果（图 4）。实验用油为 JZ25－1S 矿场井口脱水原油，70℃下黏度为 3mPa·s，原油密度为 0.9 g/cm³，实验结果如图 5 所示，当产油量基本不增长时，加入十二烷基三甲基溴化铵（CTAB）表明活性剂，浓度为 0.5%，结果可见表明活性剂的加入极大的提高了渗吸的采油量，是裂缝油藏后期挖潜基质剩余油的方向之一。

图 4　旋转渗吸仪及渗吸采油实验

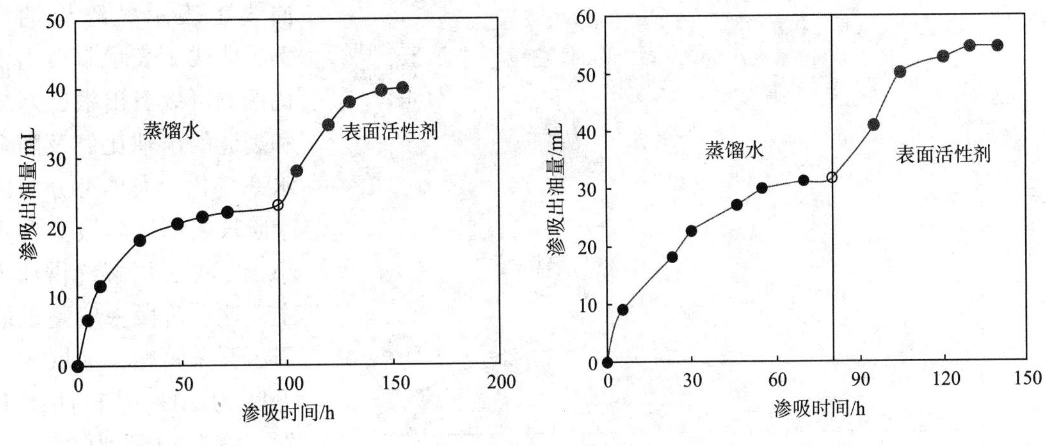

图5　岩心的渗吸实验结果

4　考虑裂缝变形和基质渗吸的精细油藏耦合模型

与常规砂岩油藏数值模拟相比，裂缝油藏存在两个比较关键且难确定的参数，分别为裂缝的变形程度和基质渗吸出油量。开展裂缝介质应力敏感实验和基质岩心自发渗吸实验能够准确获取这两个参数。通过压力敏感实验得到裂缝介质随压力变化的渗透率损失程度（表1），数模中通过关键字 ROCKTAB 进行描述；通过基质渗吸实验反算潜山油藏平均毛管力随含水饱和度变化曲线（表1），数模中通过关键字 SWOF 进行描述。裂缝建模采用地震属性约束下的随机建模，该模型网格数为 57 × 93 × 184，网格步长为 50m × 50m × 1m，基质和裂缝采用不同孔渗参数，最后得到考虑裂缝变形和基质渗吸的精细油藏耦合模型。

表1　毛管力及应力敏感参数表

应力敏感参数		毛管力参数	
地层压力/MPa	无因次渗透率	含水饱和度/%	毛管力/MPa
16	1.00	0.45	0.50
12	0.79	0.48	0.35
10	0.63	0.52	0.20
8	0.55	0.55	0.10
6	0.44	0.60	0.03
4	0.35	0.63	0.00
2	0.24	1.00	0.00

5　潜山裂缝油藏不稳定注水及矿场试验

在考虑裂缝变形和基质渗吸的精细油藏耦合模的基础上，利用 TRACERS 关键字定义基质和裂缝系统中不同示踪剂类别，定量刻画基质和裂缝不同阶段的出油比例，如图6所示，

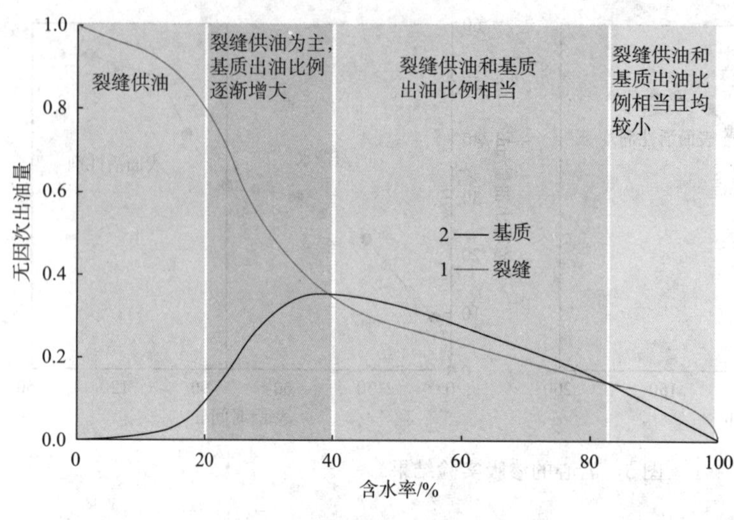

图6　基质裂缝出油量随含水率变化曲线

曲线 1 表示裂缝出油比例，曲线 2 表示基质出油比例，可以看出根据基质和裂缝的出油比例及随含水率变化，大体可分为四个阶段，第一阶段为含水小于 20%，以裂缝供油为主，这一阶段一般是采取降压开采策略，地层压力下降为 70% 时转注水开发；第二阶段为含水率 20% ~40% 之间，裂缝供油下降较快，但仍是主要供油系统，基质出油比例快速增加，这一阶段为缓解裂缝水窜和增大基质渗吸，可实施变强度注水，同时为保证裂缝的水驱效果，建议实施脉冲注水；当含水率在 40% ~85% 之间，基质裂缝供油比例相当，基质成为产量接替的关键，继续强化注水方式以增大基质和裂缝的流体交换促进基质渗吸的发生，这阶段可周期性开关注水井实施周期注水；最后一阶段含水率大于 85% 时，基质大部分被水封，基质出油的动力减弱，出油量下降，大部分裂缝也见水，油藏进入开发晚期，为进一步强化注水方式，使更小的裂缝也参与渗流，增大基质的渗吸深度和程度，建议实施异步注采。

基于上述基质裂缝供油规律的认识，结合相似油田的开发实践和本油田各阶段的主要矛盾，形成了一套潜山油藏不稳定注水技术体系，主要包括初期降压开采、低含水阶段的脉冲注水、中含水阶段的周期注水和高含水阶段的异步注采等。各个阶段采取不同的注水方式，以达到保持地层压力、控制含水上升和提高基质出油的目的。

在不稳定注水技术体系理论的指导下，油田结合自身的特点，根据不同井区的压力保持水平和含水程度开展了“分区块、分阶段”不稳定注水矿场试验。其中 A21H 井组开展脉冲注水矿场试验，脉冲注水半周期 3 ~6 个月，阶段注采比 0.8 ~1.2，周边 2 口油井见到了降水增油效果，含水率下降 10% ~20%，日增油量约 $20m^3/d$；A41H 井组开展周期注水矿场试验，半周期 3 ~6 个月，阶段注采比 1.0 ~2.0，周边 2 口油井取得了较明显的降水增油效果，含水率下降 60% 以上，日增油量达 30 ~$40m^3/d$。

6　结　论

（1）基于裂缝油藏的特点，分析了降压开采机理与注水保压开采机理的差别，明确裂缝油藏初期降压开采的优势；

（2）开展了裂缝介质应力敏感和基质自发渗吸室内实验，为裂缝油藏压力保持水平及后期基质挖潜提供实验依据；

（3）建立了考虑裂缝变形和基质渗吸的精细油藏耦合模型，利用示踪剂技术定量刻画了不同含水阶段基质和裂缝出油比例，为裂缝油藏不同含水阶段注水方式的优化奠定了基础；

(4) 构建了潜山不稳定注水技术体系，并结合实际油田开展了不稳定注水矿场试验，取得了较好的稳油控水效果。

参考文献

[1] 张继春，张津海，杨延辉，等. 潜山裂缝油藏降压开采增油机理及现场试验 [J]. 石油学报，2004，25 (1)：52～56.

[2] Gorbunov A T，Surguchev M，Tsinkova O E. Cyclic Waterflooding of Oil Reservoirs [J]. Moscow，Vniio-eng，1977，5 (4)：69～73.

[3] 田平，许爱云，张旭，等. 任丘油田开发后期不稳定注水开采效果评价 [J]. 石油学报，1999，20 (1)：38～42.

[4] 陈文华. 苏联对某些油田开发后期用不稳定注水方法提高采收率 [J]. 石油勘探开发，1989，12 (5)：75～80.

[5] 黄延章，尚根华，陈永敏，等. 用核磁共振成像技术研究周期注水驱油机理 [J]. 石油物探，1995，16 (4)：62～67.

[6] 郭伟峰，房育金，杨永霞，等. 低渗透油田周期注水的研究及应用 [J]. 吐哈油，2005，9 (3)：262～265.

[7] 高养军，潘凌，卢祥国. 周期注水效果及其影响因素 [J]. 大庆石油学院学报，2004，28 (5)：22～24.

[8] 张煌，张进平. 不稳定注水技术研究及应用 [J]. 江汉石油学院学报，2001，23 (1)：49～55.

[9] 张斌，金绍臣，徐玉林，等. 姬源油田罗 4 井区不稳定注水先导性试验 [J]. 石油化工应用，2010，29 (4)：54～56.

[10] 李贻勇. 异步注采注水方式在东胜堡潜山的应用 [J]. 石油地质与工程，2011，25 (增)：16～18.

[11] 景崛雪，袁小玲. 碳酸盐岩岩心应力敏感性实验研究 [J]. 天然气工业，2002，22 (增刊)：114～117.

[12] 刘四海，张浩，刘金华，等. 裂缝性岩样应力敏感性实验研究 [J]. 钻采工艺，2011，34 (6)：14～16.

[13] 闰丰明，康毅力，李松，等. 裂缝—孔洞型碳酸盐岩储层应力敏感性实验研究 [J]. 天然气地球科学，2010，21 (3)：489～493.

干扰试井技术在合理注采井网部署中的应用

马　帅　王雯娟　张风波　鲁瑞彬　李树松

［中海石油（中国）有限公司湛江分公司］

摘要　涠洲 X 油田 A 井区井间连通关系复杂、注采井网合理部署难、注水受效性差，需采用区域干扰试井技术落实各井间连通关系，合理部署注采井网。针对区块纵向非均质强、横向物性变化快的特征，采用数值试井方法对各井间干扰效果进行模拟得到干扰试井方案。方案执行过程中对各井泵工况压力实时监控、实时调整干扰井制度，分析干扰信号成因，确定干扰源，采用“单信号追踪分析技术”、“多信号降噪分析技术”、“微信号放大分析技术”，落实了该区块 6 口生产井间连通关系，结合地质构造建立该区块数值试井模型，解释得到各井物性。相较传统干扰试井，区域干扰试井技术减少作业时间 1100h，期间累积多采 70000m^3 原油。结合干扰试井分析结果将钻前 1 注 5 采方案优化为 2 注 7 采，实际生产效果理想，证明了注采井网的合理性，表明区域干扰试井技术在复杂断块油田合理注采井网部署中具有一定指导意义。

关键词　区域干扰试井　合理井网　数值试井　复杂断块　注水受效

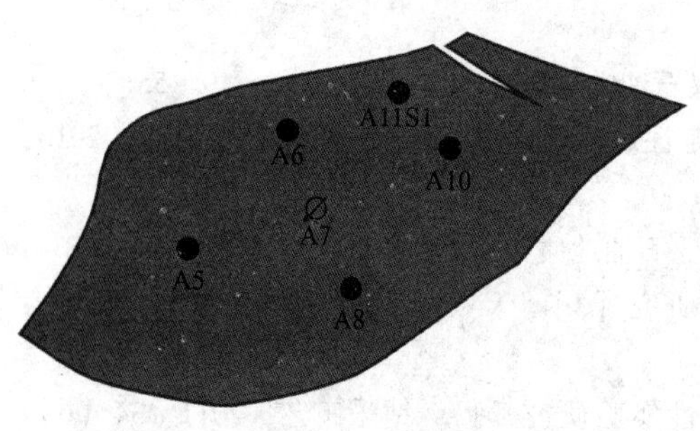

图 1　涠洲 X 油田 A 井区钻后井位示意图

涠洲 X 油田 A 井区钻有 6 口生产井（图 1），投产初期压力系数为 1.53 ~ 1.56，自喷生产。ODP 建议待地层压力系数降为 1.0 时对 A7 井进行转注，实现该区块 5 采 1 注的开发方式。但钻后地质认识表明，该井区油组纵向和横向非均质较强，井间物性差异较大，连通关系复杂，ODP 注采方案存在一定风险。为落实注采井网部署方案，需对该区块的 6 口已钻井采用区域干扰试井法进行连通性分析。

1　区域干扰试井方案制定

1.1　区域干扰试井

传统干扰试井（Interference Test between Wells）最早由 Theis[1] 提出，指通过改变一口井的工作制度，使得油层中的压力发生变化，在另外一口井中下入高精度压力计，测量其井底压力变化，若能够监测到相应变化，则证明两井连通。之后 King Hubbert[2]、Elkins[3,4] 将

第一作者简介：马帅（1989 年—），男，工程师，西南石油大学油气田开发专业硕士（2014），从事动态监测、油藏工程研究，通讯地址：524057 广东省湛江市坡头区南油二区研究院，联系电话：3912462，E－mail：mashuai6@cnooc.com.cn。

其应用于现场实践；Kutasov[5]、Adewols[6]等将干扰试井模型不断丰富；郑伟东[7]、张河[8]、谢林峰[9]等将干扰试井用于判断油井来水方向等应用。常规干扰试井方法原理简单，但靶区生产井较多，两两干扰分析耗时久，且同时最多只能开一口井，影响生产任务。

区域干扰试井则通过调节各生产井的开关制度，对观测井造成有针对性的干扰，通过对叠加干扰信号的分析确定干扰源、落实各井间连通关系。该方法耗时短，可以多井同时生产，对生产任务影响小，但对方案合理性要求高，实时分析过程更复杂，故现场应用实例较少，李树松[10]曾对6口井进行干扰试井，获得了各井间的连通关系。

1.2 方案制定

观测井受邻井干扰时，首先会表现出压力导数曲线下掉，随后压力恢复曲线下掉。但压力导数下掉也可能是封闭边界的响应，故判断是否受到干扰以压力恢复曲线下掉为主、以压力导数曲线下掉为辅。

靶区共6口生产井，共有30种两两连通关系，干扰试井方案制定、分析工作量太大，采用两项基本原则进行简化：

1.2.1 连通（干扰）单向证实即成立

如果A5能够监测到A6的干扰则证明两井连通，无需再验证A5能否对A6形成干扰［图2（a）］。

1.2.2 只考虑临井干扰

A5与A9的连通性可以通过A5与A7、A7与A9的连通性进行判断［图2（b）］；即使A9能够对A5形成干扰，A9井注水也无法保证A5能够受效。

两项基本原则的使用，大大减小了本次干扰试井方案制定、分析工作量，使得需要分析的连通关系从30项降低为10项。

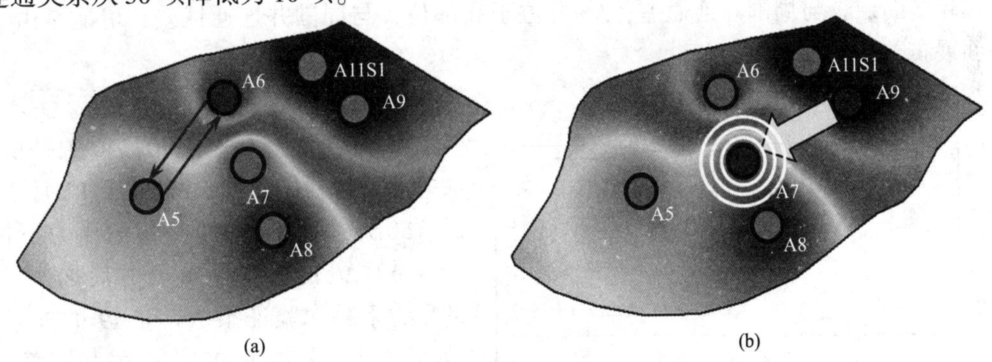

图2 两项基本原则示意图

2 区域干扰试井方案实施

2.1 实时决策分析

2.1.1 A7井关井观测

首先关闭A7井，周围5口井均开井生产，关井后19.3h压力恢复至最高：4706psia，之后开始下掉；期间 38.5h 下掉 3.5psia，之后压力下掉趋势加快；关井 115h，压力下掉 17psia，下掉趋势明显；表明 A7 井与周围一口或多口井连通，如图 3 所示。

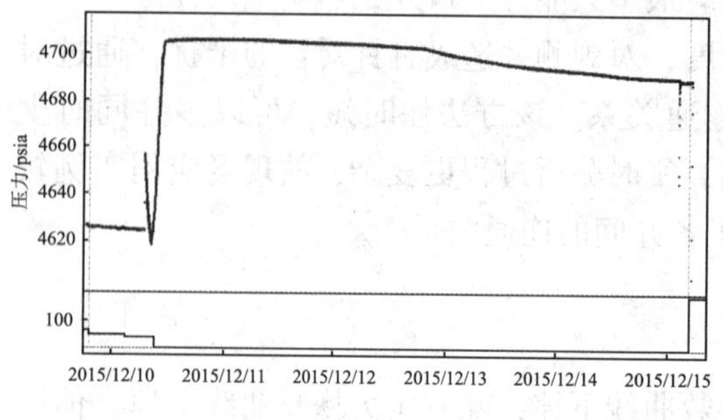

图 3　A7 井压力恢复曲线

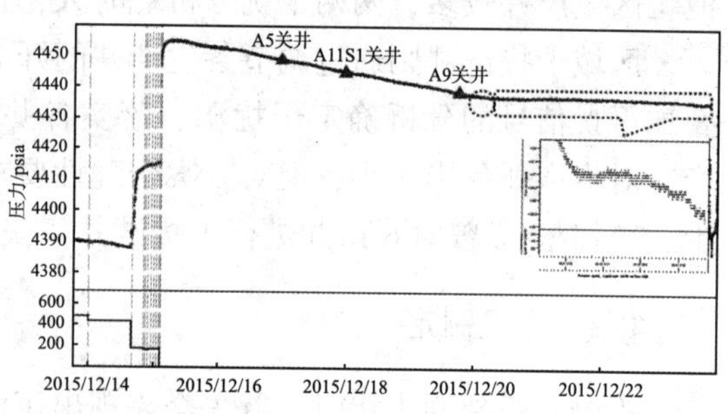

图 4　A8 井压力恢复曲线

2.1.2　A8 井关井观测

A8 井关井初期压力上升，关井 5.8h 后压力达到最高，至 12 月 20 日共下掉 17.5psia，之后下降趋势明显减缓；拐点出现在 A5、A11S1 和 A9 关井后，从时间上看，受 A9 井影响的可能性较高。拐点出现之后的 83.5h 共下掉 2psia，该阶段仅受 A7 井干扰，故初步判断：A8 与 A7 和 A9 均连通，但与 A9 连通性好过 A7，见图 4。A8 井的压力分析采用了对 A9 井关井信号的追踪，即“单信号追踪分析技术”。

2.1.3　A5、A11S1 井关井观测

A5、A11S1 井几乎同时关井，长达 400 多小时关井期间，其他井共产出约 15000m^3 原油，但恢复压力并未出现下掉；关井期间，A6、A7、A8、A9 各井均有开关井动作，但没有在 A5、A11S1 的压力恢复资料上找到相关响应；A11S1 井位于低部位，井周物性较差且可能存在较多断层，与周围井连通差；A5 井位于高部位，与周围井连通性差，可能是由于薄层平面展布差。

2.1.4　A9 井关井观测

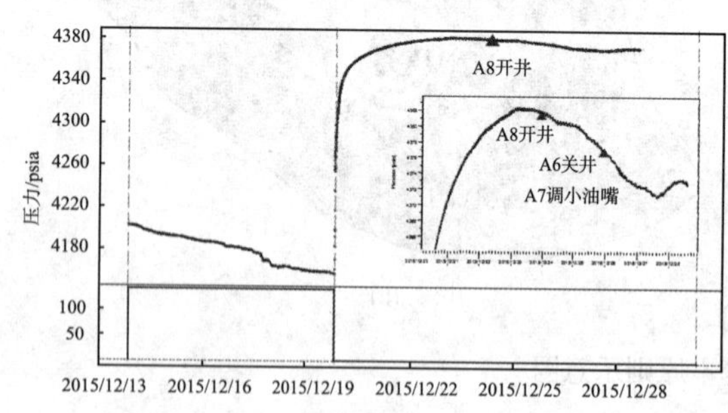

图 5　A9 井压力恢复曲线

A9 井于 12 月 19 日 20：40 关井恢复，关井 80h 后开始下掉。A8 井于 12 月 23 日 16：30 开井，在此之前 A9 的压力下掉是受到 A7/A6 的影响。A8 开井后加速了 A9 的压力下掉，验证了 A8 和 A9 的连通性。A6 井于 12 月 25 日 22：00 关井恢复，A7 井也在此阶段调小产量，A9 井在 12 月 27 日 14：05 压力停止下掉表明与 A6、A7 井连通，见图 5。A9 井的压力分析采用了对 A6、A7 井叠加信号的分离技术，即“多信号降噪分析技术”。

2.1.5　A6 井关井观测

A6 井关 10h 后，压力开始波动上升，表明受到邻井干扰明显分析双对数曲线发现在关井 20h 处压力导数曲线出现三个规律地波动［图 6（a）］，对邻井压力数据进行排查，发现相应时间段，A7 井存在三个反方向波动，且时间与 A6 几乎一致［图 6（b）］，表明 A6 与

A7 连通性极好。A6 井的压力分析采用了双对数曲线对干扰信号放大，即“微信号放大分析技术”。

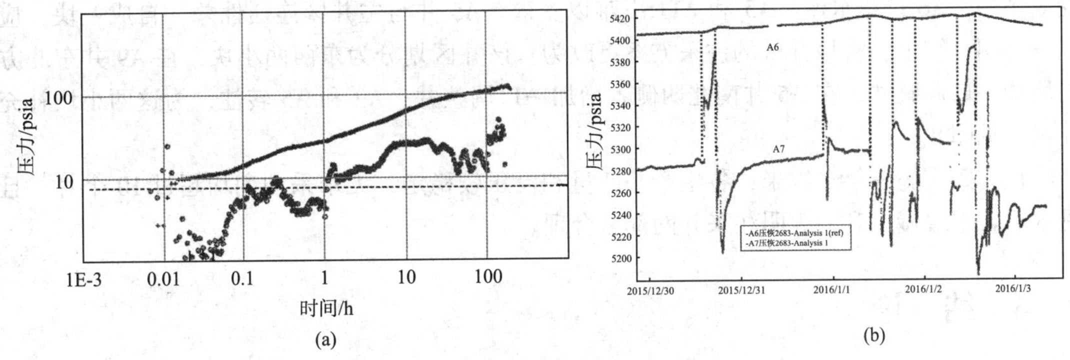

图 6　A6 井压力恢复响应

2.2　连通性分析

经过一个月的干扰试井作业和分析，对该区块形成以下认识：

（1）A6、A7、A8 三口井连通，A6 与 A7 连通性好过 A7 与 A8。

（2）A8 与 A9 连通，且连通性好过 A8 与 A7。

（3）A9 与 A6/A7 井方向连通，鉴于 A6 与 A7 连通性较好，在注水有效性角度认为 A9 与 A6 和 A7 均连通。

（4）A5 与临井连通性差（或不连通），为薄互层平面延展性差导致。

（5）A11S1 与临井连通性差（或不连通），为小断层和物性差导致。

2.3　测后试井解释

采用区域干扰试井分析结果，结合地质构造，建立数值试井模型（图 7），对 6 口井进行同步拟合，得到各井的渗透率、表皮等参数，各井的压力恢复双对数曲线和生产史均能较好拟合，也证明了干扰试井分析结果的准确性。

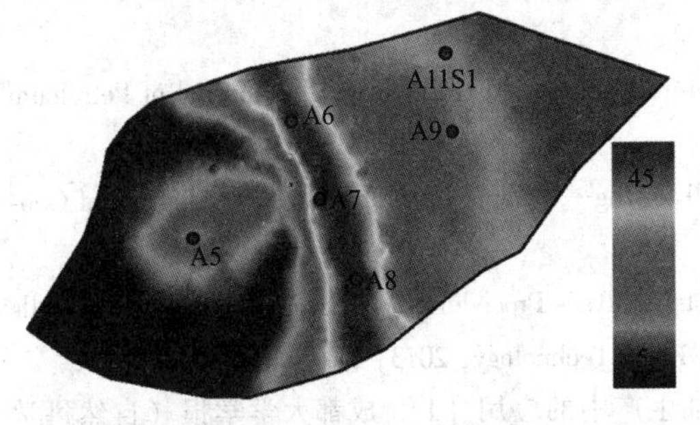

图 7　靶区数值试井模型

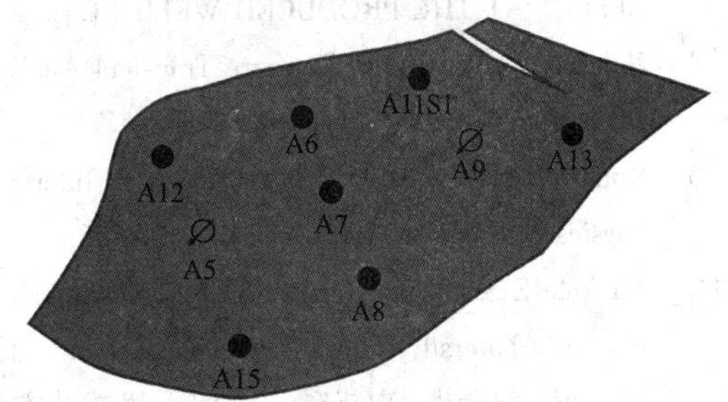

图 8　更新后的注采井网

3　应用效果

（1）相较于传统两井间干扰，区域干扰试井技术能够减少作业时间 1100h，期间可累积多采 70000m^{3}原油。

（2）干扰试井落实了各井间的连通关系，认为原先的 5 采 1 注方案可能会导致生产井受效不均，A6 过快水淹，A5 和 A11S1 难以受效。A5 井与主井区连通性差，自成一块，应加密井网。综上，将该井区的注采方案更改为：该井区划分为东西两小块，在 A9 井东北方向增加一口调整井、在 A5 井南北两侧各增加一口调整井，A9 和 A5 转注，为这两小块补充能量，见图 8。

该方案实施一年多以来，各生产井产量和流压较稳定，无水采油期均超过 10 个月，且见水后含水缓慢上升，表明注采井网部署合理。

4 结 论

（1）建立了区域干扰试井预测模拟技术，两项基本原则大大降低了方案制定和分析的工作量，为区域干扰试井能够顺利实施奠定基础；

（2）有目的地开关邻井对观测井产生干扰，通过实施决策分析，落实了靶区 6 口生产井间连通关系，并形成了“单信号追踪”、“多信号降噪”、“微信号放大”等干扰信号分析技术，相较传统两井间干扰，区域干扰试井技术能够减少作业时间 1100h，期间可累积多采 70000m^{3}原油；

（3）干扰试井结论推翻了钻前的 1 注 5 采方案，建议将靶区分为两个区块进行注水，并加密井网提高采收率，一年多的生产实践证明了该方案的合理性，表明区域干扰试井技术对复杂断块油田合理注采井网部署具有较好的指导意义。

参考文献

[1] 张秀华. 复杂介质油藏干扰试井理论分析和方法研究 [D]. 西南石油学院, 2004.

[2] Uraiet A, Raghavan R, Thomas G W. Determination of the Orientation of a Vertical Fracture by Interference Tests [J]. Journal of Petroleum Technology, 1977, 29 (1): 73 ~ 80.

[3] Sandal H, Horne R, Jr H R, et al. INTERFERENCE TESTING WITH WELLBORE STORAGE AND SKIN EFFECT AT THE PRODUCED WELL [C] // 1978.

[4] Najurieta. A Theory for Pressure Transient Analysis in Naturally Fractured Reservoirs [J]. Journal of Petroleum Technology, 1980, 32 (7): 5 ~ 8.

[5] Kutasov I M, Eppelbaum L V, Kagan M. Interference well testing—variable fluid flow rate [J]. Journal of Geophysics & Engineering, 2008, 5 (1): 86.

[6] Adewole E S. Mathematical Formulation of Interference Tests Analyses Procedure for Horizontal and Vertical Wells Both in a Laterally Infinite Layered Reservoir [J]. Liquid Fuels Technology, 2013, 31 (7): 680 ~ 690.

[7] 郑伟东, 毕全福, 白光瑞. 垂向干扰试井方法在试油生产中的应用 [J]. 成都大学学报（自然科学版）, 2010, 29 (4): 349 ~ 351.

[8] 张河, 范肇卿, 胥青, 等. 应用干扰试井确定水平井 SNHW827 井的来水方向 [J]. 新疆石油天然气, 2010, 6 (1): 55 ~ 58.

[9] 谢林峰, 甘柏松. 气藏水平井干扰试井参数敏感性研究 [J]. 石油天然气学报, 2012, 34 (9): 117 ~ 120.

[10] 李树林. 一次成功的多井干扰试井 [J]. 油气井测试, 1991 (1): 73 ~ 77.

水驱砂岩油藏开发效果评价新方法

邓琪　张宏友　王美楠　别梦君　肖波

[中海石油（中国）有限公司天津分公司渤海石油研究院]

摘要　针对目前童氏图版法和相渗曲线法计算含水率与采出程度曲线，不能体现不同油藏自身开发规律的差异，缺乏无水采油期，无法准确评价水驱油藏开发效果的问题。利用流管法求解均质油藏反九点井网两相渗流模型，建立了无水采油期采出程度、含水上升期含水上升率的理论变化关系式，以此为基础，建立了一种新的含水率与采出程度关系理论曲线计算方法。实例应用表明，利用本文新方法建立的含水率与采出程度关系理论曲线能够快速评价水驱油藏的开发效果，评价结果客观合理，值得推广应用。

关键词　含水率　采出程度　无水采油期　含水上升率　开发效果评价

含水率与采出程度关系理论曲线是评价水驱油藏开发效果的关键曲线，将实际曲线与理论曲线对比，可以快速评价水驱油藏不同开发阶段的开发状况，为油田调整挖潜提供方向，因此理论曲线的准确建立至关重要。目前，理论曲线的绘制主要有流管法和相对渗透率法[1]。流管法是基于一维流动建立的含水率与采出程度关系曲线[2,3]，且理论比较复杂，计算过程繁琐，不利于矿场实际应用。相渗曲线法则是目前矿场普遍采用的方法，具有原理简单、操作性强的特点，近年来，国内外学者针对相渗曲线表达形式开展了大量研究工作[4~9]，尽可能使理论曲线更加接近实际曲线。但相渗曲线法计算含水率与采出程度关系理论曲线仍存在以下两个问题：（1）缺少无水采油期开发阶段；（2）采出程度计算过程中的平均含水饱和度直接采用出口端含水饱和度来代替，或利用基于一维流动 Welge 方程建立的平均含水饱和度与出口端含水饱和度关系，或利用 1958 年艾富罗斯基于一维条件、油水黏度比在 1 ~ 10 范围内的平均含水饱和度与出口端含水饱和度实验结果，存在一定局限性[10~13]。

本文以均质油藏反九点注采井网为基础，利用流管模型分别建立无水采油期采出程度、含水上升期含水上升率的理论变化关系式。在此基础上，建立了一种新的含水率与采出程度关系理论曲线研究方法，评价油田开发效果。

1　新方法建立

1.1　流管模型的建立及求解

对于均质油藏反九点注采井网，其渗流场分布可以假设为由一系列的曲线流管组成[14,15]，根据油、水两相渗流理论，每根流管中有[15]：

第一作者简介：邓琪（1988 年—），男，硕士，2013 年毕业于西南石油大学油气田开发工程专业，现主要从事油气田开发工程研究工作。E – mail：dengqi@ cnooc. com. cn。

$$\int_0^{\zeta} A(\zeta)\mathrm{d}\zeta = \int_0^{t} \frac{\Delta q f_w'(S_w)}{\phi}\mathrm{d}t \tag{1}$$

式（1）即为曲线流管下的等饱和度平面移动方程。

每根流管中，水驱油渗流阻力为：

$$r(i)=\frac{\int_{r_w}^{\zeta}\frac{1}{A_i(\zeta)\frac{K_{rw}}{\mu_w}}\mathrm{d}\zeta}{K}+\frac{\int_{\zeta_1}^{\zeta_2}\frac{1}{A_i(\zeta)\left(\frac{K_{ro}}{\mu_o}+\frac{K_{rw}}{\mu_w}\right)}\mathrm{d}\zeta}{K}+\frac{\int_{\zeta_2}^{l_i-r_w}\frac{1}{A_i(\zeta)\frac{K_{ro}}{\mu_o}}\mathrm{d}\zeta}{K} \tag{2}$$

t 时刻每根流管中的流量为：

$$\Delta(q)(i)=Q\frac{1}{r(i)}\frac{1}{\sum_{i=1}^{n}\frac{1}{r(i)}} \tag{3}$$

联合式（1）~式（3），即可求出均质油藏反九点注采井网渗流场每根流管不同时刻、不同位置的含水饱和度。

对于水驱油藏来说，水驱规律主要受水油流度比和油水相渗曲线的影响。利用 Matlab 软件编制流管模型计算程序，求解均质油藏反九点注采井网油、水两相渗流模型，开展无水采油期采出程度、含水上升期含水上升率与水油流度比、油相指数、水相指数、残余油饱和度、束缚水饱和度的理论变化规律研究，设计 5 个影响因素共计 648 组方案开展研究(表 1)。

表 1　油藏模型方案设计参数表

参　数	取　值	参　数	取　值
井网	反九点法	井距/m	200
井控储量/$10^4 m^3$	25.5	水油流度比	1，3，6，10，20，50，100，200
水相指数	2，3，4	油相指数	2，3，4
束缚水饱和度	0.2，0.3，0.45	残余油饱和度	0.1，0.25，0.4

1.2　无水采油期采出程度

1.2.1　影响因素变化规律研究

结果表明，在其他 4 项影响因素保持不变条件下，无水采油期采出程度与水油流度比呈幂函数关系（图 1），相关系数接近 1.0。从图 1 可以看出，随着水油流度比增加，水相相对于油相的渗流能力增加，水驱前缘突破速度加快，无水采油期采出程度逐渐降低，尤其是当水油流度比小于 50 时，无水采油期采出程度急剧下降。

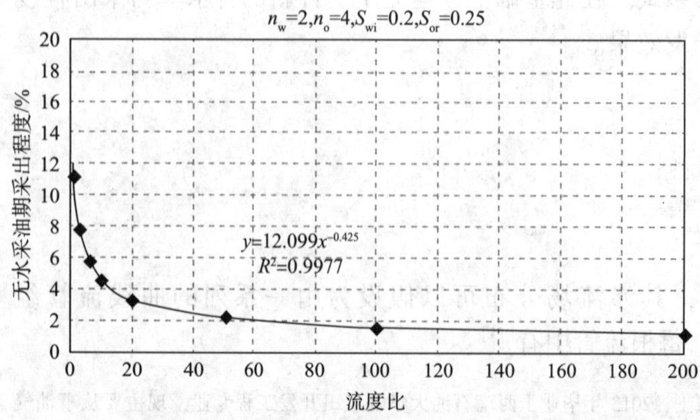

图 1　理论无水采油期采出程度与水油流度比关系曲线

同样，在其他 4 项影响因素保持不变条件下，无水采油期采出程度与水相指数、油相指数、束缚水饱和度、残余油饱和度均呈线性关系。

1.2.2 变化关系式的建立

首先假定水油流度比不变，构建无水采油期采出程度与其他4个影响因素之间的多元线性关系式：

$$R_0 = b_0 + b_1 n_w + b_2 n_o + b_3 S_{wi} + b_4 S_{or} \quad (4)$$

利用SPSS多元线性回归法，得到不同水油流度比条件下系数 $b_0 \sim b_4$，在此基础上，进一步开展系数 $b_0 \sim b_4$ 与水油流度比变化规律研究。结果表明，系数 $b_0 \sim b_4$ 均与水油流度比呈幂函数关系。

将系数 $b_0 \sim b_4$ 拟合回归得到的幂函数关系式代入式（4）中，最终得到无水采油期采出程度与5个影响因素之间的理论变化关系式：

$$R_0 = (0.17967\lambda^{-0.48301} - 0.015) \times 100 + (0.08486(\lambda+15)^{-056316} + 0.016) n_w \times 100 + (0.13395(\lambda+15)^{-1.33138} + 0.0006) n_o \times 100 - (0.25064(\lambda+3)^{-0.64349} + 0.024) S_{wi} \times 100 - (0.34470(\lambda+0.11)^{-0.30747} + 0.011) S_{or} \times 100 \quad (5)$$

1.3 含水上升期含水上升率

由文献［3］可知，油藏含水上升率可用式（6）表示：

$$f_w' = \frac{1}{a} \frac{f_{w(i)} - f_{w(i-1)}}{\left(\frac{S_{w(i)} - S_{w(i-1)}}{1 - S_{wi}}\right)} = \frac{1}{a_1 \ln\lambda + a_2} f_{w0}' \quad (6)$$

其中，

$$a_1 = (0.0116\ln n_w - 0.0489)\ln n_o - 0.088\ln n_w + 0.1971 \quad (7)$$

$$a_2 = (-0.126\ln n_w + 0.1469)\ln n_o + 0.2647\ln n_w + 0.4406 \quad (8)$$

1.4 含水率与采出程度关系理论曲线建立

以无水采油期采出程度理论公式、含水上升期含水上升率公式为基础，建立水驱油藏含水率与采出程度关系理论曲线，具体步骤如下：

（1）无水采油期：利用式（5）计算无水采油期采出程度 R_0，显然当 $R \leqslant R_0$ 时，$f_w = 0$；

（2）含水上升期（$R > R_0$）：

①划分含水率变化：Δf_w（$\Delta f_w = 0.1\%$）；

②计算第一步末含水率：$f_{w1} = f_{w0} + \Delta f_w$；

③计算第一步平均含水率：$\overline{f_{w1}} = (f_{w1} + f_{w0})/2$；

④根据含水率与含水上升率关系理论曲线，得到第一步含水上升率 f_{w1}'；

⑤计算第一步末采出程度：$R_1 = R_0 + \Delta f_w / f_{w1}'$

⑥重复步骤②～⑤，最终得到水驱油藏含水率与采出程度关系理论曲线。

需要注意的是，该新方法适合于反九点注采井网，水油流度比为1～200的水驱油藏含水率与采出程度关系理论曲线的建立。

2 实例应用

渤中28－2S油田1167砂体含油层系位于明下段，属于浅水三角洲相沉积，为典型的高孔高渗轻质油藏，孔隙度为29.6%，渗透率1682mD，地层原油黏度11.74mPa·s。应用本文新方法建立含水率与采出程度关系理论曲线，并将其与实际曲线绘制在在同一坐标系中［图2（a）］。从图2（a）可以看出，实际曲线与理论曲线变化趋势基本一致，且两者比较接近，说明1167砂体开发效果较好。

同样，应用本文新方法对秦皇岛32－6油田南区进行水驱开发效果评价［图2（b）］，从图2（b）可以看出，无论是综合调整前、还是综合调整后，含水率与采出程度关系实际曲线与理论曲线变化趋势基本一致，评价结果表明综合调整明显改善了油田开发效果。

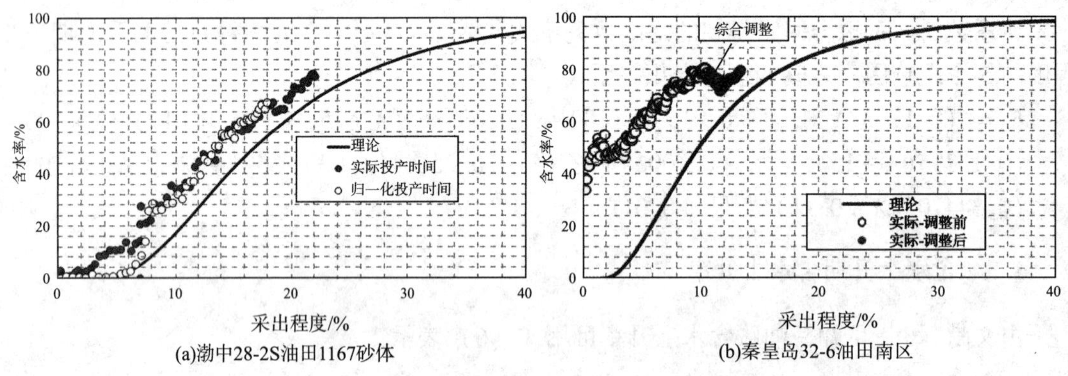

图2　含水率与采出程度评价曲线

3　结论认识

（1）开展无水采油期采出程度与5项影响因素之间的理论变化规律研究，并拟合回归得到其理论变化关系式；

（2）统计发现含水上升期油藏平均含水饱和度与出口端含水饱和度呈近似线性变化关系，据此提出了分流量方程法校正的水驱油藏理论含水上升率计算方法；

（3）基于无水采油期采出程度、含水上升期含水上升率的理论变化关系式，建立了一种新的含水率与采出程度关系理论曲线研究方法，解决了传统相渗曲线法的不足；

（4）实例应用表明，利用本文新方法建立的含水率与采出程度关系理论曲线能够评价水驱油藏的开发效果，评价结果客观合理，值得推广应用。

参考文献

[1] 凡哲元，袁向春，廖荣凤，等．制作含水率与采出程度关系理论曲线常犯错误及解决办法［J］．石油与天然气地质，2005，26（3）：384～387.

[2] 冯其红，吕爱民，于红军，等一种用于水驱开发效果评价的新方法［J］．石油大学学报（自然科学版），2004，28（2）：58～60.

[3] 张宏友，邓琪，牟春荣，等．水驱砂岩油藏理论含水上升率计算新方法——对分流量方程法的校正［J］．中国海上油气，2015，27（3）：79～83.

[4] 金蓉蓉. 新型含水率与采出程度关系曲线的推导 [J]. 大庆石油地质与开发, 2015, 34 (3): 72~75.

[5] 陈元千, 陶自强. 高含水期水驱特征曲线的推导及上翘问题的分析 [J]. 断块油气田, 1997, 4 (3): 19~24.

[6] 李丽丽, 宋考平, 高丽, 等. 特高含水期油田水驱规律特征研究 [J]. 石油钻探技术, 2009, 37 (3): 91~94.

[7] 刘世华, 古建伟, 杨仁峰. 高含水期油藏特有水驱渗流规律研究 [J]. 水动力学研究与进展 A 辑, 2011, 26 (6): 6~9.

[8] 宋兆杰, 李治平, 赖枫鹏, 等. 高含水期油田水驱特征曲线关系式的理论推导 [J]. 石油勘探与开发, 2013, 40 (2): 201~208.

[9] 张金庆, 孙福街, 安桂荣. 水驱油田含水上升规律和递减规律研究 [J]. 油气地质与采收率, 2011, 18 (6): 82~85.

[10] 郭印龙, 郭恩常, 杨永利, 等. 一种新的水驱开发效果评价体系 [J]. 石油地质与工程, 2008, 22 (5): 67~68.

[11] 高文君, 徐君. 常用水驱特征曲线理论研究 [J]. 石油学报, 2007, 28 (3): 89~92.

[12] 高文君, 宋成元, 付春苗, 等. 经典水驱油理论对应水驱特征曲线研究 [J]. 新疆石油地质, 2014, 35 (3): 307~310.

[13] 陈元千. 水驱曲线关系式的推导 [J]. 石油学报, 1985, 6 (2): 69~78.

[14] 计秉玉, 李莉, 王春艳. 低渗透油藏非达西渗流面积井网产油量计算方法 [J]. 石油学报, 2008, 29 (2): 256~261.

[15] 吕栋梁, 唐海, 郭粉转, 等. 低渗透油田反九点井网面积波及效率影响研究 [J]. 西南石油大学学报: 自然科学版, 2012, 34 (1): 147~152.

基于构型解剖的低效井侧钻挖潜剩余油研究

田博　贾晓飞　刘超　张瑞　王颖超

[中海石油（中国）有限公司天津分公司渤海石油研究院]

摘要　渤海SZ油田经过20余年的注水开发，目前已逐渐进入“双高”开发阶段，低产低效井数量也随之增加，对常规油水井措施增油潜力较小的低产低效井而言，寻找侧钻的有利剩余油位置已迫在眉睫。针对此现状，综合利用岩心、测井等资料，对复合砂体内部的各级次构型界面开展了精细解剖，详细刻画了单一成因砂体在垂向及平面的展布特征，并在此基础上分析了构型单元对油水运动的控制作用。结果表明，油田进入高含水期后，不同类型储层的剩余油分布模式各不相同。主力厚层受层内夹层遮挡的影响，表现为整体水淹较强但局部剩余油富集的特征；非主力薄层受相带边部较差的注采接触关系及层间干扰的影响，表现为整体水淹较弱、剩余油大量富集的特征。在此基础上，将低产低效井治理与剩余油挖潜相结合，提出了利用老井眼进行开窗侧钻水平井的挖潜模式，并取得了较好的矿场增油效果。

关键词　双高阶段　构型解剖　剩余油分布　低产低效井　侧钻挖潜

0　引　言

渤海SZ油田自2009年年底开始，实施了海上首个大型综合调整项目，通过“定向井+水平井”的整体加密调整模式，油田的开发效果得以明显的改善和提高。但随着油田进入开发后期，逐渐暴露出低产低效井逐年增多的矛盾。对于该类井的治理，当常规油水井措施增油效果较差时，充分利用老井眼部分井段进行开窗侧钻将是行之有效的治理手段，该项技术的关键便是寻找有利的剩余油位置。加密井资料显示油田进入高含水期后水淹规律日趋复杂，在这种情况下寻找剩余油的难度越来越大。而国内外研究表明，控制剩余油分布的根本因素是储层复杂的内部结构[1~3]，因此，本文从精细的储层构型解剖入手，总结了油田进入双高阶段后不同类型储层的剩余油分布模式，并在此基础上，形成了一套低产低效井进行水平井侧钻治理的技术体系，取得了较好的实际应用效果。

1　海上三角洲相油田储层构型精细解剖技术

目前国内外对储层构型的研究主要集中于河流相，而对三角洲相储层的研究相对较少[4]；同时陆地油田对储层构型的研究主要依赖于高密度的井网资料，而对于长期大井距多层合采的海上油田而言，储层构型的研究面临着巨大挑战。面对上述困难及局限性，创新

第一作者简介：田博（1987年—），男，硕士，工程师，主要从事油气田开发地质研究工作，联系电话：022-66500811，E-mail：tianbo4@cnooc.com.cn。

性提出了一套利用岩心、测井、水淹等资料开展海上油田储层构型解剖的研究方法。

1.1 基于岩心分析的构型界面划分及定量识别

传统意义的小层单元在垂向上往往由多个期次沉积的砂体叠置而成，由于河道的摆动，各个期次的沉积砂体在平面的展布方向及连通关系各不相同，而且各个单砂体之间的夹层在垂向上对流体的运动具有一定的阻碍作用。因此，油田开发至中后期，必须将研究尺度由之前的复合砂体提升至单砂体级别，才能将地下复杂的油水运动规律描述的更加精细、准确。

1.1.1 构型界面级次划分

通过岩电标定，按照构型研究的层次性原则，对复合砂体内部共分为三个级别的隔夹层，分别对应构型界面的3～5级。其中Ⅲ级夹层为河口坝或分流河道复合体之间的厚层前三角洲泥质层，对应5级构型界面，GR曲线为基线，延伸范围广，不具渗透性，是有效的隔层；Ⅱ级夹层为单一河口坝或单一水下分流河道之间的韵律层间夹层，对应4级构型界面，岩性为泥岩或粉砂质泥岩，物性较差，可对流体渗流起屏障作用；Ⅰ级夹层为单一河口坝内部增生体之间的夹层，对应3级构型界面，以泥质粉砂岩为主，SP与GR曲线轻微回返，一般对流体起局部遮挡作用或延缓流体的流动。

1.1.2 构型界面定量识别

本次研究重点主要为厚层内部的Ⅰ、Ⅱ级夹层，该类夹层在常规测井解释标准下很难识别，然而对复合砂体内部的油水运动具有较强的影响作用。通过岩心的精细描述，结合测井响应特征，建立了该类夹层的定量识别标准。

①当隔夹层 $H \geqslant 0.7\text{m}$ 时，GR 值 >75API；②当隔夹层 $H<0.7\text{m}$ 时，GR 回返幅度值 >5API且 GR 回返幅度值与相邻砂体 GR 值之比 >10%。

1.2 构型单元精细解剖及空间展布特征研究

以SZ油田5小层为例，在构型界面识别的基础上，将小层在纵向上划分为5.1、5.2两个单层等时地层格架，进而在单层格架内部，对水下分流河道、河口坝主体、河口坝侧缘等单一构型单元在垂向的叠置及侧向的拼接关系进行详细解剖（图1），可以看出之前以小层为单元大片连通的复合砂体实际上内部接触关系非常复杂，多期沉积的河道、河口坝砂体在纵向上相互叠置，夹层发育。单一水下分流河道在平面上呈条带状展布，宽度一般小于一个井距（300m）；单一

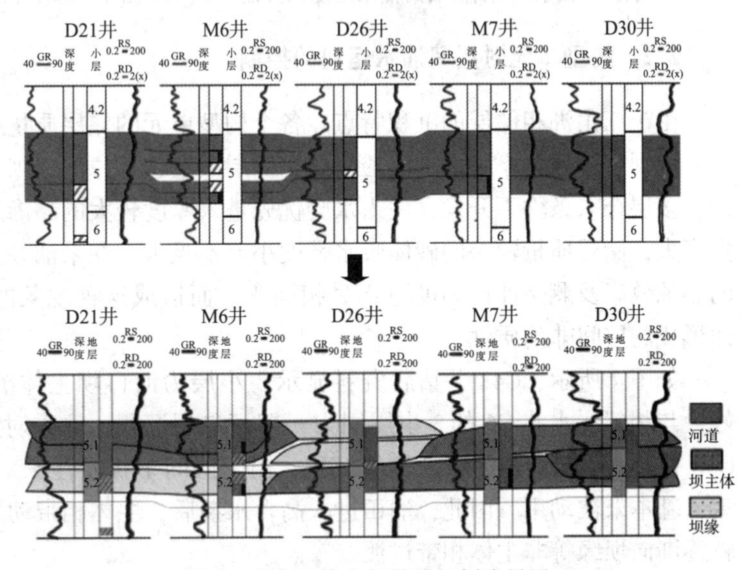

图1　复合砂体内部精细解剖成果图

河口坝呈朵状或带状展布，平均宽度为800～2000米；坝缘微相分布于朵体的边部，与坝主体及湖相泥接触。

2　构型单元对双高阶段剩余油分布的控制作用

2.1　构型单元对层内油水运动的控制

传统认识受韵律、重力等影响，剩余油主要分布在油层的顶部，而随着新钻加密井资料的增多，发现油田进入高含水期后隔夹层对层内剩余油分布的控制日益凸显。层内夹层在垂向上能够对注入水起到较好的遮挡作用[5]，从而造成层内局部存在弱势水驱区域，剩余油饱和度较高。

结合新钻加密井的岩心、测井及水淹资料，对隔夹层的展布特征进行了详细刻画。按照构型级次，对于复合砂体内部的Ⅱ级夹层（图2），该类夹层主要发育在两期河口坝砂体的叠置部位，在岩心上主要表现为致密的粉砂质泥岩，能够对注入水的垂向流动起到阻碍作用，从而形成厚油层的分段水淹。对于单砂体内部的Ⅰ级夹层（图3），该类夹层主要发育在顺物源方向上，在单一河口坝内部形成的前积式夹层，N12井在岩心上能够看到20cm左右的粉砂质泥岩，该级别的物性夹层同样能够对注入水的垂向流动起到遮挡作用。

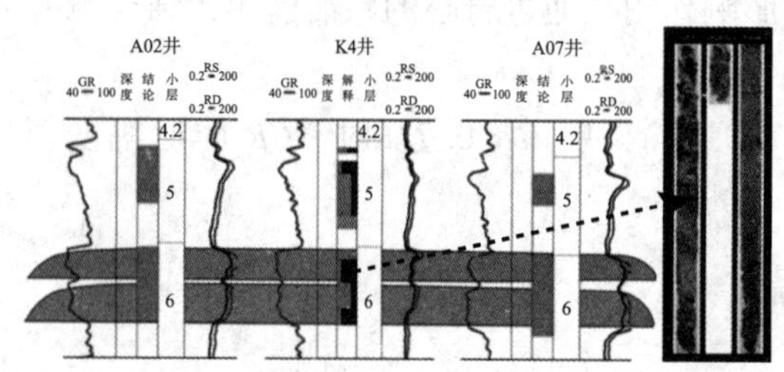

图2　复合砂体内部夹层对层内油水运动的控制

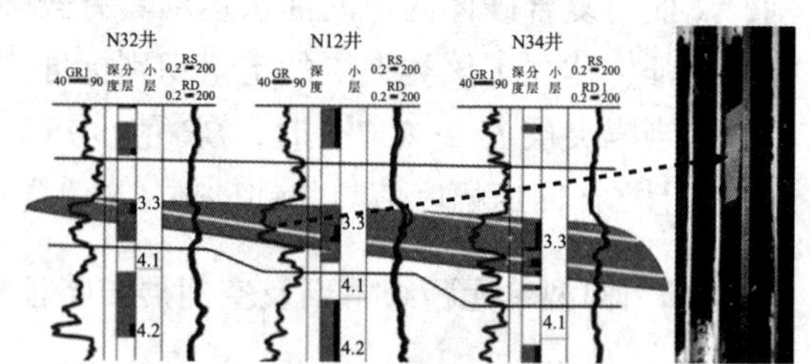

图3　单砂体内部夹层对层内油水运动的控制

2.2　构型单元对层间油水运动的控制

由于三角洲相储层的沉积特点，各个构型单元的储层质量有所差异，其中水下分流河道及河口坝主体砂体厚度大，渗透率高，储层质量较好，河口坝侧缘砂体厚度薄，储层质量较差。多层合采条件下开发，注入水会优先进入厚度较大的高渗层，储层质量较好的砂体吸水强度大，储层质量较差的砂体吸水强度小或不吸水，在采油井上则表现为不同储层质量砂体的驱油效率及剩余油饱和度也不尽相同[6]。而造成这种现象的根本因素则是由于相带干扰而形成的层间非均质性。

如图4所示，G48井钻后资料显示3小层为河口坝主体沉积，储层厚度大，砂体物性好，与相邻注水井G6的3小层同为一期河口坝沉积，注采对应较好，因此水淹程度较高；G48井其他小层均为河口坝侧缘沉积，由于层间干扰及注采对应较差，造成剩余油大量富集，基本未被动用。因此，油田进入高含水期后，主体相带动用程度已相对较高，挖潜对象将逐渐向坝缘等非主体相带过渡。

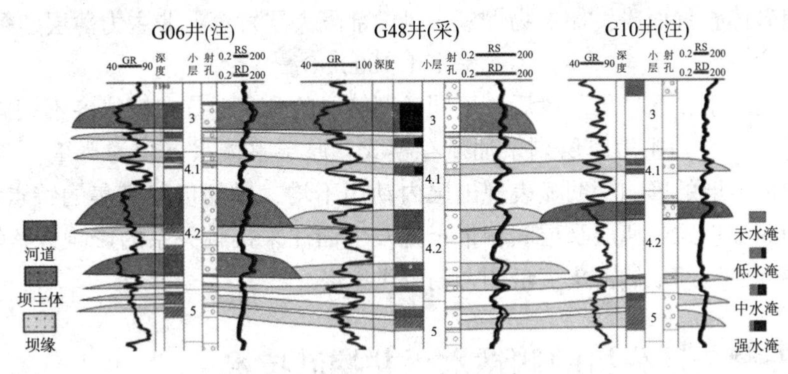

图4　相带干扰对层间油水运动的控制

2.3　构型单元对平面油水运动的控制

受三角洲相沉积模式的控制，河道及坝主体储层质量较好，是油水运动的优势渗流方向，水洗程度高；而坝缘沉积储层质量较差，为平面上的弱势水驱区域。油田综合调整后井网形式演变为排状井网，依据三角洲相沉积模式，相关注水井与采油井在平面的相带接触关系总共可划分为三类（图5）。

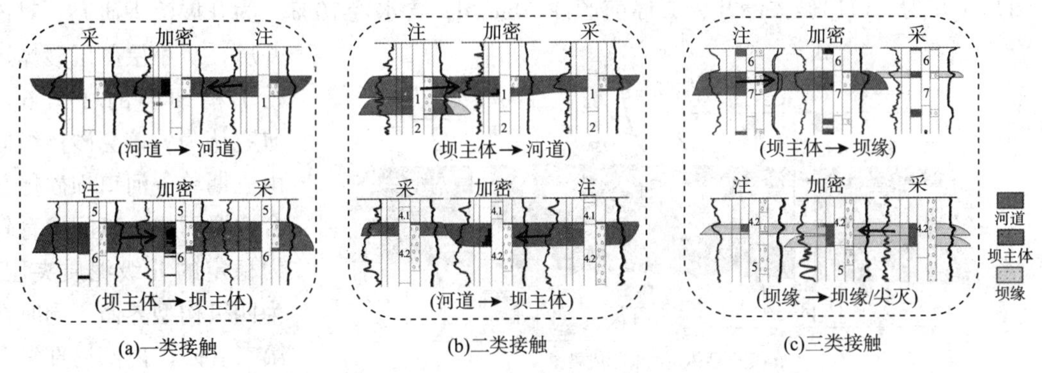

图5　构型单元接触关系对平面油水运动的控制

（1）一类接触：注采井位于河道或坝主体等同一相带内部，注采对应关系好，其间加密井水淹程度较高，驱油效率较大；（2）二类接触：注采井分别位于河道或坝主体等不同相带内部，注采对应关系较好，其间加密井水淹程度较一类接触减弱，剩余油相对富集；（3）三类接触：注采井分别位于坝主体及坝缘等不同相带内部，由于坝缘储层质量较差，因此注采对应关系较差，其间加密井水淹程度较低，剩余油最为富集。

3　基于构型解剖的双高阶段剩余油分布模式

由于构型单元对油水运动的控制，油田一次加密后在局部依然富集大量剩余油可供挖潜，而不同类型的储层则表现出不同的特点[8]。SZ油田含油层段主要发育如下两种储层类型：一类为以水下分流河道、河口坝主体等主力构型单元为主的厚层沉积；另一类为以相带边部坝缘等非主力构型单元为主的薄层沉积，其储层内部结构特征截然不同。主力厚层多为多期单一成因砂体叠置而成，储层物性好，且内部隔夹层发育；非主力薄层则多为单一期次砂体，储层厚度一般小于4～5m，渗透率小于1000mD。

油田进入高含水、高采出阶段后，不同类型储层的剩余油分布模式各不相同[9,10]，主要表现为以下特征：（1）主力厚层剩余油赋存模式：厚层整体水淹较为严重，但受重力、韵律，尤其是层内夹层的影响，明显表现出层内动用不均、局部仍然富集的特点；（2）非主力薄层剩余油赋存模式：薄层受层间相带干扰及平面注采接触关系的影响，整体动用较差，水淹较弱，在开发后期依然富集大量剩余油可供挖潜。

4 基于剩余油分析的侧钻水平井挖潜技术

在上述剩余油研究的基础上，对低产低效井提出了开窗侧钻水平井的治理模式。该技术的优势在于可以充分利用老井眼的部分井段，节约钻井投资，同时结合油藏潜力分析，通过井底位置的变化挖掘剩余油。

4.1 针对主力厚层的侧钻水平井挖潜技术

4.1.1 基于Ⅱ级夹层识别的水平井侧钻挖潜实践

J23M井为一口出砂关停井，关停前产油70m³/d，含水近70%。为开展治理研究，对该井所在7小层厚层砂体进行了精细解剖（图6），研究认为，该套砂体纵向由三期单一河口坝砂体复合叠置而成，其间发育较为稳定的Ⅱ级泥质夹层，为四级构型界面，同时在第二套砂体内部局部发育钙质夹层。由于老井轨迹位于第三套砂体，故7小层底部已水淹较强，充分考虑复合砂体内部夹层的遮挡作用，认为在该套厚层顶部依然富集大量剩余油可供挖潜，最终确定了将该井在目的层之上开窗侧钻至顶部第一套砂体的挖潜方案。该井侧钻后，J23H1井产量一路攀升，目前产油已达到135m³/d，较关停前增加了近一倍的产量，更为重要的是基本不含水，仅为1%。

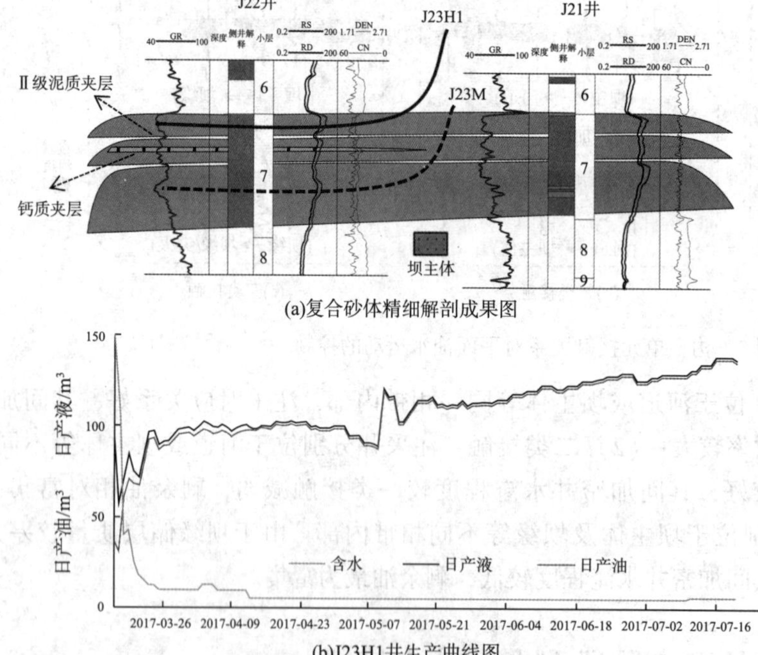

(a)复合砂体精细解剖成果图

(b)J23H1井生产曲线图

图6 J23H1井侧钻挖潜示意图

4.1.2 基于Ⅰ级夹层识别的水平井侧钻挖潜实践

G5井为一口低产低效井，为开展治理研究，对该井3小层进行了精细解剖（图7），研究认为，该套砂体虽然为单一河口坝沉积，但在顺物源方向可以看出，其内部由三套增生体叠置而成，其间发育了Ⅰ级前积式泥质夹层，为三级构型界面，呈现出向湖心方向倾斜的特征。本文已研究证明，该类夹层同样对流体渗流具有一定的遮挡作用，由加密调整井G40井可以发现：G6井注水，高部位只有第一增生体直接受效，水淹较强，第二、三增生体由于夹层遮挡水淹较弱，剩余油依然富集，最终将该井侧钻至第二增生体位置。G5H1井投产后的两年时间内，产量一直能够维持在70m³/d，且含水很低，验证了单一河口坝内部增生体级别的夹层发育模式。

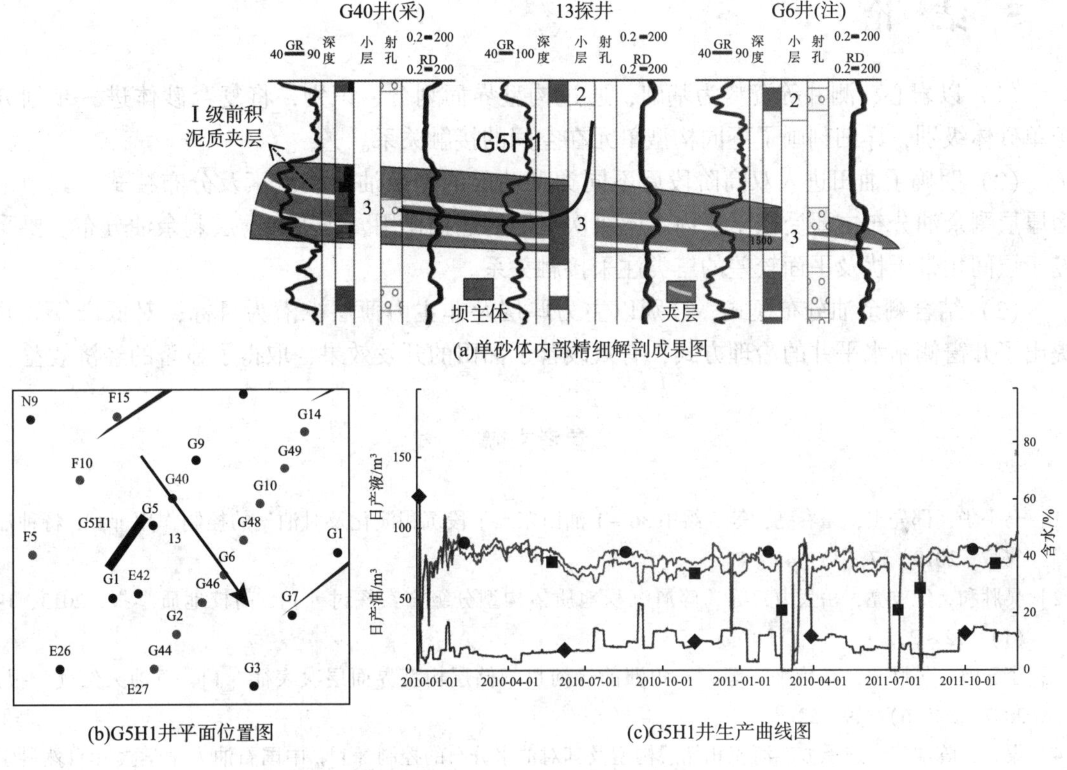

图7 G5H1井侧钻挖潜示意图

4.2 针对非主力薄层的侧钻水平井挖潜技术

以低产低效井E14井为例，通过储层构型精细解剖，发现该区域在4.2小层由D19向E14方向依次发育河口坝主体及坝缘沉积（图8），顶部砂体渗透率依次为2600mD、1400mD、900mD、60mD，物性逐渐变差。E14井该套坝缘沉积砂体与周边注水井为典型的三类接触关系，注采对应较差，同时由于层间相带干扰，导致该井主要采出层位为3小层坝主体沉积，因此预测4.2小层依然富集大量剩余油，决定侧钻为水平井对该位置进行挖潜。E14H1井虽然厚度只有4m，渗透率为900mD，但该井投产后生产效果较好，产量一直维持在40m³/d，且含水较低。

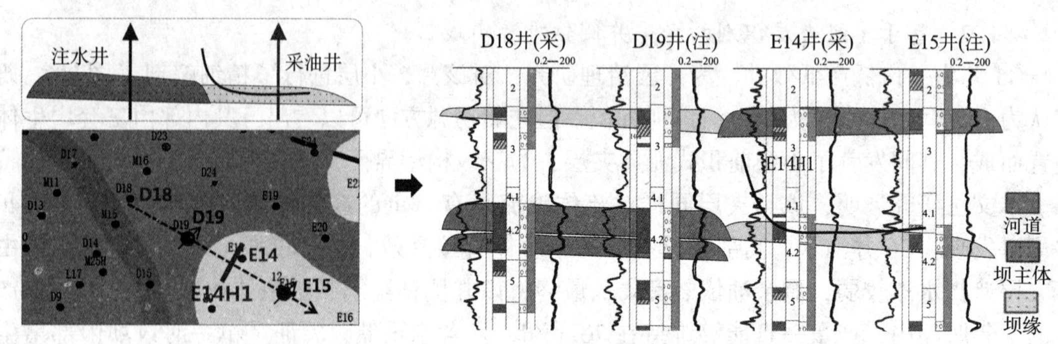

图 8　非主力薄层水平井挖潜示意图

5　结　论

（1）以岩心、测井等资料为基础，通过构型界面划分、识别，将复合砂体进一步划分至单砂体级别，详细刻画了不同构型单元在空间的接触关系。

（2）明确了油田进入双高阶段后不同类型储层的剩余油控制因素及分布模式，其中主力厚层剩余油分布主要受控于层内不同级次夹层的遮挡作用，非主力薄层剩余油分布主要受控于层间相带干扰及平面较差的三类注采接触关系。

（3）结合剩余油分布模式，分别以主力厚层及非主力薄层挖潜为目标，对低产低效井提出了开窗侧钻水平井的治理方式，有效改善了油田的开发效果，取得了显著的经济效益。

参考文献

[1] 马平华，邵先杰，霍春亮，等．绥中 36－1 油田东二下段沉积演化及对油气的控制作用［J］．特种油气藏，2010，17（3）：45～47.

[2] 吴胜和，纪友亮，岳大力，等．碎屑沉积地质体构型分级方案探讨［J］．高校地质学报，2013，19（1）：12～22.

[3] 李云海，吴胜和，李艳平，等．三角洲前缘河口坝储层构型界面层次表征［J］．石油天然气学报，2007，29（6）：49～52.

[4] 渠芳，陈清华，连承波．河流相储层构型及其对油水分布的控制［J］．中国石油大学学报（自然科学版），2008，32（3）：15.

[5] 刘宗宾，张汶，马奎前，等．海上稠油油田剩余油分布规律及水平井挖潜研究［J］．石油天然气学报，2013，35（5）：116～117.

[6] 箭晓卫，赵伟．喇嘛甸油田特高含水期厚油层内剩余油描述及挖潜技术［J］．大庆石油地质与开发，2006，25（5）：31～32.

[7] 齐陆宁，杨少春，林博．河流相储层构型要素组合对剩余油分布影响［J］．新疆地质，2010，28（1）：70～71.

[8] 邹信波，罗东红，许庆华，等．海上特高含水老油田挖潜策略与措施［J］．中国海上油气，2012，24（6）：30～31.

[9] 赵靖康，高红立，邱婷．利用水平井挖潜底部强水淹的厚油层剩余油［J］．断块油气田，2011，18（6）：776～778.

[10] 曾祥平．储集层构型研究在油田精细开发中的应用［J］．石油勘探与开发，2010，37（4）：486.

涠洲 11 -4N 油田流沙港组低渗油藏有效开发技术

方小宇　李正健　张乔良　李标　唐宇　顾霜霜　张连枝

[中海石油（中国）有限公司湛江分公司]

摘要　南海西部北部湾盆地流沙港组低渗油藏储量规模大，储层物性差、产能低、非均质性强、平面相变快，导致开发经济性差、开发难度大。为有效开发流沙港组低渗储层，创新性地建立了基于渗流微观参数的储层分类评价技术、强非均质性陆相低渗储层"甜点"预测技术，在这两项技术的指导下提出了陆相强非均质性低渗油藏长水平井开发技术。该技术系列成功指导涠洲 11 -4N 油田流沙港组低渗油藏有效开发，为海上油田陆相低渗油藏的开发提供了借鉴。

关键词　低渗油藏　渗流微观参数　甜点预测　非均质性

0　前　言

研究区涠洲 11 -4N 油田流沙港组为典型的陆相扇三角洲前缘低渗复杂断块油藏。储层横向变化快、物性差，以中低孔、中低渗为主，渗透率集中在 6.7 ~ 50mD（$1\text{mD} = 10^{-3}\mu\text{m}^2$），局部发育"甜点"储层，渗透率可达到 300 ~ 1000mD。油藏类型以构造岩性油藏为主，边水能量较弱。以上因素导致了该区流沙港组单井井控范围小、产能低，注采受效性差、开发经济性差，储量动用率低。涠洲 11 -4N 油田二期开发主要动用流沙港组的低渗储量，如何经济有效动用是开发面临的难题。为有效开发流沙港组，发展了从储层分类、甜点预测、长水平井开发等一系列技术，为陆相低渗有效开发提供了保障。

1　基于渗流微观参数的储层分类评价技术

涠洲 11 -4N 油田包含涠洲 11 -4N、涠洲 11 -7、涠洲 11 -8 三个区块，如何评价不同区块的渗流能力并进行排序，对于实现低渗储层的分步开发尤为重要。渗流能力的评价需要从微观渗流参数入手，本次主要采用基于恒速压汞的主流喉道半径和可动流体百分数两个指标来客观评价低渗油藏的开发潜力。

油田开发实践证明，恒速压汞技术能有效评价储层微观孔隙结构[1]。利用该技术测试涠洲 11 -4N 油田三个低渗区块岩心（图 1、图 2），结果表明不同渗透率级别岩心的孔道半径分布相差不大，而喉道半径相差明显，说明喉道分布是决定低渗储层渗流性质的主要因

第一作者简介：方小宇（1982 年—），男，中海油湛江分公司研究院工程师，主要从事油田开发地质、储层地质建模等工作。通讯地址：（524057）广东省湛江市坡头区南油二区研究院。E - mail：fangxyl@ cnooc. com. cn。

素，平均渗透率及喉道半径测试结果表明（表1）：涠洲11－4N区块最易开发，涠洲11－7区块流一段次之；涠洲11－7区块流三段及涠洲11－8区块开发难度最大。

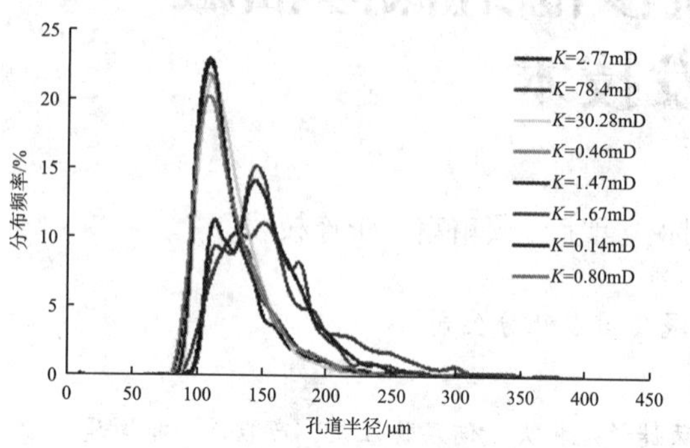

图1　岩心孔道半径分布图

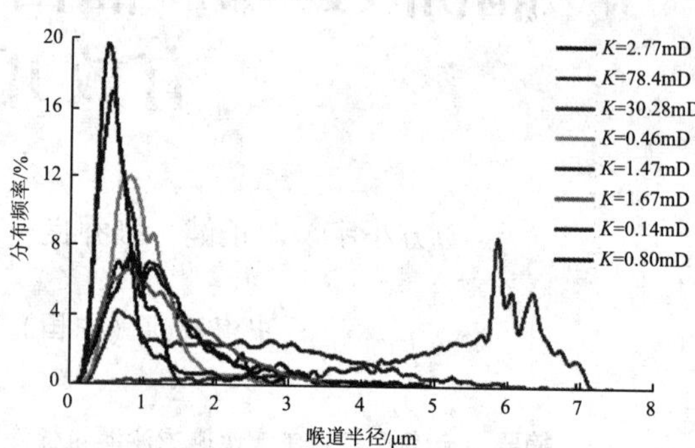

图2　岩心喉道半径分布图

表1　涠洲11－4N油田低渗区各区块喉道半径测试结果表

区　块	层　位	平均渗透率/mD	平均喉道半径/μm
WZ11－4N	流一段	104.3	6.88
WZ11－7	流一段	47.14	5.94
	流三段	0.84	1.18
WZ11－8	流三段	1.31	1.71

常规的储层评价一般以孔隙度、渗透率作为储层物性的表征，但关于可动流体的测试评价以及低渗透岩心驱替实验表明，可动流体百分数是一个更优于孔隙度、渗透率来表征低渗储层物性的参数。因此，在本区采用核磁共振技术进行相关测试。结合涠洲11－4N油田低渗区岩心核磁共振结果（表2），涠洲11－4N流一段开发潜力最大，其次是涠洲11－7流一段，最差为涠洲11－8、涠洲11－7流三段。

表2　涠洲11－4N油田不同区块可动流体百分数统计结果

区　块	层　位	平均渗透率/mD	平均孔隙度/%	可动流体/%
WZ11－4N	流一段	104.3	15.7	84.86
WZ11－7	流一段	47.14	14.7	78.76
	流三段	0.84	10.7	47.81
WZ11－8	流三段	1.31	10.6	51.23

从主流吼道半径和可动流体百分数两个因素来看，涠洲11－4N区流一段均优于涠洲11－7区流一段，涠洲11－7区块流三段和涠洲11－8区块流三段渗流能力较差。因此，涠洲11－4N油田二期开发优选涠洲11－4N区流一段为开发目标区。

2　陆相低渗储层甜点预测技术

涠洲11－4N油田流沙港组发育以近物源的扇三角洲沉积为主，砂砾岩、含砾砂岩发育，储层物性差，单砂体规模小且纵向上砂体叠置，储层横向变化快、连通性复杂。该区对于砂体的边界地震上可以追踪，但是一直以来对于砂体内部优势储层的展布认识不清楚且缺乏有效手段，严重制约了低渗油藏的开发。在本区低渗油藏开发中，采用储层预测属性分析方法试验与优选预测“甜点”分布取得了良好效果。

本区振幅属性受上覆高阻泥岩、不同岩性组合、砂岩厚度等方面因素影响，振幅与井点物性参数相关性差，参考意义不大。因此，在研究过程中试验性采用分角度属性分析、比值属性分析和波形聚类分析三种方法，探寻对陆相低渗“甜点”储层预测的指导性。

三种方法的实验与对比分析表明：①分角度属性分析能突出优势道集的属性差异；比值属性突出砂岩顶界面属性与围岩差异；波形聚类分析对波形进行等长和不等长的分类，不同的波形表示不同的地震相。从结果对比来看，分角度叠加属性与全角度叠加属性对比虽然有一定差异，但在 WZ11－4N－6 井区与实际钻遇情况不符，参考意义不大（图 3）。②比值属性的结果突出砂岩与围岩差异，符合沉积认识，与前期研究优势砂体分布吻合（图 4）。③波形聚类分析结果分为六类以不同颜色表示，通过与井点钻遇储层厚度情况进行对比分析，厚度较大的井主要集中在红色及橙色，厚度相对小的井主要集中在蓝色浅蓝，吻合情况较好(图 5、表 3)。通过以上方法实验与对比，具体统计各方法与沉积认识以及实钻井吻合程度如表 4。因此在本区优选波形聚类分析、比值属性方法进行储层分析。

针对涠洲 11－4N 油田二期开发中流沙港组储层特点，在钻井相对较多的井区进行分角度叠加属性、波形聚类分析、比值属性等方法试验优选并推广应用，精细刻画优势砂体分布，除了上述 WZ11－4N－6 井区 L_1V 油组应用外，在多个井区如 WZ11－4N－3 井区 L_1III、WZ11－4N－3 井区 L_1V 油组等均取得了良好效果。其中在陆相多夹层的储层中，该区的 B16H 油层钻遇率达 81.7%；B10H 井钻遇率 64%。该区虽然物性差（渗透率 6.7～13mD）、产能低，但通过对储层甜点的精细认识和轨迹的有效优化，取得了较好的开发效果，目前 3 口井日产油 $150m^3/d$，且生产较为稳定。

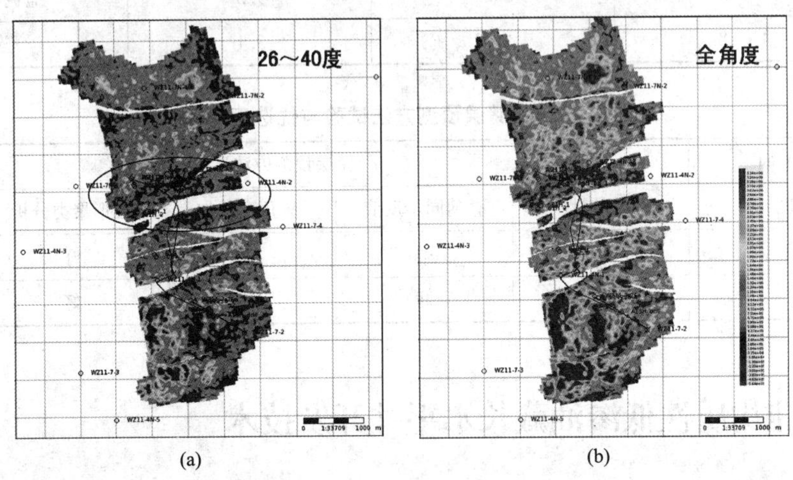

图 3　分角度叠加属性对比分析图

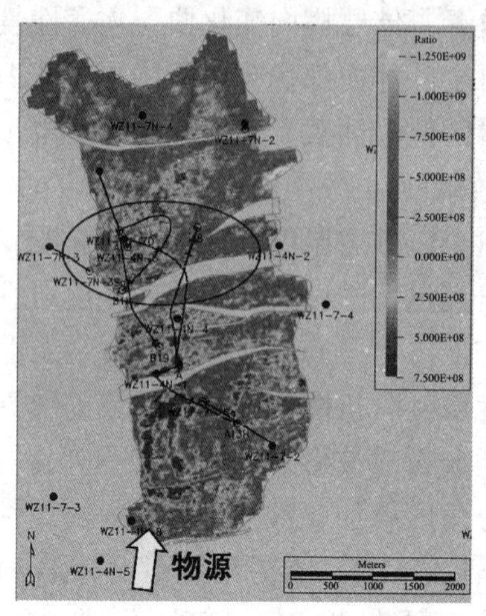

图4 最大振幅与上半周面积比值属性图

图5 波形聚类分析图

表3 储层预测方法试验与优选表

井 号	毛厚/m	净厚/m	波形分类结果
WZ11-7N-4	83.2	24.5	红色
WZ11-4N-6	43	30.6	红色
WZ11-4N-B19	61.8	21.1	红色
WZ11-4N-6	39	33.1	红色
WZ11-4N-B1	35	12.8	橙色
WZ11-7N-2	12.6	5.3	橙色
WZ11-7N-2Sa	20.4	13.3	蓝色
WZ11-7-2	20.8	9.5	蓝色-浅蓝
WZ11-4N-8	11.2	3.1	蓝色

表4 储层预测方法试验与优选表

N6 井区 L_1 V 油组	储层预测方法试验				
匹配程度	常规属性	叠前同步反演	分角度叠加	波形聚类分析	比值属性
沉积认识	差	中	中	好	好
实钻井	差	好	差	好	好

3 强非均质性低渗油藏长水平井开发技术

目前常用的水平井产能计算方法为 Joshi 公式等，这些公式通常将钻遇的油层简化为连续的均质井段，未考虑储层非均质性以及各油层段之间的相互干扰，采用这些公式计算水平井产能时，在水平段长度达到一定程度后将出现“黏滞现象”。实际上本区在生产的水平井产能通常为直井产能的 3 倍以上，这与陆相低渗油藏的开发认识不符。海上低渗油田采用长水平井开发，可减少开发井数和获得较高单井产能，沟通储层在平面上的物性隔挡和串联不同的砂体，减少储层非均质性和连通性对生产的影响。与常规直井相比，水平井具有产能较高、生产压差较小、泄油面积较大等特点[2,3]。在油藏研究中开展非均质性对水平井产能的影响研究，为陆相低渗油田水平井开发提供了理论依据。

3.1 强非均质性低渗油藏长水平井开发“甜点”理论

将涠洲 11－4N 油田水平井穿过多条河道（图 6）且存在一定钻遇率情况下的产能等价为水平井部分出油模型。基于当量井径原理和势的叠加原理，假设水平井筒任意一点压力相等，考虑水平井穿过 N 个不同物性的砂体（图 7），推导出水平井穿过不同砂体下的产能公式[4,5]。

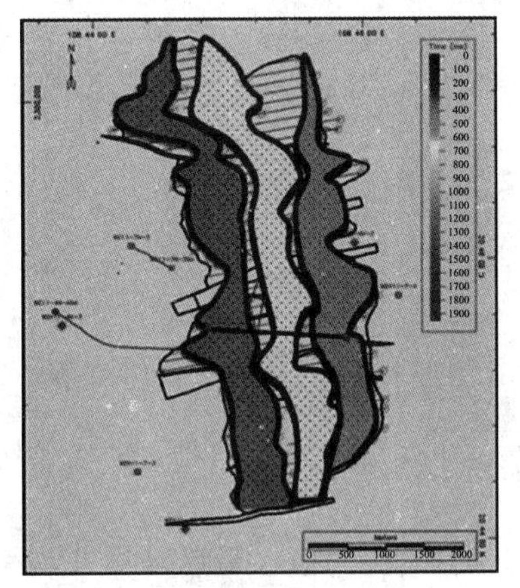

图 6 多河道砂体示意图

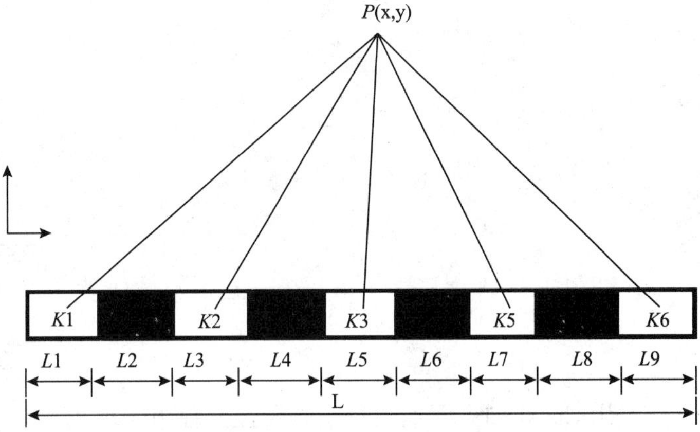

P(x,y)
K1 K2 K3 K5 K6
L1 L2 L3 L4 L5 L6 L7 L8 L9
L

图 7 分段水平井产能计算模型

我们假设水平井穿过每个砂体（或者每个出油段）的长度等价为一个短水平井，根据当量井径原理[4]计算与水平井相同产量下垂直井的井筒半径，基于 Joshi 公式下的水平井当量井径为：

$$r'_w = \frac{r_e}{\left(\frac{\beta h}{2 r_w}\right)^{\frac{\beta h}{L}}\left[\frac{a + \sqrt{a^2 - \left(\frac{L}{2}\right)^2}}{\frac{L}{2}}\right]}$$

式中，r'_w为水平井当量井径，m；r_e为供给半径，m；β 为非均质系数，f；h 为储层有效厚度，m；r_w为井筒半径，m；L 为水平段长度，m；a 为中间变量，无量纲。

假设水平井筒任意一点压力相等，根据压降叠加原理，地层中任意点处由 N 口井同时工作所引起的压降等于各井单独工作在该点处所引起的压降之和。若用 q_i表示第 i 口井的产量，用d_{ij}表示第 j 口井到第 i 口井的距离，用r_{wej}表示第 j 口井的井径，假设所有井都具有相同的井底压力P_{wf}，则存在如下方程组：

第 j 段引起的压力降：

$$P_{wf} - c = \frac{\mu_o B_o}{2\pi K_1 h} q_1 \ln d_{1j} + \frac{\mu_o B_o}{2\pi K_2 h} q_2 \ln d_{2j} + \frac{\mu_o B_o}{2\pi K_j h} q_j \ln r_{wej} + \cdots + \frac{\mu_o B_o}{2\pi K_N h} q_N \ln d_{Nj}$$

无限大处的压力降：

$$P_e - c = \frac{\mu_o B_o}{2\pi K_1 h} q_1 \ln r_e + \frac{\mu_o B_o}{2\pi K_2 h} q_2 \ln r_e + \frac{\mu_o B_o}{2\pi K_j h} q_j \ln r_e + \cdots + \frac{\mu_o B_o}{2\pi K_N h} q_N \ln r_e$$

其中，
$$J_j = \frac{q_j \mu_o B_o}{2\pi h (P_e - P_{wf})}$$

可简化为：

$$0 = \frac{J_1}{K_1}\ln\frac{r_{we1}}{d_{1j}} + \frac{J_2}{K_2}\ln\frac{d_{21}}{d_{2j}} + \frac{J_j}{K_j}\ln\frac{d_{j1}}{r_{wej}} + \cdots + \frac{J_N}{K_N}\ln\frac{d_{N1}}{d_{Nj}}$$

$$\vdots$$

$$1 = \frac{J_1}{K_1}\ln\frac{r_e}{r_{we1}} + \frac{J_2}{K_2}\ln\frac{r_e}{d_{21}} + \frac{J_j}{K_j}\ln\frac{r_e}{d_{j1}} + \cdots + \frac{J_N}{K_N}\ln\frac{r_e}{d_{N1}}$$

其中，如果 $i > j$，则 $d_{ij} = \sum_{n=2j-1}^{n=2i-2} L_n$

如果 $i < j$，则 $d_{ij} = \sum_{n=2i-1}^{n=2j-2} L_n$

如果 $i=j$，则 $d_{ij} = r'_{wej}$

$$r'_{wej} = \frac{r_e}{\left(\frac{\beta h}{2 r_w}\right)^{\frac{\beta h}{L_{2j-1}}} \left[\frac{a_{2j-1} + \sqrt{a_{2j-1}{}^2 - \left(\frac{L_{2j-1}}{2}\right)^2}}{\frac{L_{2j-1}}{2}}\right]}$$

采用 Gauss 列主元消去法求解线性方程组，求出 $q_1, q_2, \cdots q_j, \cdots, q_N$的值，最后求出非均质下的水平井产能方程：

$$q = q_1 + q_2 + \cdots + q_N$$

式中，P_{wf}为井底流压，MPa；P_e为原始地层压力，MPa；B_o为原油体积系数；μ_o为原油黏度，mPa·s；K_j为第j段的渗透率，mD；J_j为第j段的采油指数，$m^3/(d \cdot MPa)$；q_j为第j段的产量，m^3/d；r_{we}为当量半径，m。

通过分段计算的水平井产能公式，对水平井穿过多个非均质砂体情况下的产能进行了计算，该研究成果对于强非均质性长水平井产能预测、长度设计等方面进行了实践应用。

3.2 强非均质性低渗油藏长水平井开发技术应用

基于分段的强非均质性产能公式主要应用在如下三方面：

（1）更精确的产能预测。涠洲 11－4N 油田 L_1V 油组为扇三角洲前缘水下分流河道沉积，发育 3 条河道（图 6），孔隙度为 14.6%～23.6%，试井解释渗透率为 3～16mD，储层厚度 15.3m，原油黏度 0.93mPa·s，体积系数 1.186，目前有 3 口水平井，主要以弱边水驱＋弹性驱为主。利用上述公式对 A6H、A8、A9 井产能公式进行验证，实测采油指数与计算采油指数误差，均小于 8%。

（2）长水平井钻遇甜点对整个水平段产能的影响研究。低渗储层强非均质性导致水平段各段物性差异大，以水平井总长度为 1000m，钻遇率为 60%，穿过 3 条河道且各段水平井长度相等为例（图 8）。均质条件下，各段的渗透率为 3mD；非均质条件下，水平井钻遇第

3 条河道的渗透率为 10mD，分析有无“甜点”对整个水平段产能的影响。由图 8 可知，水平井钻遇“甜点”比无“甜点”提高产能近 2 倍，即“甜点”能大幅度的提高水平井单井产能，因此，对陆相低渗储层，部署长水平井能有效增加钻遇甜点储层的概率，从而增加产能。

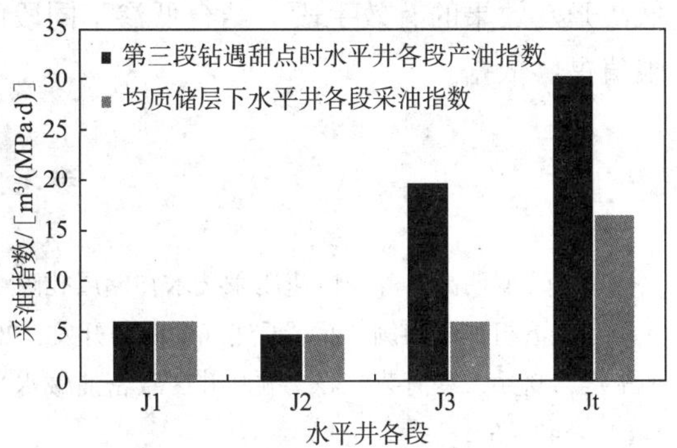

图 8　有无“甜点”条件下水平井产能对比

（3）不同物性水平段长度下限研究。海上钻井成本高且风险大通过研究不同物性储层水平段长度下限，既可以规避钻井风险，也可为实施后的方案决策提供有利依据。假设水平井穿过 3 条河道时，分别对比均质条件下储层有效渗透率为 1.0mD、3.0mD、10.0mD，净毛比为 30%、50% 及 60% 时所需的水平井长度下限。由表 5 可知，针对不同物性储层，采油指数为 10.00m³/（MPa · d）时水平段长度下限研究表明：渗透率低于 1.0mD、钻遇率低于 30% 时，水平段要达到 2200m 以上产能才能达到 10.00m³/（MPa · d），即超低渗储层在水平段长度小于 2200m 时无开发价值。通过以上研究，为不同物性储层，达到经济有效开发产能［10.00m³/（MPa · d）］时，需要的水平段长度下限值提供依据。

表 5　不同物性储层最小极限产能水平段长度下限研究结果表

储层渗透率/mD	水平段长度/m		
	净毛比 30%	净毛比 50%	净毛比 60%
1	2200	1800	1600
3	900	700	600
10	200	<200	<200

4　结　论

应用上述技术系列，有效指导了本区流沙港组低渗油藏的开发，在多个区块实现了有效注采，成功指导涠洲 11－4N 油田二期流沙港组井网部署，实施后形成 $38 \times 10^4 m^3$ 年产能，总增油 $260 \times 10^4 m^3$ 以上，实现了低渗油藏的经济有效开发。其技术方法可推广到国内其他海上低渗油田。

通过以上分析，得出如下结论：

（1）主流吼道半径和可动流体百分数是评价低渗储层开发潜力的重要微观渗流参数，两者结合可更为客观的评价流体渗流潜力，在低渗油藏潜力评价时可作为优选储层分类的参考。

（2）对于振幅属性表征储层相关性不好的情况，充分分析上下围岩的差异、地震相的差异和波形的差异，优选合适的优势储层预测方法，对于扇三角洲窄河道类型的油藏井网优化、水平井实施能起到良好的指导效果。

（3）结合模式推导和应用效果验证表明，对于低渗储层，采用长水平井钻遇甜点是提高低渗开发效果的有效手段。结合低渗不同段的物性和钻遇率，可以为不同区块水平段长度下限值提供依据。

参考文献

[1] 伍小玉，罗明高，等．恒速压汞技术在储层孔隙结构特征研究中的应用—以克拉玛依油田七中区及七东区克下组油藏为例［J］．天然气勘探与开发，2012，35（3）：28～30.

[2] 王洋，赵兵，袁清芸，等．顺9井区致密油藏水平井一体化开发技术［J］．石油钻探技术，2015，43（4）：48～52.

[3] 赵静．吉林油田低渗油藏水平井开发技术［J］．石油勘探与开发，2011，38（5）：594～599.

[4] 罗万静，王晓冬，李凡华．分段射孔水平井产能计算［J］．石油勘探与开发，2009，36（1）：97～102.

[5] 李道品等．低渗透砂岩油田开发［M］．北京：石油工业出版社，1999：20.

文昌13区低阻油层测井精细评价方法及应用

梁玉楠　胡向阳　吴健　汤翟　骆玉虎

[中海石油（中国）有限公司湛江分公司]

摘要　珠江口盆地文昌13区存在大量的低阻油层，其电阻率较相邻水层和围岩无明显异常，导致在低阻油层流体识别和饱和度评价方面遇到很大的困难。本文首先分析了区域低阻油层地质成因，认为岩性细、泥质重、矿化度较高是导致油层低阻的主要原因；在此基础上，采用电阻率重叠法、神经网络法、流体指标法等方法，建立定性识别低阻油层的判别标准；根据文昌13区低阻油层成因，优选三水模型进行低阻油层的含水饱和度计算，并采用密闭取心分析含水饱和度进行标定，吻合度较高。此方法在文昌13区成功新发现2590.5万方地质储量，目前文昌13-2油田综合调整的主要目的层就是这些新发现的低阻油层。

关键词　低阻油层　三水模型　束缚水饱和度　饱和度评价

低阻油层成因复杂，流体识别和饱和度评价方法不完善，在油田勘探初期容易被遗漏或者错误的解释为水层，为此国内外许多专家从储层的宏观和微观特征出发对低阻油层的成因进行了研究，并提出了多种低阻油层的定性识别方法[1~4]。

另外，准确计算低阻油层含水饱和度一直是测井行业的难题之一[5,6]。本文针对低阻油层泥质重、束缚水含量高、储层物性差的特点，引入三水模型，该模型考虑到黏土水独特的导电特征，也考虑到微孔隙水对岩石电阻率的影响，从而使得饱和度的计算更准确。

1　低阻油层测井响应特征及地质成因

珠江口盆地文昌13区存在大量的低阻油层，其岩性主要为油斑、油浸泥质粉砂岩，低阻油层的电阻率为1.1~1.5Ω·m，而典型水层的电阻率小于1.1Ω·m，低阻油层远小于本区典型油层（大于10.0Ω·m），与相邻泥岩和水层相近。

统计了低阻油层取心的岩性，以砂岩、细砂岩、粉砂岩及泥岩为主，占比92.1%，粗砂岩及中砂岩含量少，仅占7.9%，岩性细是本区油层低阻的成因之一。其次储层含泥较重，储层泥质含量主要集中在15%~30%。且本区黏土矿物以蒙脱石为主，它具有很高的阳离子交换容量，会导致地层出现附加导电性。泥质重是导致本区油层低阻的主要原因。此外，地层水的平均矿化度为35000ppm，高矿化度地层水也是油层低阻成因之一。

2　低阻油层定性识别新技术

研究区域内低阻油层电性特征与泥岩和水层差异较小，若采用常规测井解释方法很容易

第一作者简介：梁玉楠（1986年—），男，工程师，2012年毕业于中国地质大学（武汉）地球物理学专业，获硕士学位，现从事测井解释工作。联系电话：0759-3912403，E-mail：liangyn@cnooc.com.cn。

漏掉油层或者将油层误解释为水层。为了解决这个低阻油层流体性质难以确定的难题，使用电阻率重叠法、神经网络法、流体指标法等方法建立一套适合于本区域低阻油层的测井定性流体识别方法。

2.1 电阻率重叠法

使用孔隙度测井重构饱含水电阻率曲线 RT_0，通过与测井深电阻率曲线 RT 重叠，可以定性识别流体性质。其原理是利用有效孔隙度，合成一条 RT_0 曲线：

$$RT_0 = a \times R_w \phi_e^m \tag{1}$$

式中，m 为岩性系数和胶结指数；R_w 为地层水电阻率，Ω·m；ϕ_e 为有效孔隙度，小数；其判别原则是，如果 $RT < RT_0$，说明储层为水层，反之可能为油层。

2.2 神经网络法

选取对储层性质较为敏感的声波、伽马和电阻率曲线，以及气测组分比值十个参数作为神经网络的输入，利用已证实流体性质的井段作为样本进行学习，形成样本库[7]。根据样本库对其他未证实井段进行预测，输出油、水、干三条判别曲线，其值在 0~1 之间，值越接近 1，则表示储层中该类流体的概率就越大。

2.3 ΔlgR 流体指标判断低阻油层

ΔlgR 技术是基于声波－电阻率交会图来判别流体性质的方法，其做法是将声波曲线和电阻率曲线进行重叠，当两条曲线在一致时为基线[8,9]。确定基线后，用两条曲线的间距来识别油气的层段。当地层含油气时，曲线会有明显偏离，含油气越多，则偏离越大，ΔlgR 的值也越大。ΔlgR 表达式如下：

$$\Delta \lg R = \frac{\lg LLD - \lg LLD_0}{4} - \frac{200 - DT}{200} \tag{2}$$

其中，LLD_0、LLD 分别为电阻率基值和深电阻率曲线；当 $\Delta \lg R > 0$ 时，表明储层含油。

2.4 储层岩性、含油性与气测显示

本区低阻油层岩性为泥质粉砂岩，泥质重，物性较差，但含油性显示为油斑或油浸，气测异常明显且组分较全，这些信息是判断低阻油层的重要依据。

2.5 低阻油层定性识别效果分析

图 1 为 WC13－6N－1 井的测井综合处理成果图，在 1275~1350m 井段，岩性为油斑－油浸泥质粉砂岩，气测异常明显，电阻率重叠显示较好，ΔlgR 大于 0，神经网络法判别结果为油层，因此该井段测井综合解释为油层。在 1307m 和 1354m 处取到油样且未见水，在 1283~1350m 进行了 DST 地层测试，产纯油，从而证实了测井解释为油层是正确的。

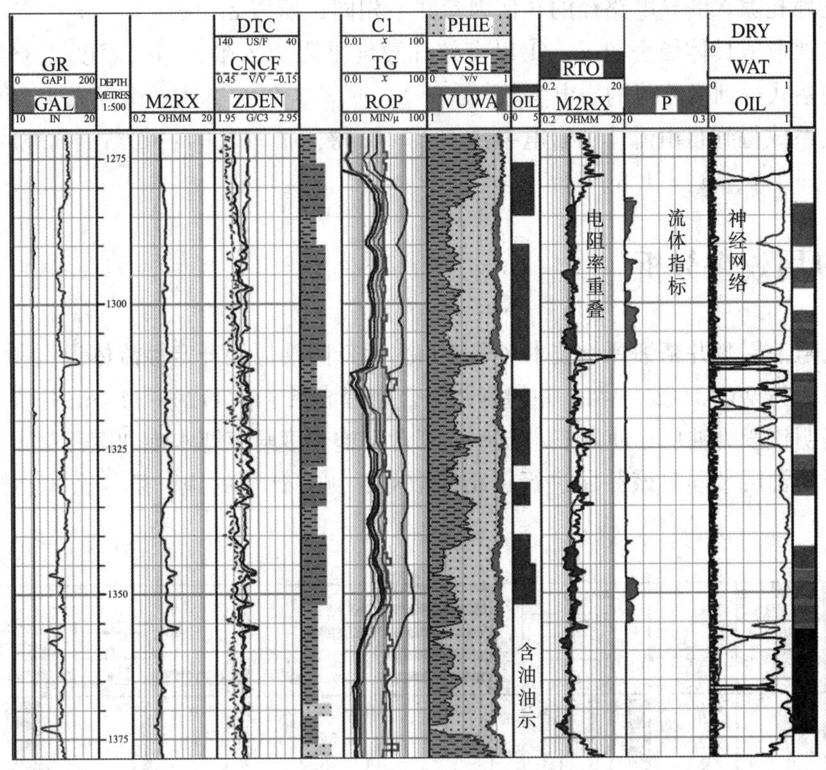

图1　WC13－6N－1井低阻储层综合解释成果图

3　低阻油层定量评价方法

准确计算饱和度是储层定量评价的难题之一，尤其是针对泥质重、束缚水含量高、孔隙结构复杂的低阻油层。这些油层普遍具有低含油饱和度的特点，在评价时使用常规饱和度模型会导致含水饱和度计算偏高，导致储量计算不准。

三水模型原理如下：

三水模型将岩石导电视为自由水、微孔隙水、黏土水这三部分水的并联，同时考虑微孔隙和黏土水孔隙中的地层水是不能流动的，岩石的整体电阻率可以视为三种孔隙形成的电阻率相并联而成[10]。

假设孔隙三种组分占岩石体积的比例分别为 ϕ_f、ϕ_i、ϕ_c，其胶结指数分别为 m_f、m_i、m_c，由于自由流体孔隙中水与微孔隙中水的导电性是相同的，均为 R_w，而有所不同的只是黏土水为 R_{wc}，设自由流体孔隙空间的水占该部分孔隙的比例为 S_{wf}，饱和度指数为 n，三水模型导电方程为：

$$\frac{1}{R_t} = \frac{\phi_f^{mf} S_{wf}^n}{a_f R_w} + \frac{\phi_i^{mi}}{a_i R_w} + \frac{\phi_c^{mc}}{a_c R_{wc}} \tag{3}$$

测井解释最终得到的是含水饱和度 S_w 与 S_{wf} 之间有以下换算关系：

$$S_w = \frac{\phi_{fw} + \phi_i}{\phi_f + \phi_i} = \frac{\phi_f S_{wf} + \phi_i}{\phi_f + \phi_i} \tag{4}$$

由于三种孔隙水的导电路径的几何因素并不相同，所以 a_f、a_i、a_c、m_f、m_i、m_c 取值不同。岩电参数取值具体做法如下：①以有效孔隙度下限为界限，当孔隙度小于20%时，回归 $F-\phi$ 关系式得到微孔隙的岩电参数，$a_i=1$，$m_i=1.75$；②当孔隙度大于20%时，回归的 $F-\phi$ 关系式得到自由流体的岩电参数，$a_f=0.48$，$m_f=2.09$；③黏土孔隙的 a_c 和 m_c 取经验值，$a_c=1.4$，$m_c=1.8$。

4 应用效果分析

利用低阻油层测井精细评价技术对珠江口盆地低阻油层展开定性流体识别和定量饱和度评价，如图2为WC13-2-A4P1井的测井综合处理成果。在1120~1145m井段，流体定性识别技术表明该段为油层；使用三水模型计算含水饱和度与束缚水饱和度几乎重合，因此将该井段解释为油层。同时该井段进行了密闭取心，测井计算的饱和度与密闭心饱和度吻合很好。

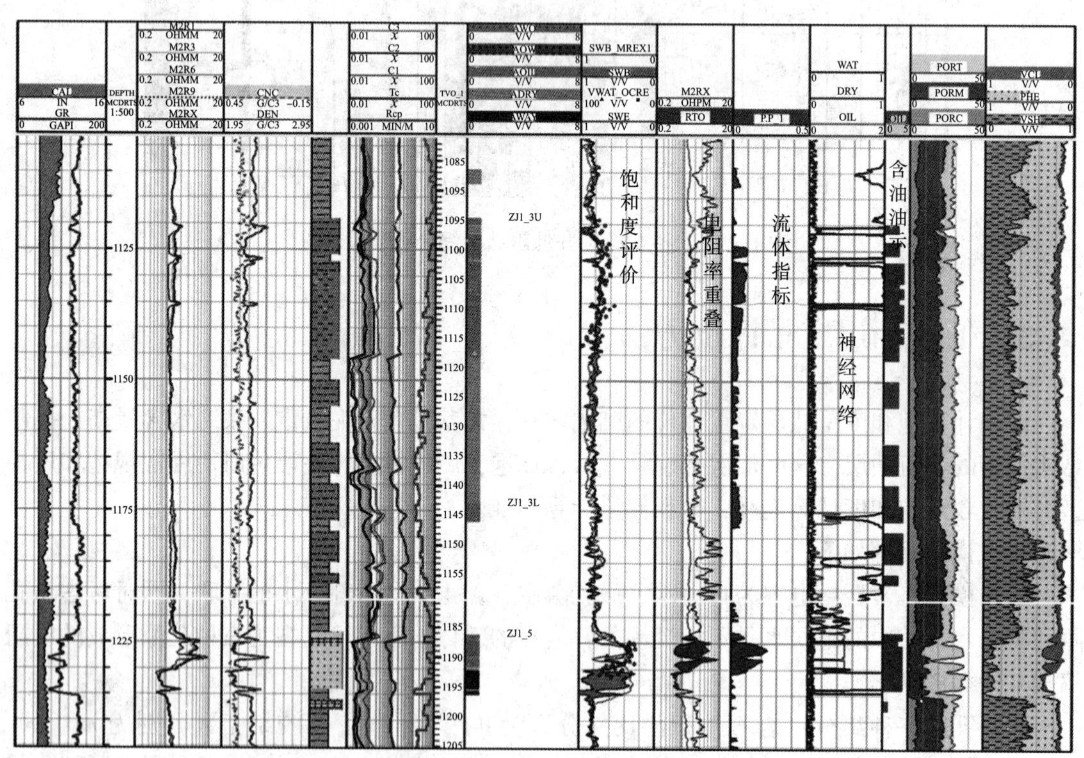

图2 WC13-2-A4P1井测井综合处理成果图

利用上述多种低阻油层表征和识别方法对文昌13区油田所有井的进行定性流体识别和定量饱和度评价，在文昌13区发现了大量的低阻油层，共计2590.5×10^4m^3低阻油层地质储量（表1）。

表 1　文昌 13 区低阻油层精细评价技术各油组新发现油层地质储量统计表

油　田	油　组	增加地质储量/10^4m^3	油　田	油　组	增加地质储量/10^4m^3
文昌 13－1	ZJ1－3	920.9	文昌 13－2	ZJ1－2U	89.9
文昌 13－1	ZJ1－4U	111.5	文昌 13－2	ZJ1－3U	487.8
文昌 13－1	ZJ1－4M	212.3	文昌 13－2	ZJ1－1U	54.8
文昌 13－1	ZJ1－6U	0.9	文昌 13－2	ZJ1－3L	168.2
文昌 13－1	ZJ1－6M	－1.1	文昌 13－2	ZJ1－4	220.3
文昌 13－1	ZJ1－6L	0.4	文昌 13－2	ZJ1－6	95.8
文昌 13－1	ZJ1－7	7.2	文昌 13－2	ZJ1－7U	64.1
文昌 13－2	ZJ1－1L	146.8	文昌 13－2	ZJ1－7L	10.7

通过低阻油层精细评价方法，文昌 13－2 油田 ZJ1－3U、ZJ1－4 油组复查后地质储量分别增加了 $487.8\times10^4m^3$、$220.3\times10^4m^3$，目前这两个油组采出程度低、井网不完善，文昌 13－2 油田综合调整方案根据测井重解释结果，在 ZJ1－3U 油组部署 5 口开发井，ZJ1－4 油组部署 3 口开发井（图 3）。

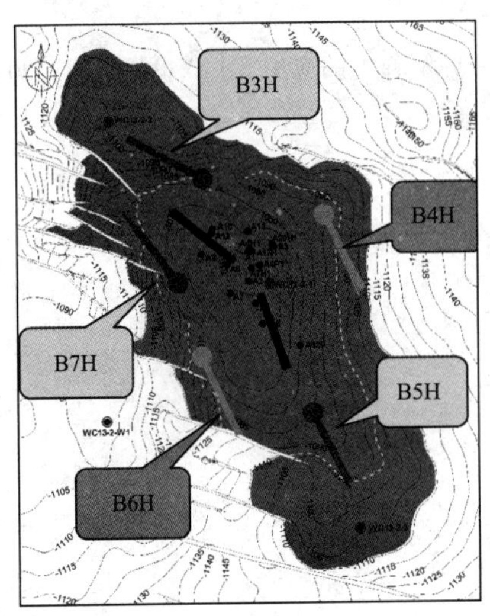

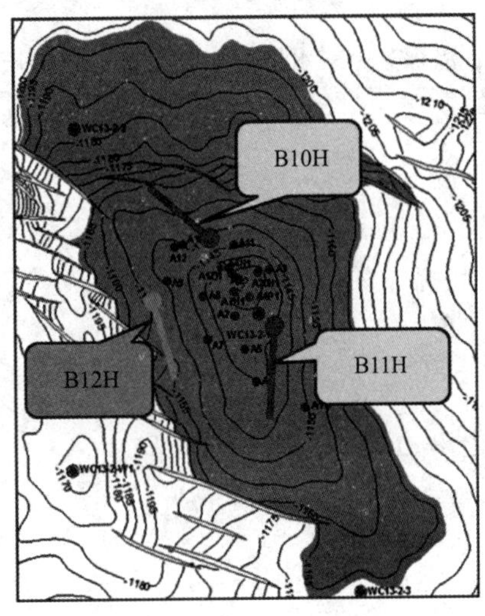

图 3　文昌 13－2 油田 ZJ1－3U、4 油组含油面积图及井位部署

5　结　论

（1）针对文昌 13 区低阻油层的岩石物理和测井响应特征，利用电阻率重叠、神经网络、$\Delta\lg R$ 流体指标等多种方法识别低阻油层，取得了良好的效果。

（2）三水模型考虑自由水、微孔隙水、黏土水三种水，计算的含水饱和度与密闭取心分析含水饱和度吻合较好。

（3）使低阻油层精细评价技术在文昌 13 区发现了 $2590.5\times10^4m^3$ 地质储量，目前文昌 13－2油田综合调整的主要目的层就是这些新发现的低阻油层。

参考文献

［1］张冲，毛志强，等．低阻油层段成因机理及测井识别方法研究［J］．工程地球物理学报，2008，（1）：48～53.
［2］穆龙新，田中元，赵丽敏．A 油田低电阻率油层的机理研究［J］．石油学报，2004，25（2）：69～73.
［3］陈清华，孙述鹏．孤东油田东营组低阻油层成因分析［J］．石油大学学报（自然科学版），2004，28（3）：9～12.
［4］李辉，李伟忠，张建林，等．正理庄油田低电阻率油层机理及识别方法研究［J］．测井技术，2006，30（1）：76～79.
［5］卞应时，张凤敏，等．大港油田中浅层低阻油气层成因分析及评价［J］．特种油气藏，2002，9（2）：26～28.
［6］徐卫良．苏北盆地低阻油层的测井解释评价方法研究［J］．江苏地质，2004，28（3）：155～158.
［7］杨庆军，邓春呈，等．人工神经网络在低阻油层识别上的应用［J］．特种油气藏，2001，8（2）：8～10.
［8］霍秋立，曾花森，等．ΔlgR 测井源岩评价方法的改进及其在松辽盆地的应用［J］．吉林大学学报（地球科学版），2011，41（2）：586～591.
［9］王贵文，朱振宇，朱广宇．烃源岩测井识别与评价方法研究［J］．石油勘探与开发，2002，29（4）：50～52.
［10］张奉东，潘保芝．三水模型在腰英台油田储层测井解释中的应用［J］．世界地质，2009，28（2）：226～232.

西湖凹陷绿泥石对储层甜点控制作用研究

刘彬彬　段冬平　张武　刘英辉　黄鑫

[中海石油（中国）有限公司上海分公司]

摘要　西湖凹陷低渗－致密气资源占比高，在低渗－致密储层广泛发育的背景下，寻找甜点储层成为其经济有效开发的必经之路。研究区储层厚度大、非均质性强，其甜点发育段与自生绿泥石富集段相吻合，储层物性与绿泥石含量正相关，因此开展绿泥石与甜点发育耦合关系研究，对厘清研究区甜点成因及分布规律至关重要。本次研究在岩石薄片、X衍射、扫描电镜等分析化验资料基础上，通过对花港组自生绿泥石形成过程中关键因素的分析，归纳出绿泥石对甜点发育的保护机理及主控因素，推理了绿泥石全生命周期的形成演化过程。研究认为，孔隙衬里绿泥石发育是东海储层的天然优势，其在铁镁离子物质来源、早成岩期碱性环境、开放流体场三因素共同作用下形成。孔隙衬里绿泥石形成后，通过抑制石英胶结、增强抗压性、保护大孔喉、保护原生孔促进次生粒间溶孔四种机制保护甜点发育。孔隙衬里绿泥石含量高（相对含量>35%），衬里厚度适中（4～10μm）、包裹程度高、结晶好的储层，利于甜点的形成和保存。

关键词　西湖凹陷　绿泥石　甜点　孔隙衬里　保护机制

东海陆架盆地西湖凹陷近年来在中央反转构造带中北部低孔渗厚层砂岩储层中发现了丰富的油气，显示出巨大的油气潜力。然而，如何在低孔渗储层中经济有效地完成油气开发，对储层甜点的成因及预测就至关重要。研究区自生绿泥石含量高且与物性甜点呈良好的正相关关系。自20世纪50年代以来，自生绿泥石矿物对储层的影响受到了广泛的重视，较多学者认为储层中自生绿泥石矿物对甜点形成起到了积极作用[1~10]。本研究通过系统分析，探讨了绿泥石对甜点发育的主控因素及保护机理，推理了绿泥石全生命周期的形成演化过程。

1　地质背景

西湖凹陷位于东海陆架盆地东北部，总体呈北东走向，是东海陆架盆地中规模较大的第三系含油气凹陷。研究区渐新统花港组为主要含油气层，发育辫状河三角洲前缘分流河道砂体，主力层H3、H4层为大型砂岩储层，埋深为3330～4000m，厚度近200m，横向上发育连续、分布范围广，横、纵向非均质性较强。

2　绿泥石对储层甜点控制作用

自生绿泥石为成岩阶段产物，常以胶结物的形式产出，晶形一般较完整，边缘清晰可

第一作者简介：刘彬彬，男，工程师，同济大学海洋地质专业博士（2015），从事开发地质工作，地址：上海市长宁区通协路388号A630室（邮编：200335）联系电话：021－22830747，E－mail：liubb8@cnooc.com.cn。

辨。根据扫描电镜下观察晶体排列方式及与碎屑颗粒的接触关系，识别出本区主要发育颗粒包膜、孔隙衬里［图1（a）］和孔隙充填［图1（b）］三种赋存状态绿泥石（表1），其中早期颗粒包膜绿泥石在镜下难以识别。H3层以孔隙衬里为主，H4层孔隙衬里和孔隙充填两者共存。对改善物性起作用的主要是孔隙衬里绿泥石，是本次研究重点关注目标[11~13]。

(a) 孔隙衬里绿泥石，垂直于颗粒表面，包裹颗粒

(b)孔隙充填绿泥石，在孔隙中聚合生长，无方向性

图1　自生绿泥石赋存状态

表1　绿泥石赋存状态及形成机制异同点

	孔隙衬里绿泥石	孔隙充填绿泥石
成岩环境	碱性成岩环境	
物质来源	富铁镁离子	
流体场	开放流体场	封闭流体场
成岩阶段	早成岩A–B期	中成岩A末–B期
赋存状态	与孔隙接触的碎屑颗粒表面，叶片状垂直颗粒表面，多4~10μm	孔隙中，多个晶体聚合，无方向性，晶体大，自形高，绒球状

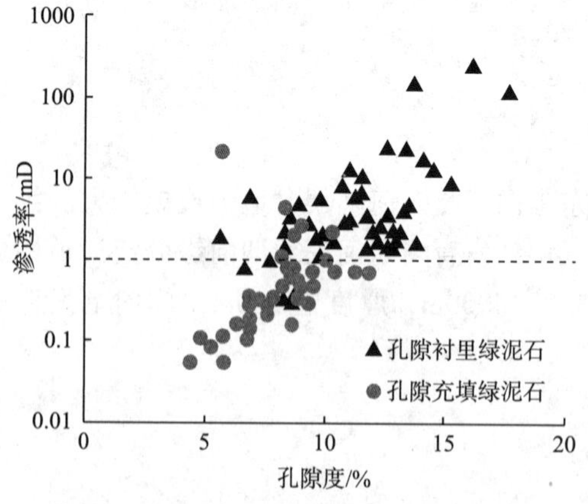

图2　绿泥石类型及其对储层的影响作用

2.1　绿泥石对甜点发育的主控因素

（1）绿泥石的类型：颗粒包膜型影响小，孔隙衬里型建设性，孔隙充填型破坏性。

颗粒包膜绿泥厚度小，多小于1微米，且含量低，其对储层物性的影响很小。孔隙衬里绿泥石对储层物性起到设性/保持性作用。而孔隙充填绿泥石发育于孔隙及喉道中，堵塞喉道、占据孔隙空间，对储层物性起到破坏性作用。通过孔隙衬里绿泥石及孔隙充填绿泥石发育的储层物性统计图可知，孔隙衬里绿泥石发育的储层渗透率普遍大于1mD、孔隙度多大于10%，而孔隙充填绿泥石发育的储层物性普遍较差（图2）。

（2）绿泥石的含量：含量太少，不能有效占据结晶基底，且对孔隙流体pH值的缓冲能力弱，无法有效抑制石英加大。但含量过多，会导致原生孔隙明显降低并堵塞喉道，也不利于后期次生孔隙的发育（图3）。

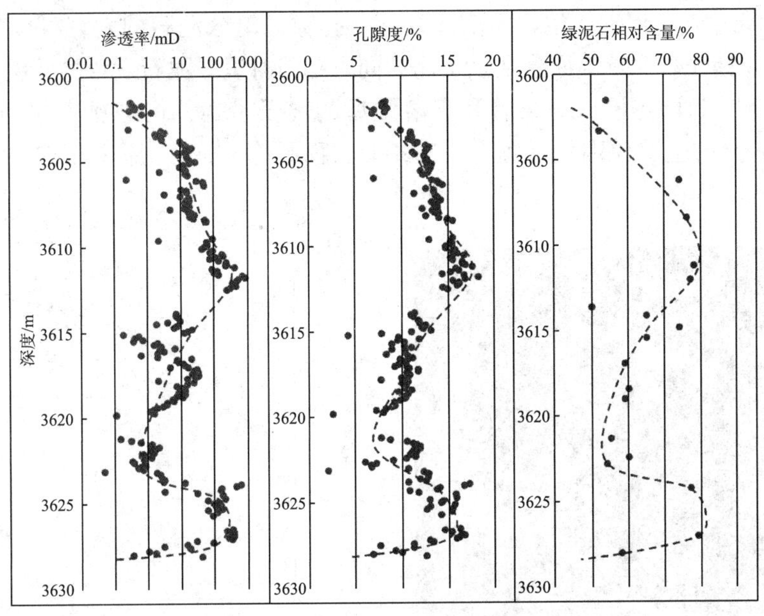

图3　Y－2井H3取心段绿泥石含量与物性相关性

（3）绿泥石厚度及包裹程度：0～4μm，包裹程度差，渗透率一般在1mD左右；4～10μm，包裹程度高，结晶好，渗透率一般在1mD以上；>10μm，包裹转为堵塞，渗透率一般在0.5mD以下。可见孔隙衬里绿泥石厚度在4～10μm之间，包裹程度高，最利于甜点储层发育。

（4）岩石的性质：杂基含量越低、粒度越粗，则孔渗性越好，越有利于孔隙衬里绿泥石的生长和后期次生孔隙的发育，并抑制次生石英的生成。若有适量的中基性火山岩岩屑等作为绿泥石的物质来源更佳。

2.2　孔隙衬里绿泥石对甜点的保护机理

（1）抑制石英胶结：孔隙衬里绿泥石形成于成岩作用早期，通过占据物理空间及保持化学环境双重机制抑制石英胶结，即占据大量的石英结晶基底并保持孔隙流体和颗粒表面的碱性条件来共同抑制石英加大的发育。

自生石英具有很强的向外延伸加大生长的性质，只有具有相对充分的空间时才能自生加大，而孔隙衬里绿泥石通过占据大量的石英结晶基底，使得自生石英难以成核生长，从而抑制石英加大的发育。绿泥石虽然和伊利石、蒙脱石等一样都是黏土矿物，但绿泥石的层间是八面体氢氧化物片，它对孔隙流体的pH值有一定的调节能力，当储层中孔隙衬里绿泥石含量较高时，其周围局部呈偏碱性环境，整个孔隙流体基本都处于一个碱性水介质环境，布满绿泥石的石英颗粒表面碱性更强，石英的溶解度也就更大，不利于自生石英加大的发育[14～16]。

（2）增强抗压性：颗粒的接触关系在早成岩早期孔隙衬里绿泥石开始沉淀时就已建立，绿泥石继续生长所增加的机械强度平衡了埋藏成岩过程中不断增加的上覆载荷，使砂岩的原生粒间孔隙、次生孔隙得以保存，否则，续增加的上覆载荷可能会使类似于铸模孔的绿泥石包围孔隙的结构跨塌（图4）。

（3）保护原生孔、促进次生粒间溶孔发育：孔隙衬里绿泥石的发育可以有效保护原生孔隙，统计发现绿泥石含量与原生孔呈正比；同时孔隙衬里绿泥石发育的储层保持开放的流体场，即有利于有机酸等侵入、又有利于溶蚀后的离子带走，促进次生粒间溶孔的发育。H3、H4 物性差异的重要原因：绿泥石 >35% 时，面孔率 >2%。原生孔有一定量保留，粒间溶孔发育。

图4　孔隙衬里绿泥石保护铸模孔（背散射扫描电镜）

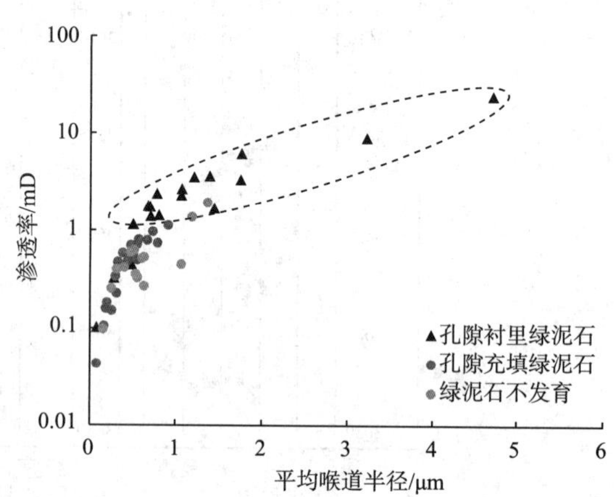

图5　绿泥石对喉道半径的控制作用

（4）保护大孔喉：孔隙衬里绿泥石的发育，使得大于1μm 的大孔喉得以保留（图5）。孔隙衬里绿泥石较好的保存了原生孔，部分中－粗喉道得以保留（喉道2.5～1.6μm 为主），其4μm 的粗喉道对渗透率贡献最大；绿泥石不发育，粗喉道未保留下来（喉道多小于1μm），且溶蚀孔充填伊利石，渗透率主要来自1.6μm 喉道的贡献，故渗透率较小。

3　绿泥石形成演化机理

通过对绿泥石生长过程的剖析，对本区自生绿泥石的形成演化机理总结如下：

（1）沉积期河流入湖形成绿泥石颗粒包膜。在河流搬运阶段，来自于中基性火山岩母岩的富铁镁岩屑等发生水解，提供了最初的铁镁离子来源。河流入湖后，铁镁离子与湖水电解质因正负电荷重新平衡而发生絮凝，形成早期富铁镁黏土壳。至埋藏作用早期，随着温度的升高，部分黏土壳可能溶解－重结晶等，形成早期绿泥石颗粒包膜。

（2）早成岩期泥岩压释水灌入和黏土矿物转化形成绿泥石孔隙衬里。早成岩A期温度升高，一方面早期富铁镁的黏土膜发生变形、溶解甚至再结晶；另一方面，围岩泥岩压释水灌入以及储层黏土矿物间转化，均释放出丰富的铁镁离子，垂直颗粒表层朝向孔隙生长，形成绿泥石孔隙衬里。至中成岩A期有机酸大规模注入时生长停止，但已形成的衬里并未消失，局部可能发生溶解。

（3）中成岩B期孔隙流体沉淀形成绿泥石充填。在中成岩A期末期至B期早期，有机酸消耗殆尽，成岩环境变为弱碱性。在此阶段，上下围岩泥岩中的蒙脱石向伊利石转化可产生镁铁离子，在压实过程中随着泥岩压释水灌入储层孔隙，使得孔隙流体中富含铁镁离子，富铁镁的孔隙流体可直接沉淀形成充填型绿泥石。这一过程主要发生在中成岩 B 期，温度高，反应时间充分，充填型绿泥石自形生长发育完全，因此多以玫瑰花状、朵叶状或者绒球状形态产出。

综合以上分析，认为本区绿泥石的形成演化受铁镁离子物质来源、碱性成岩环境、开放流体场等因素控制，其中，衬里型绿泥石发育为主的 H3 层是在早成岩期碱性开放的环境下由泥岩压释水灌入或者粘土矿物转化形成，充填型绿泥石发育为主的 H4 层则是在中成岩晚期主要通过粘土矿物转化或者孔隙流体直接沉淀形成。在沉积成岩综合作用之下，绿泥石促进了 H3 层甜点发育，加速了 H4 层进一步致密[17,18]。

4 结 论

（1）孔隙衬里绿泥石发育成为东海储层的天然优势，通过抑制石英胶结、增强抗压性、保护大孔喉、保护原生孔促进次生粒间溶孔四种机制与甜点耦合发育，从而形成了厚层非均质储层中的甜点段。

（2）中央反转构造带中北部花港组主力层绿泥石的形成演化受铁镁离子物质来源、早成岩期碱性环境、开放流体场等因素控制。其中，衬里绿泥石是在早成岩期碱性开放的环境下由泥岩压释水灌入或者黏土矿物转化形成，在有机酸大规模侵入之时终止生长；充填绿泥石则是在中成岩晚期由黏土矿物转化或者孔隙流体直接沉淀形成。以 H3/H4 层为分界线，中成岩 A 期至 B 期是本区绿泥石由保护孔隙向堵塞孔隙转变的关键点。

参考文献

[1] 刘金水，曹冰，等. 西湖凹陷花港组大型储集体形成发育特征和评价［R］. 中海油上海分公司，内部报告，2015.

[2] 田建锋，陈振林，杨友运. 自生绿泥石对砂岩储层孔隙的保护机理［J］. 地质科技情报，2008，27（4）：49～54.

[3] 孙全力，孙晗森，贾趵，等. 川西须家河组致密砂岩储层绿泥石成因及其与优质储层关系［J］. 石油与天然气地质，2012，33（5）：751～757.

[4] Baker J C，Havord P J，Martin K R，etal.. Diagenesis and petrophysics of the Early Permian Moogooloo sandstone，southern Carnarvon basin，Western Auatralia.［J］. AAPG Bulletin，2000，84（2）：250～265.

[5] 朱平，黄思静，等. 黏土矿物绿泥石对碎屑储集岩孔隙的保护［J］. 成都理工大学学报（自然科学版），2004，31（2）：153～156.

[6] 张金亮，司学强，等. 陕甘宁盆地庆阳地区长 8 油层砂岩成岩作用及其对储层性质的影响［J］. 沉积学报，2004，（2）：225～233.

[7] 沈浚茂，庞明. 碎屑储集岩的成岩作用研究［M］. 武汉：中国地质大学出版社，1989：69～77.

[8] Aagaard P，Jahren J S，Harstad A O，etal. Formation of grain – coating chlorite in sandstones，laboratory synthesized vs. natural occurrences.［J］. Clay minerals，2000，35（1）：261～269.

[9] 黄思静. 鄂尔多斯盆地中南部延长组主要油层组有利储集体特征及展布研究［R］. 成都：成都理工大学，2001.

[10] 杨晓萍，张宝民，陶士振. 四川盆地侏罗系沙溪庙组浊沸石特征及油气勘探意义［J］. 石油勘探与

开发，2005，32（3）：37～44.

[11] 王芙蓉，何生，何治亮，等. 准噶尔盆地腹部永进地区深埋侏罗系砂岩内绿泥石包膜对储层物性的影响［J］. 大庆石油学院学报，2007，(2)：24～27.

[12] 王新民，郭彦如，付金华，等. 鄂尔多斯盆地延长组长8段相对高孔渗砂岩储集层的控制因素分析［J］. 石油勘探与开发. 2005，32（2）：35～38.

[13] 田建锋，喻建. 孔隙衬里绿泥石的成因及对储层性能的影响［J］. 吉林大学学报（地球科学版），2014，44（3）：741～748.

[14] 黄思静，谢连文，张萌，等. 中国三叠系陆相砂岩中自生绿泥石的形成机制及其与储层孔隙保存的关系［J］. 成都理工大学学报，2004，31（3）：273～281.

[15] Ehrenberg S N. Preservation of anomalously high porosity in deeply buried sandstones by grain－coating chlorite：examples from the Norwegiancontinental shelf [J]. AAPG Bulletin，1993，77（7）：1260～1286.

[16] Billault V，Beaufort D，Baronnet A，etal. Ananopetrographic and textural study of grain－coating chlorites in sandstone reservoirs. [J]. Clay minerals，2003，38（3）：315～328.

[17] 王琪，禚喜准，陈国俊，等. 鄂尔多斯西部长6砂岩成岩演化与优质储层［J］. 石油学报，2005，26（5）：17～23.

[18] 张哨楠，丁晓琪，万友利，等. 致密碎屑岩中黏土矿物的形成机理与分布规律［J］. 西南石油大学学报，2012，34（3）：174～182.

新近系岩性构造油藏滚动开发实践
——以渤海 A 油田为例

汪跃　黄磊　田涛　孙藏军　全洪慧

［中海石油（中国）有限公司天津分公司］

摘要　渤海 A 油田经过 14 年开发，生产井面临含水高、产量低的困境，急需寻找储量及产量接替，扭转油田不利的生产局面。为了延长该油田寿命，提出了老油田滚动开发新思路，即以差异成藏分析指导油田立体滚动挖潜方向。在此基础上，开展了滚动开发与评价精细研究，主要体现在 4 个方面：以沉积成因约束的单砂体储层精细表征提高了岩性构造圈闭储集层预测精度；以细化断层侧向分流能力甄别优选明化镇组潜力砂体；以新技术、新方法识别流体界面定量评价目标砂体储量规模；以质量效益为标尺创新开发评价策略。该技术创新推动老油田开发取得重大突破，钻后落实探明储量 $220\times10^4m^3$，整体方案实施后，产能增加近 $1000m^3/d$，为其他类似油田开发提供了指导意义。

关键词　开发后期　新近系　滚动开发　岩性构造油藏　认识创新

渤海西部海域油田群共 12 个油田，储量品质以边际、稠油、薄层、边底水发育，与渤海其他油田群相比，储量品质明显较差，目前平均开采时间 16 年，综合含水高达 90%，可采储量采出程度达到 74.3%，平均日产油 $20m^3$，为渤海开发年限最老、储量规模最小、流体性质最稠的油田群。其中渤海 A 油田就是该类油田群的典型代表，对于开发后期老油田已经过多轮次调整及优化注水工作，随着油田开发不断深入，仅依赖主力开发层系优化注水、局部井网调整等工作已不能弥补较大的稳产缺口；另外渤海油田油气开发钻井成本和经济门槛高，对措施单井增油量，调整井日产量相比陆地油田有着更高的要求。对于海上油田，油井日产量低于 $15m^3$，基本属于低效井，随时面临关井风险。综上两种因素迫切需要在油田周边、上下区域寻找新的储量。在此形势下，本文讨论以渤海 A 油田为例，提出滚动开发新思路与技术创新，在开发实践中取得较好成效，从而为其他类似老油田开发提供借鉴意义。

1　老油田开发新思路

由于受到新构造运动的影响，渤海西部海域油田群新近系明化镇组、馆陶组断裂较发育，主要是晚期成藏模式[1]，该层系探明储量占到油田群总储量 83%，其中馆陶组储量占到 18%，明化镇组占 65%。在油田开发后期阶段，利用较多的钻井、录井、丰富的动态信

第一作者简介：汪跃（1984 年—），男，工程师，中国石油大学（华东）矿产普查与勘探专业硕（2011），从事油气田开发精细油藏描述工作，通讯地址：300459 天津市滨海新区海川路 2121 号 B 座渤海石油研究院，联系电话：022－66500862，E－mail：wangyue10@cnooc.com.cn。

息重新系统梳理油田成藏模式。针对不同油田所处区域构造位置，结合油源、运移、圈闭分析，提出以差异成藏分析新认识指导老油田立体滚动挖潜方向，通过系统总结梳理具体分为以下三类：(1) 位于凸起区老油田，油源沿着边界大断层及区域不整合面运移至馆陶组大套砂砾岩体，再沿着斜坡带砂砾岩体运移至馆陶顶部的构造圈闭，或沿着断至馆陶组的次级断层运移至明化镇组岩性构造圈闭聚集成藏。例如渤海南堡 35－2 油田油藏运移模式为该类型，这种新认识 2016 年成功指导了该油田滚动开发方向由主力层明化镇组转移至油田下部非主力层馆陶组构造圈闭。(2) 位于斜坡断阶带老油田，根据馆陶组上部构造形态重新精细解释后，在没有规模性构造与断鼻圈闭下，提出油田滚动方向应在主力层明化镇组向周边区域寻找岩性构造圈闭，例如渤中 26－3 油田。(3) 位于低凸起区老油田，充分考虑油源断层形态、倾角与地层配置关系等因素，提出从明化断至馆陶组的浅层断层倾角越大，越顺向地层与油源越近的条件下，油气运移模式为馆陶组垂向运移起主导，明化镇组侧向分流为主的新认识。该新认识的提出为渤海 A 油田从馆陶组主力层向明化镇组转变提供保证。在明确各油田滚动开发方向的基础上，对于寻找渤海老油田新近系馆陶组构造圈闭的技术方法已比较成熟[2~5]，所以本文重点论述以渤海 A 油田为例，新近系明化镇组岩性构造油藏滚动开发技术创新与方法。

2 新近系岩性构造油藏滚动开发关键技术与新认识

2.1 沉积成因约束的单砂体储层精细表征寻找有利砂体

新近纪以后，渤海海域成为渤海湾盆地的汇水中心，在新近系明化镇组不仅发育传统意义的河流相沉积体系，而且发育以分流河道或水下分流河道为主的极浅水三角洲沉积体系[6]。受河流沉积控制，储集层在平面上多呈弯曲的长条状、带状、树枝状等形态，砂体横向变化大，储集层厚度薄，“一砂一藏”特征明显。新近系优势储层精细刻画及预测为岩性构造圈闭奠定基础。

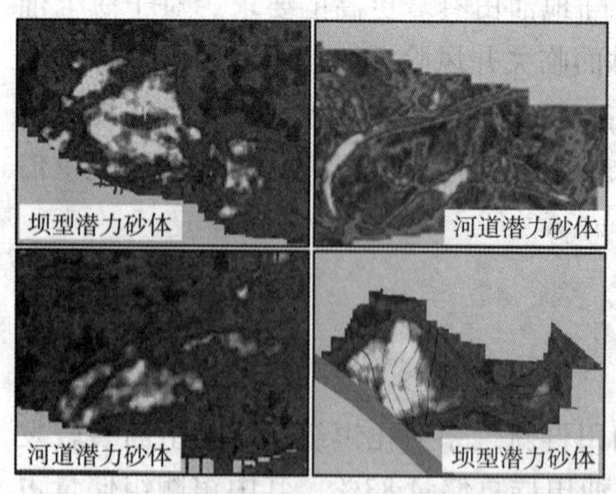

图1 渤海 A 油田明下段典型潜力砂体

针对渤海 A 油田明化镇组储层薄、泥多砂少的特点，在高分辨率层序地层精细对比及全井段精细井震标定技术基础上，开展砂体沉积类型有效识别与相控约束下的单成因砂体储层精细表征。基于高分辨率三维地震资料，利用河流相及浅水三角洲沉积模式，结合地层切片，实现了海上稀井网条件下河道砂、天然堤、决口扇、河漫滩等单砂体的有效识别，为单成因砂体储层精细表征奠定基础。由于不同类型砂体沉积方式的差异，导致砂体展布规律及范围存在不同。通过相控约束、井震结合，重点对油田厚层坝型砂体厚度、顶底、边界精细刻画。利用该项技术，寻找到近 15 个潜力砂体（图1）主要为河道型、坝型潜力砂体，平均储层厚度达 12m。评价井实钻储层符合率达 95%，实钻深度误差小于 2m。沉积成因约束的储层精细表征技术保证了渤海 A 油田滚动开发新近系明化镇组寻找到优质储层。

2.2 断层侧向分流能力定量评价优选岩性构造圈闭潜力

针对渤海A油田明化镇组油源断裂两侧不同砂体之间含油气性差异大特点，围绕断裂向两侧砂体运移能力进行研究，通过系统分析考虑断层与储层夹角、储层砂体物性、储层上覆泥岩厚度、断砂组合形态关键因素，利用断裂侧向分流能力定量评价公式［式（1）］[7~9]，对油田明下段已钻砂体的断裂侧向分流能力计算结果与砂体充满度进行统计交汇（图2），提出了该区域侧向分流能力大于0.3，油气可向砂体充注；若分流能力大于0.7时，砂体面积充满度可大于50%，有效指导油田潜力成藏砂体滚动开发。油田及周边区域已钻砂体吻合率达90%。以油源断裂侧向分流能力大于0.7为标准，可筛选出油田潜力砂体近8个。该方法实现了该区域明化镇组潜力砂体成藏的定量评价与筛选，解决了油气沿断层向砂体侧向运移能力不清难题，为滚动开发筛选识别有利成藏砂体提供依据。

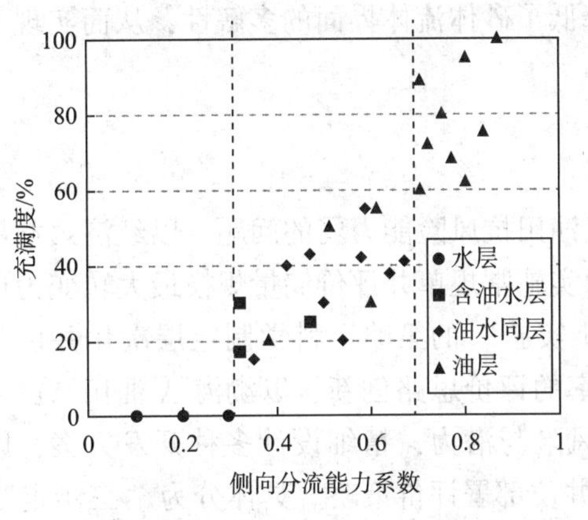

图2 断层侧向分流能力与砂体充满度交汇图

$$R = \frac{S_c R_m R_s \sin\alpha}{\sin\beta} \tag{1}$$

式中，S_c为断砂接触面积，$10^4\ m^2$；R_m为断裂带内泥质含量，小数；R_s为储层砂地比，小数；α为储层倾角，（°）；β为断层倾角，（°）。

2.3 综合识别流体界面新方法

相比陆上油田，海上分析化验资料少，且非主力层测井等资料往往录取不全，导致潜力砂体流体界面预测难问题，开展“目标砂体潜力储量规模精细评价”研究具有重要意义。

针对渤海A油田明化镇组砂体规模小、横向变化快的特点，开展了目标砂体潜力储量规模评价研究。该技术主要包括利用高精度地层切片技术与基于叠后资料的烃检技术。该区明化镇组砂泥互层，缺乏可靠标志层，导致地球物理追踪存在不确定性，本次研究采用全井段精细井震标定技术兼顾深浅层地震反射特征，从而降低地球物理解释的多解性，提高了井震标定精度。在此基础上，对传统的地层切片进行改进，基于精细的层位解释结果生成4ms间隔地层切片。通过精细地层切片可以快速对潜力砂体的规模和空间展布进行精细描述，保证了后期储量规模计算的正确性。

目前常规的烃类检测方法主要是根据地震波穿过油气层后低频增强高频衰减的理论开展的，很少考虑地层结构等因素的影响，导致实践中预测结果不理想。本次通过统计该区域黄河口凹陷周边在生产油田，利用已钻砂体油水界面与构造反射能量匹配程度进行统计分析，通过详细地质基础分析，总结出如下规律，当砂体上覆地层结构有泥岩较厚、单砂体空间展布规律较稳定的条件下，发现强能量反射区域指示的油气分布与单元流体界面匹配程度较好，吻合率高达80%。另外需要结合属性变化带与构造等值线是否具有较好的对应关系，若高部位为强反射能量区域，往往含油概率较大。通过目标砂体流体界面综合判别，定量评价渤海 A 油田 8 个潜力砂体储量规模近 $800\times10^4m^3$。其中较大的 A12 – 1789 砂体储量规模近 $200\times10^4m^3$。

综合地质分析，在断层侧向分流能力定量评价优选岩性构造圈闭潜力基础上，以地震属性能量反射极大值与构造匹配的辅助分析，大大降低了砂体流体界面的多解性，从而实现了定量评价砂体储量规模。

2.4 以质量效益为标尺创新开发评价策略

针对海上常规滚动评价周期长，经济性差，老油田抗风险能力弱的问题，以经济效益最大化为导向，优化各砂体评价策略，由从已建平台实施常规单井评价储量规模最大转变为单井评价储量单元品质最好，按照“整体部署，分步实施”的策略，科学制定层次化井位部署方案，实现高效滚动开发。本文以基于质量效率的评价思路创新，以渤海 A 油田 A12 – 1789 潜力砂体评价为例，首先统筹考虑地质油藏风险与潜力，精细设计多种开发方案，以质量效益为中心，详细对比优化出“1 +3 +2”的井位部署评价策略。具体分为“三步走”：①利用高部位已钻井生产动态拟合落实产能与储层边界增加 1 口井；②利用领眼井评价落实储层及储量规模可增加 2 口井；③利用砂体低部位注水井评价流体界面推动滚动建产再增加 2 口井方案。利用该评价思路保障了该油田滚动扩边稳步推进，落实探明地质储量 $220\times10^4m^3$，目前已建日产 $1000m^3$，将新增该油田年产油 $14\times10^4m^3$ 的产能规模，与常规滚动评价项目相比，建产时间缩短近 3 年。以最小的投资获得最大的开发收益，达到了降本增效的目的。

3 结束语

针对开发中后期老油田物质基础薄弱，产量低，挖潜难度极大，以渤海 A 油田为例，开展了滚动挖潜技术攻关，通过对油田开发新思路的转变，开发技术创新，形成了一套“以精细油藏描述为基础，以探寻接替储量为目标”的滚动扩边开发技术流程，以沉积成因约束的单砂体储层精细表征提高了岩性构造圈闭储集层预测精度；以细化断层侧向分流能力甄别优选明化镇组潜力砂体；以新方法识别流体界面定量评价目标砂体储量规模；以质量效益为标尺创新开发评价策略。解决了类似老油田滚动扩边去哪找，怎么找，有多大，快建产的关键问题。通过应用该项技术，在渤海 A 油田日产仅 $200m^3$、综合含水率高达 87% 的情况下，成功落实探明储量 $220\times10^4m^3$，整体方案实施后，预计增加可采储量 $66\times10^4m^3$，可延长油田开发寿命 10 年，极大地推动了渤海老油田滚动开发实践，为其他类似油田开发提供了指导意义。

参考文献

[1] 何仕斌，朱伟林，李丽霞. 渤中坳陷沉积演化和上第三系储盖组合分析 [J]. 石油学报，2001，22 (2)：38 ~43.

[2] 康竹林，翟光明. 渤海湾盆地新层系新领域油气勘探前景 [J]. 石油学报，1997 (3)：1 ~6.

[3] 王时林，张博明，乔海波，等. 马头营凸起馆陶组低幅度构造油藏精细评价 [J]. 特种油气藏，2017，

24 (1): 11 ~ 15.
[4] 朱伟林, 王国纯. 渤海浅层油气成藏条件分析 [J]. 中国海上油气, 2000, 14 (6): 367 ~ 374.
[5] 董月霞, 庞雄奇, 黄曼宁, 等. 渤海湾盆地南堡凹陷油气成藏区带定量预测与评价 [J]. 石油学报, 2015, 36 (s2): 19 ~ 35.
[6] 郭太现, 杨庆红, 黄凯, 等. 海上河流相油田高效开发技术 [J]. 石油勘探与开发, 2013, 40 (6): 708 ~ 714.
[7] 王伟, 孙同文, 曹兰柱, 等. 油气由断裂向砂体侧向分流能力定量评价方法——以渤海湾盆地饶阳凹陷留楚构造为例 [J]. 石油与天然气地质, 2016, 37 (6): 979 ~ 989.
[8] 孙同文, 王伟, 高华娟, 等. 断裂 - 砂体耦合侧向分流油气研究进展 [J]. 地球物理学进展, 2017 (5): 2071 ~ 2077.
[9] 付广, 张博为, 历娜, 等. 沿断裂运移油气向两侧砂体发生侧向分流的判识方法 [J]. 天然气地球科学, 2016, 27 (2): 211 ~ 219.

一种井网平面注采优化调整新方法

常会江　陈晓明　雷源　孙广义　翟上奇

[中海石油（中国）有限公司天津分公司渤海石油研究院]

摘要　海上油田由于高采油速度开发的特点，易造成油田平面水驱不均，开发效果变差。为改善现有井网平面驱替不均衡的问题，文章基于 Buckley－Leverett 方程，结合广适水驱理论，得到了含水率与产液量和注水量的定量表征关系，即以所有单井含水率相同为目标，通过调整产液量和注水量，最终实现现有井网平面均衡驱替，以此为基础，提出了平面注采优化调整新方法，并编制计算程序，可实现实时优化调整。应用该方法在渤中 28－2 南油田进行了矿场试验，实现砂体日增油 $50m^3$，年累增油 $1.1\times10^4m^3$。矿场效果与预期基本一致，说明了该方法准确、可靠，对海上油田的高效开发具有重要意义。

关键词　现有井网　均衡驱替　平面注采优化　广适水驱理论

1　引　言

海上油田由于高采油速度开发的特点，往往加剧了注入水沿高渗方向推进速度，从而导致驱替过程不均衡，甚至造成注入水沿高渗方向形成低效循环，影响油田整体开发效果。油田开发实践及室内实验表明：驱替均衡程度与油田开发效果密切相关，注水在储层驱替得越均衡，开发效果越好[1,2]。因此降低高采油速度对水驱的影响，改善水驱效果实现均衡驱替已经逐渐成为注水开发油田开发调整的主要目标之一。国内外学者在现有井网条件下油水井注采均衡调整方法上开展了大量的研究，并提出了一系列油水井产液量和注水量调整的方法[3~6]。在这些方法中大多难以实现定量化计算，有些尽管提出了定量化计算方法，但将油藏及生产过程简化处理，注采调整实施效果较差。针对以上问题，本文基于 Buckley－Leverett 方程，结合广适水驱理论，考虑储层真实情况和实际生产过程等多种因素，以所有单井含水率相同为目标，提出了定量化平面注采优化调整新方法，该方法适用于多种类型的井网，对油田注采结构调整具有重要指导意义。

2　新方法的建立

2.1　相渗曲线反演

广适水驱理论[7]研究结果表明，采油井进入稳定水驱阶段后，累计产油量与累计产水

第一作者简介：常会江（1987 年—）男，工程师，2013 年毕业于中国石油大学（华东）油气田开发工程专业，获硕士学位。主要从事油气田开发工程研究工作。通讯地址：（300459）天津市滨海新区海川路 2121 号渤海石油研究院，联系电话：022－66500902。E－mail：changhj2@cnooc.com.cn。

量满足以下关系式：

$$N_p = N_R - a\frac{N_p^2}{W_p^q} \tag{1}$$

式中，N_p 为累计产油量，10^4m^3；N_R 为水驱可动油储量，10^4m^3；W_p 为累计产水量，10^4m^3；a、q 为待定系数，可通过生产动态数据反演求解；q 与油相指数 n_o 和水相指数 n_w 相关：

$$n_o = 1 + \frac{1}{q}n_w = \frac{2}{q} - 1 \tag{2}$$

获得油相指数和水相指数之后，利用指数型公式可求出油相和水相相对渗透率。

2.2 采油井产量预测

2.2.1 递减率确定

将采油井整个开发历程进行时间微分，可以近似认为每个时间段日产液不变，即满足定液量生产条件。因此可采用刘英宪[8]等研究的定液量生产条件下递减率公式（3）计算下一时刻产量：

$$D_t = \frac{Q_l}{N_R}f_w' \tag{3}$$

式中，D_t 为年递减率，无量纲；Q_l 为年产液，10^4m^3；N_R 为原油地质储量，10^4m^3；f_w' 为含水上升率，无量纲。

2.2.2 理论产量计算

采油井单井理论产量计算新方法如下：

①根据2.1求得单井油、水井相渗指数，并根据式（4）计算无因次采液曲线：

$$J_{DL} = \frac{1}{(1-f_w)\left[1+0.006738\exp\left(\frac{3.5n_w+6.5n_o}{n_w+n_o}\right)\left(\frac{1}{M}\frac{f_w}{1-f_w}\right)^{\frac{1.3n_w+0.7n_o}{n_w(n_w+n_o)}}\right]^{n_w}} \tag{4}$$

式中，J_{DL} 为无因次采液指数，无量纲；f_w 为含水率；M 为水油流度比。

②读取采油井 t 时刻的日产油 Q_{ot}、日产液 Q_{Lt} 则及生产压差 ΔP_t；

③计算 t 时刻含水率 f_{wt} 和含水上升率 f_{wt}'，在此基础上根据式（3）计算 t 时刻递减率 D_{tt}，根据式（4）计算 t 时刻无因次采液指数 J_{DLt}；

④根据式（5）计算 $t+1$ 时刻的日产油：

$$Q_{ot+1} = Q_{ot}\cdot(1-D_{tt}) \tag{5}$$

⑤在短时间内可近似认为采油井满足定液量生产条件，即 $Q_{Lt+1}=Q_{Lt}$，则可以求得 $t+1$ 时刻的含水率 f_{wt+1}、含水上升率 f_{wt+1}'、递减率 D_{tt+1}、无因次采液指数 J_{DLt+1}；

⑥假定 $t+1$ 时刻的生产压差为 ΔP_{t+1}，则 $t+1$ 时刻的液量变化幅度 φ 为：

$$\varphi = (J_{DLt+1}\cdot\Delta P_{t+1})/(J_{DLt}\cdot\Delta P_t) \tag{6}$$

⑦假定含水率不变，则 $t+1$ 时刻的日产液、日产油分别为：

$$Q_{Lt+1} = \varphi\cdot Q_{Lt} \tag{7}$$

$$Q_{ot+1} = \varphi\cdot Q_{ot+1} \tag{8}$$

⑧依次按照上述②～⑦步骤计算到规定最后时刻的单井产量。

2.3 注水井配注量确定

为维持注采平衡及改善水驱开发效果，注水井的配注量应随着受益采油井产液量调整而调整。注水井配注量依赖于合理注采比和受益采油井之间的平面劈分系数。合理注采比确定考虑有效恢复和保持地层压力，同时不造成对采油井含水过快上升，可根据物质平衡法及油藏数值模拟确定[9]。

平面劈分系数表示注水井的配注量与周围受益油井的产液量相关系数，研究结果表明流线数值模拟法求得的平面劈分系数[10]更精确，如图1所示。具体表达式为：

$$WAF_{\mathrm{il}} = \left[\sum_{j=1}^{n_{\mathrm{p}}}\sum_{k=1}^{n_{\mathrm{sl}}} q_{\mathrm{jil}}^{k}/q_{\mathrm{i}}^{w}\right]\times 100 \tag{9}$$

式中，n_{p} 为流体相数；n_{sl}为两口井之间的流线条数；q_{i}^{w} 为注水井 i 的总流量，$\mathrm{m^3/d}$；q_{jil}^{k}为在注水井 i 和生产井 j 之间流线 k 中流体相 j 的流量，$\mathrm{m^3/d}$。

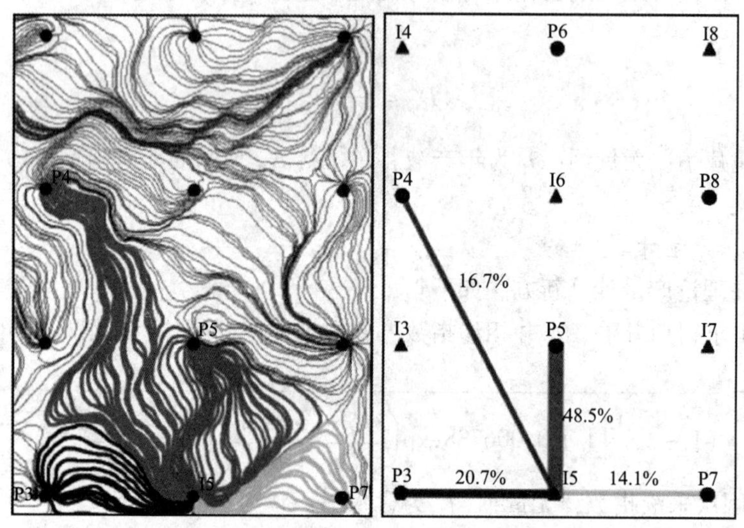

图1　平面劈分系数确定示意图

在确定井组注采比及平面劈分系数之后，注水井配注量可由式（10）得到：

$$Q_{\mathrm{i}} = IPR\{R_{\mathrm{j\,1}}[Q_{\mathrm{o1}}B_{\mathrm{o}} + Q_{\mathrm{w1}}] + R_{\mathrm{j\,2}}[Q_{\mathrm{o2}}B_{\mathrm{o}} + Q_{\mathrm{w2}}] + \cdots + R_{\mathrm{jn}}[Q_{\mathrm{on}}B_{\mathrm{o}} + Q_{\mathrm{wn}}]\} \tag{10}$$

式中，Q_{i}为注水井 i 日配注量，$\mathrm{m^3/d}$；IPR 为井组合理注采比；R_{j1} 为采油井在注水井 i 平面劈分系数；Q_{o1}为采油井目前日产油，$\mathrm{m^3/d}$；Q_{w1} 为采油井目前日产油，$\mathrm{m^3/d}$，n 为注水井受益采油井数。

2.4 平面注采优化调整方法

均衡驱替是指在储层各个方向上的驱替程度（剩余油饱和度）都相同。若储层各个注采井连线方向的驱替程度都相等，这种驱替称为（部分）均衡驱替。根据分流量方程及Welge 方程[11,12]可知注采井间的平均含水饱和度与采油井的含水率具有一致性，因此在给定的调控时间内，各个采油井达到相同的含水率即可认为达到均衡驱替。本文采用 C#将平面均衡驱替注采优化调整过程程序化，如图2所示，具体过程如下：

①调整区域所有单井按照 2.1 根据生产动态数据反演其相渗曲线。

②调驱区域所有单井按照 2.2 根据目前生产压差预测至最后时刻的日产油、日产液。

③根据调整区域所有井最后时刻的生产情况，计算调整区域的平均含水率，该含水率即为给定时间内的目标含水率。

④每口井假定一个生产压差，根据 2.2 求得单井最后时刻的日产液、日产油及含水率，判断最后时刻含水率与目标含水率是否一致。若其含水率大于目标含水率，则降低生产压差；若小于目标含水率，则放大生产压差，至到满足要求；通过该方法求取调整区域所有井到达目标含水率所需要的生产压差。

⑤基于上述采油井确定的生产压差，可以求得所有井调整后日产油、日产水。

⑥根据采油井生产数据、井组注采比及平面劈分系数确定注水井调整后的配注量。

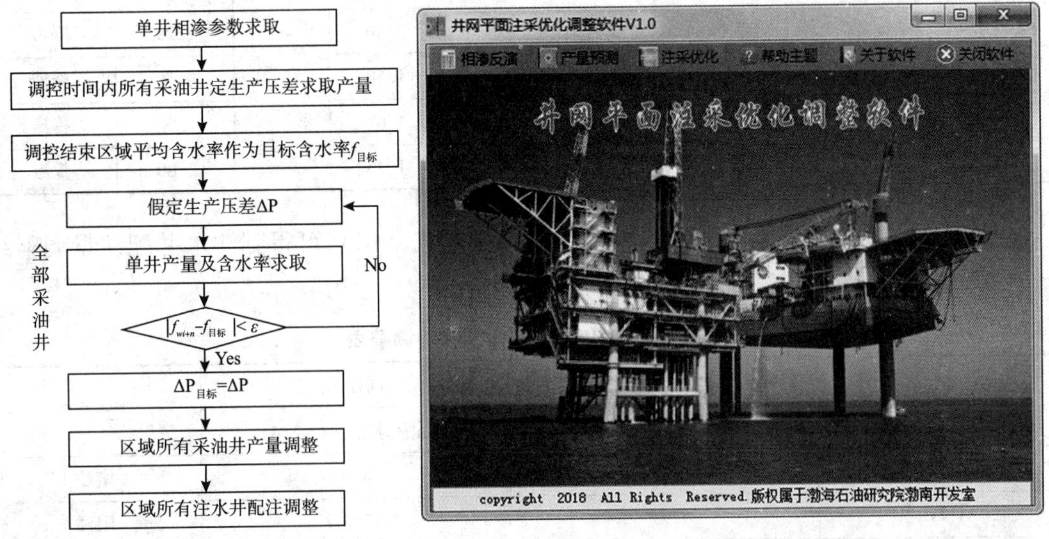

图2　平面注采调整方法程序图

3　矿场应用

渤中 28－2 南油田 1－1195－1 砂体原油地质储量为 $773.36\times10^4\mathrm{m}^3$，油层平均有效厚度为 6.4m，平均孔隙度 31.0%，平均渗透率 $2381.1\times10^{-3}\mu\mathrm{m}^2$，目前采油井 10 口，注水井 9 口，基于单砂体不规则井网开发。2017 年 12 月砂体日产液 $3306\mathrm{m}^3/\mathrm{d}$，日产油 $530\mathrm{m}^3/\mathrm{d}$，综合含水率 83.9%。采油井平面产出不均，日产液从 $104\mathrm{m}^3/\mathrm{d}$ 到 $542\mathrm{m}^3/\mathrm{d}$ 不等，单井含水率分布在 57.7%～90.1%之间，部分井组存在优势通道，开发效果较差。为改善其开发效果，基于其生产形势设定砂体 4 年实现均衡驱替，对其进行注采优化调整。采油井调整结果如表 1 所示。

表1 1-1195-1 砂体采油井调整表

采油井	目前生产情况				调控前		调控后		调整方向
	日产液/（m^3/d）	日产油/（m^3/d）	含水率/%	生产压差/MPa	含水率/%	生产压差/MPa	含水率/%	生产压差/MPa	
A33H	146	42	71.2	0.50	82.3	0.50		1.23	提液
A32H	114	30	73.7	0.50	79.8	0.50		2.08	提液
B11H	221	93	57.9	0.53	94.4	0.53		0.39	降液
A26H	152	20	86.8	1.61	90.3	1.61		2.08	提液
B13H	243	90	63.0	0.34	89.3	0.34		0.40	提液
A3H	542	74	86.3	0.59	91.1	0.59	91.1	0.59	保持现状
A5H1	511	70	86.3	2.40	93.6	2.40		1.29	降液
A6H	302	30	90.1	1.50	94.4	1.50		0.50	降液
B25	113	40	64.6	1.61	85.6	1.61		1.90	提液
B26	104	44	57.7	1.73	75.3	1.73		2.80	提液

根据采油井调整情况及流线数值模拟结果，通过式（10）可得到注水井配注量调整结果如表2所示。

表2 1-1195-1 砂体注水井调整表

注水井	调控前	调控后	调整方向
	日配注水量/（m^3/d）	日配注水量/（m^3/d）	
A11H	724	850	增注
A12H	793	750	限注
A18H	306	472	增注
A28	243	181	限注
A29	346	430	增注
A30H	255	309	增注
A39	156	156	保持现状

2018年1月矿场根据上述方案进行平面注采调整：对6口采油井提液、3口采油井限液、1口井维持目前生产状态；同时对4口注水井增注、2口注水井限注、1口注水井维持目前现状。实施后砂体开发效果逐渐变好，目前砂体日增油50m^3/d，已累计增油$1.1\times10^4m^3$，实现砂体负递减率，具体效果如图3所示。

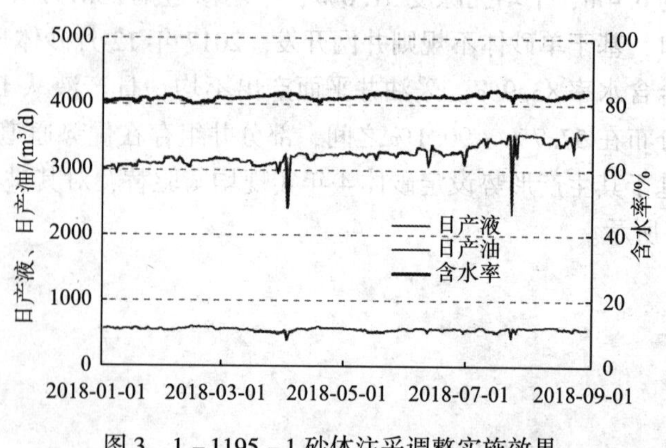

图3 1-1195-1 砂体注采调整实施效果

4 结 论

（1）基于 Buckley－Leverett 方程，结合广适水驱理论，推导出单井产量计算新公式，在此基础进一步得到含水率与产液量和注水量的定量表征关系。

（2）以相同含水率为目标，通过调整产液量和注水量，提出平面注采调整新方法，该方法实现了单一产液结构调整到均衡驱替调整的转变。为提高应用效率，编制了均衡驱替注采调整优化软件，实现注采结构实时优化调整。

（3）应用该方法在渤中 28－2 南油田进行了矿场试验，实现砂体日增油 $50m^3$，年累增油 $1.1\times10^4m^3$，对油田注采结构调整具有重要指导意义。

参考文献

［1］Liu Ming，Zhan Shenyun，Yan Weige，et al. How to make injection more effective and get production more optimum－A good case from China. SPE 170996，2014.

［2］Ahmed Aluthali，Adedayo Oyrinde，Akhil Datta－Gupta. Optimal waterflood management usingrate control［J］. SPE Reservoir Evaluation & Engineering，2007，10（5）：539～551.

［3］崔传智，姜华，段杰宏，等．基于层间均衡驱替的分层注水井层间合理配注方法［J］．油气地质与采收率，2012，19（5）：94～96.

［4］崔传智，万茂雯，李凯凯，等．复杂断块油藏典型井组注采调整方法研究［J］．特种油气藏，2015，22（4）：72～74.

［5］严科，张俊，王本哲，等．平面非均质油藏均衡水驱调整方法研究［J］．特种油气藏，2015，22（5）：86～89.

［6］王德龙，郭平，汪周华，等．非均质油藏注采井组均衡驱替效果研究［J］．西南石油大学学报（自然科学版），2011，33（5）：122～125.

［7］张金庆．水驱油田产量预测模型［M］．北京：石油工业出版社，2013：10～11.

［8］刘英宪．水驱砂岩油藏理论递减规律计算新方法［J］．中国海上油气，2016，28（3）：97～100.

［9］杨国红，尚建林，王勇，等．油田注水配注合理注采比计算方法研究［J］．成都理工大学学报（自然科学版），2013，40（1）：44～49.

［10］孙致学，黄勇，王业飞，等．基于流线模拟的水井配注量优化方法［J］．断块油气田，2016（6）：753～757.

［11］秦同洛，李鑾，陈元千．实用油藏工程方法［M］．北京：石油工业出版社，1989：248～266.

［12］Zhang Jinqing，Yang Renfeng. A further study on Welge equation［J］. Energy Exploration & Exploitation，2018.

一种预测水敏性低渗透砂岩油水两相系统渗透率下降的方法

张超

[中海石油（中国）有限公司天津分公司]

摘要 国内外学者已对单相流体通过多孔介质时，储层岩石由于粘土膨胀和颗粒运移、堵塞渗流孔道，造成系统渗透率下降进行了研究，并建立了相应的系统渗透率伤害预测模型，但对于油水两相渗流系统，除了储层岩石渗流孔道减小产生的系统阻力，还有油水两相流动引起的系统阻力，因而，现有模型不能完全适用于两相渗流系统。通过对油水两相流动过程中系统渗透率下降特性的研究，建立了水敏性低渗透砂岩油水两相系统渗透率下降预测模型，并由实验数据证实该模型的可靠性和实用性。

关键词 水敏 低渗透砂岩 油水两相 渗透率 预测方法

在油水两相渗流过程中，除了受到油水分布与饱和度变化引起的两相渗流阻力外，多孔介质的渗透性也受到因粘土膨胀及颗粒运移、堵塞而使流动孔道下降，产生的系统阻力。因而要定量分解油水两相阻力和系统渗透率下降引起的阻力是非常困难的。尽管国内外文献[2,4,5]中有许多的孔喉堵塞机理模型，但实际应用却由于模型中系统属性参数难以确定而很难操作。本文通过对油水两相流动过程中系统渗透率下降特性的研究，建立了水敏性低渗透砂岩油水两相系统渗透率下降预测模型，方便了计算水敏性砂岩水驱油过程中任一时刻的系统渗透率。

1 水敏性低渗透砂岩油水两相系统渗透率特征

对有水敏影响的、类似于活塞式驱动的低渗透砂岩样品水驱油试验资料的研究发现：对于流度比大于1的水驱油系统，随着含水饱和度的增加，系统阻力下降，注入速度一定时其注入压力是下降的。如果系统内部有明显的水敏因素干扰，随着粘土膨胀及颗粒运移、堵塞流动孔道，系统渗透率随着水驱油时间增长呈下降变化，在水驱油试验动态中出现注入压力明显上升的反常变化。这种反常变化特征出现后，持续时间较长，可以贯穿整个水驱油过程。

从水驱油注入压力变化特征看（图1），各样品出现水敏综合效应的时间和强弱程度有明显的差异：一种是水敏影响与水驱油过程同步进行（R99-01398）；另一种是水敏影响的时间出现在水驱油过程中油水饱和度变化较大的早期阶段（R99-01393、R99-01379）。

作者简介：张超（1980年—），男，工程师，主要从事油田开发的技术工作。联系电话：022－25805932，E-mail：zhangchao4@cnooc.com.cn。

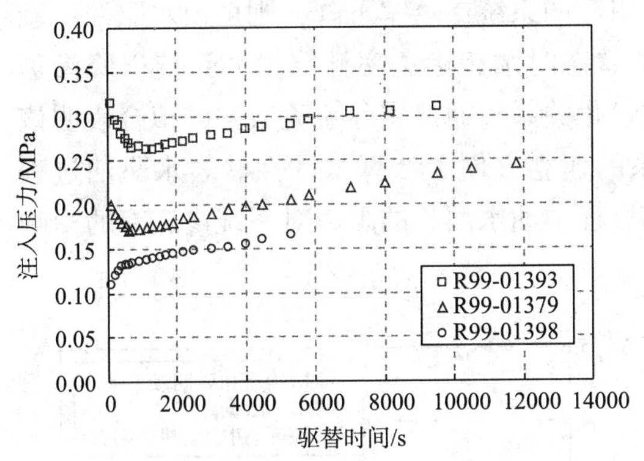

图1　具有水敏影响的异常注入压力特性曲线

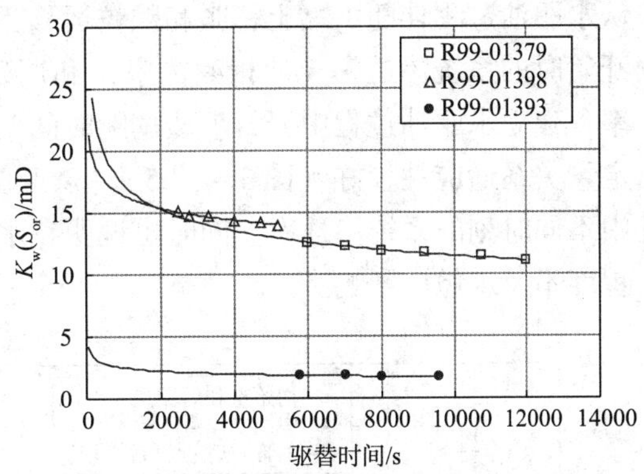

图2　具有水敏影响的残余油状态渗透幂数型下降曲线

2　系统渗透率下降模型的建立

在研究具有水敏影响的低渗透砂岩水驱油动态时，由于水驱油过程中油水两相渗流阻力和系统渗透率下降所引起的阻力均随时间同步变化，一般无法将两种阻力分解开，只有当系统达到残余油状态时，原油分布处于分散和孤立的不连续状态，油相基本不流动，水相处于油水共存的单相流动状态，两相流动阻力稳定不变，此时，水相渗透率下降和注入压力上升主要是岩石系统渗透率下降引起，因此，确定了水相渗透率下降也就确定了岩石系统渗透率的下降特性。

根据相渗透率与相对渗透率的定义，残余油状态下水相渗透率表示为：

$$K_w = K \times K_{rw}\ (S_{or})$$

由相对渗透率的定义知残余油状态下水相相对渗透率与油水饱和度、岩石－流体系统润湿性和多相流体在孔隙结构中的分布有关，而与系统渗透率关系不大，因此该值为常数。

对具有水敏效应的低渗透砂岩水驱油过程中残余油状态下水相渗透率下降特性的分析，知其下降关系属于幂函数类型（图2），表达式为：

$$K_w = A \times (t - t_0 + 1)^B$$

则油水两相时系统渗透率表示为：

$$K = K_w / K_{rw}\ (S_{or})$$

$$K = K_i \times (t - t_0 + 1)^B$$

式中　K_i——岩石系统初始渗透率；

K_w——水相渗透率；

$K_{rw}(S_{or})$——残余油状态时水相相对渗透率；

K——岩石系统渗透率；

t_0——水驱油过程中岩石系统渗透率开始下降的初始时间。

3　模型的适应性

一般水驱油过程为非活塞式驱替。在这种情况下，如果系统的注入压力动态反常，并确认水驱油过程伴随由黏土膨胀和颗粒运移、堵塞引起的系统渗透率下降，则可由水驱油试验开始时的系统渗透率（油相渗透率）和用残余油状态时水相渗透率计算出的系统下降渗透率，建立水驱油过程中岩石渗透率随时间变化的量化关系。通过实际实验数据的拟合表明该定量关系适应性较好（图3～图5），该定量关系的建立方便了计算水敏性砂岩水驱油过程中不同时刻的系统渗透率。同时也说明在水驱油过程中油水两相的阻力对系统渗透率的影响程度不及水敏的影响。

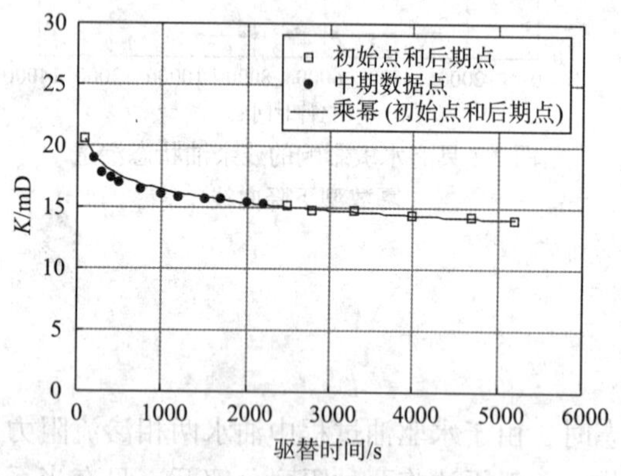

图3　R99—01398 样品幂函数型渗透率下降拟合图

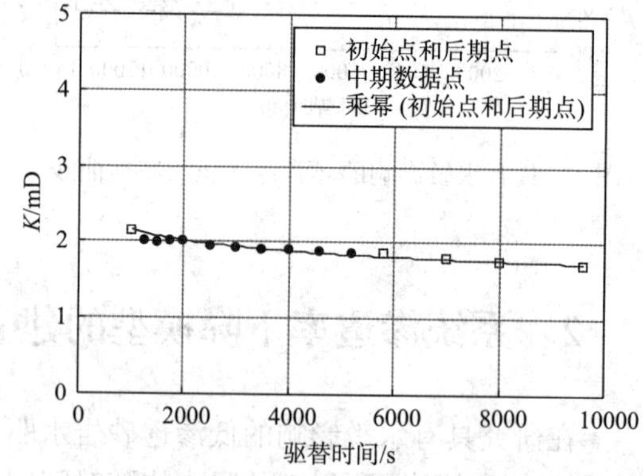

图4　R99—01393 样品幂函数型渗透率下降拟合图

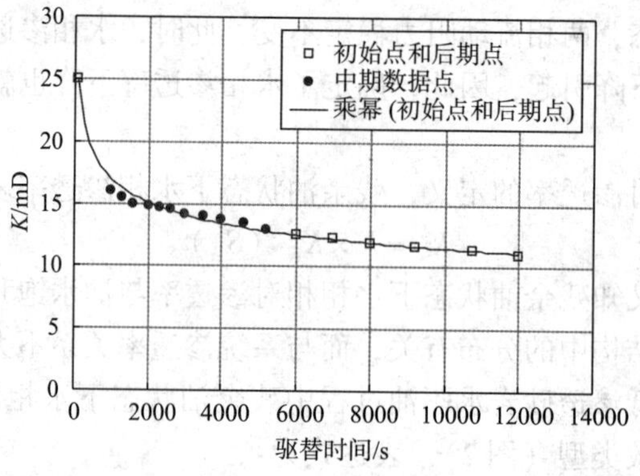

图5　R99—01379 样品幂函数型渗透率下降拟合图

4 结　论

（1）水敏性低渗透砂岩在油水两相渗流过程中，除了受到油水分布与饱和度变化引起的两相渗流阻力外，多孔介质的渗透性也受到因黏土膨胀及颗粒运移、堵塞而使流动孔道下降，产生的系统阻力，在水驱油过程中出现注入压力明显上升的反常现象。

（2）由水驱油试验开始时的系统渗透率（油相渗透率）和运用残余油状态水相渗透率计算出的系统下降渗透率，建立的系统渗透率下降预测模型很好的表述了水敏性砂岩油水两相系统渗透率随时间的变化特征，并被实验数据所证实。

（3）该预测模型的建立方便了计算水敏性低渗透砂岩水驱油过程中不同时刻的系统渗透率。

参考文献

[1] 葛家理. 油气层渗流力学 [M]. 北京：石油工业出版社，1982 .

[2] 朱玉双. 油层受水敏伤害时水驱油渗流特征 [J]. 石油学报，2004 .

[3] 黄延章. 低渗透油层渗流机理 [M]. 北京：石油工业出版社，1998 .

[4] Givan F. Relative permeability from unsteady－flowdisplacements [J]. SPE 1989 .

[5] Jones S C . Graphical techniques for determining relative permeability from displacement experiment [J]. JPT 1978 .

一种运用于页岩气典型曲线分析的新模型

陈岭　白玉湖　徐兵祥　陈桂华

（中海油研究总院新能源研究中心）

摘要　在对页岩气区块进行规模开发前，需要对页岩气井产能进行评价，目前产量预测在工程实践中应用最广泛的是基于历史产量进行预测的典型曲线方法，但在模型的合理选择及合理运用方面仍有待研究。本文通过数值模拟及实际生产数据的验证，证实了全生产周期的页岩气产量数据呈三段式的特征，其中第二段为显著的直线段且持续时间较长。针对此特征，提出了新的典型曲线模型及运用此直线段特征进行拟合及预测的新方法。新典型曲线模型人为拟合操作误差更小，预测精度更高，在复杂工况条件下也具有一定的适应性，从一定程度上解决了目前典型曲线运用中存在的问题。

关键词　页岩气　典型曲线　三段式　预测精度

1　引　言

页岩气藏作为一种非常规气藏，其储层孔隙是纳米尺度、渗透率为纳达西级[1,2]，因此，页岩气的商业性开发必须依赖于对页岩储层的强烈改造[3]，这也是导致页岩气产能评价技术与常规气藏差别的主要原因之一。页岩气产能评价方法可概括为三种：第一种是基于生产动态数据的典型曲线方法[4]；第二种是基于基质和裂缝耦合的气体渗流机理的简化解析方法[5,6]；第三种是考虑储层和流体等复杂因素以及渗流、解吸附、扩散等机理的数值模拟方法[7~10]。目前在工程实践中应用最广泛的是典型曲线方法。

目前针对页岩气产量预测的典型曲线可大致分为三类：第一类是基于 Arps 递减理论的双曲递减模型及修正双曲递减模型，第二类考虑页岩气长期线性流动的 Duong 模型，第三类是基于统计原理发展起来的 Streched Exponential 模型（简称 SEPD 模型），这三类存在各自的运用特征和局限。为了进一步提高典型曲线模型的预测准确性，在模型的选择方法及运用方法上仍需进一步的研究。

2　新典型曲线模型的提出

目前我们所掌握的实际数据生产年限有限，要对页岩气开采的全周期进行完整分析，需要采用数值模拟方法来搭建页岩气开采全周期的产量剖面。将建立起的产量剖面与常用的典型曲线进行对比，发现任何一种典型曲线都无法对全生命周期页岩气产量剖面完成较好的拟

第一作者简介：陈岭（1989 年—），男，工程师，主要从事页岩油气动态分析及数值模拟工作，通讯地址：北京市朝阳区太阳宫南街 6 号院海油大厦 B306－5，电话 010－84524849，E－mail：chenling10@ cnooc. com. cn。

合，表面目前的典型曲线对中后期的生产特征刻画能力有限。

经过对坐标系的变换发现，在以累计产量为横坐标，产量的对数为纵坐标的（Q，$\lg q$）半对数直角坐标系中，多种储层特征下页岩气全生产周期的产量剖面均呈现出从凹函数变为直线，再变为凸函数的显著三段式特征（图1）。

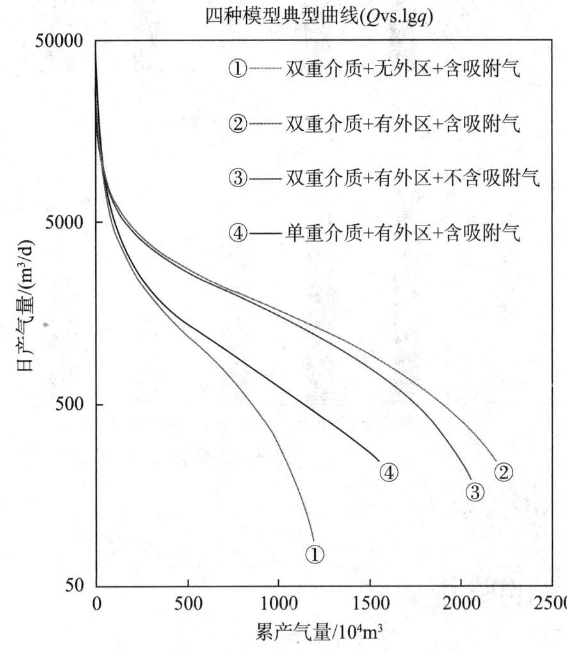

图1　不同储层条件页岩气产量剖面

从不同储层、压裂、生产参数的模拟结果进行分析研究，发现第二个阶段（即 $b=1$ 阶段）的持续时间可达到10~15年之久。图2为8种不同参数条件下页岩气产量剖面第一阶段和第二阶段的持续时间，其中橙色柱子代表第二阶段（即 $b=1$ 阶段）持续时间，通常可达10~15年。

此特征对于页岩气的产量预测具有两个重要意义，其一是（Q，$\lg q$）半对数坐标系中直线特征容易拟合，人为拟合操作造成的误差较小，拟合精度较高；其二是此直线段的持续时间较长，可达10~15年，运用直线进行预测，精度更高，并且预测时长基本可满足经济评价、项目评价等所需的预测年限要求。基于两者，当（Q，$\lg q$）半对数坐标系中出

现直线特征时，运用直线特征对其进行拟合并预测产量，拟合精度及预测精度均较高。

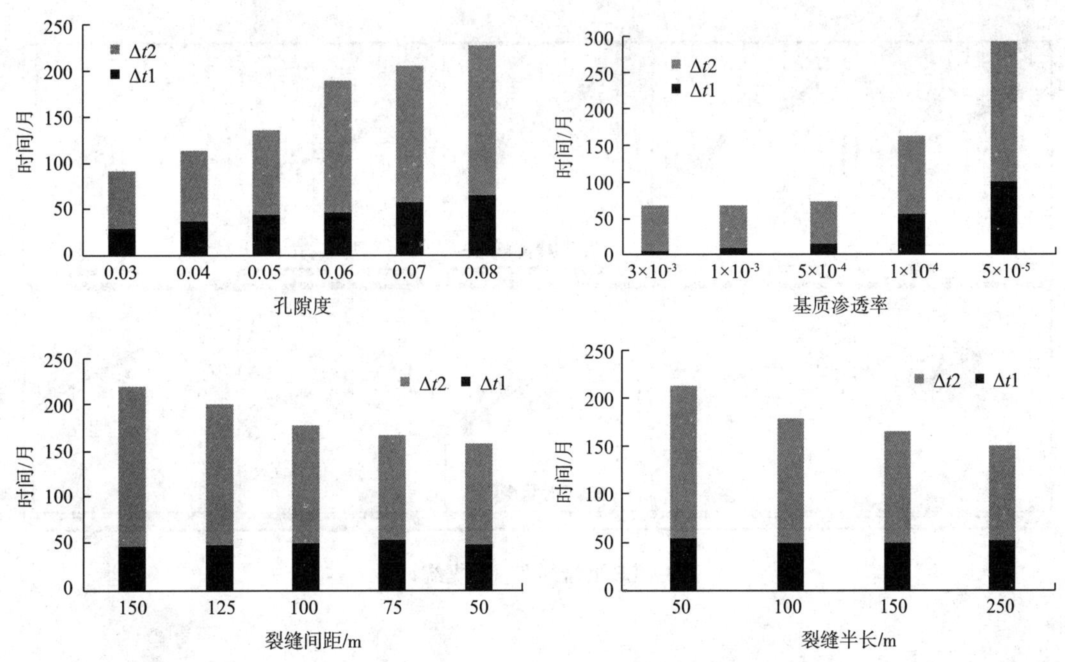

图2　不同参数模型各阶段持续时长统计图

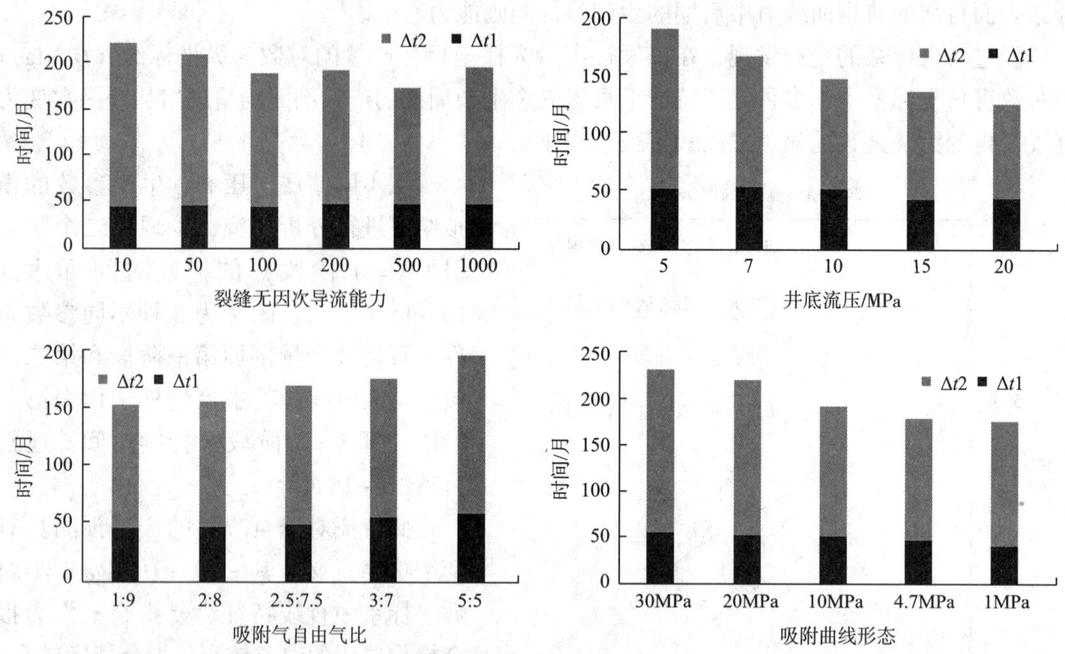

图2　不同参数模型各阶段持续时长统计图（续）

3　新典型曲线模型直线段特征的验证

除了数值模拟生产数据显示了页岩气生产数据在（Q，$\lg q$）半对数坐标系中呈现三段的特征，并且第二段为直线且持续时间较长以外，北美 EF 和 BA 两个页岩气矿区的实际生产数据也证实了这种特征的普遍存在（图3，图4）。

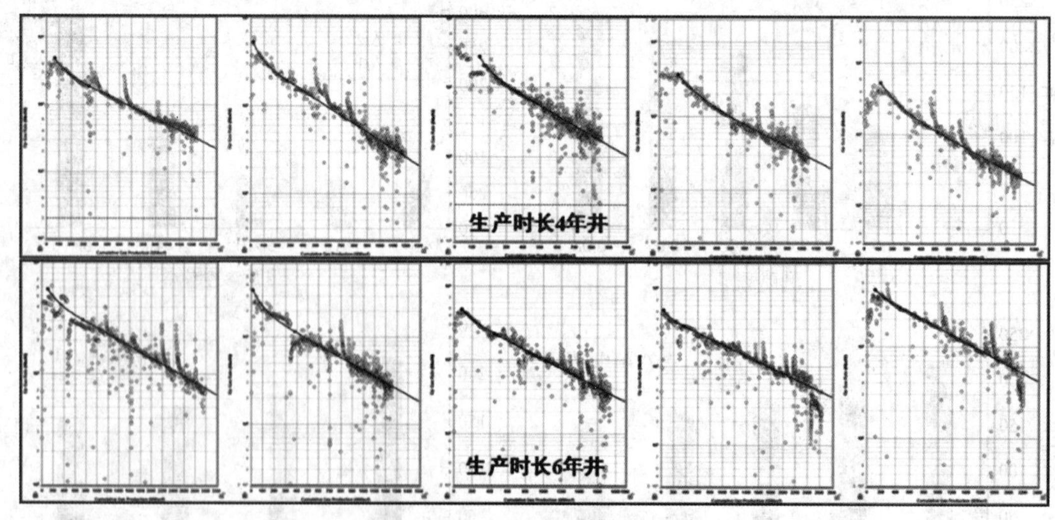

图3　EF 页岩气产量数据统计图

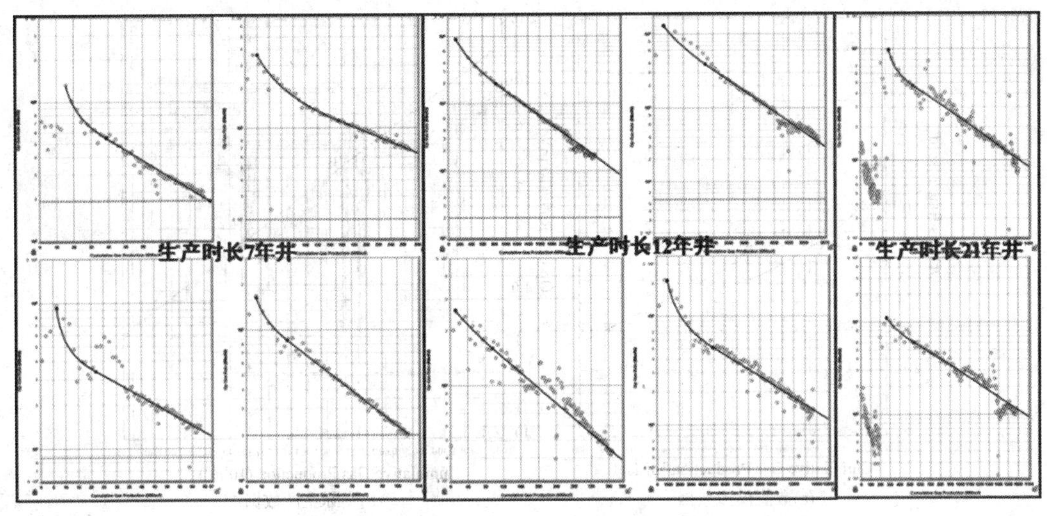

图 4　BA 页岩气产量数据统计图

4　新典型曲线模型预测精度验证及其应用

由于页岩气生产数据在（Q，lg$q$）半对数坐标系中直线特征的普遍存在，运用此已知特征可以提高拟合及预测精度。

4.1　新典型曲线模型预测精度验证

选用 10 口 EF 页岩气井实际生产数据验证（t，q）坐标系中的 Arps 典型曲线模型/和（Q，lg$q$）半对数坐标系中新典型曲线模型的预测精度。预测结果如图 5 所示，此 10 口井新典型曲线模型平均预测精度为 89.32%，Arps 典型曲线模型预测精度为 86.28%，新典型曲线模型预测精度相对较高。

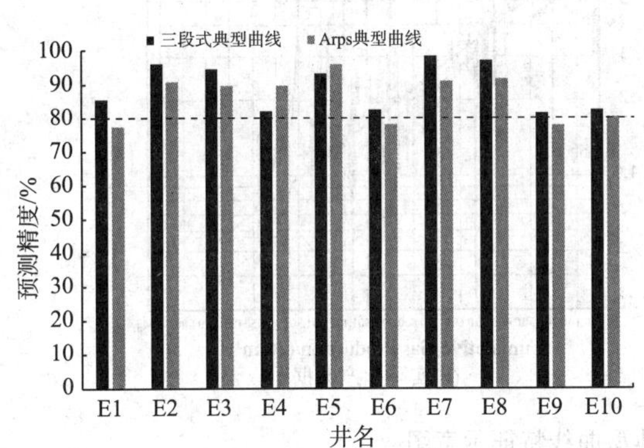

图 5　两种典型曲线预测精度对比图

4.2　新典型曲线模型的其他运用

页岩气在生产过程中，会出现关停井及流压调整等复杂工况，借助数值模拟方法模拟多种复杂工况，明确新典型曲线模型在复杂工况下的运用方法。

图 6（a）模拟了井底压力降低后生产曲线的变化规律。从图中看出产量升高后形成了新的直线段，且与之前的直线段平行。因此建议此工况的典型曲线预测方法是将之前拟合的直线平移去拟合后形成的直线段，如图 6（b）所示。

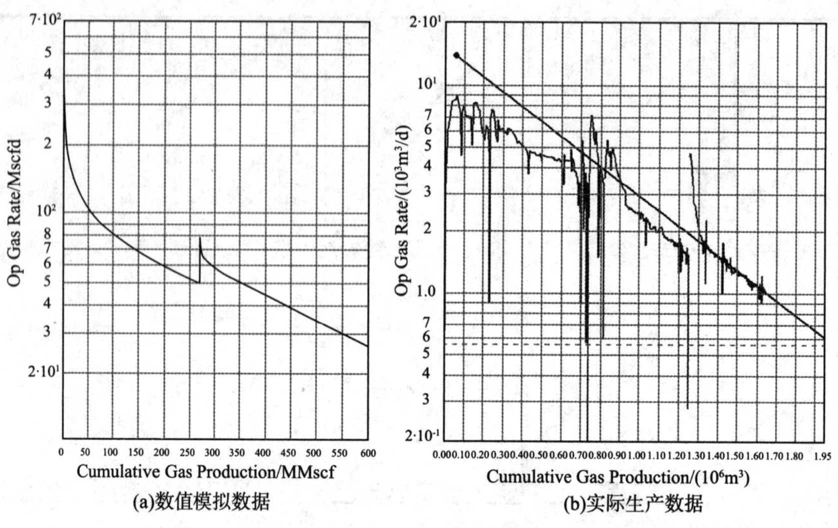

图6　井底压力降低后典型曲线特征示意图

图7（a）模拟了关井复产后生产曲线的变化规律。从图中看出，复产后产量在短时间内抬升，但后形成的直线段在原来直线段的延长线上。因此建议此工况的典型曲线预测方法是保持之前拟合的直线不变，如图7（b）所示。

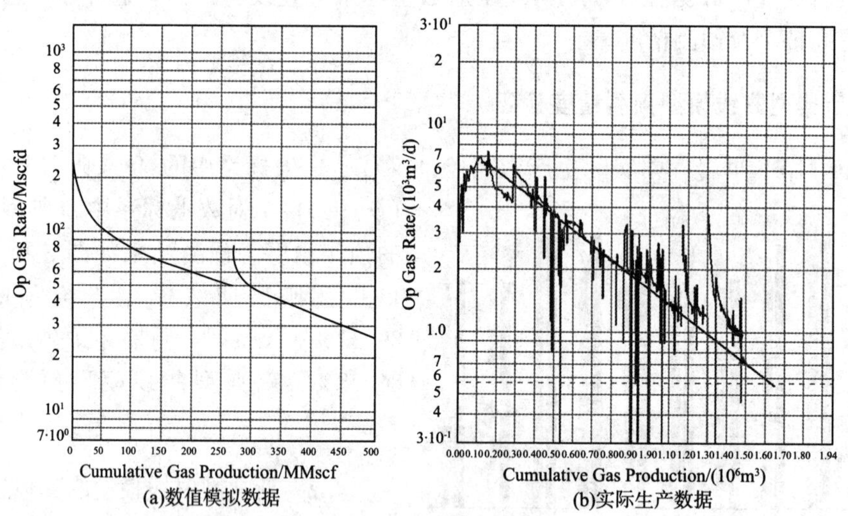

图7　关井复产后典型曲线特征示意图

对于井底流压升高的情况，通常属于异常生产状态，且出现概率较小，因此不建议对此类生产动态的井进行分析。

5　总结及讨论

通过对新典型曲线存在性的验证，运用方法的研究及其对应复杂工况条件下的运用研究，可以得到以下结论：

（1）文章从数值模拟及实际井生产数据均证明了三段式特征在页岩气生产数据中普遍

存在，且第二段直线特征显著，持续时间较长；

（2）通过与 Arps 典型典型曲线模型的对比，新典型曲线模型显示出操作更加便捷，人为拟合误差更小，预测精度更高的优势，从一定程度上解决了目前典型曲线运用中存在的问题；

（3）对于出现直线段规律特征的页岩气产量数据，建议采用三段式典型曲线方法进行预测，对于未出现直线阶段特征的产量数据，建议使用原典型曲线方法；

（4）对于页岩气生产中的复杂工况，通常可以采取平移或继续保持直线段的方法来进行预测，而无需等到明显的递减规律重新建立，但是否平移还需参考压力条件或其他生产监测数据。

参考文献

[1] 李亚洲，李勇明，罗攀，等．页岩气渗流机理与产能研究［J］．断块油气田，2013，20（2）：186～190.

[2] 任飞，王新海，任凯，等．考虑压裂区渗透率变化的页岩气井产能评价［J］．断块油气田，2013，20（5）：649～651.

[3] 卞晓冰，蒋廷学，贾长贵，等．考虑页岩裂缝长期导流能力的压裂水平井产量预测［J］．石油钻探技术，2014，42（5）：37～41.

[4] Dilhan I. Exponential vs hyperbolic decline in tight gas sands-understanding the origin and implication for reserve estimates using arps decline curves ［C］. SPE 116731 presented at SPE annual technical technical conference and exhibition, Denver, Colorada, 21～24, September, 2008.

[5] Luo S, Lane N, Pathman A, Jessica M C. Flow region analysis of multi-stage hydraulically – fractured horizontal wells with reciprocal rate derivative function: Bakken case study ［C］. CSUG/SPE 137514, 2010.

[6] Orkhan S, Hasan S, Al – Ahamadi, Wattenbargen R A. A semi-analytic method for history matching fractured shale gas reservoir ［C］. SPE 144583, 2011.

[7] Thompson J M, Nobakht M, Anderson D M. Modeling well performance data from overpressure shale gas reservoirs ［C］. CSUG/SPE 137755, 2010.

[8] Fan L, Thompson J W, Robinson J R. Understanding gas production mechanism and effectiveness of well stimulation in the Haynesville shale through reservoir simulation ［C］. CSUG/SPE 136696, 2010.

[9] Freeman C M, Moridis G, Iik D, Blasingame T A. A numerical study of transport and storage effects for tight gas and shale gas reservoir systems ［C］. SPE 131583, 2010.

[10] Moridis G J, Blasingame T A, Freeman C M. Analysis of mechanisms of flow in fractured tight-gas and shale-gas reservoirs ［C］. SPE 139250, 2011.

蓬莱 19 – 3 油田复杂构造带地层对比方法及应用

张文俊　汪利兵　徐中波　李林　冉兆航

[中海石油（中国）有限公司天津分公司渤海石油研究院]

摘要　蓬莱 19 – 3 油田是一个典型的被断层复杂化的大型河流相油田。本文针对在运用传统河流相地层对比技术对研究区复杂构造带进行地层对比研究过程中所存在的气云区内走滑断裂认识不清及地层厚度异常变化的问题，通过分析研究区复杂构造发育特点，结合构造演化成因分析，综合运用测井、地震、动态资料，总结了三套针对研究区复杂构造带的地层对比技术："高倾角地层斜井对比技术""气云区走滑断裂带地层对比技术"以及"基于区域同沉积作用研究的地层对比技术"。三种地层对比方法完善了原对比方案的不足，对断层的展布及区域同沉积作用特征取得了新的认识，继而在蓬莱 19 – 3 油田低效井治理及储量挖潜的工作中得到了较好的应用。

关键词　复杂构造　高倾角地层　走滑断层　同沉积　地层对比

随着渤海部分油田逐步进入中高含水开采阶段，低产低效井的治理以及难动用储量的挖潜工作逐步提上地质油藏工作的日程，而精细地层对比技术是开展后期油田治理及储量挖潜的关键地质研究技术。对于油田精细地层对比研究的方法发展到现在，前人也累积了大量的研究成果，已经逐步形成了许多行之有效的对比方法[1~7]。而对于复杂构造油田，在运用传统的对比方法进行对比还存在较多的困难，本文以蓬莱 19 – 3 油田为例，阐述几种具有复杂构造背景的地层对比新方法。

1　存在问题

蓬莱 19 – 3 构造位于郯庐断裂带东支、渤南低凸起带中段的东北端，是一个在基底隆起背景上发育起来的，受两组近南北向走滑断层控制的断裂背斜，主力含油储层岩性为新近系河流相沉积的陆源碎屑岩。

河流相油田在渤海及我国都占有相当重要的地位，我国学者总结了"切片对比、等高程对比"等针对河流相地层的对比方法，为攻克河流相地层精细对比的难关奠定了坚实的理论基础[1,4,8]。蓬莱油田是一个构造极其复杂的大型河流相油田，在运用"切片对比、等高程对比"等河流相传统的地层对比方法进行该地区的地层对比的时候，在其一些复杂构造带例如"平台边缘的高陡地层、位于气云区的走滑断裂带、垒堑分界断层区域"等复杂构造的区域（图 1），存在两个困难：①蓬莱 19 – 3 油田东支走滑断层带大多都位于气云区

第一作者简介：张文俊（1988 年—），男，2013 年毕业于长江大学矿产普查与勘探专业，工程师，现从事开发地质研究，邮箱：329452627@ qq. com，联系电话：18622470271。

中，由于在井震标定及断点位置确定等方面缺乏地震资料的支持，地层对比的难度较大。②在对位于平台边缘的高倾角地层及位于垒堑分界断层附近这两种复杂构造区域井进行对比的时候，发现地层厚度异常变化的现象，对地层对比也造成了较大的难度。

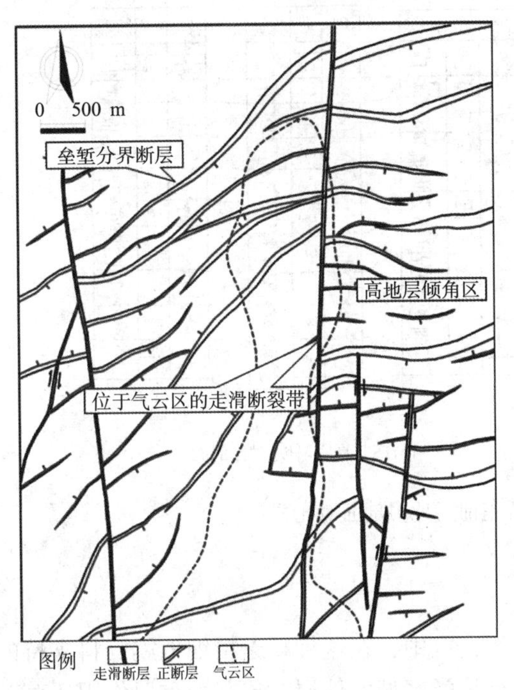

图1 研究区复杂构造带分布图

2 主要研究内容及关键技术

针对以上问题，本文从研究区复杂构造特征及成因入手，结合地质、地震、测井、油藏各专业技术，从构造、沉积、钻井等专业方面总结了三种地层对比模式，形成复杂构造河流相地层对比特色技术，继而对开发生产起到一定指导作用。

2.1 高倾角地层斜井对比技术

在海上油田的生产过程中，开发井大都从固定的海上平台延伸到各个目的井区，由于这种工程原因常常会采用井斜较大的定向井对一些井区进行开发。而在大井斜与较大的地层倾角的联合影响下，会形成一种视厚度上的误差，这种误差常常影响着海上油田地层对比的精度[9,10]。如图2所示，A和B两口井以不同方向同时钻入一套厚度均匀的地层的时候，在具有同样的地层真实厚度（TST）的情况下，两口井通过井斜直接所测得的井上视垂直厚度（TVD）是存在差异的，由此通过TVD深度的剖面进行地层对比的时候就会形成一种厚度上的误差。这种误差与井斜、地层倾角以及井轨迹与地层倾向的空间关系都有关系，一般与前两者呈正相关。

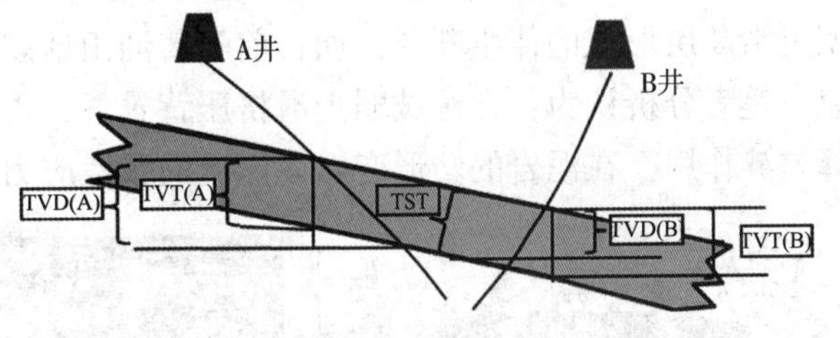

图2 斜井钻入高倾角地层模式图

通过对这几种厚度以及和井斜角、方位角以及地层倾角等参数的关系分析后可以得到这些参数组合的公式，通过计算得到油田不同区域井的TST与TVD厚度的比值是不同的：位于平台边部井斜较大且具有高地层倾角区域井的比值明显小于1，误差较大；而位于地层较平缓地区且离平台较近井斜较小井的比值则1近似等于1，误差较小，通过该计算结果可以对比这种误差平面上的差异性，对误差较大的区域进行优先矫正。针对平台边缘且具有高地层倾角的区域的这种误差，尝试了不同的矫正方法，经过筛选，主要通过Petrl软件编制相关算法得到TST真实地层厚度的连井对比剖面进行对比，矫正前的厚度异常的现象在矫正后得到了较好的修正（图3）。

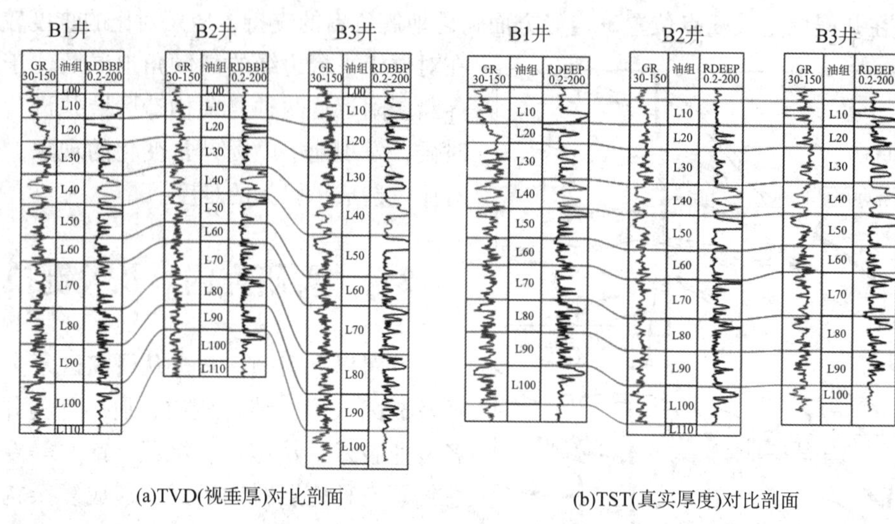

(a)TVD(视垂厚)对比剖面　　(b)TST(真实厚度)对比剖面

图3　高倾角地层井斜误差矫正前后地层剖面对比图

2.2　气云区走滑断裂带地层对比技术

蓬莱 19－3 构造东支走滑断裂带主要都处于气云区中，在这种缺乏精细地震资料支持的复杂构造区域，区域构造模式分析的指导对于进行该类区域的地层对比起着重要作用。蓬莱 19－3 构造区在新近纪－第四纪的新构造运动以来主要受右旋走滑应力控制，在油田的核心区两侧形成了两条近南北向的走滑断裂带，而主体区则发育一系列北东－南西向或近东西向的正断层，形成了一种“垒－堑”相间的构造形态。部分学者分析认为这种正断层是随大型走滑断层形成的伴生断层，而目前随着油田地震重处理资料的逐步完善，结合构造演化规律，笔者分析认为：在区域弱走滑挤压背景下，古近系泥岩基底受早期基底隆起和区域热沉降差异作用，在泥岩的塑形变形而产生的张性应力下，经过多期次的发育形成了该类正断层(图4)，而该类断层在新构造运动的右旋走滑应力的影响下被切割改造，在研究区形成了一种右旋走滑断层切割早期正断层的一种构造模式。而当斜井钻遇这一切割的错位区的时候，在井上过走滑断层的断点处就会形成一种实际上是因原被切割的正断层所形成的“假断距”，明确这一对比模式对研究区位于气云区的东支走滑断裂带的井的地层对比具有重要的指导意义(图5)。

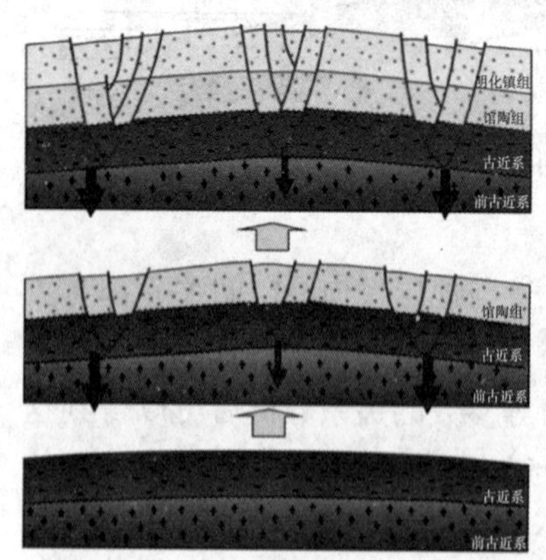

(a)研究区垒堑相间构造发育模式图

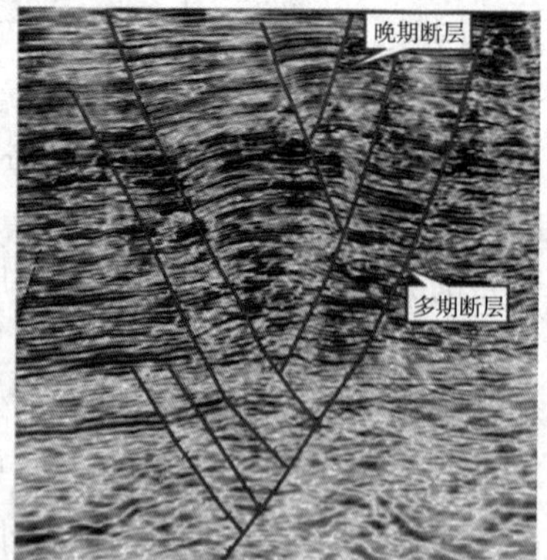

(b)研究区垒堑相间构造在地震资料上的反映

图4　走滑断层切割正断层区域模式图

以研究区两口井的对比为例（图6），该井组位于气云区内的东支走滑断层附近。早期的地层对比认识认为B5井上不存在断点，但其L80油组地层与B4井在内的邻井对比性较差，而由于该区域位于气云区，井上断点难以通过地震资料对比确定。通过对该井组周边的断层空间展布结合上述对比的模式分析认为B5井对比性差的原因是其钻遇了上述走滑断层切割正断层形成的错位区从而形成了地层的重复的“假断距”所致，重复地层主要为L60与L70油组而并非之前所认为是下覆的L80油组地层。通过以上对比方法确定了之前对比中未能识别的井上钻遇走滑断层的断点，同时也可以确定由于气云区认识不清的走滑断层的位置，明确了该井断点与断层的空间组合模式。结合该井组的动态资料，两口井位于同一注采井组，分别为注水井与生产井，在注水井投产后，油井基本不见效，日产液量与日产油量也逐步下降呈衰竭生产的现象，这充分说明了了两口井之间存在断层遮挡的现象，佐证了上述对比方案的正确性。

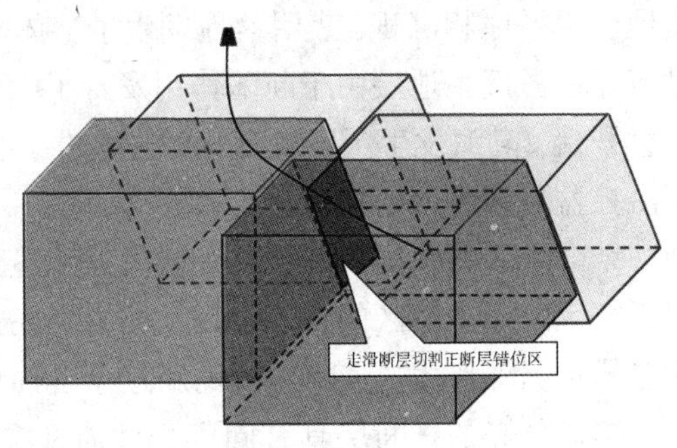

图5　走滑断层切割正断层区域模式图

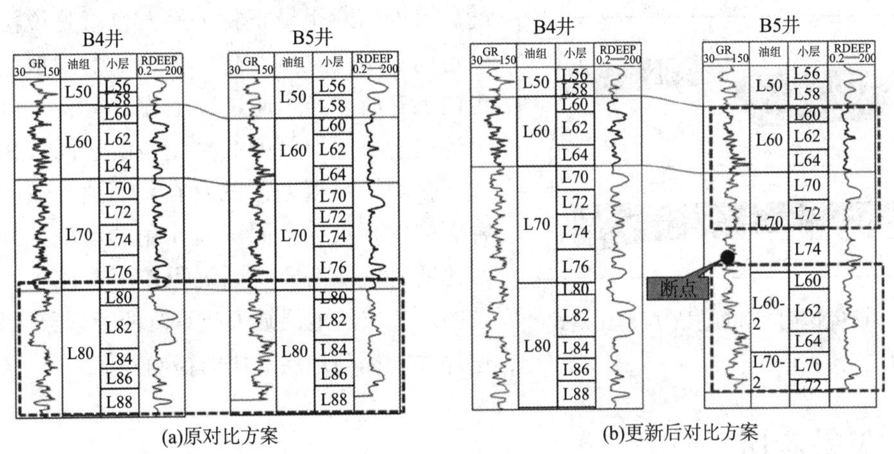

图6　走滑断层切割正断层对比模式在B5井组的应用

2.3　基于区域同沉积作用研究的地层对比技术

河流相地层对比最为经典的对比方法“等高程”对比法[8]，然而，在对研究区应用“等高程”对比法进行对比的时候，在部分区域总是发现一些地层厚度异常变化的问题这一现象往往发生在研究区上文已探讨过的垒堑分界断层附近的地层，主要表现为堑块内部地层沿断层走向变化及相邻垒块与堑块厚度上的差异。最初，这种厚度差异往往被认为存在小断层导致了井上的地层重复或缺失，但这一推测由于缺乏其他资料（此处地震资料难以判定小型断层）及理论的支持存在着较大的疑点。

上文已经提到，蓬莱19－3油田区域这种垒堑相间的构造是在古近系泥岩基底之上受差异热沉降作用逐步形成，形成时间主要为古近纪之后的新进纪－第四纪（图4）。结合整体的构造沉降史，渤海盆地在新进纪由古近纪的断拗期转变为坳陷期，馆陶组几乎覆盖了整个盆地，为平原相沉积，表明盆地发生了整体沉降，同沉积断层不很发育，主要是热沉降[11,12]。渤海盆地古近系地层由于断陷作用发育了大量同沉积性质的大断层，从沙三期开始即从中始新世开始，渤海发生了巨大变化，盆地进一步拉张伸展，沉积区域扩大，同沉积断层活动强烈沿控盆断裂走向定向分布着许多冲积扇、水下扇和扇三角洲[12,13]。根据以上构造演化背景，结合本区的地震资料，认为渤海盆地虽然在处于坳陷期的新近系同沉积作用不太发育，但研究区由于主体区的古近系巨厚泥岩基底在新进纪–第四纪时期在弱走滑挤压背景下发生了差异热沉降作用，使得主要的新近系含油地层在沉积的时候形成了独特的垒堑构造，这些垒堑构造分界的正断层具有同沉积性质，根据这类断层发育的背景分析认为其具有两种特点：一是该类断层规模较小，无法与第三系发育的大型区域控沉积断层相比，同沉积作用也不如其明显；二是该类断层发育具有期次性，由于断层的发育成因以及规模导致该类断层发育过程并不连续。

同沉积作用作为控制沉积岩沉积的最为重要的构造运动之一，对于沉积体的发育有着重要的控制意义，研究区发育的具有同沉积性质的垒堑分界断层对附近的地层厚度具有明显的控制作用，通过对比总结了两种地层的发育模式（图 7）：①堑块的地层厚度较垒块地层厚度厚，也就是同沉积断层的下盘厚度较上盘要厚。②在同一条同沉积断层的下盘，地层厚度随着该处的断距呈正相关性，也就是说沿着断层的走向断距会发生变化，会使下盘的地层厚度在走向上有所差异。通过以上模式分析，可以确定上述垒堑块地层厚度的变化是由于同沉积作用所致，排除了可疑断层的存在。因此，在研究区这种断裂发育且存在同沉积作用的区域，井上地层对比的时候就需要将同沉积作用造成的厚度差异及断层造成的地层缺失或重复两种现象区别开来，这样才能提高地层对比的精确性。

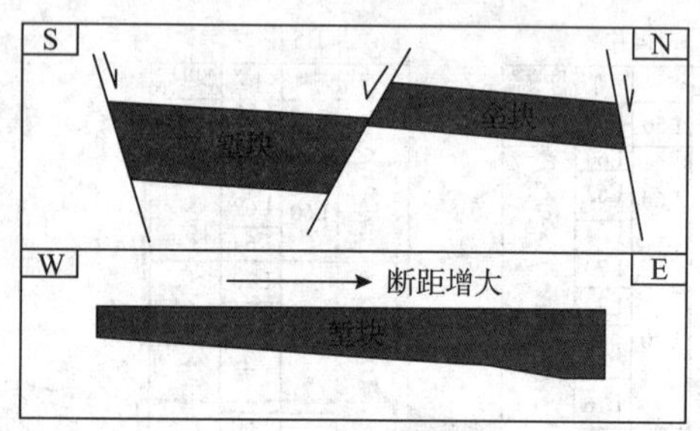

图 7　研究区同沉积断层地层对比模式

3　成果应用

本文总结了 3 种针对海上油田复杂构造带的地层对比方法，在蓬莱 19–3 油田低效井治理及综合调整方案的工作中得到了较好的应用：

（1）应用高倾角斜井对比模式在钻前井位优化中完成了分层调整及储层预测厚度再认识工作。蓬莱油田某井区大多都位于平台边缘，加之自身构造较陡，导致常规连井对比剖面误差较大，无法完成正常的对比工作。通过应用本文中的方法矫正了 20 余口井的对比剖面，并且对这些井的储层真实厚度进行了矫正，有效提高了调整井的储层厚度预测精度。

（2）应用气云区走滑断裂带地层对比模式完成了蓬莱 19–3 油田东支走滑断裂带部分低产低效井的分层再认识工作，明确部分井低产的原因是对比分层及构造认识不清的问题，提出了侧钻等治理措施，得到了较好的开发效果；应用该模式重新认识了东支走滑断层位置，为后期钻前井位优化提供了坚实基础。

（3）应用基于区域同沉积作用研究的地层对比模式完成了主体区同沉积断层附近井的分层再认识工作，结合地震资料取消了部分实际是由于同沉积作用造成地层厚度异常所认识的断层，为油田的综合调整方案排除了区域上的开发风险。

4 结 论

（1）针对海上油田中大井斜井钻遇高倾角地层的地层对比工作中易产生误差的情况，通过对井轨迹与地层角度的空间关系研究总结了一套矫正这种误差的方法。

（2）通过对处于气云区的东支走滑断裂带构造演化及区域的断层组合关系分析，总结了一套走滑断层切割早期正断层的构造模式及其周边井的地层对比方法。

（3）通过对研究区垒堑相间构造发育的背景成因分析，总结了区域同沉积作用的发育模式及其对地层对比的影响因素，形成了一套基于同沉积作用研究的地层对比方法。

（4）文中总结的三套针对蓬莱 19－3 油田复杂构造带的地层对比方法，在开发生产中的低效井治理、调整方案的编制等研究中起到了较为关键的作用，证实了新方法的实用性。

参考文献

[1] 渠芳，陈清华，连承波．河流相储层细分对比方法探讨［J］．西安石油大学学报（自然科学版），2008，23（1）：17～21.

[2] 裘怿楠，薛叔浩．油气储层评价技术［M］．北京，石油工业出版社，1994.

[3] 赵翰卿．大庆油田河流—三角洲沉积的油层对比方法［J］．大庆石油地质与开发，1988，7（4）：25～31.

[4] 郑荣才，柯光明，文华国，等．高分辨率层序分析在河流相砂体等时对比中的应用［J］．成都理工大学学报（自然科学版），2004，31（6）：641～647.

[5] 袁新涛，沈平平．高分辨率层序框架内小层综合对比方法［J］．石油学报，2007，28（6）：87～91.

[6] 孔祥宇，于继崇，李树峰．复杂断块老油田精细地层对比综合方法的提出与应用［J］．岩性油气藏，2009，21（1）：120～124.

[7] 杨云，余逸凡，毛平，等．复杂地层精细地层对比方法－以尕斯 N_1-N_{21} 油藏为例［J］．石油地质与工程，2010，24（4）：22～25.

[8] 裘亦楠，张志松，唐美芳，等．河流砂体储层的小层对比问题［J］．石油勘探与开发，1987（2）：45～52.

[9] 马成玉译．感应测井的地层倾斜和井眼偏斜影响的校正图版［J］．国外测井技术，1988，3（6）：35～45.

[10] 宋力，宋慧莹．复杂断块油藏精细地质研究中几项关键技术的应用—以王家岗油田王 43 断块区为例［J］．石油地质与工程，2015，29（3）：90～94.

[11] 汤良杰，万桂梅，周心怀，等．渤海盆地新生代构造演化特征［J］．高校地质学报，2008，14（2）：191～198.

[12] 侯贵廷，钱祥麟，蔡东．等．新生代盆地构造活动与沉积作用的时空关系［J］．石油与天然气地质，2000，21（3）：201～206.

[13] 中国石油地质志编委会．中国石油地质志（沿海大陆架及毗邻海域油气区）［M］．北京，石油工业出版社，1987.

[14] 刘东周，刘海波，王长春，等．同生断层分段生长特征与油气的关系［J］．西南石油学院学报，2002，24（2）：16～20.

[15] 陈刚，戴俊生，叶兴树，等．生长指数与断层落差的对比研究［J］．西南石油大学学报，2007，29（3）：20～23

渤海中深层复杂成因油田高效开发技术创新与实践

朱建敏　张岚　岳红林　钱赓　张占华

[中海石油（中国）有限公司天津分公司]

摘要　渤海南部垦利10－1油田主力含油层系为古近系沙河街组，该油藏埋藏深，储层以复杂砂泥薄互层为主，单砂体厚度薄，远低于地震资料分辨率。针对储层预测难题，在研究中注重沉积相带刻画、储层地震响应特征、储层结构及地震相深入分析，创新形成沉积相带－岩石物理－地层结构背景约束下中深层复杂成因薄互层储层预测技术，预测精度高达75%。以此为依托，针对油田局部井区储层发育，储量富集的特点，采用油藏数值模拟方法提出多因素层间干扰系数定量表征公式，确定基于层间干扰定量表征的早期细分层系技术评价模板及技术界限，最终形成基于层间干扰定量表征的早期细分层系开发技术。通过技术应用，油田新增开发井20余口，有效逆转了油田实施不利的局面。

关键词　渤海油田　古近系油藏　储层预测　早期细分层系开发

1　油田概述

垦利10－1油田位于渤海南部莱州湾凹陷北部陡坡带，依附于长期继承性活动的莱北一号大断层，由上升盘的披覆半背斜和下降盘的断裂半背斜组成[1]。垦利10－1油田古近系沙三段是主力含油层位[2]。沙三段油藏被一系列断层分割为多个断块（图1），油藏整体埋深－2460～－2764m，储层为辫状河三角洲沉积，油藏类型为层状构造油藏[3~7]。

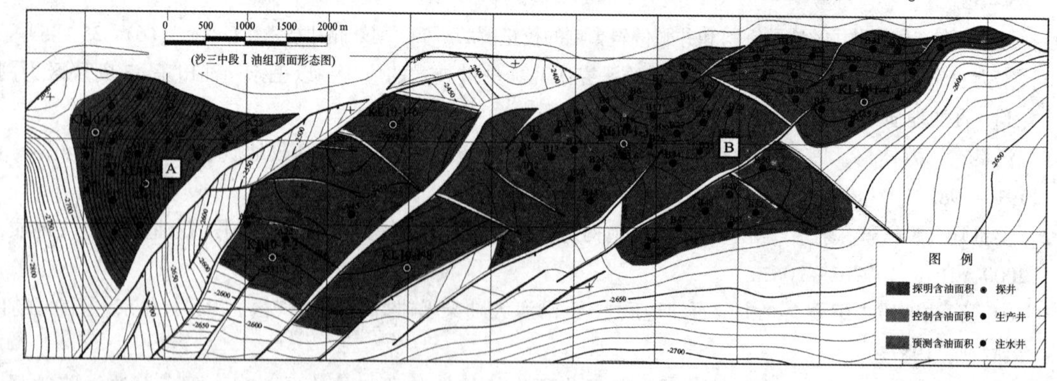

图1　沙三段开发井位图

第一作者简介：朱建敏（1983年—），男，开发地质工程师毕业于成都理工大学，硕士。主要从事油气田开发研究工作。通讯地址：（300459）天津市滨海新区海川路2121号渤海石油管理局B座。联系电话：13920900064。

古近系沙三段储层以砂泥薄互沉积为主，储层横向变化快。沙三中亚段沉积物源主要来自西南的恳东凸起[8]，结合已钻开发井资料研究，沙三中亚段纵向上发育二种沉积类型储层：沙三中Ⅱ油组为高频进积型三角洲沉积，砂体较厚，但储层横向变化快，单砂体厚度主要集中在 8 ~ 30m；沙三中Ⅰ油组为正常辫状河三角洲前缘沉积，储层横向发育较稳定，单砂体厚度主要集中在 2 ~ 5m。沙三上油组沉积物源发生转换，来自北东的莱北低凸起，为窄河道型三角洲沉积，储层横向变化快，单砂体厚度主要集中在 1 ~ 4m。

2　相带约束属性耦合储层预测技术

2.1　物源分析及区带划分

前人分析认为，垦利 10 - 1 油田沙三中亚段沉积物源来自西南部垦东凸起，沙三上亚段沉积时物源发生转换，来自北东部的莱北低凸起。因此，在沙三中亚段沉积末期即中Ⅰ上油组沉积时期是否存在双物源供给的现象？通过古地貌分析，在油田北东部莱北一号断层北侧发现了 V 形剥蚀沟谷[9]，可以作为沉积物源口［图 2（a）］。其次通过重矿物分析 2 井、3 井主要重矿物组合特征与垦东物源相似[10]，以石榴石为主，物源来自垦东凸起；4 井石榴石含量少，褐铁矿含量较高，与莱北物源相似，物源应该来自莱北低凸起［图 2（b）］。

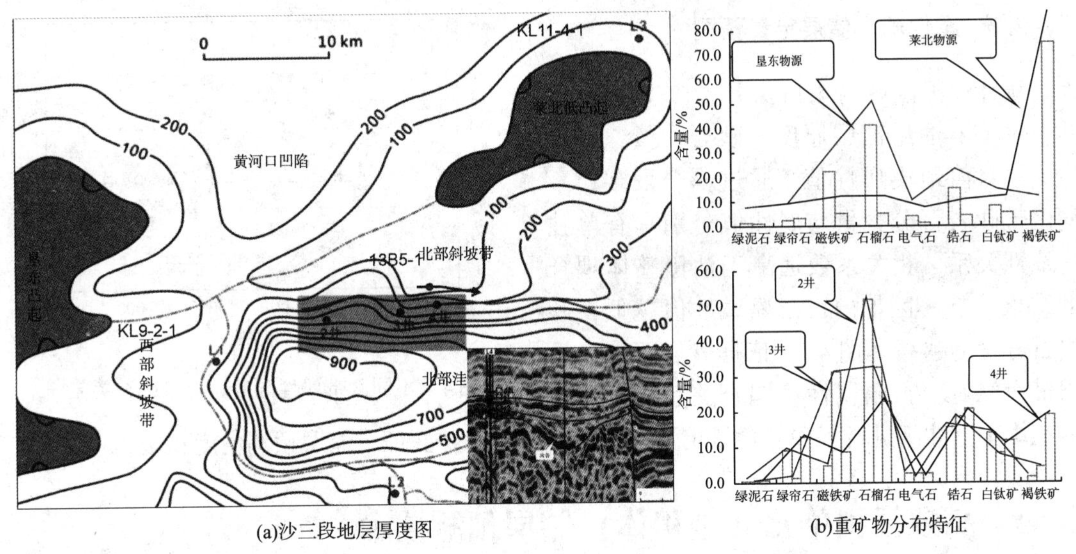

(a)沙三段地层厚度图　　(b)重矿物分布特征

图 2　沙三中亚段沉积物源分析图

将沙三中Ⅰ上油组最大绝对值振幅属性图与沉积微相图对比发现，不同物源、不同沉积相带具有不同的振幅响应特征，据此将沙三中Ⅰ上油组平面上分为 3 个区带。恳东物源西支区带主要分布在 2 井区，为强振幅响应特征；莱北物源区带主要分布在 4 井区，为弱振幅响应特征；恳东物源东支区带主要分布在 3 井区，为中等振幅响应特征，介于两个区带之间（图 3）。

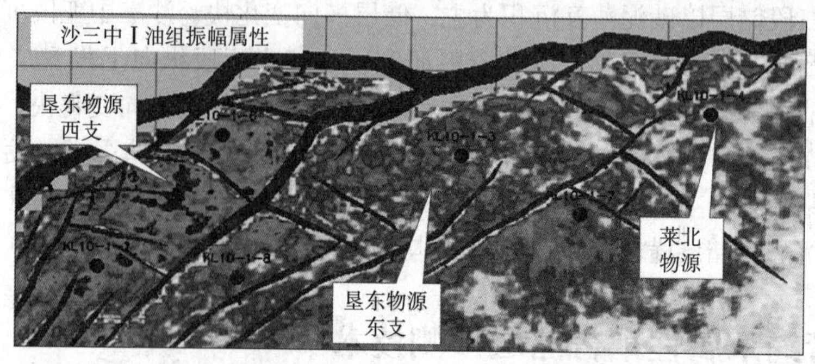

图3　沙三中Ⅰ上油组区带划分图

2.2　属性耦合储层定量预测

统计油田区域内4口探井、19口开发井沙三中Ⅰ上油组储层厚度、砂岩含量，以及最大绝对值地震属性值。通过耦合发现，不同区带砂岩百分含量与属性值分别具有单独的线性关系，相关系数远高于油田整体耦合的结果，单一区带内，振幅属性值越低，砂岩百分含量越高（图4）。依据砂岩百分含量与最大绝对值振幅属性值耦合关系，对油田沙三中Ⅰ上油组进行了砂岩含量定量预测，通过实钻井验证，储层预测精度在75%左右。

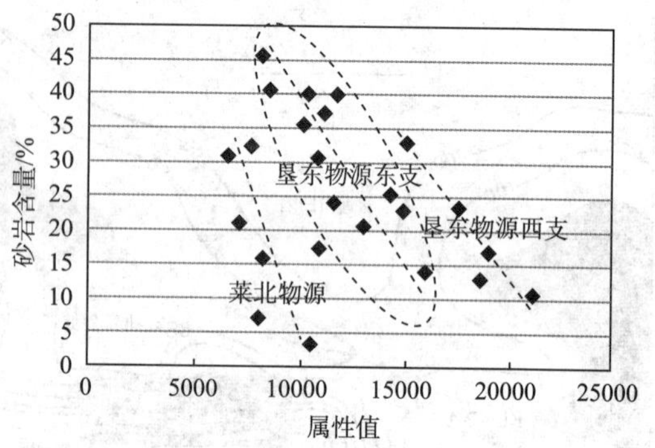

图4　不同区带属性与砂岩含量耦合关系

3　高频沉积单元（进积体）储层预测技术

3.1　沉积特征及期次划分

沙三中Ⅱ油组同中Ⅰ油组物源一致，来自西南方向的垦东凸起，从拉平地震剖面可看出［图5（a）］，沙三中Ⅱ油组属于典型的进积型三角洲沉积，由西向东，三角洲逐渐推进。结合三角洲沉积形态及接触关系，沙三中油组可识别出4期大型三角洲进积体系，体系内又由沉积特征相似的单期进积型三角洲沉积形成［图5（b）］。

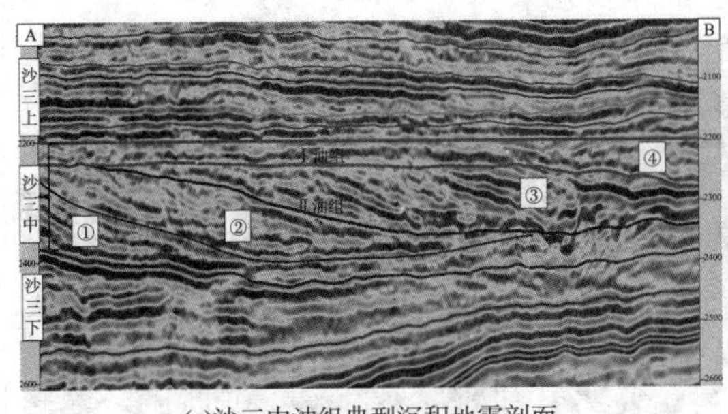

(a)沙三中油组典型沉积地震剖面

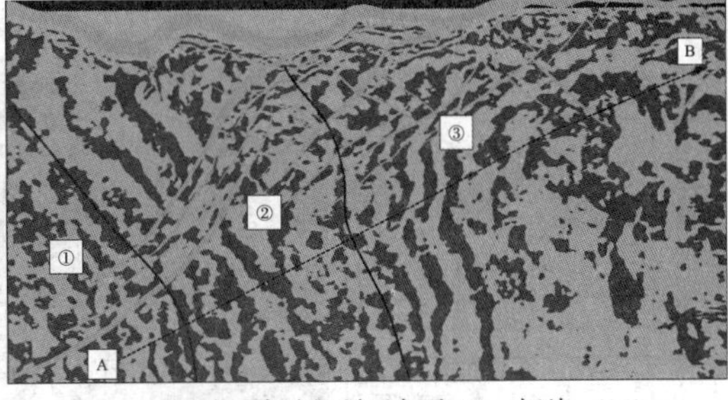

(b)沙三中油组顶面向下100ms切片

图5　垦利10－1油田沙三中Ⅱ油组沉积特征

3.2　优质储层分布规律及储层预测

对于海上大井距油田来说，如何利用地震资料进行单期三角洲储层预测才是开发井实施的关键。不同沉积相带会沉积不同砂泥组合结构的储层，不同结构的储层在地震资料上肯定会有不同的反射特征。因此，笔者利用实钻储层信息进行了地球物理正演模拟，挑选了位于三角洲前缘亚相的8井，储层厚度27.8m，以及位于前三角洲亚相的3井，储层厚度4.6m，通过正演结果可以看出，储层发育的三角洲前缘亚相为弱振幅反射特征，储层不发育的前三角洲亚相为强振幅反射特征[11]（图6）。

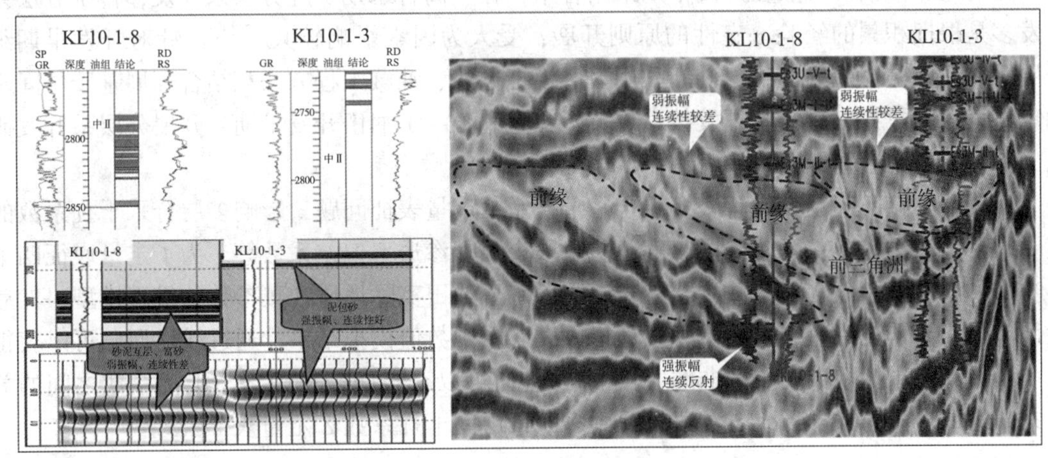

图6　地球物理响应模板

依据该地球物理响应模板，在三角洲前缘相带控制下，以弱振幅地震相为基础刻画有利砂体展布范围，在此基础上结合沉积模式及实钻井砂地比约束，即可实现储层厚度的定量预测。如图7所示，通过井震标定，精细刻画了1号及2号三角洲有效储层边界及厚度，B48、B46井实钻储层厚度分别4.9m、5.2m，储层预测精度在70%左右（图7）。

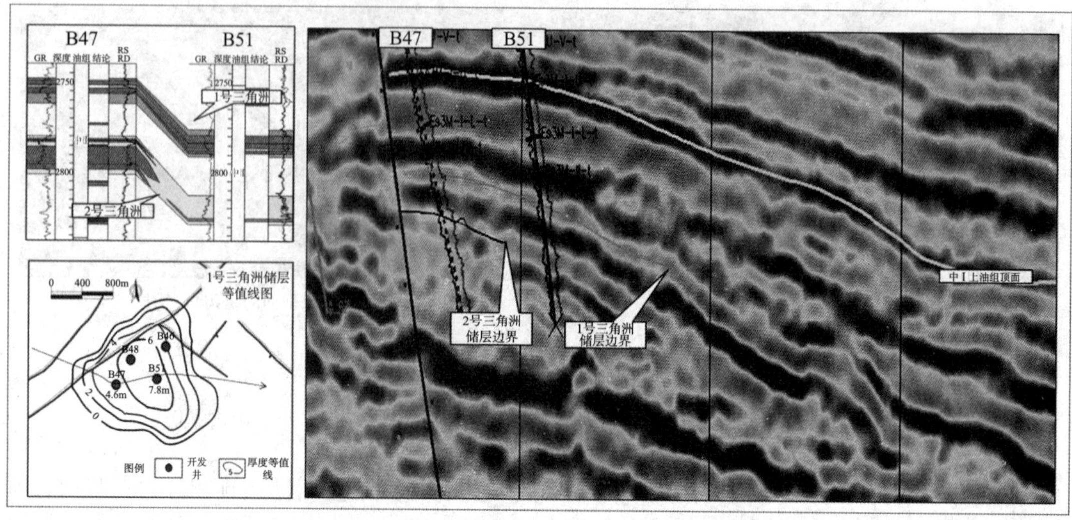

图 7　高频进积型三角洲储层精细刻画及定量预测

4　基于层间干扰定量表征的早期细分层系技术

目前大多数油田一般在开发早期采用合采，在中高含水期实施分层系开发，传统分层系开发多是根据积累的经验、定性的原则开展，受人为因素影响较大[12,13]。针对开发早期细分层系缺乏成熟经验的现状，创新采用数值模拟方法、油藏工程方法相结合开展基于层间干扰定量表征的早期细分层系开发技术攻关，在垦利 10－1 油田开发早期，开展分层系开发研究，指导油田高效精细开发。

该技术的核心问题就是解决多层合采干扰系数定量表征问题，影响多层合采干扰系数的主要因素是渗透率级差、防砂段跨度、防砂段个数、渗透率偏差系数等。为了定量表征四个影响因素与干扰系数之间的关系，首先建立了基于油田实际地质油藏参数的机理模型，然后设计单因素与干扰系数之间的敏感性分析方案，应用数值模拟结果，通过线性回归可以获得四个单因素与干扰系数间关系曲线（图 8），进而可以获得四个单因素与干扰系数之间的关系式。运用多因素数学评价方法可以得到多因素层间干扰系数 Z 定量表征公式：

$$Z=\frac{\lambda\left(\ln\frac{K_{\max}}{K_{\min}}\right)^{\omega}\exp\ (L)^{\gamma}}{\left(\frac{\bar{K}-K_{\min}}{K_{\max}-K_{\min}}\right)^{\mu}(\alpha\ \ln N+\beta)}$$

式中，Z 为层间干扰系数，无量纲；$\frac{K_{\max}}{K_{\min}}$ 为渗透率级差，无量纲；L 为纵向跨度，m；$\frac{\bar{K}-K_{\min}}{K_{\max}-K_{\min}}$ 为渗透率偏差系数，无量纲；N 为防砂段个数；λ、ω、μ、α、β、γ 为系数，取值情况见表 1。

表1　系数 λ、ω、μ、α、β、γ 取值情况

参数	λ	ω	μ	α	β	γ
参数值	0.288	0.150	0.200	0.374	0.198	0.002

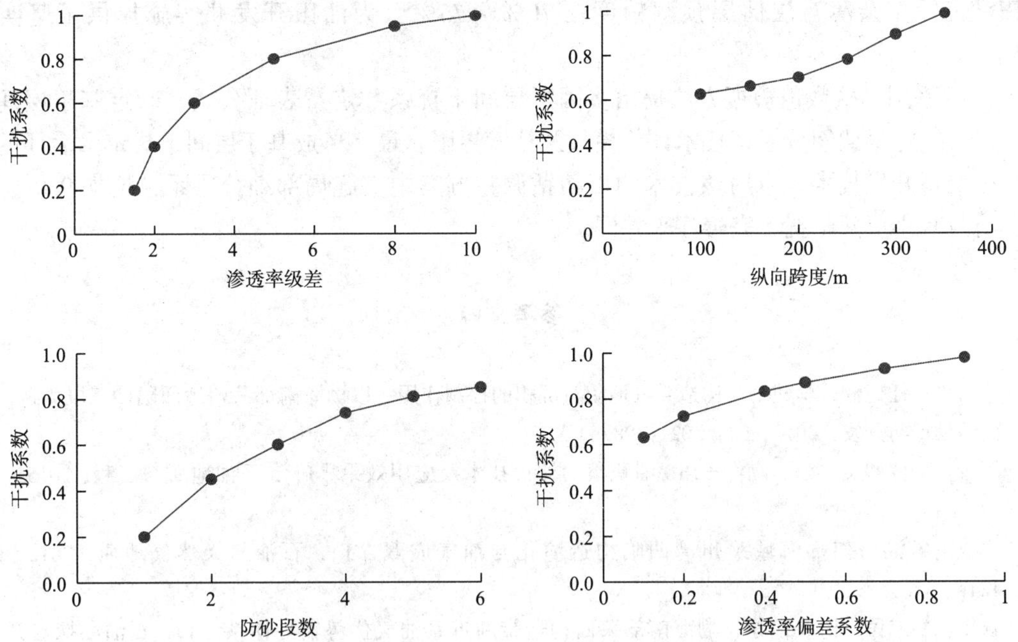

图8　单因素与干扰系数间关系曲线

根据多因素层间干扰系数定量表征公式绘制出不同渗透率级差下纵向跨度引起的干扰系数、不同渗透率级差条件下分采与合采的采收率差异等早期细分层系技术评价模板（图9）。应用该评价模板结合油田实际情况，确定了该类油田早期细分层系技术界限：（1）渗透率级差控制在5以内；（2）纵向跨度控制在200m以内；（3）防砂段数控制在4以内。从而有效地指导了油田早期局部细分层系开发。应用该技术油田随钻调整方案中实施局部细分层系，增加9口开发井，有效减小层间干扰，完善注采井网，提高采收率2.5%。

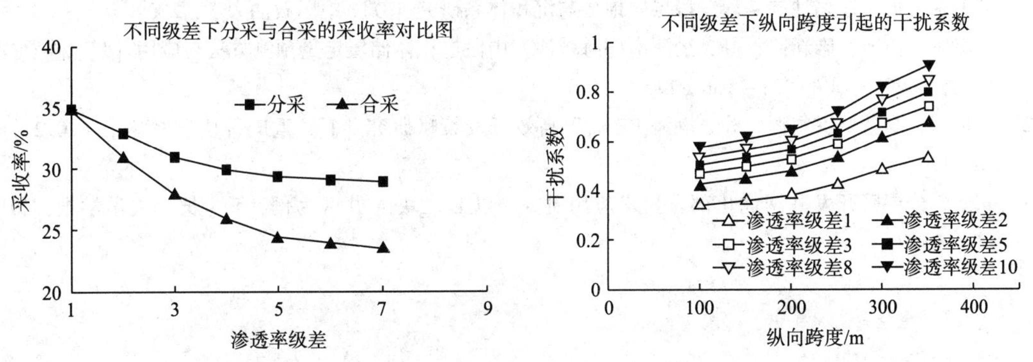

图9　基于层间干扰定量表征的早期细分层系技术评价模板

5 结 论

（1）通过相带约束属性耦合储层预测技术及高频沉积单元储层预测技术，垦利10－1油田沙三段复杂薄互层储层预测精度在70%～75%，为油田开发井实施提供了坚实的基础。

（2）采用油藏数值模拟方法提出多因素层间干扰系数定量表征公式，确定基于层间干扰定量表征的早期细分层系技术评价模板及技术界限，最终形成基于层间干扰定量表征的早期细分层系开发技术。应用该技术油田随钻调整方案中实施局部细分层系，增加9口开发井，有效减小层间干扰，完善注采井网。

参考文献

[1] 辛云路，任建业，李建平．构造－古地貌对沉积的控制作用—以渤海南部莱州湾凹陷沙三段为例[J]．石油勘探与开发，2013，03：302～308.

[2] 王少鹏，穆鹏飞，等．渤海 KL10 油藏滚动评价技术及应用效果［J］．石油地质与工程，2015，05：77～80.

[3] 牛成民．渤海南部海域莱州湾凹陷构造演化与油气成藏［J］．石油与天然气地质，2012，03：424～431.

[4] 钱赓，牛成民，杨波，等．渤海南部莱西构造带新近系油气优势输导体系［J］．石油勘探与开发，2016，01：34～41＋50.

[5] 辛云路，任建业，李建平．构造－古地貌对沉积的控制作用—以渤海南部莱州湾凹陷沙三段为例[J]．石油勘探与开发，2013，03：302～308.

[6] 任瑞军．郯庐走滑与潍北凹陷发育特征［D］．中国海洋大学，2009.

[7] 张卫东．潍北凹陷构造研究与圈闭评价［D］．中国海洋大学，2003.

[8] 曾选萍，代黎明，等．地质－地震一体化中深层储层预测［J］．石油地质与工程，2010，5：37～42.

[9] 徐长贵，赖维成．渤海古近系中深层储层预测技术及其应用［J］．中国海上油气，2005，04：231～2、368.

[10] 刘卫东．孤南洼陷沙二～沙三段层序地层与沉积体系研究［D］．中国石油大学，2009.

[11] 张建民，黄凯，廖新武，等．渤海南部海域沙三中段进积体储层定量预测方法与应用［J］．科学技术与工程，2015，17：131－136＋149.

[12] 王传军，赵秀娟，雷源，等．渤海 BZ 油田高效开发策略研究［J］．重庆科技学院学报，2012，14：36～39.

[13] 张庆．分层系开发井网优化部署技术应用研究—以 E 区块 A 井区为例［J］．长江大学学报，2016，13：68～71.

开 采

LX 区块致密气裸眼水平井分段压裂技术应用

张云鹏　李宇　刘立砖　熊俊杰　李春　杨生文　赵战江

（中海油能源发展股份有限公司工程技术分公司）

摘要　LX 区块致密砂岩气藏具有低孔、低渗、低温、低压特征，裸眼水平井分段压裂是开发该类储层的有效措施之一。但应用过程中存在压裂施工参数确定难、投球时机把握难、压裂液低温破胶困难、返排效率低等问题。在分析气藏特点和借鉴多级压裂经验的基础上，通过数值模拟优化，提出将裸眼水平段分成 6～12 段进行压裂，排量 4～5m^3/min，平均砂比 20%～23%；结合现场施工经验总结了一套投球优化程序，保证球能顺利到位打开滑套的同时尽量降低过顶替量；结合区块储层特征，优化了低浓度速溶瓜胶压裂液体系，实现了低伤害、低温快速破胶；采用液氮伴注和快速放喷返排制度，提高压裂液返排的速度和效率。区块第一口水平井 LX－X5－H1 裸眼水平井采用以上技术和措施成功实施分 7 段的压裂，压后天然气无阻流量达到 $14\times10^4m^3$，获得良好应用效果。

关键词　致密砂岩气　裸眼水平井分段压裂　低温破胶　液氮助排　压裂控水

LX 区块位于鄂尔多斯盆地东北部伊陕斜坡东段、晋西挠褶带西缘，山西吕梁境内。LX 先导试验区致密砂岩气藏主要包括太原组、石盒子组两个气藏。LX 先导试验区开发评价井主要目的层为太 2 段和盒 8 段，其中太 2 段以石英砂岩、岩屑石英砂岩为主，储层深度 1750～1950m，平均孔隙度为 8.65%，平均渗透率为 0.65mD，储层压力系数 0.92，温度 50～55℃左右。盒 8 段为曲流河沉积相，砂岩类型以岩屑石英砂岩、岩屑砂岩为主，储层深度 1500～1700m，岩心测试孔隙度在 2.28%～13.43%，平均为 7.37%，渗透率范围在 0.02～5.6mD之间，平均为 0.39mD，储层压力系数 0.98 左右，温度 42～46℃左右。两个气藏储层均具有低孔、低渗、非均质性强、储量丰度低、单井动用储量少等特点。与国内外致密气藏开发历程类似，LX 区块初期以直井和定向井进行多层压裂合层开采，但产量低、经济效益低下。国内苏里格气田和大牛地气田采用“裸眼完井＋裸眼封隔器”分段压裂[1～3]，取得了较高的经济效益。考虑到 LX 区块砂岩气藏致密，井壁稳定性好，为了降低开发成本，获得更高产量，在 LX 区块致密砂岩气藏开展裸眼水平井分段压裂先导性试验，应用过程中面临低温条件下压裂液破胶难度大、压后返排困难；压裂施工参数难以确定、投球时机难以把握等问题，通过地质油藏、完井压裂工艺研究，克服重重困难，完成了第一口先导试验井 LX-X5-H1 井压裂施工，压后天然气无阻流量达到 $14\times10^4m^3$，取得良好应用效果。

第一作者简介：张云鹏（1987 年—），男，工程师，2015 年毕业于西南石油大学，硕士。现主要从事油气田增产改造理论技术研究与应用工作。联系电话：17622962572。E－mail：zhangyp33@ cnooc. com. cn。

1 裸眼水平井分段压裂完井技术

1.1 工具位置确定及分段参数优化原则

综合随钻、录井、测井显示，对有井漏、井涌显示的天然裂缝发育段不压裂或控制压裂，选择甜点，进行合理分段；压裂滑套位置优选物性好、气测显示高的井段；封隔器坐封位置选择岩性相对致密、井径变化较小、无明显扩径的井段。

1.1.1 封隔位置的确定

封隔器有悬挂封隔器和裸眼封隔器之分，不同的位置坐封不同的封隔器，必须进行分别设计。封隔器的坐封位置应位于物性不好的泥质砂岩段、电性不良、没有显著扩径的井段及钻时较长的井段。

悬挂封隔器所在位置井斜角度需小于35°，位置应位于套管鞋150m以上，井眼狗腿度应满足每30m小于10°，避开套管接箍。

裸眼封隔器位置应位于较硬的砂岩储层内，要求井段均匀且大于2m，井径比较小的位置，井眼狗腿度每30m小于10°。

1.1.2 分段级数确定

考虑工艺条件和裂缝的效率，同时根据储层条件、水平段长度及水平段与储层主应力方位的关系，进行分段，确定井下工具位置。

考虑裸眼水平段长约700～1200m，根据储层参数（岩性、渗透率、孔隙度、油层厚度）对压裂施工参数进行优化，结合油藏数值模拟结果及前期分段加砂压裂经验，选择将水平段分为6～12段。

1.1.3 加砂量的确定

加砂规模直接决定了裂缝形态，影响压后产量。首先通过油藏数值模拟软件和压裂模拟软件进行裂缝模拟，获取最优裂缝半长、缝高、缝宽及平均裂缝导流能力的数据，其次依据水平井多段压裂的基础理论并结合测录井的解释成果与测井曲线分析及邻井（直井、定向井）同层位储层加砂规模决定各段的加砂量。

根据压裂规模求得优化的裂缝长度，计算出所需的裂缝导流能力，再根据泵注程序确定达到裂缝导流能力所需要的平均砂比为17%～23%。考虑LX区块为致密、低孔、低渗储层，采用高砂比不仅增加压裂难度，还耗费大量物资，借鉴前期水平井压裂砂比，将平均砂比优化为20%～23%，最高砂比不超过40%。

1.2 投球工艺

第一口水平井投球过程曾出现因为油泥阻挡导致球停留在旋塞阀无法进入压裂主管线的问题，后续施工不断优化投球装置与投球过程，保证压裂球能够及时送到位，同时在投球管线上安装了单流阀，保证了投球人员的安全。

优化的投球顶替过程：主压裂停止加砂，进入顶替阶段，先顶替设计优化的液量（根据两级滑套间距离、裸眼封隔器环空容积及地面管线容积优化）后，压裂泵车降排量至1.5m^3/min，向油管内投入与滑套尺寸相匹配的球，投球泵车排量提至0.5m^3/min，送球，顶替 1min 原胶后，提高施工排量进行正常顶替，当球距离滑套位置 5m^3容积时，降排量至 1m^3/min，完成该段剩余顶替液量的顶替，将球泵送到位，观察压力变化，确认滑套打开后，继续加压到剪断销钉，打开滑套进行下一级压裂。考虑滑套开启及出砂等因素，该工艺不可避免会出现过顶替现象，现场根据实际施工数据，不断优化顶替程序，不断减少过顶替量，从第一口水平井过顶替量平均 10m^3，到 LX-X2-H5 水平井过顶替量降至平均 2m^3。具体施工参数见表 1。

表 1　LX-X5-H5 井压裂施工参数汇总（盒 8 段）

施工参数	第 1 段	第 2 段	第 3 段	第 4 段	第 5 段	第 6 段	第 7 段	第 8 段	第 9 段	第 10 段	第 11 段	合计
总液量/m^3	353.6	344.9	335.3	352.4	344.3	373.1	372.3	333.2	340.4	369.3	329.7	3848.5
40/70 陶粒/m^3	2.5	2.0	2.0	2.5	2.5	2.0	2.0	2.5	2.5	2.0	2.5	25.0
30/50 粉陶/m^3	38.5	41.0	41.0	42.5	42.5	48.0	48.0	37.5	37.5	48.0	37.5	462.0
砂量/m^3	41.0	43.0	43.0	45.0	45.0	50.0	50.0	40.0	40.0	50.0	40.0	487.0
注液氮量/m^3	11.1	10.5	10.2	10.8	10.5	12.6	12.6	12.6	16.3	20.8	18.6	146.6
液氮占比/%	3.1	3.0	3.0	3.0	3.0	3.4	3.4	3.8	4.8	5.6	5.6	/
前置液比/%	43.0	41.0	41.0	41.0	40.0	39.0	39.0	43.0	44.0	39.0	44.0	/
排量/(m^3/min)	4~5	4~5	4~5	4~5	4~5	4~5	4~5	4~5	4~5	4~5	4~5	/
平均砂比/%	20.4	21.8	22.2	21.9	22.1	22.3	22.3	21.0	20.8	22.3	21.1	/

2　压裂液体系配方及性能要求

LX 区块储层具有致密、孔隙度低、温度低、压力低等特点。通过大量室内实验及现场试验，现场最终优化了 Lightning 低浓度瓜胶压裂液体系，该体系具有瓜胶浓度低、低温下破胶快速彻底、对储层伤害低，同时能够实现连续混配，很好的满足了 LX 区块对压裂液的要求。

2.1　低温破胶性能

常用的破胶剂有过硫酸铵。在温度较低时，过硫酸铵分解速度较慢，降低了压裂液的破胶速率，需要加入低温破胶催化剂和生物酶以加速压裂液破胶[4~8]。Lightning 压裂液体系在压裂液中添加了低温破胶催化剂及生物酶破胶剂，提高了压裂液在低温下破胶性能，减少了残渣含量。

2.2　压裂液其他性能

进行了压裂液其他性能的评价，部分结果见表 2。由表 2 可知，压裂液静态滤失、残渣含量等各项性能良好，满足现场施工要求。

表 2　压裂液其他部分性能

序　号	检测项目	检测结果
1	静态滤失系数/（m/$\sqrt{min}$）	55℃条件下：0.732×10^{-3}
2	残渣含量/（mg/L）	344
3	防膨性能/%	92.64
4	配伍性	体系无沉淀、无絮状物
5	岩心伤害	13.34%

2.3　连续混配工艺

目前油气田实施水力压裂施工的流程是先配液，然后等待干粉增稠剂在储液罐中经过足够时间的充分溶胀后再进行压裂施工[9]。这种传统的配液与施工作业模式，不仅存在着施工周期长、配液强度大的问题，而且长时间的配制和储存容易导致基液降解、黏度降低，如不能及时使用或施工失败，基液将全部变质腐败，由此造成极大的浪费和损失，也增加了成本与环保压力，而水平井施工段数多，周期长，传统配液面临更大问题，不能很好满足施工需要。

为了更好满足 LX 区块水平井分段压裂技术需求，研制了一套连续混配配液装置，现场采用连续混配压裂施工。目前 LX 区块已施工 10 口水平井，除第一口 LX-X5-H1 井采用连续混配备液，不连续施工外，其余井均采用即配即注的连续混配施工工艺，现场先配好 300 ~ 500m^3压裂液，保证一层压裂施工用液量，然后开始即配即注的连续混配施工。

2.4　液氮伴注助排工艺

LX 区块地层压力梯度低，太 2 段 0.98MPa/100m、盒 8 段 0.92MPa/100m。为了减小压裂液对气层的伤害，缩短排液时间，水力压裂井均采用液氮伴注助排及快速放喷排液，这不仅可以减少压裂液对地层的污染，而且可以大大缩短施工周期。

液氮伴注增能助排技术，是采用延迟交联技术在压裂液的前置液中加入氮气，形成均匀泡沫冻胶以撑开地层，并且在压裂后，靠压力释放后的氮气膨胀提供驱动破胶水化液流动的能量[10,11]。该技术可加快压后压裂液的返排速度，提高压裂液的返排率，减少压裂液对地层的伤害，确保压裂效果。施工中加入液氮，一是能够使压裂液起泡，降低压裂液滤失，提高造缝和携砂能力；二是可降低气体膨胀，降低液体密度，提高压裂液返排速率。

通过现场试验研究，得出 LX 区块水平井压裂液氮泵注程序为：排量在 200 ~ 300L/min、液氮占总液量的比例从第一段到最后一段逐步增加，液氮占比 2% ~6%，平均 3.5% 左右。

2.5　快速放喷制度

压裂后排液的时机与压裂后返排工作制度的确定直接影响着压裂改造的效果及该井的产能情况。

根据 LX 先导试验区直井、定向井及多口水平井的施工经验，摸索了一套压后快速放喷工作制度。为保证充分破胶，裂缝闭合，压裂施工结束按压裂设计要求关井扩散压力，压裂后 1h 开井排液，强制裂缝闭合。裂缝闭合前采用 2mm 油嘴，排液速度控制在 0.1 ~ 0.2m^3/min，裂缝闭合后根据井口压力选择放喷油嘴的大小（3 ~ 4mm、5 ~ 8mm、8 ~ 10mm、10 ~ 12mm 油嘴），井口油压小于 2MPa 敞放。

LX 区块第一口水平井 LX-X5-H1 井从放喷到见气耗时 6d11h10min，后续水平井放喷到见气在 20h 以内，实现了压后快速见气。

3 现场应用效果

2015 年，LX 区块第一口裸眼水平井 LX-X5-H1 井完成 7 段压裂施工，压后获得高产，成功地完成了裸眼水平井分段压裂工艺的尝试，为整个区块水平井分段压裂提供了有益参考和宝贵经验，后续又完成了十余口水平井压裂施工，均取得了良好的效果（表 3）。

表 3 水平井分段压裂现场施工情况

井号	LX-X5-H1	LX-X3-H3	LX-X4-H1
工艺思路	裸眼封隔器 + 投球滑套 分 8 段，压裂 7 段	裸眼封隔器 + 投球滑套 分 8 段，压裂 7 段	裸眼封隔器 + 投球滑套 分 7 段，压裂 7 段
压裂液	Lighting^{TM}压裂液体系	Lighting^{TM}压裂液体系	Lighting^{TM}压裂液体系
	连续混配配液	连续混配即配即注缓冲 500m^3	连续混配即配即注缓冲 300m^3
陶粒	30 ~ 50 目低密度陶粒	20 ~ 40 目低密度陶粒	30 ~ 50 目低密度陶粒
施工参数	平均每段砂 25.5m^3，液 287m^3，液氮 7.3m^3	砂 34.9m^3，液 330m^3，液氮 8m^3	砂 42.1m^3，液 360.7m^3，液氮 13.7m^3
	总砂量 183.5m^3；总液量 2064.5m^3 排量 4.5 ~ 5.5m^3/min	总砂量 244.0m^3；总液量 2307m^3 排量 3.5 ~ 4.5m^3/min	总砂量 294.89m^3；总液量 2524.83m^3 排量 4.0 ~ 5.0m^3/min
压后效果	8.2 × 10^{4}m^3/d@6.3MPa	4.9 × 10^{4}m^3/d@9.0MPa	3.5 × 10^{4}m^3/d@4.95MPa

4 结 论

（1）裸眼水平井分段压裂技术在 LX 区块具有良好的适应性，根据区块特征，形成了一套压裂分段参数优化方法、压裂施工参数及优化管柱下入工序与投球工艺，现场应用取得了较好的压裂效果。

（2）针对 LX 区块储层特点，形成了低浓度速溶瓜胶压裂液体系，有效解决了低温破胶，配合液氮伴注工艺，压后快速返排，同时是能够满足连续混配施工要求。

（3）液氮伴注助排压裂及快速放喷工艺对 LX 区块储层的压裂改造有着较强的适用性，能大大提高排液速度，缩短了试气周期，减少了压裂残液对气层的伤害，提高了生产时效。

（4）目前裸眼水平井分段压裂工艺在应用过程中出现压后大量产水的现象，通过压裂层段优化，泥岩段不压裂的方法解决了部分井压后大量产水的问题，但仍面临面临着找水困难，无法堵水，储层改造体积有限等难题，需要进一步优化改进压裂工艺技术。

参考文献

[1] 陈作，王振铎，曾华国．水平井分段压裂工艺技术现状及展望［J］．天然气工业，2007，27（9）：78～80.

[2] 卫秀芬，唐洁．水平井分段压裂工艺技术现状及发展方向［J］．大庆石油地质与开发，2014：104～111.

[3] 李宗田．水平井压裂技术现状与展望［J］．石油钻采工艺，2009，31（6）：13～18.

[4] 李健萍，王稳桃，王俊英，等．低温压裂液及其破胶剂技术研究与应用［J］．特种油气藏，2009，16（2）：72～75.

[5] 吴锦平．低温压裂液破胶技术对浅气层增产技术改造［J］．钻采工艺，2000，23（5）：79～81.

[6] 韩俊华．新型压裂液跌完破胶活化剂［J］．石油钻采工艺，2001，23（4）：82～85.

[7] 杨建军，叶仲斌，张绍彬，等．新型低伤害压裂液性能评价及现场试验［J］．天然气工业，2004，24（6）：61～63.

[8] 徐兵威，王世彬．低伤害压裂液体系伤害性研究与应用［J］．钻采工艺，2010，33（4）：87～89.

[9] 叶登胜，王素兵，蔡远红，等．连续混配压裂液及连续混配工艺应用实践［J］．天然气工业，2013，33（10）：47～51.

[10] 罗小军，潘春，郭建伟，等．苏里格气田液氮助排工艺技术［J］．石油天然气学报，2012，34（09X）：291～293.

[11] 刘贵宾，孟庆平，刘桂君，等．苏里格深层气田压裂技术应用研究［J］．油气井测试，2009，18（01）：68～70＋78.

Q油田双憋压曲线在异常诊断中的研究应用

张震 赵云斌 李瑞雪 张利剑 尚丽英

（中海油能源发展股份有限公司工程技术分公司非常规技术研究院）

摘要 为有效诊断电泵井生产过程中异常状态的原因，通常对电泵机组采用憋压操作。然而在应用过程中，受限于压力采集时间间隔点长，曲线特征不明显等原因造成诊断困难。本文在Q油田通过在补液前后测得的两条憋压曲线，根据电泵井工作原理，结合井下流体力学理论及电泵井生产特征，对电泵井井口憋压值与时间的曲线变化进行讨论，并通过实测憋压曲线的主要参数判断机组效率，为现场及油田动态分析人员提供有效手段。

关键词 双憋压曲线 压力导数曲线 机组效率

1 前 言

憋压曲线油田开发生产中，经常与电流卡片结合，作为诊断井下电泵井运行状态的常用方法。而在生产过程中，因乳化，泵叶片磨损，过高的气油比，地层供液能力等问题影响井下电泵机组生产效率。通常可将电泵运行异常状态分为三类。第一类为管柱漏失的状况，表现为井口压力在达到最大压力后压力随时间开始减小，且稳定后比理论井口压力低。第二类为高气油比状态或井下油气分离器效率低，表现为压力爬升速度慢，憋压达到稳定压力所需的时间长。第三类为因乳化，叶片磨损，泵轴断等造成机组效率低。其中前两类因素在憋压曲线形态上有明显特征，较容易判断。而第三类情况在单条憋压曲线情况下难以区分。为有效诊断电泵井下运行状态，本文采用综合补液前后两次憋压操作得到的两条曲线，定量表征电泵井机组效率。

2 补液前电泵井憋压模型

根据前人研究成果[5]，大体可将憋压过程分为三个阶段。

ⅰ. 气体压缩阶段。憋压后，油管内有较多自由气体。由于气体压缩系数远大于液体压缩系数，憋压初期以压缩气体为主。

ⅱ. 液体压缩阶段。压力上升一定程度后，气体体积很小，此时曲线反应液体压缩性质，压力与时间呈线性关系。

ⅲ. 同步恢复阶段。当压力继续上升时，电泵扬程达到最大，此阶段不在泵入液体，井

第一作者简介：张震（1987年—），男，工程师，硕士，长期从事油田动态研究，通讯地址：天津市滨海新区海川路2121号渤海石油管理局A座707，E-mail：zhangzhen19@ cnooc. com. cn。

口压力与井底流压同步恢复，类似于关井压力恢复阶段，压力与时间成对数关系。

通过对曲线的阶段划分，建立压力与时间的分段函数模型，见式（1）：

$$P = \begin{cases} P_0 e^{\frac{Vp \times t}{Vg}} & 0 < t < t_1 \\ \dfrac{Vp}{C_1 V_t} t + p_1 - \dfrac{Vp\, t_1}{C_1} & t_1 < t < t_2 \\ p_2 + \dfrac{2.121 quB}{Kh} \lg(t - t_2) & t_2 < t \end{cases} \tag{1}$$

式中，P_0为初始油压，MPa；C_1为液体压缩系数；Vp 为泵入液量，m^3；Vg 为 t 时刻气体体积，m^3；Vt 为油管液体体积，m^3；q 为地层产量，m^3/s，u 为黏度，mPa·s；B 为流体体积系数。K 为渗透率 $10^{-3}\mu m^2$。p_1 为第一阶段结束时压力，p_2 位第二阶段结束时压力。

理想憋压曲线模型需要满足各阶段泵入液量为均值的条件，而动态憋压曲线为上述三个阶段叠合的结果。在实际现场在憋压测试中，关闭井口后，记录员通常每隔 15s 记录一次井口压力值。憋压过程中，第二阶段压力上升快，往往短时间即可达到较高的井口压力，而采集时间间隔点长使得曲线上各个憋压阶段划分困难。在高排量高含水井中，气体所占空间小，每秒泵入液量大，压力上升快，曲线全程上表现为第三阶段的对数关系。而高产气量井，通常观察不到直线段就进入对数关系阶段，曲线上表现为阶跃式上升（图 1）。

鉴于对单条憋压曲线划分阶段困难，现场在憋压测试完毕后，对井进行环空补液，补液后对井进行憋压测试，得到补液前后两条憋压曲线。通过对两条憋压曲线的分析，一是可以通过对比两条曲线判断井下电泵工作状态，二是能够解除因供液不足造成的误判电泵低效。

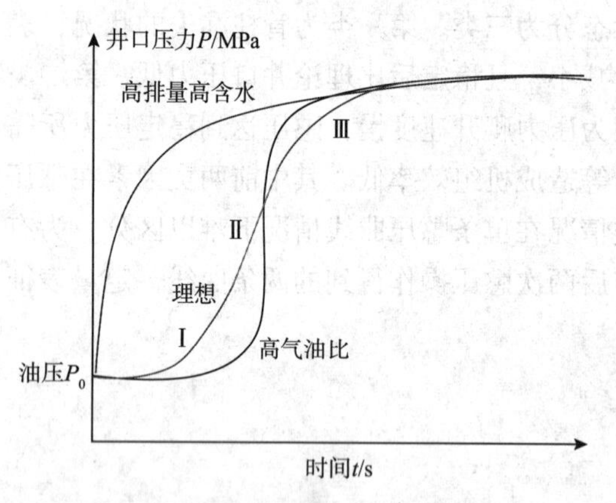

图 1 不同井况条件下的憋压曲线

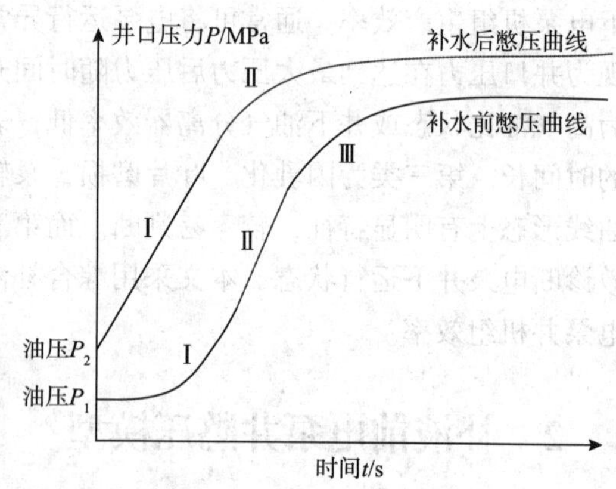

图 2 环空补液前后憋压曲线

3 补液后电泵井憋压模型

当对井进行环空补液后。根据生产动态规律，补液后初期产液高含水。憋压测试中，因最高扬程零排量点叶轮所受轴向推力过大，憋压时间不宜过长，通常在 5min 之内。这样可以将补水后的井况近似比作产出纯水阶段，补液后的憋压模型变为：

$$P = \begin{cases} P_0 + \dfrac{Vp}{C_1 V_t} t \quad 0 < t < t_1 \\ p_1 + \dfrac{2.121 quB}{Kh} \lg(t - t_1) \quad t_1 < t \end{cases} \tag{2}$$

式中，P_0为初始油压，C_1为液体压缩系数，Vp 为泵入液量，Vg 为 t 时刻气体体积，Vt 为油管液体体积，p_1 为第一阶段结束时压力（图 2）。

4 憋压导数曲线阶段划分及电泵效率推导

由于实际憋压曲线很难区分憋压过程中的三个阶段，造成在选取同步恢复点误差较大。针对这种情况，对憋压曲线进行求导运算，通过离散点构造憋压导数曲线。因为补液前的第二阶段对应着补液后的第一阶段，两者斜率相差不大。则在憋压压力导数图中做值为补液后初期直线段斜率的直线，交点对应着横坐标 t_1 与 t_2 两个时刻，即两个阶段转换点（液体压缩点与压力同步恢复点）（图 3）。

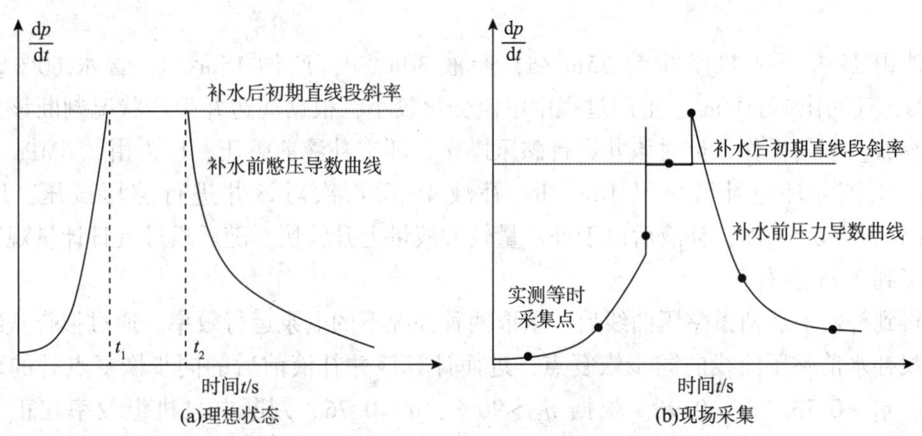

图 3 构造憋压压力导数曲线划分时间段

在确定阶段转换点对应的时间及压力，特别是压力同步恢复点，即可推算井下电泵效率。补液前后电潜泵扬程与排量的特性曲线是以清水介质作出的，可以回归为以下的关系：

$$H = c - a q^2 - bq \tag{3}$$

环空补液前，在憋压过程中压力达到同步恢复点时，即混合液体压缩阶段转入对数关系段时，电泵泵入液体流量为 0，此时电泵扬程达到最大。根据压力平衡满足：

$$P + L r_m = \eta_1 H_{max} \bar{r}_m + P_{in} \tag{4}$$

式中，P 为井口油压，MPa；L 为油管液面高度，m；η_1 为井况条件下泵效；H_{max}为特性曲线最大扬程，m；r_m为油管液体重度，N/m^3；$\bar{r}_m$ 为泵中混合物平均重度，N/m^3；P_{in}为泵入口压力，MPa。

r_m可由式（5）求得：

$$r_m = \frac{r_w + r_o(1 - f_w)}{1 + R_s(1 - f_w)\dfrac{P_a}{P_{in}}} \quad \bar{r}_m = \frac{r_w + r_o(1 - f_w) + r_m}{2} \tag{5}$$

式中，R_s 为气油比（油管内需根据溶解气油比修正）；f_w 为含水率；P_a 为大气压力；r_o 为油相对密度。

环空补液后，泵入口压力可以根据式（3）、式（4）式推断出泵吸入口压力为：

$$P_{inw} = P_0 + L r_w - \eta_2 r_w (c - a q^2 - bq) \tag{6}$$

式中，P_0 为憋压前油压；q 为憋压前产液量；L 为油管液面高度；r_w为水的相对密度；η_2 为电泵机组效率。

联立式（4）、式（6）得：清水憋压下的电泵效率：

$$\eta_2 = \frac{P - P_0}{(a q^2 + bq) r_w} \tag{7}$$

黏滞扬程系数 $a = \eta_1 / \eta_2$，反应流体黏度对泵效的影响，η_1 反应井况条件下泵效，而 η_2 则反应了电泵本身损耗（叶轮磨损，泵轴断等）。通过对三个参数求取定向诊断电泵井井下工作状态，并为下步措施实施的制定提供有效依据。

5 现场应用

Q 油田 H 井下入机组排量 75m^3/d，产液 30m^3/d，产油 15m^3/d，含水 60%。流压 4.93MPa，气油比 12m^3/m^3。生产过程中电流变化较小，根据周边井生产状况判断该井产能未完全释放。现场操作人员对该井进行憋压操作，环空补液前憋压，压力由 2.6MPa 升高到 6.0MPa。对该井环空补液排量 10m^3/h，补液 4h 后再次对该井进行憋压试压，压力由 3.0MPa 憋压到 8.5MPa，补液后由于补水量较大液量上升较快。随后通过近日计量观察该井液量下降到 30m^{3}左右。

在得到补液前后两条憋压曲线后，求取两种井况下的电泵运行效率。通过拟合直线段斜率，寻找补水前憋压曲线的同步恢复点，进而计算该井补液前后的同步恢复点处的动扬程 H_1，H_2。$\eta_1 = 0.73$，$\eta_2 = 0.96$。根据 $\eta_2 > 90\%$，$a = 0.76$，判断电泵机组效率在正常范围内，而 a 值过小，反应井受液体粘度影响大，判断井液存在乳化现象。补液后的产液量下降也佐证这一点。通过对两条曲线的分析，既能有效区分影响电泵井异常原因，同时也节省了提管柱检泵作业费用。

6 结　论

（1）根据憋压曲线模型，结合现场实际情况，举例不同影响因素下对应的憋压曲线形态，并讨论单一憋压曲线弊端。

（2）依据憋压曲线理论模型，构建补水后憋压曲线的理论模型。绘制理想状态下补液前后的憋压曲线。

（3）应用补水后曲线直线段斜率，结合憋压曲线导数图，划分正常憋压曲线阶段，有效寻找压力同步恢复点，推导电机效率。

（4）通过 Q 油田 H 井补液前后憋压曲线模型应用，有效区分影响电泵举升效率因素，节省作业费用。

参考文献

[1] 吴望一. 流体力学 [M], 北京大学出版社, 北京, 1982.

[2] 梅恩杰, 邵永实, 刘军, 等. 潜油电泵技术（上下册） [M]. 北京: 石油工业出版社, 2009: 85~125.

[3] 郑春峰, 郝晓军, 黄新春, 等. 憋压诊断技术在渤海Q油田潜油电泵井管理中的应用 [J]. 石油钻采工艺, 2012, 34（增刊）: 59~62.

[4] 郑春峰, 宫红方, 岳世俊, 等. QHD32-6油田电泵井憋压曲线模型的设计与应用 [J]. 特种油气藏, 2012, 19（3）: 140~143.

[5] 冯定, 朱宏武, 薛敦松. 基于系统分析的潜油电泵机组综合诊断模型 [J]. 石油学报, 2007, 28（1）: 127~130.

[6] 李青. 用憋压曲线判断电泵井管柱漏失的方法 [J]. 大庆石油地质与开发, 1989, 8（2）: 57~59.

[7] 李永东, 韩修廷. 双憋压曲线在螺杆泵井工况诊断中的应用 [J]. 大庆石油地质与开发, 2000, 19（3）: 35~37.

爆燃压裂酸化技术在海上油田的研究及应用

熊培祺　孙林　李旭光

（中海油能源发展股份有限公司工程技术分公司）

摘要　海上油田低渗储层规模大，动用程度低，挖潜技术手段有限。而采用常规的酸化解堵等措施通常表现为施工压力高、注入排量低，酸液等解堵工作液难以注入储层，同时大型措施受限于平台空间，国内外公司实施效果较差。为了解决这一难题，本文研究并提出了一种针对海上低孔低渗油田的爆燃压裂技术，并发展了海上油田相应的工艺设计方法和安全保障措施，编制了一套准确度较高的海上油田爆燃压裂模拟计算软件。同时首次将爆燃压裂技术与酸化联作，并将该技术成功地应用至套管射孔井、筛管完井和注水井。目前海上油田一共应用6井次，均取得了显著的增产增注效果。

关键词　海上油田　低渗挖潜　爆燃压裂酸化　数值模拟　筛管完井

中国海上低渗油田储层规模大，动用程度低，挖潜技术手段有限。低渗透开发常用的水力压裂措施受到极大限制，以往此类油田多采用酸化措施进行处理，然而常规酸化措施并不能取得预期的效果[1]。

通过大量的文献调研和研究，针对海上油田的低渗储层特征以及措施的特点，结合海上油田常规的酸化措施，首次提出了一种爆燃压裂酸化联作工艺。该工艺不但能通过近井地带造缝达到储层改造的目的，也能在酸化之前沟通裂缝增大地层的渗透率，为酸液进入地层实现解堵创造条件。该技术经过在海上陆丰13－1油田、惠州26－1油田、涠洲6－9油田和岐口18－2油田等低渗储层现场应用，措施效果明显。

1　海上油田低渗储层措施难点

低渗储层常规酸化效果往往不佳，如惠州19－2－7井注酸时泵压高达3500 psia，泵排量仅为0.5 bpm，酸化后，含水达100%，后来由于供液不足关井。因此，在酸化工艺研究方面，需要采用工艺增强常规酸化对储层的改造能力。

对于低渗透储层，物性问题是影响酸化效果的主因，对于物性改造技术方面，常见的有水力压裂、酸化压裂两种工艺，但对于陆丰13－1、惠州19－1/2这些油田低渗储层来说，这些工艺受储层底水、储层薄等物性条件的限制，造缝容易沟通底水[1]，影响生产，因此需要一种不会沟通底水的改造技术，替代或增强常规酸化的效果。

第一作者简介：熊培祺（1992年—），男，助理工程师，主要研究方向为海上油田增产措施技术及应用。E－mail：xiongpq@ cnooc. com. cn。

2 爆燃压裂技术

低渗油气层的工业性开发离不开有效的增产措施，主要采用的方法是使地层产生人工裂缝。高能气体压裂作为成本低、污染小、工艺简单的油水井储层改造措施在低渗透、特低渗透油气藏中已有较为广泛的应用[2]。该技术具有不受地应力影响，造缝可控程度高，不会沟通底水等特征。

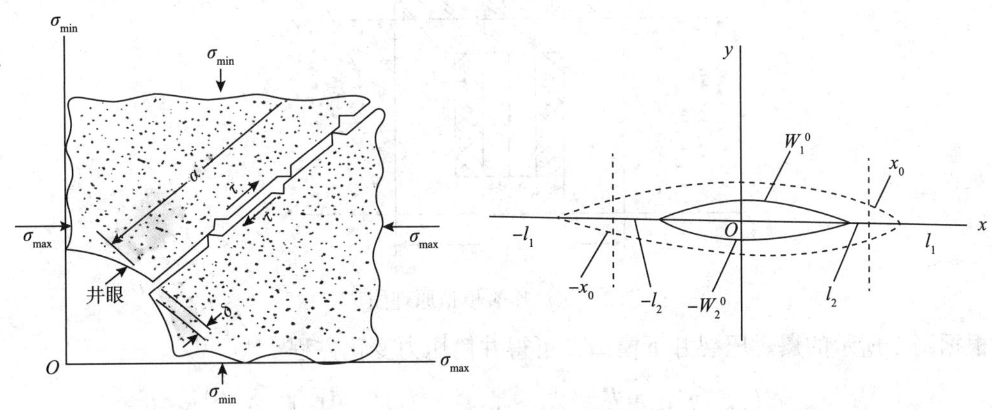

图 1 爆燃压裂造缝机理

如图 1 所示，爆燃压裂技术是一种利用火药或火箭推进剂在储层部位燃烧产生的高温高压气体压出多条径向裂缝，并利用裂缝错位、高温和酸性气体刻蚀裂缝以及自支撑的方式保持裂缝流动通道，以取得增产增注的方法。

目前针对海上油田的特征形成了四个方面的爆燃压裂相关技术。

2.1 爆燃压裂数值模拟技术

爆燃压裂数值模拟是利用模型和数学方法描述井下爆燃压裂过程，得到井下爆燃压裂过程中的参数变化的技术。模拟计算的结果能够用于指导火药设计与选择、管柱校核、裂缝参数控制以及增产情况分析。同时由于海上油田完井方式多样化[1,3]，海上油田爆燃压裂措施对安全性和可靠性要求更高，所以海上油田爆燃压裂的设计及施工更需要数值模拟技术的参与。

爆燃压裂模拟理论起源于与现场实际工艺的配合，在早期由西安石油大学王安仕和秦发动[4]率先将技术引进国内，并根据岩石力学模型提出了一套基于有限元分析和拉梅势的爆燃压裂模拟第一代理论。由于第一代模型过于复杂和理论化，不适合用于指导现场工程，陈德春和蒲春生基于室内实验得到的一系列经验公式，提出了爆燃压裂多级耦合的思路[5]，作为第二代模型。但是第二代理论不完整，对于裂缝起裂和延伸以及压力分布不能很好地描述，故现在国内以吴飞鹏为主的研究者在耦合分析的基础上进一步完善了爆燃压裂过程中的裂缝参数的变化模拟理论，并通过室内实验优化了理论对裂缝条数的计算作为第三代模型[6]。

目前最新研究成果是在此基础上优化了爆燃压裂理论体系，提出了一种方程离散求解方法，并编制成为了爆燃压裂软件，具有较高的模拟计算精度与准确度。

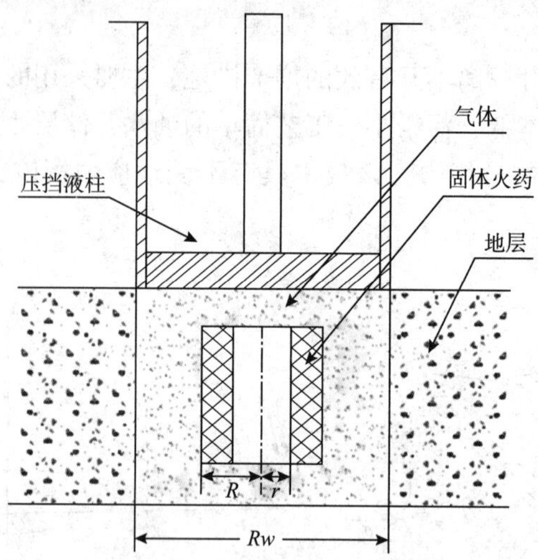

图 2　爆燃压裂模拟原理图

根据图 2 所示的爆燃压裂井下模型，可得井筒压力变化方程[7,8]：

$$\frac{\mathrm{d}p}{\mathrm{d}t}=\frac{\left(f-\frac{p}{\rho_{\mathrm{n}}}\right)m\frac{\mathrm{d}\Psi}{\mathrm{d}t}-(\gamma-1)q-p\left(Sv+\frac{\mathrm{d}V_{\mathrm{t}}}{\mathrm{d}t}\right)-P_{\mathrm{tg}}\frac{\mathrm{d}V_{\mathrm{tg}}}{\mathrm{d}t}}{V_{\Psi}+xS+V_{\mathrm{t}}+\frac{P_{\mathrm{tg}}}{p}V_{\mathrm{tg}}} \tag{1}$$

式中，p 为气体燃烧腔室压力，Pa；f 为火药力，J/kg；ρ_{n} 为火药密度，kg/m^3；m 为火药总质量，kg；Ψ 为火药燃烧比例；γ 为绝热系数；q 为传热量，J；S 为井筒横截面积，m^2；v 为液柱运动速度，m/s；V_{t} 为液体进入裂缝的体积，m^3；P_{tg} 为套管外部气体压力，Pa；V_{tg} 为进入裂缝的气体体积，m^3；V_{Ψ} 为火药柱燃烧掉的体积，m^3；x 为液柱向上运动的距离，m。

离散计算方式按照微分方程显式离散求解规则，将主方程离散之后可以得到：

$$\frac{p^{k+1}-p^{k}}{\Delta t}=\frac{\left(f-\frac{p^{k}}{\rho_{\mathrm{n}}}\right)\rho_{\mathrm{n}}S_0\omega_0\ (p^{n})^{k}-(\gamma-1)\alpha S\Delta T^{k}-p^{k}\left(Sv^{k}+\frac{\mathrm{d}V_{\mathrm{t}}}{\mathrm{d}t}\right)-P_{\mathrm{tg}}^{\mathrm{k}}\frac{\mathrm{d}V_{\mathrm{tg}}}{\mathrm{d}t}}{(V_{\Psi})^{k}+x^{k}S+V_{\mathrm{t}}^{\mathrm{k}}+\frac{{P_{\mathrm{tg}}}^{k}}{p^{k}}V_{\mathrm{tg}}^{\mathrm{k}}} \tag{2}$$

方程组中的其他辅助方程均采用这种方法进行离散，可以看到所有的方程都已经线性化，可以按照常规方法进行求解[7]。

2.2　爆燃压裂火药优选

在爆燃压裂设计与实施的过程中，火药优选是很重要的一个环节。通过选择不同燃速、不同形状的火药，能够达到控制爆燃压裂峰值压力等参数的目的。

表 1　海上油田某井火药模拟结果表

火药力/kJ.kg^{-1}	外径/mm	燃速	火药用量 1			火药用量 2			火药用量 3			火药用量 4		
			峰值压力/MPa	裂缝条数	缝长/m	峰值压力/MPa	裂缝条数	缝长/m	峰值压力/MPa	裂缝条数	缝长/m	峰值压力/MPa	裂缝条数	缝长/m
670	95	中	55kg			60kg			65kg			70kg		
			77.42	5	2	79.78	7	3.94	82.03	8	5.55	84.3	8	6.93
960	95	中	40kg			45kg			50kg			55kg		
			80.15	3	4.06	83.92	3	6.41	87.39	4	8.26	90.69	5	9.79
670	67	中	35kg			40kg			45kg			55kg		
			77.22	4	1.12	80.82	5	2.92	84.03	7	4.33	90.24	8	6.46
960	67	中	25kg			30kg			37.5kg			55kg		
			79.15	3	2.08	84.61	3	4.39	91.8	5	6.78	106.63	8	10.2
670	95	低	110kg			115kg			120kg			125kg		
			76.43	8	2.19	77.75	8	4.43	79.06	8	6.37	80.36	8	8.09

在火药优选过程中，需要结合效果和安全风险两方面因素进行。表 1 采用了不同的火药参数针对南海东部油田某井进行了爆燃压裂火药类型的优化模拟。

模拟结果表明，火药越粗、燃速越慢、火药力越低，峰值压力相对控制越好，但为了达到一定造缝效果，火药用量则越多。因此从安全角度考虑控制，海上油田油井推荐采用大尺寸、低火药力、低燃速的火药。

2.3　海上油田爆燃压裂安全性分析

海上油田对作业安全性要求高，爆燃压裂作为一项增产增注的储层改造措施，主要从以下四个方面保障措施的安全性。

2.3.1　套管安全性

井下套管必须保持在爆燃压裂过程中的完整性，所以套管安全是最重要的。根据美国 sandia 实验室所做的地下套管爆燃压裂实验，可知套管在不同的深度情况下具有不同的安全压力值，判断规则如式（3）所示[8]：

$$\Delta p = p_p - p_f \leq p_i \tag{3}$$

式中，p_p 表示爆燃压裂过程中的峰值压力，MPa；p_f 表示地层破裂压力，MPa；p_i 表示套管抗内压强度，MPa；

式（3）计算需要配合套管材质的耐压情况和固井水泥质量，满足施工条件才能确保作业安全。其次在施工时需要对套管进行提前试压，防止使用时间较长的老套管抗压能力变弱，而出现破损情况。

2.3.2　井口泄压安全

爆燃压裂过程中，压力会经由压挡液柱和入井管柱进行传递，井口泄压是保障爆燃压裂安全实施的重要方式。

表2　陆地爆燃压裂实验情况

井　号	液筒高度	地面液柱高度	地面情况
S136－38	满液	约10m高水柱	持续时间短，声音小，安全
H213－59	离井口约50m	地面未见水柱	井口轻微水雾，声音小，安全

如表2所示，该项技术在陆地油田施工时，为了观察施工效果，分别在井筒内满液或者不灌满液，并敞开作业井口。当在灌满液情况下，地面约有持续时间较短的10m高水柱。在海上油田施工时，可以采用管汇放喷至泥浆池的方式解决井口喷液，防止平台油垢污染。

此外在施工时，井口采用延时起爆方式，使用油管加压或电缆点火后，5～7min后才进行引爆，确保预留出足够的安全预警时间。

2.3.3　火药优选与峰值压力控制

海上油田爆燃压裂设计与作业过程中涉及到大量的参数，其中不但包含油藏地质参数，也包含井下管柱及火药参数。为了保障安全，利用两种油套管安全性判断依据结合软件模拟计算结果，优选出最合适的火药类型和用量，既能保证最大化的爆燃压裂的增产增注效果，同时也能保障井下管柱的安全[9]。

如图3和图4所示，通过控制火药参数，能够实现对峰值压力、裂缝长度等参数的控制及优化。

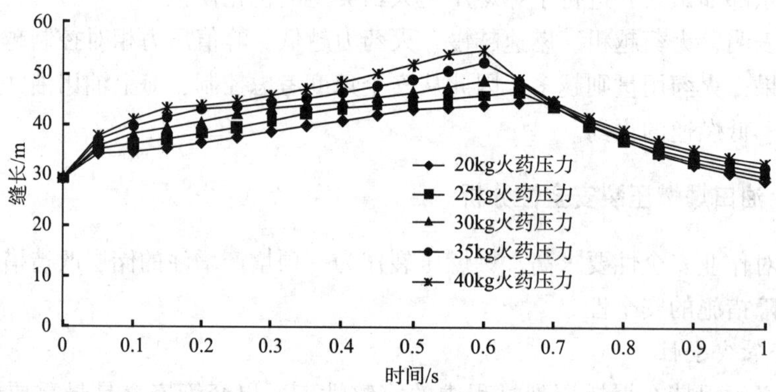

图3　爆燃压裂不同火药量的峰值压力优选

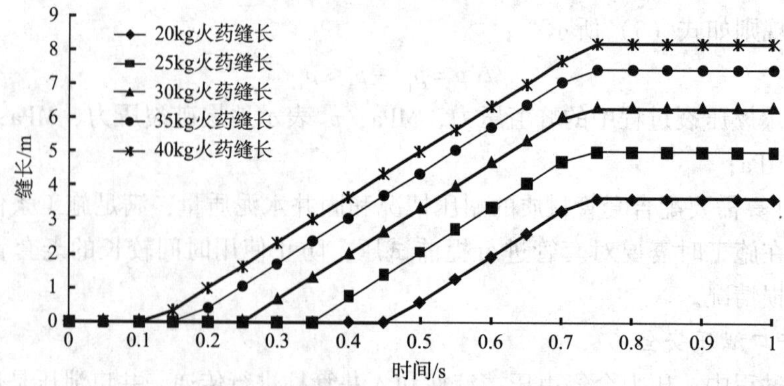

图4　爆燃压裂不同火药量的裂缝长度变化

2.3.4 地层出砂风险

通过爆燃压裂优化设计，能够保障地层爆燃压裂之后不出砂，保障油水井的生产安全。从形成机理来说，压裂沿着射孔方向横向造缝，作用时间长，不会对储层造成大规模伤害，且低渗透储层岩心比较致密，速敏比较弱[3,10]，油藏出砂可能性小，在施工的百余口井中未发现压后出砂现象。

2.4 爆燃压裂酸化联作技术

对于低渗油田开发，常规酸化施工时，通常表现为施工压力高、注入排量低，酸化无法对储层进行有效改造，导致酸化后无法实现有效的增产增注。

爆燃压裂酸化联作增产技术，即使用物理和化学的复合方法进行增产，物理即爆燃压裂，它能使地层形成辐射状多裂缝油流通道，增强酸液注入能力，扩大酸化半径；化学即酸化，能解除近井堵塞，沟通渗透通道，进一步防止裂缝闭合，增强物理效果[11]。

海上低渗油田存在低渗、泥质、钻井液污染等综合问题，并且常规酸液溶蚀率低，仅为6%~9%，酸液通常挤注不进地层，因此，低渗油田需要减少酸液用量，并提升酸液综合溶蚀能力。同时能够起到刻蚀裂缝，增强爆燃压裂增产的效果[12]。

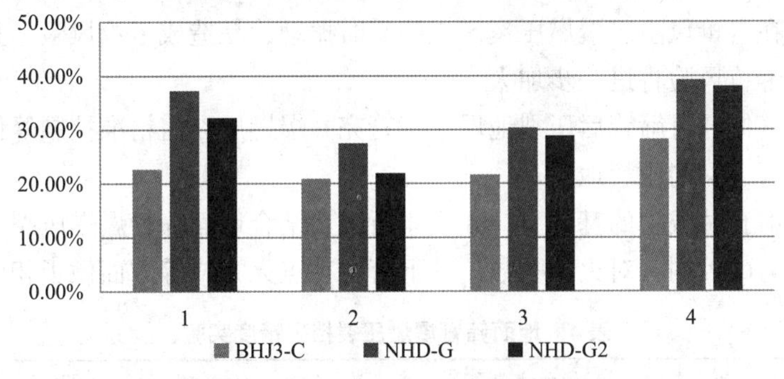

图5 不同酸液体系对岩心溶蚀率

为了解决这一问题，针对海上油田油藏特征，研究出了一种新型的复合高效酸体系，根据多体系融合协同效应原理，以2种无机酸“盐酸”、“氟硼酸”以及一种有机酸“改性硅酸”为主剂原材料，通过系列实验，优化配方组成，形成复合高效酸体系[13]。如图5所示，新酸液体系具有较好的溶蚀性能，不但能够解除黏土矿物、长石、钻完井液等污染和堵塞，同时具有深部酸化效果且能够避免大液量造成高含水储层酸化后近井含水饱和度高的问题。

表3 爆燃压裂酸化增产情况统计表

井 名	爆燃压裂酸化前情况	爆燃压裂后情况	爆燃压裂增产倍比	酸化后情况	总增产倍比
LF13-1-6	0.5bpm（1450psia）	1.72bpm（1500psia）	3.44	5.83bpm（1850psia）	9.45
LF13-1-26H	0.69bpm（2300psia）	1.3bpm（2300psia）	1.88	2.0bpm（2300psia）	2.90
LF13-1-19H	4BPH（静漏失）	6BPH（静漏失）	1.5	40BPH（静漏失）	10
HZ26-1-20Sb	4BPH（静漏失）	4.8BPH（静漏失）	1.2	33BPH（静漏失）	8.25
WZ6-9-A6（注水井）	153.5 bbls/d（注入）	368.4 bbls/d（试注）	2.4	491.2 bbls/d（恢复注水）	3.2

如表3所示，爆燃压裂酸化联作技术能够通过酸化作用深化爆燃压裂效果，进一步沟通溶蚀裂缝，增大裂缝渗透率，进一步增加产量，具有与爆燃压裂相互增益的效果。

3 筛管完井爆燃压裂酸化的前瞻性研究

我国海上油田完井方式多样，其中筛管完井数量多、比例高。该类井存在重复酸化效果差，储层加砂压裂改造难以实现的问题。爆燃压裂技术在中国海上油田的成功应用为解决此问题提供了一条新思路。但目前该项技术主要应用于套管射孔完井和浅井的裸眼井中，中国暂无在筛管完井中进行应用的先例。

筛管完井爆燃压裂技术在应用中主要存在以下难点[14]：

①爆燃压裂产生的高温可能熔蚀筛管。爆燃压裂火药或推进剂燃烧后，其中心将产生1000℃以上的高温，高温迅速传导至筛管处，可能导致筛管管材破坏；

②爆燃压裂产生的高压气体可能刺穿筛管。火药或推进剂燃烧会产生大量高压气体，该气体峰值压力为1.1~2.0倍地层破裂压力，作用时间为毫秒级，而筛管的出厂标定静态抗压仅为6.9~15.7MPa，存在刺穿筛管的可能；

③压裂枪存在卡枪风险。爆燃压裂产生的瞬时振动，易造成卡枪风险，且部分井筛管尺寸偏小，压裂枪卡枪风险将进一步加大；

④较难实现气体通过筛管后压裂地层。筛管完井爆燃压裂需精准控制峰值压力，该压力需既不能破坏筛管，又能压裂地层。

在三口套管射孔井成功的基础上，如表4所示，结合地面筛管爆燃压裂实验，针对筛管的特性和峰值压力的控制，对火药参数、井下管柱、点火方式等方面做了相应的优化。

表4 地面筛管爆燃压裂挡砂精度实验

实验日期	火药类型	火药用量/kg	挡砂精度		检测温度/℃	检测压力		爆燃后出砂量/g	备注
			测量值1	测量值2		测量值1	测量值2		
201506	推进剂	4.00	195.1	—	—	—	—	—	失效
201511	双芳-3	2.50	172.7	172.3	327~419	31.6	32.7	0.57	失效
201512	双芳-3	2.00	147.4	149.5	327~419	26.3	28.4	0.35	有效
201512	双芳-3	1.75	146.1	147.1	<327	19.5	22.3	0.04	有效

根据地面实验的经验并结合筛管的特征，如图6所示，通过软件模拟计算优化的结果成功地将爆燃压裂酸化技术应用到了惠州20-1-20sb筛管井中，并取得了良好的增产效果。

4 技术应用效果

如表5所示，截至2018年，爆燃压裂酸化技术在海上油田应用6井次，特别是措施之前有三口井关停时间长达13~27个月，且采用补孔、解堵等多项措施无效果，爆燃压裂酸化联作作业后累计增油$2.57\times10^4m^3$，原油增产倍比达4倍，投入产出比1∶5以上，并成功避免了距离储层1.9~3.6m底水的沟通。同时这6井次中包含一口筛管井、一口注水井和一口高含水井，属于海上油田首次将爆燃压裂酸化技术应用到复杂的井况中。并同时在保障施工作业安全的前提下，取得了显著的增产增注效果。

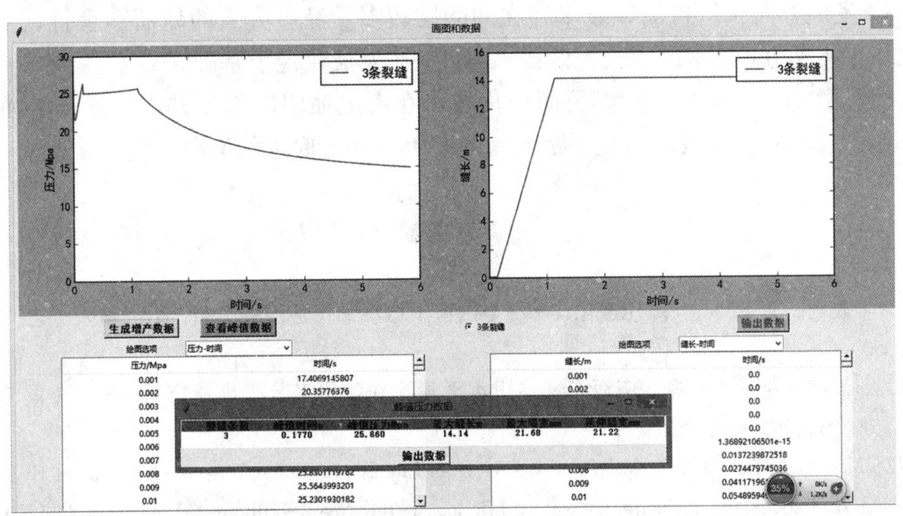

图 6　HZ26-1-20sb 井峰值压力及裂缝长度模拟计算

表 5　海上油田爆燃压裂控水增油效果

井　号	施工结束日期	解堵前			解堵后			有效期/d	增油量/m^3	增产倍比
		产液量/(m^3/d)	产油量/(m^3/d)	含水/%	产液量/(m^3/d)	产油量/(m^3/d)	含水/%			
LF13－1－26H	2014/5/13	0	0	—	129.7	10.7	91.8	354	1579	∞
LF13－1－6	2015/5/3	124	65	47.4	295.5	177.2	40.0	248	15498	2.7
LF13－1－19H	2015/12/28	0	0	—	725.2	38.4	94.7	350	5411	∞
HZ26－1－20Sb	2016/8/13	0	0	—	338.5	32.4	90.4	＞141	3210	∞
WZ6－9－A6（注水井）	2018/5/15	25	—	—	80	—	—	＞120	增注1800	3.2
QK18－2－P2	2018/8/25	100（三层生产）	1	1%	120（两层生产）	—	—	刚进行爆燃压裂措施	目前 P2 井仍处于排液阶段	

5　结　论

（1）海上油田低渗透储层，储层薄、近水，常规酸化改造力度有限。而爆燃压裂技术是一项不受地应力控制，能够很好地实现在储层近井地带造缝的储层改造措施。将爆燃压裂与酸化进行联作进行，能够实现增强低渗储层酸化的效果，进一步提高油水井的生产能力，同时具有避免沟通底水的作用。

（2）针对海上油田油藏地质特点以及完井方式，发展了爆燃压裂数值模拟技术、参数控制及火药优选技术、井下管柱安全分析及保障技术和一系列爆燃压裂酸化配套酸液体系。

能够很好地为现场爆燃压裂酸化设计提供依据。

（3）目前海上油田采用筛管完井方式的井较多，过筛管爆燃压裂酸化技术是目前该技术的下一步发展方向，但目前该技术存在的问题较多。经过大量的地面筛管打靶实验，和HZ26-1-20sb井成功的技术应用，为该技术的进一步发展奠定了基础。

（4）截至2018年9月，爆燃压裂酸化技术在海上油田应用6井次，累计增油 $2.57\times10^4m^3$，增注 $1500m^3$，并成功避免了距离储层1.9～3.6m底水的沟通，效果显著。

参考文献

[1] 孙林，宋爱莉，易飞，等．爆压酸化技术在中国海上低渗油田适应性分析［J］．钻采工艺，2016，39（1）：60～62.

[2] 孙林，邹信波，刘春祥，等．南海东部油田水平筛管井酸化工艺改进及应用［J］．中国海上油气，2016，28（6）：82～87.

[3] JAIMES M G，CASTILLO R D，MENDOZA S A. High Energy Gas Fracturing：A Technique of Hydraulic Prefracturing To Reduce the Pressure Losses by Friction in the Near Wellbore-A Colombian Field Application［C］// SPE. SPE Latin American and Caribbean Petroleum Engineering Conference，Mexico City，Mexico：SPE，2012：SPE-152886.

[4] 李传乐，王安仕，李文魁．国外油气井“层内爆炸”增产技术概述及分析［J］．石油钻采工艺，2001，23（5）：77～78.

[5] 吴飞鹏，蒲春生，陈德春．高能气体压裂载荷计算模型与合理药量确定方法［J］．中国石油大学学报（自然科学版），2011，3（35）：94～98.

[6] 吴飞鹏，徐尔斯，刘静，等．组合脉冲压裂加载过程耦合模拟及火药配比影响敏感性分析［J］．爆炸与冲击，2018，38（03）：683～687.

[7] 黄波，熊培，孙林．海上砂岩油藏爆燃压裂数值模拟技术研究［J］．中国科技论文，2018，13（11）：1319～1324.

[8] CUDERMAN J F，CHU T Y，JUNG J，et al. High energy gas fracture experiments in fluid-filled bore-holes-potential geothermal application［R］. Albuquerque：Sandia National Laboratories，1986：21～24.

[9] SAHARAM M R，MITRI H S. Numerical procedure for dynamic simulation of discrete fractures due to blasting［J］. Rock Mechanics and Rock Engineering，2008，41（5）：641～670.

[10] HUNT W C，SHU W R，CORP MOBIL R&D. Controlled pulse fracturing for well stimulation［C］//SPE. SPE Joint Rocky Mountain Regional/Low Permeability Reservoir Symposium and Exhibition. Denver，Colorado：SPE，1989：SPE-18972.

[11] 孙林，孟向丽，蒋林宏，等．渤海油田注水井酸化低效对策研究［J］．特种油气藏，2016，23（3）：144～147.

[12] 蒋林宏．一种适用于陆丰油田爆燃压裂酸化的高效酸［J］．石油化工应用，2016，35（7）：5～8.

[13] 孙林，杨彬．NHD-G2复合酸体系在西江油田群的研究及应用［J］．石油天然气学报，2014，36（9）：159～162.

[14] 孙林，杨万有，易飞，等．筛管完井爆燃压裂技术可行性研究［J］．特种油气藏，2017，24（4）：161～165.

渤海J油田化学驱含水回返期增效技术研究

未志杰[1,2] 康晓东[1,2] 张健[1,2] 曾杨[1,2]

[1. 海洋石油高效开发国家重点实验室；2. 中海油研究总院]

摘要 渤海J油田化学驱整体进入含水回返期，出现了部分受效井产聚浓度高且上升速度快的问题，这与连续注聚方式造成的剖面返转现象有关，有必要开展注入方式增效研究。通过构建基于Buckley-Leverett公式的非均质油藏相对吸液剖面数学模型，结合海上油田地质油藏特点，剖析了聚合物驱剖面返转产生的力学机制与规律，并开展了交替注入关键参数优化研究。结果表明：随着原油黏度增大或地层非均质性增强，吸液剖面形态趋于倒“V”型，返转时机提早且返转幅度降低，易造成聚合物在高渗层低效循环；交替注入能够有效抑制剖面返转，将吸液剖面改善为“U”型，加强较低渗层吸液量及剩余油动用，提高聚合物利用率；合理的交替周期可最大程度的抑制剖面返转，最佳周期数随渗透率级差升高、低渗层相对厚度降低而增大，并建立了交替周期优化公式，用于指导开发方案制定。渤海J油田试验区交替注入方案研究表明，在相同化学剂用量条件下，交替注入方式较现有连续注入可有效延缓含水上升速度，中心井含水最大降幅6个百分点，采收率进一步提高0.6个百分点。

关键词 非均质 化学驱 含水回返 剖面返转 交替注入

渤海J油田化学驱开发具有多层合注级差大、注聚时机早、整体单一浓度段塞连续注入的特点[1~3]，目前已进入含水回返期，出现部分受效油井含水率水平甚至高于注聚前、产聚浓度高且上升速度快等问题，聚合物利用率下降。研究发现，连续注聚过程中普遍存在剖面返转，即较低渗层相对吸液量先上升、而后下降的现象，剖面返转发生后，纵向波及能力持续减弱，层间矛盾更为突出，导致中后期聚合物在较高渗层低效乃至无效循环，不利于低渗层剩余有动用与聚合物驱油作用的充分发挥[4~6]。

为进一步提高J油田含水回返后化学驱油作用，进一步加强低渗层动用程度，笔者开展了交替注入增效技术研究，设计思路是通过将注入方式由连续注入改变为交替注入，采用不同强度段塞，高强度段塞优先进入高渗层，降低高渗层流度，迫使后续低强度流体进入与之较为匹配的低渗层，使高低渗层流度差异减小，实现高低渗层聚合物段塞尽可能的同步运移，从而抑/控制剖面返转[7,8]。

本文首先推导构建非均质油藏相对吸液剖面解析数学模型，揭示剖面返转及交替注入控制/抑制返转的力学机理；而后结合渤海J油田油藏特征，开展了交替注入方式及交替参数优化研究。

第一作者简介：未志杰（1984年—），男，博士，高级工程师，主要从事海上油气田提高采收率方面的研究工作。通讯地址：（100028）北京朝阳区太阳宫南街6号中海油大厦B座701室。E-mail：weizhj5@cnooc.com.cn。

1 非均质油藏吸液剖面变化理论模型

1.1 吸液剖面方程

对于具有多个储层的非均质油藏而言，不同渗透率储层的注入量或产出量可表示为：

$$q_i = \frac{K_i A_i}{\bar{\lambda}_i^{-1}} \nabla P \quad 其中 A_i = H_i \cdot W_i \tag{1}$$

式中，q 为流量，m^3/s；K 为渗透率，$10^{-3}\mu m^2$；A 为渗流截面积，m^2；∇P 为注采端之间的压力梯度，Pa/m；H 为有效厚度，m；W 为宽度，m；下标 i 为储层编号。$\bar{\lambda}_i^{-1}$ 是第 i 层的视黏度，表示注采端之间的油水平均表观黏度，mPa · s。

根据式（1），可以计算出各层的相对吸水量或相对产水量：

$$f_i = \frac{q_i}{\sum q_i} = \frac{\frac{K_i H_i}{\bar{\lambda}_i^{-1}}}{\sum \frac{K_i H_i}{\bar{\lambda}_i^{-1}}} \tag{2}$$

渗透率 K 与有效厚度 H 均已知，因此计算各层的视黏度 $\bar{\lambda}_i^{-1}$ 是得出相对吸水量的关键，也是开展剖面变化特征研究的基础。

此外，单层注入量也可以表示为各层注入孔隙体积倍数 Q_i 的关系：

$$q_i = V_{pi} \cdot \frac{dQ_i}{dt} \quad 其中 V_{pi} = A_i \cdot L \cdot \phi_i \tag{3}$$

式中，V_{pi} 为第 i 层的孔隙体积，m^3；ϕ_i 为孔隙度；Q_i 为注入孔隙体积倍数。

联立式（1）与式（3），可得到：

$$\bar{\lambda}_i^{-1} \frac{dQ_i}{dt} = \frac{K_i}{\phi_i L} \nabla P \tag{4}$$

则非均质油藏任意两层之比为：

$$\frac{\bar{\lambda}_j^{-1} dQ_j}{\bar{\lambda}_i^{-1} dQ_i} = \frac{K_j}{K_i} \frac{\phi_j}{\phi_i} j \neq i \tag{5}$$

1.2 视黏度方程

视黏度 $\bar{\lambda}_i^{-1}$ 表示注入与产出端之间油水两相的平均表观黏度，用于表征渗流难易程度，该值越大，黏滞力越大，流动能力越弱。下面我们将结合 Buckley-Leverett 公式[9,10]，推导视黏度 $\bar{\lambda}_i^{-1}$ 与注入体积倍数 Q_i 的关系。

根据视黏度定义，其表达式如下：

$$\bar{\lambda}_i^{-1} = \frac{\int_0^L \left(\frac{1}{\lambda_w + \lambda_o}\right)_i dx}{\int_0^L dx} = \frac{\int_0^L \left(\frac{1}{k_{rw}/\mu_w + k_{ro}/\mu_o}\right)_i dx}{L} \tag{6}$$

式中，下标 o、w 分别表示油、水相，λ 、k_r、μ 分别为流度、相对渗透率以及黏度。

给定相渗曲线与油水黏度，油水总流度λ_t是含水饱和度s_w的函数$\lambda_t = \lambda_w + \lambda_o = g(s_w)$，波及区内分流率导数$f'_w$是 s_w 单调函数$f'_w = h(s_w)$；同时结合线性稳态流 Buckley-Leverett 公式，式（6）视黏度$\bar{\lambda}_i^{-1}$可写为：

$$\bar{\lambda}_i^{-1} = Q_i \cdot \int_0^{1/Q_i} \frac{1}{g(h^{-1}(f'_w))_i} df'_w = n(Q_i) \tag{7}$$

式中，f_w为分流率；f'_w为f_w关于含水饱和度S_w的偏导数，即$f'_w = \partial f_w/\partial S_w$；$Q_i$为注入孔隙体积倍数。

由式（7）可知，水驱阶段视黏度$\bar{\lambda}_i^{-1}$仅与注入孔隙体积倍数Q_i有关。同理，对于后续聚合物驱，也可推出视黏度为水驱段注入孔隙体积倍数Q_{iw}、聚合物注入孔隙体积倍数Q_{ip}的函数，在此不再赘述。根据上述方程，采用 Matlab 编写了求解程序，从而获得非均质油藏吸液剖面。

2 聚合物驱剖面返转力学机制与规律

2.1 剖面返转机理

聚合物驱剖面变化形态如图1（a）所示：较低渗层相对吸液量在水驱段持续下降；注聚后，剖面呈倒“V”型，先近乎线性快速上升，峰值甚至高于初期相对吸液量，而后发生返转并急剧下降，几乎不存在“平台期”。剖面返转产生机制是：不同渗透层相对吸液能力导致各层渗流阻力变化产生差异，而阻力相对变化的差异反作用于吸液能力，导致各层相对吸液重新分配，当各层阻力相对变化趋同时，产生剖面返转。在开始阶段，聚合物较多地进入高渗层，造成渗流阻力（视黏度）急剧上升，见图1（b）高渗层线，而低渗层上升速度相对缓慢，根据最小位能原理，低渗层相对吸水量增加；到一定程度后，低渗层视黏度增长率超越高渗层，其相对吸水量回落，发生剖面返转。

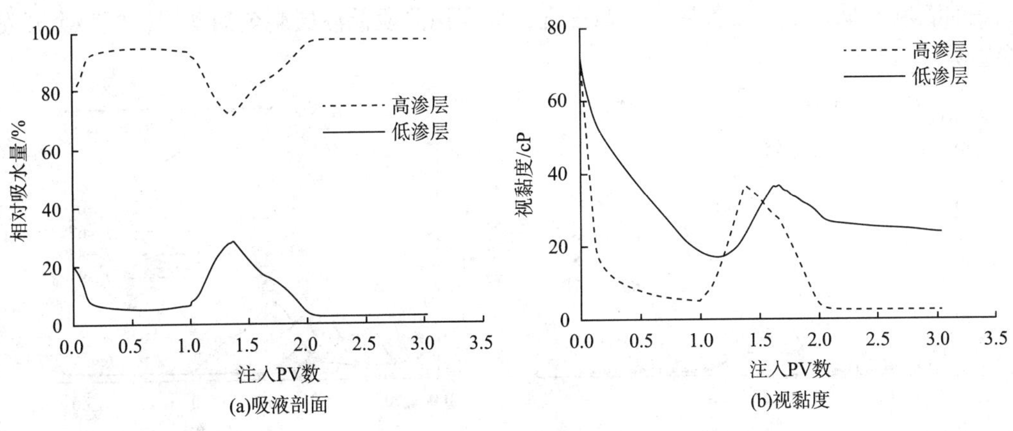

图1　吸液剖面与视黏度随注入 PV 变化情况

2.2 剖面返转规律

不同原油黏度的相对吸水量变化曲线见图2（a）：随着原油黏度升高，剖面形态由倒“U”型向倒“V”型转变；剖面返转时机提前，返转幅度降低，低渗层吸液能力下降。原油黏度是影响聚合物驱吸液剖面改善程度的重要因素，改善程度随原油黏度增大而降低，稠油聚合物驱剖面变化有别于稀油，稠油剖面趋于呈倒“V”型，使层间矛盾更为突出，注聚中后期容易出现聚合物在高渗层低效甚至无效循环。原油黏度显著影响聚合物驱渗流阻力变化，黏度为70cP稠油与5cP稀油的视黏度变化情况如图2（b）所示。

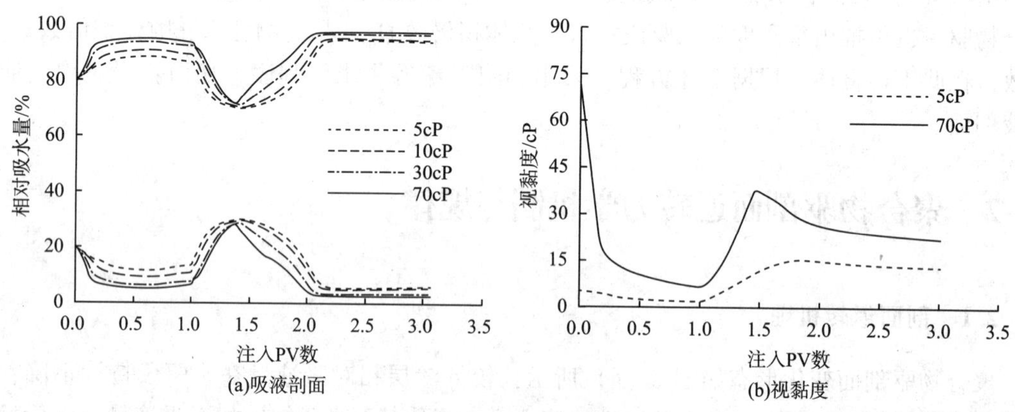

图2　不同原油黏度下吸液剖面与视黏度变化情况对比

渗透率级差对注聚吸液剖面的影响见图3（a）：随着级差增大，低渗层剖面返转幅度明显降低，返转时间提前，低渗层吸液量大幅下降。聚合物改善低渗层吸液的能力受级差影响显著，级差越大，改善能力越弱，连续注聚的驱油效果越差。

注聚时机对注聚吸液剖面的影响见图3（b）：随着注聚时机推迟，低渗层吸液剖面由“矮胖”过渡到“高瘦”：剖面峰值先显著升高，而后小幅下降；返转时机先由0.33PV提前到0.28PV（$f_w=86\%$），而后推迟到0.38PV。可见聚合物调剖能力受注聚时机制约，注聚时机提前有利于低含水阶段各层的均衡推进，提高该阶段低渗层剩余油动用，但整个开发期低渗层吸液量降低。

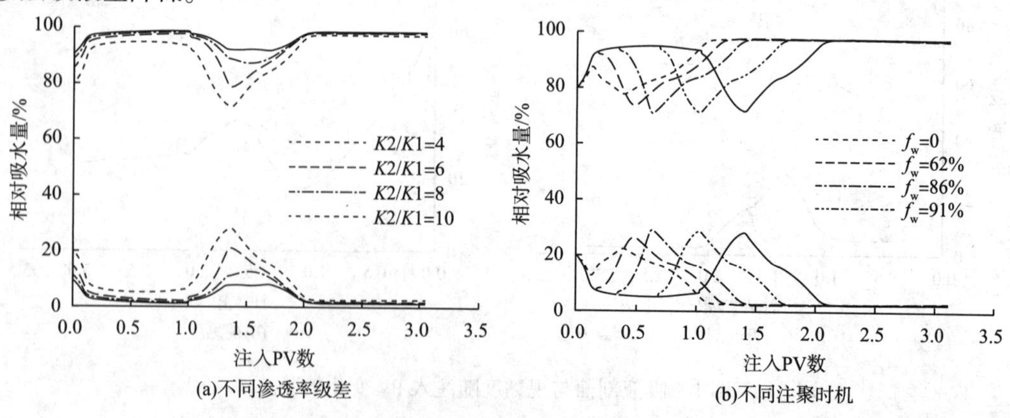

图3　不同条件下吸液剖面变化情况对比

3　交替注入关键参数优化

交替周期数是交替注入方案设计的重要参数。为研究交替周期对吸液剖面与驱油效果的影响，设计了9套方案，分别表示单一段塞连续注入、以及1~8个交替周期情形，各方案聚合物用量相同。不同交替周期下各层吸液剖面如图3所示，随着交替周期数增大，低渗层吸液剖面先由倒“V”型转变为倒“U”型，“平台”期出现并逐渐延长，低渗层吸液量升高，交替3个周期获得最佳剖面调整效果，之后又逐渐变回V型，低渗层吸液量回落，详见图4。相应的提高采收率效果见表1最后一列，在相同聚合物用量下，交替注入采收率相比连续注入提高2.0%~3.1%，3个交替周期时采收率提高值最大，此时吸液剖面形态也最佳，低渗层吸液量提高10.5%。由此可见，合理的交替周期能够最大程度的抑制剖面返转，提高低渗层吸液量及动用程度，进一步发挥聚合物驱油作用。

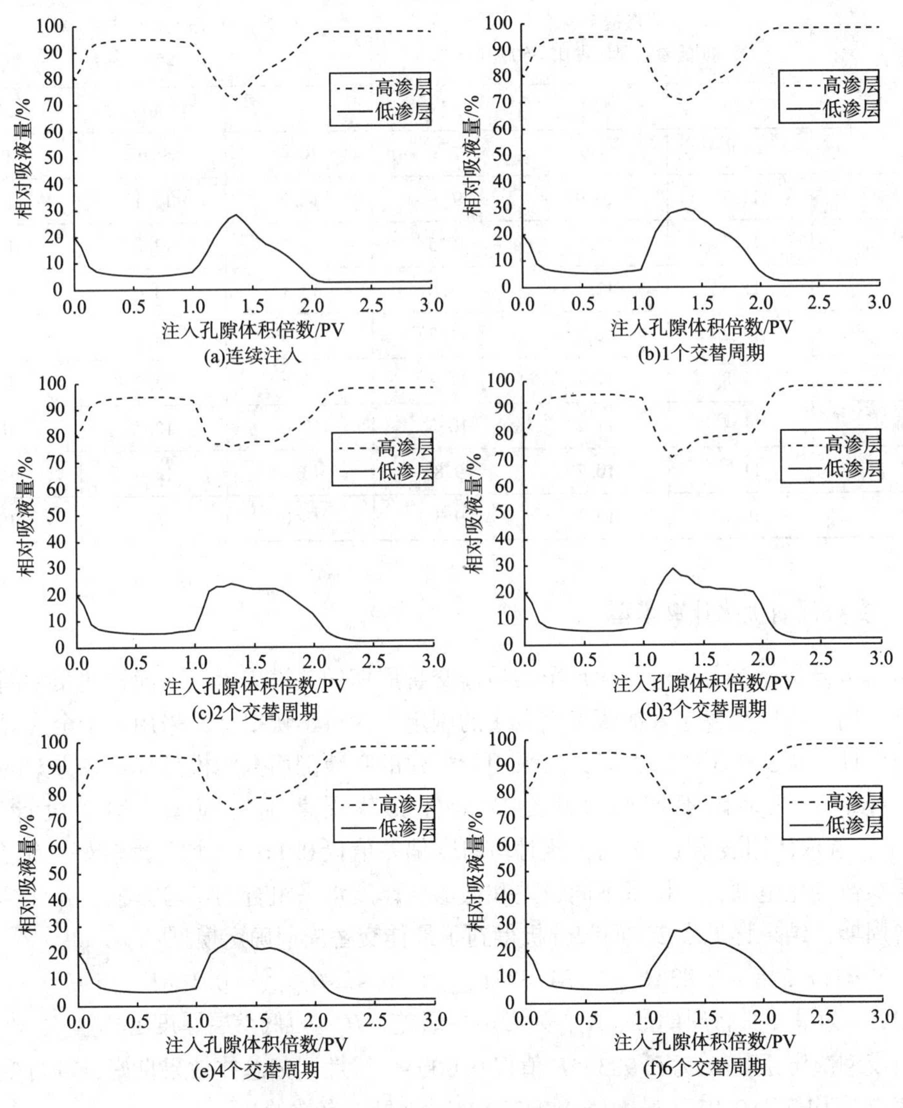

图4　不同交替周期时吸液剖面变化情况

3.1 最佳交替周期影响因素

研究渗透率级差、低渗层相对厚度对最佳交替周期数的影响，其中低渗层相对厚度采用低渗层厚度占总厚度的比例来表示。

不同渗透率级差下采收率提高幅度与交替周期数的关系见表1，固定低渗层厚度占比50%，级差为3、5及7时，最佳交替周期数分别是2、4以及5。可见，当级差在3~7范围内变化时，随着级差增大，达到最佳提高采收率效果所需的交替周期数越多。

不同低渗层相对厚度下采收率提高值与交替周期数的关系见表1，固定渗透率级差4，低渗层厚度占比为33%、40%、50%时，最佳交替周期分别是6、4以及3。低渗层厚度占比在33%~50%范围内变化时，随着低渗层厚度增加，达到最佳提高采收率效果所需的交替周期数越少。

表1　不同渗透率级差与低渗层相对厚度时各交替周期的采收率提高幅度

周期数	渗透率级差（低渗层厚度占比=50%）			低渗层厚度占比/%（渗透率级差=4）		
	3	5	7	33	40	50
0	9.9	8.9	7.3	10.4	9.9	9.2
1	11.7	10.9	9.7	12.2	12.1	11.1
2	12.7	11.6	10.5	12.7	12.8	11.9
3	12.5	12.1	11.0	13.1	13.4	12.3
4	12.2	12.3	11.3	13.5	13.7	11.8
5	11.8	11.7	11.5	13.8	13.2	11.3
6	11.4	11.2	10.5	14.0	12.7	10.9
7	11.1	10.7	9.8	13.4	12.4	10.6
8	10.9	10.3	9.3	13.0	12.2	10.5

3.2 交替周期优化计算模型

渗透率级差和低渗层相对厚度是影响最佳交替周期的关键因素，下面构建交替周期优化计算模型，用于指导交替注入油藏工程方案的制定。为科学快捷计，采用基于全局寻优的多因素均匀设计方法安排了实验方案，后采用所构建的吸液剖面数学模型计算各方案的最佳交替周期，最后开展多因素回归分析建立最佳交替周期确定模型。均匀设计表采用$U_{12}^{*}(12^{10})$，选取使用表第1、5列，此时均匀度偏差值仅0.1163，均匀度较好；结合渤海J油田储层参数变化范围，安排了不同级差和低渗层厚度水平组合的实验方案，并计算相应的最佳交替周期，结果详见表2，回归分析得到了最佳交替周期确定模型：

$$y = 11.548 + 0.838K_{ratio} - 31.834H_{ratio} + 16.428H_{ratio}{}^{2} - 0.148K_{ratio} \cdot H_{ratio} \tag{8}$$

式中，y为最佳交替周期数；K_{ratio}为渗透率级差；H_{ratio}为低渗层厚度占比。

回归模型决定系数R^2为0.983，P值仅0.0003，线性回归总体效果良好；各自变量的显著性概率P值均低于0.05（最大值0.0432），也是显著有效的。

表2　交替周期优化实验设计与结果

方案号	级差	低渗层厚度比/%	最佳交替周期数	方案号	级差	低渗层厚度比/%	最佳交替周期数
1	2	60	0	7	2	40	3
2	3	50	2	8	3	20	8
3	4	30	7	9	4	70	0
4	5	20	10	10	5	60	2
5	6	70	2	11	6	40	6
6	7	50	5	12	7	30	9

3.3　交替注入应用

在渤海J油田开展了交替注入矿场试验方案研究，目前处于含水回返期，筛选出5口级差较大化学驱井作为交替注入试验井，其中2口开展不同种类聚合物交替、其他开展不同浓度交替，结果表明：在不增加聚合物用量前提下，试验区采收率在连续注入方案基础上进一步提高0.6%，吨聚增油提高6.5%，显著延缓了中心井含水回返速度、最大含水降幅6.0%，控水增油效果明显，加强了低渗层动用，提高了聚合物利用效率（图5）。

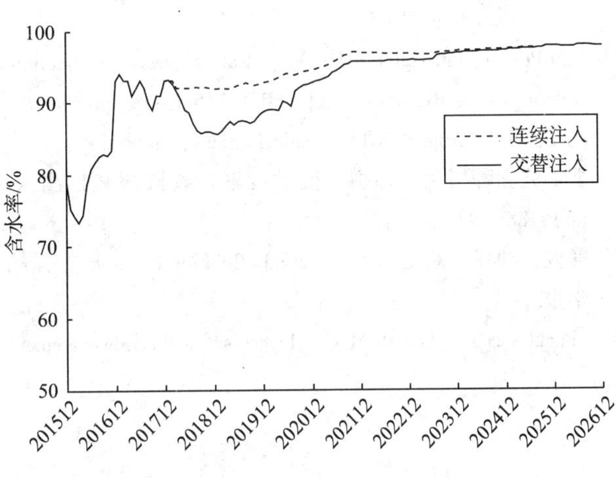

图5　交替注入与连续注入中心井含水对比

4　认识及结论

（1）构建了基于Buckley-Leverett公式的非均质油藏相对吸液剖面数学模型，揭示了剖面返转及交替注入抑制返转的力学机制。

（2）随着原油黏度增大或地层非均质性增强，连续注聚的吸液剖面形态趋于倒“V”型，返转时机提早且返转幅度降低，易造成中后期聚合物在高渗层低效循环。

（3）交替注入可有效抑制剖面返转，使吸液剖面由倒“V”型改善为“U”型，增强低渗层吸液能力及剩余油动用，提高聚合物利用效率，取得更好的增油降水效果。

（4）合理的交替周期可最大程度抑制剖面返转，渗透率级差越大、低渗层相对厚度越低，所需最佳交替周期数越大，建立了交替周期优化模型，指导开发方案制定。

（5）渤海J油田试验区交替注入方案研究表明，在相同化学药剂用量条件下，交替注入方式较连续注入可有效延缓含水上升速度，中心井最大下降幅度6个百分点，采收率进一步提高0.6个百分点。

参考文献

[1] 周守为，韩明，向问陶，等．渤海油田聚合物驱提高采收率技术研究及应用［J］．中国海上油气，2006，18（6）：386～389.

[2] 孙焕泉．胜利油田三次采油技术的实践与认识［J］．石油勘探与开发，2006，33（3）：262～266.

[3] 王德民，程杰成，吴军政，等．聚合物驱油技术在大庆油田的应用［J］．石油学报，2005，26（1）：74～78.

[4] 曹瑞波，韩培慧，侯维虹，等．聚合物驱剖面返转规律及返转机理［J］．石油学报，2009，30（2）：267～270.

[5] 曹瑞波．聚合物驱剖面返转现象形成机理实验研究［J］．油气地质与采收率，2009，16（4）：71～73.

[6] 曹瑞波，王晓玲，韩培慧，等．聚合物驱多段塞交替注入方式及现场应用［J］，油气地质与采收率，2012，19（3）：71～75.

[7] Han Peihui, Liu Haibo, Han Xu, et al. Alternative Injection and Its Seepage Mechanism of Polymer Flooding in Heterogeneous Reservoirs [J]. SPE-174586-MS, presented at SPE Asia Pacific Enhanced Oil Recovery Conference, 11-13 August 2015, Kuala Lumpur, Malaysia.

[8] 曹瑞波，韩培慧，孙刚．变黏度聚合物段塞交替注入驱油效果评价［J］．石油钻采工艺．2011，3（6）：88～92.

[9] 熊俊，刘建，刘建军，等．基于 Buckley-Leverett 方程的水气两相渗流理论［J］．辽宁工程技术大学学报.

[10] Buckley S. E., Levertt M. C. Mechanism of fluid displacement in sands [J]. AIME, 1942 (46): 107～116.

渤海Z油田聚合物驱注入井解堵增注技术研究与应用

赵文森[1,2]　高建崇[3]　赵娟[1,2]　刘长龙[3]　兰夕堂[3]　周际永[4]

[1. 海洋石油高效开发国家重点实验室；2. 中海油研究总院有限责任公司；
3. 中海石油（中国）有限公司天津分公司；4. 中海油能源发展股份有限公司]

摘要　渤海Z油田在实施聚合物驱过程中，随着注聚时间的增加，部分注聚井出现了注入压力升高，注入量不能满足配注要求的现象；而采取常规酸化解堵作业后效果不明显，影响了聚合物驱效果。通过对注聚井堵塞物样品的成分分析，堵塞物是由聚合物及高价金属离子形成的交联体系、无机垢和污油组成的复合垢，并基于对垢样的组成分析结果，确立了利用氧化体系降解复合垢中的聚合物类堵塞物，利用酸液溶蚀复合垢中的无机类堵塞物的复合解堵体系研究方向。通过研究，优选出了一套适合渤海油田注聚井解堵的复合解堵体系。并在渤海油田10#注聚井中进行解堵增注作业，视吸水指数由作业前的26.40m^3/(d·MPa)增加到45.18 m^3/(d·MPa)，解堵增注有效期179d，累计增注22000m^3，增注效果明显。

关键词　注聚井　聚合物堵塞　解堵增注　渤海油田

聚合物驱技术在渤海油田的应用取得了明显的增油效果，已成为渤海油田开发稳产和增产的重要手段之一[1,2]。但，在渤海Z油田实施聚合物驱过程中，随着聚合物溶液注入时间的增加，部分注聚井出现了注入压力升高，甚至有些井的注入压力已接近安全注入压力最大值，而聚合物溶液的实际注入量仍然达不到油藏配注要求[3]。

针对注聚井注入压力高且欠注的现象，该油田采用了土酸、多氢酸、氟硼酸和生物酸体系等多套酸化体系进行了解堵作业，从现场实施效果看，这几种酸液解堵体系对注聚井增注效果不明显。因此，非常有必要针对注聚井堵塞问题开展解堵增注技术研究。

1　堵塞原因分析

1.1　堵塞物组成分析

为了确保解堵体系研究有针对性，通过现场返排作业，获取了注聚井堵塞物样品（图1），通过洗油、热重分析及元素分析等方法对样品组分进行了分析（表1）。

图1　堵塞物垢样图片

第一作者简介：赵文森（1980年—），男，重庆人，中海油研究总院有限责任公司，高级工程师，主要从事提高采收率方向研究。联系地址：北京市朝阳区太阳宫南街6号院中国海油大厦B座，zhaows@cnooc.com.cn，010-84523758。

表1 堵塞物垢样组分分析数据表

检测项目	结果	检测项目	结果
油含量	19.6%	铝	2.2%
550℃残重	40.3%	铬	0.8%
950℃残重	6.6%	钡	0.6%
钙	16.9%	钠	0.3%
镁	1.2%	磷	0.2%
铁	5.3%	锶	0.2%
硫	0.6%	其他	0.5%
硅	4.7%	/	/
共计	100%		

由表1可以看出，堵塞物是由聚合物及高价金属离子形成的交联体系、无机垢和污油组成的复合垢。

1.2 堵塞原因分析

根据注聚井堵塞物垢样分析，结合注聚油田的储层条件、物性特征等，原油物性，以及聚合物类型和注聚情况等的综合分析，初步得出了渤海Z油田注聚井注入压力高、欠注的主要原因为：

（1）地层黏土矿物脱落、运移形成堵塞物：该油田储层主要为细粒砂岩，以石英为主，胶结物为泥质，岩样中黏土矿物的绝对含量高，且黏土矿物含量中以伊/蒙混层为主。当储层与外来流体接触时，易发生水化膨胀、造成石英分散、脱落，造成地层堵塞。

（2）重质油中胶质沥青质的沉淀：该油田原油具有密度大、黏度高、胶质沥青质含量高等特点，属重质稠油，地面原油脱气密度在0.9573～0.9738g/cm^{3}之间，原油黏度一般在27.8～7787.4mPa·s之间，胶质沥青质含量为32.3%。在注聚开发过程中，由于储层温压条件的改变，极易导致胶质沥青质等沉淀的产生聚集，造成地层堵塞。

（3）高价金属离子与聚合物分子形成的交联聚合物：通过从垢样分析结果可以看出，垢样中含有大量的Ca^{2+}、Mg^{2+}、Fe^{3+}等高价金属离子。据注入水水质分析，注入水中总铁含量0.2～1.4mg/L，Ca^{2+}含量624.9mg/L、Mg^{2+}含量245.5mg/L。Ca^{2+}、Mg^{2+}、Fe^{3+}等高价金属离子在注聚过程中与聚合物溶液发生分子内和分子间交联反应，形成局部区域性网状分子结构，流动阻力增加，在地层中表现为难于流动的物质而堵塞地层孔喉。通过现场获取的垢样中肉眼可见大块聚合物的胶团物质，也证实了这一点。

（4）聚合物及交联聚合物包裹黏土矿物形成堵塞物：当地层中的黏土矿物与外来流体接触，特别是和聚合物/交联聚合物这种高黏液体接触时，由于他们黏度高，对砂粒具有很强的裹挟作用，进一步加强了黏土的脱落，加剧了对地层的堵塞。

2 复合解堵体系性能评价

根据对堵塞物成分和堵塞原因分析，初步确立了解堵体系的研究方向：降解聚合物类堵塞物+溶蚀无机类堵塞物。对于降解聚合物类堵塞，常用方法是氧化降解法，就是通过氧化剂释放活性物质的强氧化性，使聚合物的高分子长链断裂，实现降解聚合物堵塞的目的；对于无机堵塞物的酸化解堵技术在该油田已经有成熟体系。

2.1 氧化解堵液优选

考察了自制的氧化解堵剂（ZY）与陆地油田解堵效果较好的氧化解堵剂（0.5% ClO_2 + 10% HCl、0.5% ClO_2 + 10% $C_6H_6O_7$、5% H_2O_2、5% $(NH_4)_2S_2O_8$、5% $(NH_4)_2S_2O_8$ + 1% Na_2SO_3 和5% $(NH_4)_2S_2O_8$ + 1% $NaHSO_3$）对油田现场用聚合物和交联聚合物的氧化降解效果（表2）。

表2　氧化解堵液性能静态评价结果

编　号	解聚体系	降解率/%	
		5000mg/L 聚合物溶液	交联聚合物体系
1	1% ZY	99.88	99.45
2	0.5% ClO_2 + 10% HCl	94.72	82.96
3	0.5% ClO_2 + 10% $C_6H_6O_7$	87.49	79.39
4	5% H_2O_2	92.63	85.37
5	5% $(NH_4)_2S_2O_8$	80.37	58.13
6	5% $(NH_4)_2S_2O_8$ + 1% Na_2SO_3	75.63	52.93
7	5% $(NH_4)_2S_2O_8$ + 1% $NaHSO_3$	71.74	51.27

由表2可知，1% ZY 的对5000mg/L的聚合物溶液和交联聚合物体系的降解率都是最高的，达到99%以上，故选定1% ZY 作为本次研究的氧化解堵液。ZY 氧化解堵剂是以过氧化钙为主剂，过硫酸盐和亚氯酸盐为辅剂，多元有机酸及添加剂组成的氧化解堵体系。

2.2 反应残液对后续聚合物溶液性能的影响

为了考察氧化解堵液与该油田现场用聚合物液反应后生成的残液对解堵后注入的新鲜聚合物溶液性能的影响。将1% ZY 氧化解堵液与不同浓度聚合物溶液按质量比1∶1混合，静置反应2h后，测试反应后残液黏度；再取反应残液与新鲜聚合物溶液按质量比1∶1混合，静置反应2h，测试反应后形成的二次残液黏度；……，直到当最终残液黏度与用同比例蒸馏水一次稀释聚合物溶液黏度相近时，残液影响实验结束（表3）。

表3　残液对聚合物溶液性能影响测试数据

聚合物浓度/(mg/L)	聚合物溶液黏度/mPa·s	1∶1蒸馏水稀释黏度/mPa·s	一次残液黏度/mPa·s	二次残液黏度/mPa·s	三次残液黏度/mPa·s
1750	580.9	239.9	2.5	137.5	255.2
3000	3024	1605	24.8	513.6	1795
5000	12017	3500	36.2	2085	4924
备注	透明无沉淀	透明无沉淀	透明无沉淀	透明无沉淀	透明无沉淀

由表3可知，二次残液与聚合物溶液1∶1混合后的黏度与蒸馏水和聚合物溶液1∶1混合后黏度基本相当，说明氧化解堵液与聚合物溶液反应后的二次残液基本不再具有氧化能力，也就是说在采用1%ZY实施解堵作业后产生的残液对后续注入的新鲜聚合物溶液的影响较小，不会影响后续聚合物溶液性能的发挥。

2.3 氧化体系对管柱的腐蚀性影响

ZY氧化解堵液具有较强的氧化性，在现场实施时，其强氧化性对作业井管柱的腐蚀是否会影响作业安全。按照标准SY/T 5405-1996的测试方法，测定了ZY氧化解堵体系对管柱的腐蚀性影响（表4）。

表4 N80钢片腐蚀速率测试数据

温度/℃	反应时间/h	腐蚀速率/［g/（m^2·h）］	SY/T 5405－1996/［g/（m^2·h）］		
			一级	二级	三级
90	2	0.12	<5	<10	<15

由表4可知，1%ZY氧化解堵体系溶液对钢片的腐蚀速率为0.12g/（m^2·h），远小于标准推荐的腐蚀速率。

2.4 与解堵酸液共用

注聚过程中生成的堵塞物含有大量的黏土和细粉砂等机械杂质，在对注聚井解堵作业时，除了使用氧化解堵液解除有机堵塞物外，还需要解堵酸液对无机堵塞物进行溶蚀。因此，考察了氧化解堵液与解堵酸液组成的复合解堵体系对现场堵塞物垢样的溶蚀效果（图2）。

图2 现场垢样溶蚀效果

由图2可以看出，经过复合解堵体系作用后，现场垢样质量大幅减少，垢样的溶蚀率高达85%，说明复合解堵体系对现场垢样溶蚀效果较好。

2.5 动态驱替解堵实验

岩心流动实验步骤如下：①填砂管饱和水，测原始渗透率$K1$；②注入交联聚合物溶液，待压力稳定后，放置在65℃烘箱中老化48h；③向模拟堵塞的填砂管中注入地层水，待压力稳定后，测定填砂管伤害后的渗透率$K2$；④注入1%的复合解堵体系，并静置反应2h；⑤

用地层水驱替解堵后的填砂管，待压力稳定后，测定渗透率 $K3$（图3）。

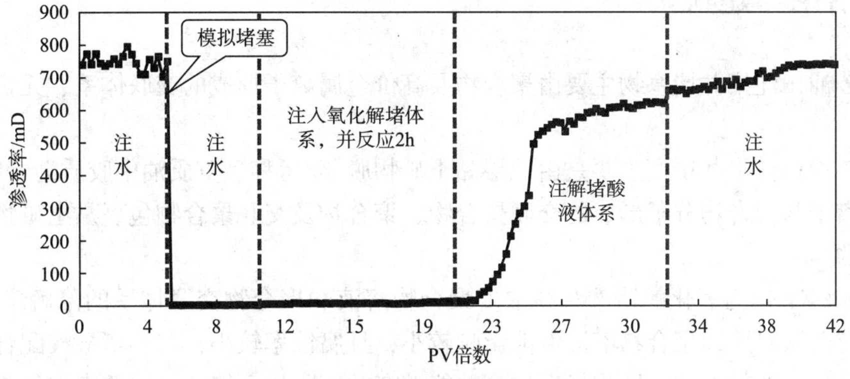

图3　动态驱替解堵实验

从动态驱替实验结果可以看出：填砂管初始渗透率 $750 \times 10^{-3} \mu m^2$，模拟堵塞后渗透率下降至 $20 \times 10^{-3} \mu m^2$，解堵后渗透率恢复至 $730 \times 10^{-3} \mu m^2$，渗透率恢复率高达97%，说明复合解堵体系对模拟堵塞体系解堵效果较好。

3　现场应用情况

复合解堵体系在现场实施时，用现场水将氧化解堵剂配制成1%浓度的溶液，即可实施氧化解堵液的实施，注入完成后，关井2h等待氧化解堵液降解聚合物类堵塞物；再注入解堵酸液体系，待复合解堵液体系全部注入后，转正常注水。

复合解堵体系在渤海聚合物驱Z油田先后实施了5井次的解堵作业，解堵增注效果显著，现场实施工艺安全可靠。以10#井为例（图4），采用复合解堵体系对该井进行了解堵增注作业，作业前该井注入压力9.85MPa，日注入量为 $260m^3/d$；解堵作业后注入压力为9.85MPa，日注入量为 $445m^3/d$，视吸水指数由 $26.40m^3/(d \cdot MPa)$ 增加到 $45.18m^3/(d \cdot MPa)$，是解堵前的1.71倍，有效期179d，实现增注 $22000m^3$，增注效果明显。

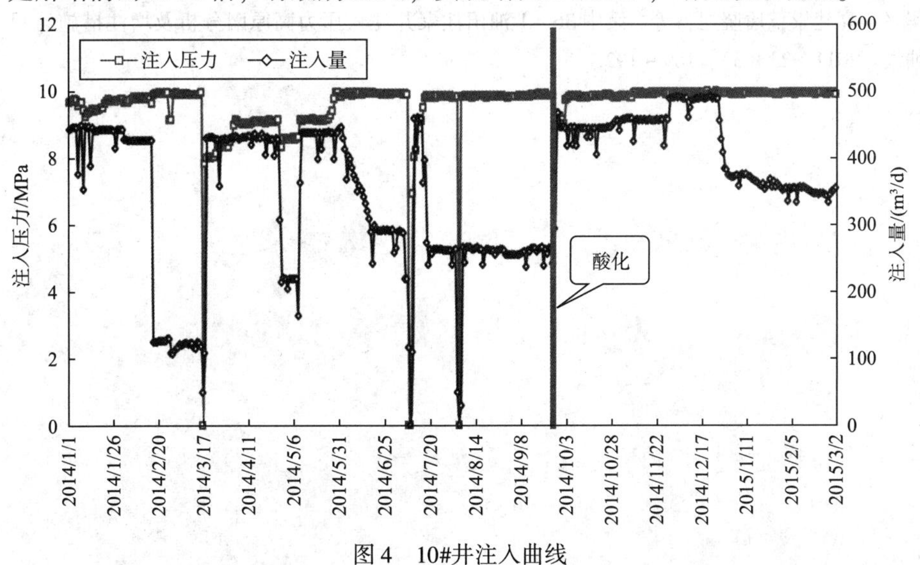

图4　10#井注入曲线

4 结论与建议

（1）Z油田注聚井堵塞物主要由聚合物及高价金属离子形成的交联体系、无机垢和污油组成。

（2）Z油田注聚井堵塞主要是由地层黏土矿物脱落/运移、重质油中胶质沥青质的沉淀、高价金属离子与聚合物分子形成的交联聚合物、聚合物及交联聚合物包裹黏土矿物形成的堵塞物造成的。

（3）1%ZY作为氧化解堵液对高浓度聚合物溶液和聚合物交联体系的降解率达99%以上，其反应残液对后续聚合物溶液性能影响较小，且腐蚀率较小；与解堵酸液配合形成的复合解堵体系，能够较好地溶蚀现场垢样，并能够有效解除岩心堵塞，渗透率恢复率达97%。

（4）复合解堵液体系对渤海Z油田10#注聚井进行了解堵增注作业，视吸水指数由作业前的26.40m^3/（d·MPa）增加到45.18m^3/（d·MPa），有效期179d，实现增注22000m^3，增注效果明显。

参考文献

[1] 周守为，韩明，向问陶，等．渤海油田聚合物驱提高采收率技术研究及应用［J］．中国海上油气，2006，18（6）：386～389.

[2] 刘光成，温哲华，王天慧，等．海上油田注聚井解堵增注技术进展研究［J］．石油天然气学报（江汉石油学院学报），2014，36（12）：244～247.

[3] 卢大艳，孟祥海，吴威，等．渤海注聚油田堵塞井堵塞机理分析及复合解堵工艺设计［J］．中国海上油气，2016，28（5）：98～103.

[4] 周万富，赵敏，王鑫，等．注聚井堵塞原因［J］．大庆石油学院学报，2004，28（2）：40～42.

[5] 陈华兴，唐洪明，赵峰，等．绥中36－1油田注入水悬浮物特征及控制措施［J］．中国海上油气，2010，22（3）：179～182.

[6] 陈华兴，高建崇，唐晓旭，等．绥中36－1油田注聚井注入压力高原因分析及增注措施［J］．中国海上油气，2011，23（3）：189～192.

渤海稠油油田弱凝胶多段塞注入方式研究与矿场应用

李彦阅　王楠　黎慧　薛宝庆　代磊阳　夏欢　张云宝

[中海石油（中国）有限公司天津分公司]

摘要　渤海稠油油藏具有黏度高、油层渗透率高和非均质性严重等特点，随着开发的不断进行，在应用弱凝胶保压调驱技术时，多轮次调驱注入难度加大，储层深部剖面改善逐渐减弱，增油效果逐渐变差。针对稠油油藏多轮次调驱逐渐变差的问题，本文以物理模拟和数值模拟等为技术手段，开展了弱凝胶与水交替注入增油效果研究和机理分析。研究结果表明，在稠油油藏条件下，与连续注入弱凝胶调驱相比，采用多个弱凝胶与水交替注入方式，可以在高渗层建立封堵能力，改善油层渗流压力场和流体波及路径，增大局部驱替压力梯度，迫使交替注水转向，启动油层宏观与微观剩余油，液流转向能力更强，驱油效果更好，室内提高采收率可达3.2%；无论从室内物理模拟还是数值模拟，稠油油田弱凝胶与水交替注入存在一个最佳注入轮次。弱凝胶多段塞聚能注入方式现场应用结果表明，与连续注入调驱剂相比，交替注入工艺实现了聚合物用量降低与净增油效果提升双效益，井组含水率下降幅度10.09%，实现递减增油$1.97\times10^4m^3$。

关键词　海上稠油　弱凝胶　多段塞交替　调驱　矿场效果

0　引　言

注水井调剖调驱技术可以控制注水窜流，调整层间吸水状况，进而提高水驱波及效率，近些年在现场应用越来越广泛，处理井次增多，经济效果也明显提高[1,2]。但在单井多轮次调剖调驱应用过程中也存在一些问题，现场统计结果表明多轮次效果是依次递减的[3]，针对这种现象，王业飞、赵福麟等研究认为，多轮次调剖影响面部分重叠、封堵时机不适宜、注入工艺导致中低渗层污染以及堵剂运移深部部分失效等是导致多轮次调剖调驱效果变差的主要原因，提出从堵剂强度、堵剂用量、封堵时机及优化注入压力等方面改善多轮次效果逐渐变差，启动剩余油，并且提出注入工艺中注入压力的优化是减少多轮次调剖效果逐次递减的一个重要措施[4,5]。韩修廷、李鹏华等从注入工艺角度提出利用多个小段塞交替推进提高深部压力梯度及多段塞平行聚能驱油的思想[6~9]。张继春、殷代印等提出周期注水促进地层压力波动，增强压力场变化过程中流体层间交换的作用强度，进而提高驱动原油的能

第一作者简介：李彦阅（1988年—），男，工程师，主要从事海上调剖调驱堵水技术研究工作，2014年毕业于中国石油大学（北京）。电子邮箱：liyy64@cnooc.com.cn。邮编及地址：300452，天津市滨海新区海川路2121号，联系电话：022－66501150。

基金项目：“十三五”国家重大科技专项“渤海油田高效采油工程及配套技术示范”（2016ZX05058－003）。

力[10,11]。韩培慧，曹瑞波等据此提出交替注入可实现油层压力扰动，进而提高驱油效果，室内与现场试验效果均表明交替注入可以取得较好的经济效益[12~14]。本文基于海上普Ⅱ类稠油特点，以物理模拟与数值模拟为手段，研究了弱凝胶与水小段塞交替注入在改善多轮次调驱效果变差方面的原理，对交替注入的机理进行了分析，给出了海上稠油油田弱凝胶与水小段塞交替注入参数，并对矿场应用效果进行了分析，为同类油田治理多轮次调驱效果变差提供了研究与矿场应用借鉴。

1　实验研究

1.1　实验条件

1.1.1　实验材料

聚合物为中国石油大庆炼化公司生产“高分”（相对分子质量为1900×10^4）聚合物，有效含量为88%；交联剂为有机铬，Cr^{3+}有效含量2.70%。实验在普Ⅱ类稠油（50℃时原油黏度300mPa·s）条件下进行，对应的实验用水为总矿化度为8259mg/L。

1.1.2　仪器设备

采用DV-Ⅱ型布氏黏度仪（美国Brookfield公司）测试调驱剂黏度，转速为6r/min。采用驱替实验装置测试调驱剂增油降水效果，装置由平流泵、压力传感器、岩心夹持器、手摇泵和中间容器等组成，除平流泵和手摇泵外，其他部分置于50℃恒温箱内。

1.1.3　方案设计及实验模型（表1）

表1　普Ⅱ类稠油油藏室内物理模拟实验方案

方案编号	交替轮次	实验方案		
2-1	1（整体）	水驱 0.1PV + 0.04PV Cr^{3+}弱凝胶 + 0.1PV 水驱 + 0.035PV Cr^{3+}弱凝胶 + 0.1PV 水驱	0.04PV Cr^{3+}弱凝胶	后续水驱至含水96%
2-2	2		[（0.04/m）PV弱凝胶+（0.04/m）PV水］m，其中m为0.04PV弱凝胶段塞交替轮次数，取值为2~5	
2-3	3			
2-4	4			
2-5	5			

实验过程中弱凝胶体系中聚合物浓度为4000mg/L，聚：Cr^{3+}比为180：1。以渤海稠油油藏某井组地质特征，设计室内层内非均质岩心，外观几何尺寸为：宽×高×长=4.5cm×4.5cm×30cm，非均质岩心包括高中低三个渗透层，各小层厚度1.5cm，渗透率为K_g=9000×10^{-3}μm^2、5000×10^{-3}μm^{2}和1000×10^{-3}μm^2。

1.2　实验结果及分析

Cr^{3+}聚合物凝胶与水交替注入次数对第三轮次调驱增油效果影响实验结果见表2。

表 2　采收率实验数据

方案编号	交替注入轮次	凝胶初始黏度/mPa·s	含油饱和度/%	采收率/%			相对于整体段塞采收率增幅/%
				前期	最终	增幅	
2-1	整体	222.3	79.4	28	38.4	10.4	—
2-2	2		78.3	28.1	39.6	11.5	1.1
2-3	3		78.7	28.3	41.9	13.6	3.2
2-4	4		78.1	28.2	41.3	13.1	2.7
2-5	5		78.9	28.1	39.2	11.1	0.7

注：增幅是最终采收率与“水驱 0.1PV +0.04PV Cr^{3+} 弱凝胶 +0.1PV 水驱 +0.035PV Cr^{3+} 弱凝胶 +0.1PV 水驱”的采收率之差。

从表 2 可看出，对于稠油油藏，与整体凝胶段塞注入工艺相比，Cr^{3+} 弱凝胶与水交替注入工艺也可产生较好调驱效果，随交替注入次数增加，采收率增幅增加，交替 3 个轮次提高采收率增幅最大，达到 3.2%。考虑到现场设备搬迁和切换不同调驱剂注入工艺的可操作性，建议交替注入次数为 3~4 次。

注入弱凝胶后提高采收率的主要原因是对于非均质性储层，在 C_r^{3+} 聚合物凝胶注入初期，弱凝胶体系注入黏度低，它会首先进入渗流阻力较小的高渗透层，并在其中滞留，造成岩石孔隙过流断面减小和渗流阻力增加，并且驱替相黏度升高，流度比降低，扩大高渗层平面波及体积，延缓水窜速度，驱动高渗层剩余油，进入地层后成胶，在高渗层产生较好的封堵能力，最终导致注入压力升高。随着注入压力升高，中低渗透层吸液压差增加，吸液量增大，实现了纵向液流转向即扩大波及体积目标[15~18]。

但是，随着中低渗透层吸液量增加，如果连续注入 C_r^{3+} 聚合物凝胶，大段塞连续注入的弱凝胶体系也会造成中低渗层岩石孔隙过流断面减小和渗流阻力增加，并且增幅大于高渗透层，这造成中低渗透层尤其是低渗透层启动压力升高，吸液压差减小，吸液量降低，继而出现所谓“吸液剖面反转”现象。交替注入水则可以在发生“吸液剖面反转”现象前缓解弱凝胶对中低渗透层产生的污染，起到启动中低渗层剩余油的目的[19~21]。在注入弱凝胶时穿插注水可以促使凝胶聚集体遇水膨胀，进一步增强弱凝胶封堵效果，迫使注入水转向[22]。经过长期弱凝胶驱，高渗透层大孔道中绝大部分油已被冲洗带走，高渗层剩下的原油主要分布在小孔道，对于小孔隙和孔喉，弱凝胶胶团由于体积及分子线团较大而无法进入，注入水后可以较易波及弱凝胶体系无法波及的小孔喉，起到驱替微观剩余油的作用，而且在同样的压力条件下，交替注入的水更易进入中低渗透层，启动剩余油的能力更强，如此反复若干个周期，可增加低渗层的吸液量，有效动用低渗层储量，因此弱凝胶与水小段塞交替注入效果好于弱凝胶连续注入[23]。

2　数值模拟研究

2.1　模型建立

根据渤海 N 油田 B06 井平均物性参数，建立五点井网 3 层注采机理模型。基本参数为：

油藏深度1000m，孔隙度平均34%，地层原油黏度500mPa·s，地层温度50℃，储层有效厚度15m，井距353m，原始地层压力10MPa。模型分为三个层，网格数49×49×3，设置上、中、下三层厚度分别为3m、6m、6m，渗透率分别为$500\times10^{-3}\mu m^2$、$1500\times10^{-3}\mu m^2$、$2000\times10^{-3}\mu m^2$。

2.2 注采参数优化

利用建立的数值模型，对渤海N油田注采井组开展改善弱凝胶注入效果优化，以室内实验得到的机理为基础，优化现场注入方式。开展了弱凝胶与水小段塞交替注入轮次优化，保持水驱至含水40%后连续注入0.055PV弱凝胶体系同等条件下设计后续弱凝胶注入方案，考虑到现场可实施性，分别对交替2、4及8轮次进行优化，保证各个方案的药剂总用量和总液量一致，优化结果如表3所示。

表3 稠油油田弱凝胶与水交替不同轮次开发效果对比

注入轮次	累计增油量/m^3	注入速度/（m^3/d）	聚合物用量/t	吨聚增油/（m^3/t）
1（整体）	3150	90	65.7	47.95
2	4212	90	65.7	64.11
4	5020	90	65.7	76.41
8	2836	90	65.7	43.17

由表3可知，随着弱凝胶与水交替轮次的增加，累计增油与吨聚增油逐渐增大，当交替轮次达到4个轮次时，采出程度增幅达到最大，随后降低，主要原因是交替轮次过多影响封堵效果，进而较易形成水窜。综合考虑采出程度与经济效益，普II类稠油油田弱凝胶与水交替注入存在一个最佳注入轮次，在当前情况下最优注入轮次为4次。

3 矿场应用效果

将研究结果应用于渤海N油田B6井组、B17井组和B20m井组矿场试验，三个井组自2013年7月13日实施聚合物弱凝胶驱后，截至2016年4月共完成两轮次注入，取得较好的增油效果，但是第二轮次效果弱于第一轮次。因此2016年10月在三个井组分别进行了弱凝胶与水小段塞交替注入矿场试验，截至2017年6月，取得较好增油降水效果。

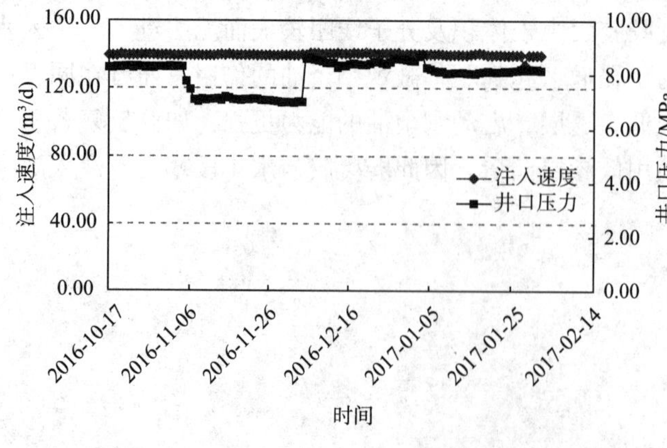

图1 渤海N油田B17井注入曲线

由B17井组注入曲线（图1）可以明显看出，注入弱凝胶后在地层建立较好的阻力，后续注入的水较易启动宏观与微观剩余油，而且产生的压力波动对启动深部剩余油也比较有利。

截至2017年2月，由聚合物干粉用量及增油效果对比表（表4）可以看出，弱凝胶与水交替注入取得较好增油见降水效果，实施弱凝胶与水小段塞交替后，含水率下降幅度达到10.09%。对比本轮次交替注入与上轮次同期（开始调驱后4个月）三个井组连续注入弱凝胶可以明显看出，含水下降明显，见效时间提前，在干粉用量降低63%的情况下，递减增油量从3611m³提升到8485m³，井组净增油效果十分显著。

表4　三个油组上轮次与本轮次弱凝胶调驱干粉用量及增油效果对比

井　组	上轮次使用干粉量/t	本轮次使用干粉量/t	上轮次井组递减增油/m³	实施前后井组含水率下降幅度/%	本轮次井组递减增油/m³
B06	32.715	11.334	28	10.19	1843
B17	55.05	26.043	2041	10.73	3773
B20m	47.346	12.087	1542	9.34	2869
累计	135	50	3611	10.09	8485

注：以开始实施弱凝胶调驱后4个月内进行统计数据，增油量采用递减增油法进行统计。

截至2017年6月，三个井组实现递减增油1.97×10^4m³，其中受效井B21M计量含水从作业前54%降至30%，说明实施弱凝胶与水小段塞交替工艺后，改善了注入井吸水剖面，缓解了弱凝胶大段塞连续注入“剖面发转”现象，增油降水效果十分显著（图2）。

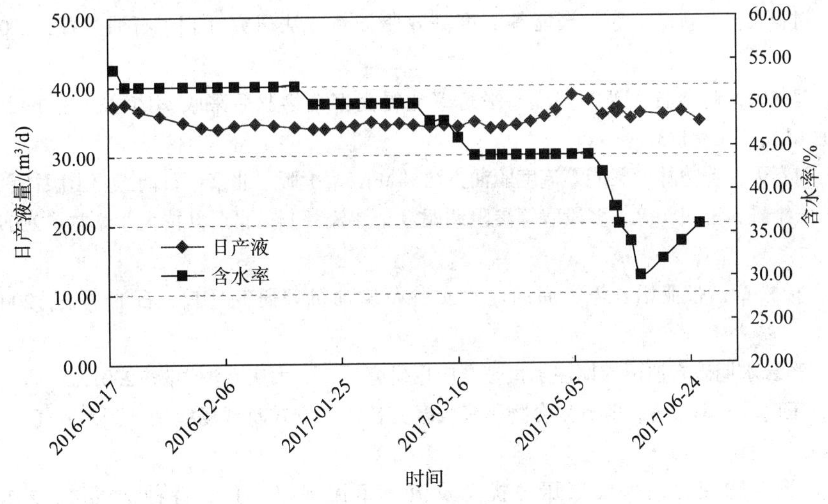

图2　渤海N油田B17井组受效井B21M井生产曲线

4　结　论

基于渤海典型油藏条件，研究两类原油黏度弱凝胶交替注入方式注入压力变化规律及提高采收率结果，重点分析了普II类稠油油田注入方式及参数，统计了渤海N油田弱凝胶多段塞注入方式现场应用效果。

（1）在稠油油藏条件下，与连续注入弱凝胶调驱相比，采用多个弱凝胶与水交替注入方式，可以在高渗层建立封堵能力，迫使交替注水转向启动宏观与微观剩余油，交替注入改善油层渗流压力场和流体波及路径，液流转向能力更强，驱油效果更好，室内提高采收率可达3.2%。

（2）无论从室内物理模拟还是数值模拟，综合考虑采出程度与经济效益，NB35－2稠油油田弱凝胶与水交替注入存在一个最佳注入轮次。

（3）弱凝胶与水小段塞交替注入工艺在渤海N油田实施后，含水率下降幅度达到10.09%，递减增油高达$1.97\times10^4m^3$，对比交替注入与连续注入，实现了聚合物用量降低与净增油效果提升双收益。

参考文献

[1] 白宝君，李宇乡，刘翔鹗．国内外化学堵水调剖技术综述［J］．断块油气田，1999，5（1）：1~4.

[2] R. S. Seright，Guo yin Zhang，Olatokunbo O. Akanni，et al. A Comparison of Polymer Flooding With In-Depth Profile Modification［J］．SPE Journal of Canadian Petroleum Technology，2012：393~402.

[3] 李国勇，郑峰，贾贻勇．高含水期油田多轮次调剖井效果分析与评价［J］．海洋石油，2005，25（2）：32~35.

[4] 袁谋，王业飞，赵福麟．多轮次调剖的室内实验研究与现场应用［J］．油田化学，2005，22（2）：143~146.

[5] 尹文军，王青青，王业飞．多轮次调剖效果逐次递减机理研究［J］．油气地质与采收率，2004，11（2）：48~50.

[6] 韩修廷，刘春天，万新德，等．聚能等流度高效驱油新方法研究［J］．石油学报，2008，29（3）：418~422.

[7] 李鹏华，李兆敏，赵金省，等．多段塞平行聚能提高聚合物驱后采收率实验研究［J］．石油学报，2010，31（1）：110~113.

[8] 韩修廷，刘春天，盖德林．聚能等流度驱油方法［M］．第1版．北京：石油工业出版社，2009.

[9] 宋洪庆，朱维耀，王明，等．多段塞等渗阻调驱复杂渗流［J］．北京科技大学学报，2009，31（10）：1213~1217.

[10] 张继春，柏松章，张亚娟，等．周期注水实验及增油机理研究［J］．石油学报，2003，24（2）：76~80.

[11] 殷代印．高含水期砂岩油田周期注水机理及应用研究［D］．大庆石油学院．2001.

[12] 曹瑞波，王晓玲，韩培慧，等．聚合物驱多段塞交替注入方式及现场应用［J］．油气地质与采收率，2012，19（3）：71~73.

[13] 曹瑞波．聚合物交替注入油层压力扰动及流体窜流规律［J］．特种油气藏，2015，22（5）：113~116.

[14] 曹瑞波，韩培慧，孙刚．变黏度聚合物段塞交替注入驱油效果评价［J］．石油钻采工艺，2011，33（5）：88~91.

渤海高含水水平井三相纳米复合堵水技术研究进展

夏欢　王楠　黎慧　代磊阳　李彦阅　薛宝庆　张云宝

［中海石油（中国）有限公司天津分公司］

摘要　水平井单井控制储量大，产能高，其在渤海油田的成功应用为油田开发带来良好的经济效益。随着开发时间的延长，水平井的高含水问题也逐渐表现出来，目前油井的堵水技术主要有两大类，一是机械式卡水，二是化学类选择性堵水。本文基于氮气泡沫堵水体系前期的研究成果，以提升泡沫稳定性为目标，开发出一种强度更高、稳定性更强的三相纳米选择性复合堵水技术，在筛选颗粒体系形成复配体系的基础上，进行了三相复合堵水体系的室内评价，优选了复合体系各组分的最佳浓度，考察了三相泡沫体系的堵水效果。

关键词　三相泡沫　纳米颗粒　起泡性　封堵性　物理模拟

1　绪　论

氮气泡沫堵水具有“视黏度高、堵大不堵小和堵水不堵油”特性，其选择性封堵机理比较明确，尤其是渤海油田找水技术没有广泛应用、多数水平井出水点不明确的情况下，氮气泡沫堵水技术具有广泛的应用空间。氮气泡沫调剖和堵水技术经过近十年来的发展已经形成了较为成熟的技术体系，然而其在海上油田应用的过程中尤其是堵水作业的应用过程中逐渐产生了一系列问题，一是平台占用空间的问题；二是氮气泡沫稳定性的问题。氮气泡沫属于热力学不稳定体系，在矿场应用的过程中虽然表现出了良好的封堵能力，但是其稳定性差，容易返吐，大大降低了堵水作业的有效期，泡沫易返出还会给流程海上平台处理流程造成一定的影响。

为了适应海上油田未来水平井堵水作业的需求，科研工作者在堵水体系筛选与优化方面做了大量的工作。本文力求在传统氮气泡沫堵水体系的基础上，开发出稳定性更强、封堵效率更高、不易返吐、适用于未来海上水平井堵水作业的新型堵水体系[1~3]，研究的主要思路主要以提升泡沫体系的半衰期和稳定性为目标，通过加入固体颗粒[4,5]，增强泡沫液膜的厚度，变两相泡沫体系为三相泡沫体系。三相泡沫体系不但在注入过程中具有物性（渗透率）的选择性，而且具有封堵后对油水的选择性，即遇水膨胀、遇油消泡的特性，从而很好地解决了水堵不住、油流不出的问题。本次研究进行了体系筛选和性能评价一系列室内实验，优化三相泡沫体系的最佳配方，提升体系强度的同时，达到选择性堵水的目的。

第一作者简介：夏欢（1989 年—），男，工程师，主要从事海上调剖调驱堵水技术研究等工作。通讯地址：（300452）天津市滨海新区海川路 2121 号，邮箱：xiahuan@ cnooc. com. cn。联系电话：022 – 66501165。

2 研究成果

三相泡沫体系由稳泡剂、起泡剂和氮气等组成，其中表面活性剂为非离子表面活性剂（PO-FASD），有效含量35%，中海油田服务股份有限公司天津分公司提供。稳泡剂为纳米颗粒（AEROSIL380），有效含量100%，赢创特种化学（上海）有限公司生产。聚合物由中国石油大庆炼化公司生产，有效含量90%，相对分子质量1900×10^4。实验岩心为人造均质岩心，几何尺寸：高×宽×长=4.5cm×4.5cm×30cm[6,7]，实验仪器包括：Warning-Blender高速搅拌器、HJ-6型多头磁力搅拌器、电子天平、烧杯、试管、量筒、计时器和HW-ⅢA型恒温箱等、岩心驱替实验装置等。

2.1 三相泡沫体系组成及其对起泡性和稳定性的影响

2.1.1 起泡剂浓度的影响

随表面活性剂浓度增加，泡沫体系起泡体积、泡沫半衰期、析液半衰期等参数都逐渐增大，但初期增加速度很快，起泡剂浓度达到0.3%以后，各参数增加速度趋于平缓（表1）。机理分析认为，当表面活性剂浓度尚未达到临界胶束浓度时，随着浓度的增大，溶液表面张力降低，表面活性增加，发泡能力增强，但形成泡沫稳定性较差。当表面活性剂浓度达到临界胶束浓度后，随着浓度增大，虽然溶液表面张力不再降低，甚至会稍微有增大，但表面活性剂分子会在溶液表面富集成致密的表面膜，液膜的表面强度增大，邻近液膜排液会受阻，延缓液膜破裂时间，从而增加了泡沫稳定性[8]。但当浓度增加到一定程度后，形成泡沫含液量就会减少，泡沫反而会变得不稳定。因此，当起泡剂达到一定浓度以后，浓度继续增加对泡沫体积影响不大，泡沫半衰期则随着起泡剂浓度增加而延长，浓度增大有利于增强泡沫稳定性。综合考虑起泡能力、泡沫半衰期、析液半衰期等因素和技术经济效益，推荐起泡剂浓度为0.3%。

表1 三相泡沫综合指数测试结果

参数	起泡剂/%					
	0.05	0.1	0.2	0.3	0.4	0.5
起泡体积/mL	185	250	430	480	485	495
泡沫半衰期/min	2	4	8	15	16	25
析液半衰期/s	51	198	259	309	340	384
泡沫综合指数/min·mL	370	1000	3440	7200	7760	12375

2.1.2 稳泡剂浓度的影响

随稳泡剂浓度增加，起泡体积和析液半衰期呈现“先增后降”变化趋势，泡沫半衰期呈现增加趋势，泡沫体系综合发泡能力逐渐增加，但增加幅度逐渐趋于平缓（表2）。在混合液体积和起泡剂浓度为100mL和0.3%条件下，当稳泡剂浓度为0.3%时，析液半衰期为503s，泡沫综合指数达到28365 min·mL，泡沫体系具有稳定性和起泡性较好。机理分析认为，在SiO_2纳米颗粒浓度逐渐增加过程中，吸附在气液界面上纳米颗粒数量逐渐增大，泡沫壁上保护膜厚度逐渐增加，进而达到降低气泡破裂速度和提高泡沫稳定性目的[9]。但当SiO_2纳米颗粒浓度超过0.3%后，起泡体积和析液半衰期增速减缓甚至稍有下降。原因分析认为，当大量纳米颗粒附着在泡沫上后，粒径稍大纳米颗粒会因重力作用而脱落。此外，纳米颗粒粒径越大，比表面积越小，纳米颗粒在气液界面上吸附作用减弱，泡沫稳定性呈现略微下降趋势。从技术经济角度考虑，推荐稳泡剂浓度为0.3%。

表2　三相泡沫综合指数测试结果

评价指标	稳泡剂/%					
	0.05	0.1	0.2	0.3	0.4	0.5
起泡体积/mL	445	435	450	465	425	410
泡沫半衰期/min	42	48	55	61	67	72
析液半衰期/s	478	488	510	503	407	425
泡沫综合指数/min·mL	18690	20880	24750	28365	28475	29520

2.2　三相泡沫堵水效果及其影响因素

2.2.1　岩心渗透率级差的影响

实验方案：水驱98% +0.15PV三相泡沫体系+顶替段塞0.05PV（聚合物溶液0.15%）+水驱至98%。原油黏度75mPa·s。

表3　采收率实验数据

方案编号	小层渗透率K_g/（$\times 10^{-3}\mu m^2$）		含油饱和度/%	采收率/%		
				水驱	堵水	增幅
方案1-1	高渗层	7302	77.63	65.11	65.77	0.66
	低渗层	499	65.80	4.52	51.61	47.09
	整体		72.98	43.63	60.75	17.12
方案1-2	高渗层	4986	76.54	61.60	62.60	1.00
	低渗层	506	61.44	16.04	55.60	39.56
	整体		70.68	45.67	60.14	14.48
方案1-3	高渗层	2516	75.35	58.17	61.98	3.81
	低渗层	494	64.74	37.06	62.50	25.44
	整体		70.62	49.54	62.19	12.65

随渗透率级差减小即高渗透层渗透率减小，岩心孔隙尺寸减小，泡沫“贾敏效应”增强，因此注入压力和后续水稳定压力升高，但由于前期水驱采出程度较高，采收率增幅却逐渐减小。分流率实验数据分析表明（表3），随岩心渗透率级差增加，堵水后小层分流率变化幅度增加，三相泡沫堵水和液流转向效果提高。机理分析认为，随岩心渗透率级差增大，高渗层渗透率增加，高渗透层吸入气、液和纳米颗粒量增加，泡沫生成量增加，渗流阻力增加，吸液量减小。此外，随高渗透层吸入气、液和纳米颗粒量增加，纳米颗粒增加致使气液界保护膜强度增加，提高了泡沫稳定性，后续水驱阶段仍然可以保持良好液流转向效果，致

使低渗透层波及体积增加，采收率提高。

2.2.2 堵水时机的影响

实验方案：水驱到40%、90%和98% +0.15PV 三相泡沫体系 + 顶替段塞 0.05PV（聚合物溶液 0.15%） + 水驱至 98%。原油黏度 75mPa · s。

表4 采收率实验数据

参数 / 方案编号	小层渗透率 K_g/ ($\times10^{-3}\mu m^2$)		水驱程度/%	含油饱和度/%	采收率/%		
					水驱	堵水	增幅
方案 2-1	高渗层	4895	40	74.08	42.94	57.13	14.19
	低渗层	485		60.03	2.09	12.98	10.89
	整体			68.43	28.54	41.57	13.03
方案 2-2	高渗层	4717	90	75.17	54.84	60.16	5.33
	低渗层	502		59.83	3.86	37.27	33.41
	整体			68.87	36.64	51.99	15.35
方案 2-3	高渗层	4986	98	76.54	61.60	62.60	1.00
	低渗层	506		61.44	16.04	55.60	39.56
	整体			70.48	45.67	60.14	14.48

随堵水时机延后即堵水时含水率增加，高渗透层采出程度增加即含油饱和度降低，三相泡沫在高渗透层内起泡和稳泡效果较好，渗流阻力较大，注入压力较高（表4）。因此，堵水时含水率愈高，泡沫堵水后高渗透层分流率降幅愈大，低渗层分流率增幅愈大，低渗透层采收率增幅愈大，岩心最终采收率愈高（图1）。

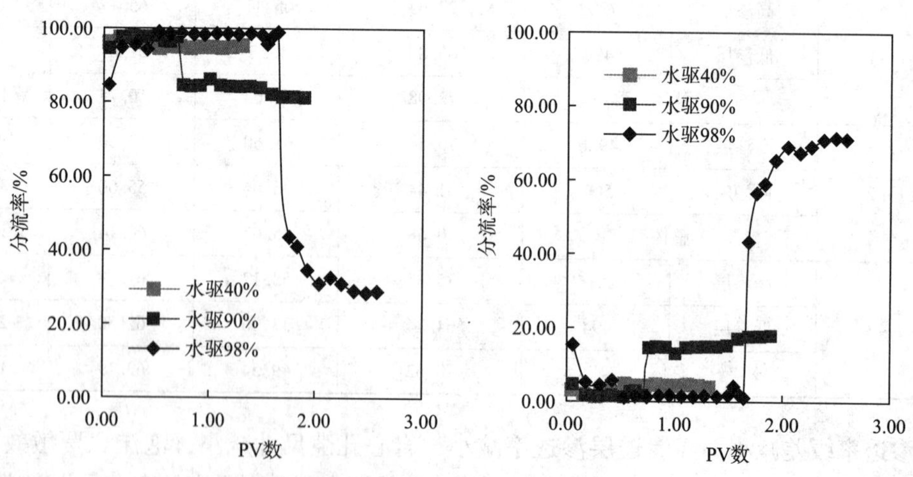

图1 分流率与PV数关系

机理分析认为，当岩心含油饱和度较高（注入时机较早）时，起泡剂分子会大量吸附在油水界面，剩余起泡剂浓度难以维持泡沫液膜稳定所需低张力。因此，液膜大量破裂聚并，泡沫稳定性明显下降，难以对高渗层形成有效封堵。

2.2.3 原油黏度的影响

实验方案：水驱98% +0.15PV 三相泡沫体系 + 顶替段塞 0.05PV（聚合物溶液 0.15%）+ 水驱至98%。

机理分析表明，起泡剂（表面活性剂）会与原油中含碳有机物反应。当原油黏度较高时，其中重烃和非烃物质含量较高，会大幅度降低泡沫体系中起泡剂含量，导致泡沫稳定性下降，封堵效果变差。此外，原油黏度较高时，原油渗流阻力较大，原油传输运移难度增加（表5）。

表5 采收率实验数据

参数 方案编号	小层渗透率 K_g/ （$\times 10^{-3}\mu m^2$）		原油黏度/mPa·s	含油饱和度/%	采收率/%		
					水驱	堵水	增幅
方案3-1	高渗层	4995	15	75.07	66.31	67.59	1.28
	低渗层	495		62.66	12.14	56.31	44.17
	整体			70.27	47.65	63.70	16.06
方案3-2	高渗层	4986	75	76.54	61.59	62.59	1.00
	低渗层	506		61.44	10.48	50.04	39.56
	整体			70.48	45.67	60.14	14.48
方案3-3	高渗层	5146	300	75.51	58.10	59.03	0.93
	低渗层	473		52.14	5.24	37.47	32.24
	整体			66.39	41.89	52.42	10.53

3 结 论

（1）当起泡剂（PO-FASD）和稳泡剂（SiO_2纳米颗粒 AEROSIL380）浓度为 0.3% 左右时，起泡剂和稳泡剂水溶液与氮气可以形成性能优良的三相泡沫体系。

（2）随储层渗透率级差增加，水驱开发效果变差，渗透率级差为 10~20 之间时，堵水效果最优，含水率在 90% 以上时，采取堵水效果，有利于提升储层的最终采收率。

（3）三相泡沫体系对物性（渗透率）选择性较强，具有注入选择性，适用于选择性（笼统）堵水措施。

参考文献

［1］张保康，徐国瑞，铁磊磊，等．“堵水 + 调剖”工艺参数优化和油藏适应性评价——以渤海 SZ36-1 油田为例［J］．岩性油气藏，2017，8（5）：155~159.

［2］孙乾，李兆敏，李松岩，等．纳米 SiO_2颗粒与 SDS 的协同稳泡性及驱油实验研究［J］．石油化工高等学校学报，2014，27（6）：36~41.

［3］孙乾，李兆敏，李松岩，等．SiO_2纳米颗粒稳定的泡沫体系驱油性能研究［J］．中国石油大学学报，2014，4（38）：124~130.

[4] Hasannejada Reza, Pourafsshary Peyman, etc. 二氧化硅纳米流体在储集层微粒运移控制中的应用［J］. 石油勘探与开发，2017，10（6）：1～9.

[5] Jinxiang Liu, Xiangguo Lu, Shilei Sui. Evaluation, Synthesis and Gelation mechanism of organic chromium［J］. Journal of Applied Polymer Science, 2012, 124（5）：3669～3677.

[6] 卢祥国，高振环，闫文华. 人造岩心渗透率影响因素试验研究［J］. 大庆石油地质与开发，1994，13（4）：53～55.

[7] 卢祥国，宋合龙，王景盛，等. 石英砂环氧树脂胶结非均质模型制作方法：中国，ZL200510063665.8［P］. 2005－09～07.

[8] 李玉英. 泡沫稳定性影响因素及封堵能力研究［D］. 复旦大学，2014，6.

[9] 王海波，肖贤明. 泡沫复合驱体系稳定性及稳泡机理研究［J］. 钻采工艺，2008，31（1）：117～121.

渤海水平井注采井组调驱增效技术研究与应用

黎慧　王楠　代磊阳　李彦阅　夏欢　薛宝庆　张云宝

[中海石油（中国）有限公司天津分公司]

摘要　针对海上水平井注采井组见水后含水上升速度快、常规调堵工艺适应性差的问题，通过分析总结水平井网开发特征，筛选出合适的调驱体系，开展参数优化，并在海上水平井注水井组进行调驱现场试验。矿场应用结果表明：采用非连续性调控剂深部调驱工艺有效抑制了水平井注入水沿高渗带的突进，应用井组含水下降达10个百分点，有效期超过150d，阶段累计增油超过10000m^3，为水平井注水增效提供了现实的解决路径，对海上水平井网开发油田稳油控水工艺具有示范意义。

关键词　水平井　调驱　矿场应用

0　引　言

海上注水开发油田，因油水流度比大、储层非均质强，水驱效果逐年变差；尤其对于水平井注采井组见水后含水率迅速上升，产油量急剧下降，一些水平井刚投产就见水，严重影响开发效果。而常规调堵工艺对水平井适应性差，主要体现在采用凝胶体系，工艺侧重于近井高渗条带封堵，深部运移封堵性能差；水平段流速不均，快速成胶造成储层伤害，无法满足油藏配注[1~3]。针对水平井注水开发井组，注入水沿水平井优势渗流带产生突进，生产井组含水上升迅速、产量递减快，严重影响油田注水开发效果，选取渤海B油田A井组作为试验井组，优选深部调驱体系，开展了调驱现场应用。

结合油藏情况及水平井注水开发的特点，开发了以反相乳液合成的非连续性调控剂体系作为调驱介质，具有注入性好、深部封堵运移的优点，应用过程中采用在线注入调驱工艺，起到封堵水平注水井深部优势渗流通道的作用，实现水驱液流转向和扩大波及体积的目的[4~7]。目前针对海上注水油田调驱工艺，已开发多种非连续性调控剂产品。其中NM型非连续性调控剂为纳米凝胶颗粒，其在水中分散性能好，初始粒度小，适应于中低渗储层，可以顺利的随着注入水进入到地层深部，非连续性调控剂不断水化膨胀，直到膨胀到最大体积后，依靠架桥作用在地层孔喉处进行堵塞，从而实现注入水微观改向。HK型非连续性调控剂为具有核壳结构的纳微米凝胶颗粒，分别带不同的电荷，其中外壳部分带负电荷，在注入初期与地层的负电荷相排斥，保证非连续性调控剂进入地层深部。内核部分的水化速度快，逐渐暴露出所带的正电荷，随着正电荷的增多，与地层所带的负电荷相吸引，逐渐在地层内

第一作者简介：黎慧（1990年—），男，工程师，中国石油大学（华东）油气田开发专业硕士（2015），从事调剖调驱工艺技术研究与应用工作。通讯地址：（300452）天津市滨海新区海川路2121号渤海石油管理局B座，E－mail：lihui87@ cnooc. com. cn。联系电话：022－6653206。

部堆积，并且所带的正电荷又与未完全水化的非连续性调控剂所带的负电荷相吸引，使得非连续性调控剂依靠不同极性的电荷吸附，逐步堆积成串或团，形成更大的物质结构，可减小孔道的截面积，如果在孔喉处吸附堵塞，则局部产生液流改向作用，实现封堵优势渗流通道的目的[8~11]。

1 非连续性调控剂调驱选型及设计

结合B油田的地质特征和开发现状，利用室内物理模拟实验方法，优选出具有耐温、耐盐、抗剪切、具有广泛适用性的非连续性调控剂调驱体系，并对非连续性调控剂在油藏条件下的注入性、封堵性进行了评价。

1.1 非连续性调控剂粒径选择

根据等效孔隙直径计算公式，由B油田渗透率和孔隙度求得：

$$r = (8K/\phi)^{0.5} \tag{1}$$

式中，K为测井解释渗透率，μm^2；ϕ为地层平均有效孔隙度，无因次；r为地层孔喉平均半径，μm。

根据B油田平均渗透率1095mD、孔隙度30.5%，计算平均孔喉直径为10.8μm。根据孔喉分布结果选定NM型非连续性调控剂作为主体调驱体系，NM型非连续性调控剂的具体特性参数见表1。

表1 NM型非连续性调控剂的特性参数

非连续性调控剂种类	适应渗透率范围/mD	初始尺寸/μm	完全膨胀时间/d	膨胀倍数
NM	<2000	0.05 - 0.2	7 - 30	5 - 20

1.2 注入性实验评价

模拟B油田渗透率条件，利用油田注入水配制2000/4000ppm的非连续性调控剂溶液，进行岩心流动性实验。实验岩心采用石英砂填砂岩心，尺寸Φ25mm×1000mm，孔隙度为25%，驱替速度1mL/min，注入量4PV。

如表2所示，未膨胀非连续性调控剂的注入阻力系数随注入浓度上升呈上升趋势，但整体注入压力均较低，注入过程中的阻力系数也较低，表明针对B油田NM型非连续性调控剂体系具有较好的注入性。

表2 NM型非连续性调控剂的注入性能

序号	渗透率/mD	注入浓度/ppm	注水压力/kPa	注剂压力/kPa	阻力系数
1	1975	2000	5.0	6.5	1.3
2	1316	2000	7.5	14.5	1.9
3	1039	4000	9.5	20.0	2.1
4	1795	4000	5.5	18.0	3.27

1.3 封堵性实验评价

模拟B油田渗透率条件，利用油田注入水配制800/2000/4000ppm的非连续性调控剂溶液，进行非连续性调控剂封堵性实验评价。实验岩心采用石英砂环氧树脂胶结岩心，岩心尺寸45mm×45mm×1000mm，岩心渗透率2000mD左右，孔隙度为25%，驱替速度1mL/min，注入量4PV。

如表3所示，NM型非连续性调控剂阻力系数和封堵率随非连续性调控剂水化时间的增加而增加，随非连续性调控剂注入浓度的增加而增加；注入浓度达到2000ppm以后，完全水化的非连续性调控剂的阻力系数和封堵率增加幅度趋缓，封堵率达到97%以上，表明非连续性调控剂对岩心具有较好的封堵能力。

表3　NM型非连续性调控剂的封堵性能

注入浓度/ppm	水化时间/d	Kw/mD	ΔP/kPa	阻力系数	封堵率/%
0.08	3	1941	2.1	1.7	40.1
0.08	7	1954	2.7	2.2	52.8
0.08	14	1941	10.5	8.3	87.9
0.08	21	1939	17.7	13.9	92.8
0.2	3	1986	4.8	3.9	74.4
0.2	7	1946	5.5	4.3	76.8
0.2	14	2176	36.6	32.2	96.9
0.2	21	1945	50.1	39.4	97.5
0.4	3	1896	7.2	5.7	82.3
0.4	7	1969	10.4	8.2	87.8
0.4	14	1927	37.9	29.9	96.7
0.4	21	1939	72.5	57.3	98.3

1.4 浓度设计优化

针对B油田的油藏情况及开发状况，通过大量的岩心流动性实验建立了不同注入速度、不同非连续性调控剂浓度及不同非连续性调控剂粒度条件下对应的非连续性调控剂在岩心中的阻力系数，如图1所示，结合储层渗透率及注水速度，确定合理的阻力系数为20～30，根据图版确定HK型优化了非连续性调控剂使用浓度0.2%～0.3%。在达到合理的阻力系数的条件下并保证封堵效果的条件下，降低非连续性调控剂使用浓度，以满足降本增效的目的。

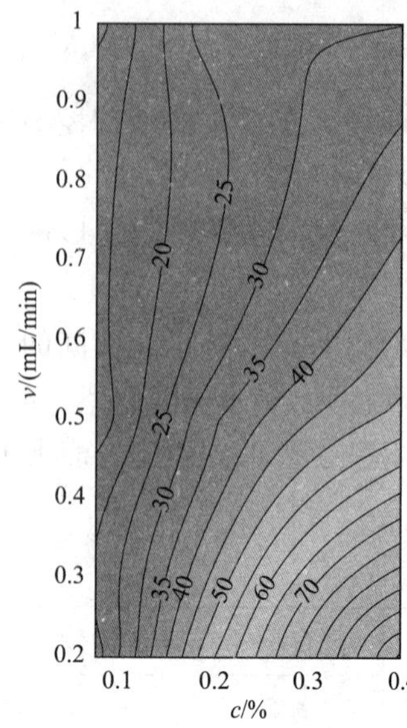

图1 非连续性调控剂在岩心(2000mD，水化14d)中流动阻力系数图版

2 现场应用

2.1 试验井组概况

非连续性调控剂调驱技术自2010年以来先后在渤海油田实施作业16井组，工艺成功率100%，措施后增油降水效果明显。截至2017年4月累计取得增油达到$12\times10^4m^3$，平均有效期长达500d，累计增效超过2亿元，投入产出比平均达到1∶6以上。2016年9月，在海上常规井网成功作业的经验基础上，通过调驱体系和工艺方案的进一步优化，成功在B油田水平井注采井组A井组实施了非连续性调控剂调驱作业，取得了较好的增油降水效果。

A井组所处砂体为断裂背斜构造，边水油藏，孔隙度30.5%，渗透率1095mD，具有高孔高渗特征。井组为两注四采水平井开发，对应受效油井4口；调驱前注入压力8.6MPa，注水量$730m^3/d$，措施前井组产液量$1031m^3/d$，产油$226.4m^3/d$，含水80.7%，处于高含水期。井组平面矛盾突出，油井含水不均衡，注水井A井和油井A-2井之间、注水井A井和油井A-3井之间均存在优势渗流通道。

2.2 试验方案设计

结合室内实验结果和现场试注情况，设计了前置段塞和主体段塞两个部分，采用浓度为3000mg/L的NM型非连续性调控剂段塞作为前置封窜段塞，后续逐渐降低段塞浓度至1500mg/L作为深部调驱段塞。总注液量为$36535m^3$。

2.3 试验效果

2016年9月23日-2016年12月14日，A井组进行非连续性调控剂调驱作业；累积注入非连续性调控剂段塞体积$3.2\times10^4m^3$，非连续性调控剂原液药剂92.4t，注入非连续性调控剂注入过程中注入压力由8.5MPa呈现缓慢上升趋势，最终稳定在10.4MPa。此外，压降曲线呈现逐级变缓趋势，90min压降曲线充满度由措施前的25%提高至72%，表明优势渗流带水窜得到抑制（图2）。

A井组截至2017年5月，累积增油$1.08\times104m^3$，当前日增油$65m^3/d$，并持续见效（图3）。其中在A-2井和A-3井的主要水窜方向得到有效封堵，A-2井产油由措施前的$66.8m^3/d$上升到最高$125.21m^3/d$，含水率下降最高达13%（措施前含水高达81%），该井日增油稳定在$37.67m^3/d$左右，含水率稳定在76%左右，仍处于有效期内。由此表明非连续性调控剂调驱技术在水平井网具有较好的适用性。

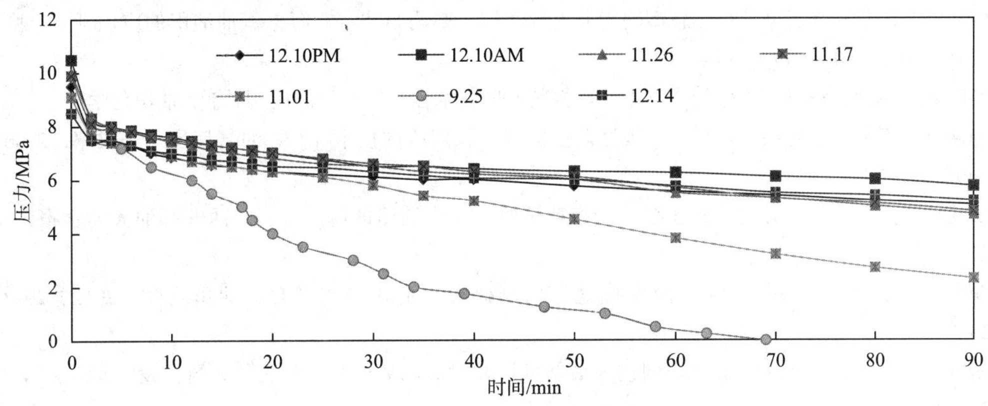

图2 A井组调驱过程中注水井压降曲线

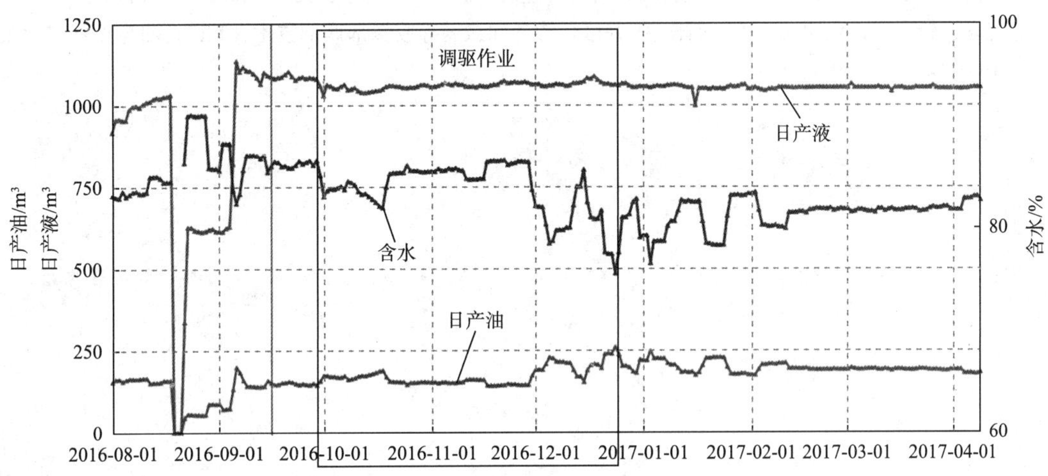

图3 A井组调驱前后井组生产曲线

3 结 论

（1）为适应海上水平井注采开发井网调驱需要，开发评价了非连续性调控剂深部调驱体系，通过室内评价实验结果表明，非连续性调控剂体系具有深部的封堵运移的特点，具备较好的注入性，适合海上平台开展水平井在线注入，节省占地空间及节约措施成本。

（2）矿场试验结果表明，非连续性调控剂多级段塞组合调驱对于水平井网具有较好的增油降水能力，在低油价条件下具有较好的经济效益，对于海上水平井网注水开发油田稳油控水具有示范意义。

参考文献

[1] 凌宗发，胡永乐，李保柱，等．水平井注采井网优化［J］．石油勘探与开发，2007，34（1）：65～67.

[2] 李香玲，赵振尧，刘明涛，等．水平井注水技术综述［J］．特种油气藏，2008，15（1）：1～4.

[3] 刘波，石成方，孙光胜，等．对大庆老区水平井水淹问题的认识［J］．大庆石油地质与开发，2004，23（6）：39～40.

[4] 廖新武，刘超，张运来，等．新型纳米非连续性调控剂调驱技术在海上稠油油田的应用［J］．特种油气藏，2013，20（05）：129～132.
[5] 黎晓茸，张营，贾玉琴，等．非连续性调控剂调驱技术在长庆油田的应用［J］．油田化学.
[6] 孙焕泉，王涛，肖建洪．新型非连续性调控剂逐级深部调剖技术［J］．油气地质与采收率，2006，13（4）：77～79.
[7] 窦让林．大孔道识别方法及非连续性调控剂调驱在文中油田的应用［J］．西安石油大学学报，2011，26（4）：50～51.
[8] 苑光宇，侯吉瑞，罗焕，等．耐温抗盐调堵剂研究与应用进展［J］．油田化学，2012，29（2）：251～256.
[9] 熊春明，唐孝芬．国内外堵水调剖技术最新进展及发展趋势［J］．石油勘探与开发，2007，34（1）：83～88.
[10] 刘清华，裴海华，王洋，等．高温调剖剂研究进展［J］．油田化学，2013，30（1）：145～149.
[11] 赵光，戴彩丽，程明明，等．石南21井区低渗透油藏弱冻胶深部调剖技术［J］．石油与天然气化工，2011，40（6）：594～597.

渤海油田井下智能分层注水技术研究与实践

陈征　张乐　蓝飞　张志熊　宋鑫

[中海石油（中国）有限公司天津分公司]

摘要　随着渤海油田的持续高效开发，大斜度井、水平井测调难度大、常规分注工艺测调时间长、平台作业窗口紧张等问题成为制约渤海油田注水井调配率、层段调配合格率进一步提升的关键问题。针对以上问题，开展海上油田智能分注技术研究，创新性地将温度、压力、流量测试功能集成于智能测调工作筒中，实现地面控制多井多层水嘴连续开关、监测井下数据。截至2018年9月，渤海油田智能分注技术累计推广应用28口井，减少占用平台时间280d，实施井实现零费用测调，累计节省调配费用800余万元，调配率提高至100%。渤海油田现场试验表明，该技术能够满足海上油田精细化注水需求，可为渤海油田3000万吨持续稳产提供有力技术支持。

关键词　渤海油田　智能分注　现场试验　精细化注水

1　引　言

随着渤海油田的持续高效开发，海上作业量持续增大，作业窗口日益紧张。与此同时，渤海油田常规分注工艺测调需钢丝或电缆作业配合，测调效率偏低，无法满足渤海油田测调频率需求。为进一步提高渤海油田调配率及调配合格率，改善水驱开发油田开发效果，自2015年起渤海油田开展井下智能分层注水技术研究探索，目前已形成以电缆永置智能分注和无缆双向传输智能分注为主的渤海油田井下智能分层注水技术体系，为渤海油田3000万吨持续稳产提供有力的技术支持。

2　电缆永置智能分注技术

2.1　电缆永置智能分注技术组成及原理

电缆永置智能分注技术是通过在井下预置电缆的方式将井下智能测调工作筒与地面控制器相连，井下智能测调工作筒与过电缆密封工具配合实现分层配注无需钢丝或电缆作业，井斜、分注层段数不受限制。通过调节智能测调工作筒的，水嘴大小可实现单层注水量的调整并对井下流量、压力、温度等参数进行实时监测，为水井油藏分析提供数据支持。

第一作者简介：陈征（1989年—），男，注水工程师，就职于中海石油（中国）有限公司天津分公司渤海石油研究院，主要研究分注分采方向，通讯地址：天津市滨海新区海川路2121号渤海石油管理局B座，邮箱：chenzheng8@cnooc.com.cn，联系电话：022－66503208。

2.2 电缆永置智能分注技术参数

适用井斜：任意井斜；完井方式：套管完井或防砂完井；防砂密封筒内径：4.75in；单层最大注入量：800m³/d；压力工作范围：0～60MPa；温度工作范围：0～150℃；适用最大井深：3000m；可适应渤海油田酸化、微压裂、调剖调驱等增产措施需求；保留测试通道，满足氧活化等测试需求。

2.3 电缆永置智能分注关键技术

2.3.1 电缆永置智能测调工作筒

（1）结构组成。

智能测调工作筒外径116mm，最大内通径44mm，最大单层排量800m³/d，耐温150℃，耐压等级60MPa，为整个工艺的核心部分，从结构组成上主要是由上接头、流量计、一体化可调水嘴、控制电路、下接头等部分组成；从功能上主要是由流量控制系统和传感系统组成，其中流量控制系统包括控制电路、电机、可调水嘴等部分，传感系统包括流量、压力和温度传感器（图1）。

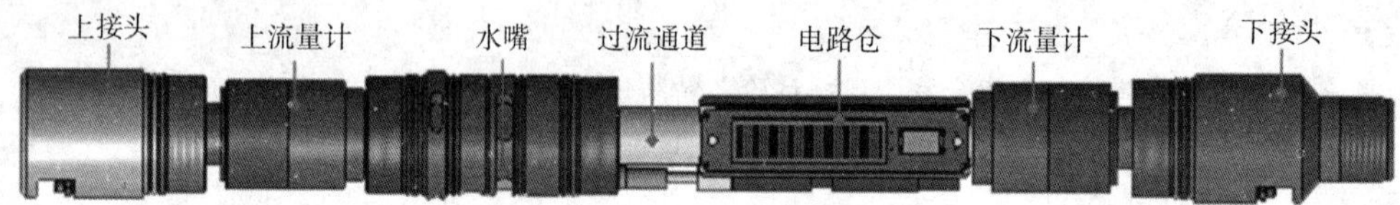

图1　智能测调工作筒结构示意图

（2）流量计。

采用电磁流量计，无可动部件，减少故障点；电极材料选用合金材料，经试验可满足渤海油田多轮次酸化要求；采用双流量传感器，可直接获取单层流量，同时实现流量计备份，提高了可靠性。

（3）可调水嘴。

一体化可调水嘴为测调工作筒的唯一可动部件，采用三通结构设计，单层最大流量可达到800m³/d，且嘴损不超过0.8MPa；电机可实现水嘴连续无级调节；水嘴可自锁，断电后确保开度保持不变；采用平衡压设计，45MPa压差下顺利开启；设计有角度传感器，水嘴开度可知；水嘴选用氧化锆陶瓷，耐冲蚀、震动。

（4）压力计。

水嘴前、后各安装一只高精度压力传感器，分别读取油管和油层压力，可实现在线验封，并且能够实时监测油层注入压力，保障注水安全。

2.3.2 配套工具研制

（1）过电缆密封工具。

该技术配套的过电缆密封工具包括6in过电缆定位密封、4.75in过电缆插入密封（图2）。工具集成应用成熟密封模块、swagelok密封扣，实现层间封隔并满足电缆穿越和密封，解决电缆过密封筒磕碰风险，适用于多段先期防砂完井的分注井。

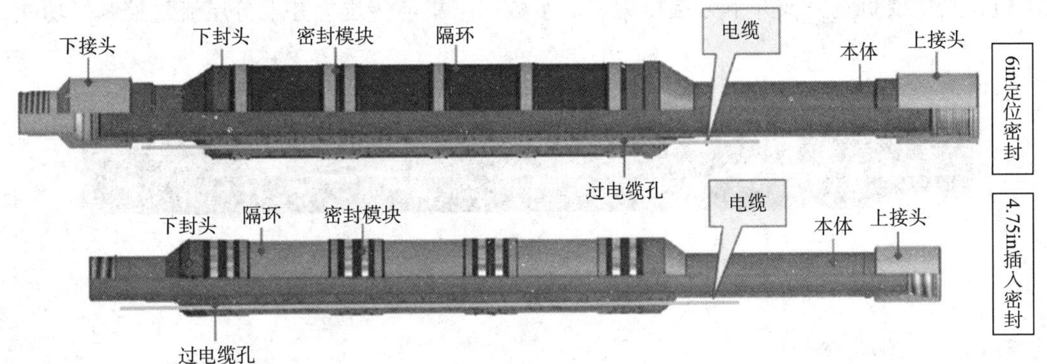

图 2　过电缆密封工具结构示意图

（2）一体式电缆保护器。

由于常规油管接箍保护器外径较大，无法在防砂段使用，为了保证电缆下入过程中的可靠、安全，针对防砂段的特点，设计了防砂段油管一体式电缆接箍保护器。保护器设计有四个对称保护槽，在使用时该接箍保护器上、下分别与油管连接，电缆在保护槽内通过，并用过盈胶条固定电缆，避免电缆松散而在油管上缠绕，保证了电缆安全。

2.3.3　电缆永置智能分注测调控制系统

（1）地面控制器研制。

地面控制器由开关电源、主控板、通讯板、驱动板、显示板及附件构成，通过电缆与井下多层智能测调工作筒建立联系，对井下智能测调工作筒供电，并实现实时监测井下流量、压力、温度等参数，从而完成流量测试与调配。

（2）测调软件开发。

测调软件由地面监测软件和井下控制软件组成，通过地面控制器中转，实现井下数据与地面指令的双向传输，可进行在线直读验封，完成对井下数据的自动采集和控制，实现分层注水井智能化控制。

3　无缆智能分注技术

3.1　无缆智能分注技术组成及原理

渤海油田无缆智能分注始于 2013 年，目前已发展至第二代无缆智能分注技术。第二代无缆智能分注技术可以实现中控远程控制，同时实现地面井下数据的双向传输。第二代无缆智能分注技术主要由远程智能控制系统、地面控制系统、井下控制系统组成，其通过在地面加装调制解调器实现以压力脉冲波为媒介传输信号，井下无缆智能工作筒接收信号后可根据指令实现动作水嘴、读取井底流量、压力、温度等数据，完成指令后无缆智能工作筒发送返回信号，地面调制解调器接收返回信号后进行解码并将数据传回中控，中控人员接收信息后可根据需要调节控制井下水嘴出水量，达到均衡注水的效果。整个注水系统在不需要其他配套设备和人员的情况下，实现注水井的分层测调、管理和动态监测。

3.1.1　结构组成

无缆智能分注工作筒主要由电池、压力传感器、电动机、数据存储器、检测电路等组成

（图3），其主要负责完成井下分层压力、流量数据采集与传送、井下分层流量控制等功能。

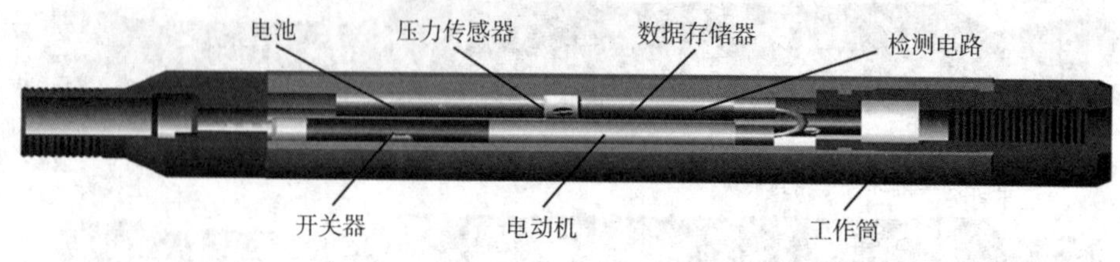

图3　无缆智能分注工作筒结构示意图

3.1.2　电池容量

无缆智能分注与电缆永置智能分注最大的区别在于供电方式的不同，无缆智能分注采用井下电池供电，通过采用低耗能电路、间隙工作、电池休眠功能、小功率电机等综合技术降低耗能，无缆智能分注工作筒按每年调配4次计算，理论上3年总耗能占电池总电量24AH的74%，可保证正常工作3年以上。

3.2　无缆智能分注技术参数

适用井斜：任意井斜；完井方式：套管完井或防砂完井；防砂密封筒内径：4.75in；单层最大注入量：500m³/d；压力工作范围：0～60MPa；温度工作范围：0～120℃；适用最大井深：4000m；可适应渤海油田酸化、微压裂、调剖调驱等增产措施需求。

4　电缆永置智能分注与无缆智能分注对比

电缆永置智能分注技术与无缆智能分注技术各有利弊，电缆永置智能分注技术以电缆为传输媒介，数据可以实现实时传输、调配效率高，但其工艺管柱相对复杂；无缆智能分注技术使用寿命受电池寿命影响，是目前限制无缆智能分注技术发展的主要瓶颈，同时无缆智能分注技术以压力脉冲波为媒介进行信号传输，数据反馈有2h延迟，无法做到实时监测，但其具有工艺管柱简单且测调不受井斜、井深限制等优点，非常适合井斜、狗腿度较大或深度较深且有测调需求的注水井使用。因无缆智能分注技术电池寿命受限等原因，现阶段渤海油田智能分注技术推广仍以电缆永置智能分注技术为主。

5　现场应用与前景

截至2018年9月，智能分注技术在渤海油田累计应用28口井，其中电缆永置智能分注技术应用27口井，无缆智能分注技术应用1口井。电缆永置智能分注技术目前应用最大分层数6层，最大下入深度3333m，最大井斜87.62°，最大单层流量800m³/d，最长正常运转34个月；无缆智能分注技术目前最长正常运转26个月，至今仍在正常工作。智能分注技术应用后可使注水井单井测试费用由14万元/次降至0元，单井测试时间由4d降至4h，截至目前已为渤海油田累计减少占用平台280d，节约调配费用800余万元。

井下智能分层注水技术拥有广阔的应用前景，根据现场试验及数值模拟预测结果，若以2017年渤海油田累计调配249井次计，预计单年将节约调配费用3486万元，减少占用平台时间1245d，措施井调配率将提高至100%，受效井采收率提高1%～2%。2018～2020年智能分层注水技术将以渤海油田3000万吨持续稳产项目为依托，继续加大现场推广力度，预计全面应用后可将渤海油田调配率提高至100%，单井调配合格率提高至80%，层段调配合格率提高至85%。

6 结 论

（1）智能分层注水技术实现了井下分层数据监测、注水量在线直读验封，验封测调效率高，同时可降低测调成本，满足海上油田注水开发需求。

（2）实现了远程操控，不占用平台作业空间，可为其他措施作业提供更多的作业窗口，同时便于规模化管理，提高海上油田分注井管理效率。

（3）该技术在满足分层注水需求的同时，能够全面的获取油藏动态数据，可以为海上油田稳油控水、提高采收率提供技术手段，推动数字化油田建设。

参考文献

[1] 赵敏．分层注水工艺在油田的实际应用［J］．中国石油和化工标准与质量，2014（12）：108.

[2] 王立．分层注水技术的发展前景［J］．石油仪器，2013（02）：57～61.

[3] 程心平，刘敏，罗昌华，等．海上油田同井注采技术开发与应用［J］．石油矿场机械，2010（10）：82～87.

[4] 郭雯霖，白健华，沈琼，等．渤海油田分层注水管柱防卡及洗井工艺［J］．石油机械，2013（09）：56～58.

[5] 罗昌华，程心平，刘敏，等．海上油田同心边测边调分层注水管柱研究及应用［J］．中国海上油气，2013（04）：46～48.

[6] 刘颖，刘友，李明平，等．斜井分层注水工艺研究与应用［J］．石油机械，2014（02）：84～87.

[7] 贾德利，赵常江，姚洪田，等．新型分层注水工艺高效测调技术的研究［J］．哈尔滨理工大学学报，2011（04）：90～94.

[8] 徐国民，苗丰裕．注水井高效测调技术的研究与应用［J］．科学技术与工程，2011（05）：958～963.

[9] 黄强，张立，郭鑫，等．分注井测试与调配联动技术的改进与应用［J］．内蒙古石油化工，2011（05）：87～89.

[10] 许增魁，马涛，王铁成，等．数字油田技术发展探讨［J］．中国信息界，2012（09）：28～32.

渤海油田抗高温组合堵剂的研发与应用研究

代磊阳 黎慧 李彦阅 王楠 夏欢 薛宝庆 张云宝

［中海石油（中国）有限公司天津分公司］

摘要 针对高含水且油藏温度高的油藏特点，本文研发了一种高温组合堵剂，由酚醛树脂凝胶和接枝共聚纯黏性流体组成。该组合体系具有黏弹性高、成胶时间可控且抗剪切性能力强的特点。室内实验表明，酚醛树脂凝胶在90℃下黏度可达到60000mPa·s，稳定期长达10个月；接枝共聚纯黏性流体呈整体冻胶状，具有用量少强度高的特点，成胶后黏度达10万mPa·s以上，两种体系经过氧化破胶后均无残渣。物模实验结果表明，该组合体系相较于酚醛树脂凝胶单一体系，可提高封堵率5%，耐冲刷能力更强。

关键词 抗高温 接枝共聚纯黏性流体 组合堵剂 性能评价

在水驱开发及化学驱开发的油藏中，常常因为油藏自身非均质性严重，导致油藏动用程度不均。随着开发年限的延长还会出现中高渗层冲刷严重，油井过早见水或者水淹的情况。调剖技术可以调整吸水剖面，同时降低产出端含水率。调剖是将调剖剂注入到高渗通道，对高渗通道进行有效封堵，从而降低高渗通道的渗透率，实现稳油控水[1~3]。目前，聚合物凝胶调剖技术应用最为广泛，以有机铬作为交联剂的聚合物凝胶体系已在各大油田得到应用[4~6]。铬凝胶主要是Cr^{3+}通过络合、水解、羟桥作用，与HPAM中的羧基、酰胺基反应，使HPAM形成立体网状体系。此种凝胶体系具有成胶强度大，抗剪切等特点。在高温环境中，酚醛树脂凝胶具有较高的强度和稳定性。这是由于成胶机理导致的，酚醛树脂类交联剂的交联通过脱水反应发生，需要的能量（温度）较高，而且键能比螯合作用的键能强，所以交联所需的温度高，且交联后强度高。具体交联过程如图1所示。

接枝共聚纯黏性流体是一种高强度胶，该体系基液本身为纯黏流体，初始黏度低，不存在法向应力。通过地下发生聚合和接枝反应，成胶后可达10万mPa·s，其典型配方为：小分子体系1（改性淀粉）+小分子体系2（丙烯酰胺）+交联体系。

接枝共聚纯黏性流体与酚醛树脂凝胶组合使用可以组合两者的优势。本文以酚醛树脂作为交联剂，实验评价了酚醛树脂凝胶与接枝共聚纯黏性流体组合堵剂的性能。

第一作者简介：代磊阳，主要从事调剖、调驱和堵水方面的工作，通信地址：天津市滨海新区海川路2121号渤海石油管理局B座，邮编：300459。

基金项目：中海石油有限公司科研项目“渤海高含水油田在线调驱技术研究与应用”（编号：YXKY－2016－TJ－02）。

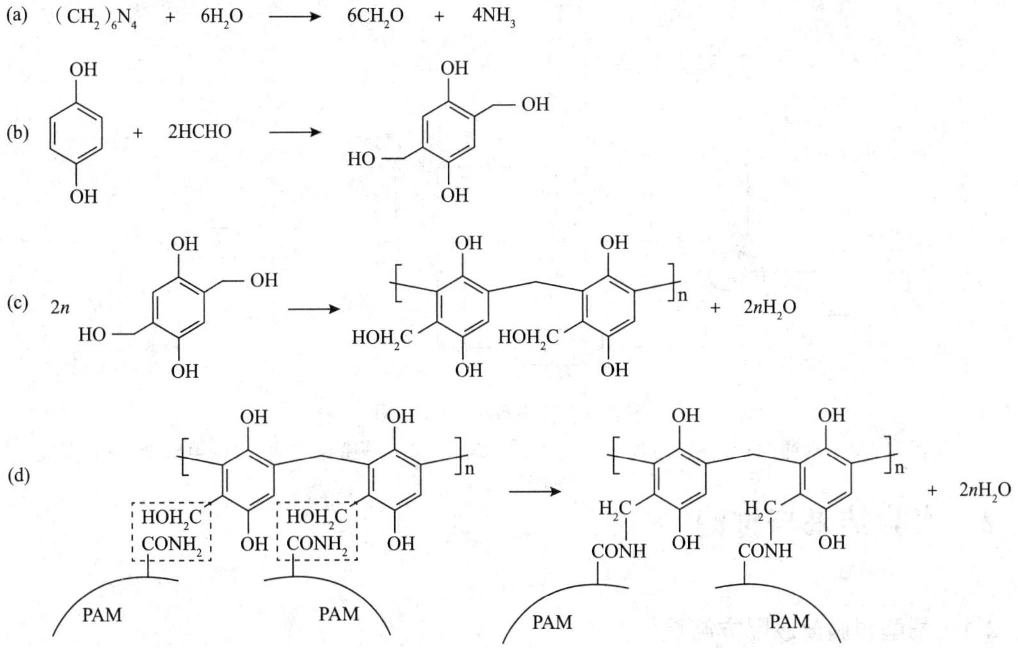

(a) $(CH_2)_6N_4 + 6H_2O \longrightarrow 6CH_2O + 4NH_3$

(b) OH OH + 2HCHO ⟶ OH OH HO OH

(c) 2n OH OH HO OH ⟶ OH OH HOH_2C HOH_2C OH OH n + $2nH_2O$

(d) OH OH HOH_2C $CONH_2$ OH HOH_2C $CONH_2$ OH n PAM PAM ⟶ OH OH H_2C CONH OH H_2C CONH OH n PAM PAM + $2nH_2O$

图 1　成胶机理

1　实验部分

1.1　实验条件及试剂

实验温度选取目标井的油藏温度为90℃，模拟水配制无机试剂：NaCl，KCl，$CaCl_2$，$MgCl_2$（$6H_2O$），Na_2CO_3，Na_2SO_4，$NaHCO_3$；聚合物：部分水解聚丙烯酰胺相对分子质量为2400万（北京恒聚，水解度23%～28%）；交联剂：酚醛树脂（山东石大油服）；改性淀粉（河北燕兴化工）；丙烯酰胺AM（天津市外环化工有限公司），见表1。

表1　实验用模拟水离子构成

项目	阳离子/（mg/L）			阴离子/（mg/L）			总矿化度/（mg/L）	pH值	水型
	$K^+ + Na^+$	Ca^{2+}	Mg^{2+}	Cl^-	HCO_3^-	SO_4^{2-}			
浓度	1130.87	107.83	13.71	1246.48	1032.94	172.29	3704.11	6.95	$NaHCO_3$

1.2　实验设备及实验方法

布式黏度计，恒温箱，平流泵，中间容器，精密压力传感及管线若干。具体装置流程如图2所示。

物理模拟实验：调剖剂的封堵强度用封堵率和残余阻力系数来表征，具体方法可见文献[7]。

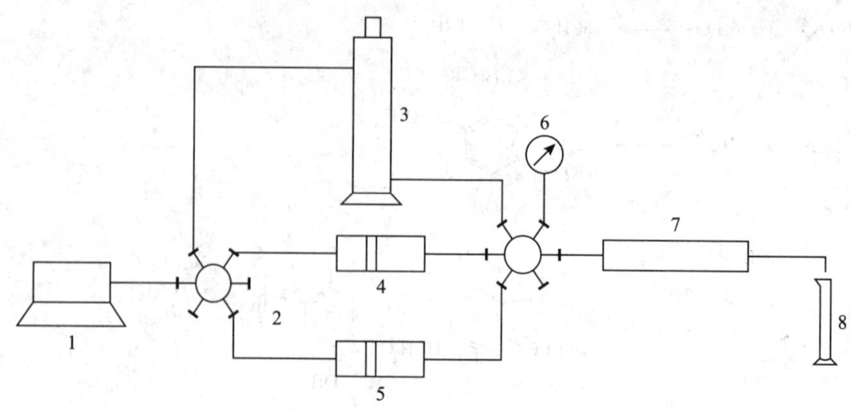

图2　单管物理模型流程图

1—平流泵；2—六通阀；3—中间容器；4、5—药剂罐；6—精密压力表；7—填砂管；8—量筒

2　实验结果与讨论

2.1　酚醛树脂凝胶配方筛选

选取聚合物的浓度为0.3%、0.4%、0.5%、0.6%，酚醛树脂交联剂浓度为0.6%、0.9%、1.2%。分别对不同浓度的聚合物配比不同浓度的交联剂，搅拌均匀之后，置于90℃的烘箱中进行成胶实验结果观察，实验结果如表2所示。

表2　不同浓度配比下酚醛树脂凝胶成胶实验结果

聚合物浓度	聚合物熟化时间	酚醛树脂交联剂浓度	成胶时间/h	成胶黏度/mPa·s	90d后成胶强度/mPa·s
0.3	40min	0.6	30～35	21000	降解
		0.9	30～35	23000	降解
		1.2	30～35	27000	15000
0.4	60min	0.6	28～32	28000	33000
		0.9	28～32	27000	45000
		1.2	28～32	27600	41000
0.5	90min	0.6	25～30	28800	43000
		0.9	25～30	29200	46000
		1.2	25～30	27630	40000
0.6	110min	0.6	24～28	33000	49000
		0.9	24～28	29600	51000
		1.2	24～28	28300	47000

从表2可以看出，当聚合物浓度低于0.4%时，酚醛树脂凝胶成胶强度低且稳定性差，老化90d后基本降解。当聚合物浓度在0.4%及以上时，成胶强度较高，且随着酚醛树脂交联剂浓度的升高成胶强度先升高后降低，这是由于交联剂含量升高到一定程度后，会出现过交联的现象，使凝胶空间网络结构内包含的水减少，因而黏度降低。

随着聚合物浓度的提高，熟化时间会越来越长。当聚合物浓度高于0.4%时，熟化时间会大于90min，对于海上平台紧张的施工空间是个挑战。而且聚合物的成本也会随之增加。最终选择酚醛树脂凝胶的配方为聚合物浓度0.4%、交联剂浓度0.9%。

2.2 残余阻力系数与封堵率

残余阻力系数（F_{RR}）是度量调剖剂成胶后岩心渗透率降低的程度，其值可用调剖剂降低岩石渗透率能力来评价，F_{RR}等于调剖剂调剖前、后水测渗透率之比。在流量相同条件下，残余阻力系数公式可写为：

$$F_{RR} = \frac{\Delta P_{PW}}{\Delta P_{W}}$$

式中，ΔP_{PW}为水驱过程中的稳定压差，MPa；ΔP_{W}为注凝胶后的后续水驱过程的稳定压差，MPa。

岩心封堵效率是衡量调剖剂在岩心内部成胶后，降低岩心渗透率能力的参数指标。封堵率计算公式：

$$E = \frac{K_{WO} - K_{W1}}{K_{WO}}$$

式中，E为封堵率；K_{WO}为封堵前渗透率，μm^2；K_{W1}为封堵后渗透率，μm^2。

注入0.3PV的酚醛树脂凝胶，测试注入堵剂前后的水驱渗透率和稳定压差。测试结果如表3所示。

表3 凝胶封堵性能实验设计与结果

注入量/PV	堵前水相渗透率/mD	堵前稳定压差	堵后水相渗透率/mD	堵后稳定压差	封堵率/%	残余阻力系数
0.3	6300	0.05MPa	310	4.4MPa	95.1	88

由表3可以看出，酚醛树脂凝胶的封堵率在95%以上，残余阻力系数可达88，证明该凝胶体系具有较高的封堵性能。

2.3 过岩心剪切成胶性能

制作2000mD的填砂管，以2mL/min速度注入酚醛树脂凝胶，在填砂管末端接入烧杯，接入150mL酚醛树脂凝胶体系。与未经岩心剪切的酚醛树脂凝胶体系溶液一起置于90℃烘箱中，考察岩心剪切对堵剂成胶性能的具体影响，实验结果见表4。

表4 凝胶过剪切实验设计与结果

岩心参数		过岩心前			过岩心后		
孔隙度/%	渗透率/mD	黏度/mPa·s	成胶时间/h	成胶强度/mPa·s	黏度/mPa·s	成胶时间/h	成胶强度/mPa·s
25	6100	350	30	59000	170	36	55000

由表4可以看出，与空白对照相比，过岩心剪切后，堵剂成胶时间由30h延长至36h，成胶强度由59000mPa·s降至55000mPa·s，说明该酚醛树脂凝胶体系对于该油藏条件具有较好的抗剪切性能。

2.4 酚醛树脂凝胶破胶实验

破胶实验选取常用的 $NH_4(SO_4)_2$ 作为破胶剂，在不同温度下进行破胶实验，测定残渣含量。

残渣含量按公式：

$$\eta = \frac{m}{V}$$

式中，η 为残渣含量，mg/L；m 为残渣质量，mg；V 为酚醛树脂凝胶用量，L。

表5 破胶液参数测定

温度/℃	70	80	90
残渣含量/(mg/L)	73	66	70

由表5可得出，在不同温度（70℃、80℃、90℃）下破胶液的残渣含量，均≤73mg/L，残渣含量较小，这是由于 $NH_4(SO_4)_2$ 在一定温度下可以氧化交联键和聚合物链，凝胶结构受到不可逆的损害，将大分子链分解成很短的链。

2.5 接枝共聚纯黏性流体配方筛选

接枝共聚纯黏性流体主要由改性淀粉、丙烯酰胺和其他助剂组成，考察不同浓度的配方下接枝共聚纯黏性流体的成胶实验。使用布氏黏度计0号转子在6r/min测定90℃下不同配方的黏度值，并记录成胶时间，具体实验结果如表6所示。

表6 不同接枝共聚纯黏性流体配方下的成胶情况

编　号	配方组成	成胶时间/h	强度/mPa·s
1	6%改性淀粉+6% AM+0.15%交联剂	2.5	>10万
2	5%改性淀粉+5% AM+0.15%交联剂	2.5	>10万
3	4%改性淀粉+4% AM+0.15%交联剂	3	>10万
4	2%改性淀粉+2% AM+0.075%交联剂	未成胶	1000
5	1%改性淀粉+1% AM+0.0375%交联剂	未成胶	未成胶

由表6可知，3号配方下，成胶时间较长，且强度高。确定3号作为后续实验的配方。

2.6 接枝共聚纯黏性流体与酚醛树脂胶复合成胶实验

选取上述实验确定的最佳酚醛树脂凝胶配方和接枝共聚纯黏性流体配方作为复合成胶实验影响的对象，研究不同体积配比下两者互溶后对成胶时间和成胶强度的影响，此实验的目的在于研究实验结果如表7所示。

表7 接枝共聚纯黏性流体与酚醛树脂凝胶复合成胶实验影响

编　号	体积比（酚醛树脂凝胶：接枝共聚纯黏性流体）	成胶时间/h	成胶强度/mPa·s
1	1:4	5	8万
2	1:3	8	7.5万

续表

编　号	体积比（酚醛树脂凝胶：接枝共聚纯黏性流体）	成胶时间/h	成胶强度/mPa·s
3	1∶2	10	6.6万
4	1∶1	15	6.3万
5	2∶1	18	5.9万
6	3∶1	23	5.2万
7	4∶1	26	5万

实验结果表明，酚醛树脂凝胶与接枝共聚纯黏性流体两者互溶之后，均可以成胶，且成胶强度较高。随着组分中接枝共聚纯黏性流体比例的增大，组合体系的成胶强度升高，成胶时间缩短；随着组分中酚醛树脂凝胶比例的增大，组合体系的成胶强度减弱，成胶时间延长。

3 结　论

（1）90℃下，酚醛树脂凝胶堵剂的最佳配方为“聚合物浓度0.4%～0.5%”＋“酚醛树脂交联剂浓度0.9%～1.2%”；90℃下，接枝共聚纯黏性流体的最佳配方为“4%改性淀粉＋4%AM＋0.15%交联剂”，成胶后黏度均在5万mPa·s以上，抗温性能优良。

（2）酚醛树脂凝胶的封堵率在95%以上，残余阻力系数可达88，证明该凝胶体系具有较高的封堵性能。

（3）酚醛树脂凝胶过岩心剪切后，堵剂成胶时间由30h延长至36h，成胶强度由5.9×10^4mPa·s降至5.5×10^4mPa·s。黏度保留率在93.2%以上，表明酚醛树脂抗剪切性能良好。

（4）接枝共聚纯黏性流体与酚醛树脂胶复合成胶实验结果表明，酚醛树脂凝胶与接枝共聚纯黏性流体两者互溶之后，均可以成胶，且成胶强度在5×10^4mPa·s以上。

参考文献

[1] 武海燕，罗宪波，张廷山，等．深部调剖剂研究新进展［J］．特种油气藏，2005，12（3）：1～3.

[2] 王晓丽．新型复合凝胶调剖体系的评价研究［J］．当代化工，2014，43（9）：1708～1709.

[3] 熊春明，唐孝芬．国内外堵水调剖技术最新进展及发展趋势［J］．石油勘探与开发，2007，34（1）：83～88.

[4] 陈铁龙，庞德新，等．AMPS抗盐弱凝胶的研究［J］．西南石油大学学报，2008，30（1）：126～128.

[5] 张焘，苏龙，刘建东，等．凝胶深部调剖技术研究与发展趋势［J］．油气田地面工程，2009，28（1）：26～27.

[6] 何佳，贾碧霞等．调剖堵水技术最新进展及发展趋势［J］．青海石油，2011，29（3）：59～63.

[7] 才程，赵福麟．铬冻胶堵剂突破压力的测定［J］．石油大学学报（自然科学版），2002，26（5）：58～61.

稠油高温高压物理模拟实验技术的应用研究

林涛　孙永涛　刘海涛　宋宏志　王少华　吴春洲　汪成　肖洒

（中海油田服务股份有限公司油田生产研究院）

摘要　海上稠油油田受埋藏深、井距大、多油水系统、油层非均质等因素的影响，开发开采难度大，如何通过科学的手段进行研究是关键。高温高压物理模拟实验技术，以油藏原型为模拟对象，可实现对井网、井距、井型、注采参数等参数的模拟，可实现对稠油冷采、化学驱、热采吞吐、热采驱替、SAGD等工艺的模拟，可为数值模拟提供校验。通过实验研究，利用二维物理模拟实验技术研究了温敏凝胶的封堵性能，实验结果表明温敏凝胶可以有效封堵气窜通道，使热流体从两侧发生绕流，可以起到延缓气窜，增加波及面积的作用，使采收率从36.1%提高至45.1%。通过大型物理模拟实验再结合数值模拟技术，可以实现对于原型油藏更科学合理的模拟预测，为油田开发提供更好地技术指导。

关键词　物理模拟　实验技术　海上油田　数字化模拟　应用研究

渤海油田的稠油储量丰富，占渤海油田总储量的70%以上，储量达$27.3\times10^8m^3$，占中国海洋总储量的68%，主要分布在旅大、南堡、绥中、埕北等油区[1]。地下黏度大于350mPa·s的稠油储量，常规注水开发难以动用，此类油田按照分类标准适合采用热采开发的方式，也是中海油面临挑战和开发潜力巨大的稠油油田[2]。以渤海湾南堡35－2油田南区为例，该区块地面50℃脱气原油黏度介于1654～3893mPa·s，对于地下黏度大于400mPa·s的稠油来说，必须采用热采方式开发[3]，目前采出程度仅为1.2%，采油速度为0.3%，综合含水已达74%。近年来，稠油热采技术在海上油田开展应用，目前主要以多元热流体吞吐热采为主，多元热流体热采技术是发展起来的一种新型热采技术，符合当前热采技术的发展趋势，其是通过燃烧产生高温高压的水蒸气、CO_2及N_2等混合气体，具有气体混相驱（氮气驱、二氧化碳驱）和热力采油（蒸汽吞吐、蒸汽驱）的特点[4~10]，经过多年的热采试验，目前大部分热采井已经进入多轮次吞吐热采。在开发开采技术研究方面，无论是注水、化学驱还是热采技术，物理模拟、数值模拟和矿场实验是3项主要手段。因为一个油田只能开采一次，所以矿场实验规模不宜太大；与矿场实验相比，物理模拟和数值模拟具有费用少、时间短、有重复性和预见性等优点，结合海上的油藏特点和稠油开采技术的特点，迫切需要高温高压的物理模拟实验技术，来针对性的解决油田在开发开采所面临的问题。

1　面临的问题

高温高压物理模拟实验技术，以油藏原型为模拟对象，可实现对井网、井距、井型、注

第一作者简介：林涛（1983年—），硕士，高级工程师，大庆石油学院石油工程油气田开发工程专业硕士（2008年），现从事海上油田稠油热采工艺技术方面的研究。通讯地址：中国天津市滨海新区塘沽海洋高新技术开发区海川路1581号，联系电话：022－59551934，E－mail：lintao5@cosl.com.cn。

采参数等的模拟，实现对稠油冷采、化学驱、热采吞吐、热采驱替、SAGD等工艺的模拟，为数值模拟提供校验，针对性解决地问题，见表1。

由于稠油黏度相对偏低、埋藏深、压力高，需要配套的实验设备满足高压的需求，同时由于热采工艺的应用，需要配套的实验设备满足高温的要求，通过技术研发，大型的二维和三维物理模拟实验的模型装置满足耐温300℃，耐压20MPa的实验技术要求。

表1　面临的问题及解决的策略

序号	面临的问题	解决的策略	需要配套的实验技术
1	提升注水开发效果	井网井距优化、提液机理及工艺研究	二维物理模拟、三维物理模拟、数字实验技术
2	提高化学驱采收率	机理研究、工艺优化、剖面调整等	二维物理模拟、三维物理模拟、数字实验技术
3	水窜机理及控制	边底水油藏水窜机理研究，同步进行保压热采、高温堵水技术研究	三维物理模拟、数字实验技术
4	提高吞吐开采效果	吞吐工艺模拟、工艺优化	吞吐实验模拟技术、数字实验技术
5	气窜治理、吞吐转驱问题	调堵工艺、开发方式转换（吞吐转驱的时机、注采井网优化）	二维物理模拟、三维物理模拟、数字实验技术
6	特稠油热采机理	特稠油开采机理、粘温变化规律研究	三维物理模拟、数字实验技术

2　二维物理模拟实验技术

2.1　实验设备

大型二维模拟实验装置由模型系统、高压舱系统、数据采集处理系统、自动控制系统、采出计量系统及辅助系统等组成，模型系统用于进行模拟实验，由玻璃可视模型、高压高温模型、高压舱、各种井网及测压测温探头、压力舱覆压系统、高压舱加热保温、摄像光源系统等组成。整个系统的最高实验温度：300℃，最高实验压力：20MPa，模型尺寸：500mm×500mm×40mm。

根据地层相似比建立模型，模型本体预埋注采直井、水平井（可布置4点、5点、7点、9点井网）、压力场测点、温度场传感器、饱和度探头，可测定不同部位驱油效果。

2.2　实验条件

实验用水：按地层离子组成配制，地层水水型为$NaHCO_3$型，总矿化度为1218～1814mg/L（表2）。

表2　实验用模拟盐水离子组成

矿化度/（mg/L）	离子组成/（mg/L）					
	$Na^+ + K^+$	Ca^{2+}	Mg^{2+}	Cl^-	SO_4^{2-}	HCO_3^-
1631.94	479.85	5.17	12.5	138.4	57.79	839.64

实验用油为油田原油，50℃下地下原油黏度在3600mPa·s，实验温度56℃。

实验用化学剂：工业高纯度 CO_2（纯度99.9%），工业高纯度 N_2（纯度99.95%）。

2.3 实验步骤

（1）模型装填砂：准备不同砂比实验用砂、已沉降脱水原油、蒸馏水。按照模型设计孔隙度计算油、水用量，并按照油藏条件在模型中设置高渗透条带。

（2）连接实验线路，饱和水、油。

（3）按照实验设计要求，将压力舱温度调至油藏温度，将模型加热至56℃，模型内部各点温度相差不超过0.5℃。

（3）按实验方案设定注入参数，打开两路气体注入流程，按体积比设置气体质量流量控制器，同时继续注入热水/蒸汽，完成设计注入量，再按调堵方案进行注入。

2.4 实验方案（表3）

表3 二维实验方案设计表

序号	气窜井水平段长度	吞吐井水平井段长度	井距	渗透率	孔隙度/%	油藏温度/℃	油藏压力/MPa	油层厚度/MPa	原油黏度/mPa·s	热水注入速度
原型	230m	275m	250m	(50～5000)×$10^{-3}\mu m^2$	24～45	56	5	4～10m	2150	3t/h
模型	230mm	275mm	250mm	$4\mu m^2$	40	56	5	40mm	2150	42mL/min

实验过程为多元热流体驱替，再注温敏凝胶，然后在进行多元热流体驱替（注入温度200～230℃）。

2.5 实验结果及分析

在注入多元热流体后，流体有明显的窜流后，综合含水率上升，由图1可知，注入温敏凝胶后，含水率有了明显的下降，由最高的48.6%下降至最低44%，后续继续注入后含水率继续上升，注入1.5PV后含水率基本恢复到注凝胶前的状态。

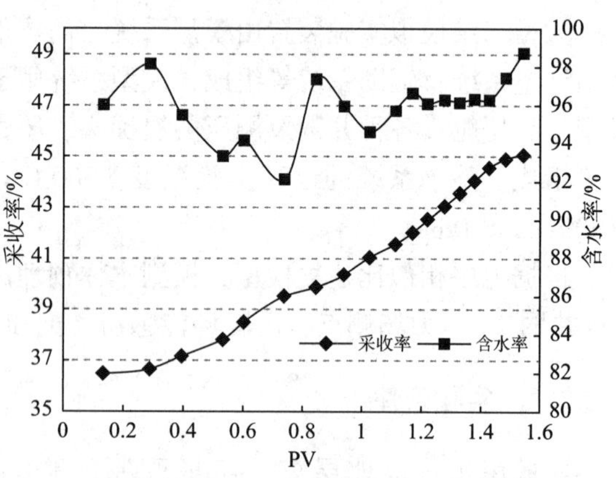

图1 注入温敏凝胶后的采收率和含水率曲线

由图2可知，从注入温敏凝胶后的温度场图可以看出：多元热流体注入初期的出气范围扩大，但仍然严重不均匀，只有约二分之一的井段出气；第一阶段发生气窜的通道被封堵，多元热流体沿原高渗条带两侧绕流；约45min后再次气窜至生产井。注入1.5PV后采收率从第一阶段的36.1%提高至45.1%。

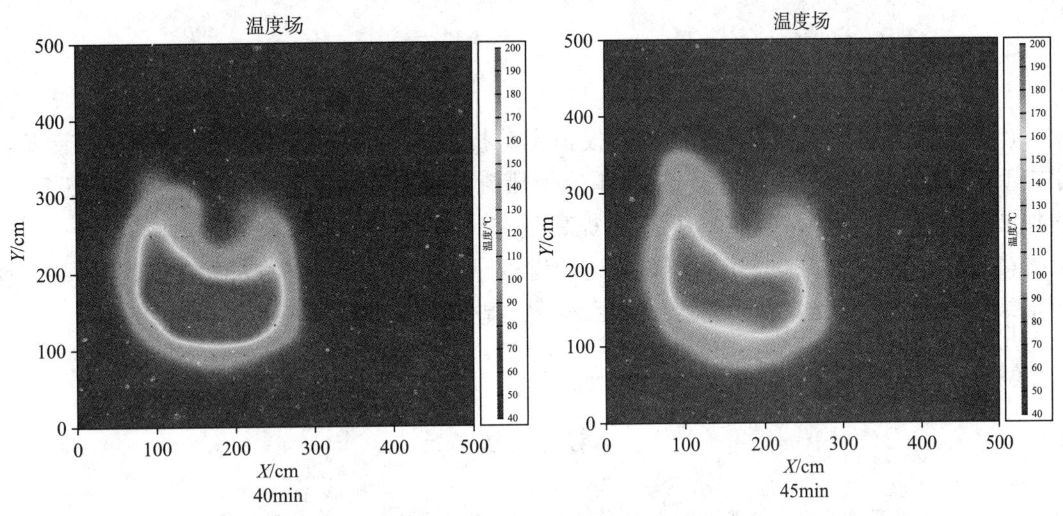

图2　注入温敏凝胶后的温度场变化图

3　数字化实验研究

在室内物理模拟的基础上，以物理模型为对象，利用数值模拟软件对物理模型设计的各种开发方式、注采参数、井位部署等方案进行数值计算，从而得到模型在不同时刻下的压力、温度和饱和度等分布状况，实现物理模拟过程的可视化再现和对原型油藏的反演解释。

根据室内三维比例物理模型设计参数，将建立模型的基本参数输入到数值模拟软件数据文件中，三维实验模型尺寸为540mm×400mm×540mm，结合现场实际，数值模拟模型网格大小设置为20mm×20mm×60mm，网格划分后模型网格数为27×20×9。

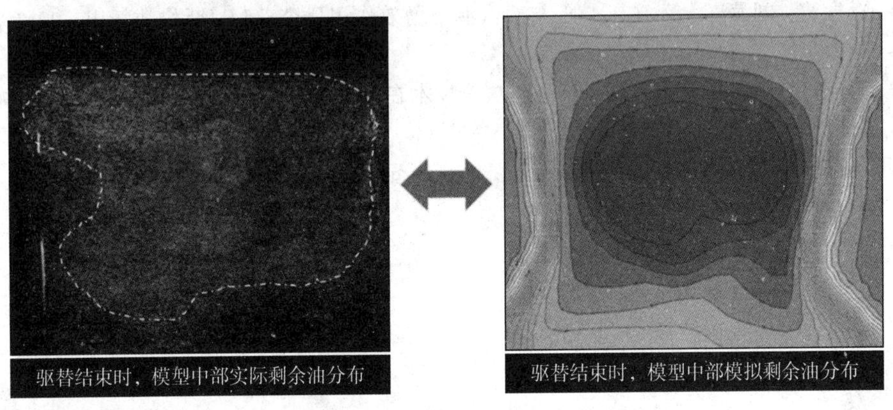

图3　模型中部实际与模拟剩余油分布图

由图3可以看出：驱替结束时，模型中部剩余油分布与模拟剩余油分布相似。达到预期效果；根据模拟结果，最终模拟油藏含油饱和度为68.3%，实际模型含油饱和度为64.2%，模拟结果与实际近似。

4 结论与认识

（1）通过实验研究，利用二维物理模拟实验技术研究了温敏凝胶的封堵性能，实验结果表明温敏凝胶可以有效封堵了气窜通道，使热流体从两侧发生绕流，可以起到延缓气窜，增加波及面积的作用，使采收率从36.1提高至45.1%。

（2）结合数字化实验技术，实现对于原型油藏更科学合理的模拟预测，研究结果表明模拟结果与实际实验结果基本符合，为后续研究提供了一种新的途径。

参考文献

[1] 姜伟.加拿大稠油开发技术现状及我国渤海稠油开发新技术应用思考[J].中国海上油气，2006，18（2）：123～125.

[2] 喻贵民.多元热流体热采技术与实践[M].北京：中国石化出版社，2015.

[3] 于连东.世界稠油资源的分布及其开采技术的现状与展望[J].特种油气藏.2001，8（2）：98～103.

[4] 孙永涛，赵利昌，林涛，等.海上稠油多元热流体开采技术研究与应用[J].中海油田工程技术，2012.10，1（1）：46～48.

[5] 唐晓旭，马跃，孙永涛.海上稠油多元热流体吞吐工艺研究及现场试验[J].中国海上油气，2011，23（3）：185～188.

[6] 孙玉豹，孙永涛，林涛.渤海油田多元热流体吞吐自喷期生产控制[J].石油化工应用，2012，31（5）：10～12.

[7] 林涛，孙永涛，马增华，等.多元热流体热－气降黏作用初步探讨[J].海洋石油，2012，32（3）：74～76.

[8] 林涛，孙永涛，刘海涛，等.CO_2，N_2与蒸汽混合增效作用研究[J].断块油气田，2013，20（2）：246～247，267.

[9] 林涛，孙永涛，马增华，等.多元热流体热采技术在海上探井测试中适应性研究[J].海洋石油，2012，32（2）：51～53.

[10] 陈明.海上稠油热采技术探索与实践[M].北京：石油工业出版社，2012.

稠油化学吞吐室内实验研究与现场应用

吴春洲　王少华　孙永涛　汪成　肖洒

（中海油田服务股份有限公司油田生产事业部）

摘要　针对稠油开采过程中，原油黏度高，流动性困难等问题，优选出了用于化学吞吐的乳化降黏体系 COSL－1，并对该体系进行了室内评价和现场试验。研究结果表明，该体系与原油的界面张力为 10^{-1}mN·m^{-1}，相对于原油与水的界面张力降低了 98.2%，体系与岩石的润湿角约 10°，可使岩石表面由油湿变为水湿，在油水比为 7：3 下该体系形成的乳状液黏度 32.35mPa·s，降黏率 94.11%，具有较强的乳化能力和静态洗油能力；动态驱油实验表明，该乳化降黏体系比单独水驱，采收率提高 10.4%。通过在南海某稠油油井的现场施工，取得了良好的应用效果。

关键词　稠油　化学吞吐　乳化降黏　低界面张力　室内模拟　采收率

我国海上稠油资源丰富，但是由于其黏度高、流动阻力大，开采较为困难[1]。目前海上稠油开采方式以热采为主，包括蒸汽吞吐、多元热流体吞吐等技术[2~4]，但海上热采对于油藏条件要求较高，不适用于油藏埋深较深，油层物性较差的油田[5]。化学吞吐技术是利用化学驱油机理结合吞吐方法提出一项稠油冷采技术，通过将化学活性体系溶液注入到井下，使稠油分散乳化成水包油形态，流动液黏度降低，降低了油水界面张力，减少了流体的流动阻力，改变了地层的润湿性，从而提高稠油产量和采收率[6~8]。该技术油藏适应性广，施工工艺方便，见效快，在稠油开采中具有独特的技术优势，陆地稠油油田应用广泛[9~11]。为保障海上稠油油田的开采，本文基于南海某稠油区块油井进行了化学吞吐室内实验研究，包括针对该稠油区块油品的化学活性体系筛选评价，室内动态驱油评价等研究，为海上稠油化学吞吐的实施提供了指导意义。

1　室内实验研究

1.1　化学吞吐体系配方及室内静态评价

该化学吞吐体系配方为 COSL－1，由非离子表面活性剂 A、聚醚类表面活性剂 B 和添加剂 C 组成。

1.1.1　油水界面张力测定

采用 TX－500 界面张力仪，50℃下分别测量水样、化学降黏体系与南海某油田 A 井原

第一作者简介：吴春洲（1987 年—），男，中级采油工程师、硕士研究生（2013 年毕业于中国石油大学（华东）油气田开发工程专业，获得工学硕士学位），目前主要从事稠油开采等相关工作，通讯地址，中国天津市滨海新区塘沽海洋高新技术开发区海川路 1581 号 邮编：300459，联系电话：18722180556，E－mail：wuchzh2@ cosl. com. cn。

基金项目：国家重大专项项目“规模化多元热流体工程技术示范”（编号：2010CB226700）。

油间的界面张力，分别为12mN/m、0.209mN/m，原油在化学降黏体系中的界面张力大幅降低，降低率为98.2%，低界面张力将大幅降低原油液珠在孔喉中的渗流阻力，从而提高原油开采效果。

1.1.2　体系润湿性能评价

为研究该体系对岩心的润湿性情况，测定了地层水、体系溶液与岩心的润湿角。使用磨光石英矿片模拟砂岩油藏岩石，将该石英矿片放入煤油中浸泡36h后取出矿片，分别将地层水、体系溶液滴至矿片表面不同位置，使用润湿角测定仪观察地层水、体系溶液与模拟岩心的润湿情况。

实验结果表明，地层水与模拟岩心的润湿角约56°，而降黏体系于模拟岩心的润湿角约10°左右，表明该降黏体系易铺展于岩石表面，使岩石表面从油湿转变为水湿，从而实现降低流动阻力，提高驱替效率的目的。

1.1.3　乳化降黏能力测定

由于吞吐液注入地层后，地层各处吞吐液与原油的比例不尽相同，为充分研究不同油水比下该吞吐液体系的降黏效果，根据中海油《稠油化学降黏工艺实施规范》，将化学降黏体系溶液与原油配置不同油水比的乳状液，观察体系的乳化降黏效果，使用HAAKE RS6000旋转流变仪测定不同油水比下的降黏率，结果如表1所示。

表1　不同油水比时的乳化降黏性能

油水质量比	原油黏度/mPa·s（50℃）	A井原油+化学降黏体系	
		乳化体系黏度/mPa·s（50℃）	降黏率
29：1	549	548.5	—
19：1	549	547.7	
9：1	549	579.3	—
3：1	549	58.08	89.42%
7：3	549	32.25	94.13%
2：1	549	32.35	94.11%
1：1	549	35.78	93.48%
1：2	549	26.35	95.20%
1：3	549	25.54	95.35%

由表1可知，当油水比大于3：1时，加入化学体系无法形成水包油溶液，所测溶液黏度等于或略高于原油黏度，亦未形成明显的油包水乳状液，当油水比小于3：1时，能够形成比较好的水包油乳状液，降黏率达到90%，具有很好的降黏增产效果。

1.1.4　静态洗油能力评价

将60g石英砂用20mL原油浸泡24h后，分别取30g油砂置入带有刻度的试管A、B中，取水50mL和化学降黏体系溶液50mL分别倒入A、B试管中，置于45℃恒温箱中，1h后观察到A试管中有少量油滴浮出，底部油砂仍为黑色，界面参差不齐，而B试管上部有大量浮油，且上层油砂发白，界面整齐，将上层原油慢慢沿壁流入量筒计量A、B试管的表面浮油分别为0.3mL、4mL，化学体系溶液明显增加了静态洗油效果。

1.2 化学降黏体系动态驱油实验

为研究该化学降黏体系的动态驱油效果，开展了一维驱替模拟实验。

1.2.1 实验装置及材料

（1）实验装置：恒温箱、注入泵、填砂管（Φ38×600mm）、中间容器（1000mL）、压力传感器；

（2）实验用油为南海某稠油油田 A 井原油，黏度 549mPa·s（50℃），实验用水为模拟地层水，矿化度 37543mg/L，实验用砂为石英砂（150 目），共 2 根填砂管 1#、2#，1#填砂管为化学剂驱替，1#填砂管参数为孔隙度 30%，渗透率 810mD，含油饱和度 69.6%，2#填砂管为水驱后化学剂驱，2#填砂管参数为孔隙度 25.8%，渗透率 670mD，含油饱和度 31.7%。

1.2.2 实验步骤

（1）首先将模型抽真空饱和地层水，然后用 A 井脱水原油驱替地层水饱和油，建立束缚水。当压差稳定，适当提高注入速度驱替 1.0～2.0 倍孔隙体积后，记录此时的压差及从岩心中驱替出的累计水量，计算出岩心原始含油饱和度。

（2）1#填砂管：使用化学剂进行驱替至含水 98%，实验温度 75℃，分别计录下各个阶段驱出油量及驱出油的黏度，然后计算化学剂驱的驱油效率。

（3）2#填砂管：驱替过程采用配制的模拟地层水（75℃）；注入地层水达到突破压力之后，驱出原油见水，收集此时的原油油样测试黏度及含水。驱替至驱出液中含水超过 98% 停止注入。水驱结束后分别注入化学剂溶液 0.5PV，然后用模拟地层水进行驱替，直至驱出液中含水超过 98% 后停止注入。分别计录下各个阶段驱出油量及驱出油的黏度，然后计算水驱与化学剂驱的驱油效率。

1.2.3 实验结果

图 1 为实验所得化学驱的含水率和驱替效率曲线，驱替化学剂至 1PV（237.5mL）时，驱油效率为 41.56%；驱替至含水为 98.25% 时，驱油效率为 58.56%。图 2 为实验所得水驱（至含水 98%）+化学驱（0.5PV）的含水率和驱替效率曲线，根据实验结果，水驱至 1PV（205.5mL）时，驱油效率为 45.43%，驱替至含水为 98.25% 时，驱油效率为 48.14%，然后进行 0.5PV 化学驱，驱油效率为 51.36%，化学驱继续水驱至含水 98.11%，最终驱油效率为 58.5%。

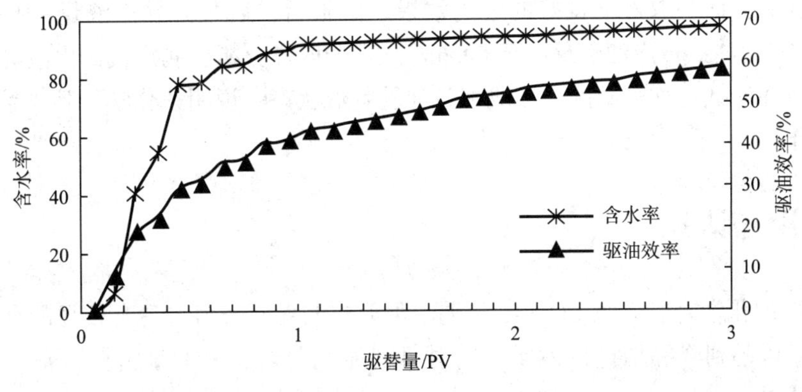

图 1 化学驱替含水率及驱替效率曲线

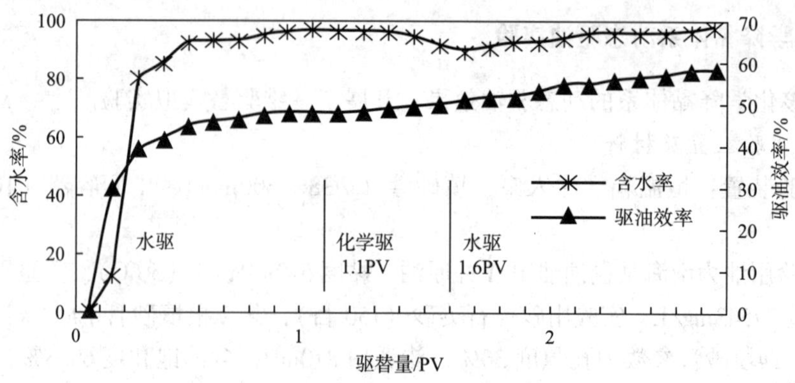

图2　水驱＋化学驱替含水率及驱替效率曲线

由以上两组数据对比可知，驱替至含水98%时，采用化学体系比单独水驱驱油效率能提高10%，主要是由于体系的低界面张力，原油黏度的降低；对同一岩心，水驱至98%含水后，注入化学体系后，可在原基础上提高驱油效率10.4%。实验说明，该化学降黏体系能够有效的采出水驱残余油，提高原油的采收率。

2　现场试验

2.1　施工简况

A井为南海某稠油区块一口水平生产井，砂岩油藏，完钻垂深1414m，斜深2195m，水平段长度447m，防砂方式为裸眼＋5½in ICr-L80 ICD控水筛管。地层温度73℃，原始地层压力14MPa，孔隙度27.4%，含水饱和度26.7%，渗透率396.8mD，原油胶质含量7.97%，沥青质6.02%，地面原油黏度549mPa·s（50℃）。该井于2016年9月2日开始投产，投产后产液量递减迅速，作业前日产液63.9m^3/d，含水6.9%，注入吞吐液500m^3，焖井36h后，开井正常生产。

2.2　效果分析

化学吞吐后，该井取得了良好的应用效果。措施后，启泵开井产液量最高提升至98.4m^3/d，启泵5d见油，日产油量最高至60.6m^3。现场取样分析，测定其产出液黏度有明显降低，且产出液在滤纸上均可润湿，形成水包油乳状液状态，说明该化学降黏体系起到了明显的乳化降黏作用。

3　结论与认识

（1）优选的化学降黏体系COSL-1与稠油可形成低界面张力，具有较强的乳化能力和静态洗油能力，可起到降黏增产的效果，同时可明显改善岩石的润湿情况，剥离岩石表面油膜，提高采油量。

（2）该化学降黏体系能够有效地采出水驱残余油，提高原油的采收率，比单独水驱具有明显的技术优势。

（3）该项技术施工工艺简便，见效快，成本相对较低，有很好的应用前景和市场。

（4）后续针对不同目标井，注入量、注入时机等参数还需进一步优化完善。

参考文献

[1] 陈明．海上稠油热采技术探索与实践［M］．北京：石油工业出版社，2012：35～265.

[2] 徐文江，赵金洲，陈掌星，等．海上多元热流体热力开采技术研究与实践［J］．石油科技论坛，2013，32（4）：9～13.

[3] 唐晓旭，马跃，孙永涛．海上稠油多元热流体吞吐工艺研究及现场试验［J］．中国海上油气，2011，23（3）：185～188.

[4] 梁丹，冯国智，曾祥林，等．海上稠油两种热采方式开发效果评价［J］石油钻探技术，2014，42（1）：95～99.

[5] 周守为．海上稠油高效开发新模式研究及应用［J］西南石油大学学报，2007，29（5）：1～4.

[6] 王伟刚．稠油油藏开发后期化学法提高采收率技术研究［D］．青岛：中国石油大学（华东）硕士学位论文，2008.

[7] 韩冬，沈平平．表面活活性剂驱油原理及应用［M］．北京：石油工业出版社，2001.

[8] 王世虎，孔克己，曹嫣镔，等．有化学方法改进稠油开采效果的技术［J］．油田化学，2002，19（3）：210～213.

[9] 李一鸣，吴晓静，沈梦霞，等．表面活性剂复配体系 BS－9 在稠油乳化降黏中的应用性能研究［J］．油田化学，2010，27（1）：81～83.

[10] 郭刚．稠油乳化降粘及破乳研究［D］．北京：中国石油大学硕士学位论文，2007.

[11] 肖然，李兴辉，等．化学吞吐工艺在孤东油田四区西部稠油块的应用［J］．国外油田工程，2003，19（6）：54.

稠油热采高温井下安全控制系统研究与应用

张伟　刘义刚　邹剑　周法元　陈征　王秋霞　张华

[中海石油（中国）有限公司天津分公司]

摘要　针对海上稠油蒸汽吞吐井井下安全控制工艺特殊要求，通过优选试制新型工具密封组件，优化设计工具结构，研发了具备伸缩补偿功能的隔热型耐高温热采封隔器和高温安全阀，形成了耐高温井下安全控制工艺技术，实现了热采井注蒸汽过程中井下应急关断。本文主要介绍了工具系统的设计原理、特点及现场应用情况。现场应用情况表明：在350℃高温条件下，隔热型热采封隔器密封性能良好，高温安全阀开启关闭灵活。这表明，高温井下安全控制系统结构设计合理，工具耐温、密封性能可靠，满足了系统整体耐温370℃、耐压21MPa要求，对海上稠油热采开发具有广阔应用前景。

关键词　海上　稠油　蒸汽吞吐　热采封隔器　安全阀

0　前　言

渤海油田稠油储量丰富，地下原油黏度大于350mPa·s的原油冷采产能低下，不能满足油田开发需求。自2008年开始，在南堡油田与旅大油田开展了多元热流体与蒸汽吞吐试验，由于海上油田相关法规要求，在生产油井必须下入安全阀与封隔器来保障生产井井下安全，而热采井尤其蒸汽吞吐井注热温度高达350℃，常规安全阀与封隔器不能满足耐温与耐压需求，为此，本文在研究海上热采井井下安全控制工艺要求基础上，研发了高温井下安全控制工艺，保障了热采井注热工艺安全。

1　工具设计思路及管柱结构

1.1　设计思路

根据目前注热管柱特点，在油管中设计加入高温安全阀，通过液控管线打压进行安全阀开启与关闭设计；在油套环空中设计加入高温封隔器，通过打压方式进行坐封，封隔环空流体通道；同时为了预留注热过程中环空充氮通道及热采作业后有效建立洗井通道，在工具设计中加热井下排气阀，通过压力进行开启关闭设计。在蒸汽吞吐做过程中，蒸汽注入温度达

第一作者简介：张伟（1983年—），男，高级工程师，东北石油大学油气田开发工程专业硕士，从事稠油热采工艺技术研究工作。通讯地址：天津市滨海新区海川路2121号渤海石油管理局 邮编：300452。联系电话：022－66501148 Email：zhangwei67@cnooc.com.cn。

到340℃以上，为了保障安全控制工具有效工作，工具设计耐温达到350℃，耐压达到21MPa。

1.2 管柱结构

系统主要组成部分：

（1）井口控制盘；（2）井口压力平衡装置；（3）高温井口穿越；（4）高温井下安全阀；（5）高温井下排气阀；（6）油套环空定压开启工具；（7）高温井下封隔器。

系统主要技术参数：

耐温等级：适用于350℃注汽井；

耐压等级：21MPa；

最大外径：Φ216mm；

最小内径：Φ76mm。

2 关键工具

2.1 热采封隔器

根据前期高温密封材料的多次试验，目前密封材料最高耐温300℃、耐压21MPa，然后远远不能满足目前耐高温封隔器的使用要求，因此需要从耐高温封隔器结构上进行设计（图1），使高温密封材料的工作环境温度在300℃之内。耐高温封隔器中心管可以采用隔热材料，这样在中心管内部为350℃条件下，中心管外部温度不会超过300℃。然后在实际状态下，隔热中心管受热后会变长，因此隔热中心管与耐高温封隔器在设计上需要分为两体，这样在高温状态下隔热中心管变形不影响耐高温封隔器的使用。

图1 高温井下封隔器结构图

2.2 高温安全阀

高温安全阀的设计点主要包括如下：

（1）此次设计的高温流体井下注入控制阀，不使用任何橡胶或高分子材料。由于普通橡胶材料在高温下会发生性能改变，因此不适用于高温高压井下状况，此次设计的高温流体井下注入控制阀在连接密封性等方面全部采用金属密封，解决了高温下的动密封和静密封问题。

（2）此次设计高温流体井下注入控制阀动力机构采用液控组件传动，摒弃传动的活塞式结构或者滑动芯轴结构。采用液控组件传动，提高了产品的使用次数和寿命，改变了传统的连接方式，增加密封性能。

（3）控制管线的连接采用全金属密封连接，增加了工具的密封性能。

(4) 此次设计的高温流体井下注入控制阀采用多个对称增程机构，保证了整个工作系统的安全性能。

工作原理：高温流体井下注入控制阀上下螺纹连接油管并安装一根连续的控制管线下入井中，控制管线加压推动液控组件动作，经过液控组件中传递组件推动中心管下移，压缩弹簧并打开阀板，油管上下连通。当需要关闭时，控制管线卸压，弹簧推动中心管和液控组件后移，关闭阀板，油管上下被截断。高温流体井下注入控制阀主要结构如图 2 所示。

图2　高温安全阀结构图

2.3　高温排气阀

高温排气阀（图3）主要包括以下一些特点：

(1) 此次设计的高温排气阀采用全金属结构，不适用任何橡胶或者高分子材料，避免橡胶材料在高温下容易损坏。高温排气阀所有密封全部采用金属密封，耐温等级更高。

(2) 此次设计的高温排气阀传动方式采用液控组件传动，提高工具的耐温性能，增加了耐高温排气阀的使用寿命。

(3) 高温排气阀采用液压管线试压，增加高温排气阀的可靠性。

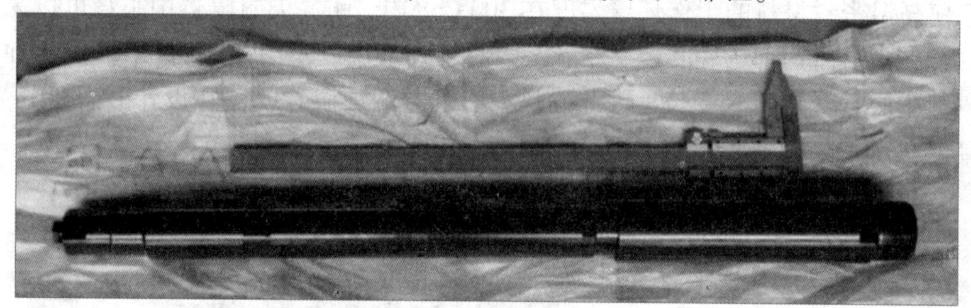

图3　高温井下排气阀实物图

2.4　工具参数表

根据设计结果，高温井下安全控制工具系统各个工具关键参数如表 1 所示。

表1　高温井下安全控制工具系统参数表

工具类型	尺寸参数			
	最大外径/mm	内通经/mm	长度/mm	扣型
安全阀	171.4	71.5	1598	3½in EU
封隔器	216	76	4400	3½in EU
高温排气阀	53	—	861	1.9in NUP
满足耐温 350℃，耐压 21MPa 工况要求				

3 现场试验

在旅大某油田 A1 井蒸汽吞吐作业中，注热管柱下入高温安全控制工具进一步验证其性能参数，蒸汽发生器出口温度达到 342℃，在注热过程中进行高温井下安全控制工具性能试验，高温井下封隔器共进行 4 次胶筒密封试验，胶筒上下压差最高 11MPa，封隔器胶筒密封良好。通过对控制关系进行打压试验，高温井下排气阀与安全阀开启关闭性能良好。工具整体性能参数满足设计要求，管柱图如图 4 所示。

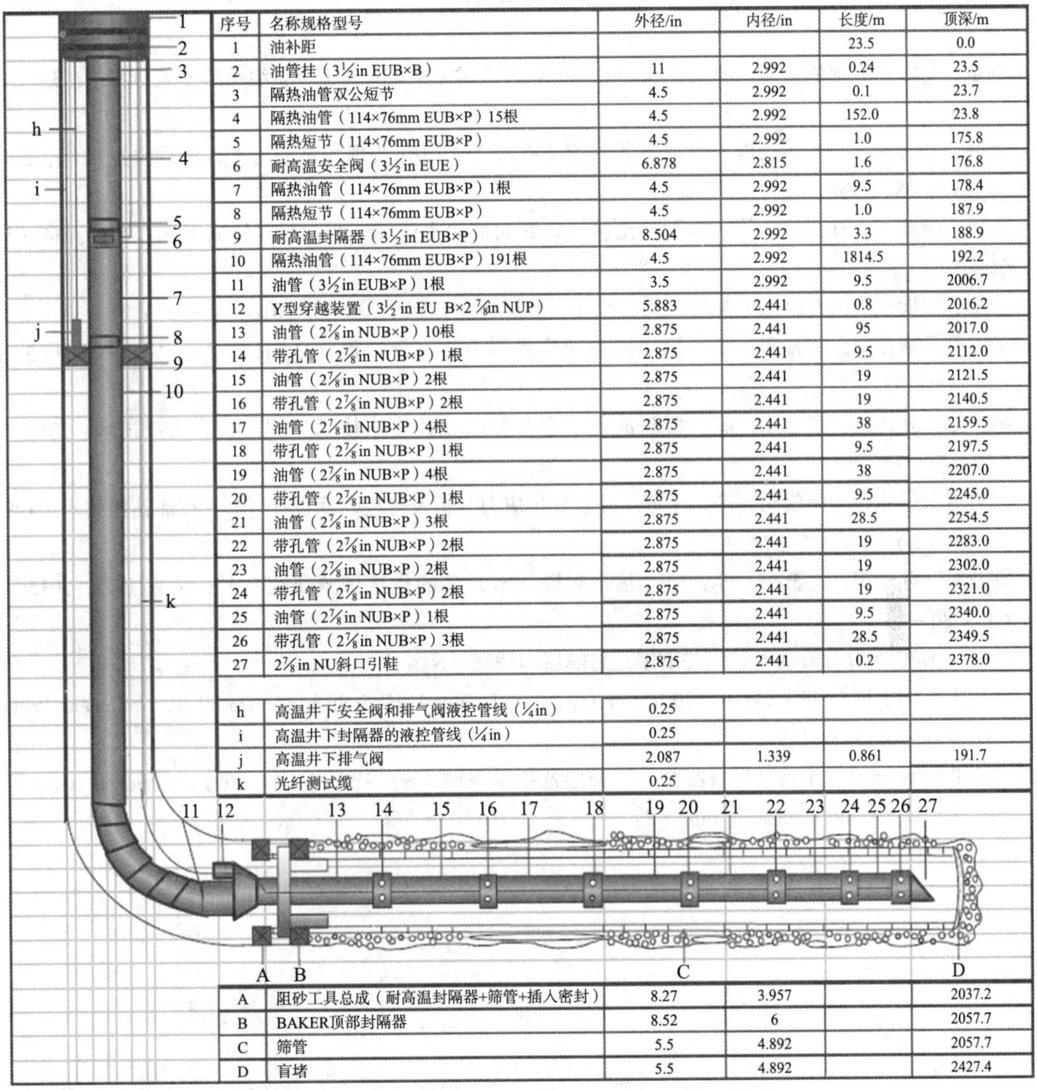

序号	名称规格型号	外径/in	内径/in	长度/m	顶深/m
1	油补距			23.5	0.0
2	油管挂（3½ in EUB×B）	11	2.992	0.24	23.5
3	隔热油管双公短节	4.5	2.992	0.1	23.7
4	隔热油管（114×76mm EUB×P）15根	4.5	2.992	152.0	23.8
5	隔热短节（114×76mm EUB×P）	4.5	2.992	1.0	175.8
6	耐高温安全阀（3½ in EUE）	6.878	2.815	1.6	176.8
7	隔热油管（114×76mm EUB×P）1根	4.5	2.992	9.5	178.4
8	隔热短节（114×76mm EUB×P）	4.5	2.992	1.0	187.9
9	耐高温封隔器（3½ in EUB×P）	8.504	2.992	3.3	188.9
10	隔热油管（114×76mm EUB×P）191根	4.5	2.992	1814.5	192.2
11	油管（3½ in EUB×P）1根	3.5	2.992	9.5	2006.7
12	Y型穿越装置（3½ in EU B×2 ⅞in NUP）	5.883	2.441	0.8	2016.2
13	油管（2⅞in NUB×P）10根	2.875	2.441	95	2017.0
14	带孔管（2⅞in NUB×P）1根	2.875	2.441	9.5	2112.0
15	油管（2⅞in NUB×P）2根	2.875	2.441	19	2121.5
16	带孔管（2⅞in NUB×P）2根	2.875	2.441	19	2140.5
17	油管（2⅞in NUB×P）4根	2.875	2.441	38	2159.5
18	带孔管（2⅞in NUB×P）1根	2.875	2.441	9.5	2197.5
19	油管（2⅞in NUB×P）4根	2.875	2.441	38	2207.0
20	带孔管（2⅞in NUB×P）1根	2.875	2.441	9.5	2245.0
21	油管（2⅞in NUB×P）3根	2.875	2.441	28.5	2254.5
22	带孔管（2⅞in NUB×P）2根	2.875	2.441	19	2283.0
23	油管（2⅞in NUB×P）2根	2.875	2.441	19	2302.0
24	带孔管（2⅞in NUB×P）2根	2.875	2.441	19	2321.0
25	油管（2⅞in NUB×P）1根	2.875	2.441	9.5	2340.0
26	带孔管（2⅞in NUB×P）3根	2.875	2.441	28.5	2349.5
27	2⅞in NU斜口引鞋	2.875	2.441	0.2	2378.0
h	高温井下安全阀和排气阀液控管线（¼in）	0.25			
i	高温井下封隔器的液控管线（¼in）	0.25			
j	高温井下排气阀	2.087	1.339	0.861	191.7
k	光纤测试缆	0.25			
A	阻砂工具总成（耐高温封隔器+筛管+插入密封）	8.27	3.957		2037.2
B	BAKER顶部封隔器	8.52	6		2057.7
C	筛管	5.5	4.892		2057.7
D	盲堵	5.5	4.892		2427.4

图 4 高温井下安全控制工具管柱结构

4 结 论

（1）通过结构优化与材质改进，完成高温井下安全控制系统优化设计，使注热管柱具备高温条件下应急关断功能，保障热采作业过程中井筒安全；

（2）高温井下安全控制系统满足耐温350℃、耐压21MPa，性能达到设计要求，满足蒸汽吞吐过程中温度与压力要求。

参考文献

[1] 刘敏，高孝田，邹剑，等. 海上特稠油热采SAGD技术方案设计［J］. 石油钻采工艺，2013，35（4）：94~96.

[2] 唐晓旭，马跃，孙永涛. 海上稠油多元热流体吞吐工艺研究及现场试验［J］. 中国海上油气，2011，23（3）：185~188.

[3] 薛婷，檀朝东，孙永涛，等. 多元热流体注入井筒的热力计算［J］. 石油钻采工艺，2012，34（5）：61~64.

[4] 房军，贾朋，薛世峰. 水平井蒸汽均匀配注参数设计［J］. 石油机械，2010，38（3）：31~33.

[5] 韩允祉，盖平原，张紫军，等. 深层稠油超临界压力注汽管柱设计［J］. 石油钻探技术，2005，33（3）：64~65.

[6] 易勇刚，张传新，于会永，等. 新疆油田水平井分段完井注汽技术［J］. 石油钻探技术，2012，40（6）：79~83.

[7] 刘坤芳，张兆银，孙晓明，等. 注蒸汽井套管热应力分析及管柱强度设计［J］. 石油钻探技术，1994，22（4）：36~40.

[8] 刘花军，孙永涛，王新根，等. 海上热采封隔器密封件的优选试验研究［J］. 钻采工艺，2015，38（3）：80~83.

[9] GB/T 20970-2007，石油天然气井下工具封隔器和桥塞［S］.

[10] GB/T 20970-2007/ISO 14310：2001，Petroleum and natural gas industries—Downhole equipment Packers and bridge plugs［S］.

[11] SY/T 6304-1997，注蒸汽封隔器及井下补偿器技术条件［S］. SY/T 6304－1997，Technical standard of thermal packer and expansion joint［S］.

多层变流量井口试井剖面返转识别方法研究

曾杨[1,2]　康晓东[1,2]　唐恩高[1,2]　谢晓庆[1,2]　石爻[1,2]　未志杰[1,2]

（1. 海洋石油高效开发国家重点实验室；2. 中海油研究总院）

摘要　对于多层分注管柱的注入井，吸液剖面测试工作量大，测试资料少，导致聚驱剖面变化规律不清，没有形成一套完整的返转识别方法。以变流量试井为基础，通过多次监测井口压力变化，再利用折算模型将井口压力折算成井底压力，采用非均质多层油藏聚驱模型对井底压力数据进行试井解释，得到高低渗透层的地层系数，最后根据各层地层系数，计算高低渗透层分流率识别剖面，建立了井口试井剖面返转识别方法，最后利用油田实际数据进一步验证了提出的识别方法。为油田实时采取相应措施减轻"吸液剖面返转"，最大化地改善聚合物驱的增产能力提供了依据。

关键词　剖面返转　井口试井　吸液剖面　聚合物驱　判识方法

海上油田由于储层纵向非均质性强，注采井距大，使海上聚合物驱有着更多的挑战性。在聚驱过程中，注聚井的吸液剖面变化能直观地表现储层的进一步动用情况，同时聚驱对中低渗透率层位的吸液剖面改善程度将会直接影响聚驱的效果。通过对陆上油田注聚井各个层位吸液量的统计，发现在注入聚合物之后，有的井吸液量分布更加不均匀，聚驱加剧了这一类井的层内、层间非均质性；另外虽然有些井储层的吸液量在聚驱后有所调整，但是随着聚驱的不断进行，其储层吸液量呈现周期性变化的特征。随着聚合物驱进入中后期，油藏非均质性比较严重的区块出现高渗透层吸液量增大、中低渗透层吸液量减少即所谓"吸液剖面返转"现象[1~4]，这严重影响聚合物驱增油效果。吸液剖面是评价聚驱效果最直观的现场数据，因此研究聚驱过程中吸液剖面的变化规律以及引起吸液剖面变化的原因，可以帮助提高聚驱的整体开发效果。

尽管诸多学者[5~7]对剖面返转现象已有一定的研究，但部分研究仅仅局限于机理分析及物理模拟实验阶段，没有形成具体量化的识别方法。物理模拟实验[8,9]也只能反映聚合物驱剖面返转现象，模拟渗透率级差等因素对剖面返转影响的大小。聚驱剖面变化规律不清，没有形成一套完整的返转识别方法。吸液剖面测试是监测聚合物驱注入效果的有效手段，但是对于海上油田多层分注管柱的注入井，需要起出管柱，分层测试吸入剖面作业工作量大，施工困难，同时停注影响油井产量，大多数海上注聚井缺少吸液剖面测试资料。亟需找到一种方法对聚合物驱剖面返转时机进行识别，以便油田可以实时采取相应措施减轻"吸液剖面

第一作者简介：曾杨（1987 年—），女，油藏工程师，中海油研究总院，北京市朝阳区太阳宫南街 6 号院中海油大厦 B708 室。邮编：100028，座机：010－84524033，联系电话：13910215314，E－mail：zengyang@ cnooc. com. cn。

基金项目：国家科技重大专项"海上油田化学驱油技术"（2016ZX05025－003）；有限公司综合科研"海上多层稠油油藏化学驱交替注入技术研究"（YXKY－2014－ZY－03）。

返转”，最大化地改善聚合物驱的增产能力。

基于此，本文提供一种多层变流量井口试井剖面返转识别方法，该方法利用井口测压[10~12]，克服了因管柱结构压力计无法下入井下的局限性，并降低了测压成本；同时该方法通过分流率计算能够准确识别“吸液剖面返转”现象，对改善聚合物驱增油效果及指导聚合物驱开发调整具有重要的意义。

1 原 理

多层变流量井口试井剖面返转识别方法，主要包括以下步骤：采用变流量试井原理，设计并实施注聚井变流量测试，分阶段监测井口压力变化；考虑井筒摩阻、聚合物流变性运用折算模型将井口压力折算成井底压力；用非均质多层油藏聚驱模型，解释高低渗透层的地层系数；利用解释结果，根据流度势的分配公式可以求得低渗透层的分流率，最后根据低渗透层分流率的变化情况识别剖面返转。

上述低渗透层渗透率与对应的分流率满足下列关系式：

$$f_1 = \frac{Q_1}{Q} = \frac{[\lambda_p^n h(p^{n+1} - p_{wf})]_k}{\sum_{k=1}^{n} [\lambda_p^n h(p^{n+1} - p_{wf})]_k} \times 100\% \tag{1}$$

$$\lambda_p = \frac{k_p}{\mu_p} \tag{2}$$

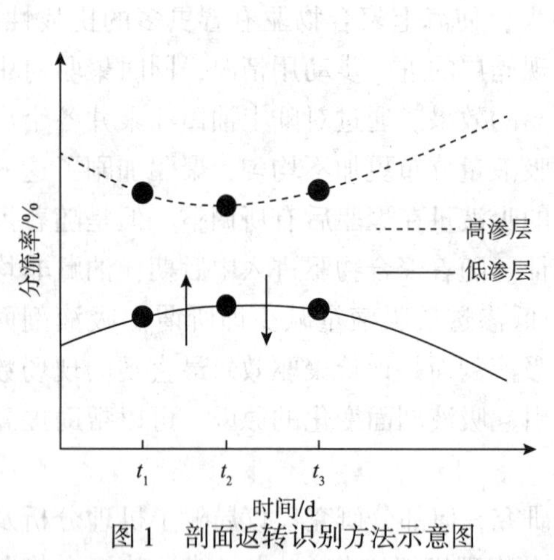

图1 剖面返转识别方法示意图

式中，Q_1为低渗透层的吸液量，m^3；Q 为总的注入量，m^3；p 为地层压力，MPa；p_{wf}为井底压力，MPa；k_p为渗透率，Dc；μ_p为地层油黏度，cP；f_1为低渗层的分流率，小数。

识别剖面返转时，至少需要分 3 次监测井口压力，得到 3 次地层系数参数值，并求得 3 个不同时间高低渗透层的分流率，如图1 所示。当出现低渗层分流率在（t_1 ~ t_3）时间内呈现先上升后下降变化时，可以判断（t_1 ~ t_3）时间段内发生了返转。实施井口变流量测压，可以实时监测压力变化，即可实时反映剖面变化情况。

2 多层变流量井口试井剖面返转识别方法

2.1 井口变流量测压工艺和方法

井口安装采用由压力计和连续液面监测仪组合而成的测试装置的监测方法，即：井口安装组合测试装置，关井后液面降低到井口控制阀以下时，采用连续液面仪监测液柱，通过同时监测井口压力和动液面，换算成井底压力，监测数据满足试井解释精度，从而解决了单独用井口压力计监测导致监测数据不全的难题。

组合测试装置将高精度压力计、连续液面仪器和盘管组合连接在一起，再与每一层的压力表接头连接，如图2所示。即可实现压力和液面同时进行测试，针对聚合物驱多层油藏，组合测试装置可以分别监测每一层压力。

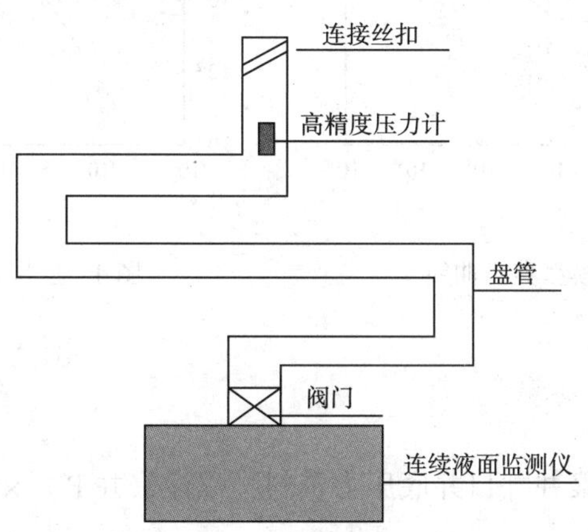

图2　组合测试装置结构图

2.2　井口压力折算井底压力模型

用幂指数黏度模型表达式来近似表示聚合物溶液在地层渗流时的黏度模型：

$$\mu_p = k_p (\gamma)^{n-1} \tag{3}$$

式中，μ_p为聚合物黏度，mPa·s；k_p为幂律系数；γ为剪切速率，s^{-1}；n为幂律指数。

根据黏弹性流体伯努利方程，有：

$$\frac{v_{wh}^2}{2g} + H + \frac{p_{wh}}{\rho g} = \frac{v_{wf}^2}{2g} + \frac{p_{wf}}{\rho g} + h' + h_j \tag{4}$$

则折算井底压力值与对应的井口压力值满足下列关系式：

$$p_{wf} = p_{wh} + \frac{\rho}{2}(v_{wh}^2 - v_{wf}^2) + \rho g(H - h' - h_j) \tag{5}$$

式中，p_{wh}为井口压力，Pa；p_{wf}为井底压力，Pa；v_{wh}为聚合物井口流速，m/s；v_{wf}为聚合物井底流速，m/s；ρ为密度，kg/m^3；g为重力加速度，m/s^2；H为管柱高度，m；h_j为局部水头损失，m。

另外，根据海上油田注聚井管柱结构，考虑变径摩阻损失应分圆管注入和环空注入两种情况。

2.3　试井解释模型典型曲线

本文主要研究存在高、低渗透层的剖面返转现象，因此以双层油藏和三层油藏为例，同时考虑了储层非均质性及聚合物的流变性等因素，建立数学模型，采用有限差分算法对模型进行数值求解，绘制了双层窜流模型、双层窜流复合模型、双层无窜流模型、双层无窜流复合模型（图3）、三层窜流模型的典型曲线（图4）。

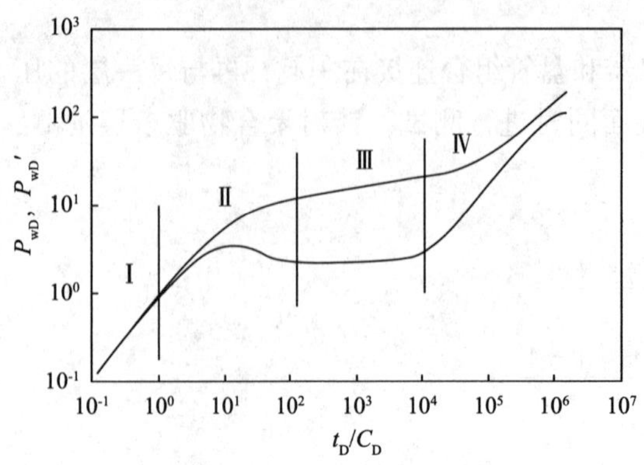

图3　双层无窜流复合模型典型曲线

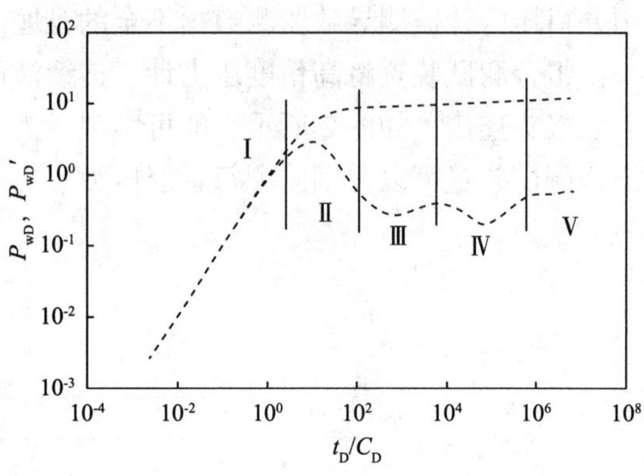

图4　三层窜流模型的典型曲线

3　实例验证

取某A油田B××注聚井井口井底压力资料，以注聚井B××为例进行压力折算，计算结果如表1所示。

表1　注聚井管柱摩阻损失

注入方式	聚合物浓度/（mg/L）	注入量/（m^3/d）	管柱内径 d/m	管柱长度 H/m	摩阻损失 ΔPh/MPa
笼统注聚	2224	92.57	0.076	1410	0.075118101

通过同时测井底和井口压力，分析压力降落阶段，折算井底压力曲线与实测井底压力曲线吻合较好，如图5和图6所示，进一步说明折算方法的准确性，同时说明摩阻损失很小。

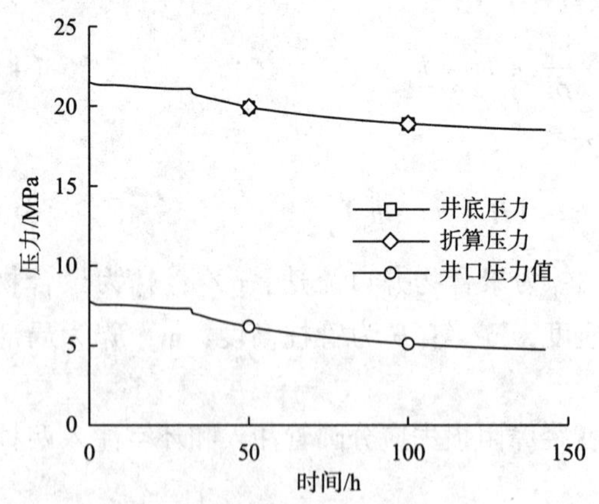

图5　实测与折算井底压力及井口压力曲线

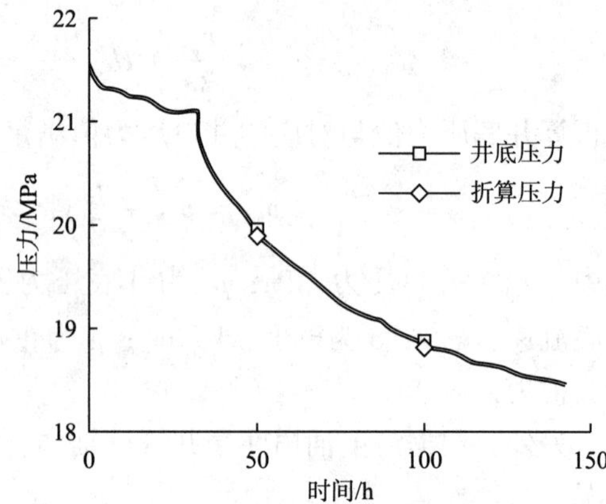

图6　实测与折算井底压力曲线

注聚井B××于2010年11月开始注聚，分别对2012年5月6日和2015年3月30日的测压资料，采用聚驱窜流双层双区复合模型进行试井解释，如图7和图8所示。试井解释成果如表2所示。

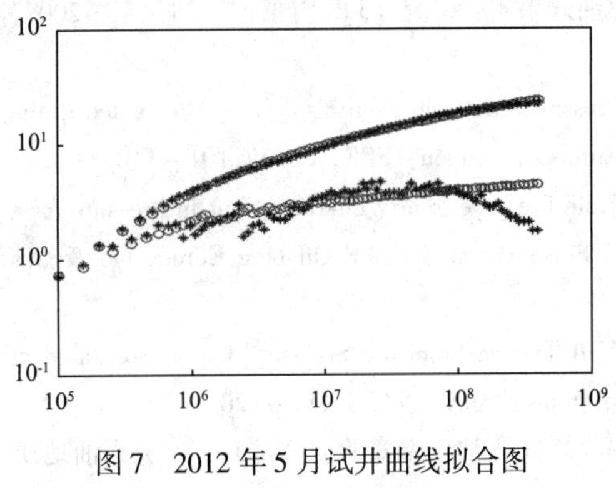

图7　2012年5月试井曲线拟合图

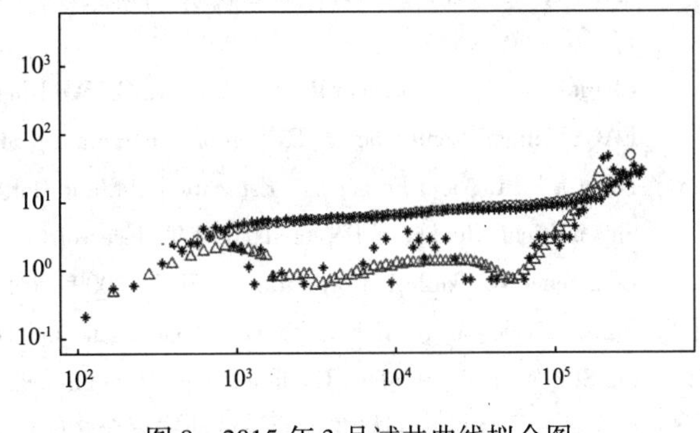

图8　2015年3月试井曲线拟合图

表2　试井解释结果表

时　间	$K_1/\mu m^2$	$K_2/\mu m^2$	低渗层分流率
2012.05	0.86	0.38	56.54%
2015.03	0.72	0.14	28.76%

两次试井解释结果与剖面资料吻合较好，验证了识别剖面返转试井解释方法的可行性。由于识别剖面返转，至少分3次监测井口压力，并求得3个不同时间低渗透层的分流率，因此要识别剖面返转至少需要进行第3次井口关井测压。

4　结　论

（1）建立了多层变流量井口试井剖面返转识别方法，具体为采用变流量试井原理，设计并实施注聚井变流量测试，分阶段监测井口压力变化，取得测试期间准确的压力与流量资料；考虑井筒摩阻、聚合物流变性运用折算模型将井口压力折算成井底压力；多次监测井口压力，并结合实际压力监测资料，采用已有的非均质多层油藏聚驱模型对折算的井底压力数据进行试井解释，得到高低渗透层的地层系数；根据得到的各层地层系数，计算高低渗透层分流率的变化情况识别剖面。

（2）井口测压监测方法采用连续液面仪监测液柱，分阶段监测井口压力变化，通过同时监测井口压力和动液面，监测数据满足试井解释精度，从而解决了海上油田井口压力监测数据缺失的难题，克服了因管柱结构压力计无法下入井下的局限性，同时降低了测压成本。

（3）利用井口试井剖面返转识别方法对实际油田的数据进行剖面返转识别分析，结果与剖面测试相吻合，该方法可行。

参考文献

[1] 王冬梅，韩大匡，侯维虹．聚合物驱剖面返转类型及变化规律［J］．大庆石油地质与开发，2007，26（4）：96~99.

[2] 曹瑞波．聚合物驱剖面返转现象形成机理实验研究［J］．油气地质与采收率，2009，16（4）：71~74.

[3] 侯维虹．聚合物驱油层吸水剖面变化规律［J］．石油勘探与开发，2007，34（4）：478~482.

[4] 曹瑞波，侯维虹，张俊霞．聚合物驱剖面返转规律及驱油效果实验研究［J］．内蒙古石油化工，2007，15（6）：79～81.

[5] Charidimos E. S., Peyman R. N., Alain C. G. Well-head Pressure Transient Analysis [C] //Presented at the EAGE Annual Conference & Exhibition incorporating SPE Europec, London: SPE, 2013: 101～110.

[6] Nurafza P. R., and Fernagu J. Estimation of Static Bottom Hole Pressure from Well-Head Shut-in Pressure for a Supercritical Fluid in a Depleted HP/HT Reservoir [C] //Presented at the SPE Offshore Europe Oil & Gas Conference & Exhibition, Aberdeen: SPE, 2009: 108～121.

[7] Fair C., Cook B., Brighton T. Gas/Condensate and Oil Well Testing-From the Surface [C] //Presented at the SPE Annual Technical Conference and Exhibition, San Antonio: SPE, 2002: 411～420.

[8] 曹瑞波，丁志红，刘海龙．低渗透油层聚合物驱渗透率界限及驱油效率实验研究［J］．大庆石油地质与开发，2005，24（5）：71～731.

[9] 胡锦强．高浓度聚合物驱油体系对不同渗透油层的动用状况研究［J］．油田化学，2006，23（1）：85～871.

[10] Charidimos E., Peyman R., Alain C. Well-head Pressure Transient Analysis [C] //Presented at the EAGE Annual Conference & Exhibition incorporating, Europec: SPE, 2013: 134～142.

[11] Nurafza P., and Fernagu J. Estimation of Static Bottom Hole Pressure from Well-Head Shut-in Pressure for a Supercritical Fluid in a Depleted HP/HT Reservoir [C] //Presented at the SPE Offshore Europe Oil & Gas Conference & Exhibition, Aberdeen: SPE, 2009: 134～142.

[12] Fair C., Cook B. Gas/Condensate and Oil Well Testing-From the Surface [C] //Presented at the SPE Annual Technical Conference and Exhibition, Texas: SPE, 2002: 284～295.

非均质储层解调联作一体化技术研究

兰夕堂　刘义刚　刘长龙　高尚　张丽平　张璐　符扬洋

（中海油天津分公司渤海石油研究院）

摘要　渤海油田多数区块为非均质性油藏，储层厚、小层多，渗透率级差大。随着注采开发进入中后期，储层能量不能得到有效释放，层间层内矛盾日益加剧，在油、水井酸化过程中酸液总是优先进入高渗透层，从而造成一系列不利因素。对油井而言，多层酸化，高渗透层吸酸过多，沟通水层，易造成酸化后增液不增油。过多的酸量必然造成返排困难，从而引起储层的二次伤害，降低酸化效果。对注水井而言，酸液优先进入高渗层，导致注水井吸水剖面矛盾加剧。同时，单纯油井酸化与堵水无法同时实现油井的降水与增油，单纯的水井酸化与调剖无法同时实现水井的增注与减小层间矛盾，需要开展解调联作技术研究。

关键词　非均质　酸化　调剖　解调联作　剖面调整

1　油水井解调联作选井选层决策

随着渤海油田的油、水井酸化解堵和调剖堵水作业次数的增加，效果均越来越差。以绥中36-1、秦皇岛32-6、蓬莱19-3等油田为研究对象，油藏非均质性强，小层多，各井层物性差异大。因此，需要在解调联作作业前优选井层，从而获得较好的经济效益。

目前针对调剖与解堵在选井上缺乏科学理论依据，通过建立解调优化选井选层决策方法，在地质构造、储层特征、储层物性及孔喉特征、流体性质、油藏温度压力系统、油水井生产动态及高含水油井出水规律等方面充分认识的基础上[1~3]，结合油田开发、单井生产历史等，考虑在实际生产中某些参数难以录取，采用基于变权的模糊层次分析法，建立一套适宜于目标区块油水井解调联作的选井选层方法。

1.1　皮尔逊相关系数

皮尔逊相关系数是一种线性相关系数，用来反映两个变量程度的统计量。相关系数用 r 表示，其中 m 为样本量，a_i，b_i 和 $\bar{a}$，$\bar{b}$ 分别为两个变量的观测值和均值。r 描述的是两个变量间线性相关强弱的程度。r 的取值在 -1 与 $+1$ 之间，若 $r>0$，表明两个变量是正相关，即一个变量的值越大，另一个变量的值也会越大；若 $r<0$，表明两个变量是负相关，即一个变量的值越大另一个变量的值反而会越小[4]。r 的绝对值越大表明相关性越强。

第一作者简介：兰夕堂（1987年—），男，工程师，2014年毕业于西南石油大学石油与天燃气工程专业，主要从事采油工程技术研究工作。通讯地址：（300459）天津市滨海新区海川路2121号。联系电话：022-66501176。

$$r_{ab} = \frac{\sum_{i=1}^{m}(a_i - \bar{a})(b_i - \bar{b})}{\sqrt{\sum_{i=1}^{m}(a_i - \bar{a})^2}\sqrt{\sum_{i=1}^{m}(b_i - \bar{b})^2}}$$

依据目标油田以往作业施工数据，水井解调作业以增注量为目标函数，油井堵酸作业以增产量目标函数，分析各影响因素与目标函数的相关性，以此为依据，确定因素间的重要性关系，该方法可以减小层次分析法中标度的主观性。

1.2 变权模糊层次分析法

模糊层次分析法（FAHP）是在层次分析法（AHP）的基础上提出的，二者的步骤基本一致，不同点在于：在 AHP 中通过元素的两两比较构造判断矩阵而在 FAHP 中通过元素两两比较构造模糊一致判断矩阵；求解各元素权重的方法不同。AHP 是通过求解判断矩阵的特征值、特征向量及标准化等计算，得出层次单排序及总排序，获得方案层次对于目标的重要性数据序列，即权重求解过程复杂烦琐。而 FAHP 是通过各因素权重和模糊一致矩阵元素之间存在的内在联系，建立求解权重的关系式，将求解权重问题转化为求解有约束的规划问题，计算过程简捷快速综合比较 FAHP 方法更具有优势。

由于实际问题的复杂性，以及目前技术条件的限制，在实际生产中往往无法取得某些参数的值，这样如果仍然按照常权的评判方法进行决策会使决策结果偏离真实情况，决策的合理性会受到影响。因此，为了让结果更接近实际情况，在缺失资料的情况下，应该采用变权的方法进行决策。常权评判时，权重集 $\lambda = \{\lambda(1), \lambda(2), \cdots, \lambda(n)\}$，满足以下条件：①归一化条件：$\sum_{i=1}^{n}\lambda_i = 1$；②非负条件：λ 在 0 - 1 之间。当某井的一些评价参数缺少时，参数个数小于 n，设为 k，这时，$\sum_{i=1}^{k}\lambda_i < 1$，从而会导致所有区块的最终评判结果偏小，偏离实际情况。因此，需要用变权方法来做评判。变权以最佳权重为基础，求出一个待评价井的变权权重向量[5,6]。

2 解调联作调堵及解堵体系研究

2.1 调堵剂性能评价

调解联作措施是通过酸化来解堵，因此要求堵剂具有耐酸性，地层水具有较高的矿化度，因此要求堵剂具有耐盐的作用；目前文献报道的所有能实现地层调堵的产品有泡沫、固相微粒、聚合物类凝胶、黏弹性表面活性剂、树脂、水玻璃凝胶等；泡沫稳定性差只能实现短暂封堵作用因此通常用做施工助排剂；黏弹性表面活性剂用量大、成本高，不能实现长效封堵；固相微粒、树脂和水玻璃凝胶易造成永久性堵塞，后期很难解除；因此推荐使用聚合物凝胶类堵剂。

经过调研、合成初选共价键交联，共价键交联是指在地层温度下二次交联剂与 SA-P 中的官能团反应形成新的共价键，与配位交联形成的堵剂性能相比，经过共价键交联形成的堵剂抗盐性及稳定性增强，这一反应过程如图 1 所示。

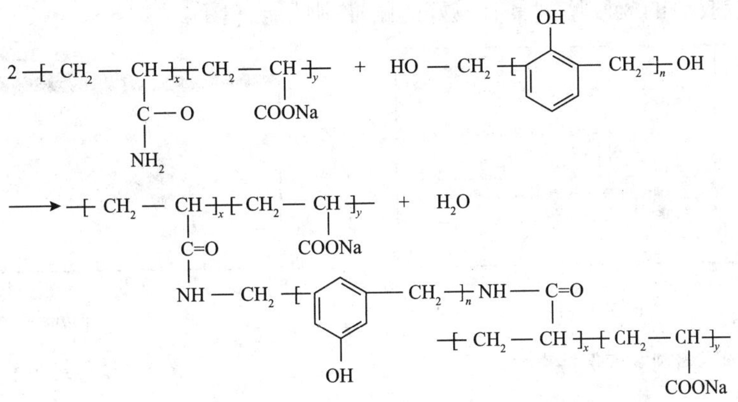

$$2\,\left[\,CH_2-\underset{\underset{\underset{NH_2}{|}}{\overset{|}{C}-O}}{CH}\,\right]_x\left[\,CH_2-\underset{\underset{COONa}{|}}{CH}\,\right]_y + HO-CH_2\left[\,\underset{}{C_6H_3(OH)}-CH_2\,\right]_n-OH$$

$$\longrightarrow \left[\,CH_2-\underset{\underset{\underset{NH-CH_2\left[C_6H_3(OH)-CH_2\right]_n-NH-\underset{\underset{\left[CH_2-CH\right]_x\left[CH_2-\underset{|\,COONa}{CH}\right]_y}{|}}{C=O}}{|}}{\overset{|}{C=O}}}{CH}\,\right]_x\left[\,CH_2-\underset{\underset{COONa}{|}}{CH}\,\right]_y + H_2O$$

图 1　SA-P 生成堵剂反应过程

SA-P 是一种线性高分子化合物，高分子化合物的特点就是相对分子质量大，相对分子质量分散，因此不同相对分子质量 SA-P 形成的凝胶性质肯定会有差异，包括耐盐、耐酸性、成胶强度等。首先对不同相对分子质量 SA-P 是否能形成凝胶的能力进行初步优选（图 2），再对可成胶 SA-P 进行进一步的实验评价。

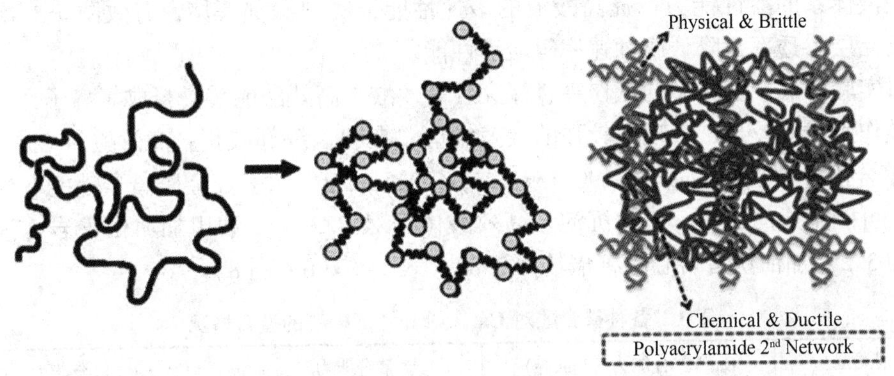

图 2　堵剂成胶过程

调 – 酸联作工艺需要酸性交联 SA-P 凝胶，在不确定交联剂的最优添加浓度之前，实验加入过量交联剂以保证能完全成胶（图 3）。调堵剂的酸性催化剂可以通过 pH 值调节。

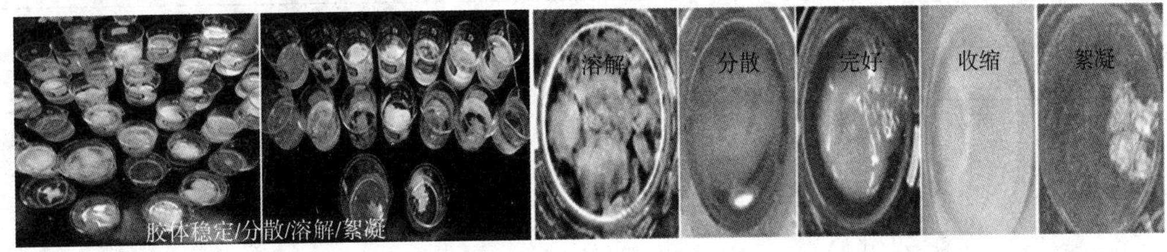

图 3　成胶堵剂耐酸耐盐实验图

通过实验发现堵剂的耐温耐盐性能较好，从实验结果说明 70℃，调堵剂凝胶稳定性好没有出现脱水现象，且胶体完好，说明在储层温度 70℃下形成的调堵剂凝胶性能稳定。6 个月的长时间下两种凝胶黏度保持率都高于 85%。在达到突破压力之后，体系压力降低，当注水一段时间后压力达到稳定，此时的压力就是被水驱后剩余在岩心中的堵剂凝胶产生的压

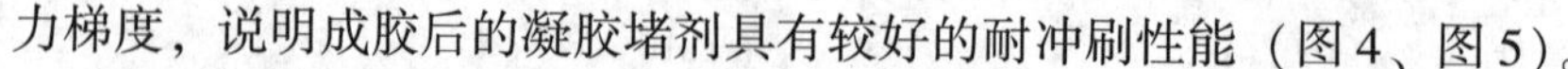

力梯度，说明成胶后的凝胶堵剂具有较好的耐冲刷性能（图4、图5）。

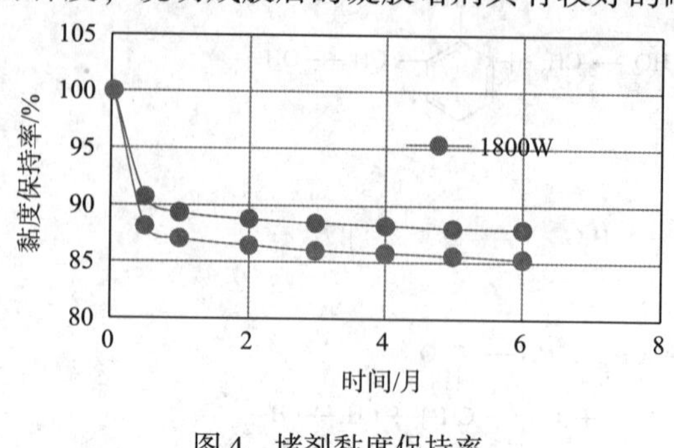

图4　堵剂黏度保持率

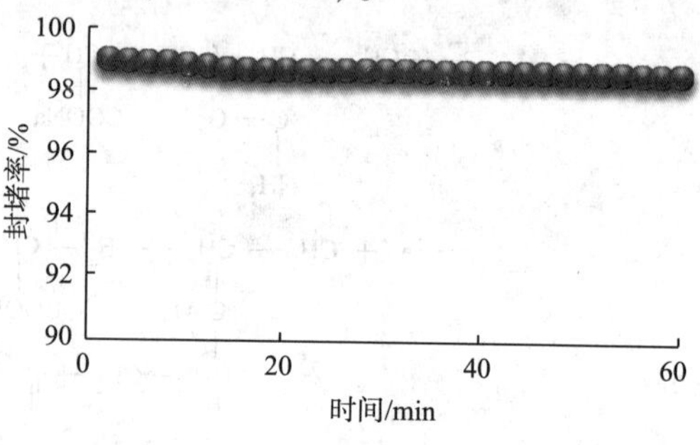

图5　堵剂封堵率

2.2　高效酸液体系性能评价

针对“高孔、高渗、疏松”的砂岩储层，储层以原生粒间孔为主，油层孔喉半径大，随着生产的进行，更容易堵塞；其次在多次或重复酸化后，近井地带储层酸化可溶之物越来越少，酸化解堵半径越来越大。以往单一的酸液体系不适合深部、多次重复酸化后的油、水井作业情况。在酸化过程中，为取得更好的酸化效果，必须对酸液提出了更高的要求，即必须提高酸液体系的溶蚀能力，提高酸液的缓速性能，实现深部解堵，有效防止二次沉淀伤害，提高储层渗透率，降低腐蚀速率等酸液性能。

通过实验形成一套新型的低伤害、深穿透高效酸，高效酸能缓慢释放氢离子，与岩心反应的有效作用时间较长，表现出较强的缓速性能，有利于深部酸化；高效酸对 Ca^{2+}、Fe^{3+}、Mg^{2+} 的螯合值分别是520mg/g、190.15mg/g、470.5mg/g，能螯合金属离子，能有效防止酸化过程中可能生成的二次、三次沉淀。高效酸体系对BZ34－1油田加垢伤害岩心渗透率改善倍数为3.2，加油伤害岩心改善倍数为3.82（表1、图6～图8）。

表1　各种螯合酸对 Ca^{2+}、Mg^{2+}、Fe^{3+} 的螯合情况

螯合剂类型	Ca^{2+} 螯合能力/（mg/g）	Mg^{2+} 螯合能力/（mg/g）	Fe^{3+} 螯合能力/（mg/g）
EDTA	140	65	145
HEDTA	116	70	165
NTA	146	55	215
DTPA	104	104	115
SA-HL	580	217	525

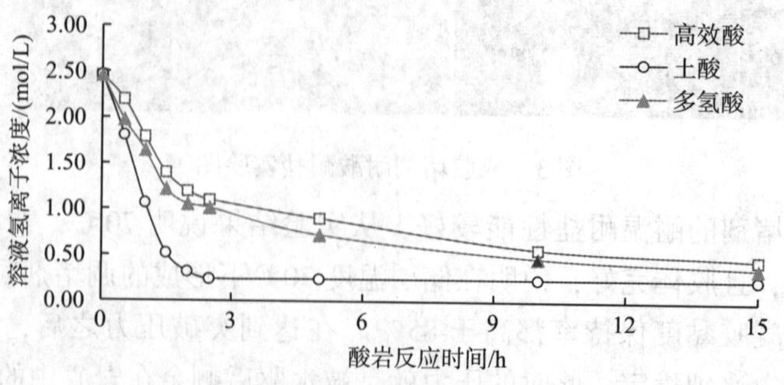

图6　酸岩反应长效作用时间评价

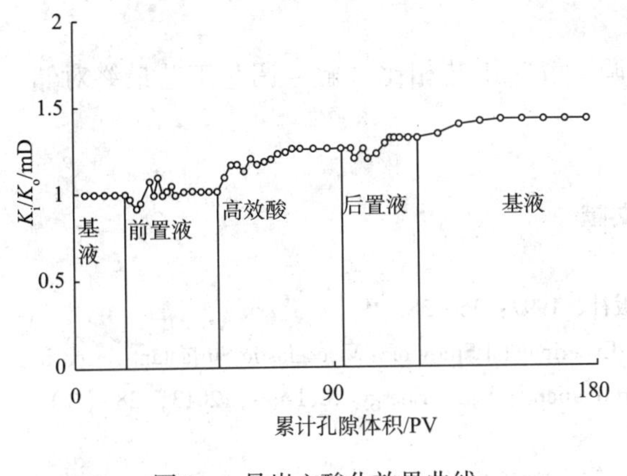

图7 1号岩心酸化效果曲线

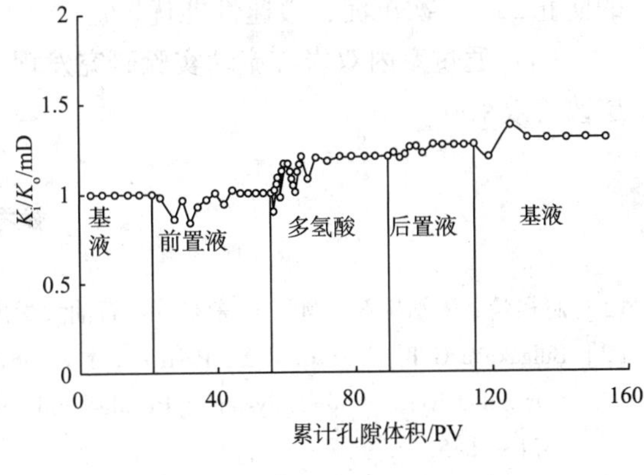

图8 2岩心酸化效果曲线

3 解调一体化研究及效果评估

为验证解调一体化效果，开展室内岩心流动实验开展工艺组合模式研究及探索，分别采取解－调及调－解的工艺组合模式开展研究（图9、图10）。

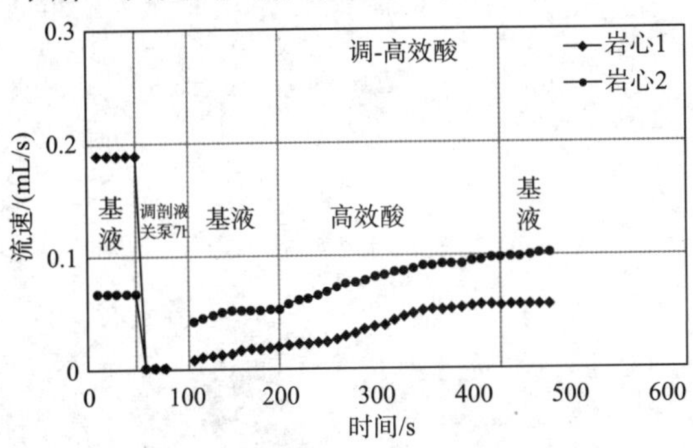

图9 调－高效酸流动实验效果曲线

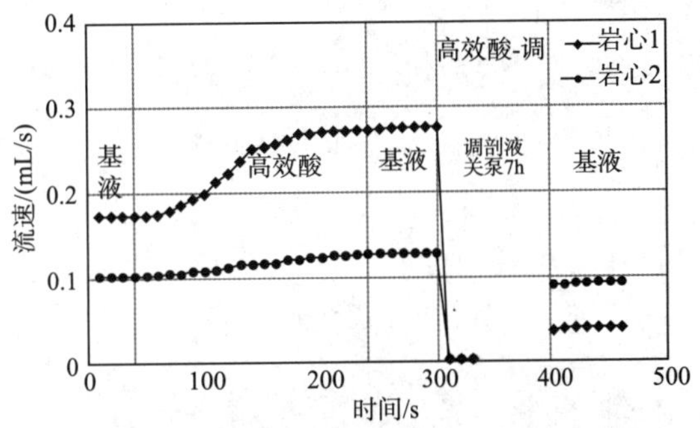

图10 高效酸－调流动实验效果曲线

“调－解”实验后低渗岩心渗透率改善倍比为1.52，高渗岩心渗透率改善倍比为0.29。“解－调”实验后低渗岩心渗透率改善倍比为0.9，高渗岩心渗透率改善倍比为0.22。不管是“调－解”工艺还是“解－调”工艺最终高渗岩心都被封堵，“调－解”工艺最终使低渗岩心有较好改善效果，“调－解”工艺最终使低渗岩心没有改善效果。双岩心流动实验表明“调－解”工艺相比“解－调”工艺最终对储层改善效果好。

4 结 论

（1）采用皮尔逊相关系数法计算各因素与增注/产比的相关系数，并以此为依据确定各因素间的标度，结合模糊层次分析法确定各因素的权重，采用变权的方法处理井参数缺少的情况，使决策结果更为客观合理。

（2）形成一套解调联作技术，堵剂体系具有耐盐好、稳定性好，封堵率达到94%～99%、突破压力大于5MPa，耐冲刷性能较好，对钙、镁、铁等具有较好的螯合能力，有效的防止二、三次沉淀，缓速性能优。

(3) 通过室内双岩心流动实验研究发现“调－解”工艺相比“解－调”工艺最终对储层改善效果好。

参考文献

[1] 赵福麟. 采油用剂［M］. 山东东营：石油大学出版社，1997：36～38.

[2] Bulgakova G T, Kharisov R Y, Pestrikov A V, et al. Experimental Study of a Viscoelastic Surfactant-Based in Situ Self-Diverting Acid System: Results and Interpretation［J］. Energy & Fuels, 2013, 28 (3): 1674～1685.

[3] 罗跃，王正良. 中原油田调剖堵水使用的颗粒堵剂［J］. 油田化学，1999，16（2）：132～133.

[4] 尉小明，刘庆旺，俞庆森，等. 延缓型有机/无机复合交联剂 LD－1 的研制［J］. 油田化学，2000，(3)：234～236.

[5] 白宝君，李宇乡. 国内外化学堵水调剖技术综述［J］. 断块油气田，1998，5（1）：1～4，17.

[6] 熊春明，唐孝芬. 国内外堵水调剖技术最新进展及发展趋势［J］. 石油勘探与开发，2007，34（1）：83～88.

封隔体堵水在海相高渗油藏水平井的应用研究

任杨　邹信波　匡腊梅　梁全权　刘佳　王海宁

[中海石油（中国）有限公司深圳分公司]

摘要　针对南海东部海域海相砂岩油藏特高含水期产能递减问题，提出连续封隔体堵水技术解决典型厚层块状底水油藏因底水锥进导致水平井趾端暴性水淹的难题。评价了目标井应用连续封隔体技术堵水封窜的适用性和可行性，分析确定油水过渡带宽度及水前缘位置判断所需封堵水平段，对ICD控水筛管和封隔体颗粒参数及封隔体充填方案进行了设计，并通过建立简化的水平段生产模型对措施前后水平段的压降分布及产液剖面改善效果进行了模拟分析。结果表明，措施后高含水水平段趾端产层生产压差降为措施前的47.2%，有效产液井段长度减小了82.3%，而剩余油富集跟端产层生产压差增加了4.8倍，产液量增加了3.3倍。措施后目标井日产液量降低了46.6%，含水率下降6个百分点，日产油为措施前的4.3倍，日增油达47.5m^3/d。该井若试验成功，将为南海东部海域类似油田的堵水治理和剩余油挖潜提供技术指导和新技术储备。

关键词　连续封隔体　堵水　海相砂岩　ICD筛管　水平井

南海东部海域的老油田投产于20世纪90年代，井型多为水平井，已进入开采中后期特高含水的深度开发成熟油田阶段。主力油藏多为海相砂岩储层，具有产层渗透率高、油层厚度大、油藏采出程度高的特点。这类油藏当前面临的主要问题为开发中后期加密井投产后含水快速上升导致单井累产油低、开采经济性差、生命周期短[1]。因此，特高含水油井找堵水技术便成了开采中后期海相砂岩高渗储层减缓产量递减的主要有效工艺手段。

水平井堵水关键在于找水，而目前的找水技术均存在受完井方式限制、测试难度高、解释结果可靠性低等问题，找水难制约了水平井堵水技术的发展[2~5]。水平井堵水技术主要分为机械堵水和化学堵水，机械堵水受制于完井方式，应用范围有限。而化学堵水存在堵剂适用性和稳定性不强、价格昂贵及有效期短等问题，措施成功率一直不高[6~11]。南海东部海域海相砂岩油藏目前已应用过的堵水主要为化学笼统堵水，但堵水效果不明显。因此，找到一种针对性强、适应性强、工艺简单、绿色环保的堵水技术对于南海东部海域的海相砂岩老油田来说迫在眉睫。

1　水平井连续封隔体堵水机理

连续封隔体堵水是通过下入ICD控水筛管，在水平段井壁与控水筛管环空和地层裂缝

第一作者简介：任杨（1989年—），男，助理工程师，2015年毕业于中国石油大学（华东）油气田开发工程专业，硕士研究生学位，主要从事增产工艺措施和人工举升工作。通讯地址：深圳市南山区后海滨路3168号中海油大厦，邮编518000；联系电话：0755－26023073，E－mail：renyang@cnooc.com.cn。

内饱和充填封隔体颗粒，利用封隔体颗粒进入裂缝堆积，增大裂缝内流体的渗流阻力以降低裂缝出水量，实现均匀控水或通过设计定制不同井段的ICD控水管柱参数来实现分段堵水的新型机械堵水技术，如图1所示。

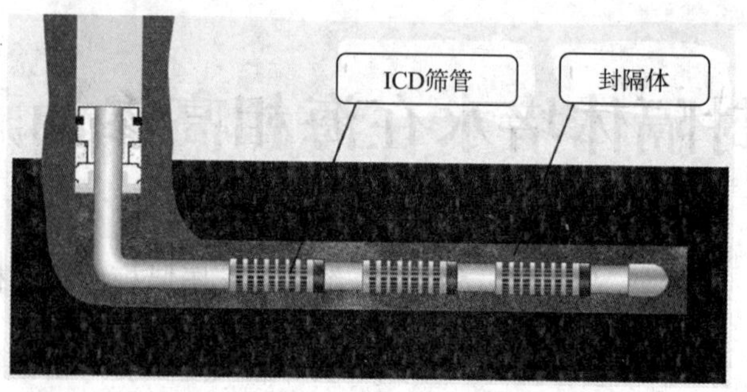

图1　连续封隔体堵水管柱示意图

封隔体颗粒之所以能实现全井段饱和充填，主要是因为其与水的密度相同，能悬浮在过滤液中，随过滤液的流动而移动。其具体参数见表1。

表1　封隔体颗粒参数

标准筛目/目	密度/（g/cm³）	耐温/℃	耐静压/MPa	耐挤压/MPa	破碎率/%	酸溶解度/%	形状
40～70	1.0	140	60	10	≤0.6	≤2.3	球形

连续封隔体堵水适用于非均质性裂缝局部强出水、水平段趾端暴性水淹等高含水低产油井，其可应用于裸眼、打孔管和筛管完井的水平井。它的主要特点在于无需找水而实现自适应堵水，通过封隔体颗粒的饱和充填即可堵住出水段，实现径向控水，并利用封隔体颗粒轴向产生的高渗流阻力防止水的轴向串流，达到自适应控水的目的。

2　试验井选择

2.1　生产现状

LFY13－2－A9h井为Y层油藏一口水平井，7in打孔管完井，水平段长727m，储层渗透率1185mD，孔隙度21.7%，为典型的海相中孔高渗砂岩油藏。该井2012年4月投产，初期日产油497m³/d，含水24%。投产后含水快速上升，生产4个月突破80%。目前日产液1175m³/d，日产油9.5m³/d，含水99.5%，如图2所示。

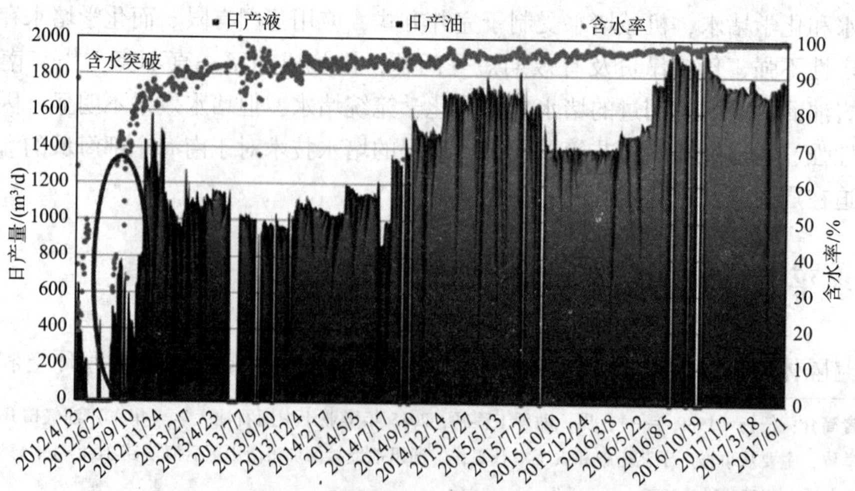

图2　LFY13－2－A9h井生产曲线图

2.2 近井地带潜力分析

该井轨迹垂直构造线，跟端和趾端构造深度相差19.3m，趾端离原始油水界面近。该油田十多口水平井均生产Y层，井网较密，投产后，原始油水界面逐渐抬升。分析认为趾端已被水淹，底水前缘沿井筒低阻通道快速突进，抑制跟端原油产出，导致含水率高。该井采出程度仅31.6%，远低于该油藏平均66.4%采收程度，跟端仍有可观剩余油。

2.3 连续封隔体堵水技术适应性

该井高含水主要原因为储层油水界面抬升至趾端，趾端水前缘突破。由此机械封堵水平段趾端为直接有效的手段，但该井为打孔管完井，机械封堵无法同时堵掉打孔管内环空和打孔管与井壁之间外环空。即使能实现井筒内的完全封堵，投产后在跟端生产压差作用下，趾端处的水将很快沿轴向高渗低阻的井筒外储层绕流通过封堵点，导致堵水失败。

采用连续封隔体堵水技术，通过降低趾端段控水管柱筛盲比和ICD孔眼尺寸，保证封隔体颗粒饱和充填同时，亦能有效降低趾端产水量，避免堵水点前后两段压差过大，引起趾端段的水绕过堵水点进入跟端段。另外，即使提液需放大压差，趾端段的水绕过堵水点进入跟端生产段，此时环空充满的封隔体起到的均匀控水作用可规避跟端再次水淹的风险。A9h井在堵水工艺上需“私井订制”以实现分段控流。利用增加封堵段管串中盲管段与筛管段的比例及减小ICD孔眼尺寸来保证全部充填颗粒的同时也实现了最大程度限制趾端来水目的，释放跟端剩余油。

2.4 封堵水平井段确定

经过油藏生产动态研究分析，结合多口邻井测井电阻率响应显示油水界面构造深度对应的含油饱和度，判断A9h井动油水界面深度在-2456m TVD。同时考虑充填工艺特点，将封堵深度上确定为-2454m TVD（3393m MD）以保证封堵效果，如图3所示。即设计的保留井段为3140~3393m MD，封堵井段为3393~3820m MD。

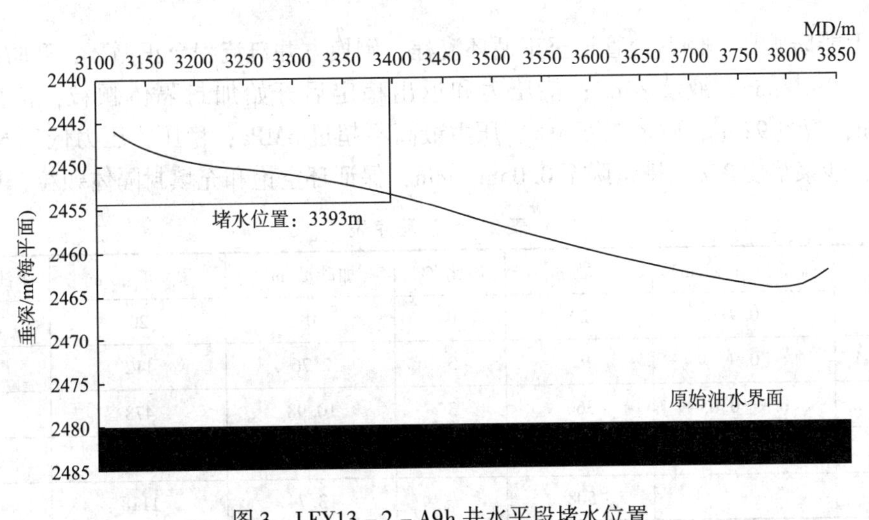

图3 LFY13-2-A9h井水平段堵水位置

3 连续封隔体堵水方案设计

3.1 ICD 控水筛管参数设计

A9h 井在封堵点前充填筛管选用ICD 控水筛管 A，筛盲2.8：1。封堵点后段充填筛管选用ICD 控水筛管 B，筛盲比0.3：1，以达到既满足饱和充填，又限制后段来水目的。本次堵水共设计控水筛管 A 和筛管 B 分别为33 和45 根。两种筛管具体参数见图4 和图5。

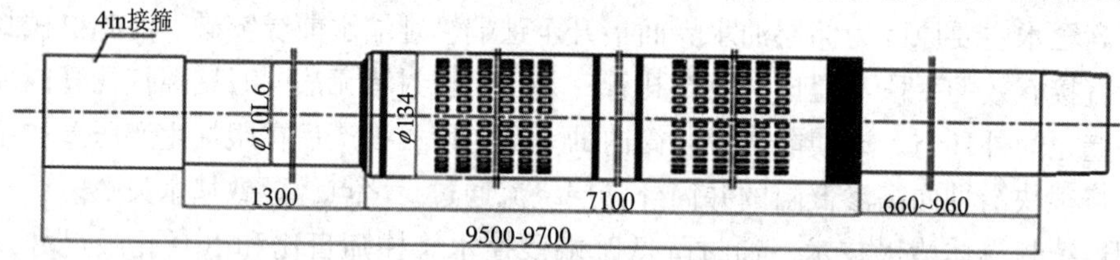

图4 ICD 控水筛管 A 示意图

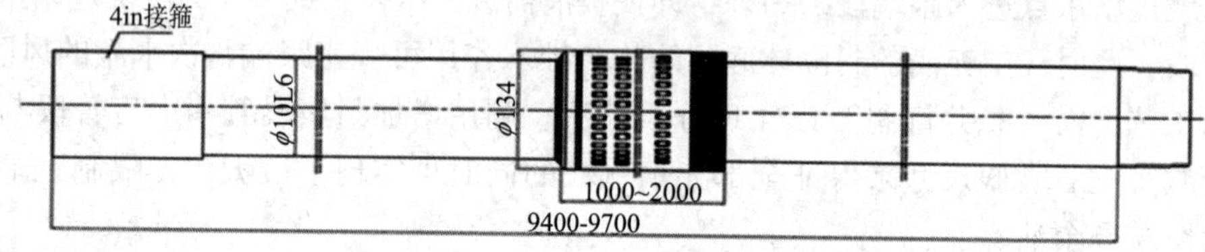

图5 ICD 控水筛管 B 示意图

3.2 封隔体颗粒粒径和充填量

封隔体控水轴向封隔阻力越大则防轴向窜流效果越好，A9h 井选用40 ~ 70 目的封隔体颗粒，需充填颗粒的量为13.74m^3，最大充填量为20.6m^3，设计富余量6.87m^3。

3.3 封隔体颗粒充填设计

关闭万能防喷器，倒钻台管汇至正循环流程，倒换方井口流程至正循环，开防砂泵。正循环排量0.9m^3/min，液量20m^3；待压力和返出稳定后开始加封隔体颗粒，正循环排量0.9m^3/min，液量92m^3，砂浆浓度3%，压力最高不超过6MPa；稳压，压力低于6MPa，液量366m^3，砂浆浓度3%，排量降至0.05m^3/min，保证环空饱和充填封隔体颗粒，见表2。

表2 泵注程序表

名 称	排量/（m^3/min）	液量/m^3	砂比/%	加砂量/m^3	累积液量/m^3	泵注时间/min
清水	0.9	20	0	0	20	22
注携砂液 -1	0.9	92	3	2.76	112	102
注携砂液 -2	0.9→0.05	366	3	10.98	478	1200
清水反洗	0.6	30	0	0	508	50
合计	—	508	—	13.74	1118	1374

3.4 方案效果预测

根据 Y 油藏当前开采动态特征及 A9h 井油藏动态分析结果，水平段单位长度产液量从跟端到趾端逐渐增大，产液含油率从跟端到堵水点逐渐减小至 0。如图 6 所示。

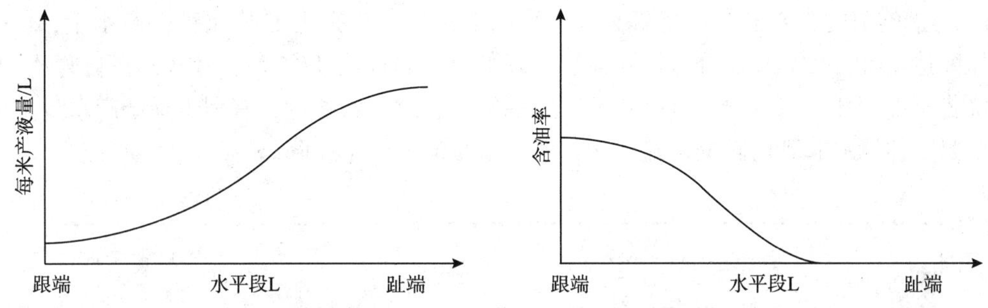

图 6　A9h 井沿水平段每米产液量和含水率分布示意图

为研究分析方便，以设计堵水点 3393m 处为界，将 A9h 井水平段生产模型简化为低产液低含水的跟端 A 段和高产液高含水的趾端 B 段，如图 7、图 8 所示。通过两段法将产油量和产水量劈分至 A 段和 B 段，可得出当前 A、B 两段生产压差。

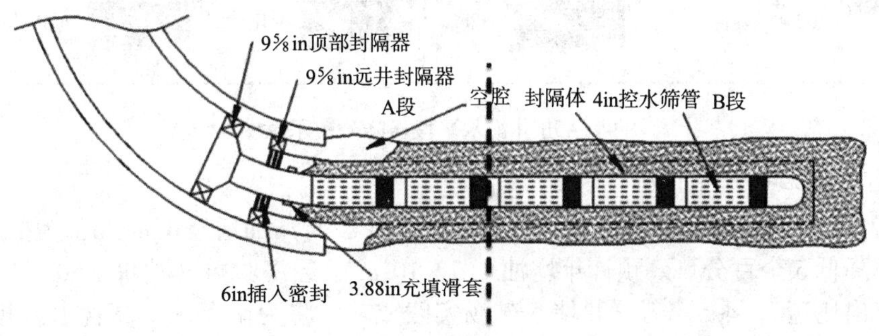

图 7　A9h 井连续封隔体堵水措施后井筒管柱示意图

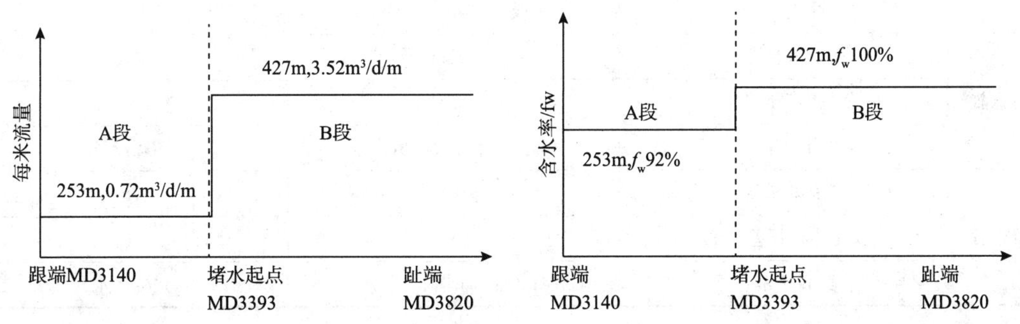

图 8　A9h 井 A、B 两段每米产液量和含水率简化模型

从油藏动态分析及剩余油饱和度模型推算 A 段含水率为 92%，B 段已水淹，含水率 100%。当前日产油均产自 A 段，日产油 14.5m^3/d，日产水 166.5m^3/d；B 段日产水 1504m^3/d。A 段生产压差为 0.84MPa，每米产液量 0.72m^3/d/m，B 段为 4.24MPa，每米产

液量 3.52m³/d/m。B 段生产压差为 A 段的 4.9 倍，整个井筒的平均生产压差为 3MPa。

3.4.1 措施后 A、B 两段的压降分布

措施后，封隔体饱和充填及 ICD 的联合调控使水平段因水淹造成的生产动态差异得以消除。措施前生产压差为 3MPa，措施后预测生产压差可提高一倍至 6MPa。如图 9 所示，对于跟端 A 段，采用弱控流 ICD 筛管 A，在筛管上的附加压降为 1MPa，实际地层生产压差 5MPa，为措施前的 5.8 倍。对趾端 B 段，采用强控流 ICD 筛管 B 抑制趾端产水量，ICD 筛管的压降达 4MPa，2MPa 压降作用在储层，降低至措施前的 47.2%。另外，在盲管段 6MPa 的压降将全部消耗在盲管上，进一步减小趾端段的有效出水长度，有利于降低产水量。饱和充填的封隔体颗粒起到防轴向窜流作用，对径向渗流不产生压降。

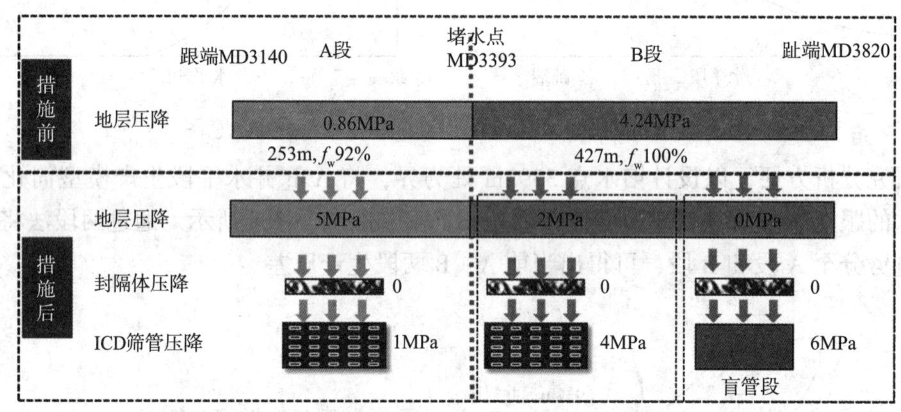

图 9 A9h 井沿水平段压降分布示意图

3.4.2 措施后的产量预测（表 3）

措施后日产液降至 899m³/d，为措施前的 53.4%，日产油增至 62m³/d，为措施前的 4.3 倍，含水率降低 6 个百分点。预计年增油 1.5×10^4m³，经济收益（油价 $50）3160 万人民币，投入产出比达 1∶4.5。若该井堵水矿场实践成功，将为南海东部高含水海相砂岩油藏治理提供新思路、新手段，实现海相砂岩高含水阶段挖潜、治理和堵水工艺重大突破。

表 3 措施前后 A9h 生产情况对比

项 目		A 段（3140～3393m）	B 段（3393～3820m）
措施前	有效长度	253m	427m
	生产压差	0.86MPa	4.24MPa
	日产液	14.5m³ 油 +166.5m³ 水	1504m³ 水
措施后	有效长度	186	76
	实际生产压差/MPa	5	2
	日产液	61.9m³ 油 +712m³ 水	126m³ 水

4 结 论

（1）通过对目标井高含水原因及剩余油潜力剖析、连续封隔体堵水原理和充填工艺分

析研究，认为在 A9h 井应用连续封隔体堵水技术是适合和可行的。

（2）通过将趾端段 ICD 控水筛管的筛盲比设定在 0.3：1，封隔体颗粒目数控制在 40 ~ 70 目，既保证了控水筛管外环空饱和充填的要求也达到了最大程度限制趾端来水目的，进而解除趾端水淹对跟端剩余油产出抑制的瓶颈，实现堵水增油。

（3）通过建立简化的目标井水平段油藏堵水模型，模拟结果显示：措施后跟端日产液量和产油量均增大为措施前 4.3 倍，趾端日产液大幅降至措施前的 8.3%，达到趾端降水、跟端增油效果。

参考文献

[1] 邹信波，许庆华，李彦平，等．珠江口盆地（东部）海相砂岩油藏在生产井改造技术及其实施效果［J］．中国海上油气，2014，26（3）：86 ~ 92.

[2] 梁晓芳，张红岗．水平井找堵水技术研究及应用［J］．石油化工应用，2014，23（1）：46 ~ 53.

[3] 张红岗，刘向伟，石琳，等．水平井找堵水技术研究及应用［C］．银川：第九届宁夏青年科学家论坛论文集，2014. 35 ~ 38.

[4] 张群．水平井找水测试技术发展现状与展望［J］．油气田地面工程，2011，30（4）：71 ~ 73.

[5] 聂飞朋，石琼，郭林园．水平井找水技术现状及发展趋势［J］．油气井测试，2011，20（3）：32 ~ 34.

[6] 黄晓东，董海宽，邓永祥．海上油田高含水油藏水平井堵水实验研究［J］．科学技术与工程，2014，25（14）：202 ~ 205.

[7] 何龙．南海西部油田堵水技术研究［D］．青岛：中国石油大学（华东），2009.

[8] 贾艳平．南海西部油田水平井堵水技术研究［D］．青岛：中国石油大学（华东），2008.

[9] 吴乐忠．水平井堵剂及堵水技术研究［D］．青岛：中国石油大学（华东），2009.

[10] 李宜坤，胡频，冯积累，等．水平井堵水的背景、现状及发展趋势［J］．石油天然气学报，2005，27（5）：757 ~ 760.

[11] 陈维余，孟科全，朱立国．水平井堵水技术研究进展［J］．石油化工应用，2014，33（2）：1 ~ 4.

过油管大斜度机械堵水工艺在 HZ26-1 油田应用

代文[1,2]　陶彬[1,2]　余国达[2]　唐文峰[1,2]　袁才[2]

[1. 中海石油（中国）有限公司惠州作业公司；2. 中海石油（中国）有限公司深圳分公司]

摘要　南海油田 2017 年国内首次引进了斯伦贝谢新型过油管机械桥塞，不需要修井拔井下管柱，直接采用电缆输送，下放至目的层段上部，封堵下部水层，待桥塞坐封后，再采用过油管电缆倒水泥系统（注灰筒），多次倒水泥至桥塞上部，以此提高机械桥塞封堵效果，此工艺结合南海 HZ26-1 油田 9Sc 井的油藏属性，克服井身结构斜度大的作业风险，对 L50 层进行了封堵应用，产油量增加 $13m^3/d$，含水由原来 92% 降低为 76%，实现了成功堵水。该实践取得的作业经验对高效环保增产开发油田有指导价值。

关键词　过油管堵水　膨胀式封隔器　注灰筒

生产井的机械堵水工艺，受限于生产管柱，通常需要先起出生产管柱，在套管内下入机械堵水工具实施堵水作业，这种通过修井作业模式实施的堵水工艺，需要动用钻修井、泥浆、固井、井下工具等各专业公司，使得油田综合成本大幅增加，因此长期以来，油公司为寻求不到一种不动管柱的简单、经济、有效的堵水工艺技术所困扰。新型电缆过油管机械堵水工艺（图 1），采用小直径的膨胀式封隔器和注灰筒从油管中穿过，进入套管，封堵出水层，不需要起出生产管柱，更不需要大修井，有效解决了以上技术难题[1]。

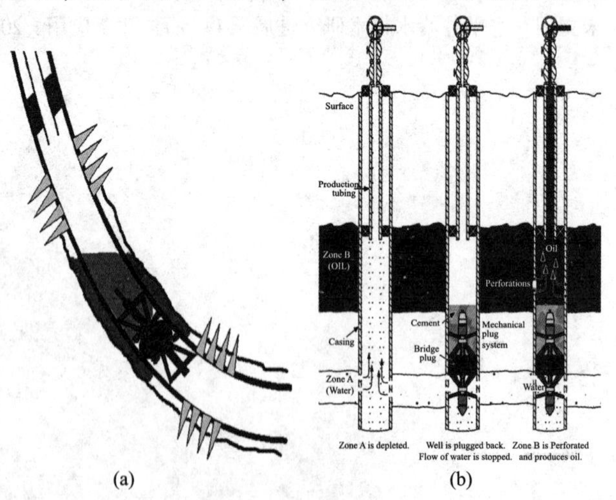

图 1　过油管机械桥塞堵水示意图

第一作者简介：代文（1985 年—），男，工程师，2008 年毕业于长江大学石油工程学院石油工程专业，现在中海油惠州油田从事海上油田生产研究工作。地址：广东省深圳市南山区后海滨路深圳湾段中海油大厦 A 座 2411 室，邮编：518000；联系电话：15007210823E-mail：oilsir@ qq. com。

1 过油管堵水作业井9－Sc井油藏背景

惠州26－1油田9Sc井为2011年2月侧钻水平井，生产L50层，初期产油2000BOPD，含水率4%。2012年9月：含水量上升，为确定过路层L20，J60，K22的潜力，随后进行了RPM测井，2013年7月，补射孔L20，J60和K22[2]，目的是想释放过路主力产层J60潜力；补射孔后，含水量一直居高不下，效果不明显；由于出水量居高不下，决定用PLT测井找到出水层位以及各层的产液贡献。根据找水详细数据（表1），分析认为水平段主力产层L50已全部出水，上部L20、J60产层为油气主力贡献层，但受L50出水量大的压制效应，贡献受阻，因此此次作业的核心目的是封堵底部L50水层，释放L20、J60层产能。

表1 9Sc井生产测井PLT找水解释成果表

层位	射孔参数/m			水		油		气		总液量	
	顶	底	厚度	m^3/d	占比/%	m^3/d	占比/%	m^3/d	占比/%	m^3/d	占比/%
J60	1965	1966.5	1.5	112.4	15.1	46.3	95.3	0	0	158.7	20
K22	2301	2302.5	1.5	0	0	0	0	0	0	0	0
	2311	2313	2	0	0	0	0	0	0	0	0
L20	2665	2667	2	7.8	1.1	2.3	4.7	0	0	10.1	1.3
L50	水平段			622.9	83.8	0	0	0	0	623	78.7
合计				743.1	100	48.6	100	0	0	791.8	100

经过一年国内外过油管作业技术的收集，南海东部惠州油田决定于2017年从美国斯伦贝谢公司引进过油管机械桥塞，采用电缆过油管机械封堵方式下井封堵L50水平层；作业思路为电缆下入2.125in机械式桥塞（直接从井口过Y管柱到达井下产层，图2），坐封在出水层段上部斜井段，封堵下部水层，同时下一步注水泥塞提供支撑；桥塞坐封后，采用电缆倒灰（多次）形成灰塞，注塞井段提高封堵效果。该作业难点和风险主要体现在井身结构为大斜度井，如图3井身轨迹所示，在堵水目的层上方以及井口以下600m均为超过30°井斜，其中部分井段井斜超过60°。

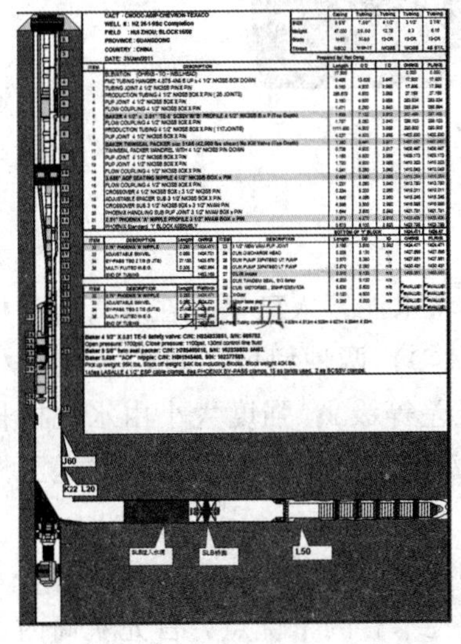

图2 9Sc井井下管柱示意图

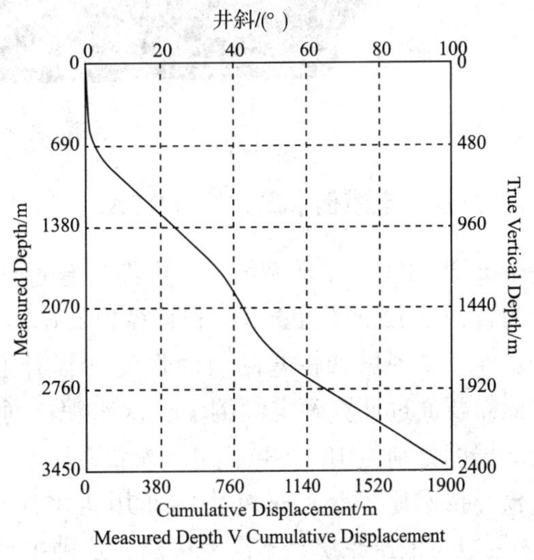

图3 9Sc井井身轨迹（侧视图）

2 过油管机械桥塞堵水技术原理

2.1 斯伦贝谢 MPBT 电缆机械式桥塞

斯伦贝谢 MPBT 电缆机械式桥塞目前可以通过最小 2⅛in 的内径，下达井下产层后，通过电缆释放指令，打开支撑骨架，进一步撑开折叠压缩橡胶密封件，形成一个井下桥塞，并自带锚定装置，通过多臂锚在密封件上下锁定桥塞，以固定桥塞抵抗流动和压差，如图 4，图 5 所示，该机械桥塞的目前规格下井后可以封堵 4½in 到 9⅝in 的井下油层套管，耐温等级涵盖 135～171℃。

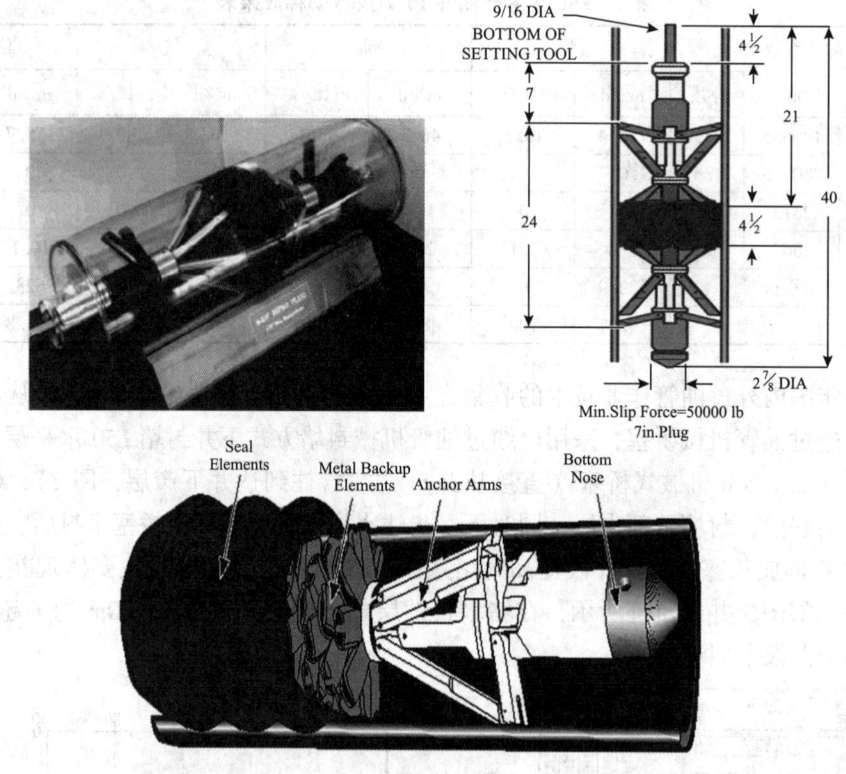

图 4 过油管机械桥塞示意图

2.2 过油管电缆倒水泥系统（DBA）

斯伦贝谢 DBA 倒水泥系统是由电缆传输过油管，将水泥倒入已坐封在套管内的桥塞顶部，分为直径 2.12in（DBA-B）和直径为 1.69in（DBA-D）两种型号（图 6）；通过桥塞顶部倾倒水泥，实现增加桥塞的封固强度（提升上下压差等级）；强度大小由水泥柱长度实现，因此需要通过计算确定倾倒多少次水泥；通过水泥灰筒将配制好的水泥输送至桥塞顶部；灰筒长度分别为 4ft 和 8ft，可一次接多个。

其核心技术原理是通过外力的作用将水泥推出水泥灰筒；灰筒是封闭的（两个活塞阀）；采用电力液压系统，不需要火药，这种主动顶替技术有两个优点，首先灰筒内水泥不

PosiSet桥塞机械规格						
	4½in [11.43cm] 套管	5in [12.70cm] 套管	5½in [13.97cm] 套管	7in [17.78cm] 套管	7⅝in [19.37cm] 套管	9⅝in [24.45cm] 套管
额定温度	340°F [171℃]	340°F [171℃]	302°F [150℃]	340°F [171℃]	275°F [135℃]	275°F [135℃]
额定压力[1]	1000psi [7MPa]	1000psi [7MPa]	500psi [3MPa]	1500psi [10MPa]	1000psi [7MPa]	500psi [3MPa]
套管最小内径	3½in [8.89cm]	4in [10.16cm]	4½in [11.43cm]	5.88in [14.93cm]	6½in [16.51cm]	8.43in [21.41cm]
套管最大内径	4.02in [10.21cm]	4.52in [11.48cm]	5.02in [12.75cm]	6.53in [16.59cm]	7.02in [17.83cm]	9.01in [22.88cm]
外径	2.125in [5.40cm]	1.6875in [4.29cm]	1.6875in [4.29cm]	2.125in [5.40cm]	2.125in [5.40cm]	2.625in [6.67cm]
坐放时间	17min	17min	60min	60min	60min	90min
备注	可使用MPSU-BA或者MPSU-CA进行坐放					必须使用MPSU-CA进行坐放

[1]额定压差仅适用于PosiSet桥塞。额外差压可通过倾倒水泥的方法来实现(通常10ft[3m])。

机械规格		
	MPSU-BA	MPSU-CA
额定温度	350°F[177℃]	350°F[177℃]
额定压力	20000psi[138MPa]	20000psi[138MPa]
最小井眼尺寸	4½in[11.43cm]	4½in[11.43cm]
最大井眼尺寸	7⅝in[19.37cm]	9⅝in[24.45cm]
外径	1.71in[4.34cm]	2.125in[5.40cm]
长度	20.5ft [6.25cm]	21ft[6.40cm]
重量	89lbm[40kg]	129lbm[58kg]

图 5　MPBT 电缆机械式桥塞技术指标（源于 SLB 公司）

会被井液或井内气体污染，因为灰筒内的上下两个活塞将水泥和外界环境分开从而防止水泥被污染；其次当点火激发后，水泥将会 100% 的被置换出水泥灰筒。传统的通过重力作用的倾倒水泥，因为水泥灰筒是向上运动，使得一些水泥总是会留在筒壁上，结果造成水泥污染进而影响水泥质量。

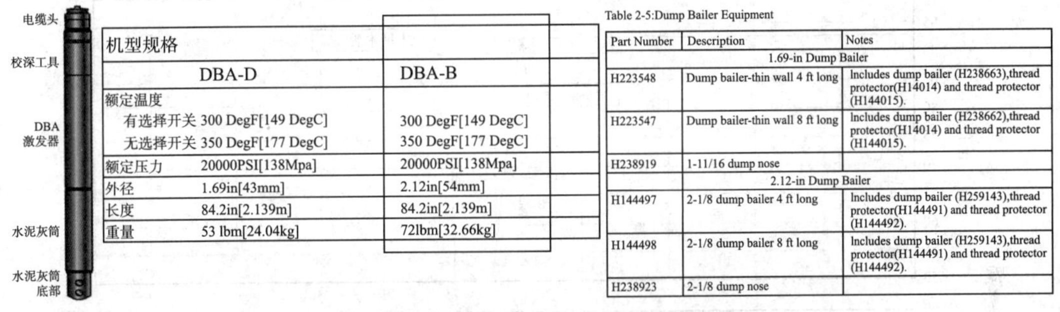

机型规格		
	DBA-D	DBA-B
额定温度		
有选择开关	300 DegF[149 DegC]	300 DegF[149 DegC]
无选择开关	350 DegF[177 DegC]	350 DegF[177 DegC]
额定压力	20000PSI[138Mpa]	20000PSI[138Mpa]
外径	1.69in[43mm]	2.12in[54mm]
长度	84.2in[2.139m]	84.2in[2.139m]
重量	53 lbm[24.04kg]	72lbm[32.66kg]

Table 2-5:Dump Bailer Equipment

Part Number	Description	Notes
1.69-in Dump Bailer		
H223548	Dump bailer-thin wall 4 ft long	Includes dump bailer (H238663),thread protector(H14014) and thread protector (H144015).
H223547	Dump bailer-thin wall 8 ft long	Includes dump bailer (H238662),thread protector(H14014) and thread protector (H144015).
H238919	1-11/16 dump nose	
2.12-in Dump Bailer		
H144497	2-1/8 dump bailer 4 ft long	Includes dump bailer (H259143),thread protector(H144491) and thread protector (H144492).
H144498	2-1/8 dump bailer 8 ft long	Includes dump bailer (H259143),thread protector(H144491) and thread protector (H144492).
H238923	2-1/8 dump nose	

图 6　斯伦贝谢 DBA 过油管倒水泥系统参数图

2.3　斯伦贝谢过油管堵水特点总结

①电缆传输下入和坐封；②主动锚定（上下滑动组件）；③作业简单时间短；④深度通过 GR，CCL 控制；⑤关井井筒内平衡状态坐封，成功率高[3]；⑥液压坐封，非炸药式；⑦适用各种井斜，包括大斜度和水平井（爬行器传输）；⑧适用裸眼、射孔或筛管完井；⑨下井张开后为可钻式桥塞（需特殊钻头）；⑩水泥塞时上下可承压 10.5MPa（7in 套管内）。

3　现场施工流程

（1）接井，安装井口

（2）电缆作业通井、下桥塞（关井状态）

①电缆模拟通井工具串：电缆＋马笼头＋CCL/GR＋变扣＋加重杆；

②下桥塞工具串：电缆＋马笼头＋CCL＋变扣＋MPBT 机械式桥塞校深，坐封，探[4]。

（3）电缆倒水泥

①连接倒水泥工具串：电缆 + 马笼头 + CCL + 变扣 + 水泥灰筒激发器 + 2.125in 水泥灰筒 + 装灰接头 + 倒灰桶；

②40ft 灰筒容量为 0.020.14m^3，一次倒灰量相当于在 7in 套管内形成 1.119m 高水泥塞；

③重复上述作业，进行第 2 ~4 次倒水泥。

4　效果分析

4.1　增产效果

该作业于 2017 年 12 月 20 开始作业，2017 年 12 月 31 日启井投产，根据投产后的生产曲线，如图 7 所示，成功堵水，作业前日产油 60m^3，作业后日产油 73m^3，平均产油日增加 13m^3，含水从原来的 92% 降低为 76%，产液量从 836m^3 每天下降至 306m^3，极大减少了地面产水量，减缓了地面水处理系统的压力，同时也为今后该井持续提液和释放产能腾出了潜力与空间。

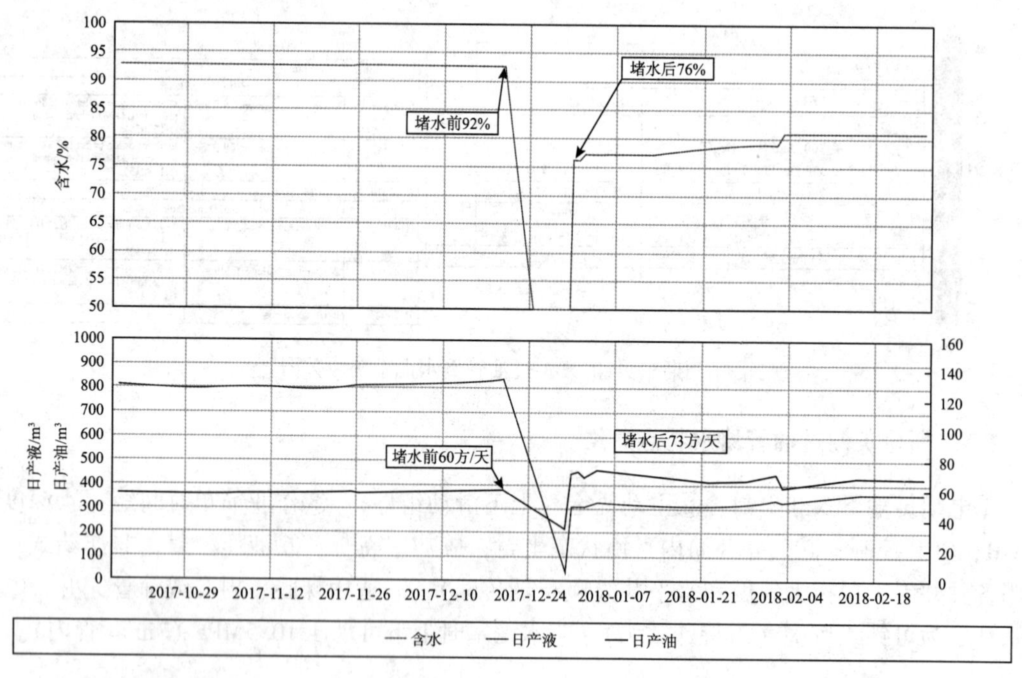

图 7　9Sc 井生产曲线

4.2　作业亮点与不足

（1）全国首例过油管堵水作业，斯伦贝谢在中东目前尚处于前期推广阶段，国内无相关成熟的过油管下机械桥塞封堵产层技术。

（2）亚洲最大井斜电缆过油管机械堵水作业，在到达水平段 L50 前有近 600m 斜度超过 60°，电缆下放工具有一定的风险，此技术目前在中东应用普遍为直井，下放井斜度不超过 30°。

（3）在地面做水泥强度实验时，按照 130°的地层温度设计，而第一趟实际实测井下温度只有 103°，导致现场停工在地面重做水泥强度实验，在前期 PLT 测试时有过温度测量，实测关井地层温度 106°，在沟通上存在问题。

（4）现场作业小队资料收集不充分，没有提前收集裸眼和生产测井 GR 数据[5]。

5 结 论

南海东部油田目前普遍处于综合含水高位时期，同时油层薄、底水强，同时底水锥进严重；油田稳油、控水形势严峻，此次新型过油管堵水工艺，不需动用其他专业资源，全部采用电缆作业，速战速决，规模小，见效快、成本低，有效降低了油田综合成本，提高了油田经济效益比，为降本增效开辟了又一条新途径，具有广阔的经济价值和应用空间[6]。

参考文献

[1] 万仁浦．采油工程手册［M］．北京：石油工业出版社，2003.

[2] 邱宗杰．海上采油工艺新技术与实践［M］．北京：石油工业出版社，2009.

[3] 张钧．海上采油工程手册［M］．北京：石油工业出版社，2001.

[4] 代文，卫建魁．浅谈海上油田应对海洋污染的措施［J］．石油工业技术监督，2013，29（4）：58～60.

[5] 代文，唐文峰，黄映仕．浅谈罐装系统电潜泵在高油气比惠州 25－4 油田 N 层的应用［J］石油工业技术监督，2018，34（2）：54～57.

[6] 姚俊材，郭志楠，郭海龄，等．威德福 Rip-Tide 扩眼器在渤海大位移水平井的应用［J］．钻采工艺，2017（2）：24～26.

海上三角洲相稠油聚合物驱窜聚识别新方法及应用

未志杰[1,2]　康晓东[1,2]　王旭东[1,2]　刘玉洋[1,2]　曾杨[1,2]　张健[1,2]

（1. 海洋石油高效开发国家重点实验室；2. 中海油研究总院有限责任公司）

摘要　海上三角洲相稠油油田聚合物驱过程中，聚合物易沿着优势渗流通道窜进，影响开发效果。通过将油藏简化为一系列由井间传导率和连通体积表征的连通单元，综合考虑聚合物驱油机理及渗流规律，构建了一种新的基于井间连通性的聚合物驱开发动态预测模型，并结合自动历史拟合快速反演算法，实现了窜聚动态预测与识别。实际油田应用表明，新方法能够快速准确地拟合与预测包括产聚浓度在内的聚合物驱各项油水产出动态指标，反演参数可有效表征井间地层特征，识别聚合物窜流通道方向及大小，实时获得井间注入聚合物分配系数、单井产聚合物劈分系数等信息，从而实现窜聚预警，为现场开发提供及时有效的指导。

关键词　三角洲相　稠油　聚合物驱　窜聚识别　井间连通性

聚合物驱是我国海上油田开发的重要途径，目前已经在渤海油田多个三角洲相稠油油田进行了成功的试验与应用。海上油田地质油藏条件复杂、储层非均质性较强，聚合物易沿着优势渗流通道突进窜流，导致部分油井过早见聚、含水快速上升，驱油效率降低，影响开发效果，亟待开展窜聚动态预测与识别，为防窜或治理提供及时指导。受限于储层连通性、非均质性、注采井网完善程度、注采井距等诸多动静态因素的影响，产聚动态预测难度大、准确度低，尚无成熟方法。常用的聚合物驱开发动态预测方法主要有矿场实验法[1~3]、数值模拟方法[4~6]、统计学模型法和类比法[7,8]。矿场实验法主要根据区块的生产情况，结合地质特征分析窜聚规律，具有区域性，难以推广应用[9]。传统数值模拟方法主要通过历史拟合反演油藏地质模型，再进行生产动态预测，分析窜聚程度[10]。该方法考虑因素全面，预测功能强大，但历史拟合工作繁冗、计算量大，且反演参数具有多解性，预测结果具有较大的不确定性[11]。统计学模型计算简单，但模型设置过于理想化，预测结果可靠性差。且海上油田地质油藏特征及注聚开发条件与陆地油田存在较大差异，其产聚规律不能简单照搬陆地油田。

本文构建了一种新的基于井间连通性的聚合物驱开发动态预测模型，结合所研发的自动历史拟合快速反演算法，实现了窜聚动态预测与识别。海上油田实际应用表明，采用该模型能够快速拟合与预测聚合物产出动态，反演参数可有效表征井间地层特征，识别聚合物窜流通道方向及大小，实时获得井间注入聚合物分配系数、单井产聚合物劈分系数等信息，从而实现窜聚预警，为现场开发提供及时有效的指导。

第一作者简介：未志杰（1989 年—），男，博士，高级工程师，主要从事海上油气田提高采收率方面的研究工作，通讯地址：（100028）北京市朝阳区太阳宫南街 6 号院中海油大厦 B 座 701 室。Email：weizhj5@ cnooc. com. cn。

1 聚合物驱窜聚动态预测模型的建立

为便于反映非均质油藏井间的相互作用关系并降低模型的复杂性，对油藏注采系统进行了简化表征，将多层聚合物驱油藏各层离散成一系列由井间传导率和连通体积等参数表征的井间连通单元。前者表示单位压差下的渗流速度，能够较好的反映井间的平均渗流能力和优势传导方向，后者表征了单元的物质基础，能够反映井间聚合物驱控制范围和体积。在此基础上，综合考虑聚合物增黏作用、吸附滞留、降低驱替相渗透率等物化机理，建立了基于井间连通单元的聚合物驱生产动态快速预测模型。

1.1 模型压力求解

考虑连通单元内油水流入流出以及油、水、岩石压缩性，并忽略层间窜流，忽略毛管力作用，以第 i 井为对象，建立以连通单元为模拟对象的物质守恒方程：

$$\sum_{k=1}^{N_1}\sum_{j=1}^{N_w} T_{ijk}(t)(p_j((t)-p_i(t))+q_i(t)=\frac{dp_i(t)}{dt}\sum_{k=1}^{N_1}C_{tk}V_{ik}(t) \tag{1}$$

式中，N_w 为注采井数；N_1 为油层数；i 和 j 为井序号；k 为层序号；t 为生产时间，d；T_{ijk} 为第 k 层、第 i 和 j 井间的平均传导率，$m^3 \cdot d^{-1} \cdot MPa^{-1}$；$p_i$ 和 p_j 分别为第 i 井和第 j 井泄油区内的平均压力，MPa；q_i 为第 i 井流速，注入为正、产出为负，m^3/d；V_{ik} 为第 k 层的第 i 口井的泄油体积，这里近似取其与周围连通单元连通体积的一半，m^3；C_{tk} 为第 k 层的综合压缩系数，MPa^{-1}。

对式（1）进行隐式差分，可得：

$$\sum_{k=1}^{N_1}\sum_{j=1}^{N_w} T_{ijk}^{n}p_j^{n}-p_i^{n}\sum_{k=1}^{N_1}\sum_{j=1}^{N_w} T_{ijk}^{n}+q_j^{n}=\frac{p_i^{n}-p_i^{n-1}}{\Delta t^{n}}\sum_{k=1}^{N_1}C_{tk}V_{ik} \tag{2}$$

式中，n 为时间节点；Δt^n 为 n 时刻的时间步长，d。

根据式（2）求得压力后，进一步可得到井间连通单元内流体流动方向及流量：

$$Q_{ijk}^{n}=T_{ijk}^{n}(p_{jk}^{n}-p_{ik}^{n}) \tag{3}$$

1.2 饱和度追踪

连通单元内油水流动主要沿着井间最大压降梯度方向，因此连通单元内饱和度追踪过程可近似为一维油水两相流问题。根据贝克莱水驱油理论，距离注入端任意位置处含水饱和度与累计流量间满足：

$$x=\frac{Q_t}{\phi A}f_w'(s_w) \tag{4}$$

式中，ϕ 为孔隙度；A 为渗流横截面积，m^2；Q_t 为累积注入量，m^3；s_w 为位置 x 处的含水饱和度；$f_w'(s_w)$ 为水相分流量（含水率）f_w 对 s_w 的导数。

由式（4）可得：

$$f_w'(s_w)=f_w'(s_{wu})+\frac{1}{F_v} \tag{5}$$

1.3 聚合物浓度计算

聚合物浓度分布通过求解聚合物组分质量平衡方程获得。饱和度追踪计算过程中假设连通单元内可近似为一维油水两相流，相应地，聚合物浓度求解也转变为一维问题，聚合物在第 i 个网格的物质平衡方程为：

$$(C_{pi}^{n}S_{w}^{n-1}-C_{pi}^{n-1}S_{w}^{n-1})\phi\mathrm{d}x\mathrm{d}y\mathrm{d}z=(C_{pi-1}^{n-1}-C_{pi+1}^{n-1})Q_{i}\Delta t-\hat{C}_{p}(1-\phi)\mathrm{d}x\mathrm{d}y\mathrm{d}z \tag{6}$$

整理后，得到浓度求解表达式：

$$C_{pi}^{n}=\frac{(C_{pi-1}^{n-1}-C_{pi+1}^{n-1})Q_{i}\Delta t}{S_{w}^{n-1}\phi\mathrm{d}x\mathrm{d}y\mathrm{d}z}-\frac{\hat{C}_{p}(1-\phi)}{S_{w}^{n-1}\phi}+C_{pi}^{n-1} \tag{7}$$

式中，C_{pi}^{n} 表示第 i 个网格 n 时刻的聚合物浓度；$\hat{C}_{p}$为聚合物吸附量，与浓度有关；S_{w}^{n-1} 表示 $n-1$ 时刻水相饱和度；Q_{i}为第 i 个网格的流量。

在上述求解基础上，可以进一步计算产油、产水、产聚浓度等单井和区块动态指标，也可计算出注聚（水）井在各生产井之间的分配系数等关键参数。相比传统数模方法，以上聚合物驱模型需要求解的压力方程维数较低，与井数相等，且饱和度追踪是以连通单元为对象、通过半解析方法求解，因此，整个过程运算代价较小，计算快速、稳定。

2 应用实例

渤海 S 油田属于三角洲相油田，位于渤海辽东湾海域，平均孔隙度、渗透率为 0.325mD 和 1090mD。区块开发井总数 143 口，其中生产井 103 口，注水井 40 口，注聚井 24 口。投产时间为 1994 年 4 月 1 日，聚合物驱时间是 2005 年。下面应用聚合物驱连通性计算模型获得 S 区块井间连通性，进一步开展了窜聚识别及预测。

2.1 连通性计算

应用聚合物驱窜聚动态预测方法对实际生产动态进行拟合与预测。反演参数包括传导率、连通体积，拟合指标包括单井、区块的产油、产聚相关指标。通过对相关参数进行反演，获得了区块与单井的生产指标的拟合结果：区块含水率与累产油拟合的相关系数在 90% 以上，区块产聚浓度拟合效果较好；单井产油量拟合相关系数为 89%，单井产聚浓度拟合效果良好。

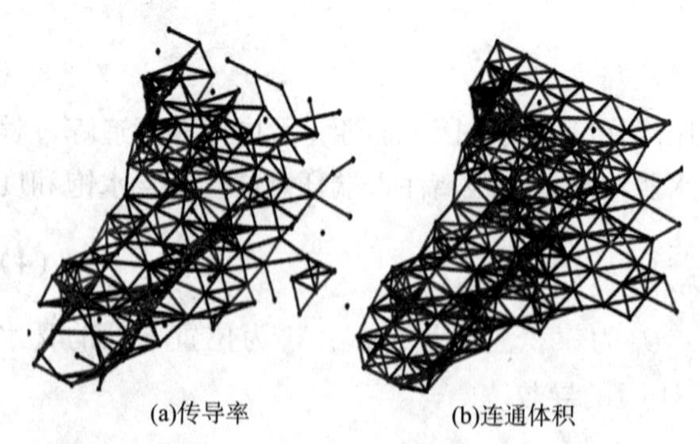

(a)传导率　(b)连通体积

图 1　井间传导率及连通体积反演结果

基于油藏矿场实际动态历史拟合获得了传导率与连通体积，见图 1。图 1（a）红色线表示井间传导率值大于 $10\mathrm{m}^3/(\mathrm{d}\cdot\mathrm{MPa})$，蓝线表示井间传导率值介于 $6\sim10\mathrm{m}^3/(\mathrm{d}\cdot\mathrm{MPa})$；图 1（b）中红色线表示井间连通体积值大于 $8\times10^5\mathrm{m}^3$，蓝线表示井间连通体积值介于 $(5\sim8)\times10^5\mathrm{m}^3$。传导率最大值 $14.8\mathrm{m}^3/(\mathrm{d}\cdot\mathrm{MPa})$，最小值 $0.0021\mathrm{m}^3/(\mathrm{d}\cdot\mathrm{MPa})$，平均值为 $5.93\mathrm{m}^3/(\mathrm{d}\cdot\mathrm{MPa})$；井间连通体积值最大值 $11.6\times10^5\mathrm{m}^3$，井间连通体积值介于 $1.02\times10^5\mathrm{m}^3$，平均值为 $5.81\times10^5\mathrm{m}^3$。

2.2 窜聚识别

窜聚优势通道识别需要综合注采井间传导率、连通体积以及产聚浓度预测三方面成果进行分析。传导率反映井间流体整体渗流能力，值越大，渗流阻力越小，聚合物推进速度越快；连通体积反映井间储集能力，值越大，地层储集能力越强，聚合物前缘推进速度越慢；因而窜聚优势通道一般将呈现较高传导率、较低连通体积的特征。首先从传导率角度分析，表1汇总了区块部分注聚井与周围生产井之间的传导率，以注聚井A02井为例，A02与J13、A03、A07之间的传导率分别是7.6、7.3、8.4，初步判断具有较好的连通性，依此类推，筛选出连通性较好的注采井组合。而后，应用计算模型得到所筛选注聚井与生产井之间的实时流量劈分系数，揭示注聚向周围油井的流向及流入大小，图2为A10井劈分系数曲线和劈分情况，A10注聚井给A06、A11供聚量最多，这样通过劈分系数分析进一步缩小甄别范围。然后重点分析劈分系数较大的生产井，并结合产聚浓度数据，实现窜聚识别，窜聚井反映出如下特征：一是峰值浓度普遍较高；二是见聚时间短；三是产聚浓度上升快，从见聚到上升到峰值时间间隔较短。为应用简单计，综合连通单元的特征参数以及平均分配系数等信息，可知窜聚井与主要连通的注聚井之间的连通体积普遍较小，且传导率高。对该实际区块进行统计分析发现，当注聚井与生产井之间的传导率大于$6m^3/(d \cdot MPa)$，连通体积低于$5.5 \times 10^5 m^3$，生产井容易窜聚，如A26、B17井周边区域内，传导率较大且传导率较小，应对相应井采取防窜或治理措施。

表1 各层部分注聚井传导率反演结果表

井 名	连通井名	传导率	井 名	连通井名	传导率
A02	A03	7.3	A05A	A04	5.3
	J13	7.6		A11	4.9
	A07	8.4		K19H	7.0
A10A	A06	4.0	B01	A19A	5.9
	A11	6.8		B02A	8.3
	A17	5.0		L13	7.8
B13A	B07	5.2	J14A	A01	6.7
	D03	7.1		J13	6.4
	L21	1.2		K19H	7.1
A05B	A01	5.9	A08B	A13B	7.2
	A04	4.8		K07	6.7
	K19H	7.4		K18	7.0
A21B	A22	5.6	B06	B03	4.4
	K12	4.7		B14	2.1
	L11H	4.0		L15	6.3

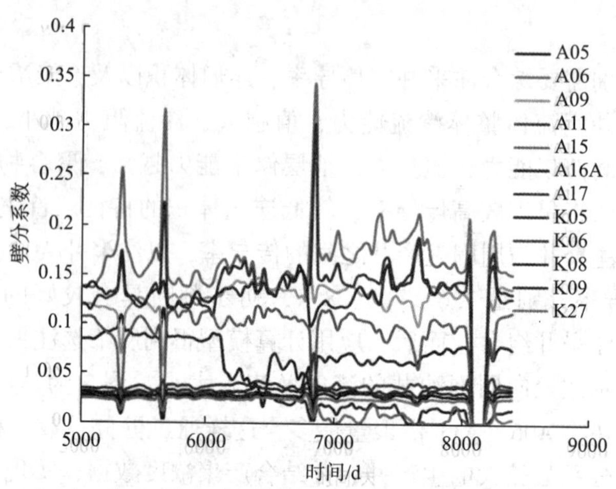

图2　A10 注聚井流量劈分系数分析图

2.3　窜聚预测

进一步应用计算模型对现有注聚方案进行了窜聚预测，结果如图3所示，传导率高的地方和形成的窜聚通道分布一致，目前旧的窜聚通道已稳定存在，且在长期注聚冲刷下，存在A14、A20、D04等井逐步形成新的窜聚通道，说明传导率结果能够有效辨识优势窜聚通道，实现窜聚预警。目前注聚方案下，总共有三条明显的排状注聚井，其中最为明显的是A05－A32井排注聚井向K01－K09扩散，这部分产聚浓度已经偏高，同时中部J06－B15井排的注聚已经向K04、K07井排扩散，产聚浓度也已经偏高。

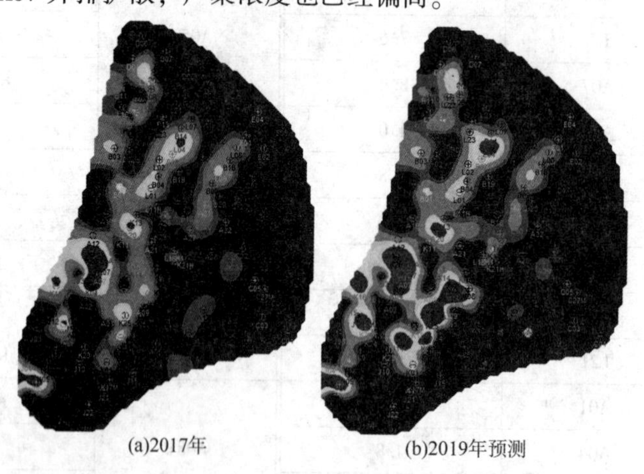

图3　区块产聚浓度分布图

3　结　论

（1）提出了一种基于井间连通性的聚合物驱窜聚动态预测新方法，在遵循聚合物驱驱油机理及渗流规律的基础上，可快速有效地计算与预测包括产聚浓度在内的聚合物驱各项油水动态指标，模型特征参数能够定量表征地层特征。

（2）海上三角洲相稠油油藏应用实例表明，基于本文的聚合物驱窜聚动态预测新方法，结合自动历史拟合快速反演算法，能够实现对窜聚通道的识别，并能够及时对窜聚现象进行预警，进而结合现场情况给出窜聚评价定量标准，为现场开发提供及时有效的指导。

参考文献

[1] 康志宏，陈琳，鲁新便，等．塔河岩溶型碳酸盐岩缝洞系统流体动态连通性研究［J］．地学前缘，2012，19（2）：110～120.

[2] Yousef A A, Jensen J L, Lake L W. Integrated interpretation of interwell connectivity using injection and production fluctuations [J]. Mathematical Geosciences, 2009, 41～45.

[3] Nguyen A P, Kim J S, Lake L W, et al. Integrated Capacitance Resistive Model for Reservoir Characterization in Primary and Secondary Recovery [C]. SPE 147344, 2011.

[4] 李成勇，柳金城．多层合采油藏油水井产量劈分原理及应用［J］．大庆石油地质与开发，2010，29（1）：55～59.

[5] 孙强，邓兵，马丽梅．广义翁氏与瑞利模型在聚合物驱产量预测中的应用［J］．大庆石油地质与开发，2003，22（5）：58～59.

[6] 赵国忠，孟曙光，姜祥成．聚合物驱含水率的神经网络预测方法［J］．石油学报，2004，25（1）：70～73.

[7] 单联涛，张晓东，朱桂芳．基于三层前向神经网络的聚合物驱含水率预测模型［J］．油气地质与采收率，2007，14（5）：56～58.

[8] 张明安．油藏井间动态连通性反演方法研究［J］．油气地质与采收率，2011，18（3）：70～73.

[9] 赵辉，李阳，高达，等．基于系统分析方法的油藏井间动态连通性研究［J］．石油学报，2010，31（4）：633～636.

[10] Zhao Hui, Li Yang, Yao Jun, et al. Theoretical research on reservoir closed-loop production management [J]. Sci China Tech Sci, 2011, 54 (10): 2815～2824.

[11] Hui Zhao, Chaohui Chen, Sy Do, et al. Maximization of a Dynamic Quadratic Interpolation Model for the Production Optimization [J]. SPE Journal, 2013, 18 (6): 1012～1025.

海上岩性薄油藏自源闭式注水技术创新与实践

王伟峰　刘伟新　戴宗　莫起芳　李小东

［中海石油（中国）有限公司深圳分公司］

摘要　HZ－A油田L油藏是南海东部海域在产的最大岩性油藏，ODP实施后，该油藏表现出产量、压力双双快速递减的特征，亟需补充能量。开展了以自源闭式注水技术为核心的抢救性、低成本的能量补充方案研究。自源闭式注水方案实施后，L油藏地层压力、产量迅速恢复，地层压力系数由0.59回升至0.71，注水21个月，增油量达$28.22\times10^4m^3$。自源闭式注水技术的成功实施，形成了海上油田低成本、绿色环保注水开发的新模式，可以推广应用至薄层岩性油藏、复杂断块油藏、低渗等油藏的注水开发研究。

关键词　自源闭式注水　助流注水　数值模拟　地层压力保持水平

HZ－A油田是南海东部海域首个已开发的以构造－岩性油藏为主的油田。主力油藏L储层西部钻遇油水界面，砂体向储层东南方向上倾尖灭，储层有效厚度仅2～10m，为典型的海上岩性薄油藏。随着油田不断的滚动扩边，主力油藏L探明地质储量由$660\times10^4m^3$增加至$2100\times10^4m^3$，增幅近200%；与此同时，随着开发井的陆续投产，油藏L表现出天然能量明显不足的特点，投产近两年，地层压力较原始地层压力下降10.5MPa，压力系数仅为0.59，亟需补充地层能量。但现有平台可利用空间有限，无法满足人工注水要求。面对产量和压力下降快、而现有平台设施不具备人工注水条件的困境，创新性地提出自源闭式水平井注水技术。该技术的显著特点是不通过地面平台注水，整个注水过程只在地层间进行流体转换，该注水方式分自流注水和助流注水两种。自流注水是通过射开天然能量充足的水源层，使其直接与油层连通，利用水层与油层的压差使水源层水体流至目的层，实现补充地层能量的目的，在国内外也得到一定范围的应用[1,2]。助流注水技术是在自流注水的基础上，在井筒里安装电潜泵，通过电潜泵额外增压实现增大注入量目的。自源闭式注水技术无需占用平台空间和增加人工注水设备，施工周期短，见效快，费用低，能满足油田快速补充地层能量的需求，应用前景广阔[3~5]。

1　自源闭式注水可行性

1.1　水源层

针对自源闭式注水方式，需选择水体能量充足的水层作为水源层。目的层L油藏上部存

第一作者简介：王伟峰（1986年—），男，工程师，于西南石油大学油气田开发专业硕士（2013），从事油气田开发研究工作，通讯地址：518000广东省深圳市南山区后海滨路（深圳湾段）3168号中海油大厦A座1411室，邮箱：wangwf13@cnooc.com.cn，联系电话：0755－26026408。

在平面展布范围大、砂体连续性及连通性好的稳定水层J层，该层有近30m的垂厚，孔隙度25%～32%，渗透率高达5000mD，孔隙体积为$12.36\times10^8m^3$，具有充足的水体分布，可以作为无限大水体水源层。通过自流注水井A19H在该层进行产能测试，采液指数高达$800m^3/d/MPa$，产能旺盛。J层地层压力为正常压力系统，与目的层L油藏存在10MPa的供注压差，可为层间自流注水提供充足的动力。

1.2 水体配伍性

对水源层J地层水与L油藏地层水之间结垢实验、静态及岩心配伍性试验、岩心动态驱替试验等分析，结果表明，水源层J地层水与L油藏地层水配伍性良好（图1），未出现渗透率降低的现象，对储层无速敏、水敏损害（图2）。

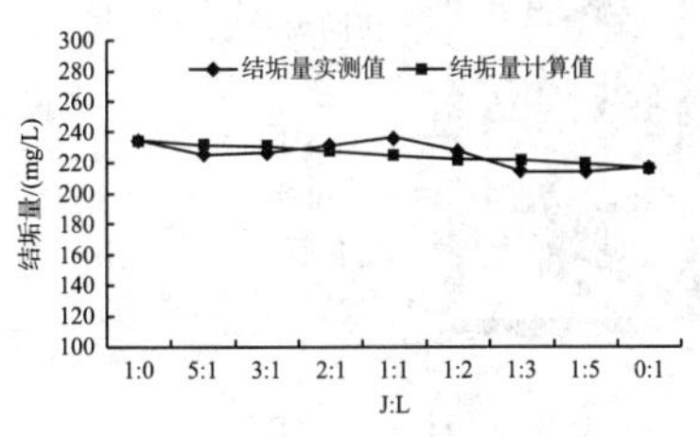

图1 静态结垢配伍性实验

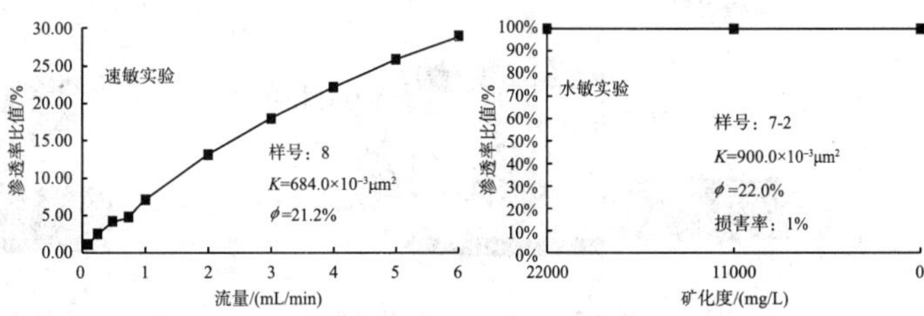

图2 L油藏储层敏感性实验

1.3 多功能自源闭式注水井管柱

自流注水井的管柱设计与常规的合采井类似，不同点在于要同时在目的层L油藏和水源层J层射孔，然后井口关井，利用层间压差实现能量补充，如A19H井（图3）。助流注水管柱是在井筒中增加电潜泵额外增压，实现增大注入量的目的，自源闭式助流注水井A13H采用宽频高扬程设计，井下机组设计总扬程可达10MPa（图4）。助流注水管柱可实现多种功能：变流量注入、定期酸洗功能、闭式注入环境下的水质监测、水源层返排清井及产水能力测试等。配套先进的自源闭式注水管柱为注水开发方案的成功实施提供了强有力的保障。助流注水技术在国内尚属首次应用，进一步丰富了注水开发技术体系。

2 自源闭式注水精细油藏数值模拟

2.1 自源闭式注水的数模实现

自源闭式注水的原理并不复杂，但对该注水方式的数值模拟和预测却较为困难。对自流注水井的模拟，通过在数模软件ECLIPSE中写入STOP控制实现井口关井，在目的层L油藏和水源层J层同时射孔，要求允许井筒内层间窜流，可实现自流注水井注入量由压差自动控制（图5）。通过写入COMPLUMP控制，将水源层射开网格合并成完井段，统一输出全井段产水量，并通过CWFRL设置，可实现自流注水井任意水平井段注水量定量输出，从而判断水平段不同位置的注水强度（图6）。

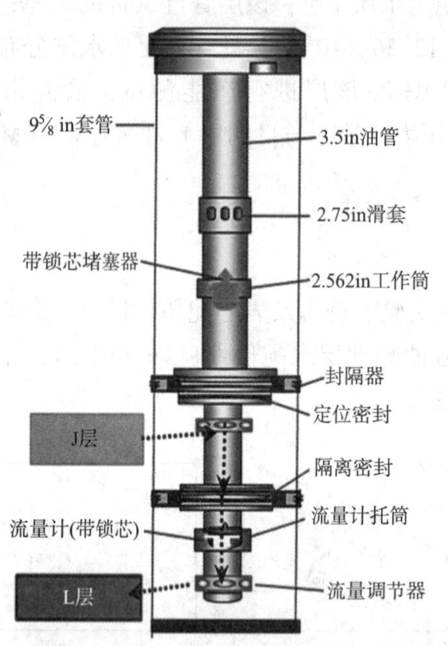

图3　自流注水井 A19H 管柱图

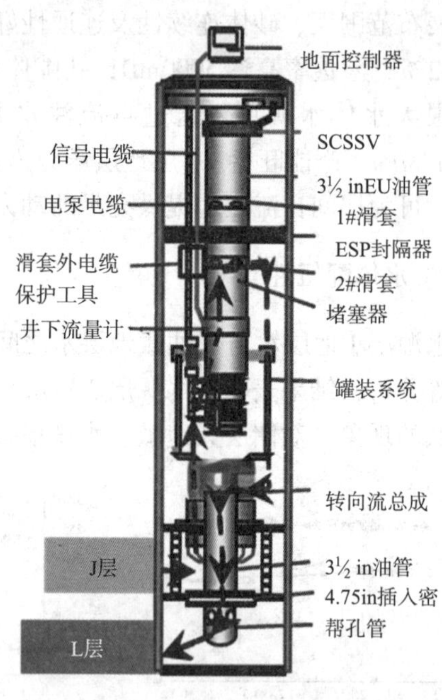

图4　助流注水井 A13H 管柱图

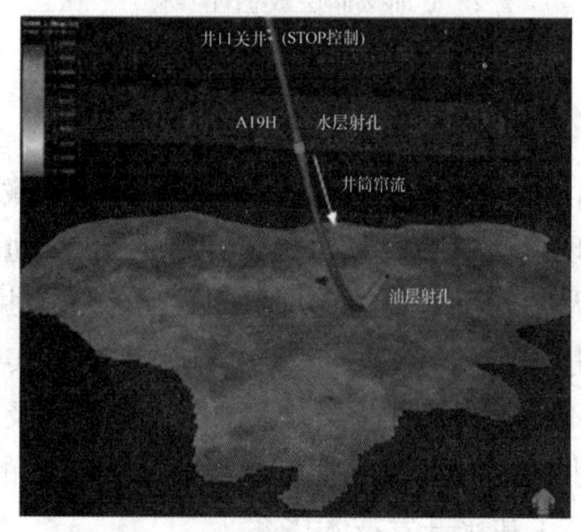

图5　自流注水井数值模拟

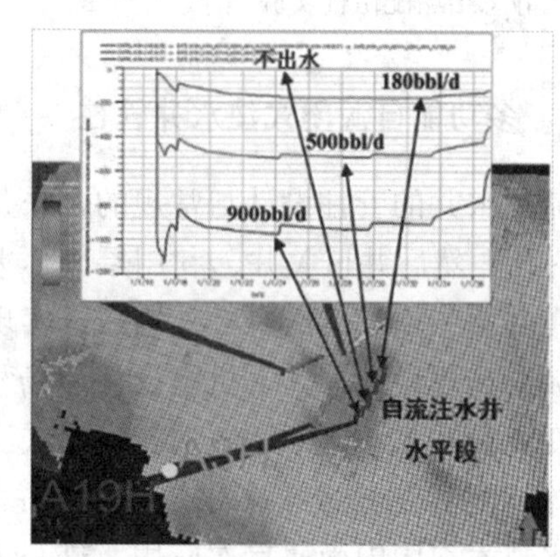

图6　自流注水井任意井段注水量定量输出

2.2　注采对应关系定量评价

注采对应关系精准评价一直是注水开发油田关注的重点和难点。通过 Petrel_ RE 中 Include flows 模块进行流线模拟（图7），结合注水井 A13H、A19H 注入量，由 Allocation tables 计算注采对应关系，实现注采关系定量评价（图8、表1），该方法操作简便，极大提高了工作效率。根据注水井周边受效井分得注入量，进行产液结构优化，限提结合，确保生产井既能充分释放产能又不至于水淹过快影响生产效果。

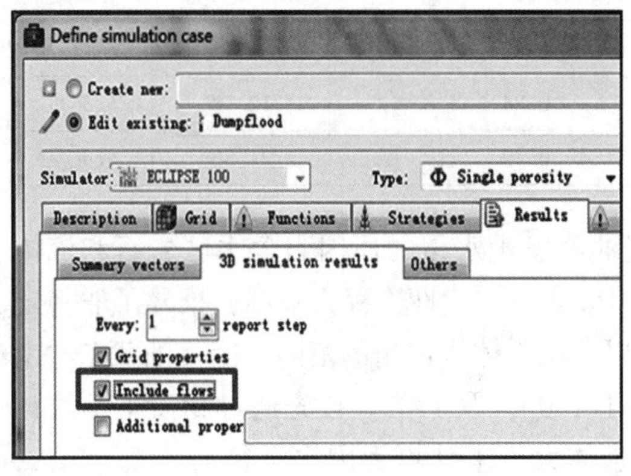

图 7　Allocation tables 模块流线模拟

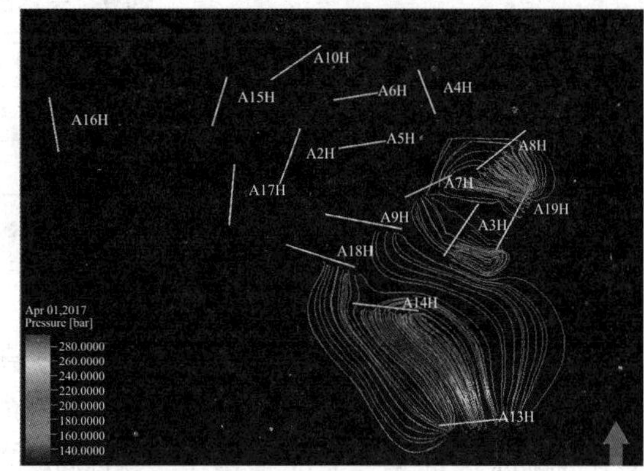

图 8　流线模拟示意图

表 1　注采对应关系定量评价

注水井	注入量/(bbl/d)	对应的采油井	采出量/(bbl/d)
A13H	6500	A3H	130
		A9H	585
		A14H	4615
		A18H	1170
A19H	5500	A3H	935
		A7H	1650
		A8H	2915

3　注水开发关键参数的确定

3.1　天然能量评价

天然能量评价对油田开发至关重要，边水的强弱很大程度上决定了油田的开发方式、开采制度和后续布井方案。L 油藏北部两条断层中间和储层西部受构造控制，有边水能量补充，本文采用了以下几种方法对天然能量进行评价：

（1）行业标准：参照行业标准《SY/T 5579.1—2008 油藏天然能量评价方法》，对“弹性产量比”、“采出 1% 储量地层压力下降幅度”两项指标进行评价，结果表明，弹性产能比介于 8 ~ 30，采出 1% 储量地层压力下降幅度介于 0.2 ~ 0.8MPa，天然能量较为充足（表 2）。弹性产量比公式：

$$Q_E = N_P / (N \times C_t \times (P_i - P))$$

式中，N_p 为试采阶段累产油，t；N 为原始地质储量，t；P 为试采阶段末油藏压力，MPa。

表2　天然能量评价结果

时　间	累产液/10^4m^3	平均地层压力/MPa	采出1%储量地层压力降幅/MPa	弹性产量比	评价结果
2016.10.24	171.19	18.66	0.84	12.78	较充足
2017.10.17	317.53	19.13	0.49	21.80	较充足

（2）非稳定状态法与物质平衡法相结合：当油藏发生水侵的原因为含水区岩石和流体膨胀作用时，水侵为非稳态。Van Everdingen and Hurst 以连续性方程为基础，推导了非稳定状态下的水侵量的计算方法。该方法的优势是可以考虑水体水侵角的范围。因 L 油藏东、南部岩性尖灭，北部大部分被断层隔开，水侵角小于180°，取170°。首先通过物质平衡法计算出油藏水侵量 $W_e=1.60\times10^6$，然后假定一个水体大小来计算无因次半径 $r_D=r_{水体}/r_{油藏}$，最后通过非稳态法计算考虑水侵角的水侵量，若此水侵量与物质平衡法计算水侵量相当，则认为假定水体大小合适，从而求得水体倍数。计算结果表明，水侵角最大为170°时，非稳态法计算出油藏最大水侵量 $W_e=1.59\times10^6$，说明无因次半径 r_D 大于10，L30up 水体倍数大于100倍，水体能量充足。非稳态法水侵量公式：

$$W_e=B_R\sum\Delta P_eQ\ (t_D\cdot r_D)$$

式中，B_R 为水侵系数，m^3/MPa；ΔP_e 为油藏平均有效压降，MPa^{-1}。

表3　不同水侵角下的水侵量（非稳态法）

水侵角 ψ	W_e				
	$r_D>10$	$r_D=9$	$r_D=8$	$r_D=7$	$r_D=6$
150	1.40E+06	1.40E+06	1.40E+06	1.39E+06	1.36E+06
160	1.50E+06	1.49E+06	1.49E+06	1.49E+06	1.45E+06
170	1.59E+06	1.59E+06	1.59E+06	1.58E+06	1.54E+06
180	1.69E+06	1.68E+06	1.68E+06	1.67E+06	1.63E+06

（3）油藏数值模拟。

HZ－A 油田已有四年生产历史，通过油藏数值模拟对 L 油藏水体规模进行历史拟合，水体倍数取160倍可较好的拟合生产井的含水率、压力动态。数模结果表明，L 油藏西、北部有较大的水体与油藏相连。另一方面，靠近油藏西、北部边水的生产井 A4H、A10H、A15H 却表现出见水时间早，但提液受限的动态特征。分析认为 L 油藏来水方向上物性差、水体供应范围受限，边水供液速度低于生产井的采液速度，是前期地层压力下降快的主控因素。后续生产井若大规模提液开采，仍需增加注水井补充地层能量。

3.2　合理地层压力保持水平

与渤海海域大多数注水开发油田需保持较高地层压力水平开发的状况不同，HZ－A 油田在流体性质、储层物性方面存在先天优势。HZ－A 油田原油黏度低（5.6mPa·s）、溶解气油比低（$2.2m^3/m^3$）、饱和压力低（1.05MPa），有利的流体性质条件可保证地层压力降到较低水平，地层也不会脱气影响油井产能。在充分利用天然能量、辅助自源闭式注水补充能量的思想指导下，通过原油性质、储层敏感性、生产工艺等方面，确定 L 油藏的合理地层压力保持水平。

（1）原油性质分析。原油黏度与压力关系曲线表明，地下原油黏度对地层压力敏感性较强，在饱和压力之上降低地层压力可以显著降低地下原油黏度（图9），提高油井产能。

（2）储层敏感性分析。HZ－2井覆压孔渗实验结果表明，随着L油藏压力变化，储层物性变化不大，储层对压力敏感性不强，在较低压力水平下生产，不会对储层渗流能力造成大的影响（图10）。

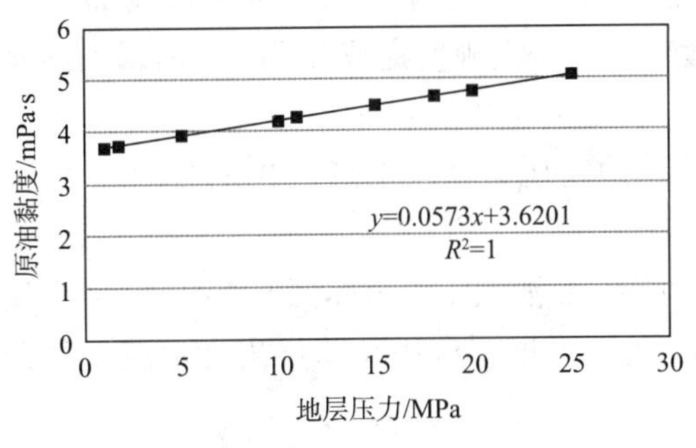

图9　L油藏原油黏度与压力关系曲线

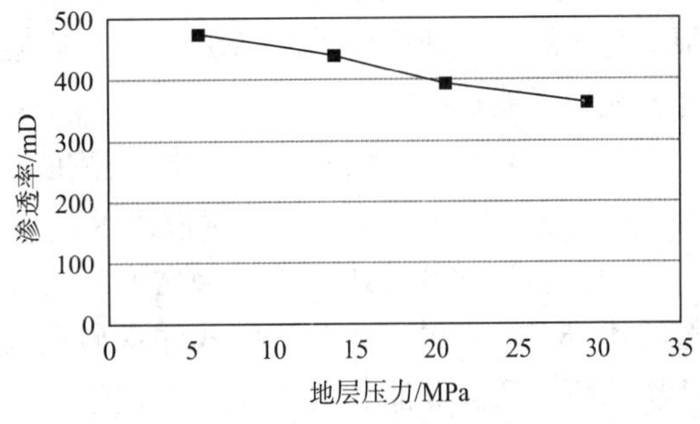

图10　HZ－2井覆压孔渗实验曲线

（3）生产工艺要求。L油藏饱和压力低，压力下降不会造成脱气风险。从生产工艺角度考虑，最小地层压力要求满足以下条件：①有足够动力将所需液量举升至井口；②满足电潜泵正常工作（保证电潜泵沉没度300m）。

最小地层压力：$P_{地层} = P_{井口} + \rho g h_{液柱} + P_{生产压差} - P_{电潜泵}$

选用型号为Flex80电潜泵，对生产井最大液量（9000bbl/d）举升能力为14.2MPa；为保证液量被举升至井口且有能力运输至平台管线，井口压力取1MPa；生产压差根据各生产井实际生产压差平均值取3MPa；油藏中深2550m，油井液柱压力取25.5MPa。通过压力节点计算最小地层压力为15.3MPa，地层压力系数0.61。合理的地层压力保持水平为压力压力系数不低于0.61。

4　自源闭式注水开发效果

自源闭式注水技术实施效果明显，集中体现在地层压力、产量恢复两个方面。自2016年9月底以来，L油藏先后实施2口自源闭式注水井A19H、A13H。在油藏液量逐步提高的前提下，地层压力整体回升达3MPa，地层压力系数由0.59回升至0.71，且保持稳定；生产井产量明显提高，截止2018年6月，注水累计增油量已达$28.22\times10^4m^3$，如图11所示。

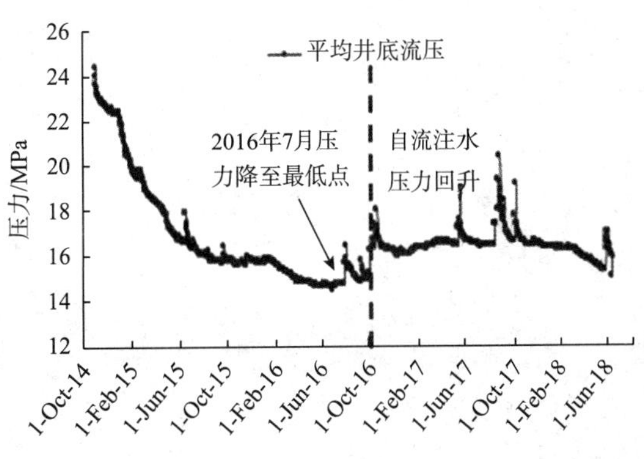

图11　生产井井底流压变化

自源闭式注水技术的成功实践，形成了海上油田低成本、绿色环保注水开发的新模式，丰富了海上注水开发油田的技术体系。本技术可以推广应用至薄层岩性油藏、复杂断块油藏、低渗等油藏的注水开发研究。

5 结 论

（1）水层J平面展布范围广、厚度大、物性好、产能充足，与目的层L油藏配伍性好，存在10MPa供注压差，可作为理想的注水水源层。

（2）多种方法证明L油藏天然水体能量较充足。来水方向上物性差、水体供应范围受限，是开发前期地层压力下降快的主控因素，后续生产井若大规模提液开采，仍需增加注水井补充地层能量。

（3）L油藏流体性质、储层物性存在先天优势，地层压力系数保持在0.61以上，可满足生产工艺要求及未来生产井提液需求。

（4）自源闭式注水开发效果显著，注水21个月后，L油藏压力整体回升3MPa，注水累增油达$28.22\times10^4m^3$。自源闭式注水研究及开发实践，可推广应用至薄层岩性油藏、复杂断块油藏、低渗等油藏的注水开发研究。

参考文献

[1] Quttainah R. B. , Al-Maraghi, E. Umm Gudair Production Plateau Extension. The Applicability of FullField Dumpflood Injection to Maintain Reservoir Pressure and Extend Production Plateau [J]. SPE97624, 2005: 1~7.

[2] Chaudhry M A, Kazuo F. Improving Oil Recovery in Heterogeneous Carbonate Reservoir by Optimizing Peripheral Water Injection Through Application of Innovative Techniques [J]. SPE120382, 2009: 1~5.

[3] 邹洪岚，刘合，郑晓武，等. 伊拉克鲁迈拉油田可控性自流注水可行性研究 [J]. 油气井测试，2014; 23 (2): 1~4.

[4] 宋春华，景凤江，何贤科. 海上零散薄油藏地层自流注水开发实践 [J]. 石油天然气学报（江汉石油学院学报），2013; 35 (5): 127~130.

[5] 黄映仕，余国达，罗东红，等. 惠州25-3油田薄层油藏自流注水开发试验 [J]. 中国海上油气，2015; 27 (6): 74~79.

海上油田水聚同驱扰动表征及调控技术研究

刘玉洋[1,2]　康晓东[1,2]　张健[1,2]　未志杰[1,2]

（1. 海洋石油高效开发国家重点实验室；2. 中海油研究总院有限责任公司）

摘要　随着油田综合调整的进行，海上化学驱油田在开发过程中不可避免地出现了聚驱井网和水驱井网互相干扰的问题。本文采用油藏工程方法和数值模拟方法，分析了水聚同驱扰动机理，提出并建立了考虑水聚驱油体积动态变化的水聚扰动系数，同时研究了水聚同驱驱替特征及扰动规律，并提出了水聚同驱调控方法。研究表明：水聚扰动系数与阶段增油曲线具有较好的相关性，根据水聚扰动系数可以将水聚同驱过程划分为5个典型阶段；水聚同驱过程初期增油效果优于纯聚驱，但整体增油效果不如纯聚驱；通过增加聚水注入速度比和水聚周期交替注入的方式能够改善水聚同驱效果。研究成果对于定量表征水聚扰动程度以及制定后续调控措施具有一定的指导意义。

关键词　水聚同驱　定量表征　扰动系数　示踪剂方法　交替注入

1　引　言

针对渤海油田地质特征，聚合物驱油技术作为渤海油田目前提高采收率的主要技术，在渤海油田增产增效中发挥着重要作用。中国海油2003年开始首次在绥中36－1油田开展聚合物驱先导试验，效果显著，随后在其他油田开始了规模化应用，取得了预期的降水增油效果[1~3]。但随着油田综合调整的进行，在开发过程中不可避免地出现了聚驱井网和水驱井网共同驱替的问题，而水聚同驱对生产的影响还不明确[4~7]。因此，本文基于渤海J油田地质油藏特征，采用油藏工程方法和数值模拟方法对水聚扰动过程进行了定量表征，研究了水聚扰动规律，并分析了水聚同驱下油田和单井生产特征，并探索了水聚同驱调控方法，为现场生产提供指导。

2　水聚扰动表征指标建立

2.1　水聚扰动机理分析

图1为2注2采纯聚驱和水聚同驱过程中单层注入流体分布特征示意图，在注水井注入速度大于注聚井注入速度的情况下，若生产井产液量相等，见水前注入水会向注聚区域偏移，压缩聚合物驱油区域，对聚合物前缘产生一定的“超覆作用”，抑制聚合物作用的发挥。

第一作者简介：刘玉洋（1990—），男，河北省唐山市，油藏工程师，主要研究方向为海上油田提高采收率技术，联系地址：北京市朝阳区太阳宫南街6号院海油大厦B座710室，E－mail：liuyy52@ cnooc. com. cn。电话：010－84520322。

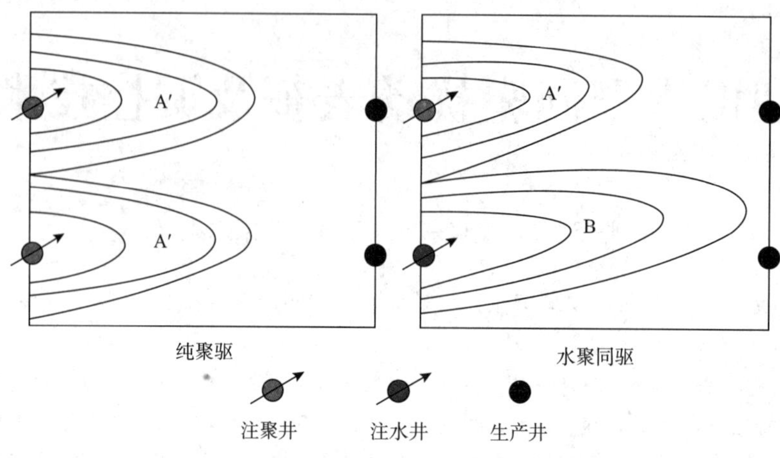

图1　水聚同驱注入流体分布示意图

纯聚驱过程（先水驱到80%，2口注入井都转注聚）与水聚同驱过程（先水驱到80%，1口注入井转注聚）相比，一方面，在注聚井单井注入量不变的情况下，注聚井数由2口井减少为1口井，聚驱驱油体积减少，为负面效应；另一方面，保持注水井单井注入量不变，注水井数增加，由0口井增加为1口井，水驱驱油体积增加，此为正面效应。水聚同驱阶段，在注入水突破前，相同时间内水聚同驱整体驱油体积大于纯聚驱，在注入水突破后，水和聚驱油体积动态变化，这个动态变化能够体现水聚扰动过程，以此对水聚同驱过程进行定量表征。

2.2　表征指标建立

根据以上分析，如图1所示，A 表示水聚同驱过程中聚驱面积，B 为水驱面积，A'为纯聚驱过程中单井聚驱面积。综合考虑水聚同驱过程中的正面和负面效应，建立水聚扰动系数 τ，表征水聚同驱扰动程度，其中：

正效应：水聚同驱过程中水驱驱油体积增加，阶段增加量定义为 $\Delta\sum D_w$：

$$\Delta\sum D_w = \Delta B \times \mathrm{d} \tag{1}$$

负效应：与纯聚驱相比，聚驱驱油体积减少，阶段减少量定义为 $\Delta\sum D_p$：

$$\Delta\sum D_p = (2\Delta A' - \Delta A) \times d \tag{2}$$

再考虑阶段平均注入浓度的变化，定义水聚扰动系数 τ：

$$\tau = \frac{\Delta B - (2\Delta A' - \Delta A)}{\Delta\sum m_P} \times d = \frac{\Delta\sum D_w - \Delta\sum D_p}{\Delta\sum m_P} \tag{3}$$

考虑阶段整体扰动特征，定义累积水聚扰动系数 τ_c：

$$\tau_c = \sum\tau \tag{4}$$

式中，$\Delta\sum m_P$ 为阶段聚合物用量，kg；$\Delta\sum D_w$ 为阶段水驱驱油增加量，m^3；$\Delta\sum D_p$ 为阶段聚驱驱油减少量，m^3；$\Delta A'$为纯聚驱过程中单井聚驱面积阶段变化值，m^2；ΔA 为水聚同驱中聚驱面积阶段变化值，m^2；ΔB 为水聚同驱中水驱面积阶段变化值，m^2；d 为油藏单层厚度，m。

通过考虑水驱驱油体积增加带来的正效应和聚驱驱油体积减少带来的负效应，水聚扰动系数 τ 能够表征水聚同驱过程中水聚阶段驱油体积的动态变化，反映水聚扰动程度。

3　水聚扰动规律数值模拟

海上注聚油田目前开发过程中，先后经历水驱，聚合物驱和后续水驱过程，其中在聚合物驱阶段，由于井网加密调整，油井转注水等会形成水聚同驱的开发历程，影响油田开发效果[8~11]。为进一步对比分析水聚同驱与纯聚驱开发效果，研究水聚扰动规律，本章建立了双层纯水驱，水聚同驱和纯聚驱（水聚同驱和纯聚驱先水驱到含水 80% 再转注）三种驱替条件下的数值模拟模型，在注水井转注聚井过程中，考虑到注入压力上限和现场生产数据，注聚井注入量设定为注水井注入量的 70%。

3.1　模型建立

采用商业数值模拟软件建立了 2 注 3 采双层油藏数值模拟模型，并采用示踪剂追踪的方法直观观测水聚同驱时水线推进过程，分析水聚之间相互作用。模型如图 2 所示，网格划分及网格大小：在平面上，X 方向网格数为 31，网格步长为 20m；Y 方向网格数为 31，网格步长 20m；Z 方向分别划分 2 层，每层网格步长 5m，在模型的左端和右端分别设置 2 口注入井和 3 口生产井，依据 J 油田地质油藏参数设置模型参数。

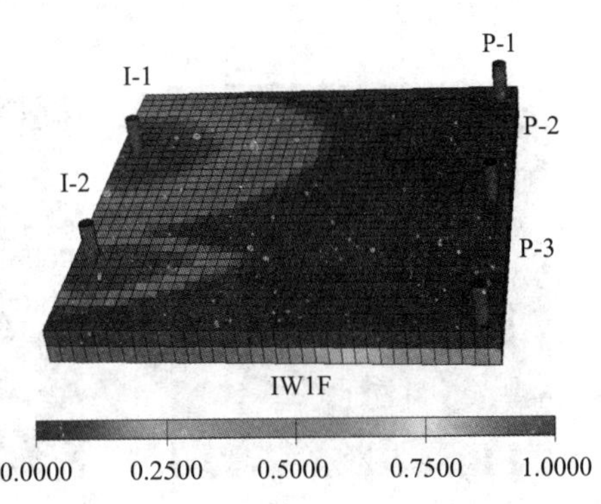

图 2　油藏数值模拟模型（水聚同驱过程）

3.2　水聚扰动规律及生产特征分析

3.2.1　驱替特征对比

图 3 ~ 图 8 为水聚同驱阶段 3 个相同时刻不同驱替条件下高渗层和低渗层油藏注入流体分布特征对比，根据注入流体示踪剂分析结果，可以看出，高渗层中纯水驱驱替前缘对称且注入流体推进较快，低渗层动用程度低；纯聚驱高渗层和低渗层中驱替前缘对称，驱替速度较慢，但驱替范围广，低渗层动用程度最好；水聚同驱情况下，由于注入聚合物的作用，起到了一定的剖面调整作用，提高了低渗层的动用程度，但是在注水井不封堵高渗层的情况下，低渗层动用程度没有提高。综合来看，纯聚驱对高渗层和低渗层的整体动用程度最好。

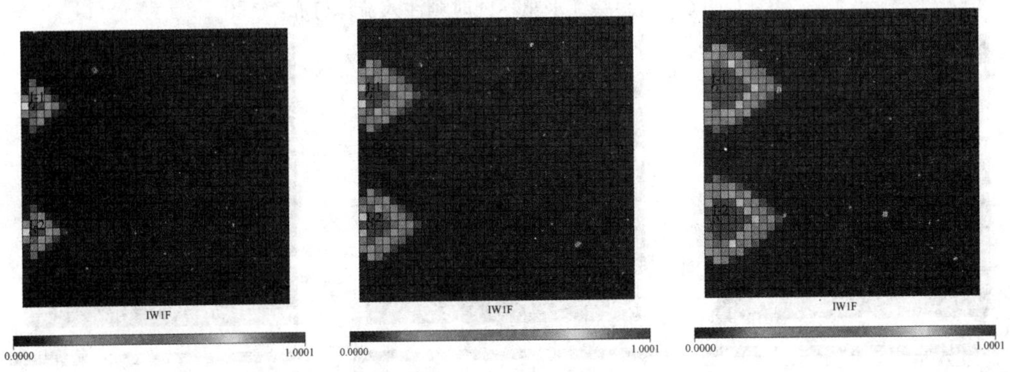

图 3　低渗层纯水驱不同时刻注入流体分布

（1）低渗层：

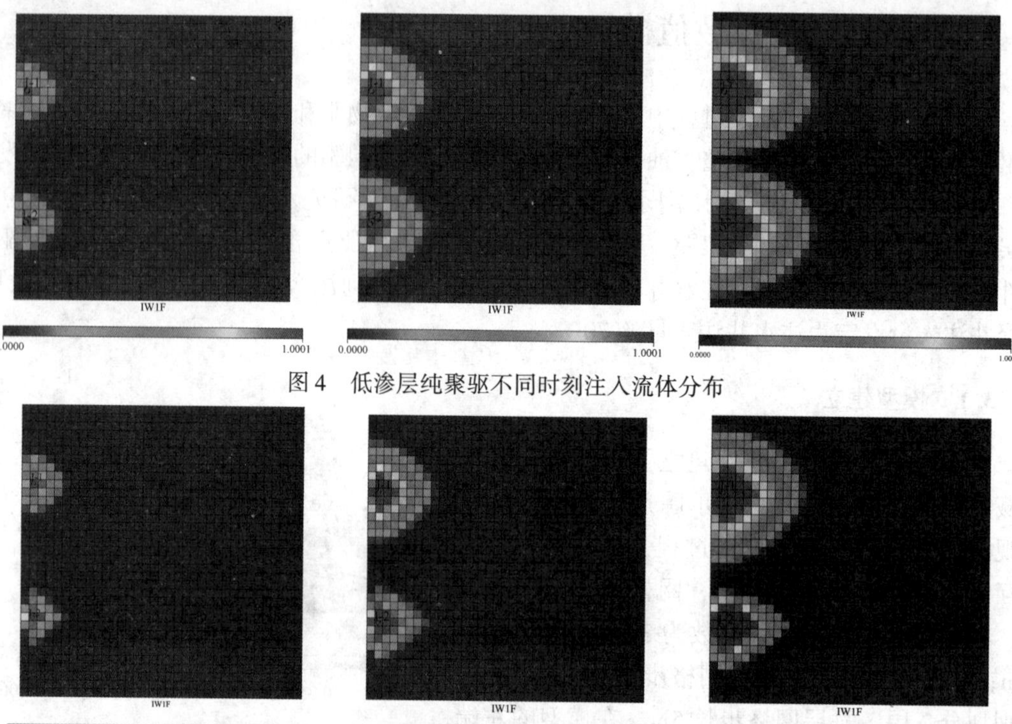

图 4　低渗层纯聚驱不同时刻注入流体分布

图 5　低渗层水聚同驱不同时刻注入流体分布

（2）高渗层：

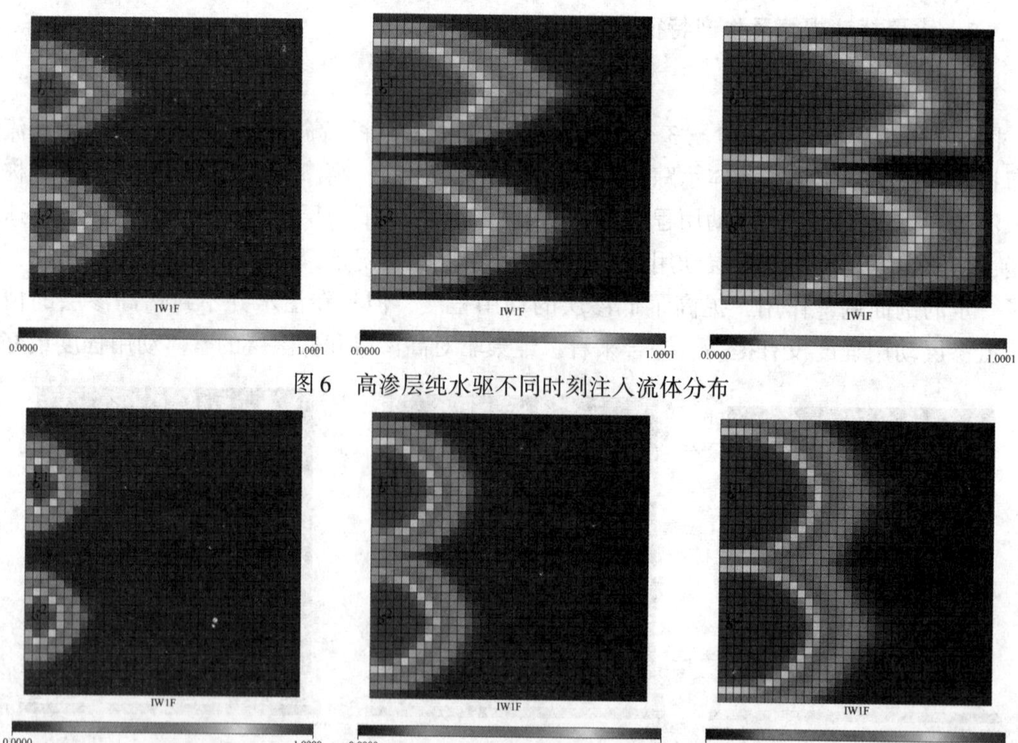

图 6　高渗层纯水驱不同时刻注入流体分布

图 7　高渗层纯聚驱不同时刻注入流体分布

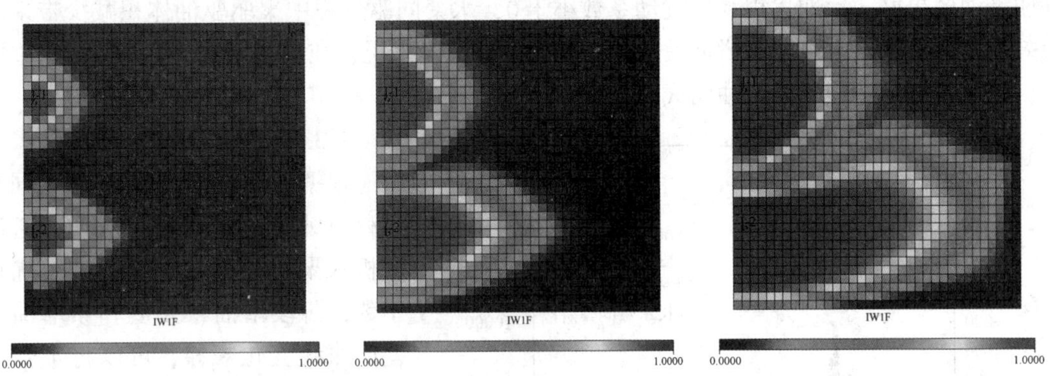

图 8　高渗层水聚同驱不同时刻注入流体分布

3.2.2　油田含水及增油量对比

3 种驱替方式下注入量：纯水驱 > 水聚同驱 > 纯聚驱，图 9 和图 10 分别 3 种方案下油田整体含水率及累积产油量变化曲线，从中可以看出，在注入量相对较小的情况下，纯聚驱算例降低含水的幅度最大，累积产油量也最大；水聚同驱过程油田整体含水下降幅度较小，累积产油量少于纯聚驱。综合分析来看，纯聚驱具有最好的降水增油效果，水聚同驱会影响整体开发效果。

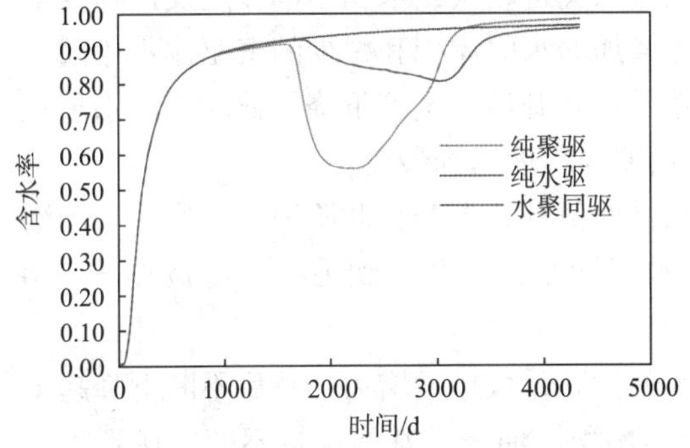

图 9　不同驱替条件下油藏含水率变化特征

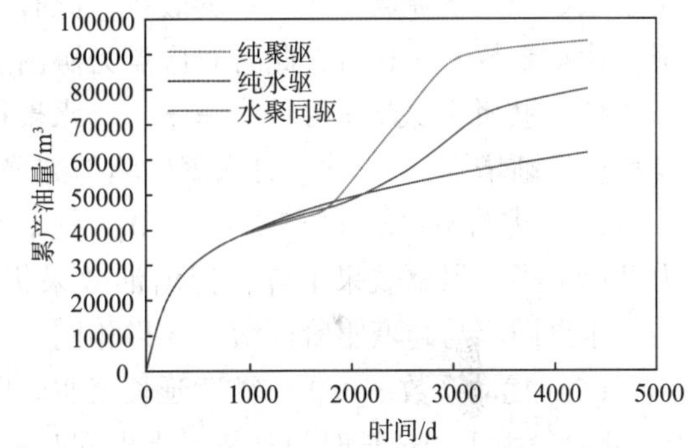

图 10　不同驱替条件下油藏累积产油量

3.3　水聚扰动系数分析

3.3.1　扰动系数与增油量关系

为更好地表征水聚同驱阶段扰动系数变化规律，将水聚同驱阶段进行延长，分析扰动系数变化特征。图 11 和图 12 所示分别为水聚扰动系数，累积水聚扰动系数，纯聚驱与水聚同驱阶段增油量差值和累增油差值曲线（水聚同驱产油量减去纯聚驱产油量），从累积水聚扰动系数曲线中可以看出，前期累积扰动系数大于 0，表示此阶段正效应发挥主要作用，水聚

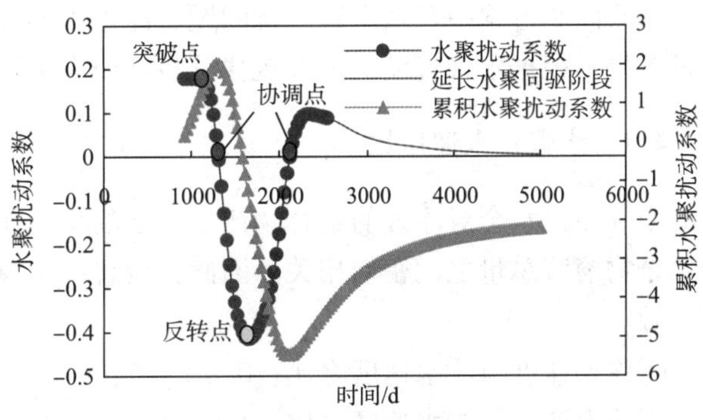

图 11　水聚同驱扰动系数变化规律

同驱增油效果好，后期累积水聚扰动系数小于0，水聚同驱过程中聚驱驱油体积减少带来的负效应逐渐显现，水聚同驱增油效果差于纯聚驱。综合来说，纯聚驱增油效果要好于水聚同驱，这也较好地对应了累增油曲线。

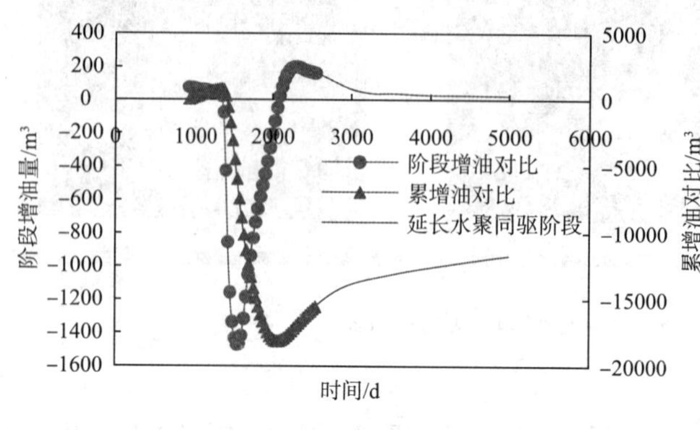

图12 水聚同驱与纯聚驱增油量对比

3.3.2 水聚同驱阶段划分

根据图11和图12，将水聚同驱过程与纯聚驱过程进行对比，通过分析水聚扰动系数，累积水聚扰动系数，阶段增油量差值和累增油量差值曲线变化规律，可以将水聚同驱划分为以下五个阶段：

（1）扰动系数$\tau = A$（$A>0$，为定值）。表示注入水突破前，此阶段由于注水量大于注聚量，在注入水突破前，水驱波及面积较大，结合阶段增油对比曲线，此阶段水聚同驱增油效果好于纯聚驱；

（2）扰动系数$\tau = A \rightarrow \tau = 0$。此阶段水聚同驱增油效果好于纯聚驱，但效果逐渐下降，扰动系数开始下降点为注入水突破点，此时由于注入水突进较快，水驱驱油作用发挥程度下降，扰动系数$\tau = 0$时，此时对应点为协调点，即增加的水驱体积和减少的聚驱体积相同；

（3）扰动系数$\tau = 0 \rightarrow \tau = \tau_{min}$。水聚扰动系数从0开始，迅速下降，此时表明水聚扰动程度逐渐增强，$\tau = \tau_{min}$时水聚同驱与纯聚驱增油差异程度达到最大；

（4）扰动系数$\tau = \tau_{min} \rightarrow \tau = 0$。扰动系数从最低值开始上升，此阶段由于聚驱增油潜力开始下降，聚驱效果下降，但增油效果仍好于水聚同驱，直至达到另一个协调点$\tau = 0$时，水聚同驱与纯聚驱阶段增油效果相同；

（5）扰动系数$\tau \rightarrow 0$。继续延长聚驱阶段，水聚扰动系数略微增大，然后不断下降趋于0，此阶段由于经过长时间驱替后水聚同驱和纯聚驱累积增油量已基本保持不变，达到动态平衡。

4 水聚同驱调控技术研究

水聚同驱过程中存在水聚干扰问题，注入水会对聚合物产生一定的扰动作用，影响整体开发效果。根据水聚扰动机理及规律分析，研究水聚同驱调控技术，改善整体开发效果。

4.1 水聚注入速度比

由于注入水会对注入的聚合物产生一定的扰动作用，产生扰动作用的大小与注入水和注入聚合物溶液总量之比密切相关。因此，设置3种模拟方案，控制水聚注入速度和聚合物用量一致：

①注聚速度与注水速度之比：0.8：1.2；

②注聚速度与注水速度之比：1.0：1.0；

③注聚速度与注水速度之比：1.2：0.8。

从图 13、图 14 中可以看出，在相同聚合物用量和水聚总量情况下，通过增加注聚量与注水量之比，缩短注聚周期，能够使聚合物占据主导，更早的发挥增油效果，减小注入水对聚合物干扰程度，能够明显提高阶段采油量，降低阶段含水量，控制注入水对聚合物驱的干扰作用，进而提高开发效果。

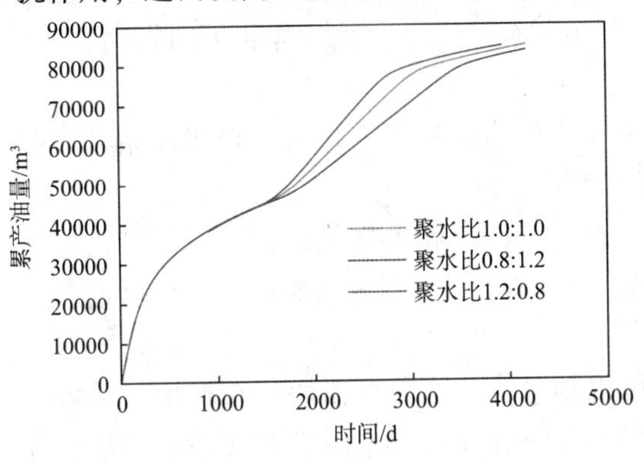

图 13　不同水聚注入速度下累产油量

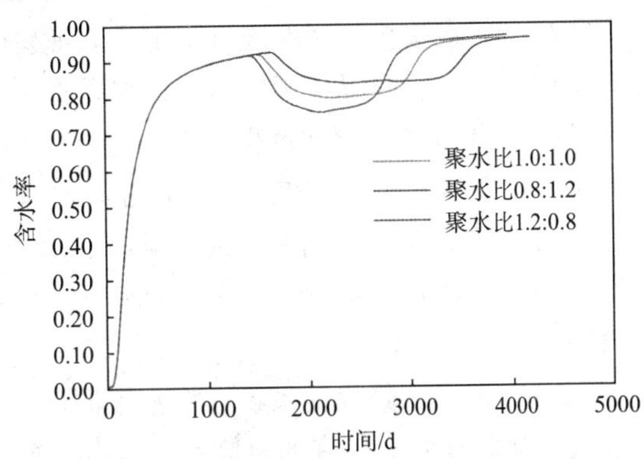

图 14　不同水聚注入速度下含水率

4.2　水聚交替注入

由于水的注入能力较强，注入水的水线推进速度快，产生突进现象，同时也会对聚合物驱替前缘产生干扰。研究通过设计水聚周期交替注入的方式，使水聚均匀驱替，稳定驱替前缘，进而提高开发效果。设置 3 种模拟方案，控制注聚阶段内注入水聚总量和聚合物用量一致，设置不同的交替周期：

① 进行交替注入；

②设置水聚交替注入 2 个周期；

③设置水聚交替注入 4 个周期。

从图 15、图 16 中可以看出，在相同聚合物用量的情况下，通过进行水聚交替注入，与不交替相比，油田的累产油量明显增加，含水下降幅度也较大。并且随着交替周期数增加，累产油量增加，但增加幅度小。可见，通过进行水聚周期交替注入，能够明显减少水聚干扰的影响，提高开发效果。

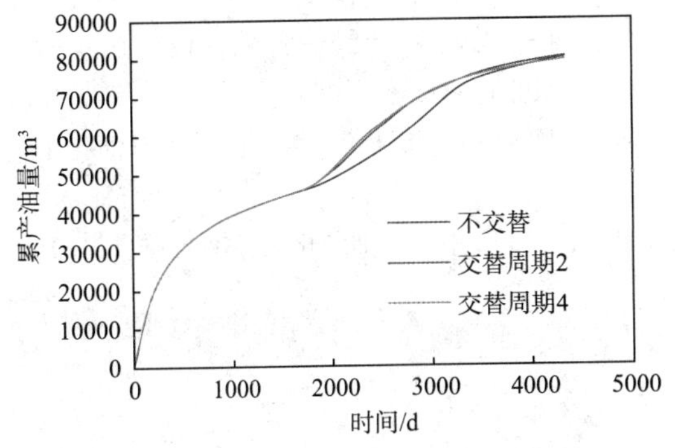

图 15　不同交替周期下累产油量

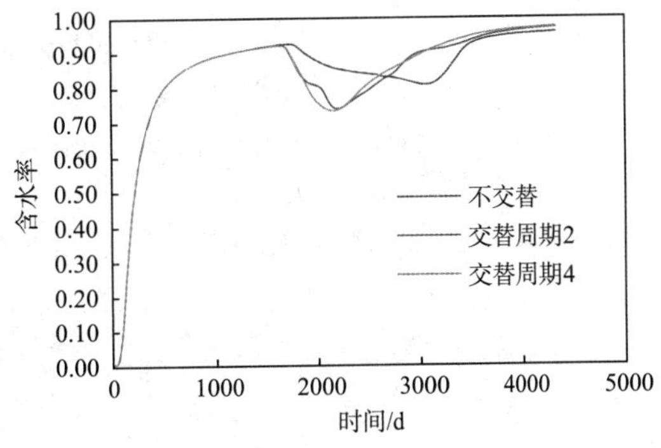

图 16　不同交替周期下含水率

5 结 论

针对海上注聚油田存在的水聚同驱问题，采用示踪剂追踪方法、油藏工程方法和数值模拟方法，对水聚扰动程度进行了定量表征研究，分析了水聚扰动机理、规律及不同驱替方式对生产的影响，并提出调控措施，主要得到以下结论：

（1）从扰动机理和过程出发，建立了考虑水聚驱油体积动态变化的水聚扰动系数，能够反映水聚扰动过程，表征水聚同驱与纯聚驱差异程度。

（2）研究了水聚同驱、纯水驱和纯聚驱下油田生产特征和水聚扰动规律，得出在考虑注水井转注聚井后注入量下降的情况下，水聚同驱初期增油效果优于纯聚驱，但整体增油效果不如纯聚驱。

（3）根据水聚扰动系数可将水聚同驱过程可以划分为五个典型阶段，水聚扰动系数与阶段增油曲线具有较好的对应性，可以表征水聚同驱所处阶段，为制定后续开发调整措施提供依据。

（4）通过增加聚水注入速度比和采取水聚周期交替注入的方式能够减小水聚扰动，提高油田的开发效果。

参考文献

[1] 周守为. 海上油田高效开发新模式探索与实践［M］. 石油工业出版社，2007.

[2] 张凤久. 海上油田聚合物驱油技术与先导试验［M］. 中国石化出版社，2015.

[3] 张忠勋. 聚合物驱多学科油藏研究与应用［M］. 石油工业出版社，2014，12~30+103~145.

[4] 冯玉良. 二类油层水聚同驱数值模拟研究［D］. 大庆石油学院，2007.

[5] 邵碧莹，张文，时来元，等. 大庆萨尔图水聚驱结合开发效果研究［J］. 当代化工，2016，45（7）：1628~1630.

[6] 关文婷. 大庆油田二类油层聚水同驱可行性研究［J］. 大庆石油地质与开发，2008，27（4）：106~108.

[7] 何春百，冯国智，谢晓庆，等. 多层非均质油藏聚水同驱物理模拟实验研究［J］. 科学技术与工程，2014（7）：160~163.

[8] 刘桂林，陆长东，兰铁英. 同区块水聚异常干扰技术［J］. 油气田地面工程，2005，24（12）：58~58.

[9] 崔国强. 萨尔图油田二类油层水聚同驱开发效果研究［D］. 东北石油大学，2009.

[10] 赵春森，崔国强，袁友为，等. 北二西西块二类油层水聚同驱数值模拟研究［J］. 内蒙古石油化工，2008（21）：104~107.

[11] 寇珊. 南二东二类油层注聚后两驱不同采出井开发效果分析［J］. 中国石油和化工标准与质量，2013（7）：176~176.

海上油田水平井封隔体控水技术研究与应用

万小进　周泓宇　吴绍伟　袁辉　宋立志

[中海石油（中国）有限公司湛江分公司]

摘要　针对南海西部油田水平井产出段长、找水难、控水成功率低等问题，本文提出了封隔体控水工艺技术，该技术采用封隔颗粒与调流控水筛管相配合，其中封隔颗粒充填在环空降低环空流体轴向窜流量，调流控水筛管平衡井筒产液剖面，实现水平井全井段的多级分段控水，相较于传统控堵水工艺，其具有无需找水、储保风险低等优点。该技术在南海西部油田进行了先导试验，降水增油效果显著，为海上油田水平井稳油控水技术发展提供了一条新思路。

关键词　南海西部油田　控水　封隔颗粒　调流控水筛管

引　言

随着水驱油藏逐渐进入开发中后期，油田高含水问题越发严重。截止目前，南海西部油田在生产油井中，含水高于80%的油井占到了38%。在油井高含水阶段，提液一般是最主要的增产手段，但除了单井是否具备提液潜力外，海上油井提液还受限于海管外输、平台空间、平台电力、水处理等多因素制约，影响油田整体开发效果。实际生产中，受构造、储层非均质性、压力损失等多因素影响，导致全井段出水不均，部分高渗层产出基本全为水，低渗层含油饱和度高，但无法得到有效动用，在不开展针对性的控堵水措施情况下，其水驱方向得不到改变，储层动用程度、波及效率难以提高，最终影响高含水油井开发效果。

油井控水技术主要分在井筒中开展工作的机械控水与在近井地带开展工作的化学堵剂控水[1~8]。截至目前，南海西部油田共实施机械控水3井次，成功率100%，虽然机械控堵水作业取得了较好的措施效果，结合现场实践，但机械控堵水工艺主要存在找水难、筛管完井的老井难以建立有效的封隔单元、选井门槛高等难题，极大制约了常规机械控水的推广应用。南海西部油田共实施化学控堵水8井次，仅有3井次达到了预期效果，成功率为仅为37.5%，且成功井的增油降水效果有限，化学控堵水主要存在用液量大、泵注风险高、储保难度大等多种问题[1]。结合目前机械和化学控堵水难题，本文提出了一种多级分段控水工艺技术。

1　技术原理

针对目前机械控堵水找水难、选井门槛高，化学控堵水储保风险大、措施成功率低等问

第一作者简介：万小进（1987年—），男，工程师，从事采油工艺技术研究工作，通讯地址：527054 广东省湛江市坡头区南油二区西部公司附楼6楼，联系电话：0759－3912706，E－mail：wanxj2@cnooc.com.cn。

题，开展了封隔体控水新工艺技术研究，该工艺利用充填紧实的颗粒层，降低环空轴向窜流量；调流控水筛管增加储层流体流入井筒内的流动阻力，实现全井段均匀产出，在高含水井段下入具有较大节流能力的调流控水阀，抑制高渗水层的产出，为其余低渗产油段增加生产压差，从而实现控水增油（图1）。

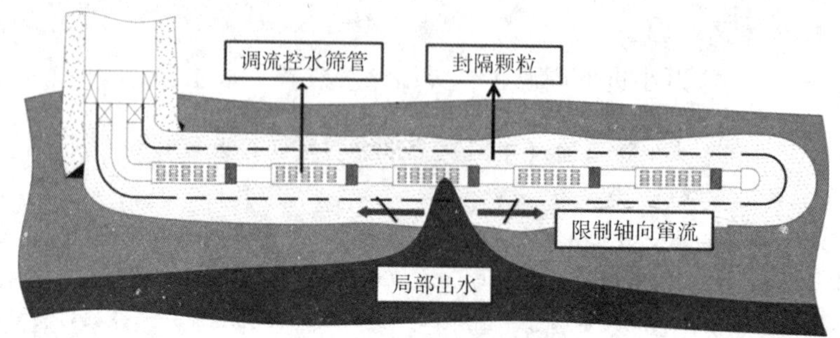

图1　封隔体控水工艺技术原理示意图

1.1　封隔颗粒轴向防窜流机理

1.1.1　理论分析

假设组成封隔体的技术参数如下：以7in套管为井壁，内径157mm；下入3.5in控水筛管，外径120mm；控水筛管长度为10m，过滤段长8m，盲管段长2m（图2）。则 $L_{径向}=1.9\text{cm}$，$A_{径向}=30144\text{cm}^2$，$L_{轴向}=200\text{cm}$，$A_{轴向}=80\text{cm}^2$，根据：

$$f=\frac{\Delta P}{Q} \tag{1}$$

$$\frac{\Delta P}{Q}=\frac{\mu}{K}\times\frac{L}{A} \tag{2}$$

可得

$$f=\frac{\mu}{K}\times\frac{L}{A} \tag{3}$$

由于流体相同，封隔颗粒的渗透率各向相同，所以 μ 和 K 的径向和轴向数值相同，所以可得：

$$\frac{f_{径向}}{f_{轴向}}=\frac{L_{径向}}{L_{轴向}}\times\frac{A_{径向}}{A_{轴向}}=\frac{1.9\text{cm}}{200\text{cm}}\times\frac{80\text{cm}^2}{30144\text{cm}^2}\approx\frac{1}{39663} \tag{4}$$

通过理论计算，10m筛管充填封隔颗粒后轴向渗流阻力约为径向渗流阻力的4万倍。

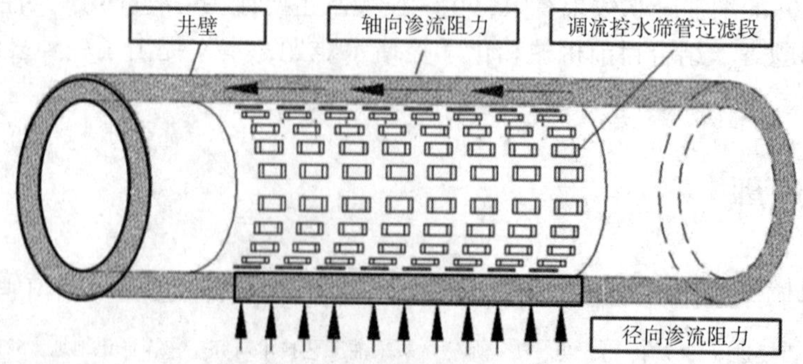

图2　封隔体控水理论分析模型示意图

1.1.2 封隔颗粒性能

由于调流控水筛管具有一定的节流效应，封隔颗粒充填在调流控水筛管外环空，所以封隔颗粒必须满足密度小，低排量即可携带才能满足调流控水筛管的充填需求。常规防砂陶粒视密度一般为2.6g/cm³，常规防砂充填时必须大排量才能满足充填，且长井段水平井充填一直以来都是业界难题，大多存在水平段充不满的状况，针对以上问题，需采用海水密度几乎相同的封隔颗粒，即采用视密度仅为1.03g/cm³的轻质颗粒（表1），满足易携带、充填的性能。

表1 封隔颗粒基础物理性能指标

1	标准筛目	40~60目
2	真实密度	1.0g/cm³
3	耐温	≤180°C
4	耐静压	8702psi（60MPa）
5	耐挤压	1450psi（10MPa）
6	破碎率	≤0.6%
7	酸溶解度	≤2.3%
8	形状	98.2%以上球形

1.2 调流控水筛管技术原理

调流控水筛管可在常规防砂筛管上增加流量调节功能，通过设置不同的喷嘴大小，使水平井各段均衡产液，通过设置流量界限，限制高产水段的产液量[2,3]。调流控水筛管与充填的封隔颗粒配合使用，取代了常规裸眼封隔器的应用，可把水平井段分隔成多个分段，将经过每段筛管的流体集中控制并分别配置不同大小的喷嘴，地层流体流经喷嘴时将产生不同的流动阻力，达到均衡产液剖面的效果。地层流体经过筛管的过滤层后，在基管与过滤层之间的环形空间内横向流动，再通过喷嘴流到管内，调流控水筛管结构如图3所示。

2 实验研究

实验装置总长为2m，外部为5½in套管，内径122mm；内部为2⅞in普通筛管，外径73mm；环空充填40~60目的封隔颗粒。

径向阻力测量时采用20cP的真空油（图3），轴向阻力测量时采用1cP的水（图4），测试参数如表2所示。径向阻力平均值（对于20cP的真空泵油），$f_{径向}=0.03$ [MPa/(m³/d)]；轴向阻力平均值（对于1cP的水），$f_{轴向}=7.86$ [MPa/(m³/d)]；由上述数据可得：在不考虑流体介质黏度不同的情况下，轴向阻力/径向阻力=7.86/0.03=262，若考虑测试时流体介质黏度的差异，轴向阻力/径向阻力=262×20=5240，由此可见当环空充填满封隔颗粒介质后：(1) 径向阻力很小，几乎不影响流体的流动；(2) 轴向阻力很大，能很大程度限制流体的流动，从而大幅降低流体的轴向窜流量。

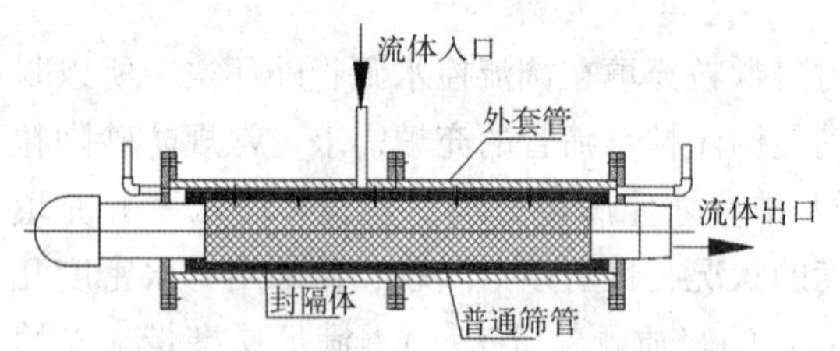

图3 径向渗流阻力实验测试示意图

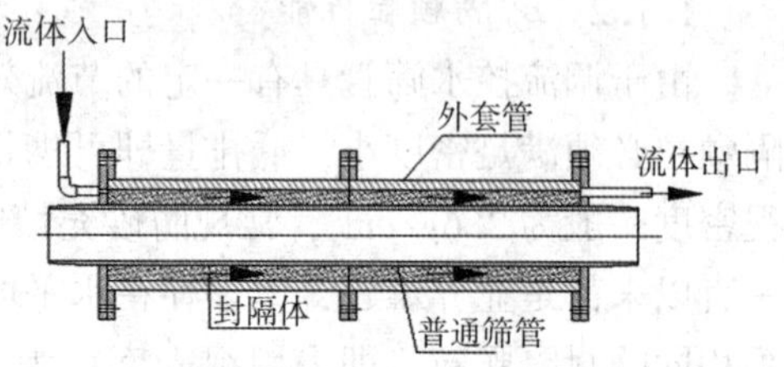

图4 轴向渗流阻力实验测试示意图

表2 渗流阻力实验测试参数表

类别 \ 参数	注入压力/MPa	流量/ (m^3/d)	径向阻力/MPa
径向	0.01	0.4	0.025
	0.03	1	0.03
	0.05	1.6	0.032
轴向	1.5	0.19	7.9
	3	0.39	7.7
	7	0.87	8

3 封隔体控水先导性试验

在理论研究和实验评价的基础上，2018年2月，针对南海西部北部湾盆地X1井开展了封隔体控水先导性矿场应用。

3.1 措施井概况及方案设计

X1井是2003年2月投产的一口水平井，无水采油期仅98d，采用7in套管射孔完井，水平段长160m，其中射孔段140m，2016年12月由于出砂、高含水等原因导致关停，关停前累产油$50.91\times10^4m^3$、产液$1500m^3/d$、含水率96%。结合该井2016年井口取样砂样检测结果，该井砂样粒度中值为60μm，根据索西埃方法该井防砂充填颗粒目数为40~60目。经过详细分析，该井水源来自水平段趾端底水绕流隔夹层，受层间非均质性影响，物性较差、产出比例少的跟段剩余潜力较大，趾端先见水，水洗程度高，该井具有一定的稳油控水潜力，结合该井地质、油藏及生产情况，设计出该井不同层段的调流控水筛管参数配置(表3)。

表3 X1井方案设计基础数据

射孔段/m	有效长度/m	渗透率/mD	KH/mD·m	KH比例/%	ICD型号
1180~1220	29	169	4901	7.86	M4C
1220~1260	41.2	256	10547.2	16.91	K2C
1280~1340	60	782	46920	75.23	K1A

3.2 效果评价

X1 井根据设计方案在射孔段下入 3½in 调流控水筛管 18 根，环空充填封隔颗粒 1.6^3，理论设计充填颗粒 $1.4m^3$，充填率 115%。作业后该井不出砂，测试产液量 $380m^3/d$，产油量 $90m^3/d$，含水 76%，较措施前产油增加 $30m^3/d$、含水降低 20%，且提供 $1100m^3/d$ 的液量空间供该平台其他井提液使用。

4 结束语

以南海西部油田 X1 井为海上油田封隔体控水先导性试验井，结合目前控堵水工艺技术现状，提出了水平井多级分段控水新思路，即采用封隔颗粒代替管外封隔器，配合调流控水筛管的应用，实现了量变到质变，达到了 10m 一个流动单元，在我国海上油田首次成功实施了水平井多级分段控水先导试验，取得了日增油 $30m^3/d$、含水降低 20% 的显著效果，为海上长井段高含水油井的稳油控水提供了新思路。

参考文献

[1] 刘东明．南海西部油田大斜度井堵水技术研究与应用［D］．中国石油大学，2010.

[2] 张瑞霞，王继飞，董社霞，等．水平井控水完井技术现状与发展趋势［J］．钻采工艺，2012，35（4）：35～37.

[3] 赵旭，姚志良，刘欢乐．水平井调流控水筛管完井设计方法研究［J］．石油钻采工艺，2013，35（1）：24～27.

[4] 刘晖，李海涛，山金城，等．底水油藏水平井控水完井优化设计方法［J］．钻采工艺，2013，36（5）：37～40.

[5] 袁辉，李耀林，朱定军，等．海上油田水平井控水油藏方案研究及实施效果评价－以 wen8－3－A2h 井为例［J］．科学技术与工程，2013，13（4）：996～1002.

[6] 李良川，肖国华，王金忠，等．冀东油田水平井分段控水配套技术［J］．断块油气田，2010，17（6）：655～658.

[7] 赵福麟，戴彩丽，王业飞．海上油田提高采收率的控水技术［J］．中国石油大学学报：自然科学版，2006，30（02）：53～58.

[8] 熊友明，刘理明，张林，等．我国水平井完井技术现状与发展建议［J］．石油钻探技术，2012，40（01）：1～6.

[9] S. Sinhai.，R. Kumar. Flow Equilibration Towards Horizontal Wells Using Downhole Valves［C］. SPE 68635，2001.

[10] Jansen J D，Wagenvoort A M. Smart Well Solutions for Thin Oil Rims：Inflow Switching and the Smart Stinger Completion［C］. SPE 77942，2002.

液压举升装置修井技术研究与先导试验

周泓宇　万小进　吴绍伟　何长林　宋立志

[中海石油（中国）有限公司湛江分公司]

摘要　经过5年的不懈努力，有限湛江分公司无修井机平台修井取得突破进展，完成中国海油首次液压举升装置试验性修井作业，单次作业费用较钻井船修井节省约650万元/井次，解决了常规钻井船修井费用高、影响产量高、扶井时效慢、资源协调难等问题。本文针对南海西部油田无修井机平台特点，开展了套管承载力、抗风载荷、绷绳固定等方案设计，形成了一套海上油田液压举升装置修井设计方法，液压举升装置在海上油田的首次实验性成功应用，是海油修井史上新突破。未来可在无修井机平台、老旧修井机平台及待开发边际油田平台等三类平台应用，初步预测未来每年修井可节约费用约9000万元。

关键词　液压举升装置　边际油田　无修井机平台　修井

海上油田修井机具选择一直是油田开发方案中的重要研究内容，作业机具的选择不仅影响后期修井方式，且对工程投资影响较大，修井模式选择以往大多根据经验判断[1]，缺少定量分析，在油田开发前期阶段，需综合考虑前期投资、后期修井等综合因素，对于提高开发项目的收益率尤为重要[2]。南海西部北部湾盆地边际油田均采用无修井机平台开发，修井作业只能采用钻井平台，已逐渐凸显出修井费用高、扶井时效慢、资源协调难等问题，制约了边际油田开发[3]。优化现有修井模式，解决边际油田修井难题，已成为降低边际油田开发成本，提高边际油田开发效益的新举措。

1　无修井机平台修井概况

1.1　无修井机平台现状

截至2018年7月，南海西部北部湾盆地现有无修井机平台10座，在生产井67口，年产油量约$150\times10^4m^3$。

1.2　无修井机平台修井存在问题

目前对于无修井机平台，均采用常规钻井船进行修井，但通过多年运行，存在修井费用高、影响产量高、扶井时效慢、资源协调难，即“两高、一慢、一难”问题”。以Z油田3

第一作者简介：周泓宇（1987年—），男，工程师，西南石油大学石油与天然气工程专业硕士（2014），从事采油工艺研究工作通讯地址：527054广东省湛江市坡头区南油二区西部公司附楼6楼，联系电话：0759－3912706，E－mail：zhouhy19@ cnooc. com. cn。

口井为例，从躺井后至2017年8月修井，共影响1300d，制约产油量达$9\times10^4m^3$，若采用即躺即修模式，则单井常规检泵作业高达每井次上千万，且钻井船资源稀缺、钻完井任务多、难以做到即躺即修。

1.3 无修井机平台修井模式探索

2014年，开展《南海西部可移动简易修井平台研究》，旨在通过建造一艘自升式简易修井平台，解决南海西部无修井机平台修井难题。经分析，预测盈亏平衡点为128天/年（海上作业）。由于低油价、平台建造成本高、运营模式等多方面因素未进入实施阶段。

2016年，开展《南海西部北部湾盆地专用修井船修井模式研究》，旨在通过将老旧钻井船改为专用修井船的修井模式，调研海油系统内外钻井船资源[4,5]，目前中海油服已退役的钻井船B8/B12，经分析，不满足南海西部作业条件，其他常用钻井船由于商务模式、费用等多种原因都不能作为修井专用。

在单独建造自升式简易修井平台和改装钻井船论证均不可行情况下，通过转变思路，调研国内外类似无修井机平台修井方式，探索出一种适用于无修井机平台的小型修井装置，经过修井机具调研，国外的液压举升装置理论上适用于南海西部无修井机平台修井作业。

2 液压举升装置基本特点

液压举升装置具有占地空间小（$50m^2$）、设备质量轻（单件最重8×10^3kg）见表1、模块化拆装、套管头承载载荷、修井综合费用低等特点，同时采用液压滑移底座和一体化井口装置，满足海上平台丛式井常规修井作业和整体搬迁需求。该设备主要基本原理是通过四个液压缸推动游动卡瓦上下往复运动实现起下管柱，作业示意图见图1，桅杆上小绞车甩、接油管完成修井作业。

表1 液压举升装置各模块重量

设备名称	质量/$\times10^3kg$
液压修井机主体	7.5
工作台	4.5
伸缩桅杆	2.5
液压动力源	7
燃油罐	3.5
泥浆泵	7
灌注泵	5.4
$32m^3$水罐（干重）	8
双闸板防喷器	4
环形防喷器	4.8
防喷器远程控制台	7.5

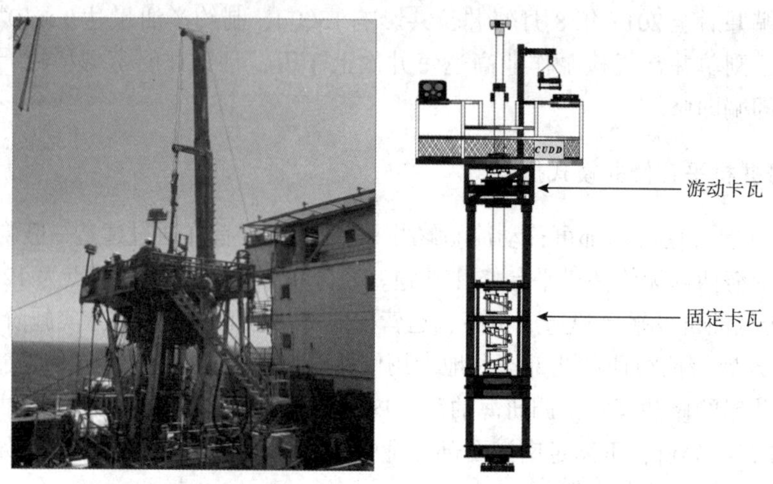

图1　液压举升装置作业现场图及示意图

3　液压举升装置修井适应性分析

为进一步论证采用液压举升装置修井的可行性，适应南海西部作业环境，本次对目标平台进行优选；常规修井机作业载荷是由平台承载，但液压举升装置可将作业载荷传递到隔水套管，针对这一特性，首次将作业载荷作用在套管上，开展了套管承载力校核。重点考虑南海西部北部湾台风频发的特点，特开展抗风载和稳定设备的斜拉绳设计，以确保作业安全。

3.1　套管承载力校核

套管承载力需考虑，隔水套管承受防喷系统、液压举升装置及起下管柱的整体重量。施工过程中，如果因为隔水套管无法承重出现大幅度沉降现象，将会发生极为严重的安全事故。论证隔水套管承重可靠性，需要采集大量的数据及经过周密的计算。通过对目标井隔水套管腐蚀情况用超声波进行检测，结果显示：管体整体状态良好。采用SACS软件校核隔水套管连同导管架整体倾斜0.5°情况下进行反复核算，满足作业承载力1.5倍要求，符合作业承载要求。

经计算，极端工况隔水导管最大UC值为0.25（图2），作业工况隔水导管最大UC值为0.42（图3）。根据API RP 2A，所有构件的UC值小于1才能满足要求。通过对报告所列工况的计算分析可知，作业工况、极端工况隔水套管UC值小于1，隔水套管强度满足规范要求。

3.2　抗风载荷计算、绷绳固定设计

南海西部海域每年6~10月台风天气多发。现场作业过程中，如遇台风等极端天气来袭，需要有效评估液压举升装置抗风载能力，制定一套极端天气情况下现场应急预案，切实保障现场作业人员及设备安全。

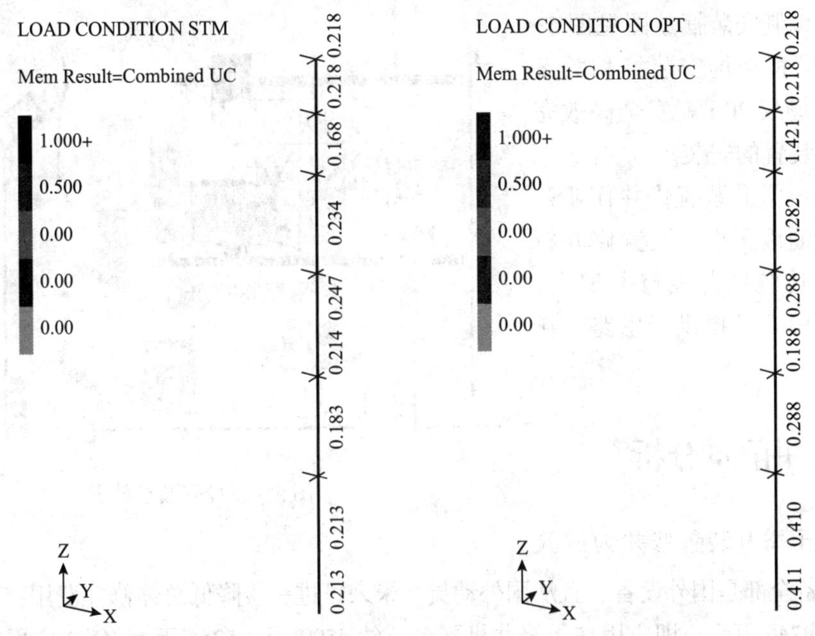

图 2　极端工况隔水导管最大 UC 值　　图 3　作业工况隔水导管最大 UC 值

为准确评估装置抗风载能力，采用 SAFI 有限元分析软件建立模型见图 4、表 2，并按一年一遇和百年一遇两种工况，计算出在有绷绳安装固定的情况下，现场 7 级风力下需停止作业，10 级风力情况下，必须进行设备拆除。并测算各种作业工况下，完成台风来袭撤离准备的最长时间为 40h，满足湛江分公司台风第一阶段绿色警报撤离要求。

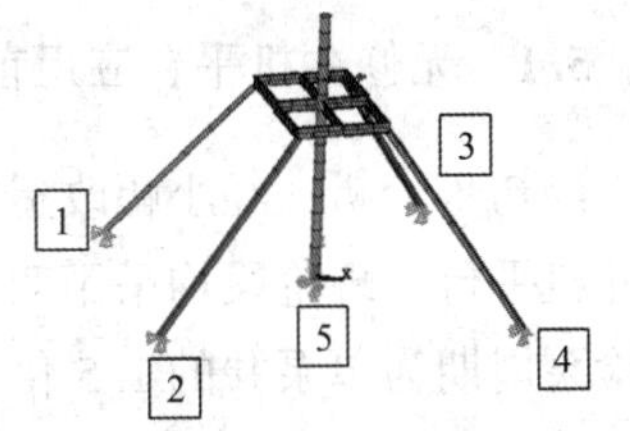

图 4　3 种典型工况下的有限元建模受力分析示意图

表 2　有限元建模分析结果

工　况	工况 1		工况 2		工况 3	
	轴向力/kN	最大绷绳力/kN	轴向力/kN	最大绷绳力/kN	轴向力/kN	最大绷绳力/kN
钢丝绳 1	18.057	54.171	—	—	—	—
钢丝绳 2	24.725	74.175	64.37	193.11	30.546	91.638
钢丝绳 3	—	—	—	—	—	—
钢丝绳 4	—	—	23.262	69.786	37.087	111.261

注：需考虑预紧力、惯性力等因素的影响，按照 3 倍安全系数考虑。

4　现场先导性应用情况

2018 年 6 月 23 日，涠洲 11－1－A8S2 井采用液压举升装置换大泵修井作业 11 天顺利完成，较设计工期提前 0.8d，本次作业为中国海油首次液压修井机作业，可为后续此类作业提供作业模板，以此大幅提高作业时效。

通过充分调研现场吊机的作业能力及主甲板场地情况，核实现有吊机试重数据，装置单元模块化，编制安装摆放图见图5，并进行3D模拟现场安装等相关设计，最终现场仅20h就安全高效完成液压举升装置的安装。

此次液压举升装置修井作业开启了中国海油液压举升装置修井新模式，打破传统钻井船修井壁垒，也为边际油田开发提供新思路、新模式。

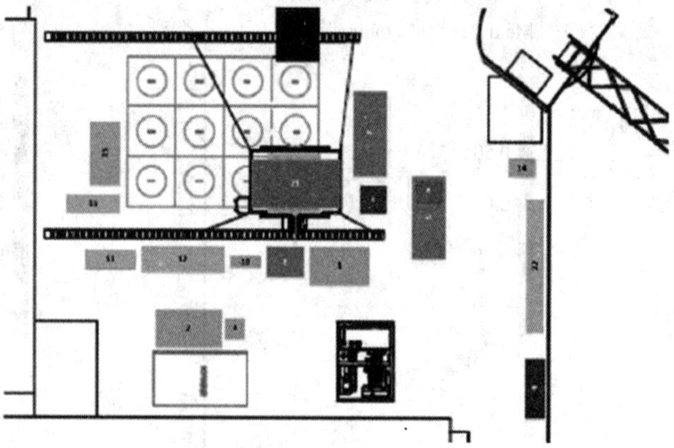

设备放置点

图5　现场安装摆放图

5　应用前景分析

本次液压举升装置修井为试验性作业，设备全部是国外设备、且从国外动员，未来可进一步降低总体修井费用，初步预测每年共可节约9746万元，即应用在无修井机平台节约4599万~5256万元/年，应用在老旧修井机平台可节约1200万元/年，应用在未来待开发边际油田可节约2630万~3290万元/年。

5.1　无修井机平台应用前景

经初步分析，经小幅改造后（搭建临时甲板）可采用液压举升装置进行常规修井的无修井机平台，现阶段均采用双泵井生产。参照目前北部湾地区已开发油田检泵频率，双泵井的检泵周期为单泵井的1.5倍，即检泵频率为单泵井的0.66倍。

对于已投产的无修井机平台，预测未来10年，若无修井机平台采用即躺即修模式，则钻井船常规检泵费用约7400万~8400万元/年；若采用液压举升装置则可节约4599万~5256万元/年。且液压举升装置可随时动员作业，避免躺井后未能及时修井造成产量损失，而钻井船则需多方协调，时效性较差。

5.2　老旧修井机平台应用前景

截至2018年，南海西部油田有修井机23套，其中4A平台修井机已服役25年，1A平台修井机已服役20年，1B平台修井机已服役15年，其他平台生产时间相对较短；部分修井机井架结构发生变形，如1B平台已由A级降为C级使用。4-A平台由于建造时间久、设计标准低，导致安全不达标项更多，若达标需大部分进行改造（特别是井架更换、底座升高），费用估计至少需要1500万元。

老旧修井机维保费年均200万/年/台，其中包含人员费、配件、改造等费用；修井设备中仅井控装置不达标项约30项/台，所有修井机隐患整改预计总费用9924万元。

若采用液压举升装置来进行修井作业，不仅可取消原维保人员配置、降低修井作业人员服务费、减少修井机配件及改造费，同时消除现有老旧修井机安全隐患和管理风险。

按照目前隐患多、服役时间久的4个平台计算，测算每年可节约费用约1200万元，同时避免老旧修井机自身安全隐患和管理风险。

5.3 边际油田开发应用前景

南海西部北部湾盆地待开发边际油田多，计划未来 15 年最少新建 5 个无修井机平台，若采用常规修井机或钻井船修井模式，则边际油田经济效益满足不了开发需求。若采用液压举升装置在一定程度上可降低边际油田前期开发投入，预计预留吊机 10T 以上、50m^2 以上甲板面积（或具备搭建该面积）、150t 以上额外承载力，就满足后期液压举升装置修井作业。

按照目前各平台开发井配置，若投产后年均检泵井约 4～5 井次/年；若已规划待边际油田采用即躺即修模式，则钻井船常规检泵费用约 4230～5290 万元/年；若采用液压举升装置则可节约 2630～3290 万元/年。且液压举升装置可随时动员作业，避免躺井后未能及时修井造成产量损失，而钻井船则需多方协调，时效性较差。

对液压举升设备修井分析，可以得出该设备不仅可以在无修井平台作业，在有修井机平台但设施老旧及边际油田开发未来修井上应用前景可观。对比常规钻井船修井费用低（预测未来年节约 9000 万元左右），安全管理难度低（无修井设备安全日常及作业管理），扶井时效快（即趟即修），即与常规修井模式对比有“两低一快”的特点。

6 结 论

液压举升装置在南海西部油田无修井机平台的首次成功应用，是中国海油修井史上的重大突破。未来可进一步拓展液压举升装置应用范围，在待开发边际油田开发前期方案阶段，将该装置纳入到钻修井装置比选中，进一步做到降本增效，促进边际油田大开发。

参考文献

[1] 符翔，李玉光．海上油田修井设施方案选择［J］．石油机械，2007，35（2）：61～63.

[2] 向溦．中海油湛江公司岛 B 油田经济可行性研究［D］．西南石油大学，2015.

[3] 郭华，冯定，刘书杰，等．海上油田开发后期调整对初期钻修机具选择的影响分析［J］．中国海上油气，2012，24（6）：51～53.

[4] Baker Marine Technology，Inc. 南海四号操船手册．

[5] 中海油田服务股份有限公司钻井事业部．海洋石油 931 操船手册．

含聚采出液电脱水处理工艺参数优化实验研究

张超

［中海石油（中国）有限公司天津分公司］

摘要 含聚采出液返聚使其ζ电位较低，静电排斥力大，稳定性强、电脱水处理难度加大。通过分析含聚采出液的特性，模拟现场流程建立了微型动态电脱试验装置，开展电脱水工艺优化研究。结果表明：电脱水器温度110℃，压力0.4MPa，电脱停留时间30min，在场强600～1200V/cm条件下，破乳剂加量250mg/L，电脱后原油含水≤1%，水中含油≤750mg/L，AC/DC电脱比AC电脱的脱水率高，功耗低。采用交直流电脱方式在脱后油中含水、水中含油、脱水率及电耗等方面均优于单一交流电脱方式；电极设置为垂挂式电极，强电场区的电场强度为1000～1200V/cm，脱出原油含水≤1%，电脱水效果好；含聚采出液含水率＞30%后，电脱场强提升困难，进入二级电脱器的含聚采出液含水率应≤30%。

关键词 含聚采出液 乳化特性 电场强度 电脱水工艺

聚驱采油是提高原油采收率的有效技术，在我国油田开发中广泛应用[1～4]。随着油田聚驱的不断深入，应用规模不断扩大，在高效开发取得较好增产效果的同时面临着聚合物采出液处理这一难题[5]。聚驱采出液返聚现象严重，含聚浓度高，采出液黏度上升，乳状液稳定性强，导致油水分离难度大大增加，原油脱水设备效率严重下降，脱水困难[6～8]。对于海上注聚油田，空间小、流程时间短，聚驱采出液快速脱水要求更高、难度加大，因此如何提高现有设备运行效率，保证聚驱原油快速高效分离，是聚驱油田脱水处理的重难点之一[9]。

本文对聚驱采出液的特性分析及电脱水控制条件开展实验研究，通过电脱水实验装置进行聚驱原油脱水工艺参数优化，为现场的聚驱原油电脱水装置技术改造提供指导。

1 聚驱采出液的特性分析

1.1 实验装置及方法

实验用电脱水装置为自制微型DTS60－2两级动态电脱水器实验装置，可以模拟工业现场条件进行原油电脱水器工艺的动态试验，操作压力0.4～0.6MPa，操作温度110～120℃，实现温度、压力、电场强度、停留时间等工艺参数以及进行原油破乳剂的动态筛选与评价。一级电脱器采用交流电源，水平式电极布置，水平极板间距45mm；二级电脱器采用交直流电源，垂挂式电极布置，垂直极板间距35mm。含油量分析按照SY/T 0530－2011分光光度

作者简介：张超（1980年—），男，工程师，主要从事油田开发的技术工作。联系电话：022－25805932，email：zhangchao4@cnooc.com.cn。

法进行；破乳剂的评价标准按 SY/T 5280－2000《原油破乳剂通用技术条件》、SY/T 5797－93《水包油乳状液破乳剂使用性能评定方法》。

1.2 含聚采出液

含聚采出液用现场流程中取出的样品，其特性参数见表 1。

表 1 含聚采出液的物性（70℃）

界面张力/(mN/m)	ζ电位/mV	黏度/mPa·s	含水率/%
0.6679	－25.4378	1.32	≤52.3

从表 1 中可以看出，现场采出液样品含水率较高，有一定黏度，ζ电位较低，原油在含聚采出液中表面张力小，表明油珠表面的过剩负电荷密度比较高，静电排斥力大，具有很强的乳化倾向，易形成一种稳定的热力学体系。

1.3 操作流程（图 1）

含聚采出液在缓冲罐中加热到 60℃，泵输进入一级电脱，在泵输管道中连续加入破乳剂 BHQ－123，加量为 250mg/L，进入电脱器进行脱水实验，改变电脱工艺条件来研究含聚采出液的电脱水效果。

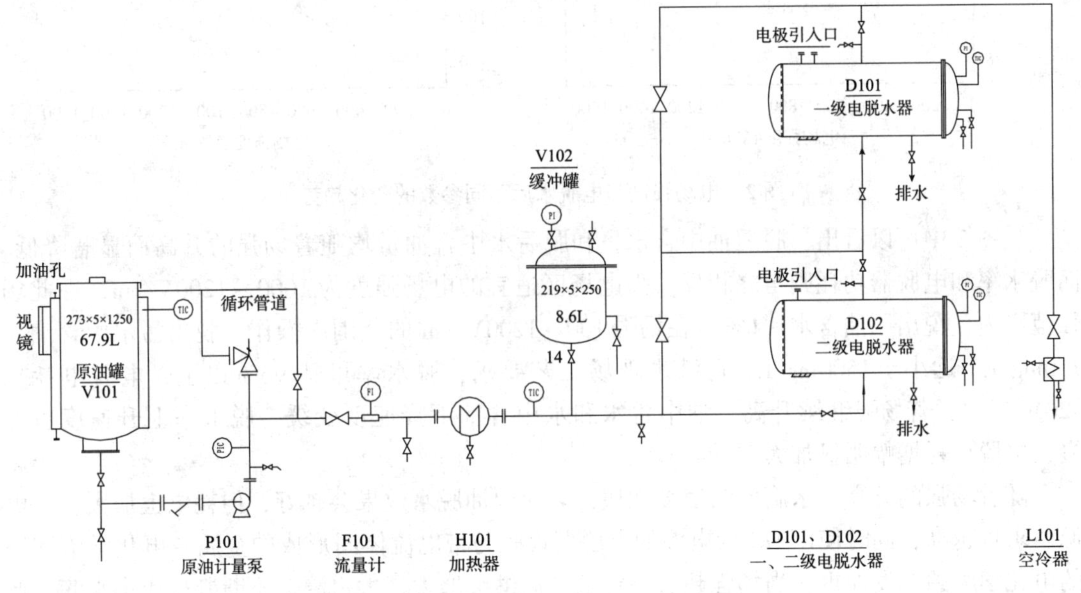

图 1 动态电脱水实验装置工艺流程

2 结果与分析

2.1 场强大小对含聚采出液脱水效果的影响研究

用现场含聚采出液，采用 AC/DC 电源，电脱水器温度 110℃，压力 0.4MPa 左右，电脱停留时间30min，用二级交直流电脱水器进行电脱实验，通过改变电压来实现脱水器电场强度的变化，测定脱水效果，实验结果见图2。

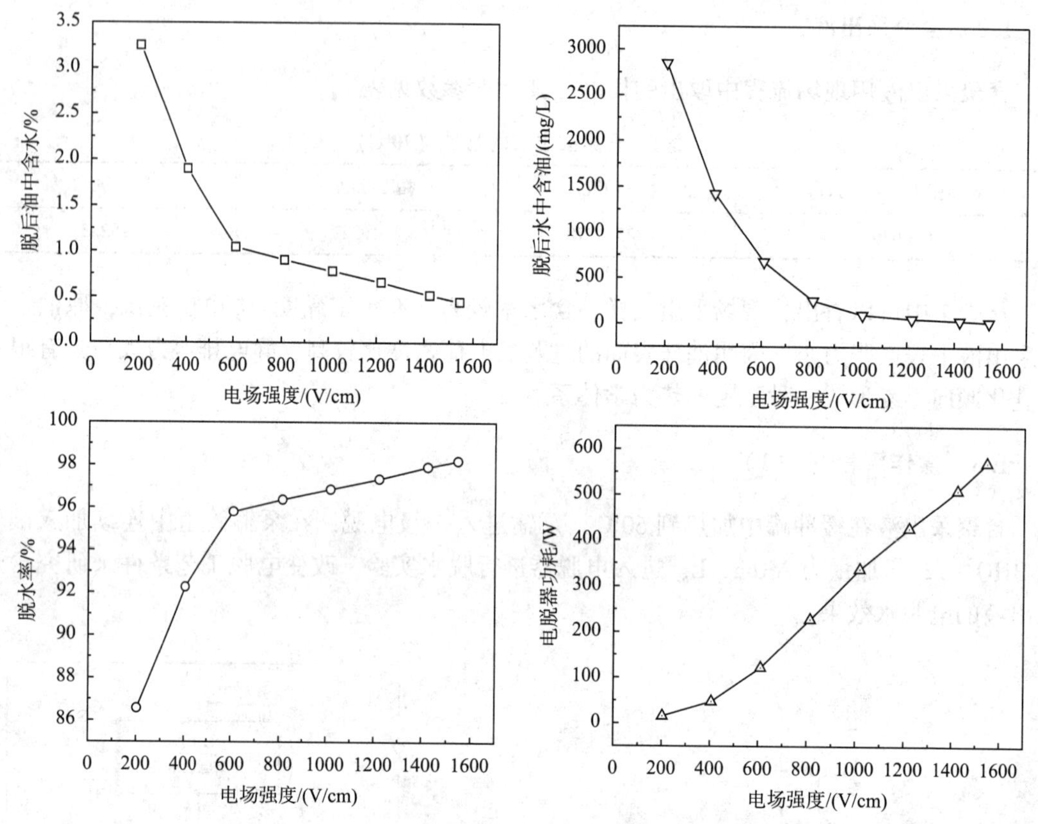

图2　电场强度与电脱水后不同参数的变化趋势

从图2中可以看出：脱后油中含水量和脱后水中含油量均随着场强的升高而显著降低，而脱水率和电脱器功耗则与之相反。强电场区适宜的电场强度为1000～1200V/cm，在此场强范围内，脱出原油含水≤1%；在场强100～1200V/cm的范围内操作，脱出污水中含油≤750mg/L，远小于1500mg/L，可满足现场工艺要求；脱水率可达96%以上，电脱电耗在420W以内，若场强继续升高，油中含水和水中含油下降速度变缓，脱水率上升速度也变慢，电脱功耗增幅明显加大。

随着场强的升高，水滴聚结速度加快，乳化原油脱水效果会越好，但耗电也加大，对电源要求也越高，同时使以DC为电源的电脱器设备与带电流体间形成的金属－电化学液回路的电化学腐蚀越发加重；当场强超过一定限度后继续增大，大水滴会不断撕裂成小水滴，此时不仅不能形成静电聚结，反而会使乳化原油中的原有水滴发生电分散。

2.2　电场作用方式对含聚采出液脱水效果的影响

用现场含聚采出液，电脱水器温度110℃，压力0.4MPa左右，电脱停留时间30min，在场强600～1200V/cm条件下，在完全相同的操作条件下让其分别进入一级AC电脱器和二级AC/DC电脱器开展试验，保持两级电脱场强一致，待流程运行稳定30min后取样分析并记录相关参数。

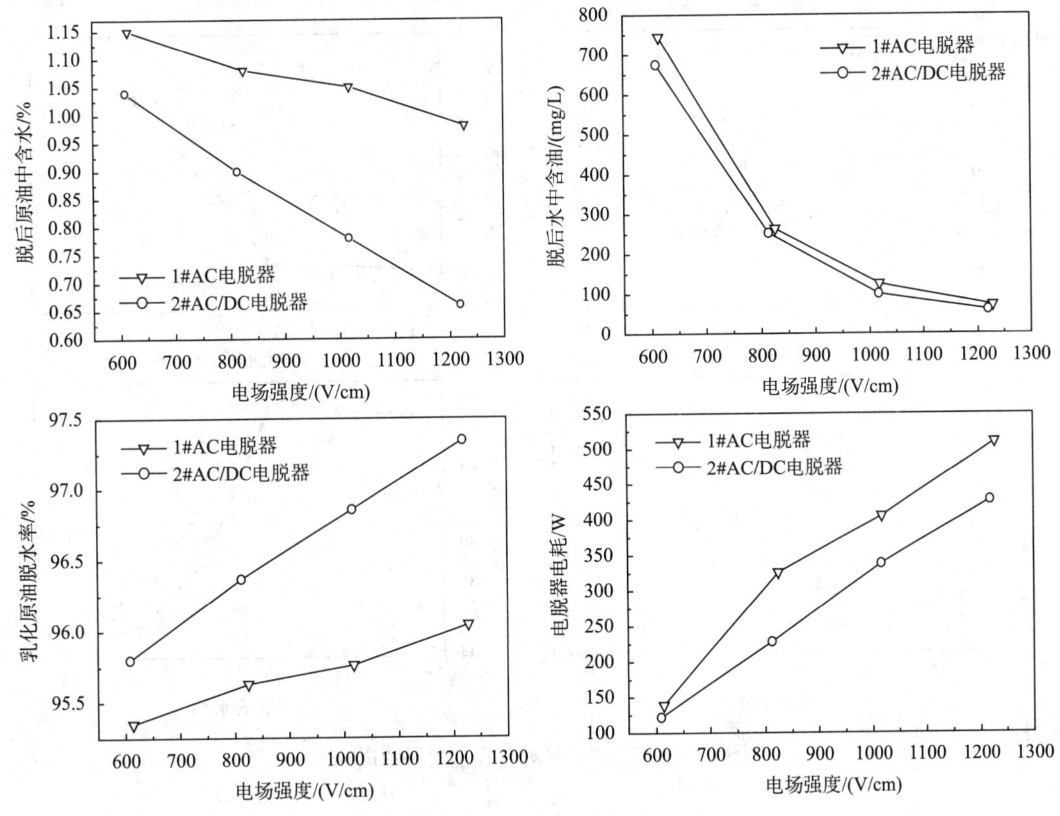

图 3　交流电脱与交直流电脱处理效果变化趋势

由图 3 可见，在场强 600 ~ 1200V/cm 条件下，无论是采用 AC 还是采用 AC/DC 进行电脱，电脱后油中含水在 1% 左右，交流电脱后原油含水比交直流电脱含水要高；在场强一致的情况下，脱后污水含油二者基本接近，水中含油≤750mg/L；AC/DC 电脱比 AC 电脱的脱水率高，功耗低。实验表明，现场原油采用交直流电脱在脱后油中含水、水中含油、脱水率及电耗等方面均优于交流电脱。

2.3　含聚采出液含水量对电脱水效果影响

实验选用现场不同含水率的采出液，分别进入二级 AC/DC 电脱器开展试验，待开车流程稳定 30min 后取样分析并记录相关参数，实验结果如图 4 所示。

从图 4 中可见，当采出液含水率超过 30% 后，电脱场强提升困难，脱后原油含水、污水含油均较高，原油脱水率较低。原因是采出液含水过高，电脱电流过大到时电脱场强无法提高，电脱效率下降，因此进入二级电脱的采出液含水率应≤30% 。

发生该现象的原因主要是由于含聚采出液含水较高，乳化原油在大量失水的过程中，聚合物不断地富集，因聚合物比油重比水轻，在油相和水相之间形成一中间乳化层，该中间层的出现，缩短了原油在电场中的停留时间，阻碍了水滴的定向迁移和聚结，增大了电脱电流，降低了电脱效率，严重时会在电极间形成水链短路，引起极间放电，产生电压电流波动，使电脱器始终在高电流下非正常运行。乳化原油含水量越高，意味着导电率就越大，电脱电流也越大，而变压器输出功率达到一定值后，将会导致加在极板间的电压下降，其电场强度也跟着下降，电脱器将无法正常工作。

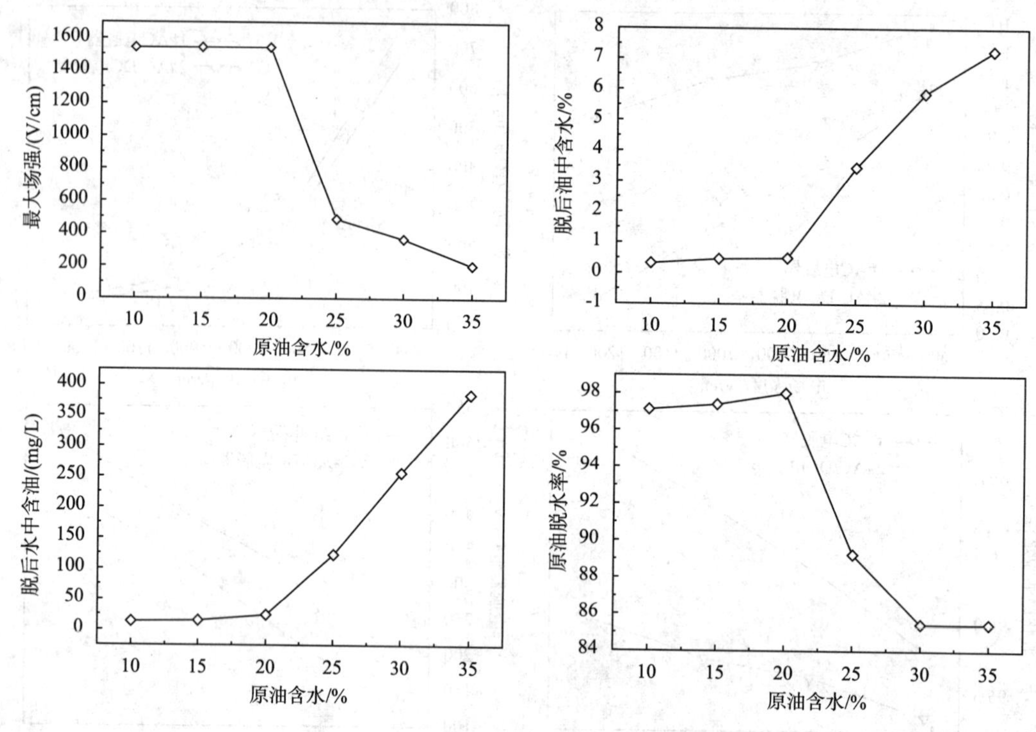

图4 采出液含水率对电脱水效果的影响

3 结 论

(1) 含聚采出液ζ电位较低，静电排斥力大，具有很强的乳化倾向，形成一种稳定的热力学体系，加剧了含聚采出液电脱水分离的难度。

(2) 采用交直流电脱方式在脱后油中含水、水中含油、脱水率及电耗等方面均优于单一交流电脱方式；电极设置为垂挂式电极，强电场区的电场强度为1000～1200V/cm，脱出原油含水≤1%。

(3) 电脱水器温度110℃，压力0.4MPa，电脱停留时间30min，在场强600～1200V/cm条件下，加入破乳剂BHQ－123量250mg/L，电脱后原油含水≤1%，水中含油≤750mg/L，AC/DC电脱比AC电脱的脱水率高，功耗低。

(4) 采出液含水率超过30%后，电脱场强提升困难，进入二级电脱器的含聚采出液含水率应≤30%。

参考文献

[1] 张宏奇，刘扬，王志华，等. 高浓度聚驱采出液乳化行为及电化学脱水方法［J］. 西南石油大学学报（自然科学版），2017，39（1）：177～180.

[2] 翟磊，靖波，王秀军，等. 海上油田含聚污水用清水剂性能评价方法［J］. 工业水处理，2016，36（10）：15～19.

[3] S L Yao，H E Dou，M Wu，H J Zhang. Fluid flow characteristics during polymer flooding［J］. IOP Conference

Series: Materials Science and Engineering, 2018, 369 (1) . 1 ~ 7.

[4] 张强. 含聚采出液油水分离及电脱水特性研究 [D]. 东北石油大学, 2015.

[5] 邹军华. 锦州油田注聚采出液处理方法研究 [D]. 西南石油大学, 2013.

[6] Xiaofei Zhao, Lixin Liu, Yuchan Wang, et al. Influences of partially hydrolyzed polyacrylamide (HPAM) residue on the flocculation behavior of oily wastewater produced from polymer flooding [J]. Separation and Purification Technology, 2008, 62 (1) . 199 ~ 204.

[7] 陈曦, 王金龙, 王瀛. 三元复合驱采出液导电特性测试与分析 [J]. 油气田地面工程, 2018, 37 (02): 17 ~ 19.

[8] 李刚, 孙雁伯, 庞帅, 等. 辽河油田化学驱采出液脱水参数室内测试 [J]. 油气田地面工程, 2015, 34 (12): 43 ~ 45.

[9] 陈文娟, 靖波, 檀国荣, 等. 海上油田含聚污水处理工艺优化研究 [J]. 工业水处理, 2016, 36 (10): 80 ~ 83.

基于产出液分离特性的井下油水分离增效措施研究

赵顺超　方涛　陈华兴　张继伟　王宇飞　庞铭

[中海石油（中国）有限公司天津分公司]

摘要　国内外针对提高井下油水分离效果研究主要集中于结构和操作参数优化，本文旨在通过改善产出液分离特性提升井下油水分离工艺实施效果。选取曹妃甸油田高含水井，采用光学显微镜观察和Fluent软件模拟，明确产出液油水微观结构和对分离特性的影响。在此基础上通过油水分离实验和岩心驱替实验开展增效措施研究。研究结果表明，目标井产出液连续相为游离水，分散相为油包水乳状液且大部分粒径集中于45μm以下。分散相这种微观结构会降低油水分离效率。产出液直接离心分离，分离水中含油高达2800ppm，加入破乳剂后离心，分离水中含油最低降至100ppm，且回注后不会对岩心产生伤害。破乳剂提升油水分离效果机理主要表现为破乳剂能加速油滴脱水聚并，扩大分散相与连续相密度差的同时增大分散相粒径，提升分散相径向相对速度。破乳剂在应用时存在最佳使用浓度，超过最佳使用浓度会降低作用效果。

关键词　井下油水分离　产出液　分离特性　破乳剂

0　引　言

油田开发进入中高含水期后，产出水举升、处理难度加大，水处理设备投入和操作费用随产水量的增加而不断增加。针对这一问题，国内外开展井下油水分离技术研究与应用[1,3]。渤海油田已应用2口井，全部位于曹妃甸油田。该油田综合含水达到95%以上，受限于地面水处理能力，每天将近$3\times10^4 m^3$的产液不能释放，制约油田的持续提液稳产。

渤海油田采用的是水力旋流分离技术，在该技术的发展过程中，提升油水分离效率，降低回注水含油一直是研究的重点和难点。影响水力旋流分离效率的因素主要有流体性质、结构参数和操作参数，国内外对这一问题的研究主要集中在分离器结构和操作参数优化[4~8]。在公开发表的文献中，未见通过改善地层产出液分离特性来提升井下油水分离效率的报导。

本文选取曹妃甸油田某区块高含水井，重点分析产出液中油水相对状态，将软件计算和现场试验相结合，研究产出液油水微观结构及对分离特性的影响。以提升产出液分离能力为目标，选取增效措施，并对增效机理进行深入的研究。

第一作者简介：赵顺超（1986年—），男，工程师，西南石油大学油气田开发硕士（2014），从事采油工程方案设计和注水工艺研究，通讯地址：天津市滨海新区海川路2121号渤海石油管理局大厦B座，邮箱，zhaoshch2@cnooc.com.cn，联系电话，18202266735。

1 高含水井产出液油水微观形态研究

海上井口产出液运回陆地，长时间静置会导致油水会出现明显的分层现象，为了获得产出液中油水真实状态，开展现场实验研究。选取曹妃甸油田某区块高含水井，两口井基本信息见表1，采用偏光显微镜观察取井口产出液油水微观结构，放大倍数依次为40倍、100倍、250倍和400倍。

表1 目标井基本信息

井　号	产液量/(m^3/d)	含水率/%	密度/(kg/m^3)（50℃）	含蜡量/%	沥青质/%	胶质/%
A1井	951.84	96.72	852.4	17.69	2.18	8.47
A3井	893.20	97.3	887.0	13.80	1.52	12.63

两口井产出液微观结构如图1所示，主要表现为两个特点，一是视域中水为连续相，原油以W/O型乳状液分散在连续相中。由于原油中存在沥青质、胶质、石蜡、石油酸皂等天然憎水亲油型乳化剂，高含水和特高含水期，产出液并不能形成稳定的水包油型（O/W）乳状液，而是一种以水为连续相，W/O型乳状液为分散相（内相）的油水乳状－悬浮液。二是，视域中油滴粒径分布不均匀，粒径较小的油滴占比较大，油滴直径普遍低于45μm。

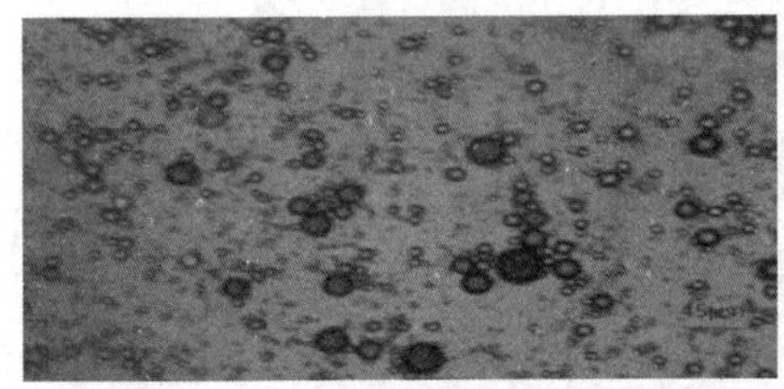

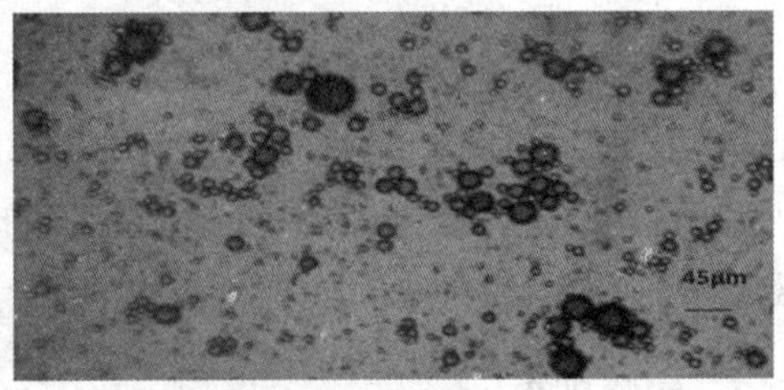

图1 井口产出液微观结构（250倍，左A1井，右A3井）

2 产出液油水微观形态对油水分离性能的影响

2.1 数值模拟分析

水力旋流器内分散相和连续相分离的基本原理是离心沉降。尽管水力旋流器内流体的流动非常复杂，为一种特殊的三维椭圆形强旋转剪切湍流运动，既有强制涡，又有自由涡，但分散相在径向的运动却可近似用层流状态下的Stokes定律来描述[9]。

$$\nu_r = \frac{d^2 \Delta\rho}{18\mu} a \tag{1}$$

式中，ν_r 为分散相粒子的径向相对速度；d 为分散相粒子的直径；$\Delta\rho$ 为连续相与分散相之间的密度差；μ 为混合液的动力黏度；a 为分散相粒子的加速度。

$$a \propto Q_i^2$$

式中，r 为粒子所在处的半径；Q_i 为入口流量；ν_θ 为粒子切向速度。

在一定入口流量下，式（1）表明旋流器内距离中心轴为 r 的粒子的径向速度 v_r，分别与该粒子粒径的2次方、连续相与分散相密度差成正比，与分散相的黏度成反比。为定量研究密度差、分散相粒径对分离效率的影响，在给定分离器结构参数和操作参数情况下，采用Fluent软件计算不同油水密度差和油滴粒径下油水分离效率，粒径参数设置为25μm、50μm、75μm、100μm、200μm、300μm，油滴密度设定为0.89kg/m^3 和0.94kg/m^3。计算结果如图2所示油滴粒径和油水密度差均会影响油水分离效率，粒径和密度差减小均降低油水分离效率，其中粒径对分离效率影响较大。目标井产出液分散相以油包水形态存在以及较小的粒径分布会制约油水分离效率。

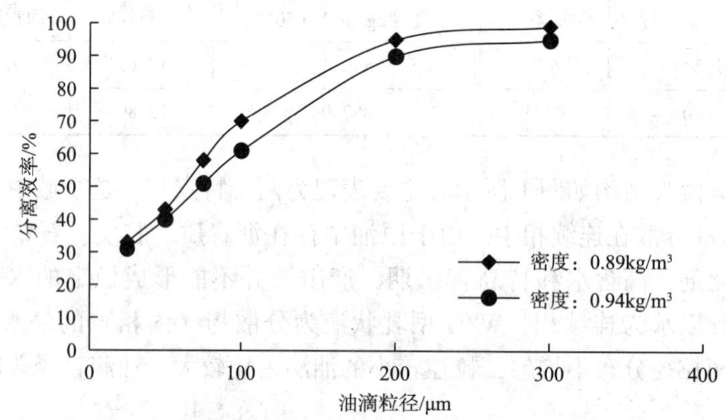

图2　不同密度油滴分离效率随粒径变化曲线

目标油田高含水井产出液分散相为油包水乳状液，分散相与连续相密度差小于油水密度差，并且分散相粒径较小，导致分散相粒子的径向速度偏小。从理论分析，高含水产出分散相微观结构会降低水力旋流分离效果。

2.2　实验研究

2.2.1　实验方法

取井口产出液，采用现场化验室离心机提供离心加速度，模拟产出液在井下油水分离器作用下的流动状态。采用偏光显微镜观察离心管下层分离水中分散相和连续相微观形态，并采用含油分析仪测定分离水中含油。

2.2.2　实验转速确定

化验室离心机与水力旋流器结构不同但分离原理相同。离心机相对离心力RCF计算公式如下。

$$RCF = 1.118 \times 10^{-5} n^2 r \times g \tag{2}$$

式中，n 为转速，r/min；r 为旋转半径，cm；g 为重力加速度。

目前海上在用管式分离器离心加速度针对不同的结构设计以及在分离器的不同位置分布不同，该数值是一个范围，对于排量小于1200m^3/d的井下油水分离器，离心加速度一般在100g以内，本次离心加速度取100g，则转速约为800r/min。

2.2.3　实验结果讨论

离心分离后，油水出现明显的分层现象，上层为含水原油，下层为含油分离水。与原始井口产出液相比，分离水中大粒径油滴数量明显减少，小粒径油滴数量仍然较多，如图3所示。测得分离水中含油浓度高2800ppm。从实验可以看出，小粒径油滴难以分离是影响水力旋流分离效果的重要原因。实验结果与理论分析结果相吻合。

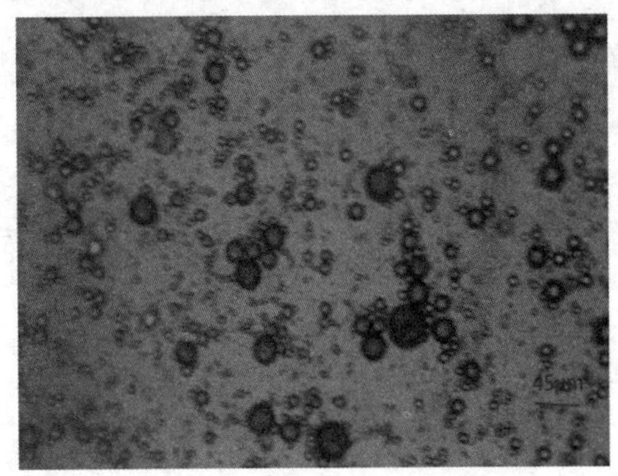

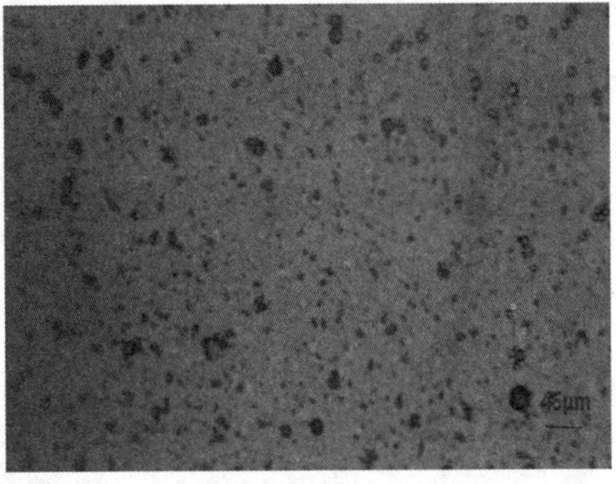

图3 井口产出液离心前后微观结构对比图（250倍，左离心前，右离心后）

3 增效措施研究

让产出液分散相粗粒化和成分单纯化，既让分散相由油包水乳状液转化为纯油滴，同时通过聚并增加油滴的粒径，可以有效提升油水分离效果。借鉴地面水处理经验，可通过物理和化学手段实现分散相粗粒化，物理方法包括利用斜板使油滴聚并，化学方法包括利用破乳剂使水包油乳状液脱水聚结。适用于井下环境的物理粗粒化方法还未在海油应用，而井筒化学药剂注入技术较为成熟，因此选择破乳剂作为增效药剂。通过理论分析和现场、室内实验，对其增效机理、使用浓度以及对回注水注入能力影响等开展系统研究。

3.1 破乳剂提升油水分离效果机理研究

破乳剂能取代油水界面上的乳化剂，降低界面膜黏性和弹性，降低其强度，加速液滴聚结，如图4所示，左侧为原始污水中油滴，中间未加破乳剂，静置120min，右侧加入50ppm破乳剂静置120min后水中含油微观结构。从图中可以看出，加入破乳剂后主要出现两个变化：一是分散相由油包水乳状液变为纯油滴，二是油包水乳状液破乳脱水，油滴聚并粒径变大。这两种变化都有利于提升流体分离效率。

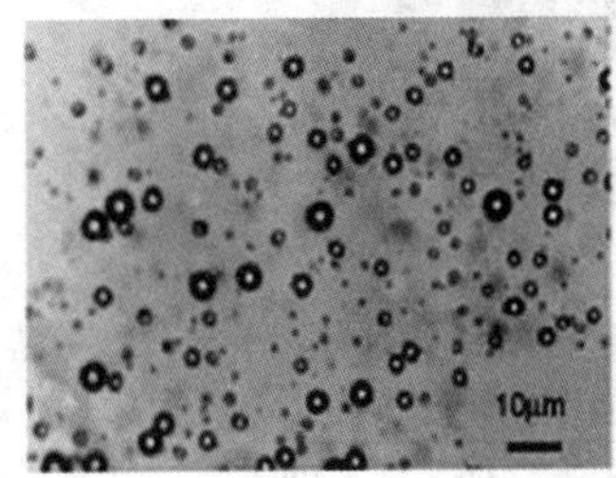

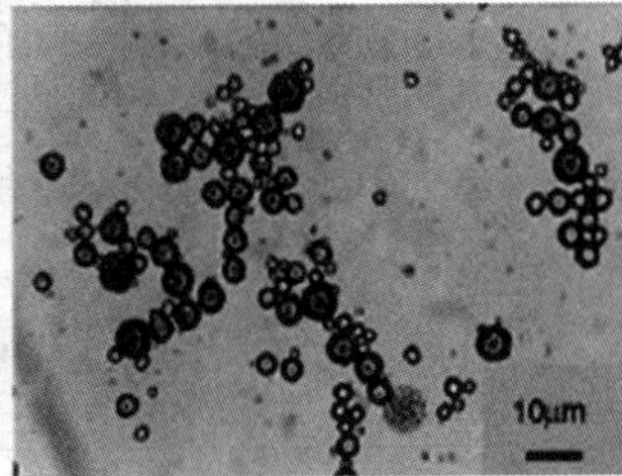

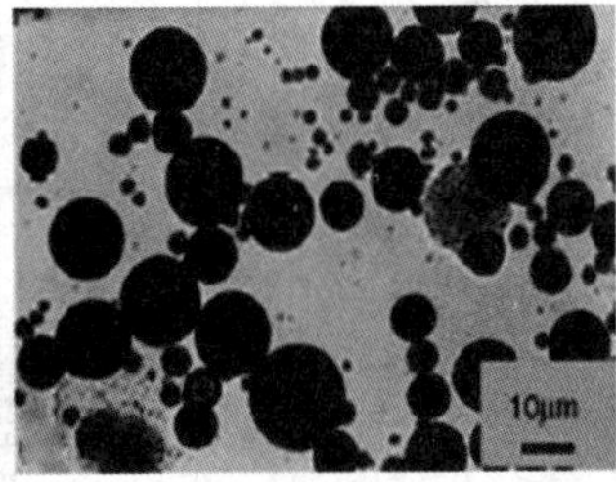

图4 不同状态下油滴粒径分布图（摘自《Colloids and Surfaces》）

取井口产出液，分别加入两个离心管中，编号1，2。1号离心管加入100ppm破乳剂，2号离心管作为对比样。两个样品在800r/min转速下离心1min，取下层分离水观察油水相对状态，并测定含油量。

分离水微观结构如图5所示，加入破乳剂后，分离水中油滴数量明显减少，特别是小油滴数量远低于空白样，测得分离水中含油为120ppm，说明加入破乳剂能够有效提升油水分离效率。

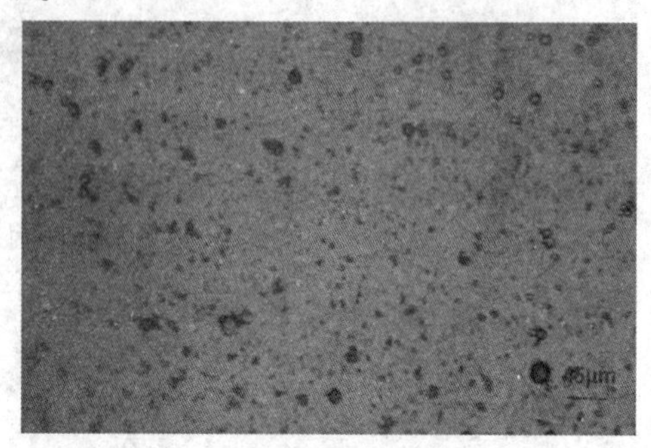

图5　分离水微观结构图（左侧空白样，右侧加入破乳剂）

3.2　破乳剂浓度对分离效果实验研究

3.2.1　实验方法

取A3井井口产出液，分别加入40ppm、60ppm、80ppm、100ppm破乳剂，800r/min转速下离心1min，采用含油分析仪测试分离水含油量。

3.2.2　实验结果讨论

A3井分离水中含油破乳剂用量的增加，先降低后上升，最低降至100ppm，破乳剂最佳使用浓度为80ppm，如图6所示。从A3井的实验结果可以看出，破乳剂用量不是越大越好，破乳剂用量在CMC浓度（临界胶束浓度）左右，破乳脱水最佳。这是因为，在较低浓度时(小于CMC)，破乳剂分子以单体形式吸附在油水界面上，吸附量与浓度成正比，此时油水界面张力随破乳剂浓度的增加而迅速降低，脱水率也逐渐增大。当破乳剂浓度接近CMC时，界面吸附趋于平衡，此时界面张力不再下降，脱水率也达到最大。若再增加破乳剂浓度，破乳剂分子开始聚集成团形成胶束，反而使界面张力有所上升，脱水率下降。因此对每种特定原油，破乳剂用量均有最佳值，即接近或等于CMC浓度[10]。

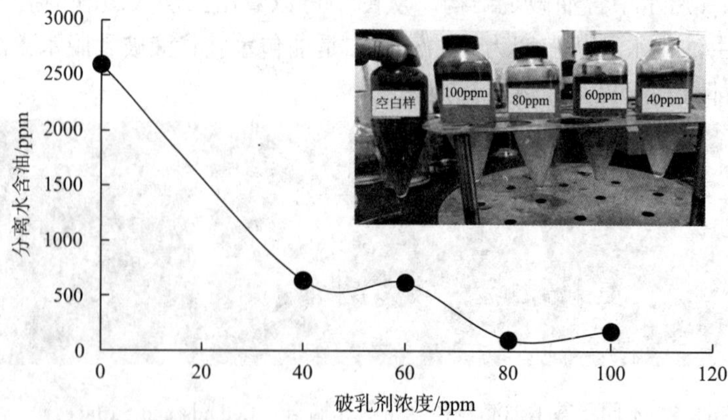

图6　分离水中含油与破乳剂用量关系曲线

3.3 分离水岩心驱替实验研究

3.3.1 实验步骤

用离心机分别制备含破乳剂和未含破乳剂的分离水200mL，测定含油浓度为150ppm，空白样含油浓度为2800ppm。选择渗透率相近的两块人造岩心，标号为1、2。1号岩心先注入15PV模拟地层水，再注入含破乳剂的分离水，2号岩心先注入15PV模拟地层水，再注入未含破乳剂的分离水。

3.3.2 实验结果讨论

与注入模拟地层水相比，注入未含破乳剂的分离水，岩心渗透率先下降后趋于平稳，降低幅度为40%，注入含破乳剂的分离水，岩心渗透率基本不变，如图7所示说明破乳剂能够提升分离水的注入性。分析原因一方面破乳剂的加入能够提升分离效率，分离水中含油浓度低；另一方面加入破乳剂后不会产生絮状物沉淀堵塞储层。

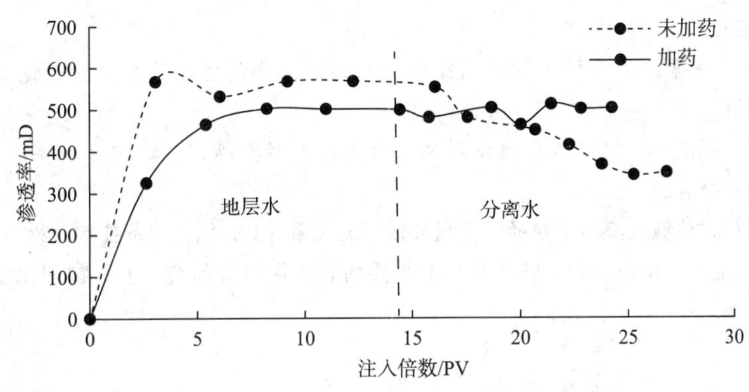

图7 回注水岩心驱替实验结果

3.3.3 破乳剂加入方式选择

海上常用的井筒加药方式有两种，一种是药剂直接从井口加到油井的油套环空，另一种是采用与生产管柱伴随的液控管线将药剂加注到电泵吸入口位置。选择第二种作为破乳剂加药方式，将加药点设置于泵吸入口以下，增大药剂与产出液作用时间，同时利用叶导轮的搅拌作用增强药剂作用效果。

4 结 论

（1）曹妃甸油田高含水井产出液一种以水为连续相，W/O型乳状液为分散相（内相）的油水乳状-悬浮液，分散相粒径多集中于45μm以下，水力旋流对小粒径油滴分离能力有限，将油滴粗粒化是提升产出液分离性能的重要途径。

（2）选取破乳剂作为增效药剂，实验表明加入破乳剂后能够有效提升油水分离效率，降低回注水中含油，并且破乳剂的加入不会对地层造成附加伤害。破乳剂提升分离效率机理主要表现为破乳剂能取代油水界面上的乳化剂，降低界面膜粘性和弹性，降低其强度，加速液滴聚结，提高油滴径向相对速度。

（3）破乳剂在应用过程中存在最佳使用浓度，超过最佳使用浓度会降低破乳剂作用效果，建议采用液控管线加药方式，加药口位于泵吸入口以下。

参考文献

[1] 赵立新，蒋明虎. 井下油水分离与产出水回注技术综述［J］. 国外石油机械，1999（3）：49～54.

[2] 王胜，刘敏，罗昌华，等. 海上油田新型井下油水分离及回注工艺［J］. 石油科技论坛，2014，33（3）：58～61.

[3] Peachey B R，Matthews C M. Downhole Oil/Water SeparatorDevelopment［J］. Journal of Canadian Petroleum Technology，1994，33（7）.

[4] K. ThomasKlasson，Paul A. Taylor，Joseph F. Walker Jr，et al. Modification of a Centrifugal Separator for In - Well Oil - Water Separation［J］. Separation Science & Technology，2005，40（1－3）：453～462.

[5] Shi S Y，Xu J Y，Sun H Q，et al. Experimental study of a vane-type pipe separator for oil － waterseparation［J］. Chemical Engineering Research & Design，2012，90（10）：1652～1659.

[6] 赵立新，宋民航，蒋明虎，等. 新型轴入式脱水型旋流器的入口结构模拟分析［J］. 石油机械，2013，41（1）：68～71.

[7] 马艺，金有海，王振波. 两种不同入口结构型式旋流器内的流场模拟［J］. 化工进展，2009，28（s1）：497～501.

[8] 赵立新，徐磊，刘丽丽，等. 入口倾角对油水分离旋流器流场和性能的影响［J］. 石油化工设备，2013，42（1）：25～28.

[9] 刘淼儿，冯叔初. 液液旋流器中粒径，流量和效率的关系［J］. 化工装备技术，2000（2）：1～4.

[10] 康万利，张红艳，李道山，等. 破乳剂对油水界面膜作用机理研究［J］. 物理化学学报，2004，20（2）：194～198.

锦州 9-3 油田聚驱受效井增压解堵工艺技术研究

张丽平　刘义刚　刘长龙　高尚　张璐　符扬洋　兰夕堂

[中海石油（中国）有限公司天津分公司]

摘要　锦州 9-3 油田注聚区块随着注聚开采的进行，在聚驱产出端近井地带形成聚合物包裹砂等的复杂堵塞物，且堵塞物范围逐步加深污染相当严重。根据部分井压恢测试结果表明部分井堵塞范围甚至达到 10m 以上。本文结合注聚受效井的堵塞特征，研究提出了深部增压解堵工艺技术，针对复杂堵塞物创新性研制出一套扩径扩孔体系，运用四段式解堵段塞，通过增压形成裂缝式的高速通道，大排量冲刷孔隙；通过高效破胶体系/酸液体系降解溶蚀堵塞物，疏通、刻蚀孔隙通道、裂缝通道，改善储层渗流能力，为解决渤海油田注聚区油井产能释放难题提供了新的思路，具有较好的现场应用价值。

关键词　注聚受效井　增压解堵　扩径扩孔

1　前　言

渤海油田锦州 9-3 油田随着注聚开采的进行，注聚开采区凸显出以下问题：（1）聚合物与地层流体、地层微粒的综合作用在见聚油井的近井地带形成复杂堵塞物，包括聚合物、油、沥青质、胶质、腐蚀产物以及结垢等，造成部分油井产液量大幅降低，严重影响注聚效果；（2）随着注聚过程的进行、多轮次解堵、酸化作业后，堵塞范围逐步加深、堵塞类型复杂化，导致解堵效率变差、常规解堵难以突破堵塞区；（3）注聚区部分井堵塞物范围逐步加深污染相当严重一定区域范围内存在低渗带，根据现场测试结果目前部分井甚至堵塞范围达到十米以上，然而渤海主力油田采用裸眼筛管、或筛管砾石充填的防砂完井方式，常规水力压裂难以实施[1~3]。

目前复杂聚合物的解除已经成为研究的重点及难点，国内外主要形成了物理法、化学法、物理-化学法及生物法 4 类方法，但现场应用最为广泛及有效的仍然为化学解堵。渤海油田针对聚合物堵塞，以往主要采用了酸化为主的化学解堵方法，虽然取得了一些效果，但随着注采过程的进行、多轮次解堵、酸化作业后：堵塞范围逐步加深、堵塞类型复杂化（调剖井更复杂），导致解堵效率变差、常规解堵范围突破堵塞区，导致部分受益油井产不出，注入井注不进的现状[4~7]。

第一作者简介：张丽平（1987 年—），男，工程师，现从事油田增产措施相关研究工作。通讯地址：天津市滨海新区海川路 2121 号渤海石油管理局 B 座，联系电话：15922173026；Email：zhanglp17@ cnooc. com. cn。

基金项目：国家重大专项课题“渤海油田高效采油工程及配套技术示范”（2016ZX05058003）。

鉴于上述这些问题，笔者结合渤海油田聚驱产出端堵塞物微观分析结果，提出了深部增压解堵工艺技术，针对复杂堵塞物创新性研制出一套扩径扩孔体系，运用四段式解堵段塞，通过增压形成裂缝式的高速通道，大排量冲刷孔隙；通过高效破胶体系/酸液体系降解溶蚀堵塞物，疏通、刻蚀孔隙通道、裂缝通道，改善储层渗流能力，为解决渤海油田注聚区油井产能释放难题提供了新的思路。

2 聚驱受效井堵塞物微观分析

注聚作业后，部分聚驱受效井产出端见聚严重，产液量大幅度降低，修井作业时发现部分井泵吸入口或筛管附近存在大量黑褐色黏稠状堵塞物。大量收集锦州 9－3 注聚区块产出端堵塞物并开展分析，通过宏观手段分析认为：堵塞物中主要包括聚合物、油、沥青质、胶质、腐蚀产物以及结垢物等，堵塞物中含水率在 7.55%～29.14%，含油率在 2.38%～28.1%，含聚率在 1.05%～55.15%，含泥率在 3.39%～73.02%；堵塞物中主要有机元素包括 C、H、O、N，其中氧元素占比最高，每种堵塞物各元素占比各不相同，一定量 N 元素的存在再次证明了聚合物的存在；堵塞物中主要无机元素包括 Fe、S、Ca、Na、Mg 等，其中 Fe 元素含量最高，可能来自管线或井内器件腐蚀，堵塞物中的 Fe 元素会加剧聚合物的交联，增加处理难度。通过环境电镜扫描、能谱、红外光谱、高分辨质谱等微观手段多角度分析了复杂堵塞物的形态，从微观结构强化对了对堵塞物的认识，以 13#堵塞物为例：傅立叶变换离子回旋共振质谱测试结果如图 1 所示，有较为明显的聚丙烯酰胺类聚合物的断裂特征峰，堵塞物中含有聚丙烯酰胺类物质，该堵塞物可能是由聚合物与原油、储层矿物和无机盐相互交错生成，同时也存在一定量的聚醚类聚合物，可能是添加剂残余物；红外光谱测试结果如图 2 所示，谱图初步分析，有机堵塞物成分主要是酰胺类物质。因此通过以上研究进一步表明注入的聚丙烯酰胺类聚合物会在产出端形成堵塞，同时堵塞物中聚合物也含有少量聚醚类物质，主要来自各类添加剂。

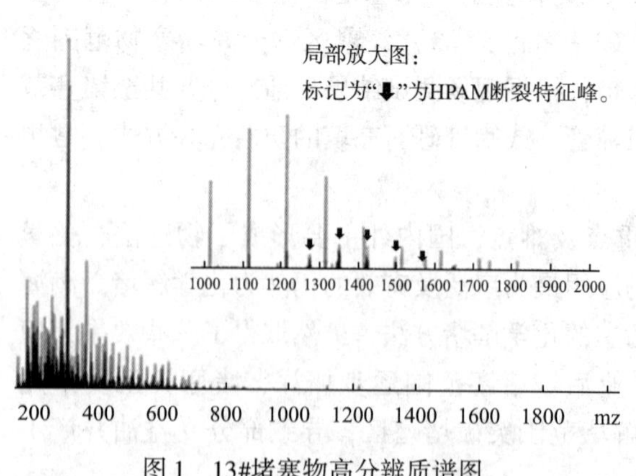

图 1 13#堵塞物高分辨质谱图

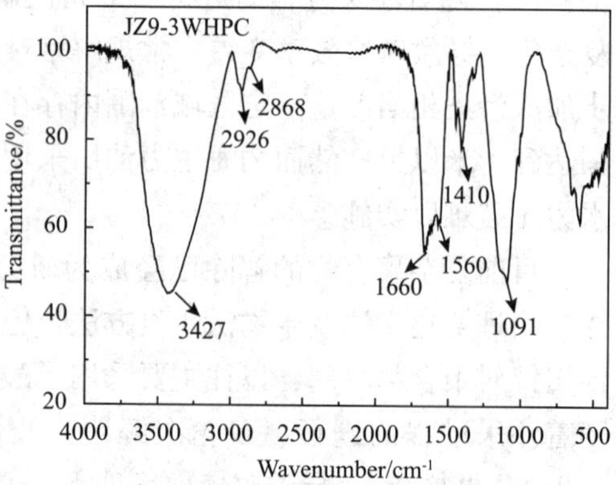

图 2 13#堵塞物红外光谱图

为进一步认识堵塞物的微观形态，在对堵塞物不做任何处理的条件下进行环境电镜扫描检测，还原堵塞物在储层中真实的存在形式，为后期高效解堵提供思路。通过环境电镜扫描观察复杂聚合堵塞物形态，其主要形态如图 3 所示。

通过分析认为形成的聚合堵塞物，并不是聚合物、有机质、储层颗粒等物质简单的混合接触，而是相互包裹缠绕形成了不同形貌结构的堵塞物，总体上主要分为三类：（1）颗粒与聚合物相互缠绕、交联包覆形成复杂的包覆结构；（2）明显的聚合物形态聚集，团块状、交联聚合物相互缠绕；（3）颗粒以包覆微晶形态存在，紧密接触，形状不规则。对复杂微观形貌的聚合堵塞物采用常规氧化解堵体系很难有效溶解，解堵液只能作业用于堵塞物表面，启泵生产后残余堵塞物会重新迅速聚集堵塞渗流通道，因此表现出解堵作业后有效期短产液量迅速下降的特征，为提高作业效果必须探索研制高效解堵体系及适用性强的解堵工艺。

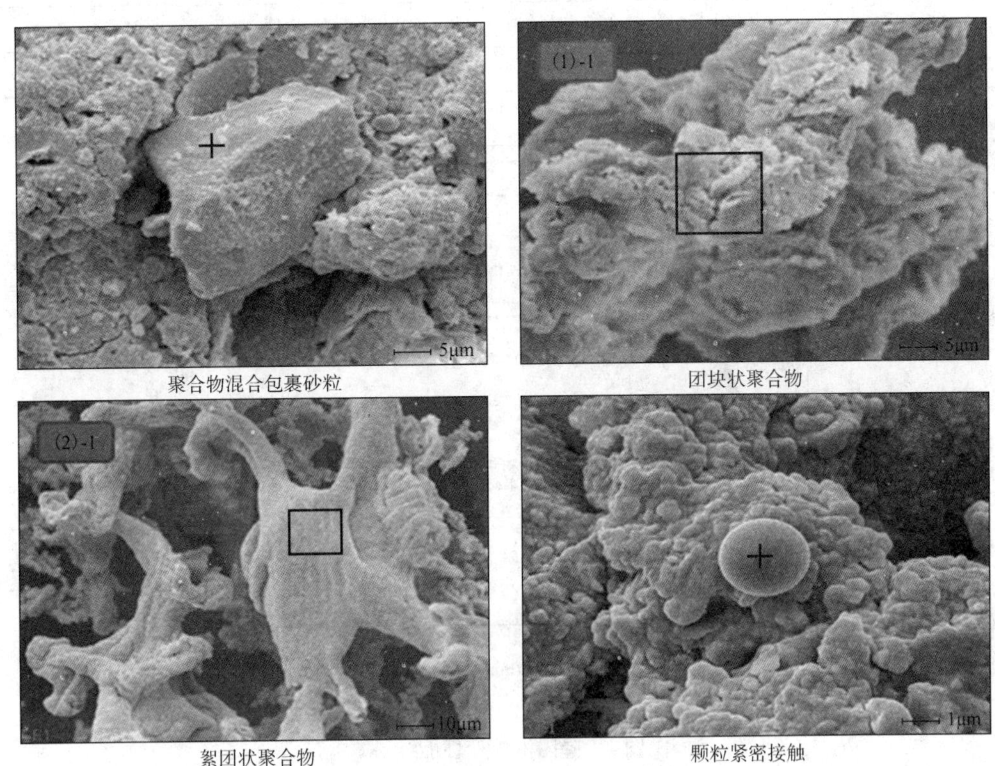

图 3　环境电镜扫描下堵塞物形态

3　增压解堵工艺

3.1　研究思路

为了解除地层深部的聚合物复杂堵塞，研究提出采用增压解堵工艺，运用降阻液造缝穿透堵塞区，通过高效破胶体系降解溶蚀堵塞物，疏通孔隙通道，降低渗流阻力。设计“四段式”的解堵体系，首先泵注清洗液，溶解胶团中的原油，将聚合物与原油、固相伤害物分离；其次泵注扩孔体系，解除井筒周围聚合物堵塞，提高井筒周围孔隙通道，增加泄流面积，扩大孔道，降低渗流阻力；再次泵注扩径体系，适当提高施工排量，在储层中形成人工裂缝，使裂缝穿透污染带，扩大泄流及改造半径，同时为扩孔体系进入深部储层提供通道；

最后泵注扩孔体系并进行关井，解除深部储层聚合物堵塞，改善深部储层孔隙通道。

3.1.1 扩径体系优选

为解除地层深部堵塞，采用降阻液对地层造缝，为后续的解堵液进入深部地层提供通道。该降阻液具有如下优势：①对储层伤害小，利于破胶返排，且具有一定的黏度，能够满足解堵造缝需求；②摩阻小，有利于降低井口施工，在井口限压条件下可以提高施工排量，有利于增压造缝。根据相关实验标准测定降阻液性能，实验结果见表1和图4。

表1 降阻液基本性能

实验用水	淡水	实验室温度	18
基液黏度/mPa·s	36～39	基液pH值	7
配伍性界面张力/(mN/m)	无沉淀、絮凝0.6		

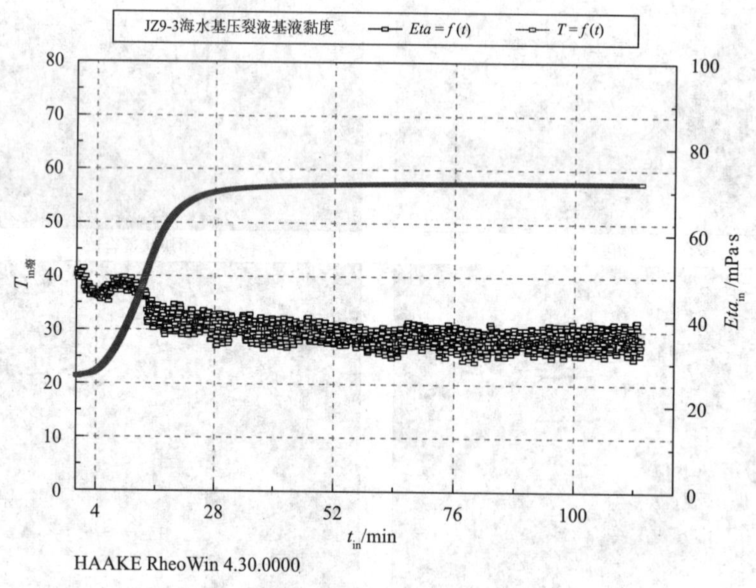

图4 降阻液流变性能结果

由图4可以看出，在57℃和$170s^{-1}$下，降阻液经历120min剪切后，黏度仍然维持在35.5mPa·s左右，满足增压深穿透需求。

3.1.2 氧化破胶剂优选

聚驱受效井复杂堵塞物中最重要的特征在于存在聚合物伤害。室内优选出了一种高效破胶的复合氧化解聚剂——SOA，其降解机理是以体系中产生的羟基自由基同时破坏C—C键与C—N键方式同时进行，最后矿物化为二氧化碳、水等小分子物质。通过SOA与目前常见的氧化物ClO_2、过硫酸铵、安全解聚剂体系对模拟聚合物垢样（聚丙烯酰胺交联液）、现场垢样进行溶解破胶反应，实验发现SOA对模拟聚合物垢样溶解24h即可达90%以上。对现场垢样溶解48h后，返出垢样在SOA体系（共200mL）中全部溶解，但在ClO_2、2%过硫酸铵、5%过硫酸铵、安全解聚剂中无明显减小，说明SOA复合解聚剂体系对现场返出垢样具有明显的降解效果（图5、图6）。

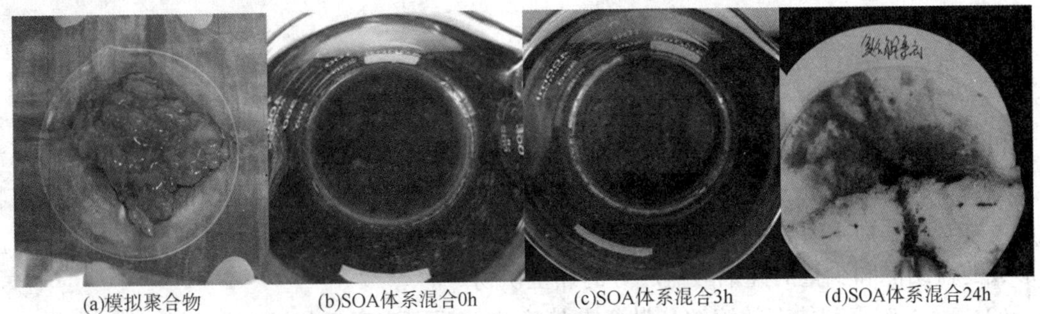

图5　SOA对交联聚合物降解实验

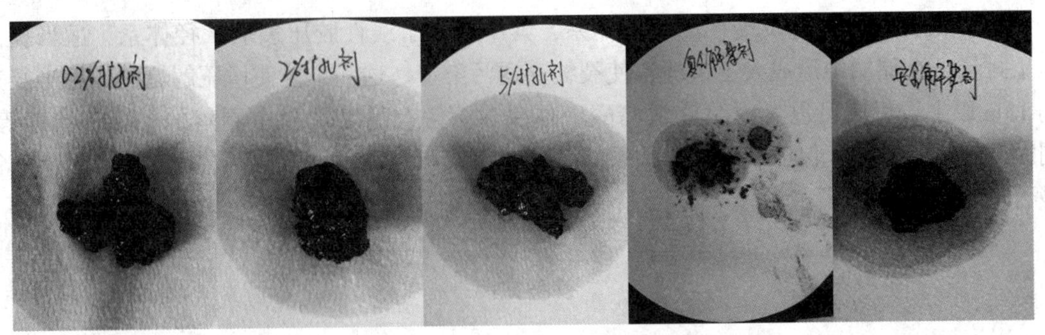

（从左至右依次对应：ClO_2、2%过硫酸铵、5%过硫酸铵、SOA、安全解聚剂）

图6　现场返出垢样在解聚剂中放置48h状态

3.2　现场应用

深部增压解堵工艺在锦州9－3油田E4－5井得到成功应用。基于历次酸化解堵效果分析及试井解释分析，该注聚受效井堵塞范围可能达到15m以上，参考这一堵塞范围，为实现增压深穿透、破胶扩孔解除近井到远井地带堵塞，同时确保解堵工艺安全有效实施，对解堵工艺进行优化。应用MFrac Suite软件模拟E4－5井Ⅰ油组增压解堵工艺波及的范围，在$3m^3/min$排量下泵注$60m^3$压裂液能够形成24.7m的人工裂缝，突破了污染带，达到深部解堵的目的。该井作业前日产液$57m^3/d$，日产油$3.6m^3/d$，含水93.6%，作业后初期日产液$153.6m^3/d$，日产油$18.4m^3/d$，含水88%；累计增油1100余方，有效期达到6个月（图7）。

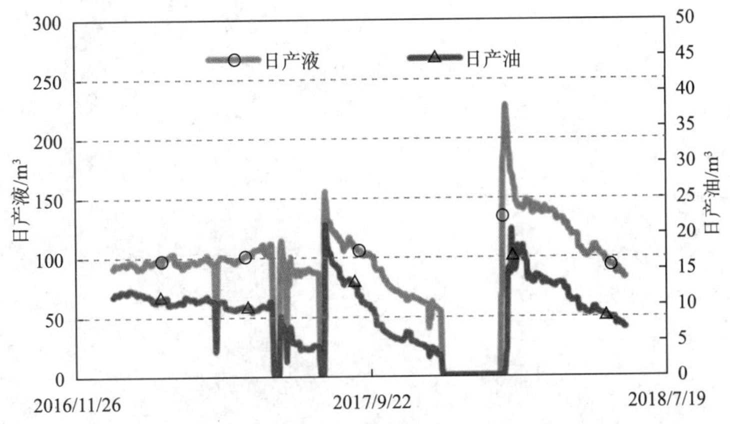

图7　锦州9－3油田E4－5井深部增压解堵工艺应用效果

4 结 论

（1）锦州 9-3 油田产出液见聚井堵塞物复杂且堵塞范围大，无机垢、储层微粒、原油组分及聚合物相互缠绕、包裹形成了复杂堵塞物体系，利用扫描电镜及能谱分析发现堵塞物表面及垂直分层面上有相当数量的不规则颗粒状物分布，颗粒物的主要成分应为 Ca、Fe 离子形成的盐结晶和少量的硅铝酸盐成分的黏土矿物。

（2）SOA 解聚剂能有效溶解分散复杂堵塞物体系，实现逐级溶解逐级解除，对含聚堵塞物具有良好的降解作用。

（3）研究设计“四段式”的解堵体系，其中运用了线性胶压裂液扩径体系，适当提高施工排量，在储层中形成人工裂缝，使裂缝穿透污染带。这一工艺使增压解堵的作用半径达到 15m 以上，后期可以考虑泵注解堵酸液体系，溶解、稳定裂缝中剥落的黏土、粉砂等，同时刻蚀裂缝壁面，保证裂缝支撑效果。该工艺在锦州 9-3 油田 E4-5 井成功应用，取得显著增产效果。

参考文献

[1] 郑俊德，张英志，任华，等．注聚合物井堵塞机理分析及解堵剂研究［J］．石油勘探与开发，2004，31（6）：108~111.

[2] 刘鹏，唐洪明，何保生，等．含聚污水回注对储层损害机理研究［J］．石油与天然气化工，2011，40（3）：280~284.

[3] 唐洪明，黎菁，何保生，等．旅大 10-1 油田含聚污水回注对储层损害研究［J］．油田化学，2011，28（2）：181~185.

[4] 李平．ZSJJ-3 型聚合物解堵新技术实验研究［J］．石油与天然气化工，2014，43（6）：670~674.

[5] 赵迎秋，靳晓霞，吴威，等．SOD 注聚井解堵剂效果评价与现场应用［J］．石油天然气学报，2014，36（6）：133~135.

[6] 边继平．聚驱注入井深部长效解堵技术研究［D］．大庆：东北石油大学，2014.

[7] 高尚，张璐，刘义刚，等．渤海油田聚驱受效井液气交注复合深部解堵工艺．石油钻采工艺，2017，39（3）：375~381.

渤海油田聚驱受效井液气交注复合深部解堵工艺

刘长龙[1,2,3]　张璐[2]　高尚[2]　张丽平[2]　兰夕堂[2]　符扬洋[2]

[1. 西南石油大学；2. 中海石油（中国）有限公司天津分公司；3. 海洋石油高效开发国家重点实验室]

摘要　渤海油田注聚受效井堵塞物组分分析表明堵塞物以有机、无机及聚合物相互包覆的复杂形式存在，提出先采用有机溶剂清洗有机质，再对含聚胶团堵塞物进行分散，逐级剥离逐级解除的解堵思路。从溶解有机物、胶团降解及氧化破胶3方面开展溶解效果对比实验，优选解堵液体系为8% ~10%甲酸 +4% ~6%有机溶剂解堵剂D +1%强氧化剂。对比分析溶解效果，形成了多轮次处理及液气交替注入或伴注的解堵工艺。新工艺现场试验效果显著，具有较好现场推广价值。

关键词　注聚受效井　堵塞机理　解堵液体系　液气交注

渤海油田不仅注聚井出现堵塞严重、注聚困难的问题，其受效井的堵塞问题也逐步暴露出来，产出井见聚后表现出明显的产液下降及动液面降低，严重影响了油田的正常生产，有效解除储层伤害恢复油井产量是迫切需要解决的生产难题[1~3]。受聚合物影响，聚驱产生的堵塞物形式往往较常规水驱更为复杂，储层颗粒、原油组分、聚合物等相互作用相互缠绕，形成复杂且稳定的堵塞体系，且堵塞范围也逐渐加大，已经超出了常规酸化的解堵范围，同时由于储层非均质性及受注聚的影响，导致层间、层内矛盾突出，产液严重不均。针对复杂聚合物的解除现场应用最为广泛及有效的仍然为化学解堵，利用强氧化剂打破聚合物分子结构、氧化破胶解除堵塞伤害，目前主要形成了二氧化氯、过氧化合物、过硫化合物等氧化剂及其衍生化合物[4~6]。尽管各类氧化剂与酸液协同作用解除聚合物及无机堵塞物，但依然存在以下问题：解堵液接触面积有限溶解堵塞物不充分，只能作用于堵塞物表面不能深入稳定结构中，解堵有效期短效果差；设计常规储层解堵半径在2m范围内，即使考虑提高解堵范围往往选用加大注入液体规模的方法，大大增加了作业成本，如何根据储层条件合理优化解堵半径并降低成本仍然是注聚受效井解堵的难点。笔者结合渤海油田聚驱产出端堵塞物成分分析，提出逐级剥离逐级解除堵塞物的处理思路，并为提高解堵效果及解堵半径提出了多轮次注入和液气交替注入的处理工艺，在渤海油田现场试验成果显著。

1　聚驱受效井堵塞物分析

注聚作业后，部分聚驱受效井产出端见聚严重，产液量大幅度降低，修井作业时发现，

第一作者简介：刘长龙，男（1981年—），毕业于西南石油大学油气田开发工程专业，获硕士学位，西南石油大学油气田开发工作专业在读博士，现工作于中海石油（中国）有限公司天津分公司，工程师，从事压裂酸化研究工作。通信地址：天津市塘沽区海川路2121号；邮政编码300459；E－mail：liuchl7@ cnooc. com. cn。

部分井泵吸入口或筛管附近存在大量堵塞物，现场观察堵塞物黏稠，呈胶状。采用X衍射、红外光谱等设备对垢样样品进行分析，堵塞物中各种物质的含量见表1，红外光谱测试结果显示，聚合物中含有饱和聚烃类和一些具有极性基团取代的聚烃类以及聚酰胺类[3]。

表1　堵塞物组分组成

项　目	质量/g	含量/%
原样品	3.0411	
油垢	0.857	28.18
无机垢	0.8543	28.09
聚合物	1.1994	39.44
水溶性无机盐	0.1304	4.29

观察堵塞物外部形态，形成的堵塞物流动性差，具有黏弹性，容易堵塞在近井地带，因此必须开展针对性的解堵工艺。堵塞物分析结果显示，堵塞物中既含有无机垢、储层矿物，也含有有机垢及聚合物，其中聚合物含量最高，各种物质之间相互包裹、携带、渗透，形成了相互包覆的复合胶团形式，且结构稳定不易破坏，因此酸化解堵难度大，对解堵液体系及工艺均提出了较大的挑战。

2　复合深部酸化解堵工艺

2.1　研究思路

堵塞物成分复杂，选用单一有机溶剂、氧化剂或酸液体系难以达到有效解堵的目的，因此提出逐级剥离分散逐级解除的解堵思路，针对有机垢选用有机溶剂溶解，对堵塞物中的大量聚合物胶团采用强氧化破胶的方式，而储层矿物组分及无机垢选用酸液体系，按照该思路开展了解堵液体系优选评价。

2.1.1　有机溶剂优选

为后续解堵液能够与胶团堵塞物充分接触反应，首先需要溶解堵塞物表面包覆的原油及重质组分。选用卤代醇与醇的环化反应合成的醚类杂环有机化合物为主体成分的有机溶剂解堵剂D与目前常用5种有机溶剂（对二甲苯、环已酮、甲醇、环已烷、石油醚）进行有机质溶解实验。取相同比例的溶剂与堵塞物进行有机质溶解实验效果评价，实验温度60℃，实验时间4h。实验表明，对二甲苯、解堵剂D对胶团中的原油及含聚油泥溶解效果好，而堵塞物在其他4种溶剂中基本没有变化，但考虑到对二甲苯挥发性较强，且存在毒性，具有一定的安全隐患，选择解堵剂D作为有机质溶解主剂。有机溶剂对有机垢的溶解主要依靠相似相溶原理，但有机溶剂种类不同，含有的基团不同，极性不同，也会影响对聚合物的溶解性能，另外溶解效果与聚合物自身性质也密切相关，部分有机溶剂溶解不了聚合物反而会使聚合物固化析出。环已烷与石油醚对现场含聚油泥基本无效果，甚至可能导致含聚油泥的固化更难以溶解。

不同质量分数解堵剂D的溶解实验现象表明（图1），4%解堵剂D即能有效溶解胶团堵塞物中的原油重质组分，质量分数到达6%时，溶解最为彻底，因此推荐解堵剂D的加量为4%~6%。

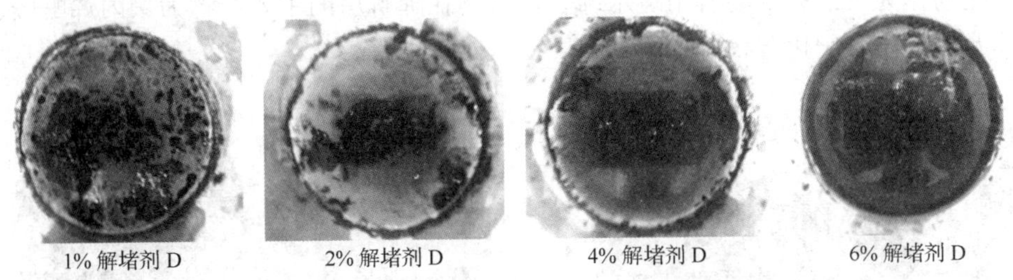

1% 解堵剂 D　　2% 解堵剂 D　　4% 解堵剂 D　　6% 解堵剂 D

图1　不同质量分数解堵剂D对胶团溶解实验

2.1.2　胶团分散实验

在有效溶解胶团堵塞物中原油及重质组分后，为进一步扩大后续处理药剂与堵塞物的接触面积，确保药剂性能充分发挥，还需要考虑如何将胶团堵塞物进行充分分散。选用多种酸液进行聚合物胶团的分解实验，实现结果见图2，左图为反应前，右图为反应4h后。

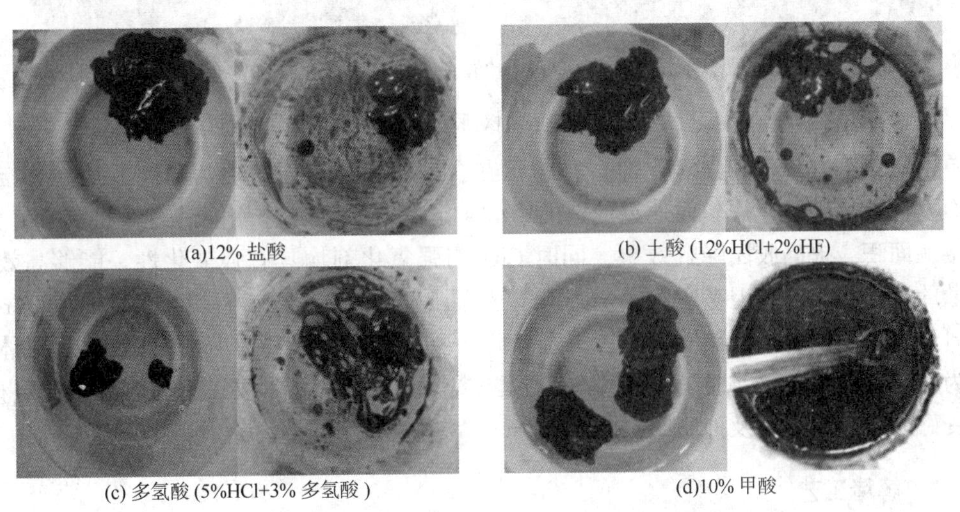

(a)12% 盐酸　　(b) 土酸 (12%HCl+2%HF)

(c) 多氢酸 (5%HCl+3% 多氢酸)　　(d)10% 甲酸

图2　酸液对胶团的降解效果

由图2可以看出，甲酸对胶团的分散效果最好，在不加入其他溶剂的条件下能使聚合物胶团变软，分散大部分胶团物质，使得聚合物胶团较为均匀地溶解于溶液中。盐酸、土酸及多氢酸均使胶团发生了微降解，盐酸处理后的剩余胶团发生了钙化，土酸、多氢酸处理后的胶团变软。盐酸、土酸属于无机酸，多氢酸属于螯合酸，而甲酸属于有机酸，甲酸能够和大多数的极性有机溶剂混溶。堵塞物经有机溶剂处理后其表面的有机溶剂薄膜起到了一定的隔离作用，使部分酸液难以发挥作用分散胶团，而甲酸能够与吸附在堵塞物表面的有机溶剂互溶降低表面作用，两者相互作用协同增效，有利于甲酸侵入堵塞物中发挥高效分散性。

2.1.3　强氧化剂优选

聚驱受效井复杂堵塞物中最重要的特征在于存在聚合物伤害，前期研究甲酸+解堵剂D充分分散含聚堵塞物胶团，使得后期强氧化剂能够更大面积解除堵塞聚合物，实现对堵塞物中聚合物充分降解，选用过硫化物为主剂的强氧化剂与ClO_2进行对比实验，结果见图3，左图为反应前，右图为反应4h后。可以看出，强氧化剂与ClO_2对堵塞物的溶解效果都很好，但考虑ClO_2在油井的应用具有一定安全风险，属于易燃易爆产品且产生含毒性物质，为此选择过硫化物作为主剂。现场所用疏水缔合聚合物在降解后的主要产物为聚丙烯酰胺、丙烯酰胺单体及其他小分子化合物。

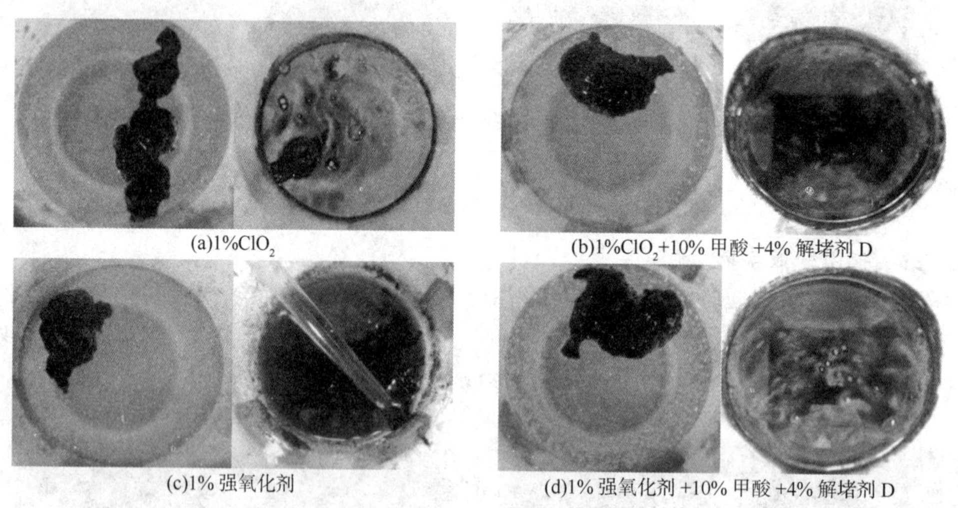

(a)1%ClO_2　(b)1%ClO_2+10%甲酸+4%解堵剂D

(c)1%强氧化剂　(d)1%强氧化剂+10%甲酸+4%解堵剂D

图3　强氧化剂对胶团的降解效果

单一氧化剂（ClO_2和强氧化剂）被包覆在含聚堵塞物表面的油污隔离无法充分接触聚合物而发挥氧化破胶作用，而通过优选的甲酸+解堵剂D相互作用能够有效将聚合物分散，加大接触面积，提高胶团降解效果，同时ClO_2与强氧化剂均具有强氧化性，能够高效解除被分散的聚合物伤害，但考虑到安全因素，选择强氧化剂+甲酸+解堵剂D的组合方式。

研究过程中同时根据储层实际情况选择后期现场试验中所用的处理液，配套的主体酸液配方为10% HCl+3%～5%土酸+4%多氢酸，土酸为缓速氟硼酸，能有效溶解储层矿物，具有良好的缓速、缓蚀及抑制二次沉淀能力。

2.2　解堵工艺

基于聚驱受效井堵塞类型、堵塞机理及解堵液性能研究结果，以提高解堵效果、扩大解堵半径和延长有效期为目标，同时确保解堵工艺安全有效实施，对解堵工艺进行优化。

2.2.1　多轮次处理

聚合物通过注聚井注入，在储层高温高压条件下长距离运移并随储层流体在受效井产出，产出端堵塞物经过较长时间作用而形成，部分堵塞物呈交联老化形态[13]，堵塞形式更为复杂，更不易溶解。因此选用现场取出垢样进行分析，溶解液体为优选的解堵体系，分别对垢样进行分散剂浸泡、氧化剂降解，实验温度为65℃。使用蒸馏水配制优选的“10%甲酸+1%强氧化剂+4%解堵剂D”溶液对现场垢样浸泡不同时间，同时考虑进行多轮次处理，结果见图4。

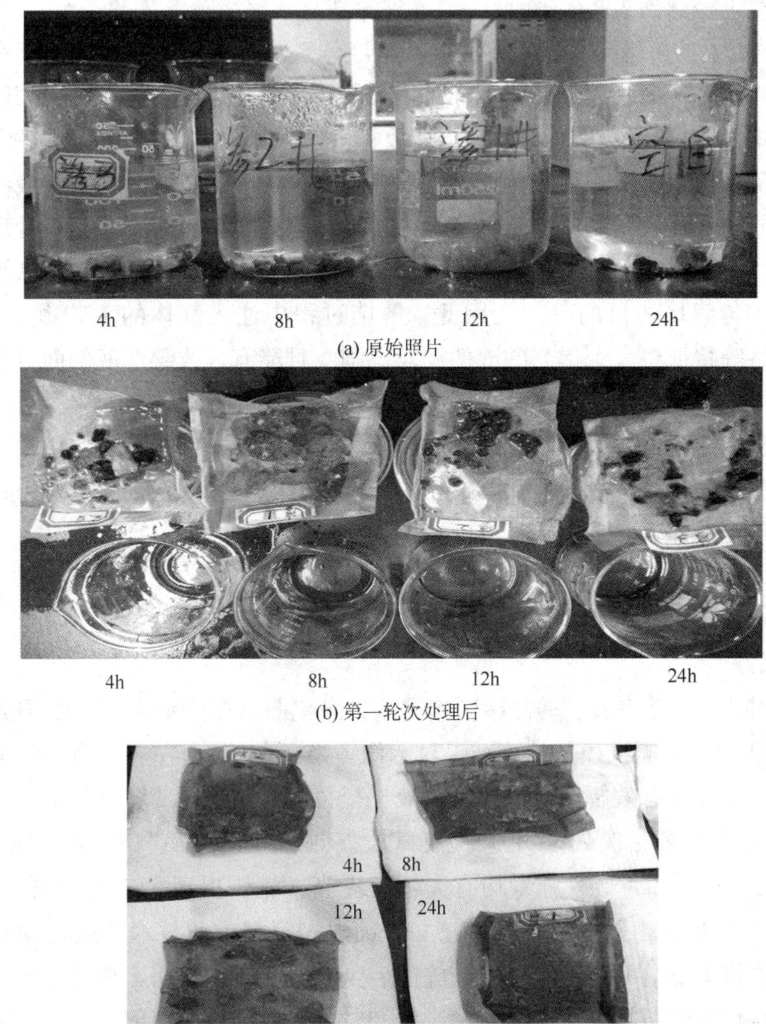

(a) 原始照片

(b) 第一轮次处理后

(c)2 次降解后垢样

图 4　现场垢样经优选体系降解后照片

由图 4（a）与图 4（b）对比分析可以看出，在 65℃水浴条件下，应用优选的解堵液体系与堵塞物解除浸泡不同时间，用量为 1g 垢样对应 50mL 的溶液，经过第一轮次作用后如图 4（a）所示，分散剂能有效将原始垢样延展，分散后垢样体积明显增大，分散后体积最大增加 10 倍以上，且处理时间越长效果越好。对分散后的垢样过滤，使用优选的溶液再次在 65℃条件下溶蚀处理，作业时间与第一轮次一致，结果如图 4（b）所示，第二次分散溶解后垢样体积明显变小，降解后残液澄清，黏度与自来水接近，其中反应 24h 的样品降解最彻底。综合实验评价结果，单一轮次的分散破胶无法有效溶解老化交联垢样，往往只处于初期溶胀阶段，多轮次的处理溶解得更彻底，工艺作业中考虑采用多轮次处理，提高溶解效果。

2.2.2　气液交替注入

常规酸化解堵半径一般在 1.6m 之内，而产出液见聚井堵塞范围深，采用常规酸化模式根本无法有效解除相对远井端的堵塞物伤害[7,8]。以 A 井为例，根据试井测试结果及指数公式计算，其堵塞半径达到3.8m，因此必须寻求深部有效解堵新工艺。

要达到3m以上的解堵半径，需要大量解堵液体系，解堵作业成本大幅度增加，且对海上狭小的作业空间无法摆放大量液体。针对扩大解堵半径的难题，经过调研表明酸化解堵过程中注入气体不仅能提高解堵效果同时能有效扩大波及范围。气体具有良好压缩性及膨胀性，以氮气为例，液氮的体积膨胀比能达到600倍，气体膨胀将有效扩大酸液波及半径。同时注入的气体能够优先占据高渗孔道，使其内压增高起到暂堵作用，尤其对处理酸液采用气体大排量伴注的注入方式，可引导后续处理液转向流向最需处理的污染带和低渗带，达到自动调整剖面，均匀解堵的目的[9~12]。因此，解堵过程中注入气体的工艺由于气体膨胀性、流变性、分散性等特征将大大提高酸液的波及范围，且能有效改善产液剖面。在现场作业过程中一般可采用气液交替注入或气液伴注的注入模式，在前期注入过程中主要为深部推进，选用了气液交注的注入方式，解堵液注入后注入气体段塞深部推进扩大作用距离，在前期解堵液清理形成注入通道后，处理液注入时考虑到现场作业压力以及能够达到更高的分流效果，选择气液伴注的注入方式。

3 现场试验

某油田A井为一口生产井，受注聚影响严重，酸化前日产液量78m^3/d，日产油30m^3/d，含水61.5%，压力恢复测试模拟计算结果显示伤害半径在3.8m左右，堵塞严重且伤害范围深，采用常规酸化无法有效解堵。该井采用液气交替注入复合深部解堵新工艺对该井进行解堵作业，设计时考虑多轮次处理并引入液氮段塞。A井措施后日产液187m^3/d，日产油90m^3/d，含水51.8%，日产液/油量均有大幅度提高，流压提高6MPa，采液一段时间后含水率进一步降低至38%，累计增油量接近1.4×10^{4}m^3。目前此技术已经在渤海油田累计实施3口井，并取得了显著的作业效果，措施前后生产情况对比表明，新工艺能够有效解除产出液见聚井复合堵塞物，扩大了酸液解堵半径同时，有效调整产液剖面，启动中低渗层，降低含水率，措施效果显著，有效期长。

4 结 论

（1）产出液见聚井堵塞物复杂且堵塞范围大，无机垢、储层微粒、原油组分及聚合物相互缠绕、包裹形成了复杂堵塞物体系，产出液见聚后由于堵塞严重使得油井产量大幅度降低，常规酸化解堵作业无法有效解除伤害。

（2）“甲酸+解堵剂D”能有效溶解分散复杂堵塞物体系，实现逐级剥离逐级解除，自制强氧化剂对含聚堵塞物具有良好的降解作用。

（3）单一轮次的分散破胶无法有效溶解交联老化的含聚堵塞物，多轮次的处理溶解更彻底，能有效提高解堵效果。

（4）针对产出液见聚井堵塞范围深的问题，可选用气液交替注入或气液伴注方式注液，可大幅度提高酸液的波及范围，解堵半径可达到3~4m，且能有效改善产液剖面。

参考文献

[1] 郑俊德，张英志，任华，等．注聚合物井堵塞机理分析及解堵剂研究［J］．石油勘探与开发，2004，31（06）：108～111.

[2] 刘鹏，唐洪明，何保生，等．含聚污水回注对储层损害机理研究［J］．石油与天然气化工，2011，40（03）：280～284.

[3] 唐洪明，黎菁，何保生，等．旅大10－1油田含聚污水回注对储层损害研究［J］．油田化学，2011，28（02）：181～185.

[4] 李平．ZSJJ－3型聚合物解堵新技术实验研究［J］．石油与天然气化工，2014，43（6）：670～674.

[5] 赵迎秋，靳晓霞，吴威，等．SOD注聚井解堵剂效果评价与现场应用［J］．石油天然气学报，2014，36（6）：133～135.

[6] 边继平．聚驱注入井深部长效解堵技术研究［D］．大庆：东北石油大学，2014.

[7] 周万富．砂岩油田酸化技术研究［D］．廊坊：中国科学院研究生院（渗流流体力学研究所），2006.

[8] 张毅博．齐家北油田注水井深部酸化技术研究［D］．大庆：东北石油大学，2013.

[9] 苏崇华．疏松砂岩储层伤害机理及应用［D］．成都：西南石油大学，2011.

[10] 李松岩．氮气泡沫分流酸化工艺技术研究［D］．青岛：中国石油大学，2009.

[11] M. Ozbayoglu，Z. Miska. Cuttings transport with foam in horizontal& Highly-inclined wellbores［R］. SPE 79856，2006.

[12] S. Stephane，M. Yannick，B. Fabrice，T. Abdoulaye. Hole cleaning capabilities of foams compared to conventional fluids［R］. SPE 63049，2000.

[13] 李俊键，姜汉桥，陆祥安，等．油藏条件下聚合物溶液老化数学模型新探［J］．石油钻采工艺，2016，38（4）：499～504.

临兴区块致密气井泡排工艺技术优化及应用

高川杰　冯雷　范志坤　解健程　谭伟雄　夏忠跃　贾佳　宋瑞

（中海油能源发展股份有限公司工程技术分公司）

摘要　针对临兴区块致密气井泡排工艺的首次应用，对该区泡排工艺进行进一步优化和改造，最终达到使用较少药剂量提高产气量的目的，同时降低大量泡沫消不尽的风险；通过建立泡排作业规范化程序，提高作业时效达20%以上；依据现场特点，建立泡排管线改造方案，兼顾注醇与注消泡剂的需求，为最终实现泡排作业工厂化提供了重要参考价值。现场实际应用表明泡排工艺技术改造应用效果明显。

关键词　致密气井　泡排　实验　管线改造

1　前　言

临兴区块位于鄂尔多斯盆地东北部伊陕斜坡东北段、晋西挠褶带西北缘。先导试验区自开发以来，出现较多的低产气井，且井筒存在不同程度的积液。以LX－X井场和LX－Y井场部分井为例（图1中A、B、C、D四口井）：（1）生产初期产气量与油压波动较大；（2）中期油压快速下降，产气量波动较大；（3）后期产气量下降较大，油压降低幅度趋于平缓。通过井筒压力梯度测试，A井液面位置位于527m，B井液面位置位于526m，C井液面位置位于645m，D井液面位置1100m。本着不影响生产、实施容易且见效快为原则，参考大牛地、苏里格等地的排水采气工艺，采用了泡沫排水采气工艺进行排液生产[1,2]。泡排作业过程中出现了泡沫熄灭火炬的情况，期间数据记录频繁、持续时间长、夜间操作易疲劳等问题突出。

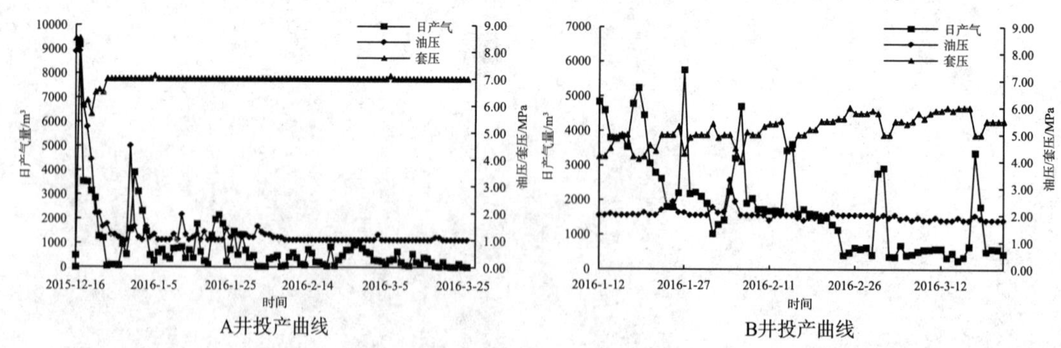

图1　部分生产井投产曲线

第一作者简介：高川杰（1987年—）男，硕士，工程师，2015年毕业于西南石油大学开发地质学专业。现主要从事开发地质及排水采气工作。通讯地址：（033699）山西省吕梁市兴孟县孟家坪乡海油发展山西分公司基地。联系电话：18322111359；E－mail：gaochj3@cnooc.com.cn。

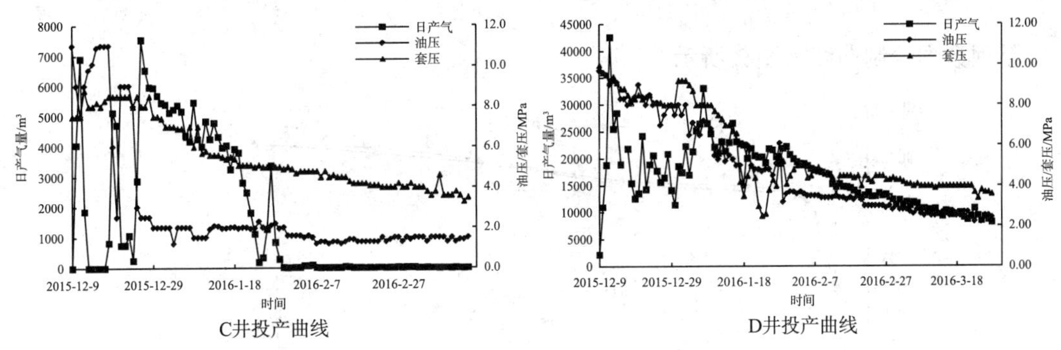

图1 部分生产井投产曲线（续）

2 优化药剂配比

临兴区块泡沫排水采气工艺采用的固体起泡剂为S-FP（速溶型）和H-FP（缓溶型）两种，消泡剂采用有机硅消泡剂XP－01。实验用水LX-X/Y井场水样。采用Ross-Miles法[3,4]进行了药剂配伍性实验、起泡与携液性能实验、溶解性能实验、消泡与抑泡性能实验等室内评价实验。由于泡排药剂与地层流体配伍性能良好、溶解性能良好，在此不做赘述。着重结合现场应用与实验，分析泡排剂起泡与携液性能实验、消泡剂消泡与抑泡性能实验，判断生产与实验的差异，为最终优化药剂配比做准备。

2.1 起泡剂用量分析

实验室采用8L/min的氮气进行起泡剂携液能力实验（表1和表2）。

表1 S-FP泡排棒携液性能实验数据

浓度/%	携液量/mL	携液率/%
0.02	60	15.00
0.05	248	62.00
0.1	268	67.00
0.2	280	70.00
0.3	312	78.00
0.4	332	83.00
0.5	349	87.25

表2 H-FP泡排棒携液性能实验数据

浓度/%	携液量/mL	携液率/%
0.02	95	23.75
0.05	254	63.50
0.1	275	68.75
0.2	285	71.25
0.3	315	78.75
0.4	340	85.00
0.5	345	86.25

整理数据绘制曲线如图 2 所示。

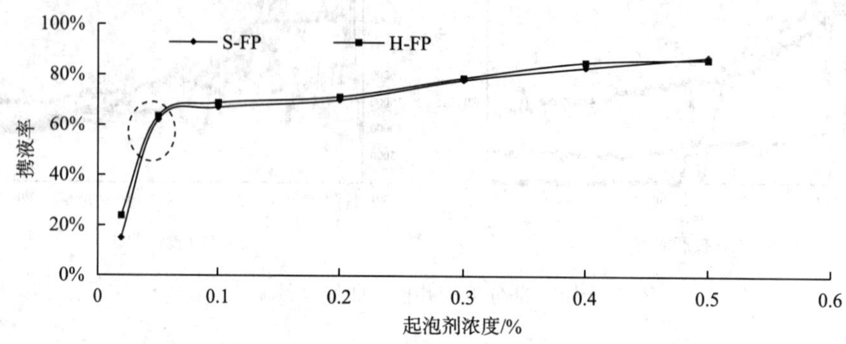

图 2　起泡剂携液性能实验曲线

前期现场泡排作业设计中，采用起泡剂浓度 3%，尽管携液率达到 78%，但在一定程度上增加了药剂成本。

分析：在起泡剂浓度 0.05% 后，随着起泡剂浓度的增加，携液能力增加变缓；同时，相比室内实验采用 8L/min 的氮气流量，实际气井生产作业中，日产气量远大于此数值，气流量越大，携液越多。故建议现场采用 0.05% ~1% 浓度的起泡剂即可以达到 70% 携液量及以上。

同时，考虑 S-FP 和 H-FP 两种固体起泡剂的溶解特性（表 3）。

表 3　两种泡排棒溶解性能实验数据

实验药剂	S-FP（速溶型）		H-FP（缓溶型）	
（水浴）温度/℃	50	70	50	70
长度/cm	3	3	3	3
样品质量/g	61.88	61.52	40.19	40.71
水溶液体积/mL	1000	1000	1000	1000
时间/min	256	187	1246	752

由以上数据可知：缓溶性起泡棒溶解时间 5 倍于速溶性起泡棒。

泡沫排采阶段一般分为复产阶段（主要目的为迅速排出井筒积液）和稳产阶段（井筒积液排出后，及时排出进入井筒的液体，且能保持较长稳产期）。因此，根据泡沫排采不同阶段的特点，建立的起泡剂用量见表 4。

表 4　不同阶段下两种泡排棒使用浓度表

阶　段	药剂型号	浓度/%
复产阶段	S-FP（速溶型）	0.05 ~0.1
稳产阶段	H-FP（缓溶型）	0.05 ~0.1

2.2　消泡剂用量分析（图 3、图 4）

从实验的结果看出，消泡剂浓度与起泡剂浓度达到 1∶1 时，破泡时间≤30s，抑泡能力测试泡沫高度≤250mL。前期现场泡排作业设计中，采用消泡剂与起泡剂浓度比在 2∶1 以上，实际用量 4∶1。

分析：室内消泡及抑泡实验结果为静态下的结论。实际气井生产中，消泡剂注入是一个动态消泡的过程，且泡沫浓度出现不均一，而消泡剂注入为一个持续的过程，所以仅仅依靠实验的1∶1或者2∶1的结论，不能满足现场消泡要求。一旦泡沫浓度过大，就会出现泡沫消不尽的风险[5]。

同时，结合S-FP起泡实验（表5）、H-FP起泡实验（表6）分析：相比于静态实验，实际生产过程中泡沫的运移是一个动态的过程，其析水半衰期势必比静态实验结果更短，且泡沫运动过程中增加了自行破泡的几率。

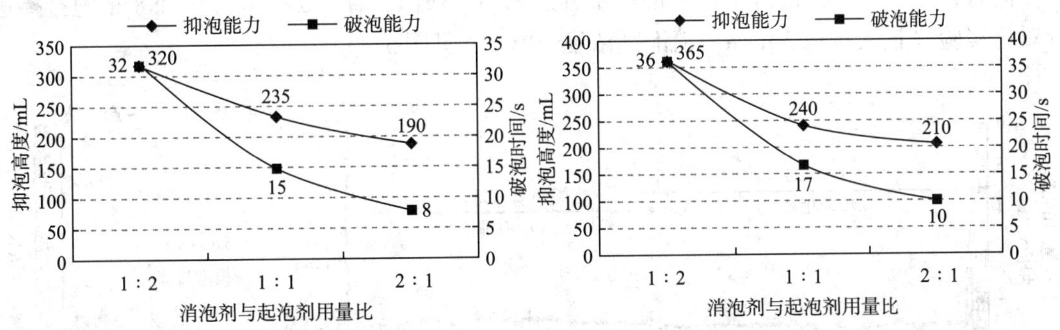

图3　XP－01对S-FP的消泡和抑泡性能曲线　　图4　XP－01对H-FP液的消泡和抑泡性能曲线

表5　S-FP泡排棒起泡性能实验数据

浓度/%	泡沫最大体积 V_{max}/mL	析水半衰期 $t_{1/2}$	备　注
0.02	450	/	未完全成泡
0.05	900	3min11s	完全成泡
0.1	950	4min31s	
0.2	950	6min11s	
0.3	950	8min35s	
0.4	1100	9min	
0.5	1100	9min30s	

表6　H-FP泡排棒起泡性能实验数据

浓度/%	泡沫最大体积 V_{max}/mL	析水半衰期 $t_{1/2}$	备　注
0.02	550	/	未完全成泡
0.05	850	5min10s	完全成泡
0.1	850	5min13s	
0.2	900	6min24s	
0.3	950	8min49s	
0.4	1000	9min50s	
0.5	1050	10min20s	

2.3　对比研究与优化结果

为了更好地验证分析结论以及适应现场生产的需求，建立了放喷阶段和生产阶段泡排的对比试验，见表7。

表7　不同泵排量下消泡剂浓度优化结果

现场试验	泵排量/(L/h)	消泡剂浓度/%	取样情况
放喷阶段	100	5	有泡沫
放喷阶段	100	7.5	无泡沫
生产阶段	50	7.5	有泡沫
生产阶段	50	10	无泡沫

同时，在生产阶段泡排中药剂使用量分别采用4根泡排棒、6根泡排棒和8根泡排棒进行对比实验（最大排量50L/h，消泡剂浓度10%），见图5。

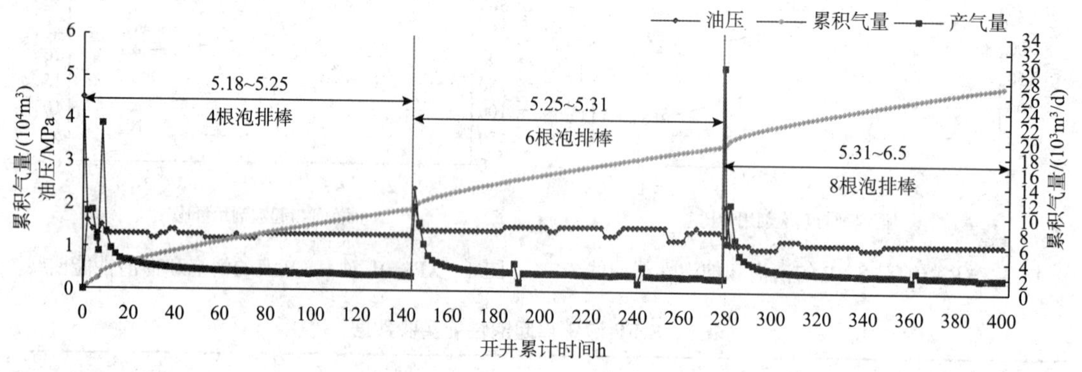

图5　现场不同药剂量下的生产曲线

在生产过程中，消泡剂注入时间主要是开井后的4~6h之内，且4h过后，随着泡沫液的产出，泡沫浓度逐渐降低，调节到5%浓度的消泡剂溶液同样能够满足消泡要求。从图5可以看出，采用小于10根的起泡剂用量能够达到较好的泡排效果，单次泡排周期持续时间可达4~6d，泡排过程中取样泡沫几乎为零。远远低于前期泡排药剂的使用量。

所以，综合实验数据重新分析以及现场对比试验，泡排药剂的优化配比结果见表8。

表8　泡排药剂优化配比结果表

泡排棒用量	消泡剂浓度	消泡剂原液	泵排量
<10根	10%	17kg	50L/h

3　建立泡排作业规范化程序

泡沫排采技术在山西临兴致密气先导试验区的首次应用，初期存在管理混乱、生产人员操作不熟练以及夜间作业人员易疲劳、焖井时间长等情况。

3.1　消泡剂注入程序

由于井筒的储集效应，过早注入，泡沫未必从井底返出，那么就会造成一定程度的浪费。同时，随着泡沫返出越来越少，最后需要停注消泡剂。通过现场泡排的经验与实践过程，建议在开井约15min后再进行消泡剂注入，且配置好的消泡剂溶液不要超过24h（厂家提供信息)。由此，建立的消泡剂配置及注入程序如下：

①开井前半小时配置好消泡剂溶液。消泡剂配置严格按照方案设计要求或技术人员的制定，且保证溶液充分混合；

②开井放喷及时观察取样口返出液、一旦发现大量气泡，则向生产流程中连续加注消泡剂，并注意观察取样返出液；

③生产阶段注入初始速度的消泡剂，然后根据产液量和消泡情况调整注入速度和注入浓度；

④当取样无液或液中无泡沫 2h 后，停注消泡剂。

3.2 资料录取与取样程序

前期泡排作业设计及实践过程中采用了每 0.5 ~ 1h 的数据记录，连续时间长达 27h，通宵作业人员易疲劳。同时根据临兴致密气先导试验区低产气井实际情况，无单井的产液计量流程，故除放喷阶段可以计量产液量外，生产阶段无法记录产液数据；开井 15min 后，每半小时录取上述数据资料一次，泡排稳定后，1 ~ 2h 录取上述数据一次；此外，通过考虑投棒焖井以及开井泡排的时间划分，实行夜间焖井制度：即第一天下午或晚上投棒，然后焖井，第二天早上开井。这样既保证了作息时间，也有利于白天发现任何情况及时方便的解决。

4 建立泡排管线改造方案

为了更好地开展泡排工作，同时兼顾注醇的需求，结合临兴区块实际特点，提供了泡排管线改造方案。

泵出口注消泡剂管线改造方案如下：

(1) 改造措施（图 6 右所示）

①原单向阀出口侧（具体视现场情况而定)，用氧炔焰切割，焊接三通。

②三通一侧连接注醇管线。

③三通另侧（连接注消泡剂管线）依次加装单向阀和节流阀。

④连上注消泡剂管线，通过节流阀控制即可注入。

(2) 井场改造方案：以井场为单位，在注醇撬出口位置，分别对单井加装三通进行管线改造，再并联在注消泡剂管线上，通过柱塞泵注入消泡剂（图 7)。

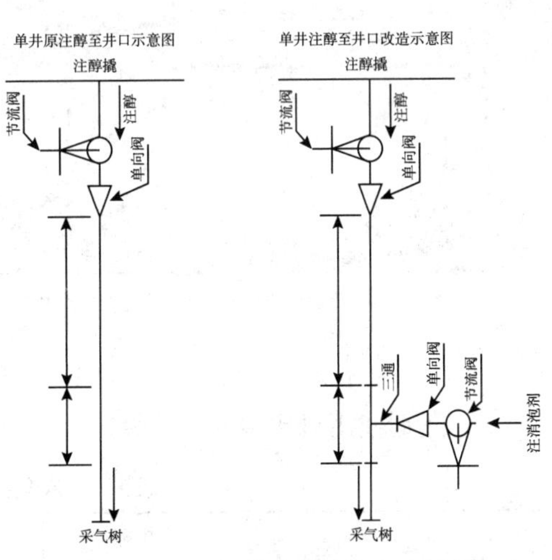

图 6　泵出口管线改造设计示意图

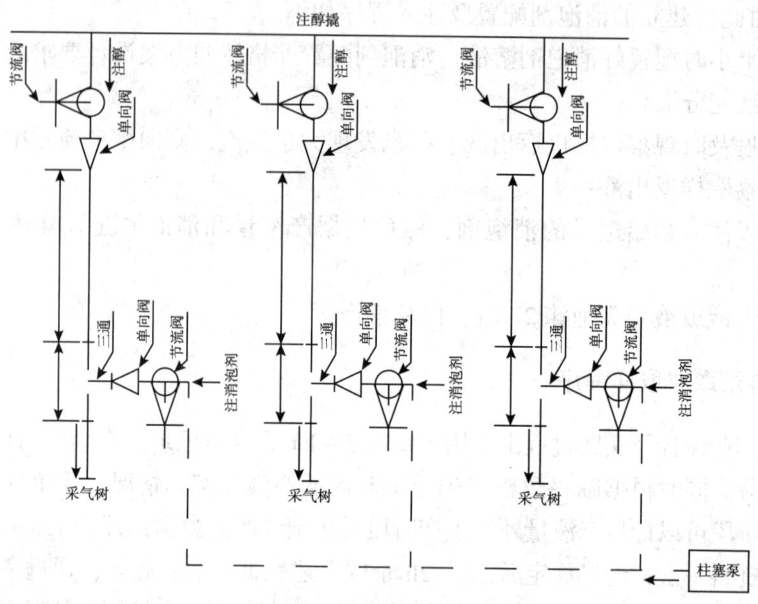

图 7　井场管线改造设计示意图

5　实例应用

2016 年 4 月 27 日 ~2016 年 5 月 4 日，2016 年 5 月 4 日 ~2016 年 11 月 2 日分别对某井进行了泡排作业。其中 2016.4.27 ~2016.5.4 为放喷阶段泡排（气举后产量提高至1600m^3/d 后再泡排，标记为①阶段）；技术优化后 2016.5.4 ~2016.11.2 为生产阶段泡排（共进行了②③④⑤阶段），生产曲线见图 8。

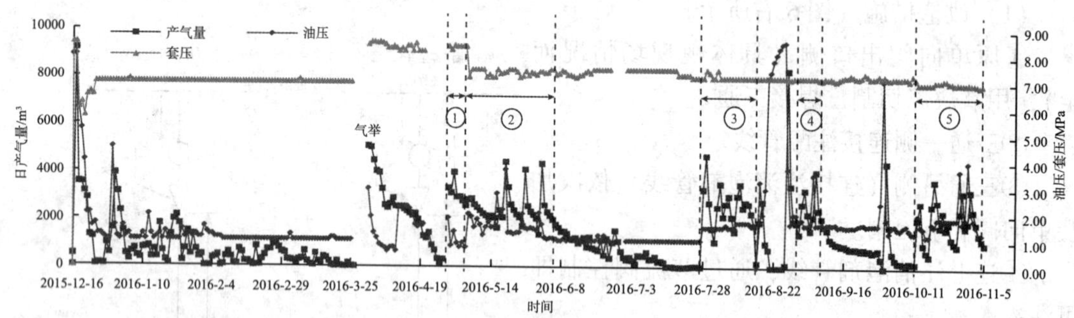

图 8　该井生产曲线

（1）药剂使用对比情况（表 9）。

表 9　单次复产药剂使用量参数表

阶　段	泡排棒	消泡剂浓度	消泡剂原液	泵排量
放喷阶段（优化前）	25 根	7.5%	60kg	100L/h
生产阶段（优化后）	8 根	10%	17kg	50L/h

（2）生产效果对比情况（图 9）。

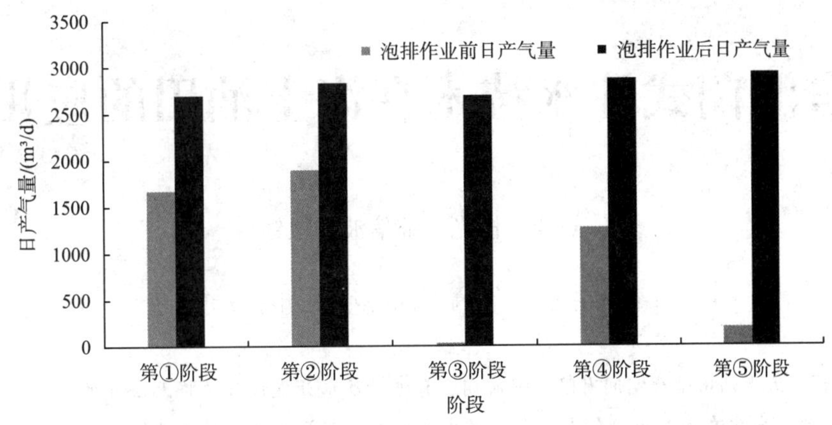

图9　该井井泡排前后日产对比柱状图

6 结　论

（1）通过实例证明，对比①与②③④⑤阶段：技术改进后优化泡排药剂配比，采用更少的药剂用量，达到同样的泡排效果。

（2）对比①与③阶段：7月产气量、油压及套压降至3月末的水平时，直接采用优化后的泡排工艺（无需气举），复产效果明显。

（3）此外，通过建立的泡排作业程序，使泡排作业规范化，极大地提高了泡排作业时效，仅投棒作业时间从原来的平均30min缩短至20min，提效20%以上。

（4）建立的管线改造方案兼顾了泡排和注醇两方面需求，不仅适用于单井，也为井场改造提供了重要的参考价值。

7 建　议

泡沫排采工艺技术因其成本低，易实施等特点在国内外油气田广泛应用。通过技术改进和优化，泡沫排采技术在临兴区块的成功应用已经证明了该工艺的适用性和可推广性，建议进一步推广改进后的泡沫排采工艺在其他积液气井中的应用，完善泡排工作制度。

参考文献

[1] 杨川东．采气工程［M］．北京：石油工业出版社，1992：121～122.

[2] 张书平，白晓弘，樊莲莲，等．低压低产气井排水采气工艺技术［J］．天然气工业，2005，25（4）：106～109.

[3] 杨筱璧．泡沫排水起泡剂室内实验优选［J］．特种油气藏，2009，4；16（2）：70～71.

[4] 费海红．盐城气田泡沫排水采气用起泡剂的室内实验筛选［J］．油田化学，2006，23（4）：329～333.

[5] 闫云和．气井带水条件和泡沫实践［J］．天然气工业，1983，3（2）：30～33.

自源闭式注水技术在海上油田的应用

刘佳　杨光　邹信波　段铮

[中海石油（中国）有限公司深圳分公司]

摘要　海上油田平台空间有限，若前期没有进行注水开发设计，将无法开展类似陆地油田大规模注水。本文在海上油田自流注水、同井抽注等工艺基础上，创新性提出了自源闭式注水技术，通过对比常见注水方案阐明了自源闭式注水的优势，并论述了水源层筛选及注入可行性研究、多功能注水管柱设计、注水智能监控测调技术等多方面的技术创新及人工举升的设计特点。应用实例表明，以该技术为核心的低成本绿色环保注水工艺方案，具有实施周期短、投资少、见效快等优势，能有效补充地层能量，改善油田整体开发效果。

关键词　自源闭式注水　注水开发　多功能注水管柱

注水开发是油田能量补充，保持规模上产和稳产的一种常用方式。在注水方式上多采用开放式地面注水，但出于特殊考虑，国内外部分油田也陆续尝试了封闭式井下注水[1~3]，如中东阿曼 R 油田、科威特部分边缘或小断块油藏。

1　自源闭式注水的优势

注水是最广泛采用的能量补充方式，对于海上油田注水开发可选择的水源包括：海水、生产污水和地层水，其中海水属它源，生产污水和地层水属同源。

海水作为注入水水源优势在于水源充足且供给稳定，可直接借用平台现有的海水提升系统、粗过滤系统。但海水中的溶解氧、细菌及悬浮物颗粒等可能造成注水设施、注水井、地层发生结垢、腐蚀和堵塞等损害。经调研，壳牌等公司海上新项目都不再采用海水作为水源[4]。此外，地面处理需要一定的平台空间，如脱氧塔尺寸巨大需穿越多层甲板，以 X 平台为例，因平台前期设计时没有考虑注水，平台剩余空间分布零散，若实施海水注入方案，平台改造工作量大，耗费周期长，且需对脱氧后的海水持续注入脱氧剂，运维成本高。

注入水水源选取生产污水，从配伍性角度上是最好的选择，但生产污水的处理比较复杂，水质易波动。典型的生产污水处理流程需经过斜板除油器、加气浮选器、核桃壳过滤器等三到四级设备处理后才满足注入水水质要求[5]。若前期没有考虑注水开发方案，需大面积改造或扩充平台以增加额外的处理设备（如除油器等），经济投入大。

地层水作为注入水水源，不需要脱氧塔或除油器，需增加的水处理设备相对少，尺寸较

第一作者简介：刘佳（1991 年—），女，采油工艺助理工程师，2015 年硕士毕业于西南石油大学油气田开发工程专业，现从事油田采油工艺、增产研究工作。通讯地址：广东省深圳市南山区后海滨路中海油大厦，邮编：518000；E－mail：liujia37@ cnooc. com. cn。

小，对现有水流管线改造相对较少，实施周期最短；水源来自井下，外来离子少，细菌等微生物含量少，可直接通过常规修井作业补给水源，实施灵活、维护方便。因此，考虑到能量补充和迫切性和方案经济性，对前期没有进行注水开发设计的海上油田而言，地层水是注入水水源的首选，详细对比见表1。

表1　不同水处理方案对比（以X平台为例）

注水方案		平台改造工作量	实施周期对比	地面增添主要处理设施 名称（数量）	改造费用估算/万元
地面水处理	注海水处理方案	较大	较长	增压泵（2）、海水细过滤器（3）、脱氧塔（1）、缓冲罐（1）、注水泵（2）	4283
	清污混注处理方案	较小	较短	增压泵（2）、增压泵（2）、除油器（2）、过滤器（3）、缓冲罐（1）、注水泵（2）	5489
	注地层水	较小	较短	过滤器（3）、缓冲罐（1）、注水泵（3）	3403
自源闭式注水		几乎无	最短	NA	NA

注：因X平台生产污水量较少，故采用清污混注方案对比。

2　自源闭式注水技术原理

和传统开发式注水不同，自源闭式注水在没有地面水处理设备情况下，以同一口井的地层水为水源，采用流体在井筒倒灌来保持弱弹性或弱边水驱油藏的地层压力，在井下将水直接注入到目的层。该技术可细分为天然自流和助流注水两种，衍生了不同的配套工艺：①地层水依靠地层本身的压力，将水直接注入油层，即天然自流注水法；②水层本身的压力不能保证足够的注水量，需要提高注入压力，即助流注水。

2.1　水源层筛选原则

由于同源水层天然具有外来离子少、沉积同源性配伍概率高等有利条件，依据埋深、厚度、物性、水体规模、砂体展布等综合选取水层，再通过室内试验完成水质指标适应性和配伍性研究进一步优选合适的自源水层[6]。若没有条件取样，可考虑借用邻近油田物性相近油藏水样。

2.2　自源闭式注水管柱

2.2.1　自源闭式自流注水管柱

自流注水存在无法控制流量的缺点，为防止水淹，需对注水层和水源层进行隔离。通过在油管柱上增加流量控制器，让水源层的水只能通过这个控制器注入到注水层，从而可实现注入量调节；然后采用电缆作业下入测调仪器，调节水嘴控制注水层的注水量，在必要时停注。根据水源层的位置不

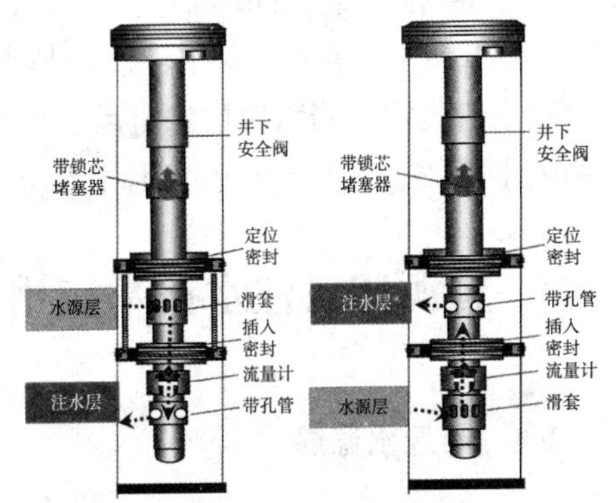

图1　自源闭式自流注水管柱示意图（水源层位置不同）

同，设计“采上注下”和“采下注上”两种不同的井下注水管柱，见图1。

2.2.2 自源闭式助流注水管柱

为提供更大的注入压力，适应海上井槽有限导致的单井注水量大的需求，设计了多功能注水管柱，见图2。采用了转向分流总成、无接箍套管的罐装系统、防冲蚀保护罩等特殊工具设计等手段，在增大过流通道情况下保障井下设备水长期稳定运转。

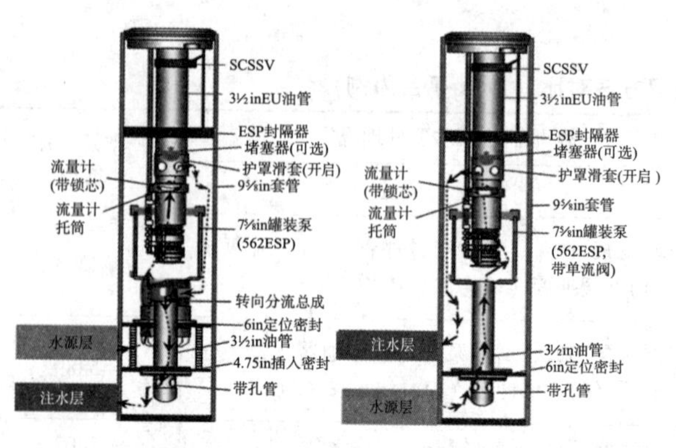

图2 自源闭式助流注水管柱示意图（水源层位置不同）

利用注水智能监控测调技术，实时调节井下注量。该技术主要通过地面控制部分和测调工作筒实现，两部分由单芯钢管电缆连接[7,8]。通过增加注水测调工作筒，实时监测井下温度、压力、流量并通过信号电缆传输至地面，及时了解井下动态；增加地面控制器，将注水测调工作筒监测的数据进行实时显示；并通过地面控制器向注水测调工作筒发送指令，实现回注水的实时、无级调节。

2.3 人工举升的设计特点

注水方式特殊性，使得注采系统彼此关联，在人工举升设计方面具有自身的特点。针对水源层在上、注入层在下的自源闭式助流注水管柱，见图2左。根据工艺原理需满足的基本条件是：

$$Q = I_{w,注}(P_{wf,注} - P_{r,注}) \qquad Q = I_{w,采}(P_{r,采} - P_{wf,采}) \tag{1}$$

$$P_{wf,注} = P_{wf,采} + \rho_w g\Delta h + \Delta P - P_f \tag{2}$$

式中，Q 为井下注水量，m^3/d；$I_{w,注}$ 为注入层吸水指数，$m^3/(d \cdot MPa)$；$I_{w,采}$ 为水源层采液指数，$m^3/(d \cdot MPa)$；$P_{wf,注}$ 为注入层流压，MPa；$P_{wf,采}$ 为水源层流压，MPa；$P_{r,注}$ 为注入层地层压力，MPa；$P_{r,采}$ 为水源层地层压力，MPa；P_f 为油管摩阻压降，MPa；ΔP 为电泵附加压差，MPa；Δh 为注入层和水源层的垂深差值，m；ρ_w 为水密度，g/m^3。

根据式（1）可知，井下注水量与水源层供给能力、注入层吸水能力均密切相关，由两者中较小值决定。当水源层选定后，注水压差可通过调节电泵频率增大，注水量取决于注入层的吸水指数，若电泵不运行则注入压力最小，注水量也最小。

3 自源闭式注水技术应用

3.1 筛选水源层

根据筛选原则，在拟注水目的层上下各选取了水源层 JX 层、MX 层。因现场发现水源层和地层水在取样时，存在接触氧气一段时间后水样呈现黄褐色浑浊状的情况，经分析发现水中均富含 Fe^{2+}。因此优化了室内实验方案：①水质分析时在常规离子含量分析基础上，用ICP分析法单独加测铁离子含量（Fe^{2+}与Fe^{3+}之和）；②配伍性实验时，对结垢实验的水样充分曝氧过滤后，采取滴定水中钙离子含量减少量的方法，避免使用称重法时被铁离子沉淀干扰，并注意滴定时排除镁离子的影响；③岩心驱替实验研究时，采取配制相同结垢量模拟水的方法，避免铁离子沉淀的影响。实验结果见表2。

表2　水源层水样的室内评价结果

自源水层	厚度/m	平均 k/md	平均 ϕ/%	水型	总矿化度	注水水质	配伍性	水敏/速敏	岩心损害
JX	10~27	851	26.5	$CaCl_2$	30438.6	符合行标	良好	无	弱伤害
MX	25~81	523	18.2	$CaCl_2$	36064.1	符合行标	良好	无	弱伤害

自源闭式注水工艺水源水在井下直接注入目的层，水源水不会接触到任何具有氧化性的物质，在这种闭式环境下Fe^{2+}对井下注水无影响[9]。从注水水质和配伍性上分析，JX层、MX层水样均可选为水源；从钻完井、井筒工艺角度分析，浅层水源的自源闭式注水井的工程难度和费用明显低于深层水源。综合考虑认为JX层水源在经济性及可实施性方面是较优选择。

3.2　应用效果

为缓解X油田地层能量不足造成的突出紧迫的生产矛盾，用现有井网2口井实施自源闭式注水：新钻完井的A1H井直接转为自源闭式自流注水井，A2H井由在生产油井转为自源闭式助流注水井。

两口井陆续实施后，对地层的能量补充效果明显。注水三个月后受效井组地层压力回升近3.5MPa，在压力稳步回升情况下，同层单井陆续提液共13井次，年增油达$14.8\times10^4m^3$，成功解决了X油田上产稳产难题。长远方案模拟结果见表3。对比衰竭开发基础方案1，仅仅利用现有井网适时增加注水井能获得（35.68~96.38）$\times10^4m^3$增油量，提升最终采收率1.75%~4.73%。若能扩大现有井网，最终采收率提升效果将更明显，如方案6在新钻2口井后适时增加注水井数，模拟最终采收率为35.03%，对比基础方案1可获得$214.48\times10^4m^3$增油量。

表3　注水方案对比模拟结果

方案描述				高峰期		增油量/10^4m^3	采收率/%
序号		描述	注采井数	年产油量/10^4m^3	采油速度/%		
现有井网	基础方案1	衰竭开发	0注16采	94.05	3.53	0	24.50
	方案2	1口注水井	1注15采	94.05	3.53	35.68	26.25
	方案3	2口注水井	2注14采	94.05	3.53	96.38	29.23
扩大井网	方案4	新钻1注1采1水源3转	5注13采	97.35	3.65	121.57	30.47
	方案5	再新钻2采	6注14采	97.35	3.65	188.42	33.75
	方案6	再新钻2采+3转注井	8注12采	97.35	3.65	214.48	35.03
	方案7	新钻4采1水源	4注16采	97.35	3.65	181.35	33.41
	方案8	新钻4采1水源	8注12采	97.35	3.65	213.46	34.98
	整体方案9	新钻10采4注	11口19采	150.48	5.65	277.58	29.14

4 结 论

（1）由于同源的地层水天然具有外来离子少、沉积同源性配伍概率高等有利条件，对前期没有进行注水开发设计的海上油田而言，地层水是注入水水源中最具经济性的选择。

（2）自源闭式助流注水无需改造地面设备且比自流注水工艺能提供更大的注入压力，相对更适应海上井槽有限、单井注水需求大的情况。

（3）自源闭式注水技术形成了完整的低成本绿色环保注水工艺方案，为地层能量补充方式闯出了一条新路，实施后有效的缓解了目标油田的压力亏空的严峻形势，改善了油田整体开发效果。

参考文献

[1] 黄映仕，余国达，罗东红，等．惠州 25－3 油田薄层油藏自流注水开发试验［J］．中国海上油气，2015，27（06）：74～79.

[2] 邹洪岚，刘合，郑晓武，等．伊拉克鲁迈拉油田可控性自流注水可行性研究［J］．油气井测试，2014，23（02）：1～4＋75.

[3] 程心平，刘敏，罗昌华，等．海上油田同井注采技术开发与应用［J］．石油矿场机械，2010，39（10）：82～87.

[4] 闫伟峰，金佩强，杨克远．低矿化度水驱采油：阿拉斯加北坡的 EOR 新机遇［J］．国外油田工程，2006（06）：10～13.

[5]采油污水处理技术研究现状与发展趋势［J］．油气田环境保护，2007（03）：45～48＋62.

[6] 国家能源局．SY/T 5329－2012．海上碎屑岩油藏注水水质指标及分析方法［S］．2012.

[7] 杨万有，王立苹，张凤辉，等．海上油田分层注水井电缆永置智能测调新技术［J］．中国海上油气，2015，27（03）：91～95.

[8] 徐健．注水井井下测调系统的研究［D］．哈尔滨理工大学，2012.

[9] 杨光，李锋，邹信波，等．海上油田注入水中地层原生亚铁离子的影响与控制［J］．中国石油和化工标准与质量，2017，37（05）：93～94.

纳米分散体驱油技术研究与应用

田苗　徐国瑞　王涛　贾永康　冯青

（中海油田服务股份有限公司）

摘要　渤海某油田注水井大都采用大段防砂，经过长期注水开发，注入水沿高渗带突破严重，油井含水上升快。该油田注入水质严重超标，常规的调驱工艺复杂、设备占地面积大，而且面临注入压力升高很快，造成注入困难等问题。为此我们开展纳米分散体驱油技术研究，纳米级分散体是特殊的化学药剂，存在于油水之间，使油和水形成离散状分散体。室内实验表明，药剂拥有超低界面张力和极强的原油分散携带能力，与水驱和一般化学驱相比，能够大幅提高驱油效率。目前已优选井组开展矿场先导驱油实验，取得了较好的控水增油效果。该技术采用在线注入、设备占地面积小、药剂注入性好、油藏适用性广、绿色无污染，适合于在海上油田狭小作业空间下进行，具有良好的技术应用前景。

关键词　渤海油田　调驱　纳米分散体　在线注入　控水增油

渤海某油田为河流相沉积的稠油油藏，纵向上发育多套砂体，储层平面和纵向上的非均质性强。注水井大都采用大段防砂，防砂段内层系多，经过长时间的注水开发，高渗层突进严重，而位于非优势通道或非有利沉积相带的油井见效差、供液能力下降、动用程度低，造成层内、层间、平面矛盾突出，油田注水利用率下降。目前注水井调驱已成为油田改善水驱开发效果的一项重要手段[1~5]。

注水井调驱措施通过封堵吸水强度偏高的油层，使各小层吸水剖面更加均衡，缓解层间矛盾，同时降低周边油井含水。常规的调驱措施存在工艺复杂、设备占地面积大、作业时间长影响正常生产等问题，且该油田注入水水质严重超标，常规的调驱措施面临注入压力升高很快，造成注入困难等问题。

针对以上问题我们开展纳米分散体驱油技术研究，该技术产品拥有超低界面张力和极强的原油分散携带能力，能够大幅提高驱油效率，并在一定程度上改善层间矛盾[6~10]。与其他调驱技术相比，具有施工工艺简单、药剂注入性好、设备占地面积小、采收率提高明显、绿色无污染等显著优点。

1　纳米分散体增产机理及特点

纳米级分散体是特殊的化学药剂，使油和水形成离散状分散体。分散体总是存在于油水之间，具有油水两相性质，由于分散体中的每个油滴和水滴呈现分子量级，其最小直径可以

第一作者简介：田苗（1986 年—），女，工程师，硕士，现从事油田高含水综合治理方面的研究工作。通讯地址：(300459) 天津塘沽海洋高新技术开发区海川路 1581 号，联系电话：022 - 55951921。E - mail：ex_ tianmaio@cosl. com. cn。

达到1nm，可以在油藏条件下稳定存在。其增产机理为：①形成超低界面张力，可以极大降低毛细管力差异，从而降低了系统对油的束缚；②极强的原油分散携带能力，使得注入流体在冲刷孔隙的过程中，原油易于剥落成小油滴而被驱替出来，能够大幅提高水驱洗油效率；③改变岩石润湿性，使其由油湿转变为水湿，降低原油在地层空隙中的流动阻力，改善孔喉，提高渗流效率；④调节驱替面，从而打开了新的驱替通道。

纳米级分散体驱油技术是一种新型的前沿技术，其具有以下优点：①注入性好，穿透能力强，具备小尺寸效应可以大幅度提高药剂在地层的扩散率；②适用性广，抗高温、高盐、抗稠油；③针对性强，可以根据不同油藏特点设计有针对性的独立配方；④驱替效率高，实验室及矿产实验证明其驱替效率远高于水驱；⑤施工工艺简单，采用在线注入，无需大型设备；⑥绿色无污染，所选化学药剂生物降解率高于95%，药剂排出前自动分解，对流程无影响。其性能指标见表1。

表1　纳米分散体药剂性能指标

项　目	指　标
外观	乳白色液体
水溶性	与水互溶
油溶性	与油互溶
pH值	5.5～6.0
黏度/mPa·s	1.5～2

2　室内实验

2.1　界面张力测试

室内测定了地层原油与水之间的界面张力，界面张力测试组实验设备和材料见表2。

表2　界面张力测试组实验设备和材料

原油	××油田油井产出油样
水	3%氯化钠水溶液
分散体	××公司化学药剂
高清电子张力测试设备	Attension

测试结果表明，地层温度下，油水之间在无分散体存在时界面张力在26mN/m左右［图1（a）］。加入0.5%分散体溶液后，油与含有0.5%分散体溶液的界面张力小于仪器测定的最小值，即小于0.01mN/m［图1（b）］。

2.2　润湿性及驱替能力测试对比组

室内测定了无分散体的溶液和含0.5%分散体的溶液对地层原油/水之间的界面张力和砂岩体系润湿性的影响。实验设备和材料见表3。

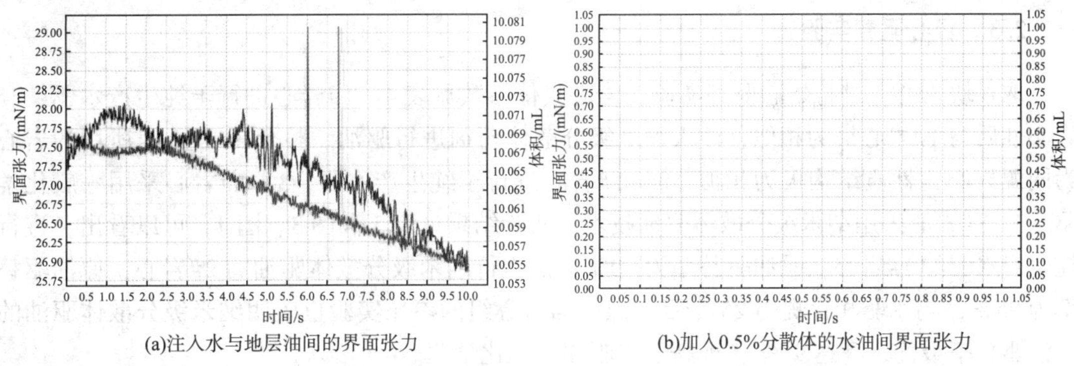

(a)注入水与地层油间的界面张力　　(b)加入0.5%分散体的水油间界面张力

图1　界面张力测试组实验

表3　润湿性和驱替能力测试实验设备和材料

原　油	××油田油井产出油样
水	3%氯化钠水溶液
分散体	××公司化学药剂
砂粒	40~70目地层砂
烧杯	25mL
恒温加热垫	Scilogex

分别取0.5%分散体的溶液和无分散体的溶液各10mL分别加入烧杯中，缓慢加入10mL地层油。由于重力分异，地层油在上，水溶液在下。取两份3g的实验砂粒，缓慢均匀撒入烧杯中。由于石英砂表面的先被地层油包裹，砂粒会携带大量的油形成油包砂沉入溶液底部。同时将两个烧杯放在恒温加热垫上加热至地层温度65℃，观察记录油包砂的动态变化。

测试结果表明，当烧杯加热到目标温度后（地层温度），油包砂在地层水中保持稳定，地层油始终与砂粒固结在一起沉降在水底。水相无法打破油相进入砂体内。证明油相是润湿相且油水间界面张力极大，同时水相无法润湿砂粒［图2（a）］。含有0.5%分散体的水溶液在整个体系达到地层温度后代替油相成为润湿相。油包砂体系被打破。由于0.5%的分散体可以提供超低界面张力，在细微的重力差异下水溶液进入砂体内驱替出地层油［图2（b）］。

(a)加热至地层温度前
左侧地层水组，右侧0.5%分散体组

(b)加热至地层温度后
左侧地层水组，右侧0.5%分散体组

图2　润湿性和驱替能力测试实验

2.3 岩心驱替实验

取6块岩心，进行岩心驱替实验，岩心具体参数见表4。1#岩心进行于纯生产水驱，2#岩心性质与1#岩心极为相似，注入纳米级分散体药剂进行驱油。整个3#岩心组所用的岩心为同源岩心，性质结构极为相似。3－1#岩心进行于纯生产水驱，3－2#岩心采用一般化学驱，3－3#岩心采用纳米级分散体驱油技术。实验结果见表5和图3、图4，可以看出，进行纯生产水驱的1#岩心，原油驱替率为70%；而进行纳米级分散体驱油的2#岩心，原油驱替率为95%，与水驱相比提高25个百分点。3#岩心组的参照实验也表明纳米级分散体驱油的原油驱替率最优，高达97%，远高于水驱和一般化学驱。

表4　岩心驱替实验岩心参数

岩　心	1#	2#	3－1#	3－2#	3－3#
深度/m	1370	1352	1410	1410	1410
孔隙体积/cm^3	42	52	114.2	114.2	114.2
长度/cm	18.63	29.2	28.1	28.1	28.1
直径/cm	3.81	3.81	5.6	5.6	5.6
孔隙度	0.168	0.174	0.218	0.218	0.218
$K_{生产水}$/mD	125	148	627	627	627

表5　岩心驱替实验结果

岩　心	1#	2#	3－1#	3－2#	3－3#
K_{ro}	0.41	0.52	0.54	0.62	0.48
S_{wr}	0.52	0.26	0.29	0.26	0.26
K_{rw}	0.01	0.02	0.05	0.06	0.04
S_{orw}	0.23	0.39	0.39	0.4	0.4
药剂性质	无	分散体	无	一般化学	分散体
S_{orc}	0.07	0.02	0.19	0.13	0.1
原油驱替率/%	70	95	51	68	97

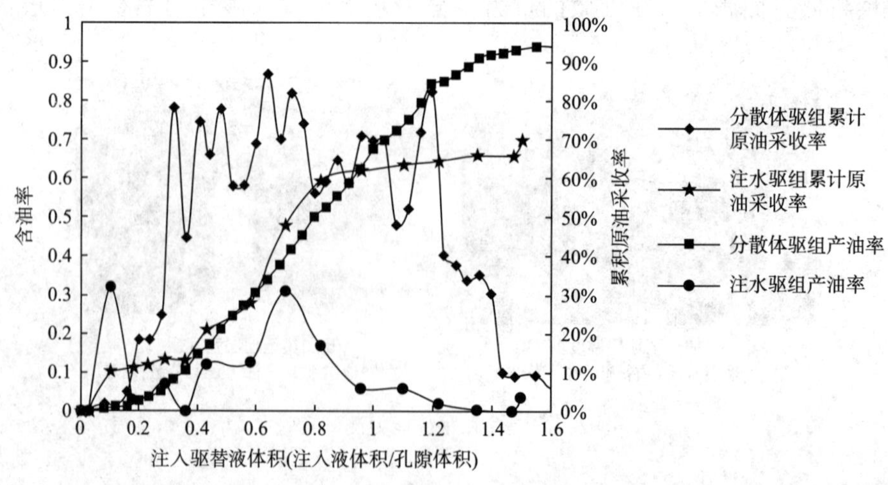

图3　1#和2#岩心驱替实验结果对比图

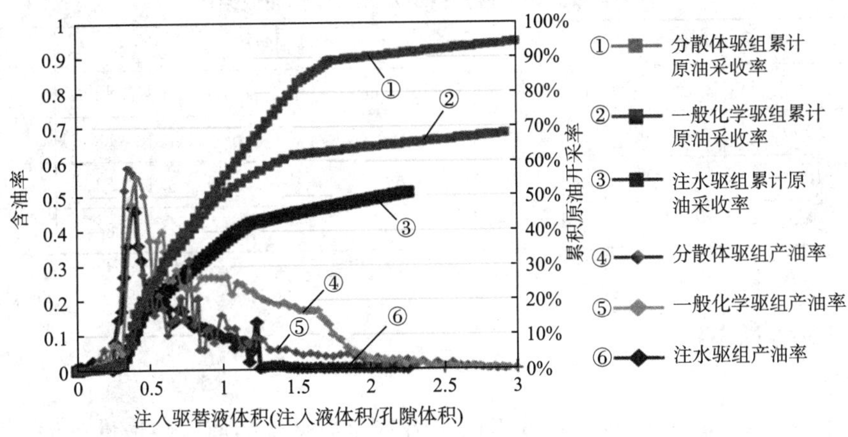

图4　3－1#、3－2#和3－3#岩心驱替实验结果对比图

3　矿场实施

3.1　选井原则

(1) 选择区块时，应避免包含已形成的大孔道；(2) 井间连通性良好，尽量远离断层；(3) 油水井对应关系清晰，注水方向明确；(4) 区块需要有一定的增产潜力，含有较多的剩余可采储量。

3.2　施工工艺

纳米分散体施工采用在线注入方式[11,12]，施工工艺简单，单井作业设备占地面积 < $15m^2$。首先将药剂储存于储液罐，通过专用注入管线泵注药剂，与高压注水混合后，掺入到注水管线中，共同注入井内，到达油层，现场施工流程见图5。

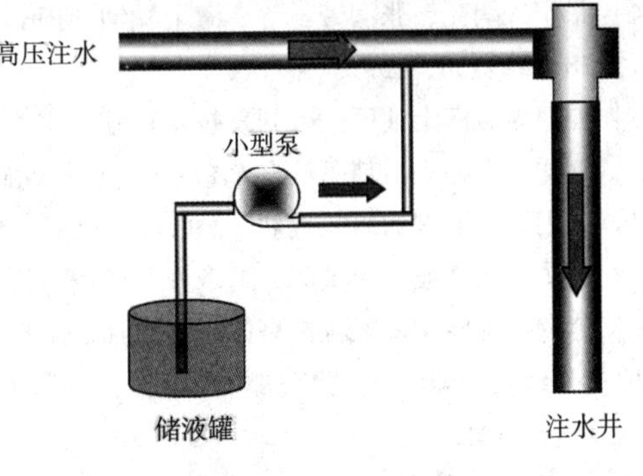

图5　现场施工流程

3.3　应用情况

某油田井组整体高含水，井组包含3口油井，日产液 $1174m^3/d$，日产油 $175m^3/d$，综合含水85%，平面产液结构不合理，存在优势通道，同时在整个段内，纵向吸水也不均匀。

该井组于2017年8月10日至11月1日采取纳米分散体驱油措施，措施后效果明显(表6)，井组中的三口油井出现不同程度的见效，单井含水率降低了3%～10%，累计增油量 $6158m^3$，为该油田增产措施提供了新的方向。

表 6　某油田实验井组纳米分散体驱油效果

井号	调驱前			调驱后			累计增油量/m^3
	日产液/(m^3/d)	日产油/(m^3/d)	含水/%	日产液/(m^3/d)	日产油/(m^3/d)	含水/%	
1	575	58	90	582	67	88	2643
2	102	27	73	68	32	53	2008
3	533	57	89	471	64	86	1507

4　结论与认识

（1）纳米分散体调驱技术具有超低界面张力驱油和极强的原油分散携带能力特点，能够大幅提高驱油效率，并在一定程度上改善层间矛盾。

（2）纳米分散体驱油技术具有施工工艺简单、注入性好、适用性广、针对性强、绿色无污染等优点。

（3）根据纳米分散体驱油选井原则，优选了实验井组，设计了施工参数和工艺实施流程。实验室及矿场实验表明其驱替效率远高于水驱，技术见效快、增油降水效果明显，具有良好的应用前景。

参考文献

[1] 赵福麟，戴彩丽，王业飞，等．海上油田提高采收率的控水技术［J］．中国石油大学学报：自然科学版，2006，30（2）：53～55.

[2] 周守为．中国近海典型油田开发实践［M］．北京：石油工业出版社，2009：256～261.

[3] 刘承杰，安俞蓉．聚合物微球深部调剖技术研究及矿场实践［J］．钻采工艺，2010，33（5）：62～63.

[4] 张宁，阚亮，张润芳，等．海上稠油油田非均相在线调驱提高采收率技术［J］．石油钻采工艺，2016，38（3）：387～391.

[5] 周守为．海上油田高效开发技术探索与实践［J］．中国工程科学，2009，11（10）：55～59.

[6] 刘洋．生物表活剂驱油在 PB 油田的可行性研究［J］．内蒙古石油化工，2012，（9）：144～145.

[7] 金羽．驱油剂的研究进展［J］．辽宁化工，2008，37（10）：706～708.

[8] 宫军，徐文波，陶洪辉．纳米液驱油技术研究现状［J］．天然气工业，2006，26（5）：105～107.

[9] 赵欣．磁性纳米颗粒包裹体分散驱油技术现状［J］．钻采工艺，2017，40（1）：95～98.

[10] 曹绪龙．非均相复合驱油体系设计与性能评价［J］．石油学报：石油加工，2013，29（1）：115～121.

[11] 徐玉霞，柴世超，廖新武，等．在线调驱技术在海上河流相稠油油田中的应用［J］．特种油气藏，2012，22（3）：59～63.

[12] 王秀平，刘凤霞，陈维余，等．聚合物驱在线混合调剖技术在海上油田的应用［J］．石油钻采工艺，2014，36（4）：706～708.

南海西部高温高盐油藏组合调驱技术研究及应用

王闯　周玉霞　杨仲涵　宋吉锋　李彦闯

［中海石油（中国）有限公司湛江分公司］

摘要　针对涠洲 11－1N 油田高温高盐、大井距的特点，研发了以 AMPS 共聚物为主剂的冻胶与微凝胶 SMG 组合使用的调驱体系。通过流动性实验评价了冻胶体系的注入性、耐冲刷性，其中成胶液最大注入压力仅 1.1MPa 左右，静置 3d 后续水驱 8～10PV 后，残余阻力系数趋于平稳，说明有较好的注入性和耐冲刷性；微凝胶体系注入压力低于冻胶体系，并表现出了封堵、突破、运移后再封堵、再突破的现象。冻胶与微凝胶 SMG 的最优段塞组合顺序为低强度冻胶、中等强度冻胶、微凝胶 SMG、高强度冻胶，与水驱相比采收率增值达到 15.5%。该体系在为涠洲 11－1N 油田 X1 井现场应用后，6 个月内井组增油 $1.06\times10^4m^3$，预测累增油 $1.54\times10^4m^3$。

关键词　高温　AMPS 共聚物　微凝胶　组合调驱

南海西部在生产的注水开发油田储层温度多分布在 90～120℃，经过多年的注水开发，地层水矿化度与注入水离子组成越来越相近，均超过 30000mg/L，其中钙镁离子含量接近 2000mg/L。对于冻胶体系来说，聚合物的耐温耐盐性能对体系的稳定性至关重要，常用的高分子聚合物、疏水缔合聚合物、梳型聚合物[1～3]等耐温耐盐聚合物均无法满足目标油藏苛刻的高温高盐条件。为此研制成了以 AMPS 共聚物为主体的交联冻胶体系，AMPS（2-丙烯酰胺基-2-甲基丙磺酸）共聚物分子中含有对盐不敏感且亲水性的 $-SO_3$基团，可增强耐盐性能，尤其是抗高价离子性能，同时长链烷基作为大侧基，可增强耐温性能[4,5]；利用耐温酚醛树脂预聚体作为交联剂，可进一步增强冻胶体系耐温能力。

若使用冻胶调剖，其强度不宜过高，“堵而不死”是最佳效果，但冻胶的运移能力仍然有限，将微凝胶水分散体系与其组合使用，可有效封堵近井地带的高渗通道，又可进入油藏深部，达到深部调驱的效果。微凝胶具有在水中水化膨胀（膨胀倍数 3～10 倍），在油中不发生变化的特点，表观黏度低。分散体系中的胶粒在微观上通过对水流通道（孔喉）暂堵—突破—再暂堵—再突破的过程，优先进入高渗层区、大孔隙中，胶粒在暂时“堵塞”大孔隙喉道或增加其中流动阻力的同时，分散体系中的注入水转向进入低渗层区、小孔隙中，直接作用于其中的剩余油，实现高效地波及和驱替，提高了注入水利用效率[6,7]。

本文分别考察了 AMPS 共聚物冻胶（下文简称冻胶）体系的和微凝胶体系的耐温耐盐性能、注入性能、选择性封堵性能、耐冲刷性能，及提高采收率性能等，优化了两种体系的段塞组合方式。

1 实验部分

1.1 实验材料与仪器

微凝胶 SMG，工业品；AMPS 共聚物，工业品，相对分子质量 1200 万；酚醛树脂交联剂，有效含量 20%；稳定剂，工业品，固含量 98%；增强剂，工业品，固含量 90%；涠洲 11－1N 油田原油，90℃黏度 0.8mPa·s；现场注入水为脱氧海水（实验用水），水质分析数据见表 1。

表 1 某油田配液水性质

项 目	注入水/（mg/L）	项 目	注入水/（mg/L）
$Na^{+}+K^{+}$	10686	SO_4^{2-}	1619
Ca^{2+}	439	CO_3^{2-}	0
Mg^{2+}	1211	HCO_3^{-}	226
Cl^{-}	19457	矿化度	33645

515 型平流泵，美国 WATERS 公司；封堵实验仪，海安县石油仪器有限公司；电热恒温水浴锅，油水分离器，SCOTT 瓶，三层非均质岩心[8]（300mm×45mm×45mm，石英砂环氧树脂胶结），一维均质岩心（ϕ38×100mm，石英砂环氧树脂胶结），岩心夹持器，中间容器等。

1.2 实验方法

采用现场注入水配制冻胶体系成胶液，实验采用单管物理模型装置，实验装置见图 1，向岩心中注入成胶液，测定冻胶体系的注入性、封堵性及耐冲刷性能等，实验温度 90℃，一维人造岩心，渗透率 300mD。

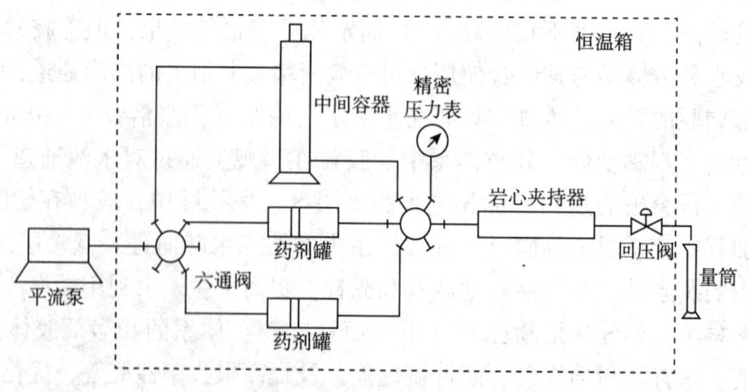

图 1 注入、封堵物理模型流程图

2 实验结果与讨论

通过前期实验得到了三种强度的冻胶配方，分别为低强度0.6% BHJH－3＋0.6% BHJLJ－3A＋0.1% BHJLJ－3B＋0.01% BHJLJ－3C，中等强度0.7% BHJH－3＋0.7% BHJLJ－3A＋0.1% BHJLJ－3B＋0.01% BHJLJ－3C，高强度0.8% BHJH－3＋0.8% BHJLJ－3A＋0.1% BHJLJ－3B＋0.01% BHJLJ－3C。

2.1 冻胶流动性能评价

2.1.1 冻胶注入性

采用现场注入水配制三种强度配方成胶液，向岩心中注入成胶液直至压力稳定，实验结果见图2。

通过实验可知，当持续注入冻胶液1.2PV后，压力稳定。共聚物和交联剂浓度越大，其注入压力越高，高强度冻胶成胶液最大注入压力1.1MPa左右，相对较小，说明成胶液具有较好的注入性。

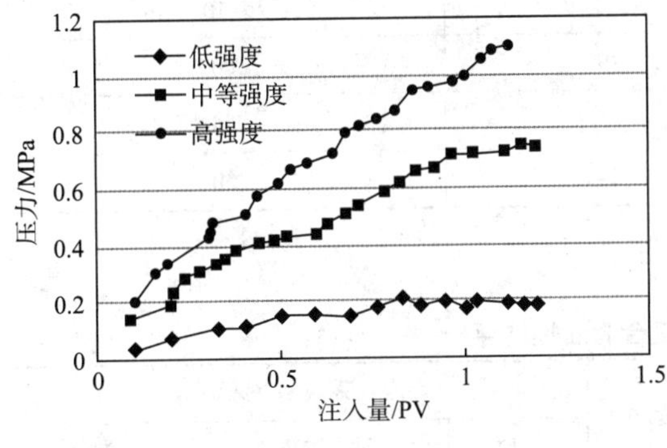

图2 注入压力与注入量的关系

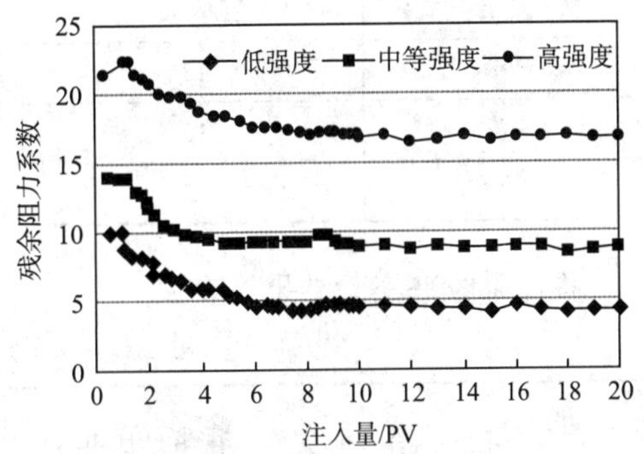

图3 残余阻力系数与水驱体积的关系

2.1.2 冻胶耐冲刷性能

冻胶封堵后，仍会存在一定的非均质性，在注入水的长期冲刷下，冻胶可能会被突破、运移，因此通过耐冲刷性表征冻胶在地层中经注入水长期冲刷下的状态。将注入冻胶液的岩心静置3d，测定封堵性能后继续水驱20倍孔隙体积，考察残余阻力系数与水驱体积的关系，实验结果见图3。

残余阻力系数评价的是冻胶封堵后岩心渗透率的降低程度，通过实验可知，随着注水量的增加，残余阻力系数先减小后趋于平稳，高强度配方冻胶的残余阻力系数始终最大，其次是中等强配方，低强度配方冻胶残余阻力系数最小，但始终大于4。当水驱8～10PV后，残余阻力系数只是平稳波动，没有明显的降低趋势，说明冻胶具有较好的耐冲刷性。

2.2 微凝胶SMG流动性能评价

如图1所示，在装置的岩心夹持器中间增加一个测压点，压力计读数记为P_2，进口段压力记为P_1，出口端压力记为P_3，将注入SMG水溶液的岩心静置于90℃下恒温5d后，观察水驱过程中各测压点的变化，结果见图4。

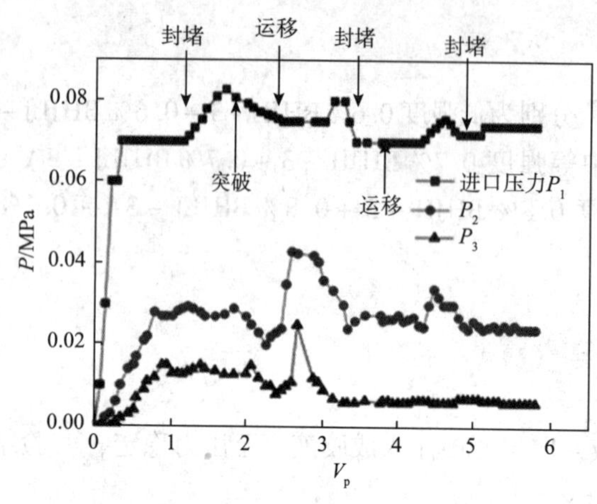

图4　压力随注入孔隙体积的变化

由图4可以看出，水驱开始后，测压点1、2、3先后开始压力上升，说明3个测压点后岩心实现了有效封堵，在上升到一定压力后，开始出现压力波动，说明SMG颗粒在岩心孔喉中在进行封堵、突破、运移后再封堵、再突破的过程，SMG颗粒体系具有良好的深部运移性能。

2.3　段塞组合方式优化

根据某油田3井区储层物性，使用三层非均质人造胶结模型，评价冻胶与SMG组合注入的提高采收率效果。实验温度90℃（表2）。

表2　非均质岩心模型基本参数

渗透层	层厚/mm	孔隙度/%	渗透率/$10^{-3}\mu m^2$
高渗	15	29	1000
中渗	15	26	200
低渗	15	24	50

提高采收率实验结果见表3。

表3　冻胶和微凝胶复合驱油性能评价

段塞组合	孔隙体积/mL	饱和度/%	采收率/%		
			水驱	注调驱体系后	增加值
先0.075PV　SMG 再0.075PV 低强度冻胶 再0.075PV 中等强度冻胶 后0.075PV 高强度冻胶	196	72.1	23	35.5	12.5
先0.075PV 低强度冻胶 再0.075PV　SMG 再0.075PV 中等强度冻胶 后0.075PV 高强度冻胶	199	74.6	22.8	36.9	14.1
先0.075PV 低强度冻胶 再0.075PV 中等强度冻胶 再0.075PV　SMG 后0.075PV 高强度冻胶	194	75.9	22.3	37.8	15.5
先0.075PV 低强度冻胶 再0.075PV 中等强度冻胶 再0.075PV 高强度冻胶 后0.075PV　SMG	197	73.6	23.1	36.7	13.6

实验结果表明，从提高采收率增加值来看，最佳组合方式为先注低强度冻胶，再注中等强度冻胶，再注入微凝胶 SMG，最后注入高强度冻胶。

3 现场应用效果

X1 井为涠洲 11－1N 油田的一口注水井，注水层位为 L_1 Ⅱ油组，储层中深温度 85～90℃，储层物性中孔中低渗，非均质性强。笼统注水，注水量 $458m^3/d$，注水压力 10.38MPa。冻胶＋微凝胶体系在该井组应用后，6 个月内井组增油 $1.06\times10^4m^3$，预测累增油 $1.54\times10^4m^3$。

4 结 论

（1）为了满足南海西部高温高盐及大井距的储层条件，构建了以 AMPS 共聚物为主剂的冻胶体系，同时优选微凝胶 SMG 与之组合，形成了适用于涠洲油田群的调驱体系。

（2）冻胶体系由 AMPS 共聚物＋交联剂＋稳定剂＋增强剂组成，利用中高渗长岩心进行流动性实验，表现出较好的注入性和耐冲刷性。微凝胶 SMG 在流动性实验中表现出封堵－突破－运移－再封堵的特点，表明分散体颗粒具有较好的深部运移能力。将两种体系组合使用，最优的注入顺序为，先注低强度冻胶，再注中等强度冻胶，再注入微凝胶 SMG，最后注入高强度冻胶，这种注入方式得到的提高采收率增值最大。

（3）该技术在现场应用效果好，调驱后注水压力上升，6 个月内井组增油 $1.06\times10^4m^3$，预测累增油 $1.54\times10^4m^3$。

参考文献

[1] 杨文军，等. 耐温耐盐深部调剖体系研究［J］. 断块油气田，2011，18（2）：257～260.

[2] 陈洪，等. 高温高盐油藏用疏水缔合聚合物凝胶调剖剂研制与应用［J］. 油田化学，2004，2（14）：343～346.

[3] 吴文刚，等. 高温高盐油藏堵水调剖用凝胶实验研究［J］. 石油学报：石油加工，2008，24（5）：559～562.

[4] 陶磊. 高温油藏 AMPS 聚合物驱提高采收率先导性试验研究［J］. 石油天然气学报（江汉石油学院学报），2011，33（9）：141～144.

[5] 赵仁保，等. AMPS 共聚物溶液的性质及在多孔介质中的流动特征［J］. 石油学报，2005，26（2）：85～87，91.

[6] 吴行才，等. 微凝胶颗粒水分散液体系在多孔介质中的驱替机理［J］. 地球科学，2017，42（8）：1348～1355.

[7] 孔柏岭，等. 微凝胶与聚合物组合驱复合效应研究及矿场应用［J］. 油田化学，2012，29（1）：43～37.

[8] 卢祥国，等. 石英砂环氧树脂胶结非均质模型制作方法：中国，200510063665.8［P］. 2005－09－07.

南海西部气田治水工艺研究与应用

张瑞金　袁辉　廖云虎　谢思宇　李彦闯　张德政

［中海石油（中国）有限公司湛江分公司］

摘要　鉴于崖城13－1气田出水严重导致气井停喷或将要停喷的严峻现实，开展了治水增产工艺研究，形成了高温低压气井管内机械堵水技术、高温低压高渗气井暂堵压井技术、超深大斜度气井超大尺寸油管切割打捞技术、高温低压超深气井深穿透补孔技术、高温低压气井防腐技术及高温低压超深气井复合诱喷排水技术并在现场成功应用。

关键词　机械堵水　暂堵修井液　防腐　排水采气

1　前　言

崖城13－1气田自2007年下半年以来的生产已经表现出受凝析油、凝析水和边水侵入的影响，产气量下降，产水（液）量上升，个别井产水（液）量和水气比呈明显上升趋势。因此开展机械堵水、更换管柱、诱喷、防腐等增产措施研究，以减少气井出水，保证见水井的稳定生产，对于崖城13－1气田延长稳产期、保证向下游用户供气合同的完成和提高气藏最终采收率具有重要意义。

2　高温低压气井治水增产关键技术

为了实现崖城13－1气田增产和稳产，主要涉及高温、低压、超深气井管内机械堵水技术、高温、低压、高渗气井暂堵压井技术、超深、大斜度气井7in油管切割打捞技术、高温、低压、超深气井深穿透补射孔技术、高温、低压、超深气井防腐技术、高温、低压、超深气井复合诱喷排水技术共6项关键技术。

2.1　高温、低压、超深气井管内机械堵水技术

在7in油管内下入堵水桥塞和倒水泥可通过电缆、连续油管和钻杆三种方式进行作业。结合三种不同的作业方式，对其特点进行分析对比，在作业能力满足要求的前提下，电缆下入堵水桥塞和倒水泥的作业方案最优。

通过调研与优选，从桥塞规格、性能及作业风险方面综合考虑，选用4in极限桥塞作为

第一作者简介：张瑞金，硕士，南海西市石油研究院钻采工艺研究分析工程师，主要从事气田治水，排水采气方面的科研工作。通讯地址：（524057）广东省湛江市坡头区南油二区西部公司。联系电话：0759－3912458。E－mail：zhangrj3@cnooc.com.cn。

A7 井的机械堵水工具。4in 极限桥塞结构见图 1，桥塞中防滑系统可以确保桥塞在安放过程中的中心定位和密封性；防挤压系统确保桥塞在井下可以承受最大压力差，愈合系统和密封系统一起确保桥塞在井下的密封和使用寿命。在使用 4in 极限桥塞时，上面置放一段水泥塞，以封固桥塞并延长其使用寿命。

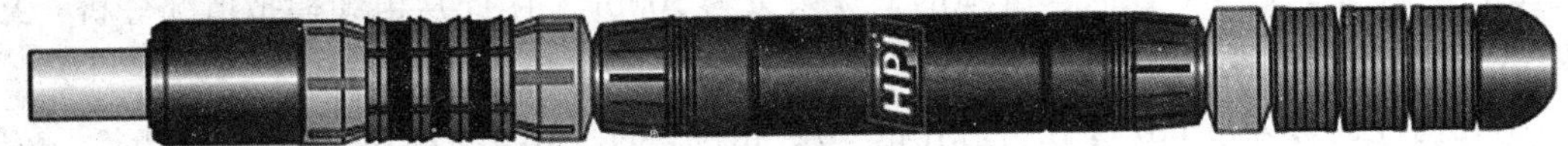

图 1　4in 极限桥塞结构

采用电缆输送方式在 7in 油管井筒内实施精确倒水泥工艺，将优质高温水泥浆装入倒灰筒，倒灰筒上部接有重锤和激发器，通过电缆加电触发激发器后，重锤释放冲开倒灰筒上下活塞，水泥浆在重锤重力的作用下替出。倒水泥作业通过倒灰筒长度精确控制水泥浆量，从而实现井筒内短距离精确注水泥。采用优质高温水泥浆以实现有效。

2.2　高温、低压、高渗气井暂堵压井技术

根据崖城井况的特殊要求，通过体系性能对比分析，最终优选了 SJ－2 单向暂堵剂。SJ－2单向暂堵剂吸水后膨胀成为单颗胶粒，具有良好的变形性，通过炮眼优先进入漏层，在压井液柱的静压下，胶粒变形挤压在一起形成致密的屏障，阻止流体漏失，SJ－2 单向暂堵剂性能为：暂堵剂抗温达 180℃，稳定时间超过 30d；具备良好的弹性；可通过负压返排；承压高，封堵率超过 95%；共聚时加入了无机支撑剂，封堵强度高，在 20MPa 下封堵率大于 95%；配伍性强；生物毒性低，满足排放要求。

2.3　超深、大斜度气井 7in 油管切割打捞技术

崖城 13－1 气田采用 7in 油管和永久封隔器完井，无法直接解封上提油管，必须采用切割 7in 油管的方式才能起出原井生产管柱。

2.3.1　超深、大斜度气井 7in 油管切割工艺

综合割刀的不同特点，在大斜度超深井中，推荐采用切割效率更高且操作简单的水力割刀，同时在切割钻具中加扶正器降低割伤 9⅝in 套管的风险。切割 7in 油管采用 5¾in 水力割刀，其参数为：内割刀最大外径为 146mm；接头扣型 331；抗拉强度 150T；抗扭强度 26kN·m；本体水眼直径 38mm；活塞水眼直径 8mm；割刀完全张开后最大直径 188mm。

2.3.2　超深、大斜度气井 7in 油管打捞工具

应用超深、大斜度气井 7in 油管打捞工具主要有 5.75in 外径 ITCO 可退式打捞矛及机械锚定工具。5.75in 外径 ITCO 可退式打捞矛捞矛该工具是由心轴，卡瓦、释放环、引锥等组成。每种规格的打捞矛都配有多种不同尺寸的卡瓦，供打捞作业时选用。当机械锚定工具需要固定在套管孔内时，正转中心轴。由于摩擦块的摩擦阻力，摩擦扶正部分并不随割刀中心轴转动，在其内部滑牙的啮合作用下，摩擦扶正部分向上运动，推动锚定缓冲部分一起向上运动，并在斜面燕尾槽的作用下，锚定缓冲部分的卡瓦工作外径逐渐扩大，直到抵住套管内壁。

2.4 高温、低压、超深气井深穿透补射孔技术

2.4.1 超深气井电缆补孔工艺研究

选择2－32ZAXS超强电缆进行强度模拟，当摩阻系数为0.2时，电缆的上提余量为1550lbs；当摩阻系数为0.3时，电缆的上提余量为500lbs。因此从电缆模拟情况分析，2－32ZAXS超强电缆强度满足补射孔作业需要。

射孔枪优选4.72inHSD高孔密射孔枪，72°相位5spf（16孔/米），耐压20000psi，在气中射孔最大外径（包括毛刺）5.16in。由于井底温度180℃，必选使用HNS超高温射孔弹。超高温炮弹PowerJet 4505 HNS可满足作业要求，耐温：180℃/800h，API19B标准穿深874mm，孔径10.16mm。

2.4.2 TCP射孔联作工艺研究

通过点火方式对比分析，采用负压射孔可最大程度的减少井筒液柱对储层造成的污染，考虑井深井斜大，直接投棒点火的风险太高，优选钢丝投棒点火作为主方案，连续油管投棒点火作为备用方案。

由于地层温度接近180℃，射孔器材所有内装药剂均采用耐高温的PYX和HNS型药剂。火工器材中射孔弹（HNS＋少量氟橡胶粘结剂）、导爆索（纯PYX）、传爆管（CB20－5.5II，纯HNS）内装药剂相对较为单一，均能耐温222℃/200h（依据炸药耐温曲线）。传爆管（CB20－5.5I，纯HNS＋超高温敏感药）、传爆组件（纯HNS＋超高温敏感药）、起爆器（纯HNS＋超高温击发药）是整个管柱中起击发作用的产品，产品设计时必须装填敏感药剂及击发药剂，其耐温级别低于纯HNS装药产品。

2.5 高温、低压、超深气井防腐技术

2010年12月，针对A7井诱喷过程中短时间内连续油管腐蚀严重问题立即开展了腐蚀机理研究。对两份腐蚀产物（其中一份为断口附近连续油管外壁的腐蚀产物，另一份为气举工具串上腐蚀产物样品）进行X射线衍射分析。从分析结果可知，腐蚀产物主要为铁的氧化物Fe_2O_3、FeO（OH）、Fe_3O_4及少量的$FeCO_3$、（Ca，Mg）CO_3沉积盐。图2为清洗前后的试样表面的微观SEM形貌，清洗前试样表面存在一层较厚的腐蚀产物膜，将腐蚀产物清洗后，试样表面布满了腐蚀坑，其腐蚀形貌与送检样品腐蚀情况吻合。

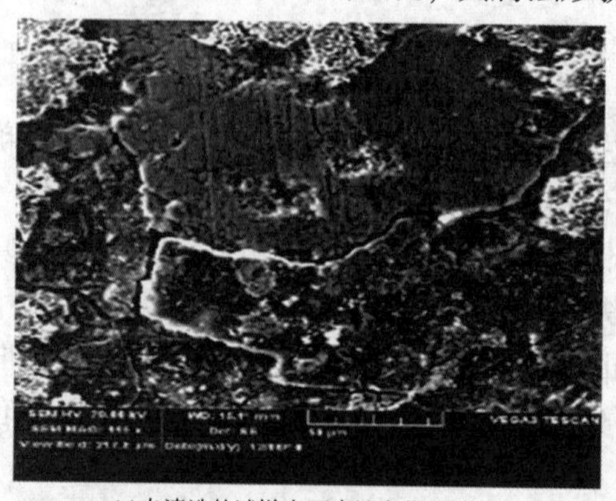

(a)未清洗的试样表面腐蚀产物形貌

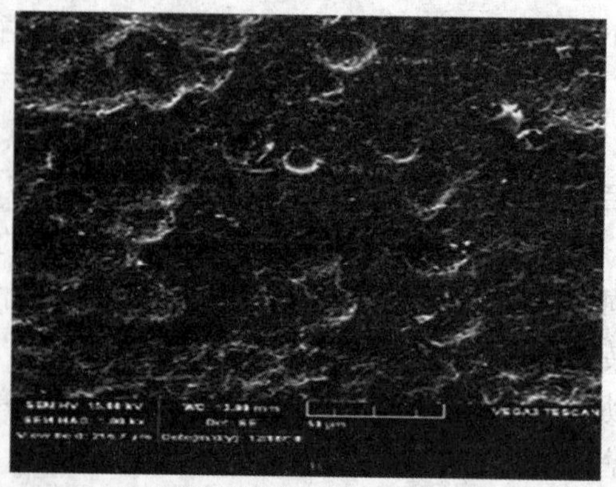

(b)清洗后试样表面腐蚀坑形貌

图2 清洗前后试样SEM照片

通过研究明确了急速剧烈腐蚀的主要原因是制氮机引入的氧气，而二氧化碳为次要腐蚀介质。结合现场实际，具体防腐措施为：①气举时使用液氮代替制氮机作为气举气源，以最大限度降低氧气含量；②加入耐高温缓蚀剂；③加入除氧剂，除去井筒中原有的氧气，以及加注缓蚀剂和注气时引入的氧气。

采用液氮有效降低氧气含量后，难点在于寻找耐180℃高温的缓蚀剂。以下缓蚀剂加上除氧剂合称为防腐液。根据除氧剂和缓蚀剂的优选结果，防腐液配方为：缓蚀剂 TG520 + 除氧剂 HYHNY-OS。

2.6 高温、低压、超深气井复合诱喷排水技术

2.6.1 环空气举 + 连续油管气举诱喷工艺

在不动管柱不压井的情况下，堵水后可以选择注气吞吐或者连续油管实施诱喷，然而在A7 井井筒液面高，地层压力系数低的情况下实施注气吞吐不可行，需要采用连续油管实施诱喷排液。A7 井作业井深达到5280m，地层压力系数低，利用 IPM 软件分析，7in 油管尺寸携液能力差，携液临界流量：$12 \times 10^4 m^3/d$。如果仅利用氮气气举，提供的气量有限，达不到携液临界流量要求；采用平台外输香港气实施气举，需连接管线且作业安全无法保证，因此需要考虑氮气气举 + 泡排的复合排水采气工艺，提高气井的携液能力。

发泡剂选用药剂 EC7001A 和 EC7005A 进行对比实验。对每一口所选井均进行了不同水含量情况下的测试，药剂采用较高的实验浓度。因所取井的测试液体偏少，因此实际测试数量相应受限。从测试结果看，Sci-Foam EC7001A 的所有实验结果良好，在各种含水情况下泡排效果好，特别是在有凝析油存在时表现更为突出。高温实验结果表明 Sci-Foam EC7001A 没有发生分解或者效果的损失。从 pH 值的测试也得到了相同的结果。

2.6.2 环空气举 + 连续油管气举诱喷工艺

（1）环空气举排水采气工艺设计。

崖 13 - 1 的气举推荐采用连续气举。从安全生产角度，推荐采用半闭式生产管柱。由于用于气举的高压气源为经过脱水处理的外输干气，虽然含有 CO_2，但气举时对上部套管的腐蚀可以忽略。其中：①生产管柱上部与油管挂相连的 7in 双公短节长度尽量短；②最下部气举阀安装在原 9⅝inSB - 3 封隔器以上 50 ~ 60m；③生产管柱下部不安装单流阀，以利于关井、淹死后井筒中液相在必要时向产层的压灌、卸载与复活；④生产油管及井下工具材质选择 13Cr。

（2）连续油管气举诱喷工艺设计。

为满足后期辅助排水采气的需要，利用连续油管实施修井后的诱喷作业，如果诱喷不活再利用气举阀实施后续的环空注气诱喷。利用 PIPESIM 软件模拟了 1. 75in 连续油管下入至 4. 5in 油管中实施气举的排液量，鉴于 A7 井连续油管诱喷作业经验，为避免氧腐蚀选择液氮作为气举气源。

3 应用情况

（1）2010 年 11 月，A7 井成功实施电缆过油管机械堵水和倒水泥作业，堵水后井筒液面下降明显（液面从堵水前 311m 下降至堵水后 2666m）。

（2）2011 年 1 月，A7 井在 7in 油管内成功实施气举、泡排和防腐复合诱喷作业，气井成功诱喷复活，在放喷状态下井口压力 165psi，日产气量 $18\times10^4Sm^3/d$，降低湿气压缩机入口压力至 220psi 气井能够进系统生产，日产气量 $16\times10^4Sm^3/d$。

（3）2011 年 10 月，A7 井成功实施电缆深穿透补射孔作业，在湿气压缩机入口压力至 370psi 时能够进系统持续稳定生产，日产气量 $36\times10^4Sm^3/d$。

（4）2011 年 10 月 ~2012 年 1 月，A13 井成功实施 SJ－2 单向暂堵剂置换压井，打捞连续油管，钻杆机械堵水，切割 7″原井生产管柱，TCP 射孔联作以及诱喷作业，成功复产，产水量和地层水氯根含量均呈下降趋势，目前气井生产稳定，日产气量 $(23\sim24)\times10^4Sm^3/d$。

4 结 论

（1）应用电缆下 4in 极限桥塞和倒水泥工艺成功解决了高温、低压、超深气井不压井管内机械堵水难题。创新性地利用钻杆校深技术保证了桥塞成功坐封在 6200m 井深仅 10.82m 长的避射段。开发了高温水泥浆体系：井底高温 180℃条件下 30h 内具有流动性，凝固后水泥强度达到 31MPa，满足钻杆倒水泥的工艺要求；应用钻杆校深，钻杆管内下 4in 极限桥塞和倒水泥工艺成功解决了高温、低压、超深、大斜度气井管内机械堵水难题，成功封堵住下部出水层位。

（2）对超深、大斜度气井堵水和切割打捞 7in 油管作业进行钻具组合优化研究，保证了作业的安全实施。研制了带机械锚定功能的水力割刀切割工具组合，提高了切割效率，解决了超深、大斜度井 7in 油管切割难题。研究了连续油管气举＋高温泡排复合诱喷工艺，成功解决了高温、低压、超深、7in 大尺寸生产管柱气井诱喷作业难题，为国内首次应用。

参考文献

[1] 欧阳铁兵，田艺，范远洪，等．崖城 13－1 气田开发中后期排水采气工艺［J］．天然气工业，2011.31（8）：25~27.

[2] 李蔚萍，颜明，于东，等．崖城 13－1 气田高温低压修井液类型选择［J］．化学与生物工程，2014.31（1）：64~66.

[3] 宋立志，曾玉斌，范远洪，等．崖城 13－1 气田机械堵水工艺技术研究［J］．内蒙古石油化工，2012（10）.

[4] 颜明，田艺，贾辉，等．保护储层的络合水修井液技术研究［J］．石油天然气学报，2013，11：112~115.

[5] 张希秋，崖城 13－1 气田连续油管注氮诱喷排液技术研究与应用［J］．内蒙古石油化工，2014.（5）.

[6] 王雯娟，成涛，欧阳铁兵，等．崖城 13－1 气田中后期高效开发难点及对策［J］．天然气工业，2011（8）.

[7] 金光智．崖城 13－1 气田水淹气井的特征及复产方法［J］．天然气技术与经济，2013（5）.

[8] 宋立志，曾玉斌，范远洪，等．崖城 13－1 气田 A7 井高难度气井电缆堵水实践［J］．内蒙古石油化工 2012.（9）

南海西部油田化学防砂先导性试验成功应用

彭建峰　廖云虎　吴绍伟　袁辉　龚云蕾

［中海石油（中国）有限公司湛江分公司］

摘要　在生产中后期，南海西部油田多口井存在出细粉砂问题，导致油井不能正常生产，且伴有冲蚀地面管线和油嘴的风险，带来安全隐患，目前有效治理手段少。通过对化学防砂技术攻关研究，建立了室内化学防砂固结体制作和固砂性能评价的方法，针对目标井开展了室内模拟实验，构建了一套黏度小、固结强度高的 HWR 微乳水基固砂液体系，与储层配伍性良好、固结效果好，安全施工时间达 16h 以上。通过优化工艺作业方案，现场试验应用效果好，试验井施工前出砂量 15kg/h，无法生产，关井 6 年，施工后产液能力恢复至出砂前水平，增油 $15m^3$/d，生产压差 3MPa，井下压力计读数稳定，井口产液未见出砂。该工艺的成功试验，对后续类似出砂井治理有重要指导意义，推广价值高。

关键词　细粉砂　化学防砂　固砂性能　防砂效果

南海西部油田生产后期由于地层压力下降、含水上升、生产压差增大等因素导致出砂问题日趋严重，特别是细粉砂问题较为突出，出砂粒度中值仅 11.12μm。出砂井多为裸眼长水平井完井，原防砂管柱难以打捞，二次防砂受井径限制工艺选择性少、难度大，且机械防砂挡砂精度有限，难以阻挡细粉砂进入井筒，地面除砂由于出砂量太大，平台空间狭小，无法处理。因此，为了寻求新的防砂技术，开展了化学防砂固砂技术研究，针对目前已存在的固砂剂类型进行了优选改进，本文创新性构建了一套水溶性“一体化”注入的 HWR 微乳水基固砂液体系，体系粘度小，容易注入，固结强度高。该体系已在 W 油田 X1 井成功应用，效果良好，该井的先导性试验成功对后续类似井防砂治理有重要指导意义。

1　室内评价方法建立

1.1　固结体制作

本文采用填砂注入法作为实验手段，正压顶替制作固结体，建立化学固砂模拟评价方法。其基本实验流程为：

（1）填砂管（内径为 2.5cm）填砂，振荡压实（压力为 1～5MPa，压制时间为 10min），测初始渗透率；

（2）地层流体饱和砂模（用地层水或盐水饱和）；

作者简介：彭建峰（1985 年—），工程师，硕士毕业于西南石油大学，现在中海石油（中国）有限公司湛江分公司研究院从事防砂科研工作。地址：广东省湛江市坡头区南油二区西部公司附楼；邮政编码：524057；联系电话：13828296087；E-mail：pengjf2@cnooc.com.cn。

（3）注入前置液（清洗地层）（流量为0.5mL/min，注入1～2倍孔隙体积）；

（4）注入化学固砂液（流量为0.5mL/min，注入1～2倍孔隙体积）；

（5）在一定温度下（80℃）密封保存砂模，砂模固化72h；

（6）测试固化后固结体性能。

1.2 评价方法

1.2.1 抗压强度

参考中国石化标准Q/SHCG 13－2011、中国石化胜利油田标准Q/SH1020 1969－2008，把制作好的固结体从填砂胶套中取出，制作成长度为2.5cm±0.1cm的标准岩心试件，要求试件无缺损和裂纹，两端面平行并与轴线垂直，用游标卡尺测量其精确长度和直径。把制作好的固结体试件用压力机压碎，测试其单轴抗压强度。

1.2.2 渗透率测试

参考中国石化标准Q/SHCG 13－2011、中国石化胜利油田标准Q/SH1020 1969－2008。

①将制备好的砂模岩心3% KCl盐水饱和后测初始渗透率。

②将测过初始渗透率的砂模注入固砂剂，待固化完成后再测试其渗透率。

③计算固化前后固结砂的渗透率变化。

1.2.3 出砂率测试

把制作好的岩心状固结体称重，装入仪器中，在大排量（200mL/min）下连续冲刷一定时间，收集出口端冲出的砂，烘干称重，计算冲出的砂占岩心状固结体质量百分比，以检验固结体固结质量。

在本研究过程中，利用岩心的重量损失来表征气体冲刷时岩心的出砂率。

2 实验研究

根据前述评价方法，选取目标井油水样开展地层流体与固砂液体系配伍性实验，选取目标井地层岩屑制备人工岩心，固结后评价固结体性能。

通过实际观察与试验井W油田X1井同层位的W油田A井、W油田B井、W油田C井三口井的岩屑样，其中W油田C井满足取样条件，因此取W油田C井岩屑，采用“填砂注入法”制作实验用固结体（图1）。

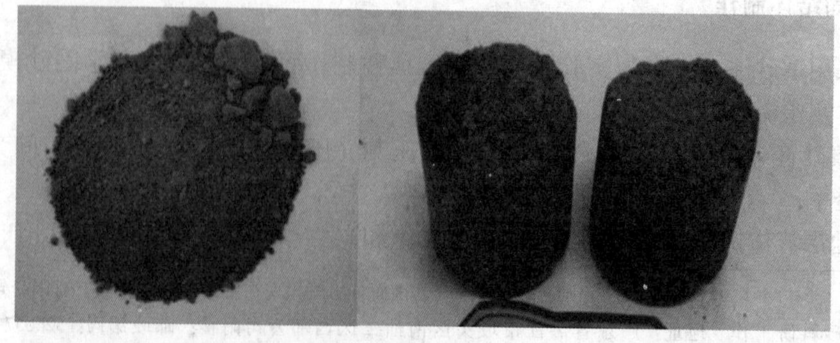

图1 W油田C井天然岩心散样

2.1 配伍性评价

前置液：淡水 +3% KCl +5% 互溶剂 HWRJ +2% HAR 降压助排剂。

HWR 微乳水基固砂液：8% 树脂 HWR－301 +12% 固化剂 HWR－302 +4% 调节剂 HWR－303 +76% 稀释剂（3% NaCl 盐水）。

2.1.1 前置液的配伍性

取一定量前置液分别与地层岩屑、地层流体、修井液按比例混合，测试防膨性能和配伍性。两个储层段岩屑在前置液中膨胀率都很低，分别为 1.54% 和 1.76%，防膨率都在 90% 以上。前置液与地层流体、修井液配伍性良好，黏度没发生突变，无沉淀，无分层现象。

2.1.2 固砂液的配伍性

取一定量固砂液分别与地层岩屑、地层流体、修井液、前置液按比例混合，测试防膨性能和配伍性。储层段岩屑在固砂液中膨胀率为 1.94%，防膨率 88%，防膨效果好。固砂液与地层流体、修井液、前置液配伍性良好，混浆后不会出现增稠现象，无沉淀，无分层现象。

2.2 施工安全性评价

为了抑制固砂液的反应速度，根据水性环氧树脂固化原理，选择在固砂液体系里加入一定量的固化调节剂 HWR－303，调整固砂液的有效施工时间。室内对固砂液体系的安全施工时间进行了评价。

2.2.1 静态条件

将配制好的固砂液放置在密闭容器中，置于一定温度条件下的烘箱中静置观察，并定期取出测试其黏度，以黏度变化来确定其安全施工时间（表1）。

表1 静态条件下固砂液黏度随时间的变化情况

温度/℃（室温）	黏度变化/mPa·s						
	0h	8h	24h	36h	48h	72h	96h
25	3.5	3.5	3.5	3.5	3.5	4.0	4.0
65	3.25	1.5	1.5	2.0	11.6	固化	
85	3.5	1.0	1.0	5.0	固化		

2.2.2 动态条件

将配制好的固砂液放置在容器中，置于一定温度条件下的水浴中，以低速搅拌的方式模拟固砂液动态注入过程，定期取出测试其黏度，以黏度变化来确定其安全施工时间。

HWR 微乳水基固砂液室温（25℃）条件下不管是静态还是动态都能稳定 48h 以上，能够保证在配制后长时间放置不会固化。在高温下（70℃或 85℃），静态条件下能够稳定 36h 以上，动态条件下能够稳定 16h 以上，满足现场安全注入施工时间。

2.3 固结性能评价

按照 1.1 的方法制作好固结体后，按照标准测试固结体的渗透率、抗压强度和出砂率等指标，评价固结性能。

未用储层流体污染的岩屑固结后抗压强度能达到2MPa以上，渗透率保留值80%以上，气体冲刷出砂小于0.088%；用储层流体污染后的岩屑固结抗压强度能达到2.5MPa以上，渗透率保留值82.5%以上，大排量（200mL/min）冲刷出砂小于0.032%（表2）。

表2　固结性能

编号	养护条件	渗透率/$10^{-3}\mu m^2$		渗透率保留率/%	抗压强度/MPa			冲刷4h	
		初始	固化后		进液端	出液端	平均值	压差/MPa	出砂率/%
1#	80℃×72h	451	371	82.3	2.05	1.88	1.97	4	0.088
2#	80℃×96h	423	340	80.4	2.46	2.01	2.24	4	0.069
3#	80℃×72h	389	321	82.5	2.68	2.31	2.50	6.68	0.032
4#	80℃×72h	372	318	85.5	3.01	2.54	2.78	7.23	0.027

3　工艺方案

3.1　注入方式

由于X1井属于裸眼完井，如果采用分段注入方式，需要管内封隔+筛管外环空ACP封隔，施工复杂，作业风险大。通过室内模拟实验表明，对于非均质性储层，化学固砂液的进液深度不一致，但符合对出砂可能性最大的高渗层进行有效固结的要求。因此，注入方式采用笼统注入。

3.2　用量及泵注参数设计

W油田X1井筛管内径为3.508in（89mm），外径为4.5in；筛管段长度为153.13m，平均孔隙度为20%~25%；油管注入，顶替到筛管外。综合固砂性能、注液规模和固砂成本考虑，W油田X1井固砂半径选择1.0m。计算前置液和固砂液的用量都为100m^3，前置液与固砂液用量比例为1∶1。

参考本区块地层压力梯度系数，计算地面泵注施工限压900psi，采用油管正注，排量0.2m^3/min，排量可根据施工限压调节（表3）。

表3　泵注程序

序号	施工内容	泵注压力/MPa	注入液量/m^3	累计注入量/m^3
1	正替前置液	<6.5	10	10
2	正挤前置液	<6.5	90	100
3	正挤固砂液	<6.5	100	200
4	正挤顶替液	<6.5	10	210

4 现场应用情况

4.1 施工作业

就位地面设备、连接注液管线并试压合格后，按照地面配液要求的加料顺序依次配制好前置液和固砂液，并取样测试液体性能是否合格。在地面恒温水浴锅内模拟地层温度做平行检测样（图2）。

图2 地面取样检测和平行样对比实验

2018年8月23日至25日进入化学防砂作业主体施工阶段，地面准备工作就绪后开启防砂泵依次正剂前置液、固砂液和顶替液，共计用时13h，注入排量0.27~0.29m^3/min，压力550~725psi，整个注入过程较为顺利。

4.2 实施效果

W油田X1井作业前地面除砂测试，出砂量约15kg/h，出砂情况严重。

2018年8月29日X1井化学防砂后下泵复产，截至目前，产液能力达到关井前水平，增油15m^3/d，含水率60%，井口油压1.9MPa，井下压力计读数一直稳定在2.5MPa左右，生产稳定无出砂迹象。

5 结论与认识

（1）室内填砂法可以较好地模拟实际注液情况，对于化学固砂液体系的室内评价效果可靠。

（2）HWR微乳水基固砂液体系具有较高的固结强度和渗透率恢复值，并且防砂效果良好，特别是针对生产后期出细粉砂的油气井防砂效果好。

（3）HWR微乳水基固砂液体系施工简便，易注入，施工时间可调，固结有效期长，对类似油气水井出砂治理具有较高的推广价值。

参考文献

[1] 李鹏，赵修太，邱广敏．酚醛树脂外固化剂的实验研究及固砂性能评价［J］．精细石油化工进展，2005，6（2）：11～14.

[2] 朱春明，王希玲，张海龙．化学防砂方式优选研究与应用［J］．新疆石油天然气，2012，8（4）：77～80.

[3] 王秀影，胡书宝，赵宇琦，等．柳泉油田泉2断块强水敏粉细砂岩储层防砂技术［J］．石油钻采工艺，2016，38（2）：251～255.

[4] 马超，赵林．新疆陆梁油田疏松砂岩化学固砂液体系研究［J］．江汉石油学院学报，2013，35（4）：145～149.

[5] 邹晓霞．HY新型化学防砂材料在林樊家油田的应用［J］．石油钻采工艺，2009，31（3）：79～81.

南海西部油田纳滤海水注水先导性应用

谢思宇　宋吉锋　郑华安　袁辉　李彦闯

[中海石油（中国）有限公司湛江分公司]

摘要　涠洲A油田地层水中碳酸氢根离子浓度高，与海水和生产水等注水入水中的钙离子反应生成结垢，存在不配伍风险，已导致油藏注水滞后，影响产量约1000m^3/d。本文分析了结垢问题的关键为二价结垢离子，创新性引入纳滤软化海水作为候选水源之一。经分析对比生产水、软化海水、水源井水，以及过滤海水等四类水源，评估出软化海水综合效果最佳，其降低原生产水结垢风险约80%。工业现场应用表明，实际脱除二价离子效率高达90%，而矿化度能保留70%以上，从而有效避免结垢的发生。目前油田已注水，效果良好。

关键词　结垢　注水　纳滤　离子

1　前　言

南海西部涠洲注水开发油田井下普遍存在结硫酸钡锶问题，硫酸钡锶垢因其性质稳定，结垢迅速，其防治方法一直属国内外技术难点[1~3]。受井下防垢工艺的限制，井下结垢问题难以解决。尤其在新油田注水问题上，需吸取以往经验，从注水源头选好水，从治本角度治理结垢更为重要。

涠洲A油田开采流沙港组，地层水中碳酸氢根浓度高达4000mg/L以上，钙离子浓度小于40mg/L，结合结垢油田生产经验，分析认为注入水中的钙离子含量须亦小于40mg/L，否则将会加剧采出液中的碳酸钙析出，然而，一般性水源的钙离子浓度均不能符合要求。本文创新性提出采用纳滤海水进行注水，有效降低水中结垢离子浓度，已现场应用并取得良好效果。

2　研究方法

本次研究依据SY/T 5329－2012《碎屑岩油藏注水水质指标及分析方法》，对涠洲A油田注入水源配伍性展开研究，重点考察4种候选水源与该油田地层水和岩心的配伍性，

实验岩心：现场岩心，渗透率80～110mD

水样：海水、涠洲组水、纳滤海水、自营生产水等，均为现场水样

第一作者简介：谢思宇，男，2009年毕业于西南石油大学油气田开发工程专业，硕士。主要从事注水工艺和油田化学方面的研究工作。通讯地址：广东省湛江市坡头区南油二区研究院。E－mail：xiesy@ cnooc. com. cn。

2.1 静态配伍性实验评价

将A油田地层水与海水、纳滤水、生产污水、水源井水按不同比例在烧瓶内混合、密封，恒温120℃，进行静态实验。静置36h后，观察混合后结垢情况，最后测试Ca^{2+}含量变化，半定量评价配伍性。

2.2 动态配伍性实验评价

模拟地层条件下（120℃、10MPa），利用流速控制注入水与地层水比例，两种水同步驱替至岩心进口端，观察入口压力变化，考察结垢对储层渗透率的损害程度。

3 结果讨论

3.1 静态配伍性实验评价

对比图1和图2可知，在地层120℃温度条件下，生产水与地层水结果明显，纳滤海水与地层水配伍性好。图3以Ca^{2+}损失量来表征结垢严重程度，地层水与4种注入水混合后，Ca^{2+}损失量随着注入水比例增加先增大后减小，地层水：注入水=7：3时，Ca^{2+}损失浓度最大即结垢量最大。相比4种注入水源，纳滤水结垢量最小，水源井水结垢量最大，Ca^{2+}损失浓度达350mg/L，见图3。

图1 生产水与地层水混合反应后

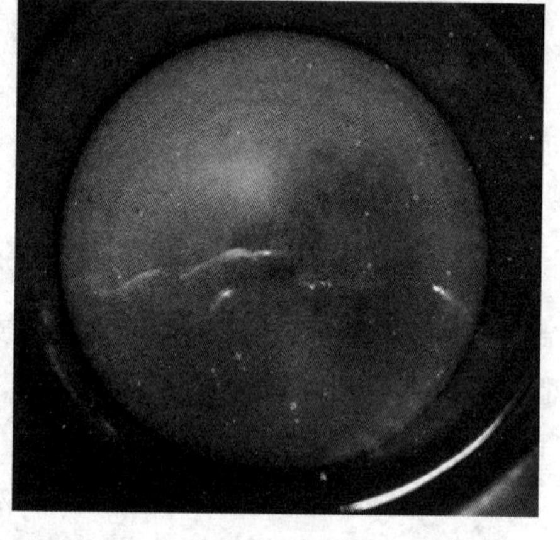

图2 纳滤海水与地层水混合反应后

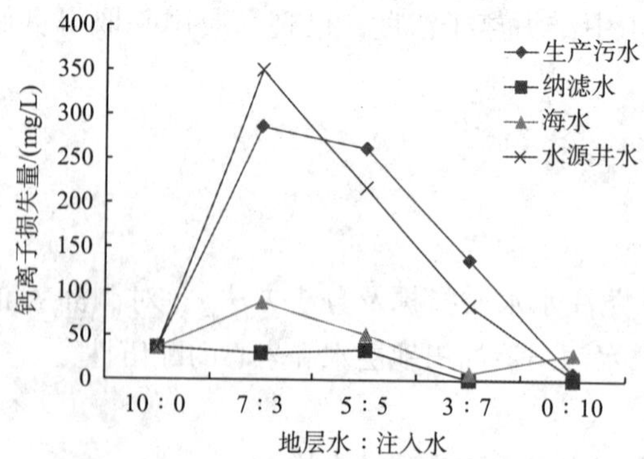

图3 各水源与地层水混合后钙离子损失量

3.2 注入水与地层水动态配伍性评价

结合静态配伍性实验结果，选取生产污水、纳滤水两种注入水源结垢量最大比例

（地层水：注入水 =7：3）进行岩心动态配伍性评价。实验条件：温度 120℃，出口压力 10MPa。

利用流速控制注入水与地层水比例，观察驱替入口压力变化情况。由图 4 可知，地层水和生产污水以一定的流速混合后，驱替至 80PV 入口压力逐渐增大，最大可达 25.8MPa，说明地层水与生产水不配伍结垢堵塞岩心导致压力上升。纳滤海水驱替至 200PV，压力平稳，说明纳滤水与地层水配伍性良好，这与静态配伍性结果一致。图 5 表明，在生产水与地层水混合驱替岩心过程中，岩心截留了大部分悬浮微粒，造成渗透率下降显著。

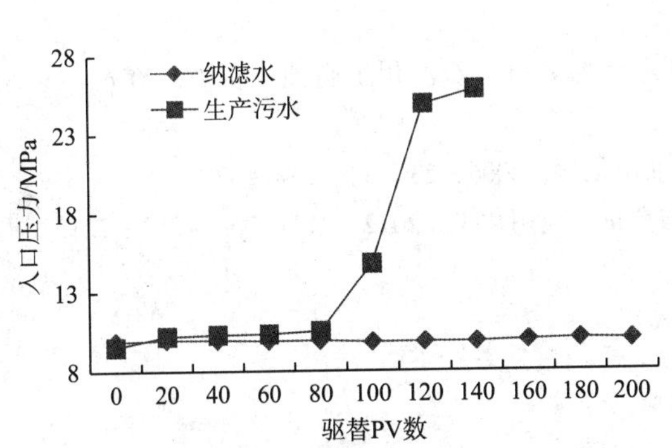

图 4　纳滤水/生产污水与地层水动态配伍性

图 5　生产水与地层水混合驱替岩心进口和出口取样对比（左为出口，右为进口）

4　纳滤现场应用效果

通过上述配伍性实验研究，确定纳滤海水作为涠洲 A 油田注入水。纳滤膜的孔径范围在几个纳米左右，截留相对分子质量在 100～1000 之间，对二价及多价离子有高拦截率。纳滤装置接于脱氧海水后，经软化处理达标后进入缓冲罐，再由外输泵输送至下游平台注水。

纳滤装置分三组，每组六根膜壳，每组产水量为 1000m³/d，产水量共 3000m³/d，工作压力在 2.2～2.4MPa 之间。实际运行水质达到设计要求（表 1），目前已投用注水 18 个月，注水压力平稳，采出端未发现结垢问题，源头控制结垢效果显著。同时，处理后产水矿化度为 23000mg/L，仍具有较高的矿化度，能有效降低水敏风险。

表 1　纳滤处理前后离子变化情况

结垢离子	原海水/(mg/L)	设计要求/(mg/L)	实际水质/（mg/L）（ICP 法和滴定法同时测定）
Ca^{2+}	366	≤40	38～40
Mg^{2+}	1260	≤40	30～35
SO_4^{2-}	2690	≤15	<2

5　结　论

（1）涠洲流沙港组地层水含碳酸氢根多，要求注入水中钙离子小于 40mg/L，否则存在产出端结垢的风险；

（2）分析对比了四类候选水源，创新性引入纳滤处理技术，使用纳滤海水进行注水，此为国内海上首例；

（3）现场应用情况表明，纳滤技术处理水质达标，钙镁离子均小于40mg/L，硫酸根小于2mg/L；

（4）纳滤处理技术为海上油田注水提供了新选择，处理后水质具有二价离子低，但仍保留大部分矿化度的特点，该技术值得推广。

参考文献

［1］李泉明，等．南海西部 W12－1 油田生产水处理结垢分析．石油化工腐蚀与防护，2006，23（4）：36～40.

［2］陈武，等．W12－1 油田钡锶垢防治技术研究．油田化学，2006，23（4）：318～320.

［3］郑华安，等．WZ12－1 油田钡锶垢除垢剂研制与评价．应用化工，2012，41（12）：2213～2215.

水驱稠油油田组合调驱技术研究与实践

王楠　李彦阅　代磊阳　黎慧　夏欢　薛宝庆　张云宝

[中海石油（中国）有限公司天津分公司渤海石油研究院]

摘要　渤海油田具有丰富的稠油资源，近年来，稠油油藏采取“调驱+水驱”方式取得了较好的增油降水效果。但随着开发的深入，水驱开发效果较差，驱替流度比高，洗油效率较低，窜流优势通道日益明显，常规调剖调驱措施处理半径较小，效果逐渐变差，药剂费用投入较高和配注工艺复杂等问题日益凸显，影响稠油油藏水驱整体开发效果。针对上述问题，研发了一套低本高效的驱油体系及低本深堵的调剖体系，实现提高水驱稠油的驱替效率的同时封堵高渗透层位，实现液流转向和扩大波及体积目的。室内实验结果表明，强化分散体系能够实现油相降黏90%，驱替相增黏30%，组合调驱技术比水驱开发采收率增幅达15%~30%。目前该项技术已在旅大5-2油田B15井组应用，累计增油达到6000m^3/井次，明显改善流度比，增油降水效果良好。

关键词　强化分散　组合调驱　稠油

1　绪　论

渤海油田稠油储量占70%，部分油藏采用“调驱+水驱”方式进行开发，取得了较好的效果，但随着油藏开发的深入，部分井组或区块逐渐出现注入水窜逸现象，致使阶段开发效果受到影响。并且随着调驱轮次的增加，调驱效果越来越差，致使阶段开发效果受到影响。同时，部分水驱稠油由于流体性质差异性大，油水流度比较大，稠油水驱效果受到影响。为此针对上述两个问题急需开展技术攻关研究，国内外针对调堵体系和相关技术进行了大量的研究与应用[1,2]，自“九五”以来，以凝胶体系为代表的调剖技术研究在我国受到了广泛的关注，例如：赵福磷[3,4]等在常规调剖和二元复合驱基础上提出了二次采油与三次采油的结合技术（简称“2+3”提高采收率技术）研究，是指在充分发挥二次采油作用的基础上进行有限度三次采油的技术；蒲万芬和周雅萍[5,6]等针对“2+3”提高采收率技术进行了实验研究，实验表明“2+3”采油技术增产效果明显优于单纯调剖堵水技术和二元复合驱技术，是调剖堵水、提高洗油效率之后的接替技术，也是调剖堵水与提高洗油效率的过度与衔接技术，是在一个相当长时间内起重要作用的技术；陈东明[12]等提出了调剖堵水定点投放技术理念，从理论模型推导到可视化模拟实验均表明，定点投放技术具有较大优势，为解决常规调剖堵水效果不好问题提供了新的思路和方法。

第一作者简介：王楠（1987年—）男，2014年毕业于西南石油大学，硕士学位，增产措施工程师，现从事调剖调驱工艺技术研究与应用。通讯地址：天津市塘沽区海川路2121号渤海石油管理局B座1604；邮编：300459；邮箱：wangnan20@cnooc.com.cn，联系电话：15208351726。

基于渤海油田实际问题和调堵技术应用实际情况，针对稠油油田水驱开发问题，采用海上成熟的常规聚合物凝胶进行高渗透层封堵，在此基础上采用微界面强化分散体系（水相适当增黏，油相最大程度降黏）是解决稠油流动的关键，通过聚合物凝胶体系和微界面强化分散技术有效结合，对于提高稠油油藏阶段开发效果具有重要意义。为此，本研究以油藏工程、物理化学和高分子化学为理论指导，以室内评价、微观分析和物理模拟为技术手段，开展了新型技术及其组合方式研究，这将为渤海油田矿场实践技术提供新的方法。

2 组合调驱体系技术原理

组合调驱技术的机理主要是依靠常规聚合物凝胶改善储层非均质性，同时辅助微界面强化分散体系改善流体非均质性，两者共同作用实现改善水油流度比、扩大波及体积的协同作用，如图 1 所示。微界面强化分散体系是一种高分子表面活性剂，该种体系具有部分大分子聚合物和表面活性剂的双重性质。分散体系在 600mg/L 的浓度下溶液黏度为 2.89mPa·s，可实现水相增黏 4.3 倍，油相降黏 89%，两者协同作用，发挥“堵+调”的联合作用，因此可大幅度提高波及体积，对海上油田的稳油控水有很好的适应性。

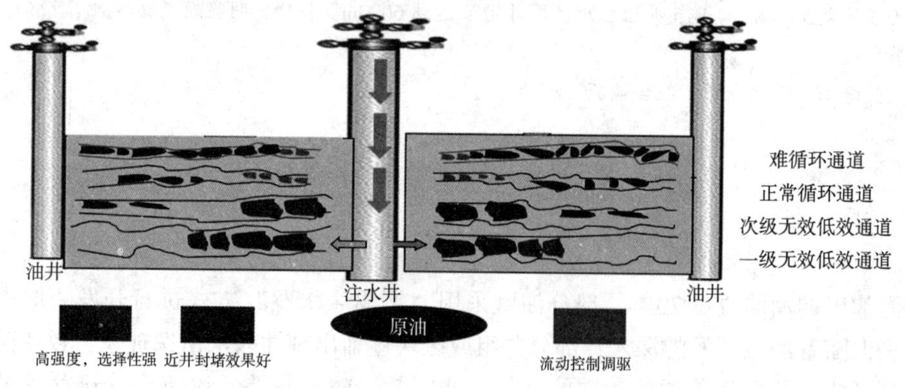

图 1 组合调驱组成及作用机理

3 实验研究

3.1 聚合物凝胶体系性能评价

3.1.1 封堵性能的测定

高低强度凝胶体系：0.3% 聚合物 +0.3% 铬交联剂（低强度）、0.6% 聚合物 +0.6% 铬交联剂在不同渗透率下的封堵性能，测试结果如表 1 所示。

表 1 不同凝胶体系配方封堵性能

组号	凝胶配方	k_{w0}/mD	k_{w1}/mD	封堵率/%
1	0.6% 聚合物 +0.6% 铬交联剂	5123	66.6	98.7%
2	0.3% 聚合物 +0.3% 铬交联剂	5025	236.2	95.3%

由表1可以看出，在5000mD的单管实验中，两种强度的凝胶体系对填砂管封堵率均较高，封堵率都在95%以上，但是随着凝胶体系强度增加，封堵后的渗透率更低，封堵率更高，显示出较好的封堵性能。

3.1.2　选择性封堵性能的测定

采用双管实验模型测定铬凝胶（0.3PV）的选择性封堵性能。实验中高渗管的渗透率为4785mD，低渗管的渗透率为985mD。选取凝胶配方为0.6%聚合物+0.6%铬交联剂，实验结果如图2所示。

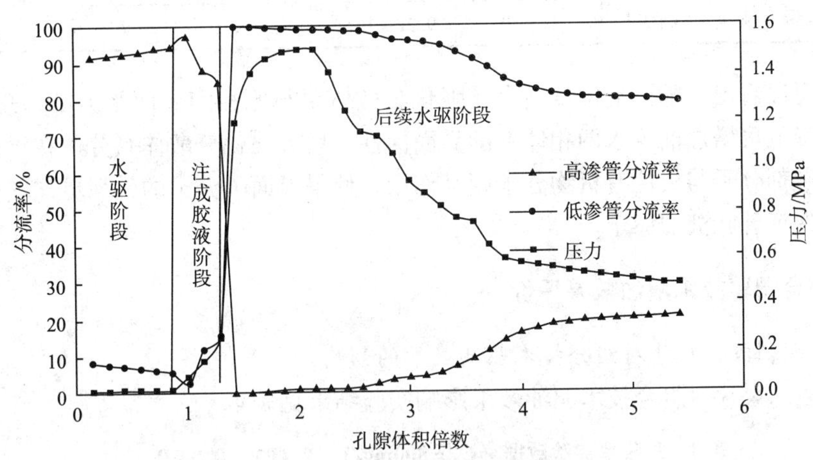

图2　铬凝胶体系的选择性封堵能力

从图2可以看出，注入铬凝胶体系后，高渗管和低渗管的分流能力显著改变，低渗管的分流能力升高，说明凝胶体系能够有效的封堵高渗层，调整渗流剖面。这是由于凝胶体系在注入压力下优先进入较大的孔道，对高渗层产生选择性封堵，迫使后续水驱转向低渗层，起到调整高低渗透层渗流剖面的作用，有效的改善了岩层的非均质性。

3.2　微界面强化分散体系性能评价

3.2.1　强化分散体系降黏效果

采用油田注入水配制强化分散体系溶液，其降黏率与浓度关系见表2。

表2　强化分散体系降黏率　　%

参数油：水	药剂浓度/(mg/L)				
	200	300	400	500	600
7：3	28.93	57.42	80.20	86.93	88.52
6：4	33.03	81.04	89.14	92.58	93.27
5：5	71.04	87.64	91.12	93.15	94.21
4：6	81.60	91.10	95.09	95.71	97.55
3：7	82.22	94.44	95.56	96.67	98.89

强化分散体系为水溶性降黏剂，井口注入时，前置聚合物凝胶体系后，分散体系易进入中低渗透层，提高中低渗透层的动用程度。且由图2可看出，随着药剂浓度的增加，体系的

降黏率增加，进一步增加洗油效率。

3.2.2　强化分散体系与原油界面张力

采用注入水配制不同类型和浓度强化分散体系，测试与原油间界面张力，结果如表3所示。

表3　界面张力测试结果

mN/m

参数药剂	药剂浓度/（mg/L）					
	400	600	800	1000	1200	1600
强化分散体系	4.77×10^{-1}	1.83×10^{-1}	9.22×10^{-2}	8.43×10^{-2}	7.67×10^{-2}	7.12×10^{-2}

从表3可以看出，随药剂浓度增大，强化分散体系与原油间界面张力都呈现下降趋势。界面张力的降低可增加油－水两相体系的界面活性，增大强化分散体系分子在界面处的吸附量，强化分散剂分子与极性有机物分子相互作用，使得界面膜分子的排列更加紧密，界面膜强度增加，保证乳状液的稳定。

3.3　组合调驱技术增油效果评价

3.3.1　调剖段塞尺寸对组合技术驱油效果的影响

调剖剂段塞尺寸对组合技术驱油效果影响实验结果见表4。

表4　采收率实验数据（C_S＝800mg/L，0.1PV，0.8mPa·s）

参数方案编号	调剖段塞尺寸/PV	含油饱和度/%	采收率/%		
			水驱	最终	增幅
2－2－2	0	70.6	16.1	24.6	3.8
2－3－1	0.025	71.4	15.8	34.9	14.1
2－3－2	0.050	70.7	15.9	39.7	18.9
2－3－3	0.075	70.9	16.0	47.4	26.6
2－3－4	0.100	71.1	15.6	51.8	31.0

从表4可以看出，调剖段塞的尺寸对常规调剖与强化分散组合增油效果存在影响。在全部实验方案中，“方案2－3－1”、“方案2－3－2”、“方案2－3－3”、“方案2－3－4”为组合技术明显比单独注入强化分散体系“方案2－2－2”效果要好，随着调剖强度的增加，其采收率增幅逐渐扩大（分别增加了10.3%、15.1%、22.8%和27.2%）。随着调剖量的增加，聚合物凝胶进入渗流阻力较低的高渗层，并在高渗层滞留成胶，造成岩石孔隙过流断面减少，渗流阻力增加，后续注入黏度较低的强化分散体系较易进入中低渗透层，实现了注入流体的液流转向，扩大了岩心的波及体积。岩心高渗层渗透率越大，聚合物凝胶越易进入，后续强化分散体系越易进入中低渗透层，扩大波及体系效果越明显，采收率增幅越大。

3.3.2　调剖时机对组合技术驱油效果的影响

调剖时机（段塞尺寸0.075PV）对“组合技术驱油效果影响实验结果见表5。

表 5　采收率实验数据（C_S =800mg/L，0.1PV，0.8mPa·s）

参数方案编号	调剖时机（含水率）	含油饱和度/%	采收率/%		
			水驱	最终	增幅
2-4-1	水驱 40%	71.0	7.8	52.2	31.4
2-4-2	水驱 65%	71.7	11.2	50.8	30.0
2-4-3	水驱 90%	70.9	15.9	48.9	28.1
2-4-4	水驱 98%	71.5	20.8	36.1	15.3

从表 5 可以看出，调剖时机对常规调剖与强化分散组合增油效果存在影响。在全部实验方案中，“方案 2-4-1”、“方案 2-4-2”、“方案 2-4-3”、“方案 2-4-4”，随着调剖时含水的增加，其采收率增幅逐渐降低（比水驱分别增加了 31.4%、30%、28.1% 和 15.3%）。随着调剖时含水程度的增加，储层的窜逸程度越来越严重，分均质越来越强。注入相同体量的聚合物凝胶体系（0.075PV）后，聚合物凝胶进入渗流阻力较低的高渗层，封堵的有效距离越短，在此基础上注入黏度较低的强化分散体系后，注入中低渗透层，波及的有效距离越小，扩大波及体积效果越不明显。

4　现场实施效果

2016 年 11 月，该项技术在 LD5-2 油田 B15 井开展矿场试验，取得了较好的降水增油效果。B15 井Ⅱ油组累计注入调剖体系 4500m^3、Ⅲ油组累计注入调剖体系 2500m^3，设计注入微界面强化分散体系平均浓度为 600mg/L，分散体系注入总量 51.84m^3。截至到 2017 年 7 月 12 日，分散体系注入累计注入 5 个月，井组累计增油 5807m^3，投入产出比大于 1∶4，获得了很好的经济效益，B15 井组降水增油情况如表 6 所示。

表 6　组合调驱技术在 B15 井实施情况

井　号	见效时间	日产油上升率/%	含水下降率/%	累增油量/m^3
A19S1	2016.11.22	23.82	4.06	1042.5
A24	2017.2.28	—	11.34	589.2
B13	—	-21.33	-3.33	—
B14m	—	-7.62	-0.63	—
B16	2017.4.5	72.07	11.64	1639.9
B26H	2017.1.17	97.17	5.18	2535.4
合计				5807.0

B15 井组目前主力注入层段为 II 油组和 III 油组，对实施调剖情况进行分析，相同注入量下注入压力明显升高，高渗条带得到有效封堵。注入微界面强化分散体系后，压力先出现较快的降低，表明微界面强化分散体系初期呈现较大降黏特征；后续压力出现上下波动，表明在低界面张力作用，分散体系溶液与地下原油出现混相，在剪切作用下形成水包油的动态乳化效果。

5 结论与认识

（1）采用海上油田较为常用的常规凝胶体系，该体系具有储层适应性强，注入性较好、耐冲刷、封堵性能好等特征。

（2）开发出适合海上油田的微界面强化分散体系，该体系具有强降黏、低界面张力、易吸附、易破乳等特征。

（3）调剖时机与调剖段塞尺寸等均会对“聚合物凝胶＋强化分散”技术组合调驱效果存在影响，相比单独注入强化分散体系而言“聚合物凝胶＋强化分散”技术组合方式提高采收率效果更好。

（4）“聚合物凝胶＋强化分散”的二次采油与三次采油技术组合方式兼有扩大波及体积和降低原油黏度的双重功能，为海上非均质稠油油田高效开发提供了新的思路，应用前景广阔。

（5）截至到2017年7月12日，B15井组累计增油5807m^3，投入产出比大于1：4，获得了很好的经济效益。

参考文献

［1］张相春，张军辉，宋志学，等．绥中36－1油田泡沫凝胶调驱体系研究与性能评价［J］．石油化工应用，2012，31（4）：9～12.

［2］卢祥国，姚玉明，杨凤华．交联聚合物溶液流动特性及其评价方法［J］．重庆大学学报，2000，23：107～110.

［3］卢祥国，张世杰，陈卫东，等．影响矿场交联聚合物成胶效果的因素分析［J］．大庆石油地质与开发，2001，21（4）：61～64.

［4］赵福麟，张贵才，周洪涛，李宜坤．二次采油与三次采油的结合技术及其进展［J］．石油学报，2001，22（5）：38～42.

［5］赵福麟，张贵才，周洪涛，等．调剖堵水的潜力、限度和发展趋势［J］．石油大学学报：自然科学版，1999，23（1）：49～54.

［6］蒲万芬，彭陶钧，金发扬，等．“2＋3”采油技术调驱效率的室内研究［J］．西南石油大学学报：自然科学版，2009，31（1）：87～90.

自适应微胶油藏适应性及驱油机理研究

孙哲

（中海油研究总院有限责任公司）

摘要 本文以仪器检测、化学分析和物理模拟为技术手段，开展自适应微胶物理化学性能、油藏适应性和驱油效果研究。研究表明，自适应微胶具有良好的吸水膨胀性能，SMG颗粒在大孔隙中聚集形成桥堵，携带液进入小孔隙中驱油，SMG颗粒与携带液分工合作，逐级启动相对低渗区域的剩余油，实现扩大波及体积和深部液流转向的目的。

关键词 自适应微胶 油藏适应性 深部液流转向能力 驱油机理 颗粒相分离

作为我国最大的海上原油生产基地，渤海油田稳产3000万吨对中国海油乃至国家石油安全具有重大意义。然而渤海油田储层非均质性较为严重，水驱后不论层间、层内，还是微观，都存在常规水驱技术手段难以高效动用大量剩余油[1~5]。自适应微胶由SMG颗粒和携带液（水）组成，是一种非均相驱油体系，具有变形能力较强和颗粒粒径分布范围较窄等特点，进入多孔介质内后具有“堵大不堵小”封堵特性和“捕集－变形－运移－再捕集－再变形－再运移……”运动特征，可对水窜优势通道封堵降低含水，进一步提高原油产量和采收率[6~10]。同时“渤海油田3000万吨持续稳产关键技术研究”中将自适应微胶驱EOR技术作为改善油田开发效果的重要技术举措。因此，本文以仪器检测、化学分析和物理模拟为技术手段，开展自适应微胶物理化学性能、油藏适应性、驱油效果及其微观作用机理研究。研究成果对提高海上油田自适应微胶驱矿场试验应用效果具有重要意义。

1 实验条件

1.1 实验材料

自适应微胶（SMG）主要包括$SMG_{(W)}$（微米级）和$SMG_{(Y)}$（亚毫米级），有效含量为100%。染色剂为天津市大茂化学试剂厂生产的荧光素钠。实验用油水均来自SZ36－1油田，60℃下黏度为45mPa·s，水质分析见表1。

实验所用岩心包括2种：

（1）石英砂环氧树脂胶结人造岩心[11~15]。

①自适应微胶油藏适应性评价使用柱状岩心，气测渗透率为K_g为（105～5000）$\times 10^{-3}$

作者简介：孙哲（1988年—），女，黑龙江大庆人，博士，主要从事提高采收率技术方面的研究工作。地址：北京市朝阳区太阳宫南街6号院中国海油大厦B座709室，邮政编码：100028。联系电话：010－84523504，E－mail：sunzhe7@cnooc.com.cn。

μm^2。②自适应微胶深部液流转向能力实验使用2块均质岩心并联而成，单块岩心外观几何尺寸为30cm×4.5cm×4.5cm，$K_g = 1000$ 和 $3000 \times 10^{-3} \mu m^2$。

表1 水质分析

离子组成	阳离子			阴离子				总矿化度
	$Na^+ + K^+$	Ca^{2+}	Mg^{2+}	HCO_3^-	Cl^-	SO_4^{2-}	CO_3^{2-}	
含量/(mg/L)	3091.96	276.17	158.68	311.48	780.12	85.29	5436.34	9374.13

（2）人造微流控仿真模型。

自适应微胶驱油实验采用图1中所示微流控仿真模型，其外观几何尺寸为：宽×长=1.0cm×4.0cm，孔径为20~50μm。微流控芯片基体材料为亚格力（有机玻璃）。

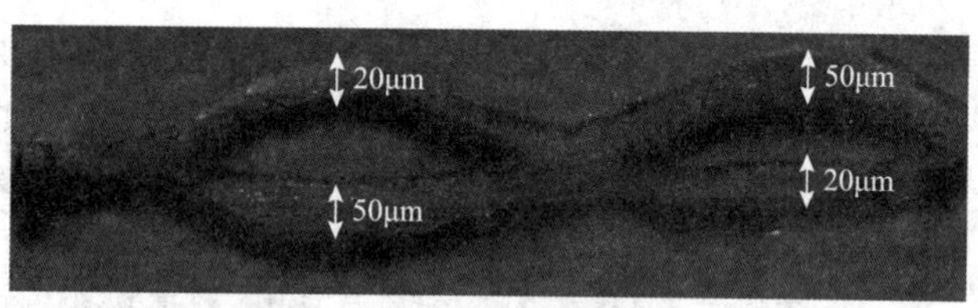

图1 微流控仿真模型

1.2 实验设备

采用三目金相显微镜（德国莱卡公司DM1750m型）测试SMG颗粒粒径，美国康塔公司Pore Master60高压压汞仪测试岩心喉道分布。岩心驱替实验设备主要包括平流泵、压力传感器、手摇泵和中间容器等。除平流泵和手摇泵外，其他部分置于60℃恒温箱内，实验设备及流程见图2。

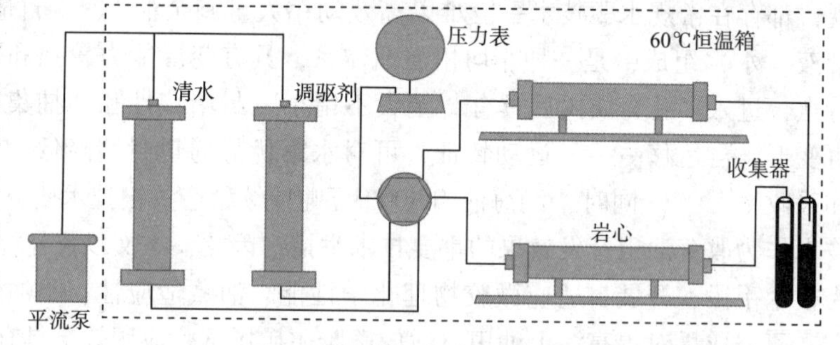

图2 物理模拟实验流程示意图

1.3 实验方案

1.3.1 自适应微胶物理化学性能

将 $SMG_{(W)}$ 和 $SMG_{(Y)}$ 放置于样品瓶中并储存于60℃保温箱内吸水膨胀，间隔一段时间取出样品，采用三目金相显微镜观测SMG颗粒形态，同时用摄像机拍摄成像，利用视频采集软件计算颗粒外观尺寸。

1.3.2 自适应微胶油藏适应性

（1）实验步骤：

①岩心抽空饱和地层水，注模拟注入水，记录压差 δP_1；

②注自适应微胶5PV，记录压差 δP_2；

③注后续水，记录压差 δP_3；

上述实验过程注入速度为0.3mL/min，压力记录间隔为30min。

（2）实验方案：

①自适应微胶 $SMG_{(W)}$ 渗流特性及其与孔隙匹配关系评价。

注入5PV 聚合物微球溶液，水化48h，后续水驱到压力稳定。岩心渗透率 $K_g = 185 \times 10^{-3}\mu m^2$、$218 \times 10^{-3}\mu m^2$、$237 \times 10^{-3}\mu m^2$、$302 \times 10^{-3}\mu m^2$和$489 \times 10^{-3}\mu m^2$。

②自适应微胶 $SMG_{(Y)}$渗流特性及其与孔隙匹配关系评价。

注入5PV 聚合物微球溶液，水化48h，后续水驱到压力稳定。岩心渗透率 $K_g = 600 \times 10^{-3}\mu m^2$、$701 \times 10^{-3}\mu m^2$、$712 \times 10^{-3}\mu m^2$、$903 \times 10^{-3}\mu m^2$和$1005 \times 10^{-3}\mu m^2$。

1.3.3　自适应微胶深部液流转向能力

(1) 岩心抽空饱和地层水，计算孔隙度；

(2) 单块岩心油驱水，计算含油饱和度；

(3) 岩心组成并联模型，水驱到80%，计算水驱采收率；

(4) 注入0.3PV $SMG_{(Y)}$溶液（浓度为3000mg/L），后续水驱至各个测压点压力稳定，计算最终采收率。

上述实验注入速度为0.5mL/min。

1.3.4　自适应微胶微观驱油机理

(1) 首先将微流控芯片模型抽空、饱和水；

(2) 微流控仿真模型饱和模拟油；

(3) 水驱至含水80%，记录驱替过程图像；

(4) 注入一定PV SMG溶液，注入速度为0.001μL/s，记录驱替过程图像。

2　实验结果及讨论

2.1　自适应微胶物理化学性能

利用德国莱卡公司DM1750m型三目金相显微镜和统计学原理，绘制 $SMG_{(W)}$和 $SMG_{(Y)}$颗粒初始粒径分布曲线，如图3所示。

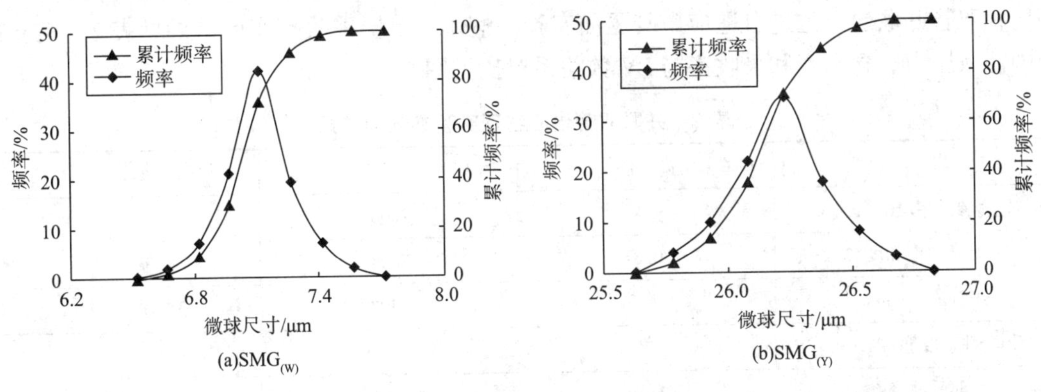

图3　SMG颗粒粒径分布曲线

从图3中可以看出，$SMG_{(W)}$和 $SMG_{(Y)}$颗粒尺寸分布范围较窄、相对集中，自适应微胶进入与其尺寸匹配的大孔隙，携带液进入小孔隙驱油。$SMG_{(W)}$颗粒初始粒径中值为7.16μm，$SMG_{(Y)}$颗粒初始粒径中值为26.25μm，与 $SMG_{(W)}$颗粒相比较，$SMG_{(Y)}$颗粒初始粒径较大。水化720h后 $SMG_{(W)}$最终膨胀倍数为5.31，$SMG_{(Y)}$为4.38。

2.2 自适应微胶油藏适应性

自适应微胶（$SMG_{(W)}$ 和 $SMG_{(Y)}$）溶液在不同渗透率岩心上注入压力与 PV 数关系见图4。

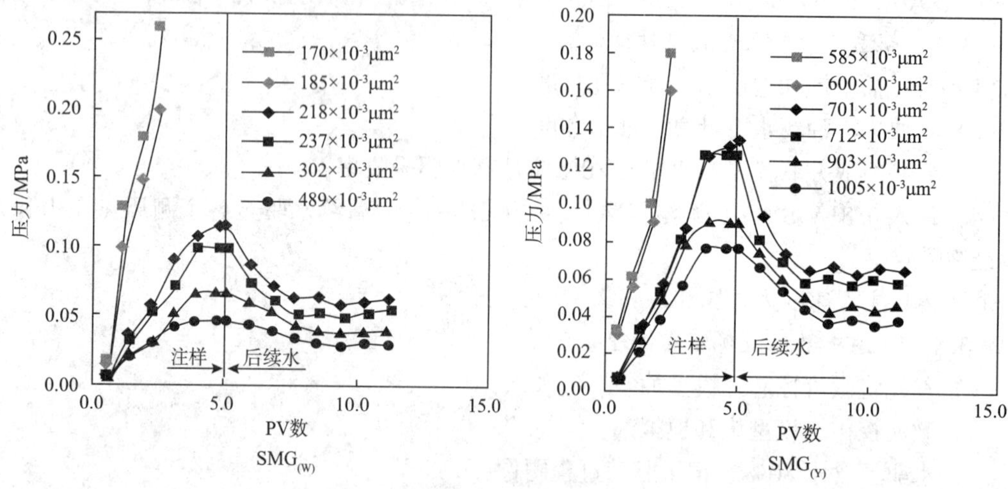

图4　注入压力与 PV 数关系

从图4可知，在聚合物微球溶液注入过程中，随岩心渗透率减小，注入压力升高速度加快，压力达到稳定值较高。当渗透率低于某个值（通常称之为渗透率极限值）时，注入压力持续升高，甚至造成堵塞，表明微球与岩心孔喉尺寸间不匹配。依据上述渗透率极限值定义和注入压力曲线，确定聚合物微球 $SMG_{(W)}$ 和 $SMG_{(Y)}$ 渗透率极限值为 $237\times10^{-3}\mu m^2$ 和 $712\times10^{-3}\mu m^2$。

2.3 自适应微胶深部液流转向能力

在双管并联岩心上进自适应微胶驱油实验，整体和单层采收率实验结果见表2，实验过程中注入压力、含水率和采收率与 PV 数关系对比见图5。

表2　并联双管岩心物理实验参数和结果

岩　心	高　渗	低　渗	综　合
气测渗透率/$10^{-3}\mu m^2$	3000	1000	—
原始含油饱和度/%	70.84	70.30	
SMGmm/(mg/L)	3000		
注入段塞/PV	0.3		
水驱采收率/%	23.1	10.6	15.8
最终采收率/%	36.6	27.4	31.2
提高采收率/%	13.5	16.8	14.0

从表2和图5中可以看出，在转注自适应微胶后注入压力缓慢上升，并在后继注水阶段初期达到最高点，回落一部分后稳定于一个较高的水平，对应这一过程，总的含水有明显的下降和回升的过程，采收率提高。在水驱达到含水80%时，高低渗岩心的采收率分别是23.1%和10.6%，总采收率15.8%；在自适应微胶驱后，高低渗岩心的采收率分别是36.6%和27.4%，总采收率31.2%；高低渗岩心分别提高采收率13.5%和16.8%，实验模型总提高采收率14.0%。由此可见，自适应微胶可以适度封堵高渗岩心，改善低渗岩心的驱油效果，一定幅度上提高低渗岩心的采收率。

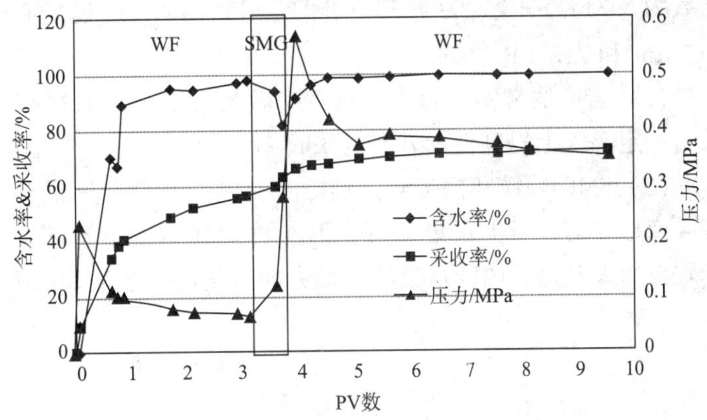

图5　注入压力、含水率、采收率与PV数关系

2.4　自适应微胶驱油机理研究

在微流控仿真模型中进行自适应微胶驱油实验，驱油过程动态如图6所示。

从图6中可以看出，水驱过程中注入水优先进入渗流阻力较小的大孔道，剩余油主要存在于小孔道中。在自适应微胶注入过程中产生颗粒相分离现象，SMG颗粒进入优势大孔道并在其中运移，多个颗粒通过聚集、堆积和架桥减小孔隙过流断面，有效封堵大孔道，导致渗流阻力增加和注入压力升高。随着注入压力升高，携带液转向进入小孔道中驱替剩余油。当SMG颗粒进入下一个孔隙喉道时，随着其尺寸增加和数量增大，再次聚集和形成桥堵，重复聚集、堵塞和液流转向的过程，从而实现深部液流转向目的。

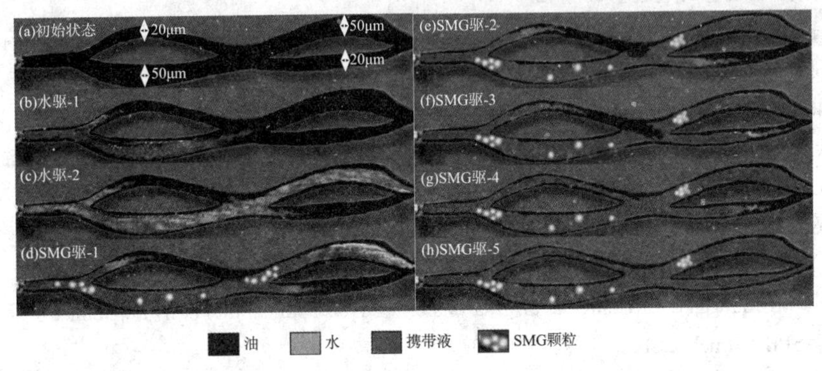

图6　自适应微胶驱油动态

3　结　论

(1) 自适应微胶由SMG颗粒和携带液组成，是一种非均相驱油体系。$SMG_{(W)}$颗粒初始粒径中值为7.16μm，$SMG_{(Y)}$颗粒初始粒径中值为26.25μm。水化720h后$SMG_{(W)}$最终膨胀

倍数为 5.31，$SMG_{(Y)}$ 为 4.38。$SMG_{(W)}$ 和 $SMG_{(Y)}$ 通过岩心时的渗透率极限值分别为 $237\times10^{-3}\mu m^2$ 和 $712\times10^{-3}\mu m^2$。

（2）岩心驱替实验表明，自适应微胶可以适度封堵高渗岩心，改善低渗岩心的驱油效果，一定幅度上提高低渗岩心的采收率。

（3）SMG 颗粒和携带液分别扮演“调”和“驱”的角色，SMG 在多孔介质中具有“聚集－变形－运移－再聚集－再变形－再运移”的运动特征和“堵大不堵小”的封堵特性，有效封堵大孔道和改变携带液流动方向，提高剩余油动用程度，从而大幅提高采收率。

参考文献

[1] 王德民，程杰成，吴军政，等．聚合物驱油技术在大庆油田的应用［J］．石油学报，2005，26（1）：74～78.

[2] 徐新霞．聚合物驱“吸液剖面返转”现象机理研究［J］．特种油气藏，2010，17（2）：101～104.

[3] 孙哲．聚合物微球油藏适应性评价方法及调驱机理研究［D］．大庆：东北石油大学，2017.

[4] WU Xingcai，XIONG Chunming. A novel particle-type polymer and IOR/EOR property evaluation［R］. SPE 177421，2015.

[5] 吴行才，韩大匡，卢祥国，等．微凝胶颗粒水分散液体系在多孔介质中的驱替机理［J］．地球科学，2017，42（8）：1348～1355.

[6] SUN Zhe，LU Xiangguo，XU Guorui，et al. Effects of core structure and clay mineral on gel-forming performance of chromium polymer［J］. Colloids and Surfaces A：Physicochemical and Engineering Aspects，2018，540：256～264.

[7] LU Xiangguo，SUN Zhe，ZHOU Yanxia，et al. Research on configuration of polymer molecular aggregate and its reservoir applicability［J］. Journal of Dispersion Science and Technology，2016，37（6）：908～917.

[8] 孙哲，卢祥国，孙学法，等．弱碱三元复合驱增油效果影响因素及其作用机理研究［J］．石油化工高等学校学报，2018，31（1）：35～42.

[9] SUN Zhe，LU Xiangguo，SUN Wei. The profile control and displacement mechanism of continuous and discontinuous phase flooding agent［J］. Journal of Dispersion Science and Technology，2017，38（10）：1403～1409.

[10] 姚传进，雷光伦，高雪梅，等．非均质条件下孔喉尺度弹性微球深部调驱研究［J］．油气地质采收率，2012，19（5）：61～64.

[11] SUN Zhe，KANG Xiaodong，LU Xiangguo，et al. Effects of crude oil composition on the ASP flooding［J］. Colloids and Surfaces A：Physicochemical and Engineering Aspects，2018，555：586～594.

[12] XIE Kun，LU Xiangguo，LI Qiang，et al. Analysis of reservoir applicability of hydrophobically associating polymer［J］. SPE Journal，2016，21（1）：1～9.

[13] LU Xiangguo，LIU Jinxiang，WANG Rongjian，et al. Study of action mechanisms and properties of Cr^{3+} cross-linked polymer solution with high salinity［J］. Petroleum Science，2012，9（1）：75～81.

[14] 刘进祥，卢祥国，刘敬发，等．交联聚合物溶液在岩心内成胶效果及机理［J］．石油勘探与开发，2013，40（4）：507～513.

[15] XIE Kun，LU Xiangguo，PAN He，et al. Analysis of dynamic imbibition effect of surfactant in microcracks of reservoir at high temperature and low permeability［R］. SPE 189970－PA，2018.

碳酸盐岩储层流动单元划分方法研究

魏莉[1] 史长林[1] 刘兰清[2] 田盼盼[1] 李松林[1]

（1. 中海油能源发展股份有限公司工程技术分公司非常规技术研究院，
2. 中海油能源发展有限公司）

摘要 在印尼苏门答腊区块近海的碳酸盐岩油藏中，流动单元指标分类法被证实是定量划分储层流动单元的一种有效手段。应用岩心分析数据，采用流动单元指标分类法划分了K油田6类表征不同渗流特征的流动单元。结果表明：这6类流动单元，每类都具有特定的孔隙度和渗透率关系，以及特定的J函数和含水饱和度关系，这种关系与岩石孔隙类型和结构相关。在应用中，通过地质统计学方法建立流动单元模型，并用流动单元控制，建立碳酸盐岩油藏渗透率模型和含油饱和度模型。

关键词 碳酸盐岩储层 流动带指标分类 渗透率模型 含油饱和度模型

在非均质性极强的碳酸盐岩储层中，依靠传统方法建立的渗透率模型和含油饱和度模型与油藏实际情况有很大差别。其原因在于，油藏渗透率和含油饱和度的分布除一定程度上服从地质统计学规律，受岩相、岩性、孔隙度的影响外，更与岩石的微观结构有关[1~3]。以印尼苏门答腊区块近海的K油田为例，岩心孔隙度和渗透率关系非常复杂，往往孔隙度变化不大，而渗透率提高了好几个数量级，甚至同样的孔隙度，对应不同量级渗透率的现象。而测井解释的渗透率和含油饱和度曲线由简化模型导出，与岩心实验测试的渗透率数据存在较大差异，与生产动态数据也不匹配，因此K油田需要通过某种方法建立能够真实反映油田地质情况的渗透率模型和含油饱和度模型，减少开发中的不确定性。基于此，笔者提出了应用岩心数据，采用流动单元指标法划分碳酸盐岩储层，在每个流动单元内建立合适的渗透率模型和含油饱和度模型，为油藏精细描述服务。

流动单元的概念最早由Hearn（1984）提出，他将一个纵横向连续的，内部渗透率、孔隙度、层理特征相似的储集带定义为流动单元[2]。后经W. J. Ebanks[3]、D. C. Barr[4]、裘亦楠[5]、穆龙新[6]、Gunter. G. W[7]等专家学者的研究，对流动单元的定义有了更多更深层次的理解。根据Gunter，G. W. 对流动单元的定义，流动单元具有以下特点：（1）每一个流动单元都具有相似的沉积条件和成岩改造环境；（2）在合适的分类条件下，每一个流动单元都具有唯一的孔渗关系曲线、毛管压力曲线（J函数）和一套相对渗透率曲线；（3）如果恰当应用，流动单元能准确估算未取心段和未取心井的渗透率，产生可靠的初始含水饱和度曲线；（4）通过岩石类型相控建立的渗透率模型和含油饱和度模型，可以真实模拟油藏动态特征和生产状况。识别流动单元的方法很多[8~12]，大多以定性识别为主，本次流动单元的研究应用了流动单元指标法的定量识别方法。

第一作者简介：魏莉（1984年—），女，工程师，硕士，长期从事开发地质研究工作，通讯地址：天津市滨海新区塘沽滨海新村西区合作楼619室，E-mail：weili4@ cnooc. com. cn。

1 流动带指标分类方法

流动带指标分类方法包含了岩石质量指数和流动单元分析这两种岩石物理方法，岩石质量指数反映了油藏的存储和渗流能力，流动单元指标可以通过岩石质量指数反映，该方法体现了不同岩石类型在目前状态下的渗流能力，不考虑地层中岩石的沉积过程。使用了岩心测试孔隙度和渗透率数据，根据以下公式划分流动单元[4]：

$$RQI = 0.0314\sqrt{\frac{K}{\phi_e}} \tag{1}$$

式中，K 为渗透率，mD；ϕ_e为有效孔隙度，%；RQI 为岩石质量指数。

$$\phi_z = \left(\frac{\phi_e}{1-\phi_e}\right) \tag{2}$$

式中，ϕ_z 是归一化的孔隙度指数。

$$FZI = \frac{RQI}{\phi_Z} = 0.0314\left(\frac{1-\phi_e}{\phi_e}\right)\sqrt{\frac{K}{\phi_e}} \tag{3}$$

式中，FZI 是流动单元指数。

FZI 是一个连续变量，是把结构和岩石矿物特征、孔吼特征结合起来判定孔隙结构的一个参数。应用统计规律，将 FZI 转换为离散变量：

$$DRT = Round[2\ln(FZI) + 10.6] \tag{4}$$

式中，DRT 是离散岩石类型。

取 K 油田 15 口井 161 个岩心样品，根据流动指示带分类法，计算该油田的流动单元。通过计算 RQI、FZI、DRT 三个参数，FZI 值能被从小到大划分为 6 类流动单元，图 1 中每条线代表不同的流动单元，每类流动单元都能拟合一条孔渗关系曲线。

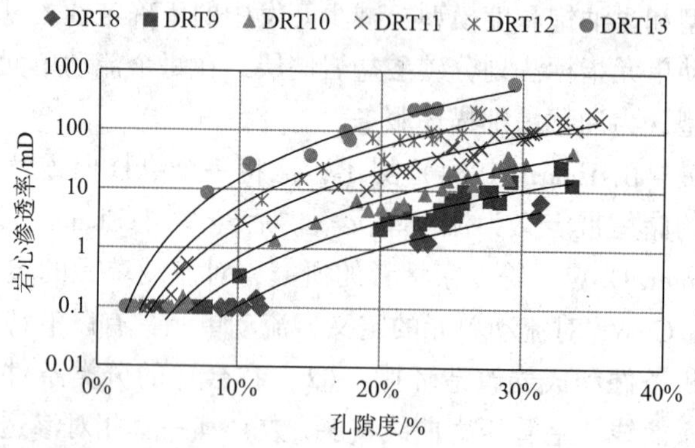

图 1 流动单元分类图版

图 2 是 6 种流动单元的典型铸体薄片，代表了该油田 6 种不同孔喉结构和渗流特征的岩体。DRT8 – DRT12 依次是粒间铸模微孔、粒间中孔、粒间铸模中孔、粒间铸模大孔、洞 – 铸模大孔、洞渠。DRT8 被确定为具有最差的孔隙几何结构和孔隙结构，DRT13 具有最好的孔隙几何结构和孔隙结构。通过流动单元分类，每类流动单元内的孔隙度和渗透率关系由复杂变得简单，相关性大大提高。

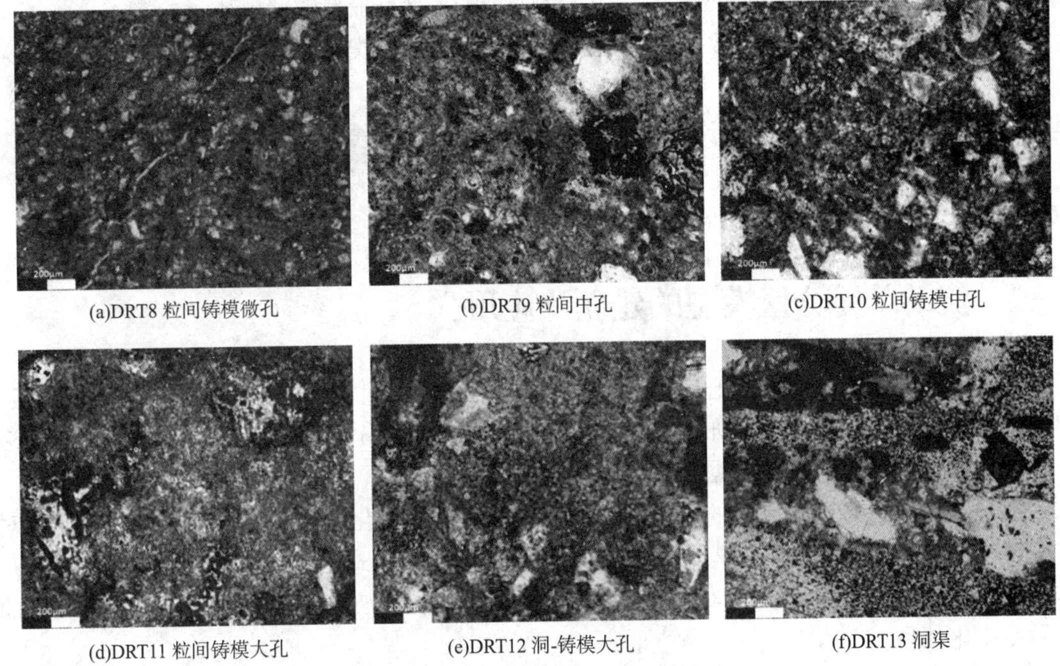

(a)DRT8 粒间铸模微孔　(b)DRT9 粒间中孔　(c)DRT10 粒间铸模中孔

(d)DRT11 粒间铸模大孔　(e)DRT12 洞-铸模大孔　(f)DRT13 洞渠

图 2　六种流动单元对应的典型铸体薄片

为了验证流动单元与毛管压力曲线（J 函数）关系，利用 K 油田的压汞数据，计算不同流动单元内的原始含水饱和度和 J 函数的关系。J 函数可以用孔隙度，渗透率和毛管压力计算得到［（式（5）、式（6）］。

$$J = \frac{P_c}{\sigma\cos\theta}\sqrt{\frac{K}{\phi}} \tag{5}$$

$$P_c = \Delta\rho \times g \times \Delta H \tag{6}$$

其中，K 为渗透率；ϕ 为孔隙度；σ 为界面张力；θ 为接触角；ΔH 为自由水界面以上高度；$\Delta\rho$ 为油藏中流体密度。

把式（6）替代到式（5）中，得到式（7）：

$$J = \frac{\Delta H \times \Delta\rho \times g}{\sigma\cos\theta}\sqrt{\frac{K}{\phi}} \tag{7}$$

根据岩心的压汞数据，可以计算每个岩心样的 J 函数和含水饱和度关系；图 3 是不同流动单元 J 函数和含水饱和度关系，从图版中可以看出具有良好储层性质的岩石 DRT13 表现为高 J 函数和低含水饱和度，而储层性质较差的岩石 DRT8 表现为低 J 函数和高含水饱和度，其余储层类型 DRT12－DRT9 的 J 函数曲线依次由好向差排列，从这些数据可以确定，图中最左边的 DRT13 可以解释为

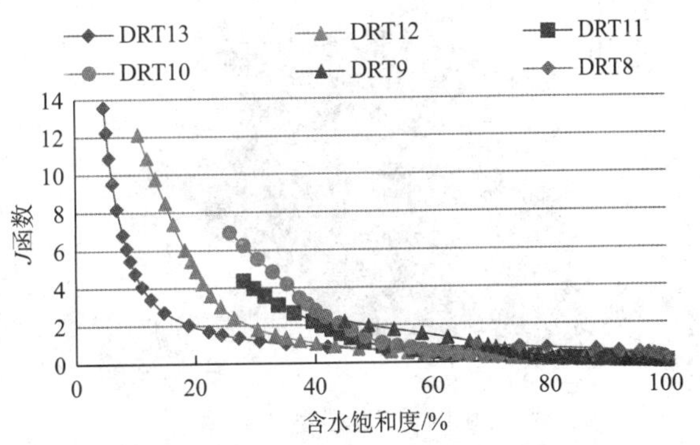

图 3　不同岩石类型 J 函数和含水饱和度关系

具有最佳的储层质量，而占据图表最右边位置的 DRT8 具有最差的储层质量。

对不同流动单元中的 J-S_w 数据进行拟合，得出能够代表该类流动单元的含水饱和度关系式：

$$S_w = a \times J^b \tag{8}$$

其中，a、b 为系数。在不同的流动单元中，系数取值不同。

通过以上方法研究及验证，K 油田的流动单元方法能够揭示了孔隙度和渗透率之间的特定关系以及与 J 函数的关联。

2　流动单元分区模型的建立及应用

流动单元的划分是基于岩心数据，其计算方法为我们提供了一个较为可靠的定量模板，但一个油田的岩心数据有限，如何将其应用到一口井甚至是全油田呢？在这里我们借助了多元线性回归方法，建立测井数据与流动单元指数之间的关系。

通过选取对 *FZI* 反映灵敏的测井曲线，将测井曲线归一化处理后，计算取心段 *FZI* 与对应深度测井曲线的关系，再将未取心段的测井曲线代入关系式中，计算未取心段的 *FZI* 值。本研究选择自然电位，自然伽马，电阻率，中子，密度和声波六条测井曲线，将各条测井曲线做归一化处理：

$$Nx = (X - X\min)/(X\max - X\min) \tag{9}$$

然后利用多元线性回归，得到 FZI 和各条曲线之间的关系，公式如下：

$$FZI = a + b \times SP + c \times DT + d \times GR + e \times ILD + f \times NPHI + g \times RHOB \tag{10}$$

其中，$a = -5.728$；$b = -2.587$；$c = 7.345$；$d = 0.256$；$e = 0.714$；$f = 1.39$；$g = 9.312$

将未取心段的测井曲线代入式（10），可以计算所有未取心段的 *FZI* 值。

将 *FZI* 曲线粗化到模型中，并用地质统计学方法建立 *FZI* 模型（图 4）。*FZI* 模型是一个具有连续变量的插值模型，为了更清楚的表征不同的流动单元，利用式（4）将 *FZI* 模型转化成 *DRT* 模型（图 5）。在模型中 *DRT*11 是分布于整个储层的主要流动单元，特别是在油藏上部，而在油藏边缘位置，分布是低质量的储层 *DRT*8 和 *DRT*9，它们被解释为在过渡带内，靠近盆地相的斜坡。

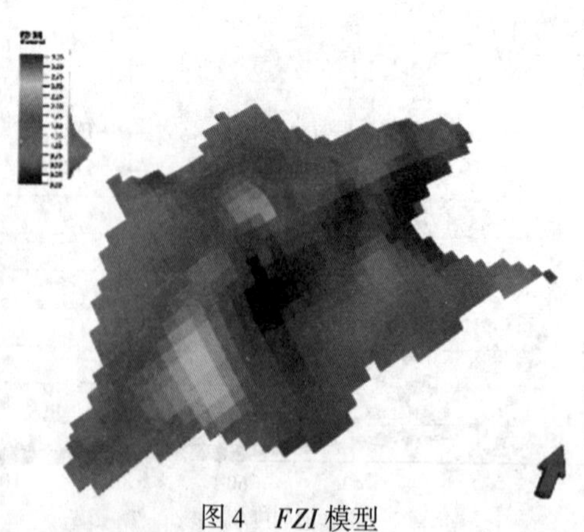

图 4　*FZI* 模型

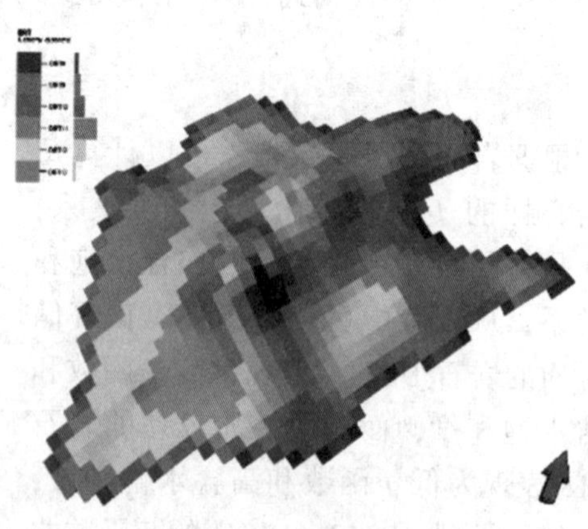

图 5　*DRT* 模型

根据前述流动单元的研究：在 6 类流动单元中，每类流动单元都具有唯一的孔渗关系曲线和毛管压力曲线（*J* 函数），因此在有孔隙度模型的基础上，即可通过流动单元相控，根据每个流动单元中拟合的孔渗关系，计算渗透率模型。利用已经建立的孔隙度模型，渗透率模型，油柱高度模型，计算J函数模型；通过在不同流动单元中拟合的含水饱和度和 *J* 函数的关系（式8），计算含水饱和度模型。

这项研究表明，碳酸盐岩储层的渗透率模型和含油饱和度模型可以用流动单元控制建立。通过数模验证，该方法建立的渗透率模型大大降低了数模拟合难度，提高了工作效率，并为下一阶段开发和注水方案的确定提供可靠基础。

3 结 论

（1）采用 *FZI/DRT* 方法研究了K油田碳酸盐油藏的流动单元，根据岩心孔隙度和渗透率实验结果，利用经验公式把该油藏划分为6类流动单元，每类流动单元中都有唯一的孔渗关系和毛管压力曲线（*J* 函数）。

（2）由于每种流动单元具有相似的孔吼结构和渗流特征，因此可以将流动单元作为一种属性建立三维地质模型，并由流动单元约束建立渗透率模型和含油饱和度模型。

参考文献

[1] 孙建孟，闫国亮．渗透率模型研究进展［J］. 测井技术，2012，36（4）：329～33.

[2] Hearn C L, Ebanks W J Jr, Tye R S, etal. Geological factors influencing reservoir performance of the Hartwg Draw Field, Wgoming［J］. Journal of Petroleum Technology, 1984; 36（8）：1335～1344.

[3] Ebanks W J Jr. Flow unit concept-integrated approach to reservoir description for engineering projects［C］. AAPG Annual Meeting, AAPG Bulletin, 1987; 71（5）：551～552.

[4] Amaefule J O, Altunbay M. Enhanced reservoir description: using core and log data to identify hydraulic（flow）units and predict permeability in uncored intervals/well, SPE26436［C］. Houston, Texas, 1993: 205～220.

[5] 裘亦楠，王振彪．油藏描述新技术［C］. 北京：石油工业出版社，1996：62～72.

[6] 穆龙新，黄石岩，贾爱林．油藏描述新技术［C］. 北京：石油工业出版社，1996：1～10.

[7] Gunter G W, J M, Hartmann D J, and Miller J D. Early Determination of Reservoir Flow Units Using and Integrated Petrophysical Method［C］. SPE Annual Technical Conference and Exhibition in San Antonio, Texas, 5－8 October 1997.

[8] 刘吉余，王营，甘森林．薄窄砂体流动单元划分方法研究［J］. 科学技术与工程. 2011：11（15）：3422～3425.

[9] 齐玉，冯国庆，李勤良，等．流动单元研究综述［J］. 断块油气田，2009；16（3）：47～49.

[10] Chekani M, Kharrat R. Reservoir rock typing in a carbonate reservoir-cooperation of core and log data: case study［C］. SPE/EAGE Reservoir Characterization and Simulation Conference, Abu Dhabi, UAE, 2009.

[11] Tillero E. Stepping forward: an automated rock type index and a new predictive capillary pressure function for better estimation of permeability and water saturation. Case study, Urdaneta－01 heavy oil reservoir［C］. Paper SPE 151602 presented at SPE Latin America and Caribbean Petroleum Engineering Conference, Mexico City, Mexico, 2012.

[12] Shabaninejad M, Haghighi M B. Rock typing and generalization of permeability- porosity relationship for an Iranian carbonate gas reservoir［C］. Paper SPE 150819 presented at Nigeria Annual International Conference and Exhibition, Abuja, Nigeria, 2011.

无修井机起下电潜泵工艺研究及应用

石张泽[1]　陈礴[1]　朱洪华[2]

[1. 中海石油（中国）有限公司天津分公司工程技术作业中心；
2. 中海油能源发展股份有限公司工程技术分公司]

摘要　机械采油作为渤海油田主要的生产方式，其占比已超过90%，而电潜泵则是最主要的机械采油方式。目前渤海油田常规电潜泵生产管柱主要由普通合采、Y管分采组成，电潜泵故障后主要由修井机系统实施检泵作业，耗时长、费用高、风险大，而引入无修井机起下电潜泵工艺技术后，检泵作业由电缆设备和吊点（吊点可用修井机或者吊车）即可完成，提高了工作效率、减少了安全环保风险和对储层的污染、大大降低了作业费用，具有可观的推广应用价值。该技术具有技术可靠性强、安全稳定性好、经济效益高、应用前景广等特点，在渤海油田5口井应用中效果显著。

关键词　无修井机起下电潜泵工艺　检泵作业　安全环保　经济效益

引　言

渤海油田常规电潜泵生产管柱类型主要由普通合采、Y管分采等组成，目前电潜泵寿命平均在1000d左右，电潜泵故障后需要利用修井机或钻井船等机具实施动管柱作业。而为开发边际油田，渤海建造了20多座无修井机平台，这些平台动管柱作业必须动用钻井船，耗时长、费用高、风险大是这类平台作业的主要特点。为了适应无修井机平台修井，渤海油田引入无修井机起下电潜泵工艺技术，首先在有修井机平台进行试验，同时分在生产井和开发井两类进行应用，共应用5井次，历经4年，验证了该工艺技术的可靠性，同时在应用过程中发现了该工艺技术部分弱点并进行升级改造，取得了较好的成果，后续准备大面积推广应用。

1　无修井机起下电潜泵工艺简介及与常规电潜泵生产工艺对比

无修井机起下电潜泵工艺，就是用测井电缆作业起、下电潜泵，替代传统的钻/修井机起、下油管检泵的一种作业工艺（图1、图2）。此工艺首次作业时利用修井机将外层生产油管下入，将动力电缆固定在生产油管外部，湿接头外筒及悬挂系统外筒随外层生产油管下

第一作者简介：石张泽（1985年—），中级工程师，2007年毕业于西南石油大学，现从事海洋石油井下作业工作。地址：（300452）天津市滨海新区海川路2121号海洋石油大厦C座506室，联系电话：022－66501939，13752463136，E－mail：shizhz@ cnooc. com. cn。

入设计的泵挂位置，井筒及井口大通径采油树构成该工艺系统的外部结构；在此之后只需利用测井电缆将电潜泵系统携带悬挂内筒通过采油树、生产油管投入至外层生产管柱内设计的泵挂位置而进行生产；检泵作业时，用测井电缆将电潜泵机组从生产油管内捞出，更换新的电潜泵机组，再用测井电缆投进去，可以实现不压井重复检泵作业。

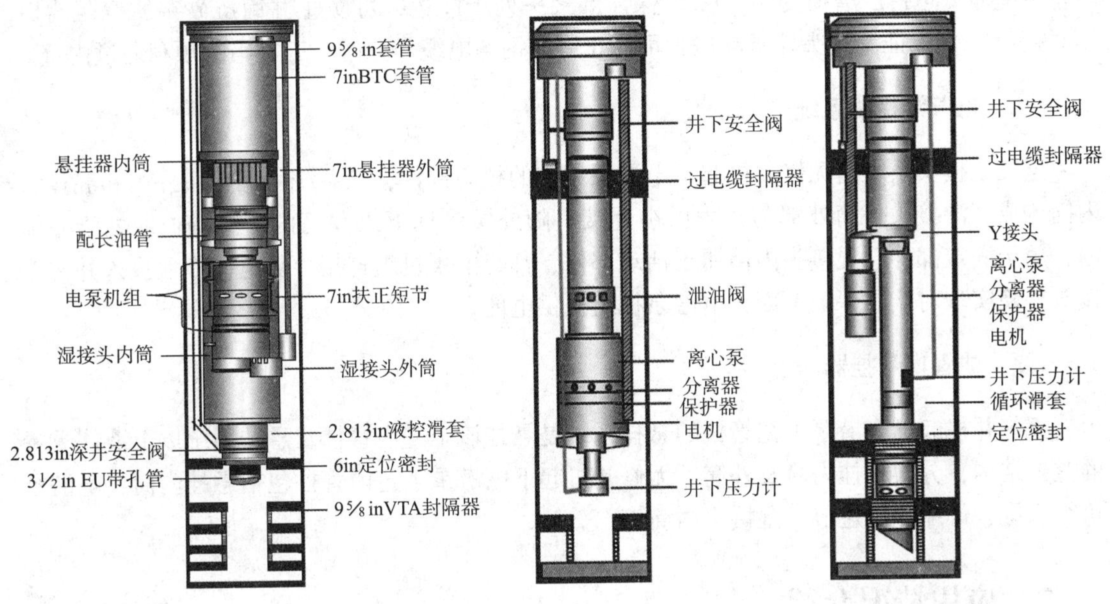

图1　电缆投捞电潜泵工艺管柱

图2　渤海油田常用生产管柱

无修井机起下电潜泵工艺目前有两种生产油管：7inBTC特殊间隙油管，适用于生产套管为13⅝in和9⅝in的井筒中；5in油管适用于生产套管为9⅝in和7in的井筒中。地面设备采用大通径采油树，以便于电潜泵机组通过采油树及生产油管内部投放至预设泵挂位置。管柱下部设计深井安全阀以满足油井安全生产的要求；安装液控滑套满足油井建立循环通道的要求。

无修井机起下电潜泵工艺的核心部件主要有高边定位工具、电气湿接头系统、偏心导向器、伸缩及锁止机构、油管内悬挂器（图3、图4）。

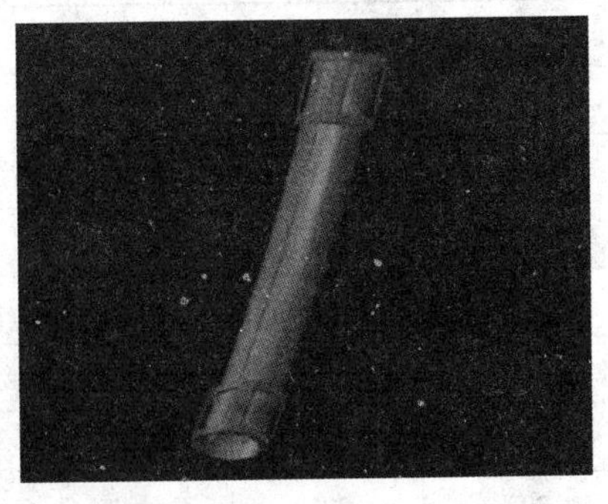

图3　电缆高边定位示意图

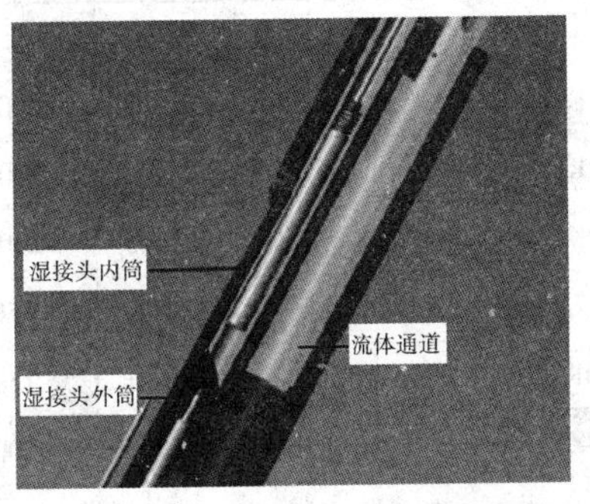

图4　湿接头系统示意图

1.1 高边定位工具

高边定位工具随外层管柱下入井筒内，在下井过程中通过实时监测数据，随时调整管柱方向，保证湿接头始终处于高边位置。高边定位工具主要有三方面作用：（1）下钻过程中防止电缆靠低边挤压磨损受伤；（2）保证湿接头处于高边，可防止井筒沉砂杂质等阻碍电缆对接；（3）保证湿接头处于高边，可防止后期钢丝电缆作业时，工具串能顺利通过内壁。

1.2 电气湿接头系统

电气湿接头系统是无修井机起下电潜泵工艺的核心部件，该系统由湿接头外筒和湿接头内筒构成，湿接头外筒外部与动力电缆连接，随外层管柱下入井筒内，保持长期处于井筒内，属于固定部件；湿接头内筒属于活动部件，其与电泵机组连接，随电缆作业投入并与湿接头外筒实现对接，保证地面为电潜泵机组提供电能。

1.3 油管内悬挂器

无修井机起下电潜泵工艺管柱的悬挂系统是悬挂该工艺内管柱及悬挂系统以上液体重量的重要结构，分为悬挂内筒及外筒。无修井机起下电潜泵工艺内管柱包括悬挂内筒、电潜泵机组系统、伸缩补偿短节、湿接头内筒等。

2 应用情况介绍

2012 年 7 月，无修井机起下电潜泵工艺技术开始在实验室进行实验，验证系统投捞可靠性、机组运转可靠性；2013 年 5 月在陆地实验井进行实验，发现并解决了大通径生产油管井口电缆密封、大通径井控安全、动力电缆及控制管线复杂、大通径采油树制造、井斜限制等问题，逐步建立了完善的技术体系。2013 年 8 月开始正式在海上在生产油田进行两口井试用，均正常运转；2014 年 11 月开始在海上开发井进行试用，三口井均正常运转(表 1)。

表 1 无修井机起下电潜泵工艺技术应用情况

序号	井 号	型号/in	时间	排量/m^3	泵挂井斜/(°)	运转周期/d	停泵原因	备注
1	QK17－2－W1	7	201308	2000	0°	139	投捞实验	/
2	QK17－2－W1	7	201401	2000	0°	48	地面跳闸	湿接头内筒问题
3	QK17－2－W1	7	201405	2000	0°	/	/	
4	QK17－2－P8	7	201309	150	18°	130	投捞试验	挤、磨电缆两次
5	QK17－2－P8	7	201401	150	18°	1029	短路保护	湿接头外筒击穿
6	BZ34－3－A4	5½	201501	100	30°	309	出砂	出砂
7	BZ34－1－F2	5½	201411	200	30°	898	泵挂浅	泵挂浅，欠载
8	BZ34－1－F12H	5½	201411	100	35°	/	/	/

3 应用效果总结与分析

3.1 无修井机起下电潜泵工艺系统可靠性分析

从运转周期分析，截止 2018 年 8 月底，两口井正常运转，运转时间分别为 1389d 和 1560d，超过了渤海油田平均检泵周期；三口井因非该系统原因故障。

从故障原因分析，无修井机起下电潜泵工艺系统提管柱作业共进行四次，其中仅一次因湿接头外筒电缆击穿，系统故障率为 25%。

通过以上分析可知在井况合适的前提下，无修井机起下电潜泵工艺系统可靠。

3.2 无修井机起下电潜泵工艺系统油井适应性分析

无修井机起下电潜泵工艺系统因其自身特点，对油井有一定的适应性要求，主要体现在三个方面：第一为井斜要求，该工艺系统研制初期根据力学分析，井斜必须限制在 39°内；第二为含气量要求，含气量不能超过 30%，同时，因所有产出物均经过大通径油管，该系统不能加装分离器；第三为出砂腐蚀要求，出砂严重及腐蚀性强的井对电泵损伤大，增加机组负荷，极易造成系统故障。

3.3 无修井机起下电潜泵工艺系统安全性分析

从井控安全方面，该系统主要通过插入密封、深井安全阀、液控滑套来实现井控安全，同时投捞电潜泵机组属于不动管柱作业，安全风险可控；从作业安全方面，该系统因管柱尺寸大，对起下作业的操作、电缆挤压磨损都有较大影响，要求必须配备专业设备和专用工具，确保作业安全。

3.4 无修井机起下电潜泵工艺系统经济效益分析

无修井机起下电潜泵工艺研究目的主要针对无修井机平台，按照单独作业一口井计算，无修井机平台作业需动用钻井船，单井综合费用为 1100 万元，且每次作业费用保持不变；而应用无修井机起下电潜泵工艺，首次作业需利用钻井船作业，单井综合费用 1400 万元，而在较长年限范围内，自第二次作业开始单井综合费用仅 50 万元左右，大大降低了作业成本，经济效益非常明显（表 2）。

表 2 无修井机起下电潜泵工艺与钻井船作业费用对比

	无修井机起下电潜泵工艺/万元	钻井船常规动管柱作业/万元
第一次作业	1400	1100
第二次作业	50	1100
第三次作业	50	1100

3.5 无修井机起下电潜泵工艺系统产量效益分析

电潜泵故障后，无修井机起下电潜泵工艺可迅速组织作业，躺井时间可控制在 15d 内，作业周期仅需一到两天，而钻井船作业则受多项因素影响，躺井周期超过半年，作业周期在15d左右。综合躺井周期和作业周期的影响，无修井机起下电潜泵工艺在电潜泵故障后产量损失为150m^3，而钻井船作业则高达1800m^3，损失比为12倍；另外无修井机起下电潜泵工艺不需压井，减少了储层污染，油井投产后恢复快，同时节省油保费用，综合产量效益明显优越（表3）。

表3　无修井机起下电潜泵工艺与钻井船作业产量对比

	无修井机起下电潜泵工艺	钻井船常规动管柱作业
躺井周期/d	15	180
产量损失/m^3	150	1800
作业周期/d	1~2	15

4　结论及建议

（1）随着我国经济高速发展，国家对石油的依存度越来越大，而渤海油田作为国内大型油田，承担的国家战略地位和社会责任越来越大，高效低价开采油气资源将成为未来能源市场竞争的主要方向。电潜泵开采方式具有排量大、效率高、管理方便等优势，符合渤海油田当前开发开采的需求。

（2）无修井机起下电潜泵工艺从技术、安全、经济效益等方面，均满足当前无修井机平台油气井作业的需要，既解决了生产的需求，又降低了作业成本，同时减少油层污染，提高了油藏开采率和延缓了油气井开采寿命，针对渤海油田无修井机平台合适的油气井，可大面积推广；同时，针对开发井和有修井机平台井况合适的油气井，也可推广。

（3）由于渤海油田油水井生产套管大部分为9⅝in，与7in系统间隙过小，下管柱过程中对电缆的伤害大，建议采用5½in型号与之配套；同时，电缆作为任何电潜泵系统最薄弱的部件，建议继续研制高质量电缆，以提升无修井机起下电潜泵工艺系统的整体性能。

（4）由于海上油田大部分为大斜度井甚至于水平井，而无修井机起下电潜泵工艺系统受井斜的限制大，建议继续研发，拓宽油井适应能力，解除井斜对该系统的限制。

参考文献

[1] 张钧．海上油气田完井手册［M］．北京：石油工业出版社，1998：338.
[2] 张伟娜．电潜泵在海洋石油人工举升中的应用［J］．石油和化工设备，2013（16）：46.

在线自生颗粒调驱体系研发及性能研究

于萌　铁磊磊　李翔　张博

（中海油田服务股份有限公司油田生产研究院）

摘要　充分利用渤海油田注入水中的Ca^{2+}、Mg^{2+}，形成密度与水相近的在线自生颗粒调驱剂，该材料通过吸附方式在岩石表面形成无机凝胶涂层，并非沉淀在孔隙中，在地层深部起到液流转向的目的。由于该凝胶以整体或微粒形式分散或悬浮于水中、强度可控，即可解决注入性问题，且可实现在线注入，具有快速溶解、耐温、抗盐、环保、廉价等特点，未来可以尝试在海上油田应用推广。

关键词　在线自生颗粒调驱体系　成胶性能　凝胶化程度　配方优化

0　引　言

改善油田水驱开发效果的有效手段是扩大注入水波及体积[1~3]。但随着油田逐步进入中高含水或特高含水开发阶段，剩余油富集区分布在地层深部，原有近井地带调剖技术已难以满足矿场深部液流转向的需求。此外，针对非均质性强或矿化度高的油藏，现有聚合物凝胶的注入性或抗盐性很难适应环境要求，而抗盐改性聚合物成本较高，较难适应“低油价调驱”的需求[4~6]。

渤海油田目标地层非均质性较强，注入水矿化度高达3.40×10^3mg/L，水中钙镁离子含量接近1000mg/L。该油田现有调驱技术，如聚合物交联体系，存在注入性受限、耐盐、耐温等问题，难以进入地层深部。向储层中注入自生颗粒调驱体系，其遇到地层水中高价阳离子发生化学反应，即可在岩石骨架表面形成涂层，增加大孔道的流动阻力，促使后续液流转向进入中低渗透层[7]。另外，该体系成胶较快，可实现以分散凝胶，而非整体凝胶的状态分散或悬浮于水中，确保了其良好的注入性，可进入地层深部，以实现地层深部调驱的目的。本文拟以静态实验、仪器表征和化学分析为技术手段，研究自生颗粒调驱体系的凝胶化程度和影响因素，采用激光粒度仪测试凝胶微粒大小从而定量判断涂层的效果，为封堵性能的评价提供一定依据。

1　自生颗粒调驱体系研制分析

凝胶性质介于固体与液体之间，由胶体颗粒、高分子或表活剂分子互相连接形成网状结

第一作者简介：于萌（1989年—），女，山东省青岛市，采油工艺工程师，2015年毕业于中国石油大学（华东），获硕士学位，现主要从事调剖调驱相关工作。Email：ex_ yumeng@ cosl. com. cn。联系电话：022－59552386。

构，结构空隙中充满了液体，使体系流动性受限。常用的化学堵水体系，如传统的水玻璃－氯化钙双液法堵水技术多用于封堵高渗透地层。考虑到该体系存在两种材料一触即凝、不易在预定部位作用的问题，因此，本文在传统水玻璃类堵剂的基础上开发了新型自生颗粒调驱剂。在线自生颗粒调驱剂由主剂和添加助剂组成。主剂与较高矿化度地层水接触形成半透明、密度与水接近、强度可控的凝胶体系。自生颗粒调驱剂以微粒形式分散或悬浮于水中，在地层岩石孔隙结构中不断沉积形成凝胶涂层，对后续注入水流产生阻力，从而在保障海上“在线注入”的基础上，实现了地层深部液流转向，扩大波及系数。

同时，为了实现延缓交联，本次研究在该体系中加入螯合剂，可缓慢释放无机涂层，而不影响凝胶强度和凝胶性质。为进一步改善自生颗粒调驱剂强度且不阻碍在线注入的优势，可添加低浓度的乳液聚合物。自生颗粒调驱剂在沉积过程中可吸附在聚合物分子链上，将分子链包埋，使整个网络得到加强；网络内的自生颗粒调驱剂吸附、包裹水分子，从而一定程度上减少游离水的含量。聚合物网络和自生颗粒调驱剂相辅相成，提高了网络结构的强度，松散的网络结构一定程度上限制了沉积物的大尺寸移动，沉积物赋予了网络以较大的局部变形阻力，既提高了自生颗粒调驱剂的强度和稳定性，又兼具良好的韧性。该新型自生颗粒调驱体系为改善高温、高盐非均质油藏注水开发效果提供了重要手段，地层水中的钙镁离子得到有效利用，且可实现在线注入，极大的降低了调驱作业的成本。

2 实验条件

2.1 材料与试剂

主要原料：注入水、海水、主剂、干粉聚合物、乳液聚合物、螯合剂。自来水和注入水离子组成见表1。

表1 自来水和注入水离子含量

水 型	离子含量/(mg/L)					矿化度/（mg/L)
	$K^+ + Na^+$	$Ca^{2+} + Mg^{2+}$	Cl^-	CO_3^{2-}	SO_4^{2-}	
自来水	230	17	101	14	56	802
注入水1	10353	930	13600	0	1100	32150
注入水2	2907	317	4896	13	47	8512
海水	11593	1826	20426	0	2697	36690

2.2 实验仪器

电子天平（精度0.01g），哈克RS6000流变仪、量筒（250mL）、烧杯（500mL）、Mastersizer 3000粒度分析仪、各种加热及恒温设备等。

2.3 实验方法

2.3.1 凝胶化性能

将等体积的自生颗粒调驱剂溶液和注入水1混合均匀，静置于65℃恒温箱内24h，观察其凝胶化程度，并测量体系粒径或黏度。

2.3.2 影响因素评价

①在注入水1矿化度、自生颗粒调驱剂浓度一定的条件下，评价粒度、黏度、凝胶化程度。使用激光粒度仪表征体系的粒度，使用RS6000流变仪表征体系的黏度，通过静态实验表征体系的凝胶化程度；

②在注入水1矿化度、自生颗粒调驱剂类型一定的条件下，改变主剂浓度、温度、剪切时间和速率，考察各影响因素对成胶性能的影响。

2.3.3 体系优化（表2）

考虑到前期实验中，低浓度的在线自生颗粒凝胶（浓度<1.5%）在体系强度方面仍存在改进空间，提出一种设想：向低浓度的在线自生颗粒凝胶（1%）中加入低浓度（500mg/L）的聚合物能起到增强体系强度的作用，螯合剂的配合加入对体系的封堵强度有进一步的改善作用[8~10]。

（1）自生颗粒调驱剂+聚合物体系的成胶性能（低浓度聚合物的作用）。

（2）螯合剂的加入对自生颗粒调驱剂+聚合物成胶性能的影响。

（3）“自生颗粒调驱剂+乳液聚合物”与“自生颗粒调驱剂+干粉聚合物”的效果对比。

（4）钙镁离子对成胶性能的影响。

表2 在线自生颗粒+聚合物体系凝胶化实验方案

方案编号	实验用水类型	主剂溶液浓度/%	稳定剂浓度/%	乳液聚合物浓度/%	螯合剂浓度/%
1-1	注入水1	1	0	0	0
1-2	注入水1	1	0	0	0.1
1-3	注入水1	1	0.05	0	0
1-4	注入水1	1	0.05	0	0.1
1-5	注入水1	1	0	0.05	0.1
2-1	海水	1	0	0	0
2-2	海水	1	0	0	0.1
2-3	海水	1	0.05	0	0
2-4	海水	1	0.05	0	0.1
2-5	海水	1	0	0.05	0.1
3-1	注入水2	1	0	0	0
3-2	注入水2	1	0	0	0.1
3-3	注入水2	1	0.05	0	0
3-4	注入水2	1	0.05	0	0.1
3-5	注入水2	1	0	0.05	0.1

3 实验结果与讨论

3.1 凝胶化性能实验结果

母液和注入水1混合后可形成整体或分散凝胶。凝胶为白色絮状形态或白色半透明液体，密度与水接近，以整体或微粒形式分散悬浮于水中（图1）。图2为凝胶化性能实验结果。针对0.4wt%到3wt%的在线自生颗粒+注入水1体系，凝胶化程度随浓度增大呈增大趋势，大致在25%~80%之间。在线自生颗粒浓度介于3%~10%之间时，体系凝胶化程度最大，可达到在85%左右。体系黏度对温度变化不敏感，耐温性较好，可用于高盐高温油藏。

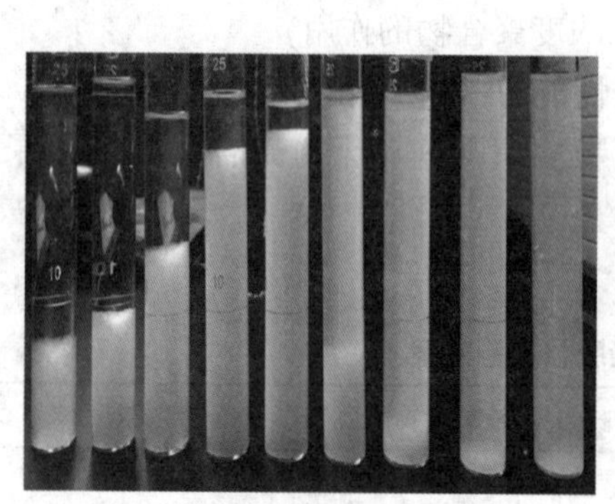

图1 在线自生颗粒调驱剂（主剂+注入水1+助剂，65℃）

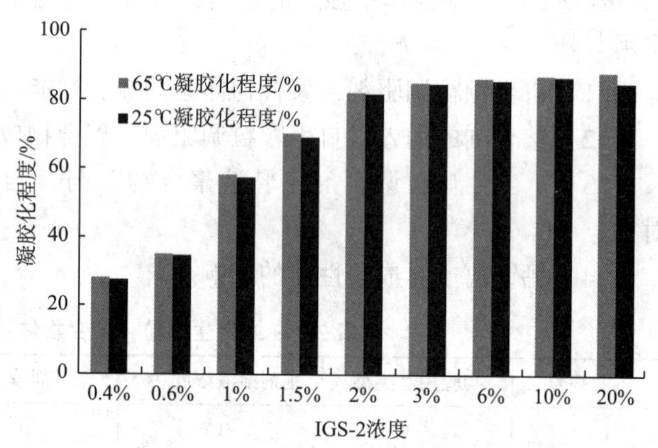

图2 65℃在线自生颗粒调驱剂的凝胶化程度

3.2 成胶时间实验结果

在65℃条件下，间隔十分钟取样。采用激光粒度仪测试体系黏度，使用RS 6000流变仪测试体系黏度，评价结果见图3和图4。

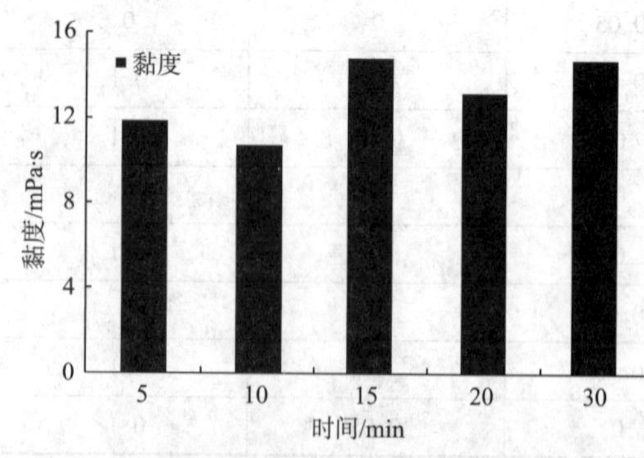

图3 成胶过程中体系黏度随时间的变化（3wt%，65℃）

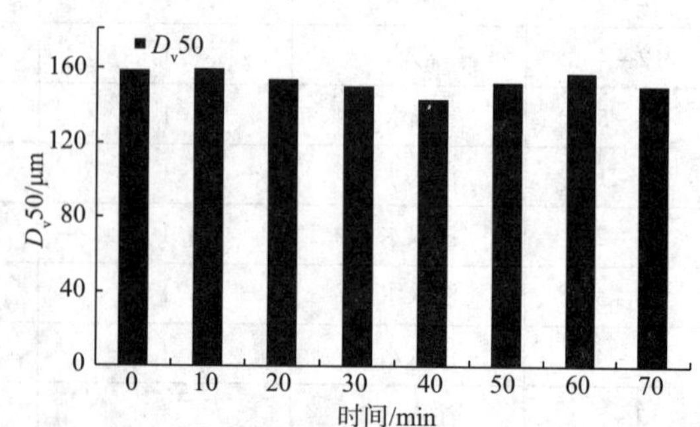

图4 成胶过程中体系粒度随时间的变化（0.6wt%，65℃）

通过测量低浓度体系的黏度和粒度随时间的变化可得，体系在65℃条件下，凝胶化程度随放置时间变化不大，在 30min 内可成胶。部分原因可能是无机体系，反应能在较短的时间内完成。

3.3 影响因素评价

3.3.1 浓度的影响

由图 5 可见，65℃下，在 800r/min 的转速下，体系成胶后的粒度随浓度的增大呈增加趋势。体系浓度从 3% 上升至 20%，粒度的上升率有 137%。

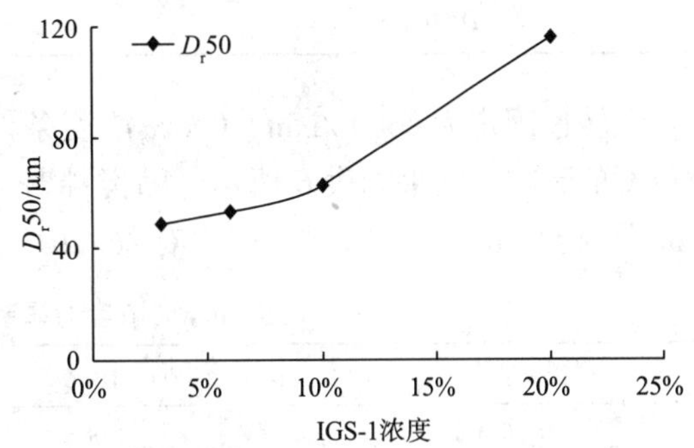

图 5 自生颗粒调驱剂体系的 D_v50 值

3.3.2 温度的影响

以 0.6% 的浓度为例，分别在室温（25℃）和 65℃条件下测试混合瞬间体系的粒度，结果如表 3 所示。

表 3 自生颗粒调驱剂（65℃，800r/min）

浓 度	0.6%	3%	6%	10%	20%
$D_v50/\mu m$	65.7	420	/	/	/

表 4 说明温度对成胶时间有一定的影响。降低温度存在延缓成胶的效果，还需后续实验进一步验证。

表 4 温度对体系初始粒径的影响（0.6wt%）

温度/℃	20	60
粒径/μm	133	159

3.3.3 剪切的影响

（1）黏度表征。

由图 6 可见，体系的黏度随剪切时间的延长呈下降趋势。针对 3%、6%、10%、20% 浓度的体系，黏度随剪切时间的下降率分别有 64.4%、73.7%、90.2%、85.4%，表明目前该凝胶体系抗剪切性能有待改善。

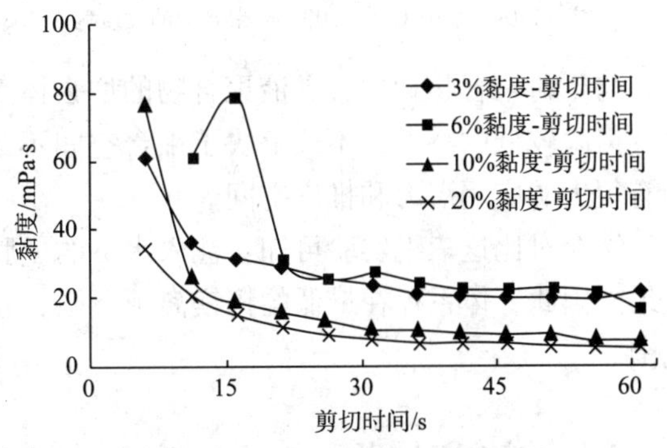

图 6 I 体系黏度随剪切时间的变化

（2）粒度表征。

在 3% 浓度条件下，调整转速为 2680r/min 时，评价转速对体系粒度的影响，结果如表 5 所示。随转速的增大，体系粒度呈下降趋势，D_v50 的下降率有 72.9%。

表5　3%浓度的体系粒度随搅拌速度的影响

搅拌速度/(r/min)	800	2680
$D_v50/\mu m$	48.8	13.2

在转速固定为2680r/min、0.6%浓度条件下，延长搅拌时间，评价搅拌（剪切）时间对粒度的影响，结果如表6所示。随搅拌时间的延长，体系粒度呈下降趋势。搅拌时间从1min增加至3min，D_v50的下降率有36.2%。

表6　0.6%浓度的体系粒度随搅拌时间的影响

搅拌时间/min	1	2	3
$D_v50/\mu m$	11.5	10.3	7.34

3.4　优化配方的性能（图7）

对比每组实验的1和3可知：低浓度聚合物的加入对体系的成胶强度提高显著，“自生颗粒+聚合物体系”的成胶黏度远高于同等浓度的体系的黏度，亦远高于单独聚合物溶液的浓度。具备复合应用的可能性。

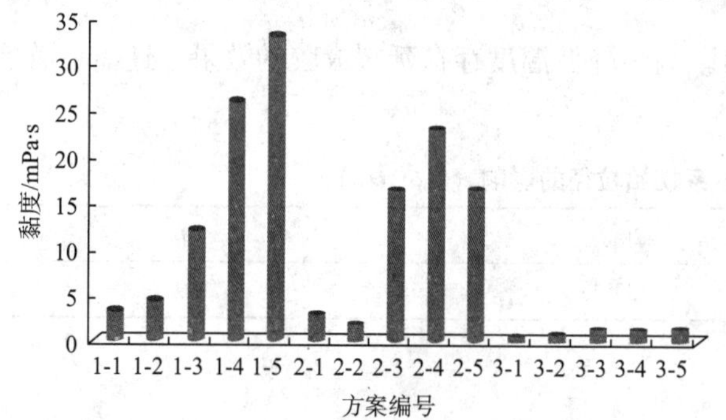

图7　自生颗粒调驱剂+聚合物体系的成胶黏度（65℃，$170s^{-1}$）

（注：$170s^{-1}$，65℃下，500ppm聚合物的黏度为2.268mPa·s）

对比每组实验的3和4可知：螯合剂的加入可能对体系的封堵强度有进一步的改善作用[11,12]。

对比每组实验的4和5可知：乳液聚合物相较于聚合物干粉的效果目前不好评价，但乳液聚合物可在线注入；且对比每组实验的1和5，得出乳液聚合物能够大幅度提高体系的成胶强度。与干粉聚合物相比，乳液聚合物的增强体系效果相当且具有“可在线注入”、简单有效以及风险较低的特点，不仅解决了平台空间不足的难题，而且很大程度地简化了施工工艺，具有很大的应用潜力和推广空间。

综合对比这三组实验可知：注入水1的成胶效果与海水相当，但注入水2起不到成胶的效果。因此，体系存在最低的钙镁离子下限，且在测试范围内，该体系具有最佳的成胶浓度范围。

4　结论和认识

（1）母液和注入水1混合后可形成整体或分散凝胶。凝胶为白色絮状形态或白色半透明液体，密度与水接近，以整体或微粒形式分散悬浮于水中。当浓度介于0.4%～20%之间时，凝胶化程度在25%～87%区间变化；该无机体系成胶迅速，成胶时间小于30min。

（2）浓度愈大，体系凝胶化程度愈大。浓度介于3%～10%之间时，体系凝胶化程度最大；温度对体系的凝胶化程度影响不大。降低温度，可适当延缓体系的成胶时间；体系的黏度和粒度随剪切时间的延长和剪切速率的增大呈下降趋势。

（3）单纯的无机凝胶体系的抗剪切能力和延缓成胶能力有待加强；通过向低浓度的自生颗粒调驱剂中加入低浓度的聚合物能起到增强体系强度的作用，螯合剂的配合加入，进一步改善了体系的封堵性。

参考文献

[1] 刘春林，肖伟．油田水驱开发指标系统及其结构分析［J］．石油勘探与开发，2010，37（3）：344～348.

[2] 由庆，于海洋，王业飞．国内油田深部调剖技术的研究进展［J］．断块油气田，2009，16（4）：68～71.

[3] 刘玉章，熊春明，罗健辉，等．高含水油田深部液流转向技术研究［J］．油田化学，2006，23（3）：248～251.

[4] Wu Y F, Tang T J, Bai B J, et al. An experimental study of interaction between surfactant and particle hydrogels [J]. Polymer, 2011, 52 (2): 452～460.

[5] Zhang H, Challa R S, Bai B J, et al. Using screening test results to predict the effective viscosity of swollen superabsorbent polymer particles extrusion through an open fracture [J]. Ind. Eng. Chem. Res., 2010, 49 (23): 12284～12293.

[6] Stavland A, Jonsbrten H C, Vikane O. In-depth water diversion using sodium silicate on snorre-factors controlling in-depth placement [R]. SPE 143836－MS, 2011.

[7] Lakatos, I., Lakatos-Szabó, J.. Application of Silicate/Polymer Water Shut-Off Treatment in Faulted Reservoirs with Extreme High Permeability [Z]. SPE 144112－MS, 2011.

[8] Hong He, Yefei Wang, Xiaojie Sun. Development and evaluation of organic/inorganic combined gel for conformance control in high temperature and high salinity reservoirs [J]. J Petrol Explor Prod Technol, 2015, 5: 211～217.

[9] Lakatos I., Lakatos-Szabó, J, Szentes G., et al Improvement of Silicate Well Treatment Method by Nanoparticle Fillers [Z]. SPE 155550, 2012.

[10] I. J. Lakatos, Res. New Alternatives in Conformance Control: Nanosilica and Liquid Polymer ided Silicate Technology [Z]. SPE－174225－MS, 2015.

[11] Lyle D. Burns, Michael Burns, Paul Wilhite, et al. New Generation Silicate Gel System for Casing Repairs and Water Shutoff [Z]. SPE 113490－MS, 2008.

[12] A. Stavland, H. C. Jonsbråten and O. Vikane. In-Depth Water Diversion Using Sodium Silicate on Snorre－Factors Controlling In-Depth Placement [Z]. SPE 143836－MS, 2011.

直线电机往复泵在南海西部低渗油田先导性试验

穆永威　于志刚　贾辉　曾玉斌　万小进

[中海石油（中国）有限公司湛江分公司]

摘要　直线电机往复泵以其特殊的结构消除了气锁，减少了砂卡，对低产井更加适用，节能效果明显。针对海上低渗油田的低产、出砂的地质特点和油井、平台特点，进行了直线电机往复泵及其配套工艺的研究分析，通过地面控制参数监测实现采油系统工况的监测与分析，通过管柱结构优化实现对机组和电缆的防护，延长检泵周期。实践证明，该技术为低渗、低产、出砂井的举升工艺开辟了新思路，对类似油田的稳产发挥了重要作用。

关键词　直线电机　往复泵　低产低渗　泵效

1　引　言

南海西部WC＊＊油田储层物性差，属于低孔低渗储层，地层比较疏松且泥质含量较高，易出砂，油井产液量较低且含气量相对较高，严重影响了电潜泵机组的运行效率与油井检泵周期。针对该油田储层特性以及油井实际生产特点，通过对多种举升方式的调研分析，认为直线电机往复泵采油技术在低产、复杂井况上有更好的应用适应性。因此针对南海西部低渗油田、海上平台与油井特点，开展了直线电机往复泵采油技术在南海西部油田的适用性研究。

2　直线电机往复泵采油基本原理

2.1　直线电机往复泵采油工艺

直线电机往复泵采油系统主要有地面控制系统、往复式抽油泵和永磁直线电机组成（图1）。直线电机将电能直接转换成直线运动机械能，而不需要任何中间转换机构。直线电机与往复泵相连，系统通过利用直线电机往复运动同柱塞运动方向一致的特点，驱动往复泵柱塞做周期往复运动，将油液举升至地面。

2.2　采油系统基本特性

其采油系统的基本特性主要由直线电机、往复泵、地面控制柜等决定。

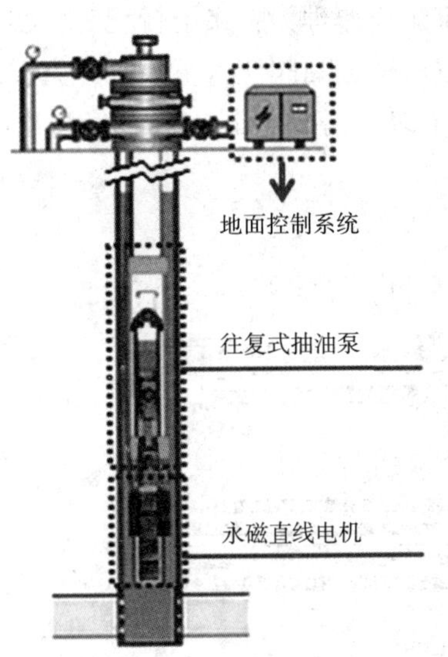

图1　直线电机采油系统组成

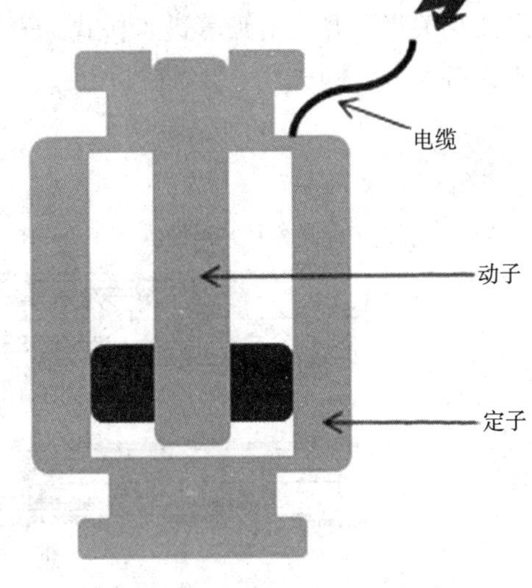

图2　直线电机运动示意图

2.2.1　直线电机基本特性

(1) 直线电机工作原理。

直线电机主要有动子、定子组成（图2），其工作原理是通过控制电流的方向和交变频率，使定子产生周期交变的磁场，与动子的固定磁场相互作用，实现动子的直线往复运动，带动往复泵柱塞工作。

(2) 直线电机基本性能。

直线电机可承受井下150℃高温、30MPa压力的介质环境。直线电机主要有114、140两种规格，所适用的最小套管直径分别为5.5in、7in。

目前直线电机主要有额定电压380V、660V、1140V三个系列，六个产品型号，最大推力6T（表1）。

表1　直线电机产品主要性能参数

参数/项目/型号	投影/mm	额定电压/电流/功率/推力				子行程/cm
		电压/V	电流/A	功率/KW	推力/t	
DQWFB－114－380－（8～15）	114	380	30	15	1	130
DQWFB－114－380－（10～20）	114	380	40	20	1.5	130
DQWFB－114－660－（20～35）	114	660	35	35	2.5	130
DQWFB－114－1140－（30～50）	114	1140	45	50	3.5	130
DQWFB－140－1140－（30～50）	140	1140	45	50	3.5	130
DQWFB－140－1140－（40～80）	140	1140	70	80	6	130

2.2.2　往复泵基本特性

(1) 往复泵基本结构。

为了防止电机转子受压失稳，采用下拉做功方式设计工作状态，因此抽油泵工作状态与常规抽油泵相反，结构如图3所示。倒置下拉泵基本工作原理为：泵上行程时，游动进油阀开启，出油阀关闭，井液由筛管进入桥式外管，经过游动进油阀流入下泵筒，完成进液；泵下行程时，游动进油阀关闭，出油阀开启，井液由下泵筒进入桥式内管，经过出油阀完成出液。

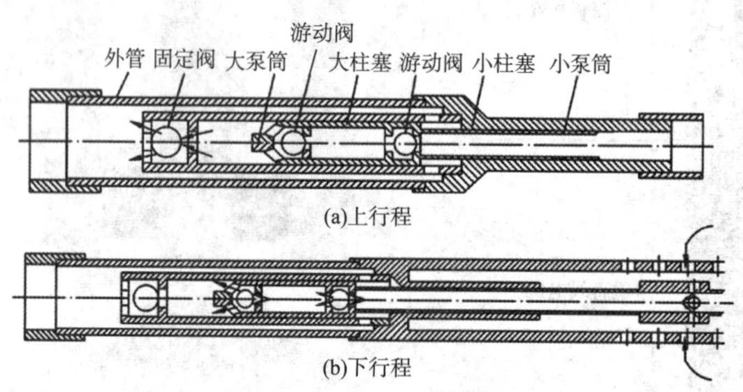

图3　倒置抽油泵结构示意图

（2）往复泵基本性能。

往复泵采用间歇式工作，泵腔充满程度高、无冲程损失，使泵具有较高泵效。往复泵泵效一般为60%～95%，当含气量不高、供液充足的情况下，泵效通常为90%以上。同时由于往复泵结构与泵排空系数高，使泵具有良好的防气锁性能。针对出砂井，在往复泵筛网下端安装刮砂器，吸入口处筛网的挡砂精度可根据需求配置，使泵具有一定的防砂功能。直线电机往复泵一个冲次周期约3s，一般根据直线电机上行、下行的频率不同而不同。

目前直线电机往复泵主要有9种泵型，可适用于日产液量0.5～100m^{3}的油井。泵型和泵冲决定了泵的实际排量，每种泵的最大泵冲8次/min，冲次调节范围为0.1～8次/min（表2）。

表2　往复泵产品主要性能参数

参数/项目/型号	长度/m	质量/kg	冲程/mm	额定排量/(m^3/d)	适配油管尺寸/in
28	6.35	142	1230	7	2.5
32	6.35	142	1230	10	2.5
38	6.35	147	1230	15	2.5
44	6.35	152	1230	20	2.5
50	6.44	157	1230	26	2.5
57	6.44	161	1230	35	2.5
70	6.52	170	1230	50	2.5
83	6.52	240	1230	75	2.5
95	6.52	265	1230	100	2.5

2.2.3　地面控制柜基本特性

地面控制系统主要由主回路、单片机、存储模块、整流器、开关管、变压器、检测电路组成，可控制直线电机动子的运行速度、运行时间、停留时间、冲程以及冲次，从而实现对油井生产情况的调节。

结合海上油田的使用要求和限制条件，对地面控制系统进行了相应的升级改造和技术优化，具有以下功能：

（1）将直流电逆变为电机所需的交流电，通过动力潜油电缆输送给直线电机。

（2）系统运行状况识别功能：进行异常情况监测，对负载短路、电机推力不足、柱塞阻卡、油管结蜡等故障作出初步诊断。启动手动控制功能可排除因抽油泵砂卡造成的阻塞。

（3）自动保护功能：意外停电、强雷电、控制箱温度过高、输出电缆或负载短路、柱塞阻卡、油管堵塞将自动停机；自启功能，因电网意外停电而停机，恢复送电后自动启动。

（4）过载保护功能，控制柜已设定上行和下行电流保护值，当电流超过设定值时，系统会自动停机保护。

（5）设定与在线调参功能：冲次调节，调整范围0.1～8次/min，分辨率：0.1次/min。运行频率调节，频率调整范围为上行8～15Hz、下行15～24Hz。

2.2.4　采油系统特点

直线电机往复泵主要有以下四个方面的特点：

（1）适用于低产低渗井。

由于直线电机往复泵举升特性，使得该系统可适用于日产液量低至0.5m^3/d的低产低渗井，在低渗透小排量油井中有显著的应用效果。系统不受井斜限制，适用于直井、定向井、水平井。

（2）防气防砂防垢。

柱塞与固定球座距离小，排空系数高，泵的余隙为5mm，防止气锁现象。刮砂器及时清理泵筒砂、垢，同时泵吸入口处有筛网，挡砂精度根据需求配置，井液含砂可达2‰。

（3）泵效高、调参范围大、节能效果显著。

往复泵采用双固定凡尔，极大降低井液漏失，泵充满度高，克服冲程损失，泵效可高达95%。可通过地面控制柜在线调参、通过调节泵冲来实现油井产液量调节。由于该系统往复泵排量系数较高，且在举升过程用电，不举升不用电，间歇停电达到节电效果，与电潜泵举升相比，在同样的泵挂深度、产液量情况下单井节能可达30%～80%，节能效果显著。

（4）维护成本低、对电网无干扰。

取消传统抽油杆采油方式，减少采油设备带动抽油杆采油所做无用功及管杆偏磨问题所引起的维修。维护工作量小，维护费用低；对电网不产生冲击电流和谐波干扰。

3　矿场试验

WC＊＊油田A井储层物性差，属于低渗储层，地层较疏松且泥质含量较高，易出砂，产液量在15m^3/d左右，且波动较大，采用电潜泵完井投产后仅一年即机组故障躺井。因其产量极低，且生产不稳定，自2015年7月电潜泵故障躺井后就一直处于关井状态，成为了一口长停井。针对该井低渗、低产、易出砂的地质特征，结合直线电机往复泵的技术特点，对生产管柱进行优化，制定了直线电机往复泵举升工艺方案。

2017年4月24日该井顺利完成作业，成功复产，解决了该井长期关停、躺井前产液波动大、生产不稳定的问题，泵效由0.2提高至0.75、系统效率由8.6%提高至24.1%，泵效和系统效率分别提高了3.75倍、2.8倍，耗电功率由21.6kW降至8.5kW，下降61%，预计每年可节省用电量超过10×10^4度，节能增效显著（图4）。

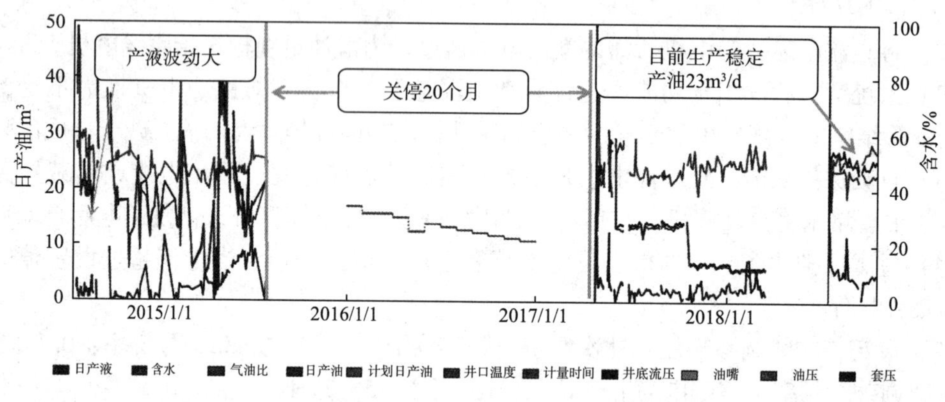

图4 文昌油田A井投产以来生产情况

4 结论及认识

（1）直线电机往复泵采油工艺能够满足产液量$30m^3/d$以内、2000m深油井举升生产需求，对在生产油田低液量、出砂、含气井，进一步高效开采具有重要的应用意义。

（2）现场试验表明，直线电机往复泵工艺为海上低渗、低产、出砂井的生产开辟了新思路，对类似油井的稳产起到重要推广应用意义。

参考文献

[1] 王祥立，司高锋．直线电动机驱动的大排量潜油抽油泵及其应用［J］．石油机械，2012，40（1）：78～80.

[2] 梁会珍，段宝玉，陈庭举，等．直线电机作为井下泵动力系统的设想［J］．石油钻采工艺，2004，26（3）：75～77.

[3] 李明，杨海涛，等．直线电机往复泵采油技术研究与试验［J］．石油机械，2014，33（12）：94～96.

[4] 黄华，赵亚杰，等．直线电机驱动柱塞式潜油泵采油工艺及试验［J］．长江大学学报（自然科学版）理工，2012，9（7）：77～79.

[5] 邱家友，周晓红，等．安塞油田直线电机无杆采油工艺试验效果分析［J］．石油矿场机械，2010，39（7）：64～68.

注气提高砂岩储层酸化效果机理研究

张璐　兰夕堂　张丽平　刘长龙　符扬洋　高尚

[中海石油（中国）有限公司天津分公司]

摘要　针对常规酸化逐渐暴露出酸化效果差、有效期短、解堵范围有限等问题，考虑砂岩储层气井酸化效果普遍好于油井的现场经验，提出了油井酸化过程中注入气体以提高作业效果。从多角度深入研究了在酸化过程中注入气体的作用，并通过室内实验进一步探索了三种不同注气模式下对未伤害及受钻完井液伤害岩心的酸化改善效果。研究认为酸化过程中注入气体能够明显提高对污染岩心的酸化效果，其具有扩大波及范围、转向分流、降低滤失及储层伤害、缓速性等作用机理，尤其采用前置气＋气液交替注入的酸化模式，总体上注 CO_2 气体酸化效果要好于注 N_2。酸化作业中注入气体现场试验效果显著，具有广阔的发展前景。

关键词　酸化　注入气体　作用机理　液氮比例　注气模式

酸化工艺是砂岩储层增产增注的重要技术手段之一。砂岩储层酸化研究的重点往往在酸液体系及工艺[1,2]，逐步从土酸体系发展到缓速酸、有机酸、螯合酸体系，酸化工艺根据储层条件逐步多样化，从常规酸化到单步酸化、分流酸化等[3,4]。然而，现场经验表明对砂岩储层：油井酸化后随注酸量的增加渗透率逐步增大，注入一定量酸后随注酸量增加而渗透率降低的现象；对气井渗透率的改善效果和注酸量大致成比例；总体上，砂岩储层气井酸化效果好于油井[5]。现场油井作业时是否可以考虑注入一定量气体达到提高酸化效果的目的呢？1986 年 Victor L. Ward 等提出酸化作业时注入 N_2 和 CO_2 气体能够达到一定增产的效果[6]；1989 年在阿曼北部的几口油井采用氮气泡沫酸化，取得了良好的增产效果，增产倍比基本在 2 倍以上[7]；2000 年 M. A. Aggour 等通过室内实验证明对砂岩储层岩心酸化前采用 N_2/CO_2 气体预处理效果明显好于常规酸化[5]。国内开展酸化作业过程中借鉴国外的成功经验，多采用 CO_2/N_2 基形成的泡沫酸开展酸化作业，具有缓速、分流、助排等作用。为此，考虑气体自身性质及酸化现场经验，本文研究过程中提出气液交替注入深部酸化解堵工艺，充分发挥气体与液体之间的相互作用，以提高酸化效果。

1　气液交替注入酸化解堵工艺的技术优势及作用机理

由于气体具有低密度、低黏度、低表面张力、高压缩性、流动性及分散性等特征，因此液气交替注入解堵酸化工艺具有缓速作用、分流作用及深部解堵作用，且有利于高效返排、

第一作者简介：张璐（1988 年—），女，工程师，西南石油大学油气田开发专业硕士（2015），从事酸化压裂研究工作，通讯地址：天津市滨海新区海川路 2121 号渤海石油管理局 B 座，联系电话：022－66501175，E－mail：zhanglu25@cnooc. com. cn。

隔离地层流体等优点，因此能够显著提高酸化效果[8~12]。气液交替注入酸化解堵工艺具体表现出以下优势及作用机理：

（1）氮气泡沫与酸液存在相互竞争，会争先与地层接触，使酸液与储层岩石的接触面积大大降低，从而降低酸岩反应速率，因而具有缓速性；

（2）气体具有良好的膨胀性及分散性，气液交替注入过程中气体能够携带液体进入储层更远距离，扩大酸液与地层岩石之间的作用范围，提高了酸液的作用效率；

（3）多层系长井段厚储层，不仅具有层间非均质性液也具有层内非均质性，常规酸化容易造成高渗层过度进酸低渗层无法有效启动，气液交替注入具有增能作用的气体优先占据大孔道增大高渗储层吼道内的压力，具有一定的分流作用；

（4）油井中首先注入气体段塞，能够在酸液和地层流体间形成有效屏障，有效避免和减缓酸液与地层流体不配伍而形成酸渣和乳化物伤害；

（5）气体较强的携带性及分散性，能够净化近井地带储层，酸岩反应过程中产生的二次沉淀等物质能够被气体携带至储层深部，避免敏感性强的近井地带受到影响；

（6）对于储层能量较低的地层，气体的高效增能、携带能力有利于残酸返排，降低残酸滞留对储层产生的伤害。

2　气液交替注入实验研究

气液交替注入通过气体与液体的相互作用、协同增效，以提高酸化效果，净化储层降低污染，提高酸液返排效率。气液交替注入在理论上具有可行性及高效性，为进一步验证开展室内实验研究。实验分为两组，第一组实验岩心为未受过污染的人造岩心，第二组实验岩心为受钻完井液污染后人造岩心，选用现场应用的 PRD 钻完井液体系应用 JHDS 高温高压动失水仪模拟钻完井过程中储层受污染的过程。每组实验岩心分别开展四种不同注入方式：常规酸化、前置注气酸化、处理液与气体交替注入、多次注气酸化。

2.1　未受污染岩心实验

对未受污染人造岩心采用不同注入方式，开展实验研究结果如图 1 所示。

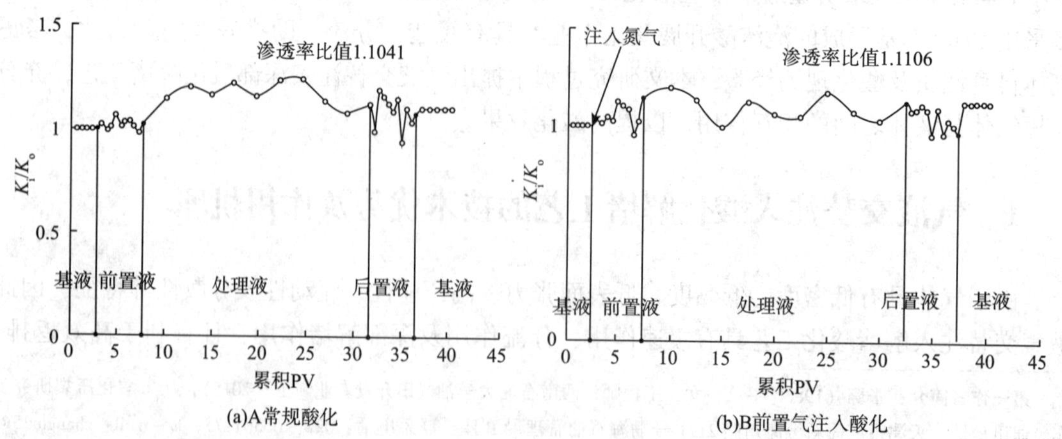

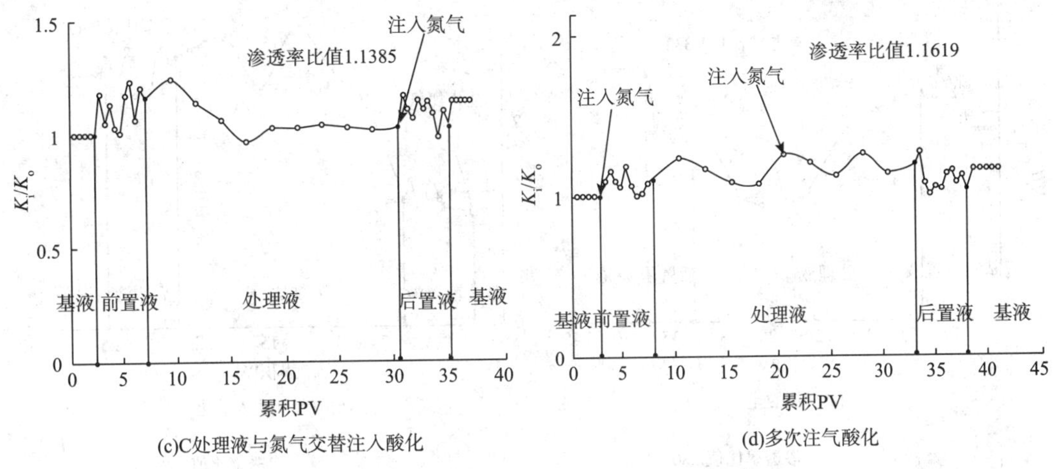

图1　未受污染岩心不同注入方式下的渗透率恢复情况

研究表明：采用四种酸化模式，岩心渗透率均略有升高，酸化前后渗透率比值在1.1～1.2之间，气体的注入并没有明显提高酸化效果。注前置液后，岩心渗透率有小幅度波动，盐酸与碳酸盐岩矿物反应，岩心渗透率比值略有上升；注处理液后，含氟酸液与储层矿物反应，由于反应可能形成二次沉淀等伤害造成渗透率略有下降，最终表现出溶蚀储层矿物，沟通、扩大孔隙结构，提高岩心渗透率；对未污染岩心，气体注入后并未表现出明显渗透率降低或升高，基本不造成影响。

2.2　受钻井液污染岩心实验

对受污染人造岩心采用不同注入方式，开展实验研究结果如图2所示。

研究表明：对受污染岩心与常规酸化相比，酸化前注入前置气或采用气液交替注入方式，能有效提高酸化作业的效果。常规酸化后受污染岩心在处理液注入过程中出现明显渗透率降低，一方面由于注酸导致污染物或微粒的运移，造成岩心孔隙喉道堵塞，排出残酸观察出有少量砂粒，另一方面可能反应形成了二次沉淀等新的伤害造成渗透率降低，最终渗透率恢复值达1.333倍。其他三组实验均未明显观察到出砂，注入气体能够明显提高酸化效果，渗透率恢复值均达到2倍以上，采用注前置气+处理液与氮气交替注入的方式效果最佳，渗透率恢复值达到3倍以上，气体能够明显改善岩心酸化效果。

对比分析认为，注气对未污染岩心酸化基本不产生影响，对污染岩心采用注气的方式能够明显提高酸化效果，尤其多次注气作业，能大幅度提高岩心渗透率明显改善酸化效果。气体具有良好携带能力，对岩心具有清洁作用，可提高酸液的作用范围，气体与酸液协同增效，更有利于对污染严重储层的有效解堵。

3　不同气体对酸化效果的影响

酸化过程中注入气体主要包括二氧化碳及氮气，选用钻井液污染过的岩心开展研究，岩心采用煤油进行饱和处理，选用两种气体采用前置注气的酸化方式，得到不同酸化方式下渗透率恢复结果如表1所示。

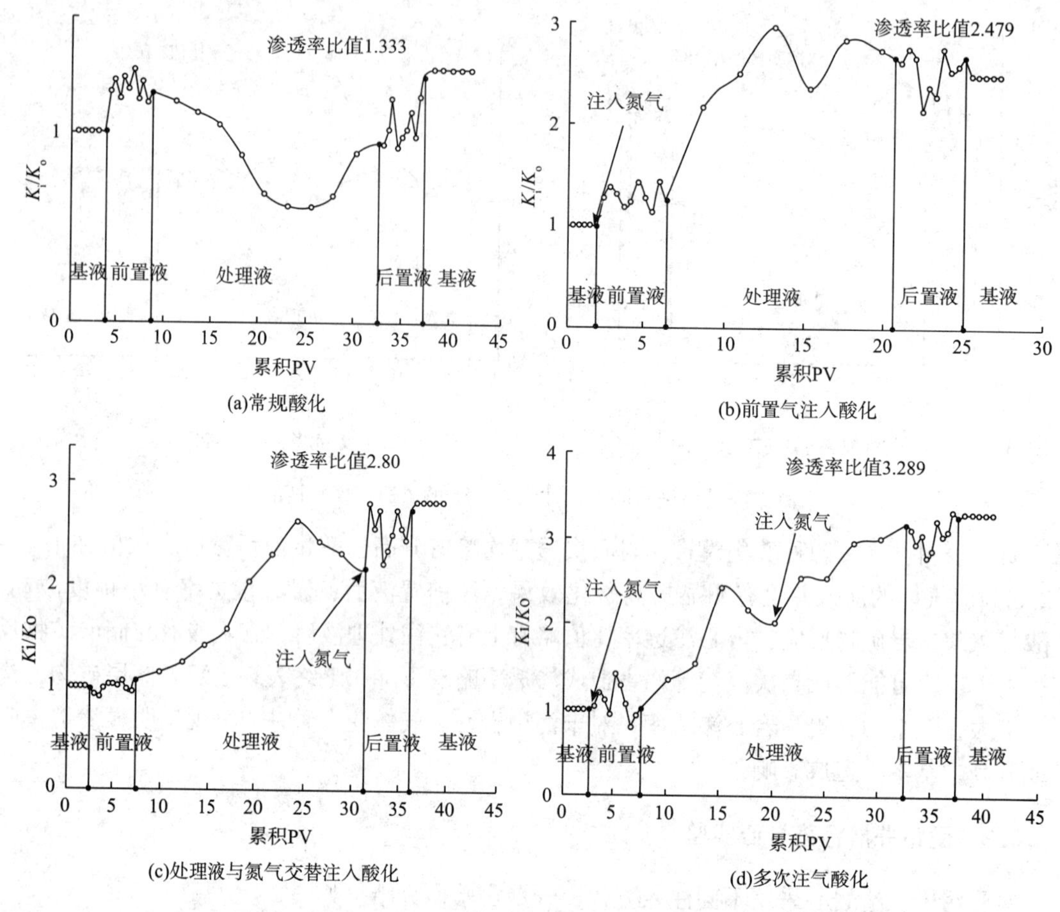

图 2　受钻井液污染岩心不同注入方式下的渗透率恢复情况

表 1　注入不同前置气体酸化实验效果

岩心编号	是否注入前置气	伤害前岩心渗透率/md	伤害后岩心渗透/md	酸化后岩心渗透率/md	渗透率恢复值
1	否，常规酸化	475	100	495	104.2
2	注 CO_2 气体	500	120	1440	288
3	注氮气	550	140	1370	249

注入等量酸液条件下，注入气体的酸化效果明显好于常规酸化处理的效果，注入 CO_2 前置气酸化效果好于注入前置 N_2。对于油井直接注入酸液容易造成酸液与原油的不配伍，相互反应形成酸渣或乳化，注前置气能起到有效隔绝的作用，降低产生的伤害，同时能够净化储层扩大酸液作用范围，整体上表现出好于常规酸化作业。而由于 CO_2 具有更好的溶解性顶替原油效果更佳，同时 CO_2 气体属于酸性气体，能够提供储层酸性环境有利于后期酸化的开展，因此 CO_2 前置注入处理效果好于 N_2 处理效果。但由于 CO_2 具有酸性会对管柱产生腐蚀作用，且相对成本较高，因此在现场作业过程中更多选择 N_2。

4　气液交替注入深部酸化现场应用

注入气体改善酸化效果在国外多个油田开展过现场应用，以路易斯安娜州主力区块 C－

20B 油井为例，有三口油井储层受污染严重，表皮系数均在 160 以上，迫切需要解堵作业来释放储层产能，因此考虑进行酸化解堵处理，对三口油井采用不同的处理方式，前两口注水井采用常规酸化作业，最后一口井采用注 CO_2 预处理的方式开展酸化处理，首先注入 CO_2 气体再注入酸液[8]。不同酸化工艺处理效果如表 2 所示。

表 2 路易斯安那州主力区块油井常规酸化与注 CO_2 酸化工艺的参数比较

措施类型	井号	酸化前表皮因子	酸化后表皮因子	酸化前产油量/(bbl/d)	酸化后产油量/(bbl/d)
常规酸化	A	168	50	176	340
常规酸化	B	170	114	123	281
注 CO_2 酸化	C	165	5	250	1546

酸化前三口油井储层污染严重，表皮系数均在 165 ~ 170 之间，常规酸化作业后表皮系数降低为 50、114，产油量分别增加倍数为 1. 93 倍、2. 28 倍，常规酸化能够解除一定的堵塞伤害。油井 C 酸化前表皮系数为 165，CO_2 预处理后酸化作业表皮系数大幅度降低到 5，油井产量增加倍比达 6. 18 倍，解堵效果明显高于常规酸化，前期注 CO_2 预处理具有明显改善酸化效果的作用。

在渤海油田进行了 3 口井的现场试验，以生产井 D 为例，D 井为注聚受效井，储层原油胶质、沥青质含量较高，黏度较大，属于稠油范畴，由于受注聚影响及其他储层污染造成储层伤害严重，污染范围较大，在近井地带、筛管附近有大量含聚油泥，尝试几次酸化作业效果均不理想。酸化前日产液量为 $78m^3/d$，产油量为 $30m^3/d$，含水率在 61. 5% 左右。考虑堵塞物类型选择有针对性的解堵剂体系，为提高酸化效果，采用气液交替注入方式，提高酸液作用范围，气体注入起到一定分流效果。气液交替注入深部酸化作业后日产液量达 $187m^3/d$，日产油 $90m^3/d$，含水 51. 8%，有效期超过 3 个月，目前仍在有效期范围内日产量保持在 $180m^3/d$ 以上，酸化效果显著（图 3）。

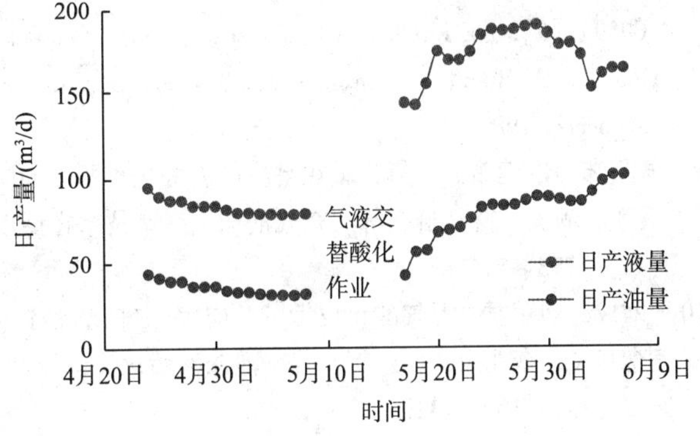

图 3 生产井 D 酸化前后日产液量/产油量变化曲线

5 结论及认识

（1）由于气体具有低密度、低黏度、低表面张力、高压缩性及流动性等特征，液气交替注入解堵酸化工艺具有缓速、分流、深部解堵及高效返排等优势，气体交替注入能够显著提高砂岩储层酸化效果。

（2）对未污染岩心酸化过程中注入气体不能明显改善酸化效果，对受污染岩心酸化过程中注入气体能够显著提高酸化效果，尤其采用前置注气 + 交替注入组合的模式，能够大幅度提高岩心渗透率明显改善酸化效果。

（3）由于CO_2具有更好的溶解性顶替原油效果更佳，同时能够提供储层酸性环境有利于后期酸化的开展，总体上CO_2前置注入处理效果好于N_2处理效果。但由于CO_2具有酸性会对管柱产生腐蚀作用，且相对成本较高，目前现场作业过程中更多选择N_2。

（4）根据现场试验表明，注入前置气或气液交替注入酸化均能有效提高酸化效果，气体具有良好携带能力，对岩心具有清洁作用，同时可提高酸液的作用范围，与酸液协同增效，更有利于对污染严重储层的有效解堵，酸化解堵效果显著。

参考文献

[1] Smith C , Hendrickson A R. Hydrofluoric acid stimulation of sandstone reservoirs [J]. Journal of Petroleum Technology, 1965, 17 (02): 215 ~ 222.

[2] Shuchart C E. HF acidizing returns analyses provide understanding of HF reactions [R]. Society of Petroleum Engineers, Richardson, TX (United States), 1995.

[3] 埃克诺米德斯，诺尔特．油藏增产措施［M］．石油工业出版社，2002.

[4] Zhou L, Nasr-El-Din H A. Acidizing sandstone formations using a sandstone acid system for high temperatures [C] //SPE European Formation Damage Conference & Exhibition. Society of Petroleum Engineers, 2013.

[5] Aggour M A , Al-Muhareb M A , Al-Majed A A. Improving sandstone matrix acidizing for oil wells by gas preconditioning [C] //SPE Annual Technical Conference and Exhibition. Society of Petroleum Engineers, 2000.

[6] Ward V L. N_2 and CO_2 in the Oil Field: Stimulation and Completion Applications (includes associated paper 16050) [J]. SPE Production Engineering, 1986, 1 (04): 275 ~ 278.

[7] Guidry G S, Ruiz G A , Saxon A. SXE/N_2 matrix acidizing [C] //Middle East Oil Show. Society of Petroleum Engineers, 1989.

[8] 杨甲茹，罗建新．二氧化碳在解决砂岩酸化难题中的应用［J］．吐哈油气，2003，3（8）：393 ~ 395.

[9] 曹莘，尚波，陈铁群，等．充气泡沫酸解堵技术在低压气井增产中的应用［J］．断块油气田，2010，6（17）：773 ~ 776.

[10] 刘成，刘丽君．混气酸化技术试验应用［J］．石油钻采工艺，2000，2（22）：67 ~ 69.

[11] 李宾飞，李兆敏，徐永辉，等．泡沫酸酸化技术及其在气井酸化中的应用［J］．天然气工业，2006，12（26）：130 ~ 132.

[12] 吕蓬勃，朱明立，刘红．CO_2助排技术在低压低渗油层酸化中的应用［J］．油气井测试，2001，6（10）：56 ~ 59.

海上水平井控水完井技术关键问题研究

潘豪　曹砚锋　黄辉　王彬

（中海油研究总院有限责任公司）

摘要　近些年来，控水完井技术发展迅速，但在做控水设计时仍存在一些问题尚未有效解决。本文分析了主要控水完井技术的优缺点和适应性，优化原有设计方法并提出了考虑多种油藏因素和全寿命的前期控水完井设计方法，目前已设计应用到海上几十口水平井，效果明显，有力地促进了海上油田稳油控水设计的提升和单井产量的提高。

关键词　控水　完井　全寿命设计

据不完全统计，海上含边底水油藏已投产油田超过30多个，平均含水率约90%，含水率上升快，高含水问题严重。如何延缓水平井底水脊进，避免过早水淹成为海上边底水油藏开发的重要挑战。尽管在边底水油藏开发设计中大量应用水平井，但仍未解决底水过快脊进的问题，其主要原因是水平井跟趾效应、储层的非均质性等。

随着完井技术的发展，变密度筛管、ICD等控水完井工具逐渐在边底水油藏中得到大量应用，新式控水工具AICD也已开始试用。作为延缓底水锥进的一种方法，控水完井技术应用效果已有显现，为边底水油藏水平井控水提供了一条有效途径。

近年来，通过调研国内控水完井技术现状和分析海上油田前期控水完井设计，发现仍存在以下几个问题尚未有效解决：（1）目前的前期控水设计方法没有考虑全寿命策略，几乎只研究初期一次性的控水完井，不能保证全寿命内有效控水。（2）基于NETOOL软件的静态控水设计方法考虑地层因素有限、难以动态评估。随着控水问题的日益突出，控水完井技术和设计需求更加迫切。本文就以上所述的问题展开论述。

1　控水完井技术分析

随着完井技术的发展，目前已形成多种控水完井技术，目前主要应用的控水技术可以分为初期控水和后期堵水2类。这里主要分析不同控水技术原理和适应性，并结合全寿命控水的角度研究。

1.1　初期控水技术

常用控水方式主要包括：中心管控水、变密度筛管控水、“管外分段 + 中心管柱”控水和ICD调流筛管控水等（表1）。

第一作者简介：潘豪，男，完井工程师，现主要从事完井工程研究和设计工作。地址：北京市朝阳区太阳宫南街6号院海油大厦A座（邮编：100027），联系电话：010－84526736，电子邮箱：panhao2@ cnooc. com. cn。

表1　完井不同控水方式

序号	控水方式	工作原理	优点	缺点	适用条件
1	中心管控水	通过增加跟部流体流到中心管入口的摩阻，抑制跟部流入量	下入后可取出调整	附加阻力有限；单趟下入	均质油藏
2	变密度筛管控水	通过改变筛管上过滤件个数来调节各段流入的附加阻力实现均衡沿水平段产出剖面。	作业简单，费用较低	下入后不能调整	均质/非均质油藏
3	“管外分段+中心管柱”控水	通过设置各段设置的节流阀的附加阻力来调节每段流入量，中心管柱下入后可取出	附加阻力调节范围大；下入后可取出调整	工期增加，费用较高	非均质油藏（均匀油藏不推荐应用）
4	ICD调流筛管控水	通过设置各段ICD的附加阻力来调节每段流入量，均衡沿水平段产出剖面	附加阻力调节范围大。随筛管一趟下入	下入后不能调整	均质/非均质油藏
5	AICD调流筛管控水	根据流入流体的含水率的不同来自主调节附加阻力，均衡沿水平段产出剖面	自主调节附加阻力，附加阻力大	当初期含水率低时，均匀流入剖面作用有限	非均质油藏（均匀油藏不推荐应用）

1.2　后期堵水技术

1.2.1　后期堵水措施

前期分段控水，后期下中心管柱，在生产中若发现某一段或某几段出水严重，可在修井时使用两端带封隔器的盲管段将出水的层段卡封，也可下入带有可调流量控制器的中心管柱进行后期控水作业。这种控水措施对均质、非均质性油藏均适应，但后期需要识别出水位置和准确卡段。

类似的管柱结构是“化学封隔器+中心管柱”。通过打入化学凝胶封隔筛管与井壁环空和采用中心管柱所携带封隔器封隔筛管和中心管柱之间的环空对流入井筒的流动通道进行分段，利用中心管柱上所携带的节流阀对各段流体进行限制，从而实现抑制高产量段，促进低产量段生产。这种技术适合前期未采取控水措施而后期需要进行堵水作业的井，要求开发储层非均质性明显、水平井穿越一定的泥岩层、便于下找水工具进行找水作业。另外，化学封隔器有一定的有效期（2~3年）。

1.2.2　出水类型的识别研究

水平井井筒在不同的水淹方式条件下，其水油比和水油比导数上反映出不同的形态，配合已有的油藏测井资料，判断出出水类型，辅助堵水措施实施[1~5]。

通过对底水油藏和注水窜流型油藏的水油比和水油比导数曲线特征对比，得到一种识别水平井水窜类型的方法：当水油比导数曲线整体呈现平稳上升趋势，识别水窜类型为跟部水锥型，如图1所示；当水油比导数曲线整体呈现下降的趋势，识别水窜类型为高渗带水窜流型，如图2所示。

其中，水油比：$WOR=\dfrac{Q_W}{Q_o}$

水油比导数：$WOR=\dfrac{W_{OR_1}-W_{OR_2}}{t_1-t_2}$

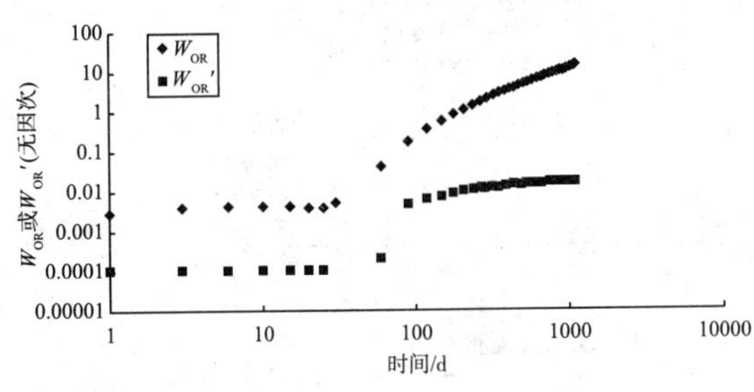

图1 跟部水淹 W_{OR}和 $W_{OR'}$的曲线

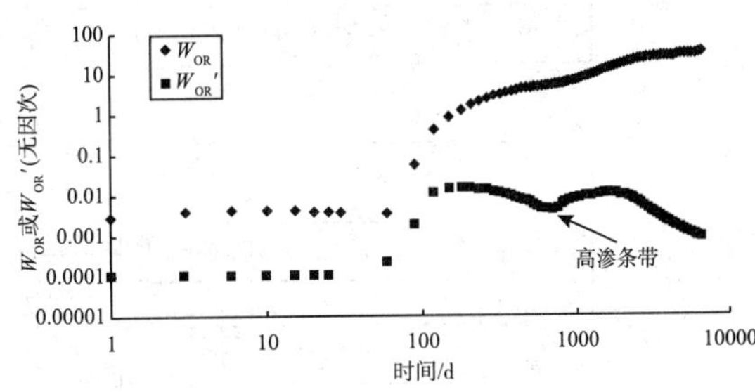

图2 高渗条带水淹 W_{OR}和 $W_{OR'}$的曲线

据调研，不同的地层系数和开发速度对水油比导数曲线的识别特征未造成影响，说明识别水平井水窜类型的方法适用性比较强。当原油黏度大于一定数值时（100mPa·s），导致水窜型油藏的水油比导数并未呈现出持续的上升趋势，因此，水窜类型识别方法对油藏粘度较高的稠油油藏不适合。

2 全寿命控水措施选择策略

为促进在全寿命期间内有效控水，在前期设计阶段，通过尽量预测整个生产周期的见水情况，从完井角度促进前期生产阶段产出剖面均衡推进到井筒，当某段后期见水，留有相应措施进行堵水。

（1）初期完井控水策略：在前期设计阶段，由于油藏认识的不确定性，参数设计应保有余量或选择具有灵活性的措施；考虑到后期可能堵水，前期控水工具宜选择能够调整的控水工具。

（2）后期堵水策略：原井筒内堵水，一般要求非均质性强、适合分段卡水（如“化学封隔器+中心管柱”），否则可能需建立新井筒侧钻。

3 前期控水完井设计方法优化

以前的控水完井设计是基于 NETOOL 软件的静态模拟计算，难以考虑多种地质和油藏特征、动态预测和全寿命寿命。随着设计工具的日益完善，结合近年来所做的研究成果，现在实现了考虑地质特征、不同控水完井工具、动态预测、全寿命的前期研究控水设计。

3.1 设计流程

全寿命的前期研究设计考虑：（1）初期完井时采取一次性控水措施（选择和对比初期控水措施的控水效果）；（2）初期完井时采取分段控水同时下入中心管柱控水，中后期进行卡层堵水作业；（3）初期完井时不采取控水措施（仅分段），后期再下中心管柱堵水。设计思流程如图3 所示。

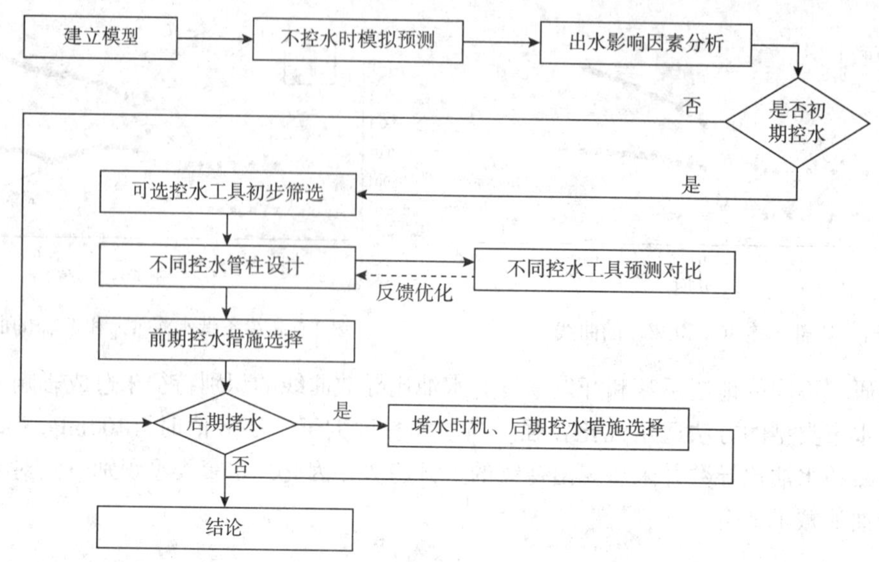

图3 全寿命控水设计流程

不控水时模拟分析主要考虑因素包括：沿水平段产水量、产油量、来水方向、井筒与底水间储层情况（含油分布、隔夹层分布、渗透率）、井眼轨迹等。分析找出出水影响因素，为不同控水方式的针对性设计打下基础。

控水方式初步筛选时考虑的因素包括：储层情况（岩性、非均质性、隔夹层分布、流体粘度）、井眼轨迹、生产压差、控水工具（适用条件、可调节性）等。油藏非均质性越强、流体粘度越大、生产压差越大，对控水能力的要求也越强，宜选择具有较强附加阻力的控水工具。

不同控水效果预测的参数包括：累产油量、累产水量、生产年限等。经济性对比分析参数不但考虑上述因素，还包括完井或修井费用、污水处理费等，最终优选控水方式。

以南海东部水平井控水为例说明。该井水平段长度743m，垂向方向渗透率30～980mD（图4）。通过不控水条件下的软件模拟发现生产剖面不均匀（图5），控水主要风险点是渗透率非均质性强。结合储层特点，考虑三种方案：

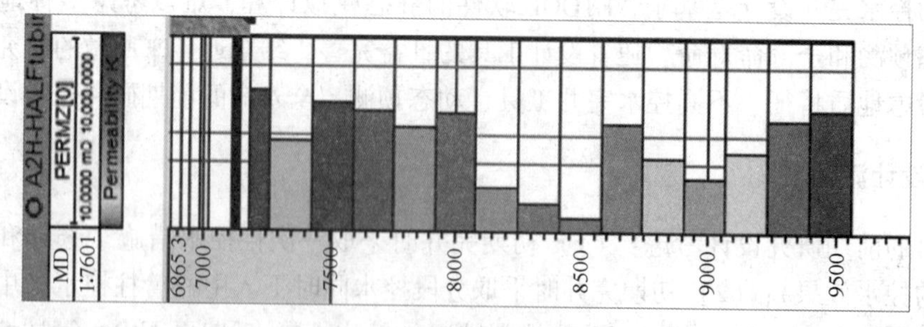

图4 沿水平段垂向渗透率

（1）方案1：初期一次性控水（初期控制，裸眼、ICD、分段控水中心管柱、AICD）；

（2）方案2：初期先分段下中心管柱控水，中后期卡层堵水（后期调整）；

（3）方案3：初期不控水，后期再下分段堵水管柱（控水时机分析，在含水率50%、60%、70%的情况下控水情况分析）。

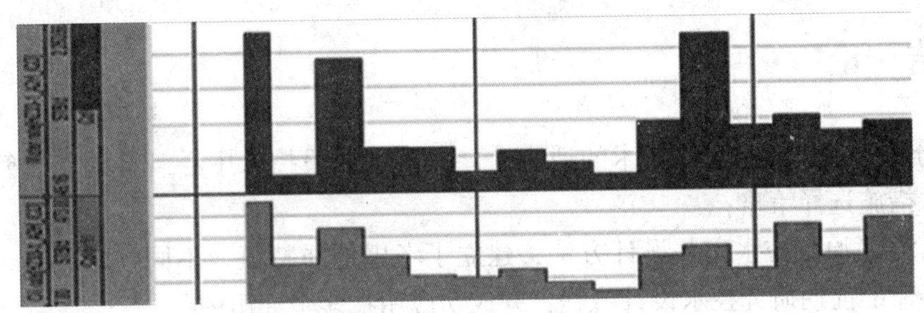

图5　不控水条件下的沿井筒产水剖面（上）/产油剖面（下）

设计不同控水方式参数，通过软件模拟可得到不控水、中心管控水、ICD 调流筛管控水、“管外分段＋中心管柱”控水和 AICD 调流筛管控水的累产水、累产油量（图6）。通过经济性比选得到 AICD 控水具有优势。

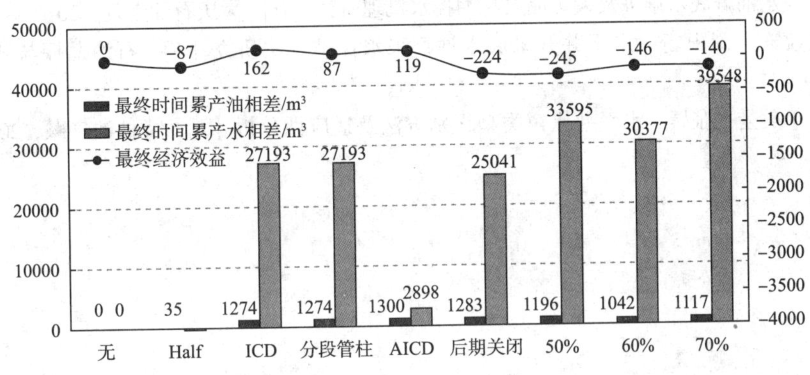

图6　生命周期内不同措施下的累产油、累产水和经济效益对比

3.2　设计应用

控水完井设计已应用约 30 口井，目前控水效果良好。以实际实施南海东部某油田为例，对比 3 类控水方式，整体上，不控水井相比采用中心管、ICD 控水的井，其水率上升速度明显更高，无水期时间更短，当前控水井平均含水率为60%，不控水井平均含水率为82%（图7）。

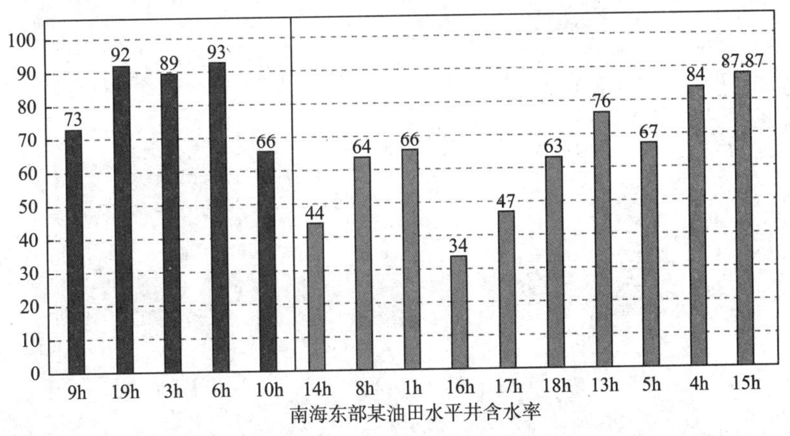

图7　南海东部某油田水平井含水率对比（前 5 口为控水井，后 10 口为不控水井）

4 结 论

（1）分析了主要控水完井技术的适应性，提出了分段控水中心管柱的新式管柱设计和全寿命控水措施选择策略；

（2）优化了原有控水完井设计方法，建立了考虑地质特征、不同控水完井工具、动态预测、全寿命的前期研究控水设计流程，并成功应用在多个油田中。

参考文献

[1] 葛丽珍．秦皇岛 32－6 油田出水规律及控水稳油地质研究［D］．中国石油大学，2007.

[2] 王涛，赵进义．底水油藏水平井含水变化影响因素分析［J］．岩性油气藏，2012. 24（3）：103～107.

[3] 王福林．底水油藏底水锥进及人工隔层稳油控水机理研究［D］．大庆石油学院，2010.

[4] 王青，吴晓东，刘根新．水平井开采底水油藏采水控锥方法研究［J］．石油勘探与开发，2005. 32（1）：109～111.

[5] 张贤松，丁美爱，张媛．水平井水窜类型识别方法及适应性分析［J］．特种油气藏，2012，19（5）：78～81.